U0215134

云计算和大数据服务

技术架构、运营管理与智能实践

陈赤榕　叶新江　李彦涛　刘国萍◎著

清华大学出版社

北京

内 容 简 介

本书采用理论与实践相结合的形式，系统阐述云计算和大数据服务的具体实现。

云计算和大数据服务战略的落地，包括技术构建和运营管理、新兴的人工智能技术的应用，以及组织能力的建设。针对这一目标，全书分为七部分：云计算技术、大数据与数据智能、服务的技术运营、智能运营（AIOps）、安全技术与管理、服务质量管理和组织能力。写作本书的目的是帮助读者对云计算和大数据的重要专题从基本概念、发展思路到解决方案有一个系统认识。

本书具有非常强的可读性和实践指导意义，可作为云计算和大数据企业的高层管理人员和技术架构师的参考读物，也可作为高校相关专业师生的教学参考用书。

图书在版编目（CIP）数据

云计算和大数据服务：技术架构、运营管理与智能实践/陈赤榕等著.—北京：清华大学出版社，2022.1
（2022.6重印）

ISBN 978-7-302-58658-6

Ⅰ.①云…　Ⅱ.①陈…　Ⅲ.①云计算　Ⅳ.①TP393.027

中国版本图书馆 CIP 数据核字(2021)第 142446 号

责任编辑：袁金敏
封面设计：杨玉兰
责任校对：刘玉霞
责任印制：宋　林

出版发行：清华大学出版社
　　　　　网　　址：http://www.tup.com.cn，http://www.wqbook.com
　　　　　地　　址：北京清华大学学研大厦 A 座　　　邮　　编：100084
　　　　　社 总 机：010-83470000　　　　　　　　邮　　购：010-62786544
　　　　　投稿与读者服务：010-62776969，c-service@tup.tsinghua.edu.cn
　　　　　质量反馈：010-62772015，zhiliang@tup.tsinghua.edu.cn
　　　　　课件下载：http://www.tup.com.cn，010-83470236
印 装 者：三河市铭诚印务有限公司
经　　销：全国新华书店
开　　本：185mm×260mm　　印　张：44.75　　　　　字　　数：1091 千字
版　　次：2022 年 1 月第 1 版　　　　　　　　　　印　　次：2022 年 6 月第 2 次印刷
印　　数：2501～4500
定　　价：168.00 元

产品编号：079662-01

作 者 简 介

陈赤榕,北京聆通科技有限公司,联合创始人,CEO

- 负责本书的策划与主编,以及第 3 部分、第 4 部分的部分内容编写。
- 近 30 年云服务技术运营架构与管理工作经验,是硅谷早期的云计算技术运营人员之一。曾任职惠普、辉瑞、DHL 等公司。2001 年加入 WebEx(现在是思科的云计算服务部门),负责 WebEx 全球云会议服务平台的技术架构和管理,为达到 99.99% 的业界最高服务可用度做出了重大贡献。回国后,在全时云商务有限公司任运营 VP,MoPaaS 云公司合伙人。2018 年与他人共同创建北京聆通科技有限公司,致力于用 AI 和云计算技术做医疗级的听力产品。
- 清华大学计算机硕士和化学工程硕士,中欧国际工商学院 EMBA。

叶新江,每日互动股份有限公司(个推),CTO

- 负责本书第 2 部分的写作。
- 近 8 年金融行业的技术从业经验,曾任杭州银行总工程师,从零开始参与搭建了银行的多个业务系统。2002 年加入中国移动深圳研发中心,负责研发部工作,参与早期中国移动的移动梦网 MIS 平台的设计和研发,产品获得国家科学技术进步奖二等奖。后就职于爱立信 CGC,任系统架构师,在微软 MSN China 任研发经理及首席架构师。2011 年加入个推,创业团队成员之一。
- 浙江大学计算机系硕士。

李彦涛,北京聆通科技有限公司,联合创始人,CTO

- 负责第 1 部分第 2~4 章的写作。
- 原摩托罗拉中国平台设计与开发的主任架构师,是获得摩托罗拉全球研发人员最高荣誉的唯一中国员工。后加入全时云商务有限公司,任 CTO。2018 年与他人共同创建北京聆通科技有限公司,负责技术架构及研发。
- 北京大学学士,航天工业第二研究院工程硕士。

刘国萍,中国电信研究院教授级高级工程师,博士

- 负责本书第 5 部分第 24~30 章的写作。
- 中国电信研究院教授级高级工程师。博士期间,曾参与国家大型项目"中国探月工程"一期工程的地面通信网络部分的设计工作。2004 年进入中国电信北京研究院,从事云计算、物联网、人工智能和网络安全技术及相关产品的研发工作。出版专著、译著 4 部,发表学术论文 20 余篇,申报国家发明专利 13 项,获得授权 6 项。
- 中国人民解放军信息工程大学硕士,中国科学院研究生院博士。

陈永红,紫光股份有限公司,高级副总裁

- 负责第 7 部分的写作。

- 近30年IT产业工作经验。历任北京理工大学管理学院副院长,摩托罗拉(中国)有限公司中国软件中心北京中心总经理,爱可信传媒技术有限公司副总裁,全时云商务有限公司COO,美国Blackboard公司全球副总裁及中国子公司北京毕博信息技术有限公司CEO,麦可思数据(北京)有限公司副总裁等职位,在信息技术行业运营管理方面具有丰富的经验。
- 清华大学工学学士和管理工程硕士,中欧国际工商学院EMBA。

朱少民,同济大学软件学院,教授

- 负责第6部分第32章的写作。
- 先后在大学做研究和教学工作,曾在多个国际企业工作,从事软件开发、测试、QA和过程改进等工作近20年,先后获得机械工业部、安徽省、合肥市、青岛市等多项科学技术进步奖。曾经在WebEx/思科任中国区高级质量总监。主要研究领域为软件测试、软件质量管理和软件过程改进。
- 主要著作有《全程软件测试》《软件测试方法和技术》《软件质量保证和管理》《轻轻松松自动化测试》《软件过程管理》《软件工程导论》等。

赵永川,海尔产业金融公司,首席架构师

- 负责第1部分第3~6章的写作。
- 17年的互联网研发和管理经验,主要技术方向为高并发、分布式的实时系统架构。先后就职于华为赛门铁克、全时云、达飞财富、北汽金融及海尔产业金融等多家SaaS平台公司,提供金融级别的SaaS服务。对即时通信、金融和大数据领域有深入的研究。创立研发自媒体品牌"俱阖研"。
- 北京理工大学学士,中国人民大学硕士。

孟显耀,每日互动股份有限公司(个推),运维总监

- 负责第3部分第15、第16章的写作。
- 10年的一线运维和管理经验,负责个推集团整体运维体系的建立及团队管理工作。专注的领域主要是运维自动化建设、信息安全体系以及智能运维(AIOps)方面。
- 清华大学计算机工程硕士。

苏君福,中通天鸿(北京)通信科技股份有限公司,运营总监

- 负责第3部分第18章、第19章的写作。
- 20年运维实践和运营管理及系统架构规划经验,擅长ITIL企业实战。曾在旅游、电商、云会议服务等多个行业就职。对B2B、B2C的业务模型运营有深刻理解,能够快速定位、分析及解决平台的性能瓶颈,为企业的服务可用性及连续性提供重要保障。2016年曾参加高效运维社区运维标准化制定,为多家中小型企业提供运维流程及运维体系的建设和落地方案。
- 北京科技大学工程硕士。

孙捷,江苏苏宁银行,总经理助理

- 负责第4部分第22章、第23章的写作。
- 先后就职于IBM、苏宁金服和苏宁银行,参与了易付宝2.0、一键付、决策机器人、紫

金大盘 AIOps 平台等万亿级交易量的产品研发工作。擅长金融科技、企业架构、DevOps、AIOps 等领域。

- 东南大学工程硕士。

曹耀和，杭州智贝信息科技公司，创始人，CTO

- 负责第 5 部分第 26～29 章的写作。
- 云计算安全专家，长期在美国硅谷的云服务公司（如 WebEx）工作，负责安全、系统、存储等的技术架构与运营。
- 清华大学工学硕士。

姜林，原盛大公司，云计算副总裁

- 负责第 3 部分第 14 章的写作。
- 业界近 20 年的工作经验。在 BroadVision、WebEx 等多家 IT 公司任高级技术经理。在美国硅谷的 Vobile 和 Aerohive 等公司任运营副总裁。
- 毕业于天津大学，在英属哥伦比亚大学获博士学位。

刘锦祥，拉卡拉支付集团，信息安全高级经理

- 负责第 5 部分第 31 章的写作。
- 多次参与国家支付行业技术标准的撰写，对国内信息安全标准和合规工作有很深的理解和丰富的项目经验。

屠昶旸，智慧芽信信息科技有限公司，研发副总裁

- 负责第 1 部分第 4 章的写作。
- 长期负责 SaaS 云服务的技术运营和研发工作，曾在思科、WebEx 等企业从事高级技术管理工作。专注于大数据、云服务和人工智能及其结合的服务。

王之强，杭州采薇云科技有限公司，总经理

- 负责第 1 部分第 3 章的写作。
- 浙江省计算技术研究所工作 5 年，担任研发和项目管理工作，赛伯乐投资集团及旗下公司工作 15 年，历任研发总监、技术总监、投资总监等职务，负责项目研发管理、平台及技术类项目投前和投后工作。
- 南京理工大学工学硕士。

汪守金，Saleforce，技术运营经理

本书各章作者

全书策划及主编　陈赤榕

第1章　综述　　　　　　　　　　　　　　　　全体作者

第1部分　云计算技术

第2章　云计算技术综述　　　　　　　　　　　李彦涛
第3章　云计算的技术框架：面向服务的架构　　王之强,李彦涛,赵永川
第4章　云服务的技术基础：虚拟化　　　　　　屠昶旸,李彦涛,赵永川
第5章　云服务的平台技术：IaaS、PaaS 和 SaaS　赵永川
第6章　云服务的应用层技术：微服务　　　　　赵永川

第2部分　大数据与数据智能

第7章　大数据理论及相关模型　　　　　　　　叶新江
第8章　数据智能平台构建策略　　　　　　　　叶新江
第9章　大数据技术和平台　　　　　　　　　　叶新江,李彦涛
第10章　大数据分析系统技术　　　　　　　　叶新江
第11章　企业大数据实施策略　　　　　　　　叶新江

第3部分　服务的技术运营

第12章　服务的技术运营综述　　　　　　　　陈赤榕,苏君福
第13章　服务的生产设计　　　　　　　　　　陈赤榕
第14章　服务的业务连续性　　　　　　　　　姜林,汪守金
第15章　服务运营的监控体系　　　　　　　　孟显耀
第16章　服务运营的自动化　　　　　　　　　孟显耀
第17章　7×24 小时服务的运营管理综述　　　 陈赤榕
第18章　事件、事故和问题管理三流程　　　　陈赤榕,苏君福
第19章　变更管理　　　　　　　　　　　　　陈赤榕,苏君福
第20章　容量管理　　　　　　　　　　　　　陈赤榕,孙捷

第4部分　智能运营（AIOps）

第21章　数据能力——智能运营（AIOps）介绍　陈赤榕
第22章　AIOps 中的算法基础　　　　　　　　孙捷
第23章　AIOps 的落地：企业实施　　　　　　孙捷,陈赤榕

第 5 部分　安全技术与管理

第 24 章　云计算安全概述　　　　　　　　　　　　刘国萍

第 25 章　云计算安全架构　　　　　　　　　　　　刘国萍

第 26 章　云计算基础设施安全　　　　　　　　　　刘国萍,曹耀和

第 27 章　云计算数据安全　　　　　　　　　　　　刘国萍,曹耀和

第 28 章　IaaS 和 PaaS 服务安全　　　　　　　　刘国萍,曹耀和

第 29 章　SaaS 服务安全　　　　　　　　　　　　刘国萍,曹耀和

第 30 章　云计算安全治理　　　　　　　　　　　　刘国萍

第 31 章　云计算的合规性　　　　　　　　　　　　刘锦祥

第 6 部分　服务质量管理

第 32 章　云服务的质量工程　　　　　　　　　　　朱少民

第 33 章　服务运营的质量管理　　　　　　　　　　陈赤榕

第 7 部分　组织能力

第 34 章　组织能力的构建与发展　　　　　　　　　陈永红,陈赤榕,叶新江

推荐序1——乘云以致远，驭数以明智

云计算（Cloud Computing）与大数据（Big Data）是目前新一代以深度学习为代表的人工智能（Artificial Intelligence）的基础，而这个被称为 ABC 的 技术创新"组浪"，正是推动信息产业跨越发展周期、持续快速进步的内生动力。

云计算技术起源于效应计算和网格计算，但它的名字其实与自然界的云雾无关。最初，在图示网络结构时，人们常用随手画的一团来表示外网（WAN）或互联网（internet），因为它看上去像一朵云，也就得了这个俗称。随着互联网的发展，特别是移动互联网的普及，原本只是连通内网（LAN）的互联网，被赋予了越来越多的计算和存储能力，不再只是一个网络，这种新的业态就被称为云计算。人类创造的机器计算，从集中独立的大型机（mainframe），到分布互联的个人机（PC），再到移动终端与云计算，以螺旋式上升的方式，展现了一次完美的进化。机器智能的未来，也必定会乘云以致远。

资源共享的云数据中心技术，打破了计算能力的规模和效益瓶颈，带来了急剧的算力提升，大数据技术应运而生。同样地，大数据也是一个最初在工业界叫响的说法，学术界曾有不少人因为难以严格定义"大"而不愿使用这个概念，这也是当代技术进步的节奏越来越快，特别是在信息领域，产业界经常会跑到学术界前面去的例证之一。云计算为信息时代提供更先进和广泛的社会化基础设施。虽然云计算不是为大数据而生，但大数据离不开云计算，它们共同为人类认识和我们身在其中的世界提供新的强大能力。以深度学习为特征的新一代人工智能，就是构筑在这些新型算力和数据平台上的"魔法（算法）"，不但在很多单项任务中超过受到大脑物理限制的人类，而且将人类借助工具达到的洞察能力提升到前所未有的崭新高度。驭数以明智，这就是基于大数据的智能给我们赋予的新的能力。

如前所述，云计算和大数据是互联网催生的机器计算与机器智能新生态，其技术和工程的演进在很大程度上具有学术界和产业界快速交织迭代的特点。因此，及时归纳和提炼工业前沿的实践经验和创新成果，不但对应用推广与行业进步有重要意义，对产教融合和人才培养也有很大价值。本书是《云计算服务——运营管理与技术架构》的升级版，汇集了多位一线实战专家的真知灼见，专注于云计算和大数据的架构、运营与服务，从原理、需求和挑战出发，落实到解决方案和典型案例，既有高屋建瓴的宏观管理和组织经验，也有脚踏实地的微观实施和运营指南，堪称 IT 技术管理人员的必修读物，对工程和研发人员统观大局、提升能力颇有价值，也给学生们提供了新鲜的参考教材。

当然,云计算与大数据方兴未艾,风起云涌的深度学习也只是新一代人工智能的前浪,要想全面系统地总结云计算与大数据服务的方方面面,目前还很难做到天衣无缝,或许本书也只是对业界成果和作者心得的阶段性梳理。但这是很有意义的里程碑,相信它将成为云计算与大数据服务承前启后,迈向更大成就的基石之一。

李　军

清华大学教授,信息技术研究院原院长

Chris Chen(陈赤榕)先生是我同校学长,但一直未能有缘结识,直至他代表 MoPaaS(他参与的一家云计算创业公司)参与了拉卡拉的 DevOps 平台建设时相识。在某次项目务虚会上,我们在"代码即流程"还是"数据即流程"上展开了激烈的讨论。我至今还记得:Chris 兄在火药味甚浓的"争吵"过程中,适时地"炫耀"了他的书法作品,讲述了他系统中的"太极之道"。在关于 DevOps 和云技术的技术思维上,我们一直有碰撞。在一次会议上,我半开玩笑地对他说,你跟我们争吵的问题可以写书了。Chris 立即回道:正有此意。当时我想,他如此忙于创业,要写书也要等到猴年马月了吧。可没想到 Chris 兄言出必行,不仅顺利交付了我们的项目,还完成了本书的编写。这实干精神着实令我钦佩不已。

我一直在技术应用领域工作,属于技术生态链条上的消费者,也是关键业务平台的技术从业者。对于新技术的投入和应用,我的态度一向是"激进探索,保守投产"。对于云计算,我从最开始的跟踪预研、尝试运用到现今的规模投产,历经了云计算起始的生涩和如今的繁花似锦。在这个漫长的求索过程中,我读过不少云计算方面的专业技术书籍,但一直觉得还是需要一部全面讲解整个云计算技术体系的著作。Chris 兄编著之大作,正是这样一部全面且扎实的云计算技术著作,很适合云计算的从业人员阅读。如果您是跟我一样的云计算用户,书中关于技术运营的讨论是值得多读几遍的。

本书各章节的作者均是来自一线的技术专家和实践者,每个章节都是他们在多年技术工作中理论和实践结合的升华。相信本书可以帮助读者更全面地把握云计算的全貌,更深入地理解和运用云技术。

祝本书发行成功! 祝 Chris 兄及各位作者事业更上一层楼。

邓保军

拉卡拉集团,联合创始人

Chris(陈赤榕)是我多年的老朋友了。2014年之前的个推没有大数据概念,以及时清理日志节省成本为要求,直到用到回溯分析时才悔之晚矣。然而一天的日志(后来才改口叫大数据)读一遍就要8小时。那时候Chris定期来杭州相助,他算得上个推大数据系统建设的一号教练,一直非常感谢。之前听他说在写第2版图书,特别是会加入相当篇幅的关于大数据以及智能实践方面的内容,因此在此书定稿后,我第一时间抢读。15年前创业开始,我已经被我们公司技术高手们剥夺了写代码的权利,但自诩关键的技术设计和体验要求上还经常和他们讨论到伪码级别,所以作为一个资深码农,读此书居然还都能看懂、看通、看兴奋。

相比于第一版,本书对云计算服务方面的一些当时先进而现在已经成为基础或者常识的内容做了删减,加入了较大篇幅的大数据和数据智能的内容,与时俱进,更契合技术理念的迭代,内容也更全面和深入。每日互动作为数据智能领域的上市公司代表,一直跟随着大数据、数据智能的脚步,从一家服务于开发者推送SDK的公司,逐渐壮大到现在的数据智能上市公司,也是最早向行业布道数据智能这个概念的公司,我们总结出"数字、数智、数治"以及D. M. P(代表数据/深度/动态、管理/方法/机制、专业/人才/利润)三层结构理论,在本书中都得到了体现。

另外,值得大声告诉读者的是,这本书的作者都是在各自领域深耕多年且具有丰富实战经验的重量级人物,相信大家一定可以从他们的文字中,得到学习、借鉴和实践指引。

方　毅

每日互动股份有限公司(个推),创始人兼CEO

随着云计算和大数据技术的发展,我们几位在行业一线的开发和管理人员共同努力,于2014年出版了《云计算服务:运营管理与技术架构》一书。该书主要介绍云计算相关的运营与技术。随着技术的进一步发展,在上一版的基础上,我们这十多位来自云计算与大数据一线企业的从业者,希望结合自己的实践经验和理论思考,写一本涵盖云计算与大数据领域的技术书。

1. 本书的内容

本书是《云计算服务:运营管理与技术架构》一书的延续和发展,是在其基础上,结合业界最新的技术和理论做出的实践与总结,包括大数据、数据智能、AIOps 等内容。

(1)关于《云计算服务:运营管理与技术架构》。

《云计算服务:运营管理与技术架构》一书的撰写用了近四年的时间。那时云计算在国内刚崭露头角。云计算从理论到实际应该怎样落地,对国内云计算行业是一个很大的挑战。我们结合在美国硅谷的云计算的经验,在理论和实践上做了系统的探讨。

当我们决定开始动笔时,并没有想到写作会耗费那么长时间,以为通过收集项目的系统结构文档和管理文档并对其进行排序,这本书就应该眉目清晰了。写作经历证明,这个方法从来没有真正实现过。在实际写作中,我们不得不多次重新构建全书的结构,通过大量的阅读和思考,重新组织材料,重新确定各个部分的重点和顺序,甚至某些章节在写成后还要推倒重写。读者最终看到的,已经是几易其稿后的内容了。

此书的大多数作者是在云服务公司任职的高层管理人员和技术架构师,虽然有很丰富的业界实践经验,个个都是工作中的高手,但由于日常工作繁忙,又几乎都是第一次写书,因此被要求在实践的基础上,对所撰写的内容做理论上的总结和提炼,也导致了本书的写作时间和写作难度超过了预先的估计。

在此书的写作过程中,我们对云服务领域的管理和技术有了更加深入和成熟的思考,这的确是除去书稿付梓之外值得欣慰和骄傲的事情。

《云计算服务:运营管理与技术架构》主要包括:

- 商务运营:财务、成本、并购等。
- 技术运营:7×24 小时生产线管理技术与流程。
- 技术架构:云服务的技术及构建。
- 安全技术与管理。
- 组织能力。

（2）关于本书。

距上一本书的出版已经过去七年了，云计算已经从理论阶段到了实践阶段，有了大量的落地场景。在更多的实践中，我们对云计算的技术架构和理论方法也有了更深入和更成熟的理解。同时，与云计算密切相关的大数据也从理论阶段到了实践阶段，在技术和商业上日趋成熟，完成了自己的进化。以大数据为基础的智能化也开始实施，成为未来发展的趋势。

技术的发展总是出人意料，特别是人工智能和大数据。当然，这些技术也对云计算提出了更高的安全性和稳定性的要求，因为它们都是以大规模分布式的数据为基础的。在数据驱动业务中，数据要求更高效的资源利用，因此在传统云化基础上，轻量级的容器化、应用层的微服务等新技术应运而生，这也是本书增加的内容。另外，随着时代的进步，现在开发、技术运营的流程体系比之前更加优化了，所以本书更新了很多章节的实践与案例，来阐述云服务的新特性和新发展。

本书内容更新主要体现在以下几方面。

- 大数据与数据智能：加入了完整的大数据技术与服务，以及数据智能的讲解。
- 技术运营：基于更深入的实践，提出了技术运营的"技术＋管理"的双维模型，并以此为中心，做了深入的讲解。
- 智能实践：根据一线的实践经验，在数据智能和 AIOps 上做了总结归纳、系统分析，并给出落地实施的建议。
- 云计算：系统讲解新的技术与发展。

2. 本书的重点：服务的实现

云计算的真正价值是云服务。

（1）推动云计算大规模发展的是云计算带来的服务，如 IaaS、PaaS 和 SaaS 给商务带来的价值。如果没有这些服务带来的价值，云计算只会像网格计算（Grid Computing）和分布式计算（Distributed Computing）一样，是实验室的几项技术或是某几个公司的产品，而不会成为改变整个 IT 和互联网产业的一项重大变革。

（2）本书着重于云计算与大数据服务的讲解，是一整套基于标准化和可度量的系统理论及实践经验，而不是单纯的技术本身。这也是在本书书名中强调"服务"的原因。

（3）云服务的落地仍然要靠"人"来实现，因此本书中也会介绍和云服务相结合的组织能力，包括团队能力、团队思维和团队管理。

在过去的十年里，云计算在中国有了很大的发展：出版了很多书，在互联网上也有很多文章出现。这些著作和文章讨论了许多云计算的概念、商业模式、技术和未来的期望等。也有很多行业会议和技术论坛在谈论云计算和大数据实施的各方面。然而，能够全面、系统、详细地阐述一个公司如何实现和运营云计算和大数据服务的书却很少。

本书的重点在于讲述如何实现云计算和大数据的服务。换句话说，当一个公司在战略上决定做云计算和大数据服务后，如何将该战略进行逐步分解，最终落地实施。这个战略的落地过程包括技术构建、运营管理、组织能力建设等一系列活动。

3. 本书的特点

本书的特点是理论和实践相结合。

- 丰富的实践经验：本书的作者都来自云计算和大数据产业，并有多年的一线实践

（hand-on）经验。

- 深入的理论讲解：每个专题都有系统的理论讲解。根据我们的实践，讲解我们的思路和方法。

作者在云计算和大数据产业中的丰富经验使得这本书有非常强的可读性和实践指导意义，书中的绝大部分案例都是作者亲自主导完成的，因此案例的讲解也比较深入，这是本书的特色之一。

在理论和案例的讲解中，读者可以汲取具体实践中的抽象思想，体会案例中的问题和场景是否似曾相识，并且做推演和点评，最终化为己用。

4. 本书的读者群

本书定位的读者群包括：

（1）资深的管理人员，尤其是高层管理人员，如 CTO 和 CIO。

本书将帮助他们：

- 了解实现云计算和大数据服务战略所涉及的各个主题的基本原理、主要思路和具体实践，以帮助管理人员建立和制定公司云战略落地的总体框架。
- 了解整个云计算和大数据服务的运营管理和技术架构的框架，以及在运营和技术层面上建立云服务。

（2）技术架构师。

本书将帮助技术架构师了解企业的商务和技术运营要求，如成本效率、服务的稳定性和可管理性等，以便技术架构师在搭建技术架构时能够充分考虑商务和运营因素，将云计算和大数据服务的技术平台建立在扎实的基础上。

同时，对技术团队而言，本书还可以帮助工程师了解高层管理者的决策背景和决策考虑因素，树立"为实现战略目标而做工程"的指导思想，而不是"为做工程而做工程"。

（3）高等院校的管理类与计算机类的师生。

本书希望帮助他们：

- 了解在云计算和大数据这个领先的行业中，企业所用到的管理与技术的理论及框架。
- 了解服务型公司运营的核心目标、基本运行模式、挑战等。
- 了解目前企业对最新技术的关注点及其采用的技术和实施的方式。

本书对目的、原理、挑战和实际方案或案例进行了系统化的讲解，是能够帮助高校师生切入企业运作的一本很好的教材。

5. 本书的作者

本书的作者有着丰富的云计算和大数据服务的行业背景以及技术和管理经验。

- 在经验上，有 10～20 年 IT 产业中实际运营经验和技术研究能力，并在云计算和大数据刚兴起时就进入该行业，有深厚的实践与研究经验。
- 在职责上，或是公司的高层管理人员，或是公司的技术架构师。

实际上，不同于一般的此类书的作者是跟随着云计算的发展而进入这个产业的，本书的主要作者实际上是"被"进入云计算服务领域的。

SaaS 是云服务体系中最大的一部分，也是云计算产业链中最早商业化的。追溯到 2001

年,当我们开始在硅谷的 SaaS 公司工作时,未曾刻意有过"云"的概念。真正的商业意义上的 SaaS 服务是 2000 年前后由发源于美国硅谷、后来非常著名的 SaaS 公司所推出的。这些公司包括 Salesforce(全球最大的在线 CRM 服务提供商)和 WebEx(全球最大的网络会议服务提供商)。Salesforce 的 CEO 马克·贝尼奥夫(Marc Benioff)更是直接提出了"软件终结"(The End of Software)的理念来推动传统企业软件向 SaaS 服务转型。

实际上,正是由于商业需求的驱动,才真正使云计算的技术和服务得到了快速发展,使我们突然发现自己已经身在云中。

(1) 讲解的思路。

本书的每一章基本上都是按照以下思路来进行的。

- 目的:说明本章所讲解的专题的目的。
- 基本原理:基本的概念、原理和框架。
- 挑战:在所讲解的专题上,云计算产业面临的挑战。
- 解决方案:解决方案的思路、要点和难点。
- 案例分析:通过真实的案例,探索更深层次的关键点和难点。

在重要的专题上,本书会介绍相应的经典理论和框架,目的是告诉读者这些专题研究和发展的历史,使读者有明确的思路,以作为他们实践的参考。

写作本书的目的是帮助读者对云计算和大数据从基本概念、发展思路到解决方案有一个系统的了解。这样可以帮助他们在实际环境中根据自己的实际情况设计出自己的解决方案。

(2) 作者寄语。

我们希望本书是一本系统和全面的、理论和实践兼备的、技术和管理统一的书,也希望本书是一本经得起时间考验的书。

在这一年多的写作过程中,我们一直朝着这个方向在不懈地努力,也衷心地希望能够得到读者的指正。

目录
CONTENTS

第 1 章　综述 …………………………………………………………………………… 1

1.1　本书的框架思路：云计算和大数据服务实现的四要素 ……………………… 1

1.2　本书的框架结构 …………………………………………………………………… 1

　　1.2.1　技术构建(第 1、第 2 部分)：云计算和大数据 …………………………… 2

　　1.2.2　服务运营(第 3、第 4、第 5 部分)：技术、管理、AIOps 和安全 ………… 3

　　1.2.3　服务质量管理(第 6 部分) ………………………………………………… 4

　　1.2.4　组织能力(第 7 部分) ……………………………………………………… 4

1.3　本书的章节结构 …………………………………………………………………… 5

1.4　云计算技术与服务 ………………………………………………………………… 6

　　1.4.1　云计算的发展史 …………………………………………………………… 6

　　1.4.2　云计算的定义 ……………………………………………………………… 7

　　1.4.3　云计算的服务模式 ………………………………………………………… 8

　　1.4.4　云计算的部署方式 ………………………………………………………… 9

1.5　大数据和数据智能的技术与服务 ……………………………………………… 10

　　1.5.1　大数据的定义 ……………………………………………………………… 10

　　1.5.2　云计算与大数据的关系 …………………………………………………… 11

　　1.5.3　数据智能 …………………………………………………………………… 12

1.6　技术运营：从技术升级到服务的实现关键 …………………………………… 13

1.7　智能实践 …………………………………………………………………………… 14

第 1 部分　云计算技术

第 2 章　云计算技术综述 …………………………………………………………… 19

2.1　云计算的技术发展回顾 ………………………………………………………… 19

　　2.1.1　云计算技术概念的发展 …………………………………………………… 19

　　2.1.2　云计算相关技术的发展 …………………………………………………… 20

2.2　云服务的技术结构 ……………………………………………………………… 24

　　2.2.1　云服务的技术层次 ………………………………………………………… 25

　　2.2.2　云服务的技术结构适用场景 ……………………………………………… 26

2.3　云服务对技术团队带来的挑战 ………………………………………………… 26

　　　2.3.1　对研发团队的挑战 ·· 27

　　　2.3.2　对技术运营团队的挑战 ·· 27

　　　2.3.3　对服务质量控制团队的挑战 ·································· 28

第3章　云计算的技术框架：面向服务的架构 ································ 29

　3.1　7×24小时云服务的挑战 ·· 29

　　　3.1.1　传统企业服务软件与云服务软件对比 ················· 29

　　　3.1.2　特性化与统一服务 ·· 30

　　　3.1.3　面向运营及服务系统功能 ····································· 31

　　　3.1.4　IT管理与服务监控 ··· 31

　3.2　云服务架构 ··· 31

　　　3.2.1　设计的基础模式 ··· 32

　　　3.2.2　设计的结构模式 ··· 33

　3.3　构建高可靠性 ·· 34

　　　3.3.1　可靠性理论与云计算平台的需求实现 ················· 35

　　　3.3.2　可靠性设计 ·· 37

　　　3.3.3　负载均衡与集群 ··· 38

　　　3.3.4　双机热备 ··· 39

　　　3.3.5　异地灾备 ··· 40

　3.4　构建高性能 ··· 43

　　　3.4.1　系统容量与性能瓶颈 ·· 44

　　　3.4.2　接入与Web层容量与性能设计与优化 ················· 44

　　　3.4.3　服务层容量与性能设计与优化 ···························· 46

　　　3.4.4　数据层容量与性能设计与优化 ···························· 48

　　　3.4.5　应对高并发容量 ··· 49

　3.5　构建高伸缩性 ·· 50

　　　3.5.1　设计规则扩展与性能 ·· 50

　　　3.5.2　并发访问量 ·· 51

　　　3.5.3　并发数据访问与I/O ·· 51

　3.6　构建高可配置性 ··· 51

　　　3.6.1　系统配置 ··· 52

　　　3.6.2　站点配置 ··· 52

　　　3.6.3　用户配置 ··· 53

　　　3.6.4　服务配置与技术运营关系 ····································· 53

　3.7　构建高可管理性云计算平台 ·· 54

　　　3.7.1　系统维护周期 ··· 54

　　　3.7.2　系统维护与服务中断 ·· 54

　　　3.7.3　系统可配置性 ··· 54

　　　3.7.4　系统监控能力 ··· 55

　　　　3.7.5　日志记录与错误处理 ·· 56

　　　　3.7.6　用于服务的配置、监控与日志系统 ·································· 57

　　3.8　案例分析 ·· 57

　　　　3.8.1　背景介绍 ·· 57

　　　　3.8.2　解决方案 ·· 58

　　　　3.8.3　讨论 ·· 62

　　3.9　本章小结 ··· 63

第 4 章　云服务的技术基础：虚拟化 ··· 64

　　4.1　虚拟化技术的发展历史 ··· 64

　　4.2　虚拟化技术分类 ··· 65

　　4.3　系统虚拟化 ·· 66

　　　　4.3.1　系统虚拟化的优势 ··· 66

　　　　4.3.2　系统虚拟化存在的问题 ·· 67

　　　　4.3.3　系统虚拟化的不足 ··· 68

　　4.4　网络虚拟化 ·· 68

　　　　4.4.1　网络虚拟化的分类 ··· 69

　　　　4.4.2　网络虚拟化的优势 ··· 69

　　　　4.4.3　网络虚拟化的不足 ··· 70

　　4.5　容器的虚拟化 ··· 70

　　4.6　其他虚拟化技术 ··· 72

　　4.7　市场主流虚拟化技术对比 ·· 72

　　4.8　虚拟化对云计算的推动 ··· 73

　　4.9　虚拟化与数据中心 ·· 75

　　　　4.9.1　虚拟化数据中心的优点 ·· 75

　　　　4.9.2　虚拟化数据中心的风险 ·· 76

　　　　4.9.3　虚拟化数据中心风险应对 ··· 77

　　4.10　研究分析：虚拟化技术的发展趋势 ·· 78

　　4.11　本章小结 ·· 80

第 5 章　云服务的平台技术：IaaS、PaaS 和 SaaS ······························· 81

　　5.1　平台技术的发展 ··· 81

　　　　5.1.1　平台技术演进阶段 ··· 81

　　　　5.1.2　云管理平台贯穿云平台技术发展始终 ······························ 82

　　　　5.1.3　云平台技术发展的展望 ·· 83

　　　　5.1.4　关于 FaaS 平台的思考 ·· 83

　　5.2　IaaS ··· 84

　　　　5.2.1　IaaS 平台架构 ·· 84

　　　　5.2.2　IaaS 的适用场景 ·· 84

5.2.3　IaaS 的优缺点 ……………………………………………………… 84

5.2.4　IaaS 的市场价值 …………………………………………………… 85

5.2.5　IaaS 的局限性 ……………………………………………………… 85

5.3　PaaS ……………………………………………………………………… 85

5.3.1　PaaS 平台架构 ……………………………………………………… 86

5.3.2　PaaS 的适用场景 …………………………………………………… 86

5.3.3　PaaS 的优缺点 ……………………………………………………… 86

5.3.4　PaaS 的市场价值 …………………………………………………… 87

5.3.5　PaaS 的局限性 ……………………………………………………… 87

5.4　SaaS ……………………………………………………………………… 87

5.4.1　SaaS 平台架构 ……………………………………………………… 87

5.4.2　SaaS 的适用场景 …………………………………………………… 88

5.4.3　SaaS 的优缺点 ……………………………………………………… 88

5.4.4　SaaS 的市场价值 …………………………………………………… 88

5.4.5　SaaS 的局限性 ……………………………………………………… 89

5.5　CaaS ……………………………………………………………………… 89

5.5.1　CaaS 平台架构 ……………………………………………………… 89

5.5.2　CaaS 的适用场景 …………………………………………………… 89

5.5.3　CaaS 的优缺点 ……………………………………………………… 90

5.5.4　CaaS 的市场价值 …………………………………………………… 90

5.6　云管理平台 ……………………………………………………………… 90

5.6.1　云管理平台的规范架构 ……………………………………………… 91

5.6.2　云管理平台的职能 …………………………………………………… 91

5.6.3　云管理平台的应用场景举例 ………………………………………… 92

5.7　平台的实施要点和挑战 ………………………………………………… 92

5.7.1　技术选型 ……………………………………………………………… 92

5.7.2　实施要点 ……………………………………………………………… 94

5.7.3　风险和挑战 …………………………………………………………… 95

5.8　案例研究：SaaS 的构建、演进、成果与教训 ………………………… 96

5.8.1　背景介绍 ……………………………………………………………… 96

5.8.2　自建 IDC 阶段 ……………………………………………………… 96

5.8.3　采用 IaaS 公有云阶段 ……………………………………………… 97

5.8.4　混合云阶段 …………………………………………………………… 99

5.8.5　容器化及微服务阶段 ……………………………………………… 102

5.8.6　数据安全 …………………………………………………………… 104

第 6 章　云服务的应用层技术：微服务 …………………………………… 106

6.1　微服务与云计算 ……………………………………………………… 106

6.2　微服务的定义 ………………………………………………………… 106

6.3　微服务的发展简史 ·· 108

6.4　微服务和 SOA 的关系 ·· 109

6.5　微服务的构成要素 ·· 109

6.6　微服务的优缺点 ·· 113

　　6.6.1　微服务的优点 ·· 113

　　6.6.2　微服务的缺点 ·· 114

6.7　微服务的实施要点 ·· 115

6.8　案例分析：SMS 推送平台的微服务化 ·························· 118

　　6.8.1　背景简介 ·· 118

　　6.8.2　系统特点 ·· 118

　　6.8.3　早期设计 ·· 119

　　6.8.4　解决方案 ·· 120

　　6.8.5　决策过程 ·· 121

　　6.8.6　实施过程 ·· 122

　　6.8.7　实施效果 ·· 123

　　6.8.8　未来改进 ·· 124

　　6.8.9　项目回顾 ·· 124

第 2 部分　大数据与数据智能

第 7 章　大数据理论及相关模型 ·· 127

7.1　大数据概念的提出和演进 ·· 127

7.2　4V＋1O 特征模型：大数据特征 ·································· 128

7.3　第四范式：问题解决的新模式 ···································· 129

7.4　蜜蜂效应：数据的选择价值 ······································ 131

7.5　大数据业务成熟度模型 ·· 132

　　7.5.1　业务监测 ·· 132

　　7.5.2　业务洞察 ·· 133

　　7.5.3　业务优化 ·· 133

　　7.5.4　数据变现 ·· 133

　　7.5.5　商业重塑 ·· 134

7.6　数据智能 ·· 134

第 8 章　数据智能平台构建策略 ·· 136

8.1　数据业务的构建过程 ·· 136

　　8.1.1　数据系统建设 ·· 137

　　8.1.2　数据业务建模 ·· 138

　　8.1.3　数据业务开展 ·· 140

8.2　数据智能体系要求 ……………………………………………………… 140

　8.2.1　建设思路、原则和目标 ……………………………………… 140

　8.2.2　基础平台 ………………………………………………………… 142

　8.2.3　融合平台 ………………………………………………………… 142

　8.2.4　治理系统 ………………………………………………………… 142

　8.2.5　质量保证 ………………………………………………………… 143

　8.2.6　安全计算 ………………………………………………………… 143

　8.2.7　分析挖掘 ………………………………………………………… 143

　8.2.8　数据可视化 ……………………………………………………… 143

8.3　数据中台策略 …………………………………………………………… 144

　8.3.1　数据仓库和数据湖 ……………………………………………… 144

　8.3.2　数据中台 ………………………………………………………… 147

　8.3.3　数据中台和数据仓库、数据湖的差别 ………………………… 148

第 9 章　大数据技术和平台 …………………………………………………… 149

9.1　大数据基础技术系统组成 ……………………………………………… 149

9.2　大数据开源体系各部分介绍 …………………………………………… 150

　9.2.1　Hadoop 介绍 ……………………………………………………… 150

　9.2.2　开源生态系统 …………………………………………………… 155

9.3　大数据生态的发展态势 ………………………………………………… 163

　9.3.1　数据治理与安全 ………………………………………………… 165

　9.3.2　基础设施 ………………………………………………………… 165

　9.3.3　数据协作工作台 ………………………………………………… 167

　9.3.4　数据分析流程自动化 …………………………………………… 169

　9.3.5　AI 驱动的应用发展趋势 ………………………………………… 170

9.4　实践讨论：大数据存储的建模 ………………………………………… 171

　9.4.1　分布式存储的架构 ……………………………………………… 171

　9.4.2　数据存储设计 …………………………………………………… 172

　9.4.3　NoSQL 的问题 …………………………………………………… 172

　9.4.4　存储设计实例 …………………………………………………… 173

第 10 章　大数据分析系统技术 ……………………………………………… 178

10.1　分析系统架构设计 …………………………………………………… 178

　10.1.1　CAP 理论 ………………………………………………………… 178

　10.1.2　分析系统考量三要素 …………………………………………… 179

　10.1.3　实时查询过程 …………………………………………………… 180

10.2　架构选择 ……………………………………………………………… 180

　10.2.1　大规模并行处理架构 …………………………………………… 180

　10.2.2　基于搜索引擎的架构 …………………………………………… 182

10.2.3 预计算系统架构 ·············· 185

10.2.4 三种架构的对比 ·············· 188

第 11 章 企业大数据实施策略 ·············· 190

11.1 企业实施大数据战略面临的挑战 ·············· 190

11.2 实施规划 ·············· 190

11.2.1 切入点规划 ·············· 191

11.2.2 组织配置和调整 ·············· 191

11.2.3 数据获取和挖掘 ·············· 191

11.2.4 效果评估 ·············· 191

11.3 案例研究：大数据运营场景及系统实施 ·············· 192

11.3.1 背景介绍 ·············· 192

11.3.2 演化路径 ·············· 192

11.3.3 个推 V1.0——基础 SaaS 产品 ·············· 193

11.3.4 个推 V2.0——大数据基础下的智能推送 ·············· 196

11.3.5 个推 V3.0——数据智能下的个推 ·············· 204

11.4 实践中的经验教训 ·············· 206

11.4.1 技术陷阱 ·············· 206

11.4.2 简洁及成本意识 ·············· 206

11.4.3 新技术的进一步应用 ·············· 207

11.4.4 总结 ·············· 208

第 3 部分 服务的技术运营

第 12 章 服务的技术运营综述 ·············· 211

12.1 技术运营的基本概念 ·············· 211

12.2 云服务的技术运营 ·············· 211

12.2.1 云服务的技术运营也是关于生产系统的运营 ·············· 211

12.2.2 技术运营的功能 ·············· 212

12.2.3 是技术运营，而不仅仅是维护 ·············· 212

12.3 云服务技术运营的目标 ·············· 213

12.3.1 从航空服务公司的要求来看 ·············· 213

12.3.2 云服务的运营管理目标 ·············· 213

12.3.3 技术运营永恒的四大指标 ·············· 215

12.4 技术运营的双维模型 ·············· 217

12.4.1 技术运营的双维概念 ·············· 217

12.4.2 双维的目的 ·············· 217

12.4.3 技术运营的双维模型 ·············· 218

12.4.4 双维平台的实施 ·············· 220

12.5 DevOps 方法论 ··· 221

　　12.5.1 DevOps 简史 ··· 222

　　12.5.2 DevOps 定义 ··· 222

　　12.5.3 DevOps 的关键过程 ····································· 223

12.6 服务可靠性工程 ··· 224

　　12.6.1 服务可靠性工程的定义与要点 ························· 224

　　12.6.2 SRE 与 DevOps ··· 226

12.7 双维模型、DevOps 与 SRE 的指导意义和应用 ················ 227

　　12.7.1 双维模型：给 CXO 的运营指导 ························ 227

　　12.7.2 DevOps 与 SRE：给技术架构师的指导 ················· 227

　　12.7.3 实践讨论(1)：Dev 与 Ops 的和与分 ·················· 228

　　12.7.4 实践讨论(2)：技术运营不同阶段各种方法论的应用 ····· 229

　　12.7.5 实践讨论(3)：在研发团队中引进 DevOps 思维 ········· 230

第 13 章　服务的生产设计 ·· 232

13.1 生产设计的目的 ··· 232

　　13.1.1 建立生产型的云服务 ································· 232

　　13.1.2 云服务的生产设计 ··································· 233

13.2 生产设计方法 ··· 234

　　13.2.1 生产设计目标 ······································· 234

　　13.2.2 生产设计流程 ······································· 234

13.3 生产设计(1)：工程开发期间的任务 ························· 235

　　13.3.1 服务平台的重要部分：基础建设工程 ·················· 235

　　13.3.2 服务可用度 ··· 236

　　13.3.3 服务的可管理性 ····································· 237

　　13.3.4 安全性 ··· 240

　　13.3.5 可扩展性 ··· 241

13.4 生产设计(2)：上线期间的任务 ····························· 242

　　13.4.1 生产线验收 ··· 242

　　13.4.2 生产线部署 ··· 243

　　13.4.3 日常维护计划 ······································· 244

13.5 服务支持结构：团队和知识 ··································· 244

　　13.5.1 团队结构 ··· 244

　　13.5.2 知识传递：文档的需求 ······························· 244

13.6 实践和讨论 ··· 245

　　13.6.1 从工程到实施的关键：系统层的逻辑设计 ·············· 245

　　13.6.2 进入生产线：生产线的部署设计 ····················· 247

第 14 章　服务的业务连续性 ·· 249

14.1　云服务业务连续性及其挑战 ·· 249

　　14.1.1　业务连续性的定义 ·· 249

　　14.1.2　云服务提供商面临的挑战 ·· 249

14.2　云计算的业务连续性方案概述 ·· 250

　　14.2.1　业务连续性的管理 ·· 250

　　14.2.2　业务连续性的技术方案——灾备系统概述 ···················· 253

14.3　灾备系统架构 ·· 255

　　14.3.1　网络系统 ·· 255

　　14.3.2　云计算应用系统 ·· 256

　　14.3.3　数据同步系统 ·· 258

　　14.3.4　管理工具：手动服务转移 ·· 258

14.4　灾备方案的成本效率 ·· 259

　　14.4.1　灾备资源的合理使用 ·· 259

　　14.4.2　公有云和私有云之间的结合 ······································ 259

14.5　案例研究：云服务提供商思科 WebEx 的灾备系统 ··················· 260

　　14.5.1　背景介绍 ·· 260

　　14.5.2　WebEx GSB 架构 ··· 261

　　14.5.3　WebEx GSB 的设计挑战和要点 ··································· 262

　　14.5.4　项目回顾 ·· 265

14.6　本章小结 ·· 266

第 15 章　服务运营的监控体系 ·· 267

15.1　服务监控概述 ·· 267

15.2　监控体系架构 ·· 268

　　15.2.1　监控体系的层级结构 ·· 268

　　15.2.2　监控体系的"4＋2"要素 ··· 269

　　15.2.3　Google SRE 的监控方法论 ······································· 270

　　15.2.4　监控体系常涉及的数据库 ·· 271

15.3　基础设施层的监控 ·· 273

　　15.3.1　基础设施层监控对象 ·· 273

　　15.3.2　基础设施的监控方法 ·· 274

　　15.3.3　虚拟化监控 ·· 275

　　15.3.4　容器化监控 ·· 275

15.4　应用层监控 ·· 275

15.5　服务层监控 ·· 276

　　15.5.1　互联网性能监控 ·· 276

　　15.5.2　用户体验监控 ·· 278

15.6　案例研究——基础设施层监控 ·· 278

　　15.6.1　背景介绍 ··· 278

　　15.6.2　监控软件选择 ··· 279

　　15.6.3　Open-Falcon 简介 ··· 280

　　15.6.4　分布式监控系统的指标体系 ··· 281

　　15.6.5　监控平台的架构 ·· 281

　　15.6.6　痛点与难点 ·· 283

第 16 章　服务运营的自动化 ··· 284

16.1　自动化理论 ·· 284

　　16.1.1　自动化简介 ·· 284

　　16.1.2　IT 自动化的一般模型 ·· 285

　　16.1.3　自动化的优点 ·· 285

　　16.1.4　自动化的风险和局限性 ·· 287

16.2　自动化运维的一般过程 ·· 288

　　16.2.1　一个新手运维工程师的升级之路 ·· 288

　　16.2.2　运维自动化发展阶段总结 ·· 289

16.3　自动化等级 ·· 290

　　16.3.1　驾驶自动化的等级 ·· 290

　　16.3.2　Google SRE 对自动化的分级 ·· 291

16.4　自动化工具 ·· 292

　　16.4.1　平台自动化工具：Kubernetes ··· 292

　　16.4.2　实践讨论：用 Kubernetes 建立持续交付流程 ······················· 294

　　16.4.3　任务自动化工具：SaltStack ·· 296

　　16.4.4　实践讨论：用 SaltStack 管理操作系统内核参数 ··················· 297

　　16.4.5　系统自动化工具：PXE ·· 298

　　16.4.6　实践讨论：用 PXE 实施批量装机 ·· 300

16.5　自动化的风险及控制 ··· 301

　　16.5.1　自动化带来的技术风险 ·· 301

　　16.5.2　自动化导致的故障 ·· 301

　　16.5.3　自动化风险控制的一些方法 ··· 302

16.6　运维自动化的深入：引入控制理论 ·· 303

　　16.6.1　控制原理介绍 ·· 303

　　16.6.2　数据库自动化中控制理论的应用——自治数据库 ·················· 304

　　16.6.3　实践研究：HBase 的压缩和分区状态迁移 ··························· 304

16.7　人工智能在自动化中的应用 ·· 306

　　16.7.1　人工智能和机器学习 ··· 307

　　16.7.2　人工智能与自动化：实施策略 ·· 307

　　16.7.3　人工智能与自动化：实施切入点 ··· 308

16.8　本章小结 ·· 309

第 17 章　7×24 小时服务的运营管理综述 ……………………………………… 310

17.1　7×24 小时服务运营的管理目标 ……………………………… 310

17.2　经典的运营管理框架 …………………………………………… 310

　　17.2.1　ITIL …………………………………………………… 311

　　12.2.2　CMM 和 CMMI ……………………………………… 312

　　17.2.3　敏捷 ……………………………………………………… 314

　　17.2.4　eTom …………………………………………………… 315

　　17.2.5　6-Sigma ………………………………………………… 316

　　17.2.6　COBIT ………………………………………………… 317

　　17.2.7　经典框架的局限性 …………………………………… 320

17.3　以服务为核心的运营管理流程 ………………………………… 320

17.4　日常的运营管理 ………………………………………………… 323

　　17.4.1　沟通效率 ………………………………………………… 323

　　17.4.2　知识管理 ………………………………………………… 323

　　17.4.3　运营会议 ………………………………………………… 325

17.5　管理流程面对的挑战 …………………………………………… 327

　　17.5.1　建立流程过程中的挑战 ……………………………… 327

　　17.5.2　成熟的运营——持续改进 …………………………… 328

17.6　运营管理的成熟度：五重境界 ………………………………… 328

17.7　案例研究：运营管理流程的推广与改进 ……………………… 329

　　17.7.1　背景 ……………………………………………………… 329

　　17.7.2　推广计划 ………………………………………………… 330

　　17.7.3　结果分析 ………………………………………………… 330

　　17.7.4　下一步计划 ……………………………………………… 333

17.8　案例的延伸讨论：主动式和被动式的运营管理 …………… 334

17.9　本章小结 ………………………………………………………… 335

第 18 章　事件、事故和问题管理三流程 ……………………………………… 336

18.1　7×24 小时生产线运营的挑战 ………………………………… 336

18.2　服务运营的整体思路 …………………………………………… 337

18.3　事件管理和生产线监控 ………………………………………… 338

　　18.3.1　目的 ……………………………………………………… 338

　　18.3.2　事件管理的流程 ………………………………………… 338

　　18.3.3　生产线的监控系统 ……………………………………… 339

　　18.3.4　实践中的要点 …………………………………………… 340

　　18.3.5　实践中的要点与难点 …………………………………… 340

18.4　事故管理 ………………………………………………………… 342

　　18.4.1　目的 ……………………………………………………… 342

18.4.2　流程 ………………………………………………………… 342

18.4.3　实践中的要点 ……………………………………………… 342

18.4.4　实践中的难点 ……………………………………………… 345

18.5　问题管理 ……………………………………………………………… 347

18.5.1　目的 …………………………………………………………… 347

18.5.2　流程 …………………………………………………………… 347

18.5.3　实践中的要点 ……………………………………………… 347

18.5.4　实践中的难点：主动型问题管理 ………………………… 349

18.6　实践（1）：事故管理流程的设计 ………………………………… 351

18.6.1　背景 …………………………………………………………… 351

18.6.2　事故管理流程的总体设计 ………………………………… 351

18.6.3　设计中的特别关注点 ……………………………………… 352

18.7　实践（2）：对管理者的建议 ………………………………………… 353

18.7.1　生产服务管理体系建立的切入点：事故管理 …………… 353

18.7.2　立足于"技术＋管理"的双维模型：生产线事故一半出自
　　　　　管理问题 …………………………………………………… 353

18.7.3　整体生产线管理框架：各流程之间的交互 ……………… 355

18.8　案例分析：从技术和管理的双维角度剖析事故 ………………… 355

18.8.1　背景 …………………………………………………………… 355

18.8.2　事故复盘 ……………………………………………………… 355

18.8.3　事故分析 ……………………………………………………… 356

18.8.4　改进措施及成果 …………………………………………… 357

第 19 章　变更管理 ……………………………………………………………… 361

19.1　变更管理介绍 ………………………………………………………… 361

19.1.1　变更管理的目的 …………………………………………… 361

19.1.2　变更管理的范畴 …………………………………………… 362

19.2　变更管理的原理 ……………………………………………………… 362

19.2.1　变更管理的任务 …………………………………………… 362

19.2.2　变更的执行策略 …………………………………………… 363

19.2.3　变更管理的流程 …………………………………………… 364

19.2.4　变更流程的效果衡量 ……………………………………… 365

19.3　云服务运营中的挑战 ………………………………………………… 366

19.3.1　云服务生产运营所面临的挑战 …………………………… 366

19.3.2　变更管理对服务运营和商务的益处 ……………………… 367

19.3.3　了解服务生产运营状况：好还是差 ……………………… 367

19.4　实践中的要点 ………………………………………………………… 368

19.4.1　实践的核心：控制 ………………………………………… 368

19.4.2　实施的关键步骤 …………………………………………… 368

　　　　19.4.3　变更流程1：变更申请 ·························· 369

　　　　19.4.4　变更流程2：变更审批 ·························· 369

　　　　19.4.5　变更流程3：变更实施 ·························· 370

　　　　19.4.6　变更流程4：变更反思 ·························· 371

　　　　19.4.7　团队和职责 ······························· 372

　　19.5　实践中的难点 ································· 373

　　　　19.5.1　运营管理文化的建立 ························· 373

　　　　19.5.2　高层管理者的支持 ·························· 373

　　　　19.5.3　支持变更管理的政策 ························· 373

　　19.6　案例研究(1)：变更管理实施中所发现的运营问题和改进 ······· 374

　　　　19.6.1　背景介绍 ······························· 374

　　　　19.6.2　研发与运营的冲突 ·························· 374

　　　　19.6.3　解决方案：变更管理与用户管理、发布管理的结合 ······· 375

　　　　19.6.4　蓝绿部署、灰度发布 ························· 376

　　　　19.6.5　环境一致性管理 ·························· 377

　　　　18.6.6　进一步的讨论 ·························· 378

　　19.7　案例研究(2)：复杂环境下变更管理流程的设计 ············ 379

　　　　19.7.1　背景介绍 ······························· 379

　　　　19.7.2　团队结构 ······························· 380

　　　　19.7.3　流程及其说明 ··························· 381

　　　　19.7.4　实施要素 ······························· 384

　　　　19.7.5　进一步的讨论 ·························· 385

第20章　容量管理 ····································· 387

　　20.1　容量管理的目的 ································ 387

　　20.2　ITIL的容量管理方法介绍 ·························· 388

　　　　20.2.1　容量管理的基本流程 ························· 389

　　　　20.2.2　容量管理的三个层次 ························· 389

　　　　20.2.3　容量管理相关的基本要素 ······················ 390

　　20.3　云服务容量管理的挑战和要点 ······················ 391

　　　　20.3.1　来自云服务的挑战 ·························· 391

　　　　20.3.2　容量管理的要点 ·························· 391

　　20.4　容量规划 ···································· 392

　　　　20.4.1　容量需求分析 ··························· 393

　　　　20.4.2　容量建模与容量方案 ························· 393

　　　　20.4.3　成本审核与调整 ·························· 394

　　　　20.4.4　实施计划 ······························· 395

　　20.5　性能管理 ···································· 395

　　20.6　容量规划的关键：建模 ·························· 396

20.6.1 使用量的模拟：使用量与时间的关系 ·················· 397

20.6.2 成本的模拟：成本与使用量的关系 ·················· 397

20.7 建模的数学方法 ···································· 398

20.7.1 回归分析法 ·································· 398

20.7.2 趋势外推预测方法 ······························ 399

20.7.3 时间序列平滑预测法 ···························· 399

20.7.4 机器学习算法 ································ 400

20.8 容量管理的衡量指标 ···························· 400

20.9 成功因素和风险 ································ 401

20.10 案例研究：苏宁金融容量管理的技术解决方案 ·········· 401

20.10.1 背景介绍 ································ 401

20.10.2 技术解决方案 ·························· 402

20.10.3 成本管理的实施 ······················ 403

20.10.4 容量模型的建立 ······················ 404

20.10.5 智能算法的应用 ······················ 405

第 4 部分 智能运营（AIOps）

第 21 章 数据能力——智能运营（AIOps）介绍 ··············· 409

21.1 数据能力的新阶段：AIOps ···················· 409

21.2 AIOps 发展历史：从 ITOA 到 AIOps ·············· 410

21.2.1 ITOA ·································· 410

21.2.2 AIOps ································ 410

21.3 AIOps 的技术栈 ································ 411

21.4 机器学习介绍 ································ 412

21.4.1 机器学习的定义 ······················ 412

21.4.2 监督学习和无监督学习 ·················· 413

21.4.3 神经网络及深度学习 ···················· 413

21.4.4 机器学习中的分类与聚类 ················ 416

21.5 AIOps 为工厂运营管理赋能 ···················· 417

21.6 场景讨论：运维报警风暴的处理 ················ 418

21.6.1 报警风暴 ······························ 418

21.6.2 基于时间序列数据定义异常值 ·············· 419

21.6.3 使用机器学习的非监督算法报警 ············ 420

21.6.4 用机器学习方法进一步提取更丰富的数据 ······ 420

21.7 本章小结 ·································· 421

第 22 章 AIOps 中的算法基础 ·························· 422

22.1 AIOps 适用场景和算法策略 ···················· 422

22.1.1　AIOps 适用场景 ·· 422

22.1.2　AIOps 策略：场景分解和算法组合 ································ 422

22.2　KPI 聚类 ··· 423

22.2.1　k 中心聚类算法 ··· 424

22.2.2　密度聚类算法 ·· 425

22.2.3　随机聚类算法 ·· 426

22.3　瓶颈分析 ··· 427

22.3.1　皮尔逊(Pearson)相关系数 ·· 428

22.3.2　逻辑回归 ··· 428

22.3.3　决策树 ·· 429

22.4　异常检测与容量预测 ··· 430

22.4.1　异常检测 ··· 430

22.4.2　容量预测 ··· 431

22.4.3　ARIMA 模型 ·· 431

22.4.4　Holt-Winters 指数平滑算法 ·· 432

22.4.5　长短期记忆算法 ··· 432

22.5　异常定位 ··· 433

22.5.1　异常定位的定义与难点 ·· 433

22.5.2　iDice ·· 434

22.5.3　Adtributor 算法 ··· 435

22.6　故障预测 ··· 436

22.6.1　故障预测的定义 ··· 436

22.6.2　隐式马尔可夫模型 ·· 437

22.6.3　支持向量机与核函数 ·· 438

22.6.4　多示例学习 ·· 438

22.7　实践讨论：异常检测场景中的算法选择思路 ··························· 439

22.8　数据重视和增量学习 ··· 442

第 23 章　AIOps 的落地：企业实施 ·· 444

23.1　AIOps 企业实施战略 ·· 444

23.1.1　实施路线图 ·· 444

23.1.2　实施策略 ··· 445

23.2　建立基础：数据先行 ··· 447

23.2.1　数据整合 ··· 447

23.2.2　数据处理 ··· 448

23.3　实践讨论 ··· 449

23.3.1　阶段性实施策略 ··· 449

23.3.2　落地点之一：降低 MTTR ·· 450

23.3.3　策略实施中容易犯的错误 ·· 451

23.4　案例研究：苏宁金融的智能运维实践 ……………………………… 452

23.4.1　背景介绍 ……………………………………………………… 452

23.4.2　苏宁金融智能运维生态体系 …………………………………… 452

23.4.3　AIOps切入点选择：问题根因分析 …………………………… 453

23.4.4　技术挑战 ………………………………………………………… 454

23.4.5　智能问题诊断流程 ……………………………………………… 454

23.4.6　智能问题诊断算法模型 ………………………………………… 455

23.4.7　模型效果表现 …………………………………………………… 458

23.4.8　总结：挑战、思路与计划 ……………………………………… 458

第5部分　安全技术与管理

第24章　云计算安全概述 …………………………………………………… 465

24.1　概述 ……………………………………………………………… 465

24.1.1　云计算安全的定义 ……………………………………………… 465

24.1.2　广义的云计算安全 ……………………………………………… 466

24.2　云计算安全的挑战和研究现状 …………………………………… 467

24.2.1　云计算安全研究焦点域 ………………………………………… 467

24.2.2　国内外云计算安全技术研究现状 ……………………………… 468

24.2.3　云计算模式下信息安全技术演进趋势 ………………………… 468

24.3　国内外云计算安全相关的标准化组织及其研究成果 …………… 469

24.3.1　云安全联盟(CSA) ……………………………………………… 469

24.3.2　第一联合技术委员会 …………………………………………… 470

24.3.3　国际电信联盟电信标准化部门 ………………………………… 470

24.3.4　分布式管理任务组 ……………………………………………… 470

24.3.5　全国信息安全标准化技术委员会 ……………………………… 470

24.3.6　中国通信标准化协会 …………………………………………… 471

24.4　本章小结 …………………………………………………………… 471

第25章　云计算安全架构 …………………………………………………… 472

25.1　云计算安全体系架构 ……………………………………………… 472

25.2　云计算模型与安全架构模型间的映射关系 ……………………… 474

25.3　云计算安全职责划分 ……………………………………………… 475

25.4　本章小结 …………………………………………………………… 477

第26章　云计算基础设施安全 ……………………………………………… 478

26.1　云计算基础设施面临的安全风险 ………………………………… 478

26.2　云计算基础设施的安全保护机制 ………………………………… 479

26.2.1　物理安全 ………………………………………………………… 479

26.2.2　网络安全 ┄┄┄┄┄┄┄┄┄┄┄┄┄┄┄┄┄┄┄┄┄┄┄ 480

26.2.3　主机安全 ┄┄┄┄┄┄┄┄┄┄┄┄┄┄┄┄┄┄┄┄┄┄┄ 481

26.2.4　虚拟化安全 ┄┄┄┄┄┄┄┄┄┄┄┄┄┄┄┄┄┄┄┄┄┄ 482

26.2.5　中间件安全 ┄┄┄┄┄┄┄┄┄┄┄┄┄┄┄┄┄┄┄┄┄┄ 485

26.3　本章小结 ┄┄┄┄┄┄┄┄┄┄┄┄┄┄┄┄┄┄┄┄┄┄┄┄┄┄ 489

第 27 章　云计算数据安全 ┄┄┄┄┄┄┄┄┄┄┄┄┄┄┄┄┄┄┄┄┄ 490

27.1　云计算环境下数据安全综述 ┄┄┄┄┄┄┄┄┄┄┄┄┄┄┄┄ 490

27.1.1　数据安全保护的意义 ┄┄┄┄┄┄┄┄┄┄┄┄┄┄┄┄ 490

27.1.2　数据生命周期 ┄┄┄┄┄┄┄┄┄┄┄┄┄┄┄┄┄┄┄┄ 490

27.2　服务提供商面临的数据安全风险及挑战 ┄┄┄┄┄┄┄┄┄ 491

27.2.1　数据加密 ┄┄┄┄┄┄┄┄┄┄┄┄┄┄┄┄┄┄┄┄┄┄┄ 491

27.2.2　钓鱼行为 ┄┄┄┄┄┄┄┄┄┄┄┄┄┄┄┄┄┄┄┄┄┄┄ 492

27.2.3　数据审计与监控 ┄┄┄┄┄┄┄┄┄┄┄┄┄┄┄┄┄┄┄ 492

27.3　数据安全保护机制 ┄┄┄┄┄┄┄┄┄┄┄┄┄┄┄┄┄┄┄┄┄ 493

27.3.1　数据加密介绍 ┄┄┄┄┄┄┄┄┄┄┄┄┄┄┄┄┄┄┄┄ 493

27.3.2　数据脱敏 ┄┄┄┄┄┄┄┄┄┄┄┄┄┄┄┄┄┄┄┄┄┄┄ 499

27.3.3　数据残余销毁 ┄┄┄┄┄┄┄┄┄┄┄┄┄┄┄┄┄┄┄┄ 503

27.3.4　数据沿袭(Data Lineage) ┄┄┄┄┄┄┄┄┄┄┄┄┄ 506

27.3.5　数据备份与恢复 ┄┄┄┄┄┄┄┄┄┄┄┄┄┄┄┄┄┄┄ 507

27.3.6　访问控制 ┄┄┄┄┄┄┄┄┄┄┄┄┄┄┄┄┄┄┄┄┄┄┄ 508

27.3.7　新一代云计算安全技术 ┄┄┄┄┄┄┄┄┄┄┄┄┄┄ 508

27.4　案例分析：政务云的数据安全设施 ┄┄┄┄┄┄┄┄┄┄┄ 509

27.4.1　项目背景 ┄┄┄┄┄┄┄┄┄┄┄┄┄┄┄┄┄┄┄┄┄┄┄ 509

27.4.2　技术方案 ┄┄┄┄┄┄┄┄┄┄┄┄┄┄┄┄┄┄┄┄┄┄┄ 510

27.4.3　实施要点 ┄┄┄┄┄┄┄┄┄┄┄┄┄┄┄┄┄┄┄┄┄┄┄ 512

27.5　本章小结 ┄┄┄┄┄┄┄┄┄┄┄┄┄┄┄┄┄┄┄┄┄┄┄┄┄┄ 512

第 28 章　IaaS 和 PaaS 服务安全 ┄┄┄┄┄┄┄┄┄┄┄┄┄┄┄┄ 514

28.1　IaaS 服务用户需重点关注的安全问题 ┄┄┄┄┄┄┄┄┄┄ 514

28.1.1　系统基础服务安全风险及应对措施 ┄┄┄┄┄┄┄ 514

28.1.2　远程管理风险及应对措施 ┄┄┄┄┄┄┄┄┄┄┄┄ 515

28.1.3　DNS 威胁及应对措施 ┄┄┄┄┄┄┄┄┄┄┄┄┄┄┄ 516

28.2　IaaS 服务用户安全检查清单 ┄┄┄┄┄┄┄┄┄┄┄┄┄┄┄ 518

28.3　PaaS 服务用户需重点关注的安全问题 ┄┄┄┄┄┄┄┄┄ 519

28.3.1　安全相关的 API ┄┄┄┄┄┄┄┄┄┄┄┄┄┄┄┄┄┄┄ 519

28.3.2　应用安全部署 ┄┄┄┄┄┄┄┄┄┄┄┄┄┄┄┄┄┄┄┄ 520

28.3.3　远程安全访问 ┄┄┄┄┄┄┄┄┄┄┄┄┄┄┄┄┄┄┄┄ 520

28.3.4　服务锁定风险 ┄┄┄┄┄┄┄┄┄┄┄┄┄┄┄┄┄┄┄┄ 521

28.4 PaaS 服务用户安全检查清单 ·· 521

28.5 本章小结 ··· 522

第 29 章 SaaS 服务安全 ·· 523

29.1 SaaS 服务安全风险 ·· 523

29.1.1 互联网服务安全现状 ·· 523

29.1.2 SaaS 服务安全需求 ·· 524

29.2 SaaS 应用安全保护机制 ·· 525

29.2.1 安全开发生命周期 ·· 525

29.2.2 Web 应用防火墙 ·· 529

29.2.3 身份识别与访问管理 ·· 533

29.2.4 终端用户安全 ·· 537

29.3 案例研究：桌面云服务安全部署方案 ······································ 539

29.3.1 桌面云服务概述 ·· 539

29.3.2 设计挑战 ·· 540

29.3.3 设计要点 ·· 540

29.4 本章小结 ··· 543

第 30 章 云计算安全治理 ·· 544

30.1 组织架构与过程模型 ·· 544

30.1.1 组织架构 ·· 544

30.1.2 风险管理 ·· 545

30.1.3 过程模型 ·· 546

30.2 云计算安全治理操作 ·· 547

30.2.1 云计算安全指南制定 ·· 547

30.2.2 安全监控与事件响应 ·· 548

30.2.3 威胁管理和渗透测试 ·· 550

30.2.4 变更管理 ·· 552

30.2.5 安全审计与日志 ·· 553

30.3 隐私保护 ··· 554

30.3.1 云计算环境下隐私保护的概念 ···································· 554

30.3.2 云计算环境下的隐私数据 ·· 555

30.3.3 云计算环境下隐私数据保护对策 ·································· 556

30.4 案例：金融业的电子支付运营安全 ·· 558

30.4.1 需求分析 ·· 558

30.4.2 设计考虑 ·· 558

30.4.3 安全运营治理实施 ·· 559

30.4.4 成效评估 ·· 561

30.5 本章小结 ··· 561

第 31 章　云计算的合规性 ·· 562

31.1　IT 合规概述 ·· 562

　　31.1.1　什么是 IT 合规 ·· 562

　　31.1.2　IT 合规对云计算提供商的必要性 ················· 562

　　31.1.3　云服务提供商在合规中面临的挑战 ·············· 563

31.2　信息化合规规划 ·· 564

　　31.2.1　信息科技合规整体框架 ······························ 564

　　31.2.2　IT 合规解决方案 ·· 565

31.3　IT 合规实践 ··· 567

　　31.3.1　IT 合规的工作内容 ····································· 567

　　31.3.2　IT 合规的实践建议 ····································· 567

31.4　合规工作中的难点和解决思路 ·································· 573

　　31.4.1　公司的战略与支持 ····································· 573

　　31.4.2　IT 管理 ·· 574

　　31.4.3　技术运营团队的工作 ··································· 574

31.5　案例研究：在线金融服务商的合规实践 ··················· 575

　　31.5.1　背景介绍 ·· 576

　　31.5.2　安全整改内容 ·· 576

　　31.5.3　实施阶段 ·· 577

　　31.5.4　合规整改结果 ·· 578

　　31.5.5　项目挑战点 ··· 579

　　31.5.6　后期项目的风险和困难点 ···························· 579

31.6　本章小结 ··· 579

　　31.6.1　合规实施的要点 ··· 579

　　31.6.2　合规实施的难点 ··· 580

　　31.6.3　进一步的建议 ·· 580

第 6 部分　服务质量管理

第 32 章　云服务的质量工程 ··· 585

32.1　服务质量保证的基本原理 ·· 585

　　32.1.1　软件服务质量 ·· 586

　　32.1.2　软件过程质量 ·· 589

　　32.1.3　质量管理体系的构成 ··································· 590

　　32.1.4　软件质量控制 ·· 592

　　32.1.5　软件质量保证 ·· 593

　　32.1.6　软件质量改进 ·· 594

32.2　质量保证过程 ……………………………………………………………… 595

　　32.2.1　验证与确认 …………………………………………………… 596

　　32.2.2　评审 ……………………………………………………………… 597

　　32.2.3　正式评审会议 …………………………………………………… 598

　　32.2.4　单元测试与集成测试 …………………………………………… 601

　　32.2.5　功能测试 ………………………………………………………… 602

　　32.2.6　回归测试 ………………………………………………………… 602

　　32.2.7　系统的非功能性测试 …………………………………………… 603

　　32.2.8　验收测试 ………………………………………………………… 604

　　32.2.9　技术运营阶段的质量保证活动 ………………………………… 605

32.3　云服务平台的特有质量诉求 ……………………………………………… 606

　　32.3.1　可用性 ……………………………………………………………… 607

　　32.3.2　安全性 ……………………………………………………………… 607

　　32.3.3　可扩充性 …………………………………………………………… 607

32.4　需求评审和设计评审 ……………………………………………………… 608

　　32.4.1　需求评审 …………………………………………………………… 608

　　32.4.2　系统架构设计评审 ……………………………………………… 611

　　32.4.3　系统部署物理设计评审 ………………………………………… 612

32.5　云服务的验证 ……………………………………………………………… 613

　　32.5.1　可用性验证 ……………………………………………………… 613

　　32.5.2　安全性验证 ……………………………………………………… 615

　　32.5.3　可伸缩性验证 …………………………………………………… 616

　　32.5.4　通过 SLA 来保证质量水平 …………………………………… 617

第 33 章　服务运营的质量管理 ………………………………………………… 619

33.1　服务质量管理的目的 ……………………………………………………… 619

33.2　经典的服务质量管理方法 ………………………………………………… 620

　　33.2.1　ITIL/CSI 框架 …………………………………………………… 620

　　33.2.2　6-Sigma 框架 …………………………………………………… 621

　　33.2.3　戴明循环理论 …………………………………………………… 622

33.3　云服务运营中质量管理所面临的挑战 …………………………………… 623

　　33.3.1　源自运营目标的挑战 …………………………………………… 623

　　33.3.2　来自执行中的难度 ……………………………………………… 624

33.4　对服务质量管理的探索：GMAI 方法及其要点 ………………………… 624

33.5　GMAI 服务质量管理：服务改进的框架 ………………………………… 626

　　33.5.1　质量管理目标（Goal） …………………………………………… 626

　　33.5.2　衡量（Measure） ………………………………………………… 627

　　33.5.3　分析（Analysis） ………………………………………………… 628

　　33.5.4　改进（Improve） ………………………………………………… 628

33.6　GMAI服务质量管理：服务改进的持续 ······· 629

33.6.1　持续性的实现方法：来自目标和项目的驱动 ······· 629

33.6.2　持续性的基础：证明自己的业务价值 ······· 629

33.7　实践讨论(1)：如何保证服务质量改进的持续性 ······· 630

33.8　实践讨论(2)：服务质量管理如何获得管理层的支持 ······· 631

33.8.1　高质量的报告 ······· 631

33.8.2　高级管理人员仪表板 ······· 632

33.9　服务质量管理方案的选择 ······· 635

第7部分　组织能力

第34章　组织能力的构建与发展 ······· 639

34.1　组织能力概述 ······· 639

34.1.1　企业成功的关键 ······· 639

34.1.2　组织能力的定义和建设 ······· 640

34.1.3　云服务的组织能力框架 ······· 641

34.2　云计算服务公司面临的挑战 ······· 641

34.3　员工能力 ······· 642

34.3.1　建立学习型组织 ······· 643

34.3.2　有效的培训体系 ······· 644

34.4　员工的思维模式 ······· 645

34.4.1　公司价值观的建立：如何确定价值观的内容 ······· 646

34.4.2　价值观落地：团队的接受 ······· 646

34.5　员工治理 ······· 647

34.5.1　组织架构：合理的团队结构 ······· 647

34.5.2　组织架构中的边界管理：边界弱化、增强及平衡 ······· 649

34.5.3　业务流程：明确的制度 ······· 651

34.5.4　有效的信息管理 ······· 652

34.6　技术体系的组织架构 ······· 653

34.6.1　一元初始：研发 ······· 653

34.6.2　二元架构：研发、运营 ······· 654

34.6.3　三元架构：研发、运营、数据 ······· 655

34.6.4　四元架构：研发、运营、数据、管理 ······· 656

34.7　客服体系的组织架构 ······· 658

34.8　实践研究(1)：构建高效的技术运营团队 ······· 659

34.8.1　背景 ······· 659

34.8.2　思维方式：技术运营的管理思想 ······· 660

34.8.3　团队治理：团队的结构与责任 ······· 660

34.8.4　团队能力：团队的培养 ······· 662

34.9　实践研究(2)：构建大数据的组织能力 ························· 663

　34.9.1　企业的新型竞争力：分析能力 ························· 663

　34.9.2　大数据组织能力模型 ························· 664

　34.9.3　员工思维 ························· 664

　34.9.4　员工治理 ························· 665

34.10　实践研究(3)：构建服务导向的客户服务部门 ························· 667

　34.10.1　客服的三种核心服务方式 ························· 667

　34.10.2　被动式服务：问题的快速响应 ························· 668

　34.10.3　主动式服务：有效的客户管理 ························· 669

　34.10.4　服务体系的改进 ························· 670

　34.10.5　本章小结 ························· 672

参考文献 ························· 673

后记——行自云起时,更上一层楼 ························· 674

第1章

综　述

本章主要介绍构建本书的框架思路、每章的结构划分以及关键的基本概念,如云计算、大数据、技术运营、智能、安全和组织能力等。

1.1　本书的框架思路:云计算和大数据服务实现的四要素

云计算和大数据服务体系建立的目的,对外是要给客户提供一个可靠的服务,对内是自己能够运营。在技术上是从四方面来实现,如图 1-1 所示。

（1）技术构建:构建牢固的服务平台。

如何建立一个生产就绪的云计算和大数据服务平台,这是可靠运营的基础,就像可靠的飞机是航空公司运营的基础一样。

本书的第 1 部分"云计算技术"和第 2 部分"大数据与数据智能",主要讲解服务平台的构建。

（2）服务运营:服务的技术运营。

如何管理 7×24 小时的生产线,以使其处于高可用状态。

图 1-1　服务构建的四要素

本书的第 3 部分"服务的技术运营"、第 4 部分"智能运营(AIOps)"、第 5 部分"安全技术与管理",主要讲解服务的运营,讲解以"技术＋管理"的双维模型为框架进行。

（3）质量管理:服务质量的改进。

服务质量管理的不断改进(Continual Service Quality Improvement)是指客户对服务质量的要求越来越高,服务提供商要不断地改进或提高自己,而不是等到面临困境再寻求改善。

（4）组织能力就是人的因素,所有的技术和管理都是团队来发展和操作的。

1.2　本书的框架结构

本书的内容是以图 1-1 中的服务构建四要素展开的。四要素包括技术构建、服务运营、质量管理和组织能力。如图 1-2 所示,全书共分为 7 部分。

（1）云计算技术。

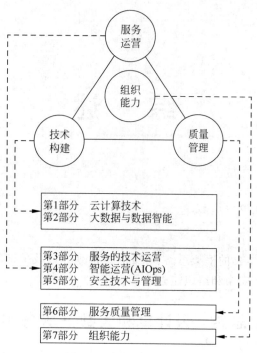

图 1-2　本书的框架结构

（2）大数据与数据智能。

（3）服务的技术运营。

（4）智能运营（AIOps）。

（5）安全技术与管理。

（6）服务质量管理。

（7）组织能力。

下面对各部分做简要概述。

1.2.1　技术构建（第 1、第 2 部分）：云计算和大数据

1. 第 1 部分　云计算技术

云服务是在技术平台上运行的，技术是云服务的基础。

这是非常难把控的一部分，已经有很多的书和文章在讨论云计算有关的技术，如虚拟化、Hadoop 存储等，而且有些书讨论得很深入。

在这一部分，我们决定从另外一个角度来讲解云计算技术。实际上，云服务提供商关心的是能够为服务运营所用的技术，而不是为了技术而技术。因此，本书的重点放在如何建立一个可靠的、可扩展和可管理的平台所需要的技术架构、质量工程和监控体系等，而不是深入讨论某个单项技术。

根据这个思路，本书讲解了相关的虚拟化、海量数据处理等关键技术。但是对很前沿的云计算技术，如果离技术运营比较远，就没有涉及。

在技术方案讨论中，我们也是从实践的角度出发讲解技术设计和实施，以及相关要点和难点。

这部分的作者是在相关领域工作时间很长的技术架构师和资深的技术管理人员,有着丰富的实践经验。

2．第2部分　大数据与数据智能

大数据技术的发展是伴随着云计算技术发展起来的核心领域之一。

从21世纪初的概念提出,经过10多年的发展,大数据技术经过众多大型互联网公司以及行业用户的实践,取得了显著的成果,目前已进入数据智能时代。

这一部分按照五方面展开。

(1)从理论的角度就大数据的一些概念进行描述,目的是通过了解大数据"童年"的故事,循着一定的发展脉络,厘清其发展背后的逻辑,也就是聊一聊其出生、志向、成长。

(2)介绍大数据业务开展的一般路径,重点阐述数据智能下的技术体系要求,同时就数据湖、数据仓库、数据中台策略进行对比分析,以让读者对其各自的背景、适用场景等有一个了解。

(3)针对大数据平台、技术体系和生态,阐述大数据技术的原理、构成及发展路径,以及作为一个核心领域也必然会存在的生态。

(4)讲述数据智能中最体现复杂度的分析系统,从系统类型、技术要点,特别是底层的存储和数据库设计方面进行详细讲述,为读者在进行分析系统选型、设计等方面提供必要的信息。

(5)根据作者所在企业实际在大数据方面的实施经验进行的总结和提炼。

实践是检验真理的唯一标准,虽然一个企业的实践活动并不一定具有普世性,但是可以给大家提供一个非常好的参考。因此作者从企业在不同阶段面临的挑战、实施策略的确定、组织架构和人员的配置要求,再结合市场推出相应产品等几方面进行梳理,最后讲解教训及展望。

1.2.2　服务运营(第3、第4、第5部分):技术、管理、AIOps和安全

服务运营是按照"技术＋管理"的双维模型展开的,共有三部分。

1．第3部分　服务的技术运营

这里介绍的是技术维度和管理维度所涉及的知识。在技术维度上讲解生产线设计、高可用体系、监控和自动化。在管理维度上,讲解以ITIL为基础的生产线管理方法。

2．第4部分　智能运营(AIOps)

AIOps是数据能力的体现。因为AIOps是个很新的领域,因此作为一个单独的部分进行讲解。

3．第5部分　安全技术与管理

云服务的安全性是客户最关心的问题之一,这部分讲解云服务的安全保障技术、安全管理体系、云服务连续性保障以及云计算的IT合规性认证等。

这部分内容是全书中系统性最强的部分之一,归功于这部分的作者在研究院多年的潜心研究。

服务运营部分在写作时非常费时,主要是以下两个原因:

（1）"实践→理论→实践→理论"的多次思考和循环,虽然作者在实践中有多年的经验,但在刚开始所做的思考和总结,随着时间的推移和再思考,被推倒重写。如此反复,很耗时间。

（2）现有的经典的技术管理体系过于庞大,并且没有直接针对云服务运营的,要花很多时间从这些现有的体系中进行总结和归纳。与云计算运营最相关的 ITIL v3 是五本非常厚重的书,还有 6-Sigma、eTom 等专著,除了培训机构外,极少有高管会去通读,也不会通盘应用的。

这里要强调两个名词的定义。

（1）"技术运营"（Technical Operations）:"技术运营"这个词是随云计算的发展而在国外的云服务业界开始广泛使用的。在国内,比较常用的是"运维",这是沿用传统的公司内部 IT 的叫法。但实际上,无论从服务的范畴与要求、管理的理念、团队的架构各方面,技术运营大大超越了内部 IT 运维的范围,已经成为云计算公司运营的一部分。

（2）"生产"或"生产线":"生产"或"生产线"来自英文"production"。实际上,production 的英文原意是指基于 7×24 小时运行的、可以为客户提供有价值服务的、严格控制管理的服务环境和相关管理。production 的英文含义远大于中文的字面含义。在本书的讨论中,用的是 production 英文的含义。

1.2.3　服务质量管理（第 6 部分）

服务质量管理（Service Quality Management）部分包括两部分内容:

（1）服务体系建立时的质量保证。

（2）服务体系运营中的质量改进。

1.2.4　组织能力（第 7 部分）

企业定义了明确的战略方向,只是企业在竞争中获胜的第一步,企业要取得最终的成功,不仅要有正确的战略,更重要的是要拥有能够将确定的战略实施的组织能力。

第 7 部分专门讲解组织能力,即如何建立与云服务相适应的团队思维方式、团队能力和团队治理。

这一章涉及很多内容,如怎样构建技术运营或运维团队、大数据团队、云服务的客服团队。同时也涉及一些管理上的核心问题,比如怎样建立学习型组织,让团队不断地学习和改进,管理功能分散或统一,组织边界的作用等。

以组织的边界为例,虽然组织的边界带来了效率的降低,但同时也会带来质量的提高。团队边界的作用需要高层管理者做仔细平衡。

建立研发、运营和质量管理的相对独立的团队会对服务质量的提高提供保障。例如,在产品线发布过程中,各个团队会根据自己的目标确定接受标准,从而提高产品的质量验证。这类似于三权分立。团队分立的另外一个原因是,这些团队的工程师风格也是不一样的。例如,研发团队需要更多的创造性人才,而运营团队需要更多按照纪律办事的人才。高级管理者在构建团队时需要考虑这些特性,才能给各团队配备合适的管理与技术人员。这是一个非常重要的话题,因为人员是技术和业务的所有者。特别是 DevOps 概念的提出,对研发和运维团队的分与合又带来一轮探讨,这些都会在这一部分进行讲解。

本部分的写作也是由云服务公司里做实际管理的高管完成。

1.3　本书的章节结构

本书共 34 章,结构如图 1-3 所示。

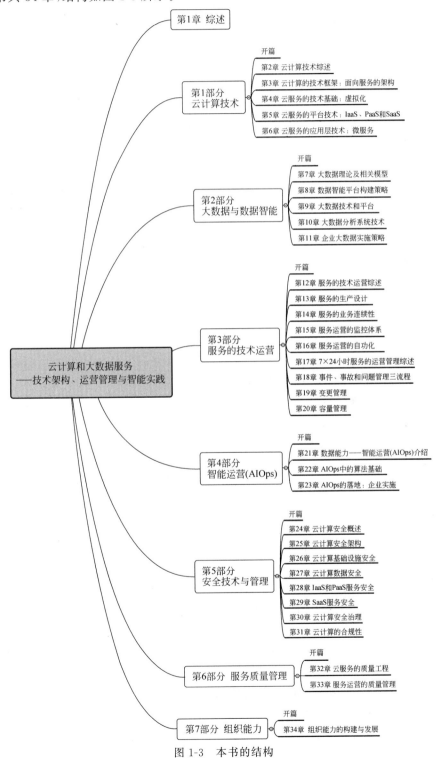

图 1-3　本书的结构

1.4　云计算技术与服务

2000 年前后，随着 IT 不再重要的概念的提出，以及金融危机的影响，企业对降低成本、提升效率的追求，都极大地推动了云计算由概念到市场化的转变，而各式各样的云服务也越来越多，但是除了专业人士外，甚至许多专业人士也有同样的困惑：什么是云计算，云计算提供服务又是怎么回事？

云计算最初的概念是：企业、个人将数据、计算能力都放在云端，即网络云里（一般网络是图示为一朵云），使用者只要连上网，就能获取自己的数据及计算结果，这样企业可以将自己的数据和服务放在云端，由专门的公司提供维护，企业自己无须维护 IT 服务，因此 IT 不再重要了。

在实际的云计算发展过程中，很多企业的 IT 通过将云计算方式部署在自己的机房，员工可从世界各地接入，数据与计算在企业网络云里，而且给了这种方式一个私有云的名称。在公网上提供的服务被称为公用云，还有混合云等。这些定义和范围虽然有所不同，但是其中最重要的和共同的特性就是服务。这种服务如同目前电信、电网或煤气、网络一样，按照使用付费，而不是按照购买产品所有权付费。

本书中所有的讲解都是以云计算的服务为中心。服务也是云计算的真正价值所在。

1.4.1　云计算的发展史

云计算这个词的来源比较模糊，似乎源自在实践中使用云的图形来表示的计算和通信系统中的网络图。到了互联网时代，开始使用云的形状来表示一个网络电话图，再后来用来作为一个抽象描绘来形容互联网在基础设施层的网络架构。

云计算的底层概念可以追溯到 20 世纪 50 年代。当时，大型机（mainframe）在学术界和企业使用，用户可以通过瘦客户端（Thin Client）/终端计算机（terminal）来接入。为了节省昂贵的大型机的费用，出现了新的技术，允许多个用户同时登录大型机并共用 CPU，以消除大型机的空置时间。这种技术被业界称为分时（time-sharing）。

在 20 世纪 90 年代，曾主要提供专用的点到点（Point to Point，P2P）数据专线的电信公司，开始提供虚拟私有网络（VPN）的服务。这种服务的质量与 P2P 的服务相当，但价格却低得多。通过流量的调度和平衡，能够将整体网络带宽的使用更有效率。云的图形用来表示提供者职能和用户职能之间的分界点。在后来的云计算中，这个边界从网络基础设施延伸到服务器。

随着计算机越来越普及，科学家和技术人员探索了很多方式来使用分时的方法，以使大规模的计算能力能够让更多的用户使用。这些是通过基础设施、平台和应用程序对 CPU 的使用优先级和效率提高的算法改进的基础上进行的。

在 20 世纪 60 年代，约翰·麦卡锡（John McCarthy）认为，"计算总有一天会被组织成一个公用设施"（Computation may someday be organized as a public utility）。在道格拉斯·帕克希尔（Douglas Parkhill）1966 年出版的《计算机应用的挑战》（*The Challenge of the Computer Utility*）一书中，深入探讨了几乎所有的现代云计算的特征（比如以在线式和无限供应式来提供的弹性构建服务），并与电力行业使用方式进行比较，同时也探讨了公共、私人、政府和社区的多种可能的形式。

云计算的根源可以追溯到 20 世纪 50 年代,当时的科学家 Herb Grosch 推测整个世界将使用非常简单的终端设备,而这些终端设备是由约 15 个大型数据中心进行控制的。由于这些强大的计算机很昂贵,很多企业和组织可以通过计算能力的分时使用来降低成本。一些组织,比如通用电气的 GEISCO、IBM 子公司 Service Bureau Corporation(成立于 1957年)、Tymshare(成立于 1966 年)、National CSS(成立于 1967 年,并在 1979 年被 Dun & Bradstreet 收购)、Dial Data(在 1968 年被 Tymshare 收购)、Bolt、Beranek 和 Newman(BBN),在当时都认为分时是一个新的商业发展机会。

随后的高容量网络、低成本计算和存储设备,以及广泛采用的硬件虚拟化、面向服务的技术架构(Service Oriented Architecture)、自适应的分布式计算系统(Autonomic Computing)和效用计算(Utility Computing)给云计算技术的发展带来了很大的推动作用。

企业软件服务化是 SaaS 发展的关键性一步。早期的 SaaS 服务包括 2000 年前后出现的在线 CRM(salesforce)和网络会议应用(WebEx)。截至目前,SaaS 已成为云计算的商务应用中最大的部分。

网络泡沫之后,亚马逊(amazon)在云计算的发展中扮演了重要角色。当时,亚马逊的数据中心,就像其他的大多数的数据中心一样,在任何时间其网络用量使用仅为其 10% 的容量,而这种设计只是为了偶尔出现的峰值留出空余。亚马逊后来发现新的云架构可以带来显著的内部效率的提高,这种效率的提高可以让小型和快速的"两个比萨团队"(two-pizza teams,意思是说这种团队足够小,买两个比萨就能吃饱),能够更快和更容易地增加新功能。在这个发现之后,亚马逊启动了一项新产品的开发。这个产品是为外部客户在效用计算的基础(Utility Computing Basis)上提供云计算服务。这就是 2006 年推出的亚马逊网络服务(Amazon Web Service,AWS)。

SaaS 和 IaaS 服务,真正带动了云计算的商业化应用,也真正带来了云计算的飞速发展。

到 2008 年中期,Gartner 公司预测,云计算可以用来改变 IT 服务提供者和 IT 服务使用者之间的关系,并指出,"组织正在从公司拥有硬件和软件资产的方式,转向按需使用服务的模式"(Per-use Service-based Models),并且预计这种转移将导致在某些领域的 IT 产品的显著增长和某些领域的显著减少。

整个云计算的发展历史如图 1-4 所示。

1.4.2 云计算的定义

维基百科(Wikipedia)关于云计算的定义:

云计算是用服务的形式来使用的计算资源(硬件和软件),这种使用是通过网络(通常是互联网)来实现交付的。这个名字来自使用云的符号作为一个抽象的概念,它是一个对复杂的计算基础设施系统做的抽象。云计算是通过在远端的数据中心(或云上)的用户的数据、软件和计算能力来为用户服务的。Cloud computing is the use of computing resources (hardware and software) that are delivered as a service over a network (typically the Internet). The name comes from the use of a cloud-shaped symbol as an abstraction for the complex infrastructure it contains in system diagrams. Cloud computing entrusts

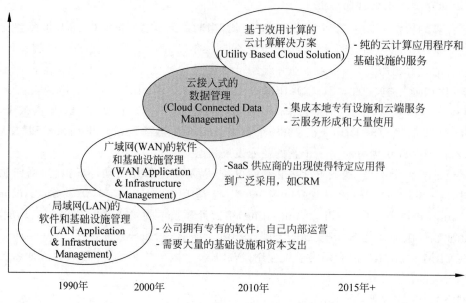

图 1-4　云计算发展史

remote services with a user's data, software and computation.

以服务的内容或形态来分,有多种类型的云计算:

- Infrastructure as a Service(IaaS):基础设施即服务。
- Platform as a Service(PaaS):平台即服务。
- Software as a Service(SaaS):软件即服务。
- Network as a Service(NaaS):网络即服务。
- STorage as a Service(STaaS):存储即服务。
- SECurity as a Service(SECaaS):安全即服务。
- Data as a Service(DaaS):数据即服务。
- Desktop as a Service(DaaS):桌面即服务。
- Database as a Service(DBaaS):数据库即服务。
- Test Environment as a Service(TEaaS):测试环境即服务。
- API as a Service(APIaaS):API 即服务。
- Backend as a Service(BaaS):后端平台即服务。
- Integrated Development Environment as a Service(IDEaaS):集成的开发环境即服务。
- Integration Platform as a Service(IPaaS):集成平台即服务。

1.4.3　云计算的服务模式

云计算服务就是基于云计算技术的理念开发的服务。其中 IaaS、PaaS 和 SaaS 都是强调的服务,也正是这些服务带来的商业价值,使得云计算得到了全球性的发展。

1. 软件即服务(SaaS)

SaaS 发展的时间最长,也最成熟。目前大多数在网络上提供专门服务的都是 SaaS 业务,如客户关系管理(CRM)、通信与协作(Communication and Collaboration)、会计/票据(accounting/billing)、企业资源规划(ERP)、人力资源管理(HRM)以及在线培训等,这些业务是直接面对最终用户提供服务的。SOA构架等一系列构架演进,都是依托SaaS发展而来的。

在SaaS模式中,云提供商在云端安装和运营应用软件,云用户从云客户端访问该软件。云用户不需要管理应用程序运行所依赖的云基础设施和平台。云用户不需自己安装和运行应用程序,这样节省维护和支持的费用。云应用程序不同于其他应用程序之处在于其可伸缩性(scalability):可以通过克隆任务到多个虚拟机上运行,来满足不断变化的工作需求。负载均衡设施可以把计算任务分发到一组虚拟机上工作,这个过程是透明的,云用户只能看到一个单一的接入点。为了容纳大量的云用户,云应用可以是多用户的,即任何一台机器可以服务众多用户。

SaaS的定价模式通常是每个用户按照每月或每年的固定费用来付费。在任何时候用户都可以添加或删除,价格都是可以调整的。

SaaS的例子包括Salesforce、Google Apps、Microsoft Office 365、Zoom等。

2. 平台即服务(PaaS)

PaaS是在SaaS的基础上发展而来的,如从Salesforce延伸出的Force.com。最初是CRM的SaaS,但随着业务发展,Salesforce将服务平台化,以利于其他应用服务软件的集成。

PaaS成熟是最近几年的事儿,PaaS技术上的构架探讨不如SaaS那么丰富。

在PaaS模式中,云服务供应商提供了一个计算平台(Computing Platform)。这个平台通常包括操作系统、软件编码语言的执行环境、数据库和Web服务器。应用程序开发人员可以在这样的云平台上开发和运行自己的应用软件,而不用去购买和管理复杂的底层硬件和基础软件。有一些PaaS提供商甚至提供底层的计算机和存储资源自动匹配的功能,这样云用户不必手动分配资源来满足应用的扩展需求。

PaaS的例子包括AWS Elastic、Cloud Foundry、Force.com、EngineYard、Mendix、Google App Engine、Microsoft Azure Compute、Kubernetes、Mesos等。

3. 基础设施即服务(IaaS)

IaaS是最底层的云服务。IaaS供应商提供计算机(包括物理机或虚拟机)及其资源管理系统,如Xen或KVM虚拟机管理系统可以支持大量的虚拟机随时扩展和调配。IaaS云通常会提供额外的资源,如虚拟机镜像、存储、防火墙、负载均衡、IP地址、虚拟局域网(VLAN)和软件包。IaaS云供应商通常在自己的数据中心建立这些资源的资源池(Resource Pool)来提供服务。IaaS的用户可以通过互联网或运营商的虚拟专用网VPN来接入和使用这些服务。

IaaS的例子包括Amazon AWS、AliCloud、Windows Azure、Google Compute Engine、HP Cloud、Oracle IaaS、Rackspace Cloud等。

1.4.4　云计算的部署方式

1. 公有云(Public Cloud)

公有云是由服务供应商将应用程序、存储和其他资源作为服务提供给一般的使用者。

服务模式是免费或按需使用付费的模式。用户只能用通过互联网来使用这些服务,服务提供商不提供到用户的直接连接。

2. 社区云(Community Cloud)

社区云是云服务商提供给某些公司或团体的服务,而不是面向所有互联网用户的。公司或团体有着共同关心的问题,如安全性、合规性等,因此称为社区。社区内用户共同使用一套云服务设施,这套设施可能是在内部建立的,也有可能是建立在外部的,其成本被社区内部的用户分摊,因此其成本效益比公共云低,但比私有云高。

3. 混合云(Hybrid Cloud)

混合云是两个或两个以上的云(私有云、社区云或公有云)的组合。它所提供的服务本身是单一的,但是后面的服务设施被绑定在一起,这样可以达到对不同部署模式的取长补短。

利用"混合云"的架构,企业和个人都能够获得既结合本地即时可用性、又不依赖于互联网连接的服务容错度(Fault Tolerance)。同时,由于借助了外部的云服务,混合云上的应用服务也得到了较好的可扩展性(scalability)。

4. 私有云(Private Cloud)

私有云是仅为单一的公司或团体使用而运营的云基础设施,这个基础设施可以由内部管理,也可由第三方托管。

私有云的使用者基本上是那些业务上有特殊要求的公司或组织,比如内部的 IT 应用,对网络配置有特殊要求的通信应用服务等。

一些已经具有内部大中型数据中心(IDC)的企业,也通过虚拟化等云计算技术手段,将自己数据中心的基础设施和应用服务云化(即私有云),以达到成本效益的提高。

1.5 大数据和数据智能的技术与服务

本节介绍大数据和数据智能相关的技术与服务。

1.5.1 大数据的定义

从图 1-5 中可以看到全球数据量的快速增加。

从图 1-5 中可以直观地看到 2002 年是模拟存储和数字存储的分水岭,2002 年之前通过唱片、书籍、磁带来存储信息,随着现实需求及技术的相互促进,2002 年之后,大量的光盘、磁盘等出现在市场上,这些设备通过数字化的形式来保存数据,在容量上按照指数级上升,而价格也在指数级下降。1995 年时 1TB 容量的机械硬盘的价格是 100 万美元,到了 2005 年只要 80 美元,世界上最大的图书馆 Library of Congress 保存有约 3407 万本书籍,数字化后的容量是 10TB,也就是只要 800 美元即可。人类整个手写作品的容量是 50PB,也就是 50 000TB,按照 2005 年的成本是 400 万美元。

在一份 2001 年的研究与相关的演讲中,麦塔集团(META Group,现为 Gartner 公司)分析员道格·莱尼(Doug Laney)指出数据增长的挑战和机遇有三个特点:量(Volume,数据大小)、速度(Velocity,数据输入输出的速度)与多变(Variety,多样性),合称"3V"或

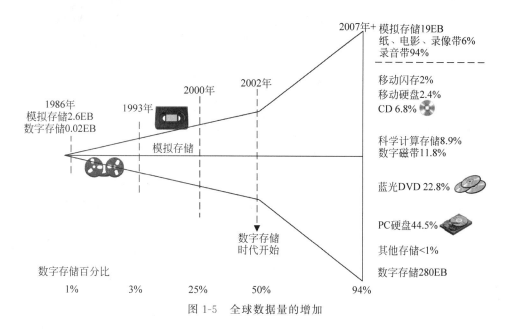

图 1-5　全球数据量的增加

"3Vs"。Gartner 公司与现在大部分大数据产业中的公司,都继续使用 3V 来描述大数据。Gartner 公司于 2012 年修改大数据的定义为"大数据是大量、高速及/或多变的信息资产,它需要新型的处理方式去促成更强的决策能力、洞察力与最优化处理"。另外,有机构在 3V 之外定义第 4 个 V:真实性(Veracity)为第四特点。

随着发展,"大数据"这个术语趋向于对预测性分析、用户行为分析或者某些从数据中抽取有价值的先进数据分析方法的使用,而较少涉及特定大小的数据集。

2016 年又有一个定义指出:"大数据代表了具有如此高的体量、速度和多样性的信息资产,需要特定的技术和分析方法将其转化为价值"。除了 4V 描述(体量、多样性、速度、真实性)外,又进一步扩展到大数据的其他特征:

- 机器学习(Machine Learning):大数据通常不询问为什么,而是通过数据分析和挖掘进行模式探测。
- 数字足迹(Digital Footprint):人们在各种数字环境中交流时的数据交互产生的低成本产物。

2018 年又有一个大数据的阐述:"大数据是需要并行计算工具处理的数据,这代表了一个在计算机科学中通过并行编程理论被采用的独特而清晰定义的变化。"

1.5.2　云计算与大数据的关系

云计算是基础,大数据是上层建筑。通俗的比喻就是云计算和大数据的关系就像是水和鱼的关系。

如果把大数据想象成鱼,那么云计算则像是鱼生活的必要的水环境。因为归根结底,云计算是为了信息服务的,云计算的唯一目标就是让信息的交换、存储和处理能力更强大。云计算为信息的交换提供了更大的带宽和容错服务,为信息的存储提供了近乎无限的容纳能力,为信息的处理提供了强大的 CPU 算力资源和各种方便的分析工具。而数据,特别是大数据,则是信息的载体,是信息在客观世界的表现形式。大数据是海量信息管理和处置的资产集合,因此需要一个性能、安全性、稳定性都超越以往的计算框架来支持。

表 1-1 是云计算与大数据的对比。从技术层面看,云计算是不同服务的集合,通过网络向最终用户提供服务,从底层的网络、存储、服务器,到各种企业应用,而大数据则采用云计算技术。云计算与大数据之间的关键区别在于云计算用于处理巨大的存储容量,以提供各种灵活的技术来处理大量数据,而大数据是用云计算平台处理的信息。

表 1-1　云计算与大数据的对比

项　　目	云　计　算	大　数　据
基本	通过使用集成的计算机资源和系统提供按需服务	广泛的结构化、非结构化、复杂的数据集,禁止传统的处理技术在其上工作
目的	允许在远程服务器上存储和处理数据,并从任何地方访问	组织大量数据和信息,提取隐藏的宝贵知识
工作模式	分布式计算用于分析数据并生成更多有用的数据	用于提供基于云的服务
优点	低维护费用,集中平台,备份和恢复供应	经济高效的并行性、可扩展性、可靠性
挑战	可用性,传统 IDC 到云化的转换,安全性	数据种类、数据存储、数据集成、数据处理和资源管理

云计算与大数据虽然彼此侧重不同,但却是紧密结合,是数据存储和处理的完美组合。云计算一直是大数据出现的先驱和促进者,如果大数据是内容,那么云计算就是基础设施。

1.5.3　数据智能

如果数据只是"大",并没有太大意义,关键是如何最佳地挖掘高价值的数据并使用这些数据,使这些数据成为"智能数据"。

大数据的概念提出来之后,首要解决的问题是基础的技术及设施问题,例如如何建设海量数据的采集、存储,开发出处理这些数据的方法和系统等。在解决了这些基础的技术及设施的建设问题之后,必定需要考虑如何把这些技术和设施充分利用起来,去服务上层的应用服务,满足用户各方面的需要。

纵观大数据行业的发展历程,从 2013 年至今,经历了大数据基础设施建设阶段,利用数据分析与展示等对业务进行的监测阶段,再到利用大数据和业务场景进行结合的优化阶段,后面必定会发展到满足快速的业务及其创新的阶段。

这个发展过程如果与人类智慧的形成过程作比较,会发现两者非常相似。

(1) 数据→信息:数据(data)经过处理和加工,变成了信息(information)。

(2) 信息→知识:信息之间产生了联系,形成了知识(knowledge)。

(3) 知识→洞察:通过现有知识,发现一些知识之间的新关系,于是形成了洞察(insight)。

(4) 洞察→智慧:把一系列洞察串联起来,形成了智慧(intelligence)。

(5) 智慧向外传播,形成了影响力(influence)。

在数据世界中,最终的目的也是通过数据来形成智慧,从而通过各种产品和服务,来形成影响力。

下面总结数据智能的核心,也就是数据智能化企业需要具备的特征:

(1)以大数据作为前提,数据作为生产资料和资产。

(2)采用开放的技术体系,广泛采用人工智能、机器学习、可视化等技术。

(3)支撑创新迭代、快速满足个性化的不确定性需求。

(4)提供智能化的服务和产品。

云计算、大数据和数据智能与业务的关系如图1-6所示。

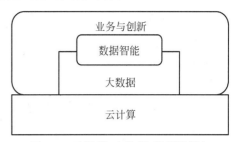

图1-6 云计算、大数据、数据智能与业务的关系

1.6 技术运营:从技术升级到服务的实现关键

技术运营(Technical Operations)是云服务最重要的关键之一,也是本书的重要组成部分。

在国内,技术运营称为"运维"。实际上,运营的概念比运维的概念要广泛得多,因为所有的技术和服务,都是为业务(business)而服务的。技术运营涉及客户满意度、服务成本和产品创新等。商务运营与技术运营,共同组成了运营(operations)体系,是整个业务的一大部分。

技术运营要确保7×24小时的服务生产运行,要保证数以十万计的客户同时得到满意的服务要求(SLA)。如果没有强大的技术运营体系的支持,云服务将不再是一个服务,只是一个内部的实验室的活动。

这部分将会围绕技术运营的双维模型框架(见图1-7)来讲解。双维模型框架是从一线的实践中总结出来的,最明显的例子就是,生产线的事故原因,一半来自技术,另一半来自管理。

在技术维度上,我们将讲解自动化体系、监控体系、高可用度等技术。

在管理维度上,我们将讲解7×24小时生产型服务运营中重要管理流程的原理和实践。

在双维模型中,我们将讲解横跨技术与管理这两个维度的数据能力(智能运营)和安全能力(安全技术与管理)等。

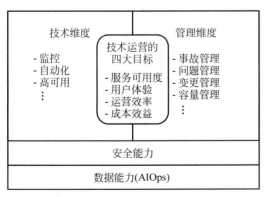

图1-7 技术运营的双维模型框架

技术运营是随着云计算的兴起而发展起来的。相比传统的研发和IT,技术运营是一个非常年轻的技术领域。系统性研究的缺乏和人才的缺乏是这个领域发展的最大瓶颈。在这部分的写作中,我们根据20年来的实践,做了比较系统的讲解,这也是国内关于云计算的书中在这个领域做系统讲解的第一本书。

技术运营部分的写作起步最早,也是本书中实践性最强的部分。这部分内容的作者是直接负责技术运营的高管和资深运营团队成员。下面是我们的一些实践经验。

1. 双维模型：一半技术一半管理

这实际是生产的技术运营的第一原则。从统计的数字来看，生产线问题的原因一半来自技术和人员的管理问题，另一半来自技术问题，这也是提出技术运营的双维模型："技术＋管理"的原因。

2. 生产线运营：快速恢复服务是第一要务

生产线运营的目标是尽可能快的恢复服务，而不是找出引起问题的根本原因。这个道理听上去很简单，但是在处理事故过程中，绝大部分的工程师们都投入在找问题中，而不是恢复服务中。本书中的 7×24 小时生产线运营管理的思路就是以这个为前提的。

3. 流程的简单原则（KISS 原则）

KISS(Keep It Simple and Straightforward)原则的核心是简单和直接。在讨论管理流程时，有一个事实是没有人可以避开的，那就是大家不愿接受流程。这是因为流程越多，执行中投入的精力越多，效率也越低。实际上，质量的提高要有流程来保证，而流程的执行必然带来效率在某种程度上的降低。因此，一个好的运营管理者要善于在其中找到平衡点，比如建立简单而有效的流程或最佳实践方法，这也是本书所要达到的目标之一。

1.7 智能实践

在 20 世纪 60 年代，人工智能和机器学习等理论已经发展得比较完善了，但是由于当时条件有限，特别是在计算能力上的限制，在数据处理的算法方面一直没有能够落地的技术。随着云计算的发展，带来了计算能力革新性的提升，人工智能这些基于大数据的技术终于在当今再度繁荣，带来了数据智能。

在运营上，数据智能的实践可以分为两方面：商务运营（Business Operation）和技术运营，如图 1-8 所示。

在商务运营上，数字智能可以带来商务模式的创新。数据智能可以提供相当准确的预测、分类，以满足诸如定制化营销、广告精准投放、人脸识别、语言交互、自动驾驶等场景需求。这些会在本书的第 2 部分"大数据与数据智能"里做详细的介绍。在第 2 部分的第 11 章"企业大数据实施策略"中，在商业模式的创新上有具体的讲解。

图 1-8 数据智能在运营中的应用

在技术运营上，或者说在运维上，数据智能体现在技术运营的数据能力上，也就是 AIOps 上。下面对 AIOps 做简单介绍。

在互联网时代的早期，在当时的用户规模和商业模式下，技术运营工作大部分是由运维工程师手工完成，这被称为人肉运维时代。随着互联网业务急速扩张、用户规模指数级增长，云计算服务的类型变得越来越多，系统规模变得越来越庞大和复杂，运维人力成本的增长也终于达到了无法忍受的程度，自动化运维的概念应运而生。用机器的自动化来执行重复的手工运维工作，解放运维工程师的双手，大大减少了人力成本，更提高了技术运营的效率,同时,这也是 AIOps 的一个重要思考点和起步点。

2019 年互联网用户规模已经突破 40 亿,在全球有一半的人口"触网"的背景下,全球排名前 100 的互联网应用,任何一天的数据量都是 PB 级的。这些顶级互联网应用的系统规模、复杂度、变更速度以及对稳定性、安全、成本、效率的要求已经远远超过了"基于人为指定规则"的自动化系统所能够掌控的范畴,技术运营的瓶颈已经不再是运维工作的执行,而是运维工作的决策。

全球颇具权威的 IT 研究与顾问咨询公司 Gartner 在 2016 年便提出 AIOps 的概念,并预测到 2020 年,AIOps 的采用率将会达到 50%。AIOps 不依赖人为指定规则,主张基于人工智能算法从海量运维数据中持续学习,不断提炼并总结规则。AIOps 在自动化运维的基础上,增加了一个人工智能大脑,从监控系统采集到的海量数据中发现规则并根据实时环境态势数据做出分析决策,指挥自动化指令的执行,达到技术运营的高效率、低成本和服务高可靠性这些整体目标。

截至 2019 年,从 AIOps 已经取得的落地成果来看,其市场发展正处于从早期先行者市场跨越到主流实用主义者市场的关键阶段。AIOps 已经在多个行业多个场景实现了单点突破,并逐步形成包含学术研究、技术预研、产品研发、用户场景的 AIOps 生态。当前最大的挑战在于如何从点到面,将多个单场景的实践方案提升到一个能为众多企业用户服务的通用化 AIOps 平台。

AIOps 的讲解在本书的第 4 部分展开。在这部分将介绍近两三年国内领先的互联网企业的 AIOps 落地实战案例和来自一线实践的心得体会。

第1部分
云计算技术

开　篇

技术是服务的基础,服务的技术的构建,是形成整个服务的第一部分。

云计算和大数据都属于技术范畴。云计算先出现,大数据是在云计算的基础技术架构上发展出来的。因此,我们把云计算技术作为第一部分内容进行介绍。云计算技术在本书中是构成云计算与大数据服务的技术构建、服务运营、质量管理与组织能力的三角模型中的技术构建部分。技术构建分为云计算技术和大数据与数据智能两部分,如右图所示。第1部分讲解云计算技术。

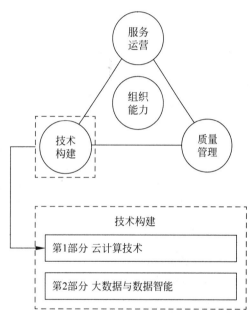

在组织上,从基础的云计算技术开始,然后进入应用层的服务架构讨论。这部分包括:

- 第2章　云计算技术综述。
- 第3章　云计算的技术框架:面向服务的架构。
- 第4章　云服务的技术基础:虚拟化。
- 第5章　云服务的平台技术:IaaS、PaaS和SaaS。
- 第6章　云服务的应用层技术:微服务。

在云计算之后,会紧接着讲解大数据,这就构成了一个比较完整的、以技术构建为核心的阐述。云计算和大数据这两部分是紧密联系和相辅相成的。

第2章

云计算技术综述

本章首先回顾云计算技术发展的历史,包括概念的发展和技术手段的发展,让读者从时间线上理顺云计算技术的脉络。然后介绍云计算技术的层次结构,自下而上,由基础设施到上层建筑,帮助读者认识云计算技术的构成。最后结合实际场景,描述云计算技术给研发、运营和质量控制团队带来的挑战。

2.1 云计算的技术发展回顾

云计算是伴随着"IT 不再重要"的理念提出来的。最初概念是,企业和个人将自己的数据、计算能力都放在云端,即网络云里,只要使用者连接上网,就能获取数据及计算结果。这样企业可以将 IT 维护的数据和服务转移到云端,由专门的公司提供维护、支持与服务,企业无须自己管理,IT 对企业来讲不再是重要部门。因此提出了"IT 不再重要"的理念。

但在云计算发展过程中,企业通过在自己的机房部署虚拟化系统,运行各种服务软件,员工就能从全世界各地接入,数据与计算都限定在企业网络里,这种服务方式得到了"私有云"的名称。这显然同最初引入的"IT 不再重要"的概念有出入。

企业引入云服务,通过云计算提供服务,是公有云概念的延伸,"服务"是云计算的最大特点,强调通过互联网提供的不是产品,而是服务,使用方式如同目前电信、电网或煤气网络一样,按照使用付费,而不是按照购买产品所有权付费。

云计算实际上是商务和技术的结合,同时也是商务和技术共同推动的结果。实际上技术是基础,商务是应用。

2.1.1 云计算技术概念的发展

2.1.1.1 效应计算(Utility Computing)阶段

在 20 世纪 60 年代,由于计算机设备非常昂贵,远非一般的企业、学校和机构所能承受,于是很多 IT 界的精英们就有了共享计算机资源的想法。1961 年,人工智能之父约翰·麦肯锡(John McCarthy)在一次会议上提出"效应计算"的概念,其核心就是借鉴电厂模式,具体的目标是整合分散在各地的服务器、存储系统以及应用程序来共享给多个用户,让人们使用计算机资源就像使用电力资源一样方便，并且根据用户使用量来付费。可惜的是，当时的 IT 界还处于发展的初期，很多强大的技术还没有诞生，特别是互联网。虽然有想法，但是由于技术的原因还是停滞了。

2.1.1.2　网格计算（GRID Computing）阶段

在 20 世纪 90 年代中期，这个词用来形容可以让使用者随时（on-demand）获得计算能力（Computing Power）的技术。伊恩·福斯特（Ian Foster）和其他人假定，通过对计算能力使用的协议（protocol）的规范化，可以推动和建立一个计算网格（Computing GRID），类似于实际中的电网。

随后研究人员制定了许多令人兴奋的方式来进一步发展这些想法，如大型联合系统（TeraGrid，Open Science Grid，caBIG，EGEE，Earth System Grid）。这些系统不仅提供按需的计算能力，而且提供数据和软件，主要应用于研究或科研领域，一些标准组织（如 OGF，OASIS）制定了相关标准。

网格计算是化大规模计算为许多小部分计算的方式，研究如何把一个需要非常巨大的计算能力才能解决的问题分成许多小部分，然后把这些小部分分配给许多低性能的计算机来处理，最后把这些结果综合起来。可惜的是，由于网格计算在商业模式、技术和安全性方面的不足，其并没有在工业界和商业界取得预期的成功。

2.1.1.3　云计算阶段

云计算的核心与效用计算和网格计算非常相似，也是希望 IT 技术能像使用电力一样方便，并且成本低廉。但与效用计算和网格计算最大的不同是，现在的商务需求已经成熟，特别是 SaaS 的发展，驱动了云计算服务的发展，同时在技术方面也已经基本成熟了。

云计算技术概念的发展为云计算相关实践的落地提供了思路和方向。云计算技术概念中的某些关键部分，如资源共享、终端联网、算力分布、大规模并行处理、存储分片、域自治等都为云计算实践技术的发展做出了直接贡献。可以这么理解，每一项云计算技术实践的成就都紧紧跟随着云计算概念的脚步。

2.1.2　云计算相关技术的发展

在技术层面，云计算是在分布式计算、并行计算、虚拟化技术和海量存储技术的基础之上发展而来的，基础设施即服务（IaaS）其实就是虚拟化发展历程，而平台即服务（PaaS）更多的是分布式并行计算和海量存储发展历程，而软件即服务（SaaS）发展更早，其理念更像商业层面的结果，和云计算技术层面似乎并不紧密相连，但随着发展，软件即服务（SaaS）往往会依赖平台即服务（PaaS）和基础设施即服务（IaaS）技术，是综合使用云计算实现商业目标的范例。

2.1.2.1　并行计算（Parallel Computing）

云计算是在并行计算之后产生的概念，是由并行计算发展而来，两者在很多方面存在共性，但二者并不等同，主要是二者解决的问题和动机不同，但解决问题的手段有很多相同之处。

并行计算又称平行计算，是相对于串行计算来说的，指同时使用多种计算资源的过程，通常的计算资源包括一台或多台配有多 CPU 或计算处理单元的计算机和网络资源，并行计算的主要目的是快速解决大型且复杂的计算问题。

为利用并行计算,计算问题通常表现为以下特征:

- 将工作分离成离散部分,有助于同时解决。
- 随时并及时地执行多个程序指令。
- 多计算资源下解决问题的耗时要少于单个计算资源下的耗时。

云计算与并行计算的联系与区别如下。

(1) 云计算萌芽于并行计算。

云计算的萌芽应该从计算机的并行化开始,并行机的出现是人们不满足于 CPU 摩尔定律的增长速度,希望把多个计算机并联起来,从而获得更快的计算速度。这是一种很简单也很朴素的实现高速计算的方法,这种方法后来被证明是相当成功的。

(2) 并行计算、网格计算只用于特定的科学领域,专业的用户。

并行计算、网格计算的提出主要是为了满足科学和技术领域的专业需要,其应用领域也基本限于科学领域。传统并行计算机的使用是一个相当专业的工作,需要使用者有较高的专业素质,多数是命令行的操作,这是很多专业人士的噩梦,更不用说普通的业余级用户了。

(3) 并行计算追求高性能。

在并行计算时代,人们极力追求的是高速的计算,采用的是昂贵的服务器,各国不惜代价在计算速度上超越他国,因此,并行计算时代的高性能机群是一个"快速消费品",世界 TOP 500 高性能计算机的排名在不断地刷新,一组大型机群如果 3 年左右不能得到有效的利用,其性能就远远地落后了,巨额投资也无法收回。

(4) 云计算对于单节点的计算能力要求低。

云计算时代并不追求昂贵的服务器,也不用去考虑 TOP 500 的排名,云中心的计算力和存储力可随着需要逐步增加,云计算的基础架构支持动态增加的方式,高性能计算将在云计算时代成为"耐用消费品"。

2.1.2.2　分布式计算和网格计算

分布式计算(Distributed Computing)是一门计算机科学,它研究如何把一个需要非常巨大的计算能力才能解决的问题分成许多小的部分,然后把这些部分分配给许多计算机进行处理,最后把这些计算结果综合起来得到最终的结果。最近的分布式计算项目已经在使用世界各地成千上万位志愿者的计算机的闲置计算能力。

分布式计算要解决的项目都很庞大,需要惊人的计算量,仅仅由单个的电脑或是个人在一个能让人接受的时间内计算完成是绝不可能的。在以前,这些问题都由超级计算机来完成。但是超级计算机的造价和维护非常昂贵,这不是一个普通的科研组织所能承受的。随着科学的发展,一种廉价的、高效的、维护方便的计算方法——分布式计算应运而生。

分布式计算是近年提出的一种新的计算方式。分布式计算与其他算法相比具有以下几个优点。

- 稀有资源可以共享。
- 通过分布式计算可以在多台计算机上平衡计算负载。
- 可以把程序放在最适合运行它的计算机上。

其中,共享稀有资源和平衡负载是分布式计算的核心思想之一。

实际上,网格计算就是分布式计算的一种。如果说某项工作是分布式的,那么参与这项工作的一定不只是一台计算机,而是一个计算机网络,这种"蚂蚁搬山"的方式具有很强的数据处理能力,网格计算的实质就是组合与共享资源并确保系统安全。

分布式计算使用的操作系统包括分布式操作系统、网络操作系统、基于中间件的操作系统。其中,分布式操作系统又包括多处理器系统和多机系统,多处理器系统只有一个操作系统,多机系统的分布式也是只有一个操作系统分配机器资源,这样的分布式系统机器与机器之间具有非常高的透明性,而网络操作系统和基于中间件的操作系统,都是由多个计算机组成,每个计算机有独立的操作系统。

网格计算是分布式计算的一种。网格计算是伴随着互联网而迅速发展起来的、专门针对复杂科学计算的新型计算模式。这种计算模式利用互联网,把分散在不同地理位置的计算机组成一个"虚拟的超级计算机",其中每一台参与计算的计算机就是一个"节点",而整个系统是由成千上万个"节点"组成的"一张网格",所以这种计算方式叫网格计算。这样组织起来的"虚拟的超级计算机"有两个优势,一个是数据处理能力超强;另一个是能充分利用网上的闲置处理能力。

网格计算和云计算有相似之处,特别是计算的并行与合作的特点,但它们的区别也很明显,主要有以下几点。

(1) 网格计算的思路是聚合分布资源,支持虚拟组织,提供高层次的服务,如分布协同科学研究等。而云计算的资源相对集中,主要以数据中心的形式提供底层资源的使用,并不强调虚拟组织的概念。

(2) 在对待异构性方面,二者理念上有所不同。网格计算用中间件屏蔽异构系统,力图使用户面对同样的环境,把困难留在中间件,让中间件完成任务。而云计算实际上承认异构,用镜像执行,或者通过提供服务的机制来解决异构性的问题。当然不同的云计算系统不太一样。

总之,云计算是以相对集中的资源,运行分散的应用(大量分散的应用在若干大的中心执行);而网格计算则是聚合分散的资源,支持大型集中式应用(一个大的应用分到多处执行)。但从根本上来说,从应对互联网的应用的特点来说,它们是一致的,都是为了在互联网环境下支持应用,解决异构性、资源共享等问题。

2.1.2.3 虚拟化技术和海量数据处理技术

本节只对这些技术的概念和发展历史做些简要的介绍,在后面的章节中会专门介绍技术细节。

1. 虚拟化技术

在计算机技术中,虚拟化(virtualization)是将计算机物理资源,如服务器、网络、内存及存储等进行抽象、转换后呈现出来,使用户可以用比原本的组态更好的方式应用这些资源,这些资源的新虚拟部分不受现有资源的架设方式、地域或物理组态的限制。

通常虚拟化的目标是管理任务的集中,同时要提高硬件资源的可扩展性和利用率。通过虚拟化,多个操作系统可以在单一的 CPU 下并行运行。这种并行与多任务处理(multitasking)是不同的,多任务处理是相同的操作系统中运行几个程序。

使用虚拟化技术,企业可以更好地管理和更新操作系统和应用程序,而无须中断用户。传统的"一台服务器一个应用程序"的模式导致的最大问题就是资源未充分利用。

虽然虚拟化技术在最近几年才开始大面积地推广和应用,但是如果从其诞生时间来看,可以说它的历史源远流长。1959 年,克里斯托弗(Christopher Strachey)发表了一篇学术报告,名为"大型高速计算机中的时间共享"(Time Sharing in Large Fast Computers),他在文中提出了虚拟化的基本概念,这篇文章也被认为是虚拟化技术的最早论述。可以说虚拟化作为一个概念被正式提出即是从此时开始。

最早在商业系统上实现虚拟化的是 IBM 公司于 1965 年发布的 IBM 7044。它允许用户在一台主机上运行多个操作系统,让用户尽可能充分地利用昂贵的大型机资源。随后虚拟化技术一直只在大型机上应用,而在 PC 服务器的 x86 平台上仍然进展缓慢。这是因为当时 x86 平台的处理能力非常单薄。

随着 x86 平台处理能力与日俱增,1999 年,VMware 公司在 x86 平台上推出了可以流畅运行的商业虚拟化软件。从此虚拟化技术终于走下大型机,来到了 PC 服务器的世界之中。在随后的时间里,尤其是 CPU 进入多核时代之后,个人计算机具有了前所未有的强大处理能力,虚拟化技术在 x86 平台上得到了突飞猛进的发展。

2. 海量数据处理技术

海量数据(Mass Data)处理技术涉及存储和数据库两方面。

1) 对象存储技术

对象存储技术提供基于对象的访问接口,将 NAS 和 SAN 两种存储结构的优势进行了有效整合,通过高层次的抽象,使其既具有 NAS 的跨平台共享数据和安全访问的优点,同时又具有 SAN 的高性能和可伸缩性的优点。

对象存储一般由 Client、MDS(Metadata Server)和 OSD(Object Storage Device)三部分组成。

- Client 为客户端,用来发起数据访问。
- MDS 为服务器,用来管理对象存储系统中的元数据,并保证访问的一致性。
- OSD 为存储对象数据的设备,它是一个智能设备,包括处理器、RAM 内存、网络接口、存储介质等以及运行在其中的控制软件。

OSD 将对象(object)作为对象存储的基本单元,每个对象具有唯一的 ID 标识符。对象由对象 ID、对象数据的起始位置、数据的长度来进行访问。对象提供类似文件访问的方法,如 Create、Open、Close、Read、Write、对象属性等;对象的数据包括自身的元数据和用户数据,其中,元数据用于描述对象特定的属性,如对象的逻辑大小、对象的元数据大小、总的字节大小;用户数据用来保存实际的二进制数据。对象分为根对象、组对象和用户对象。根对象定义了存储设备以及存储设备本身的不同属性;组对象为存储设备上对象提供目录;用户对象存储实际应用数据。

对象存储模式的特性使其在处理海量数据存储请求时具有较大优势,主要体现在以下几点。

- 高性能数据存储:访问节点有独立的数据通路和元数据访问通路,可以对多个 OSD 进行并行访问,从而解决当前存储系统的一个性能瓶颈问题。
- 跨平台数据共享:由于在对象存储系统上部署基于对象的分布式文件系统比较容易,所以能够实现不同平台下的设备和数据的共享。
- 方便安全的数据访问:I/O 通道的建立及数据的读写需要经过授权许可才能进行,

从而保证数据访问的安全性;另一方面,任何 Client 都可以通过对象存储系统提供的标准文件接口访问 OSD 上的数据,统一的命名空间使 Client 访问数据的一致性得到了保证。

- 可伸缩性:对象存储模式具有分布式结构的特性。由于 OSD 是独立的智能设备,可以通过增加 OSD 的数量,使存储系统的聚合 I/O 带宽、存储容量和处理能力得到提高,这种平衡扩展模式使得存储系统能够具有良好的可伸缩性。
- 智能存储设备:OSD 中集成了部分的存储管理功能,因此 OSD 具有一定的智能自主存储功能。

2) 数据库策略

实现高性能的海量数据存储可采取的数据库策略有:

- 分区技术:为了更精细地对数据库对象如表、索引及索引编排表进行管理和访问。可以对这些数据库对象进行进一步的划分,这就是分区技术。
- 并行处理技术:为了提高系统性能,可以让多个处理器协同工作来执行单个 SQL 语句,这就是并行处理技术。

2.2 云服务的技术结构

本节将从结构思想、技术层次和适用场景三方面来介绍云服务的技术结构。结构思想是基础和方向,技术层次是技术结构的构建顺序,适用场景是技术结构作为工件进行的不同组合。

云计算业务纷杂,按照目前的流行标准,划分为基础设施即服务(IaaS)、平台即服务(PaaS)和软件即服务(SaaS)。IaaS 目标是在网上提供虚拟的硬件、网络等基础设施,用户可以使用该服务部署网站及软件,以实现自己的业务需求。PaaS 是在网络中提供虚拟平台 API,使用者无须关心平台功能的实现与部署,可直接使用平台功能,实现自己业务应用,PaaS 可以认为比 IaaS 高一个层次,提供公用业务服务,更容易实现用户业务。SaaS 历史更长,其实是实现了可配置业务服务,用户仅仅通过配置,便可完成自己需要的业务功能,因此 SaaS 一般直接面向最终用户,实现云计算。

在技术层面,云计算是在互联网服务技术、虚拟化技术、分布式并行计算和海量存储技术的基础之上发展而来的,IaaS 其实就是虚拟化发展历程,而 PaaS 更多的是分布式并行计算和海量存储发展历程,而 SaaS 发展更早,其理念更像商业层面结果,对云计算技术层面似乎并不紧密相连,但随着发展,SaaS 往往会依赖于 PaaS 和 IaaS 技术,是综合使用云计算实现商业目标的范例。

1. SaaS

SaaS 的发展时间最长,是以二代互联网技术为依托,实现已经存在的企业软件 IT 服务,目前大多数在网络上提供专门服务的都是 SaaS 业务,如在线培训、在线商城,这些业务是直接面对最终用户提供服务,发展时间最长,也最成熟,如 SOA 架构等一系列架构演进,都是依托 SaaS 发展而来的。

2. PaaS

PaaS 是在 SaaS 的基础上发展而来的,如 Salesforce,最初是 CRM 的 SaaS 服务,但随着业务发展,提供销售相关业务平台,客户的各种 SaaS 业务纷纷集成和部署在 Salesforce 平台上,成就了目前 Salesforce 的辉煌,这正是 PaaS 比 SaaS 更喜人的地方。

3. IaaS

IaaS 是从 ISV 的基础上发展而来的,如亚马逊云服务、微软 Azure、阿里云等。

2.2.1　云服务的技术层次

按照上述技术结构思想,从云服务构架层次上来划分,IaaS 是基础,然后是 PaaS 和 SaaS,整体结构如图 2-1 所示。

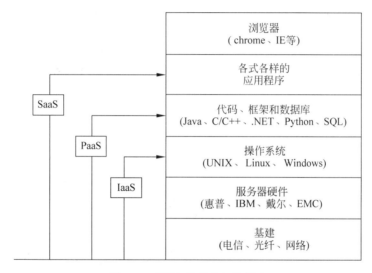

图 2-1　云服务的技术架构层次

在 IaaS 层,服务于用户的是基础设施,如计算机,包括 CPU、内存、磁盘空间、网络连接等基础设备,此外还有操作系统等基础软件,其计费往往以 CPU、内存、存储空间和网络流量等的使用为依据结算。用户使用的一般都是虚拟机,因此 IaaS 是虚拟化技术发展的产物,如果希望架构 IaaS,首先要对虚拟化技术有所了解。

PaaS 是在基础层之上提供中间件,让用户能够快速开发部署 SaaS 应用,这些应用开发是对原始 PaaS 应用扩展,使其快速开展业务,比如网络培训平台,是为了方便培训公司在其上部署应用,针对专业客户提供服务,一般的培训公司更专注于自己的专业和流程,并不是实时通信的专家,而培训平台能够提供这些功能,使培训公司从自己不熟悉的领域中解放出来,更关注于自己的业务发展,更好更快地为自己的客户提供服务。这是 PaaS 平台的特点。

IaaS 和 PaaS 有些界限并不是很明显,如亚马逊公司是一家 IaaS 服务公司,但也提供统一的数据库服务,用户可以租用数据库,不用关心数据同步、备份等一系列问题,这些是 PaaS 功能,但被集成到了 IaaS 中。

SaaS 是面向客户的应用,基于 PaaS 开发,并可使用 IaaS 部署的服务,因此构建云服务时,要同时了解 IaaS、PaaS 和 SaaS 的特点,有针对性地设计架构。

2.2.2　云服务的技术结构适用场景

云服务的不同技术结构适用的场景不同,即 IaaS、PaaS 和 SaaS 可以分别满足不同的需求。本部分内容在第 5 章有详细介绍,这里只做简短说明。

IaaS 主要适用于对资源有定制化能力的团队,对成本敏感,基础设施技术执行力强,对 IT 底层能力有清楚的规划和战略抉择能力。最重要的是供应商无意介入上层业务,有清晰的系统边界和隔离控制。

PaaS 则对通用中间件系统有更高的挑战,如 Web 服务、数据库服务及通信组件。供应商应该涉足于软硬融合能力,并致力于高效的通用赋能解决方案。与 IaaS 相比,不只提供了可供应产品和服务的差异化选择,更是提供了高度抽象的业务服务能力,在安全性、扩展性上对客户更加友好。

SaaS 极度关注业务领域,是对 IT 资源运营完全没有兴趣的企业的首选,其研发团队完全专注于业务应用的研发和创新,对基础设施的能力、安全及稳定性依赖于和第三方企业的合作共赢。

因此,虽然云服务的技术结构分为不同的技术层次,但是每一个层次都有该层次的用户群体,从本质上说,是因为市场和客户的需求,才决定了云服务技术体系的分层结构划分,是生产力决定了生产关系。

2.3　云服务对技术团队带来的挑战

云服务对技术团队带来的挑战可以归纳为以下几点,如图 2-2 所示。

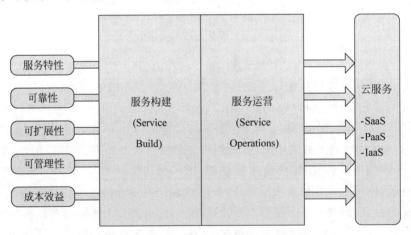

图 2-2　云服务对技术团队带来的挑战

(1) 服务特性(Service Features)。

通用性和个性化对服务实现的挑战,云服务实现不针对特定的客户应用,在"云"的支撑下可以构造出千变万化的应用,同一个"云"可以同时支撑不同的应用运行。这要求产品设计和开发要很好地处理通用性和个性化的需求之间的平衡。

(2) 可靠性(Service Availability)。

云计算服务往往服务众多客户,遍布全球,需要提供 24 小时不间断服务,需要提供

99.99％或更高的服务可用性。

（3）可扩展性(Scalability)。

"云"的规模可以动态伸缩,满足应用和用户规模增长的需要。这要求平台在构建时就满足可随时扩展的要求。

（4）可管理性(Manageability)。

运营商的大规模数据中心的管理,比如 Google 云中心已经拥有 100 多万台服务器,亚可逊、IBM、微软、雅虎等的云中心均拥有几十万台服务器。企业私有云一般拥有数百上千台服务器。这些都需要平台的可管理性。

（5）成本效益(Cost Efficiency)。

IaaS、PaaS、SaaS 的建设需要大量的投入,这需要云服务提供商在设计和建立阶段,就要以成本效益为重要的考量。

2.3.1　对研发团队的挑战

提到云计算,大家首先会想到 Google File System、MapReduce、BigTable、Hadoop、NoSQL 等技术,技术会对研发团队带来挑战。但是,这不是研发团队的唯一挑战,如何结合这些技术,实现自己的商务意义上的云服务,应对来自市场对云服务的根本要求,从传统软件开发,转向云服务软件开发,才是研发团队面临的最大挑战。

本质上讲,云服务是将传统企业 IT 服务互联网化,通过集中规模效应及引入新的服务模式,降低企业 IT 开销,云服务,无论是 SaaS、PaaS 还是 IaaS,对于研发,都会面对多租户、大容量、高可用、海量数据以及高安全性的挑战。

面对多租户环境,研发团队会面对标准化与个性化功能问题,固有的软件配置方式与多租户的个性化配置有着本质差别,同时,软件功能灵活性要求比传统 IT 软件要高很多。而多租户也带来了服务站点、个性化用户体验等一系列新的要求,对服务软件开发提出了挑战。

传统企业级 IT 软件,同时在线使用的是企业内部人员,根据企业的工作时间,中断服务维护是常见的方式,而对于云服务,服务于以百万计的企业,服务中断结果往往是灾难性的,这样对系统可靠性的要求就显著提高了,如何实现高可靠性是对研发和技术运营的一个更大的挑战。

多租户和大用户量是云服务的基本特征,云服务以规模效应替代企业传统 IT 服务,只有在大规模情形下,才能降低成本,而大用户量意味着高并发及海量数据,如何提升计算能力、存储能力、降低服务成本,稳定一致地支持大容量及海量数据是研发团队面对的另一个挑战。

云服务平台架构如何应对这些挑战,将在技术架构部分详细讲解。

2.3.2　对技术运营团队的挑战

如前面所讲,云服务需要面对多用户及高可靠的需求,这些都对运营团队带来了不小的挑战。

首先,传统 IT 运营,处理问题是面对一个企业,使用模式相对单一,问题容易定位,而云服务系统,使用企业的模式千差万别,面对不同功能配置、不同流程的问题,处理要复杂很多。

其次是用量问题,系统在不停地增加不同行业、不同地域的用户,对系统、网络、存储的使用是极端不均衡的,如何应对瞬间压力上升时,对网络、存储及计算能力产生的冲击,如何预测并控制这些峰值出现,做好应对准备,都是技术运营的巨大挑战。

除了这些因素外,多用户系统将一部分配置工作交给客户管理,根据用户站点进行配置是这些配置的一个特点,这些原来由运维团队完成的配置由用户来完成,就不可避免地提升了系统维护的难度,如何应对客户配置对系统的冲击,也是运营团队的挑战之一。

最后,高可用性、7×24 小时不间断服务、日常维护、升级等,都要求在服务不中断的方式下完成,同时对任何一个故障,都要能够有相应应对,保障服务不中断,这成为运营团队的巨大挑战。

2.3.3　对服务质量控制团队的挑战

服务质量控制(Service Quality Control)团队通常包含两个基础部分,一个是质控分析团队(Quality Analysis),另一个是质控实施团队(Quality Control)。这两个团队在云服务的场景下,都面临极大的挑战。

第一,多用户环境明显有别于一般的应用软件系统。在设计阶段的质量分析和实施阶段的质量检测,其实施思路和手段有极大的不同。举个例子,多用户环境可能要求在 IaaS 某些组件失效的情况下具备热数据迁移功能,而这个要求在一般应用服务系统中是根本不可能出现的情况。

第二,云服务的基础资源管理和大规模并发处理要求,比一般应用服务体系的压力及稳定性要求高得多。在分析和检测手段上,模拟客户端访问流量和压力测试结果复盘,也要求质控团队有更多、更强的测试设备、测试资源。那么设计、管理、采购、维护及更新这些测试资源,本身也是极其耗费精力的事情。比如,测试一个承载 20 000 用户的 PaaS 平台,就要想办法找到能够模拟并发 20 000 用户流量带宽的网络设备,很明显这样的设备并不存在,那么必须使用多个设备在同一时段进行并发访问,对这个并发访问程序的设计、测试方案的规划就有很高的技术要求。

第三,云服务的产线问题回放(Production Replay)是极难复现的操作。在一般应用服务中,产线问题复现,可能需要几个操作就可以了。但是在多用户及大规模集群环境下,不同的用户,不同的配置环境、操作系统及中间件等,复现场景对质控团队来说是个难以完成的任务。

第四,云服务的回归验证。和第三点一样,即便修复了某些问题,想要在产线环境下完成问题的验证,也充满着各种不确定性。

当然,上述种种问题在实践中也都有解决方案,这些解决方案各自有各自的代价。在云服务的质量工程和服务质量管理章节,将对此部分内容作充分的讲解。

第3章

云计算的技术框架：面向服务的架构

随着近年来 5G、IPv6 技术的兴起，各种设备可以随时随地接入互联网，享受互联网带来的便利。人们也已习惯在互联网上经营自己的工作或生活。随着云计算的发展，企业也已经转变，IT 不再重要，IT 服务可以通过互联网获得，不再需要购买大量机器和软件，不需要投入大量资金、人力来维护自己的基础设施，而是通过租用云服务，降低成本来提升竞争力。云服务越来越普遍，已经像电、水等消费品一样，只要接入，支付租金，便能享受到各种需要的服务。

对于云服务而言，一旦被用户认可，用户访问量和数据量就会呈爆炸性增长，这就对技术架构提出了更高的要求。实践证明，除了功能需求外，云服务架构必须考虑以下因素：

（1）高可用：7×24 小时不间断服务，即使在发生软件或硬件故障时，也能提供稳定的服务。

（2）高配置性：通过配置实现客户个性化需求。

（3）高性能：高效地处理业务请求，提供优质的用户体验。

（4）可伸缩：负载增加时，能方便地扩容以提高性能；负载减少时，能方便缩容以节省成本。

（5）可维护：提供方便快捷的管理和技术运营途径。

（6）服务支持：能配备专业的服务团队，支持客户使用。

本章将从这些基本需求出发，分析云服务平台的技术架构，并结合实例分析，讨论云计算服务平台的实践。

3.1　7×24 小时云服务的挑战

云服务有它独特的优势，与传统软件相比，它由专业技术、服务人员集中提供服务，在保证服务质量的同时，由于其专业和规模效益，成本更低，使用更加方便；也正是由于这一特点，使得云服务软件与传统软件有着本质的区别。

3.1.1　传统企业服务软件与云服务软件对比

传统 IT 服务软件，其对象是一家企业，用户是一家企业的雇员，有十万以上员工的企业就很稀少了；而云服务，目标是服务于以万计的企业，用户量以千万计，如腾讯、360 等云服务提供者，用户数量以亿计，因此大用户量、高并发是云服务软件要考虑的首要需求。

大量用户同时在线对云服务的稳定性提出了非常高的要求。对于一个企业内部软件，中断服务影响可以预估，而对云服务，中断服务影响的是数以万计的企业，其影响范围扩大、处理难度极大提高，这就对可靠性提出了更高的要求，需要系统达到 99.99% 或更高的可用度。目前，互联网免费网站的稳定性一般低于 99.9%，如果对于 B2B 的收费服务，则必须达到 99.99% 以上。表 3-1 所示为服务的可用性指标。

而多用户的特点，也决定了云服务软件要具有另一个不同特点，即功能、流程的高度可配置性；传统 IT 服务软件，软件为特定客户部署，可以根据客户需求配置或二次开发，以满足不同客户的特定需求，而云服务软件集中部署，同时供许多客户使用，系统配置不再是静态的，而要根据不同用户，选择不同配置，系统功能要方便地根据用户需要配置，同时满足数以万计客户的使用。

表 3-1 可用性指标

可用性指标/%	一个月中的不可用时间/min
99.999	<1
99.99	<5
99.9	<43

此外，云服务用户是逐步积累起来的，这就要求随着用户增加，系统能够通过增加部署来提升系统容量，传统 IT 服务软件也有当企业规模扩大，通过部署提升容量的需求，但一般通过系统升级来做到，而云服务系统则要求更高，首先是系统扩容的频度比企业 IT 服务软件要高很多，其次是数据量随着企业增加，呈现爆炸性提升，因此如果不在架构时就考虑扩张，随着系统用户增加，并发压力增大，必将导致灾难性结果，因此如何设计高伸缩性架构也是云服务架构的一个关键点。

互联网云服务，许多企业也许是相互竞争的对手，共享一个服务，数据都存储在服务提供者处，用户通过互联网访问，这与传统软件数据保存在企业内部，访问仅仅来自内网相比，安全性要求有了极大提高，如何保障用户数据安全，保证只有授权用户可以访问相应数据，是互联网云服务成败的关键之一。

云服务与传统软件的比较如表 3-2 所示。

表 3-2 云服务与传统软件的比较

对　比　项	传统软件	云　服　务
容量	较低	非常高
可靠性	一般	非常高
可配置性	一般	非常高
伸缩性	一般	非常高
数据安全和保密性	分行业	非常高，不同用户之间不可见
技术运营难度	一般	非常高

3.1.2　特性化与统一服务

云服务是借助互联网向不同用户提供服务，是通过一个统一服务软件系统，服务于大量客户，而每个客户对服务有着不同的要求，这就要求在统一服务的前提下，需要支持用户个性化需求，传统软件服务于一家企业，在部署时配置功能和流程满足该企业需求即可，这些配置是系统级的、静态的。

云服务对于不同用户，配置各不相同，用户可以根据自己的喜好配置服务，这些配置往往是每个用户都有不同要求，在该用户使用过程中有效，而且随时可能更改，因此配置是分级的、动态的。

云服务配置分层为系统级配置、客户级（企业级）、用户级配置，相较传统软件复杂度明显不同。

对于传统 IT 软件，企业有自己的 IT 人员服务、支持单个部署运行，而云服务系统是集中部署，服务于数以万计的企业客户，因此对于服务支持系统要求较高，如果只简单地将各个企业 IT 人员统一集中，显然不能为服务企业提供更专业且低成本的服务，因此在设计系统时，要同时考虑到运营服务支持的需求。

3.1.3　面向运营及服务系统功能

云服务要求的是电信运营级（Carrier Grade）的服务，因此运营维护和服务需求是软件基础需求的一部分。相较于传统软件，要设计专门的服务和技术运营系统，有专门的运营、服务团队，通过软件提供的技术运营和服务功能，快速响应用户请求。这与传统软件有着不同的要求，传统软件用户维护，通过提供系统诊断数据，用户遇到问题时先是自己的 IT 人员自己解决，然后是请求支持，因此服务一般面对的是 IT 人员，属于专业人员，云服务的服务团队直接面对的是用户，一般不是专业人员，对问题的描述是表象性的，需要尽快定位，需要更多数据和证据，以提升服务、技术运营团队的效率。

此外，技术运营系统还要面对客户，如前面提到的，一家服务提供者整合云服务面对最终客户，在服务过程中出现问题，其服务人员要有方法定位问题，需要整合服务和维护服务系统。除此之外，云服务的 PaaS 和 IaaS，当用户部署服务后，通过服务平台对其部署服务进行维护和问题分析，也是必不可少的工作。

3.1.4　IT 管理与服务监控

云服务同传统软件一样，需要 IT 管理与监控系统，但其要求比传统软件要高许多，主要是用户量和接入复杂，在判断问题时因素更多。因此，监控本身就是一个大系统，数据量大，分析复杂，而且用户访问行为记录不仅仅对技术运营判断问题有用，对于分析用户行为、改进系统也是非常重要的。

快速问题处理与错误恢复能力的要求，特别是对错误恢复时间要求更高，这需要在设计时考虑系统失败环节的恢复方式及对技术运营执行工作的支持。

3.2　云服务架构

云计算软件架构如同大多数软件架构一样，是对实际需求、扩展性、可靠性及性能等需求方面因素，CRM、物流管理、财务管理等专业因素，以及人力成本、开发周期、运营预期及升级周期等众多因素平衡取舍的结果，不会有一个大而全的架构能够适应所有情况；但对于云服务专业化、高并发、高可靠特性这一特点，有设计模式可供参考，下面讲解这些可用于架构设计的模式。

3.2.1　设计的基础模式

1. 一致而稳定的抽象层

云计算是通过规模集中及服务专业化来提高服务效率,达到降低使用成本的目标,因此一般来讲,对于云服务系统,需要整合多个不同业务,以满足用户多方面的需求。多个服务是否能够整合,是否能够根据用户需求更换不同的服务提供者,关键的一点就是该服务是否能够抽象成一个高级别的组件,迅速组合,构成满足用户需求的服务,这也是系统可高度配置的基础,以适应在一个平台上快速满足众多企业用户的需求。

因此,云计算提高了抽象水平,所有组件都抽象化或虚拟化,并可用来迅速组合较高级别的应用程序或平台。如果某个组件不向其客户或同行提供一致而稳定的抽象层,该组件就不适合于云计算。如常用的单点登录,将用户认证、用户关系组织成一个公有服务,用户在互联网上登录时,无论在哪个服务上登录,都能够提供身份认证,保障一次登录使用所有应用,同样地,目前社交网络服务(SNS)中,使用微信或 LinkedIn 网的 ID 可进行身份认证,将服务提供给更多用户,这是一个典型的用户认证及关系抽象的例子。对于该服务自身来讲,并不处理用户登录,仅仅通过虚拟登录概念,通过不同的适配,达到同样的目的,极大地扩展了服务使用人群。

云计算的 SaaS 服务大都采用 Web 服务封装,提供标准服务接口,这样各个客户及其他服务提供者能够简单集成,一起向最终用户提供服务,如上面所说的微信及 LinkedIn 的服务接口,这样既能保障客户通过微信或 LinkedIn 获取更多服务,也能够让网站在开通初期,尽快扩大用户群体,是一个双赢结果。

IaaS 应用标准部署单位是虚拟机,它本质上可运行于抽象硬件平台。人们很容易过度关注构建虚拟机映像(image),而忽视用来创建虚拟机映像的模式。在云计算中,维持该模式而非映像本身非常重要。该模式是保留下来的,而映像则是从该模式产生的。虚拟机映像始终在变化,因为虚拟机映像内的软件层总是需要修补、升级或重新配置。不变的是创建虚拟机映像的流程,而且这是开发人员所应重视的。开发人员可以通过把 Web 服务器、应用程序服务器和 MySQL 数据库服务器叠加在一个操作系统映像上,应用补丁程序、配置更改,以及互连各层组件,来构建虚拟机映像。可以说虚拟机抽象是 IaaS 服务基础,但本质是虚拟机维护、创建、监控、资源配置与隔离及可靠性保障等的抽象与封装,使得 IaaS 一致稳定地向不同客户提供服务。

随着微服务架构的兴起,CaaS 成为 IaaS 应用标准部署的子集。容器比虚拟机减少了硬件仿真,依靠操作系统进程级别的隔离,其创建和销毁速度在毫秒到秒级,是一个"轻"沙盒。现在广泛应用于业务在高峰和低谷之间的容量的调整、AI 运算和大数据处理领域。

PaaS 平台可以建立在 IaaS 之上。使用虚拟机系统隔离每个用户部署在平台上的应用,虚拟机产生映像时,将平台 API 相关调用库、认证设置等一次部署到位,而且平台安全、可靠等相关部署事项都可以通过虚拟机方式隔离,让用户开发、部署应用的难度极大降低,这是 PaaS 服务抽象的常用模式。同样,通过抽象建立业务运行的隔离环境,除业务 API 外,部署、开通、计费等服务系统必备 API 都应该是 PaaS 平台 API 的一部分,这样就能通过一个稳定的抽象层隔离各个用户发布的服务，当一个服务故障时，不影响其他服务的正常使用。

2. 标准化

对于云服务，需要同其他服务提供商、企业服务集成，才能满足企业用户的不同需求，而不同企业用户对不同服务有着各自不同的需求，这就要求对服务的抽象和封装尽量符合行业标准，这样就能快速替换不同服务，满足用户需求。

云计算首先重视效率，因而采用少数标准和标准配置有助于降低维护和部署的成本。拥有可简化部署的标准比拥有用于作业的最佳环境更重要。二八原则就是：20%的标准可以支持80%的使用案例。从成本效益来看，这样的工作可以让高成本的一次性产品开发转变为可以复用的构件开发，从而降低多个项目的综合成本。

云服务一般采用 Web Service 标准接口，包含 RESTful 和 SOAP 两大阵营，随着封装级别提高，RESTful 日益兴盛。SOAP 由于历史原因，还有大量服务和系统支持，并且由于SOAP 工具更成熟，它仍然是许多服务提供接口的选择。考虑到效率、耦合度及开发分发等一系列因素，RESTful 可能是高并发系统的最佳选择。

3.2.2 设计的结构模式

1. 虚拟与封装

对于云计算服务，将服务接口封装成一个虚拟服务，在创建自己的服务时，使用这些虚拟服务，在虚拟服务实现层，使用 proxy 模型，封装多个同一服务，在配置中体现不同服务，这样就是在增加更多的应用服务时，最多完成封装适配工作，这样能最大限度地减少不同服务集成带来的影响。

虚拟和封装技术将实现细节隐藏起来，使开发人员重新重视组件之间的接口和互动。这些组件应提供标准接口，以便于开发人员方便快捷地构建应用程序，同时利用与性能或成本所要求的相似的功能来使用替代组件。

云服务开发是有计划地完成的，甚至用来部署服务的程序也要封装，以便于利用和重新利用。可以封装部署三层式 Web 基础设施的程序，这样，该程序的参数就会包括指向用于Web 服务器、业务逻辑和数据库层的虚拟机映像的指针，然后就可以执行此设计模式，便于部署标准应用程序，不必重新设想或重新考虑支持每层所要求的架构。

已经实践了多年的模型总线其实是一种高层次的虚拟与封装过程。如一个有限状态机模型，是对很多有状态系统状态迁徙与行动的封装，通过将状态行为数据化，能够在多个不同部署上，同时对同一业务的不同过程进行处理，这样能极大提升系统的并发能力。同时在处理过程中，由于一个服务可能会使用多个模型，模型总线的概念是将这些模型及之间通信封装成一个松散的、以数据驱动为主的抽象实现，降低在其上实现、部署服务的难度。

2. 松散耦合、无状态、原地失败

松散耦合(Loose Coupling)、无状态(stateless)、原地失败(fail-in-place)模式的根本动机是降低耦合。这种耦合包含程序信令处理的逻辑耦合、状态依赖和计算上下文依赖关系等。当各个部分之间采用松散逻辑耦合、无状态依赖和无上下文依赖方式后，每个分片处理都能并发在不同机器上，由于没有状态和上下文，哪个计算单元处理结果都是相同的，这就能够避免因大量用户并发与分布处理导致的状态不一致等错误。同时，每个分片错误发生后可以直接重新开始，也可以在原地处理。这样就为提升系统可靠性、可管理性及高并发提供了依据。目前，基于 Web 的应用程序已经在向松散耦合和无状态转变。

在云计算中，这些特征更加重要，因为云计算具有更加动态的性质，服务组件越来越动态，而且可能是分布在不同地域，任何组件发生故障都不会影响整个应用程序的可用性，每个组件应该做到"原地故障"，极少甚至不会对服务可用性产生影响，这样既方便系统伸缩，也提升系统可靠性。

由于服务组件越来越具有临时性，应通过将状态推出软件来尽可能地使服务运行处理无状态，从而尽可能地将处理与数据分开。能够做到这一点的技术包括：

- 将状态下推至后端数据库。
- 维护数据的补充副本，Hadoop 就使用的这一策略。
- 以 cookie 的形式将状态推出到用户，或者将状态代码编入 URL。
- 使用基于网络的持久性技术，例如 GlassFish 应用程序服务器的 Terracotta 或 Shoal。

"原地失败"计算对操作活动的影响是，即使是硬件也应该是无状态的，以便于云正常工作。硬件配置应存储在元数据中，这样在发生故障时就能够恢复配置。

3. 水平扩展

云服务用户往往会爆炸性增长，云服务在设计和部署时，一定要考虑可伸缩性，当用户数量增加时，能迅速部署，扩展系统容量，同时能够保障系统性能，支持用户快速扩张。水平扩展模式是支持系统提升容量的重要模型。设计服务在水平扩展环境中顺利工作的趋势，意味着越来越多的服务能够很好地适应云服务方式。

利用水平扩展的服务非常重视个别组件发生故障时整个服务的可用性，如 IaaS 云服务平台是在一个虚拟资源池上构建的，如果任何一个物理服务器发生故障，该服务器托管的虚拟机只需要在一个不同的物理服务器上进行重构。把无状态和松散耦合的应用程序组件与水平扩展技术结合在一起，可促成一种"原地失败"策略，这种策略与任何一个组件的可靠性都没有关系。

水平扩展不必局限于单个云服务。根据服务数据的大小和位置，"超负荷"计算可用来扩展一个云服务的能力，以适应临时性工作负荷增加。在超负荷计算中，云服务的应用程序可能会根据需要吸纳来自公有云的额外资源，等到业务负荷降低时再回到自己的基础架构中。

水平扩展是云服务协同其他服务，通过使用其他服务的数据、计算能力，提升自身服务容量的一个有效手段。

3.3　构建高可靠性

高可靠性的构建依赖于以下几方面，首先是实际的业务需求和支撑的理论，可靠性需要量化的指标和实施模型；其次是可靠性的设计作为手段；最后是常用的实践模式，包括负载均衡、集群、双机热备及异地容灾。

3.3.1 可靠性理论与云计算平台的需求实现

1. 可用性与可靠性

一般来说，对服务系统考察的是系统总体的可用性，即系统不间断地持续提供服务的能力，而对终端系统，一般采用可靠性来评估系统稳定提供功能、不出现错误的能力。如前所述，对于云服务系统，系统可用性要求比传统软件要高，业界要求的最高水平是 99.99% 的可用性。

由于系统可用性计算的是正常系统提供服务时间占系统服务时间的比例，对于 99.99% 的可用性指标，即一个月中断服务时间要少于 5min，中断服务时间包含维护、升级时间，对于一个 6 个月维护一次的云服务系统，如果维护需要中断服务，系统完成维护周期为 1h，那么系统可用性指标就降低到了 99.97%，如果系统升级也要中断服务，那么系统可用性指标将不会超过 99.9%，因此在云服务架构时，根据可用性指标要求，要考虑到系统维护、升级等对系统可用性的影响，要考虑升级与扩展，甚至维护都能不间断服务。

2. 系统可用性模型

在系统架构时，首先要建立可靠性模型，要区分串联和并联因素。假设系统 V 有两个子系统，其可用性分别是 V_1 和 V_2，并且 $V_1=V_2=99.99\%$。

如果系统中的两个子系统，无论哪个子系统失败都导致系统失败，在可靠性模型中就是串联的。系统可用性

$$V=V_1 \times V_2=99.98\%$$

如果系统中两个子系统，其中一个失败并不导致系统失败，只有两个同时失败，才导致系统失败，在可靠性模型中是并联。系统可用性

$$V=1-(1-V_1) \times (1-V_2)=99.999\,999\%$$

因此，在实际部署中，一般使用并联方式，如备份、集群等方式，以提升系统可用性。

以一个传统 Web 服务系统为例，在可靠性模型中(见图 3-1)，互联网接入、路由器、交换机、前端 Apache 服务器、应用服务器和数据库服务器，是一个串联系统，一般来讲，路由器、交换机有 99.9996% 以上的可用性，互联网单接入网络的可用性为 99.9%，而 Web、App、DataBase 服务器可用性可达到 99.9%，系统可用性是

$$V=99.9\% \times 99.9996\% \times 99.9996\% \times 99.9\% \times 99.9\% \times 99.9\%=99.6\%$$

如果以 99.99% 可用性为目标，直接建立一个备份系统，系统可靠度：

$$V=1-(1-99.6\%) \times (1-99.6\%)=99.9984\%$$

可见系统可用性指标可达 99.998%，就能达到系统的可用性指标，其方式表示如图 3-2 所示。

这使得服务系统达到要求，但确实不是一个很经济的模型。同时，这种模式也引入了不少问题，如数据库同步，用户如何同时接入，等等。因此在常见系统中，采用混合(meshed)接入方式，让接入有备份，而且用户看到的地址是统一地址，路由和交换有备用系统，能够随时切换，Apache 采用 HA 热备，AppServer 在 Apache 作用下采用双机集群，而数据库采用 HA 热备模型，系统模型就变成了如图 3-3 所示的模式。

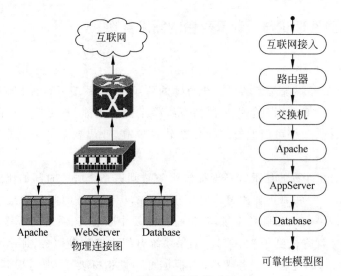

图 3-1　云服务可靠性模型图(1)

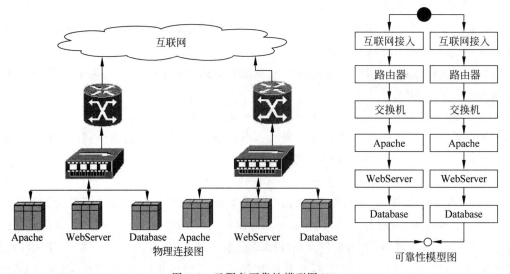

图 3-2　云服务可靠性模型图(2)

其计算相对复杂一些:

$$V = [1-(1-99.9\%) \times (1-99.9\%)] \times 99.9996\% \times 99.9996\% \times$$
$$[1-(1-99.9\%) \times (1-99.9\%)] \times [1-(1-99.9\%) \times (1-99.9\%)] \times$$
$$[1-(1-99.9\%) \times (1-99.9\%)]$$
$$= 99.998\%$$

这个模式也达到可用性指标,但更实用。

在构建高可用度云服务系统时,首先考虑各个实现环节的关系,一般在架构设计时,根据可靠性指标,综合考虑系统可靠性、成本等诸多因素,先要从理论上保障可靠性指标在各个环节分配合理性,主要考虑关键节点,通过多冗余保障系统可靠性,设计时还要考虑在升级与维护时,系统仍然可以提供服务。

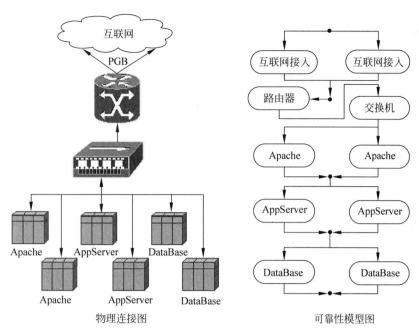

物理连接图　　　　　　　　　　　可靠性模型图

图 3-3　云服务可靠性模型图(3)

3.3.2　可靠性设计

1. 建立模型

系统设计时，对可靠性首先要建立相应的可靠性模型，在模型层面，将指标分配到各子系统，再考虑各子系统能否完成可靠性指标。要按照每个环节的实际能力来分配可用性指标。

比如一个单机程序，持续一个月不停止服务的概率是很低的，假如其一个月需要维护一次，比如服务重启，需要停止 2~3min，而半年需要服务器重启，需要 4~5min，这样一来，光是因为维护，服务的可用性就降低到 99.99% 的水平。再加上各种故障时间，包括软硬件故障、网络故障、电源故障等，单机系统能够到 99.9% 就已经非常高了。

在分配指标时，由于仅仅有一个总体可用性指标，而系统环节很多，变量很多，例如上面的 Web 服务，有互联网接入、路由、交换、Apache、应用服务器、数据库 6 个环节，仅仅知道要达到 99.99%，根据可靠性模型，还是计算不出每个环节的可用性数据，对最后一个模型，可以知道方程式是

$$99.99\% = [1 - (1 - V_{互联网接入}) \times (1 - V_{互联网接入})] \times V_{路由} \times V_{交换} \times$$
$$[1 - (1 - V_{Apache}) \times (1 - V_{Apache})] \times$$
$$[1 - (1 - V_{App}) \times (1 - V_{App})] \times$$
$$[1 - (1 - V_{Database}) \times (1 - V_{Database})]$$

首先排除技术运营积累因素，比如路由和交换环节，公司使用路由服务累积数据时为 99.996%，而 Apache 和数据库是公用服务，可靠性也是累积的，比如单机是 99.9%，这样代入以后，剩余的因素可以求出：V_{App} 至少要达到 99.6%。

但如果一个系统的开发环节不止一个,问题就再度复杂,要判断这些系统的可靠性,就需要有合理模型,常见方式包括:

- 经验模型:例如对使用 Tomcat 或 JBoss 服务器作为底层的应用服务,根据积累的经验值,例如单机在同等规模时,可以达到 99.8%。
- 规模比例:预估开发规模,其可用性与规模成反比。
- 等值法:假设开发系统可用性值相等,算出相应值,对于实际不能达到的,通过将可能的值代入,再求解其他值,直到每个值都能满足要求。

建立可靠性模型,在建立过程中可能需要多次调整,如果计算出,可靠性无法实现,则需按照前面提到的增加并联,降低节点可靠性指标的方法,重新调整模型,再进行计算,直到系统需求得到满足,各个节点的可靠性指标合理、可实现。

2. 实施的技术因素

云服务平台可用性设计要考虑到以下因素,才能完成高可用系统指标。

(1)任何一个环节中的任意一台服务器的故障,仅仅影响系统容量,不会引起系统故障。这就要求在系统设计中不能出现单故障点(Single Point of Failure,SPOF),所有环节都有备份或冗余。

(2)当一个服务器出现故障,用户能够被其他服务器接管,保障系统服务能够持续。

(3)在维护时,对每个服务分别按照时间计划维护,如同一台服务器出现故障一样,不会引起系统故障,确保系统维护时间内服务仍能照常提供。

(4)在升级时,应考虑逐个升级,避免服务中断,因此新旧版本之间的兼容性要能很好地解决,保证两个版本之间的兼容性。

(5)容灾考虑,如果有容灾备份,在升级时,系统先转向灾备系统,先对服务系统升级,再升级灾备。同样,在升级灾备系统前,切换到实际系统。这样能实现在系统升级过程中不间断服务。同样的方式可以在生产线出故障时使用。

3.3.3　负载均衡与集群

提升系统可用性,使用较多的方案是集群和负载均衡,该方案一方面可以消除系统中的单故障点,另一方面可以提高系统的扩展能力。通过将服务部署到多台机器上,每台机器都能对外提供相同的功能,这样多台机器就组成一个集群(cluster)对外提供服务,如图 3-4 所示。

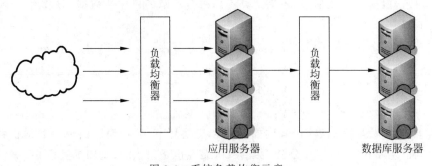

应用服务器　　　　数据库服务器

图 3-4　系统负载均衡示意

集群环境通常会引入负载均衡技术，用户的请求不直接发送到集群中，而是由负载均衡机器接收，并根据一定的策略转发到集群中的业务机器上，其优势在于：

- 用户请求不直接和业务机器交互，系统的伸缩性通过在服务集群中加入和删除一个节点来达到，理论上可以无限扩展。
- 负载均衡器可以将请求动态分配到业务机器上，整个集群结构对用户透明，技术运营人员可以对节点进行实时监控并及时进行故障处理，使系统达到高可用。

负载均衡实现可以分为硬件方式和软件方式。

（1）硬件方式：通常称为负载均衡器，安装在服务器和外部网络之间，具有以下特点。

- 性能好。
- 负载均衡策略多样化。
- 流量管理智能化。
- 价格昂贵。

在硬件产品领域，有一些知名的产品可以选择，如 Alteon、F5 等，能够提供非常优秀的性能和灵活的管理能力。

（2）软件方式：通过软件来实现负载均衡，具有以下特点。

- 成本低廉，多为开源产品，如 LVS。
- 成熟稳定、配置简单、使用灵活。
- 效率较硬件方式低，消耗部分系统资源。

3.3.4 双机热备

双机热备（hot-standby）从概念上来讲，属于集群的一种。为了保障业务的连续性，不允许服务存在单点，但建立集群又太复杂，这时候可采用双机热备技术。

双机热备技术（见图 3-5）是一种软硬件结合的服务容错方案，通常由两台服务器系统和一个外接共享磁盘队列柜及相应的软件组成。"故障隔离"是双机热备的工作原理，通过主动转移故障点来保障业务的连续性，双机热备本身不具有修复故障的功能，只是将服务转移到备用服务器上。"故障检测"是双机热备的一项任务，采用"心跳"方法来保证主系统和备用系统的联系。

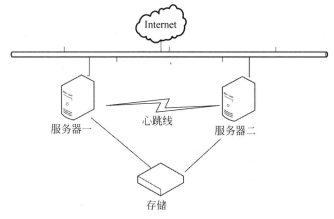

图 3-5 系统层的双机热备技术

双机热备的工作模式主要有主备模式、双机互备模式和双机双工模式。

双机热备的数据共享的实现方式主要有基于共享存储(磁盘阵列)和基于数据复制。

3.3.5　异地灾备

容灾系统(Disaster Recovery,DR)是指在相隔较远的异地,建立两套或多套功能相同的系统,相互之间可以进行健康状态监视和功能切换,当一处系统因意外(如火灾、地震等)停止工作时,整个应用系统可以切换到另一处,使得该系统可以继续正常工作。如图 3-6 所示。其中的 GSLB(Global Server Load Balance,全局负载均衡)是一个网络层的异地高可用技术。

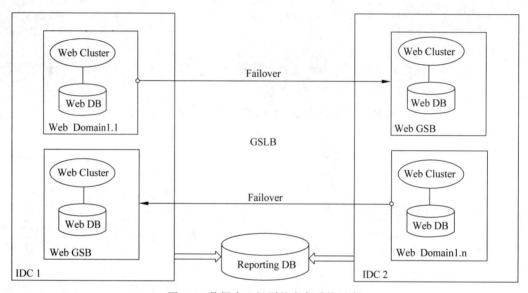

图 3-6　数据中心级别的灾备系统示意

IDC 即数据中心,比如 IDC 1 表示北京数据中心,IDC 2 表示上海数据中心。如图 3-6 所示,各 IDC 之间互为备份。

容灾系统从实现的层次来分,可以分为数据级容灾和业务级(也称应用级)容灾。

(1)数据级容灾的关注点在于数据本身,在灾难发生后要确保原有的数据不会丢失或者遭到破坏,但是数据级容灾发生灾难时应用是会中断的,数据级容灾在技术上、流程上还不能保证应用、业务的高可用性。

(2)业务级容灾是在数据级容灾的基础上,在备份站点同样构建一套相同的应用系统,这样可以保证应用在允许的时间范围内恢复运行,尽可能减少灾难带来的损失,让用户基本感受不到灾难的发生。

容灾除了需要成熟的软、硬件解决方案外,关键在于容灾与业务的紧密结合,这对投入和管理能力要求都比较高。下面进行具体讲述。

1. 容灾指标

RPO(Recovery Point Objective,复原时间目标)是指灾难发生后,容灾系统能够把数据恢复到灾难发生前的时间点的数据,它是衡量租户在灾难发生后会丢失多少生产数据的指标。

RTO(Recovery Time Objective,恢复时间目标)是指灾难发生后,从系统宕机导致业务停顿之刻开始,到系统恢复至可以支持业务部门运作,业务恢复运营之时,此两点之间的时间。

RPO可简单地描述为用户能容忍的最大数据丢失量,RTO可简单地描述为用户能容忍的恢复时间。理想状态下,希望RTO=0,RPO=0,即灾难发生对用户毫无影响,既不会导致生产停顿,也不会导致生产数据丢失。但显然这很难,能做到的是尽量减少灾难造成的损失。

2. 数据级容灾

数据级容灾主要是指数据同步,如文件、数据库数据、内存状态等。数据同步实现的程度,决定了容灾方案最后的效果和能够实现的程度。

对于文件资源,实时地将主站(Active)的数据同步到备用站点(Standby),如图3-7所示。

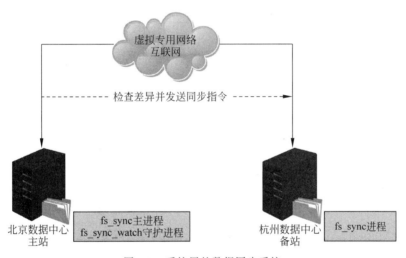

图 3-7　系统层的数据同步系统

数据库同步是将一个正在运行的数据库系统中的数据实时或准实时地同步到另外的一个或者多个数据库上,相对于数据库备份,它的实时性更强,如图3-8所示。

复制监控包括两部分:站点内部DB-HA的MySQL服务器状态监控,自动进行故障切换(维护虚拟IP(VIP)和真实IP的对应关系);站点之间MySQL复制状态监控和维护。每个DB cluster可以有一个或者多个MySQL服务器之间的数据同步通过循环复制实现。应用通过虚拟IP来访问数据库,虚拟IP和真实IP所对应的物理数据库的对应关系是1∶1或者1∶n的关系。通过维护虚拟IP和真实IP的对应关系来实现自动的故障切换,对应用透明。负载均衡通过不同的应用连接不同的虚拟IP来实现,对应用不透明。

3. 应用级容灾

应用级容灾是在数据级容灾的基础上,在异地建立一套完整的与本地生产系统相当的备份应用系统(可以是互为备份或者全局负载均衡模式)。图3-9所示为硬件GSLB的实现示意图。

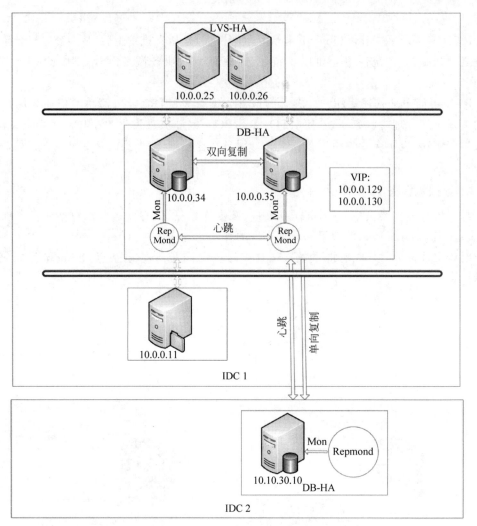

图 3-8　数据库层(Database Level)数据同步系统

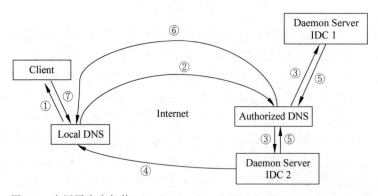

图 3-9　应用层容灾架构(Application Level Disaster Recovery Structure)

GSLB 的目的是实现在广域网(包括互联网)上不同地域的服务器间的流量调配,保证用户的请求能被可用的或离用户最近,或服务质量最好的服务器来处理,从而确保访问质量。

能通过服务器的运行状况(例如是否宕机)和负载情况(如 CPU 占用、带宽占用)等数据,判定服务器的可用性,也能同时判断用户(访问者)与服务器间的链路状况,选择链路状况最好的服务器。因此 GSLB 是对服务器和链路进行综合判断来决定由哪个地点的服务器来提供服务,实现异地服务器群服务质量的保证。

图 3-9 中圆圈内的数字代表一个 HTTP 请求的访问流程顺序,从第 1 步客户端访问本地域名解析服务器(DNS)到第 6 步授权 DNS 服务器返回授权认证请求,最后第 7 步返回给客户端应答,客户端可以拿到最新的备份服务器的地址以支撑服务,各步骤如下。

① 用户(Client)向本级配置的本地 DNS 服务器发出查询请求,如果本地 DNS 服务器有该域名的缓存记录,则返回给用户,否则进行第②步。

② 本地 DNS 服务器进行递归查询,最终会查询到域名注册商处的授权 DNS 服务器。

③ 授权 DNS 服务器返回一条 NS 记录给本地的 DNS 服务器。根据授权 DNS 服务器上的不同设置,这条 NS 记录可能是指向一个随机 GSLB 设备的接口地址或者是所有 GSLB 设备的接口地址。

④ 本地 DNS 服务器向其中一个 GSLB 地址发出域名查询请求,如果请求超时会向其他地址发出查询。

⑤ GSLB 设备选出最优的解析结果,返回一条 A 记录给本地 DNS 服务器。根据全局负载均衡策略设定的不同可能返回一个或多个虚拟 IP 地址。

⑥ 本地服务器将查询结果通过一条 A 记录返回给用户,并缓存这条记录。

在高可用设计中,授权 DNS 服务器一般直接绑定在 GSLB 的设备上,而 GSLB 会实施监控所管辖的服务和网络集群,以便及时更新 IDC 的运行状态。

3.4 构建高性能

"用户速度体验的 1-3-10 原则"如图 3-10 所示。

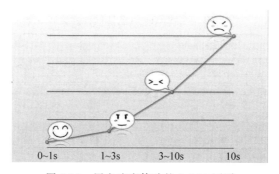

图 3-10 用户速度体验的 1-3-10 原则

分析表明,服务的响应时间如果超过 3s,用户的心情会急剧变化,由此可见,高性能是服务平台一个非常重要的指标,是优用用户体验的基础。

在面对大量用户访问和高并发请求方面,使用高性能的服务器、高性能的数据库、高性能的 Web 容器无法从根本上解决问题,而且投入成本也很高。架构设计需同时考虑高性能、可扩展性和低成本,通过合理优化策略,实现在大容量、高并发条件下的最优用户体验。

3.4.1　系统容量与性能瓶颈

云计算服务是通过互联网向所有客户提供服务,一般在构建系统时会根据单机容量决定各个环节集群的数量,对于 Web 服务,一般会分为 Web 接入层、服务应用层和数据层,对于不同服务,系统性能瓶颈可能不同,如对于数据逻辑复杂的应用,应用层可能是系统性能瓶颈,而对于数据集中型服务,数据层决定着整个系统性能,而在互动与接入访问频繁、显示复杂的服务,接入层可能是系统性能的瓶颈,因此对于云计算设计者,首先要评估系统容量对各个环节的压力,然后找出瓶颈,有针对性地进行优化,如果不能准确地通过评估找到性能瓶颈,就需要搭建系统,通过测试了解系统瓶颈,然后有针对性地进行系统性能及容量优化。

3.4.2　接入与 Web 层容量与性能设计与优化

相对于传统的软件产品,互联网服务提供的是一种在线 Web 应用,界面元素较为丰富,并且用户可以从不同地区,通过不同的网络访问服务。相对于应用层和数据库层的调优,Web 层的优化相对容易。

1. 采用高效、稳定的 Web 服务器

选取目前比较流行的几种 Web Server 进行比较:

Lighttpd:Lighttpd 是一个开源的轻量级 Web Server,CPU 占用率和内存开销都比较低,效能较好,模块也很丰富。

Apache:Apache 是目前使用最为广泛的一个 Web 服务,具有跨平台和高安全性等特性。

Nginx:Nginx 是一个轻量级、高性能的 HTTP 和反向代理服务器。

几种 Web 服务器的性能比较如表 3-3 所示。

表 3-3　几种 Web 服务器的性能比较

性　　能	Apache	Nginx	Lighttpd
Proxy 代理	非常好	非常好	一般
Rewriter	好	非常好	一般
Fcgi	不好	好	非常好
热部署	不支持	支持	不支持
系统压力比较	很大	很小	比较小
稳定性	好	非常好	不好
安全性	好	一般	一般
技术支持	非常好	很少	一般
静态文件处理	一般	非常好	好
Vhosts 虚拟主机	支持	不支持	支持
反向代理	一般	非常好	一般
session sticky	支持	不支持	不支持

对静态页面的请求及响应性能比较如表 3-4～表 3-6 所示。

表 3-4 Lighttpd 性能数据

压力参数/ （请求数/并发数）	CPU 占有率/%	内存占用/MB	每秒请求数	花费时间/s
100 000/100	64	60	462.75	21.6
100 000/200	67	60	312.07	32.4
100 000/500	83	60	137.24	72.8
100 000/1000	94	60	126.6	78.9

表 3-5 Nginx 性能数据

压力参数/ （请求数/并发数）	CPU 占有率/%	内存占用/MB	每秒请求数	花费时间/s
100 000/100	34.6	140	943.66	10.597
100 000/200	35.6	110	924.32	10.818
100 000/500	34.3	110	912.68	10.956
100 000/1000	37	160	832.59	12.106

表 3-6 Apache 性能数据

压力参数/ （请求数/并发数）	CPU 占有率/%	内存占用/MB	每秒请求数	花费时间/s
100 000/100	40.6	170	690.72	14.47
100 000/200	41.1	180	685.39	14.59
100 000/500	42.3	190	633.64	15.78
100 000/1000	43.1	200	547.53	18.26

从这些数据可以看到，Nginx 作单纯的 Web 服务器性能上比 Apache 要好，特别是在承受压力、带宽及资源消耗上都要优于 Apache。如果以 3s 的响应时间作为标准，Nginx 能应付不超过 10 000 的并发连接数，如果以 10s 响应时间作为标准，Nginx 能应付 15 000 以下的并发连接。

2. 从应用服务器中分离静态资源

应用服务器主要处理核心的业务逻辑，对于静态资源，应尽可能分离，让高效的 Web Server 来处理，从而降低应用服务器的压力。常见的静态资源有图片、JavaScript、css、HTML 等。

3. 动态内容静态化

静态化的 HTML 页面效率最高、消耗最小，因此在能够静态化的地方，应优先考虑该方案。

一些大型的门户网站和信息发布类网站，都会采用 CMS 进行信息管理，并通过一定的策略自动生成静态页面。对交互性较高的网站，尽可能的静态化也是提高性能的必要手段。

HTML 静态化也是某些缓存策略使用的手段，对于系统中频繁使用数据库查询但是内容更新很少的应用，可以使用静态化 HTML 片段来实现，这些内容在后台更新的同时进行静态化，避免了大量的数据库访问请求。

通过 URI 编码,将网页请求的状态尽量保存在 URI 中,通过相同 URI 获得相同页面,可以通过 Cache 机制,将动态网页静态化,最大限度提升系统访问能力。

4. 开发优化

前面提到的优化方法对性能提高能起到很大的作用,但从开发的角度来看,高质量的代码才是根本之道。在这方面,Yahoo 团队从实践中总结出了 34 条基本的黄金守则,前 10 条如下。

- 最小化 HTTP 请求(Minimize HTTP Requests)。
- 使用内容分发网络(Use a Content Delivery Network)。
- 在 HTTP 请求头加入过期时间字段或缓存控制字段(Add an Expires or a Cache-Control Header)。
- 使用 Gzip 压缩(Gzip Components)。
- 将 CSS 文件放在网页头部(Put Stylesheets at the Top)。
- 将脚本文件放在页面底部(Put Scripts at the Bottom)。
- 避免使用 CSS 运算表达式(Avoid CSS Expressions)。
- 将 JavaScript 脚本文件和 CSS 文件外部化(Make JavaScript and CSS External)。
- 减少 DNS 查找(Reduce DNS Lookups)。
- 最小化 JavaScript 和 CSS 文件(Minify JavaScript and CSS)。

3.4.3　服务层容量与性能设计与优化

互联网应用是整合所有资源的综合服务,从网络到服务器,从操作系统到应用软件,任何一个环节出现瓶颈或者异常都将降低服务质量,严重的可能会直接导致系统崩溃。

在架构设计上,需要综合平衡各方面资源,例如"页面静态化",就是充分发挥 Web Server 的能力,减轻对应用层和数据库层的压力,下面主要对应用层的一些优化方法进行介绍。

1. 缓存

缓存是提高性能的重要措施,合理的应用可以起到平衡资源的作用,比较典型的场景包括:

- 缓存整个页面或页面片段,如 HTML、JS、图片等。
- 缓存那些耗时运算结果数据。
- 缓存那些耗时的查询结果和业务数据。
- 缓存上下文相关的数据,如应用级配置信息和会话级用户的信息等。

这里说的缓存是贯穿 Web 层、应用层和数据库层的一种综合优化方式,主要面向的缓存对象是相对稳定但访问频繁的数据。

缓存命中率是衡量缓存设计的一个重要指标,主要影响因素包括:

- 时效性:业务决定的缓存过期时间。
- 容量:缓存的大小,受限于硬件结构,如内存。
- 粒度:缓存的键值算法设计。
- 架构设计:分析出业务中的真正热点。

缓存的应用在于减少 CPU、I/O、Network 的消耗，从而提高相关资源的效率，常见加载模式如图 3-11 所示。

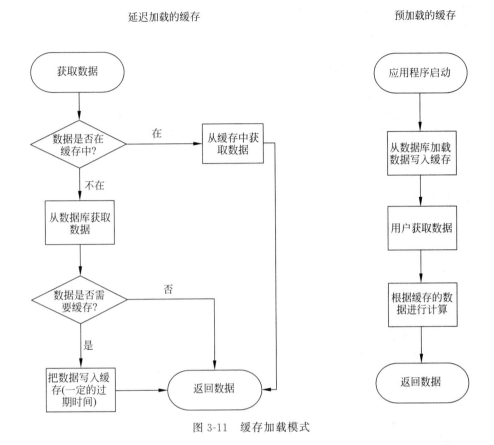

图 3-11　缓存加载模式

对于选择集中式还是分布式缓存，需要根据具体情况进行分析，这里不做进一步分析。在实例介绍部分，将介绍 Memcached 的详细应用。

2. 算法优化

在计算机基础数据结构中，对算法复杂度与系统开销有精确描述，2^n、n^2、$n\lg n$ 等不同算法复杂度，对系统性能影响是巨大的，因此算法优化能极大提升系统性能，这是在设计系统时需要认真分析并仔细优化的地方。

在设计时，首先要考虑运行环境，如现在服务器一般是多核 CPU，如果使用单线程，CPU 性能不能完全利用，系统性能一定不理想。一般来讲，使用线程数量约是 CPU 数量的两倍为佳，太多线程会因为调度开销，降低整个系统的性能。此外，线程安全与同步，往往会引入线程锁，频繁的线程锁会极大降低系统性能，因此应该在算法中避免频繁使用线程锁，将线程锁范围尽量缩小，才能提升系统性能。

对于搭建系统，可以通过观察各种资源的消耗情况，并结合 profiler 工具进行分析和定位，对程序进行一定的优化，可以充分利用各种资源，提升服务的整体能力。

下面介绍两个实际调优的例子：

例 1：这个例子是关于 CPU 使用的，代码的主要功能是生成一批静态页面，优化之前任务执行时间是 30min,优化之后只需要 2min。优化之前观察到服务器是 4 核的,但该任务是单线程的,仅使用到一个核,单核消耗 CPU 在 30% 左右,同时由于执行时间长,对公共资源的消耗也很大,导致整体服务不平稳。将任务改为多线程,并让单线程的任务片段间适当 sleep,最终性能大幅提升。

例 2:这个例子是关于锁的问题,在代码中使用 OgnlRuntime 的一个方法来做页面渲染,在 OgnlRuntime 的实现中该方法整个加了同步锁,而代理的方法需要使用数据库资源,观察到有的线程已经占用了 OgnlRuntime,但在等待数据库连接,有的线程占用了数据库连接,但在等待 OgnlRuntime 的线程,最终导致大量的线程受阻,系统无法响应。新版本的 OgnlRuntime 对方法锁进行了分拆,缩小范围,另外也对代码进行了调整,避免发生死锁。

通过前面的例子可以看到,在程序调优上应尽可能发挥各类资源的优势,对耗时任务进行分拆,合理使用多线程技术,非实时任务采用异步实现,减少锁的使用。

3.4.4　数据层容量与性能设计与优化

应用层的扩展相对容易,数据库层的扩展比较困难,数据库层的合理优化将会极大地提升平台性能,下面分析一些常用的策略。

1. 数据库设计:垂直分区、水平分区、读写分离

垂直分区(见图 3-12)是指将不同模块数据存入不同的数据库中,而水平分区(见图 3-13)是指将相同模块数据存入不同的数据库中。无论是垂直分区还是分区,对应用都是相对透明。

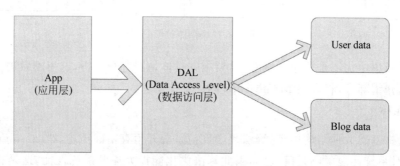

图 3-12　数据库垂直分区

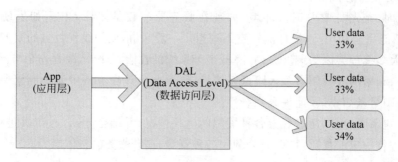

图 3-13　数据库水平分区

另外,通过读写分离也可以增强数据层的扩展能力。

2. 数据库表设计

(1) 建立合适的索引:加速数据检索。

(2) 分离大字段:将一些数据特别大的字段从数据库表中分离出来,使用单独的表存放或者使用文件系统存放,减少 I/O。

3. SQL 书写

(1) 避免使用复杂 SQL 语句:减少 join 操作。

(2) 精简字段:减少 I/O,仅获取需要的字段数据。

(3) 避免大数据表连接:减少 join 成本。

3.4.5 应对高并发容量

云服务中存在一些特别高并发的模块,这些模块,仅使用常规的数据库管理和存储系统,没有办法达到需要的读、写的性能要求,需要引入多种手段和方法来解决。在这里仅做简单介绍,具体内容将在第 14 章做具体讲述。

第一种方法在客户端层面,使用客户端主动负载均衡路由,这与传统的服务系统使用统一的负载均衡不同,云服务在超大规模及分布式情况下,没有办法使用一个单一的路由中心来做路由策略。常见的思路是客户端通常会定期向云服务商轮询一个路由地址列表,该列表会将使用服务的域名和地址做动态解析映射,从而连接到不同的读服务器,例如百度的搜索服务 www.baidu.com 会跳转到 sp0.baidu.com、sp1.baidu.com,等等。微信则使用了 http DNS 服务,客户端绕过传统 DNS 服务,主动通过 http 协议向固定服务器索要最终地址,这种做法还能有效防止域名劫持。这种客户端负载均衡的配置策略需要云服务商在地址解析层面提供基础的能力支持。

第二种方法是在接入层面,全分布式接入及降级处理。由于云服务商提供的基础接入能力是面对所有用户的,所以无法判断用户的业务高峰,如果不把接入的压力分散化,那么会导致在浪涌出现时,所有用户的服务都不可用。所以在某一个接入域的内部,是全分布式的处理结构,并且附带降级策略。我们以阿里云的服务器负载均衡(Server Load Balance,SLB)为例,阿里云将云服务分为了若干区,比如华北、华南、华东区,每个区内部还分为了北京、青岛等子域,每个域内的用户都独享自己的接入负载均衡器及接入流量限制。用户自己的 SLB 服务故障不影响其他用户,超过流量会被区域直接限制,用户的客户就会发现服务响应慢或者干脆无服务可用。

第三种方法是在持久化层面,除了传统的关系型数据库之外,采用全分布式的消息队列,裸写磁盘(DirectIO,绕过 OS 的缓冲区)的分片存储及 Server SAN 等软件定义存储技术。比如用户所看到的 MySQL 服务,对其数据目录来说是一个完整的虚拟磁盘,但实际上可能是某个盘阵中的一部分而已。即便是云服务商自己的配置管理数据库,一般都是若干个库的实例(进程)进行的分库分表存储。其数据库连接层面做了定制化处理,SQL 语句的执行被自动分片,查询的结果被自动聚合,如图 3-14 所示。

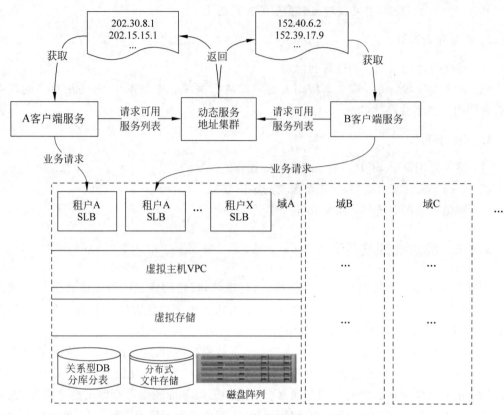

图 3-14　高并发机制

3.5　构建高伸缩性

对互联网云服务而言，访问量和数据量随时都可能呈几何级增长，在架构设计中，需要考虑以最简单的方式来应对这些变化，这就是高伸缩性。表 3-7 所示为垂直扩展与水平扩展两种扩展方式的比较。

表 3-7　垂直扩展与水平扩展的比较

对比项	垂 直 扩 展	水 平 扩 展
方式	升级机器硬件，比如增加 CPU、内存、网络	增加机器
优点	升级简单，技术运营简单	理论上可无限扩展，硬件成本相对较低
不足	硬件成本较高、存在瓶颈，只能有限扩展	技术要求较高，技术运营难度增加

3.5.1　设计规则扩展与性能

由于云服务扩张较企业服务要快，在架构时，尽量坚持"无状态"和"就地失败"原则，只有这样，才能适应系统伸缩性的要求。

架构的另一个原则是针对系统瓶颈，在设计时就要有针对性地设计，如 Web 层采用 Apache 集群，集群能力取决于负载均衡器能力，加入采用 LVS，可以支持百万人访问，这是系统集群的最大能力，在架构时，要考虑在能力不足时，采用多个 Linux 虚拟服务器(LVS)一起工作的模式，如采用域名系统(DNS)将不同区域访问指向不同的 LVS 地址，一般认为可以将系统能力扩展到无限制。

因此，在高伸缩性设计时首先要遵守云计算访问设计基本准则，还要识别系统性能瓶颈点，有针对性地进行设计，确保在系统用户急剧增加时能够快速增加部署，确保业务稳定及性能。

3.5.2　并发访问量

水平伸缩存在无限扩展的可能，为了支撑大的访问量，目前大型的互联网服务在架构设计上做了很多努力，实现了在系统用量增加的情况下，仅需增加硬件设备，无须调整架构。

为了做到水平伸缩，应用应该是无状态的，架构设计上通常将有状态的信息集中存入缓存或者数据库中，业界也称为 SNA(Share Nothing Architecture)架构。比较常用的方案是分布式缓存，比如开源的 Memcached 方案。

3.5.3　并发数据访问与 I/O

访问量的增加会提升对数据库的访问频率，而数据量的增加会直接导致数据库读写性能的下降，互联网服务瓶颈很大一部分来自数据库。垂直伸缩能起到一定的缓解作用。通过增加机器，进行水平扩展，能有效地提升数据库读写数据的能力。表 3-8 所示为几种常用数据库扩展方式的比较。

表 3-8　几种常用数据库扩展方式的比较

对比项	读 写 分 离	垂 直 切 分	水 平 切 分
方式	将相同的数据复制到不同的数据库中，对数据的读写可访问不同的数据库	将不同功能模块的数据分别存放到不同的数据库中	将原来存放在一个数据库表中的数据，按照一定的规则，分别存放到不同的数据库中
优点	降低数据库读的压力提升数据库读的相应能力	易实现	扩展能力强
不足	对业务有一定要求，如读多写少、延时限制等	扩展有限，可能引起分布式事务	增加技术运营成本

3.6　构建高可配置性

云服务面向的是多用户，对服务系统例如界面、功能、流程等存在较多的个性需求。在云服务设计上，通过对典型需求的分析，需要将这些部分设计为可配置，以满足不同的用户的需求。

传统应用和云服务都存在可配置的要求，但云服务对配置要求更为复杂，而且由于可靠性要求，在更改配置时，服务要不中断，能够立即生效。

为了适应云服务面向多用户的需求，一般将云服务配置分为系统级、客户级和用户级，客户级又称为站点(site)级，这些配置各有侧重点，对运行系统影响各有不同，下面一一进行讲解。

3.6.1　系统配置

传统服务系统配置以客户应用功能为主，例如对界面、功能、流程等的不同需求，而在云服务设计时，系统配置一般以技术运营、部署参数为主，一般不会涉及功能性配置。这些配置以配置资源池的形式存在，可能存储在文件中，也可能存储在数据库中，设计时要考虑监控配置项的改变，保障配置改变能及时生效。我们以亚马逊的云服务平台为例，亚马逊提供的云服务主机产品是一种 IaaS 服务，用户可以方便地根据自己的需求选择不同 CPU、内存、硬盘的主机能力，而支撑这些主机的网络资源，如主机名称、IP 地址（无论内网 IP 还是外网 IP）是以资源分配的形式下发到购买的服务中，不同的用户内网 IP 地址和主机名是可以相同的，由亚马逊的虚拟交换机和虚拟网关（其实都是一种软件组件）来进行隔离，这对用户是透明的（用户看不到，也无法配置虚拟交换组件）。这部分的工作完全由亚马逊的工作人员来完成，尽管用户可以通过某些配置界面来管理自己的"网络组"，但这实际上是在云服务供应商提供好的配置沙盒里面构建自己的空间。

用户对自己的服务的配置不会影响到其他人，但反过来，如果亚马逊修改了系统配置，那客户第一时间就会看到结果。比如亚马逊经常会主动推送一些操作系统级别的补丁和更新，在用户收到邮件或者短信通知时，往往系统已经自动升级完了，但是用户没有受到任何的运行影响。还有某些用户所在区域发生重大故障，云服务提供商甚至可以在毫无知觉的情况下将客户购买的云服务整体迁移至灾备系统，而所有的配置项（包括网卡、IP、路由、防火墙、域名解析等）全部没有发生变化。如果不使用系统配置和资源相互隔离等设计技术，是做不到这一点的。

3.6.2　站点配置

云服务的站点是对特定客户服务的入口，一般站点配置相当于传统业务的业务配置，不同于传统模式，这些配置是不同客户使用不同配置，是系统运行中根据用户所属的客户服务动态调整的，因此，一般不再采用配置文件方式，而是使用数据库来记录配置，用户登录不同站点加载不同配置项。

站点配置包括功能、流程、界面等，在架构时，要考虑不同客户的需求变化，尽量使各个功能动态组合，根据配置来决定功能、流程和界面，以同时支持不同的客户需求。

下面以阿里云来说明站点配置。对于阿里云的管理后台来说，用户面对的是一个完全界面化的管理门户。用户可以增加、变更和删除管理员，为购买的基础服务设定安全组和安全策略，定制监控措施和观察数据报告，划分网络组，管理自己的 DNS，做网站备案。阿里云的配置管理门户对用户来说就是一个可以管理配置的"站点"。用户在这个站点对每一个购买的服务功能都可以深度定制。从结构上来说，阿里云的配置后台是基于 B/S 结构的系统，每一个配置项都是存储到数据库中，再经由程序推送到相应的服务实例。

和系统配置由云服务商负责不同，在云服务中的站点配置大多是由客户挑选具备运维管理维护能力的人来实施的，虽然这项工作也可以委托给云服务提供商来完成（比如通过电话或者工单的方式），但是出于安全性和及时性的考虑，客户还是愿意自己来负担这部分的人力成本，自行实施。

需要说明的是,由于站点配置需要体现客户的经营特色,阿里云甚至对企业客户提供企业定制化界面和皮肤展示功能,让配置管理后台看起来像是企业自己的一个产品门户,这种深度定制化的功能也得到了广大企业级用户的青睐,具有品牌经营意识的用户愿意为此付费。

3.6.3 用户配置

站点配置决定企业用户统一功能集、流程和界面中企业相关的商标等显式的需求变化,是企业用户对供应商的统一要求,而用户配置则是用户根据自己的习惯,在企业需求的基础上,设置应用功能、流程和自己的界面,以提升工作效率。

在设计用户配置时,首先要分析不同用户可能的习惯,将界面、功能和流程尽可能按照不同组合予以对比,排除不可能选择,按照剩余方式提取配置,提升系统适应性,以最大限度地满足用户需求。

现以 PaaS 平台供应商提供的数据存储能力产品为例。很多 PaaS 供应商都提供基于关系型数据库(MySQL、Oracle、PostgrelSQL 等)、缓存(Redis)、分布式文件存储(ODS、DFS)等产品,这些存储产品都提供了各种细粒度的功能参数配置,诸如配置文件存储的实际位置、大小、分片机制、主备机制、监控模式、故障恢复机制等。用户需要针对自己具体的业务场景来精心调配。这些配置由于和具体技术实现相关,因此会由专业的 DBA 或运维人员负责。PaaS 平台供应商如无客户的强烈要求,基本不会触碰这些配置,因为这些配置和用户的使用强相关。

3.6.4 服务配置与技术运营关系

可管理性是云服务的基本要求之一,云服务配置层次较多,配置复杂度很高,因此需要根据系统规模设立专门的配置服务器,对系统中的系统配置集中管理,可以查看、修改站点与用户配置,这是云服务系统不同于一般企业服务配置的需求。

云服务提供商基本是基于虚拟化来提供资源能力的,宿主机和虚拟主机的数量在每一个单独的数据中心都有上万台甚至几十万台,如果不采用集中化的配置管理,配置变更就会是一个工作量惊人的工作。从整备机器、装机、初始化操作系统配置到根据实际应用配置基础服务软件,需要一个能够集中存储配置信息并适时下发到自动管理的机制,这就是中央化配置管理系统所需实现的工作。以微博为例,微博的 follow 功能由上千台 Redis 服务器组成,每个 Redis 服务器都是一主多从关系,所有的 Redis 服务器按照业务逻辑分片来存储用户的个人关系。如何维护这数千台缓存服务的故障、升级、系统及应用配置,就需要云服务商提供一个良好的配置管理中心。特别是升级过程,其滚动式升级能让所有的配置以不间断的方式从更新的服务配置中心下拉,以保证不同版本的 Redis 服务能够正确协同服务。

还有一个例子就是配置管理中心能够有效地统一研发和生产环境配置的差异。很多情况下,研发环境和生产环境差异巨大(如 IP 地址和端口的不同),使用统一的配置中心后,在研发和生产环境可以使用统一的 key,但是获取到不同的值,可以保证代码的一致性。例如同样获取一个远端的 RMI 服务实例,如果不使用统一的配置管理中心,就必须把配置的 IP 地址写死到文件中,如果上线时忘记修改,就会造成事故;如果使用云服务商提供的配置管理服务,将 IP 地址放到不同的配置中心,而使用相同名称的环境变量,这样上线时,就能获得不同的 IP 地址,保证不会出现因为疏忽而导致的错误。

3.7　构建高可管理性云计算平台

云计算服务数以万计的企业客户,可靠性要求很高,而系统可靠性来源于系统维护,系统可管理性是系统成败的一个关键因素,从另一个角度来讲,系统可管理性决定着系统可靠性的实现,假如一次维护需要中断服务 1min,那么要达到 99.99% 的可靠性,系统一个月可以维护 4 次,系统只要保证运行一周多不出问题,可靠性就能达到 99.99%,而如果一个系统维护一次需要中断服务 20min,系统需要保证正常运行 5 个月才能达到 99.99%,难度可想而知。因此,可管理性是系统高可靠性的一个关键点。

3.7.1　系统维护周期

在做架构设计时,要考虑系统维护周期,维护周期长短、维护时服务中断时间等因素是决定系统可靠性的时间指标。通常在架构设计时需要考虑以下因素:

(1) 系统中各通常服务器维护流程。

(2) 系统中各通常服务器维护周期。

(3) 最长维护路径。

(4) 各环节需要时间。

(5) 通过何种方式保障维护时系统服务中断时间最短或不中断服务。

根据这些需求及架构设计的部署设计,使用路径覆盖方式,估计出系统维护中断服务时长。一般来讲,UNIX/Linux 服务器需要在 3~6 个月重启一次,而设计服务程序要根据实际情况决定服务重新启动时间,以保证系统服务安全可靠。

在系统设计时明确维护周期及每次维护服务的中断时间,并根据维护需求设计维护系统,提供给技术运营人员合适的系统接口,以确保维护实施一致性,减少人为因素导致系统服务中断,对于达到系统可靠性和降低技术运营成本都很重要。

3.7.2　系统维护与服务中断

生产线运营的理想情形是在不中断系统服务的状态下进行维护,这一般可以通过备份系统实现,如前面提到的灾备系统。当系统需要升级或维护时,先将系统切换到备份系统,然后对当前系统进行维护或升级,这样服务中断时间就降低到切换时间,如 30s,极大提升了系统可靠性,这是云服务常用的维护模式,在架构设计时要加以考虑,最好能无缝切换,不中断服务。

3.7.3　系统可配置性

云服务系统配置相对复杂,升级与更改配置都不是一件简单的事情,因此,在架构时尽量设计易于系统配置与升级的 API 与界面,并建立集中式的配置管理系统来管理不同层次配置,来提升系统可管理性。

集中式的配置管理系统可参考本书的第 3 部分"服务的技术运营"。

3.7.4 系统监控能力

好的医生总是建议患者提前保健,而不是看病吃药。对于云服务生产运营来讲,是要将系统问题消灭在萌芽状态,而不是等到系统出错、服务中断,导致客户不满或流失。如何检测系统是否处于健康状态,也是维护服务人员关心的事,对于人来说,使用各种仪器体检能检测出健康隐患,而系统监控如同各种医疗器械一样,能提供各种系统参数,用以诊断系统隐患,因此架构时设计系统监控系统,对云服务非常重要。

监控应该覆盖平台的所有资源,包括应用服务的状态、应用服务涉及的相关软硬件资源等。对于云服务,几乎所有功能都涉及网络,网络状况监控可以使用 SNMP,对流量、丢包、抖动等基本网络参数,以及路由、交换、服务器等物理设备的运行情况及拓扑变化情况进行监控。

服务器运行情况监控,主要是对服务器硬件如 CPU、内存、硬盘等情况监控,可以通过如 Nagious 这样的监控工具提供实时数据。

监控系统的几种展现方式如图 3-15～图 3-17 所示。

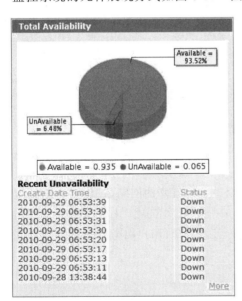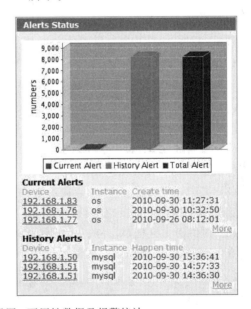

图 3-15　服务系统运行状况图:可用性数据及报警统计

	Host Status		Host Name	IP	Enabled	Mail Alert Flag	Sms Alert Flag	SystemInfo
	●|●|●		Teacher-DB110	192.168.1.110	Yes	Yes	Yes	➡
	●|●|●|●●●●		VM-WEB-78	192.168.1.78	Yes	Yes	Yes	➡
	●|●|●●●		VM-WEB-84	192.168.1.84	Yes	Yes	Yes	➡
	●|●|●●●		VM-WEB-81	192.168.1.81	Yes	Yes	Yes	➡
	●|●●|●●●●●●●●		Demo	192.168.1.95	Yes	No	No	➡
	●|●●|●●●●●●●●●		Beta	192.168.1.96	Yes	No	No	➡
	●|●●|●●●●●		VM-WEB-74	192.168.1.74	Yes	Yes	Yes	➡
	●|●●|●●●●		OnlineReg	192.168.1.88	Yes	Yes	Yes	➡
	●|●|●●●●●		VM-WEB-75	192.168.1.75	Yes	Yes	Yes	➡
	●|●|●		QuartzDB	192.168.1.118	Yes	Yes	Yes	➡

图 3-16　服务系统运行状况图:按照时间体现的运行状态

Device	Instance	Mail Status	Sms Status	Property	Value	Thresholds	Level	Max Level	Times	Duration	Create time	Msg
192.168.1.83	os	success	N/A	cpu_idle	22.0	50.0	3	3	9	17535	2010-09-30 11:27:31	cpu_idle: Now is 22. 50.0
192.168.1.76	os	success	N/A	memory_idle	1015.0	1024.0	3	3	9	20798	2010-09-30 10:32:50	memory_idle: Now i threshold is 1024.0
192.168.1.77	os	success	N/A	memory_idle	675.0	1024.0	3	3	9	374850	2010-09-26 08:12:01	memory_idle: Now i threshold is 1024.0
192.168.1.118	os	success	N/A	cpu_idle	0.0	50.0	3	3	9	821814	2010-09-21 04:02:14	cpu_idle: Now is 0.0 50.0
192.168.1.118	mysql	success	N/A	percentage_of_max_allowed_reached	1.0	0.75	3	3	9	821815	2010-09-21 04:02:14	percentage_of_max Now is 1.0 ,the thre
192.168.1.118	mysql	success	N/A	thread_cache_hit_rate	0.0	0.9	3	3	9	821815	2010-09-21 04:02:15	thread_cache_hit_r 0.0 ,the threshold is
192.168.1.51	mysql	success	N/A	percentage_of_max_allowed_reached	0.766875	0.75	3	3	9	957918	2010-09-19 14:14:33	percentage_of_max Now is 0.766875 ,th

图 3-17　详细警报日志

应用层监控涉及的因素更多、更为复杂,需要在设计应用程序时就考虑监控要求。例如系统需要通过连接池同数据库连接,连接池的健康程度,如当前连接健康情况,需要提供专门的监控接口。服务负载,包含处理并发等情况也需要监控,这些都需要在设计时考虑,而服务一旦构建,再开发难度就相对较高。

因为监控的重要性,第 19 章专门对监控进行讲解。

3.7.5　日志记录与错误处理

应用监控的因素很多,而采用日志方式,将系统运行信息输出,用于检测系统情况或判断问题都是一个简单易行的方式,因此日志系统需要在构建时设计,一个完善的、健全的日志处理机制对系统维护与排除都十分重要。

1. 重要性

了解日志机制,首先要理解日志的重要性。在云服务应用中,日志包括以下几项作用。

(1)系统运行和服务状况分析,例如通过 Nginx 的访问日志可以粗略地估计访问量,对 Jboss 的错误日志进行分析,可以及时发现潜在问题。

(2)用户行为分析,通过日志跟踪,可以挖掘出用户的使用习惯和操作轨迹,为设计测试用例及提供附加服务提供直接依据。

(3)生产环境问题分析,用户使用过程中会反馈各种各样的问题,日志为快速地定位和分析这些问题提供最直接的信息。

(4)提供历史证据,对一些关键业务操作进行日志记录,用户在需要时可以对这些操作进行查证,最典型的就是用户的误操作。

2. 日志种类

基于互联网服务架构的应用,其生产环境都相对复杂,每个层次都有很多日志,有的日志由各类服务器提供,简单配置即可,有的日志需要开发实现,下面列举几种常用的日志。

(1)操作系统日志:如 Linux kernel 日志(系统的 dmesg)。

(2)基础服务日志:如 Linux xinetd、ssh、bash 等基础服务日志。

(3)专用服务日志:如 Nginx 的访问日志和错误日志、Jboss 的应用日志、数据库层的 SQL 日志、各类资源的运行日志等。

(4)业务服务日志:开发业务的操作日志、错误日志、服务开销性能日志等,一般需要专门开发。

3. 日志级别与配置

完善的日志机制必须支持不同级别的日志,如 Linux log 系统支持 Emergency、Alert、

Critical、Error、Warning、Information、Debug 等 7 个级别的 log，用于不同情况，在设计 log 系统时必须考虑区分不同级别，以方便控制 log 输出，一般服务器在运行时会打开 Information 级别 log，debug 级别的 log 一般用于研发排查问题。

log 系统必须能支持配置输出到不同位置或系统，如输出到文件、数据库或是 log 监控系统。此外通过配置，可以实现不同级别 log 到不同系统，以保障系统的运行效率。而 log 文件的切分、备份等功能都是要考虑的因素。

log 系统的另外一个因素是对服务系统性能的影响，要采用 relay 系统，保证不影响系统的正常运行，在系统空闲时才考虑将 log 最终写入，典型的如 linux syslogd-ng，就通过 relayFS 实现这一功能，在保证可靠性的情况下，同时保证系统运行的性能需求。

4. 日志管理

在原始日志采集之后，需要有一定的策略对日志进行管理。原始日志一般会非常庞大，需要进行历史归档或者二次加工，为日志分析提供更加直接的依据。

5. 日志分析

日志采集是为了进行分析，并最终为各种决策提供有效的参考依据。日志分析方式很多，这里不做深入讲解。

6. 日志监控

运营系统会输出大量日志，如果能够监控日志信息，对于判断服务健康状况有着非常重要的意义，因此，对日志实时监控，并根据不同级别日志做不同处理，对于确保系统稳定运行、服务有效稳定是十分必要的。常用办法是将日志输出给 Nagios、ELK 等监控系统。

3.7.6　用于服务的配置、监控与日志系统

对于云服务中的 SaaS 服务，一般用户使用具体功能，不太关心配置、监控与日志，但对于 PaaS 和 IaaS 服务，用户在其上使用的是基础设施和平台的服务，对于相关网络、服务器及服务状态监控、日志、配置都有不同需求，这些功能既是内部服务与支持所需要的功能，又是外部客户需要的，因此，在设计时还要区分这两个方面的需求。

3.8　案例分析

下面以 A 公司为例来介绍高可用的云服务框架是如何设计和构建的。A 公司的例子将充分说明，高可用的云服务框架的构建是一种基于业务驱动、解决痛点、动态演化和发展的过程。

3.8.1　背景介绍

本节将以 A 公司的英语教学平台基于 Kubernetes 的容器化实践之路作为案例，来说明云服务架构的高可靠、高性能、高伸缩和高配置性。

从幼儿园、小学、中学、大学和出国留学，A 公司几乎涉及每一个教育领域，是国内最大的线上加线下的民营培训机构之一。其教育产品线非常长，也非常复杂，用户量大，遍布各

全国各地区。目前有 16 个云数据中心,包括自建、租用 IDC,还通过云联网直接连接了阿里云和腾讯云,最终形成了一套横跨多个云提供商的混合云架构。A 公司的云体系很特别,既有相对传统的部分,比如 SQL Server、Windows 和柜面服务程序,也有比较新的技术,比如 TiDB、容器、微服务等。A 公司云是一个比较典型的混合云＋容器化的架构体系。

A 公司将 Kubernetes 视为介于 PaaS 和 IaaS 层之间的中间层,对下层的 IaaS 层和上层的 PaaS 层都制订了接口和规范。对于复杂的业务需求,A 公司对 Kubernetes 引入了其他开源组件进行补充。

A 公司的基本技术栈架构如图 3-18 所示。

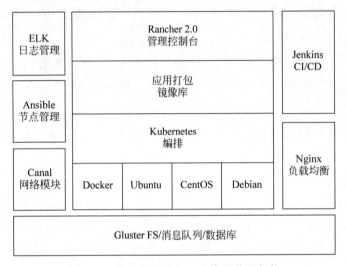

图 3-18　基于 Kubernetes 的资源管理架构

运行时组件基于 Docker,Host 主机操作系统选择的是 Ubuntu,Kubernetes 网络组件用的是 Canal,同时采用 Mellanox 网卡加速技术。Rancher 2.0 作为 Kubernetes 的管理平台,提供多用户管理、可视化、权限对接 AD 域等重要功能,同时提供一套稳定的图形化管理平台。

A 公司面对的业务难点如下。

(1)提供资源和服务的物理硬件非常多,资源池庞大,增加和变更物理资源不可能依靠人力维护。

(2)在资源池之上必须有动态扩充和释放资源的能力,在业务高峰时,需要把更多资源投入在线课堂,峰值回落时要及时释放资源,节约成本。

(3)开发、测试、部署上线和维护环境必须尽量一致且自动化配置,否则一旦出现 bug,会出现全球影响,对客户体验造成严重影响。

(4)整套系统,数千个服务节点,上万个容器,不能依靠人肉运维,必须全部自动化监控、告警和自动故障恢复。

3.8.2　解决方案

基于上述业务难点,A 公司采用基于 Kubernetes 的弹性容器化架构。

1. 镜像和分发

容器化管理的先决条件是解决镜像管理和分发问题。镜像管理，A公司使用的是Harbor(当前版本1.2)，后端存储对接ceph对象存储，镜像分发使用的是阿里云开源的DragonFly，它可以将南北向的下载流量转换为东西向，使镜像在node之间的复制成为可能。当集群规模非常大时，减缓拉取镜像对Harbor服务器造成的压力负载。镜像分发系统如图3-19所示。

该架构方式是为了解决内部流量问题。在上万个节点之间更新镜像或者更新容器(Docker版本)是不可想象的巨大流量。如果采用传统的中心化私有仓库方式，很快就会在节点更新时因为下载流量巨大导致仓库服务器失去响应。采用DragonFly的点对点分发方案可以有效地解决流量淤塞问题。主要由若干个种子节点从私有仓库中下载完镜像，所有服务节点之间就可以通过P2P协议转发，这样能有效削减集中的流量，A公司的

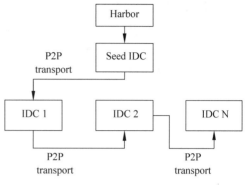

图 3-19　A 公司的镜像分发系统

镜像分发架构，可以在几分钟之内将数千个节点的镜像完全升级完毕。

此套节点镜像下发流程完全自动化正是"高可靠"的体现，首先无须人工介入，避免了出错的可能性，其次分发节点有多个，完全可保证即使某几个节点出现错误仍然有其他对等节点提供服务，P2P协议是完全点对点，所以不存在一个绝对的"主服务器"(Master Server)，任何节点都能充当"主服务器"。

2. 节点管理

A公司的Kubernetes集群是运行在物理机上的，当集群规模大了之后，物理机增多，需要引用物理机的管理软件减少运维成本。A公司采用的是Ubuntu的Maas，它是裸机管理平台，可以将没有操作系统的物理机按照模板安装成指定的标准物理机。再结合Ansible初始化物理节点，将它变成业务想要的服务器类型加入集群。比如通过加载TiDB的role把标准物理机变成TiDB的节点，或者通过Kubernetes的role把标准物理机变成Kubernetes节点，同时在每一种role里将Osquery和Filebeat推到物理机上，它们可以收集物理机的机器信息，方便进行资产管理，如图3-20所示。

该结构是为了解决物力资源池如何向业务资源池过渡的问题。物力资源池每次新增加实体资源，都是数十台、几百台物理服务器进入数据中心。如果人工安装系统和基础软件，显然是不可能的。因此必须通过远程控制方案，从模板进行基础安装。当然，因为系统架构是弹性的，当某些节点从应用中释放，必须归还到物理资源池，相应的主机必须回到初始化状态，随时可以被改造成适用于其他服务的类型。通过上述架构，使用ubuntu mass初始化底层系统，通过ansible根据role来预装节点服务类型，将这种繁重的人工运维工作全部免除。

这种动态生成计算节点和回收的技术正是"高伸缩"的体现。因为静态的部署服务实际上无法完全匹配实际的资源消费并随时修改资源配置的。某些机器性能强悍，但是部署的

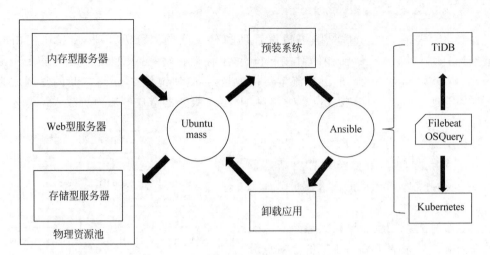

图 3-20　A 公司的物理节点管理

服务不是关键服务,或者大部分的时间不会出现计算的高峰,那么这些服务运算能力完全可以被其他业务所使用。采用动态技术节点之后,闲置的算力可以被充分利用,如果出现普遍闲置则适当回缩计算资源,这样能极大地提高单位时间的资源利用能效比,节约成本。

3. 使用 Jenkins 完成持续集成和持续部署

这个主要和 A 公司的研发工程惯性有关。因为线上环境复杂,所以必须有一套和线上环境十分相似的开发、测试、集成环境供技术团队研发使用。工程师写完代码并做完单元测试之后,将代码提交至版本控制服务,通过 Jenkins 的自动脚本,自动打包到集成环境容器进行联调测试,通过后推送至私有仓库,然后 QA 团队从私有仓库下载镜像进行验收,验收通过后发布到正式环境。流程如图 3-21 所示。

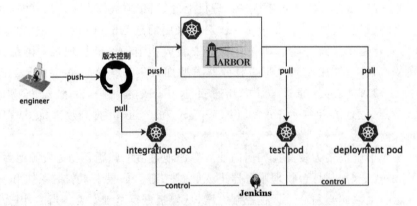

图 3-21　A 公司的 CI(Control Integration)流程

该架构就是为了解决研发过程中环境一致性和测试、集成、验收、部署上线的自动化问题。通过 Jenkins 的脚本调度 Kubernetes 安排相同的镜像在不同的环境中启动测试、销毁到最终上线。

自动化的交付流程是"高配置"的一种体现。首先是云本身的配置,不同的基础功能如音频、视频、课件播放、课程预约系统都是完全不同的环境配置,运行的数据库、缓存和应用程序环境参数成百上千，所以在 Jenkins 的自动部署过程中，环境变量必须依靠自动化进行配置。其次是用户的配置。因为 A 公司的大量课程由不同的供应商提供，其教学流程、作业、考评在业务上都是定制化的体现，因此必须不断地持续交付。如果不采用自动化的测试、验收和部署，全人工的处理这个工程几乎是不可能的。实际上，A 公司在自动开发（建站）方面也提供了大量的代码生成器及模版，但是这并不体现在运维流程里面，每个供应商、供应商的不同雇员角色，都有不同的配置模版来针对。对于有运维能力的供应商，A 公司也开放了配置管理接口。

4. 监控

集群监控方面，A 公司现在用的是开源社区 Prometheus 的 Operator。一开始用的是原生的 Prometheus，但是原生的 Prometheus 在配置告警发现和告警规则上比较麻烦。引用了 Operator 以后，Operator 能大大简化配置过程，比较好用。

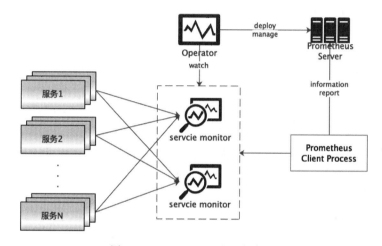

图 3-22 Prometheus 的监控架构

为什么选择 Prometheus？这是因为数以千计的节点、数以万计服务的监控量级是非常庞大的，并且维度非常多，同时还有部分时序监控的要求（比如上课开始时间、下课时间、老师进入课堂时间等），而 Prometheus 体系的特征是：采样节点可以被主动推送到服务的宿主机，时间序列数据通过维度名和键值对来区分，所有的维度都可以设置任意的多维标签，支持双精度浮点类型，标签可以用 unicode 编码，采样节点占用资源小，可以使用 PromQL 语句来方便地组合、分组以及进行四则运算，特别适合容器化微服务体系，具有强大的查询优势。

5. 日志采集

日志是针对两个级别来设置的。业务日志通过 sidecar 的方式运行 Filebeat，把数据收集到 Kafka 集群里面，再由 Logstash 输入 Elasticsearch，可以减轻 ES 的压力负载。系统日志直接写进 Elasticsearch，如图 3-23 所示。

ELK（Elasticsearch，Logstash，Kibana）或 EFK（Elasticsearch，Filebeat，Kibana）现在已经是分布式微服务平台事实上的日志处理标准解决方案。Elasticsearch 独特的索引结构和并行分布处理框架，可以处理日均 PB 级别的日志输出。所以 A 公司采用 EFK 作为日志处

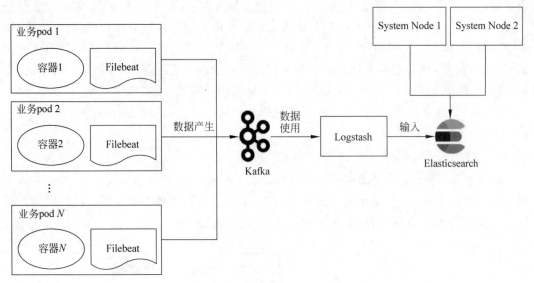

图 3-23　A 公司的日志采集流程

理栈,是非常自然的选择。

监控和日志采集是"高性能"的一种体现。人们一般理解高性能,总是试图分析系统能够提供的 TPS 和 QPS,看服务用户的吞吐量。A 公司的监控系统本身就是一个非常庞大的独立运行系统,采用了负载均衡及分布式;日志采集更是用了 Kafka 和 Elasticsearch 这种分布式超大规模消息队列组件和搜索组件,这从侧面说明为了支持前台业务的高并发,后台也配备了同样规模和容量的服务支撑系统。

3.8.3　讨论

总之,A 公司的平台架构,采用的是业界比较成熟的开源解决方案,适合这种大规模分布式节点和海量数据生成的业务。即便在一般场景下,业务规模不像 A 公司这么大,但其抽象结构仍然可作为后续业务平台仿效构建的一个范例,其技术栈已经能够解决绝大多数平台构建中遇到的问题。

(1) 基于 P2P 方式的镜像分发的方式,可以进行 7×24 小时持续部署。基于自动化的快速部署,可以提高系统的高可用性。

(2) 基于 Kubernetes 的动态节点管理针对不同服务动态伸缩保证了容量的高伸缩性。

(3) 基于 Jenkins 的 CI/CD 流程保证了高配置性。

需要注意的是,不同的业务需要有不同的方案。A 公司的模式并不是简单复制就能成功的。A 公司之所以成功是因为其业务的特殊性和系统特性的良好结合。假如换成一个股权实时交易系统,也许节点分发就不是一个特别好的解决方案,节点分发有延时,而股权交易系统要求必须一致。分发产生的延时在教育系统内不算什么,因为它们可以根据课程安排空出足够的时间,但延时对股权交易系统是致命的。一个好的策略是宣布停机或者只读时间,在规定的时间内完成分发升级,到时后无论是否成功都必须启动或者整体回滚。架构高可用的保证方式多种多样,也绝不是仅仅分布式就能解决的。

3.9　本章小结

本章结合在线培训的实例，围绕云服务技术架构，对大家重点关注的几个方面进行了介绍，即高可用、高性能、可管理性和伸缩性。

云服务面临诸多挑战，技术架构为业务服务提供强有力的保障，随着业务的发展，技术架构也在不断地演变，在合适的时机采用适合的架构才是设计的真谛。

在实际工作中，还会碰到诸如"多版本共存"和"实时部署"等相关问题，都需要在架构时考虑。这与实际系统的可用性、可管理性、软件版本兼容性等相关，内容相对单一，本章不做重点讲解。

第4章

云服务的技术基础：虚拟化

虚拟化是云计算技术中非常重要的部分,甚至可以说是现代云计算技术的核心。世界上超过90％的数据中心都使用了虚拟化技术进行服务的部署和应用。本章从虚拟化的发展历史入手,从系统、网络及容器三个层次分别介绍虚拟化技术的特点、优势和不足,最后与传统数据中心进行对比,得出虚拟化技术对云计算业务发展做出的贡献,同时也分析一些存在的问题和风险。

4.1 虚拟化技术的发展历史

虚拟化的概念在20世纪60年代首次出现,利用虚拟化技术可以对属于稀有而昂贵资源的大型机硬件进行分区。随着时间的推移,微型计算机可提供更有效、更经济的方法来分配处理能力,因此,到了20世纪80年代,虚拟技术已不再广泛使用。但是到了20世纪90年代,计算机硬件技术的飞速发展,大大降低了硬件成本,也使得企业和组织大量采购硬件。硬件的激增导致研究人员开始探索如何利用虚拟化解决与其相关的一些问题,如服务器硬件利用率不足、管理成本不断攀升、易受攻击和易管理性等,使得虚拟化技术重新开始被重视和研究。

现在,虚拟化技术日渐成熟,可以帮助企业升级和管理在世界各地的IT基础架构并确保其安全。虚拟化技术可以扩大硬件的容量,简化软件的重新配置过程。CPU的虚拟化技术可以让多个系统及应用共享一个CPU,允许一个硬件平台同时运行多个操作系统,并且应用程序可以在相互独立的空间内运行而互不影响,从而显著提高计算机资源的利用率。实际上,虚拟化技术的初衷就是为了实现更高的设备利用率,使用户尽可能地利用系统资源。也就是说,如果能够在单个服务器上虚拟多个系统,就能够以少数几台计算机完成更多的工作,这显然能够节省耗电、空间、冷却和管理开支。考虑到确定服务器利用状况的困难,虚拟化技术需要支持动态迁移(Live Migration)。动态迁移允许操作系统能够从一台服务器迁移到另一台全新的服务器上,从而减少当前服务器的负载。

正是由于虚拟化技术能够降低总拥有成本(Total Cost of Own,TCO),提高资源的利用率和应用上的灵活性,虚拟化技术从原来的大型机、小型机、工作站到目前的PC服务器上都得到了广泛使用,是云服务的基础技术之一,也是基于这一点,将企业使用虚拟化部署

IT 服务软件称为私有云，虽然这和云计算目的与初衷明显有出入。

4.2 虚拟化技术分类

虚拟化是资源的逻辑表示，这种表示不受物理限制的约束，它的主要目标是对包括基础设施、系统和软件等 IT 资源的表示、访问、配置和管理进行简化，并为这些资源提供标准接口来接收输入和提供输出。

虚拟化技术包括两个层面，一是硬件层面的虚拟化，二是软件层面的虚拟化。实际上，我们通常所说的虚拟化是指系统虚拟化技术，除此之外，在应用层、表示层、桌面、存储和网络都可以做全方位的虚拟化。虚拟化技术主要有以下几类。

1. 硬件仿真

硬件仿真通过在物理机的操作系统上创建一个模拟硬件的程序来仿真所需要的硬件，并在此程序上运行虚拟机，而且虚拟机内部的客户操作系统无须修改。代表产品有微软的 Virtual PC。优点是客户操作系统无须修改，缺点是速度非常慢，有时速度比物理情况甚至慢 100 倍以上。

2. 全虚拟化

全虚拟化主要是在客户操作系统和硬件之间捕捉和处理那些对虚拟化敏感的特权指令，使客户操作系统无须修改就能运行，速度会根据不同的实现而不同，但大致能满足用户的需求。这种方式是当今业界最成熟和最常见的，Hosted 模式和 Hypervisor 模式的都有，代表产品有 SUN 的 VirtualBox、KVM，VMware 的 Workstation 及 vSphere 产品。优点是客户操作系统无须修改，速度和功能都非常不错，更重要的是使用简单。缺点是 Hosted 模式的产品性能不是特别优异，特别是在 I/O 方面。

3. 半虚拟化

半虚拟化与全虚拟化有一些类似，也是利用 Hypervisor 实现对底层硬件的共享访问，但是由于在 Hypervisor 上运行的 guest OS 已经集成了与半虚拟化有关的代码，使得 guest OS 非常好地配合 Hypervisor 实现虚拟化。通过这种方法无须重新编译或捕获特权指令，使其性能非常接近物理机。代表产品有 Citrix 的 XEN 和微软的 Hyper-V。优点是与全虚拟化相比，架构更精简，在整体速度上有一定优势。缺点是需要对客户操作系统进行修改，用户体验比较差。

4. 硬件辅助虚拟化

Intel、AMD 等硬件厂商通过对部分全虚拟化和半虚拟化用到的软件技术进行硬件化来提高性能。硬件辅助虚拟化技术常用于优化全虚拟化和半虚拟化产品，而不是独创一派。现在市面上的主流全虚拟化和半虚拟化产品都支持硬件辅助虚拟化，包括 VirtualBox、KVM、VMware ESX 和 XEN。优点是通过引入硬件技术，使虚拟机技术更接近物理机速度。当然，现有的硬件实现还有很大的优化空间。

5. 基于操作系统指令虚拟化

基于操作系统指令虚拟化技术在服务器操作系统内部，通过系统级别预置指令进行简单隔离来实现虚拟化,主要用于 VPS。目前也是容器化(比如 Docker)的主流实现技术。代表产品有 Parallels Virtuozzo Containers、UNIX 系统上的 chroot、cgroups、namespace 和 Solaris 上的 Zone 等。优点是因为对操作系统直接修改,所以实现成本低而且性能不错,缺点是在资源隔离方面表现不佳,而且对客户操作系统及版本都有限制。

上述虚拟机化技术使用最广泛的场景是共享硬件资源、虚拟多个操作系统并同时运行,我们称这种场景为操作系统虚拟化。

4.3　系统虚拟化

系统虚拟化是让多个操作系统和应用程序同时运行在不同的虚拟机上,而这些虚拟机建立在同一个物理服务器上。一个物理服务器上的虚拟服务器的数量取决于硬件的能力,所有虚拟服务器共享相同的硬件体系,以系统进程的模式相互独立运行。单独的虚拟服务器可以自行升级、启动、停止,不会影响到其他虚拟服务器。

系统虚拟化解决了存在于物理服务器环境下的问题,通过虚拟层可以隔离同一台机器上、不同操作系统中运行的程序,避免资源的冲突。另外,服务器虚拟化可以动态移动没有充分利用的硬件资源到最需要的程序中,从而充分提高底层硬件资源的利用率。

由于其诸多的优点,系统虚拟化技术已成功在桌面、数据中心服务器、云存储等各个方面得到了广泛应用。

4.3.1　系统虚拟化的优势

系统虚拟化的优势及好处体现在以下几个方面。

1. 软件测试

通过使用虚拟化产品来配置测试环境,不仅比物理方式快捷很多,而且无须购买很多昂贵的硬件,更重要的是,通过它们自带的 snapshot/pause 功能可以非常方便地将错误发生的状态保存起来,这样极利于测试员和程序员之间的沟通。

2. 桌面应用

对于企业来说,传统计算机的桌面应用要消耗大量的硬件资源,并且要面临更多的风险,每一台笔记本和台式机都有遭遇黑客而丢失数据的风险。管理较为复杂,即使采用远程桌面管理,管理员在升级或者排错时都要占用员工的工作时间。但是如果企业虚拟化桌面应用,此时用户桌面仅仅是运行在服务器上的一个虚拟机,管理员就可以集中来管理用户环境,并保证安全。集中管理也让打补丁等安全措施,以及硬件和软件升级更加方便,开销更少。由于用户行为造成的错误和安全风险也大大降低。

3. 服务器整合

通过 VMware ESX 和 XEN 等虚拟技术能够将分布在多台物理机上消耗不高的工作整合到一台物理机上。现有普遍的整合率在 1∶5 左右,也就是使用这些软件能将原本需要五台物理机的工作量整合到一台物理机上。服务器整合不仅能降低硬件成本、场地等开支,还能极大地简化 IT 架构的复杂度,并且在能源电力的消耗上带来极大的成本缩减。

4. 自动化管理

通过使用类似 DRS(Distributed Resource Scheduling,分布式资源调度)、vMotion、Live Migration(动态迁移)、DPM(Distributed Power Management,分布式电源管理)和 HA (High Availability,高可用性)等高级虚拟化管理技术,能极大地提高整个数据中心的自动化管理程度。

5. 加快应用部署

通过引入虚拟化应用发布格式(Open Virtualization Format,OVF),不仅能使第三方应用供应商更方便地发布应用,而且能使系统管理员非常简单地部署应用。例如,在系统安装部署应用,原来安装部署一台服务器的时间是 30min,现在通过集中客户端管理工具,一次可同时维护并部署多台服务,这样系统服务安装部署的时间缩短到 10min,工作效率提高 67%。

6. 集中化管理

通过集中化的客户端工具,可以批量地同时维护上百台甚至上千台的服务器,特别是针对远程维护的用户来说,仅通过集中化的客户端管理工具就可以清楚明白地观看到虚拟服务器的关机、重启等一切重要的操作过程,这对于出现问题时的快速定位和解决带来了极大的方便。

4.3.2　系统虚拟化存在的问题

服务器的有效整合是虚拟化技术的一个优势。利用服务器虚拟化技术,使得一个物理服务器可以被分割成多个虚拟服务器,每个虚拟服务器运行自己的操作系统和存储空间,这恰恰就是提升服务器应用效率进而使整个数据中心增加灵活性的有效手段,但在实际应用中,虚拟化技术还存在一些问题阻碍其发展。

1. 不同厂家的虚拟化管理难以兼容

目前,虚拟化厂商做的管理还是基于自己的虚拟机系统,很难跨越它自己的虚拟机系统,延伸到其他系统,这导致同一厂商软件无法管理其他厂商的虚拟机。

2. 应用软件上不支持

在服务器虚拟化技术盛行的今天,许多独立软件应用还是不支持在虚拟机上运行,或者会受到一定的限制。这种情况有多种原因,其中之一是软件开发商未关注虚拟机环境下的软件应用。但无论什么原因,缺少厂商支持是限制虚拟化发展的一个主要因素。

虽然用户可以自己动手来虚拟化那些所谓"不能开展"的应用,但是一旦出现问题,软件商通常不会轻易提供维护支持。特别是在企业运行的软件不支持虚拟环境的条件下,如何让厂商提供支持,恐怕就需要更多方面的约束条件了。

3. 如何平衡性能和优化

对性能和优化,一味地依托虚拟化技术,使得大多数企业盲目地把简单应用和非关键任务的应用全盘采用虚拟机。而那些关键的 I/O 应用(如数据库和邮件服务器)却不能真正应用,进而影响性能上的变化,因此企业需要更好的性能管理手段和优化策略。

另外,性能和优化都是客户切实关注的问题。随着虚拟化平台逐渐成熟、硬件平台不断改进的情况下,如何更好地适应虚拟化技术的发展是一个挑战。基于这样的原因,虚拟化越来越接近底层,这就要求服务器能够被快速整合且性能大幅提高,让生产应用在虚拟化技术下效率得到显著提升。

4.3.3　系统虚拟化的不足

虚拟化技术的优势给企业带来了极大方便的同时,也给信息安全、通信网络和管理带来了不小的挑战。目前可以预料到的挑战包括以下几点。

(1) 对终端安全的挑战:由于系统虚拟化在个人计算机上的广泛应用,传统安装在操作系统中的杀毒、终端监控难以对整个物理计算机提供终端安全防护。这些软件需要与虚拟机监控器(Virtual Machine Monitor,VMM)配合,甚至做到虚拟机监视器内部。

(2) 对数据中心网络接入带来的挑战:由于数据中心开始广泛使用虚拟化,越来越多的服务器被改造成支持虚拟化,数据中心内部的物理网口越来越少,一台物理服务器中的多个虚拟机共享一条上联网线。这带来两方面的问题:首先,单个操作系统和网络端口之间不再是一一对应的关系,从网管人员的角度来看,原来针对端口的策略都无法部署,增加了管理的复杂程度。

(3) 对通信安全带来的挑战:既然交换机都需要将其强大的功能延伸进虚拟化的世界,那么保密机、防火墙等信息安全设备是否也需要呢?随着虚拟机的广泛应用,端到端的IPSec通道可能位于两个虚拟机之间,IPSec加密卡能否支持这种功能?防火墙以往针对物理机的访问控制策略,现在是否要针对虚拟机?

4.4　网络虚拟化

网络虚拟化是使用基于软件的抽象从物理网络元素中分离网络流量的一种方式。网络虚拟化与其他形式的虚拟化有很多共同之处。例如,存储虚拟化允许组织将组织内部的所有存储资源整合到一个存储池中,然后从存储池中分配存储容量。存储虚拟化与企业所使用的存储类型、存储的物理位置无关。

对网络虚拟化来说,抽象隔离了网络中的交换机、网络端口、路由器以及其他物理元素的网络流量。每个物理元素被网络元素的虚拟表示形式取代。管理员能够对虚拟网络元素进行配置以满足其独特的需求。

网络虚拟化技术也根据数据中心的业务要求有不同的形式。多种应用承载在一张物理网络上,通过网络虚拟化分割(称为纵向分割)功能使得不同企业机构相互隔离,但可在同一网络上访问自身应用,从而实现将物理网络进行逻辑纵向分割虚拟化为多个网络;多个网络节点承载上层应用,基于冗余的网络设计带来复杂性,而将多个网络节点进行整合(称为横向整合),虚拟化成一台逻辑设备,提升数据中心网络可用性、节点性能的同时将极大地简化网络架构。

网络虚拟化在应用中又可以分为内部网络虚拟化和外部网络虚拟化。外部网络虚拟化应用于适当的网络中,影响了物理网络中的诸多元素,如布线、网络适配器、交换机、路由器等。外部网络虚拟化将多个物理网络整合为更大的逻辑网络,或者将单个物理网络划分为多个逻辑网络。

内部网络虚拟化通过在虚拟服务器内部定义逻辑交换机以及网络适配器实现,首先通过在物理网卡上创建一个或多个逻辑交换机,然后在逻辑交换机上创建不同的虚拟端口组,分配给不同的虚拟机使用。内部虚拟化网络能够连接运行在一台服务器上的两个或多个虚拟机,而且同一台物理机上的虚拟机之间的网络流量不会经过物理网络基础设施。内部网络虚拟化最小化了物理网络上的网络流量,是服务器内部相关的工作负载进行网络通信的一种更快和更有效的方式。

4.4.1　网络虚拟化的分类

1. 核心层网络虚拟化

核心层网络虚拟化主要指数据中心核心网络设备的虚拟化。它要求核心层网络具备超大规模的数据交换能力,以及足够的万兆接入能力。该技术提供虚拟机技术,简化设备管理,提高资源利用率,提高交换系统的灵活性和扩展性,为资源的灵活调度和动态伸缩提供支撑。

2. 接入层虚拟化

接入层虚拟化可以实现数据中心接入层的分级设计。根据数据中心的走线要求,接入层交换机要求能够支持各种灵活的部署方式和新的以太网技术。

3. 虚拟机网络交换

虚拟机网络交互包括物理网卡虚拟化和虚拟网络交换机,在服务器内部虚拟出相应的交换机和网卡功能。虚拟交换机在主机内部提供多个网卡的互联以及为不同的网卡流量设定不同的 VLAN 标签功能,使得主机内部如同存在一台交换机,可以方便地将不同的网卡连接到不同的端口。虚拟网卡是在一个物理网卡上虚拟出多个逻辑独立的网卡,使得每个虚拟网卡具有独立的 MAC 地址和 IP 地址,同时还可以在虚拟网卡之间实现一定的流量调度策略。

4.4.2　网络虚拟化的优势

网络虚拟化技术允许管理员将多个物理网络整合进更大的逻辑网络中。反之,一个物理网络也可以被划分为多个逻辑网络。或者在虚拟机之间创建纯软件的网络。网络虚拟化为实现提高速度和自动化、加强网络管理、降低成本的目标提供了新的方法。

1. 网络虚拟化使网络设备多变一

多变一是指将多个网络设备变成一个,甚至将整个网络云通过虚拟化变成一个网络设备。

例如,思科一个新的网络设备,可以将一个万兆交换机上的端口接入一个简单、不需要管理、只起到分流作用的设备上去,将一个万兆端口变成十几个千兆端口,用户只需要管理中心的万兆交换机就可以了。网络多变一的好处包括:

- 节省费用:可节省设备费用、电力费用、空间费用、维护费用、线缆费用等。
- 管理方便:更少的管理节点、更少的接口数量。

2. 网络虚拟化使网络一变多

网络虚拟化可将一个网络虚拟成几个单独的网络供不同的部门使用,网络设备可以做到重启单个虚拟交换机,而不会影响另外几个在同一个实体交换机上的虚拟网络。

在网络层面,网络虚拟化也可以将一个大的网络云虚拟成多个小的网络云,来服务于不同的用户。

网络一变多的好处在于组网的灵活性,安全的灵活性和按需投入带来了成本节约。

4.4.3　网络虚拟化的不足

组织策略和虚拟网络交换机挑战通常使虚拟化网络管理变得复杂。虚拟化管理员经常管理虚拟交换机,这可能和网络管理员产生摩擦,因为网络管理员不再控制网络的某一部分(主机内的部分)。加上同一主机上的虚拟机之间的大量流量都在主机内部而不经过物理网络,这使得使用传统设备监控流量变得困难起来。

从交换机的角度来看,虚拟网络端口与物理网络端口存在一些差异。虚拟机的增加使网络流量猛增,无论是在网络核心还是边缘。10 台或者 20 台虚拟机共享相同的物理网络端口,每台虚拟机都运行很多应用程序,增加了数据量,造成了潜在的网络瓶颈问题和管理难题,同时增加的网络复杂性会影响性能。除此之外,网络虚拟化增加了交换结构的层级,增加了延迟性、功能损耗和管理复杂度。

4.5　容器的虚拟化

虚拟化技术的本质诉求是"隔离",隔离带来的好处就是给定资源的"独占",独占意味着控制和安全。比如在某物理主机上,同时运行两个程序 A 和 B,A 和 B 均无资源限制,可以任意获取系统资源,在极端情况下,当 A 的使用超过系统分配极限时,会使得 B 没有资源可用从而失去响应。

传统的虚拟化技术通过在物理宿主机上"利用软件仿真、模拟运行若干个虚拟操作系统"来解决隔离问题。这样对于业务应用程序来说,面对的是一个完整意义上的使用空间。在该空间内,所有给定的"资源",包括但不限于 CPU、存储空间、内存使用、带宽限制等都 100% 为该应用程序服务。但是传统的虚拟化技术也有以下一些弊端。

(1)过度的冗余带来不必要的负荷。

对于面向业务的应用程序来说,其诉求是资源的独享和安全的隔离。传统虚拟化技术克隆的是整套操作系统,虽然这样做并没有什么明显的问题,但是就像是杀鸡用牛刀。物理宿主机的有效负载并没有分配到应用程序上,反而因为要虚拟网络、磁盘 I/O 及 CPU,导致大量的运算资源被虚拟软件本身所消耗掉。对某些 I/O 密集型应用,如 MongoDB,其磁盘读写吞吐量相对于普通物理宿主机至少下降 20%,所谓杀敌一千自损八百。

(2)复杂的配置显著提高了学习和使用成本。

因为传统虚拟化技术是面向的"操作系统级"虚拟化,因此,虚拟软件本身的配置复杂度非常高,不利于运维和开发快速上手;而且大部分虚拟化软件基于商用版本,版权价格非常昂贵(以 VMware 为例,截至 2019 年 7 月,其个人版单用户虚拟桌面系统约为 1700 元/套),对于中小型企业来说不友好。

(3)对于调度配置的管理偏弱。

在某些科学计算领域,算力、内存和带宽等资源需要根据提交任务的类型,时时刻刻做调整，如果采用传统虚拟化技术，则大量时间要耗费在虚拟操作系统的动态配置变更后的重启上。更有些特殊的任务需要运行在不同类型的主机上，这需要安装并初始化一个"全新的操作系统"，再重新按照其格式进行磁盘格式分区，这种操作的耗时往往是实际需求所不能容忍的。

　　容器化技术就是为了解决传统虚拟化技术的弊端而诞生的。传统的虚拟化技术与容器化技术架构的不同如图 4-1 所示。

　　从图 4-1 可以看出，整个体系结构上容器化技术比虚拟化技术少了一层"硬件仿真"，即容器化技术是操作系统"进程级别"的隔离，完全基于现有的操作系统能力（通过调用现有系统 API 来实现），不需要对 CPU、网卡、存储设备等进行仿真操作，这就极大地提升了运行效率。目前容器化的代表技术实现是 Docker。Docker 是 dotCloud 公司于 2013 年基于 Go 语言实现的开源容器技术，在 2013 年底，dotCloud 改名为 Docker Inc，目前在容器服务提供商中位列第一。

图 4-1　虚拟化技术：从系统到容器

　　容器虚拟化技术相对于传统主机虚拟化有以下几个好处。

　　(1) 基于操作系统能力的进程级 API 隔离，将资源有效地集中于业务运算而非虚拟化本身，极大地提高了效率。

　　(2) 容器的安装、配置及使用都是基于现有的技术栈，运维和开发的学习成本极低。

　　(3) 容器的初始化和销毁极快（一般基于操作系统进程的 fork 和 destroy），同 Kubernetes、Mesos 或者 Swarm 等编排技术配合使用，可以灵活调度算力资源，根据业务需求快速切换场景。

　　容器虚拟化虽然有诸多好处，但也不是万能的，也存在以下问题。

　　(1) 以 Docker 为例，早期该容器技术是基于 LXC(Linux 控制组和命名空间技术)，因此其隔离级别是基于系统进程，所以并不具备很多系统级的服务，比如 firewalld 等，其安全管理能力不适用对此需求特别高的场景。简单来说，容器化不是操作系统，轻量级的弊端就是功能不足。

　　(2) 容器虽然不用硬件仿真，但是对于磁盘读写，仍然需要操作系统提供挂载支持，对于特别大的文件读写，挂载点要直接设定在宿主机上，这样就产生了安全穿透问题，同时，其文件转储的 I/O 能力仍然不能同真实物理机相提并论。

　　(3) 容器化技术容易导致过度滥用。目前，第三方容器的镜像仓库多如牛毛，镜像文件的质量参差不齐。作为开发者，必须小心翼翼地选择适合自己的业务容器，还要特别注意这些镜像的安全性，某种意义上说工作量也很大。

　　综上所述，容器化是一种新的轻量级的虚拟化技术，和传统虚拟操作系统的技术相比，有一定的优势。但容器化技术并不以取代虚拟化技术为目标，二者有不同的适用场景，一般认为：基于固定容量且安全性要求较高的企业级服务，应使用虚拟化技术；对于动态弹性计算，峰值流量处理等，应使用容器化技术。

4.6　其他虚拟化技术

虚拟化技术包括两个层面,一个是硬件层面的虚拟化,另一个是软件层面的虚拟化。实际上,通常所说的虚拟化是指服务器虚拟化技术,除此之外,在应用层、表示层、桌面、存储和网络都可以做全方位的虚拟化。

1. 存储虚拟化

存储虚拟化就是为主机创建物理存储资源的过程。通过虚拟化技术,多个存储介质模块(如硬盘、RAID)通过一定的手段集中起来管理,所有的存储模块在一个存储池中得到统一管理。磁盘阵列(Redundant Array of Independent Disk,RAID)技术是虚拟化存储技术的雏形,目前使用的存储还有网络附属存储(Network Attached Storage,NAS)和存储区域网络(Storage Area Network,SAN)技术。

将存储资源虚拟成一个"存储池",这样做的好处是把许多零散的存储资源整合起来,从而提高整体利用率,同时降低系统管理成本。与存储虚拟化配套的资源分配功能具有资源分割和分配能力,可以依据"服务水平协议(Service Level Agreement)"的要求对整合起来的存储池进行划分,以最高的效率、最低的成本来满足各类不同应用在性能和容量等方面的需求。特别是虚拟磁带库,对于提升备份、恢复和归档等应用服务水平起到了非常显著的作用,极大地节省了企业的时间和成本。

2. 桌面虚拟化

桌面虚拟化技术是一种基于服务器的计算模型,并且借用了传统的瘦客户端(Thin Client)的模型,但是,让管理员与用户同时获得两种方式的优点:将所有桌面虚拟机在数据中心进行托管并统一管理,同时用户能够获得完整 PC 的使用体验。桌面虚拟化最大的好处在于能够使用软件从集中位置来配置 PC 及其他客户端设备,这样方便了企业用户集中管理计算机,运维部门也可以在数据中心加强对应用软件、系统补丁、杀毒软件的管理和控制。

3. 表示层虚拟化

在本地计算机显示和操作远程计算机桌面,在远程计算机执行存储信息和程序,一般通过终端服务来实现。

4. 应用虚拟化

在一台计算机上显示和操作计算机桌面,在另一台计算机上执行程序和存储信息。

4.7　市场主流虚拟化技术对比

众所周知,提及虚拟化,VMware 可以是当之无愧的领头羊,在虚拟化市场上占有 80% 的市场份额,使其在虚拟化领域位置无人撼动。但随着各大厂商进军虚拟化,开源虚拟化不断成熟,这个领域内的竞争加剧了,让用户有了更多的选择权,最终成熟完善的产品才是用户所期待的。

在开源这条战线上,VMware 正面临着 XEN 的挑战,但 XEN 并没有造成像微软那样的威胁，主要原因是 XEN 软件目前还不能很好地支持运行在 Windows 的虚拟机。一旦 XEN 能够变得更加稳定，并且像对 Linux 支持一样对 Windows 提供无缝支持，VMware 将在开源领域面临一个强大的竞争对手。

提到 XEN 虚拟化，不能不提开源平台。XEN 技术是基于 Linux 平台开放源代码的虚拟化技术。但后来 Citrix 公司在 2007 年 8 月以 5 亿美元收购了 XENSource 公司，使得 Citrix 成为开源虚拟化的代表。但 Citrix 并不是一味的拿来主义，而是在原有的平台上增加了一个完整的图形用户界面功能，同时 XENServer 还比 VMware 便宜。

对大多数 VMware 用户，产品是否成熟是最主要的考量指标。VMware 虚拟化产品提供集中管理功能，通过图形用户界面能够很好地执行任何管理操作，并有效地进行虚拟机集群管理。而对于开放源码软件来说，这种情况很少在应用中体现。

VMware 和 XEN 的功能在很大程度上功能是相同的。实时迁移（Live Migration）这个在 VMware 企业级虚拟化中广泛应用的技术，在 XEN 上也有很强的实施，并且提供多年的迁移支持。不同的是，VMware 提供存储池技术或存储虚拟化，这些是 XEN 所不能提供的，因为这不是 XEN 的工作。因此，可以客观地说，VMware 在产品成熟度上处于领先位置。

对于 XEN 应用来说，必须确定 IT 团队中有 Linux 专家。如果缺乏 Linux 的系统管理员，可以使用在 XEN 虚拟化的几个基本功能，但集成其他开源工具和自动化整合将是不可能的。

其他的虚拟化开源组件正在逐步完善并建立应用，如 Red Hat 公司将虚拟化技术由原先的 XENSource 改为 KVM。KVM 最大的好处在于它是与 Linux 内核集成的。因为 KVM 是与 Linux 内核集成的，所以可以说与 VMware ESX 拥有相同的架构。但是 KVM 能够利用 Linux 驱动程序这一点与 VMware ESX 有很大不同。能够利用庞大的 Linux 社区所提供的程序是 KVM 的一大优势。另一个优势是可靠和多样化的工具。自从 2006 年 KVM 被集成到 Linux 内核之后，KVM 的可靠性和性能有了很大提高。

然而真正采用 KVM 的 Linux 比较少。很多 Linux 虚拟化的用户群使用 XEN，很多企业也不会马上迁移到这个平台上。而且 KVM 的普及还要取决于用户是否了解 KVM 的优点和用户的信赖程度。

由此可见，尽管开源虚拟化技术可能有更好的前途，但在未来一段时间里依旧无法和 VMware 相提并论，毕竟和 VMware 丰富的虚拟化产品线、相对完整的产品和解决方案是不可比拟的，开源虚拟化大都还只是基于 XEN 的虚拟化管理软件而已。

对其他任何虚拟化技术厂商来说，VMware 都是一个强劲的对手。虽然 VMware 在竞争中已经领先了 18～24 个月的技术，并且有广泛和非常忠诚的用户基础，但 VMware 的弱点在价格上，其高价让用户产生了很多抱怨。

4.8　虚拟化对云计算的推动

尽管虚拟化技术可以大大降低数据中心的硬件成本和管理的复杂度，但企业仍然需要为了使用数据中心而进行的采购硬件、安装软件和日常的系统维护等环节。随着半导体、互联网和虚拟化技术的飞速发展，使全世界范围内的数据中心进行较大程度的集中成为可能,在达到一定的规模性效应时,用户只是租用虚拟机而不需要大量的购置和维护成为可能。

基于虚拟化运行环境的云计算中心这样的构想由此产生,它采用创新的计算模式,使用户通过互联网随时获得近乎无限的计算能力,使用户对计算和服务取用自由、按量收费。虚拟化技术的伸缩性和灵活性极大地帮助虚拟化运行环境提高资源利用率,同时简化了资源和服务的管理与维护难度,通过整合成千上万的服务器的物理资源,构建资源池,最终以服务的形式按需提供给用户,提供 Linux 和 Windows 系列常用主流操作系统虚拟运行环境,让用户使用虚拟环境和运行环境中的虚拟机像使用本地物理机器一样。

云计算中心的基础架构主要包含计算(服务器)、网络和存储。对于网络,从云计算整个生态环境上来说,可以分为三层,数据中心网络、跨数据中心网络以及泛在的云接入网络,如图 4-2 所示。

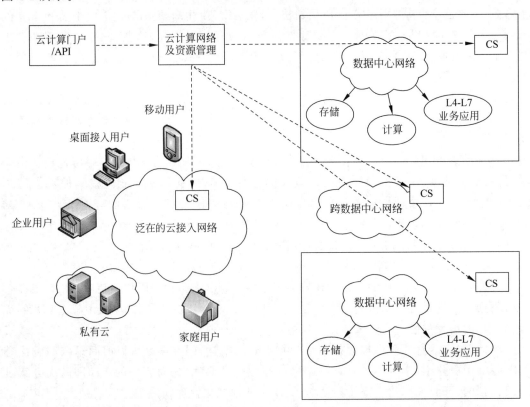

图 4-2　云计算服务的三层——数据中心网络、跨数据中心网络以及云接入网络

数据中心网络虚拟化包括核心层虚拟化、接入层虚拟化和虚拟机网络交换。

(1)核心层虚拟化是数据中心核心网络设备的虚拟化,可提高资源的利用率以及交换系统的灵活性和扩展性,为资源的动态伸缩和灵活调度提供支持。

(2)接入层虚拟化实现数据中心接入层的分级设计,支持新的以太网技术和各种灵活的部署方式。

(3)虚拟机网络交换通过虚拟网络交换机和物理网卡虚拟化,在服务器内部形成相应的交换机和网卡功能。

数据中心之间通过跨数据中心网络进行计算或存储资源的迁移和调度,可以通过构建大范围的二层互联网络来进行大型的集群计算,也可以通过构建路由网络连接来满足多个虚拟数据中心提供云计算服务。

虚拟化是支撑云计算的重要技术基石,云计算中所有应用的物理平台和部署环境都依赖虚拟平台的管理、扩展、迁移和备份,各种操作都通过虚拟化层次完成。目前,大部分软件和硬件已经对虚拟化有一定的支持,可以把各种 IT 资源、软件、硬件、操作系统和存储网络等要素都进行虚拟化,放在云计算平台中统一管理。

4.9　虚拟化与数据中心

在传统数据网络系统中心,随着业务的迅速增长,数据中心各系统中的网络设备种类增多且零散分布,这种集成度低的网络架构已经无法提供高度的稳定性和可靠性。由于系统种类的多样化,网络设备的零散分布,也使得整体网络缺乏统一的建设和管理,而且缺乏有效的控制手段,同样给维护人员加大了工作量及工作难度。同时由于系统、网络设备的繁多,也对机房能耗、环境要求、配套要求、设备及线路安装等提出了更高的要求。

在新一代数据中心,所有的服务器、存储器、网络等基础设施资源全部通过虚拟化技术实现,形成三大共享基础设施资源池:处理池、存储池以及网络池。共享资源池中的资源可按照每一应用系统的需求被初始化分配与快速部署。

经过多年的技术演变和业务发展,当前数据中心的网络基础架构通常采用树状结构,分为接入层、聚合层和核心层。在大多数情况下,数据流从接入层到聚合层再到核心层,然后再返回,层次越多不仅使用的设备越多,延迟也会增加。网络中每一跳的代价都很高,而且会增加复杂性。由于这些操作的重复和重叠,无法得到想要的性能,也导致了安全性难以保障。在传统网络中,一直以来是依靠不断添加机器来提升网络性能的,但是这种方法增加了数据中心的成本和复杂性。

在大规模采用服务器虚拟化技术的新一代数据中心,数据流量将主要集中在本地服务器之间进行通信,通过路由器和万兆以太网交换机扁平化和简化现有数据中心网络,既可动态地同时支持更多的用户、服务以及带宽,提高性能,也可以帮助用户节省运营时间。虚拟化技术能够通过资源共享与合并资源来提高效率,降低成本,减少数据中心的网络资本性支出。

4.9.1　虚拟化数据中心的优点

基于虚拟化的数据中心网络架构与传统网络设计相比,有以下几个特点。

(1) 运营管理简化:数据中心全局网络虚拟化能够提高运营效率,虚拟化的每一层交换机组被逻辑化为单一管理点,包括配置文件和单一网关 IP 地址。

(2) 整体无环设计:跨设备的链路聚合创建了简单的无环路拓扑结构,不再依靠生成树协议(STP)。虚拟交换组内部经由多个万兆网互联,在总体设计方面提供了灵活部署的能力。

(3) 进一步提高了可靠性:虚拟化能够优化不间断通信,在一个虚拟交换机成员发生故障时,不再需要进行 L2/L3 重收敛,能快速实现确定性虚拟交换机的恢复。

（4）安全整合：安全虚拟化在于将多个高性能安全节点虚拟化为一个逻辑安全通道，安全节点之间实时同步状态化信息，从而在一个物理安全节点发生故障时另一个节点能够接管任务。

采用虚拟化技术构建的数据中心具有传统数据中心不具备的优势，包括以下几点。

（1）快速业务开通的能力。

由于对业务开通所需要的各类资源实现了虚拟化，实现了系统运行所依赖的虚拟资源与实际物理资源的采购与管理相互隔离，只要现有资源池中的资源能够满足业务系统的运行要求，就可以通过虚拟化手段为业务系统提供相对独立的虚拟化运行平台，缩短了业务开通时间，降低了业务开通对物理设备的依赖性，避免了设备采购周期对业务开通的不利影响。

（2）更低的整体拥有成本（Total Cost of Ownership，TCO）。

资源的虚拟化通常伴随着系统的整合，从而提高了系统的利用率，如 CPU 利用率可以从 15%～20% 提高到 60% 以上，同样的硬件资源可以承载更多的应用系统，降低了在设备采购、管理、电力供应、制冷等多方面的成本，从而降低了数据中心的整体拥有成本。

（3）更精细的服务质量控制。

在传统的数据中心中，一旦专用应用系统的硬件平台搭建完成，其服务质量就基本确定，对服务质量的调整（提升与降低）相对困难。但是在数据中心中，可以随时调整为应用系统分配的资源以提升或降低其性能、安全性、可用性等指标，从而实现对服务质量的精细管理。

（4）更细粒度的管理体系。

资源的虚拟化必定带来对系统监控与管理要求的提升，系统的监管不再只局限于硬件系统层，而是拓展到了虚拟化层和平台构建层。由此可以更准确地根据应用系统的要求分配资源。而且资源的分配也不是一成不变的，在资源分配的过程中可以考虑更多的因素，如时间段和应用量等。

4.9.2　虚拟化数据中心的风险

虚拟化数据中心的建设为企业带来利益的同时，也对数据安全和基础架构提出了新的要求。目前虚拟化数据中心存在以下几个风险点。

（1）高资源利用率带来的风险集中。

通过虚拟化技术，提高了服务器的利用率和灵活性，也导致服务器负载过重，运行性能下降。虚拟化后多个应用集中在一台服务器上，当物理服务器出现重大硬件故障时会导致严重的风险集中问题。虚拟化的本质是应用只与虚拟层交互，而与真正的硬件隔离，这将导致安全管理人员看不到设备背后的安全风险，服务器变得更加不固定和不稳定。

（2）网络架构改变带来的风险。

虚拟化技术改变了网络结构，引发了新的安全风险。在部署虚拟化技术之前，可在防火墙上建立多个隔离区，对不同的物理服务器采用不同的访问控制规则，可有效保证攻击限制在一个隔离区内，在部署虚拟化技术后，一台虚拟机失效，可能通过网络将安全问题扩散到其他虚拟机。

（3）虚拟机脱离物理安全监管的风险。

一台物理机上可以创建多个虚拟机，且可以随时创建，也可被下载到桌面系统上，可以常驻内存，可以脱离物理安全监管的范畴。很多安全标准是依赖物理环境发挥作用，外部的防火墙和异常行为监测等都需要物理服务器的网络流量，有时虚拟化会绕过安全措施。存在异构存储平台无法统一安全监控和无法有效资源隔离的风险。

（4）虚拟环境的安全风险。

- 黑客攻击：控制了管理层的黑客会控制物理服务器上的所有虚拟机，而管理程序上运行的任何操作系统都很难侦测到流氓软件等的威胁。
- 虚拟机溢出：虚拟机溢出的漏洞会导致黑客威胁到特定的虚拟机，将黑客攻击从虚拟服务器升级到控制底层的管理程序。
- 虚拟机跳跃：虚拟机跳跃会允许攻击从一个虚拟机跳转到同一个物理硬件上运行的其他虚拟服务器上。
- 补丁安全风险：物理服务器上安装多个虚拟机后，每个虚拟服务器都需要定期进行补丁更新、维护，大量的打补丁工作会导致不能及时修复漏洞而产生安全威胁。安全研究人员在虚拟化软件发现了严重的安全漏洞，即可通过虚拟机在主机上执行恶意代码。黑客还可以利用虚拟化技术隐藏病毒和恶意软件的踪迹。

4.9.3　虚拟化数据中心风险应对

正是由于虚拟化数据中心存在一定的安全风险，所以数据中心的安全建设尤为重要，那应该如何增强这方面的安全呢？笔者认为应该从以下几点着手。

（1）数据中心网络架构高可用性设计。

在新一代数据中心虚拟化网络架构中，通过 IRF（Intelligent Resilient Framework）技术将多台网络设备虚拟化成一台设备统一管理和使用，整体无环设计并提高可用性。在此架构下，基本原则就是服务器双网卡接在不同交换机上，汇聚交换机堆叠后，将两层交换机用多条链路进行捆绑连接，实现基于物理端口的负载均衡和冗余备份。

数据中心架构规划设计时，需要按照模块化、层次化原则进行。从可靠性的角度看，三层架构和二层架构均可以实现数据中心网络的高可用，而二层扁平化网络架构更适合大规模服务器虚拟化集群和虚拟机的迁移。在内部网中根据应用系统的重要性、流量特征和用户特征的不同，可大致划分为几个区域，以数据中心核心区为中心，其他功能区与核心区相连，成为数据中心网络的边缘区域。

（2）网络安全的部署设计。

虚拟化数据中心关注的重点是实现整体资源的灵活调配，因此在考虑访问控制时，要优先考虑对计算资源灵活性调配的程度。网络安全的控制点尽量上移，服务器网关尽量不设在防火墙，避免灵活性的降低。

（3）安全策略的动态迁移。

数据中心需针对不同类型的应用系统制定不同级别的防护策略。虚拟化环境下，应用系统和服务器是自由匹配和随需迁移的，每一次虚拟机迁移都对应安全策略的改变和调整，因此发生虚拟机创建或迁移时，需要利用虚拟机软件保证虚拟机在服务器上的快速迁移，同时要保证网络配置的实时迁移，以确保虚拟机业务的连续性。目前业界最优的解决方法，即在服务器邻接的物理交换机采用虚拟端口（VPORT）。一个虚拟机绑定一个或几个VPORT，虚拟机迁移时，只需在邻接的物理交换机上将虚拟机对应的网络配置（profile）绑定到 VPORT 上，而不会对其他虚拟机的 VPORT 产生影响。

（4）存储虚拟化的安全设计。

在应用存储虚拟化后，虚拟化管理软件应能全面管理 IP SAN、FC SAN、NAS 等不同虚拟对象，通过上层应用封装对用户提供一致的管理界面，屏蔽底层对象的差异性。通过基于主机的授权、用户认证和授权来实现存储资源隔离和访问控制。采用基于虚拟机技术的行为监控技术，获得上层操作系统真实的硬件访问行为，避免恶意代码通过修改操作系统造成信息隐瞒。应部署与主机独立的、基于存储的入侵检测系统，对存储设备所有读写操作进行抓取和分析，以检测存储设备中文件/属性的改变、检测文件模式的非正常修改、监控文件结构的完整性；扫描检测可疑文件等。

（5）制定相关管理策略。

对整个数据中心来说需要制定相关制度，明确责任管理；制定专门的虚拟机审核、追踪流程，防止虚拟机蔓延导致的管理受控；利用虚拟化监控工具，检测出未授权的拷贝和"克隆"虚拟机的行为，确保敏感信息在正确的管控中。

数据中心的发展正在经历从整合和虚拟化到自动化的演变，基于云计算的数据中心则是未来的目标。在现阶段和未来的数据中心，虚拟化技术都将扮演非常重要的角色。

4.10　研究分析：虚拟化技术的发展趋势

在研究虚拟化技术未来的发展上，我们选取了风险投资家（Venture Capital，VC）认可的初创技术企业（Start-up）来作为研究的基础。VC 在投资这些公司时，是在仔细评估和认可这些公司的产品优势与市场前景的前提下，经过与很多初创企业比较之后，才对这些公司做了投资。这也在很大程度上代表了未来技术的走向。

下面介绍 10 家代表未来数据中心发展大势的供应商，如表 4-1 所示。这些供应商的共性是基于先进的软件技术，提供从软件定义服务器、软件定义存储，直到软件定义托管混合云及基础架构的服务。虽然这 10 家供应商的技术侧重和提供的解决方案各有不同，但其核心共识是：现代数据中心的虚拟化绝不仅仅是服务器的虚拟化，而是整个 IT 技术栈的全线虚拟化，即硬件、存储、应用程序等一系列的基础结构的虚拟化。

表 4-1　美国新兴虚拟化技术与服务公司介绍

供应商名称	主营业务	需求痛点	解决方案
Avi　Networks（2012 年成立，位于美国硅谷）	多种云架构下的应用交付（application delivery）服务	在混合 IDC 架构中（传统架构＋微服务架构，私有云、公有云和普通 IDC 混合），传统的 ADC（应用程序交付控制）能力无法快速响应	基于软件定义统一域的云应用交付平台，使用一个三层架构（软负载均衡、基于深度学习的 WAF 和弹性服务网格）来抽象应用程序和基础设施，隔离控制、数据和应用本身。这样应用层的发布，就不需要再与底层负责的基础架构打交道

续表

供应商名称	主营业务	需求痛点	解决方案
Excelero Storage（2014年成立，位于美国硅谷）	存储虚拟化：基于软件定义的分布式块存储（software-defined distributed block storage）	新型的闪存（Flash Media）延迟并不高。但是，一旦作为网络中共享的存储资源，和在大规模科学计算如机器学习和大数据处理中，会产生重大的延迟	NVMesh技术将基于NVMe（一种闪存存储协议）技术的存储进行池化和智能化管理，定义抽象的逻辑卷从而取得接近单一本地NVMe的I/O性能
HammerSpace（2018年成立，位于美国硅谷）	数据虚拟化：提供data-as-a-service服务	数据仓库泛滥成灾，管理和获取数据的手段单一，主要以复制为主，造成数据形成及管理的效率低下	通过使用云服务来管理非结构化数据（File/Object）。通过标准的NFS、SMB和S3协议，将数据虚拟化，分离元数据和数据本身，提供元数据发现、分类和监控功能，依靠机器学习优化数据在混合云节点之间的传输性能，最大限度地消除数据复制和下载
HyperQube（2017年成立，位于美国弗吉尼亚）	基础设施虚拟化：服务器虚拟化（server virtualization）	IT团队需要频繁共享和发布复杂环境下的虚拟基础设施，陷入人工泥潭	提供软件可以让企业自由创建和自动发布现有虚拟化基础结构的副本，避免毫无价值的重复构建和配置，大量节省IT人力
Netlify（2014年成立，位于美国硅谷）	网站自动构建及托管服务（website-build automation and hosting）	相对于后端（服务端）发展的速度，前端的架构严重滞后，有着复杂性高、安全性差和碎片化等一系列问题	Netlify提供的平台可以自动生成代码并构建站点，同时提供对GitHub的对接。支持生成HTTPS，支持使用CDN及一些其他第三方的微服务插件
Platform9（2013年成立，位于美国硅谷）	提供混合云服务管理，帮助企业转型到云架构	大型传统企业经常使用混合云和多云的基础架构，而且每个应用及基础架构的要求也不一样。技术运营团队面临着不断增长的生产线运行、成本、扩展等一系列挑战	基于OpenStack技术，提供完整的技术链，帮助IT团队实施基于混合云架构的技术转型，包括系统与存储的安装、监控、升级、集成和问题处理等一系列工具，也包括Kubernetes的集成
Sea Street（2012年成立，位于美国麻省）	应用服务虚拟化：基于AI的自治运营平台（AI-based autonomousoperations platform）	交付企业级应用服务及其所需要的基础架构是十分复杂而费力的，所有的应用程序和IT服务都应被看作运行在虚拟化基础结构上的服务	StratOS平台可以让企业交付服务成为完全自治和闭环的操作。其基于策略实施治理，AI可以根据应用程序的需要不停升级系统结构，甚至对系统基础结构进行编程处理
StratoScale（2013年成立，位于以色列）	基础设施虚拟化：提供兼容AWS的混合云平台	在云化趋势下，很多企业的旧应用（Legacy Apps）无法兼容到云架构中	StratoScale的云服务提供将企业的私有架构转变成自建的多租户模式，支持自助式的按需资源分配的架构。可以让开发和IT团队既能享受到公有云的一切便利，又不用牺牲控制、监管和安全性，提供AWS的兼容API

续表

供应商名称	主营业务	需求痛点	解决方案
TidalScale（2013年成立，位于美国硅谷）	基础设施虚拟化：服务器虚拟化（software-defined servers）	在企业 IDC 中，网络和存储资源是比较容易实现弹性化部署和管理的，而服务器资源通常是相对固定的，难以面对季节性或者突发性的用量高峰	采用 HyperKernel 技术可以让多个计算资源（CPU、内存、I/O）进行临时性的聚合，可以在短时间内将闲置的低成本小额算力迅速聚集。该技术的特点是一个虚拟主机分成若干部分运行在分散的几个物理主机上，这和传统的虚拟机技术方向完全不同
Vexata（2014年成立，位于美国硅谷）	存储虚拟化：为混合云提供基于 NVMe 的存储系统和管理软件	数据库、数据分析、机器学习等需要实时处理大量的结构化和非结构化数据，这会带来对计算能力和 I/O 的高性能要求，同时大量 VM 的实施，带来了大量的数据传输	基于自研的 VX-OS 的存储操作系统，将快速的控制平面（Control Plane）从相对慢速的数据平面（Data Plane）剥离，从而达到在网络传输中降低延迟的目的

4.11　本章小结

1. 虚拟基础设施极大地提高了管理效率

通过使用系统中心虚拟机管理器，从时间的节省和方便的管理当中获得了很大的收益，只需要一套工具来操作和管理整个虚拟数据中心，从而使 IT 工程师从繁忙的奔波中解放出来。

2. 数据和存储的虚拟化成为新的生产力工具

虚拟化的存储主要解决了高延迟的传输问题，即便是几秒的延迟降低，都会让基于 AI 和大数据的分析计算工作节省出惊人的总工作时间。数据的虚拟化则直接方便了业务模型的建立和修正，让从数据中提炼有价值的内容更容易，数据工程师得以从泛滥的数据仓库中解脱。

3. 云服务的虚拟化让企业更为弹性地选择生产模型

无论是混合云虚拟化还是纯公有云的虚拟化，该技术的发展已经可以让企业根据业务的变动弹性扩展或者收缩资源。在业务峰值季可以聚合低成本硬件资源迅速应对，在业务淡季则可以释放资源压缩成本。另外某些企业有特殊需求，必须坚持混合云模式，也会有对应的服务网格技术来保证在复杂架构下，应用服务本身的治理逻辑仍然清晰和自洽。

全面的虚拟化策略还可以维护随时可用的容错规划，在发生意外时保证业务连续性。通过将操作系统和应用程序实例转换为数据文件，可以帮助实现自动化和流线化的备份、复制及供应更稳健的业务连续性，并加快故障或自然灾难后的恢复速度。

第5章

云服务的平台技术：IaaS、PaaS和SaaS

与基础技术相比，平台则是技术构建与技术运营的一整套的技术方案与实现。平台技术按照技术栈自底向上的构建顺序，依次为 IaaS、PaaS、CaaS 和 SaaS。越靠近底层，IT 基础设施和硬件所占的比重越大；越靠近上层，软件、应用和服务所占的比重越大。这四层共同形成了整个云服务平台（简称云平台或平台）的完整技术栈。云管理平台（Cloud Management Platform，CMP）是云服务技术的管理平台，它描述了云服务技术的管理规范标准并提供了一些标准实现。

5.1 平台技术的发展

云平台的发展经历了从单一专项软件交付到现在的通用的能力资源配置自动化的历程。在其发展过程中，或由不同的客户需求驱动，或被客观情况倒逼，新技术手段层出不穷，用以解决不同维度和参与方的问题。从不同的视角来观察云平台的演进史，可以更直观地理解云平台的内涵和意义。

5.1.1 平台技术演进阶段

如果按照时间维度来排序，那么平台出现的前后顺序大致为 SaaS(2000 年)、IaaS(2004 年)、PaaS(2006 年)，CaaS 则是近年来随着人工智能和大数据崛起的。如果从技术栈自底层向上层来探究，演化的步骤则是 IaaS、PaaS、SaaS。IaaS 更靠近环境、资源，SaaS 更靠近服务和应用，CaaS 则是融合 IaaS 及 SaaS 部分特性的跨界技术。下面将按照技术栈的顺序，从底层向上层进行讲解。

(1) 云平台的供应商向客户交付硬件、网络、存储、带宽等原始能力，客户完全自行筹备研发能力，将这些原始资源根据业务自行规划使用，该阶段以云供应商向客户交付基础设施能力为主要手段，称为 IaaS。

(2) 随着业务在垂直方向越来越深入，客户不再愿意承担过高的底层基础设施的开发和运营费用，希望聚焦于业务领域本身，因此在确认掌握核心业务数据存储和关键应用程序的部署之后，要求云平台供应商主要提供计算和资源平台。一个典型的例子是云供应商提供操作系统、虚拟机、物理机、中间件、负载均衡等，而客户自己提供数据库、Web 核心服务、账务系统等,这些软件应用都运行在前者提供的资源上,并由客户自行负责,该阶段称为PaaS。

(3) 某些不具备 IT 实力或将 IT 能力外包的专业业务团队,如医疗、保险等,基于相互长期合作的关系,选择完全信任云供应商,这样就会将核心数据及关键业务也进行托管。甚至更进一步,这些专业团队将业务需求交付给具备研发和运维实力的供应商,采购并在其提供的云服务上使用业务软件系统。这样业务团队直面应用系统,仅对接业务软件系统的接口,云供应商完全屏蔽了 IT 基础能力,如存储、网络、主机等细节,该阶段称为 SaaS。

(4) 人工智能和大数据时代的到来,对云计算平台提出了更高的要求。首先,人工智能,特别是以深度学习为代表的机器学习、大数据等专业团队,具备非常强的 IT 实力,要求对云平台进行深度(内核级)定制;其次,由于专业要求,需要云供应商能够弹性(可伸缩)提供运算和存储能力,在峰值时扩容,在常态时削减资源供应,降低费用;最后,要求极高的服务资源响应能力,资源提供和回收的极限常常在秒级,甚至要求毫秒级。这些需求是上述三个平台无法满足的特性。以 Docker 为代表的容器虚拟化技术的出现,恰好能够满足这些特性,因此,云供应商将容器虚拟化技术设计成平台产品来提供给专业团队使用,该阶段称为CaaS。

图 5-1 所示为 IaaS、PaaS 和 SaaS 架构之间的对比。

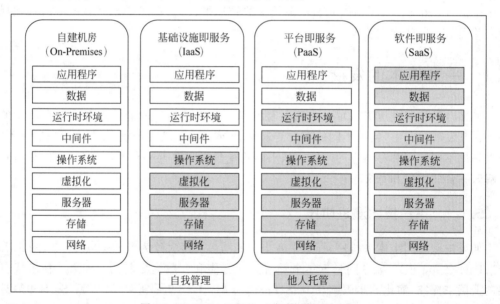

图 5-1　IaaS、PaaS 和 SaaS 架构之间的对比

5.1.2　云管理平台贯穿云平台技术发展始终

云管理平台是云平台的管理控制系统,是管控和提供"云"资源的平台。既然云平台提供的是资源和能力,那么对这些资源和能力提供调度,进行编排整合,展现统计数据,追踪审计结果,提供人机交互功能就成为必需的功能。可以这么认为,如果没有云管理平台,那么云平台就失去了使用价值。

(1) 在 IaaS 阶段,云管理平台主要提供资源管理能力。通过云管理平台,客户可以直接分配或者按照既定策略分配 CPU、内存、网络等算力资源。例如，阿里云的 ECS 管理控制台系统，可以直接设定虚拟机的各项硬件指标参数。

（2）在 PaaS 阶段，云管理平台主要提供构建和部署自动化，提供安全栅栏、隔离访问、追踪审计等功能，在确保平台自身能力高可用的情况下，仅对客户托管的非关键业务负责。

（3）在 SaaS 阶段，云管理平台隐藏了大量的设施提供细节，对客户来说，主要聚焦在业务接口，根本不关心 IT 基础能力，只要求稳定性和可用性的最终结果。因此云管理平台提供的功能也集中在业务模型领域，主要包括租户信息、业务统计数据、快速热切、安全日志、访问控制、权限分配、系统告警、费用报告等。

（4）在 CaaS 阶段，云管理平台面临的是开发能力较强的研发团队，因此提供更多的是深度定制的容器管理和编排接口、监控 API、集群管理等，可以让开发人员通过脚本或者代码来控制和管理容器的生命周期。

5.1.3 云平台技术发展的展望

从 IaaS 发展的角度看，私有云与公有云将长期并存，中小企业以公有云为主，大型企业以私有云为主。因为某些企业的业务特殊性，或者历史遗留原因，混合云将长期存在并继续发展。例如，我国银行业，其金融行业的特殊性决定了其必须使用私有云的方式，但是随着周边非标业务的兴起（如理财、银行保险等），这些非核心业务也可以部署到公有云服务上。

从 PaaS 发展的角度看，由于 PaaS 是介于纯资源能力提供（IaaS）和纯业务能力提供（SaaS）之间的中间平台，从当前的趋势看，紧密结合某一领域业务的 PaaS 平台越来越多，例如百度和腾讯的区块链平台（Block Chain as a Service，BaaS）。

从 SaaS 发展的角度看，由于业务的特殊性和需求的普遍性，SaaS 平台仍将在相当长的时间内主导云平台技术的发展，并且在商务的收入中占主流。

从 CaaS 发展的角度看，Docker 等容器技术的兴起，将形成全新的资源提供方式，以混合 IaaS 与 PaaS 的形式更好地支撑业务。

云管理平台的发展方向有两个：一是结合人工智能及深度学习技术，云平台的管理越来越简单化、自动化，从研发及运维人员的角度出发，可以做的工作"越来越少"，平台自己可以应对各种纷繁复杂的情况，比如智能预测峰值，通过学习主动探测和发现 0day 漏洞等；二是将根据不同的业务领域开放越来越深入垂直的可定制化接口，研发及运维人员可以做的工作"越来越多"，变成一种"自助式"的平台管理机制。

5.1.4 关于 FaaS 平台的思考

FaaS（Function as a Service，函数即服务）是这样的一种云平台，可以将函数作为一个线上服务或者远程计算服务，调用者不关心服务的实现，仅需要知道调用输入及得到明确期望的输出，调用者甚至不关心支撑此服务函数背后的资源能力。该函数可以通过 API、邮件、物联网设备、队列执行。客户只需要按照平台的语法规则，编写统一的函数就可以获得服务能力。

　　FaaS 平台是结合了 SaaS 的灵活性和 PaaS 的资源提供能力的产物。目前 AWS 提供 FaaS 产品的初步解决方案。未来如果 FaaS 平台能得到长足的发展，那么按需计费和按使用计费的粒度会更为精细，企业的成本可以得到更好的控制。同时，云平台的使用者将进一步扩大到仅接受一些基础培训就可以胜任的运营和财务人员。

5.2　IaaS

　　IaaS 平台提供商直接对客户提供硬件、网络环境等 IT 基础设施服务。这些服务可以是实体的，也可以是虚拟化的。客户可以利用包括 CPU、内存、存储、网络和其他基本的计算资源，能够部署和运行任意软件，包括操作系统和应用程序。客户可以获得极为有限的基础设施控制权，如远程开关机、切换路由、设定防火墙部分策略、设置查看和设定温度、湿度、UPS 电源状态等。

5.2.1　IaaS 平台架构

　　如图 5-2 所示，IaaS 的基础架构包括系统、网络及所用机房、电力等。阿里云目前的裸金属服务器产品可以被视为一种 IaaS 的解决方案(但是实际上提供了操作系统的安装选择和部分网络的设定标准)，客户通过租用阿里云的实体服务器，选择提供的网络组件后，需要自行安装数据库和应用软件来提供服务。就如同租房，房东提供的是毛坯房和水电等，如果租客想住进来，需要自己进行装修并添置家居用品。

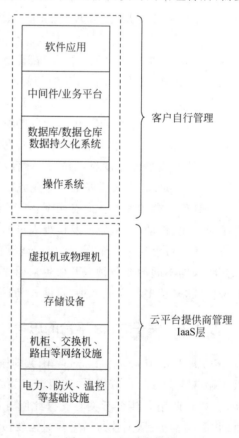

5.2.2　IaaS 的适用场景

　　(1) 有深度研发或者运维能力的 IT 团队，具备自行维护和扩展 IT 资源的能力。

　　(2) 对运算能力和资源要求深度定制化的业务需求，无法全部依赖通用的软件资源。

　　(3) 对成本极为敏感，希望取得最高的性价比，节省购买、管理和维护 IT 基础结构方面的投资成本。

　　(4) 对业务安全性要求极高，希望从底层定制安全策略并亲自实施的企业。

　　(5) 迫切需要将业务从传统 IDC 迁移到云的企业，希望在硬件接口不改变的情况下快速云化服务。

5.2.3　IaaS 的优缺点

　　IaaS 的优点有以下三点。

图 5-2　IaaS 平台架构

（1）分离基础设施和上层业务应用,让团队聚焦在自己擅长的领域,"简单"是 IaaS 的精髓。

（2）成本较低,因为云供应商只提供基础的资源能力和底层的运维,不需要过多关注业务层需求。

（3）问题少,响应速度快,因为云供应商的职责较少,一般只负责算力、存储和网络,而这些 IT 基础组件的稳定性极高,一般都在 99.9% 以上（个别大供应商可以达到 99.99%）。

IaaS 的缺点有以下四点。

（1）功能单一,要求客户必须具备极强的研发运维能力,而专业的客户往往比较少,所以市场较小。

（2）市场准入门槛低,面临激烈的竞争,所以盈利主要依靠规模效应。

（3）整合效率和资源利用效率极低,客户在 IaaS 模式下要求的资源往往是独占式的、直面硬件的,因此租赁的资源往往存在极大的闲置和浪费。

（4）计费模式简单粗暴,因为占用的是资源,所以往往只能按照规格和使用时长计费。

5.2.4　IaaS 的市场价值

IaaS 最大的市场价值就是将原来的固定资产的巨额投入变为了"租赁"。试想一个企业购买了大量的服务器等计算资源,随着时间的推移,固定资产不断折旧,不断贬值,当企业需要新的算力资源时,仍然需要巨额投入,成本高居不下。随着 IaaS 的出现,企业的资源成本变成了"租赁"费用,不仅可以作为账务上的冲抵费用,还可以源源不断地进行升级扩容,从财务和运营指标来说非常经济。另外,系统的可用性和维护工作都交由供应商来维护,也节省了人力成本和管理成本。

5.2.5　IaaS 的局限性

IaaS 的安全性需要仔细考量。因为企业的大部分数据都托管到 IaaS 供应商,所以要十分仔细地制定和维护安全策略。另外,IaaS 计费模式通常也过于简单,基本上只能按照租赁的资源规格和时长计费。

目前 IaaS 市场竞争比较激烈,为了吸引更多的非专业客户入场,IaaS 云供应商不断地为平台增加一些上层的基础组件,例如数据库或者是 Web 服务器,来为客户提供更多的价值,因此 IaaS 有不断向 PaaS 融合的趋势。

5.3　PaaS

PaaS 平台提供商不仅提供硬件、网络环境等 IT 基础设施服务,还提供一些通用的软件系统来帮助客户更快地搭建服务。同 IaaS 相比,客户仅需要根据自己的需求,将自己的业务软件系统部署在云供应商提供的基础平台之上。这样做的好处是用户不再需要很强的 IT 技术栈能力,只需要将精力集中在业务领域即可。相对于 IaaS 的仅提供底层服务、SaaS 的软件全打包服务,PaaS 介于中间。

5.3.1　PaaS 平台架构

图 5-3 所示为 PaaS 平台架构。

如果说 IaaS 是毛坯房，那么 PaaS 就是简装修，房东为租客提供一些标准化的家居用品，租户只要带上自己的行李，就可以拎包入住。仍然以阿里云为例，阿里云 ECS、RDS、OSS 系列产品就是 PaaS 的解决方案，该产品系列可以按照用户的需求来订制标准化的网络及操作系统，租赁完成后，用户只需要在 ECS 上安装自己的应用软件，同时使用 RDS 或 OSS 作为持久化存储，配合阿里云提供的 CDN 及云安全监测（阿里云盾、安骑士），即可完成整套企业级服务。这种部署方式，除了客户自己提供业务软件系统之外，整个系统的性能指标、维护及安全，全部由阿里云负责。

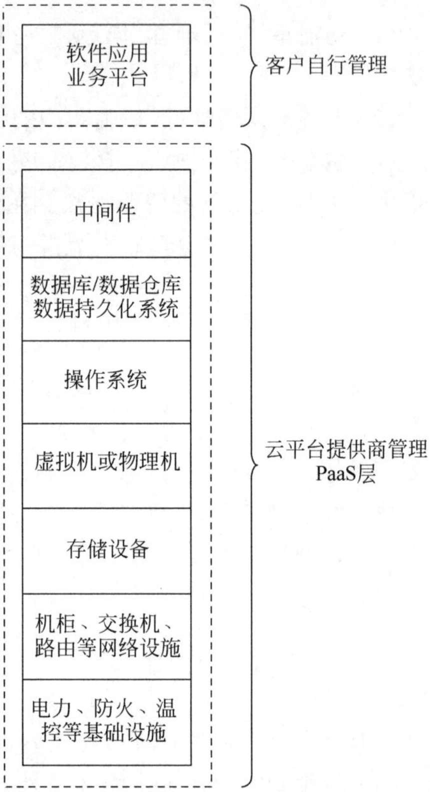

5.3.2　PaaS 的适用场景

PaaS 是否适用，企业可以从以下几个方面考虑。

（1）团队：专注于业务领域的企业，拥有一支规模中等的研发及运维团队。

（2）安全：与云供应商建立了互信关系，愿意将基础安全、系统可用性全权交给云供应商负责。

（3）容量：业务对于系统容量和资源要求会经常变化。

（4）预算：资金量适中，认可云供应商对中间件、数据持久化等基础软件系统进行合理收费的方式。

5.3.3　PaaS 的优缺点

PaaS 平台的优点如下。

（1）企业不再需要十分强大的 IT 团队，也不关心运维，仅需要懂业务的开发团队完成应用软件支持即可。

（2）企业不再操心中间件和持久层的维护，全部精力投入使用中，中间件和持久层的维护及大部分的安全工作都交由云供应商完成。

（3）扩容和灾备都可以通过友善的人机交互完成，不再需要高昂的学习和执行成本。

（4）计费粒度更为细致，可以达到按照使用或者流量来计费，给客户更多选择，不使用不计费。

PaaS 平台的缺点如下。

（1）中间件和持久化等支撑系统全部交由云供应商，企业只能选择有限、公开且常用的第三方版本，对于某些极特殊的需求无法满足。

软件应用
业务平台　　　客户自行管理

中间件

数据库/数据仓库
数据持久化系统

操作系统

虚拟机或物理机　　　云平台提供商管理
　　　　　　　　　　PaaS层

存储设备

机柜、交换机、
路由等网络设施

电力、防火、温
控等基础设施

图 5-3　PaaS 平台架构

（2）现有系统需要迁移和改造，以适应云供应商提供的中间件和持久化系统，这部分工作量较大，并且可能会影响最终用户体验。

（3）由于一部分工作从客户转移到了供应商，相应的成本也会提高，问题种类开始变多，服务响应时间开始变长，整个系统的协调沟通工作开始变得繁重，最终费用升高。

（4）从云服务商的角度看，系统的监控和安全将变得十分关键。如果客户与云服务商的服务协议中的某些条款无法明确，会导致法律风险和赔偿风险。

5.3.4　PaaS 的市场价值

PaaS 的兴盛是被"互联网＋"浪潮的推动而走向舞台的。新兴的互联网企业一般规模偏小，对于这些中小企业来说，核心在于业务模式上的创新，但是没有足够的技术团队及资金做基础的应用平台。PaaS 技术主要针对的是业务系统的开发和部署，其优势在于为企业提供简单和方便的 IT 服务，不再关心基础设施，也不再关心数据库和中间件。另外，PaaS 按需/固定计费的方式也被许多企业所青睐，绕开了传统软硬件方面的大成本支出。

5.3.5　PaaS 的局限性

尽管 PaaS 屏蔽了一些硬件和环境细节，但是 PaaS 平台所具备的限制几乎同 IaaS 一样多。再加上 PaaS 平台提供了预装的第三方套件，其升级、安全性问题也面临挑战。最困扰的是如果使用这些套件，往往意味着技术和业务的双重绑定，如果未来企业有重大的升级和变更需求，那么带给开发、测试和运维的工作量是惊人的。

从发展趋势看，PaaS 平台是完全底层自助资源和全打包服务的中间过渡态，不是一个纯粹的解决方案，因此很多 PaaS 平台预装了越来越多和行业相关的应用系统，逐渐向 SaaS 平台靠拢。比如 Amazon 的深度学习平台和大数据平台，已经将各种主流框架集成到系统中，并且这些系统的使用是免费的，仅收取 PaaS 平台本身的租赁费用。

5.4　SaaS

SaaS 平台供应商针对某个行业或者业务直接提出解决方案，客户连自己的应用软件都不需要研发和部署了，直接使用供应商的软件系统。用户只需要做一件事，就是管理好自己因使用系统而产生的各种业务数据和信息。

5.4.1　SaaS 平台架构

图 5-4 所示为 SaaS 平台架构。

SaaS 是一种全打包的服务，客户只看见能给自己带来价值的软件系统，对该软件系统背后的支撑服务的架构及其复杂度都不需要知道。客户仅在意该软件系统是否能够符合自己的需求，是否能将自己的使用价值达到最大化。例如阿里的钉钉被成千上万中小企业使用，这些企业使用该软件的考勤打卡、网络会议及团队文档协作功能，而不关心这些功能是如何实现并保证高可用性的，只关心考勤数据、企业的文档、通话记录是否得到了完整妥善的保存，不会泄露而被其他人利用。

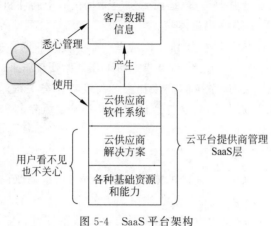

图 5-4　SaaS 平台架构

5.4.2　SaaS 的适用场景

有如下特征的企业一般会使用 SaaS 服务。

(1) 极度专注自身业务领域,对业务创新及响应速度要求非常高的企业。

(2) 轻资产企业,对计费模式非常关心,要求按照所属行业规则进行计费并结算的企业。

(3) 研发运维能力较弱的企业。

5.4.3　SaaS 的优缺点

SaaS 平台的优点如下。

(1) 企业全部聚焦于业务,不用再关心任何 IT 技术。

(2) 即购即用,可以跟上极快的业务变化速度。

(3) 长期成本低,企业不用再负担高额的研发和运维成本。

SaaS 平台的缺点如下。

(1) 对客户来说,一旦选定了供应商,其业务数据就绑定了该提供者,切换供应商的过程是比较痛苦的,对企业客户自己的用户来说,会有明显感知。

(2) 对云供应商来说,不同的行业业务模型完全不同,因此除了掌握必需的基础 IT 知识栈之外,必须对所属行业极为精通才能赢得竞争,这样企业不仅要培养基础团队,还要构建懂业务的研发产品团队,要求企业有非常强的实力。

同时,对云供应商来说,因为客户的需求实时变化,云平台必须跟上客户的脚步,其开发和维护节奏要紧跟客户业务发展,也很费心费力。一旦出现需求延期或者创新不够,轻则被客户责难,重则客户会更换供应商,损失很大。

5.4.4　SaaS 的市场价值

要说明 SaaS 的市场价值,举一个例子便可说明情况。2019 年 3 月 22 日,Salesforce 的市值是 1245.17 亿美元。其中从 2016 年的 500 多亿美元市值到 2018 年的 1000 亿美元市值,Salesforce 只花了不到三年的时间。

SaaS的价值，是IaaS、PaaS和SaaS中最高的。这是因为SaaS是云平台技术栈中最贴近业务的环节，是承载信息化打通要素流动的第一动力。不能否认的是，所有的商业变革和技术创新，都在致力于从整个社会商业流通大格局的角度提高效率和降低成本。SaaS恰好满足所有这样的需求。

5.4.5 SaaS的局限性

SaaS的局限性有两点：一是产品和解决方案锁定，因为企业租赁的实际是"软件"，所以一旦企业的业务发生重大变化，那么可能很难切换供应商，这就是所谓的"转身慢"；二是标准化，可能大部分行业的软件系统做成什么样很难统一的标准，数据之间的交换、通信协议兼容性差，需要做很多"桥接"的中介工作。

5.5 CaaS

CaaS严格来说是IaaS的一个子集，但在应用支持上更接近PaaS。CaaS平台是伴随着微服务的兴起，人工智能和大数据对于存储、安全、隔离提出了更高的要求而出现的。CaaS面对的客户群体和IaaS非常接近，都是具备研发和运维能力、能理解IT技术栈的群体。同时，CaaS的客户还具备对容器编排、集群的专业化能力。

5.5.1 CaaS平台架构

图5-5所示为CaaS平台架构，CaaS将IT设施作为一个物理资源池来对待，可以动态创建和回收容器，这样相对于IaaS架构，资源就可以达到"流动"的效果。闲置的资源可以随时挪到其他地方来使用。客户所有的服务都运行在容器中，兼顾安全和性能。

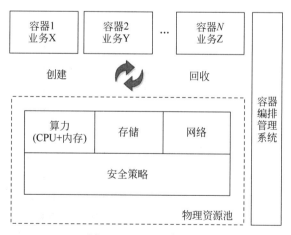

图5-5 CaaS平台架构

5.5.2 CaaS的适用场景

（1）专业的技术团队可以有效理解并管理容器虚拟化技术

（2）对于人工智能、大数据而言，其输入数据多存储在分布式系统，且需要大量分布式运算来执行不同的分析任务,输出结果也分布在不同逻辑甚至物理空间上。

（3）系统容量要求变化大,或是系统任务呈现临时性特点,容器多为某个特殊场景任务存在,执行完毕后会被销毁,资源会释放回收。

（4）微服务架构首选容器部署,方便隔离和动态路由。

5.5.3　CaaS 的优缺点

CaaS 平台的优点有以下几点。

（1）资源是流动的,对于云供应商来说,避免了资源闲置和浪费;对于客户来说,节约了成本。

（2）轻量级容器的创建和销毁的时间为毫秒级或秒级,远远低于 IaaS 架构的虚拟机启动和销毁时间,效率极高,扩容非常容易。

（3）容器化统一了开发、测试及生产环境,极大地避免了因为环境问题导致的低级错误和故障,降低了隐性成本,提高了系统可用性。

CaaS 平台的缺点有以下几点。

（1）和 IaaS 一样,需要客户具备一定的 IT 基础能力,对于容器编排优化工作要投入很大精力。

（2）容器不是操作系统,许多依赖操作系统底层能力支撑的需求特性无法满足,如容器根本不具备 Firewall 能力。

（3）容器对于外设大文件存储的读写 I/O 效率比原生系统要差,而且还带来了安全逃逸问题。

（4）容器镜像的选择需要专家级别的判断,市场镜像质量参差不齐。

5.5.4　CaaS 的市场价值

CaaS 是 IaaS 的子集,除了有 IaaS 平台的价值之外,使用 CaaS 可以让企业用户实现更大程度的敏捷性。所谓"敏捷性",是指一种尽可能快地推出新的生产负载的能力。试想一下,一个企业用户的开发人员正在搭建一个新的应用程序,并且迫切地需要推出这个应用。开发人员当然可以对应用程序进行容器化,公共云服务商通常只需要用户单击几下鼠标就可以部署容器环境,这省去了像部署容器主机、搭建集群或测试容器基础设施这样耗时的工序。云服务商自动地为用户提供容器环境,而这些环境都是已经被证明是正确配置的。这种自动化服务消除了耗时的设置和测试过程,也因此让企业用户几乎可以马上推出容器化的应用程序。

由于 CaaS 的便利性,目前已经取代了部分 IaaS 的功能,云供应商开始推出基于 Kubernetes 的容器弹性编排解决方案,逐渐替换以 OpenStack 或者 VMware 为主的虚拟化解决方案。

5.6　云管理平台

云管理平台是管理云环境的整合性解决方案,其主要功能包括:多种基础架构和资源的整合,跨平台的编排,以服务目录方式展现界面,资源访问管理和流程配置,资源统计和费用管理,与外部已有的企业管理系统集成和对接等。云管理平台的整合和跨平台编排是指可以管理多个开源或者异构的云计算技术或者产品,如同时管理 CloudStack、OpenStack、VMware、Docker 等。一个好的云管理平台必须以用户实际需求为基础,实现资源的统一视图管理,提升 IT 资源利用率,将企业内部业务流程和 IT 技术栈融合。

5.6.1 云管理平台的规范架构

云管理平台的规范架构如图 5-6 所示,企业用户利用 CMP 层来管理企业云基础设施,终端用户在 CMP 层之外对各种应用进行操作,然后 CMP 层将指令发给下一个或多个云平台,云平台又发送指令给下面的基础设施层。CMP 层在云计算体系中扮演着"中间人"的角色,它向前承载和支持各类行业应用,向后进行资源的管理和调度,包括异构资源。

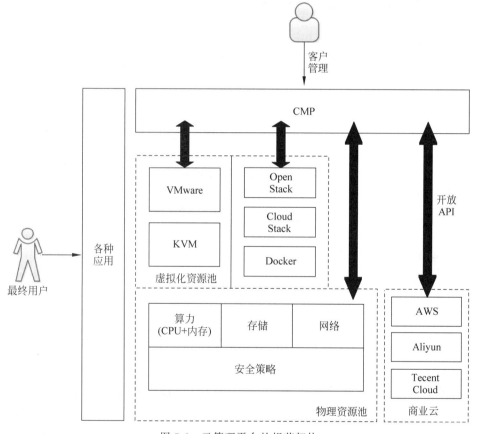

图 5-6 云管理平台的规范架构

5.6.2 云管理平台的职能

(1) 混合云等资源统一管理,满足企业 IT 资源灵活配置需求。

(2) 自动化部署较少手工操作,加速应用发布。

(3) 依靠视图化和自动化的操作手段,提升开发和测试工程师生产力。

(4) 回收闲置资源,最大限度提升资源利用效率。

（5）资源按需使用，减少硬件采购，根据统计及行为预测，消除资源过量分配。

（6）标准化部署及监控应用，提升服务可靠性，保证一致性，最终提升服务水平。

5.6.3 云管理平台的应用场景举例

（1）大型的企业 IT 数据中心，支撑较多的业务系统。

（2）系统异构性较大，有多种类型服务器、存储、网络。

（3）已经部署多种虚拟化平台，特别是以 VMware 为主的虚拟化，或者 KVM＋其他商业虚拟化平台。

（4）已经实施了基于 CloudStack、OpenStack 云平台或者其他云平台，需要统一管理。

（5）多个部门实施了多个私有云，需要统一集成管理。

（6）部分业务运行于公有云，需要与内部私有 IT 或者云统一管理。

5.7 平台的实施要点和挑战

5.7.1 技术选型

根据企业的规模、业务需求和团队能力，选择适合自己的云平台，以下是基本的选择考虑因素。

（1）如果是具备专业技术能力的大型企业团队，同时具备新旧系统，为了保证业务的稳定运行，建议选择混合的云平台，并用 CMP 来统一管理。

（2）如果是偏重业务，技术能力一般，希望聚焦于核心能力的，专注服务最终用户的，建议选择 SaaS 平台。

（3）如果团队有研发实力，并且希望构筑技术壁垒，同时避免长期成本的，可以选择 IaaS 或者 PaaS 平台。

（4）如果团队希望快速迭代业务，并且有和人工智能、大数据等相关的产业，经常处理 TB 级数据，最好选择 CaaS 平台。

5.7.1.1 服务平台类型的选择：IaaS 还是 PaaS

企业业务放到云端需要大量的规划和讨论，最大的问题之一是选择 IaaS 还是 PaaS。

尽管 IaaS 和 PaaS 两个模式随着平台集成工具的发展越来越像，但是它们之间有着很多关键的不同。现在的 IaaS 平台上集成了很多应用级（Application Layer）工具，这些工具可以让用户在不同的云平台上工作。例如，用户可以在一个云平台上开发、测试、部署和维护应用程序，而在另一个云平台上进行计算、存储、网络等 IT 需求的维护。理论上，IaaS 可以集成很多工具，达到 PaaS 的大部分功能。但是，与原生态（pre-existing）的 PaaS 相比，在这样的 IaaS 平台上来完成 PaaS 的功能非常费时。

那么面对这种趋向统一的情况到底如何进行抉择呢？

IaaS 好处很多，但是从一套基础设施迁移到另一套基础设施异常艰难。对基础资源有常规性扩展需求，或业务淡旺季造成基础设施资源更迭明显的公司，适合选择 IaaS 方案。IaaS 不需要大量的运营工作，能够轻松应对资源需求的波动。但是有一点需要注意，如果一个公司有海量的隐私数据，而且根据合规要求又不能放在公司之外的地方存储，那么是否使用IaaS就要重新考虑了。

PaaS比IaaS工程化要快得多，比起IaaS什么都要自己从头搭建，PaaS提供了不少成熟、稳定的中间件，如测试和发布的自动化。如果公司的业务相对固定，那么来自不同团队的开发者基于共识可以快速完成应用服务的构建。但这也是PaaS的缺点，一旦选定了供应商，就会被锁定在这个供应商上，应用服务的迁移会是一个痛苦的过程。因此，选定PaaS供应商之前，应当做充分详尽的调查。

选择平台还需要注意学习成本。二者都需要考虑方方面面的内容。但是IaaS更聚焦于底层的存储、网络和计算，IaaS供应商提供的工具包因为要支持不同类型的云平台，所以会包含部分本属于PaaS平台的知识内容，所以学习成本比较高。

5.7.1.2　服务商的选择：IaaS

作为客户选择具体的平台服务商，有以下几个方面需要重点考虑。

1. 计算能力

IaaS的核心是计算。在评估时需要考虑的是计算资源的灵活和可扩展性，如内存、磁盘、虚拟CPU、操作系统、按需/预留实例、计算配置的范围和粒度。

2. 数据保护（Data Protection）

安全性，毋庸置疑是最重要的因素。云平台的客户必须确保云平台供应商遵守相关法律法规并且确实尽职尽责地采取足够的措施保护程序代码及客户数据。

从评估的角度来看，重要的是要检查供应商提供的细粒度访问控制（Fine Grained Control Access），在各种状态下加密，版本控制机制，提供审计、日志以及客户数据备份/恢复方面的优势。

3. 基础设施和集成（Infrastructure and Integration）

在性能方面，客户需要衡量的一些关键方面是：供应商是否可以选择部署靠近用户或客户的应用程序，从而确保最低的延迟和最佳的用户体验？区域内和区域之间的连接有多好？

在功能方面，云平台供应商除了提供基本的计算、存储资源外，其提供的云计算模型，无论是公有云、私有云或是混合云，都必须提供足够的功能套件工具来帮助客户进行系统迁移和云上运营，还需要提供必要的开发工具来帮助客户后续进行服务的快速交付。

在集成方面，衡量是否能轻松地帮助客户将现有基础架构与云集成的服务功能也很重要，这些功能包括数据导出/导入、备份、混合云、VPN、集群、网关等。还要考虑其提供的服务如何在当下以及未来融入企业的工作流。例如，必须按照企业所在行业标准或者国家标准提供数据库类型及监管、审计工具；提供的人机交互管理界面必须兼容已有的业务流转模式。

4. 运营成本（Operating Cost）

对于大多数企业而言，节省成本是采用云的主要业务驱动因素。通盘考虑所有与云基础设施相关的成本非常重要，包括计算、存储、网络、支持、数据传输/连接、监控等。大多数顶级供应商对类似配置的实例具有相似的定价。但是，运营成本也是非常重要的，包括交易（transaction）和管理（management）成本。不同供应商，运营成本可能会有很大差异。

5. 性能（Performance）

所有服务的性能对于 IaaS 来说都很重要。但是，根据业务的不同，企业会更重视某些性能的参数，如高速连接、缓存管理、网络扩展、负载平衡、自我修复机制、自动扩展、管理故障转移、磁盘 I/O 等。云网络会议企业对高速的互联网连接的要求比一般企业高很多。

6. 存储（Storage）

存储功能是 IaaS 产品的关键部分，大多数供应商都尝试提供灵活且可扩展的存储资源，如极宽的磁盘空间、磁盘空间弹性、内置冗余、各种存储选项（包括 SSD）、存档存储（Archival Storage）等。

7. 安全性和合规性（Security & Compliance）

云平台中，多用户基础架构带来的风险更高。IaaS 供应商要为云基础架构提供不同级别的安全性，包括数据、用户、连接、应用程序、数据中心的物理和电子安全性。因此，更详细地研究 IaaS 供应商的安全性的所有方面非常重要。

遵守法规要求和认证是同样重要的因素。一旦云用户决定使用云存储或备份服务，就会出现云合规性问题。但企业走向云端，将数据从其内部存储移动到云上，企业不得不仔细检查 IaaS 供应商如何保存这些数据，以便自己遵守法律和行业法规。

8. 应用程序服务（Application services）

许多 IaaS 供应商已经开始包括基本平台服务，以支持应用程序开发。这包括预配置的应用程序、多种 API、工具包、移动应用支持、各种媒体服务和其他平台相关服务。企业要根据自己的需求，仔细衡量和评估这些功能。

还有一些因素需要考虑，包括以下几项。

- 互通性。平台供应商提供的产品必须能够很方便地打通数据的流入、流出，方便地和其他类型的系统、平台进行数据交互。这个特性比平台本身的性能、灵活性和可扩展性更重要。互通性侧面反映了平台对标准规范的遵守程度，互通性越高，产品规范和标准性越好。

- 易用性。平台对于管理员和用户都要易于使用。对于管理员来说，产品要兼容最新软、硬件。对用户来说，最好能在不同产品和服务之间保持用户界面一致。一个易用性不好的平台需要更多的人力进行操作和维护，严重的话，可能会因为不适应导致系统错误或者宕机。

图 5-7 所示为 RankCloudz 的云平台（来自 RightCloudz 公司）对供应商打分的结果，从 13 个维度来计算总分，纵轴为分数，横轴为供应商，13 个维度在表单右侧以不同颜色方块标记。这 13 个维度包括存储、安全性、性能、运营成本、现有设施集成、基础设施、高可用和灾备恢复、监管和常规兼容性、易用性、部署管理、数据保护、通用计算和应用程序服务。

5.7.2　实施要点

云管理平台要特别关注平台和管理系统的接口稳定性，特别是一些第三方商业公有云，不要使用私用或者特定 API，要基于协议的方式进行编程。由于业务分布在离散的平台上，要注意事务传输加密、内部流量熔断和安全扩散。

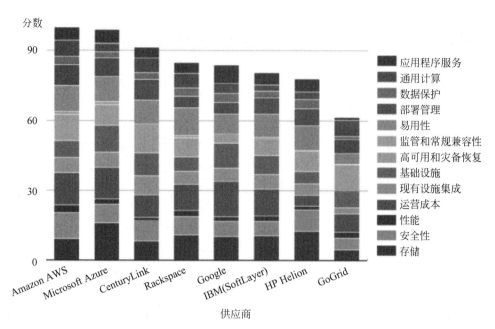

图 5-7 RankCloudz 对云服务供应商的评比标准和评分

SaaS 平台要注意产生的用户及使用数据的保密性，防止泄露。同时应严格制订管理策略、流程和审批制度，应定期聘请有资质的第三方检测机构对供应商服务质量进行评测。

对于 IaaS 和 PaaS 平台，企业应尽量选择成熟的、有口碑的、公开的中间件系统，如 Tomcat，MySQL 等，尽量不要使用私有的软件服务。同时，要按照所在地的法律法规办理相应的网络服务牌照，避免法律风险。

5.7.3 风险和挑战

（1）财务风险。无论选用何种平台，都必须做好短期和长期的财务分析，确保费用和收益能在合理的区间。租赁的费用一旦产生，不管是否使用，都有最基础的花费，所以要让租赁产生的资源能力性价比最大。

（2）法律风险。除 SaaS 之外，无论使用 IaaS、PaaS 还是 CaaS，IT 系统所提供服务的软件系统均是客户自己提供的，因此合理合法地提供内容是客户必须承担的责任，必须取得相应的资质和牌照。但是 SaaS 服务也不能掉以轻心，一定要认真阅读客户使用协议，确保因使用产生的知识产权明晰，避免发生纠纷。

（3）系统风险。再健壮的云平台，也会因为各种系统性意外导致风险，如地震、火灾等。尽管平台会提供各种灾备措施，如异地数据中心或者双链路接入等，客户也需要自己做好处置意外的准备，包括但不限于定时备份关键数据和程序，不定期举办线上系统容灾演练，客户业务数据分区分布甚至采购不同供应商作为备份云平台等措施。

（4）安全风险。客户要严格遵循平台提供的安全策略、流程和审批制度。定时升级资源环境，更新补丁或者升级软件系统。同时也要配合有资质的第三方检测机构定期进行安全攻防检测，确保系统万无一失。

5.8　案例研究：SaaS 的构建、演进、成果与教训

前面详细讲解了 IaaS、PaaS 的选择与实施。在本案例中，我们以 SaaS 为目标，讲解 SaaS 的架构与建立。

本案例是一个金融系统的演进。金融系统是目前互联网领域 IT 技术栈最全面和涉入最深的行业，因为金融不仅要求超高的 OLTP（On-Line Transaction Processing，联机事务处理过程），还需非常快的 OLAP（On-Line Analysis Processing，联机分析处理）功能，最重要的是，金融行业的数据安全是第一位的，因此对 SaaS 供应商的服务要求极高。

该项目的特点如下。

（1）金融企业是最复杂的业务之一，除了功能及性能外，还包括交易的实时性、安全性等。

（2）从传统 IDC 起步，进行云化，最后形成了私有云＋公有云的混合云（hybrid-cloud）的形式。

（3）包括从 IaaS 到 SaaS 的架构搭建，以及最新的微服务的架构的设计与实施。

5.8.1　背景介绍

A 公司成立于 2012 年，注册资本约为 20 亿元人民币，是世界前 150 强公司的一个直属子公司。A 公司旗下有 40 多只基金，管理的资金规模约为 500 亿元人民币。

A 公司的平台主要包含的业务是线上的金融理财和贷款业务，核心系统包括用户系统（CRM，用户基础信息、销售跟踪、线索等）、账务系统（余额、明细、会计科目）、理财系统（发标、抢标、理财到期、余额理财）、贷款系统（放贷、回款）、风控系统、营销系统（积分、游戏、礼品卡）、外围监控系统、日志系统等。

A 公司对外对接的第三方系统包括托管银行系统、第三方支付公司、上级监管上送系统、资金方/资产方信息系统、物流公司（发礼品、贺卡）、短信公司等。

A 公司的平台演进阶段，按照时间顺序可以分为以下几个阶段。

（1）租赁 IDC 阶段。

（2）公有云阶段。

（3）混合云阶段。

（4）容器化微服务阶段。

5.8.2　自建 IDC 阶段

这是 SaaS 服务平台的起步阶段。在此阶段，公司租赁了专业的 IDC 机房，自己采购了硬件服务器来部署系统，提供服务，架构如图 5-8 所示。

这种部署方式是非常传统的工业级解决方案的思路。企业花了大量成本，从设备采购第一天起就面临资产贬值。同时，出于安全和隔离考虑，每个服务独占物理服务器，资源利用率极低。有的业务（如理财系统和账务系统）非常繁忙，占用很大资源。而有的系统（如用户系统，用户的数据查询远远多于数据修改）资源利用率还不到 10%。

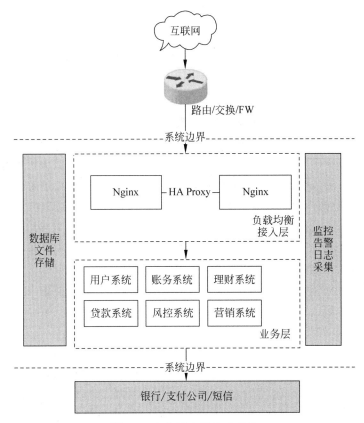

图 5-8 A 公司自建 IDC 架构

如果维持现有规模不变，问题不大。但是随着 A 公司的线上金融业务越做越大，业务负载马上就出现问题了。虽然带宽的问题可以通过扩容解决，但是由于 IDC 是租赁的，空间非常拥挤，想购买新的服务器入场已经没有机柜了，即便采购新的机柜，也没有位置和足够安全的电力供应。至此，A 公司要么迁移 IDC，要么就得在其他 IDC 购置新的空间，然后在两个 IDC 之间需要通过专线连接。这两个方案基本都不可接受。尤其方案二，如果今后再扩容，还要再接入其他链路，系统稳定性会剧烈下降。

另外还有一点，在此阶段，由于是按照工业化体系设计的软件系统，所以各服务之间完全是通过两两互相调用来进行通信，数据库采用的是 Oracle 商业级数据库，文件存储采用的是落后的 mountNFS 加载远程存储的方式。这种方式就造成了系统的耦合度非常高，业务开发和需求变更会造成周期长、影响范围过大的问题，不利于系统的稳定，客户体验下降。

5.8.3 采用 IaaS 公有云阶段

为了一劳永逸地解决扩容的问题，A 公司经过讨论，决定将整个系统搬上云，从国内知名云厂商中选择一家作为供应商。为了保证尽量不修改系统代码，决定采用 IaaS 模式，只租赁资源和能力，所有的软件服务，由 A 公司的技术团队负责自行迁移。迁移的过程可以说充满了曲折。

5.8.3.1   迁移过程中的问题

从 IDC 迁移到公有云,实体数据更换部署位置,无论如何必须停机。这就涉及数据的迁移,而金融业务数据的一致性,没有任何方案能 100% 保证在不停机的情况下数据不被污染。这是最痛苦的抉择,因为停机不光涉及用户体验,还涉及向上级监管部门报备。因此停机时间的选择和整个停机的时长都会受到严格的控制,必须在计划内完成。

虽然已经确定了停机迁移的方案,还是要尽可能缩短停机迁移的时间。金融系统服务停止时间过长,会造成不良影响,容易引发不稳定和舆情。因此 A 公司的做法是:

- 部署相同的软件应用体系到云,并经过严格测试,保证业务服务可用性。
- 选择非交易的节假日的晚间进行数据迁移,并且保证必须有足够的 16 小时的迁移时间,提前通知用户该时间段内服务升级维护,功能受限。
- 节假日的第二天白天开放只读服务,并让客户充分测试(利用节假日不交易)。
- 在迁移当晚准备回滚方案。一旦迁移不顺利立刻整体回滚数据,不做任何故障排查,升级日顺延至下个非交易日。
- 一旦开放交易事务,则无论如何不会回滚,准备多套方案来准备人工干预。

尽管如此,在系统上云和数据迁移时,仍然因为各种无法预料到的原因造成了一些困境。

- 云服务虚拟主机的 I/O 效率较差,某些缓存服务的 TPS(Transaction Per Second,每秒事务数)始终低下,不得已临时紧急增加资源,资金成本超支。
- 云服务的安全策略配置特别复杂,在某些细节的访问控制测试中没有覆盖到(很难 100% 全回归),造成某些静态资源文件访问时图片加载和文件下载出现问题,线上紧急临时修改配置环境。
- 线下 IDC 迁移到云服务时某些内核参数忘记调整,尽管功能可用,但是某些大流量情况下发现 CPU 奇高,系统资源告警。

5.8.3.2   选择 IaaS 供应商时发现的问题

首先,该 IaaS 供应商的存储服务并没有提供合适的 Oracle 套件,只能选择开源存储方案或者该厂商的自研平台,这对于 A 公司的业务系统的修改是比较大的问题。但是基于其他厂商也没用,所以在本次迁移中,A 公司只能选择自行在平台上安装。但是因为该云平台虚拟化的过程中一些不确定的因素,反复安装失败,数据库无法迁移。A 公司无奈只得求助于 Oracle 商业服务,最终问题解决,但是花费了巨大的成本。平台提供商对该问题始终无法解释。

其次,该供应商的路由服务极为特殊,和传统 IDC 的路由配置差异巨大,尤其是在客户端会话保持,和 Nginx 存在兼容性问题,此问题极难复现,但是造成的后果非常严重,会导致客户端用户失去连接,且长时间无法登录。A 公司技术团队花了很长时间来解决问题。事后复盘,认为这是缺乏测试且不了解 IaaS 供应商配置手册导致的。实际上这也证明了选择 IaaS 平台是有极高的学习成本的。

5.8.3.3   迁移之后的架构调整

进入公有云阶段,由于接入层负载均衡由供应商负责,可以接入任意数量的后端服务;所以架构进行了如下调整,如图 5-9 所示。

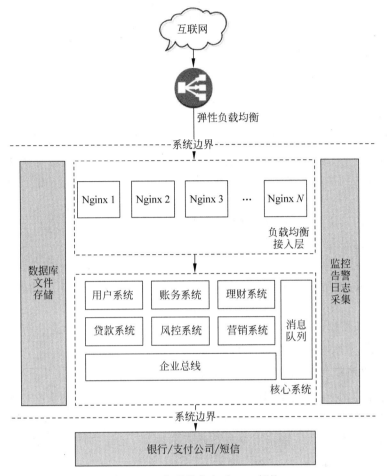

图 5-9　A 公司的公有云 IaaS 架构

在迁移之后，技术团队同时也解决了原来的调用耦合问题，引入企业总线和消息队列，将原来的服务两两之间直接调用拆分为异步调用和通过总线转发。但是该模式存在的问题和传统 IDC 一样，为了迁移的问题，仍然采用每种服务独占 VPC 的方式，资源浪费和闲置的问题仍然没有解决。但是扩容非常方便，在云平台厂商后台管理配置界面，可以一键增加 VPC 资源，节省了原来采购机器的大量时间成本（国企需要采购招标，流程非常长，通常按照月计算）和财务成本。

5.8.4　混合云阶段

A 公司隶属集团在该阶段自建了云平台，要求下属单位节约成本，将部分业务回迁至集团内部私有云。为了响应集团的要求，A 公司的技术团队开始筹划第二次迁移。本次迁移最大的目的还是节约成本，属于不可抗拒的需求。当然，由于集团的云刚刚运行，稳定性和可靠性有待观察。另外鉴于和第三方支持系统的环境变更非常耗时（例如变更固定 IP，银行需要走流程，还要审批）。A 公司技术团队的决策如下。

- 核心业务，如账务、风控及理财系统，必须保证运行在稳定的、经过验证的公有云平台上。

- 和第三方支持系统相关的、环境变更困难的,如银行、支付接口也要保留在公有云平台上。
- 其余的业务迁移至集团内部私有云。
- 公有云和私有云之间通过专线连接,保证交易质量和速度。

图 5-10 所示为基于混合云的技术架构。

从图中可看到做出了如下变动。

(1) 新增了专线连接,试图从逻辑上让应用还以为保持在同一个域之内。

(2) 将不重要的、写入少查询多的业务迁移至私有云;写入多的系统保留在公有云。

(3) 将消息队列抽象到最外层,如果私有云向公有云写入失败,则放入消息队列,重放消息,异步消费。

(4) 公有云的日志采集持续写入消息队列,在私有云内部消费汇集。

(5) 消息队列采用 Kafka 集群。

(6) 非核心业务,数据迁移至 MySQL,为下一阶段替换 Oracle 做准备。

(7) 文件存储替换为 DFS 和低价的 VPC(虚拟私有网络),其费用比文件存储便宜了几个量级。

(8) 客户端需要做改造,新版本分为两个业务路由,老版本继续走公有云路由,通过专线向私有云转发,老版本下线后就不再需要转发。

5.8.4.1　迁移引发的问题

混合云的使用是为了减轻资金成本压力,毕竟集团内部的价格比市场价格便宜太多。但是出于对起步阶段的自建云性能和稳定性的考虑,不得不做出了妥协的方案,实际上这种混合云的架构还是带来了一些不确定的因素,在迁移的过程中也增加了很多的工作量。

(1) 代码逻辑部分要做出大量的修改。为了支持混合云模式,某些模块的调用方式和异常处理比原来在单一内网处理增加了很多的逻辑。特别是安全验证方面,某些基于 IP 地址和 MAC 的校验方式都必须修改。

(2) 尽管使用了较为稳定的专线连接,但是应用之间的通信毕竟走的还是公共网络,这带来了额外的监控和链路维护工作,而之前统一在 IaaS 平台是没有这部分考虑的。

(3) 混合云造成了双链路接入,客户端也要配合修改,并且更多的业务逻辑要考虑向两个平台发送请求,还要考虑先后问题。实际上在业务中掺杂了不必要的底层细节。

5.8.4.2　混合云使用的反思

使用混合云的真正的本质是让合适的数据放到合适的地方,处于 A 公司的位置,其金融敏感数据才是真正的核心资产,这部分应该放到集团的私有云。但是又害怕私有云在发展初期的质量问题而不敢使用,反而放了一些不重要的模块,这个和使用思想背道而驰。结果是,质量不佳没人敢使用,越没人敢使用,得不到合适的资金支持,最后陷入越来越差的恶性循环。

混合云的使用是分散系统热点和压力的手段。核心业务放置在私有云,而承载压力和流量大的,如图片服务、下载服务、客服中心等应该放置在外围的公有云,尽量发挥公有云的通用平台功能、弹性容量及弹性成本的特性。

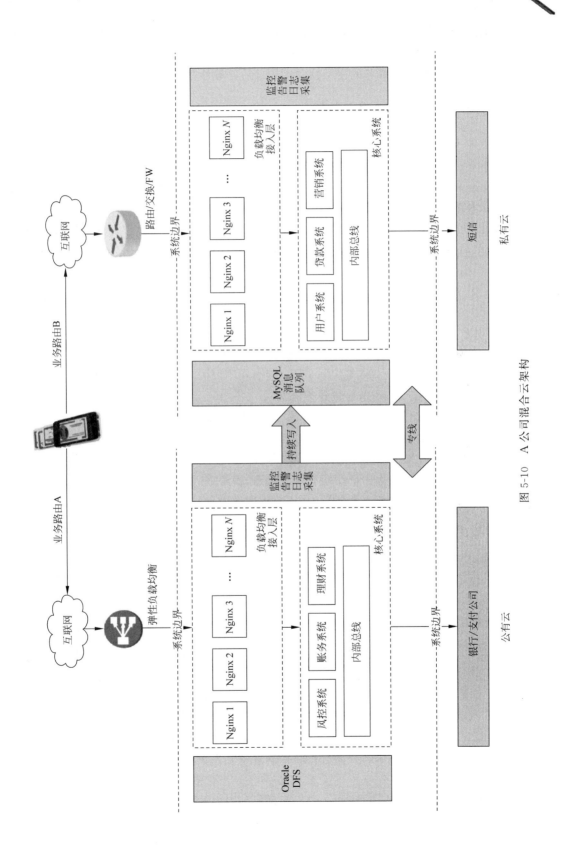

图 5-10 A 公司混合云架构

公有云和私有云的使用应当尽量遵循隔离原则,让同一业务流程尽量在单一云内完成,方便交易业务数据的一致性处理。A 公司的混合云使用方案就忽略了这一点,导致有些交易业务跨边界处理,所以事务的安全性和一致性需要额外花很多精力来保证。

5.8.5　容器化及微服务阶段

随着业务容量越来越大,2019 年该平台逐渐达到百亿规模,公有云也逐渐失去了优势。因为业务峰值往往发生在线上的放标阶段,这个时候很类似于淘宝的"秒杀"大促。在这个时段业务呈现浪涌,过了之后流量马上就会平稳。如果采购 VPC,则稍显浪费,同时 VPC 的初始化及配置工作也非常麻烦。

另外,由于存在公有云和私有云两个数据中心,开发和测试也非常复杂,经常出现配错环境,上线启动失败或者错误的问题。同时,Nginx 的负载均衡配置每发生一次变更,都要手动或者执行脚本同步,效率很低。

为了解决以上的问题,技术中心决定采用容器化技术,架构如图 5-11 所示。在业务峰值时动态创建容器支撑,在业务常值时回收容器释放资源。同时将容器的创建放置在比较空闲的 VPC 上,甚至日志服务器都可以临时放置容器来支撑业务。

（1）将 Oracle 替换为 MySQL,同时进行分库分表。

（2）风控、财务和理财业务应用全部容器化,在不同的 VPC 动态创建和释放。

（3）使用 Spring Cloud 作为微服务框架。

（4）增加分布式任务调度 job 系统,在"抢标秒杀"环节处理抢标扣减额度任务,在还款环节处理定期回款。

（5）使用分布式缓存 Redis 的原子计数器来控制金额划账同步。

（6）将消息中间件作为内部系统回调的渠道,使用 Kafkfa。

（7）增加全局的注册中心和配置中心,放到固定 VPC,这部分内容基本只读,修改的极少,访问量也是内部的流量。

（8）云供应商提供的 VPC 作为资源池使用,但是数据库和文件存储因为 I/O 的关系必须单独放置在 VPC 上。

（9）因为容器运行在 VPC 上就失去了容器化的意义,所以未来计划 VPC 到期后替换为裸金属服务器,将容器直接运行在物理主机上。

5.8.5.1　容器化过程中的问题

容器化对于 A 公司来说是个新事物。虽然知道它的好处,但是在实际应用中因为缺乏经验,还是导致了以下问题。

（1）容器化影响了开发、测试及部署整套流程,深刻地改变了研发团队的习惯。这不仅在于知识域的更新,更是让原来已有的开发工具、集成操作发生了根本性的变化。在项目应用初期,因为不了解、不懂,反而降低了工作效率。在初期的很长时间,大部分研发人员可能要忙于从互联网查询相关内容或者咨询技术问题解决方案。

（2）容器化要求稳定的版本镜像及相关内容资产管理工作。这部分工作需要专人专岗,而决策时忘记了这一点,在很长一段时间都是研发人员自己管理镜像。这造成了镜像版本管理失控,甚至一度引发安全性的怀疑。在 Docker 应用初期,即便是官方市场,里面的镜

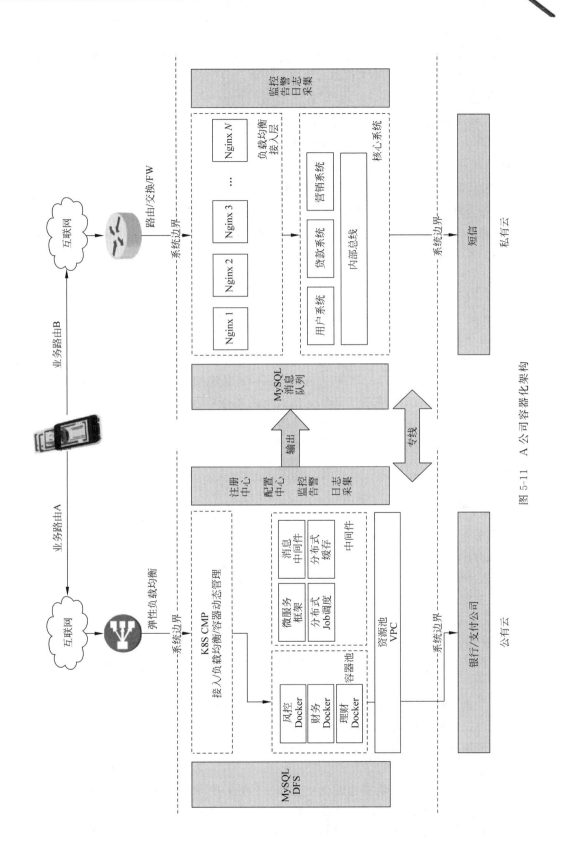

图 5-11　A 公司容器化架构

像质量也是参差不齐。

（3）对于运维来说,容器化将原来的部分监控脚本和手段完全无效化,运维团队不得不更新自己的技术栈。同时为了提高容器运行效率,某些针对进程优化的系统配置参数不得不重新优化。

（4）管理方式也发生了重大变化,所有的研发 KPI 指标都增加了关于容器化的进度和质量、安全方面的考核,组织绩效评估也相应地进行调整。一方面推,一方面压,事情才能有进展。

5.8.5.2　容器化与微服务的一些思考

首先,做好领导层及团队的心理建设工作。容器化及微服务不仅是技术手段,更是研发流程管理模式,不做好组织建设,光模仿其形式没有意义,只能让整个研发运营流程非常别扭。为了容器化而容器化的做法不可取。

其次,容器化微服务对于大规模系统优化是非常有效果的,并且按照培训的内容长期坚持非常明显。但是如果是中小系统,考虑到管理运营成本,是否必要要慎重抉择。A 公司的系统是个在库资金几十亿的庞大规模系统,不容器化不行,不拆分微服务架构不行。但是如果是一个只有几百人在线的 OA 系统,一年升级不超过 10 次,应用此方法是值得商榷的。

最后,容器化不是银弹,不能解决所有问题。不是说现在的研发效率不高,研发质量下降等靠容器化就可以完美解决。团队 KPI 问题的根源永远是人,试图用"术"来代替"道"是不可行的。提升团队的能力才是王道。容器化是针对大规模并行程序共享资源、弹性增加及弹性释放的特殊技术,有其自己的应用范围。

5.8.6　数据安全

在 IDC 阶段。由于采用的是租赁空间的方式,所以供应商仅提供基本的安全防御措施,包括非常简单的 DDoS 硬件防御设备、带宽限定、ACL 策略和 WAF 设备。大部分的网络安全、存储安全和控制安全都需要 A 公司自行处理。在这个阶段,A 公司使用标准网络安全栈进行信道加密(SSL)和静态数据加密(散列、对称加密),权限管理模型采用用户名＋密码为主,同时配合堡垒机记录行为、日志审计等传统方式。

在公有云阶段,除了上述 IDC 的安全保证外,还使用了云平台供应商的以下服务来增加安全性。

- 网络方面,基于 IPSec 的虚拟网关及 VPN 接入系统,虚拟化防火墙,抗 DDoS 及 CC 攻击的云盾系统。
- 主机方面,采用堡垒机及安全云查杀系统,定时查杀,自动升级补丁及修复漏洞,同时设定安全狗来主动检测入侵。
- 应用方面,聘请第三方系统(如哈比树、中软评测中心、绿盟等)定期对应用进行扫描,人工渗透。
- 数据方面,购买华为赛门铁克公司的企业级证书,对数据库进行静态数据加密,所有远程登录账号一律改为证书授信登录,禁止用户名密码方式,同时采用专业的 ETL 和数据备份软件,每日三次定时备份数据。另外,每周在线下进行数据恢复测试演练。

- 安全管理，购买安恒日志审计，进行数据的分析和汇总工作。

在混合云阶段。相应的安全机制分为两部分。公有云部分继续维持安全策略不变，在私有云部分，集团安全部门负责对云平台的安全建设，和集团要求保持一致。数据及应用安全仍然定期聘请第三方机构进行检测和审计。

在容器化阶段，除了在公有云阶段的主机、网络及数据安全外，采用容器化集群管理，还做到了以下几点。

- 镜像安全。只从受信任的知名站点下载公共镜像，下载完毕后进行检测，然后制作自己的私有镜像并放入私库。
- 限制节点访问。Kubernetes 客户端到节点配置证书授信访问，划分不同的命名空间和群组。
- 限制资源访问。每个 pod 都精心设计了 CPU 和消费内存。
- 限制网络访问。利用 Kubernetes 的网络插件 network sig 来精心规划边界，严禁节点之间不受限制的跨网访问。
- 限制安全上下文。在 YAML 文件中明确定义 pod、容器和卷的上下文，以何种用户运行，是否可以写入根用户磁盘等。
- 记录日志。采集 Kubernetes 集群的日志，放入线下 ELK 进行分析和审计。

第6章

云服务的应用层技术：微服务

本章介绍云计算技术在应用层的深入发展和应用：微服务。微服务是具有突出的应用层特点的云计算架构实践方式之一。本章从云计算架构和微服务的关系入手，介绍微服务的概念、发展简史、构成要素和优缺点，最后通过一个案例来说明微服务在实践中的理念、设计思路、实施要点和难点。

6.1　微服务与云计算

在开始讲解微服务相关概念之前，有必要将云计算架构和微服务的关系阐述清楚。根据第 1 章的相关内容，可以认为云计算架构是一种虚拟的"基础设施"，这种设施提供了相关的资源、算力、管理结构及运营思想。而微服务，是一种应用服务的设计模式和研发流程体系，其构建在云计算架构之上。目前二者的结合通常被称为"面向微服务的云计算架构体系"。

云计算的根本目的是提高效率、降低成本、共享资源。实施云计算可以认为不亚于实施一场"精益运营"的管理活动，而微服务正是此活动的前提保证。只有服务粒度合理控制、系统边界足够清晰，"精益"才能找到合适的切入点。

云计算的灵魂是面向管理而"生"，而微服务正是云计算治理结构的具体体现，也只有微服务化，云计算的管理手段才能施展得淋漓尽致。在微服务中对代码和配置进行严格分离构建、编译、运行等实践，都是管理"术"的体现。

微服务的不断演进反过来又进一步促进了云计算的蓬勃发展，随着容器化（CaaS）、资源即服务（RaaS）等理念不断深入人心，云计算的架构体系得到了不断的完善，并随着 DevOps 和 AIOps 等领域的研究突破，在新时代又囊括了新的内涵。

综上所述，讲述云计算架构，则必须讲述微服务体系；有了对微服务体系的了解，会进一步加深对云计算架构、治理、管控等方面的理解。

6.2　微服务的定义

许多专家和机构试图给微服务从不同的角度下定义，有些从描述微服务的特征入手，有些从微服务的职能入手，有些则直接给出了使用微服务的好处。在全面了解微服务是什么之前,先来了解一些权威媒体是怎么对微服务定义的。

1. microservices.io 对微服务的定义

microservices.io 给微服务的定义是：微服务是一种架构体系,是一种架构风格,是一种应用程序服务集合化的表现形式,采用这种形式,应用程序有以下特点。

- 高度可维护、可测试。
- 松耦合。
- 独立部署。
- 围绕业务能力构建系统。
- 小规模团队专属利器。

微服务可以是庞大复杂的架构体系,以快速、频繁及可信赖的速度、质量进行交付,同时可以对企业的技术栈演进起到推动作用。

2. wikipedia.org 对微服务的定义

微服务是 SOA 架构的一个变种,它将应用程序构建为一组松散服务的集合。在微服务架构体系下,服务的粒度是经过深思熟虑后划分的,采用轻量级的交互协议。将应用拆分为不同微小服务的好处是模块化程度增加,便于理解,方便开发、测试,同时可以让系统具有应对架构腐化的抵抗力。

3. stackoverflow.com 对微服务的定义

stackoverflow.com 的专家则从动态的视角,与传统 Web 服务进行对比,给出了如下定义。

随着业务增加,Web 系统越来越巨型化时,为客户增加新功能代码和变更已有功能就成为开发团队的噩梦。谁也无法保证在这些盘根错节的"古罗马遗迹"中增加代码或者移除部分内容会导致什么样的后果。任何 bug 修复或者功能改进都变得无比艰巨,要求研发团队对已有系统事无巨细地掌控,而这实际上几乎是不可能的。

因此必须将系统拆分为：

- 依赖逻辑清晰。
- 松散耦合,以便不同团队独立开发。
- 可以容易地水平扩展系统容量和能力。
- 高度可复用和抗意外的新系统。

4. Opensource 对微服务的定义

opensource.com 认为,微服务并不是什么新概念,其服务拆分理念早在若干年前就已经很普及了。其主要观点认为,微服务就是把某些类型的应用系统经过合理拆分变得更易构建和维护。每个被拆分出来的部分都能成为相对独立的组件持续开发并隔离维护。微服务是和传统的"一体化"应用系统开发相对而言的概念。

5. *Building Microservices* 对微服务的定义

在 O'Reilly 图书公司出版的 *Building Microservices* 一书中给出的定义是：微服务是一组能在一起协调工作的小而自治的服务单元,每个这样的小单元都致力于一次只做好一件属于自己的事情。

6. 本书对微服务的定义

微服务的关键在于"微"和"服务","微"强调一个合理的划分粒度,构建一个清晰的依赖层次;"服务"则强调可开发性和易用性,包括但不限于部署、扩容、高可用等特性。依据前人的经验和总结,我们把微服务高度凝练为以下定义:

微服务是一种围绕核心业务能力、基于合理粒度组织并具有高度弹性的服务自洽设计思想,它不仅是一种架构的实现方法,更贯穿于系统生命周期的始终,是一种研发运营流程模式。

使用微服务的目标就是通过细粒度的系统模块化解耦,让团队能并行开发、测试、部署、运维,让系统更容易被理解,更容易被维护。

6.3 微服务的发展简史

早在 2005 年,Peter Rodgers 博士在 Web Services Edge 大会上就使用了"micro web service"的专业术语。Juval Lowy 也对此持相似意见。他们认为 Web＋UNIX 等于真正的松耦合系统,任意复杂的系统功能都可以被类似 URI 的简单服务接口聚合而成。为了使"微 Web 服务"落地,人们不得不去研究构成这种架构风格的基础,如 SOA。还要研究在软件组件之间的消息角色,以达到更高程度的抽象。

2011 年 5 月,在威尼斯举办的软件架构论坛首次将这种通用的架构体系称为"微服务"。在 2012 年 3 月,James Lewis 的采访稿"Micro services—Java,the UNIX Way.(微服务——Java 和 UNIX 的方式)"和 Fred George 的采访稿"Micro Service Architecture:A Personal Journey of Discovery(微服务架构:一场个人的发现之旅)",首次正式提出并丰富了"微服务"的概念和内涵,引起了行业的极大关注。

在 Netflix、Gilt.com 和 Amazon 等公司发布大量成功案例后,微服务架构引发了极高热度。特别是 Netflix 的云架构师 Adrain Cockcroft,主导了 Netflix 2009—2016 年服务化拆分、从数据中心迁移到云平台,以及组织、流程、工具等的演进,对微服务的发展做出了杰出的贡献。

从上述内容可以看出,微服务是随着互联网和 SOA 的发展而发展的。

互联网的应用,在技术上提出了一些高要求,如高可用、高可靠,高并发等。在业务上也提出了一些复杂要求,如快速响应需求、迭代反馈等。在互联网的某些场景下,对于整体系统的某些构件的某一些特性有特殊的要求,这就必须要针对系统的不同构件功能进行处理和隔离。随着用户需求个性化、产品生命周期变短、市场需求不稳定等因素的出现,现存的分层架构面临着越来越多的挑战。

随着 SOA 技术的成熟,急需一个能落地的手段和方式。微服务架构可以很好地弥补这一缺陷。微服务架构也是 IT 技术(主要是指 PaaS 和 IaaS 云的普及,以及最近的容器化技术等)发展到一定阶段,顺应 IT 技术而出现的一个软件架构体系。目前微服务已经如火如荼地应用到了各个企业的系统中。

应用微服务带来的流程转变,组织、团队、人员、文化等都受到了影响并反作用于微服务,使其向着更方便、更易用、低成本、高效率、高可靠、高稳定、高可运维的方向发展。

6.4　微服务和 SOA 的关系

微服务是 SOA 的一种细粒度实现。它们之间既有"is（相同）"的关系，也有"vs（对照）"的关系，SOA 可以简单地认为是微服务的超集。但是单纯地使用"大"或者"小"来区分二者的关系有失偏颇，必须从不同的切面来认真对比和分析，下面通过表 6-1 来具体说明。

表 6-1　SOA 和微服务的对比

对　比　项	SOA	微服务
组件大小	相对独立的大块业务逻辑组合	粒度非常细的功能线，几乎不存在任何交叉
耦合程度	较低，松耦合	对耦合零容忍
关注点	应用程序的可重用性	极度解耦，聚焦于业务上下文边界
应对变更	某些系统性的改版可能还是需要修改功能联合	系统性的改变通过提供新的服务模块来完成
信息交换模式	企业级 ESB	轻量级消息系统如 MQ 及轻量级协议 RestAPI
部署模式	企业级通用平台 IaaS 或者 PaaS	基于云的平台 SaaS 或者容器虚拟化
数据服务模式	系统内部共享	每个微服务自己独立的数据复制
治理标准和体系	系统内部统一	每个微服务都是自治的，只要保证系统指标即可
管理模式	相对集中	分散自治
团队架构	功能型规模团队	小型极速专注团队
终极目标	确保系统服务能够稳定可用	快速响应及迭代新功能
DevOps	目前不太友好，需要完善，有待提高	非常友善地兼容和支持
核心本质	系统集成，业务服务化	去中心化的业务能力自动化

读者需要注意的是如何理解二者的差异，不能认为各个对比项是非此即彼的，只能是在比较中描述谁更"好"一些。例如，不能说在终极目标上，微服务不关注系统的可用性和稳定性。只能说在大规模互联网应用的场景中，的确有微服务牺牲部分可用性和性能来快速响应业务需求的情况（微服务存在一个技术叫作"熔断"，牺牲部分功能确保总体可用，这在 SOA 看来，是无法容忍的一个情况）。再如，也不能绝对地说 SOA 就必须部署到 IaaS 或者 PaaS 平台。

另外，还需要注意的是，之前提到微服务，大部分的描述是"分布式"的，而实际情况更为激进，大部分的微服务提供者已经完全做到"去中心化"，所有高可用节点提供对等服务，能够做到自行选举领导者节点，比"分布式"这种描述更精确。

6.5　微服务的构成要素

在 6.2 节中曾经讲过，微服务不仅是一种架构体系和实现方法，更是一种贯穿研发运营的思想和模式，所以其构成要素也贯穿于研发生命周期之内。微服务的构成要素，其实就是微服务的基本原理和特征。做到了这些，就等于实现了工程结构的微服务化。微服务构成要素最早由 PaaS 先驱 Heroku 公司的 CTO Adam Wiggins 提出，共 12 个组成部分，下面对其内容进一步细化。

1. 一份基础代码，多份部署（Codebase：One codebase tracked in revision control，many deploys）

实现某个功能的应用程序和其基准代码（一般托管在代码库中，如 Git 或 SVN）需要严格——对应。如果通过修改配置可以从一份代码编译出不同的应用程序，应当将该部分代码做拆分处理。如果多个应用需要共享一个应用的基准代码，应该把共享的应用作为类库单独抽离，通过依赖加载策略共享。

微服务的设计思想，从源代码开始就聚焦于系统上下文边界，避免了混乱的依赖关系导致的难以维护。

2. 组件之间的依赖关系必须显式声明（Dependencies：Explicitly declare and isolate dependencies）

以前 IT 人员往往不会对依赖做如此严格的管理，因为应用不会有太大大规模的部署，也不会进行频繁的发布，如果发现运行环境里缺少某些依赖，临时手工处理（比如很随意地通过编辑 /etc/profile 来增加环境变量）一下，也不会有什么太大的问题。如今在微服务模式下，应用的部署规模大（比如新浪微博的 memcached 服务大概有 3000 台），发布频率高，影响范围极广，如果这个时候还是使用原来的手动配置模式，则会带来混乱和风险。

声明依赖的方式有很多，常见的方式是使用依赖清单，比如基于 Java 的 Maven 技术；另一种方式是使用容器技术，将应用和依赖打包为容器镜像，应用的依赖都在镜像文件的环境变量中，依赖的声明和隔离就一并解决了。

3. 配置应存储于环境之中（Config：Store config in the environment）

第三点是第二点的一个扩展，实际上是为了解决依赖关系提出的。这里的配置是指数据库、域名、缓存、虚拟机参数等一切和应用运行相关的配置。在传统的开发过程中，这些配置往往放到配置文件中，使用配置文件的方式有两个缺点，一是研发人员可能会误将开发和测试环境的配置项提交到代码版本库，二是配置文件非常分散，不利于集中管理。

如果将配置放到环境变量中，则配置和代码彻底分离，格式上也与开发语言和框架再无瓜葛，并且也不会被误提交到代码库中。更彻底的方式是，将配置管理单独做成一个微服务模块，将配置管理历史和变更原因一起管理起来。

4. 后端服务作为资源处理（Backing services：Treat backing services as attached resources）

这里的后端服务指的是应用运行所依赖的各种服务，如数据库、消息代理、缓存系统等，可能还会有日志收集服务、对象存储服务以及各种通过 API 访问的服务；作为资源指的是把这些服务作为外部的、通过网络调用的资源。这要求：

（1）不要将这些服务放在应用本地，因为微服务模式要求应用责权单一，以实现可靠性和扩展性，如果在应用本地放置其他系统服务，那么微服务平台将无法通过更换应用的故障实例实现应用的高可用性，也无法自动化横向伸缩实现扩展性。

（2）通过 URL 或者服务注册、认证中心访问这些后端服务，应用能够在不进行任何代码修改的情况下，在不同的目标环境中进行部署，应用不应该和后端服务的任何一种具体实现存在紧耦合关系。例如，应用既可以使用基于 JMS 的 AMQ，也可以使用基于 AMQP 的 Rabbit MQ，并不会绑定到某一种具体消息队列来实现。

5. 严格分离构建、发布和运行（Build，release，run：Strictly separate build and run stages）

特别声明下，在微服务模式中，发布指的是将代码构建的结果和部署所需的配置相结合，并将其放置于运行环境之中。发布过程在微服务模式下的凸显是和当今容器虚拟化技术（例如 Docker）的蓬勃发展分不开的。运行是指以进程方式，启动一个或者多个发布的应用实例。

在微服务模式下，禁止直接修改运行状态的代码或者对应用打补丁，因为这些修改很难再同步回构建步骤，这时运行状态的代码就成为"孤本"。同时，也不应该在运行期间修改应用的配置，配置的修改应该仅限于发布阶段。

6. 应用实例是无状态的（Processes：Execute the app as one or more stateless processes）

在传统模式下，可以通过在双机之间进行会话复制，或者使用会话黏滞技术将会话绑定到固定服务实例上，以实现用户无感知的单机下线维护（虽然会付出处理能力减半的代价），但是在微服务模式下，应用的实例数量往往远不止两个，在大量的实例之间进行会话复制，会使实例之间原本非常简单的逻辑关系复杂化，此时将无法通过云平台对其进行无差别的自动化维护。另外，在实例之间进行会话复制也意味着实例之间存在着直接的数据共享，这会为应用的横向扩展带来障碍。

微服务模式要求应用进程的内部不能保存状态信息，任何状态信息都应该被保存在数据库、缓存系统等外部服务中。应用实例之间的数据共享也要通过数据库和缓存系统等外部服务进行。

7. 端口绑定服务（Port binding：Export services via port binding）

微服务模式要求应用完全自我包含，不依赖于外部的应用服务器，端口绑定指的是应用直接与端口绑定，而不是通过应用服务器（例如使用 Tomcat 的 8080 端口）进行端口绑定。如果一定要使用应用服务器，那就使用嵌入式应用服务器，例如 Spring Boot 内嵌的 Jetty 容器和 Tomcat 容器。

微服务模式反对将多个应用放置于同一个应用服务器（例如很多传统服务将多个 war 包放置在一个 JBoss 容器下）上运行，因为在这种模式下，一个应用出错会对同一个应用服务器上的其他应用造成影响，同时也无法针对单一应用做横向扩展。

8. 通过进程模型扩展（Concurrency：Scale out via the process model）

"通过进程模型扩展"与"通过线程模型扩展"对照来讲更能说明问题。典型的通过线程模型扩展是传统的 Java 应用服务。启动一个 Java 进程时，通常会通过 JVM 参数为其设置各个内存区域的容量上下限，同时还可能会在应用层面为其设置一个或者多个线程池的容量上下限。当外部负载变化时，进程所占用的内存容量和进程内部的线程数量可以在这些预先设置好的上下限之间进行扩展，这种方式也被称为纵向扩展或者垂直扩展。

但这种方式存在两个明显的问题，一是线程的切换需要耗费巨大的 CPU 资源，设定过多的线程数和实际获得的收益不成正比；二是基于线程的编程模型大大增加了开发的难度，为了保证并发业务的正确执行，不得不引入"锁"的概念，这其实等于吃胖了再去减肥，还造成了各种各样生产环境的死锁问题。

微服务模式极力推崇将通过进程模型进行扩展作为唯一的扩展方式，在外部负载提高时，启动更多的进程，在外部负载降低时，停止一部分进程。这种扩展方式的好处是，在进程数量增加时,应用的各种性能指标会得到同步提高,这种提高即使不是线性的,也会按照一种平滑和可预期的曲线展开,可以更为稳定地应对外部负载的变化。

9. 快速启动和优雅终止(Disposability:Maximize robustness with fast startup and graceful shutdown)

微服务模式在某种程度上可以认为是起源于多通道程序在 Web 领域和分布式系统下的进一步扩展,因此快速启动(以应对流量峰值和通过重启绕过线上某些 bug)是健壮性的直接体现。如果应用体积过大或者是引用了太多的库文件,那么再多的后期优化也无法将启动时间降低到几毫秒以内。

优雅终止则是杜绝运维人员使用"kill-9"这一恶习的必然要求,因为微服务系统规模巨大,滥"杀"无辜会对外部用户或者其他依赖此服务的服务产生不良后果。试想一下,一个电商平台用户信息缓存系统被无情"杀掉"时,依赖此服务的用户查询接口会瞬间给用户返回空白信息,造成用户恐慌。正确做法是阻止新加入的访问连接,同时将现有连接查询信息处理完毕返回后再停止。

10. 开发环境与生产线环境一致性(Dev/prod parity:Keep development,staging,and production as similar as possible)

一是要求开发环境和线上环境使用相同的软件栈,并尽可能为这些软件栈使用相同的配置,以避免"It works on my machine"这类问题。二是尽量缩小开发环境和线上环境中时间和人员的差异。

其中第二点是矛盾的焦点。开发环境中的代码每天都在更新,而这些更新往往会累积数周甚至数月才会被发布到线上环境,这是开发环境和线上环境在时间上的巨大差异;开发人员只关心开发环境,运维人员只关心线上环境,开发人员和运维人员在工作上鲜有交集,这是开发环境和线上环境在人员上的巨大差异。

对于时间差异,可通过持续交付解决,需要更为密集和频繁地向线上环境发布更新,可以在数小时甚至数分钟内将更新发布到线上;对于人员差异,通过 DevOps 解决,开发人员不能只关心自己开发环境中的代码,更要密切关注代码的部署过程和代码线上的运行情况。

11. 将日志作为事件(Logs:Treat logs as event streams)

传统的应用服务习惯将应用程序产生的事件分门别类地输出到不同的日志文件,并为每个日志文件指定在本地文件系统上的存储位置,为了避免单一日志文件过大,还会为它们配置轮转策略。但微服务模式反对应用程序自行管理日志,要求应用程序将日志以事件流的方式输出到标准输出(STDOUT)和标准错误输出(STDERR),然后由运行环境捕获这些事件流,并转发到专门的日志处理服务进行处理。

原因是微服务要求服务实例职责尽量单一,对日志的管理信息收集汇总,不是应用服务的职责,应该由单独的日志服务来处理。这个服务应该保证日志收集的可靠性和网络安全,并实现日志路由(从哪儿收集,收集什么,发送到哪里,由谁接收)的灵活处理。

12. 后台管理统一运行(Admin processes:Run admin/management tasks as one-off processes)

这要求不再通过 ssh 接入线上环境并通过手工执行脚本来执行管理维护任务,而是通过专门的应用服务管理后台提交一个作业任务,由专业的云管理平台来负责解析执行,这样做的好处有三点：一是集中管理安全；二是记录历史，有据可查；三是可以在编写和编译任务阶段就发现各种问题，从而避免风险。

6.6 微服务的优缺点

微服务有优点也有缺点。优点是可以满足大规模分布式部署的需要，在业务场景极其复杂并且很难通过独立商用组件来解决并发和容量的情况下，可以采用此种方式。缺点是应用的开发和管理成本较高。

6.6.1 微服务的优点

我们并不打算孤立地陈述微服务有什么优缺点，因为"好"和"坏"是相对的概念，优势劣势都要看到底和谁比。我们选择"常见的企业级高可用架构"来作为对比对象，该架构体系能够支撑较大的并发，提供稳定的 $7×24$ 小时服务，和其做对比，最能说明为什么要选择微服务模式架构。

企业级高可用架构一般具备如下几个特征。

（1）根据业务服务功能对系统做了分层设计，相同层次的服务聚集为一个或若干个模块，每个模块都有主备或者 3 台以上的服务节点，例如一个金融系统的客户信息系统（CRM）。

（2）不同系统模块、节点之间的通信通过统一的企业级服务总线或者高可用消息队列完成。例如，使用 DBus、ActiveMQ Cluster 作为集群。总线上的通信协议往往是能够支持序列化及反序列化的重型通信协议。

（3）统一的持久化体系和缓存组件，集中访问；使用分布式事务来保证较强的系统一致性，如使用 MySQL Cluster 或者 Oracle RAC 技术，业务数据集中存储，在节点间共享。

（4）相对静态的管理配置和环境，系统变更从开发、测试、上线要经历一系列的人工核验流程，以保证系统稳定，更新频次较为固定。

同常见的企业级高可用架构相比，微服务具有如下优势。

1. 异构的技术栈可以解决不同的问题

一般企业级高可用架构都是相同技术栈的平台（比如使用最多的 Java），如果遇到特殊领域的问题，可能解决起来十分困难。微服务就不存在这样的问题，例如遇到接入层的流控问题，使用 Java 编写的接入层对于处理 socket I/O 效率非常低，如果是微服务，完全可以将接入层换用 Go 语言来重写，Go 语言的高并发非常适合处理 I/O 流。而且 Go 语言的执行器比 JVM 本身占用资源更小，完全可以通过在相同机器上运行多个进程实例来提高访问流量。

2. 服务降级优于主备切换

在企业级高可用架构中，服务是按照业务分层聚集的，相同的或相似的聚集在一起，使用操作系统级的高可用设备（主备或者集群）。当服务节点出现问题时，会将整个节点下架处理，并用备机或者其他节点承受负载。这样做有个问题，就是存在服务可用性雪崩（Cascade Crash）。当整个业务模块处于极高负载的情况下某个节点崩溃，随着高可用的动作切换,蜂拥而来的流量可能会连带摧毁其他备用节点,最后导致整个系统不可用。

微服务模式的业务粒度按照功能点划分得相当精细,所有的功能点之间都是高可用的。即便某个功能点的所有节点都被摧毁,也并不影响其他功能点继续提供服务。从用户的角度看,整个系统仅是某一个或者某几个功能不可用而已。

3. 点扩容优于模块扩容

在企业级高可用架构中,扩容是以模块为单位的,一扩容就是整个模块水平扩展。但实际上,90%的需求都是某几个功能点的业务增量要求。因此,整个系统的扩容不是等比例线性的,而是关键点的扩容。

在微服务模式中,由于功能业务拆分得足够精细,可以针对具体的功能点进行扩容,只满足这些点的需求即可,避免了成本浪费。

4. 快速灵活持续交付

在微服务模式下,开发人员提交的代码完全经过自动化测试、自动化部署上线持续不断地进入生产线环境,其生产周期缩短至以分钟或者小时计;在企业级高可用架构中,这个开发部署过程至少是按照周来计算的。这样做有个好处,可以更快地发现问题,更快地满足业务需求,而不会因为时间产生不一致。

另外,从组织架构上,微服务模式要求小而敏捷的支撑团队,相比传统企业级架构下大规模团队之间的各种扯皮、推诿及出现问题的甩锅情况,效率要高得多。

5. 替换优于升级

微服务的一大构成要素就是当用户需要提供新功能时,往往用"替换"的方式来达到目标。因为服务的粒度足够细致,所以用户可以将某个功能点重新开发一遍,变成自己想要的样子,完全废弃原来的功能(甚至都不需要知道原来是如何实现的,只需要保证对外接口一致就完全没问题)。这在企业级高可用架构中是不可想象的,笔者见到过太多的所谓"灵活和分布"的企业级应用服务躺在角落里没有人愿意去用,就是因为这些模块化的服务以庞大的代码结构和复杂的逻辑吓退了一大群工程师。

6.6.2　微服务的缺点

使用微服务模式的架构时以下缺陷需要注意,毕竟没有"银弹",就好比使用大锤去钉小钉子,结局往往是砸到手。

1. 全分布式细粒度系统的构建和运营门槛很高

分布式是微服务模式的基础,分布式本身的复杂度有多高尽人皆知。尽管已经有了一些自动化的工具,但是微服务如此高的学习成本和曲线,需要对自己的研发团队的实力有清醒的认识。使用不当,会导致生产线环境更加混乱。

2. 系统一致性的保证更加艰难

由于服务拆分得更加精细,所以很多在独立(standalone)系统或者集中式系统中不存在的一致性问题都会在微服务系统中出现,设计者要更加仔细地考虑隐藏在业务之后的逻辑,确保业务功能在客户看来是一致的。但是根据 CAP(Consistency, Availability, Partition tolerance)理论,当取得一致性(C)时,往往要放弃可用性(A)和分区容错性(P)中的一个,这就需要取舍,根据不同业务的需求,确定一个底线。

另外,由于微服务模式是无状态的,所有数据状态都持久化到了外部资源服务,并且是该服务单独所有的,所以当微服务节点出现和其他服务模块的节点数据不一致时,要考虑影响最小的数据同步方案。例如客户购买行为会赢得积分这个场景,在微服务模式下,购买和积分变更是两个不同的服务,购买行为完成后,调度积分没有响应之前,客户使用积分去兑换其他商品实施扣减,可能会出现"负数",这就需要仔细权衡服务的调度优先级顺序,而这和业务强相关。

3. 存在不少的重复劳动

这是由微服务模式要求的"隔离"所带来的副作用。因为不能共享代码,所有的共同依赖需要抽象成基础公共类库,任何不同的变更都应该单独构成服务系统,所以必然会发现在不同的微服务模块中,存在大量"相似的"代码。

另外,随着公共类库变得越来越庞大,微服务的每个模块的部署大小也会变得越来越大,这样又不得不要求对基础公共类库进行拆分,这就造成了新一轮的膨胀。因此,控制好隔离的级别和粒度,也是一个挑战。

4. 大量的服务增加了内部信息屏障

尽管采用了注册服务和发现机制,但这只是做到了治理结构上的清晰,微服务模式下系统间调用消息流仍然呈现纵横交错的态势。因此,节点间的网络通信耗损处在一个很高的水平。这同时也对网络安全提出了挑战,不同的业务流,使用何种 ACL(Access Control List)策略需要精心计划。

6.7 微服务的实施要点

正如前面所讲,微服务并不是万灵丹药。使用微服务模式作为架构,必须要关注如下几个关键的实施要点。

1. 真的需要微服务吗

根据微服务的定义,微服务模式归根到底是要以核心业务为出发点。也就是说,如果业务模式非常简单,客户规模相对固定,并且业务增量维持在常数值的增长水平,那么引入微服务可能是得不偿失的一件事。用户必须从内心认真思考自己的业务模式是否需要微服务来作为支撑。通常只有具备如下特点的业务场景,才可能考虑引入微服务框架。

- 客户及业务数据是非线性增长的,扩容成为常规操作。
- 业务场景非常复杂且功能点之间可以划分出清晰的边界。
- 业务热点分布极不均匀,某些功能访问流量是其他功能的几十上百倍。
- 业务需求迭代剧烈,使用场景变化频繁。
- 目前单一的技术栈已经无法解决遗留问题,必须引入新的技术栈。

2. 改变组织和学习能力的执行力

微服务不光是技术架构,还要求组织做出相应的调整以"适应"这种新的生产关系。首先要根据拆分的业务来拆分团队,将团队变成小而敏捷的工作单位。同时,由于微服务的分布式和异构架构,要求每个工作单位都具备相对完整的全栈技术知识,以达到持续交付的目的。这对管理者的团队治理水平和整个团队的学习能力都提出了极高的要求。要求研发人员不仅关注开发,还要关注生产线环境与测试的一致性和运维对于服务可用性和可管理性的要求。

手工介入的习惯短时间内是非常难以彻底改正的,自动化运维及工单式提交作业运维不是所有的成员都能接受,会有抵触和反复。

DevOps 的理念要贯彻到团队的学习路线图中,整个团队的执行力是成功的关键。

3. 拆分大模块

这里的拆分模块并不仅仅指根据业务意义上的要求做拆分和隔离,更重要的是根据架构师的直觉来做合理的"归并"。这很难用一个抽象的定义来说明该怎么做,下面用一个例子来说明。

假设有一个金融系统,其场景是很高的并发转账交易,并发转账不光是系统内部记账,还涉及调用外部系统(如银联、跨行转账),同时记录交易流水。

按照传统的做法,转账交易是一个单独的模块,在数据库层面设计一个表,发生交易时使用悲观锁来完成强事务。这样设计模型简单,对于开发人员来说也好理解。但是很遗憾的是无法支持高并发,转账交易完成之后,会调用交易流水模块写入流水记录。

在微服务模式下,首先是"拆",涉及的模块变成"内部转账"和"跨行转账"两个子系统。凡是内部转账的,可以采用分库分表的方法,将悲观锁均匀分布在不同的表上,加快事务处理速度;对于外部转账,则直接牺牲用户体验,以异步的方式提交事务,等待银联接口的回调再通知客户(当然,客户使用过程中,会有一个假的倒计时 UI 界面,看上去仍然是同步的)。其次是"合",两个转账模块将整个交易的流水生成放在另外一个外部模块作为日志资源加载(参考 6.5 节),转账模块只会向 STDOUT 和 STDERR 写入日志,流水模块会收集日志内容,根据交易信息自动生成流水记录。

4. 深度关注测试

分布式系统的测试本来就很有难度,在微服务模式下,分布式的规模更大,测试难度又更上一层楼,使用传统端到端的人工测试力所不逮,仅靠传统的自动化测试又无法完全覆盖,所以在项目不同的生命周期,使用不同的手段相互结合,是行之有效的方案。

微服务严格区分构建、发布和运行,在构建阶段,多以单元测试和自动化的集成测试为主,这主要依靠代码编写的测试用例(Test Case),对外部系统的依赖主要使用打桩技术或者模拟报文发送和返回。在发布阶段,以端到端的可接受性测试为主,这部分测试能涵盖大部分的业务代码,同时结合部分性能和安全测试,确保正确发布。在运行阶段,灰度测试(客户驱动测试)结合交叉性功能测试,同时验证客户的接受程度和系统模块之间的相互影响,通过则全部上线,不通过则立刻回滚。

如果不涉及客户端功能界面的一些变动,可以使用引流测试,将线上真实的数据流量通过复制的方法引入测试环境,根据已知的客户行为结果,对系统在测试环境的表现进行评估(前提是环境必须一致)。这种测试方法对系统服务优化特别有效。

5. 持续集成和持续交付

在微服务模式下,为了消除代码在环境和时间上的差异,需要持续集成和持续交付。持续集成是指代码从托管平台检出、编译完毕到和其他服务模块组成系统并通过集成验收的过程。因为不同模块的团队处于并行开发状态,在开发过程中打桩和模拟交互无法完全解决所有联调过程中的问题,所以需要持续不断地进行集成,一般使用 Jenkins、TeamBition 等成熟的工具。

持续交付则是持续集成概念的进一步发展。因为需求迭代总要最终客户进行检验,而微服务的迭代周期非常快,所以必须加速客户验收的过程。使用自动化部署运维工具,通过集成验收的代码被迅速部署至灰度发布平台,通过验收则全平台部署,无法通过则回滚至上一版本,同时提交 bug 到质控工具,方便研发定位和解决。

自动化的持续集成和持续交付工作是微服务模式快读迭代的生产力工具,没有这两个工具,微服务就无法落地实现。持续交付在本质上改变了企业的团队文化,特别是打破了研发看生产问题时会撞上"运维"的墙的困局。

6. 弹性的运行

在常见的企业级高可用架构下,服务的运行和维护的基本单位是"主机",不管这个主机是虚拟的还是实体的,某个服务的横向扩展通常是增加主机,而不是增加服务实例。在微服务模式下,服务的运行和维护的基本单位是"进程",优先"垂直"扩展,不够的话,如果所在的宿主容器有足够的资源,那么就再启动一个进程,实在不够才考虑增加宿主机器。

特别是在以容器化技术为主的虚拟化云平台大行其道的今天,业务峰值时往往会由云平台管理服务动态启动若干容器服务来"削峰",等到峰值一过,立刻销毁这些额外的服务以降低资源的使用。而这些被临时调度的容器面对的是底层 PaaS 或者 IaaS 平台的"能力",它们甚至不知道自己是不是运行在一台还是几台主机上。

7. 监控贯穿整个周期

微服务的监控是典型的多主机多服务实例的监控,因此有以下几点要求:

- 主机本身的监控代理应当置于操作系统进程中,随操作系统启动而启动。
- 应用服务的监控代理应当置于容器或者置于和服务平行的虚拟机中,每个服务应当有自己独立的监控代理,不得混用;监控代理应当尽可能少占用系统资源。
- 应用服务是业务接口闭合的,不能直接向监控代理报告监控信息(不要增加微服务模块的职责)。
- 监控带来可以通过采集应用服务的日志或者置入业务无关的探针(比如 Java 语言的 javaagent,通过 JVM 植入)来获取信息。
- 应用服务应当合理暴露自己被监控的业务维度,方便监控代理获取信息,例如调用时间和次数、失败的次数,等等,这些监控维度信息可以通过间接隔离的方式输出到指定位置。
- 周期性的服务语义端到端监测。即采用定时器的办法,定时向提供服务的模块发送模拟的真实数据报文,同期望的结果进行比对。这其实是业务穿测的一种方式。

8. 安全第一

微服务对安全提出了更高的要求,因为多服务＋多主机,如果不注意安全,有可能出现任意一个服务被攻击、整个服务都被打穿的情况。通常可采用以下方法来增加安全性。

- 通道加密。服务和服务之间的调用需要通过 SSL/TLS 通道加密,证书必须是真实有效的机构颁发的,可追根溯源。

- 授信访问。不是所有的服务都可以任意互相调用,必须是经过特定编排的业务才可以互相访问。这涉及授权和认证。在实践中,一般使用 kerberos 作为授权认证中心颁发的凭证进行访问。凭证有有效期,过期之后必须重新颁发才能访问。

- 数据加密。光有通道加密还不行,因为某些通道授权是对若干业务开放的,而不同的业务由不同的人使用,需要相互隔离。这就需要将数据再进行加密,防止泄露。一般使用对称性的加密算法,如 AES。

- 深度防御。内部防火墙、路由规则、ACL 策略、操作系统账号、入侵探测以及账号日志审计,这些常规运维安全的方法一样也不能少。随着微服务端口开放的增多,这方面管理的工作量增大了不少。

- 网络分区和硬隔离。这也是必不可少的,不能把所有的服务都放到同一网络区间,在必要时(例如公共安全行业),甚至要部署单向传输设备来防止数据跨域。

6.8　案例分析:SMS 推送平台的微服务化

下面以一家互联网短信服务 A 公司为例,结合上面的讲解,来详细说明微服务的构建、使用及实施场景。

6.8.1　背景简介

A 公司是一家互联网服务平台供应商,公司的主营业务是代发短信。短信主要分为两种,一种是通知类短信,主要是登录、注册验证码及余额、积分变动提醒;另一种是营销短信,主要包括银行理财、电子商务之类的推销短信。接入平台的客户多达数千家,每日的短信发送量高达几百万条,节假日峰值流量每日突破上千万条。在"双 11"时,每日的短信达到 5000 万条。

大部分客户是通过预付费充值的方式来进行短信发送业务,只有极少数的客户可以先发送后结账。客户通过 API 的方式对接公司的短信平台,同时还有一个商户门户,客户可以查看自己短信的发送情况及送达情况。

客户发送的短信必须符合模板的匹配,模板需要预先报备,如果上报的短信内容不符合规范,则必须屏蔽发送的内容。如果客户发送的短信因为某种原因不能送达,那么不能对客户扣费。

6.8.2　系统特点

根据上面的描述,可以看到 A 公司的系统有如下几个特点:

(1)访问量非常大,日均数据增量大概是 TB 级别。

(2)业务区分优先级,通知验证码类的短信的优先级一定比营销类高得多,因为这类短信通常都有时效性,所以必须保证优先发送。

(3)短信业务内容高度敏感,不能放过任何一条有问题的短信,所以检查匹配短信的服务一定要快,否则会严重影响客户体验。

(4)扣费要精准,由于是预付费模式,费用为 0 就不能发,所以每发送一条短信都要计算费用；还有费用归还模式，如果没有发送成功，就不能扣费，但由于短信是异步投递协议（投递到运营商，由运营商回调通知是否送达终端设备），所以只能先扣费，再根据返回结果决定是否把费用加回来，相当于对数据持有排他锁(写锁)。

（5）客户需要有查询界面，能够给客户方的运营人员随时提供查询交互。

（6）客户方通过 API 提交短信任务一定要足够安全，保证不会被篡改报文或者任意方都可以使用该 URL 发送 API 请求。

（7）通过 API 请求调用要有抗 DDoS(Distributed Denial of Service，分布式拒绝服务攻击)能力，防止流量涌入导致所有客户服务都无法使用的情况出现。

6.8.3 早期设计

1. 早期系统的设计

由于初期业务规模很小，客户也比较少，为了节省成本和快速上线，系统的整体架构是基于企业级高可用架构，如图 6-1 所示。

（1）在接入层由企业级高可用路由负责，设定两个对等的接入负载均衡点。

（2）短信发送模块有若干个(图中仅用两个高可用对等节点表示)。

（3）所有节点间共享数据库及缓存(图中使用一个共享数据库表示)。

（4）两个 Boss 系统，一个是平台运营方的，一个是租户的，通过向共享数据库写入配置，然后短信发送模块系统轮询读取配置来控制短信发送的行为。

（5）为了保证计费的原子性和一致性，必须使用一台单一的计费管理服务来保证数据不会出现并发问题。

这样的系统在早期已经足够满足短信发送的需求了，但是随着业务的发展，这样的结构设计导致很多问题接连出现。

2. 早期系统的问题

（1）共享数据库。数据量增大的情况

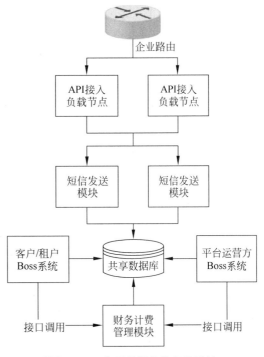

图 6-1　A 公司早期整体架构设计

下根本无法扩展业务，系统性能的瓶颈点锁定到了这个共享的数据库。

（2）财务计费管理模块是单点，目的是保证计费原子性和一致性，但是一旦出现任何问题，则整套系统都不可用。而且计费系统严重影响了短信发送的速度，每条短信都要重新计算费用，多次导致短信淤积。

（3）BOSS 系统写入配置，而短信发送模块轮询配置，本质上就是 CPU 的浪费，但是又不能降低轮询速度，因为要保证短信内容的模板第一时间就被发送模块发现。

（4）API 接入节点只有两个，横向扩容受限于企业路由的容量，并且接入节点的安全认证计算也受限于后边的发送模块的数量。

（5）发送模块采用多线程模型，内置两个线程池，一个负责发送营销短信，一个负责发送通知类短信。由于JVM线程优先级设定不是绝对的，经常出现由于营销短信发送量巨大，导致通知类短信被淤塞发不出去的情况，而且一旦短信任务投递到一个具体的发送模块节点，如果这个节点宕机，那么所有在这个节点上的发送都将失败。虽然是多点部署，但实际上仍然存在单点隐患。

（6）所有的日志都维护在本机文件中，由各模块自己负责，导致日志文件过大，经常需要清理。

通过分析不难发现，问题的本质在于以下三点：

（1）短信发送模块承担了太多本不属于它的职责，该模块其实只应该负责把短信发出去即可，判断费用、短信内容是否匹配模板，以及决定短信发送的优先级，不应该由发送方决定，这些应该由单独的策略系统来负责。

（2）共享数据不适用于这种多租户的业务模型。因为数据增长热点不平均，大客户一天的数据增加几十G字节，而中小客户才几百兆字节，混在一起没有必要。如果为了查询聚合报表，应设置新的汇聚服务。

（3）短信发送应该使用确定性的优先级确定模型，而不应该依赖于具体的技术，因为这是业务决定的。另外，短信发送的能力应横向扩展，避免使用线程池这种上下文开销极大的垂直扩展模式。

6.8.4 解决方案

解决方案的思路非常简单，就一个字"拆"。采用微服务模式，让系统职责足够单一，各个服务各司其职，成为多点高可用。

（1）接入层采用客户端自动负载均衡策略，不同的客户端接入，采用不同的哈希算法自主接入不同的IP地址和域名——多域名接入。

（2）增加配置管理中心，发生配置的变更，主动推送到各短信发送模块，避免轮询。

（3）增加短信模板匹配及优先级策略模块，由该模块负责短信投递优先级和匹配内容策略。

（4）增加集群消息队列Kafka，短信发送模块必须成功推送之后，才能使用消息，否则消息会持久化。如果时间更长，则直接被其他模块抢占使用，保证提交到发送模块的短信不会凭空消失。

（5）增加费用计算模块，在客户提交短信到平台时就估算短信发送的数量及成本费用，能发多少条就发多少条，而不是等到真正发送时才一条一条计算。

（6）增加财务报表模块，所有的非即时数据统一走报表，从离线数据库统计。不允许使用在线汇总SQL语句。

（7）分散数据库，将共享库改为分库分表，每个业务类型都有自己独立的数据库集群服务，不允许使用外键关联查询。

（8）采用分布式日志收集和汇总服务EFK，将所有服务模块产生的日志收集汇总后进行分析处理。

（9）使用Jenkins＋Maven做持续构建和持续交付工具，提高研发效率。

更改后的架构如图 6-2 所示。

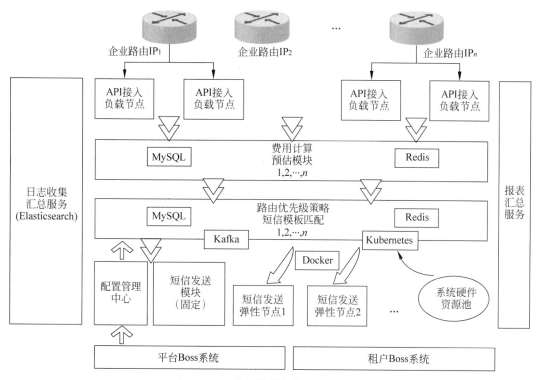

图 6-2　A 公司微服务化的系统设计

图中 Docker 是指基于容器化编排管理平台，Kubernetes 在业务峰值浪涌时平台会动态从硬件资源池创建临时容器来支撑短信发送业务。其中 Kafka 和 Kubernetes 都是跨越边界的，即连接业务模块和平台计算资源之间的模块。上述架构分布就监控部分和研发到测试和运维的自动化部署及持续交付流程，并没有明确说明，此部分留给有兴趣的读者做进一步的研究。

6.8.5　决策过程

图 6-1 的架构变更为图 6-2 的架构，需要极大的勇气。在决策过程中，由于涉及不同的团队，出于不同的利益考虑，会遇到非常大的阻力和障碍。

（1）对于产品部门，新架构的实施没有带来任何可见的收益，且系统稳定性和容量都只是理论标称，调整后的结果不能立竿见影，还要占用正常产品的开发时间和人力，风险极大，因此产品部门是第一个反对的，产品部门认为只要纵向扩容就好。

（2）对于研发部门，虽然系统容量有限，经常出现这样那样的问题，但是截至目前还有规避方案。如此兴师动众的架构调整对于研发部门不仅增加了巨大的工作量（这往往意味着要加班），而且在上线后的前三个月的不稳定期，还容易为系统问题担责。一线实施团队虽然碍于面子不好反对，但是投入的积极性明显不高。

（3）对于业务运营部门，反应最为强烈。因为它们考核的 KPI 就是客户的投诉、反馈和建议。修改系统架构，往往意味着服务的 SLA 有不同程度的下降，意外中断服务也成为可能,所以他们强烈反对,甚至有人悉心规划了财务成本,提出了组建第二套系统、搭建第二套硬件平台分流客户的构想。这些人认为即使再搭建一套同样的平台,也不会比迁移架构多花多少费用。

上述反对的声音从公司长远规划来看,明显都是比较短视的。产品部门的纵向扩容方案意味着长、短期成本都会剧烈攀升。例如要求换成商业数据库,仅仅存储成本第一年就要上升 100 倍,这会直接影响到公司运营的现金流。研发部门出于对新事物的学习成本和质量、成本等控制不足,因此因循守旧。运营部门看似合理的成本分析也没有击中事情的本质要害,两套系统除了搭建成本,其管理运营费用几乎要翻倍,而且如果两套系统容量再次达到瓶颈,需要购买更多的硬件资源,搭建多套平台在管理上是根本不可行的,是会完全失控的。

所以,对于微服务架构的决策过程,如果团队里没有高瞻远瞩的“拍板性”决策高管是不行的。所幸 A 公司的高管对于整个系统运营的高度把握得非常到位,力排众议,驱动整个研发团队和运营体系围绕新的架构进行整改。

6.8.6　实施过程

知易行难。架构设计和决策确定下来相对容易。但是具体实施时会遇到很多的问题和困难,耗费大量的精力,有时甚至为了保证系统可用性做出一些非常反模式、反设计思路的妥协。

(1) 对于接入层的改造,由原来的服务端接入负载均衡改为客户端算法负载均衡,因此需要升级客户端。但是为了保证兼容老版本客户端,所以之前的接入路由还必须保留。换句话说,老系统的 IP 地址和域名解析仍然要继续工作,但是需要把老系统的接入请求从服务端路由到新的集群。

(2) 对于数据库的拆分,由于原来的库是一个单一库。在拆库时为了保证过渡期不出现大的问题,在数据迁移阶段,用 MySQL Proxy 临时充当数据路由(这样对前端服务来看,后端仍然是一个库)。但是众所周知 MySQL Proxy 的主备切换存在问题,在生产线无异于是一个单点系统,这在整个系统架构的切换过程中实际是冒了很大的风险。如果是金融级别的系统,断然不能采用此种过渡方案。

(3) 在使用 Docker 作为容器的实践中,由于很多代码都是写死的端口,所以在迁移时改为从注册中心发布获取端口,大量的服务重构代码,并且由于测试环境和生产线环境无法做到完全镜像,所以很多在研发阶段发现不了的问题,通通都在线上发现了,切换的代价就是不得不忍受部分客户的投诉。这种因为修改代码引发的质量问题,是整体切换微服务时不得不付出的必要代价。

(4) 最艰难的还是“人”的问题。由于引入了微服务架构。要求从代码阶段就开始不停地进行单元测试并使用工具做集成,测试要求自动化覆盖到 80%,这对于习惯了作坊式开发,质控人工完成的团队来说挑战非常大,激起了很多员工的不满。打破舒适区,冲破心理防线,是整个微服务实施过程中最痛苦的过程。这也造成了一定的员工流失。这个时候企业管理者一定要咬紧牙关,克服困难。只有坚持到最后,习惯了新的开发流程和开发模式,才会尝到微服务的“甜头”。

6.8.7　实施效果

微服务架构的实施效果包括解决的问题和新引入的问题两个方面。

1.　新架构解决的问题

（1）从客户端源头解决了负载均衡问题。之前的架构是一个单独的接入，只能在带宽上做文章，一旦入口出现问题，整个系统面临不可用的风险。采用多点接入之后，不仅每个接入层的流量下降，而且一旦某个入口出现问题，可以迅速将流量切换到（分散到）其他入口。

（2）原架构短信的费用计算、内容匹配审查都是放在发送模块，这大大加重了该模块的负担，造成了短信的淤塞。现在拆分出了费用预估模块（负责费用预扣除和发送失败返回费用）、内容审核检查模块（专门审查短信内容是否匹配提交的模板），不仅从工程开发的角度便于理解和测试，更在运行过程中极大降低了单个模块的系统负载，使 CPU 得到了充分利用。特别是由于新增加了路由模块，可以根据发送量实时选择通畅的（负载低）路由进行发送，当所有路由比较拥挤时，该模块可以主动降低营销类批量短信发送的数量（甚至完全暂停），优先保证通知类短信的送达。

（3）引入配置管理中心，将所有服务节点的配置外部化，极大方便了部署运营，将出错的概率降到最低。之前是所有的配置都走配置文件，这样一旦系统上线，就需要手动或者使用脚本逐个节点修改；有了配置管理中心后，配置管理中心可以将所有的配置项推送到各个节点，并且配置管理中心有两级审核流程（人工审核），还有各个配置的版本控制（发现问题可以瞬间回滚），这就保证了生产环境配置管理的标准化、自动化和流程化。

（4）改成微服务架构模式后，由于所有的节点都有自己的数据库，因此数据库的访问压力也下降了很多，日常 I/O 的流量基本可以忽略不计，这就保证了系统整体处在高频访问但是数据压力热点被消除的状态。但是因为分库分表，所以在内容汇聚方面必须增加额外的采集任务，保证能够在报表上体现数据的及时性（相对于之前的实时查询可能要晚 1～2h）。

（5）日志作为流事件处理，所有节点的日志写入都针对标准输出流，由 FileBeat 组件将日志采集到 Kafka，然后由 Elasticsearch 抓取到库，最终由 kibna 展示。这样所有的节点都只关心业务，不再关心自己的日志处理。

（6）弹性计算节点的引入，可以最大限度地保证发送的算力，不会出现之前的短信淤塞。新架构相对于原架构，引入了备用资源池的概念，由云管理平台根据业务流量动态添加或者删除服务节点。这个举措的目的是，在某些客户流量极大的情况下（比如"双 11""6·18"促销），将备用资源或者其他不重要的服务（例如报表服务）都充分调动给真正需要的实时性业务——发送短信来使用。优先保证短信能发送出去，等业务流量下降之后，再把这些动态创建的节点销毁，把资源归还给普通的服务。

2.　新引入的问题

虽然引入微服务模式解决了原先架构中存在的短信淤塞、整个系统吞吐量低的问题，但也引入了一些新的问题。

（1）新的架构对整体能力资源（虚拟机或者实体服务器）的要求增加了很多。尽管采用了容器化技术来尽可能地复用运算节点，但是对于高 I/O 要求的节点，例如消息队列 Kafka、缓存和数据库，不得不使用实体服务器或者虚拟机。出于安全隔离的考虑，这些节点对原来的资源消耗是 3 倍或者更高的代价,团队的固定成本大幅增加了。

(2)对于开发来说,由于系统架构的复杂性,对开发人员现有的代码结构做出了冲击。开发人员不得不拆分现有的工程,修改代码来匹配工程模型。另外,也不得不引入更多的自动化构建、部署和测试工具。这确实加大了开发团队的工作量。而且在转变前期,让很多人不适应,有一些抵触的情绪(毕竟开发人员总是怕麻烦)。

(3)对于运维来说,由于系统监控方式发生了巨大的变化,运维工作的复杂性也比之前提升了。运维人员必须学习和掌握更多的监控工具和方法,特别是对于多节点服务的主备监控及切换。为了保证服务的可用性,还需要经常在真实的线上进行演练(在生产环境中直接切换主备,测试高可用),运维人员的神经也更紧张,排查问题也需要更高级的手段。

(4)微服务模式除了给系统带来一定的影响,还给团队带来了一定的影响,整个架构模式要求团队从思想上做出深刻的改变。人最难的就是跳出舒适区,所以推广新的运营模式,打破思维定式遇到的阻力是非常大的。因此,管理者需要极大的魄力和勇气。

6.8.8　未来改进

针对上述新引入的问题,未来可以做如下改进。

(1)使用物理服务器+容器来改善 I/O 效率,不在虚拟机上实现容器化。同时引入分布式的文件存储系统,将文件 I/O 网络化,除了数据库之外,所有的缓存、NoSQL 实现无盘化。

(2)对计算资源要全部动态化,这样才能避免固定成本的进一步扩张。所以要求将现有业务做更进一步的粒度划分,将可弹性拆解的部分全部梳理出来。峰值时只扩张这一部分,并且是短期性扩张。

(3)监控报警的细粒度修改。随着服务节点的增多,各种异常处理告警也多了起来,有时无法判断这些告警是不是需要人工处理干预,浪费了大量的运维时间。未来告警要做定制化处理,某些能自动恢复的故障在第一时间已经恢复,这种告警就不需要再排查。这要求对探测和告警系统做深度定制化开发,这也会增加一部分工作量。

6.8.9　项目回顾

综上所述,整个系统进行微服务改造的要点在于以下几点。

(1)决策的魄力:需要有强势决策者推动进程。

(2)对微服务的系统化掌握:需要有一线经验的架构师或技术专家可以规划和掌控整体规划和实施的关键步骤。

(3)团队思维的统一:不适应且坚决不拥抱变化的成员需要淘汰,保证凝聚力。

整个系统进化的难点在于以下几点。

(1)遗留系统的工作保证不中断,所以适当冒一定的风险,单点迁移是值得的。

(2)数据迁移工作非常复杂,由单库改为分库分表,经验丰富的 DBA 和研发人员要共同参与。

(3)资金投入短期是上涨的,所以必须做好心理准备和成本预算。

(4)迁移之后的前期运营一定不稳定,要正视这一客观规律,并坚定不移地走下去,不要出现一点问题就让负能量充满团队,半途而废。

第2部分
大数据与数据智能

开　篇

　　随着云计算的出现，大数据成为推动云计算快速发展的另一核心因素。算力的聚合满足了数据产生方式的变化要求，数据规模快速增长则使高效使用数据挖掘成为可能。云计算和大数据互为骨肉，云计算是基础，大数据及以数据洞察和价值挖掘为目标的数据智能是上层建筑，二者共同为数据时代服务。

　　第2部分的内容如下图所示。

> **第7章　大数据理论及相关模型**
> - 大数据概念的提出和演进
> - 大数据的相关模型
> - 大数据业务成熟度模型
> - 数据智能

 聚焦于数据智能

> **第8章　数据智能平台构建策略**
> - 数据业务的构建过程
> - 数据智能体系要求
> - 数据中台策略

 聚焦于技术部分内容

技术平台相关

> **第9章　大数据技术和平台**
> - 大数据基础技术系统组成
> - 大数据开源体系介绍
> - 大数据生态的发展态势
> - 大数据存储的建模实践讨论

> **第10章　大数据分析系统技术**
> - 分析系统架构讨论
> - 架构选择和对比

通过案例来阐述企业的大数据实施策略 　　　　　开展大数据的组织能力要求

> **第11章　企业大数据实施策略**
> - 企业实施大数据战略面临的挑战
> - 实施规划
> - 案例研究
> - 实践中的教训和收获

> **第34章　组织能力的构建与发展**
> - 构建大数据的组织能力

互联网及物联网的快速发展,使得人类和机器以前所未有的速度和深度主动创造数据,万物互联,万物皆数。这些数据已经不仅仅是一种附属产物,而是作为数字经济必需的生产资料。从 21 世纪初的概念提出,经过十多年的发展,大数据技术经过众多大型互联网公司以及行业用户的实践,取得了相当显著的成果,开始进入数据智能时代。因此,第 2 部分主要围绕大数据与数据智能进行讲述。

第7章

大数据理论及相关模型

大数据理论从最初的概念阶段到现在的大规模落地使用,中间产生过非常多的理论和概念,从各种不同的角度来分析、展望及探索大数据的理论基础和规律。本章通过对几个典型模型进行相对通俗的讲解,锚定这些模型在实践中的具体参照,从而达到清楚阐述大数据理论知识的目的。

7.1 大数据概念的提出和演进

大数据发展简史如图7-1所示。

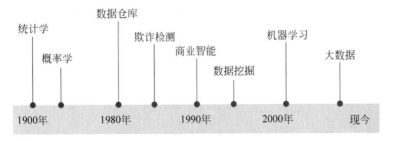

图 7-1 大数据发展简史

随着技术的发展,大数据越来越趋向于进行预测性分析,对用户行为进行分析或者从数据中抽取有价值的数据,而较少涉及特定大小的数据集。对于数据集的分析可以找到类似于"确定商业发展趋势、阻止疾病、打击犯罪等"的新的相关性。科学家、商业执行者、医药从业人员、广告人以及政府人员均会面临针对互联网搜索、金融科技、城市信息学、商业信息学等大数据方面的挑战和困难。

数据代表了具有如此高的容量、速度和多样性的信息资产,需要特定的技术和分析方法将其转化为价值。除了 4V 描述(容量、多样性、速度、真实性),还可进一步扩展到大数据的其他特征:

- 机器学习(Machine Learning):大数据通常不询问为什么,而是通过数据分析和挖掘进行模式探测。

- 数字足迹(Digital Footprint)：人们在各种数字环境中交流时的数据交互产生的低成本产物。

到了 2018 年,人们认识到数据不仅是需要并行计算工具来处理的客体,更是在计算机科学理论中通过并行编程被采用的独特而清晰定义的变化本身。

维基百科对"大数据"与"商业智能"的定义如下。

- 商业智能是通过使用描述性统计和高信息密度的数据来测量事物、检测趋势等。
- 大数据的使用来自非线性系统辨识的概念以及归纳统计来推断来自低信息密度的大数据集的规律(回归、非线性关系和因果效应),以揭示其中的关系和依赖,或进行结果和行为的预测。

通过对大数据的多年实践,笔者认为可以用一个高度概括并且直击本质的词——数据智能来定义大数据。

在大数据的发展过程中,大数据与云计算、人工智能和各种对接云端的各种应用(如物联网)越来越紧密,形成了一个数据闭合的技术生态(图 7-2)。

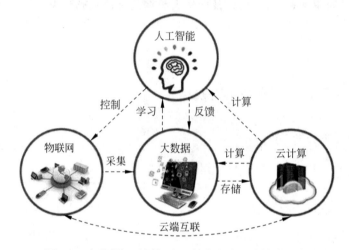

图 7-2　大数据、云计算、人工智能和应用的技术生态

在这种生态中,大数据的自我价值不断得到增强。

7.2　4V＋1O 特征模型：大数据特征

大数据的 4V 特征即容量、速度、真实性和多样性,它是伴随着大数据的概念被提出来的,用来定义什么才是大数据。随着大数据在越来越多的场景和产品中落地,大家意识到真正的大数据还应该加入一个"在线"(Online)特征,这样才能最大限度地发挥大数据的价值,如图 7-3 所示。

概括来说,大数据是这样的数据集合：数据量增长速度极快,用常规的数据工具无法在一定的时间内进行采集、处理、存储和计算的数据集合。图 7-3 的说明如下。

- 体量(Volume)巨大。第一个特征是数据量大,包括采集、存储和计算的量都非常大。大数据的起始计量单位一般是 PB(1000TB)、E(1000PB)、Z(1000PB)、

YB（1000ZB）。

- 类型（Variety）多。第二个特征是种类和来源多样化，包括结构化、半结构化和非结构化数据，具体表现为网络日志、音频、视频、图片、地理位置信息等，多类型的数据对数据的处理能力提出了更高的要求。

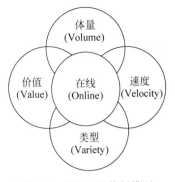

图 7-3　4V+1O 特征模型

- 价值（Value）密度低。第三个特征是数据价值密度相对较低，或者说是浪里淘沙却又弥足珍贵，可以沙里淘金。随着互联网以及物联网的广泛应用，信息感知无处不在，信息海量，但价值密度较低，如何结合业务逻辑并通过强大的机器算法来挖掘数据价值，是大数据时代最需要解决的问题。

- 速度（Velocity）及时效。第四个特征是数据增长速度快，处理速度也快，时效性要求高。例如，搜索引擎要求几分钟前的新闻能够被用户查询到，个性化推荐算法尽可能要求实时完成推荐，这是大数据区别于传统数据挖掘的显著特征。

- 在线（Online）。数据是永远在线的，是随时能调用和计算的，而不是归档的、入库封存的，这是大数据区别于传统数据最大的特征。现在所谈到的大数据不仅仅是大，更重要的是在线数据，这是互联网高速发展背景下的特点。如果是放在磁盘中而且是离线的，这些数据远远不如在线数据的商业价值大。

特别要强调的是"数据是在线的"这个特征，很多人认为数据量大就是大数据，往往忽略了大数据的在线特性。数据只有在线，即数据在与产品用户或者客户产生连接时才更有意义。例如，某用户在使用某互联网应用时，其行为及时地传给数据使用方，数据使用方通过某种有效加工（或者通过数据挖掘进行加工）后，进行该应用的推送内容的优化，把用户最想看到的内容推送给用户，这提升了用户的使用体验。

对大数据的特征描述还有 5V 模型，是在上述的 4V 模型的基础上增加第 5 个 V，也就是数据的真实性（Veracity）。第 5 个 V 强调数据的准确性和可信赖程度，用以提升数据的质量，间接提高其他 4V 水平。

7.3　第四范式：问题解决的新模式

说到范式，从事数据库设计和开发的人基本会想到数据库设计中的"数据库设计范式"，目前关系型数据库的设计范式总共有六种范式（从 1NF 到 5NF，其中第三个是 BCNF 而不是 3NF，这样 3NF 就变成了第四个设计范式）。满足数据库设计范式要求的数据库结构可以在一般情况下满足不同程度的清晰性，同时可避免数据冗余和操作异常。为什么说是一般情况下呢，因为在实际应用中，我们会发现为了满足业务的非功能性指标，需要对数据进行一定的冗余，特别是在存储成本不那么昂贵时，这种设计是更为合理的，因此范式也就是一种设计规范或者说"套路"。

严谨的针对范式的定义是指在理念指导下已经形成模式的、可直接套用的某种特定方案或者路线。第四范式是指"数据密集型科学发现"将成为除实验、理论验证、仿真三种手段之外的第四种科学研究的手段和模式。其概念是图灵奖得主、著名的计算机科学家吉姆·格雷(Jim Gray)在一次著名的演讲《科学方法的一次革命》中提出来的,原文是:"除了之前的实验范式、理论范式、仿真范式之外,新的信息技术已经促使新的范式出现——数据密集型科学发现(Data Intensive Scientific Discovery)。"

从第一范式向第四范式发展的过程,也是一个科学探索不断发展的过程。

第一范式,是指以实验为基础的科学研究模式。简单来说,就是以伽利略为代表的文艺复兴时期的科学发展的初级阶段。在这一阶段,近代科学之父伽利略爬上比萨斜塔,扔下两个铁球,掐着脉搏为摆动计时,这一耳熟能详的故事为现代科学开辟了崭新的领域,开启了现代科学之门。

当实验条件不具备时,为了研究更为精确的自然现象,第二范式,即理论研究为基础的科学研究模式随之而来。在这个阶段,科学家们将无法用实验模拟的科学原理用模型简化,去掉一些复杂的因素,只留下关键因素,然后通过演算得到结论。例如我们熟知的牛顿第一定律,就是在假设没有摩擦力的情况下得出的。令人欣喜的是,当时的理论科学与实验科学结合得如此完美,任何一个理论都很容易被实验所证实,因此第二范式很快成为重要的科研范式。

随着验证理论的难度和经济投入越来越高、科学研究逐渐力不从心之际,另一位顶尖科学家出现了,冯·诺依曼教授,在20世纪中期提出了现代电子计算机的架构,并一直持续到今天。也就是第三范式横空出世,即利用电子计算机对科学实验进行模拟仿真的模式得到迅速普及。

当时间进入互联网时代,吉姆·格雷认为,鉴于数据的爆炸性增长,数据密集范式理应该并且已经从第三范式中分离出来,成为一个独特的科学研究范式,即第四范式。

第四范式与第三范式最显著的区别是:计算范式是先提出可能的理论再搜集数据,然后通过计算仿真进行理论验证。而数据密集型范式,是先有了大量的已知数据,然后通过计算得出之前未知的可信的理论。

下面举例进行说明。第三范式下对雾霾进行研究可能是这样的过程,如图7-4所示。

图7-4　第三范式下的雾霾研究

(1) 提出问题:首先发现问题,例如出现雾霾了,想知道雾霾是什么,怎么预防。

(2) 理论提出:进行分析,提出理论。发现这个事儿好像不那么简单,雾霾的形成机理除了源头、成分等之外,还包括气象因素,如地形、风向、湿度等,参数之多超出了我们的控制范围。那么我们该怎么办?一般采用去除一些看起来不太重要的参数,保留一些简单的参数,提出一个理论。

(3) 理论修正:通过搜集数据,根据(2)的理论,用计算机进行模拟和计算,并不断对理论进行修正。

（4）获得结果：通过（2）和（3）的不断迭代，最后得出可信度比较高的结果，以此来对可能形成雾霾天气的原因进行预测。

这种方法就是第三范式。但是，该方法存在一个问题：如何确定哪些参数是重要的，哪些参数是不重要的？这个确定过程需要用到一些专家的经验，不过专家也有很多东西是无法确定的，例如那些看起来不重要的参数，会不会在某些特定条件下，起到至关重要的作用呢？

从这一点来看，能够获取最全面的数据，也许才能真正探寻到雾霾的成因，并做出更科学的预测，第四范式就是这样一个研究方法，如图 7-5 所示。

图 7-5　第四范式下的雾霾研究

（1）布置海量的监测点，收集海量的数据。海量的意思就是比传统意义上多得多，至少是一个数量级的差别。

（2）利用这些数据，分析得出雾霾的形成原因并进行预测。

（3）验证预测，从中总结出理论。

（2）和（3）只用了一句话，不是因为它很简单，而是因为它太复杂，无法在这里详细阐述。此时，研究人员所面临的最大问题，已经不是缺少数据，而是面对太多的数据，不知道怎么来使用这些数据。因为这种体量的数据，基本上可以认为已经超出了普通人的理解和认知能力，需要利用云计算、超级计算机等第四范式的科学研究来进行。

通过对第四范式的理解，我们发现这其实也就是智能产生的过程。如同人一样，我们通过对信息的归纳、洞察，形成可以解释的规律。而数据智能的结果也是通过数据来找出知识、形成规律及结论。在后面的章节会就数据智能进行更详细的分析。

7.4　蜜蜂效应：数据的选择价值

每到春暖花开的季节，在怒放的花丛中随时可见一群群勤劳的小蜜蜂的身影。蜜蜂采蜜的主要目的是最终形成蜂蜜，蜂蜜是可以长期保存的食物，也是蜜蜂们的主要食物来源。而对于自然界而言，如果没有蜜蜂等昆虫进行采蜜的这个过程，就无法很好地完成植物有性生殖中不可缺少的传粉过程。

从蜜蜂的这个行为可以看到，其采蜜的直接效益是蜂蜜，间接效益是对大自然而言更为重要的植物生长繁荣。

对于大数据来说，很多数据是从业务过程中产生出来的，初衷是对业务进行记录、监控以及统计分析，并有一部分结果服务于业务优化和设计。但是随着数据量的增长以及数据维度的增加，会发现这些数据通过挖掘和分析，可以服务于非本公司业务的很多行业，并显著提高其效率。例如,对于滴滴打车来说,客户会使用其 App 来打车,司机会使用其 App 来接单,并且在接上客户后会使用导航。滴滴在收集了订单信息、导航数据后发现,一定数量的导航信息聚合在一起后,可以获得道路的交通情况、车流情况,这对于城市交通的规划和优化是非常有用的信息,可以和城市的交通管理部门一起把双方的数据进行整合、挖掘,最终改善交通状况,提高整个城市的出行效率。

数据在直接业务创造的价值之外的、其他可能创造价值的总和,称为数据的选择价值。

蜜蜂效应的核心就是强调大数据衍生及洞察的重要性,特别是结合大数据业务成熟度模型中的数据变现和商业重塑两个方面,拥有这个模型的意识会起到非常重要的作用。在后面的企业大数据实施策略部分会有案例专门进行讲述。

7.5　大数据业务成熟度模型

面对大数据浪潮的冲击,不少人会有各种问题:

- 大数据究竟离我们有多远?
- 大数据的最终目标是什么?
- 企业使用大数据作为业务催化器,与其他手段的区别和联系是什么?
- 大数据如何助力于业务价值创造?

不同的企业由于所处行业不同,对于数据的认识也不尽相同,针对上面的类似问题,我们可以用大数据业务成熟度模型(见图 7-6)来进行参照。这个模型的思路是笔者参考了 CMMI 的思路,是一个偏业务和商业能力的定义,它主要用于评估企业的当前大数据使用现状和能力,也可以作为大数据提升业务的实施蓝图。当然在底层,本质是有对技术能力的相应要求。

这个模型更适合以数据作为生产资料、提供数据产品和服务的企业,例如对于制造业企业而言,数据变现和商业重塑这两个阶段恐怕不会去经历,但是在业务优化、生产效率提高、营销效率提升方面还是有非常现实的作用和价值的。

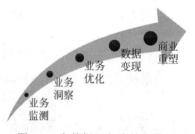

图 7-6　大数据业务成熟度模型

大数据业务成熟度模型如图 7-6 所示,包含业务监测、业务洞察、业务优化、数据变现、商业重塑五个阶段。

7.5.1　业务监测

业务监测(Business Monitoring)是大数据的初级阶段,即传统的数据仓库阶段。在这个阶段,企业部署一些业务监测系统或者初步的 BI 解决方案,用以监测现有业务的运行状况。

业务监测,有时也被称为业务绩效管理(Business Performance Management)。指企业使用基本的分析手段,来预警业务运行低于或高于预期的情况,并自动发送相关警示信息给相应业务和管理人员。

在业务监测阶段,为了定位低于或高于经营预期的业务领域,企业多使用参照方法(同期比较、同类营销活动比较、同业标杆比较)或指标方法(品牌开发、客户满意度、产品绩效、财务分析)等。

7.5.2　业务洞察

在业务洞察(Business Insights)阶段,企业使用统计分析、预测分析及数据挖掘等手段,来达成重大的、显著的、有执行意义的业务洞察,并将业务洞察集成到现有的业务流程中。

业务洞察意味着系统不只是提供数据表格或图表,而是"智能"报表或"智能"仪表盘,因此业务应用能够比常规更进一步,可以做到提示重大的、相关的业务洞察,因此业务洞察能够做出特定的、可执行的行动推荐,对特定业务领域提出相应改善业务绩效的行动建议。

有人把这个阶段戏称为"告诉我我需要知悉的"阶段,实用场景示例如下:

- 在营销领域:揭示某个营销活动或行动更有效果,给出产生更有效营销活动的费用推荐。
- 在制造领域:揭示某些生产设备正在超过上限或下限运行,给出问题设备维护保养的优先级建议(如更换零备件)。
- 在客户支持领域:针对金牌会员购买行为低于某一正常阈值发出预警,给出向顾客发送折扣邮件的建议。

7.5.3　业务优化

在大数据成熟度的业务优化(Business Optimization)阶段,企业有能力将分析技术嵌入业务运营。对很多企业来说,这是它们日思夜想的目标:通过大数据分析助力业务运营,使业务活动自动进行不断的优化和提升。业务优化示例如下:

- 营销费用分配:基于实时营销战略或促销活动分析。
- 企业资源计划:基于顾客购买历史和行为以及本地天气与事件。
- 分销和采购优化:基于当前购买模式和未来模式预测,以及本地地理、天气和事件数据。
- 产品定价:基于当前购买模式、采购水平以及从社交媒体得到的产品兴趣洞察。
- 算法优化:基于大数据模式优化金融系统的交易算法。

7.5.4　数据变现

在大数据成熟度的数据变现(Data Monetization)阶段,企业可以:

- 将企业数据与大数据分析洞察打包,销售给其他企业。
- 将数据分析直接与产品集成,创造智能型产品。
- 利用可操作的业务洞察与推荐技术,提升客户关系、重塑客户体验。

作为第一种情况的实例,智能手机应用可采集有关用户行为、产品性能、市场趋势等数据,提供相关的分析结果和洞察,销售给营销者和制造商。

第二种数据盈利情况是公司利用新的大数据源(如传感数据、用户单击/选择行为数据)与高级分析技术,创造新的智能化产品。例如:

- 汽车通过研究用户的驾驶方式和行为，调整驾驶控制、座椅、后视镜、刹车踏板、仪表盘显示等，以便符合用户的驾驶风格。
- 电视和 DVR。通过研究用户喜欢的节目和视频类型，全网、全频道进行内容搜索，并自动为用户录下想要的节目。
- 烤箱。通过研究用户烹制某种食物的方式，用同样的方式自动为用户制作，并推荐用户可能喜欢的食物和烹调方法。

第三种情况，企业利用可操作的业务洞察与推荐技术，提升客户关系、重塑客户体验。例如：

- 通过在线市场数据，将当前及在购库存与顾客购买模式进行比较，为中小电商做出销售及价格策略推荐。
- 通过评估投资目标、当前收入状况及当前投资组合，为投资者提供特定投资分配的策略推荐。

7.5.5　商业重塑

商业重塑（Business Metamorphosis）是大数据成熟度模型的最高阶段。在这个阶段，某些企业希望利用对客户使用方式、产品效能行为及总体市场趋势的分析，将商业模式转换到新市场的新服务。例如：

- 能源公司进入"家庭能源优化模式"：基于维保预测，推荐电器购买时间，基于不同电器的实际效能与用户使用方式、当地天气和环境条件（如水质条件和用电成本等）的关联分析，推荐电器购买品牌。
- 零售商进入"购物优化模式"：根据消费者购买行为与类似人群的关联分析，推荐推定产品，甚至包括该产品在某商场有货或缺货情况。
- 航空公司进入"快乐旅行模式"：基于顾客的旅行行为和偏好提供不同的机票折扣，更可进一步主动为旅行者提供酒店、租车、体育或音乐事件、本地名胜、演出、购物等各种信息查询和交易推荐。

7.6　数据智能

数据智能的标志是数据驱动决策，让机器具备推理等认知能力，大数据能够指导决策，同时完成业务数据化进程，开始进入业务智能化，依靠数据去改变业务。

与业务成熟度模型对比，前面的数据收集、业务监测、业务洞察部分可以认为是业务的数字化，进行业务优化、业务决策以及商业重塑部分就是业务智能化阶段，如图 7-7 所示。

图 7-7　大数据行业发展历程

从 2013 年至今,大数据行业经历了几个发展阶段,代表了企业对大数据的认知和需求,也产生了一大批的大数据公司。

2013 年,企业已经开始认识到数据价值,金融、电信、公安等行业开始建设大数据平台,收集并存储企业业务产生的数据。同时,金融等行业开始大量购买外部数据,希望通过外部数据弥补自身数据匮乏的问题,一些从事数据聚合和服务的数据服务公司获得了发展机遇。

2015 年,大数据进入监测阶段,通过数据大屏等形式,实现对业务的监测,这是大数据最先成熟的应用方向。对于政府、央企及大型国企而言,数据大屏、领导看板等数据展现应用是大数据最直接反映价值的方式。

2017 年,大数据平台建设基本完善,单纯数据展现已很难满足企业的需求,大数据开始与业务场景结合,基于大数据实现对业务问题的洞察,呈现出百花齐放的局面,如金融领域的精准营销和风控反欺诈、公安领域的刑侦破案、工业领域的故障预测预警等。

企业对业务场景的洞察,单纯靠简单的数理统计已经不足以满足,因此出现了大量的数据挖掘、数据建模的需求。AI 建模平台、数据科学平台开始进入人们的视野,出现了一些主打建模平台的创业公司,但更多公司将 AI 建模平台内化成自身的能力,基于 AI 建模平台形成解决方案,帮助企业客户落地大数据应用。

2019 年,大数据从业务洞察进入业务决策阶段,也就是说,由机器形成数据报表或者数据报告,业务人员进行决策,变成机器直接给出决策建议,让机器具备推理能力。例如在外卖、出行场景,美团和滴滴的系统直接形成最佳调度方式,系统自动完成决策环节,将任务下发给骑手和司机。这种消费互联网相对常见的场景,将在产业互联网、企业业务场景中出现。

让机器具备推理能力,意味着 NLP、知识图谱等认知技术的成熟,这也是为何 2018 年 NLP、知识图谱成为市场热点。数据驱动决策、数据驱动业务发展的企业新需求,必然会带动一批数据智能公司的兴起。

从这一刻开始,大数据行业进入了一个全新的阶段。之前的收集、监测和洞察阶段,大数据和业务场景的关系,更多的是实现业务数据化的过程,也就是通过数据去描述、跟踪业务的发展。到了决策阶段,大数据已经进入业务智能化阶段,大数据开始对业务环节进行改造,依靠数据、算法模型来提升业务效率。

未来,随着技术更加成熟,大数据会从决策进入最后一个环节——行动,也就是业务重塑。很多执行环节可以由机器来实现,但仍然有很多环节需要人参与其中,因此,人机协同会迎来迅猛发展,未来会诞生一批新的数据公司。

最后,我们试着给数据智能做一个全面的定义:数据智能就是以数据作为生产资料,通过结合大规模数据处理、数据挖掘、机器学习、人机交互、可视化等技术,从大量的数据中提炼、挖掘、获取知识,为人们在基于数据制定决策时提供有效的智能支持,减少或者消除不确定性。

第8章

数据智能平台构建策略

大数据是数字化的产物,随着业务成熟度的逐渐提高,面对的需求逐渐多样化和个性化,对于创新的要求也越来越高,可以说智能数据是大数据发展的高级阶段,是大数据在应用创新落地方面的核心要求。本章将介绍大数据智能平台的建设内容,建设的核心过程包括系统、业务、平台三方面的设计思路、建设体系和实施方式。本章分为三部分,第一部分介绍数据业务的构建,第二部分介绍系统+平台如何构成数据智能的体系,第三部分结合目前最新的数据中台的概念进行讲述。

8.1 数据业务的构建过程

通用的开展大数据业务的过程如图8-1所示。

图 8-1 大数据业务构建过程

首先是数据系统的建设,数据系统是基础。从确定要进行哪些方面的数据收集开始,需要把收集到的数据进行清洗、筛选、格式转换,然后存入系统,并且按照技术平台的要求投入人力、设备等进行大数据系统的搭建。其次是数据业务建模。有了系统,就可以基于这个系统来观察数据,可以由建模人员利用其专业知识基于机器学习来进行建模,在得到一个合适的模型之后,需要把此模型放到大数据系统中运行。一般来说,这个大数据系统需要有大数据工程师一起参与,将模型转换成适合在平台上运行的代码,后面逐渐地会出现很多高效率的工具来帮助这种代码化的转换。最后是数据业务开展,需要把数据价值体现到业务上去,也就是数据业务的发展,通过分析人员对数据进行再整理、可视化呈现、洞察后指导业务开展。而如果从中可以抽象出新的产品,就可以通过产品设计来形成创新,创造出新的商业价值。

8.1.1　数据系统建设

为了把数据系统建设讲清楚,特别是把其中的要点、难点等清晰地呈现出来,下面采用一个现实中的基础建设的例子来说明。

假设目前需要在一个靠近大海的地方建设一个新型设备工厂,这个设备可以用于日常生活中,会极大地提高我们的生活水平,但是目前市场的前景不是特别明朗,而建造这个设备工厂所需要的原材料很大一部分又需要从各分散的城市或者城镇中运送过来。

作为工厂进行生产制造的基础,我们需要建造公路来连接原料产地和工厂,也需要建造厂房来进行生产,也就是需要基础设施的建设,那么对于大数据技术来说,大数据系统建设就属于基础建设要求。

依据对于市场的认识以及资源(资金、能力等)的准备情况,建设基础设施(以构造公路作为主要的工作为例)必须明确以下几点:

- 造路的主要目的是什么?
- 从哪里到哪里、中间有多少出入口?
- 什么时间满足多少交通流量(阶段、造多宽的路、车辆类型、可以运载什么货物、允许最大数量等)?
- 目前拥有的资源是什么(预算、团队、时间等)?
- 阶段性的规划是什么(资源、目标、实施)?

这时最主要的一点就是要清楚造路的主要目的,也就是建设这个系统的近期、远期目标是什么? 可以根据7.5节中的“成熟度模型”进行规划。这一目的也是图8-1中最上面的部分决定的。在此目标指导下,需要盘点有哪些城市、城镇需要接入这个公路系统。这时难点就在于梳理以下几个方面:

- 哪些城市需要接入(也就是需要哪些原料、生产出来的设备会运往哪里)?
- 这些城市到达各入口的支路是否建设好?
- 建设这些支路对于原有系统的影响多大?
- 如果影响比较大的话,如何解决?
- 原料是否还需要再加工?
- 原料的量是多少?

这些城镇就好比公司中不同的业务系统,对应到大数据系统,下面就是需要解决的问题:

- 是否确定了数据源头对应的业务系统?
- 这些系统通过何种方式来准备数据?
- 数据如何被接入大数据系统?
- 源数据是否已经被收集?
- 数据格式是否已标准化?

- 数据量是多少?

把城市通往工厂的路造好后,并不是就一劳永逸了,后续依然需要根据需求不断建造、维护、升级。同时还需建造厂房、购置生产设备、建立流水线、建造仓库用于存放原料和生产出来的设备等。

对应到大数据系统建设方面,包括以下几项内容:

- 数据收集系统:确定数据源、数据格式、数据传输方法、数据清洗工具等。
- 搭建存储集群:确定存储规模、服务器配置和数量、网络规划及建设、安装和调试集群、确定存储方式等。
- 搭建计算集群:确定计算方式、计算规模、服务器配置和数量、网络规划及建设、安装和调试集群、任务调度机制等。
- 数据安全策略设计(可以按阶段进行)。

8.1.2　数据业务建模

在把厂房、流水线等初步建设完成后,就可以把所需要的材料经过多种方式运送到工厂,接下来就需要有一些专业的工程师进行以下活动。

- 为了保证后续生产的效率,需要对原料进行分门别类,确定存放地点和存放顺序,必要时还需要进行一定的搭配。
- 从这些材料中挑选出一些进行化验,确定其成色和质量,最后确定哪些可以用,哪些不可以用。
- 进行加工工艺的设计,哪些材料什么时候通过什么方式进入生产线,哪些零件先生产出来,哪些零件后生产出来,如何装配。
- 对生产出来的设备确定调试和验证方法,确定其在质量要求范围之内。

这个工作对应到大数据技术中就是数据建模。数据建模就是建立数据存放模型并处理,把各数据源的各种数据根据一定的业务规则或者应用需求对数据重新进行规划、设计和整理。然后根据产品的要求,利用这些数据的样本进行模型的建立,确定输入的数据要求,送入处理流水线,一直到产生最终的结果。

这个阶段的难点和要点在于:

- 需要有具有行业专业技能的人才,这类人才首要的能力是具有行业相关的业务知识和洞察能力,掌握行业内常用的建模经验。
- 特征工程,确定哪些特征可以用于业务模型。由于数据在收集过程中,数据输送方由于各种原因,事先并不一定清楚或者预见会服务于何种业务,而在实际使用时需要进行再处理(标准化)以满足建模的需要。所以对于各种形式的数据,需要通过特征工程来进行特征筛选、特征组合、特征变换等,才能为后续的模型所使用。
- 为数据确定高效的存取模型。经过特征工程后的数据可以作为模型的输入进行建模,为了保证在生产环境中的模型的运行效率,需要确定数据的存取模型,还需要进行宽表、数据仓库的设计和构造,否则会导致资源的浪费。
- 模型架构的确定。采用流式处理还是批量处理,采用何种调度方式,需要多少运算资源,输出结果如何存放等,也是一个难点和要点。

下面讲述 AI 建模的方法论。建模过程中使用 AI(机器学习技术)作为内核能力,其过程如图 8-2 所示。

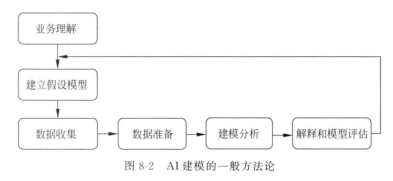

图 8-2　AI 建模的一般方法论

1．业务理解

把业务问题理解透彻，理解项目目标和需求，将目标转换成问题定义。

难点：需要对业务领域有比较深入的理解，而且不仅仅是业务专家，还需要具备数据和技术感觉。

2．建立假设模型

设计出达到目标的一个初步计划。根据直觉和知识提出合理假说，如类比相关性等。

难点：如何设计合理的目标函数，使其达到业务初始设计要求。

3．数据收集

收集初步的数据，进行各种熟悉数据的活动，包括数据描述、数据探索和数据质量验证等。要有数据，而且的确需要足够多的数据。

难点：如何解决数据收集成本大的问题，或者说如何自动化收集数据。需要收集多少数据才够，学术界尚未有固定的理论指导，一般从成功案例中提炼经验公式。

4．数据准备

需要首先弄清楚数据来源，然后进行探索性数据分析（Explore Data Analysis，EDA）去了解数据的大体情况，通过描述性统计方法提升数据质量，将最初的原始数据构造成最终适合建模工具处理的数据集，包括表、记录和属性的选择，数据转换（稀疏，异构）和数据清理（缺失、矛盾）等。

难点：对于优质数据的判断标准等。

5．建模分析

选择和应用各种建模技术，并对其参数进行优化。一般情况下，为了让模型更好地达到效果，在偏差和方差方面得到最优结果，常常把数据集分为两部分，一部分用于开发训练（训练集、验证集），一部分用于预测（测试集）。

难点：算法和参数如何选择，目前选择是根据类比的方法，寻找与待解决工程相似的已成功的工程，并使用相似的方法，但工程相似没有统一标准。对于参数的选择，目前常用方法还是尽可能多的实验，选择测试结果最好的参数。

6．解释和模型评估

对模型进行较为彻底的评价，并检查构建模型的每个步骤，确认其是否真正实现了预定的目的。

难点：目前还没有对于效果不好的原因定位的方法，只能具体案例具体分析。

8.1.3 数据业务开展

设备生产出来以后，就涉及设备投放到市场，卖给消费者，做好服务。然后根据市场反馈，对产品进行改良、升级（创新），同时还需要让公司的各个部门能及时获得产品的表现和市场要求。

从服务于客户和市场的角度出发，数据产品或者数据业务本身也是数据的来源，这些数据依然需要通过大数据平台来对产品质量、用户互动产生的反馈信息进行收集处理，同时需要把信息及时展示和传达给各个部门。

客户的要求是多种多样的，无论是内部客户还是外部客户，所以根据数据客户的需求不同，数据业务开展的形式也不同：

- 老板们（或公司管理层）时间宝贵，注重宏观，一般只看重要指标，并且要求图文并茂、简单易懂。这就好比餐馆所有菜品都是固定的，但是菜品得色香味俱全，上菜速度得快。所以大厨们得事先把数据加工成仪表盘、可视化大屏等让人对关键指标一目了然、卖相高大上的数据应用，并且采用各种技术手段保证数据应用的性能。
- 各部门主管每天都要面对各种日常工作和突发情况，所以他们对数据的要求是既要能满足日常管理需要，也要能有额外的手段来应对突发情况，而且这些手段速度不能慢，毕竟服务是 7×24 小时不间断运行，所以需要将数据加工成多维分析、自助分析一类的数据应用，根据经验和主管们的业务需求，将有可能用到的东西全部提供出来，可以根据需要随意使用。
- 一般客户（或者员工们）也有数据需求，但通常需求简单，难点在于人多、需求量大，所以将数据加工成报表这种类似于快餐的数据应用是最好的方式。

这个阶段的难点和要点在于：

- 如何形成数据业务本身开展过程中的数据处理的闭环。
- 针对不同的客户，形成不同的数据维护和可视化等工具。
- 满足各种数据需求基础上的数据创新。
- 数据分析师、数据科学家等角色的物色和参与。

8.2 数据智能体系要求

本节讲述如何从技术体系上进行建设。首先就建设思路、原则和目标进行讲解，然后搭建基础平台来进行系统治理和系统保证，业务目的是进行数据挖掘计算，从数据中挖掘知识来支撑业务决策。在执行过程中需要保证数据安全及隐私，最终通过可视化系统以用户容易理解的方式展示出来。这是一个自底向上的完整流程。

8.2.1 建设思路、原则和目标

经过近十年的发展，越来越印证了《大数据时代》一书中总结的以下几个核心观点。

- 改变操作方式,使用收集到的所有数据,而不是样本。
- 不把精确性作为重心。
- 接受混乱和错误的存在。
- 侧重于分析相关关系,而不是预测背后的原因。
- 数据的选择价值意味着无限可能。
- 数字时代要求我们对待数据有别于传统资产。
- 数据的创新意味着很大的不确定性。

总而言之,需要关注的核心点是如何面对数据创新的不确定性。

数据智能的定义中明确把数据定义成生产资料,然而这个生产资料和其他的生产资料有明显的不同,特别是以下几方面:

(1) 数据不可知:用户不知道大数据平台中有哪些数据,也不知道这些数据和业务的关系是什么,虽然意识到了大数据的重要性,但平台中有没有能解决自己所面临业务问题的关键数据?该到哪里寻找这些数据?这些都不可知。

(2) 数据不可控:数据不可控是从传统数据平台开始就一直存在的问题,在大数据时代表现得更为明显。没有统一的数据标准导致数据难以集成和统一,没有质量控制导致海量数据因质量过低而难以被利用。而且没有能有效管理整个大数据平台的管理流程。

(3) 数据不可取:用户即使知道自己的业务所需要的是哪些数据,也不能便捷地拿到数据,相反,获取数据需要很长的开发过程,导致业务分析的需求难以被快速满足,而在大数据时代,业务追求的是针对某个业务问题的快速分析,这样漫长的需求响应时间难以满足业务需求。

(4) 数据不可联:大数据时代,企业拥有着海量数据,但企业数据知识之间的关联还比较弱,没有把数据和知识体系关联起来,企业员工难以做到数据与知识之间的快速转换,不能对数据进行自主地探索和挖掘,数据的深层价值难以体现。

笔者对公司内部数据业务开展过程中的问题进行收集和汇总后,发现存在以下五大难点。

(1) 对业务需求响应速度慢。

(2) 数据质量问题频发。

(3) 数据使用难以及获取数据慢。

(4) 开发效能低,试错成本高。

(5) 数据能力重复建设。

笔者认为数据智能体系建设的总体目标如下。

(1) 敏捷地支撑业务部门的业务创新需求,打造快速服务商业需求的服务能力。

(2) 把不同域的数据实时打通,体现数据的最大价值。

(3) 把数据作为资产进行管理。

(4) 直接的价值体现是成本节约、效率提升和质量提升。

数据智能体系的建设思路和原则如下。

(1) 主要面向内部客户,特别是研发人员及建模人员,以提高业务开发效率为目标。

(2) 做好元数据、血缘关系管理,提高数据治理程度,保证数据的质量和安全。

(3) 提炼公共服务能力,复用程度高的能力优先建设。

(4) 数据能力原则上由相应领域业务熟悉、技术积累强的团队一起参与建设。

（5）能力建设需要重点考虑稳定、易运维、可运营、可审计。

图 8-3 所示为数据智能技术体系构成，至少需要包含基础平台、融合平台、治理系统、质量保证、安全计算、分析挖掘、数据可视化这几个方面。

图 8-3　数据智能技术体系构成

8.2.2　基础平台

目前，基础平台主要涉及以 Hadoop 为主的大数据平台的开发和建设工作，此部分将在第 9 章专门进行讲解。

8.2.3　融合平台

企业内部有不同类型的数据，同时也会从企业外部获得数据，这些数据会存在格式、定义、语意、编码等方式的不同，如何有效整理、融合如此多样且繁杂的数据对于数据智能平台非常重要。数据融合的相关技术在整体上需要解决以下关键问题。

首先，在机器从数据中获取智能之前，机器能够正确地读懂各种各样的数据。对于机器友好的数据是类似关系数据库的结构化数据。然而，现实世界里存在着大量的非结构化数据，例如自然语言的文本；还有介于两者之间的半结构化数据，如电子表格。目前，机器还很难理解这些非结构化的数据，需要将数据处理成对机器友好的结构化数据，机器才能发挥其特长，从数据中获取智能。非结构化数据，尤其是半结构化数据向结构化数据的转化，是实现数据智能不可或缺的先决任务。

其次，数据并不是孤立的，数据智能需要充分利用数据之间存在的关联，把其他数据源或数据集所包含的信息进行传递并整合，为数据分析任务提供更丰富的信息和更多的视角。

最后，数据并不是完美的，提前检测并修复数据中存在的缺失或错误，是保障数据智能得出正确结论的重要环节。

在功能范畴上，也可以把这部分归入数据治理部分。

8.2.4　治理系统

在数据智能中把数据作为核心资产和生产资料来看待，那么对于数据的治理即是重中之重。数据治理主要解决以下几个问题：

- 有什么数据（资产）。
- 如何确定数据的质量指标并保证数据的质量。
- 如何让业务使用方快速获取数据服务。
- 数据资产所有者如何向数据使用者进行科学的授权及监督。

再细化一下，应该从以下几个方面着手，给其余的系统提供支持。

- 治理结构方面，管理企业拥有的数据目录、数据类型，对组织结构设置相应的权限。
- 治理策略方面，能确定分类数据的敏感度水平，定义数据质量和数据标准要求，能设定对敏感数据进行脱敏（去标识化）的策略，明确定义数据共享等过程。

- 隐私和安全方面，能让用户控制对于隐私数据的授权，提供和管理对数据的访问，防止未经授权的访问，提供审计手段。
- 数据质量保证方面，通过构造数据地图、数据血缘图谱，在每一个数据结果上都可以回溯数据产生的细节，并准确定位问题所在。这在数据量、数据种类变得繁多时有绝对的必要性。

综上所述，数据治理是数据智能的基础，治理的好坏决定了数据智能的发展高度。

8.2.5 质量保证

数据的质量决定了数据产品和服务的质量，所以数据质量保证系统是数据治理系统基础上另一个重要的环节。数据质量保证可以从如图 8-4 所示的几个方面进行。

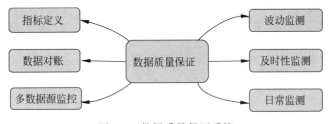

图 8-4 数据质量保证系统

首先需要明确指标，包括数据本身的指标和监控的指标。也就是定义尺子，只有尺子合理了，衡量结果才是稳定的，才能确定数据是否一致，是否出现异常波动，及时性是否达到要求。监控结果以可视化的方式呈现，做到信息全面展示。

其次要结合数据治理系统中的数据血缘关系、上下游关系，在监控到问题后，能及时进行问题定位，并快速采取措施纠正质量问题。

8.2.6 安全计算

除了数据治理外，还需要考虑如何让数据发挥更大的价值，如何能找到合适的合作者来联合创造价值，但是数据不同于别的资产，其具有可复制、难确权的特点，这就涉及目前行业内比较关注的安全计算技术。这方面的内容涉及多种加密技术、多方安全计算、同态加密、可信计算环境、数据隐私保护技术以及区块链技术。

8.2.7 分析挖掘

数据分析是数据智能中最核心的部分，大致可以分为描述性分析、诊断性分析、预测性分析、指导性分析四个类别，每个类别基于数据解决不同的问题，难度越大，所能带来的价值越高，所使用的技术也越复杂。

关于数据分析和挖掘系统在第 10 章专门进行讲解。

8.2.8 数据可视化

数据可视化本质上是为了感知和沟通数据而存在的，涉及不同的领域，如人机交互、图形设计、心理学等。在当前大数据盛行的时代,数据可视化逐渐崭露头角,扮演着越来越重要的角色。

可视化技术已成为数据智能系统不可或缺的部分,这些技术通常会集成在一个图形界面上,展示一个或多个可视化视图。用户直接在这些视图上进行搜索、挑选、过滤等交互操作,对数据进行探索和分析。可视化工具逐渐趋于简单化、大众化,使一些高阶的分析变得更加简单。一些高级的可视化设计,如 Word Cloud、Treemap、Parallel Coordinates、Flowmap、ThemeRiver 等,已逐步成为主流。

在决策过程中,可视化也发挥着重要的作用,它能将信息展示得更准确、更丰富、更容易理解,从而极大地提高了人与人之间的沟通效率。可视化叙事(Visual Storytelling)研究如何将可视化用于信息的展示和交流。当今主流的数据分析平台,如 Power BI、Tableau、Qlik等,都提供了可视化叙事的模式。可视化叙事的研究目前还处在初级阶段,人们还在探索它的各个方面,包括修饰形式、叙事方式、交互手段、上下文、记忆性等。如何评估一个可视化叙事也有待进一步研究。

随着数据业务的开展,数据资产不断丰富,需要我们的技术体系能更好为业务服务,以便快速响应,灵活组合。因此,一个有效的方法就是实施大数据中台策略。

8.3　数据中台策略

近几年数据中台的概念变得非常热,就本质而言,数据中台是大数据智能化的一种实施策略。

在数据中台之前,一直使用数据仓库(Data Warehouse)、数据湖(Data Lake)的概念,下面讲述这三者的提出背景和差别。

8.3.1　数据仓库和数据湖

许多公司已经选择"数据湖(Data Lake)"作为把所有数据收集起来的手段。数据湖的概念是于 2011 年提出来的,数据湖示意图如图 8-5 所示。或许是出于对数据没有保存而丢失的担忧,一些大数据厂商在 Hadoop 为基础的技术栈上,把一个组织中产生的原始数据存储在一个单一的系统中,一般大家使用开源的 Hadoop 来构建数据湖,不过数据湖的概念比 Hadoop 更广泛。那么数据湖与数据仓库或者数据集市的区别在哪里呢?

数据湖存储数据源提供者提供的原始数据,没有对数据的形式进行任何假设,每个数据源可以使用其选择的任何形式,最终数据的消费者根据自己的目的来使用数据。相对于数据仓库,这是一个非常重要的步骤,也是数据仓库没有走得更远的原因,因为数据仓库首先需要考虑数据方案(schema),如图 8-6 所示。

数据仓库倾向于为所有的分析需求设计一个总体的方案,但是实际上即使是一个非常小的组织,想要通过一个统一的数据模型来涵盖一切,也是不太实用的。另外一个数据仓库使用中的问题是数据质量,不同的分析需求对数据的构成有不同的质量要求和容忍度。数据仓库的这个特征,导致其漫长的开发周期,高昂的开发、维护成本,细节数据丢失等问题。

由于数据湖直观上更像一个数据质量差异很大的数据倾倒场,也因此产生了一个新的比较热的头衔:数据科学家,虽然这个头衔有点被滥用或者夸大,但是其中的许多人确实具

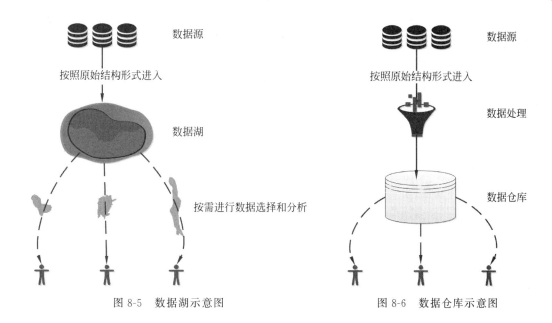

图 8-5　数据湖示意图　　　　　　　图 8-6　数据仓库示意图

有扎实的科学背景,并且掌握所有关于质量问题的知识,他们善于使用复杂的统计技术来找出数据质量问题,这为利用数据湖而不是以前一些不透明的数据清理机制来解决实际分析问题创造了条件。虽然数据仓库经常不仅仅只是数据清理,同时会将数据聚合到某种形式以便于被分析,但是数据科学家反对这种做法,因为聚合也就意味着丢掉很多数据。数据湖应该包含所有数据,因为不知道什么人通过哪些数据可以找到有价值的东西。

　　数据湖的这种原始数据的复杂性意味着用户可以通过某些方式来将数据转变成一个易于管理的结构,这样还可以减少数据的体量,更易于处理。数据湖不应该经常被直接被访问,因为数据是很原始的,需要很多技巧才能让其变得有意义。一般可以按照图 8-7 所示来处理,我们把它称为数据湖岸集市。

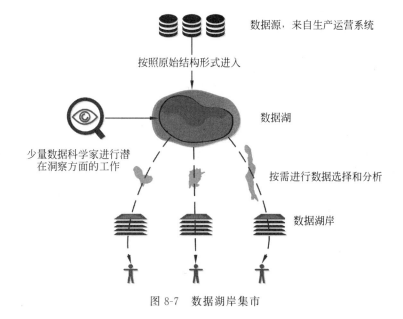

图 8-7　数据湖岸集市

把所有数据放入湖中的一个关键点是需要有一个清晰的治理。每个数据项应该有清晰的跟踪,以便知道从哪个系统中来以及数据什么时候被产生,等等,也就是元数据管理、数据血缘以及必要的数据安全。数据湖的一般处理流程如图 8-8 所示。

图 8-8　数据湖的一般处理流程

1. 数据获取

尽量获取最原始的数据,数据在获取过程中成为数据湖的一部分;数据可能以不同形式存在,也可能需要不同的机制来获取。

2. 数据处理

获取的数据需要进一步处理才能得到有用的信息,如进行画像、商品推荐、业务洞察力等,此时可能会用到机器学习技术。

3. 数据分析

数据进一步被分析,以便按需访问;数据分析需求受信息访问模式驱动。

4. 结果存储

数据分析结果需要存储在合适的数据存储系统中;数据湖中的数据存储系统的选择依赖具体的数据服务需求。

很多时候,数据湖被认为与数据仓库是等同的。实际上数据湖与数据仓库代表着企业想达成的不同目标,两者的关键区别如表 8-1 所示。

表 8-1　数据湖与数据仓库的对比

比较项	数 据 湖	数 据 仓 库
处理对象	能处理所有类型的数据,如结构化数据、非结构化数据、半结构化数据等,数据类型依赖于数据源系统的原始数据格式	只能对结构化数据进行处理,而且这些数据必须与数据仓库事先定义的模型吻合
数据用途	拥有足够强的计算能力,能处理和分析所有类型的数据,分析后的数据会被存储起来供用户使用,也就是 Schema-On-Read,在使用时才需要给予定义,因而提高了数据模型定义的灵活度	处理结构化数据,将它们或转化为多维数据,或转换为报表,以满足后续的高级报表及数据分析需求,也就是 Schema-On-Write,模型是在数据被写入之前就定义好的
应用场景	数据湖通常包含更多的相关的信息,这些信息有很大概率会被访问,并且能够为企业挖掘新的运营需求	数据仓库通常用于存储和维护长期数据,因此数据可以按需访问

8.3.2　数据中台

企业的前、中、后台如图 8-9 所示。

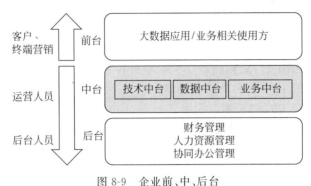

图 8-9　企业前、中、后台

1. 前台

前台也就是面向客户（customer）的系统，这里的客户可以是 toC 的，也可以是 toB 的。例如电商网站、微信店铺或者是面向渠道商的门户。

2. 业务中台

业务中台对后台的系统资源进行整合、封装，转化为前端可以使用的公共服务。

业务中台是前端应用所需服务的提供者，前端应用是服务的消费者，二者相辅相成，共同发展，业务能力不断沉淀到业务中台。这里要说明一点，业务中台不必拘泥于一种形式，它可以是一组无界面的公共接口服务、也可以是一个独立的系统或有界面的工具。

例如淘宝商品中心就是一个非常庞大的体系，既有商品搜索、排序等接口服务，也提供各种直接操作的工具，商品发布直接提供用户操作界面，商品的类目管理也有淘宝小二的操作界面。

3. 数据中台

数据中台从后台及业务中台对数据进行抽取，完成海量数据的存储、计算、产品化包装过程，构成企业的核心数据能力，为前台基于数据的订制化需求提供支撑。

4. 技术中台

技术中台一般指底层 PaaS 的能力，PaaS 层主要解决大型架构在分布式、可靠性、可用性、容错、监控以及运维层面上的通用需求。

技术中台对互联网公司尤其重要，也就是我们俗称的"三高"，在高可用、高性能、高并发方面，技术难度高、投入大，不可能为每个业务都做一套系统。

5. 后台

后台简单来说就是支撑公司业务开展的公共的职能模块，如财务管理、人力资源管理、协同办公管理等。

8.3.3　数据中台和数据仓库、数据湖的差别

数据中台与数据仓库、数据湖最大的区别就是数据中台更加贴近业务,不只提供分析功能,更重要的是为业务提供服务,与业务中台或者业务系统联系更加紧密。

数据和业务中台的建设更多的是从前台业务的角度进行提炼,提炼出可以复用的组件,形成业务中台,然后再进行数据的组织,结合采集的数据和业务开展中积累的数据,通过公共数据接口等形成数据中台,最后通过技术中台来落地。

下面举例来说明数据中台和数据仓库、数据湖的差别。以大家熟悉的"千人千面"案例来说,需要根据不同的客户展示不同的推荐内容,除了要整合业务系统产生的用户基本属性、订单、评价、加入购物车等行为数据外,还要通过埋点的方式实时获取用户的偏好浏览、搜索、分享商品等行为数据,经过数据中台一系列的数据加工处理后,最终以微服务的形式提供。

在业务系统每个需要给目标用户呈现商品的数据服务处,已不是简单地、一成不变地去商品库查询数据,而是调用数据中台提供的商品推荐接口,以此根据不同人的偏好、浏览历史、商品相似度等数据来为每个人推荐最感兴趣的商品。这种业务、数据紧密联动的场景在数据仓库时代是完全做不到的。

数据中台与数据仓库、数据湖另一个差别是企业是否把数据作为一种单独的财产进行组织和管理,这就涉及企业组织结构是否有相应的配置,而不是仅仅作为一种 IT 系统来对待。

第9章

大数据技术和平台

在企业的大数据业务开展中,技术平台虽然不是决定因素,但绝对是一个必要的基础。虽然最终大数据业务是否成功并不仅仅依赖技术,但是没有技术平台肯定存在大问题。通过从上到下贯彻大数据意识以及数据价值观念,采用一定的方法论,依靠必要的产品、技术平台、工具等,用制度流程等执行起来,才是一个完整的大数据价值实现体系。

本章主要就大数据技术平台进行阐述。考虑到本书的读者主要是高级技术人员或者公司管理人员,所以较基础的技术内容不会过多展开。

9.1 大数据基础技术系统组成

传统的操作系统组成如图 9-1 所示,图中的七部分组成了一个完整的操作系统,大数据技术由于其特性,基本无法通过单设备进行处理(有一些商用大型计算机或者超级计算机可以处理某些应用场景),因此需要通过成千上万的服务器以集群的方式来完成,单体的系统需要扩展到集群系统。从管理学来看,群体(集群)的管理是一门比较复杂的学科。

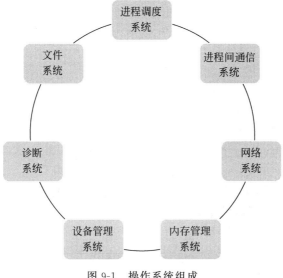

图 9-1　操作系统组成

人体由经络系统、血管系统、神经系统、淋巴系统等构成,分别为人体提供能量(能量提供系统)、抵御外部疾病的侵袭(免疫系统)、进行创伤的自我修复(诊断维修系统)、进行能量和营养成分在不同器官上的调度(资源管理系统)、在面对外部环境时能够进行相应的反应(指挥调度系统)。这些系统的有序工作和配合保证了人体的正常运行,当然如果要组成一个智慧的生命,还需要非常重要的学习系统。

从系统设计上来说,一个完整的大数据智能系统所涉及的诸多方面也需要结合以上几方面,并且在大数据技术平台中获得相应体现,如数据的采集、数据清理、数据转换、数据存储、计算处理、分析、数据管理、数据系统及数据指标监控、数据的使用安全和系统安全等。系统规模从原来的少量高成本的设备转变为大量低成本的设备,从设备的低故障率变成大量设备情况下的故障常态化,因此设计思想、操作方法都需要进行适应性调整。

那么,大数据系统要能够"自主"运作的话,也应该可以在大数据技术体系中找到与人体类似的组成部分,也就是如图 9-2 所示的大数据系统组成。

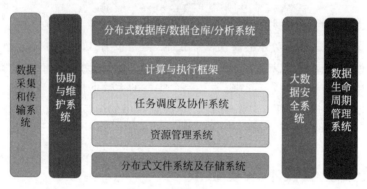

图 9-2　大数据系统组成

有了大数据系统组成的蓝图,就可以把当前大数据开源生态中的各平台进行对应。

9.2　大数据开源体系各部分介绍

大数据开源体系主要围绕 Hadoop 和 Spark 展开,特别是 Hadoop,已经形成了非常完善和强大的生态体系。

9.2.1　Hadoop 介绍

9.2.1.1　Hadoop 的发展:从出生到现在

Doug Cutting 和 Mike Cafarella 受到 Google 发布的关于 Google 文件系统的论文启发,于 2002 年启动了 Hadoop 项目。Hadoop 的发展历程如图 9-3 所示。

Hadoop 发展历程中的几个关键点如下。

- 2002 年,Doug Cutting 和 Mike Cafarella 开始启动 Apache Nutch 项目,一个网络爬虫系统,也是搜索系统的基础。
- 在进行 Apache Nutch 项目时,他们发现需要处理非常大量的爬取过来的数据。为了存储这些数据,他们不得不花费大量的成本,这也是 Hadoop 能够产生的一个很重要的原因。

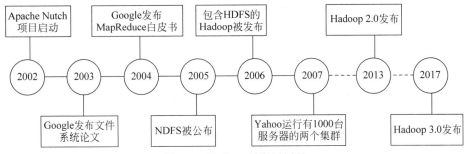

图 9-3 Hadoop 的发展历程

- 2003 年，Google 发表了一篇介绍文件系统(GFS)的论文，GFS 是一个提供高效存储数据的专用的分布式文件系统。
- 2004 年，Google 发布了一个介绍 MapReduce 的白皮书。这个技术简化了在大集群上处理数据的过程。
- 2005 年，Doug Cutting 和 Mike Cafarella 公布了一个新的文件系统 NDFS(Nutch Distributed File System)。这个文件系统也包含了 MapReduce。
- 2006 年，Doug Cutting 离开了 Google，加入了 Yahoo，在 Nutch 项目的基础上，Dough Cutting 公布了一个新的项目 Hadoop，其包含了 HDFS(Hadoop Distributed File System)，Hadoop 第一个版本 0.1.0 在当年发布。
- Doug Cutting 使用了他儿子的玩具大象的名字来对项目进行命名，也就是 Hadoop。
- 2007 年，Yahoo 投入了 1000 台服务器来运行两个 Hadoop 集群。
- 2008 年，Hadoop 成为在 900 个节点的集群上对 1T 数据进行排序的最快的系统，总耗时 209 秒。
- 2013 年，Hadoop 2.2 发布。
- 2017 年，Hadoop 3.0 发布。

9.2.1.2　Hadoop 的发展：从 1.0 到 2.0

从结构上看，Hadoop 1.0 和 Hadoop 2.0 有着根本的变化。

如图 9-4 所示，Hadoop 1.0 内核主要由 HDFS 和 MapReduce 两个系统组成，其中 MapReduce 是一个离线处理框架，由编程模型（基础 API）、运行时环境（JobTracker 和 TaskTracker）和数据处理引擎（MapTask 和 ReduceTask）三部分组成。

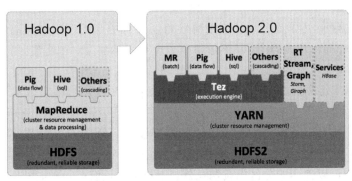

图 9-4 Hadoop 1.0 与 Hadoop 2.0

Hadoop 1.0 资源管理由两部分组成：资源表示模型和资源分配模型，其中资源表示模型用于描述资源的组织方式，Hadoop 1.0 采用"槽位"(slot)组织各节点上的资源，而资源分配模型则决定如何将资源分配给各个作业/任务，在 Hadoop 中，这一部分由一个插拔式的调度器完成。

Hadoop 2.0 内核主要由 HDFS、MapReduce 和 YARN 三个系统组成，其中，YARN 是一个资源管理系统，负责集群资源管理和调度，MapReduce 则是运行在 YARN 上的离线处理框架，它与 Hadoop 1.0 中的 MapReduce 在编程模型和数据处理引擎（MapTask 和 ReduceTask）方面是相同的。

Hadoop 1.0 和 Hadoop 2.0 主要的区别就在于 YARN：资源管理。

在实际系统中，资源本身是多维度的，包括 CPU、内存、网络 I/O 和磁盘 I/O 等，因此，如果想精确控制资源分配，不能再有 slot 的概念，最直接的方法是让任务直接向调度器申请自己需要的资源（比如某个任务可申请 1.5GB 内存和 1 个 CPU），而调度器则按照任务实际需求为其精准地分配对应的资源量，不再简单地将一个 slot 分配给它，Hadoop 2.0 正是采用了这种基于真实资源量的资源分配方案。

Hadoop 2.0(YARN) 允许每个节点（NodeManager）配置可用的 CPU 和内存资源总量，而中央调度器则会根据这些资源总量分配给应用程序。为了更细粒度地划分 CPU 资源和考虑 CPU 性能异构性，YARN 允许管理员根据实际需要和 CPU 性能将每个物理 CPU 划分成若干个虚拟 CPU，管理员可为每个节点单独配置可用的虚拟 CPU 个数，且用户提交应用程序时，也可指定每个任务需要的虚拟 CPU 个数。例如 Node 1 节点上有 8 个 CPU，Node 2 上有 16 个 CPU，且 Node 1 上 CPU 的性能是 Node 2 的 2 倍，那么可为这两个节点配置相同数目的虚拟 CPU 个数，例如均为 32，由于用户设置虚拟 CPU 个数必须是整数，每个任务至少使用 Node 2 的半个 CPU（不能更少了）。

图 9-5 所示为 Hadoop 2.0 资源管理器的架构。其中每个 Master 节点和 Slave 节点都会包含多个容器，图中 Master 节点中的容器没有画出来。容器在 HDFS 中是内存的一部分，类似于 Hadoop 1.0 中的数据槽（Data Slots），图中的容器有两种，标注为 Container 和 App Mstr 的椭圆形分别对应两个应用/任务。应用/任务由对应的 Client 向 Resource Manager 申请后进行资源分配，然后由各自的 Application Master 容器根据分配的资源来调度和管理各自的任务执行容器，具体调度如图 9-6 所示。

此外，Hadoop 2.0 还引入了基于 cgroups 的轻量级资源隔离方案，这极大降低了同节点上任务间的相互干扰，而 Hadoop 1.0 仅采用了基于 JVM 的资源隔离，粒度非常粗糙。

在集群节点层面，为了更好地从应用特性角度进行资源的调度和隔离，Hadoop 2.0 还支持节点标签（Node Label）功能，只不过每个节点只能标注为一个标签，所以粒度还是比较粗，其功能如下。

- 集群分区：每个节点可以被标注一个标签，因此集群可以被分成多个小的互不交叉的分区。
- 针对队列按照节点标签设置 ACL：用户可以在每个队列上设置可以存储的节点标签，这样可以限定某些任务只能在指定标签对应的节点上运行。
- 限定队列可以使用的分区的资源比例：用户可以设置百分比，类似于队列 A 可以使用标签为 hbase 节点的 30% 资源。这样的设置将会和资源管理器保持一致。

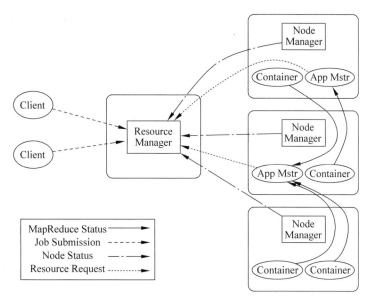

图 9-5　Hadoop 2.0 资源管理器架构

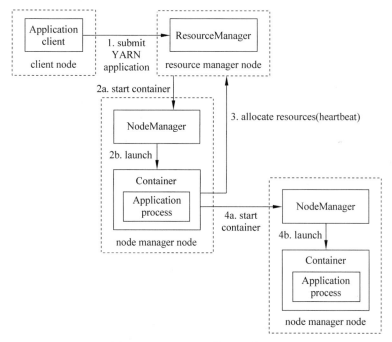

图 9-6　Hadoop 2.0 资源调度流程

9.2.1.3　Hadoop 的发展：从 2.0 到 3.0

Hadoop 3.0 的发布是 Hadoop 发展历史中非常大的里程碑，由于大量企业开始使用 Hadoop，因此在以下几个方面对 Hadoop 提出了更高的要求。

（1）保证容错下的存储成本节省。

Hadoop 默认使用三副本来保证数据的容错，虽然可以通过配置来设置副本数，例如一个或者两个,但是从容错角度来说,三副本是需要的。不过对于大数据来说,可能有的数据被使用的频率不那么高,那么如何能在保证容错的基础上节省存储的成本就成为一个核心需求。

不同于数据的全量复制,在 Hadoop 3.0 中使用了擦除编码(Erasure Coding)方式,采用该方式后,在 HDFS 中实际上并没有进行数据复制,而是通过为所有文件数据块计算奇偶校验块的方式,保证一旦数据块损坏,可以通过使用别的数据块和奇偶校验块的方式来重新产生数据。

在存储成本上,擦除编码方式只需要 1.5 倍的空间,就可以实现等同于三副本的容错性。

(2) 命名节点(NN)的高可用性。

在 Hadoop 2.0 中,依然只支持一个活跃命名节点(Active NN)和一个备份命名节点(Standby NN),以保证对命名节点的容错。在工程上对于重要的资源来说,一般建议采用至少三个备份来保证高可用性,因此在 Hadoop 3.0 中,可以支持配置多个备份命名节点,譬如在有三个命名节点的系统中,就可以有两个容错的命名节点。不过在同一时间,依然只能有一个命名节点作为活跃节点,其他的都作为备份节点。

(3) 高优先级任务的资源保证。

在 Hadoop 2.0 中,所有容器都被保证可以获取资源,这样容器只要被创建,就可以立即开始运行。这种情况下,如果有一些更为重要的任务需要运行的话,这种机制就无法保证一定成功。因此需要有一种"可抢占"的机制来保证可以实施这种要求。Hadoop 3.0 中引入了执行类型的概念,当没有足够的资源可以运行容器时,容器可以在节点管理器(NM)中等待,而容器被赋予两种类型:保证型(Guaranteed Container)和机会型(Opportunistic Container)。机会型容器比保证型容器的优先级低,假设当一个保证型容器在机会型容器运行过程中到达,那么机会型容器将被抢占,以保证留出足够的空间给保证型容器。

(4) 服务器内部磁盘间的平衡。

Hadoop 的单个数据节点(DN)可管理多个磁盘。在正常的写入操作中,这些磁盘会均匀地填满。但是,添加或替换磁盘可能会导致数据节点内出现明显的倾斜。Hadoop 2.0 的 HDFS 平衡器是在不同数据节点之间进行数据平衡,无法处理这种数据节点内的倾斜。

Hadoop 3.0 通过节点内的平衡器来处理这种情况,使用 HDFS 磁盘平衡器命令行界面就可以运行这种平衡器,从而保证节点内部的磁盘使用也是平衡的。

下面通过表 9-1 来说明两者的差别。

表 9-1 Hadoop 2.0 与 Hadoop 3.0 对比

特　　性	Hadoop 2.0	Hadoop 3.0
Java 版本最低要求	Java 7	Java 8
容错	通过复制方式	通过擦除编码方式
存储方案	3 倍复制保证数据可靠,200% 的额外开销	通过擦除编码方式保证数据可靠,50% 的额外开销
YARN 时间线服务	存在扩展问题	高可扩展级可靠性
备份命名节点(SNN)	只支持一个 SNN	支持 2 个或者更多 SNN
堆内存管理	需要配置 HADOOP_HEAPSIZE	提供自动调节堆

9.2.2 开源生态系统

图 9-7 所示为 Hadoop 生态系统。

图 9-7 Hadoop 生态系统

为了更好地与图 9-2 所示的大数据系统一一对应,将图 9-2 中的技术组件进行细化,如图 9-8 所示。

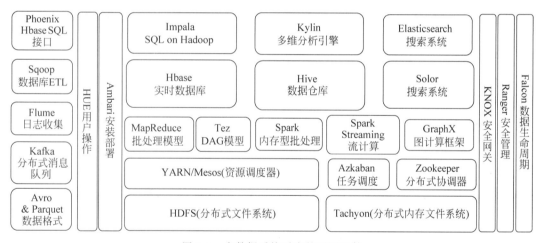

图 9-8 大数据系统对应的开源组件

9.2.2.1 数据采集和传输系统

下面讲解数据采集与传输系统,如图 9-9 所示。

1. Flume(日志收集)

Flume 是 Cloudera 开源的日志收集系统,具有分布式、高可靠、高容错、易于定制和扩展的特点。它将数据从产生、传输、处理并最终写入目标路径的过程抽象为数据流,在具体的数据流中,数据源支持在 Flume 中订制数据发送方,从而支持收集各种不同协议数据。同时 Flume 数据流提供对日志数据进行简单处理的能力,如过滤、格式转换等。此外,Flume 还具有能够将日志写往各种数据目标(可订制)的能力。

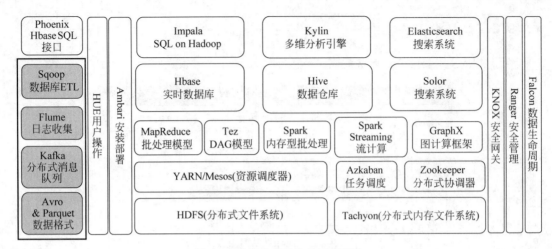

图 9-9　数据采集和传输系统部分

总的来说,Flume 是一个可扩展、适合复杂环境的海量日志收集系统。当然也可以用于收集其他类型的数据。

2. Kafka(分布式消息队列)

Kafka 是 LinkedIn 于 2010 年 12 月开源的消息系统,它主要用于处理活跃的流式数据。活跃的流式数据在 Web 网站应用中非常常见,这些数据包括网站的 PV(Page View)、用户访问了什么内容、搜索了什么内容等。

Kafka 从功能上来说,就是一个 Pub/Sub 模型下的 MQ 系统。但是当每秒产生大量数据,并且这些数据会被用于多个用途时,就需要一个分布式的、灵活的、高性能的解决方案。Kafka 就可以满足这几方面的要求,并且已经被证明。

3. Sqoop(数据 ETL)

Sqoop 是 SQL-to-Hadoop 的缩写,主要用于传统数据库和 Hadoop 之间传输数据。数据的导入和导出本质上是 MapReduce 程序,充分利用了 MapReduce 的并行化和容错性。

Sqoop 利用数据库技术描述数据架构,用于在关系数据库、数据仓库和 Hadoop 之间转移数据。

4. 数据格式及序列化(Data Formats and Serialization)

(1) Avro。

Avro 是一种与编程语言无关的序列化格式。Doug Cutting 创建了这个项目,目的是提供一种共享数据文件的方式。

Avro 数据通过与语言无关的 schema 来定义。schema 通过 JSON 来描述,数据被序列化成二进制文件或 JSON 文件,不过一般会使用二进制文件。Avro 在读写文件时需要用到 schema,schema 一般会被内嵌在数据文件里。

Avro 有一个很特别的特性,当负责写消息的应用程序使用了新的 schema,负责读消息的应用程序可以继续处理消息而无须做任何改动。

(2) Parquet。

Parquet 是面向分析型业务的列式存储格式,由 Twitter 和 Cloudera 合作开发。有列式存储必定有行式存储,常见的关系型数据库就是行式存储,可以一次性读入一行数据。列式存储和行式存储相比的优势如下。

- 可以跳过不符合条件的数据,只读取需要的数据,降低 I/O 数据量。
- 压缩编码可以降低磁盘存储空间。由于同一列的数据类型是一样的,可以使用更高效的压缩编码(如行程编码和增量编码)进一步节约存储空间。
- 只读取需要的列,支持向量运算,能够获取更好的扫描性能。

这里需要注意的是 Avro、Thrift、Protocol Buffers 都有自己的存储格式,但是 Parquet 并没有使用它们,而是使用了自己在 parquet-format 项目里定义的存储格式。所以如果应用使用了 Avro 等对象模型,这些数据序列化到磁盘还是要使用 parquet-mr 定义的转换器把它们转换成 Parquet 自己的存储格式。

9.2.2.2 分布式文件及存储系统

分布式文件及存储系统部分如图 9-10 所示。

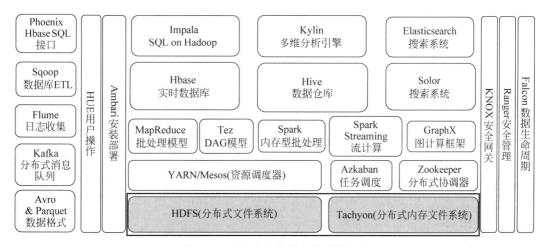

图 9-10 分布式文件及存储系统部分

1. HDFS(Hadoop 分布式文件系统)

源自 Google 的 GFS 论文,发表于 2003 年 10 月,HDFS 是 GFS 的复制版。

HDFS 是 Hadoop 体系中数据存储管理的基础。它是一个高度容错的系统,能检测和应对硬件故障,用于在低成本的通用硬件上运行。HDFS 简化了文件的一致性模型,通过流式数据访问,提供高吞吐量应用程序数据访问功能,适合带有大型数据集的应用程序。

它提供了一次写入多次读取的机制,数据以块的形式,同时分布在集群不同物理机器上。

2. Tachyon(分布式内存文件系统)

Tachyon 是以内存为中心的分布式文件系统,拥有高性能和容错能力,能够为集群框架(如 Spark、MapReduce)提供可靠的、内存级速度的文件共享服务。Tachyon 诞生于加州大学伯克利分校的 AMP 实验室。

9.2.2.3 资源管理系统

资源管理系统如图 9-11 所示。

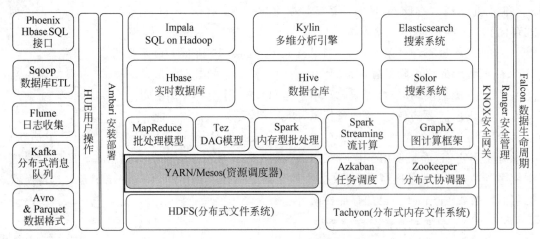

图 9-11　资源管理系统部分

1．YARN

YARN(Yet Another Resource Negotiator)是 Hadoop 2.0 中进行集群资源管理的管理器。YARN 在前面已经详细介绍过,此处不再赘述。

2．Mesos

Mesos 诞生于加州大学伯克利分校的一个研究项目,现已成为 Apache 项目,当前有一些公司使用 Mesos 管理集群资源,如 Twitter。与 YARN 类似,Mesos 是一个资源统一管理和调度平台,同样支持 MR、Streaming 等多种运算框架,从一开始 Mesos 就不是专门为 Hadoop 设计的。

Mesos 和 YARN 之间的区别主要围绕着优先级的设计以及调度任务的方式,相对来说 Mesos 更具有资源管理器的专业性。

3．集群管理(Cluster Management)

在 Hadoop 生态中,有几家公司(MapR、Hortonworks、Cloudera)分别推出了不同风格的集群管理系统,配合一系列的工具和操作台,便于用户便利地进行集群部署、运维及使用。

9.2.2.4　任务调度及协作系统

任务调度及协作系统部分如图 9-12 所示。

1．任务调度系统 Azkaban

Azkaban 是由 LinkedIn 开源的一个批量工作流任务调度器。用于在一个工作流内以一个特定的顺序运行一组工作和流程。Azkaban 定义了一种 KV 文件格式来建立任务之间的依赖关系,并提供一个易于使用的 Web 用户界面维护和跟踪用户工作流。

2．分布式协作服务(Coordination)Zookeeper

源自 Google 的 Chubby 论文,发表于 2006 年 11 月,Zookeeper 是 Chubby 的复制版。其解决分布式环境下的数据管理问题,包括统一命名、状态同步、集群管理、配置同步等。因为集群中的很多数据和状态需要随时保持一致以及高可用性,因此这样的一个服务是集群能顺利工作的基础。

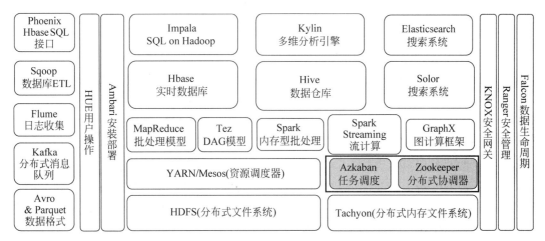

图 9-12　任务调度及协作系统部分

Hadoop 的许多组件依赖于 Zookeeper,它运行在计算机集群上面,用于管理 Hadoop 操作。

9.2.2.5　计算和执行框架

计算和执行框架部分如图 9-13 所示。

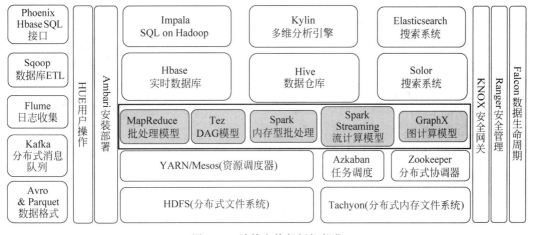

图 9-13　计算和执行框架部分

1. MapReduce 批处理模型

MapReduce 批处理模型源自 Google 的 MapReduce 论文,发表于 2004 年 12 月,HadoopMapReduce 是 googleMapReduce 的复制版。

MapReduce 是一种分布式计算模型,用于进行大数据量的计算。它屏蔽了分布式计算的框架细节,将计算抽象成 map 和 reduce 两部分,其中 map 对数据集上的独立元素进行指定的操作,生成键-值对形式的中间结果。reduce 则对中间结果中相同“键”的所有“值”进行规约,以得到最终结果。MapReduce 非常适合在大量计算机组成的分布式并行环境里进行数据处理。

2. Tez（DAG 模型）

Tez 是 Apache 最新开源的支持 DAG 作业的计算框架，它直接源于 MapReduce 框架，核心思想是将 map 和 reduce 两个操作进一步拆分，即 map 被拆分成 input、processor、sort、merge 和 output；reduce 被拆分成 input、shuffle、sort、merge、processor 和 output 等。这些分解后的元操作可以任意灵活组合，产生新的操作，这些操作经过一些控制程序组装后，可形成一个大的 DAG 作业。目前，Hive 支持 MR、Tez 计算模型，Tez 能很好地完成二进制 MR 程序，提升运算性能。

3. Spark（内存型批处理）

Spark 是一个 Apache 项目，它被标榜为"快如闪电的集群计算"。它拥有一个繁荣的开源社区，并且是目前最活跃的 Apache 项目之一。和 Hadoop 相比，Spark 可以让程序在内存中的运行速度提升 100 倍，或者在磁盘上的运行速度提升 10 倍。

4. Spark Streaming（流计算模型）

Spark Streaming 支持对流数据的实时处理，以微批的方式对实时数据进行计算。这适用于处理时效比较高的应用场合，对于实效要求不高的需求可以通过批处理方式来解决，对资源的使用也会更经济。

5. GraphX（图计算模型）

Spark GraphX 最先是加州大学伯克利分校 AMP 实验室的一个分布式图计算框架项目，目前整合在 Spark 运行框架中，为其提供大规模并行（Bulk Synchronous Parallel，BSP）图计算能力。相对 Apache GraphX 而言，GraphX 发展得更好一些，图计算模型的典型算法如图 9-14 所示。

路径寻找算法包括广度优先算法、深度优先算法、单源最短路径、全源最短路径、最小生成树等。

中心算法包括 PageRank、Degree 中心化算法、集中度中心化算法、介数中心化算法。

社区发现算法包括标签传播算法、强连接算法等。

图 9-14　图计算模型典型算法

9.2.2.6　分布式数据库及分析系统

分布式数据库及分析系统部分如图 9-15 所示。

1. HBase（分布式列存数据库）

源自 Google 的 Bigtable 论文，发表于 2006 年 11 月，HBase 是 Google Bigtable 的复制版。

HBase 是一个建立在 HDFS 之上的、面向列的、针对结构化数据的、可伸缩、高可靠、高性能、分布式的动态模式数据库。HBase 采用 Bigtable 的数据模型：增强的稀疏排序映射表（Key/Value），其中，键由行关键字、列关键字和时间戳构成。

HBase 提供对大规模数据的随机、实时读写访问，同时，HBase 中保存的数据可以使用 MapReduce 来处理，它将数据存储和并行计算完美地结合在一起。

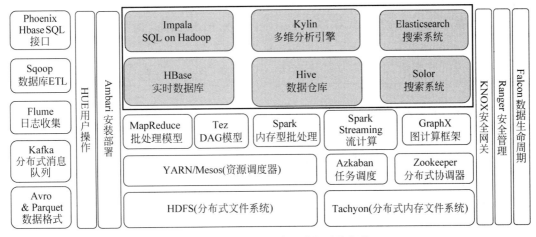

图 9-15 分部式数据库及分析系统部分

2. Hive(数据仓库)

Hive 由 Facebook 开源,最初用于解决海量结构化的日志数据统计问题。Hive 定义了一种类似 SQL 的查询语言(HQL),将 SQL 转化为 MapReduce 任务在 Hadoop 上执行,通常用于离线分析。

HQL 用于运行存储在 Hadoop 上的查询语句,Hive 让不熟悉 MapReduce 的开发人员也能编写数据查询语句,然后这些语句被翻译成 Hadoop 上的 MapReduce 任务。

3. 分布式搜索系统

(1) Solr。

Solr 是 Apache 下的一个顶级开源项目,采用 Java 开发,它是基于 Lucene 的全文搜索服务器。Solr 提供比 Lucene 更为丰富的查询语言,同时实现了可配置、可扩展,并对索引、搜索性能进行了优化。

Solr 可以独立运行,运行在 Jetty、Tomcat 等 Servlet 容器中,Solr 索引的实现方法很简单,用 POST 方法向 Solr 服务器发送一个描述 Field 及其内容的 xml 文档,Solr 根据 xml 文档添加、删除、更新索引。Solr 搜索只需要发送 HTTP GET 请求,然后对 Solr 返回的 xml、json 等格式的查询结果进行解析,组织页面布局。Solr 不提供构建 UI 的功能,Solr 提供一个管理界面,通过管理界面可以查询 Solr 的配置和运行情况。

(2) Elasticsearch。

Elasticsearch 是一个分布式的搜索和分析引擎,可以用于全文检索、结构化检索和分析,并能将三者结合起来。Elasticsearch 基于 Lucene 开发,现在是使用最广的开源搜索引擎之一,Wikipedia、Stack Overflow、GitHub 等都基于 Elasticsearch 构建的搜索引擎。

(3) Solr 和 Elasticsearch 的简单比较。

Solr 利用 Zookeeper 进行分布式管理,而 Elasticsearch 自身带有分布式协调管理的功能。

Solr 支持多种格式的数据,而 Elasticsearch 仅支持 json 文件格式。

Solr 官方提供的功能更多,而 Elasticsearch 本身更注重核心功能,高级功能多由第三方插件提供。

Solr 在传统的搜索应用中表现好于 Elasticsearch，但在处理实时搜索应用时效率明显低于 Elasticsearch。

Solr 是传统搜索应用的有力解决方案，但 Elasticsearch 更适用于新兴的实时搜索应用。

4. Impala 和 Kylin

二者分别代表点对点模式（Ad-Hoc）及预计算多维的分析系统，对于进行数据分析相关的人员来说，是特别关注的内容，因此第 10 章对分析系统将进行专门阐述。

9.2.2.7 大数据安全管理

大数据安全管理部分如图 9-16 所示。

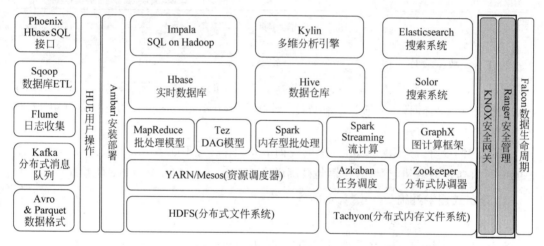

图 9-16　大数据安全管理部分

1. Apache Ranger（安全管理工具）

Apache Ranger 是一个 Hadoop 集群权限框架：提供操作、监控、管理复杂的数据权限。它提供一个集中的管理机制，管理基于 YARN 的 Hadoop 生态圈的所有数据权限。

2. Apache KNOX（Hadoop 安全网关）

Apache KNOX 是一个访问 Hadoop 集群的 REST API 网关，它为所有 REST 访问提供一个简单的访问接口点，能完成 3A 认证（Authentication，Authorization，Auditing）和 SSO（单点登录）等。

9.2.2.8 协助及维护系统

协助及维护系统如图 9-17 所示。

1. HUE

HUE（Hadoop User Experience）是一个开源的 Apache Hadoop UI 系统，由 Cloudera Desktop 演化而来，最后 Cloudera 公司将其贡献给 Apache 基金会的 Hadoop 社区，它是基于 Python Web 框架 Django 实现的。通过使用 HUE 可以在浏览器端的 Web 控制台上与 Hadoop 集群进行交互来分析处理数据。用户可以利用 HUE 采用图形化的界面来操作

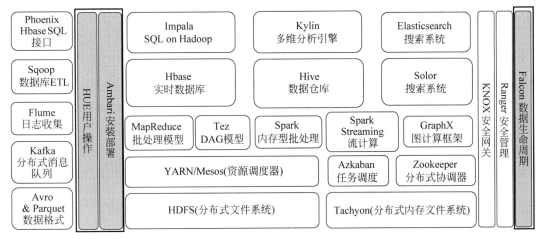

图 9-17　协助及维护系统

HDFS 上的数据，运行 MapReduce Job，执行 Hive 的 SQL 语句，浏览 Hbase 数据库，操作 oozie、flume 等。

2. Tableau

Tableau 是商业软件，严格来说不属于 Hadoop 生态系统。Tableau Desktop 基于斯坦福大学突破性技术的软件应用程序，是桌面系统中最简单的商业智能工具软件，Tableau 不强迫用户编写自定义代码，新的控制台也可完全自定义配置。Tableau 在操作上简单易用，只需要拖曳单击，就可轻松创建交互式可视化报表。

3. Apache Ambari（安装部署配置管理工具）

Apache Ambari 的作用就是创建、管理、监视 Hadoop 的集群，是为了让 Hadoop 以及相关的大数据软件更容易使用的一个 Web 工具。

4. Apache Falcon（数据生命周期管理工具）

Apache Falcon 是一个面向 Hadoop 的、新的数据处理和管理平台，用于数据移动、数据管道协调、生命周期管理和数据发现。利用该工具终端用户可以快速地将数据及其相关的处理和管理任务"上载（onboard）"到 Hadoop 集群。

9.3　大数据生态的发展态势

随着大数据行业从概念期到实质的落地期，大数据生态的划分也越来越细。mattturck.com 网站会公布每年的大数据及人工智能地图（Big Data & AI Landscape）。由于网站上的图包含了很多各领域的公司，无法在这里展示，因此精简了内容，只列出了各领域的名称，如图 9-18 所示，其中包含了基础设施（infrastructure）、数据分析（analysis）、企业应用（application-enterprise）、开源软件和系统（Open Source）、数据源（Data Source）等。

由于各领域每年都有变化，因此下面重点讲述在 2019 年变化比较显著的领域。

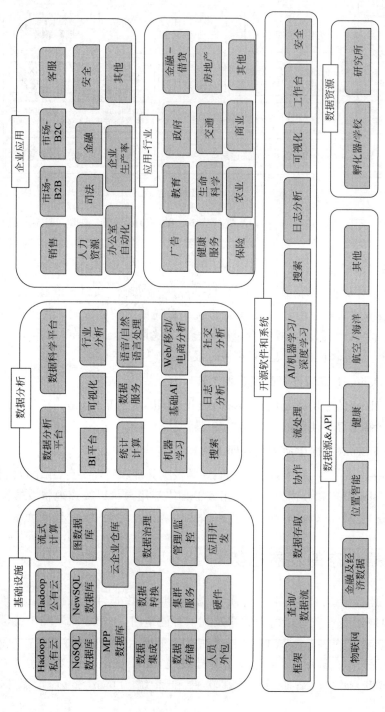

图 9-18　大数据及人工智能各领域

9.3.1 数据治理与安全

数据治理和安全在第 8 章已经有讲述,就发展趋势而言,数据治理与安全在生态发展趋势中可以放在第一位来介绍。毕竟当数据变成资产时,好的治理和保证其安全性是必需的。下面以 Informatica 公司提供的产品为例进行讲解。

(1) Informatica 公司的数据集成包括 InformaticaPowerCenter(IPC) 和 Informatica-PowerExchange(IPE),可以解决几乎所有数据集成项目和企业集成方案。

- IPC 可以访问和集成几乎任意业务系统、任意格式的数据,它可以按任意速度在企业内交付数据,具有高性能、高可扩展性、高可用性的特点。IPC 还提供多个可选组件,以扩展核心数据集成功能,这些组件包括数据清洗和匹配、数据屏蔽、数据验证、Teradata 双负载、企业网格、元数据交换、下推优化(Pushdown Optimization)、团队开发和非结构化数据等。

- IPE 是一系列的数据访问产品,它确保 IT 机构能够根据需要随时随地访问并在整个企业内传递关键数据。IPE 支持多种不同的数据源和各类应用,包括企业应用程序、数据库和数据仓库、大型机、中型系统、消息传递系统和技术标准。

(2) Informatica Data Quality(IDM)通过一个全面、统一的平台,为所有项目和应用程序提供普遍深入的数据质量控制。

- IDM 结合了强大的数据分析、清洗、匹配、报告、监控能力和易于使用的界面,使业务信息所有者能够在整个企业范围内实施和管理数据质量计划。

- Informatica Identity Resolution 是一款功能强大且高度可扩展的身份识别解决方案,让企业和政府机构能够批量且实时地搜索和匹配来自超过 60 种语言的身份数据。

- Informatica Data Explorer 通过强大的数据探查、数据映射能力和前所未有的易用性,让用户轻松发现、监控数据质量问题。

(3) Informatica Master Data Management(IMDM)通过提供整合且可靠的关键业务数据,帮助企业用户来改善业务运营。它能够以独特的方式识别所有关键业务主数据以及它们之间的关系,通过多域主数据管理,使客户能够从小规模起步,随着需求的增长进行扩展,并且可在同一平台上支持所有的 MDM 要求——数据集成、探查、质量和主数据管理。

9.3.2 基础设施

9.3.2.1 从 NoSQL 到 NewSQL

9.1 节中对 Hadoop 的生态系统进行了详细介绍,是因为目前 Hadoop 继续保持劲头,在流处理技术方面 Spark 目前是主流,NoSQL 也因为 RDBMS 在扩展性方面的局限而在大数据时代被广泛使用。

大多数 NoSQL 技术弱化了对 ACID(Atomicity,Consistency,Isolation,Durability)语义以及复杂关联查询的支持,采用了更加简洁或更加专业的数据模型,优化了读写路径,从而能够换取更高的读写性能。不过在众多的 NoSQL 产品中,历经多年、被广为熟悉的 SQL 操作习惯依然被广泛采用,只不过不同的 NoSQL 产品均实现了自己的查询语言接口

(DSL)，虽然这些接口看起来像 SQL，但是和 SQL 的兼容性还是不足的。随着数据的价值越来越大，大数据技术在不同行业、不同业务场景中逐步渗透，之前 SQL 中的特性被发现是必需的，在不同的平台和数据源之间，SQL 依然可以是它们之间的标准接口，因此才有了 Flink 这样的有趣竞争者出现，称为 NewSQL。

NewSQL 可以说是传统的 RDBMS 与 NoSQL 技术结合的产物，所以可以将典型的 NewSQL 技术理解成分布式关系型数据库，能够支持分布式事务是一个基本前提。NoSQL 与 NewSQL 在技术栈上有很多重叠，但在是否支持关系型模型及对复杂事务的支持力度上是存在明显区别的。

可以说 SQL(NewSQL)已经正式回归，Google 最近发布了 Spanner 数据库的云端版。Spanner 和 CockroachDB(Spanner 的开源版)都提供了可行的、强一致性的、可伸缩的 SQL 数据库。亚马逊推出了 Athena，跟 Snowflake 等产品类似，这是一款 SQL 数据引擎，可直接查询 S3 下的数据。Google BigQuery、SparkSQL 以及 Presto 等在企业中逐渐获得使用——这些都是 SQL 产品。

因此，非 NoSQL 即 NewSQL 的简单二分法是不合理的，也不存在谁会取代谁的问题，很多技术都在将两者进行不断的融合，至于合理的平衡点在哪里，要取决于分布式存储技术要解决的核心问题是什么。

9.3.2.2　从 Hadoop 到云服务再到 Kubernetes

Hadoop 毫无疑问在数据生态系统的爆炸式增长中发挥了绝对核心的作用。然而，在过去的几年中，不断有人看衰 Hadoop，随着 Hadoop 供应商遇到各种麻烦，这一趋势在近年来进一步加速。例如，MapR 即将关闭，Cloudera 和 Hortonworks 已经合并。

与此同时，各个云平台都强势推出了云化的大数据处理系统，这种竞争的直接结果，使得 Hadoop 正面临越来越大的阻力。Hadoop 是在云服务还不是作为一个重要选择时开发出来的，基本上采用的是本地化部署，在当时的背景下，网络延迟是一个真正的瓶颈，因此将数据和计算放在同一位置非常有意义。随着这一制约因素的改变，竞争产品也随之改变了。

当然，Hadoop 不太可能很快消失。对于它的使用可能会放慢速度，之前在企业中广泛部署的 Hadoop 在未来几年将保持发展的惯性。然后，不可忽视的是，向云服务的过渡显然正在加速。许多企业正在积极地把数据迁移到云上中，这也使得云提供商的规模越来越大，并且仍继续快速增长。

随着对云服务使用的加深，客户的成本也在快速增长，同时存在着供应商的锁定风险，这两个因素促进了混合云的发展。混合云涉及公有云、私有云和内部部署的组合。面对众多的选择，企业将越来越多地选择最佳工具来优化工作并优化经济效益。在某些情况下，最好的方法是将某些工作负载保留在本地，以优化经济效益，特别是对于那些不需要动态调整工作负载的需求。

在这个新的多云和混合云时代，冉冉升起的超级巨星无疑是 Kubernetes。Kubernetes 是一个用于管理容器化工作负载和服务的项目，由 Google 在 2014 年开源。Kubernetes 特别适合管理复杂的混合环境的业务流程框架，正在成为机器学习中越来越有吸引力的选择。Kubernetes 使数据科学家可以灵活地选择他们喜欢的任何一种语言、机器学习库或框架，以及训练和扩展模型，从而允许相对快速的迭代和强大的可重复性，而不必成为基础架构专家，而相同的基础架构可以为多个用户服务。Kubeflow 是 Kubernetes 的机器学习工具包，目前发展迅速。Kubernetes 仍处于起步阶段,它的发展标志着云机器学习服务的发展,因为数据科学家可能更喜欢 Kubernetes 的整体灵活性和可控性。目前正在进入数据科学和机器学习基础架构的第三次范式转变,从 Hadoop 到数据云服务(2017—2019 年),再到以 Kubernetes 和 Snowflake 等下一代数据仓库(2019 开始)为主导的世界。

9.3.3　数据协作工作台

从业务数字化到数据智能化,让一切协作起来是一个必然的要求。

在大多数大型企业里,大数据的采用都是从少数独立项目开始的,譬如某项目采用 Hadoop 集群,另一项目采用分析工具,或者增加一些新的职位(数据科学家、首席数据官)。

现在业务场景越来越丰富,异质性也越来越突出,各种各样的工具在整个企业范围内得到了使用。在公司的组织范围内,集中化的"数据科学部门"正在逐渐让位于更加去中心化的组织,因为集中化的部门越来越成为一个瓶颈,也更容易造成资源的流失。这个由数据科学家、数据工程师以及数据分析师组成的群体,正日益嵌入不同的业务部门中。因此,对于平台来说需求已经很明显了,那就是让一切都能协作到一起来,因为大数据的成功正是建立在一条由技术、人以及流程组成的装配线基础之上的。

因此,一个全新的协作平台类型正在快速出现,引领着 DataOps(与 DevOps 对应)领域的发展。该领域的 Jupyter 就是很好的例子。

使用哪个 IDE/环境/工具? 这是人们在做数据科学项目时最常问的问题之一。人们不乏可用的选择——从 R Studio 或 PyCharm 等语言特定的 IDE 到 Sublime Text 或 Atom 等编辑器——选择太多可能会让初学者难以下手。

而数据科学家很多并不一定是特别擅长编写代码的工程师,过于复杂的工具可能并不一定是首选,最好是一个可视化比较好,使用起来比较简单,并且又可以多人共享其中的代码、文档等。Jupyter Notebook 就是为这种需求量身定制的。

Jupyter Notebook 是一款开源的网络应用,其提供一个环境,用户无须离开这个环境,就可以在其中编写代码、运行代码、查看输出、可视化数据并查看结果。因此,这是一款可执行端到端的数据科学工作流程的便捷工具,其中包括数据清理、统计建模、构建和训练机器学习模型、可视化数据,等等。

在原型开发阶段,Jupyter Notebook 的作用更是引人注目。这是因为代码是按独立单元的形式编写的,而且这些单元是独立执行的。这让用户可以测试一个项目中的特定代码块,而无须从项目开始处执行代码。很多其他 IDE 环境(如 RStudio)也有其他几种方式能做到这一点,但笔者认为 Jupyter 的单个单元结构是最好的。

Jupyter 本身就是一个生态系统,具有几种可供选择的 Notebook 界面(JupyterLab、nteract、Hydrogen 等),如图 9-19 所示,还包括交互式可视化库及与 Notebook 兼容的创作工具。

在 Jupyter Notebook 的 Web 界面中,使用者可以直接创建 Python 代码,还可以把代码按照块进行划分,例如图 9-19 中的 In [1] 部分是一段代码,In [2] 就是另外一段代码,每段代码可以是整个逻辑中的一部分,用户可以一次性运行全部代码,也可以分段按需运行,只要在数据上能保证运行结果不会出现交叉影响即可。每段代码的输出结果分别显示在相应代码段下面,如果输出涉及图形,那么图形也会直接显示出来,而不像字符终端的 IDE 那样,无法显示图形化的结果。

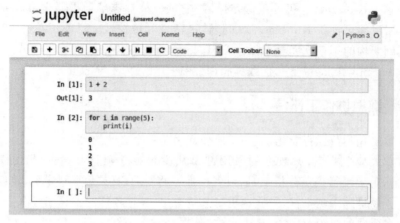

图 9-19　Jupyter Notebook 界面

Jupyter Notebook 的特点总结如下。

- 所有内容聚合在一个地方：Jupyter Notebook 是一个基于 Web 的交互式环境，它将代码、富文本、图像、视频、动画、数学公式、图表、地图、交互式图形和小部件以及图形用户界面组合成一个文档。
- 易于共享：Notebook 保存为结构化文本文件（JSON 格式），可轻松共享。
- 易于转换：Jupyter 附带一个特殊的工具 nbconvert，可将 Notebook 转换为其他格式，如 HTML 和 PDF。另一个在线工具 nbviewer 允许用户直接在浏览器中渲染一个公共可用的 Notebook。
- 独立于语言：Jupyter 的架构与语言无关。客户端和内核之间的解耦使其可以用任何语言编写内核。
- 易于创建内核包装器：Jupyter 为用 Python 包装的内核语言提供了一个轻量级接口。包装内核可以实现可选的方法，特别是代码完成和代码检查。
- 易于定制：Jupyter 界面可用于在 Jupyter Notebook 或其他客户端应用程序（如控制台）中创建完全定制的体验。
- 自定义魔术命令的扩展：使用自定义魔术命令创建 IPython 扩展，使交互式计算变得更加简单。许多第三方扩展和魔术命令都存在，例如，允许在 Notebook 中直接编写 Cython 代码的 %% cython。
- 轻松进行可重复实验：Jupyter Notebook 可以帮助用户轻松进行高效且可重复的交互式计算实验。它可以让用户保存工作的详细记录。此外，Jupyter Notebook 的易用性意味着用户不必担心可重复性，只需在 Notebook 上做所有的互动工作，将其置于版本控制之下，并定期提交，不要忘记将代码重构为独立的可重用组件。
- 有效的教学和学习工具：Jupyter Notebook 不仅是科学研究和数据分析的工具，而且是教学的好工具。例如，IPython Blocks 就是一个可以让学生创建彩色块的网格库。
- 交互式代码和数据探索：ipywidgets 包提供了许多用于交互式浏览代码和数据的通用用户界面控件。

当涉及多人协同工作时，Jupyter Hub 就会被采用，它是 Jupyter Notebook 的多人协作版,结合 Git 可以进行多版本管理。

9.3.4　数据分析流程自动化

几年前数据科学家可能还是"21世纪最性感的职业之一"。但是我们发现身边却几乎见不到这类人,哪怕是 Top 1000 的公司也为无法招到更多"数据科学家"而感到困扰。在一些组织里,数据科学部门正在从使能者变为瓶颈。

与此同时,AI 的大众化以及自服务工具的蔓延使得数据科学技能有限的数据工程师,甚至是数据分析师执行一些基本功能变得更加容易了,而这些功能直到最近仍然是数据科学家的领地。在自动化工具的帮助下,企业的大量大数据工作,尤其是那些简单枯燥的工作,将由数据工程师和数据分析师进行处理,而不是有着深厚技术技能的数据科学家。换言之,"数据科学自动化"已经开始出现。

在可预见的未来,自服务工具和自动化模型选择将会"增强"而不是消灭数据科学家,其作用是解放他们,让他们把焦点放在需求判断、创造力以及社会化技能或者垂直行业知识的任务上面,这样才能更加体现科学家的价值。

基于这种趋势,在大数据领域,数据工作流(Data Pipeline)逐渐被引入。它可以理解为一个贯穿于整个数据产品或者数据系统的管道,而数据就是这个管道所承载的主要对象。Data Pipeline 连接了数据处理分析的各环节,将整个庞杂的系统变得井然有序,便于管理和扩展,从而让使用者能够集中精力从数据中获取所需要的信息,而不是把精力花费在管理日常数据和管理数据库方面。

以 Apache Beam 为例,Apache Beam 的流程如图 9-20 所示。

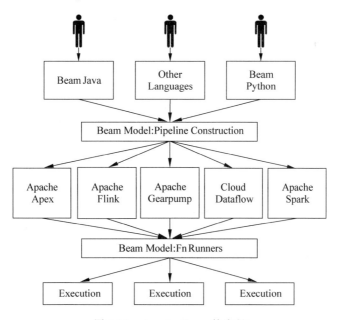

图 9-20　Apache Beam 的流程

通过图 9-20 可以看到,Apache Beam 能够在 Java 中提供统一的数据进程管道开发,而且能够很好地支持 Spark 和 Flink。由于 Apache Beam 提供了很多在线框架,所以开发者也就无须学习太多框架。它还提供了一个模板 BeamModel 方便用户进行数据处理。无限的时间乱序数据流是 BeamModel 处理的目标数据,不考虑时间顺序或是把有限的数据集看作无限乱序数据流的一个特例。用户只需要在 Model 的每一步中,根据业务需求,按照以下几个维度调用具体的 API,即可生成分布式数据处理 Pipeline,并提交到具体执行引擎上执行。这几个维度抽象出来,便是 BeamSDK。

用户在进行数据处理时,至少需考虑以下几个维度的问题。

(1) 如何对数据进行计算。例如 Sum、Join 或是机器学习中的训练学习模型等,在 BeamSDK 中由 Pipeline 中的操作符指定。

(2) 数据在什么范围中计算。例如基于 Process-Time 的时间窗口、基于 Event-Time 的时间窗口、滑动窗口等,在 BeamSDK 中由 Pipeline 中的窗口指定。

(3) 何时将计算结果输出。例如,在 1h 的 Event-Time 时间窗口中,每隔 1min,将当前窗口计算结果输出。在 BeamSDK 中由 Pipeline 中的 Watermark 和触发器指定。

(4) 迟到数据如何处理。将迟到数据计算增量结果输出,或是将迟到数据计算结果和窗口内数据计算结果合并成全量结果输出,在 BeamSDK 中由 accumulation 指定。

在对数据处理过程中通过 Pipeline 进行可视化、工具化构建后,还有一个重要的环节,就是对建立模型所需的特征构造过程、训练过程、检验过程进行标准化、框架化以及自动化,目前业界也已经有不少案例。

9.3.5　AI 驱动的应用发展趋势

应用的两个主要趋势是:

- 机器学习(ML)/人工智能(AI)进入企业的部署实用阶段。
- 企业自动化和机器人流程自动化(Robotic Process Automation,RPA)的兴起。

在机器学习和人工智能应用方面,这几年的趋势非常明显:在解决一个给定的问题之前,会先调查 ML/AI(通常不是深度学习或其变体)是否可以发挥作用,如果是,则构建一个 AI 应用程序来更有效地解决问题。有能力的企业将使用企业自己的 AI 平台构建和部署某些产品,其他公司将使用由多家供应商提供的具有嵌入式 AI 的全栈产品,其中 AI 部分可能在很大程度上对客户不可见。

自从信息技术出现以来,企业就一直困扰于孤岛化,各种系统和数据散布在各个部门,彼此之间无法通信(这导致了庞大的系统集成服务行业),而工作人员在中间起着"胶水"的作用。在数据和系统日益集成的世界中,ML/AI 能够使工作人员逐渐摆脱某些职能,企业以越来越自动化、系统化的方式运作。

虽然离全智能的自动化和系统化阶段还很远,不过 RPA(Robotic Process Automation,机器人流程自动化)却离我们不再遥远,RPA 通常涉及比较简单的工作流程,一般是手动的、由人执行的、重复性的,并且可以采用软件代替。许多 RPA 发生在后台功能中(例如发票处理)。随着智能自动化水平的提高,RPA 将以企业流程和工作流为目标,以数据为中心而不是以流程为中心,最终能够学习、改进和修复企业内部的流程。例如智能文档处理(ADP),它可以利用 ML/AI 来理解文档(表格、发票、合同等),其水平可以与人类媲美或更好,从而自动驱动流程进行。

9.4 实践讨论：大数据存储的建模

接下来通过一个实际的数据建模案例来展示如何使用大数据技术进行实际问题的解决。

9.4.1 分布式存储的架构

目前，在云计算中广泛使用的数据存储系统是分布式文件系统，如 Hadoop HDFS 系统，其运行在廉价的普通硬件上，提供多备份支持的容错功能，能够有效利用服务器配置硬盘，形成海量存储空间，目前 GFS（Google File System）支持服务器节点以十万计，而 Hadoop HDFS 也有数万节点系统在运行。无论是 GFS 还是 HDFS，虽然在具体处理技术上各有各的实现，但其总体构架基本上都是如图 9-21 所示的结构。

在存储层面，将数据分成一个个块（block），Meta Data 是块的相关信息，如同文件系统的目录节点文件中对文件块的描述，可以理解为具体数据块的定位信息，当然包含了备份数据块信息。这里 Meta data 是数据存储的目录结构，

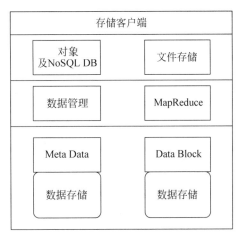

图 9-21 分布式数据存储系统

以数据块为对象。数据块是实际数据存储被分配到系统数据节点上的块设备上，一般是硬盘。这一层可以理解为操作系统中的块设备驱动，不同的是分布式的。

在存储层之上是数据处理层，主要作用是将块组合成用户需要的数据，如对象或者文件，这时对大量对象与大文件访问时，为了提升性能，往往需要通过 MapReduce，实际是分布式数据处理，来提升数据访问效率。

数据存储一般对上层提供三种不同的接口，首先是对象存储，这是一个较低层接口，一般用于程序对象直接存储，其次是 NoSQL DB，提供数据库接口，一般在存储上数据库都采用 NoSQL，如 Google 的 Bigtable 和 Hadoop 的 Hbase，第三种是文件存储接口，对应用来讲，就是以文件方式访问数据，对于以网页为中心的系统，文件接口应用更多。

分布式系统通常通过读写分离与在写入时同步来保障数据最终的一致性。图 9-22 所示为 Ceph 支持的三种读写的顺序，帮助读者理解分布式存储的读写方式。

MapReduce 通过把数据集的大规模操作分发给网络上的每个节点来实现可靠性，每个节点会周期性地把完成的工作和状态的更新报告发送回来。如果一个节点保持沉默超过一个预设的时间间隔，主节点记录这个节点状态为死亡，并把分配给这个节点的数据发送到别的节点。每个操作使用命名文件的不可分割操作以确保不会发生并行线程间的冲突；当文件被改名时，系统可能会把它们复制到任务名以外的另一个名字上去。reduce 操作工作方式很类似，但是由于 reduce 操作并行能力较差，主节点会尽量把 reduce 操作调度在一个节点上，或者离需要操作的数据尽可能近的节点上了。

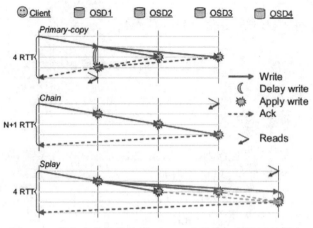

图 9-22　分布式存储的读写：Ceph 支持的三种读写的顺序

9.4.2　数据存储设计

与传统数据库存储及文件存储相比，分布式存储引入了对象存储和 NoSQL 数据库，与传统数据库的分割方式来支持大数据并发相比，分布式存储优势明显，但设计模式基本都在实践中，理论还远未成熟，需要技术人员不断实践，实现适合自己需求的存储与数据系统。

应用针对存储设计，首先是数据形式，哪些数据需要以文件方式保存，哪些数据要以对象形式保持，哪些数据要用数据库。一般来讲，音视频、文档及网页等数据适合以文件形式保存在存储中，而应用中格式化数据适合以对象或数据库形式保存，对于对象实例较多，而且需要查询的，一般使用数据库方式存储。此外，分布式存储都提供数据域，区分数据域是用于将数据分割存储到不同物理区域，为了提升效率，虽然数据可以动态分布到所有节点，但这样的效率并不高，因此需要尽量将处理与数据统一到一个区域，提升数据的访问效率。

NoSQL 设计实际是对象模型设计。同传统数据库 Schema 的设计不同，在使用 NoSQL 时应用程序需要设计自己的对象模型树，针对对象实现流化，即以数据块方式存储数据对象。NoSQL 与传统数据库不同，每个对象的属性可以动态改变，而一个对象就是传统数据库的一行，对象属性可以认为是数据库的列，而传统数据库的列是预先定义且不可改变的。NoSQL 数据库支持每一行数据自行定义自己的属性，这样对象设计自由度更大，可以完全按照程序逻辑设计自己的数据对象并确定数据图。NoSQL 数据库支持数据图关系，这样在获取对象时就能够获取到相关对象，从而减少查找，提升应用效率。

9.4.3　NoSQL 的问题

目前，分布式存储特别是其上的 NoSQL 数据库，不支持数据关联性处理，数据关系要通过类似全文搜索来处理，因此对于结构数据，特别是关系密切的数据处理有很大限制。对于熟悉关系数据库处理的程序人员是很大的缺陷。

另一方面，数据库拆分目前也是用来解决大数据问题的常用方法，但对于线性增长的数据，数据库会一点点变慢，如果分库数量过多，管理和重组数据开销一样会增多，系统性能会逐步降低，对于每日上亿条数据入库，数据库分库也很难满足要求，而系统延展性会变差，而数据库管理会随着库数量上升而日益困难,应用开发难度增加。

为了克服这些困难,人们又提出了在分布式存储方案上实现分布式关系数据库的方法,比较典型的如基于 Hadoop 的 HadoopDB 方案,该方案通过使用 Hadoop 数据分布及 MapReduce 并行计算方案,将关系数据库数据分布存储到不同数据库上。在查询时,使用 MapReduce 并行计算,同时在多个并行数据库上执行,并将执行接口汇总到 MapReduce 任务,合成为一个完整的结果,图 9-23 所示为该方案的设计图。

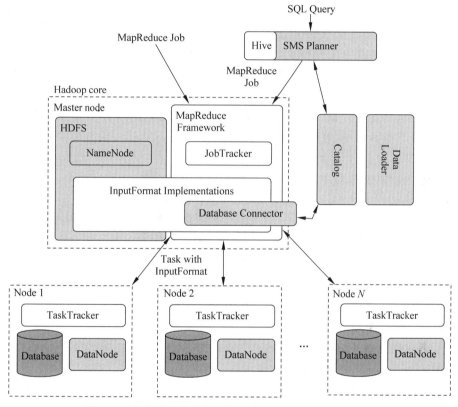

图 9-23 分布式存储方案上实现分布式关系数据库的方式

该方式可以支持关系型数据库的数据库表关联查询,相较于 NoSQL 的类似全文查询,该方式要友好很多,性能也提升很多。对使用者来说,由于该方式可以认为是分布式的关系型数据库,可以极大地降低应用开发的难度与成本。

9.4.4 存储设计实例

本节将以一个企业微博服务为例,围绕技术架构关注的几方面进行详细分析。

1. 业务介绍

主要的业务场景如下。

- 以在线服务的方式,为全国近 1000 万家企业提供企业微博服务,包括企业内部沟通与信息发布、项目组沟通与信息发布、替换目前企业 IM 沟通等。企业平均规模在 50 人以上,支持项目讨论及基于文档讨论,文档需要一并存储。

- 包含在企业门户上提供入口,企业客户匿名登录同销售及售后服务人员的微博沟通。
- 保存企业内部人员结构、好友及常用通信录,支持项目组群,方便组织内部沟通。
- 用户可以设定是否公开企业联系人或组,公开的联系人可以跨企业查询,其他的企业用户对企业内部可见,对外保密。
- 支持用户在组群中发布文档,并支持以附件方式发布或传递文档。

2. 业务分析

该企业微博服务要求支持 1000 万家企业,包括企业内部用户及企业外部客户,而且是企业日常沟通使用,替代目前 IM 沟通,按照平均规模计算,要支持 50 000 万即 5 亿注册用户,按照平均每十人一天发布一条消息计算,每天有 5000 万条消息,按照每 10 000 人一天发布一个文档计算,有 5 万个文档发布,用户信息和文档增长总量每天 50G 左右,按照企业需要,项目一般需要在线查询一年的数据,离线查询 3 年的数据,该服务存储总量在 18PB 左右,而结构化数据占 8PB,非结构化数据占 10PB。数据量巨大,使用 SQL 数据库需要按照企业划分,需要划分成太多块,非常难以管理,该规模数据适用于使用 HDFS 或 HBase 存储方式来实现该项目的数据存储。

HBase 数据库结构如图 9-24 所示。

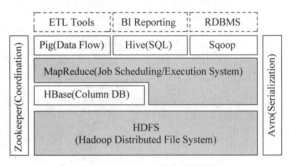

图 9-24　HBase 数据库结构

其中 HBase 位于结构化存储层,HDFS 为 HBase 提供高可靠性的底层存储支持,Hadoop MapReduce 为 HBase 提供高性能的计算能力,Zookeeper 为 HBase 提供稳定服务和 failover 机制。此外,Pig 和 Hive 还为 HBase 提供高层语言支持,使得在 HBase 上进行数据统计处理变得非常简单。

Sqoop 则为 HBase 提供方便的 RDBMS 数据导入功能,使得传统数据库数据向 HBase 中迁移变得非常方便。

(1) 逻辑数据建模。

数据的逻辑模型如图 9-25 所示。

(2) 物理数据模型。

HBase 这样的 NoSQL 数据库与 RDBMS 不同,它不支持 join。因此设计时要将关系作为行数据加入表结构中,支持关系搜索。为了提升性能,数据设计通过数据冗余提升搜索效率。

对于用户来讲,用户自身属性在一个列簇,包含用户的企业、部门等属性,此外,用户关注的用户以及用户被哪些用户所关注(following 关系)的关系作为数据库的一个列簇。在关注和被关注列表中包含姓名,这样在大多数场合,无须进行再次查找,就能够正确显示在网页上。这些列簇中冗余数据是为了提升显示查找效率,一般在显示列表时,只需要姓名即可,这样就以数据冗余代替了关系数据的表 join,数据一致性需要应用程序来保障,这一点是 NoSQL 型数据库与关系型数据库极大的不同。

此外,为了查询方便,将企业部门名作为数据直接放在该表中,在用户操作场合,使用该表支持用户数据,这里将一些不需要的数据省略了。

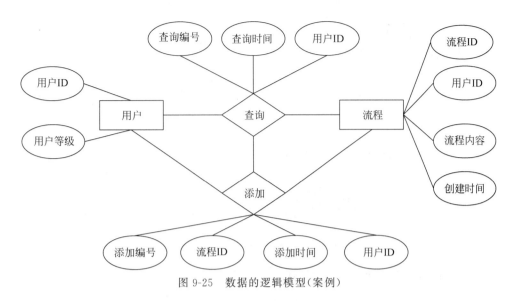

图 9-25 数据的逻辑模型(案例)

HBase 还不能支持两个以上列簇,在实际使用时,如果需要多个列簇,可以通过增加数据表的方式来增加,相当于关系数据库的纵向切分(见表 9-2)。

表 9-2 HBase 案例设计 1：多个列簇的实现

行	列簇					
	基本信息			联系人		
Key	姓名	部门	角色	Key	姓名	关系
U_1	Aaaa	研发部	用户	U_2	Bbbb	双向关注
				U_3	Cccc	关注者
				U_4	Dddd	被关注者
U_2	Bbbb	系统部	用户	U_1	Aaaa	双向关注
U_3	Cccc	市场部	用户	U_1	Aaaa	被关注者
U_4	Dddd	研发部	管理员	U_1	Aaaa	关注者

在用户之外,企业关系数据也是一个重要部分,用于处理组用户权限查询,该表也面向企业管理使用,信息集中到一张表(见表 9-3)。

表 9-3 HBase 案例设计 2：信息的集中

行	列簇						
	基本信息			子部门		成员	
Key	名称	经理 key	经理名字	Key	名称	Key	姓名
E_1	GE			D_2	研发部		
				D_3	系统部		
				D_4	市场部		
D_2	研发部	U_4	Dddd			U_1	Aaaa
						U_4	Dddd
D_3	系统部					U_2	Bbbb
D_4	市场部					U_3	Cccc

在企业管理之后,还有用户组合项目管理,对于该系统来说,两者区别很小,只是显示名称有区别,因此可以放在一张表中(见表9-4)。

表9-4　HBase 案例设计 3

行	基本信息			成员	
Key	名称	管理者 Key	管理者	Key	姓名
G_1	设计讨论组	U_1	Aaaa	U_1	Aaaa
				U_4	Dddd
P_1	项目1	U_2	Bbbb	U_2	Bbbb
				U_1	Aaaa
				U_3	Cccc
				U_4	Aaaa

其次是微博内容表,微博内容按照话题方式组织,数据冗余是为了加速显示(见表9-5)。

表9-5　HBase 案例设计 4

行	列簇							
	内容				回复			
Key	内容	归属 topic	创建者	附件	Key	内容	附件	创建者
U_1_G_1_i_1	如何处理多键问题	无	Aaaa	无	U_4_G_1_i_2	要看具体场景	无	Dddd
无	无	无	无	无	U_1_G_1_i_3	在内存map中	Multikey-map. cpp	Aaaa
U_4_G_1_i_2	要看具体场景	U_1_G_1_i_1	Dddd	无	无	无	无	无
U_1_G_1_i_3	在内存map中	U_1_G_1_i_1	Aaaa	Multikey-map. cpp	无	无	无	无

用户初始化时,按照时间和 key 为(U_1_ * _i_\d *)以及 topic 不是(U_1_ *)为条件,就能查到显示的所有内容。展开一个 topic 则使用 topic 的 key 查找,通过查到的内容就能够展现整个页面。

数据冗余,对于显示显然是友好的,但对于数据插入显然是不利的,因此在程序设计时,要通过多次写操作,保持数据的一致性。

此外,对于更复杂的逻辑查询,需要引入 Hive,使用 SQL 语句驱动 MapReduce,以获取最大性能。

(3)扩展性。

对于 HBase 及所有 NoSQL 数据库,可扩展性一般通过分区来实现,在 HBase 中 region 通过管理服务器设计实现。一个 region 是由一对 key(起始和结束 key)来确定的。对该应用来讲,自然分区最好以企业为单位,为了统一定义,对上面的 key 值做一个升级,增加一个 e_n_ 前缀,同样在表中,企业列簇可以去掉。

用户键值是 e_2_u_1,微博条目键值为 e_2_u_1_i_1,这样就能很容易地将一个或多个企业配置到一个区域,通过硬件访问及前端访问负载配置,区域数据尽量在区域内访问,提升系统性能。

　　对于上传文件处理，每个企业可以建立一个文件目录，目录以企业的键值为目录名，将目录指定到不同区域，就能实现数据和文件的一致分区，提升访问效率。

　　由于 HBase 这样的 NoSQL 数据库目标是面向巨大的数据量访问，因此扩展相对简单，需要根据数据量及访问量增加数据节点，即增加服务器数量，使用 MapReduce 提升性能，切分相对容易实现，无需额外的程序开发。

　　（4）高可用度。

　　由于分布式存储在存储底层采用集群及多备份方式存储数据，是一个高可用性的集群，系统的可靠性比传统数据库有很大提升。此外，数据备份、包括灾备都能够在数据层处理，因此分布式数据系统本身就是一个高可用系统。

　　（5）性能。

　　分布式文件系统性能相当于数据量较少的 ftp 访问，比本机访问性能要低不少，在大规模部署时，数据是分片并行处理的，这样可使性能提升。因此在初期数据量较少时，适宜用关系数据库，在数据量增加到一定程度时，使用 NoSQL 比较合适。

　　在部署时，数据节点，包含文件存储和结构数据存储，可以分布到 20 个节点上，随着用户增多，可以增加节点。region 备份已经存储到物理节点上，因此也可以逐步建立。这样就能尽量降低初期投入，而且在用户增加时扩展也相对容易。

第10章

大数据分析系统技术

数据分析是数据智能中最核心的部分,可分为描述性分析、诊断性分析、预测性分析、指导性分析四个类别,每个类别基于数据回答不同的问题,难度越大,所能带来的价值越高,所使用的技术也越复杂。

第8章对于数据智能的技术体系以及具体的技术平台进行了描述,但是总体上粒度偏大或者偏小。对于数据架构师、高级数据研发人员来说,如何选择合适的技术,构建一个乃至一系列数据分析系统,以适合数据分析人员、业务运营人员来快速进行数据的探索和使用,是必须要解决的问题。

此部分内容主要讲解不同类型的大数据分析系统的考虑要点,特别针对需要及时响应的查询类型系统进行分析,并在存储以及数据模型设计上进行比较详细的讲解,为什么特别选择这两个点呢?因为在大数据分析系统中,数据如何存储、模型如何设计几乎决定了其适用的场景及能解决实际业务问题的效果及准确程度。

10.1　分析系统架构设计

下面从分布式系统经典的 CAP(Consistency,Availability,Partition,Tolerance)理论开始,探讨分析系统需要首先考虑和权衡的要素,然后通过分析一个实施查询的过程来讲述分析系统的架构设计。

10.1.1　CAP 理论

CAP 理论是分布式计算领域一个公认的定理,也是深刻影响分布式发展的一个经典理论,如图 10-1 所示。

1. 分区容忍性

这里的分区指通过网络组成分布式系统中相应服务的节点的分割或者分离状况。分区容忍性决定了一个分布式系统必须具备如下特性:分布式系统遇到任何网络分区故障时,仍然需要保证对外提供满足一致性和可用

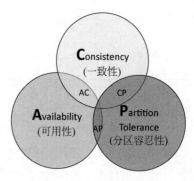

图 10-1　CAP 理论示意

性的服务。

由于网络故障不可避免,即分布式系统不可避免出现网络分区。既然是分布式系统,分区容忍性是无法放弃的。放弃了分区容忍性也就是放弃了分布式系统,因为只有在单机环境中才不会出现网络分区。

2. 一致性

在分布式环境中,一致性是指分布在多个网络节点的数据能够保持一致性。

例如,一份数据保存在多个节点上,当进行更新操作后,所有节点数据被成功更新为最新数据,则保持了数据的一致性。如果出现部分节点数据更新成功,部分失败,则会出现分布式数据不一致的情况。

3. 可用性

在分布式环境中,可用性是指系统在一个合理的时间内返回结果。

对于不同的系统,用户对合理的时间期望值是不一样的。对于一个 Web 服务来说,一般期望在几秒内返回。对于一个批量任务执行系统来说,对于返回结果可以容忍几个小时。

对于返回结果来说,不一定是一个正确的结果,而是一个合理的结果。例如,在一个分布式库存系统中,更新了某一件商品的库存,由于某些原因,导致部分节点更新成功,另一部分节点更新失败。此时如果查询失败的节点,返回的结果就不是一个正确的结果,但我们说这是一个合理的结果,这些失败的节点也是可用的。

4. CAP 理论

CAP 理论表明:一个分布式系统不可能同时满足一致性(Consistency)、可用性(Availability)和分区容忍性(Partition Tolerance),最多只能同时满足其中两个。

在分布式环境中,由于分区容忍性不可放弃,所以只能选择 CP(放弃可用性)或者 AP(放弃一致性)的组合。至于选择哪一种,取决于业务形态和要求。

(1)放弃可用性。当系统出现数据不一致时,则在一段时间内暂停服务,也就是需要等待数据达到一致,这个时间取决于故障解决时间或者数据恢复时间。在这段时间内就出现了服务的不可用。

(2)放弃一致性。在系统出现数据不一致时,仍然对外提供服务,保持服务的可用性。其实际应用中,放弃一致性并不是说完全放弃一致性,而是放弃数据的强一致性,保留数据的最终一致性。

10.1.2 分析系统考量三要素

图 10-1 中,CAP 中的 C、A、P 无法兼得,只能有所取舍。在分析系统中同样需要在三个要素间进行取舍和平衡,这三个要素是数据量、灵活性以及性能,如图 10-2 所示。有的系统在数据达到一定数量,例如超过 P 级别后,在资源不变的情况下,就无法满足处理要求了,哪怕是一个简单的分析需求,也根本不能运行。灵活性主要指操作数据时的方式是否灵活,例如对于一般的分析师而言,使用 SQL 来操作是首选,没有太多的约束,如果使用特定领域的语言(DSL)就比较受

图 10-2 分析系统考量三要素

限。也就是说,操作是否受预先条件的限制,是否支持在多个维度下进行灵活的即席(Ad-Hoc)查询。最后一个就是性能要求,是否满足多并发操作,能否在秒级进行响应。

10.1.3　实时查询过程

对数据进行聚合类型的查询时,一般按照图 10-3 所示的三个步骤进行。

首先,需要用索引检索出数据所对应的行号或者索引位置,要求能够从上亿条数据中快速过滤出几十万或几百万条数据。这是搜索引擎最擅长的领域。因为一般关系型数据库,擅长用索引检索出比较精确的少量数据。

图 10-3　实时查询过程

然后从主存储按行号或者位置进行具体数据的加载,要求能够快速加载过滤出的几十万或几百万条数据到内存里。这是分析型数据库最擅长的领域,因为分析型数据库一般采用列式存储,有的还会采用内存映射(mmap)的方式来加快数据的处理。

最后进行分布式计算,能够把这些数据按照 GROUP BY 和 SELECT 的要求计算出最终的结果集。这是大数据计算引擎最擅长的领域,如 Spark、Hadoop 等。

10.2　架构选择

结合对分析系统三要素的选择以及对实时查询过程的分析,在架构方面目前主要有三类:

- 大规模并行处理架构(Massively Parallel Processing,MPP)。
- 基于搜索引擎的架构。
- 预计算系统架构。

10.2.1　大规模并行处理架构

传统的 RDBMS(Relation DataBase Management System,关系型数据库管理系统)在 ACID(Atomic,Consistence,Isolation,Durability)方面具有绝对的优势,如果大部分数据依然还是结构化的数据,并且数据不是特别巨大(如超过 PB 级别规模),同时需要利用 SQL 等对数据进行相对规范的处理,那么不一定非要采用类似 Hadoop 这样的平台,这个架构就是大规模并行处理架构。当然,实际上大规模并行处理架构只是一个架构,其底层未必一定是 RDBMS,可以架设在 Hadoop 底层并且加上分布式查询引擎(由 Query Planner、Query Coordinator 和 Query Exec Engine 等组成),不使用 MapReduce 这样的批处理方式。

这个架构下的系统有 GreenPlum(GP)、Impala、Drill、Shark(SQLOnSpark)等,其中 GP 使用 PostgreSQL 作为底层数据库引擎。下面就 GP 的架构进行分析,如图 10-4 所示。

图 10-4 所示为 GP 的总体架构。主节点有两个,一个是主节点,另一个是从主节点。通过软交换机制,也就是高速网络,主节点连到数据节点(Segment Host)。每个数据节点有自己的 CPU、内存、硬盘,它们唯一共享的是网络。同时数据节点也拥有数据库、表、字段的元数据,这也是称为无共享(Share Nothing)架构的原因。这种架构的好处是集群是分布式环境,数据可以在很多节点上进行并行处理,可以做到线性扩展。

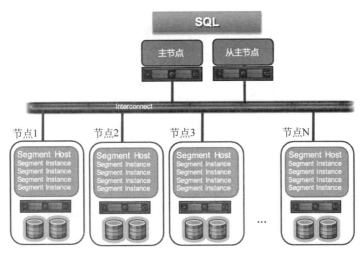

图 10-4 GP 的总体架构

在分布式数据库中,性能好坏的最重要因素是数据分布是否均匀。如果数据分布不均匀,有的节点上数据非常多,有的节点上数据很少,这样会出现短板效应,整个 SQL 的效率不会很好。GP 支持多种数据分布策略,默认使用主键或者第一个字段进行 Hash 分布,还支持随机分布。除了横向数据可以按节点分布之外,在某个节点上还可以对数据进行分区。分区的规则比较灵活,可以按照范围分区,也可以按照列表值分区,如图 10-5 所示。

图 10-5 数据分区

在进行查询时,GP 是如何工作的呢? 这就涉及并行查询计划和执行。

图 10-6 中左边部分是简单的 SQL,从两张表 Sales 和 Customer 中找到 2008 年的销售数据并进行 JOIN 操作。图中右边是 SQL 的查询计划。从生成的查询计划树中看到有三个不同的部分,分别用不同的框表示,同一个框内表示做同一件事,称为分片/切片(Slice)。最下层的切片 Slice 1 中有一个重分发节点,该节点将本节点的数据重新分发到其他节点上。中间切片 Slice 2 表示分布式数据关联(Hash Join)。最上层的切片 Slice 3 负责将各数据节点收到的数据进行汇总,图 10-6 中示意了两个节点。

如图 10-7 所示,主节点(master)上的调度器(QD)会下发查询任务到每个数据节点,数据节点收到任务后(查询计划树)创建工作进程(QE)执行任务。如果需要跨节点进行数据

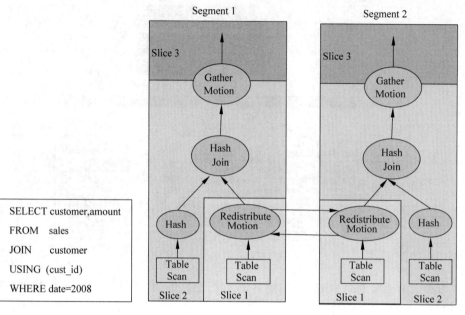

图 10-6　查询计划

交换（如图 10-6 中的 Hash Join），则数据节点上会创建多个工作进程协调执行任务。不同节点上执行同一任务（查询计划中的切片）的进程组成一个团伙（gang）。数据从下往上流动，最终 master 返回给客户端。

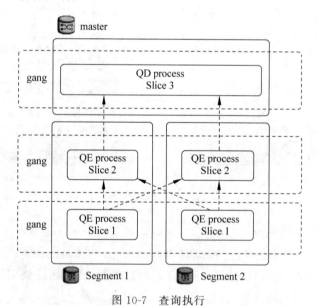

图 10-7　查询执行

10.2.2　基于搜索引擎的架构

相对于 MPP 系统，搜索引擎在进行数据（文档）入库时将数据转换为倒排索引，使用 Term Index、Term Dictionary、Posting 三级结构建立索引，同时采用压缩技术节省空间。

这些数据(文档)会通过一定的规则(如对文档 ID 执行 Hash 运算)分散到各节点上。在进行数据检索时,采用 Scatter-Gather 计算模型,在各节点上分别进行处理后,集中到发起搜索的节点进行最终聚合。

这个架构下的系统主要有 Elasticsearch、Solr。一般采用 DSL 进行操作。

下面以 Elasticsearch 架构进行详细分析,如图 10-8 所示。

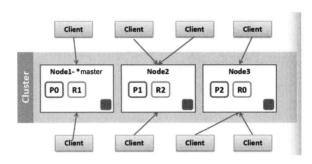

图 10-8　Elasticsearch 架构

图 10-8 所示为 Elasticsearch 集群的总体架构,节点一般有以下四种节点类型。

(1) master 节点即主节点,主节点由集群通过选举产生,可以是一个也可以是多个,它负责管理集群的变更,如创建或删除索引,添加节点到集群或从集群删除节点。master 节点无须参与文档层面的变更和搜索,这意味着如果仅有一个 master 节点,并不会因流量增长而成为瓶颈。

(2) 数据节点,用来保存数据、执行数据相关的操作,对 CPU、内存、I/O 要求较高。

(3) 客户端节点,用来连接到集群进行数据的请求。

(4) 部落节点,特殊的客户端,可以连接多个集群。在图 10-8 中没有体现,一般也可以没有。

用户可以访问包括 master 节点在内的集群中的任一节点。每个节点都知道各文档的位置,并能够将用户的请求直接转发到拥有用户想要的数据的节点。无论用户访问的是哪个节点,它都会控制从拥有数据的节点收集响应的过程,并返回给客户端最终的结果。这一切都是由 Elasticsearch 透明管理的。

10.2.2.1　索引和分片

Elasticsearch 通过索引(index)对不同类型的数据进行逻辑隔离,一个集群中可以包含多个索引,共享集群资源。图 10-8 中的 P0、R0、P1、R1、P2、R2 指的是分片(Shard)。

分布式存储系统为了解决单机容量以及容灾的问题,都需要有分片以及副本机制,同时分片和副本也提供负载均衡等支持。

一个分片由主分片和副分片组成。

(1) 主分片(Primary Shard):索引的子集,索引可以切分成多个分片分布到不同的集群节点上,一个分片是一个 Lucene 的实例,本身就是一个完整的搜索引擎。任何一个文档不会跨分片存储,只会存储在其中一个主分片及对应的副本分片中,分片对应的是 Lucene 中的索引。所有数据的写入首先会进入主分片,然后同步到副本节点,这个同步过程可以是强一致性,也可以是最终一致。

（2）副本分片（Replica Shard）：每个主分片可以有一个或者多个副本，用于同步主分片的内容。

当一个节点失效时，会引起分片的重新分布，一般会根据其余节点的资源情况动态进行调整，大多数情况只会涉及失效节点上的分片。例如图 10-8 中如果 Node2 服务器出现故障，P1、R2 分片就会无法访问，那么集群的一个调整策略是自动把 R1 升级回 P1，然后在 Node3 上重新建立 R1 中的内容，把 R2 调整到 Node1，根据 P2 重新建立 R2 中的内容。

10.2.2.2　索引建立和搜索过程

图 10-9 是针对文档索引建立和搜索过程。

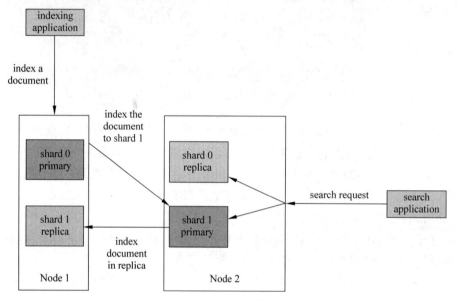

图 10-9　索引建立和搜索过程

在文档索引建立时，客户端可以连接到任何一个节点上（如图 10-9 中的 Node 1），节点会根据规则来确定文档需要存储的分片位置（如图 10-9 中的 Node 2），Node 1 会把索引建立请求转交到 Node 2，Node 2 作为此文档的主分片进行索引的建立，然后同步到 Node 1 上的副本分片上。

在文档索引时，客户端一样可以连接到任何节点上（如图 10-9 中的 Node 2），此节点就成为 Coordinate Node。默认情况下，此搜索会在所有分片上执行，当然为了避免额外的开销，系统会制定一些策略。针对上面的例子，因为 Node 1 和 Node 2 上都拥有了此索引的所有分片数据，所以在当前节点对其上的分片进行搜索就可以了。从每个分片中出来的结果会在 Coordinate Node 中进行汇总，实质上这也是发散-聚合（Scatter-Gather）模式。

搜索过程没有 MPP 类似的执行计划。

10.2.2.3　索引结构

最后讲解索引结构，这是和关系型数据库差异最大的地方，如图 10-10 所示。

一个 Elasticsearch 分片实质就是一个 Lucene 索引。

Lucene 索引由多个 segment 组成，每个 segment 也就是一个倒排索引。

每个 segment 由多个 Document 组成，每个 Document 由多个 Field 构成，每个 Field 可

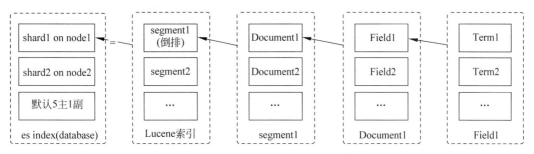

图 10-10　Elasticsearch 的索引结构

以分割为多个 Term。

倒排的特性如图 10-11 所示。

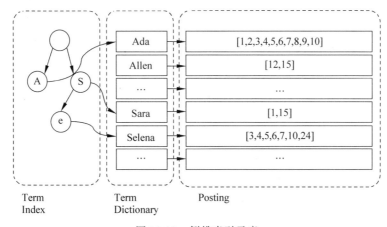

图 10-11　倒排索引示意

首先给每个 Document 确定一个唯一编号,假设从 1 开始顺序递增,然后对 Document 中的 Term 进行分割,形成一个树状的索引,索引指向 Term 字典。Term 字典按照词的顺序进行组织,每个词指向一个 Document 编号列表,只要这个词被包含在 Document 中。这种结构称为倒排索引。

这样在进行搜索时,最终根据搜索词,快速找到包含这些搜索词的文档。

10.2.3　预计算系统架构

类似 Apache Kylin 的系统就是采用的预计算系统架构,其在数据入库时对数据进行预聚合,通过事先建立一定的模型,对数据进行预先的处理,形成"物化视图"或者"数据立方体(Cube)",这样对于数据的大部分处理实际是在查询阶段之前就完成了,查询阶段相当于进行二次加工。

这个架构下的系统主要有 Kylin 和 Druid。当然 Kylin 和 Druid 之间也有不少差别,虽然二者都属于预计算系统架构。Kylin 使用 Cube 的方式进行预计算,一旦模型确定,要去修改的成本会比较大,基本上需重新计算整个 Cube,而且预计算不是随时进行,而是按照一定的策略进行,这也限制了其作为实时数据查询的要求,虽然其支持 SQL 方式。而 Druid 更适合做实时计算、即席查询(目前还不支持 SQL),它采用 Bitmap 作为主要索引方式,因此可以很快地进行数据的筛选及处理,但是对于复杂的查询来说,性能上比 Kylin 要差。

基于上面的分析可知,Kylin 一般作为超大数据量下的离线 OLAP 引擎,Druid 一般作为大数据量下的实时 OLAP 引擎。

下面以 Kylin 为例进行架构分析,其架构如图 10-12 所示。

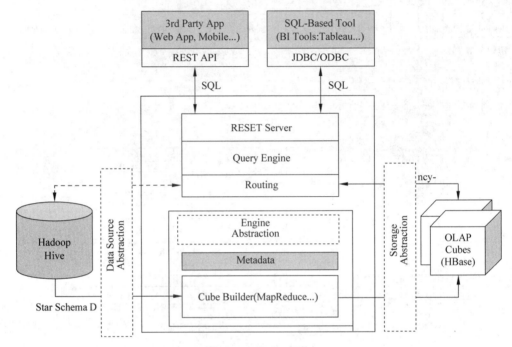

图 10-12　Kylin 架构

图 10-12 来自 Apache Kylin 的微信公众号,更详细的描述参见公众号。

Kylin 基于 Hadoop/Hive/HBase,通过定义 Cube,由 Hive 等对 Cube 中的内容进行计算,然后把计算结果保存在 HBase 上,对外提供 SQL 查询接口。Kylin 支持的是雪花型数据结构,这涉及以下几个概念。

(1) Fact Table(事实表):事实表是指包含了大量不冗余数据的表,其列一般有两种,分别为包含事实数据的列、包含维表 foreign key 的列。

(2) Lookup Table(查询表):包含了对事实表的某些列扩充说明的字段,事实表和查询表一起形成雪花型的结构。

(3) Dimensions Table(维表):由 Fact Table 和 Lookup Table 抽象出来的表,包含多个相关的列,提供对数据不同维度的观察,其中每列的值的数目称为基数(Cardinality)。

(4) Model(模型):用来定义用户需要使用的 Hive 表名及所包含的维度列、度量列、partition 列和 date 格式。

(5) Cube(数据立方体):用来定义某具体查询时会涉及的维度列及相互之间的关系(如层级关系)、度量列的具体类型(如 max,min,sum)等,一个 Model 下可存在多个 Cube。

10.2.3.1　Cube 的定义

Cube 是所有维度(Dimensions)的组合,每一种维度的组合称为 cuboid。每一个有 n 个维度的 Cube 会有 $2n$ 个 cuboid,如图 10-13 所示。

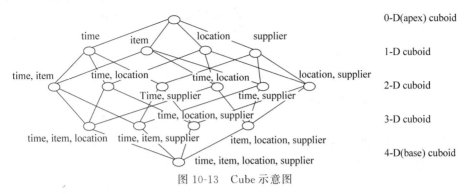

图 10-13 Cube 示意图

图 10-12 对应一张 hive 表,有 time、item、location、supplier 四个维度,对应的统计列就是 money。

0-D cuboid 对应的查询语句为:

```
SELECT SUM(money) FROM table
```

1-D cuboid 对应的查询语句有四个,分别为:

```
SELECT SUM(money) FROM table GROUP BY time
SELECT SUM(money) FROM table GROUP BY item
SELECT SUM(money) FROM table GROUP BY location
SELECT SUM(money) FROM table GROUP BY supplier
```

对应的 2-D cuboid 查询语句在 GROUP BY 后的维度是 time、item、location、supplier 的两两组合。如果不采取优化措施,理论上 Kylin 在预计算过程中会对上述每一种组合进行预计算。随着维度的增加,计算量将呈几何倍数增长,因此 Kylin 会提供相应的优化措施。

10.2.3.2 Cube 的计算过程

逐层算法如图 10-14 所示。

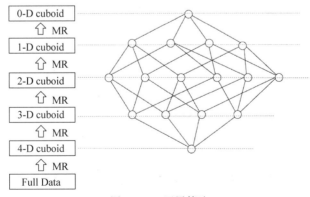

图 10-14 逐层算法

在"逐层算法"中,按维度数逐渐减少来计算,每层的计算(除了第一层是从原始数据聚合而来)是基于它上一层的结果计算的。

举例来说，[GROUP BY time, item]的结果，可以基于[GROUP BY time, item, location]和[GROUP BY time, item, supplier]的结果，通过去掉 location、supplier 后聚合得来，这样可以减少重复计算。当 0-D cuboid 计算完成后，整个 Cube 的计算也就完成了。

逐层算法比较稳定，但是效率比较低。

快速 Cube 算法(Fast Cubing)是 Kylin 团队对新算法的一个统称，它还被称为"逐段" (By Segment)或"逐块"(By Split)算法。

该算法的主要思想是，对 Mapper 所分配的数据块，将它计算成一个完整的小 Cube 段(包含所有 cuboid)；每个 Mapper 将计算完的 Cube 段输出给 Reducer 做合并，生成大 Cube，也就是最终结果，图 10-15 是此算法的流程。

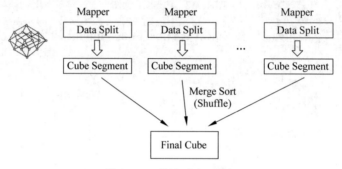

图 10-15　快速 Cube 算法

与逐层算法相比，快速算法主要有以下两点不同：

- Mapper 会利用内存做预聚合，算出所有组合；Mapper 输出的每个 Key 都是不同的，这样会减少输出到 Hadoop MapReduce 的数据量，Combiner 也不再需要。
- 一轮 MapReduce 便会完成所有层次的计算，减少 Hadoop 任务的调配。

还是以上面的四个维度为例，每个 Mapper 分配到的数据块约 100 万条记录。在这 100 万条记录中，每个维度的基数(Cardinality)分别是 Card(time)、Card(item)、Card(location)、Card(supplier)。

当从原始数据计算 4-D cuboid(如 1111)时：逐层算法的 Mapper 会简单地对每条记录去除不相关的维度，然后输出到 Hadoop，所以输出量依然是 100 万条；新算法的 Mapper 由于做了聚合，只输出[COUNT DISTINCT time, item, location, supplier]条记录到 Hadoop，此数目肯定小于原始条数；在很多情况下，它会是原来的 1/10 甚至 1/1000。

当从 4-D cuboid(如 1111)计算 3-D cuboid(如 0111)时，维度 time 会被聚合掉；假设 time 维度的值均匀分布，那么聚合后的记录数会是 4-D cuboid 记录数的 $1/Card(A)$，而逐层算法的 Mapper 输出数跟 4-D cuboid 记录数相同。

可以看到，在 cuboid 推算过程中的每一步，新算法都会比逐层算法产生更少的数据；全部加起来，新算法中的 Mapper 对 Hadoop 的输出会比逐层算法少一个或几个数量级，具体数字取决于用户数据的特性；越少的数据，意味着越少的 I/O 和 CPU，从而使得性能得以提升。

10.2.4　三种架构的对比

根据对上面三种架构的分析，可以得出如下结论：

- MPP 架构的系统：有很好的数据量和灵活性的支持，但是对响应时间没有保证。当数据量和计算复杂度增加后，响应时间会变慢，从秒级到分钟级，甚至小时级都有可能。
- 相对于 MPP 系统，搜索引擎架构的系统牺牲了一些灵活性来换取好的性能，在搜索类查询上能做到亚秒级响应。但是对以扫描聚合为主的查询，随着处理数据量的增加，响应时间也会退化到分钟级。
- 预计算系统：在入库时对数据进行预聚合，进一步牺牲灵活性换取性能，以实现对超大数据集的秒级响应。

结合前面的分析，三种架构对于分析系统三要素的支持分别是：

- 对于数据量的支持从小到大。
- 灵活性从大到小。
- 性能随数据量变大从低到高。

因此，用户可以基于实际业务数据量的大小、对于灵活性和性能的要求来综合进行考虑。例如，采用 GreenPlum 可以满足大部分公司的需要，采用 Kylin 可以满足超大数据量的需求。

第11章

企业大数据实施策略

在讲完大数据的基本概念、构建策略、技术和平台、分析系统相关的技术后,本章结合案例来讲解在企业中如何实现大数据落地。首先讲解在企业中落实大数据战略的挑战点;然后确定实施和规划的 4 个步骤;再结合笔者第一手的实践案例具体讲述实施过程中的要点和难点;最后进行总结,包括收获以及经验教训。

11.1 企业实施大数据战略面临的挑战

大数据战略的实施需要从管理和技术两个层面考虑。由于大数据业务的实施不同于一个普通业务系统的实施,其涉及数据价值观和管理模式的升级,把原来以产品、运营驱动的管理模式转变为数据驱动的模式。模式的变化需要认知和意识的升级、公司战略的调整、组织结构的设计、流程的变化、产品的变化以及对人本身能力要求的变化。相对而言,技术的变化具有一定的规律,比较容易转变。但对于传统企业,如果模式上没有进行转变,技术的变化仅仅是增加了对新技术系统的了解而已。

本章的内容更多地聚焦在和模式变化相关的管理内容上,包括实施规划、组织结构设计、角色分工,并通过实际案例阐述大数据系统的建设过程。

11.2 实施规划

大多数情况下,企业对于新的技术方向的把握在概念期、在媒体热捧的阶段会被大量的信息所淹没,变得无所适从,怕错过这个发展阶段,从而产生焦虑,其本质上还没有了解技术的本身以及规律。在大数据概念和理论部分讲述的成熟度模型中,已经非常清晰地讲述了大数据业务在企业中的发展过程,只有积累到一定阶段,才可能向另一个阶段跃升。无谓的焦虑没有太多的意义,认真分析企业目前的状况以及未来的发展方向才是根本。

因此,企业需要回答几个业务方面的问题,如果能有一个清晰的答案,那么大数据之路会顺畅很多。典型的问题如下:

- 目前的产品对应的主要业务场景是什么?
- 目前的业务是否已经有效地进行了监控和分析?

- 目前可以产生及获取什么样的数据？
- 目前有什么主要问题可以通过这些数据解决？
- 有没有合适的大数据团队或组织配置？

这些问题需要周期性地思考，概括起来如图 11-1 所示。

图 11-1　数据规划过程

11.2.1　切入点规划

如果公司已经有了战略规划，那么就从现阶段的战略目标来寻找切入点。如果还没有数据方面的规划，那么就从具体的业务场景中找到有利于业绩提升、节省成本、提高效率的切入点。

11.2.2　组织配置和调整

有了目标，就需要有相应的组织来负责落实。

在组织建设上，如果一开始对于大数据没有太多实际经验，可以先组建一个中央级的数据部门进行集中化管理。数据部门的负责人最好直接向 CEO 报告，一是可以让大数据在决策层发挥威力，二是大数据实施需要整合很多部门的资源，如果级别不够的话，很难推动。

当大数据工作已经逐渐被大家所熟悉，其效果和作用也很显著时，如果一直保持这种中央级的部门设置，会存在几方面的问题。一是权力集中在一个部门，别的业务部门会觉得数据部门高高在上，是企业中的"御林军"。二是业务上的数据需求会越来越多，数据部门会成为很大的瓶颈。三是数据部门客观上不会对所有业务都非常了解，做出来的东西不一定能达到需要的效果。此时就需要对组织进行调整，在各产品线或者事业部建立数据团队。中央数据部门和事业部数据团队之间的分工是有差异的，中央级的定位更多的是数据的整合、公司级数据产品的建设、平台的建设、计算能力的建设等。事业部考虑更多的是公司级资产在业务部门怎么快速响应业务需求，推动业务的发展。

这部分更详细的内容参见第 34 章。

11.2.3　数据获取和挖掘

具体目标的执行：一个是数据的获取、处理，另一个就是数据的挖掘。以前有一种看法是尽可能多地获取数据，越多越好，不管是否需要，存下来再说。第 7 章中的 4V 模型里也提到过，如果没有想清楚数据怎么用，那么保存下来的数据可能会成为"垃圾"，而且占用不菲的存储资源。因此数据获取应尽可能围绕着切入点规划的目标来进行。当然，如果资源允许的情况下，先把数据收进来，以后用得上时再处理也未尝不可，只要做好数据账本的梳理工作即可。

11.2.4　效果评估

针对前面的结果进行详细的效果评估，找出差距，然后把解决方案作为下一阶段规划的输入。以上规划在接下来的实际案例中会进行详细讲解。

11.3　案例研究：大数据运营场景及系统实施

本节内容主要是就第 7～第 10 章的内容结合实际案例进行一个更清晰的展示和印证。此案例主要以笔者所在公司的代表产品"个推"的演进过程作为主线。

个推是浙江省每日互动网络科技股份公司（www.mrtech.com）推出的数据推送的服务产品，在信息推送上，个推服务平台现在可以触达 10 亿部手机，40 亿个 App 端。经过近 10 年在移动互联网、大数据领域的深耕，公司于 2019 年在中国创业板上市，成为"数据智能"领域的第一家上市公司。

11.3.1　背景介绍

消息推送大家都有接触，最常见的就是手机短信推送。随着手机处理能力及 GSM 移动通信技术的发展，各种信息都可以通过短信送达用户手机上。随着手机处理能力的快速提升、信息交互方式的变革，智能手机成为主流，短信等简单的推送方式已经不能满足交互的要求，因此大部分转型到手机 App。虽然在 Android 系统推出之初，原生系统带有推送模块 GCM，但是由于 GCM 的功能比较简单，并且 Google 的很多服务无法直接供国内的用户使用，同时市场还有 iOS、Microsoft Windows Phone 等多个移动平台。为了让开发者集中自己的资源于核心业务，2012 年公司推出了个推产品，将销售推送功能做到了跨平台服务。

11.3.2　演化路径

个推的产品演化主要分为以下三个阶段：

（1）起步：产品根据刚需设计。

（2）优化：根据市场反馈进行迭代优化。

（3）深入：根据产生的数据类型和数据规模结合行业特点进行挖掘。

互联网企业在与用户互动的过程中，会经历各种各样的阶段，每个阶段都有不同的特点。互联网行业的用户生命周期如图 11-2 所示，从初期的通过低成本获取用户流量，到正常期提高用户黏性，再到成熟期的精细化运营，都是围绕着获客以及后让每一个用户都得到更好的服务，提升企业的运营效率和服务产出。

图 11-2　互联网行业的用户生命周期

这个过程中，作为驱动的一个很重要的因素就是数据。正是因为这一因素，所以个推的业务发展也基本印证着前面所涉及的大数据的几个理论，如大数据业务成熟度模型的发展规律。

个推产品采用了多维度组合的产品策略,从以下几个维度进行演化。

(1)从产品角度,个推的目标客户是开发者,为他们提供以信息推送为核心基础的 SaaS 产品。同时根据市场对产品的要求,结合产品本身的生命周期拓展要求,不断优化、创新,开发新的版本。

(2)从客户业务角度而言,基于互联网行业的用户生命周期,在不同阶段需要用不同的手段来服务用户,个推也需要相应地调整数据推送的模式。

(3)利用系统在运行过程中以及在信息推送中所产生的数据,这些数据主要包括三部分:系统运行数据、业务消息相关数据、手机端业务开展所需要收集的类似应用列表等数据,如并发连接数、连接时长、下发消息数、手机端接收消息数、消息接收延迟、消息回执、用户针对消息的单击等,来进行系统的监测、系统优化、市场客户的拓展、产品体验及性能的提升。

(4)对数据进行加工挖掘,把数据作为资产、生产资料来闭环提供给客户进行营销和运营,结合行业发挥数据的附加价值,并进行能力输出。

11.3.3　个推 V1.0——基础 SaaS 产品

11.3.3.1　问题提出

个推产品创业初期(2011 年底),本身产品、客户业务以及大数据成熟度均属于起步阶段,因此产品的核心功能是帮助开发者通过个推的 SaaS 平台将内容和消息通知及时发送到用户的智能设备,这些智能设备可以运行于不同的操作系统平台,在移动终端上以通知栏消息的形式出现。

这一阶段是以基础功能为主的低成本的快速推广策略,面临的主要挑战是如何快速树立产品的标杆卖点,击中客户痛点,同时让产品快速在市场上得到验证,形成优质的天使客户。

个推 V1.0 的产品逻辑如图 11-3 所示。

个推 V1.0 是基础的移动应用消息推送解决方案,通过向移动应用开发者(App)提供自主研发的推送产品"个推 SDK"开展。移动应用开发者通过在 App 开发包内集成专业型的 SDK(支持 Android 和 iOS),可快速实现推

图 11-3　基础推送产品逻辑示意图

送、语音识别等特定功能,享受专业化的 SDK 服务商的技术服务,节省自行开发的成本,缩短开发周期。

这一阶段的主要目标是:

- 快速便捷的集成和使用方式。
- 提高手机端 SDK 的健壮性和稳定性,需要绝对避免由于 SDK 的缺陷影响 App 的使用。
- 尽可能地提高 SDK 的省电、省流量要求。
- 提高单台服务器的性能,尽可能减少对应到每个 SDK 的资源消耗和成本。

- 提高整个系统的吞吐率,包括每秒接收服务端的推送消息指令和下发的消息数量、单机能承载的并发连接数等,依然是为了减少初期的资源消耗。
- 保持系统的稳定运行。

11.3.3.2　组织配置和调整

此阶段的主要目标是快速向市场提供个推的 SDK,因此焦点更多在于 SDK 产品本身。因此没有单独的数据部门存在,只是在内部成立了一个大数据小组,进行大数据基础系统的建设、试错工作,尝试用大数据技术解决当前存在的数据统计、报表等问题。

11.3.3.3　具体实现

SDK 只是一个和用户的接口层,我们还建设了一个后端平台,负责完成让 SDK 可以完整获得除了手机端以外消息推送所需要的工作。

后端平台核心功能包括:

- 丰富的网页端推送管理功能。
- 多种程序语言版本的 API 开放接口。
- 维持每个 SDK 到平台的长链接通信。
- 进行全量用户推送时的用户抓取。
- 推送效果展示及报表。
- 系统实施运行信息展示。
- 业务运行信息实时展示。
- 业务总体开展情况分析。

根据这个阶段产品的定位及面对的问题,这个阶段对于数据的使用可以对应大数据成熟度模型的“业务监测”和“业务洞察”阶段。系统所产生的数据绝大部分直接服务于基础推送业务开发,主要包括:

- 系统数据:监控信息、运行日志、网络信息等。
- 业务数据:客户增长数、用户增长数、活跃用户数等。
- 分析数据:如展现给客户需要的报表数据,包括推送数量、到达率、单击率、回执率等。

截至 2018 年 12 月底,个推 SDK 日均活跃 SDK 最高连接数达 7 亿,日均活跃设备数近 4 亿,累计 SDK 注册用户数(未去重)近 300 亿,累计注册设备数超过 20 亿。

如此体量的用户规模,每天产生的数据在 TB 级别,因此在此阶段引入了大数据系统来完成业务监测方面的功能。

实际上,任何一个系统都是逐步演进的,不可能一蹴而就。对于一个创业公司而言,更是一个面对问题不断解决不断提高的过程。在大数据系统方面,大致可以分为以下几个阶段。

1. 报表系统阶段

如图 11-4 所示,业务平台节点负责产生必要的信息,然后通过远程复制等功能收集到日志存储节点,这个存储节点也不是集群,而是配备大容量硬盘阵列的服务器,然后对这些日志进行计算,计算结果存入 MySQL。这一阶段能处理的数据规模在 100TB 以下。

这一阶段特点有以下几点。

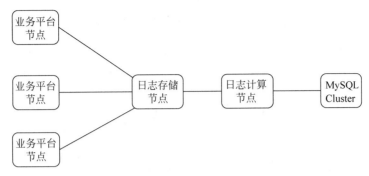

图 11-4　报表系统阶段

- 主要以用户留存活跃、消息推送报表为主。
- 数据量级较大但是维度较少。
- 数据保存周期短。
- 脚本多进程处理即可。

采用的技术方案是高配主机多台、以 MySQL、PHP、Shell 脚本为主。

2. Hadoop 系统阶段

随着客户数量的大幅上升,出现以下几个问题和挑战:

- 产生的推送消息呈指数级上升。
- 大客户和小客户之间的数据相差几十倍甚至上百倍,分布严重不均。
- 客户对于报表的维度要求上升,从原来提供固定的报表格式转变为客户提出个性化的报表格式。
- 对于报表等的时效性提出了更高要求。
- 对于数据的保存周期和计算跨度开始增大。
- 系统运行过程中的日志数据量大幅上升。

而公司现有人员的技术特点是:

- 分析人员主要熟悉 SQL、PHP 和 Python 脚本。
- 整个公司熟悉 Java 的人员比较多。

因此,在架构的选型上,需要在考虑现有问题的基础上,结合现有人员的技能水平,尽量保证学习曲线不能太陡峭。

基于几台高配服务器进行集中计算的方式已经无法适应这些变化,因此采用了如图 11-5 所示的架构。架构说明如下。

(1)引入了 Hadoop(HDFS、Hive、MapReduce、HBase),Hadoop 以 Java 作为开发语言,Hive 以类 SQL 作为操作界面,和目前团队成员的技术相匹配。

(2)数据经过各业务节点汇聚到临时存储节点后导入 HDFS;不同的客户类型放入不同的存储点。

(3)根据不同的维度,启动不同的 MapReduce 过程进行数据批量统计,结果存入 HBase。

(4)Hadoop 集群作为后端系统,不直接对业务集群开放,因此对于相对固定的报表进行最终计算后,存入 MySQL 集群。

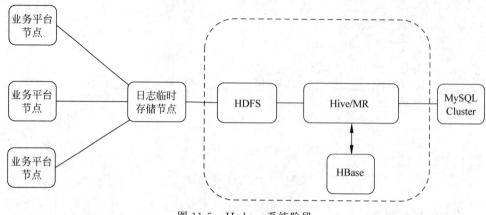

图 11-5   Hadoop 系统阶段

（5）对于临时需要根据不同维度组合的需求，通过 Hive 进行操作。

（6）运维通过编写压缩 MR 工具，定期优化日志压缩存储。

11.3.3.4   实施的难点要点

实施的要点和难点有以下几点。

（1）引入一个新的技术架构和平台，需要在团队思想上、技术上都做好准备，因为新事物必定带来不确定性，导致压力增大、绩效受影响等。

（2）为了降低新平台的不确定性，需要原有系统和新的系统并行一段时间，这会导致工作量等增大。

为了新系统的顺利实施，技术管理者需要身先士卒，勇于承担，带领团队克服技术难题，并就出现的问题及时复盘。同时做好系统的监控，特别是实施初期，确定关键点的监控指标，指标阈值可以适当调低，给解决问题留下时间。

11.3.3.5   总结

这个阶段可以说是业务数字化的开端，对应于大数据成熟度模型中的"业务监测""业务洞察"阶段。开始关注业务过程中产生的数据，并且利用该数据服务于业务，包括对业务的监控及报表的产生，最终对业务的开展进行指导。同时，研发团队对大数据的技术进行了实践，在此基础上，组建了专门的数据团队，形成了初步的大数据运营能力。

11.3.4   个推 V2.0——大数据基础下的智能推送

11.3.4.1   问题提出

2013 年以后，新的推送形式逐渐被大家使用并习惯，滥用推送的情况也随之出现，主要表现在以下几个方面：

- 消息无差别推送给所有用户，没有目标性。
- 推送的消息没有太大信息量，为了触达而触达。
- 不分时间推送消息，例如在用户晚上休息时间推送，形成实际的打扰。
- 推送的形式单一。

那么如何提高推送的效率，不陷入以前短信营销的混乱局面，让整个生态可以健康地发展呢？答案是需要利用大数据来构建用户画像体系。只有对用户了解了，才能明确下一步产品该怎么做。这就是个推 V2.0 的核心理念：智能推送。

现在需要解决的具体问题就是对用户进行画像。准确来说，要根据获取到的数据，利用大数据技术、机器学习模型等，为用户标记属性标签，然后作为一个基础服务，叠加到基础推送系统中，能够让我们的客户利用属性标签进行消息的精细化推送。

11.3.4.2　团队调整

通过上述阶段的实践，从业务层面也提出大数据应用于业务的必要性。考虑到当前技术人员的主要关注焦点还是在以推送系统为主的产品迭代阶段，而大数据的前景虽然可以预见，但是还存在诸多不确定不清晰的状态，因此先在技术部内部成立专门的数据部门，独立于推送业务线人员序列，人员预算 30 人，并任命了专门的首席数据官（Chief Data Officer，CDO）。

当时大数据相关人才很紧缺，对于大数据团队相关人员的组成、组织能力等也不是特别明确，但是不能等待条件成熟后再来解决这些问题，时不我待，故在组织内部挑选出一名较资深的、具有数据敏感度的人来担任 CDO 角色。其实在当时这个 CDO 更多的是形式上的头衔，主要是作为一个牵头人进行团队的建立，并传达向大数据领域进军的号角声。CDO 从公司内部抽调了几名具有统计学基础的人员，加上几名相对资深的研发工程师以及外聘的一名大数据专家，组建了公司的数据部门。2013 年底，大数据部门正式成立，归属于技术部门。

经过几年的探索和实践，现在可以针对大数据组织能力进行一个清晰的阐述，这部分内容见本书第 34 章"组织能力"。

大数据部门建立之后，当前阶段的主要职责就是完成个推的用户画像系统，并提供给业务系统完成智能推送。

11.3.4.3　具体实现

具体的业务实现方式采用"用户画像系统"。

1. 什么是用户画像

"女性，30～35 岁，已婚，有孩子，收入中等，爱美食，爱电影，购物达人，喜欢去泰国旅行"，这样一串描述即为用户画像的典型案例。如果用一句话来描述，就是"用户信息标签化"。

2. 为什么需要用户画像

用户画像的核心工作是为用户打标签，打标签的重要目的之一是让人能够理解并且方便计算机处理。例如可以进行分类统计：喜欢美食的用户有多少？喜欢旅游的人群中，男、女比例是多少？也可以进行数据挖掘工作：利用关联规则计算，喜欢美食的人通常喜欢什么类型的菜系；利用聚类算法分析，喜欢红酒的人年龄段分布情况。

大数据处理离不开计算机运算，标签提供了一种便捷的方式，使计算机能够程序化处理与人相关的信息，甚至通过算法、模型能够"理解"人。当计算机具备这样的能力后，无论是搜索引擎、推荐引擎、广告投放等各种应用领域，都能进一步提升信息投放的精准度，提高用户信息获取的效率。

3. 数据源分析

构建用户画像是为了还原用户信息,数据来源于所有用户相关的数据。

对于用户相关数据的分类,采用封闭式的分类方式。例如,世界上分为两种人:一种是男性,另一种是女性;客户分三类:高价值客户、中价值客户、低价值客户;产品生命周期分为投入期、成长期、成熟期、衰退期等。所有的子分类构成了类目空间的全部集合。

在每一个组织中,其能获取的数据都不可能是用户的全部数据,只能是用户某一方面的信息。譬如不同定位的网站中分别对应不同用户的网页信息、电商交易信息、社交关系信息等。就个推而言,由于产品定位是基础推送服务,所以不会涉及用户直接的、基础的静态敏感信息,只能通过开展业务所必需的间接信息来进行推测和构造。图11-6展示了个推的数据来源。

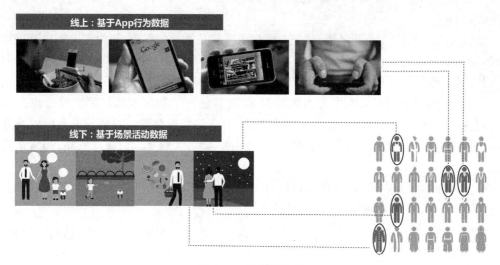

图 11-6　数据源分析

数据主要由两部分组成,第一部分是手机上的 App 相关的信息,包括 App 安装列表以及活跃列表(在用户授权及操作系统允许前提下),而不是指 App 内部的行为数据,这对基础性 SDK 是禁区;第二部分是基于场景的活动数据,包括粗粒度的地理位置、POI 信息等。读者可能会感到困惑,既然拿不到详细的客户真实身份数据(如年龄、性别等),那么如何保证对客户的画像能够进行,并且保证其准确性呢?这就涉及数据建模了。

11.3.4.4　技术实现

下面就主要的技术实现进行阐述,包括数据建模中采用的算法及主要实现这个阶段主要采用的技术架构。

1. 数据建模

(1)算法介绍。

初期的建模方法主要采用逻辑回归(Logistic Regression)算法,因为逻辑回归是业界相对成熟的、效果也比较好的算法。

回归是一种极易理解的模型,相当于 $y=f(x)$,表明自变量 x 与因变量 y 的关系。例如,医生治病时的望、闻、问、切,之后判定病人是否生病或生了什么病,其中的望、闻、问、切

就是获取自变量 x，即特征数据，判断是否生病就相当于获取因变量 y，即预测分类。

最简单的回归是线性回归，如图 11-7 上半部分所示，x 为数据点——肿瘤的大小，y 为观测值——是否是恶性肿瘤。通过构建线性回归模型，如 $h_\theta(x)$，即可根据肿瘤大小，预测是否为恶性肿瘤，$h_\theta(x) \geqslant 0.5$ 为恶性，$h_\theta(x) < 0.5$ 为良性。

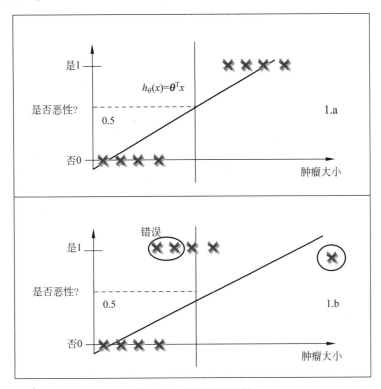

图 11-7　线性回归示例

然而线性回归的健壮性很差，例如在图 11-7 下半部分的数据集上建立回归，因最右边噪点的存在，使回归模型在训练集上表现很差。这主要是由于线性回归在整个实数域内敏感度一致，而分类范围为 [0,1]。逻辑回归就是一种减小预测范围，将预测值限定为 [0,1] 的一种回归模型，其回归方程与回归曲线如图 11-8 所示。逻辑曲线在 $z=0$ 时十分敏感，在 $z \gg 0$ 或 $z \ll 0$ 处，都不敏感，将预测值限定为 (0,1)。

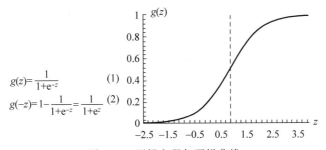

$$g(z) = \frac{1}{1+e^{-z}} \quad (1)$$

$$g(-z) = 1 - \frac{1}{1+e^{-z}} = \frac{1}{1+e^{z}} \quad (2)$$

图 11-8　逻辑方程与逻辑曲线

逻辑回归其实仅在线性回归的基础上套用了一个逻辑函数，但也正是由于这个逻辑函数，逻辑回归成为机器学习领域一颗耀眼的明星。对于多元逻辑回归，可用如下公式拟合分类,其中公式(11-2)的变换,将在逻辑回归模型参数估计时,化简公式带来很多益处,$y=\{0, 1\}$为分类结果。

$$p(y=1 \mid x, \boldsymbol{\theta}) = \frac{1}{1 + e^{-\boldsymbol{\theta}^T x}} \qquad (11\text{-}1)$$

(此公式表示 $y=1$ 的条件概率)

$$p(y=0 \mid x, \boldsymbol{\theta}) = \frac{1}{1 + e^{-\boldsymbol{\theta}^T x}} = 1 - p(y=1 \mid x, \boldsymbol{\theta}) = p(y=1 \mid x, -\boldsymbol{\theta}) \qquad (11\text{-}2)$$

(此公式表示 $y=0$ 的条件概率,也就是 1 减去 $y=1$ 时的条件概率)

令

$$h_{\boldsymbol{\theta}}(x) = g(\boldsymbol{\theta}^T x) = \frac{1}{1 + e^{-\boldsymbol{\theta}^T x}}$$

再令 $z = \boldsymbol{\theta}^T x$,即 $g(z) = \frac{1}{1 + e^z}$,也就是图 11-8 中的形式。

训练数据集由特征数据 $X = \{x_1, x_2, \cdots, x_m\}$ 和对应的分类数据 $Y = \{y_1, y_2, \cdots, y_m\}$ 构成。构建逻辑回归模型 $f(\boldsymbol{\theta})$,最典型的构建方法便是应用极大似然估计。首先,对于单个样本,其后验概率为

$$p(y \mid x, \boldsymbol{\theta}) = (h_{\boldsymbol{\theta}}(x))^y (1 - h_{\boldsymbol{\theta}}(x))^{1-y} \qquad \text{其中 } y=1 \text{ 或 } 0 \qquad (11\text{-}3)$$

当 $y=1$ 时,公式(11-3)为 $p(y=1 \mid x, \boldsymbol{\theta})$;$y=0$ 时,公式(11-3)为 $p(y=0 \mid x, \boldsymbol{\theta})$。

把所有训练集中的样本一起放进来,其极大似然函数为

$$L(\boldsymbol{\theta} \mid x, y) = \prod_{i=1}^{m} p(y^{(i)} \mid x^{(i)}; \boldsymbol{\theta}) = \prod_{i=1}^{m} (h_{\boldsymbol{\theta}}(x))^{y^{(i)}} (1 - h_{\boldsymbol{\theta}}(x))^{1-y^{(i)}} \qquad (11\text{-}4)$$

也就是每一个样本的条件概率进行乘积运算,最终的目的是找到 $\boldsymbol{\theta}$,令 L 能够达到最大。由于乘积在处理时比较复杂,为了处理方便,继续转化为 log 似然,这样可以从乘法变成加法。

log 似然为

$$l(\boldsymbol{\theta}) = \log(L(\boldsymbol{\theta} \mid x, y))$$

$$= \sum_{i=1}^{m} y^{(i)} \log(h(x^{(i)})) + (1 - y^{(i)}) \log(1 - h(x^{(i)})) \qquad (11\text{-}5)$$

为了对 $l(\boldsymbol{\theta})$ 进行最大化,直接通过求导等方法不一定能得到合适的解,因此可以利用梯度下降来计算参数,求逻辑回归模型 $f(\boldsymbol{\theta})$,等价于:

$$\boldsymbol{\theta}^* = \underset{\boldsymbol{\theta}}{\operatorname{argmin}}(l(\boldsymbol{\theta})) \qquad (11\text{-}6)$$

采用梯度下降法的公式如下:

$$\frac{\partial}{\partial \boldsymbol{\theta}_j}(l(\boldsymbol{\theta})) = \frac{\partial}{\partial \boldsymbol{\theta}_j}\left(\sum_{i=1}^{m} y^{(i)} \log(h(x^{(i)})) + (1 - y^{(i)}) \log(1 - h(x^{(i)}))\right)$$

$$= \left(\frac{y^{(i)}}{h(x^{(i)})} - (1 - y^{(i)}) \frac{1}{1 - h(x^{(i)})}\right) \frac{\partial}{\partial \boldsymbol{\theta}_j}(h(x^{(i)}))$$

$$= \left(\frac{y^{(i)}}{g(\boldsymbol{\theta}^T x^{(i)})} - (1 - y^{(i)}) \frac{1}{1 - g(\boldsymbol{\theta}^T x^{(i)})}\right)\left(\frac{\partial}{\partial \boldsymbol{\theta}_j}(g(\boldsymbol{\theta}^T x^{(i)}))\right)$$

$$= \left(\frac{y^{(i)}}{g(\boldsymbol{\theta}^{\mathrm{T}} x^{(i)})} - (1 - y^{(i)}) \frac{1}{1 - g(\boldsymbol{\theta}^{\mathrm{T}} x^{(i)})} \right) g(\boldsymbol{\theta}^{\mathrm{T}} x^{(i)}) (1 - g(\boldsymbol{\theta}^{\mathrm{T}} x^{(i)})) \frac{\partial \boldsymbol{\theta}^{\mathrm{T}} x^{(i)}}{\partial \boldsymbol{\theta}_j}$$

$$= (y^{(i)}(1 - g(\boldsymbol{\theta}^{\mathrm{T}} x^{(i)}) - (1 - y^{(i)})g(\boldsymbol{\theta}^{\mathrm{T}} x^{(i)})))x_j$$

$$= (y^{(i)} - h_{\boldsymbol{\theta}}(x^{(i)}))x_j$$

在上面的公式中针对 $\boldsymbol{\theta}_j$ 求偏导，因为是加法，所以相对就比较简单。

然后我们通过迭代 $\boldsymbol{\theta}$ 至收敛即可。

$$\boldsymbol{\theta}_j := \boldsymbol{\theta}_j + \alpha (y^{(i)} - h_{\boldsymbol{\theta}}(x^{(i)}))x_j^{(i)} \qquad (11\text{-}7)$$

其中 α 是学习率（Learning Rate），可以控制步进的速度。

以上是最基础的逻辑回归函数的解释，实际中为了能够避免过拟合，还需要进行正则化处理。

（2）具体实现。

逻辑回归是一种监督算法，所以需要有一定的样本作为训练用的数据集。由于我们获取的数据都是用户的间接信息，也就是可以作为特征的 x 数据，还缺乏 y 标签数据。以性别属性作为例子，那么至少需要知道几万个甚至更多的设备（非实际的人）和其对应用户的性别确定的对应信息。

在实际中，这部分的标签数据就需要和外部合作获取，例如一些 App 具有设备 ID 对应的用户真实注册的身份信息，里面就会包含年龄、性别等。由于只是对应到设备 ID，同时对类似年龄等信息进行分段后（如 5 岁为一段，而不输出具体年龄），既可以对用户隐私起到保护作用，又可以用于模型训练。

接下来就需要通过特征工程、机器学习来进行模型训练。

在图 11-9 的样本中，对于我们来说就是用户设备上的 App 列表。由于整个行业中 App 的数量非常庞大，所以导致样本中的数据非常复杂。因此要对样本进行数据清洗、数据集成、数据规约、数据离散化等处理。利用从外部合作获得到的 y 标签，通过特征构造、筛选得到比较重要的特征。

图 11-9　特征工程

特征筛选一般通过方差选择法、相关系数法、卡方检验、互信息法等进行，目的是找出和标签最相关的特征，降低特征维度。

最后选择好的特征和标签进入逻辑回归模型进行训练，样本按照一定比例划分为测试集和验证集，训练完成的模型可以应用到整个用户数据集上，形成最终标签进行输出。

2. 大数据系统架构

建模是很重要的过程，在以画像为核心的系统中，还需要形成一个闭环，流程如图 11-10 所示。

画像系统中的标签并不是形成后就不再变化，毕竟其结果是通过模型计算得到的值，为了保证其正确性不断提高，就需要按照上面的形式进行持续的优化和迭代。因此，能否形成一个闭环是类似系统的关键，也是产品设计过程中的要点。

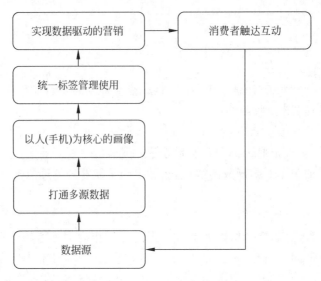

图 11-10　画像系统流程

相应地,我们需要一个系统架构,这个系统架构基本上采用了第 9 章中提到的部件,组合为如图 11-11 所示的架构。

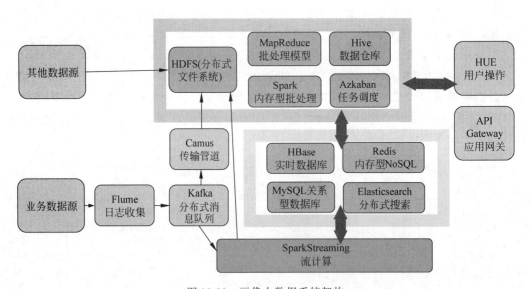

图 11-11　画像大数据系统架构

从图 11-11 可以看出,这个阶段的架构比上一个版本的(参见图 11-5)有了比较大的变化,系统复杂度也大大增加。其中比较显著的就是 Spark、Azkaban、Elasticsearch 等的引入,这些主要用于及时性比较高的计算场合(Spark),以及随着任务的增加需要有一个任务调度系统(Azkaban、Elasticsearch)。

画像系统的分类等模型训练是单独进行的,训练好的模型通过 MR 任务进行周期性的计算,也通过 Spark Streaming 这样的流式计算框架对新用户进行准实时计算。

11.3.4.5　智能标签系统

经过上面的步骤,不断对用户画像标签系统进行完善,就可以获得如图 11-12 所示的智能标签系统。

分析用户线上线下行为,挖掘用户特征,构建标签系统。现已包含数十种属性标签,数百种兴趣爱好标签。

图 11-12　智能标签系统

图中的数据热度表征数据的时效。对于冷数据而言,对应的就是用户的一些静态属性,如性别、兴趣、常驻地、职业、收入、年龄段等相对稳定的数据画像。温数据表示近期活跃的应用、近期去过的地方等具有一定时效性的行为数据。热数据表示当前地点、打开的应用等场景化明显的、稍纵即逝的营销机会数据。

11.3.4.6　效果评估和反馈

最后一个环节,需要对以上的过程进行效果评估,并且通过分析找出改进点和优化点,作为输入重新进入下一个规划过程。

回顾之前确定的目标,是为了解决推送时出现的误区,通过构建用户画像标签体系来进行智能推送。在推出产品后,发现群推的请求中超过 70% 采用了利用标签来进行用户筛选,而不再是无差别的推送。整体的消息量有了比较大的提升,也意味着每个消息的点击反馈总体上是正向的。

更令人欣喜的是,在这个成果之上,团队经过多次讨论和总结,推出了下一个版本 V3.0,打造出一个全新的产品,也为公司的运营打造了一种新的商业模式:"个灯"——精准营销平台。

11.3.4.7　总结

这个阶段可以说是数据资产化的开端,对应到大数据成熟度模型,就是"业务优化"阶段。开始对业务过程中产生的数据进行洞察和提炼,形成一个围绕用户的画像系统,这个过程是一个意识转变的过程,也是比较难突破的地方。整个过程花了将近一年的时间,涉及机器学习、分布式搜索系统、新的计算框架的引入等各方面,对组织和人员都有了更高的要求。

11.3.5　个推 V3.0——数据智能下的个推

如第 7 章、第 8 章所讲,大数据领域会逐渐发展到智能化阶段,个推在经过两个版本、近 3 年的发展后,进入了 3.0 阶段,也就是利用数据为不断快速发展的市场进行创新服务阶段。

11.3.5.1　问题提出

2016 年,移动互联网开始从红利阶段逐渐进入需要精细化强运营阶段,而通过对数据进行持续的洞察,以及业务驱动下的闭环优化和对数据处理能力的增强,对于数据智能的方向和理解也越来越清晰,也就是个推 V3.0 的核心理念:数字化营销平台,数据智能下的个推。

数字化营销平台称为“个灯”,如图 11-13 所示。

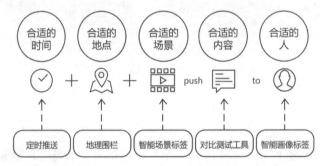

图 11-13　个灯的五要素

这五要素涵盖了移动互联网精准营销的全部内容。

首先对于营销活动需要确定人群属性,也就是需要描述活动或者营销目标是谁?这主要通过智能画像标签来完成,根据性别、消费水平、职业、房产、兴趣爱好等属性标签,对用户进行分类筛选,确定投放消息的对象。

其次根据业务需求,在地图上圈定地理围栏,如商圈、酒店、学校、电影院、火车站、飞机场、体育馆、汽车 4S 店等。

然后确定时间和场景,如美食类营销活动,时间会设定为就餐时间,场景确定为进入指定的地理围栏超过 3min,这样可以过滤掉那些只是经过指定区域的人。

最后,创作充满吸引力的多个营销活动的文案,根据进入、停留和离开等场景使用不同的优惠、红包等有价信息的文案。通过 A/B 测试来选定效果好的文案。

11.3.5.2　团队调整

营销需求不仅仅存在于互联网行业,各个行业都存在刚性需求。随着业务的逐渐行业化,我们发现大一统的数据部门在现实情况下,缺乏对业务的深入了解。笼统的用户画像系统并不能满足业务的实际需要,而是必须针对行业进行更为深入的垂直化和行业化。

因此,我们对大数据相关的组织结构进行了调整:基于大数据部门成立了数据中台部门,负责建设技术中台、数据中台,并且按照产品要求提供给业务部门,同时为了保证中台建设和业务的有效匹配,向业务部门委派 DO(Data Owner),DO 负责就业务知识和中台能力进行双向流动。与此同时,为了保证业务快速满足数据需求,在业务部门内部也成立相应的数据小组,也可以称为数据前台小组,利用数据中台产品进行业务的快速开发。

11.3.5.3　具体实现

对比智能推送,在新的模式中引入了场景的概念。在运行中发现,场景的核心是人群＋时间＋位置＋内容,这些均需要由数据进行驱动。另外,不仅仅限于提供这些功能给客户,对公司本身来说,商业模式也从开发者服务拓展到了数字化营销模式,这一步对于公司的发展是极其关键的。

数据作为资产而言,是一个不断挖掘、优化、保护、治理的过程,从技术体系上来说,形成了如图 11-14 所示的架构。

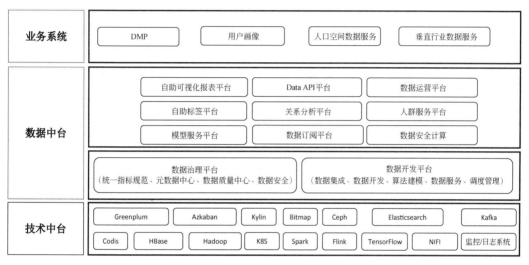

图 11-14　个推数据智能下的中台

此架构可以对应到第 8 章讲述的技术体系。

此架构的核心在于面对业务满足快速需求的前提下,建立一个平台化的体系。在这个体系中,业务方不需要把精力放在基础的数据处理、数据质量保证和复杂的工程细节中,而是通过快速发现和组合的能力,提供市场需要的产品和服务。

11.3.5.4　实施的要点

这一阶段实施的要点在于以下两点。

(1) 组织建设与技术建设如何有机结合。康威定律表明,一个组织要发挥其最大的效率,需要和其技术体系相匹配。数据智能体系或者说中台体系下,组织如何调整,也需要和体系相匹配。一般的建议是将中台作为企业层面的公共服务,因为中台不仅仅是技术平台,更是一个内部产品,提供给各条业务线使用,同样需要进行运营,因此组织也最好在公司层面设立,如设立独立的数据中台部。

(2) 中台和企业自己的业务如何结合。这里需要明确界定"自己的业务特点是什么？未来一段时期的业务特点是什么？"例如,以客户关系为核心竞争力的企业,中台应发挥客户资源整合功能,建立强有力的客户分析及维护工具。而以营销为核心竞争力的企业,中台应沉淀、打磨以消费者为中心的行为洞察、营销规划与效果反馈工具。

11.3.5.5 总结

这一阶段可以说是数据智能化的开端,对应到大数据成熟度模型,就是"数据变现"及"商业重塑"阶段。战略层面的变化,必定需要组织结构进行适应性变化,把数据作为核心资产,进行专门的组织和管理。

11.4 实践中的经验教训

在大数据相关的业务发展和系统建设过程中,确实有一些深刻的教训。

11.4.1 技术陷阱

大数据相关的开源产品越来越多,功能也越来越强大。在大多数公司,研发人员在技术方面起主导作用,如开源平台的选择和使用等。由于研发人员需要实现业务需求,所以其对于实现产品功能所需要的技术比较关注,因此会出现这样一个现象:在当前的系统软件无法满足业务功能、性能时,倾向于选择新的、能满足需求的、具有一定先进性的系统。在经过较为简短的测试后,就会引入这个系统,而较少去关注此系统后续的发展方向、目前的成熟程度、适用场景、所需要的资源等。这种现象称为"技术陷阱"。

掉入技术陷阱往往会导致系统上线后因为运维团队没有这方面的知识储备而无法有效解决出现的诸多问题,新的系统运行需要的资源超出预期造成资源浪费,团队之间相互埋怨影响士气。

为避免掉入陷阱,建议从管理和技术两方面着手。

在管理上:

- 跨部门:成立由技术部门各个方面核心人员组成的系统选型委员会,或者由技术委员会领导下的主要技术人员参加的系统准入评估小组,确定当前或者未来一段时间内需要引入技术或者平台的要求。
- 阶段性:阶段性地对业务规模、业务方向进行同步、梳理。
- 定量化:对现有系统满足业务的状况进行定期量化。

在技术上:

- 对候选系统从架构、适用场景、技术要求(功能、性能、所用的语言、运维复杂度、安全等)、资源要求、社区情况等进行全面了解。
- 核心在于收益和代价之间的考量。
- 对预研系统提前进行安装部署、测试,并在某些非核心业务项目中进行试用。
- 根据试用情况逐渐进入核心业务技术栈。

11.4.2 简洁及成本意识

大数据系统庞大而复杂,在这种情况下,越要对涉及的系统、问题的解决方案做到简洁优先,也就是"奥卡姆剃刀"定律(Occam's Razor,Ockham's Razor)。它是由 14 世纪英格兰的逻辑学家奥卡姆的威廉(William of Occam)提出的。该定律认为"如无必要,勿增实体",即"简单有效原理"。

大多数情况下,技术人员对于问题的解决只会提出一个方案,世界上任何问题的解决不可能只有一种办法,因此有必要让方案提交者至少提交两个解决方案,然后再评审讨论,力争找出简洁的方案,包括实施过程以及对资源的需求方面都尽可能保持简洁。

在大数据系统的使用上也需要贯彻这个原则。我们发现,很多使用大数据系统的用户(包括分析师、工程师等),是凭借直觉使用系统,他们不关心某一操作后面系统的运行过程,因此会导致资源的过度使用,譬如查询数据时条件的过于宽泛会导致集群资源消耗过大,多个这样的任务执行会导致系统过载等。

下面举一个实际发生的例子。某一天,我们通过网络流量监控发现带宽使用指标在一段时间内一直在上升,而我们业务端的数据产生、处理环节都处于正常状态,这说明数据并没有什么异动。通过对收集到的网络流量数据进行分析,发现某个计算集群在持续地从数据集群中拉取数据。通过对该计算集群任务的跟踪分析,发现其中几个任务占用了大量的磁盘和集群计算资源,由于计算集群资源本身有调度机制,所以总体的负载还没有超过设定的上限。通过和任务提交人进行沟通,发现其对于数据的使用存在问题,一是使用的数据日期范围非常大,超过半年的时间;另外就是直接使用了底层细粒度的数据,拉取数据后到本地计算集群进行重新聚合,而不是使用系统已经聚合好的相对粗粒度的数据,虽然客观上之前两者在最终结果上会存在一定的差异,但是在其业务场景下这种差异并没有实质性的差别。类似问题在系统建设和使用过程中由于新人员的加入会反复出现。

我们依然在管理和技术两方面采取相应的措施。

在管理上:

- 要求事先规划,提出多个方案进行选择。
- 进行代码的上线评审,了解其数据处理的流程和逻辑。
- 针对特殊情况,设定必要的审批流程。
- 定期培训沟通,使数据相关信息能同步给使用者。
- 采取数据使用账本,以业务部门为单位进行虚拟结算,也可在财务制度支持下进行实际结算。

在技术上:

- 集群资源相对隔离。
- 避免直接暴露系统底层操作平台给业务使用方。
- 开发可控操作平台,对细粒度数据操作进行阻断。
- 定期资源盘点回顾,通过数据分析以及仪表盘方式展示任务运行资源情况。
- 持续进行平台化建设,通过技术手段防止穿透。

11.4.3 新技术的进一步应用

数据智能在数字化营销方面的作用已经通过实际的业务得到证实,那么结合其他的行业必定也会起到巨大的作用,通过图 11-14 可以清晰地看到我们的总体思路,技术中台和数据中台具有一定的行业独立性,业务系统需要针对不同的行业进行迭代。不同的行业处于不同的发展阶段,也具有不同的数据形态,对数据的使用也不同,因此需要在行业知识、技术上做好准备。

1. 人工智能技术

在用户画像、数据化营销方面已经采用了多个经典的机器学习模型。除了在自身业务上,如针对 pCTV、pCVR、App 卸载预测等方面继续优化及引入新的模型,我们的业务也会越来越多地和各行业结合。

2. 知识图谱技术

为了提升搜索引擎返回的答案质量和用户查询的效率,Google 于 2012 年 5 月 16 日发布了知识图谱(Knowledge Graph)。以知识图谱作为辅助,搜索引擎能够洞察用户查询背后的语义信息,返回更为精准、结构化的信息,更大可能地满足用户的查询需求。Google 知识图谱的宣传语 things not strings 给出了知识图谱的精髓,即不要无意义的字符串,而是获取字符串背后隐含的对象或事物。

在精准营销中,用广告用户画像等来圈定目标人群并不一定特别有效,需要根据用户所处的环境、用户的行为、用户的关系以及用户相关的内容等来进行推理,而知识图谱可以把围绕着人和事物发生的关联通过技术描述出来。因此,这方面的技术也是需要特别关注的。

3. 安全计算技术

数据作为资产,越来越被各公司乃至国家层面所重视。在各种相关法律法规不断出台的背景下,如何在保证数据安全以及隐私的前提下,最大范围地挖掘数据的价值,融合不同公司不同维度的数据,形成强大的融合效应,是一个非常有意义的课题。目前,在保护数据隐私、同态加密、多方计算、可信计算环境等几个方面都已经有所进展。

4. 区块链技术

人工智能可以定位为某种应用技术的发展,而区块链技术就是基础技术,其确定了一套完整的基础系统,可以承载不同的给予信任需求的业务类型,其发展空间巨大,我们使用更多的是在联盟链领域,把数据授权、使用情况等记录到联盟链,用于结算、审计等。

11.4.4　总结

回顾个推近 9 年的发展,伴随着个推产品的不断发展,商业模式的不断成熟,笔者深刻体会到了大数据以及数据智能对公司、对行业、对社会的影响变得越来越具体和真实。与此同时,我们的战略也越来越清晰,"数据智能"必然会成为数据时代的主旋律。

大数据技术作为一种生产力,大数据系统作为一个系统工程,需要有一个商业基础,也就是一个对于数据价值认识和认同的体系,以及对大数据理论、企业发展的周期规律的认识,然后采取一套方法论和阶段性的建设过程进行落地,最终服务于社会,体现最终的价值。

技术在企业中的应用,一是要符合企业的发展阶段,客观评估有多少资源,同时也要有一种敢于突破的热情去"现实扭曲"地利用好资源,这样在企业发展曲线陡峭上升时能够做到足够的支撑。二是技术团队需要不断探索将来可能用到的技术,关注技术生态的发展,对技术充满热情,形成一个学习型的团队。最后一点是技术管理者需要立足于业务第一线,深入理解业务形态和业务发展趋势,在技术上追求卓越,在管理上追求"心中有数",不断总结提升。

第3部分
服务的技术运营

本书第1、第2部分分别讲述了云计算与大数据技术，是从服务的构建角度阐述的。这一部分从服务的技术运营的角度来讲解如何真正地将技术升级为面对客户的服务，如图1所示。

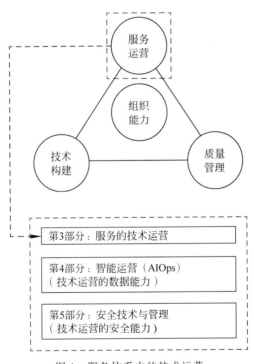

图1 服务体系中的技术运营

技术运营就是将传统的软件或硬件产品，转化为用户可以7×24小时使用的可靠服务。

在服务的技术运营中，提出了"技术＋管理"的双维模型。其核心理念是：在7×24小时生产型服务的运营中，技术与管理相辅相成、缺一不可，二者相互促进、共同提升。

这一部分的内容按照双维模型展开，框架如图2所示。

（1）技术运营综述，第12章。介绍双维模型、DevOps和SRE方法论，本章是云服务技

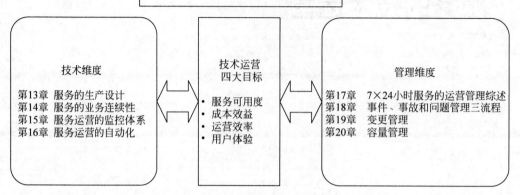

图 2 技术运营部分的章节框架

术运营的理论基础。

（2）技术维度，第 13～第 16 章。主要介绍云服务的生产线设计、高可用服务连续性、监控、报警和自动化。

（3）管理维度，第 17～第 20 章。主要介绍服务中的管理框架、事件、事故、问题管理、容量管理及变更管理。

第12章

服务的技术运营综述

本章主要介绍面向 7×24 小时生产线服务的技术运营所提出的"技术＋运维"的双维模型（Technical Operation Bimodal），以及 DevOps 和 SRE 方法论。

12.1 技术运营的基本概念

"技术运营"的英文是 Technical Operations，在国内常常被称为运维（Operations and Maintainance）。实际上，如第 1 章概述中所描述，技术运营的概念所涵盖的意义更广泛、更准确。

在传统的管理理论中，运营管理（Operations Management）常常被称为生产管理（Production Management）或生产运营管理（Production Operations Management）。

"运营"一词来自英文 operation，它的含义较广泛，既包含制造有形产品的制造活动，又包含提供无形产品的劳务活动。

production 被翻译成"生产"或"生产线"。实际上，在 IT 行业中 production 的含义比"生产"或"生产线"的中文含义广泛得多。本书中在讨论"生产"或"生产线"时，都是基于 production 的原意。

传统的生产运营管理可定义为企业生产系统的设计、运行、改进以及日常运营管理流程的建立和运行。

最初的 IT 产业中，"生产"（production）主要涉及 IT 制造商和电信服务行业。自 1999 年互联网服务开始快速成长以来，互联网服务供应商开始使用"生产"这一术语，特别是用于为客户提供的在线服务上，如电子商务的 7×24 小时在线服务。

12.2 云服务的技术运营

下面针对云服务的技术运营的基本概念和功能做简要阐述。

12.2.1 云服务的技术运营也是关于生产系统的运营

运营的价值在于对业务的赋能。云服务的技术运营也是关于支持业务的生产系统的运营。

对互联网或云服务提供商而言,"生产"或"生产线"(production)指的是两方面:

(1)价值性(valuable):从商务上来说,生产线上的服务要为用户提供价值。

(2)运营性(operationable):从技术上来说,生产线环境是一个被明确定义的、严格用纪律管理的、可控的环境,可以为客户提供稳定的、可靠的、始终如一的、成本效益高的服务。例如,它要提供 99.9%~99.99%的高可用性服务。

具体而言,云服务的"生产"环境就是云服务提供商在数据中心运行的服务平台以及相关的基础设施。生产线需要在 7×24 小时不间断的模式下运行,为客户提供可靠的服务。

云服务如果不是一个生产模式(Production Mode),它将是没有任何价值的,就如同没有乘客会使用不安全的航空服务。

云服务的技术运营管理可定义为关于生产型服务(Production Service)体系的设计、构建、运行、改进以及 7×24 小时运营的管理活动。

另外,在国内的互联网或云服务行业中,各公司对使用"生产"或"生产线"这样的名词没有特别的区分。本书在一般性的讲解中,用"生产"一词。在具体的场景讨论中,也会用"生产线"一词以使描述更加具体化。但是,无论使用哪个词,都用的是 production 的原意。

12.2.2　技术运营的功能

技术运营与传统 IT 运维所强调的内容有很大不同,主要体现在以下两部分。

(1)基础工程(Infrastructure Engineering):包括网络、系统、数据库、存储这些部分的设计和实施,也包括第三方软件,如缓存数据库、消息队列这些重要的软件和硬件的设计和实施。

(2)业务运营(Business Operation)的支持:通过后台运营数据的分析,对业务进行支持。其中,最典型的例子是成本管理,如根据客户的行为数据,首先进行资源调配,降低业务成本;其次改进客户的商务体验;最后指导市场营销。

本书中对业务运营的影响没有做过多讲解,下面以成本效益和用户拓展为例进行讲解。

Q 公司是基于 SaaS 的网络会议公司,有自己的 IDC。IDC 对接电信运营商,有固定的网络带宽。为了保持稳定的网络会议服务,公司必须有足够的带宽来保证会议性能,这个运营成本是非常高的。

通过对后台运营数据进行分析,发现使用高峰主要发生在上午的上班时间,而下班后的带宽用量非常低。根据这个数据模式,公司做出以下两个决定。

(1)将 IDC 从私有架构转移到云服务商的架构,因为云服务商的带宽和费用是弹性的,是按需收费的。

(2)在云服务商的选择上,考虑以娱乐业为服务对象的服务商。因为这些服务商的 C 端客户主要在下班后消耗带宽。这样云服务的峰值使用就不会相互冲突。

不同的行业业务各有不同,但是,成本效益和用户拓展都是技术运营对商务运营很好的切入点。

12.2.3　是技术运营,而不仅仅是维护

国内大多数的技术运营称为运维,运维从字义上强调了维护,但是维护(maintenance)

的意义有限。维护只是技术运营的日常工作之一,更重要的是工程(engineering)上的工作,以及对商务的影响,特别是在如今云计算和大数据服务时代。

在本书的讲解中,基本上是使用技术运营的概念。虽然在某些细节上,也用了运维这个词以遵循大家的习惯,但是在内涵上,用的是 Technical Operations 的理念。

12.3 云服务技术运营的目标

下面以航空公司为例,讲解云服务的技术运营挑战、要求和四大运营目标。

12.3.1 从航空服务公司的要求来看

提供航空服务的航空公司是云服务很好的参照。形象地说,航空公司和云服务都是运行在"云"上的,更重要的是,它们都提供 7×24 小时高可靠性服务运营。

以航空公司为例时,要特别指出的是,除了提供快捷服务把顾客送达目的地之外,航空服务是一个对高可靠性和高管理性要求极其严格的服务行业。

下面看一下航空服务,旅客的关注点在于:

(1) 从一所城市到另一所城市的飞行。

(2) 飞行必须是安全可靠的,没人希望出现不得不用降落伞的情况。

(3) 没人想乘坐一架不知飞到何处去的飞机,飞机要由飞行员和地面控制塔很好地控制和管理。

这三种类型的需求清楚地概括了对运营服务的要求:

(1) 功能性(functionality)。

(2) 可靠性(reliability)。

(3) 可管理性(manageability)。

各种需求都可以归类在上述三种类型中。例如,飞机的安全飞行可以划归在可靠性中,飞机可以被塔台监控则是可管理性的一部分。

12.3.2 云服务的运营管理目标

12.3.2.1 生产型服务的要求

现在回到航空公司的例子,看看什么是顾客和航空公司所需要的,如图 12-1 所示。

从这个对比中,可以看到对应的生产型的云服务所面临的挑战,如图 12-2 所示。

(1) 服务的功能和性能:客户对于服务产品特性的需求,这是直接展现给客户的服务产品功能,如 CRM 功能、在线会议功能等。

(2) 服务的可靠性:客户无论何时需要服务,都应该是随时可用的,这包括几个方面,如应用服务层可用性、平台层可靠性、服务灾备计划等。

(3) 服务的可管理性:服务是可控的,就像飞机是可以控制的一样。航空公司和乘客都不想使用一架能够飞行,但是飞行状态无法控制的飞机。可管理性可以通过监测、报告、安装、配置自动化等实现。

有了这个三角形模型,就可以相应地定义研发、运营和质量管理的目标。

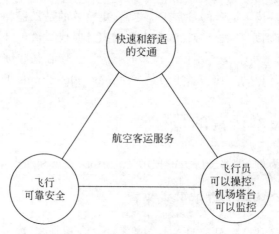

图 12-1　航空业对服务运营的要求

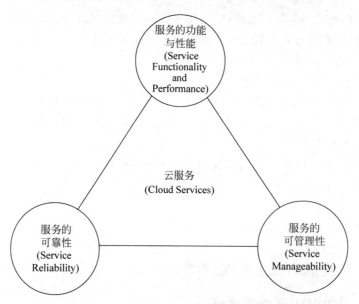

图 12-2　云服务技术运营的三个挑战

12.3.2.2　我们的目的：可运营的云服务

技术运营的管理目的是为客户提供可运营的云服务，或是一个生产准备就绪（production-ready）的云服务。云服务的管理和技术任务就是围绕着上述的服务的功能与性能、服务的可靠性和服务的可管理性这三个具体目标。

要达到上述三个目标，无论在技术上还是管理上都有很多工作要做。以服务的可管理性为例，服务的可管理性构建的关键就是对它的衡量（measurement）。在技术运营过程中，可以用一些效率指标作为衡量标准：

（1）故障排除的效率：可以以多高的效率发现并解决问题，直接影响服务的可用性，这需要一个充分的、全面的监控工具。

（2）系统建立的效率：可以以多高的效率利用应用程序建立一个云服务平台，有时需要几周甚至 1~2 月的时间来建立、配置和测试一个云应用的布置。

另一个例子是服务质量的改进。支持云服务三大目标的一个很重要的任务是如何对服务不断改进。古语道：逆水行舟，不进则退。服务质量如果不持续地改进，就一定会下降。

12.3.3　技术运营永恒的四大指标

如图 12-3 所示，在双维模型中，核心目标是提高生产线的服务可用度（Service Availability）、成本效益（Cost Efficiency）、运营效率（Operation Productivity）和用户体验（User Experiences）。

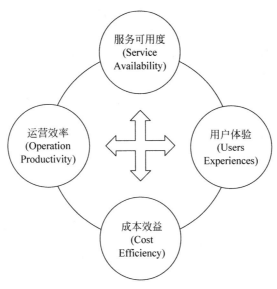

图 12-3　技术运营的四大指标

建立和实施"技术＋管理"的双维模型（后面有详细的介绍）的目的是让技术运营能够走得更远，同时使技术运营和商务运营更紧密地结合，成为一个互联网企业的整体运营体系。

12.3.3.1　云服务的服务可用度

服务可用度是指各个产品线的 SLA（Service Level Agreement）指标。在四个指标中，服务可用度是最容易用数据来衡量的。在电信运营商中，会用 4 个 9（99.99％）或 3 个 9（99.9％）来衡量，如表 12-1 所示。

表 12-1　服务可用度水平定义

可用度/％	每年不可用时间	每月不可用时间	每周不可用时间
90（1 个 9）	36.5d	72h	16.8h
95	18.25d	36h	8.4h
97	10.96d	21.6h	5.04h
98	7.30d	14.4h	3.36h
99（2 个 9）	3.65d	7.20h	1.68h
99.50	1.83d	3.60h	50.4min
99.80	17.52h	86.23min	20.16min

续表

可用度/%	每年不可用时间	每月不可用时间	每周不可用时间
99.9(3个9)	8.76h	43.2min	10.1min
99.95	4.38h	21.56min	5.04min
99.99(4个9)	52.56min	4.32min	1.01min
99.999(5个9)	5.26min	25.9s	6.05s
99.9999(6个9)	31.5s	2.59s	0.605s

虽然数字定义上非常明确,但是其所衡量的内容,却因技术层次不同而不同。例如,可以在两个层次上用这些值来衡量云服务的可用性。

(1) 应用服务的可用度(Service Availability):这直接影响客户的使用。

(2) 基础措施的可靠性(System Reliability):这是系统、设备层次的,如果有高可用性的设计,单个系统的宕机不会影响服务的可用度,但是作为工程团队,系统的可靠性是衡量内部技术平台质量的重要指标。

12.3.3.2　运营效率

运营效率是每个工程师单位时间的产出。在技术运营中,需要通过自动化运营工具及平台来逐步替换机械重复的人力工作,提高单位时间内的工作效率,同时也降低人工作业带来的错误或不一致性的风险。

12.3.3.3　成本效益

所有的商务都有投资回报率(ROI)的要求,技术运营作为公司的一部分,也面临同样的要求。

技术运营的成本分为固定资产投资(CAPEX)和运营费用(OPEX),对比如表 12-2 所示。

表 12-2　固定资产投资和运营费用对比

双比项	固定资产投资	运营费用
目的	服役年度超过本年度的、购买的资产	运营一个商业所持续花费的成本
付款时机	通常是一次性付款	月度或年度的周期性支付
会计处理方式	3～10 年的固定资产折旧	本月度或本年度
会计科目	资产或者设备	运营费用
计税方式	随着固定资产残值减少而扣减	根据本年度税率扣减
例子	购买一台激光打印机	购买打印机的墨盒

成本管理,是指对支持服务运营所需要投入的软硬件及人力成本进行管理。在技术运营中,与成本控制最相关的包括机房及硬件投入、人员成本,同时也与容量管理密切相关。

从商务角度看,成本效益和运维效率衡量的都是投入和产出的比例。

12.3.3.4　用户体验

用户体验的指标包括 APM 的硬性监控指标,如网络会议的音视频质量、电商线上的交易完成时间等。

要特别注意的是,这里所说的用户体验是端到端(End to End)的体验,这包括用户跨越互联网的体验。而互联网本身是共用网,不稳定。因此,云服务商的技术运营的挑战之一就是怎样优化互联网的接入,例如使用 BGP 技术和多个电信运营商接入的策略。

12.4　技术运营的双维模型

对生产线最重要的是服务可用度,而直接影响服务可用度的就是生产事故(incident)。除了服务可用度之外,服务运营同时要关注成本效益、生产效率和用户体验。其中,服务可用度和用户体验是对客户的两个指标,成本效益和生产效率是服务公司内部的两个指标。这四个指标是服务的技术运营的永恒四指标。

为达到永恒的四指标要求,建立了服务的技术运营的双维模型:技术＋管理。

12.4.1　技术运营的双维概念

技术运营的双维模型是指技术和管理两个维度,这也是技术运营的双维框架。

如图 12-4 所示,双维是指两种不同的、共存的工作模式和场景。在服务可靠性工程(Site Reliability Engineering or Service Reliability Engineering,SRE)的双维模型中,一个模式是管理,另一个模式是技术。这两种模式相辅相成,共同完成和促进技术运营的四个指标:服务可用度、成本效益、运营效率和用户体验。

图 12-4　"技术＋管理"的双维概念:相辅相成

技术维度重视的是创新(innovation),引进新的技术,提高生产力和生产效率。

管理维度中更重视的是管控(government),目的也是生产效率,但是更注重的是控制,以达到有序运转的目的。

12.4.2　双维的目的

生产线的事故,一半来自技术,另一半来自管理。7×24 小时云服务的技术运营中最关键的任务之一是保证服务可用度,与其直接关联的就是生产线的事故。

技术＋管理的双维模型提出的最直接的理由就是生产线的事故,包括事故原因和事故时长,至少一半来自管理,另一半则来自技术。

来自技术的原因很容易理解,例如软件的 bug、服务器的宕机、安全漏洞等。而来自管理上的原因常常会被低估,以下是一些管理漏洞带来的事故例子。

(1) A 公司的 Web 服务器忽然无法访问。因为研发工程师刚完成了一个 bug 修改,请运维工程师赶紧上线。上线后触发了另外一个问题,导致网络服务中断。更麻烦的是,由于工程师们认为这是一个影响非常小的修改,因此没有通过变更管理,直接在白天的业务时间做了上线操作,导致服务在最繁忙时中断。

(2) 公司非常重视产品的快速推出,给了研发人员很多系统权限。生产环境的数据库权限也没有完全收回,因为研发人员的操作问题,导致数据库表名被修改,造成业务中断。

（3）C公司运营团队没有专门的报警事件接收团队，报警事件只能发送到应用运维团队的即时通信群中，每个人都能看到报警事件，且能快速处理。但是夜间由于没有明确实行值班制度，报警事件处理不及时导致生产线事故的发生。

（4）D公司是国内最大的网络会议服务公司之一。因为断电，导致整个IDC停运了5个小时，虽然IDC有UPS和柴油发动机这样的$N+2$备份。事故原因是这样的。市电中断后，UPS自动启动了，随后柴油机启动为UPS供电。但是网络运营中心（NOC）没有注意到已经是UPS和柴油机在工作了，所以没有关闭机房的大功率空调，导致柴油机的负载过重，在室外高温环境下顶峰运行一段时间后，自我保护停机了，导致供电中断。而柴油机的工作负荷不足以支撑机房所有设备同时运行，这件事运维团队是事先知道的，也有SOP标准流程来应对。这次事故，没有及时人为干预，只能说是管理事故。而这个管理引发的事故时间，占了D公司全年事故时间的50%。

上面谈到的事故，是非常简单直观的事故案例，也是本书作者在一线运营中亲自处理过的。

管理7×24小时服务的最重要的原则是技术运营，一半靠技术，另一半靠管理，这就是"技术＋管理"模型提出的根源。

12.4.3　技术运营的双维模型

在这个模型中，能力（ability）是指团队执行公司战略和任务的能力，在技术运营中，能力是管理和技术相结合的联合动力。

在图12-5中，技术运营的四大目标在12.3.3节介绍过。7×24小时生产线管理框架在第17章介绍，事件、事故和问题管理在第18章介绍，变更管理在第19章介绍，容量管理在第20章介绍，智能数据能力（AIOps）在第21～第23章介绍，安全技术与管理在第24～第30章介绍。

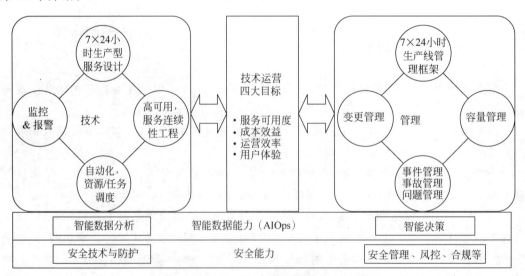

图 12-5　云服务的技术运营的双维模型

12.4.3.1　双维之一：技术

如果说管理是上层建筑,那么技术就是经济基础。在技术运营中,相关的技术有基础类的运营技术,如监控报警、高可用、自动化、任务调度、TSDB 等,也有组合为平台的技术,如 PaaS 和 IaaS,以及相关的编排工具(Orchestra Tools)。

以自动化为例,包括任务自动化(Task Automation)和服务自动化(Service Automation)。

(1) 任务自动化主要指系统工程师或 DBA 日常操作工作的自动化,如操作系统安装、cron 任务等。

(2) 服务自动化是指平台化的管理功能,如 PaaS 平台带来的 DevOps 功能。

12.4.3.2　双维之二：管理

从电信时代开始,到现在的云计算服务与大数据服务,其间有很多的技术运营管理框架。其中,技术运营用得最多的业务管理流程体系是 ITIL(IT Information Library)。

ITIL 主要包括六个模块,即业务管理、服务管理、ICT(Information and Communication Technology)基础架构管理、IT 服务管理规划与实施、应用管理和安全管理。其中,服务管理是最核心的模块,该模块包括"服务提供"和"服务支持"两个流程组。

对应 ITIL 的六个模块,产生了 31 个管理流程。其中比较重要的有以下几个。

(1) 事件管理(Incident Management)。

事件管理的目标是在不影响业务的情况下,尽可能快速地恢复服务,从而保证最佳的效率和服务的可持续性。事件管理流程的建立包括事件分类、确定事件的优先级和建立事件的升级机制。

(2) 问题管理(Problem Management)。

问题管理是调查基础设施和所有可用信息,包括事件数据库,来确定引起事件发生的真正的潜在原因,以及提供的服务中可能存在的故障。目的是同样的事故以后不再发生。

(3) 配置管理(Configuration Management)。

配置管理的目标是定义和控制服务与基础设施的部件,并保持准确的配置信息。目标是保持基础设施和应用的一致性。一致性的一个体现是标准化,而标准化是服务连续性和自动化的重要基础。

(4) 变更管理(Change Management)。

变更管理的目标是以受控的方式,确保所有变更得到评估、批准、实施和评审,其核心就是风险控制。

(5) 发布管理(Release Management)。

发布管理的目标是在实际运行环境的发布中,交付、分发并跟踪一个或多个变更。

与技术运营目标相关的重要流程有容量管理、变更管理等,以上这些管理流程都会在第17～第 20 章详细讲解。

12.4.3.3　智能数据能力

数据的能力,主要体现在算法运维(Algorithmic IT Operations,AIOps),或者称为智能运维(Artificial Intelligence Operations)。

今天的企业正在使用比以往任何时候都要多的技术和平台来构建更多的应用程序。而且每个应用程序、设备和传感器都以惊人的速度生成数量和类型惊人的数据。现代应用程序和技术如此频繁地被使用和变动,在时间上,是每天、每小时和越来越短的时间跨度,人类不再可能跟踪所有内容,更不用说了解它们如何协同工作。

AIOps 是使用人工智能和机器学习来支持所有主要的 IT 运营,目标是将 IT 系统平台生成的数据转化为数据内在含义的认知(Understanding of Insight),从而对后续的行为(action)进行指导。

AIOps 是数据智能的能力体现。在这个方向上,我们看到运维从标准被动式监测到数据分析,再到事件预测的技术演进。同时通过使用数据分析工具来达到报警收敛,从而使运维效率能够大幅度提高,可以更快完成事故的恢复,从而保证服务的可用性。

在技术运营上,AIOps 带来的优势横跨技术与管理两个领域,如自动化、生产线问题的发现和决策,举例如下。

(1) 自动化。可以处理常规监视和问题识别任务,因此可以大大减少 IT 员工的开销。在传统的过程自动化中,系统以编程方式执行预设的配方,而 AIOps 会根据数据不断学习和更新执行的模型,从而使自动化系统不断地调整和改进。

(2) 问题管理。通过多系统数据分析和事件关联,对生产线进行报警收敛,以及进一步的问题诊断和根因分析。

本书的第 21～第 23 章会更深入地对 AIOps 进行讲解。

12.4.3.4　安全能力

CIO(Chief Information Officer)和 CSO(Chief Security Officer)正面临越来越大的压力,以确保其组织不会成为外部攻击的受害者,同时内部的运营又要遵守各项规章,保证合规。

安全和风险管理是任何云服务和大数据服务商业务的关键部分。对于 CIO/CSO 来说,提高安全性不仅仅是在技术上的投资,也需要对流程和人员进行关注,也就是安全的管理。

在安全技术上,最新的关注点在于风险管理软件、数据安全、基础设施保护、身份和访问管理以及网络安全设备等。这部分内容在第 5 部分"安全技术与管理"做详细讲解。

12.4.4　双维平台的实施

在企业发展的不同阶段,双维的侧重点是不一样的。如图 12-6 所示,在企业发展早期,需要尽快推出产品,满足客户的要求,这个阶段技术是领先的,所以技术的比重会比管理的比重大很多,在图上就表示为技术的面积比管理的面积大。在公司成熟之后,有大量的客户,尤其是互联网公司的 SaaS、PaaS 和 IaaS 服务公司,大量的客户都在线上,需要 7×24 小时运营,这时,服务的可用度成为 SLA 最关键的指标之一。在这个阶段,管理起到非常关键的作用,所以管理的面积会超过技术的面积。

技术走向开放,管理走向严谨,它们常常是冲突的。因此,在两者之间的平衡,是 CTO 们常常面临的挑战。

双维模型具体实施的重要体现是运营平台,图 12-7 是某金融公司使用的服务运营平台,具有一定的代表性。

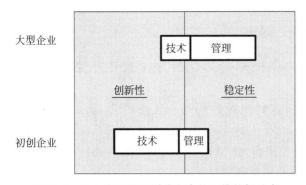

图 12-6 企业发展的不同阶段中的双维的侧重点

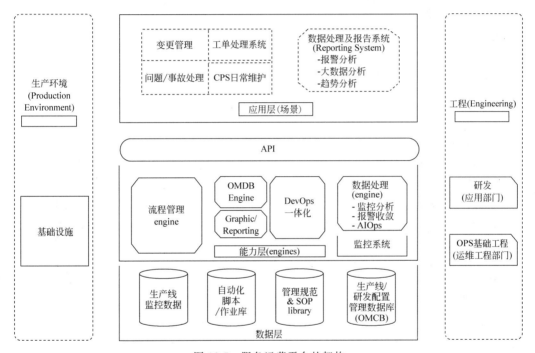

图 12-7 服务运营平台的架构

其中关键的部分包括：

- 数据层：CMDB（配置管理数据库）、生产线运行数据库（监控，报警等）、SOP 文档库、自动化指令库等。
- 能力层：流程管理 engine、数据处理 engine、DevOps 的 engine 等。
- 应用层：各种商务运营和技术运营的流程（ITIL 管理流程、CI/CD、工单等），各种报告（dashboard/reporting）。

12.5 DevOps 方法论

云计算服务是由服务构建（主要是研发）和服务运营（运维）组成的，在二者的相辅相成中，有很多由技术、管理和团队目标带来的不同，因此也出现了很多效率低下、责任不清的情况。DevOps 的出现就是试图解决这个问题。

12.5.1 DevOps 简史

Dev 是指开发（Development），主要是指软件开发；Ops 是指技术运营或运维（Operations）。

2009 年，Flickr（一家提供图片和视频服务的公司）的工程师 John Allspaw 和 Paul Hammond 在 Velocity 2009 的年会上，发表了题为"10 Deploys per Day，Dev & Ops cooperation at Flickr"的演讲，来讨论开发团队（Dev）和运营团队（Ops）的关系，并给出了 DevOps 中的关键方法论和基础工具。

在演讲中，这两位工程师指出了开发团队和运营团队经常因为生产线的线上事故问题而互相指责的场景：

运营工程师说：这不是我的服务器问题，是你的代码问题（It's not my machines，it's your code）。

开发工程师说：这不是我的代码问题，是你的服务器问题（It's not my code，it's your machines）。

他们都认为迫切需要一些做法来改变现状。改变往往意味着风险，所以他们便将日常开发管理活动中的一些工具、实践配合自动化来减少这些风险。

同年，Patrick Debios（独立 IT 咨询家，《DevOps 手册》的作者，致力于用敏捷的方式来连接工程实践和运营）在比利时举行了第一届 DevOpsDay 会议，正式提出 DevOps 这个名词。

从 DevOps 的发展史可以看出，DevOps 符合事物发展规律，一开始是为了解决效率问题，然后在之前的生产管理方法论和工具的基础上，提出了完整的流程体系和实践总结，最后发展成完整的方法论。

12.5.2 DevOps 定义

目前，学术界和工业者尚没有给出 DevOps 一致和最终的定义。我们试图从不同的方面收集信息，以便读者作为参照。

（1）维基百科的定义。

DevOps 是一组软件开发的实践，它结合了软件开发（Dev）和技术运营（Ops），目的是缩短系统开发生命周期，并能同时为业务目标快速提供功能、修复和更新。维基百科的定义总是高度抽象，试图概括名词的全部内涵，甚至延伸到动态实践，但是这样的定义一般让人很难理解。

（2）学术界的定义。

从学术角度来看，来自 CSIRO 和美国软件工程研究所（Software Engineering Institute）的三名计算机科学研究人员 Len Bass、Ingo Weber 和 Liming Zhu 建议将 DevOps 定义为"在保证高质量的条件下，一套旨在缩短实施时间的实践，这个实施时间是指需求从研发开始到落实到生产环境中的时间"。学术界的定义在高度抽象的基础上更加力求严谨，并且针对每个名词都要设定存在的前提，这满足三段论式的闭环定义。

（3）工程界的定义。

首先，DevOps 不仅是可见的对象或过程，更是思想认识和文化运动。它鼓励软件开发者和 IT 运营人员沟通，以增加应用系统的交付速度。

其次，DevOps 是一种跨越学科的社区实践，其致力于对构建、发展和运营具备弹性、快速变更系统的研究。DevOps 是精益原则、约束理论和丰田套路运动的衍生物，是始于 2001 年敏捷运动的延续。DevOps 包含柔性工程、学习型组织、安全文化、人员优化因素等知识体系，并参考了高信任管理文化、服务型领导、组织变动管理等方法论。把所有这些最可信的原则综合地应用到 IT 价值流中，就产生出 DevOps 这样的成果（见《DevOps 手册》）。

最后，DevOps 研发运营一体化是指在 IT 软件及相关服务的研发及交付过程中，将应用的需求、开发、测试、部署和运营统一起来，基于整个组织的协作和应用架构的优化，实现敏捷开发、持续交付和应用运营的无缝集成，帮助企业提升 IT 效能，在保证稳定的同时，快速交付高质量的软件及服务，灵活应对快速变化的业务需求和市场环境（《研发运营一体化能力成熟度模型》中国通信标准化协会）。

综合上述各种定义，我们抽取其共性，定义如下：

- DevOps 是一种"融合"，是开发（Dev）和运营（Ops）的融合，是技术与管理的融合。
- 这种融合是"敏捷和精益"思想的延伸。
- 融合的目标是快速响应、持续交付。
- 融合仍然要保持相对独立，研发和运营的各自的组织目标 KPI 不能放弃，要取得一种平衡。
- 融合的核心在于组织、流程、文化，其共同价值观的形成才能保证持续发展。

12.5.3 DevOps 的关键过程

DevOps 的目标是成为一种跨职能的工作模式。在这种工作模式的实践中，产生了不同的工具，形成了一个"工具链"（toolchains）。这些工具可以属于以下一个或多个类别：

（1）编码（Coding）：代码开发和审查，源代码管理工具，代码合并。

（2）构建（Building）：持续集成与构建工具。

（3）测试（Testing）：持续的测试工具，可以快速、及时地反馈业务风险。

（4）打包（Packaging）：应用程序发布库，生产线正式上线前的预部署。

（5）发布（Releasing）：变更管理，发布批准，发布自动化。

（6）配置（Configuring）：基础架构配置和管理，将基础架构代码化（Infrastructure as Code）的工具。

（7）监控（Monitoring）：应用程序性能监控，最终用户体验。

这 7 类工具对应 7 类任务：编码（Code）、构建（Build）、打包（Package）、发布（Release）、配置（Configure）、监控（Monitor），再加上下面的通用工具：

计划（Planing）：研发计划工具。根据运营中监控发现的问题，或者客户反馈的问题，做研发的修复计划。

一共 8 个，跨越了 DEV 和 OPS 这 2 个领域，形成一个闭环，如图 12-8 所示。

上面的 8 个步骤，每一个步骤都是标准化的研发和运维所涉及的步骤，难道 DevOps 只是简

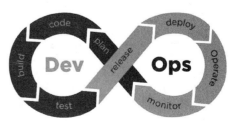

图 12-8　DevOps 的关键任务

单地把它们放在一个概念里吗？显然不是，DevOps 的特别之处在于以下几点。

（1）价值流动。所谓价值流动，就是指让研发和运维的工作相互可见、减少每一个工序步骤在各自领域内的驻留时间，提高交付（deliver）效率，持续地小步快跑。想象一下，上面的链条是一个工厂的传送带，每个工序都有不同的工人在操作，如果旋转起来，是不是工作的效率就变高了？

（2）聚焦反馈。由于价值链条流动起来了，那么每一个步骤的上下工序都会得到及时的反馈，特别是在 release 和 plan 部分，每次 plan 都要把 release 之后的问题及时纳入修正，而每次 release 又源源不断地提供反馈，计划更多更新的问题。这就提供了一个把发现的问题在源头解决的机会。

（3）持续学习与不断试验。上述价值链无法直观反映的一个问题就是 DevOps 需要强大的学习型组织来支撑，因为要完成从计划、执行到发布反馈的过程，没有精益优化、持续改进的团队价值观是无法做到的。如果能做到，那么从本质上说明了这就是一个学习型组织，能够不断自我进化。

DevOps 定义了 5 个成功的关键点。

（1）减少组织孤岛（Reduce Organizational Silos）。

（2）正常接受失败（Accept Failure as Normal）。

（3）实施渐进式变革（Implement Gradual Changes）。

（4）利用工具和自动化（Leverage Tooling and Automation）。

（5）衡量一切（Measure everything）。

DevOps 的最早的出发点是解决研发和运维的争执。为了摆脱日常的争论，专注于工作本身是 DevOps 的最朴素实践。随着 DevOps 的不断发展和演进，现在已经成为继敏捷之后的更规范和完善的研发流程体系和方法论。

DevOps 的特点是打破壁垒，消除孤岛，价值传递，信息流通，建立学习型组织，目标是精细化管理和节约成本，减少内耗。但是 DevOps 不是万能的，任何制度流程的确立需要两方面的支撑：一是足够强大的组织能力（包括执行力），二是有足够决策权的推进者。组织能力不够，无法领会和掌握执行的方法、工具，执行不到位；缺乏决策权，推动不力，又容易在原流程和新流程之间反复，改变团队的习惯是非常困难的。因此，DevOps 的局限性之一也是要求参与者的高素质和强推动性。

另外，由于组织岗位出现了某种程度的融合，DevOps 不仅要求专业化，还要求一线的研发人员和运维人员具备交叉层面的知识，这并非符合每个员工的成长期望。在设定组织目标时，无论是 KPI 还是 OKR（Objectives and Key Results）都会在组织层面出现考核的冲突，这对人事管理制度和绩效管理考核也提出了更高要求，不是所有类型的组织都能够驾驭这种灵活的工作方式。

12.6　服务可靠性工程

12.6.1　服务可靠性工程的定义与要点

服务可靠性工程（Site Reliability Engineering or Service Reliability Engineering，SRE）

由 Google 提出,其核心是将软件工程的实践应用到基础架构和技术运营中。其主要目标是创建可扩展且高度可靠的软件系统。根据 Google SRE 的团队负责人 Ben Treynor 的说法,SRE 是"当软件工程师被要求来负责运营的任务时会发生什么"。

在软件系统预计具有高度自动化和自我修复功能的情况下,SRE 工程师 50% 的时间进行"运维"相关的工作,如问题处理、值班和人工工作等,而另外 50% 的时间用于开发任务,如新功能、扩展、自动化等,其中日常工作的自动化是最重要的开发任务之一。理想的 SRE 工程师要么是具有良好管理背景的软件工程师(Software Engineer),要么是具有编码和自动化知识的高技能系统管理员(System Administrator,SA)。Google SRE 方法论知识点主要包括:确保长期关注研发工作,确保满足服务水平指标(Service Level Indicator,SLI)的前提下产品的最大迭代速度,监控系统,应急事件处理,变更管理,需求预测和容量规划,资源部署,效率与性能。

为确保长期关注研发工作,Google 将 SRE 团队的运维工作限制在 50% 以下。SRE 团队应该将剩余时间花在研发项目上。在实践中,SRE 管理人员应经常度量团队成员的时间配比,如果有必要的话,采取一些暂时性措施将过多的运维压力转移回开发团队。例如,将生产环境中发现的 Bug 和产生的工单转给研发管理人员去分配,将开发团队成员加入轮值体系共同承担轮值压力等。

追求最大的变化速度而不违反服务的服务水平指标,产品研发部门和 SRE 团队之间可以通过消除组织架构冲突来构建良好的合作关系。在企业中,最主要的矛盾就是迭代创新的速度与产品稳定程度之间的矛盾。如果一个新功能要上线,假设它是 20% 不可靠,但只有 5% 的用户可以访问,结果也只有 1% 的中断,那么灰度发布则可以快速发布那些可能存在风险的软件,但也需要控制这个风险。通过风险控制管理,解决研发团队和 SRE 团队之间的组织架构冲突。SRE 团队的目标不再是"零事故运行",SRE 团队和产品研发团队目标一致,都是在保障业务服务可靠性需求的同时尽可能地加快功能上线速度。这个改动虽小,意义却很大。一次"生产事故"不再是一件坏事,而是一个创新流程中不可避免的环节,两个团队通过协作共同管理它。

监控系统是 SRE 团队监控服务质量和可用性的一个主要手段。最普遍和最传统的报警策略是针对某个特定的情况或者监控值,一旦出现情况或者监控值超过阈值就触发报警。但是这样的报警并不是非常有效:一个需要人工阅读邮件和分析报警来决定目前是否需要采取某种行动的系统从本质上是错误的。监控系统不应该依赖人来分析信息进行报警,而是由系统自动分析,仅仅当需要用户执行某种操作时才通知用户。Google 有一个规则,没有不需要采取行动的警报。如果工程师遇到一个自己认为不需要执行操作的警报,需要采用自动化的手段来修复该警报,这里主要讲的是 SRE 所提到的监控更多的是关注监控的有效性。

变更管理是 SRE 团队的重要任务,变更是生产线问题发生的直接诱因,更多的变更意味着生产线的故障风险将会变得更多。及时发现上线中的问题并快速回滚,这是一个变更发布最重要的事情。一个有问题的版本发布,回滚需要多长时间,在回滚完成之前影响了多少人,SRE 团队最关心的是变更管理发布的质量。

需求预测和容量规划简单来说就是保障一个业务有足够的容量和冗余度去服务预测中的未来需求。一个业务的容量规划,不仅要包括自然增长(随着用户使用量上升,资源使用率也上升),也需要包括一些非自然增长的因素,比如新功能的发布、商业推广,以及其他商业因素。有效的需求预测及容量规划能更好地确定生产线业务过载的水位线,有效地避免事故的发生。

应急响应是 SRE 团队对生产线事故的应急处理,生产线可靠性的两个指标是 MTTF(平均失败时间)和 MTTR(平均恢复时间)。其中 MTTR 是评价一个团队将系统恢复到正常情况的最有效的指标。任何需要人工操作的事情,都只会延长恢复时间。相比之下,一个可以自动恢复的系统即使有更多的故障发生,也要比事事都需要人工干预的系统可用性更高。当人工介入不可避免时,通过事先预案并且将最佳方法记录在 SOP 手册上,通常会使MTTR 降低 75% 以上。因此,SRE 团队针对应急事故的处理尽量交给机器去做,如果有人工介入,那么也有规范的 SOP 文档来指导工程快速应急。

高效地利用各种资源是任何营利性服务都要关心的。因为 SRE 团队最终负责容量的部署和配置,因此 SRE 团队也必须承担起任何有关利用率的讨论及改进。因为一个服务的利用率指标通常依赖于这个服务的工作方式以及对容量的配置与部署。如果能够制定一个有效的服务容量配置管理策略,进而改进其资源利用率,可以有效地降低系统的总成本。一个业务总体资源的使用情况由以下几个因素驱动,用户需求(流量)、可用容量和软件的资源使用效率。SRE 团队可以通过模型预测用户需求,合理部署和配置可用容量,也可以改进软件提升资源使用效率。通过这三个因素能够大幅推动服务效率的提升。

12.6.2　SRE 与 DevOps

SRE 与 DevOps 共同之处有以下几点。

(1)减少组织孤岛。

- SRE 与软件开发共同承担所有权(ownership)和相应责任。
- SRE 使用与开发人员相同的工具,反之亦然。

(2)正常接受失败。

- SRE 拥抱风险。
- SRE 服务水平指标(Service Level Indicators,SLI)和服务水平目标(Service Level Objectives,SLO)以规范的方式量化失败和可用性。
- 在事故复盘中,SRE 强制要求对事不对人。

(3)实施渐进式变革。

SRE 鼓励开发人员和开发者从解决事故开始来推进改变,而不是一蹴而就地全盘实施。

(4)利用工具和自动化。

SRE 将日常琐事(toil)交给自动化来执行。

(5)全方位衡量 SRE 定义了衡量价值的规范方法。

SRE 从根本上认为系统运营是一个软件问题。

从两个方法所对应的任务看,二者的侧重点对比如表 12-3 所示。

表 12-3 SRE 与 DevOps 的侧重点对比

SRE 侧重点	DevOps 侧重点
运营	程序交付(代码交付,程序上线)
事故响应	自动化发布
问题解剖分析	环境构建
监控、事件和告警	配置管理
容量规划	基础设施即代码
核心关注:服务可用度	核心关注:程序交付速度

12.7 双维模型、DevOps 与 SRE 的指导意义和应用

下面结合案例来讨论双维模型、DevOps 和 SRE 的指导意义和应用场景。

12.7.1 双维模型:给 CXO 的运营指导

从 3 个方法论的提出者的背景来看这几个方法论的特点。

(1) 双维模型:提出从一线技术人员出发,逐步转型为技术运营的管理者,进而成为公司的管理者,完成了从技术到管理的转型,因此对管理维度非常重视,如管理流程、成本管理、组织架构等。

(2) DevOps:主要的提出者是开发背景。在 IT 技术发展历程上,软件开发的方法和技术比运营的时间要更长,成熟度也高很多。因此,提出者希望将这些方法和技术引入运营。但是提出者本身似乎并没有一线技术运营的经验。

(3) SRE:提出者是开发背景,从事一线的 7×24 小时服务运营工作。对生产线服务运营相关的技术理解得很深,讨论得也更广。但是,这些提出者是以工程师为主,对管理理念的讨论比较少。另外,Google 本身的运营预算很高,在运维成本上没有太大的压力,高额的运营投入所产生的方法和技术不一定全部适合中小企业。

如果一个云服务公司是 CTO/CIO 负责技术运营团队,或者同时也负责研发团队,那么 7×24 小时服务的最重要的事实是:生产线的事故,一半来自技术,另一半来自管理。或者说管理 7×24 小时服务的最重要的原则是:技术运营,一半靠技术,另一半靠管理。在这之上,服务运营永恒的四大目标:服务可用度、运营效率、用户体验、成本效益,就是技术运营双维模型的核心思想。

12.7.2 DevOps 与 SRE:给技术架构师的指导

DevOps 和 SRE 都试图消除 Ops 和 Dev 之间的差距,它们成功地引入了软件化的思路及工具,尤其是自动化。然而,它们并不能解决开发团队和运维团队之间的思维定位(mindset)的差距,实际上,这个差距是很难解决的。

这是因为这两个团队有不同的目标。甚至在服务的构建上,Ops 的基础设施工程和应用程序开发工程在技术堆栈层、技能集和开发关注重点方面也有很大的不同。即使从公司目标的层次来看,Ops 和 Dev 的目标都是给客户提供有价值的生产服务。这样的目标也很

容易分解为两个方面：功能性和稳定性，而这两个目标本质上是冲突的。想象一下，如何在纽约或北京市中心这样交通复杂的城市，把一辆车开得越快越好（功能性要强）的同时又不发生事故（稳定性要好）。因此，实际中是这两个目标的取舍与平衡，而不是硬把这两个目标统一化。

在技术层面上，DevOps 方法论主要是从研发 Dev 的角度进行讨论。而 SRE 主要是从技术运营的角度进行讨论。例如，在自动化的讨论上，DevOps 典型的切入点在于 CI/CD（持续集成和持续发布），而 SRE 的切入点是在于日常运维任务，如系统装机、打补丁监控等任务。

12.7.3　实践讨论(1)：Dev 与 Ops 的和与分

在 Google 的 SRE 资料中，没有谈及在技术之外的团队的架构和目标是如何演变的，下面以 WebEx 为例讲解组织结构对运营目标的重大影响。

WebEx 是美国硅谷最早的 SaaS 服务公司之一，成立于 1995 年。1998 年在纳斯达克上市，主要业务是网络云会议，当时是全球最大的服务商。2007 年被思科收购，成为思科的云计算部门。在技术运营上，WebEx 的发展早于 Salesforce 和 Google。

WebEx 在早期时，服务可用度只有 95%（每天有 1.2 小时宕机），后来到了 99.99%（每天有 1.44 分钟宕机），其技术运营的发展历程如下。

(1) 1995—2000 年，技术运营团队属于研发部门，服务可用度是 95%。

(2) 2001 年，技术运营部门从研发部门中分拆独立，主要人员是网络工程师、系统工程师和 DBA。

(3) 2001—2004 年。

- 2002 年，苏州的系统工程团队成立，主要负责系统层的安装和发布的自动化。
- 2003 年，合肥的应用开发团队并入，主要负责应用层的异地灾备解决方案（Global Site Backup，GSB）。
- 2004 年，杭州的应用层监控开发团队并入，主要负责 APM 的监控工具开发。
- 2004 年，服务可用度初步达到 99.99%。

(4) 2005—2007 年，整个生产线系统稳定在 99.99% 的服务可用度。

给 CTO 们的建议如下：

(1) 运营和开发，保持各自的独立，作为平衡（check-and-balance），这将有助于从根本上提高服务质量。

(2) Dev 和 Ops 分享 KPI，但是这些 KPI 要尽可能少、而不是很多 KPI，并让它们可以理解和接受，从而提高团队的可执行性。

(3) 在两个组织中使用相同的自动化工具，提高工作和沟通的效率。

(4) 在运营团队中，设立工具开发团队。

(5) 在开发团队中，推行生产线设计（Production Design）的理念和规范。

这些建议中，为运营团队设立工具开发团队是非常关键的一步。这使得开发人员与运营人员的目标一致，而不受传统应用开发部门的影响和制约，从而可以快速地推行运营的软件化和自动化。这一点和 SRE 的方法是同样的思路。

通过理解 DevOps 和 SRE 的出发点，可以了解它们所隐含的本质以及局限，从而更多地关注技术运营的基本原理,即"管理＋技术"双维模型,这是在本章开始讨论技术与管理的双维模型的目的,也是为什么在本书中没有过多地讨论 DevOps 和 SRE 的原因。

12.7.4　实践讨论(2)：技术运营不同阶段各种方法论的应用

以下这个案例,是一个运维团队从开始创建到成熟的运维阶段的历程,其中包括双维模型、SRE、DevOps 的想法和实践。

A 企业是一家 SaaS 服务公司,主营电话会议、视频会议产品,为国内各种企业提供方便的电话会议及视频会议服务,A 企业实现了从传统的 IT 运维到 7×24 小时云服务的运维的转变。

(1) 第一阶段,技术有基础,管理很缺乏。

这是运维的初期阶段。在管理上,变更、事故及问题管理流程大部分是人工处理。在技术上,人工作业方式比较多。团队主要以系统工程师为主,负责系统部署、变更发布、监控部署、故障处理等。在这个阶段,A 企业在业务上的发展快、变化大,在管理流程上比较灵活。总体而言,该阶段更多的是以人为导向,去快速适应一系列流程的变化及修订,为 ITIL 部分工具化流程化做准备,但是管理维度开始了。

在这个阶段中,更注重的是双维模型的引入。从管理流程入手,快速建立以 ITIL 为中心的一个简单的流程管理体系,以变更管理、事故管理为主,提高服务四大指标中的服务可用度。

(2) 第二阶段,平台化、自动化。

团队 ITIL 流程建设基本完成,变更及监控管理平台化,事故处理也流程化。工程师的职位由原来单一的系统工程师职位,又独立出来一些职位。如 A 企业发现问题总是后于客户发现问题,报警跟不上,则又增加了监控工程师。监控工程师实现并优化生产线应用服务的监控系统的搭建及脚本开发工作,补足监控漏洞,提高监控效率。

同时,这个阶段 A 企业发现产品迭代太快,发布太耗时、还经常出问题,为了加快产品的迭代,提升更新发布的速度,团队开始招聘自动化开发的系统工程师,通过编写脚本,利用 Jenkins、Ansible 等自动化工具来提高产品发布的速度,也就是通过 CI/CD 的实施,来提高产品发布迭代的速度。

这个阶段的重点是"技术＋运营"双维模型的技术维度,自动化开始执行,提高服务四大指标中的运营效益。这也是 SRE 和 DevOps 的理念。

(3) 第三阶段,应用运维阶段。

该时期的侧重点是将各个工程师的职责更明确、技能更专注,让运营工程师也关注到应用架构的稳定、高效性。这个时期为了提高业务层服务的 SLA 指标,管理者让运维工程师深入研发体系,关注研发在产品架构设计阶段方案的可行性,同时也让研发团队参与到运维的 CI/CD 过程中,让开发人员参与生产线的应急处理,直接了解和改进服务的可持续性和连续性的需求。该阶段的运维主要以事件、事故管理为核心,快速有效地应对事件及事故处理,提高生产线的 SLA 指标。

这个阶段的核心是打通 Dev 和 Ops 在发布上的技术问题,提高效率。

(4) 进一步讨论。

A 公司在前面三个阶段基本还是以生产线稳定和效率为主,但是真正的用户体验还没有完全落地,需要在运营过程中通过业务质量数据分析、预测需求及容量,不断提高用户满意度,提升产品的核心竞争力。

(5)总结。

从上面的实践可以看到,在技术运营发展的不同阶段,管理者、架构师采取了不同的方法和着力点,不断对服务进行改进。

生产实践的体会是,SRE 更多是从运营角度出发,关注服务可靠性和自动化实现。DevOps 更关注的是 CI/CD,提高自动化效率。而双维模型,则将管理与技术同等重视。

12.7.5　实践讨论(3):在研发团队中引进 DevOps 思维

在 DevOps 的定义中,有一句名言:Ops who think likedevs. Devs who think like ops.(运营团队应该像研发一样的思考,研发团队应该像运营一样的思考)。

在本书的技术运营部分的讲解中,基本上是以技术运营团队的视角来讲解技术和管理的方法和问题。在本实践讨论中,我们换个角度,用研发 Dev 的视角来进行讲解。在这里,我们讲解如何用 DevOps 的思维方式,使得研发团队在为业务的服务(Enable Business)上走得更远。

12.7.5.1　背景介绍

B 公司是一家提供二手车车商服务的电商,主要业务是为二手车车商提供软件管理平台和部分硬件设备(物联网)。二手车的售后服务主要包括融资抵押、整备、维修和车辆检测。整个系统包含门禁、监控及一整套的电商平台。

B 公司系统面临最大的问题是二手车车况和整个市场情况变化太快,监管政策也经常调整,所以系统的开发上线速度非常频繁。又因为涉及门禁、雷达等需要和物联网对接的功能,而众所周知物联网设备受限于电源、网络等情况,所以非常不稳定,因此 B 公司的系统经常出现各种各样的问题。

在开发环境甚至测试环境都不会出现的网络抖动、电力供应等问题,在客户的实际场所中经常会出现,而且往往无法预料问题持续的时间长短。产品经理在办公室里想出来的解决方案可能无法应对复杂的实际工作场景。

例如,一个二手抵押车,一般的产品逻辑是装上 GPS 定位装置,但是这些装置可以被嗅探出来而被拆卸掉,所以抵押品非常容易丢失。

12.7.5.2　DevOps 理念的应用

在客户的不断投诉中,B 公司开始运用 DevOps 的理念来解决问题。

(1)打破信息孤岛:进行运营前置。

把研发团队和运维团队直接派驻到二手车经销商的大卖场,也就是系统实地部署在销售现场,在第一时间聆听客户的反馈,现场拍板,现场解决问题,这是由研发团度和运维团度通力配合的。他们直接租用了二手车商的场地进行现场模拟开发和测试,卖给谁,就针对谁的场地进行参数调优配置,优化物联网连接。这种转化是和之前的沟通不一样的,研发和运维同时介入一线,运维优先思考变通方案,然后研发同步进行根因分析,提出彻底的解决方案,项目经理直接在发布节点就把错误修复或者优化方案编入下个版本计划。

（2）自动化：提高效率，共享成果。

改变过去手工发布和维护的做法，运用自动化的编译、构建、打包和测试技术，在某几个车场取得显著效果的分支特性会自动合并到主干，并同步到其他车场；同时，针对其他几个车场的自动化案例也会同步回来，每次构建使用 Jenkins 工具产生单元和集成测试报告。通过测试的报告连同编译好的程序自动部署到对照测试环境，自动更新，运维和主管的项目经理都会收到短信和邮件通知，这个过程完全不需要人工介入。

（3）渐进式的变革。

采用最新的物联网监控机器人，除了 GPS 定位外，每个车位都放置了 20 枚安防探头和红外线动作感知终端，持续不断地对在库车辆进行扫描，一旦出现位置偏移，经过机器学习的算法测算概率，当概率较大时，触发告警。在开始的一段时间，告警的准确率非常低，经常遭到客户的投诉，B 公司并没有气馁，而是坚持继续使用，并鼓励团队继续迭代开发。随着算法的完善和数据模型的不断加强，现在告警的准确率已经能达到 98% 以上，可以做到每 1000 辆车，不超过 20 辆车会触发错误的异常报警。随后该公司还准备把该技术申请为品牌和专利，不仅用于抵押车，还将用于零配件的仓库管理（出入库防偷盗）及部分机油、润滑油等易耗品的管理。

通过以上实践，我们可以看出 DevOps 的一些特性经验：打破壁垒，团队知识共享和自动化运维监控。分别映射前面所讲的关键点一、四和三。实际上 DevOps 的全套成熟度流程体系非常难以全面做到，针对企业运营中的痛点，采取部分措施和优化，进行渐进式的改良，也是 DevOps 所提倡的。DevOps 延续了敏捷的思想，认同微小的改进是非常有价值的，希望通过积土成山、积水成渊的方式来完成组织进化。

12.7.5.3　进一步的思考

从上述实践中，可以找到一些仍需反思改进的地方。

（1）这种实践是被动式的、应激式的，管理者没有从根本上找到这种变更的内生动力。

（2）实践改革停留在经验阶段，没有进一步深化、提高，没有从组织、文化层面找到继续改革的必要性，而 DevOps 的本质还是组织能力、文化的成熟度。换言之，这种浅尝辄止的做法是不可复制的。

（3）缺乏改革度量的量化标准。不知道改好了多少。B 公司的变革更多的是考虑到客户的满意度，而这并不是 DevOps 追求的量化标准。如果能度量出改革之后节省了多少工时，节省了多少成本，或者增加了哪些货币效益，显然是更具备说服力的。

（4）从实践中入手，上升到理论高度，最后反过来指导实践，才是一个完整的 DevOps 闭环。但是受限于目前国内 IT 企业的成熟度和组织能力，这仍然有很长一段路要走。

第13章

服务的生产设计

云计算所提供的服务比云计算本身的技术更重要。而 7×24 小时生产型服务的构建，在上线前需要全面的设计，就像高楼在开工建设之前需要有设计蓝图一样。

本章将从技术研发和运营管理的角度讨论如何建立一个可靠的和可管理的云服务系统。

13.1 生产设计的目的

本节讲解为什么要进行生产设计。

13.1.1 建立生产型的云服务

云服务和传统软件产品的最大区别在于云服务是运行在一个公共平台上供众多用户通过互联网或移动网络来使用，这个服务平台通常放在数据中心来运营。为了支持这样的服务，需要完成大量的基础建设工程和运营管理的任务，以便实现服务的稳定性、可扩展性和安全性等。

云服务供应商的工程研发任务中最重要的挑战是如何保证 7×24 小时高可靠服务运营。传统软件产品的设计和开发中并不包含这些任务。

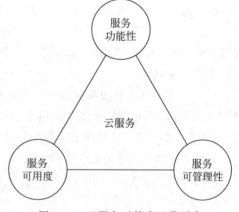

图 13-1 云服务对技术运营要求

图 13-1 中的三角模型可以概括云服务的技术运营要求。

图 13-1 的意义也可以用一个等式来描述：

$$云服务 = 服务功能 + 服务可用度 + 服务可管理性$$

一个真正的云服务包含以下内容：

（1）服务功能性：是客户对服务的功能和性能的要求。

（2）服务可用度：客户可以随时使用服务。

（3）服务可管理性：服务可以被云服务供应商管理或运营。

13.1.2 云服务的生产设计

生产设计的目的有两个：

（1）建立真正可靠和可管理的服务。

（2）弥补传统软件产品和云服务平台在工程研发上的差距。

传统的 IT 产品设计（Product Design）和生产设计（Production Design）在字面上很像，但是含义有很大的区别。Product 的意思是产品，而 production 的意思是 7×24 运营的生产线。传统的 IT 产品设计是针对客户需要的特性，而生产设计是以生产线的服务运营为目的的。

云服务的生产设计实际是把生产运营要求的服务可用度和服务可管理性的两个主要需求具体化到工程中的一套协议。这些要求要在工程活动和服务的上线过程中实现，这个协议是针对软件产品研发、基础建设工程研发和技术支持各个团队提出的。

生产设计的具体要求中也包括了技术知识传递的部分，原因是上线后的服务支持要靠团队成员来完成。没有有效的专业知识，客服团队和技术运营团队是无法为客户服务的。

生产设计的内容如图 13-2 所示。

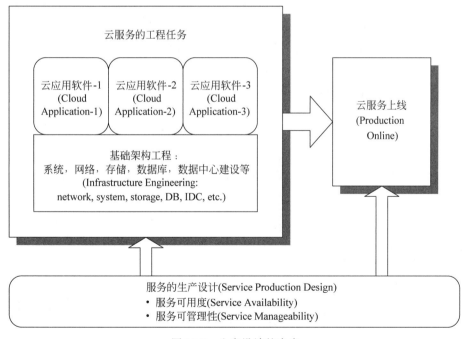

图 13-2 生产设计的内容

生产设计所涉及的范围如下。

（1）基础架构工程的设计：基础架构是为各云服务软件提供一个公共的基础平台，包括网络、系统、存储、数据库和数据中心等。这些是传统的 IT 软件产品没有涉及的。

（2）服务的运营要求：服务可用度和服务可管理性。无论是软件平台还是基础平台，高可用性和管理性都要满足实际 7×24 小时运营的要求。

（3）人员与知识的建立：对一个云服务而言，当技术平台准备好时，人员与知识也要准备好，这样生产线才能启动和对外提供服务，这也是生产设计要考虑的一部分。

云服务的另外一个很重要的部分是服务平台对客户提供的功能。功能的实现在一般的产品管理和软件开发管理中都有很多讲解，在此处的生产设计中不做详细讲述。

13.2　生产设计方法

本节主要阐述生产设计的目标和流程。

13.2.1　生产设计目标

生产设计的目标是要解决服务可用度和服务可管理性，具体包括：

（1）服务可用度：通常用服务可用度指标来测量，如 99.9% 或 99.99%。

（2）服务可管理性：包括服务监测、报告、扩展性和成本控制等。

为了做到这一点，生产设计需要考虑以下几点。

（1）基础工程平台（IDC、网络、系统、数据存储、数据库、安全）和应用软件平台的整合，以形成一个真正的云服务平台。

（2）服务可用度的建立。

- 服务稳定性要求：使用高可用性和灾备计划的技术来增加服务的可用度。
- 性能要求：在高用户量的访问下，平台能够正常运行。

（3）平台可管理性的建立：考虑并确保所有监测、报告和标准操作规程等，这些运营要求要在生产线正式发布之前到位。

（4）容量规划：确保服务平台的规模大小适宜，可以满足不同业务成长阶段需求，而且不浪费财力和人力，从而确保生产成本是高效使用的。

（5）支持团队的建设：团队的结构设计要满足 7×24 小时服务支持要求。这里涉及各个团队职责的定义、平台从研发到生产线过程中各个阶段的交接、知识转移等。

（1）～（3）将在本章进行深入讲解。对于（4）的内容，在通常的研发过程中经常被忽视，因为研发工程师的主要关注点是实现服务的功能。然而，更加具有挑战性的不是如何运行，而是如何在有限的人力和财力资源下运行。基于业务的整体容量规划来决定生产线环境中需要采购多少服务器、网络带宽等资源。

容量工程师通常设在技术运营部门，需要在容量规划中确保平台具有可扩展性，并且平台可以随着业务的增长分阶段建立，以达到控制成本的目的。通常，在一个业务刚刚开始时收入是比较有限的，因此，服务建立初期的预算控制是首要任务，费用和收入经常需要进行平衡。容量模型需要在产品线设计中做出。本书的第 20 章将专门来讲述生产线的容量规划。

对于（5）在本章中会做简单介绍，更多内容会在第 34 章讲述。

13.2.2　生产设计流程

传统的 IT 软件发布流程如图 13-3 所示。

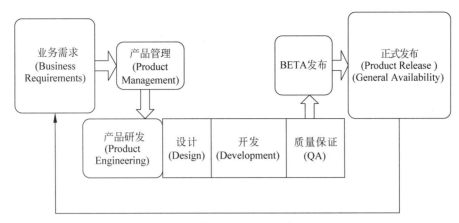

图 13-3 传统的 IT 软件发布流程

对于云服务公司,生产线发布流程如图 13-4 所示。

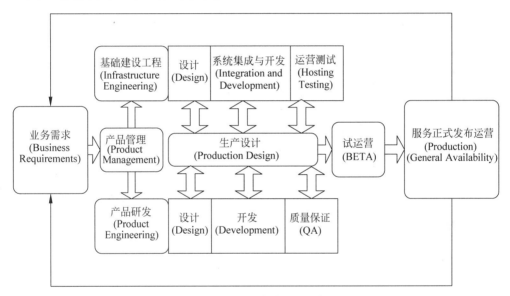

图 13-4 云服务生产线服务发布流程

这两个流程的主流程是相似的,都是需求→设计→开发→QA→产品发布。最大差别在于云服务的流程中有技术运营团队的参与,并在参与中贯彻生产设计的理念以及实现。本章将讲解生产设计的理念和对工程的要求。

13.3 生产设计(1):工程开发期间的任务

本节将详细讲述工程开发期间的任务,包括平台的设计和开发、服务可用度和服务可管理性等的具体要求。

13.3.1 服务平台的重要部分:基础建设工程

服务平台的开发由两部分组成:应用软件平台的开发和基础建设工程平台的开发。

应用软件平台的开发的责任与一般的 IT 公司软件开发部门类似,这里就不多介绍。基础建设工程平台的开发是一般 IT 产品公司所没有的,这里做重点介绍。

在生产设计中,大量的工作是来自技术运营部门的基础建设工程团队,这些工作通常不由软件工程团队负责。

基础建设工程平台的开发内容包括以下几方面。

(1) 系统工程(System Engineering)。

- 服务器:服务器硬件选择。
- 操作系统。
- 存储。
- 第三方软件,如 Apache、JBOSS 等。

(2) 数据库工程。

(3) 网络工程。

(4) 语音系统。

(5) 监测系统。

(6) 数据中心设施。

应用软件平台的开发和基础建设工程平台的开发的最好比喻是应用软件平台的开发建立一个引擎,基础建设工程开发建立一个配有所有传输、车轮、车体等配件的汽车,这辆汽车是为客户提供服务的最终交付产品。

此外,服务平台还有后台系统,包括开通系统、支付系统和报告系统。

- 开通系统:客服服务的开通及账户管理。
- 支付系统:客户的结算支付管理系统。
- 报告系统:云服务的客户通常需要关于他们的服务使用情况以及出现问题情况的报告。

生产设计需要考虑建立或整合这些后台系统。同时,所有这些系统都有着服务可用度和服务可管理性的要求。

13.3.2　服务可用度

从客户角度进行考虑,云服务应该是随时可用的。这是用服务的可用度来衡量的。

在互联网服务中,服务可用度最高等级为 4 个 9,即 99.99%。这意味着每周只能有 1min 不能工作。达到 100% 的可用性几乎是不可能的,至少在目前是这样。

在工程开发中实现服务可用度的关键原则是:

(1) 建立高可用性的平台架构。当服务平台的某个系统或平台本身出现问题时,服务可以随时转到另一个系统或平台上继续运行。

(2) 建立高效的监控体系。在故障出现之前得到告警,采取行动来避免故障发生。

1. 高可用性的技术设计

高可用性的技术设计是保证服务可用性的关键一步。

传统的高可用性大部分是指通过 IT 硬件层次的冗余来防止硬件故障。在云服务的技术运营中,应用软件、硬件和运营技术管理问题的综合故障的可能性要比硬件本身故障的可能性高很多。服务可用度概念已经扩展到整个服务平台的服务可用度,在这个概念中,不管原因如何,服务中断是一个低概率的事件。这里的服务中断包括计划性维修、软件更新或是意外的事故。

为了建立高可用性服务,下面是几个基本的实施方案:

(1) 在生产设计中避免故障单点:在组件、系统和应用服务等各个层次都要避免。

(2) 数据中心层次的高可用性(灾备计划):在不同数据中心之间直接进行服务切换。

服务平台的各部分都要满足这样的要求,并完成集成测试和单独测试。每个相关团队都应执行这一要求。

2. 独立性、容错性和熔断的设计

在平台设计中,可以使用三个设计规则来增加服务平台的高可用性。

(1) 独立性设计(Independency Design)。

独立性是指当某个单个的系统出现问题时,它不会影响其他系统的运行,包括两层意思:

- 各个业务的服务线之间尽量相互独立,不要使用共同的设备,如存储等。这是因为不同的业务服务所需要的维护时间是不同的。
- 在每条服务线上,所有系统或应用单元,如服务器,应该在每一层之内(Within Layer)以及层与层之间(Between Layer)独立运行,这样运营团队可以单独地运行或停止某个服务器,而不影响其他服务器的运行。

(2) 容错设计(Fault Tolerance Design)。

容错设计是在系统的某些部分出现故障时,使系统在降级运行(Degraded Operating)的状态下继续运行的设计。这种运行可能在一个较低的水平,其目的是使平台不是完全失败的,或者说作为一个整体的平台还没有停止运行。这种较低水平是指平台的吞吐量的降低、响应时间变长等。

(3) 牺牲峰值(Sacrifice Peak Design)或熔断设计(Fuse Design)。

这个设计对超大用户的流量的场景非常重要。所有的服务平台的容量都是有限的。当实际流量超过预计容量的突发状况时,服务提供商宁愿牺牲这些超过的流量,也要保证基本流量的畅通。例如,设计容量是100万用户,当用户达到110万时,要牺牲掉10万用户的访问,以保证100万基本用户的正常使用。

在进行设计时,服务平台端(Server End)和客户端软件(Client End)都要有这样的机制:对于这10万用户,他们一旦请求失败后就会放弃,而不是不断地继续请求,给服务平台造成压力。

13.3.3　服务的可管理性

服务的可管理性主要包括监测、配置管理、生产线标准、部署、客户迁移、补丁发布六个方面。

13.3.3.1　监测

监测系统对于服务的生产线运行非常重要。它是7×24小时NOC(网络运营中心)团队依赖的系统,就像机场的塔台监控一样。

监测分两个层次构建：

（1）基础建设层监测。

这是监测基础设施平台层的运行，如服务器、数据库和网络设备。在这个层次，有很多开放资源和商业解决方案可以应用，如 Zabbix、Nagio 等。

（2）应用服务层监测。

这是监测应用服务层的运行，这里要监测以下两点：

应用服务的健康状态，如服务软件的运行或停止；

应用数据流的健康状态。例如，即使所有的应用程序都在运行，网上信用卡交易的数据流也可能会在某个地方卡住。

应用服务层监测比较复杂。这是因为：

（1）各个应用服务是不一样的，没有一个统一和现成的监控体系可以使用，需要自己开发。

（2）在开发中，需要深入理解业务逻辑。这种开发是很耗精力的。这部分的监控一般被归类为 APM（Application Performance Monitoring）。开源软件的有 Prometheus、Graphite、Elasticsearch、Kibana、Riemann 等。

13.3.3.2　配置管理

对于大规模的云数据中心，服务平台的配置是软件安装、补丁部署、日常维护等工作中面临的一个很大挑战。挑战来自以下方面：

（1）服务的上线或升级涉及大量服务器。

（2）每个服务器上的各子系统或单元的结构复杂。

（3）服务系统之间的相关性强，例如在服务启动时的前后依赖关系。

事实上，这里的最大挑战是应用层的配置，应用软件的问题处理和调试是运营工程师最耗时的工作。

有效的配置管理系统有助于解决这个问题。一个常用的方法是用中央配置管理（Central Configuration Management）系统，该方法的关键设计概念如下。

（1）主配置文件（Master Configuration File）将保存在一个中央服务器（配置管理服务器）上。

（2）每个提供服务的服务器将被简化为"引擎"，就像节点一样。它们在本机中有一个最简单的系统层的配置，例如主机名和 IP 地址。具体且复杂的应用服务配置将会从中心服务器上被下载下来。

中央配置管理的逻辑设计如图 13-5 所示。

一旦这种中央配置方法被使用，相关的自动化测试工具和补丁安装工具等就比较容易建立起来。它们都可以从配置中心进行推送、下载和远程安装。

13.3.3.3　生产线标准

传统制造业的大规模生产的基础是标准化。这个道理在云服务的技术运营中也是一样。如果一些服务器提供相同的功能服务，它们所有的组件配置从软件到硬件都应该是一样的。即使是不同功能的服务器，它们的基础配置（如操作系统）都需要标准化。

一个好的标准使运营团队更容易进行日常工作。服务器的命名标准就是一个很好的例

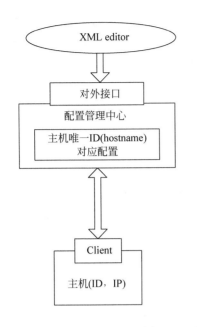

图 13-5　中央配置管理的逻辑设计

子。一个好的命名规则应该反映服务器的关键信息，使得在运营中容易辨识。

例如，W 公司对其中心的高可用数据的服务器命名规则如下：

[系统或项目属性][地域名称][集群编号][服务器编号]

具体名称是：GDBSJ11、GDBSJ12、GDBDV11、GDBDV12。

名字虽简单，但是几个关键的生产线和设计信息都有体现：

（1）它们是集中式数据库服务器：巨型的数据库服务器（GDB，Giant Datadase Server）。

（2）它们是高可用性的服务器：GDBSJ11 和 GDBSJ12 组成了一个高可用的数据库集群。

（3）它们在不同的数据中心：GDBSJ11 和 GDBSJ12 在加州的圣荷西市（SJ，San Jose），GDBDV12 和 GDBDV11 在科罗拉多州的丹佛市（DV 是 Denver 的缩写）。

13.3.3.4　部署

对于大规模部署，应该使用自动化工具。自动化部署的一个代表方式是"cookie-cutter"方法，或每个系统的部署是相同的。

部署自动化使用系统镜像法，即安装系统和软件，建立一个主系统镜像，然后以此来复制更多的服务系统。具体步骤如下：

（1）安装操作系统并进行配置。

（2）安装必要的软件、调试必要的配置。

（3）测试认证过程，建立一台主机。

（4）做安全的固化调试。

最终这台主机就成为一个主系统镜像，利用这样的镜像来快速复制其他服务器，能够减少很多工作量。

更进一步的方法是针对一个服务需要的一系列的服务器做系列的系统镜像。

(1) 建立一套主应用服务器系列,并对它们进行认证,使其成为一个系列的主镜像,然后新的一系列的服务器可以用这套主镜像来整套复制。

(2) 通过中央配置服务器上的主配置文件,每个主机将根据自己在服务应用中的角色找到自己的信息,并进行二次配置,使其能够为客户提供服务。

有了这些工具,就可以进行大规模的自动化部署工作。

13.3.3.5　客户迁移

如果一个新服务上线,则有对客户进行迁移的要求。例如,从旧服务平台到新服务平台的迁移,或从 BETA 环境到生产线环境的迁移,那么在产品刚开始规划时,产品经理需要对大规模客户的迁移软件工具进行规划,并由相应的研发团队负责开发。在服务上线时迁移工具要交付给技术运营团队使用。

迁移工具也需要严格的测试,需特别注意以下几点:

(1) 迁移软件工具要考虑性能问题。生产线的迁移工作一般要求在 3 小时左右完成,以避免对客户正常使用造成影响。

(2) 迁移软件工具要有回滚的能力。这是要防止在迁移中出现问题,或新服务上线后,发现重大 bug,服务需要回滚到旧的版本。

以上两点非常重要。否则一旦迁移中出现问题,进退无措,将是服务运营的大灾难。

13.3.3.6　补丁发布

补丁是修复产品 bug 或是增加服务特性的。但是,频繁的补丁推出会给生产线带来不稳定或是风险,因此补丁的推出要非常谨慎。理想的情况是:

(1) 紧急补丁:控制在每周一次。

(2) 中型补丁:每月一次。

(3) 大型补丁:每季度一次。

这种策略应该由产品经理和生产运营经理共同讨论,并由发布管理来控制。

为了简化补丁部署,每月发布的补丁应该能够覆盖之前月份发布的补丁。同时,这些补丁应该与以前版本兼容,以便最大限度地降低对客户的影响。

13.3.4　安全性

对于云服务来说,安全涉及三方面:

(1) 提供云服务的数据中心。

(2) 客户使用服务的客户端。

(3) 客户与数据中心之间用来传输数据的互联网。

安全性的要求将在本书第 5 部分做详细讲解,这里只简单举几个例子。

(1) 安全技术实施。

• 客户访问:IP 地址的访问控制(ACL)、端口(port)限制等。

- 数据存储：许可控制。
- 数据交换服务：加密。

（2）安全管理。

- 加密所有登录名和访问密码，账户创建页面，包括在 non-SSL 网站的更新页面。
- 加密数据库中带有机密信息的表。
- 当客户在应用使用中关闭浏览器时，强制性重新认证用户信息。
- 清除超级用户组的密码的使用。
- 消除超级用户密码、共享密码以及组密码。
- 运营工程师应该使用他们的个人账号和密码，而不是通用访问账户。
- 创建使用安全所要求的编程语言规范。

13.3.5 可扩展性

可扩展性对于云服务来说是一个挑战。设计者永远不会准确知道服务将在什么时候超过设计容量，因此最好在开始做架构设计时就考虑到。

13.3.5.1 平台的扩容

有三种方式可实现平台的扩容：水平扩容、垂直扩容和增加缓存层扩容，如图 13-6 所示。

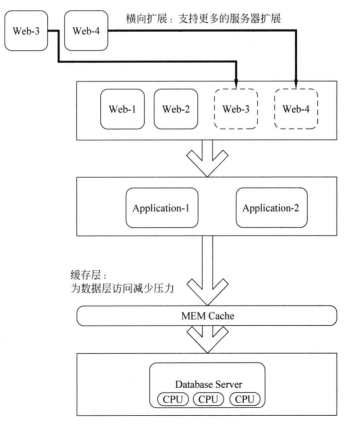

图 13-6　平台的扩展设计逻辑

（1）水平扩容。

水平扩容是通过在本层增加更多相同的服务器来实现。例如，按照需要，可以在 Web 服务集群中增加更多的 Web 服务器，这些 Web 服务器是"引擎"类型的服务器，没有数据存储，只是做数据的处理，这也是最简单的服务器类型。水平扩容可利用 cookie-cutter 方法安装更多的服务器，并把它们加入集群。

（2）垂直扩容。

垂直扩容是通过增加每个服务器的计算能力来扩展能力，例如在服务器中增加更多的 CPU 或者更换更快的 CPU。

提高 CPU 能力是提高生产能力最容易的方法。然而，这需要设计工程师在最开始选用服务器时就考虑系统计算能力的扩展性。例如，在选择服务器时，要考虑主板上有更多的 CPU 插槽。

（3）增加缓存层扩容。

增加缓存层，用缓存层吸收容量压力。例如，数据库层的容量扩充是很难的，在进入数据库服务器层之前，增加 MEM Cache 层是一个解决数据库服务器层瓶颈的好办法。

在云服务的扩展性设计中真正的挑战是数据库，尤其是处理"写"操作的数据库。这是因为每个数据的写入需要一个数据锁，无论是在表一级或是在列/行一级。这样的锁对数据的性能有非常大的影响。因此，软件工程师在编程中的 SQL 语句的优化就变得非常重要。同样，对技术运营来说，要严密监控那些很耗数据库资源的 SQL 语句，并及时告知相应的工程团队进行处理。

13.3.5.2　通过客户设置进行扩展

容量扩展的另一种方法是通过客户设置，可以用不同的特性为客户分组，如根据地区、业务类型等。

（1）通过地区分组：例如亚洲国家的客户在一组服务平台，北美国家的客户在另一组服务平台。大多数的游戏开发公司正在使用这种方法。

（2）通过客户的业务类型分组：例如大客户在一组服务平台，中小客户在另外一组服务平台。

不同规模扩展方法需要在生产设计和部署过程中仔细评估。

13.4　生产设计（2）：上线期间的任务

下面讲解几项重要的生产线发布工作：生产线的验收清单和最终的部署。

13.4.1　生产线验收

生产线的验收标准来自各团队对生产线运营要求的归纳和集合。这些要求来自产品经理、研发经理以及技术运营经理。生产线验收清单是把这些要求具体化并形成可执行的文件。

生产线验收清单的目的是在团队之间形成平台的验收。例如，软件开发团队把平台交付给 QA，QA 工作完成后要交给技术运营团队。通过这种生产线平台的验收过程来保证平台满足运营需要。

同样地,当运营研发团队把服务平台交付给 7×24 小时一线网络运营中心(Network Operation Center,NOC)支持团队时,NOC 团队将会提出要求而且这些要求将反映在验收清单及交接流程中。

为了实现高标准的服务可靠性,目标制定要非常具体,下面是验收清单的一个例子:

- 产品经理的要求:应用服务在压力测试期间要保证 30 天内无事故发生。
- 技术运营的要求:在平台中无单点失败环节,一旦有问题出现,高可用性服务器需要在 15s 内完成切换。

本章最后的附件 1 是数据库验收的清单(checklist),这是生产线发布的一个简单的例子,在这个清单中,读者可以看到来自不同团队的需要。

13.4.2　生产线部署

生产线部署是将服务平台部署到数据中心。它主要涉及两个方面:部署设计和部署规划。其中部署规划部分涉及容量规划。

13.4.2.1　容量规划

在实施生产线的部署之前,要知道商务对业务的需求并将其转为技术的需求。

适当的生产线规模应该是:

(1) 不要创建得太大,否则将浪费金钱和人力。

(2) 不要创建得太小,否则将无法满足客户的需求。

(3) 要有整体的容量调整计划以满足不同发展阶段的业务需要。

容量规划不是一件容易的事情,它要求基于一些数据的数学建模,包括:

(1) 历史数据。

(2) 业务假设。

(3) 技术假设。

如图 13-7 所示,容量计划活动是一个迭代的过程。

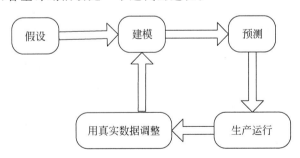

图 13-7　容量计划活动的迭代过程

在建立模型的过程中,有线性回归等方法,也有一些商业角度的假设,具体见第 20 章。

根据业务需求的总容量和 QA 报告中各单元的容量,可计算出需要多少资源,例如服务器和网络带宽。结合运营中使用的高可用性政策,如 $n+1$ 的备份方案等,可以最终规划出生产线部署计划。

13.4.2.2　部署计划

在部署期间,会有很多涉及硬件、软件、电信等第三方供应商的资源要求。项目经理应该考虑这些因素,并把采购时间等放在项目计划中。

举例来说,铺设最后一段从网络的骨干网到机房的光纤连接,电信提供商通常要花费30个工作日。如果不考虑这些问题,部署计划将可能被拖延。

在部署规划中另外一件需要考虑的事情是成本分析。业务团队需要这些信息来调整部署规划。公共云服务,像 Amazon AWS 和 EC2 服务,为部署提供弹性资源。应用层的云服务公司可以利用这些优势来降低生产线的部署成本。

13.4.3　日常维护计划

在服务平台上线的过程中,同时要确定上线后平台的维护规则,包括日常工作的例行检查,例如:

- 日志和数据备份/存档的政策。
- IDC 例行检查。
- 定期的应用服务、系统和设备的重新启动。

当一部新车交付给客户使用时,厂家都会提醒客户行驶到 5000 公里、10 000 公里、15 000 公里时要定期维护,以保证车辆的安全性,也是同样的道理。

13.5　服务支持结构:团队和知识

随着技术平台的就绪,运营支持团队也要到位,下面介绍建立团队所涉及的知识。

13.5.1　团队结构

在一个云服务公司,支持团队的结构以及责任需要在推出服务前就规划好,典型结构如下:

第一级支持:客户支持——客服中心。

第二级支持:资深的客户支持,如客户的关注、客户支持的升级。

第三级支持:网络监控中心、技术运营支持。

第四级支持:应用研发支持。

另外,危机处理团队也要准备好应对紧急情况,这个团队要由一名高管直接带领,团队成员由各工程团队和运营团队资深团队成员组成,如产品经理、研发工程师、客户经理等。

详细的团队结构将在第 34 章进行讲解。

13.5.2　知识传递:文档的需求

与团队紧密相关的是知识的要求,知识直接决定了团队的能力。

知识在文档中体现。在服务平台发布过程中,需要编写相关和足够的文档并交给技术运营团队,以方便完成 7×24 小时生产线支持和后续的工程改进之用。

下面是一个典型的服务平台的文档清单,这个文档清单将被用于生产线验收。

第 1 部分:研发设计和部署文件(由应用软件平台开发团队提供)。

(1) 平台设计文件。

(2) 发布说明(发布目标、错误修复、软件平台常见问题)。

（3）功能审查。

（4）系统的安装和配置说明。

（5）生产线系统能力测试规范和报告。

（6）用户身份认证机制。

第2部分：技术运营的设计、实施和部署文件（来自基础工程团队）。

（1）平台设计。

（2）生产设计文档：如系统逻辑设计、部署设计。

（3）平台容量规划。

（4）数据库设计和配置的指导。

（5）平台安装和配置向导。

（6）运维测试报告。

（7）平台命名规范。

（8）生产线验收清单。

（9）客户迁移指导。

（10）运行维护及故障排除指南（FAQ）。

（11）巡检任务清单，如系统启动、应用启动周期、时间表和相关客户影响。

13.6　实践和讨论

下面从互联网云服务公司来阐述生产运营平台从需求到设计及运营的过程。

13.6.1　从工程到实施的关键：系统层的逻辑设计

系统层逻辑设计（System Level Logic Design，SLLD）是服务平台设计从工程开发阶段走到生产线实施阶段的关键。

系统层逻辑设计的目的包括：

（1）将软件服务平台与基础设施进行统一的设计。

（2）明确在应用层的数据流，这主要是为监控体系的设计和 7×24 小时生产线事故处理所用。

（3）以生产运营为视角审查各个功能并做出相应的设计，如高可用性和可扩展性等。

（4）为服务提供技术支持，如问题诊断，提供技术指导。

（5）监控平台的设计。

另外，这样的系统设计将会提供日常生产操作的监测点。

系统逻辑设计的另一个目的是为生产线部署提供指导。通常系统逻辑设计是最小容量的部署方案，真正的生产线部署是在此基础上基于真正的业务需求来设计可扩展性的。

在生产线服务的研发方法（PSDM）中，系统逻辑设计是在软件工程设计的基础上建立的。因此，它将在软件设计之后设计。

系统逻辑设计的关键点包括：

（1）系统布局（System Layout）：由模块（module）、单元（unit）和层（layer）组成。

- 模块：在每个单元中的应用模块。

- 单元：物理或虚拟服务器、网络设备、电话设备、数据库服务器、存储设备等。
- 层：层由单元组成。典型的层如网络层（无业务逻辑）、应用层（包含业务逻辑）、数据层（数据库、数据存储和数据复制）、网络服务层（NTP、SMTP 等）、网络及传输层等。

（2）在系统设计图中要体现应用数据流、高可用性和可扩展性。

这里的数据流是应用服务的数据流。基于此数据流和以单元为基础的系统布局，可以定义客户的功能监控。

图 13-8 所示为系统逻辑设计的案例（来自某公司内部设计资料，做了部分简化）。

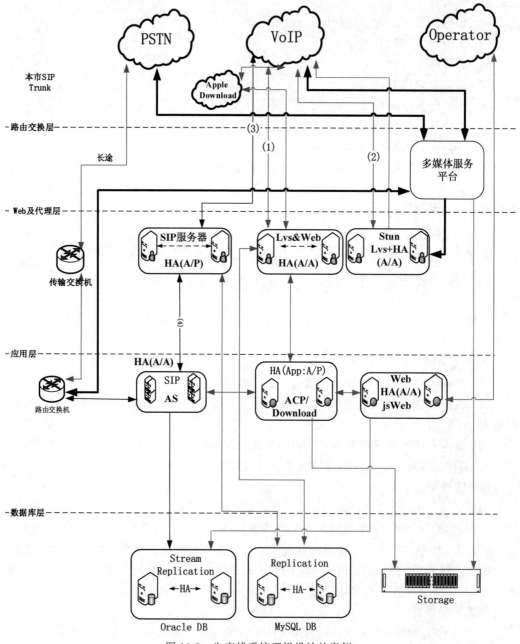

图 13-8　生产线系统逻辑设计的案例

图 13-8 中要显示分层次的架构、数据流、系统层的高可用性及扩展性等。其中,数字编号表示数据传输(数据流)的次序。

13.6.2　进入生产线:生产线的部署设计

系统逻辑的下一步就是生产线的部署设计。

在部署设计中,云服务供应商需要根据容量规划中计算出的用量来搞清楚需要多少服务器、设备、网络宽带以及语音系统通信能力,这实际是系统逻辑设计的延伸。部署设计的重点是根据业务需求的容量及 SLLD 来进行生产线的部署计划。

相对生产设计,在技术上部署设计相对简单,但它需要考虑生产线推出时的不同时期的需求和对应的部署设计。

(1) BETA 建立:是"类生产线"(production-like),目的是做外部测试以发现更多的 bug。

(2) 有限的服务时期(Limited Availability,LA)建立:给有限的客户提供服务,这主要是进一步验证服务的可靠性。

(3) 正常生产线的服务时期(General Availability,GA)建立:服务开发给所有的客户,服务正式推向市场。

附件　数据库进入生产线的接受清单(Production Rollout Checklist:GIANT DB Server)

背景介绍:

这是负责基础设施(Infrastructure Engineering)的运维工程团队花了近 6 个月的时间完成的新的高可用数据库(High Available DataBase,HADB)的设计、安装和线下测试,现在需要系统交付到线上。下面是给负责 7×24 小时监控的数据中心的新系统的交付清单(checklist):

1. 生产线系统设计和安装信息(Production System Design and Implementation Information)

(1) 系统设计文档(System Design Documentation)。

- 系统逻辑设计(System Level Logic Design)。
- 高可用测试报告(High Availability Testing Report)。
- 性能测试(Performance Test)。
- 容量计划(Capacity Plan)。

(2) HADB 的配置信息。

- 操作系统、网络、数据库实例的系统要求。
- 生产线维护设置(Maintenance):自动启动/停止配置文件;恢复时间;系统启动后,数据库是否有效启动;其他的数据库管理脚本。
- 数据库连接配置:对应的网络及系统 kernel 的配置。
- 数据库性能:数据库性能的瓶颈测试报告。
- 数据库的共享内存数据是否正确。
- NTP 的设置是否正确(用 date -u 验证)。

- 系统提示符是否显示了服务器名称。
- 系统硬盘容量是否有足够的空间给数据库增长使用。
- CPU 计算能力是否有足够的空间给数据库增长使用。
- 系统备份的配置。
- 数据库备份的配置,包括线上和线下的数据备份。

(3) 安全：安全审核团队是否已经批准。

2. 监控(7×24 小时)

(1) 系统和数据库是否已经编入监控体系。

(2) 系统和数据库是否已经编入管理流程系统,如工单(ticketing)系统。

(3) 监控工程师是否在这些服务器上有账号。

(4) 服务器的系统权限是否已经赋予了监控工程师。

(5) 监控培训：监控工程师是否有培训文档和培训课程。

3. 系统管理(System Administration)

(1) 操作系统(OS)配置文档。

(2) 数据库(DB)配置文档。

(3) 高可用的 failover 测试和操作培训。

(4) 常见问题处理文档。

第14章

服务的业务连续性

云服务的核心是其业务的连续性,如何确保业务 7×24 小时不间断,如何确保服务发生故障时能够快速恢复,这些都是云服务商的核心所在。

在技术运营中,我们常提到的一个概念是服务的高可用性,涉及基础架构、应用平台、互联网连接等方面。这实际是云服务的业务连续性在技术上的体现和要求。本章在讲解业务连续性时,会包括服务的高可用性的技术设计原理与实现。

本章主要在技术维度上,针对云计算业务连续性及其挑战进行讲解,通过实际案例来分析云计算业务连续性的重点和难点。

14.1 云服务业务连续性及其挑战

本节介绍云计算业务连续性的定义以及云服务连续性面临的挑战。

14.1.1 业务连续性的定义

业务连续性是服务提供商为了确保客户能够随时访问其业务功能而进行的一系列运营活动。这些活动包括许多日常运营细节,如系统备份、数据备份、系统变更控制、系统实时监控等。业务连续性不是在灾难发生时才去实施的系统,而是为维护服务的高可用性、一致性和可恢复性而执行的日常业务活动。

业务连续性是一个很大的范畴,囊括服务商的日常运行的各方面,如基础设施、运营团队、灾备系统及灾难恢复流程等。本节将着重剖析云计算实现业务连续性的挑战和实践。

要特别指出的是,业务连续性同时也是安全的技术与管理框架的一部分。安全的框架会在本书的第 5 部分做详细讲解。

14.1.2 云服务提供商面临的挑战

近年来,恐怖活动、种族冲突、SARS、禽流感、海啸、雪灾、地震等各种天灾人祸,使不少企业陷入困境。2011 年 3 月,日本发生的 8.9 级大地震和随后的海啸造成了日本全国各地的数据中心出现大面积的电源和网络服务中断,这也导致日本企业重新考虑其传统的灾难恢复策略。几星期后,由于一个故障路由器的升级失败,导致亚马逊在美国东部一个数据中心的弹性快存储(Elastic Block Storage,EBS)系统失败,这一失败导致了连锁反应,使得几百个客户的服务停机,包括许多 Web 2.0 公司,如 Foursquare 和 Reddit。

大多数的云计算使用者,无论是企业还是个人,都无法容忍服务中断或数据丢失。其对服务可用度的要求为 99.9%～99.99%。这是来自前端用户的最直接的挑战。对后端的要求是技术方案的实施与管理及其成本效益。

面对这些灾难,云计算服务企业高层和管理人员如何未雨绸缪,妥善应对这些冲击呢?简单的灾难备份是远远不够的,答案只有一个:进行业务持续性管理(Business Continuity Management,BCM)。业务持续性管理的一个重要任务是找出业务最大容忍的中断时间以及最低可以接受的服务水平,这是非常关键的一步。不但意味着要满足行业监管和利益相关方的要求,也意味着资源的投入,包括人员、场所、设备、技术、供应商等。

服务的可用性是指任何时间、任何地点、任何环境用户都能够获得其所需要的服务的比率。打个比方,互联网用户在使用网络视频会议时,手机客户希望只要接入互联网,就可以在任何时间、任何地点、任何环境,使用视频会议。这要求服务运营商有完备的服务高可用性解决方案。这个方案需要涉及系统的各层次,首先要有全球分布数据中心,使得服务可以覆盖不同的地理位置;其次要求相同的服务要部署到位于不同地理位置的数据中心,以应对大的自然灾害和某一局部地区的网络或 IDC 故障,在需要时使用户的请求可以快速地被转移到另一个地点;最后,还需要数据复制来保证多个地点相同服务的数据是同步的。只有实现了这些多层次的高可用性部署和自动化,才能实现服务的转移对用户是透明的。

服务的可用度和投入是成正比的。高的可用度需要更高的投入,越往上投入的份额越大。获得 99.99% 的服务可用度比获得 99.9% 的服务可用度的投入可能要高很多倍。服务运营商是企业,所以在实际操作中要对服务可用度和投入产出比做权衡。决策过程中要考虑以下因素。

(1) 用户群是谁,他们对可用度的要求是怎样的,他们能承担的价格如何。

(2) 用户群有多大,公司有没有足够的收益能保证其正常运营。

(3) 当前的技术条件的限制,包括网络连接状况和带宽,软件是否具备,等等。

14.2　云计算的业务连续性方案概述

云计算的业务连续性是体现云计算服务能力的重要指标。作为基础,本节介绍业务连续性的管理及技术方案的基本思路。

14.2.1　业务连续性的管理

云计算业务连续性管理是支持整体云计算服务的业务连续性的管理过程,它的目标是通过确保云计算所需的 IT 技术和服务设施(包括计算机系统、网络、应用程序、数据存储库、电信、环境、技术支持和服务台)能够在预先协定的时间内恢复服务。具体来讲,云计算业务连续性管理要达到以下目的:

- 维持一套服务连续性计划(Service Continuity Plan),以支持整个组织的业务连续性计划。
- 进行定期的业务影响分析(Business Impact Analysis,BIA)演练,确保在业务要求不断变化的情况下业务连续性计划得以维护。
- 定期进行风险分析,特别是结合业务可用性管理和安全管理流程来控制IT服务的业务风险。
- 确保适当的业务连续性和恢复机制能够满足制定的业务连续性目标。
- 确保在成本合理的前提下采取和实施积极主动的措施来提高服务的可用度。

业务连续性管理(Business Continuity Management,BCM)包括业务接续运营的决策过程、在哪里运营、怎样进行业务接续、需要采取什么行动,以及接续哪些业务到何种程度等。下面简要介绍业务连续管理的五大关键部分。

1. 业务连续性项目启动和管理

首先要确定业务连续性计划(Business Continuity Plan,BCP)过程的需求,包括获得管理支持,以及组织和管理项目使其符合时间和预算的限制。业务连续性计划由一系列简单明确的指令构成,恢复团队完全可以按照这些指令进行恢复操作。各种操作之间的相互关系也必须加以明确说明。所有的指令和说明必须明确无误,避免因可能引起的误解导致时间损失。

2. 业务连续性风险评估和控制

第二步要确定可能造成业务中断的灾难,具有负面影响的事件和周边环境因素,以及事件可能造成的损失,防止或减少潜在损失影响的控制措施。进而需要进行成本效益分析,以适当调整控制投资并且达到消减风险的目的。

风险评估是预案编制的基础。风险评估技术比较成熟,有很多成熟的风险评估模型可供借鉴,企业可以参照这些评估模型和方法建立自己的评估模型。对于大型企业,建议选用一款风险评估专业软件,以便提高风险评估的效率和准确度。对于识别出的风险,按照风险发生的概率、影响程度等进行风险排序和分类,确定主要风险,找出预防风险的防范措施和减缓风险的控制措施,同时要注意分析每个风险可能引发的衍生风险。

完成主要风险识别后,还需要分析这些风险对企业业务的影响程度。业务影响分析是确定中断和预期灾难可能对组织造成的影响,以及对这些影响的定量和定性分析,确定关键环节的相关性及恢复优先顺序,以便确定恢复的时限。业务影响分析包括对中断后果、中断对业务的影响和中断造成的损失的评估。中断后果评估内容包括提供产品或服务的能力中断、资产(人员资产、数据和信息资产、有形资产和无形资产)损毁或损失、违反法律法规、引起公众关注。中断对业务的影响包括经济影响、客户和供应商的影响、公共关系和组织信誉的影响、法律方面的影响、对组织运作的影响、对人力资源的影响、对其他资源的影响。对损失的定量分析包括财产损失、收益损失、罚款、现金流、法律责任、人力资源、额外支出。

业务影响分析结果的准确与否,直接关系到各种预案的有效程度。为了保证业务影响分析的准确性,很多企业会引入外部的专业机构或借助专业的工具软件。

3. 业务连续性计划的制订

设计、制订和实施业务连续性计划是为了在目标时间范围内完成恢复。一个业务连续性计划必须周期性地加以检查和维护。一旦有新的系统、新的业务流程或者新的商业行动计划加入企业的生产系统或者信息系统，引起企业整体系统发生变化时，就更应该强制启动这种检查程序。业务连续性计划包括应急响应和运作的步骤及各种预案，包括建立和管理紧急事件运作中心，该中心用于在紧急事件中发布命令。

所有的策略、流程，都应该围绕着降低业务中断发生的概率、快速恢复以减少业务中断造成的损失、控制业务中断的影响范围、维护社会的和谐与稳定等目的。在制定这些策略、流程时，不能局限于组织内部，要有大局观，这是因为有些业务中断事件的发生，受影响的不仅是组织内部，可能还会蔓延到周边地区，甚至会对国家的发展造成影响。应急策略应包括以下几项。

（1）事件分类分级原则：按照事件的性质、对客户影响的严重程度、可控性和影响范围等因素，一般可以将事件分为四级：Ⅰ级（特别重大）、Ⅱ级（重大）、Ⅲ级（较大）和Ⅳ级（一般）。

（2）事件处置原则：包括应急响应处置原则，应急救援处置原则，以及恢复与重建处置原则。应急响应处置原则包括事件报告、现场紧急处置、现场事件初步评估等原则和处理流程，这是编制应急响应预案的基准。最大限度地降低服务中断对客户业务的影响是应急救援处置最基本的原则。尽快恢复关键流程、设施，以实现业务的早日正常化，是恢复与重建的原则。

（3）事件发布原则：事件发布包括组织内部的事件通报、与供应商和客户的沟通、媒体信息发布。事件发布要及时、准确、透明，必须由专人/部门发布，切忌多渠道发布。对于容易引起社会问题的事件，应建立信息发言人制度，并密切关注网络传播的动向。对负面或恶意信息如何应对，更需要事先制定出应对之策，以避免临时决策可能出现的失误。

4. 维护、演练和实施业务连续性计划

业务连续性计划制订后的一项重要任务是建立对机构人员进行意识培养和技能培训的项目，以便业务连续性计划能够顺利制订、实施、维护和执行。需要定期对预先计划和计划间的协调性进行演练、评估和记录计划演练的结果。通过与适当标准的比较来验证业务连续性计划的效率，并使用简明的语言报告验证的结果。

保证业务连续性计划中使用的信息、数据是最新的，这一点很重要。因此，只要这些信息或数据发生变化，哪怕是很微小的变化，只要有可能影响到业务连续性计划的实时性、实用性或完整性，就必须对业务连续性计划进行更新。对于任何一个组织，变化是司空见惯的，所以业务连续性计划维护的工作量非常大。

根据业务连续性计划的性质和类别，业务连续性计划的维护可以分为定期维护、不定期维护两种形式。当业务流程、关键设施、重要数据等发生变化时，必须立即对预案进行更新维护。

业务连续性计划管理由组织中的紧急事件运作中心或相关部门负责。业务连续性计划管理团队的主要职责是协调各方的关系，检查每个过程的交付成果，负责与组织高层的沟通，以确保业务连续性计划规划、编制、维护全过程的顺利进行，并负责制订业务连续性计划培训计划与演练方案。

5. 公共关系和危机管理

业务连续性的最后关键环节是制订、协调、评价和演练在业务连续性危机情况下与媒体交流的计划。制订、协调、评价和演练与员工、主要客户、关键供应商、业主/股东以及机构管理层进行沟通的计划,确保所有利益相关方能够得到所需的信息。必要时还要建立适用的规程和策略,用于同地方当局或政府监管部门协调响应、连续性和恢复活动,以确保符合现行的法令法规。

14.2.2　业务连续性的技术方案——灾备系统概述

灾难恢复对于保证商业运作的正常运行至关重要。本节将介绍服务灾难恢复系统和服务高可用系统。

如何利用云计算技术达成服务系统的高可用性设计和部署呢? 一种切实可行的方法是将应用设计冗余与云管理层的自动化有机地结合在一起。第一步要求应用架构的解决方案能够承受单个节点的故障,无论这些节点是服务器、存储卷,甚至是整个数据中心。第二步必须独立考虑每一层组件(如 Web 层、应用层、数据层)抗单点失败的、有效且经济的设计方案,要考虑的因素包括数据中心基础设施、互联网带宽、架构的成本和应用的性能。用户可以利用多种多样的技术来设计解决方案,本章的"灾备系统架构"部分有详细的讲解。

仅仅建立了服务应用的高可用性系统是不够的,真正的关键是应用服务架构是如何运作的。如系统的哪些部分应该对失败自动响应,哪些部分不必自动响应。更具体来讲,如果一个给定的云资源失败了(无论是磁盘驱动器、服务器、网络交换机、SAN,或一个完整的地理区域里的所有应用设施都失败了),如何无缝地启动或转移到另一个资源或系统来保持业务的正常运行呢? 在理想的情况下,故障转移越自动化,服务运营越平稳。

要达到这样的自动化运营水平就要求系统的设计和配置很容易复制。例如,装有应用程序的服务器能够在不同的云基础设施上迅速地重新部署以缓解某一群服务器失败。正确的云管理解决方案应通过可定制的最佳实践来简化整个部署过程,还应通过一个中央管理仪表板来提供所有基础设施的可见性。这样管理员就可以通过监控应用服务的性能并基于实时需求进行容量变更。当灾难到来时,自动化和控制能使企业使用更多服务器扩大容量,或能够迁移整个服务器部署到一个新的基础设施上。

下面集中讲述什么是服务备份系统,以及如何利用服务备份系统达成云计算的业务连续性的目标。全球备份系统是实现云计算的业务连续性的一种通用的服务高可用性系统解决方案,不同的云计算服务备份系统的具体实施方案因云计算性质和架构的不同而不同。首先讲述服务备份系统如何保障云计算服务的业务连续性,然后以思科/网讯(Cisco/WebEx)的服务备份系统为例讲解其具体框架与实施,以及该系统如何保证 WebEx 网络会议服务的业务连续性。

14.2.2.1　灾备系统的定义

灾备系统(Disaster Recovery,DR)是一种基于地理位置的服务高可用性解决方案,通过在不同的地理位置建立相同的云计算服务实例,实例之间进行数据实时复制,以此来实现当城市断电,主干光纤网络中断,或者地震等自然灾害造成大规模的区域云数据中心失效时,将云计算服务自动转移到另一个地理位置的云数据中心,从而保证服务可以继续的一种策略。

相对于本地高可用性的策略(如双机备份、群组),服务的灾备系统是更高级别的高可用性方案,同时也是 IDC 级别的备份系统(相对而言,双机备份、群组等只是机器级别的,或组件级别的备份),当一个地点的服务完全中断,其客户被透明地转移到另一个地点。

14.2.2.2　灾备系统的重要性

对于重要的云服务来说,服务的不间断性对于客户是至关重要的,如通信、股票交易、电子商务平台、社会网络服务平台、搜索引擎等。这些云计算的特点是全球化,没有区域的限制。例如某电子交易平台,其数据中心在美国的西部城市硅谷,客户可以是来自亚洲、非洲、美洲等不同的地方。现在假设硅谷发生了 8.5 级地震(加州是地震多发地带),整个数据中心瘫痪,可是对于硅谷以外地区的用户来说,他们仍然希望交易可以继续进行。有效的措施是在硅谷以外的地区建立第二个数据中心,并且能够实现服务的自动转移。

另外,对于一个庞大的云计算系统,软件或硬件系统的升级和维护也非常重要。由于系统的庞大,为保证服务终端用户不受影响,比较安全可靠的做法是把整个服务转移到另一个地理位置,然后对本地的系统进行升级和维护。在这种情况下,一旦升级失败或出现暂时的异常情况,维护人员在不影响终端用户的情况下,仍然有足够的时间来处理异常情况。这种异常往往发生在网络设备的维护和升级上,某些关键的网络设备(如负载均衡器、路由器等)一旦出现异常,就可能引起某个地理位置的整个服务的中断。

系统的实时性也是终端用户关心的一方面。对于某些云计算系统(例如云存储),可以把服务分散在全球的多个位置,在所有的地点都可用的情况下,可以采用就近服务的原则,使服务的实时性增强;另一方面,当某一点发生异常,服务可以实时地转移到就近的位置。从这个意义上来说,不同地理位置的服务已经没有主服务和备份服务之分了,实际上是主—主(Live-Live)的云服务模式了。

灾备系统的重要性主要体现在以下三方面。

(1) 提供跨区域的服务级别的备份系统,从而应对某点发生大型自然或人为灾害的情况。

(2) 提供更可靠的系统维护方案。

(3) 提供全球多点服务,缩短系统的响应时间,提高系统的实时性。

14.2.2.3　灾备系统的挑战

在服务的灾备系统中,当主系统有问题时,网络设备要能够及时感知,并且能够及时把用户的请求无缝地转移到备份系统;同时还要求用户相关的数据要全部存在于备份系统中。这就要求服务备份系统能够很好地实现以下特性。

(1) 作为网络层,要能够感知整个云计算系统的健康状况。

任何一个关键组件的失败,要能够触发网络系统的服务转移。这一般通过定义每个组件的运转状况检查来实现,难点在于如何适当地定义云计算运转状况检查的方法,方法要有效并且高效。所谓有效,是指运转状况检查的方法能够涵盖各种组件失效的情况,不能遗漏,否则会造成云计算系统已经不能正常服务于终端客户,可是却没有触发网络系统的服务转移。所谓高效,是指方法被调用后,能够很快返回。这是因为网络设备会频繁地调用运转状况检查方法(一般间隔是 5 秒),一方面如果方法不能及时返回,会造成超时,从而引起错误的服务转移;另一方面,如果返回太慢,可能是由于消耗的系统资源太多,从而造成整个云计算系统的性能下降。

（2）数据的同步和复制是另一个很棘手的问题。

数据一般包括缓存数据（内存中的数据）和在线数据（永久存储的数据，包括文件和数据库）。因为云计算转移很多时候是无法预料的，这就要求主系统中产生的数据要能够尽快地被复制到备份系统中（理想情况是实时复制）。但是服务备份系统是分布在不同的地理位置，所有复制需要跨若干个网段，复制的效率就成了一个关键性的问题。另一种情况是当某地的系统失效后，数据复制可能无法进行。当此处恢复后，在另一处产生的大量的数据要能够被尽快地复制回去。由于大量数据的复制需要比较长的时间，可是服务已经恢复，新的数据已经开始产生，这样有可能造成两处同时修改一份相同的数据，这就产生了数据冲突。在这种情况下，需要根据具体的业务逻辑设计合理的冲突解决方案。

14.3　灾备系统架构

通过上面的介绍可以看出，服务备份系统是一个庞大而复杂的系统，它包括以下几个子系统：

- 网络系统。
- 应用系统。
- 数据同步系统：存储数据及数据库数据。

图 14-1 所示为服务备份系统的基本框架。

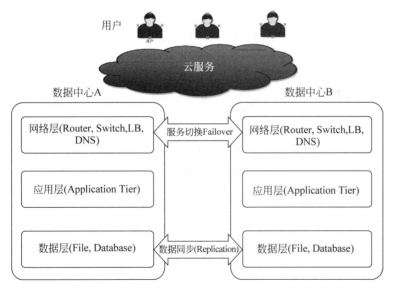

图 14-1　服务备份系统的基本框架

14.3.1　网络系统

网络层是整个云计算系统中的最高层，终端用户通过网络访问服务，所以首先要求主系统和备份系统所在的不同的数据中心之间要有必要的网络互联。

（1）终端用户要能够自由地通过广域网访问任何一个数据中心，这样才能保证无论服务是在哪个数据中心都可以被客户访问。

（2）数据中心之间要有专线连接，这样才能保证跨数据中心之间的带宽和稳定性，这个主要用于跨数据中心间的数据复制和应用程序的跨地域访问（这在 Web 2.0 的应用中很普遍）；用于控制服务转移的网络设备也需要稳定的跨数据中心的数据交换，如 Load Balancer 的全球服务器负载均衡（Global Server Load Balance，GSLB）、DNS server 间的同步，等等。

网络层所承担的功能包括：

- 转发：把客户的请求转发给适当的应用服务器。
- 负载平衡：通过虚拟 IP 地址绑定一组应用服务器，当大量的客户端请求进来后，负载平衡器（Load Balancer）会根据后端应用服务器的状况把所有的请求平均分配给所有的服务器。
- 自动剔除故障服务器：当其中的一台或多台服务器发生故障时，负载平衡器感知后，会自动地把请求转发给其他健康的服务器，从而避免客户端的异常。
- 云计算服务转移：在服务备份系统中，当网络设备感知主服务有问题时，会自动关闭主服务的虚拟 IP（VIP）。当客户端重连时，就被自动重定向到备份服务的虚拟 IP。

服务备份系统服务转移过程如图 14-2 所示。一般客户端都是通过域名（DNS name）来访问服务，假设服务的域名是 boo.com，在域名服务器上会有两条记录，分别对应主服务和备份服务的虚拟 IP。如果主服务是健康的，当客户端访问 boo.com 时，域名服务器会返回主服务的虚拟 IP 给客户端，客户的请求就被定向到主服务；如果主服务有问题，主服务的虚拟 IP 就会自动关闭，当域名服务器感知后，就会返回备份服务的虚拟 IP 给客户端，这样客户的请求就被自动转移到备份服务，从而实现服务转移。

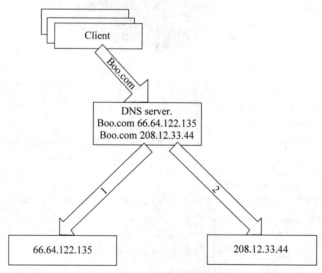

图 14-2　服务备份系统服务转移示意图

14.3.2　云计算应用系统

应用层是云计算的业务逻辑层。当终端用户通过网络访问服务时，网络层最终把请求转发给相应的应用服务器（物理的或虚拟的），一般现代的企业级的云计算系统都用一群功能相同的服务器(集群)来实现一个服务。集群的结构如图 14-3 所示。集群的好处包括：

- 动态扩展容量：第一次部署可能只有两台服务器,后面如果访问量增加了,可以加一台或多台服务器到已经存在的集群。
- 一定的容错能力：当一个集群中有多台服务器时,如果其中的部分服务器发生故障,负载平衡器会自动地把这些服务器从集群中屏蔽掉,从而保证用户的请求永远只会被转发给健康的服务器。

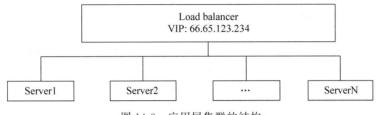

图 14-3　应用层集群的结构

那么负载平衡器是根据什么来判断和某一个虚拟 IP 相关联的服务器的健康状况呢？是根据每一个服务器本身提供的健康检测方法(Health Check Method)。当某一个服务器被加入负载平衡器的某一个特定的虚拟 IP 后,负载平衡器就会每隔一定的时间去访问这个服务器提供的一个特殊的方法,如 TCP call、HTTP call、ping,等等。当服务器接收到来自负载平衡器的特殊的调用时,就进行自我检查,如果发现自己的服务正常,就返回一个固定的结果给负载平衡器(例如"OK"),负载均衡器就知道这个服务器仍然是健康的。相反,如果服务器在做自我检查时,发现其已经不能提供正常的服务了(例如应用服务器不能连接数据库),就会返回一个固定的结果给负载平衡器(例如"NOT_OK"),负载均衡器就知道这个服务器已经有故障了,就会把它从这个虚拟 IP 中剔除。当某个虚拟 IP 中所有的服务器都有故障时,这个虚拟 IP 自己的状态就会变成不可用。

同时域名服务器也会对主和备份的虚拟 IP 做同样的健康检查,如果主虚拟 IP 是活的,域名服务器永远返回主虚拟 IP 给客户端;如果主虚拟 IP 下的所有的服务器都死了,主虚拟 IP 也就不可用了,这时域名服务器会返回备份虚拟 IP 给客户端,这时就发生了服务转移(Failover)。

可以看出,最终对虚拟 IP 以及服务转移起决定作用的仍然是服务器本身。更准确地说,是服务器提供的健康检查方法。因此,应用服务器的健康检查方法的设计至关重要。在应用服务器的健康检查方法中,有以下几点需要注意。

(1) 全面性。

例如一个 Web 服务器如果为客户提供正确的服务,需要访问数据库和网络文件系统,同时需要自己的 Web Server 能够在规定的时间内返回结果,所以该 Web 服务器的健康检查方法中,应该包含对相应的数据库连接的检查,对相应的网络文件系统挂载点的检查,以及对特定标志的检查(用于手动服务转移,后面有详细介绍)。

(2) 高效性。

由于负载平衡器会频繁地进行健康检查,所以如果健康检查方法的实现不够高效,会消耗掉很多的系统资源,这是不合理的。如果这种情况发生,可能会使云计算系统越来越慢,最终导致负载平衡器端超时,从而认为这个服务器有故障。一般来说,对于磁盘等的 I/O

操作要尽量精简;对于服务器本身服务的检查,也尽量只检查服务的状态而不涉及具体业务逻辑的检查。

(3)标准化。

当一个云计算系统很庞大时(例如有5～10种的应用服务器类型),尽量做到用相同的健康检查方法(比如 HTTP 请求),这样便于网络设备的配置和管理,也便于不同的开发人员的实现。

14.3.3　数据同步系统

数据同步系统包括数据库和文件系统。在服务备份系统中,永久存储层存储着用户数据,当服务转移发生后,用户仍然需要能够访问他们的数据,这就要求永久存储层要有一个健壮、高效、跨网的数据复制通道,这通常是整个系统中最具挑战的部分。

通常关系数据库已经比较成熟,例如针对 Oracle 数据库的 Stream 和 Golden Gate 数据库复制工具,以及 QUESTSOFTWARE 的 Shareplex,都是比较成熟的实时双向复制工具。数据库数据复制工作机制如图 14-4 所示。

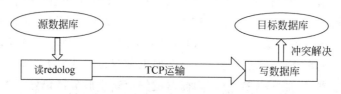

图 14-4　数据库数据复制工作机制

文件系统的实时双向复制机制类似于数据库复制工作机制。

由于复制是实时双向的,所以必然会存在两边同时修改同一个文件或数据库的记录的情况,当复制到对方时,必然会产生数据冲突。这时要根据应用程序和客户的需要进行取舍(无论如何最终只能保留一个结果)。这就要求在数据复制工具中,要能够根据客户和应用程序的需要,灵活地定制数据冲突解决方案,并且要求数据复制工具能够感知数据冲突的发生,能够选择调用合适的冲突解决方案来修正数据。

通常除了实时双向的数据复制之外,还要开发高效的批量数据同步工具,该工具主要用于手工维护。当某种异常情况发生后,积攒了大量的数据需要复制,并且需要有选择的复制,这时利用同步工具手工同步就更灵活和高效。

14.3.4　管理工具:手动服务转移

在日常的云计算系统维护中,由于需要进行软件、硬件升级,单个云计算系统不可避免地需要停止服务一段时间,可是客户的服务还要继续。在这种情况下,可以通过手动服务转移来实现。手动服务转移的工作原理和自动服务转移的工作原理是一样的。一般采取的措施是让单个应用服务的健康检查程序检查一个特定的标志(特殊的文件,一般放在网络文件系统上,供同一个集群的所有应用服务器共同使用),当需要手动服务转移时,就改变这个标志,让同一个集群的所有应用服务器的健康检查全部失败,这就造成主服务的虚拟 IP 变成不可用,于是域服务器就返回备份服务的虚拟 IP。如果集群很多的话,一个集中管理所有集群的服务转移状态和方便手动服务转移操作的平台(GUI)是很有必要的。

14.4 灾备方案的成本效率

对一个云计算运营商而言,要完成一个灾备中心,技术方案只是一方面。换言之,只要投入足够的财力和人力资源,灾备中心是可以建立起来的。

但是对于管理者而言,成本是灾备中心的一大挑战。灾备中心如果只是作为备份,平时闲置,对运营而言是很难接受的。因此,灾备中心的成本效益是另外一个挑战。

今天的灾备系统已经不再是单纯的灾难备份系统,也会作为常规系统的一部分,在正常情况下可以起到均衡负载的作用,使用户可以获得更好的用户体验(比如更短的响应时间)。

14.4.1 灾备资源的合理使用

这里所讲述的服务备份系统,其实仍然是主—备(Active-standby)的工作模式,即在同一时刻,只有一边服务于客户,另外一边处在待命(Hot Stand by)状态,只有当服务转移发生时才会被使用。如果主服务和备份服务的配置相同,理论上最多只有50%的利用率。通常可以通过以下方式提高系统资源的利用率。

(1)主系统和备份系统共用硬件资源。

例如有 A 和 B 两个数据中心,每个数据中心部署相同的硬件资源,每个硬件资源启动逻辑上相互独立的两组服务,一组是主服务,另一组是备份服务。这样 A 和 B 分别有一个主服务和备份服务,同时 A 的备份服务是 B 的主服务的备份,B 的备份服务也是 A 的主服务的备份,如图 14-5 所示。

(2)备份服务的资源共享。

如果有两个以上的主服务集群,可以考虑多对一的模式,例如有三个主服务集群,考虑到三个集群同时不可访问的概率很小。假设平时

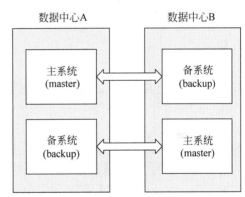

图 14-5 主系统和备份系统硬件资源
共用示意图

主集群的负载上限是60%,那么三个集群公用同一个备份集群,备份集群的系统资源的规模可以设为一个主机群的两倍,这样既可以保证三个主服务同时发生服务转移时仍然可以工作,又起到了节省系统资源的目的,如图 14-6 所示。

14.4.2 公有云和私有云之间的结合

在云计算的供应商中,大部分的服务提供商是 SaaS 和 PaaS。因此,SaaS 和 PaaS 的服务商可以充分利用 IaaS 提供的公有云的服务来做自己灾备的方案,或作为方案的一部分。

这里的挑战是,业务系统需要能够运行在不同的基础设施之上,无论是公有云(如亚马逊、Rackspace 公司)还是企业的私有云,而且能够在不同的公有云之间或公有云与私有云之间快速高效地切换。

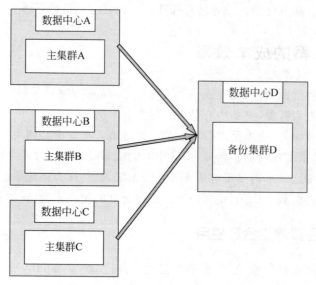

图 14-6　备份集群的系统资源共享示意图

安全性是另一个重要的挑战,如何把企业的敏感数据放到公有云里并且保证其安全性是非常重要的。企业应该根据不同客户的需求和目前的技术水平来确定备份方案。如果数据很敏感,要求级别高(比如美国税务局的纳税人账户信息),仍然需要考虑私有云的相互备份方案。

14.5　案例研究：云服务提供商思科 WebEx 的灾备系统

如果考虑到技术上的功能和性能、运营管理和成本效益,一个灾备系统建立的难度是很大的。因此,以灾备系统的建立为案例做进一步的讲解。

这里介绍思科 WebEx 的灾备方案 GSB(全球服务备份)。GSB 是 WebEx 在私有云上建立的。但是它所面临的挑战,要解决的问题,相应的设计思想,方案的要点和难点,对云计算提供商(无论是私有云还是公有云)都是通用的。

14.5.1　背景介绍

WebEx 是全球最大的网络会议服务运营商。GSB 项目的需求是,当 WebEx 在原来的系统中想把可用度从 99.9% 提高到 99.99% 时遇到了瓶颈,这时要求进行技术的革新和系统的改造升级。在技术分析过程中,发现不只是突发性的故障影响了可用度,其实有计划的产品维护和升级也会造成服务中断。所以原来的位于一个地理位置的集中式服务部署方案很难保证 99.99% 的可用度,位于不同地理位置的 GSB 系统是必需的。

WebEx 的网络会议云计算系统的可用率保持在 99.999% 已经有很多年了,服务备份系统发挥了关键性的作用。

WebEx 共有 11 个数据中心或 COLO 中心(主机拖管),遍布全球 40 多个网络会议集群,对于这么一个庞大而复杂的全球云计算系统,WebEx 在 4 个主要的数据中心建立了 4 个大的备份集群,平均每十个主集群共用一个备份集群,备份集群的系统资源是单个主服务集群的 4 倍。

14.5.2　WebEx GSB 架构

WebEx GSB 是标准的主—备模式,下面以 San Jose 和 Denver 两个数据中心为例(见图 14-7)。网络层和服务备份系统有关的主要设备是域名服务器(GSS)和负载平衡器(ACE),位于 San Jose 和 Denver 的数据中心的域名服务器之间是实时同步的,相同的域名在两边的配置是完全一样的,这样保证用户无论访问到哪一边,获得的结果是完全一样的。负载平衡器主要对 Web Server 做负载平衡。

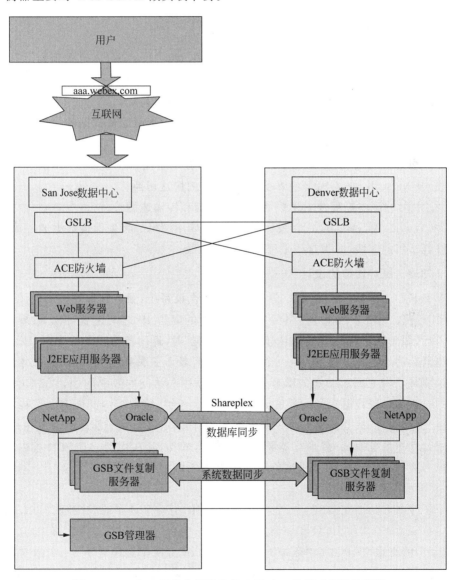

图 14-7　WebEx 网络会议服务的 GSB 主—备模式逻辑示意图

为使系统设计和维护简单化,应用服务器尽量保持较少的缓存(cache)数据,对需要同步的数据尽量保存在文件系统或者数据库中,便于复制。

WebEx 的数据库绝大部分是 Oracle，数据库复制采用 Quest 公司的 Shareplex 完成，数据库的复制是实时双向的。

WebEx GSB 的文件复制完全是自主研发的，对于跨数据中心的文件传输，自主开发了一个文件复制服务程序（GFRS），它使用 TCP 实现跨网络传输。为了提高传输的效率，实现了对大文件切片后多线程并行传输；对于小文件，可以打包批量传输，从而提高文件传输的效率。

WebEx 同时有 40 多个集群，为了保证服务转移操作的方便性，开发了一个 GSB 管理器供系统管理员方便地进行服务的主备切换和状态查询。

14.5.3　WebEx GSB 的设计挑战和要点

GSB 所服务的是 WebEx 的实时网络会议系统，对系统的实时性要求很高，所以整个系统的技术难点在于：

- 如何克服网络系统的滞后性（例如 DNS TTL 的问题）。
- 如何克服网络传输的迟滞性（Network Latency），从而保证数据的快速复制和同步。
- 如何保证在网络异常发生后数据的一致性。

为了克服这些问题，GSB 采用了以下的设计和技术手段：

- 采用 Netscalar 的 GSLB 技术实现虚拟 IP 的快速切换。
- 采用多线程/多进程技术来提高数据的扫描和传输速度。
- 和 WebEx Meeting 应用开发团队合作，从应用逻辑的角度保证数据的一致性。

经过若干年的实践，证明这些是经济有效的手段。

14.5.3.1　服务转移的设计

在 WebEx GSB 中有多种服务，像传统的网络会议系统，服务转移时只要关闭一个虚拟 IP 就可以实现。对于一个集群，只要在主备服务的虚拟 IP 之间配置 GSLB，规定主服务"活"时，域名服务器永远返回主虚拟 IP；主服务"死"时，返回备份服务的虚拟 IP。

在更复杂的 Web 2.0 系统中，一个站点内包括多个子服务，它们协同起来才能提供一个完整的服务。考虑到数据间的耦合，以及跨数据中心访问的效率问题，WebEx 的做法是把所有的子服务按照数据耦合的程度分成若干个服务组，每个组内的所有子服务一起进行服务转移，也就是说，只要其中的一个服务坏掉，连同所有其他的子服务一起发生服务转移。在这样的云计算系统中，负载平衡器要实现逻辑与的功能，在思科 ACE 中，可以通过设置检测虚拟来实现，在 F5 中可以通过负载平衡器端的脚本语言 iRules 来实现。其工作原理如图 14-8 所示。

每个子服务有两个虚拟 IP：一个是静态虚拟 IP，另一个是浮动虚拟 IP。DNS Name 指向浮动虚拟 IP，静态虚拟 IP 只有一个健康检查，指向每个服务器，只有所有的应用服务器全部"死了"，静态虚拟 IP 才会"死掉"。浮动虚拟 IP 有两个健康检查，一个指向每个服务器，另一个指向 GSB Failover Console，两个健康检查之间的关系是逻辑与，也就是说，其中任何一个返回失败的结果，浮动虚拟 IP 就会死掉。

GSB Failover Console 是一个 HTTP Server 的集群，它仅仅提供一个手动服务转移的逻辑。当需要手动服务转移时，管理员只要改变一个标志文件的内容，就会影响这个健康检

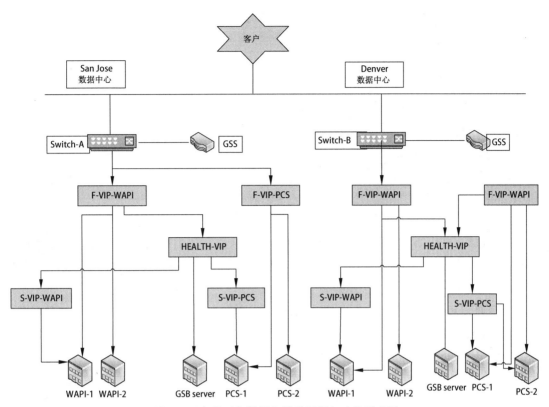

图 14-8　负载平衡器服务转移逻辑与功能示意图

查的返回值,从而引起浮动虚拟 IP 的失效。

14.5.3.2　数据库复制的设计

WebEx 的大部分数据库都是 Oracle 数据库,所有的复制都采用 Quest Software 公司的 Shareplex,复制是实时双向的。数据库的复制设计主要考虑以下方面。

(1) 一对多或多对一的复制要避免级联复制,即如果 A 和 B 之间有双向复制,C 和 B 之间也有实时双向复制,要避免 A 和 C 之间的复制,可以通过用相同的 port 来避免(Shareplex 的一个特性)。

(2) 对一个表的部分数据进行复制,可以通过 Shareplex 的水平和竖直分割的特性来完成。

(3) 源和目标端的表结构不一致,这种情况主要发生在部署数据库的补丁时,可以通过自己开发特殊的触发器来进行数据过滤,或者通过 Shareplex 的竖直分割的特性来完成。

(4) 冲突解决方案的设计,WebEx 的解决方案通过时间戳来解决。每一个要复制的表在设计时就一定要有一个叫作 LastModifiedTime 的字段,如果数据发生冲突,就用新的记录覆盖旧的。具体的解决方案的设计要结合应用程序的业务逻辑要求来完成,不能一概而论。

14.5.3.3　文件复制的设计

WebEx GSB 中对文件的复制也用服务的设计理念来模块化整个系统,结构如图 14-9 所示。

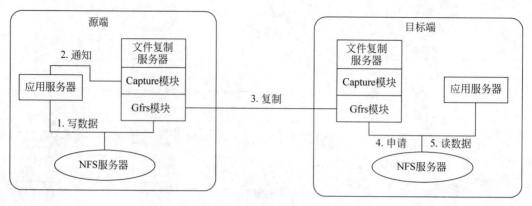

图 14-9　WebEx GSB 文件复制服务的设计

在源端和目标端,应用服务器和文件复制服务器都挂载到相同的 NFS 服务器,它们可以访问相同的数据。当源端的应用服务器产生新的文件或修改已有的文件后,通知文件复制服务器的 capture 模块,这个模块负责写 redo log 并且通知 Gfrs 模块,然后 Gfrs 模块根据文件路径从 NFS 服务器读文件,通过 TCP 连接把文件传输到目标端,目标端的 Gfrs 模块负责把接收到的文件写到 NFS 服务器上。这样当服务转移发生后,目标端的应用服务器就可以访问到相应的文件了。

14.5.3.4　灾备触发设计

灾备触发是基于整个系统的健康检查,健康检查的设计主要考虑自动服务转移和手动服务转移两个方面。对于简单的 Web 服务系统,由于不存在多级的服务组成部分间的关联,一般就把自动服务转移和手动服务转移的健康检查合二为一,工作流程如图 14-10 所示。

对于复杂的云计算系统,会有多个相对独立的子服务系统,在设计中,需要权衡考虑效率和灵活性。对于多个子服务系统的灾备触发设计可以有不同方案。

如果考虑开发、部署的灵活性,可以把每一个子系统设计成独立的服务转移系统,这样子系统间的耦合通过应用程序的网络访问来进行(HTTP、SOAP 等),这样每个子系统都可以单独进行服务转移,自由灵活,缺点是子系统间的访问可能要跨区域,对于耦合相对紧密、访问频繁的子系统来说,效率会是个问题。

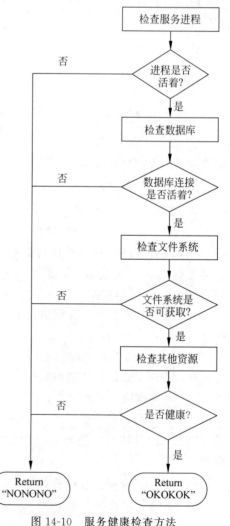

图 14-10　服务健康检查方法

考虑到访问效率的问题,可以把耦合紧密的子系统绑定进行服务转移,这样可以保证它们永远在同一个数据中心,从而保证了访问效率。但是要保证一个服务失败后,所有的服务一起进行服务转移,这需要在负载平衡器上进行一些特殊的配置。通常通过一个特殊的服务——GSLB Console 来完成。GSLB Console 的主要职责是:

（1）负责监控同一组内的所有子服务的静态虚拟 IP,并且实现逻辑与的关系。

（2）提供特殊的手动服务转移的标志位,提供手动服务转移的接口。

（3）提供统一的健康检查的 URL 给组内的所有子服务的浮动虚拟 IP。

14.5.3.5　服务转移控制台设计

WebEx 有将近 100 个服务,实现一个集中的基于 Web GUI 的服务转移控制台(GSB Failover Console,GFC)是必要的。服务转移控制台的主要功能包括:

（1）提供统一的界面来浏览所有服务的状态。

（2）提供统一的界面来简化手动服务转移的操作过程。

（3）提供一个统一的监控平台,可以提供服务转移邮件通知的功能,也可以对每一次的服务转移有一个详细的日志,提高系统的安全性。

GFC 界面如图 14-11 所示。

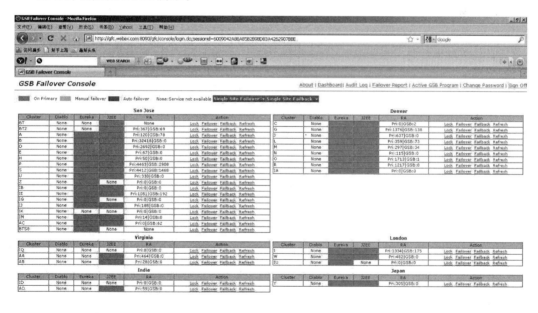

图 14-11　GFC 界面

14.5.4　项目回顾

下面总结 WebEx GSB 项目达成的目标。

（1）成功地减少了服务中断时间。

在 WebEx 的历史上,曾经发生过整个城市光缆中断,整个数据中心的大型数据库(硬件系统故障)瘫痪,所有这些严重情况的发生,都没有造成 WebEx 网络会议系统的不可访问。原因是当这些情况发生时,系统自动发生了服务转移。

(2)大大减少了产品维护升级对服务的影响。

当需要对产品进行维护升级时,对外的服务便被切换到了另一个数据中心,维护和升级后经过内部技术人员的测试才能将服务切换回来,然后再进行另一个数据中心的产品维护升级。

(3)提高了产品的负载能力。

因为一个 GSB 的服务群要服务于多个主服务群,所以 GSB 群的容量和负载能力比任何一个主群都大。在 WebEx 的历史上,有多次客户的超大型会议都被有意切换到 GSB 群。这样超大型服务的质量得到保证,同时也达到了资产的充分利用。

14.6   本章小结

本章着重讲解了业务连续性的对云计算提供商的挑战,以及为了应对这些挑战,云计算供应商从管理上和技术上要做的一系列工作。其中,灾备方案是业务连续性的一个重要的组成部分,通过原理的阐述和案件的研究,对灾备方案做了比较详细的讲解。

第15章

服务运营的监控体系

监控体系用于将系统的运行状态以可视化的方式展现给运营人员,是获知系统状态并保障系统稳定运行的关键。本章讲述监控体系建设的方法论,以及监控体系在云平台的实现。

15.1 服务监控概述

监控体系是服务运营体系的重要组成部分。如果没有监控,生产环境的状态将不能被有效获知,会对生产系统失去控制。完善的监控服务能够快速发现故障、定位故障点、诊断故障原因,甚至为运维工程师提供解决方案,从而缩短服务停止时间,提高客户满意度。

监控体系和生产线管理流程密切相关,与其直接关联的流程是事件管理、事故管理和问题管理,如图 15-1 所示。从管理角度看,监控体系就是事件管理的技术实现。

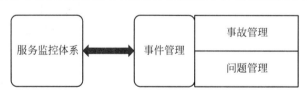

图 15-1　服务监控体系

本章主要讲述监控体系的技术,并用案例详细讲解监控系统如何构建以满足生产线 7×24 小时业务服务要求,以及在构建中的要点、难点和痛点。

与传统的 IT 产品(一般以软件产品形态存在)不同,云服务有更大的挑战。那就是云服务是以业务应用为中心的。监控不仅要覆盖基础设施层,还要覆盖应用程序层和客户端。这些要求带来的新挑战包括:

(1) 应用程序的复杂性。

每一个云服务提供商都有其专有的应用程序,没有统一的工具或软件来监控它们。必须在各自业务服务的逻辑外单独建造应用层的监测逻辑。

(2) 客户体验的监控。

即使所有的应用程序模块都在启动和运行,应用程序服务仍然可能无法正常完成客户请求。例如线上的支付交易。客户通过信用卡进行付款,基础的监控系统显示所有的网络连通,服务器、数据库、应用服务都在运行中,没有报警。但是后台的计费系统没有得到支付信息。事后发现,这是由于数据库的一个子模块的执行程序被误删除,导致传输的数据无法处理而被丢弃。

本章首先对基础设施层监控进行讲解,然后再将焦点移到业务应用程序级别的监控。

不同行业的云服务,运营难度和对服务的可用性要求存在差别,对监控系统的要求也不同。运营难度很高的行业有如下几类。

- 实时通信应用系统,如网络会议、消息实时推送。任何的系统和网络不稳定都会马上带来音视频通信或消息的丢失。
- 金融行业,在线金融业的运营,由于金融财务的敏感性,比普通的云服务的运营困难大得多。
- 在线游戏系统,需要处理海量用户的同时在线和同步。

这三个行业的难度在于:都需要实时和双向的应用运营,而且需要 99.99% 级别的服务可用度。在案例研究中,我们集中在实时消息推送和实时交易的讲解。

15.2 监控体系架构

一个完善的监控体系主要包括监控软件、指标设计、告警规则设定等模块,本节借鉴业内最佳实践,讲述较大规模环境下监控体系的实现方式。

15.2.1 监控体系的层级结构

一个复杂的监控体系是通过分层来实现的。按照云服务的体系架构,监控可以分为三层:基础设施层、应用层和服务层(见图 15-2),每一层都要为上一层提供服务等级协议(Service Level Agreement,SLA)保障,服务层为终端用户提供 SLA 保障。在规模较大的企业中,不同层的监控往往由不同的部门来实现,使用的监控方法也不同(见表 15-1)。

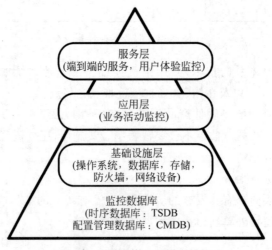

图 15-2 监控体系的层级结构

表 15-1 监控体系的层级结构分工和实现

监控层次	监控范围	负责团队	是否需要自研
基础设施层	基础设施层监控可以分为网络层、设备层和基础组件层	网络组、系统工程师（SA）组、DBA 等	业内有成熟方案，一般不需要自研
应用层	应用层监控主要是对业务活动的监控	应用运维、运营	业内有可选方案，需要自研和开源软件结合
服务层	服务层监控主要负责面向用户的服务 SLA 保障。如 APM、客户端到服务连通性，应用拨测等	研发、运营、客服	和业务高度相关，需要自研

从图 15-2 可以看出，实现各层的监控都要依赖两个基础数据库：

- 时序数据库（Time Series Database，TSDB）：专门用于监控场景的数据库解决方案，支持分布式、高性能，最近几年在 DB Rank 网站（https://db-engines.com/en/ranking）的热度不断上升。
- 配置管理数据库（Configuration Management Database，CMDB）：逻辑数据库，主要存储企业 IT 架构中的各种配置信息，与服务的交付和运行紧密相关。

15.2.2 监控体系的"4＋2"要素

监控体系的核心目标是实时获取运行状态，在出现异常时及时告警。监控体系要解决的核心问题是监控哪些指标，如何基于指标值设置告警策略。

如图 15-3 所示，"4＋2"要素是对要监控哪些指标问题的回答。"4"指的是监控体系中有 4 个黄金监控指标，"2"指的是衡量告警质量的两个标准。

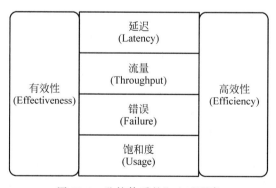

图 15-3 监控体系的"4＋2"要素

1. 4 个黄金监控指标

4 个黄金监控指标由 Google 提出，可以在服务级别帮助衡量终端的用户体验、服务中断、业务影响等问题。监控系统的 4 个黄金指标分别是延迟、流量、错误以及饱和度。

（1）延迟（Latency）。

延迟是服务处理某个请求所需要的时间。应用性能监控（Application Performance Monitoring，APM）最关注这一指标，这也是对客户最重要的一个指标。

（2）流量（Throughput）。

流量是系统负载的度量。对 Web 服务器，该指标通常是每秒 HTTP 的请求数。对交换机，该指标通常是每秒包传输数量和每秒传输字节数。

（3）错误（Failure）。

错误是请求失败的数量。对 HTTP 服务，这一指标代表的可能是 HTTP 响应码大于或等于 400 的数量，对交换机，这一指标代表的可能是丢包率。

（4）饱和度（Usage）。

饱和度定义服务容量有多"满"，值为 0~1。对于服务器，CPU 利用率、内存利用率、磁盘空间利用率都是饱和度。

这 4 类黄金指标分别有各自的用途。延迟用于评价系统满足调用方的程度，流量用于评价系统的吞吐率，错误用于故障诊断，饱和度用于容量评估。

2. 两个告警质量评估指标

有效性（Effectiveness）和高效性（Efficiency）是监控中告警体系的两大挑战：

- 有效性指所有的生产线上的问题都应该被及时报出并确保送达，即查全率。
- 高效性指问题不应该出现误报，不要有重复报警，不要出现报警风暴，即查准率。

有效性和高效性这两个指标很难同时满足。告警优化的目标是尽可能让二者都趋向于 1。如表 15-2 所示，有效性和高效性都等于 1 的情况等同于既无误报、又无漏报。

表 15-2　告警准确性矩阵

类　　型	告　　警	未　告　警
故障	符合预期	漏报
非故障	误报	符合预期

从短期来看，误报会造成额外的运维工作量，而漏报可能让我们错过处理故障的最佳时间，造成很大损失。从长期来看，过多的误报会产生"狼来了"效应，让真正的告警信息被淹没，也会导致运维人员人为忽视告警信息。

我们的经验是，在监控系统之初，宁可误报，不要漏洞。然后不断迭代，让误报越来越少。同时对告警进行分级，紧急告警迅速处理，非紧急告警周期性（一般是每天）处理。

15.2.3　Google SRE 的监控方法论

Google 率先设置了网站可靠性工程师（Site Reliability Engineer，SRE），该岗位的主要职责是保障系统的可靠性。而达成这一目标首先得有完备的监控系统，在长期的实践中，Google SRE 团队提出了系统监控的方法论，其中的核心观点如下。

1. 监控的分类

从对监控对象的侵入程度来分，监控可以分为黑盒监控和白盒监控。

（1）黑盒监控。

通过测试某种外部行为可见的系统行为进行监控，客户的性能监控属于此类。

（2）白盒监控。

依靠系统内部暴露的一些性能指标进行监控，包括日志分析、Java 虚拟机提供的监控接口,或者一个列出内部统计数据的 HTTP 接口进行监控,云服务提供商的服务系统的监控属于此类。

2. 监控的意义

虽然监控是云服务的标配,但是不同的监控存在的价值和意义确实不同,监控一个系统的原因如下。

(1) 分析长期趋势。

数据库目前的数据量以及增长速度,或者每日活跃用户(DAU)的增长速度,这类监控数据常常做成报表,用于周期性分析。

(2) 跨时间范围的比较或者对比。

例如 Memcached 扩容两个节点后,缓存的命中率是否有提高? 网站是否比扩容前要慢?

(3) 告警。

某项东西出现故障,需要有人立刻修复。或者某项东西可能很快出现故障,需要有人尽快查看。告警需要根据紧急程度进行分级,不同级别需要不同的响应时间,告警通道也不同。紧急告警可以通过电话告警,非紧急告警可以通过邮件发送。

(4) 构建监控台页面。

监控台页面可以回答有关服务的一些基本问题。

(5) 临时性的回溯分析(或者在线调试)。

例如用户的请求延迟刚刚大幅增加了,原因是什么? 有没有其他现象同时发生?

3. 对监控的合理预期

一般来说,Google 趋向于使用简单和快速的监控体系配合高效的工具进行事后分析,避免任何“魔法”系统——例如试图通过自动学习阈值或者自动检测故障原因的系统。Google 针对依赖服务的监控规则,一般只用于系统中非常稳定的组件。由于基础设施的重构速度很快,很少有团队会在监控系统中维护复杂的依赖关系,因此告警最好能直接反映故障原因,而不经过过度的加工。对于故障的处理,Google 坚持“发现故障→人工处理紧急警报→简单定位→深入调试”的过程。

15.2.4 监控体系常涉及的数据库

从图 15-2 中可以看出,监控体系的底层依赖两类数据库,分别是 CMDB 和 TSDB,下面分别对二者做详细介绍。

1. 配置管理数据库(CMDB)简介

CMDB 是一个逻辑数据库,包含了配置项全生命周期的信息以及配置项之间的关系(物理关系、实时通信关系、非实时通信关系和依赖关系)。CMDB 一般分为两层(见表 15-3):面向资产的管理和面向应用配置的管理,也可以简单理解为硬件和软件。

CMDB 数据来源有人工维护和自动发现两种。为了数据的准确性,尽量采用自动发现方式。对于人工维护方式,需要有流程管理以及复核机制,确保数据的准确性。CMDB 在整个运维和运营体系里属于核心的基础层数据,很多系统需要依赖 CMDB 数据的准确性和完整性,如图 15-4 所示。

表 15-3　CMDB 的两层结构

CMDB 分层	管理对象	管理内容	数据来源
面向资产的管理	服务器、交换机、安全设备、IP 资源、IDC 等	物理位置、硬件配置、网络拓扑、资产价格和生命周期、资产的状态、资产的业务归属	客户端自动采集＋人工输入
面向应用配置的管理	集群、实例、服务、端口等	服务之间的调用管理，服务的参数配置	客户端自动采集＋配置中心平台

- 监控系统通过 CMDB 获取要监控的对象，如 IP 列表、批量部署监控程序。
- 安全运营可以借助 CMDB 绘制的网络拓扑图，评估安全域的 ACL 策略，并且借助公网 IP 列表进行渗透测试。
- 业务运营通过 CMDB 获取业务所使用的资产以及价格、评估业务的 ROI。
- 财务系统通过 CMDB 进行资产盘点，评估预算的执行情况。

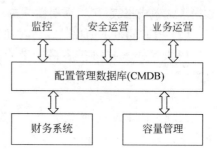

图 15-4　外部系统对 CMDB 的依赖

- 容量管理平台通过 CMDB 的资产状态，评估当前的容量上限，评估是否可以支持业务的大规模促销活动。

2. 时序数据库（TSDB）简介

时序数据就是基于时间排序的数据，再通过事件坐标将这些数据连接起来，可以直观展示过去一段时间的走势和规律。TSDB 是专门用来存储这些时序数据的数据库。TSDB 采用特殊数据存储方式，极大地提高了时间相关数据的处理能力，相对于关系型数据库其存储空间减少，查询速度极大地提高，并且支持多维查询、指标聚合等。

在 DB Rank 网站显示，近两年 TSDB 的热度快速提高。

1）TSDB 的特点

TSDB 作为一种专为时序数据优化而设计的数据库，在很多方面都和传统的 RDBMS 和 NoSQL 数据库不一样，例如它不关心范式和事务。

TSDB 的特点主要有以下几点：

- 数据写入：实时写入、高并发写入、无更新操作。
- 数据读取：写多读少，基于时间粒度读取、指定维度读取，实时聚合。
- 数据存储：按列存储、不同时间粒度存储（历史数据合并）、冷热存储（最近的数据热存储，历史数据冷存储）。
- 分布式和分区特性。

主要使用场景：监控领域、IoT 物联网、广告领域（展示点击统计）等。

2）TSDB 的数据模型

TSDB 数据模型基本统一，主要包含以下字段：

- Metric：指标名称。
- Timestamp：时间戳。

- Tags：维度组合。
- Fields：指标值。

相对关系型数据库的数据模型来说，TSDB的数据结构简单，必须包含时间字段，对事务性要求不高，数据丢失的损失可控，没有复杂的结构（嵌套、层次等）和关系（关联、主外键等）。TSDB的简单性使其适合做分布式，能支撑更大规模的数据量。

3）如何选择TSDB解决方案

就像关系型数据库有很多产品，TSDB也有很多成熟的解决方案。对于TSDB的选型，我们重点考虑如下几个因素：

- 在DB-Engines网站的排名，一般流行度不在前10名的慎重选择。
- 优先选择有稳定迭代的开源软件，避免被厂家绑架。
- 功能的丰富性，对开发语言的支持程度。
- 是否支持分布式，是否支持超大规模部署。
- 性能，是否有对特殊场景的定制优化。

15.6.2节讲解开源监控系统的选择，会参考这里TSDB的选型经验。

15.3　基础设施层的监控

这里的"基础设施"包含非自研的一切软硬件系统，自下而上包括网络层、服务器、数据库层和中间件层。下面详细介绍每层的监控实现方式。

15.3.1　基础设施层监控对象

计算机自从诞生就一直伴随着宕机、硬件故障、软件故障等问题，虽然计算机的硬件和软件制造商不断地改进优化，但从理论上讲，无故障（bug-free）的硬件和软件是不可能实现的，其主要原因如下。

（1）设备都有寿命。

一般服务器的寿命在3～5年，交换机的寿命在5～10年。不存在能够一直无故障运行的设备，设备总会在某个时间点出故障。

（2）设备的合格率只能无限逼近，但不可能达到100%。

这与其说是工艺水平，不如说是经济规律。在设备合格率提高到一定水平后，再往上提高成本会大幅上升，因此设备厂家会选择一个"合适"的合格率，这也就导致设备在运行期间本身就存在一定的故障率。

（3）软件bug是常态。

即使是非常成熟的开源软件或者商业软件，出现bug和故障也是常态。不能期望软件能在各种各样的复杂环境下都能稳定可靠运行。

由于硬件和软件都有一定的"故障率"，因此系统稳定性要依赖高可用的架构，而不能仅仅依赖高可用的软硬件。同时，为了让故障发生时能第一时间获知并得到处理，将损失降低到最小，需要对网络设备、服务器、存储、各种基础层软件等进行监控。表15-4所示是基础设施监控的分层及信息。

表 15-4　基础设施监控的层次

分　层	分　类	监　控　目　标
中间件	应用	Apache、JBoss、Nginx、Tomcat 等
	CaaS	Kubernates 等
	PaaS	RDS、OpenStack 等
数据层	缓存	Redis、Memcached 等
	数据库	Oracle、MySQL、HBase 等
	存储	DAS、NFS、SAN、HDFS 等
服务器	操作系统	CentOS、RedHat、Windows Server 等
	硬件	CPU、内存、磁盘、网卡等物理状态
网络	安全设备	防火墙、IDS 等
	网络	路由器、交换机

15.3.2　基础设施的监控方法

目前对基础设施监控的方法有以下几种：

- 基于 SNMP 开发的监控，主要用于监控网络交换机。
- 基于 HTTP 和 JMX 协议的监控，适用于应用拨测和 JVM 的监控。
- 通过 C/S(Client/Server)方式开发的监控，适用于大部分的监控场景。

SNMP 出现时间早，且覆盖面广，硬件厂商基本都支持，基于 SNMP 开发的监控软件有 Cacti、Zabbix、Zenoss、Ganglia，等等，能满足大部分基础监控的需求。对于网络设备，这些监控软件都自带模板，可以满足上面提出的对网络设备监控的需求。

基于 HTTP 和 JMX 协议的监控，Zabbix 和 Prometheus 都支持。HTTP 用于系统检测，主要逻辑是判断 HTTP 的返回码以及内容是否满足条件。JMX 用于 JVM 的运行时监控，自定义的性能参数也可以通过 JMX 协议提供。一般来说，这类监控和业务耦合度比较高，可能需要订制化开发。

C/S 方式是最主流的监控方式。各大商业监控厂商都有自己的一套 C/S 软件，像惠普的 OpenView 软件。开源软件如 Nagios 和 Zabbix。都能满足上面的监控需求，而且对于常用的软件，都有成熟的监控模板可供选择，让监控需求可以快速落地。

基础设施的要点和难点如下。

（1）要点。

要收集和整理一份需要监控的硬件资源及操作系统对应表，依照此表再结合业务的特性，以及每台服务器承担的角色的不同来指定监控项，再根据业务的特性设定报警法则。这一需求可以通过 CMDB 的建设来落实，监控系统通过 API 从 CMDB 中获取数据。

（2）难点。

- 规模性：现在一个云系统少则几十台服务器，多则几千台上万台服务器，如此多的服务器加上网络设备都需要进行监控，将是一项非常庞大的工作。
- 复杂性：每一个服务器或者每一组功能相同的服务器，它们的硬件资源和操作系统可能都不一样，还有不同业务的特性，因此对它们的监控项、监控方式和阈值也会不一样，要收集一份详细的监控项目及阈值表是一项很烦琐的工作。

15.3.3 虚拟化监控

虚拟化能极大节约硬件资源的投入,提高硬件的资源使用效率,可以更合理、更简单地调整和分配资源,使 IT 管理成本大幅降低。对虚拟化的宿主机监控也是基础监控的一部分,每台宿主机上都有数台甚至数十台虚拟机,一旦出现故障影响面将十分巨大,因此对宿主机的监控也是监控工作的重点。

目前使用较多的虚拟化技术有 VMware、Xen、KVM、Hyper-V。以 VMware 为例,VMware 提供一套监控接口,通过 VMware 的监控 SDK,即可获取宿主机运行的各种状态数据,VMware 对外发布了 check_esx3.pl 脚本,此脚本是专门针对 Nagios 开发的,能很好地与 Nagios 结合,此脚本能监控到 Nagios 的宿主机运行的状态,也能监控虚拟机的运行状态,比如监控宿主机的 CPU 和内存信息。虚拟化监控的要点和难点如下。

(1)要点。

要为 Nagios 监控添加监控用户,如果没有监控用户的权限,Nagios 无法完成监控;其次,需要读懂宿主机监控脚本,否则在调整监控阈值时将无从下手。

(2)难点。

虚拟化监控主要的难点在于每种虚拟化技术对监控的支持不一样,例如 Xen 和 KVM 这些开源的技术,当需要对其监控时,需要投入研发资源进行有针对性的开发,其工作量和难度也较大。商业产品如 VMware 和 Citrix Xen 会提供监控接口,而这些接口如何与监控软件结合也是比较困难的。

15.3.4 容器化监控

近些年,基于 Kubernetes 的容器化部署成为主流。Kubernetes 的监控方案非常多,一般要满足如下需求:

- 数据维度需要比较多,从多维度入手可以准确定位异常情况。
- 对于整体资源的把控给出建设性意见。
- 支持业务特有的监控采集方案。
- 采集的监控数据能有效支持告警。

cAdvisor+Prometheus+Grafana 是一个比较好的方案。cAdvisor 是 Google 官方开发的容器监控工具,它可以采集 docker host 和 pod 的 CPU、内存、网络和文件系统使用情况。cAdvisor 作为一个监控指标的收集器,将数据写入 Prometheus,并在 Grafana 上展示。

15.4 应用层监控

基础设施层监控主要是为了性能和稳定性。应用层监控主要是为了监控业务活动,因此也可以称为业务活动监控(Business Activity Monitoring,BAM)。

有效的业务活动监控分为以下三个步骤来执行:

(1)以有效及时的方式收集足够量的相关数据来提供有意义的结果。

(2)处理数据来识别分类特定关系相关的因素。

（3）分析数据并以清晰、简洁的方式展示结果。

在风险管理（Risk Management）中运用业务活动监控的实例之一就是防欺诈的信用卡交易。如果一项大笔的预付现金由信用卡支付，而这并不符合卡持有者一般的消费习惯，那么银行安全人员可以给卡主打电话并核实这笔交易是否正常。另一个可疑行为实例是频繁不间断地在一台自动取款机上以最大允许金额或者接近的金额重复提取现金。

商业智能 BI 与业务活动监控 BAM 的比较如表 15-5 所示。

表 15-5　商业智能 BI 与业务活动监控 BAM 的比较

商业智能 BI	业务活动监控 BAM
基于历史数据与关键指标 KPI	基于当前数据与 KPIs
基于大量的成批数据	基于相对较小的实时数据
主要用于计划与分析用途	主要用于运营管理

表 15-6 是 BAM 的一些目标实例。

表 15-6　BAM 的一些目标

监 控 项	适 用 场 景
业务数据异常监控	适用于监控业务数据是否正常
业务流量监控	用于监控流量是否正常
业务逻辑（活动）监控	适用于对各个业务处理节点或软件模块上的故障进行报警 频繁的二进制软件更新、配置更新、流量变化、外界依赖的服务行为变化都有可能导致业务工作异常，但是系统层监控、流量监控不能报警或快速定位业务处理故障点

BAM 的监控需要开发者了解业务逻辑、数据流图等。同时各个业务软件在设计和实现时，需要提供对业务对象在各个处理节点的日志信息。

15.5　服务层监控

基础设施层和应用层监控都是面向内部的，是相对可控的环境。而服务层的监控是面向终端客户的，也叫客户性能监控（Customers Performance Monitoring），是相对开放的环境。客户的性能监控是指从终端用户的使用角度来看服务的性能是怎么样的，包括两部分：互联网性能监控（Internet Performance Monitoring）和用户体验监控。

15.5.1　互联网性能监控

1. 互联网监控要求

互联网性能监控是指针对一个企业产品运营所在 IDC 运行状态进行 7×24 小时网络链路质量及性能监控，通过监控数据分析反映 IDC 网络链路运行效率及客户使用企业产品的感知，从而对企业产品的网络运营的改进提供帮助。

为什么要做互联网监测呢？这与产品运营有什么关系呢？首先来看下面的数据统计。

（1）网站运营不佳将影响品牌和用户忠诚度。

- 33％的被调查者不满网站速度。
- 28％的人不满收到错误信息。

（2）网站表现差导致购物者的一系列强烈反应。

- 75％不满者将不再访问网站。
- 28％的人对公司产生负面影响。
- 27％的人会将他/她的经历告诉周围的亲朋好友。

（3）网站访问速度至关重要，影响网站客户的忠诚度。

- 33％的受访者希望网站的响应速度要快。
- 具有两年以上网络经验的受访者中有42％的人持同样观点。

网站用户体验对于客户忠诚度、企业品牌及口碑都有极大影响。

不仅是互联网网站运营型企业，其他的一些产品运营型企业也需要进行互联网的应用监控。监控的主要目的包括以下两点。

一是了解本企业网络的运行状态，例如企业的网络运营商是否在某个事件点出现故障导致网络中断、延时等。如果有互联网监控，它能够在第一时间通知网络工程师立即启动应急预案，确保网络可持续运行。

二是提高用户使用产品的感受。客户分布在全国甚至全世界，他们使用的网络情况千差万别，服务商是等着客户因网络情况不好导致无法正常使用而一次又一次的电话抱怨，还是积极主动地将他们的信息提前获取，然后针对这些情况给出具体的解决方案呢？答案是明确的，服务商只能是面对现实一个个地去解决这些问题。

2. 监控要点

互联网性能的监测有以下两个主要指标。这两个指标属于前面提到的4类黄金指标。

（1）网络丢包率监控（属于4类黄金指标中的"错误"）。

网络丢包率是指测试中所丢失数据包数量占所发送数据包的比率，通常在吞吐量范围内测试。丢包率主要与网络流量及硬件设备有关，准确地说是与从用户计算机到产品运营服务器之间每段路由的网络拥塞程度及之间的路由交换设备好坏有关。由于交换机和路由器的处理能力有限，当网络流量过高来不及处理时，就将一部分数据包丢弃造成丢包，另外用户计算机和产品运营服务器之间的设备损坏也会造成丢包。由于TCP/IP网络能够自动实现重发，发生丢包后会不断重发，会造成更大的流量。少量的丢包属于正常范围，但是持续大量的丢包会造成网络故障，严重影响用户体验。

（2）网络延时及抖动监控（属于4类黄金指标中的"延迟"）。

网络延时指一个数据包从用户的计算机发送到产品运营服务器，然后再立即从服务器返回用户计算机所花的时间。通常使用网络管理工具PING（Packet InterNet Group协议工具）来测量网络延时。由于网络的复杂性、网络流量的动态变化和网络路由的动态选择，网络延时随时都在不停地变化，称为网络延时抖动。网络延时和网络延时抖动越小，网络的质量越好。

3. 监控难点

监控难点主要有两个：一是监控覆盖面有限，只能在少数的互联网节点进行必要的监控,对于偏远地区往往覆盖不到。二是问题定位比较困难,互联网的路由较复杂,具体在哪个路由节点出现的问题以及出现的什么问题不能很快定位,并且中间涉及的网络服务商较多,协调沟通比较困难。

15.5.2　用户体验监控

传统的监控只关注服务平台端的状态,重点确保服务端能够提供正常的服务,对于服务端外一般不做监控,主要是因为服务端外的部分不受控制。例如互联网的传输质量,受各大运营商提供的基础网络、各运营商之间的互联互通,以及客户到电信运营商之间的接入带宽等的限制,影响因素还包括用户端的局域网的状态、计算机的硬件配置,系统是否能正常工作,等等。

在云服务的环境下,服务商需要提供给用户一个最优的用户体验,不管用户处于何种网络以及何种地理位置,都能得到最好的服务,因此传统的监控已经不能满足需求,需要监控到每个用户使用云服务的情况,也就是用户体验的监控。用户体验监控主要包括两方面:一方面是监控用户端到服务端的网络质量状况,当客户到某个云服务点出现网络问题时,根据情况可以调整客户到最优的另外一个云服务点;另一方面是监控用户端的使用体验,如用户局域网的状况、客户端软件的运行情况、客户使用模式等。监控体系可以根据收集到的数据做用户行为分析,为以后产品的更新和重构提供基础。

根据云服务产品的特点,针对性设计出网络质量和业务特性的监控,包括:

- 定义好关键的、需要被监控的点和指标。
- 确定这些指标的阈值。
- 开发相应的应用接口。

监控难点包括:

- 用户体验的监控超出了传统监控的范畴,和传统监控如何结合、如何报警及显示需要重点考虑产品需要添加功能,在产品设计时需要考虑用户体验,需要在云服务上提供接口,等等,都需要研发和设计上的巨大投入,如何协调资源等也是巨大的考验。
- 用户体验监控很多操作或动作会涉及用户,有一些还需要用户参与,如果使用不当,不仅不能提高用户的体验,反而会引起用户反感,降低用户体验。
- 监控用户到服务端的网络质量,或者业务的使用情况,这些会影响服务器的性能,如果使用不当,会造成服务性能低下,用户网络质量下降等。
- 上传 bug 的日志会占用用户带宽,如果频繁地上传或上传日志过大,都会引起用户反感,降低用户体验。

15.6　案例研究——基础设施层监控

基础设施层的监控通用性较强,很多经验可以直接借鉴。本节以 G 公司为例,讲述监控软件选择、指标设计、分布式监控实现等内容。

15.6.1　背景介绍

G 公司是国内领先的推送服务公司,服务于国内大量的头部互联网企业,对业务的可用性和可靠性要求非常高。近 5 年来,G 公司所服务的 AP 客户端安装的 SDK 累计超过 400 亿。

G 公司的 7×24 小时生产线的特点和难点如下:

- G 公司的服务部署在多个城市的多个机房,包含数千台物理服务器,物理距离超过 1000km。
- G 公司的核心消息推送服务即时性要求高,单条消息从下发到触达低于 1s。
- G 公司由于业务复杂,选用的技术组件非常丰富,仅数据库层就用了 Redis/Codis、MySQL、MongoDB、Greenplum、Aerospike、HBase,在人力有限的情况下,要运维好这些系统难度较大。
- 业务发展很快,服务器增长也较快,对 IDC 的扩展性和运维监控系统的要求高。
- 监控效率的要求:一般监控项每分钟采样一次,对于容量等渐变型指标每小时采样一次。随着时间的推移,合并历史数据,以节省空间。

在这样的背景下,G 公司基础层的监控主要包含以下几部分:

- 网络监控:交换机的流量、性能以及出口速度等。
- 数据库存储层监控:MySQL、Redis、Aerospike、Greenplum、MongoDB 等。
- Hadoop 技术层监控:HDFS、HBase、YARN 等。
- 实时流处理:Apache Pulsar、Kafaka、RocketMQ 等。
- 中间件层:Nginx、JVM、Kubernetes 等。

对于以上这些技术栈,几乎每个都有多种监控方案可以选择。但是分散的监控不但运维成本高,也会降低问题诊断的速度,为了保障一致性,需要一套一体化的监控系统。

15.6.2　监控软件选择

目前业内比较主流的监控软件有 Nagios、Zabbix 和北京小米科技有限责任公司开源的 Open-Falcon。选择监控软件的原则如下:

- 是否支持分布式部署。
- 最大可支持的监控规模。
- 功能的完备性以及业界的支持程度。

最初 G 公司选择 Zabbix 作为监控平台,主要是考虑功能完备性,以及比 Nagios 更强大的画图能力。但是随着业务的发展,遇到了两个瓶颈:一是容量的可扩展性问题,这本质上是由于后端使用 RDBMS 所决定的,主要限制是每秒事务数(TPS)和单机容量,而 Open-falcon 的架构具有更好的扩展性,且后端使用时序数据库(TSDB)RRD。二是功能的可扩展性,Zabbix 监控的逻辑是 Key-Value 的方式获取监控数据,但是对于分布式架构,聚合指标往往更重要。例如一个包含 1000 个节点的 Redis 集群,总容量是多大? 总的 QPS 是多少? 这些问题在 Zabbix 中较难解决,而在 Open-Falcon 中可以通过自研监控程序来解决。

考虑 Zabbix 和 Open-Falcon 各自的优缺点,G 公司决定将二者用于不同的场景。Zabbix 主要做网络方面的监控,由网络工程师组运维。Open-Falcon 用于 DBA 和大数据运维组,主要用于分布式组件的监控。

15.6.3　Open-Falcon 简介

Open-Falcon 是一款企业级、高可用、可扩展的开源监控解决方案,体系架构如图 15-5 所示。

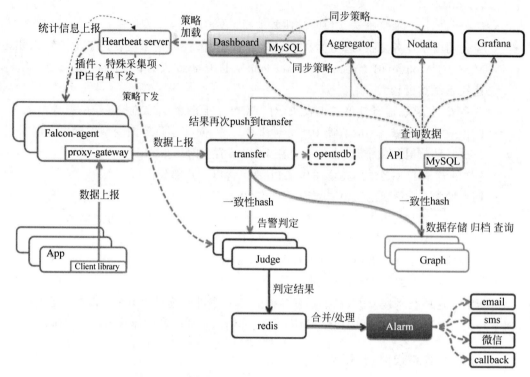

图 15-5　Open-falcon 体系架构

各个组件的简介如下:

- Falcon-agent:部署在被监控主机上的客户端,包含 200 多项主机层面的监控指标。
- App:被监控对象,可以是单个实例,也可以是逻辑上的集群。
- transfer:数据上报的汇集点,监控数据由此转发给数据持久化服务 Graph,也作为告警模块 Judge 的数据源。
- Judge:告警判定模块,是系统架构唯一的单点模块,如果判断有告警,则发送 Redis,由 Alarm 模块发出告警。
- Alarm:告警模块,可以接多种告警通道。
- Graph:数据归档模块。
- Heartbeat server:策略下发模块,将 Dashboard 设定的配置项下发给 Falcon-agent 和 Jugde 模块。
- Dashboard:管理控制台。
- Grafana:独立开源的展示系统,比 Open-Falcon 自带的展示系统好很多。
- API:Open-Falcon 提供的应用编程接口,可以基于此进行二次开发。
- Nodata:在监控项没有如期汇报时,填充默认值,触发告警。

- Aggregator：用于指标的聚合计算模块，实际工作中用得不多。

15.6.4 分布式监控系统的指标体系

对于分布式系统，为了监控指标的规范化，我们将分布式系统的对象分为三个层级：

- 集群：逻辑概念，由若干实例和主机组成。
- 主机：运行一个或者多个实例的载体。
- 实例：一个独立的服务，可用 IP＋port 唯一标识。

集群可以包含 1～N 个主机，主机上可以同时运行 1～N 个实例。

主机和实例的监控指标比较通用，这里不做赘述。而集群的指标并不是原生的，往往需要根据业务场景，由实例的监控指标聚合而来，这种聚合不全是简单的相加。

下面以 Codis 集群（Codis 是开源的 Redis 分布式解决方案）为例介绍集群指标的设计（表 15-7），对于其他类型集群具有一定的参考性。

表 15-7　Codis 监控指标

指标分类	指 标	指 标 意 义	对应的四类黄金指标
集群	codis_used_memory	由 codis-server 的 used_memory 相加而来	
	codis_maxmemory	由 codis-server 的 maxmemory 相加而来	
	codis_keys	由 codis-server 中主节点的 keys 相加而来，集群 key 总数	
	codis_used_memory_ratio	codis 集群的平均内存使用率＝codis_used_memory/codis_maxmemory	饱和度
	codis_total_commands_processed	由 codis-server 的 total_commands_processed 相加而来	流量
	codis_deadnode	codis 集群有多少节点 ping 不通，ping 通为 0，否则为 1	错误
实例	keys	key 的总数量	
	used_memory	Redis 使用的内存总量	
	maxmemory	分配给 Redis 实例的最大内存	
	used_memory ratio	内存使用率＝used_memory/maxmemory	饱和度
	total_commands_processed	服务启动后处理的命令总数，通过差值可以计算 QPS	流量
	blocked_clients	阻塞的客户端	错误
主机	200 多项	falcon-agent 采集的指标	

15.6.5 监控平台的架构

G 公司的监控平台是开源和自研的结合，体系架构如图 15-6 所示。

G 公司监控平台的组件介绍如下：

- 面向资产的 CMDB 和面向应用的 CMDB 功能同上，此处不再赘述。
- ZABBIX：实现交换机的监控，使用"自动发现"功能读取 CMDB 中的设备信息，实

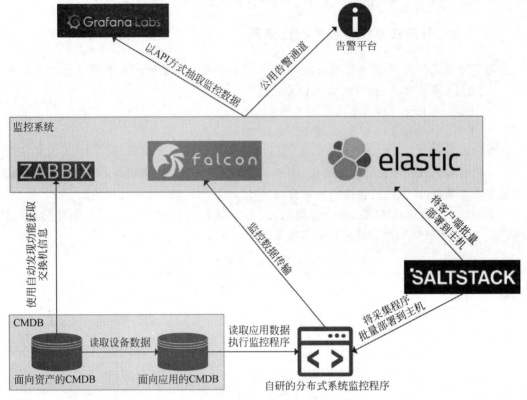

图 15-6　G 公司监控平台

现联动。绘制各 IDC 的骨干链路图,将链路带宽和响应时间在线路上显示,全局实时掌握信息。

- Open-falcon:实现主机和各类应用软件的监控,监控程序需要自研,以 API 的方式传输给 Open-falcon。
- elastic:使用 ELK 实现日志监控,用于问题的诊断和异常分析。
- Grafana Labs:聚合全部 IDC 数据,在一张监控大屏上展示,便于问题的诊断。
- Saltstack:用于实现自动化发布,将客户端和监控程序快速分发。
- 采集程序:自主研发,针对公司的业务特点定制。
- 告警平台:自主研发,支持多通道,告警关联分析等。

由于 G 公司业务部署在多个机房,为了保证监控体系的统一性和高效性,G 公司的跨机房监控体系如下(以 Open-falcon 的多机房部署为例,ZABBIX 和 ELK 的方式相同)。

G 公司的多 IDC 监控架构组件如下:

- 自动化发布平台 SaltStack 通过 syndic 代理实现跨 IDC 管理。
- Open-falcon 每个 IDC 独立部署,主要考虑监控数据耗费流量,以及避免对跨 IDC 专线的依赖。
- CMDB 作为元数据中心被 Grafana Labs 和监控程序消费数据,多 IDC 共享,同时 CMDB 要做好跨机房的数据备份。
- Grafana Labs 展示平台配置多 IDC 数据源,集中展示。

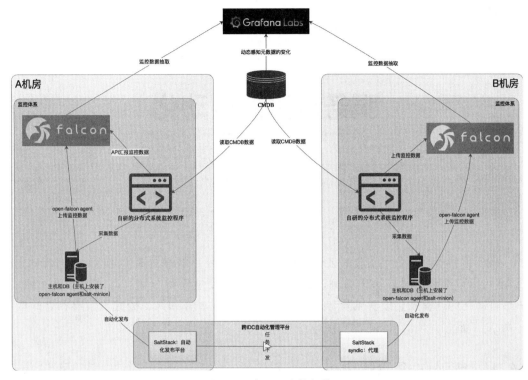

图 15-7　多 IDC 监控架构

15.6.6　痛点与难点

G 公司目前的监控系统能基本满足当前的需求，但是整体上处于工具使用阶段，整体的集成度不够，存在以下痛点：

- ZABBIX 和 Open-falcon 各有优缺点，为了满足具体场景需求，需要两套系统并存。
- 不同 IDC 的监控平台基本是独立的，只有 CMDB 和 Grafana Labs 是全局的，日常对于 Open-falcon 的管理操作，如增加一个告警项，需要在各 IDC 分别操作。

要解决这些痛点，必须要投入研发力量，对 CMDB 和 Open-falcon 进行深度二次开发，这是当前要逐步解决的难点。另一个难点是 CMDB 数据的准确性如何保证，目前虽然有消费方会对 CMDB 数据的准确性进行矫正，但是人为维护元数据在超大规模服务器下是很耗费精力的，需要尽力落实自动化信息采集。

第16章

服务运营的自动化

自动化是指原本由人完成的工作被程序替代的过程。本章先讲述自动化模型及其优缺点，然后以运维岗位的自动化为例，讲述自动化的一般过程和分级。自动化不是一颗"银弹"，自动化的过程需要控制风险，并在自动化处理常规事务和人工处理异常事物之间取得平衡。

16.1 自动化理论

16.1.1 自动化简介

自动化的核心是由自动化程序代替人来实现目标。自动化的适用范围很广，在云服务平台中称为技术运营自动化，也被称为 I&O(IT and Operations)Automation。技术运营自动化包含的工作域如图 16-1 所示。

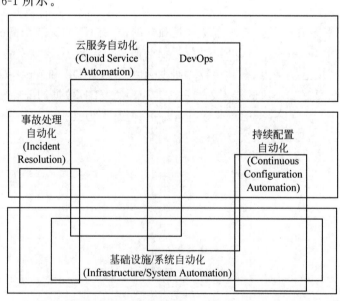

图 16-1 技术运营自动化

技术运营自动化主要包括如下子域：

- 业务服务自动化：面向云服务终端用户，为业务构建自动化流程。
- IT 服务自动化：包含配置管理、云服务的自动化。
- IT 任务自动化：基础设施的自动化维护。

其中 IT 服务自动化和 IT 任务自动化是基础，本章重点阐述这部分内容。

16.1.2　IT 自动化的一般模型

IT 任务自动化的简单流程如图 16-2 所示，这是一个典型的开环控制系统，主要包含六部分。为了便于理解，将其与人体的各器官做类比。

图 16-2　IT 任务自动化流程

- 输入量：对应人的五感（视觉、嗅觉、听觉、味觉、触觉），用于多维度的信息收集。信息收集是决策系统的基础，信息越完备，决策越准确，这符合信息论中使用信息消除不确定的原理。
- 控制器：对应人的大脑，用于在纷繁复杂的信息中做出决策。越是不充分的信息下做决策，越需要人的参与，如果信息足够完备，决策可以 100% 准确，则系统可替代人脑自动决策。
- 执行器：对应人的四肢，用来忠实执行决策系统的指令。如果把五感比作认识世界的器官，那么四肢就是改造世界的器官。
- 控制量：指的是自动化要变更的内容。
- 被控对象：对于 IT 任务自动化来讲，被控对象一般是软件系统。
- 输出量：自动化后的结果和状态。

在 IT 任务自动化工作域，大体可以分为如下两部分：

- 自动化监控（认识世界）：主要完成的是信息采集，扩充五感的功能。而部分场景，如告警聚合、日志智能化分析等可以涵盖决策系统阶段，实现问题的自动诊断，替换部分人脑的功能。
- 自动化执行（改变世界）：主要完成的是执行单元阶段，扩充四肢的功能。

如果能将自动化监控和自动化执行二者完美贯穿形成一个闭环，在很大程度上摆脱运维工程师的手工介入，这是当前最热门的 AIOps 所研究的问题。AIOps 中最难的是决策系统的准确性（决策是否正确）以及完备性（是否对所有场景都能做出决策）。

自动化监控在第 15 章中已经讲过，本章主要讲解自动化执行，AIOps 在第 21～第 23 章中阐述。

16.1.3　自动化的优点

随着计算机的普及以及人工智能的发展，越来越多的工作被电子化和自动化，根源在于自动化有如下优点。

1. 一致性

许多运维工程师是从运维一系列的物理机或者软件开始自己的职业生涯的,最初可能非常习惯在履行职责的过程中手动执行各种操作。常见的例子是安装操作系统、创建用户账号、安装 rpm 包、进行应用部署和一些小的配置修改,比如修改 DNS 服务器的 reslove.conf,以及类似的操作。然而这种手动执行任务的方式对整个组织和实际执行人都不是一件好事。任何一个人或者一群人重复执行数百次动作,不可能保证每次都用同样的方式进行。在这个范畴内,一致性地执行范围明确、步骤已知的程序,是自动化的首要价值。

2. 平台性

平台性可以认为是自动化的高级阶段,是自动化功能的产品化。通过正确的设计和实现,自动化系统可以提供一个可扩展的、广泛适用的,甚至可能带来额外收益的平台。平台化让错误集中化,这固然会造成一些风险,但也能保障代码中修复的某个错误被永远修复(这点人类往往做不到,人类往往在重复犯同样的错误)。平台化更容易被扩展,能比人类更持续或者更频繁地执行任务,甚至完成一些对于人类而言不方便执行的任务(比如深更半夜去机房修复一台坏掉的机器,自动化平台可以将该机器的业务迁移走,将机器置为 Down 状态,然后在合适的时间再去集中处理)。

对于云服务企业,自动化的平台性建设要求更高,以下是一些必备的自动化平台:

- 自动化装机平台,由系统工程师将机器接入网络后,可以根据装机模板自动完成 RAID、BOND 以及操作系统的初始化。
- 自动化软件安装平台,由 DBA 或者应用运维工程师根据自己制定好的模板,进行内核参数优化、应用软件安装。
- 自动化监控平台,收集各个监控对象(虚拟机、RDS、SLB、Redis 等)的性能数据、日志数据、APM、拨测数据等,绘制曲线图、进行告警、绘制报表。
- 自动化故障切换平台,如虚拟机迁移、MySQL 和 RDS 故障迁移等。

16.4 节会详细介绍具体实现过程。

3. 故障修复速度更快

采用自动化解决系统中的常见故障,可以带来额外的好处。如果自动化能够始终成功运行,可以降低一些常见故障的平均修复时间(Mean Time To Repair,MTTR)。

一般来说,解决实际生产中出现的问题是最昂贵的,无论是时间还是金钱。一次大的故障不但会给企业带来现金损失,也会使企业声誉受损,削弱企业的竞争力。这意味着,构建一个在问题发生后能够马上应对的自动化处理系统是非常有必要的,前提是系统规模比较大,且自动化系统不出问题。

4. 行动速度更快

在基础设施中,自动化系统应用更广泛。这是因为人类通常不能像机器一样快速反应。比如 TCP 流量控制和拥塞控制策略,在流量超过接收端的接收能力后,接收端会发消息给信息发送端,让其降低传输速度,否则会大量丢包重传,造成传输率的大幅下降。这些控制策略要及时、灵敏且多变,靠手动是完全无法实现的。

5. 节省时间

节省时间是一个经常被提到的使用自动化的理由。虽然大家经常依靠这个收益来支持自动化,但是很多情况下这种优势不能立即计算出来。

评判自动化节省的时间收益主要靠如下几个变量。

- T1:任务 A 未被自动化前需要花费的时间。
- T2:任务 A 自动化之后需要花费的时间。
- N:任务 A 预期的执行次数。
- M:任务 A 自动化需要的时间。

任务 A 自动化对时间的收益＝N×(T1－T2)－M。

N 越大,自动化收益越高。因此对于大企业,自动化几乎总是正收益,一切行为自动化是大公司的技术追求。云服务企业大多当属此列。M 越小,自动化收益越大,M 是自动化的初始成本。由于大量开源软件的流行,导致 M 变得越来越小,自动化不再是特别昂贵的选择。

此外,自动化还有如下好处:

- 将人从重复、危险的工作环境中解放出来。
- 节省成本开支。

然而,任何事情都有两面性,自动化在提高生产和工作效率的同时,也带来了一些风险。

16.1.4 自动化的风险和局限性

自动化的风险主要表现在以下几方面。

1. 技术风险

- 规模风险:自动化体系管理的范围比人工管理的范围大得多。使用自动化之后,极短的时间内可完成上万台服务器的操作,如果发现执行错误,后果将不堪设想。
- 风险集中:自动化平台的控制中心就像一个军队的指挥部,一旦被攻陷,对整个系统是毁灭性打击。

在 16.5 节中会对技术风险及控制做详细讲解。

2. 高额的成本投入

高额的成本主要体现在开发成本,尤其是初始建设期的开发成本。

自动化平台建设要经过开发、测试、上线试运行、正式发布等阶段,是比一般应用软件开发要求更高的一个过程。期间要投入很多人力、时间和资源,如果服务规模不足够大,在经济上可能是不划算的。

解决成本问题可以从如下几方面入手:

- 利用业内丰富的自动化开源软件,如 SaltStack、Puppet、Chef、cfengine、Kubernetes 等。
- 学习业内的最佳实践,站在别人的肩膀上。
- 先从高频场景开始自动化,逐步扩大自动化范围。

3. 自动化的局限:无法超越人类

自动化是一种力量倍增器,但不是万能药,草率地进行自动化在解决问题的同时可能产生其他问题。自动化无法收获新知识,人类无解的问题,使用自动化之后依然无解。因此我们在利用好自动化工具的同时,要具备解决问题的能力,并能把解决问题的方法工具化,然后再自动化。

4. 自动化会代替部分人工岗位

首先,自动化代替部分人工岗位是事实,但也会出现新的岗位。人类在发展过程中,很多岗位消失了,很多新岗位也在不断产生。工业革命后,农用机械的出现,促使农业的自动化水平提高,很多农业岗位消失,但是同时创造了产业工人的岗位。运维自动化,对初级运维工程师的需求减少了,但是对 SRE 这类复合型人才的需求增加了。

对工程师而言,只有不断接受变化,掌握新的技术趋势,不断学习,才能不被社会淘汰。

对于运维工程师,可以在如下三个方向获得发展,成为复合型人才。

- 运维工程师＋管理→技术管理者。
- 运维工程师＋研发→SRE、DevOps。
- 运维工程师＋安全→系统保障。

16.2　自动化运维的一般过程

自动化虽然涉及的应用领域很多,但其中存在一般的发展过程。下面以云计算领域的自动化运维场景为例,对自动化的一般发展过程进行讲解。

16.2.1　一个新手运维工程师的升级之路

十多年前,M 工程师还是一名刚毕业的计算机专业的学生,和其他同学大多选择研发岗位一样,M 工程师刚开始从事的是 Java 编程,后来因为项目需要,M 工程师被转岗到运维岗位,从此开始了自己 10 多年的运维之路(见图 16-3)。

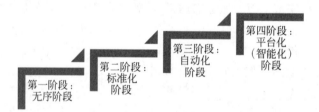

图 16-3　运维工程师的成长之路

1. 第一阶段:无序阶段

M 工程师是初入职场的初级运维工程师,刚开始公司业务规模小,只有几台服务器,每天的工作就是装机及安装各类基础软件,如 MySQL、Redis、JDK 等。由于 M 工程师没有工作经验,也缺少前辈指导,每次操作时 M 工程师都是从百度上查一些安装手册,然后一步步照着去做。刚开始虽然磕磕绊绊,但每次完成任务后,M 工程师觉得自己又掌握了新的技术,很有成就感。但是时间一长,M 工程师觉得每天做的事情都是重复性工作,更头痛的是当初安装的各类软件缺乏一致性,各类问题的出现让 M 工程师焦头烂额。

2. 第二阶段:标准化阶段

有了一些实践经验后,为了避免重复犯错,M 工程师开始将安装方法整理成标准化文档,放到公司的文档库,这样既能节省搜索时间,也能保证安装软件的一致性。这些事情虽然简单,但是极大地节省了时间,M 工程师遇到的软件安装问题也越来越少。

具体来说,M 工程师做了如下几件事,让运维工作进入了标准化阶段。

- 设备选型标准化:什么应用场景选择什么样的服务器。
- 操作系统安装标准化:版本、内核参数、文件目录、用户属主。
- 软件安装标准化:版本、配置参数、目录、端口全部标准化。

3. 第三阶段:自动化阶段

M 工程师所在的公司业务发展很快,服务器数量很快增长到上千台,每周交付的机器也有几十台,M 工程师的团队也有了其他新同事,在交付工作上,也有了标准流程文档(SOP)。

但是,即使有了标准流程文档,大量的重复工作不但耗费人力,而且工作中的误操作仍然时有发生,难以保证完全一致。在执行中的标准化方法遇到了规模性困难,这时开始考虑落实自动化运维。

具体来说,M 工程师做了如下事情,使得运维工作由标准化提升到自动化阶段,解决了工作效率和一致性的问题。

- 调研业内开源的自动化工具,如 PXE、SaltStack、Kubernetes 等。
- 将标准化的内容由文档修改为程序。
- 根据不同的场景使用不同的自动化工具和方案。

4. 第四阶段:平台化(智能化)阶段

时间飞快,10 年的时间,M 工程师从初级运维工程师成长为了公司的运维负责人,所运维的服务器有数千台,业务数十个。相对业内同行,M 工程师在运维自动化方面也取得了比较好的成果:业务的增长并没有带来同比例的人员增长,SLA 也能达到99.9%。

随着公司的成长,运维也是朝着技术运营的方向前进,更多的接入业务层的支持。在自动化方面,目前运维自动化的场景是针对具体运维问题的,而不是面向业务需要。

例如 A 业务上线,需要部署以下服务,其中:

- 数据库上需要 10 台服务器部署 MySQL,分别是主—从各 5 台。
- 缓存使用 Redis,部署 Codis 3.2 共 4 台服务器。
- 应用服务以 Docker 方式交付,用 Kubernetes 管理,共 8 台服务器。

按照目前的做法,每一步都需要运维工程师通过自动化工具实现。如果能交付给一个自动化平台,在 Web 系统中输入需求,后台资源池自动调度分配,分配完成后输出结果反馈给运维工程师就可以了。同时,随着业务的发展,根据性能监控曲线能自动实施业务的自动扩容缩容。

此时 M 工程师所思考的,已经是平台化(智能化)的方案了,这是当前运维领域最为前沿的 AIOps 所考虑的内容之一。

16.2.2　运维自动化发展阶段总结

运维自动化发展阶段的演进,是随着企业规模和业务成熟度的发展自然产生的,反映企业运维发展的基本脉络,如表 16-1 所示。

表 16-1　运维自动化发展阶段

运维阶段	核心问题	服务器数量	运维工程师数量	运维工程师要求
第一阶段：无序阶段	运维是零散的工作，经验不可复用	几台～几十台	1～2	要求低，更多是被动工作
第二阶段：标准化阶段	经验可复用，但是单人能管理的服务器数量有限，人为失误难以杜绝	几十台～几百台	5～10	具备一定的质量管理意识
第三阶段：自动化	单人管理的服务器数量增长，人为失误减少，但是运维体系感不足，信息零散，和业务方沟通成本高	几百台～几千台	20～50	具有开发能力，对技术栈深入掌握
第四阶段：平台化(智能化)	开发难度很大，只有顶级公司有这方面能力，公有云公司一般都需要	>1 万台	>50	技术知识面宽，不但具备运维知识，还深入了解研发、质量管理、产品和运营等知识

16.3　自动化等级

很多公司都做了不同程度的自动化，该如何评判一个公司自动化的水平呢？先通过一个大家熟悉的场景——自动驾驶来了解如何对自动化定级。

16.3.1　驾驶自动化的等级

自动驾驶是近几年 AI 应用的场景之一，投身这一领域的既有宝马、奔驰等汽车生产厂家，也有 Google、百度等大型互联网公司，更有很多的新兴创业公司。对于这些公司在自动驾驶领域的成果，美国汽车工程师学会(Society of Automotive Engineers，SAE)将自动驾驶技术分为 L0、L1、L2、L3、L4、L5 共六个等级，具体如表 16-2 所示。

- L0：代表没有任何自动驾驶加入的传统人类驾驶，汽车仅仅提出部分警告，如时速、与前车距离、盲区等方面的预警。
- L1：方向盘和加减速提供一项自动操作，如自适应巡航或者车道保持等。
- L2：方向盘和加减速提供两项自动操作，如自适应巡航＋车道保持等。

以上三个级别都需要驾驶者监测环境，并且迅速做出决策，汽车本身仅仅拥有类似于"条件反射"的动作，不带有任何"思考"。

- L3：系统自动作出所有驾驶操作，并且可以观察路况(如交通信号灯、行人、路边状况等)，并能做出正确决策，但是系统的请求需要驾驶者提供应答。L3 级别意味着系统已经有了初步的"思考能力"，大部分时间可以完全自动驾驶，只是需要人类来"保驾护航"，就好比驾校里的学员，已经可以开车上路，但是旁边需要有教练。
- L4：系统自动作出所有驾驶操作，自主决策，并且驾驶者无须应答，但是一般限定其行驶区域，例如公交、物流、出租车等。L4 级别意味着车辆可以完全自主上路，无须人类陪同，如方向盘、油门、刹车之类的装置也就可以取消了。

表 16-2　SAE 对自动驾驶分级

SAE 自动驾驶分级	名　称	定　义	驾驶操作	周边监控	接管	应用场景
L0	人工驾驶	由人类驾驶者全权驾驶汽车	人类驾驶员	人类驾驶员	人类驾驶员	无
L1	辅助驾驶	车辆对方向盘和加减速的一项提供驾驶，人类驾驶员负责其余的驾驶操作	人类驾驶员＋车辆	人类驾驶员	人类驾驶员	限定场景
L2	部分自动驾驶	车辆对方向盘和加减速的多项提供驾驶，人类驾驶员负责其余的驾驶操作	车辆	人类驾驶员	人类驾驶员	限定场景
L3	条件自动驾驶	由车辆完成大部分驾驶操作，人类驾驶员需要处理异常情况	车辆	车辆	人类驾驶员	限定场景
L4	高度自动驾驶	由车辆完成所有驾驶操作，仅限于特定道路和环境条件	车辆	车辆	车辆	限定场景
L5	完全自动化	由车辆完成所有驾驶操作，不限制道路和环境条件	车辆	车辆	车辆	所有场景

- L5：全域自动驾驶。L5 级别的自动驾驶就像我们人类的老司机一样，可以全地域、全天候的自动驾驶，熟练地应对地理、气候等环境变化。

从表 16-2 中的分级可以看出，自动驾驶的发展是渐进分阶段实现的。初期将一些确定性的标准动作交给车辆自动处理，人类只处理异常情况，后面逐渐提高算法的准确度，以及车辆对异常情况的处理能力，从而实现完全不要人参与的自动驾驶。对于运维自动化，也同样要经历类似的发展阶段。

16.3.2　Google SRE 对自动化的分级

Google SRE 是运维自动化领域的先行者，强调通过建设工具平台和提高自动化水平，达到提高系统稳定性的目的。以下为 Google SRE 对自动化分级建设的核心观点。

自动化平台的建设总是有价值的。然而在真实世界中，不必过度自动化，这主要是由于以下两方面原因：

- 自动化是有成本的。业务规模越大，自动化的投入产出比越高。
- 自动化并不能解决所有非自动化问题。

因此，针对具体的场景，我们需要的是足够好（sufficient）的自动化，而不是完美（perfect）的自动化。

Google SRE 对自动化的分级如下：

- L1：无自动化（No automation）。

- L2：解决特定问题的自动化脚本(Externally maintained system-specific automation)。
- L3：解决某类问题的通用的自动化脚本(Externally maintained generic automation)。
- L4：将自动化内置到系统内部(Internally maintained system-specific automation)。
- L5：系统可以自愈，不需要人工干预(Systems that don't need any automation)。

为了便于理解，以 MySQL 故障切换为场景，说明在不同的自动化级别分别要完成的工作，如表 16-3 所示。

表 16-3 MySQL 故障切换自动化等级

自动化级别	评判依据	MySQL 故障切换举例
L1	无自动化	在 MySQL 主库宕机后，需要人工切换，可能涉及如下动作： 第一步，在从库重放主库的 binlog，使其和主库完全同步； 第二步，修改应用的数据库连接字符串，然后重启
L2	解决特定问题的自动化脚本(仅供个人使用)	将 L1 的动作由运维工程师开发脚本实现，但脚本是个人使用的，没有通用性。例如在从库上部署了自动化脚本，主从库之间的 SSH 通道已经建立，执行程序自动补全 binlog
L3	解决特定问题的自动化脚本(供团队共享)	在 L2 的基础上，将专用脚本工具化和产品化，分享给所有成员使用
L4	将自动化内置到系统内部	将自动化脚本内化到 MySQL 内部，作为原生的二进制文件。例如 MySQL Router 将 MySQL HA 管理集成到官方发布包里
L5	系统可以自愈，不需要人工干预	在 L4 的基础上，将由人执行脚本修改为系统自动调用，将 MySQL 放入容器，发生故障后自动切换，遇到容量问题自动重分区

对于复杂问题，设定分阶段的目标逐步实现是一个稳妥的方案。

16.4 自动化工具

在图 16-1 中，Gartner 按照层次的结构，将自动化横向切分成业务服务自动化 (Business Service Automation)、IT 服务自动化(IT Service Automation)和 IT 任务自动化 (IT Task Automation)。

本节介绍平台自动化工具 Kubernetes，Kubernetes 覆盖 IT 服务自动化和 IT 任务自动化两层，为云服务自动化(Cloud Service Automation)和持续配置自动化(Continuous Configuration Automation)服务。

在 IT 任务自动化这一层介绍 SalkStack 和 PXE。这两种工具主要是为基础架构自动化(Infrastructure Automation)服务，也是在运维中非常有代表性的两个工具。它们分别侧重于生产线日常维护工作的自动化与系统安装工作的自动化，而这两类工作也是技术运营团队最耗时的工作的一部分。

16.4.1 平台自动化工具：Kubernetes

Kubernetes 是 Google 开源的一款容器编排软件，最近几年迅速成为容器编排市场的主流。本节主要介绍 Kubernetes 在持续交付(Continuous Delivery，CD)领域的运用。

16.4.1.1 Kubernetes 简介

Kubernetes 的核心目标是为云服务提供一套高效、可靠的资源管理体系。Kubernetes 简称 K8S，是 Google 开源的容器集群管理系统（基于内部系统 Borg 开发）。在 Docker 技术的基础上，为容器化的应用提供部署运行、资源调度、服务发现和动态伸缩等一系列完整功能，提高了大规模集群管理的便捷性和工作效率。

Kubernetes 是一个完备的分布式系统支撑平台，具有完备的集群管理能力，多扩展、多层次的安全防护和准入机制，多租户应用支撑能力，透明的服务注册和发现机制，内建智能负载均衡器、故障发现和自我修复能力，服务滚动升级和在线扩容能力，可扩展的资源自动调度机制以及多粒度的资源配额管理能力。同时 Kubernetes 提供完善的管理工具，涵盖了包括开发、部署测试、运维监控在内的各个环节。

在基于 Docker 的容器化刚兴起时，除了 Kubernetes 之外，还有 Docker Swarm 和 Apache Mesos 两个容器调度框架。但是由于 Google 强大的技术开发能力和 Kubernetes 功能的快速迭代，目前 Kubernetes 已成为主流。

16.4.1.2 Kubernetes 体系架构

Kubernetes 体系架构如图 16-4 所示。

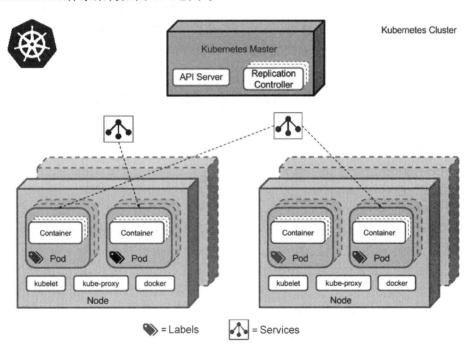

图 16-4 Kubernetes 体系架构

Kubernetes 包含如下组件。

1. Pod

Pod 部署在节点上，包含一组容器和卷。同一个 Pod 里的容器共享同一个网络命名空间，可以使用 localhost 互相通信。Pod 是短暂的，不是持续性实体。

2. Label

一个 Label 是附加到 Pod 的一对键/值对,用来传递用户定义的属性。例如创建一个
"tier"和"app"标签,通过 Label(tier=frontend,app=myapp)来标记前端 Pod 容器,使用
Label(tier=backend,app=myapp)标记后台 Pod。然后可以使用 Selectors 选择带有特定
Label 的 Pod,并且将 Service 或者 Replication Controller 应用到上面。

3. Replication Controller

Replication Controller 确保任意时间都有指定数量的 Pod"副本"在运行。假设为某个
Pod 创建了 Replication Controller 并且指定副本为 3 个,它会创建 3 个 Pod,并且持续监控
它们。如果某个 Pod 不响应了,那么 Replication Controller 会替换它,保持总数为 3。

4. Service

Service 是定义一系列 Pod 以及访问这些 Pod 策略的一层抽象。Service 通过 Label 找
到 Pod 组。因为 Service 是抽象的,所以在图表里通常看不到它们的存在,这也就让这一概
念比较难以理解的原因。假定有 2 个后台 Pod,并且定义后台 Service 的名称为"backend-
service",lable 选择器为(tier=backend,app=myapp)。backend-service 的 Service 会完成
如下两件重要的事情:

- 为 Service 创建一个本地集群的 DNS 入口,因此前端 Pod 只需要查找主机名
"backend-service",就能够解析出前端应用程序可用的 IP 地址。
- Service 在 2 个后台 Pod 之间提供透明的负载均衡,将请求分发给其中的任意一个。

5. Node

节点是物理或者虚拟机器,作为 Kubernetes worker,通常称为 Minion。每个节点都运
行如下 Kubernetes 关键组件。

- Kubelet:主节点代理。
- Kube-proxy:Service 使用其将链接路由到 Pod。
- Docker 或 Rocket:Kubernetes 创建容器使用的容器技术。

6. Kubernetes Master

集群拥有一个 Kubernetes Master,Kubernetes Master 提供集群的独特视角,并且拥有
一系列组件,例如 Kubernetes API Server,它提供可以用来和集群交互的 REST 端点。
Kubernetes Master 节点包括用来创建和复制 Pod 的 Replication Controller。

16.4.2　实践讨论:用 Kubernetes 建立持续交付流程

16.4.1 节讲述了 Kubernetes 在服务自动化(Cloud Service Automation)上的架构。本
节会集中在 Kubernetes 的另一个应用领域——持续配置自动化(Continuous Configuration
Automation)。

持续交付是一种软件工程方法,让软件产品的交付过程在一个短周期内完成,以保证软
件可以稳定、持续地保持在随时可以发布的状态。持续交付的目标是让软件的构建、测试与
发布变得更快更频繁,这种方式可以减少软件开发的成本与时间,减少风险。

G 公司是国内最大的移动互联网消息推送公司,下面介绍 G 公司的持续交付实践。

1. 实施 Kubernetes 之前的交付流程

原生应用持续交付过程（见图 16-5）中，开发人员提交代码后，通过 Jenkins 触发打包编译，然后将原生 jar 包通过传输工具 rsync 传输到现网管理机，最后运维人员通过自研系统 OMS（Operation Management System，运维管理平台）修改配置后一键分发 jar 包并修改配置，启动服务。

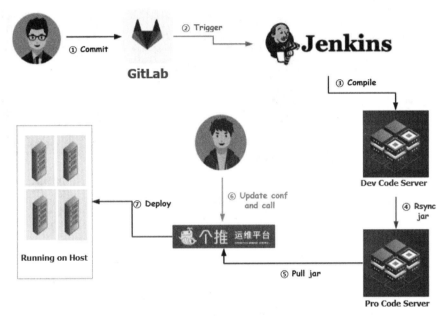

图 16-5　原生应用持续交付过程

2. 基于 Kubernetes 的交付流程

基于 Kubernetes 的持续交付过程（见图 16-6）集成了 Jenkins 的 DevOps 平台，开发人员提交代码后，DevOps 平台将镜像送至测试环境 harbor 仓库，然后通过同步工具定时同步至线上 harbor 仓库，最后运维修改 consul 配置并执行滚动升级过程。

从结果来看，相对于原来的持续交付，基于 Kubernetes 的持续交付缩短了开发周期，提高了部署效率，且保证了环境的一致性。

3. 要点和难点

从无到有构建一套持续集成 CI/CD（Continuous Integration，CI）流程并不难，在实践中比较困难的是在 CI/CD 流程的变更中怎样结合灰度发布。此处的灰度指的是多种发布方式并存，比如基于 Kubernetes 和不基于 Kubernetes 发布方式的并存。

在灰度期间，多种发布方式并存会导致维护成本较高。但对于大规模的系统，短时间内全部切换到 Kubernetes 并不现实。另外，CI/CD 流程的优势是能快速将源代码发布到生产系统，但是，如果代码存在重大 bug，或者发布系统被恶意使用，则会对生产系统造成重大影响。因此在实践中，G 公司团队主要将 CI 流程自动化作为切入点，应用发布到生产系统的最后一步。之后的生产线的线上发布，依然是半人工半自动化的方式，增加人工核验，以取得效率和稳定性的平衡。

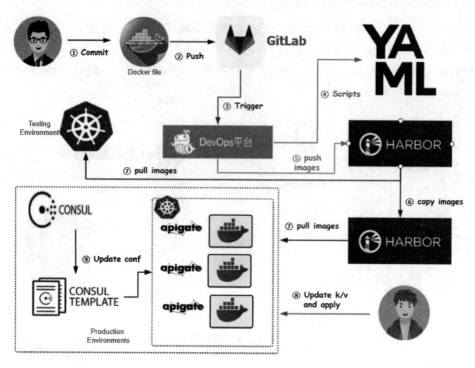

图 16-6　基于 Kubernetes 的持续交付过程

另外,Kubernetes 迭代速度较快,也经常爆出安全漏洞。作为基础设施的 Kubernetes,升级的影响面很大,业内又提出"蓝绿发布"的解决方案,其核心思想是多套独立 Kubernetes 集群滚动升级。

16.4.3　任务自动化工具:SaltStack

任务自动化主要针对具体任务的自动化,比如脚本(script)的执行。

1. 任务自动化工具比较

常用的任务自动化运维工具有 Puppet、SaltStack 和 Ansible,这三者主要的功能类似,主要是为了保证操作系统上配置的一致性、软件的标准化安装等。表 16-4 是三者的比较。

表 16-4　自动化运维工具比较

工具名称	开发语言	架　　构	扩展及二次开发
Puppet	Ruby	Python	Python
SaltStack	CS	CS	单点
Ansible	支持度低	支持	支持

SaltSatck 属于轻量级,基于 Python 开发,便于扩展,且支持 C/S 模式,下面主要介绍 SaltStack。

2. SaltSatck 架构

SaltStack 软件的架构如图 16-7 所示。主要包含如下三个组件：

（1）Minion：SaltStack 需要管理的客户端安装组件，会主动去连接 Master 端，并从 Master 端得到资源状态信息，同步资源管理信息。

（2）Master：作为控制中心运行在主机服务器上，负责 Salt 命令运行和资源状态的管理。

（3）ZeroMQ：一款开源的消息队列软件，用于在 Minion 端与 Master 端之间建立系统通信桥梁。

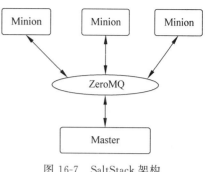

图 16-7　SaltStack 架构

16.4.4　实践讨论：用 SaltStack 管理操作系统内核参数

操作系统的内核参数对于系统的性能和稳定性非常重要。对于特定的组件，如 Redis，在部署到生产系统之前，要进行操作系统参数调优。

1. 实施

Redis 是一款主流的以键值对方式（KV）存储的数据库，在高并发场景下，操作系统的参数需要为其做一些优化。为简单起见，只描述其中一项系统内核的参数是如何通过 SaltSatck 实现自动化的。

系统内核参数最佳实现：

```
vm.swappiness = 5                  ♯控制 linux 物理 RAM 内存进行 SWAP 页交换的相对权重
vm.dirty_ratio = 10                ♯脏页占整个内存的比例，开始刷新
vm.dirty_background_ratio = 5      ♯脏页占程序的百分比，开始刷新
```

vm.dirty_background_ratio：该参数指定了当文件系统缓存脏页数量达到系统内存百分之几时（如 5%）就会触发 pdflush/flush/kdmflush 等后台回写进程，将一定缓存的脏页异步刷入外存。

vm.dirty_ratio：这个参数指定了当文件系统缓存脏页数量达到系统内存百分之多少时（如 10%），系统不得不开始处理缓存脏页（因为此时脏页数量已经比较多，为了避免数据丢失需要将一定脏页刷入外存）；在此过程中很多应用进程可能会因为系统转而处理文件 I/O 而阻塞。

使用 SaltStack 后，自动化文件如下：

```
vm.swappiness:
sysctl.present:
    - value: 5

vm.dirty_ratio:
sysctl.present:
    - value: 10
```

```
vm.dirty_background_ratio:
sysctl.present:
    - value: 5
```

自动化以后,系统配置参数的更新工作的一致性和效率大幅提高。

2. 要点和难点

使用 SaltStack 实现自动化发布可以说很容易,关键之处在于为不同的环境制订不同的模板,模板也需要版本化管理,并与配置管理数据库(Configuration Management Database, CMDB)联动。SaltStack 的 Master 节点能对所有的 Minion 发布命令,相当于军队的"司令部",对于 Master 所在主机的安全加固要非常重视,并且建议采用多层权限进行管控,普通的运维工程师不能执行高风险的命令。

另外,生产系统的进程不要用 Minion 启动,否则 Minion 进程的 Stop 操作会同时关闭与之相关的生产系统的进程,这个需要特别注意。

16.4.5　系统自动化工具:PXE

1. 自动化装机方案比较

目前,使用较多的自动装机系统有 PXE、Cobbler、浪潮 ISIB,表 16-5 所示为三者之间的对比。

表 16-5　自动化装机方案比较

工具名称	安装复杂程度	管理方式	网卡兼容性
PXE	简单	命令行	高
Cobbler	复杂	命令行、Web	高
ISIB	简单	Web	低

Cobbler 是 PXE 的升级版,是一个 Linux 服务器安装的服务,可以通过网络启动的方式快速安装、重装物理服务器和虚拟机,同时可以管理 DHCP、DNS 等。Cobbler 可以使用命令行方式管理,也提供了基于 Web 的界面管理工具 Cobbler-web。

ISIB(Inspur Server Intelligent Boot)是一款用于服务器裸机批量上架的软件。软件功能主要分为六部分:BIOS 固件刷新、BMC 固件刷新、BIOS 配置、BMC 配置、RAID 配置以及操作系统自动安装。ISIB 对服务器网卡兼容性差,只能识别部分网卡自动安装系统。

其中 PXE 安装简单,且对网卡兼容性高,下面主要对 PXE 进行介绍。

2. PXE 工作原理

PXE 是由 Intel 公司开发的技术。基于 C/S 的网络模式,支持远程主机通过网络从远端服务器下载映像,并由此支持通过网络启动操作系统。PXE 可以引导和安装 Windows、Linux 等多种操作系统。

图 16-8 所示为 PXE 的工作过程:

- Client 向 PXE Server 上的 DHCP 发送 IP 地址请求消息,DHCP 检测 Client 是否合法(主要检测 Client 的网卡 MAC 地址),如果合法则返回 Client 的 IP 地址,同时将启动文件 pxelinux.0(网卡引导文件)的位置信息一并传送给 Client。
- Client 向 PXE Server 上的 TFTP 发送获取 pxelinux.0 请求消息,TFTP 接收到消

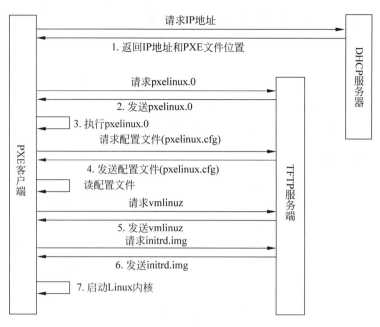

图 16-8　PXE 工作过程

息之后再向 Client 发送 pxelinux.0 大小信息，询问 Client 是否同意，当 TFTP 收到 Client 发回的同意大小信息之后，正式向 Client 发送 pxelinux.0。pxelinux.0 是网卡引导文件，也可以说是安装说明书。pxelinux.0 是一个二进制文件，不可以手写。pxelinux.0 首先让 client 从目录/var/lib/tftpboot/pxelinux.cfg 下载 default 文件。

- Client 执行接收到的 pxelinux.0 文件。
- Client 根据 pxelinux.0 引导，向 TFTP 服务器发送请求，从目录/var/lib/tftpboot/ pxelinux.cfg 下载 default 文件（内核文件），default 文件中定义了启动 linux 安装程序的引导内核顺序。
- Client 读取 default 文件。
- Client 根据 default 文件中定义的启动 linux 安装程序的引导内核向 TFTP 请求下载需要安装的内核 vmlinuz。TFTP 服务器发送内核 vmlinuz（vmlinuz 是可引导的、压缩的 linux 内核）。
- Client 向 TFTP 发送根文件（initrd.img）请求信息，TFTP 接收到消息之后返回 Linux 根文件系统。initrd.img 本身是一个小的、内存中运行的系统。内核启动时会在访问真正的根文件系统前先访问内存中的 initrd.img 文件系统，从 initrd.img 中加载所有必要的内核模块和驱动器。
- Client 启动 Linux 内核，执行 linux 安装程序。
- Client 通过 default 文件成功引导 linux 安装程序后，下载装机自动应答文件（kickstart 文件）实现自动化装机。

注意：如果要使用 PXE 远程安装操作系统，网卡必须支持 PXE（即网卡中包含 TFTP 客户端）。

16.4.6 实践讨论：用 PXE 实施批量装机

1. 背景

G 公司最初规模小，服务器只有几十台，做系统均是人工操作，缺点是效率低、耗时长、出错率高。随着公司规模的扩大，服务器数量达到数千台，原来的操作方式不但交付速度低，质量也不达标，自动化装机平台此时成为非常迫切的需求。

2. PXE 实施阶段

阶段一：纯安装系统，实现批量装机。

人工装系统一台平均花费 10min，而自动化安装系统 10min 内可以完成 20 多台。这个阶段主要是为了解决效率问题。

阶段二：订制化安装系统。

阶段一虽然实现了批量装机，但是遗留了一些问题，得到的系统并不满足交付条件，还需要人工部署 DNS、配置业务 IP、配置登录账号等。

阶段二就是为了解决阶段一遗留的问题，实现方式是在 Kickstart 文件中编写脚本，将不同的参数写入。

阶段三：远程操控。

公司的服务器都放在 IDC 机房中，大型的公司会在 IDC 机房中安排驻场员工，小公司考虑到成本，一般不派驻场员工，而是使用 IDC 的托管服务。然而 IDC 托管无法做到及时响应，且 IDC 托管工作人员能力有限，导致服务效率和质量大打折扣。这一阶段的核心是要解决运维工程师可以远程操控（remote hands）的问题。解决方案如下。

通过 VLAN 划分，将 PXE 装机系统部署在隔离于业务的网络，配合服务器主板上的基板管理控制器（Baseboard Management Controller，BMC）带外管理，做到远程操作服务器装机。实施步骤如下。

- 通过 BMC 登录服务器的管理界面。
- 更改服务器网卡的所属 VLAN，划归到 PXE 装机系统的同一个 VLAN。
- 启动 PXE 装机。

3. 要点和难点

PXE 装机的要点和难点主要包含如下三方面：

- 当机型和配件型号比较混乱时，很难通过统一模板进行安装，仍然需要人工接入。
- 在业务场景复杂的情况下，机器的配置多样，需要维护很多不同模板。为了降低维护成本，主要将机器的厂家、型号、配置与业务用途进行收敛，并确定为公司的设备选型规范。
- PXE 所在的管理网和业务网必须完全分离，否则会造成 PXE 的误用。

自动化能给我们带来很多好处，我们也有很多方式实现自动化。但任何事物都有两面性，在落实自动化的过程中，我们也要警惕其带来的风险。16.5 节将具体分析自动化带来的风险，以及如何进行风险控制。

16.5 自动化的风险及控制

本节首先分析自动化带来的技术风险,然后深入剖析业内自动化使用不当产生的故障,最后讲解控制自动化风险的手段。

16.5.1 自动化带来的技术风险

引入自动化之后,会带来如下问题。

1. 安全风险集中

自动化平台的控制中心就像军队的指挥部,一旦被攻陷,那么对整个系统有毁灭性打击。解决办法是控制中心要有安全策略分级,尤其对于最高级别的权限要做严格限制,例如:

- 网络域隔离,禁止公网访问,按需开放业务域访问。
- 只允许列入白名单的人访问。
- 具有高危操作拦截功能,如删除(rm)指令。
- HIDS、NIDS、主机防火墙等安全设备做安全加固。

2. 人为错误风险集中化

自动化在很大程度上扩充了人的能力,也扩充了人一旦犯错所影响的范围。在非人工阶段,人执行动作虽然慢,但是有时间自检,在使用自动化之后,可能还没来得及反应,上万台服务器的操作已经完成了,如果执行错误,后果将不堪设想。解决这个问题可以从如下三方面入手:

- 做好灰度测试,任何自动化操作都要在小范围尝试后再全局执行,不要存在"侥幸"心理。
- 变更性操作要做到"幂等性"。所谓"幂等性",指的是任意多次执行对资源本身所产生的影响均与一次执行的影响相同。
- 所有的变更要两人确认,运维权限分级授权,只有具备足够运维能力的人才可以实施高危变更。

16.5.2 自动化导致的故障

1. Google 云自动化失效导致宕机

事件起因:2018 年 1 月 18 日,Google 云自动化机制失效,导致其 US-central1 和 Europe-west3 两大可用区中的计算引擎停运 93min。Google 称"网络编程失效"导致 autoscaler(自动扩展器)服务无法正常运行。

事件解决:工程团队手动切换到替换任务,以恢复数据持久层正常运行。

影响:93min。

事件反思:Google 承诺,未来如果配置数据超时,将停止虚拟机迁移,数据持久层会在长时间运行进程期间重新解析对等体(peer),以便故障发生时迅速切换到替换任务。

2. 阿里云自动化程序的 bug 带来的故障

事件起因：2018 年 6 月 27 日 16：21 左右，阿里云出现重大技术故障，16：50 分开始陆续恢复，恢复时间大概花费 1h。经过技术复盘，阿里给出的故障原因为工程师团队上线自动化运维新功能时，执行了一项变更验证操作，该操作在测试环境中未发生问题，上线后触发未知 bug。

事件解决：人工介入，定位并解决问题。

影响：30min，恢复时间花费约 1h。

事件反思：本次事故被定义为 S1 级别，即核心业务重要功能不可用，影响部分用户，造成一定损失。阿里云发布官方声明，表示："对于这次故障，没有借口，我们不能也不该出现这样的失误！我们将认真复盘改进自动化运维技术和发布验证流程，敬畏每一行代码，敬畏每一份托付。"

3. 达美航空公司：自动驾驶的不会飞的鸟

事件起因：大型物流业务依靠自动化系统来大规模提高运营效率。但是自动化系统也会受到错误配置的影响。当发生错误配置时，它们会通过自动化机制快速推出，并可能导致整个系统崩溃。

对于航空公司而言，这意味着航班运营中断，飞机延误。在 2017 年 1 月的一个这样的案例中，达美航空公司（Delta Airline）的自动化系统中的一个小故障造成了大范围的中断。

事件解决：自动化系统失效，人工介入。

影响：国内航空被影响 2h，200 多架航班被取消，损失超过 1.5 亿美元。

事件反思：自动化的放大效应会导致全局的系统故障，需要推进到生产线上的新的配置的检测应极其严格。

4. Google Gmail 的事故

事件起因：Google 的自动化配置系统功能十分强大。可以让操作更容易，但是当自动化系统中执行错误的改变时，意味着可以在几分钟内将错误迅速放大。2014 年，Google 内部自动配置系统中的一个错误导致 Gmail 崩溃了大约 30min。错误的配置被发送到实时服务，导致用户对其数据的请求被忽略。

事件解决：推送正确的配置。

影响：故障导致 Gmail 的 30min 的故障。

事件反思：对自动化配置做自动化测试。

从上面的例子可以看出，自动化故障造成的后果非常严重。因此，我们需要对自动化带来的风险有足够的警惕并加以控制。

16.5.3　自动化风险控制的一些方法

本节主要针对自动化带来的故障被放大的风险，讲解如何避免和控制，具体有如下一些方案可参考。

1. 设置到手动模式的切换

让操作人员将自动化进程从自动模式切换到手动模式，或者由系统自动识别风险后自动降级为手动模式。这种切换设置在自动驾驶领域比较常见。要注意的是,在这种状况下的手工执行过程必须足够简单,以便操作人员可以手动运行而不会变得不堪重负。

2. 安全系统关闭

安全系统是控制系统故障的另一种方法。安全系统通常设计为产生硬停机。它是一种被动方法,而不是处理控制系统故障的主动方法。安全系统被激活的最终结果几乎总是停机,这对过程正常运行时间有明显影响。电力系统在超负荷的情况下跳闸属于这一类。

3. 设置冗余系统

冗余系统或组件(如备用电源、多处理器、容错 I/O 卡、双中继网络和备份仪器)的设置一般是给高可用的服务架构使用。一旦主系统出现故障,包括主系统上自动化部署出现故障,服务可以切换到备用系统。这样的设置可以避免昂贵的硬停机。但是这种方法通常会带来高额的成本,因为在控制系统中实现冗余通常是一项昂贵的基础设施的投入。IDC 机房的电源系统属于这一类。IDC 机房一般会有多路市电接入,多路市电之间是冗余组件,在多路市电都无法供电的情况下,使用 UPS(不间断电源)临时供电,并自动启动柴油发动机供电。

4. 灰度发布

灰度发布又名金丝雀发布,是软件工程中发布管理的一个策略。起源是矿井工人发现金丝雀对瓦斯气体很敏感,因此会在下井之前先放一只金丝雀到井中,如果金丝雀不叫了,就代表瓦斯浓度高。

使用灰度发布的策略,在生产线上分步实施,例如 1%、5%、10%、50%、100% 的设施或客户覆盖率,Kubernetes 的滚动升级就属此类。这样可以有效避免自动化带来的大规模的故障,特别是使用自动化做配置上的变更。

16.6　运维自动化的深入:引入控制理论

从整个自动化的发展历史来看,运维自动化只是自动化系统的一个很年轻、很垂直的分支。在自动化领域,控制管理(Control Management)已经很成熟了,但是在运维中的应用还非常少。

下面讲述控制管理的基本原理,以及在数据库自动化管理中的应用。这是控制理论在运维中的起步。笔者相信控制原理在以后的运维自动化的风险控制中会越来越重要。

16.6.1　控制原理介绍

图 16-9 是一个闭环控制系统的简化图。与图 16-2 相比增加了反馈回路。自治系统的

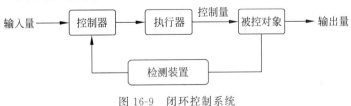

图 16-9　闭环控制系统

关键之处就在于能根据当前的状态调整行为,保证系统处在一个稳定的状态内,从而实现无人工干预的自动运行。但是如果反馈信号异常,那么人工介入也是必要的。

16.6.2 数据库自动化中控制理论的应用——自治数据库

所谓自治数据库(Autonomous Database),是指自身能够保持数据库系统的稳定和高性能,同时也减轻了 DBA 大部分人工调整和配置的苦差事。更高的期望是这种数据库是完全独立的,并且是自动驱动的实体,几乎可以不需要 DBA 的介入。不同于一般的自动化,自治数据库的目标是达到自动化的高级阶段,用程序替换人脑的部分工作。

这是一项极具挑战性的工作,因为自治数据库的管理系统必须在数据库的人工操作和自动化之间取得一个平衡。过多的人工会导致 DBA 的工作量太大,而超前的自动化系统又容易失控。自治能较好解决已遇见过的和可定义的问题,但无法处理初次遇到的意外情况。为了避免自治系统失控后的结果不可预测,自治数据库会设置若干终止条件(参考16.5 节),以允许 DBA 的人工介入处理。

数据库是复杂的系统,可以利用反馈根据条件的变化不断自我纠正。控制理论提供了实现最佳运维所需的工具,同时消除了许多例行但风险很高的管理任务。这种自动化方法是将数据库视为一个封闭的信令循环(Closed Signaling Loop)。在循环中,操作产生变化,这些变化以递归(recursively)方式触发对系统的变化。

传统上,闭环控制系统包括控制过程(Control Processes)和致动器(actuators),它们将输出值进行调整,直至到期望状态(Desired State)。现在状态与期望状态的差别被称为误差。误差可以作为反馈返回到输入。这就是为什么叫闭环控制系统(Closed-loop Control Systems),有时也称为反馈控制系统(Feedback Control Systems)。

以现实世界的闭环控制系统为例:一个工业控制器用来调节储罐中的水位。为了将水保持在规定的水平,阀门用作致动器。使用来自系统的反馈,控制器打开和关闭阀门以保持水箱中的水流。与储罐中的储存容量类似,数据库资源是有限的。内部数据库操作与面向客户的工作负载竞争共享资源:CPU、磁盘 I/O 和网络带宽。正如控制阀门的执行器一样,自治数据库可以调节用于不同工作负载的资源要求。

传统数据库处理这种相互作用的方式是静态的和脆弱的。DBA 需要在每台机器上调整各种特定于数据库的参数。但是这样的参数几乎对未来是没有预测的,今天的理想平衡可能不再适合明天。历史表明,这种集中决策在复杂系统中可能是灾难性的。自治数据库可以从重复性的工作中解放 DBA,并自动调整数据库以实现特定的性能目标。

在当前主流的数据库解决方案中,HBase 在自治方面的功能较多,比如扩容后分区(Region)的自动压缩和分区分裂、分区的自动平衡、RegionServer 宕机后分区的自动迁移等机制。

16.6.3 实践研究:HBase 的压缩和分区状态迁移

1. HBase 的压缩

对于基于日志结构的合并树(Log-structured Merge-trees)的 NoSQL 解决方案,如Google BigTable、HBase、Apache Cassandra,压缩(Compaction)是非常重要的一项后台任

务。在这些系统中,数据被写入内存结构(通常称为 memtables),然后刷新到不可变文件(Sorted String Tables,SSTables)。随着时间的推移,SSTables 会累积,并且在某些时候必须通过称为压缩的过程合并在一起。

压缩问题的实质是放大。一堆未压缩的数据可能导致读取放大和空间放大,从而减慢并可能导致系统崩溃。压缩任务一般放在后台定期执行,在存储大量数据且调整不正确的分布式系统中,它有可能导致正在运行的业务瘫痪和级联效应。例如压缩过程会显著影响应用程序用户的响应时间,因为压缩过程会占用带宽和 CPU 来完成工作。

对于 HBase,目前有两种压缩策略:小压缩(minor compactions)和大压缩(major compactions)。小压缩通常选择几个邻近的、小的存储文件,把它们重写成一个,对性能影响不大,一般建议自动执行。小压缩不会丢掉已删除或者过期的字段,只有大压缩才会做这些。大压缩会在一个运行中的系统中重写全部存储的数据,对系统性能影响很大,在大型系统中建议手工执行。如何通过自动化的手段调度 HBase 的大合并是大型系统需要解决的一个问题。

解决问题的方法是正确配置压缩,需要对外部的用户消费模式和内部数据库特定的配置参数同时有深入的了解。具体包括以下几点:

- 将大压缩的粒度变小,避免压力洪峰,建议设置为分区级别。
- 将压缩的任务作为低优先级任务,当系统由足够空闲资源时才执行。
- 根据 HBase 的表结构和业务特点,调整大压缩的周期,例如设置 VERSION＝1,且经常变更,那么大压缩的效果会很好;这里的 VERSION 是 HBase 中的一个字段设置,保存多版本可以用于错误数据修复或回滚。
- 根据分区的空间增长情况,超过一定比值才开启大压缩。
- 根据业务特点,区分静态数据和动态数据,将静态数据存储在 HDFS 上,减少 HBase 的管理负担。

通过以上实践,我们自研的 HBase 大压缩工具可以在业务低峰期(根据 CPU 的利用率盘点)缓慢进行,减少对业务的影响。并且根据 HBase 监控信息,如容量和上次大压缩后的比值按需执行,减少无用功。HBase 的运行可以处在一个自我控制的稳定状态。

压缩任务的自动化只是数据库一个子系统,是减轻 DBA 管理负担的多种方式的一个示例。一个自治数据库不应该成为一个黑盒子,而是应该帮助 DBA 摆脱高风险和神经紧张任务的手工执行。数据库自治的目标不应被解释为最终消除 DBA。相反,自治数据库释放了 DBA 的时间,使它们专注于比日常生产系统巡检更重要的任务。

2. HBase 的分区状态迁移

从事过 HBase 运维的工程师都知道,HBase 运维最害怕分歧状态迁移(Region In Transition,RIT)。长期停留在这种状态的分区意味着业务无法访问,需要人工介入才能恢复正常状态。HBase 1.x 提供了 hbck 工具,DBA 可以用来修复问题。HBase 2.x 做了大量的优化,减少了 RIT 状态的可能性,使 HBase 朝着自治数据库前进了一大步。

HBase 的 Region 状态转换图如图 16-10 所示,该图的详细解释可以参考 HBase 官方文档 https://hbase.apache.org/book.html♯regions.arch.states。

基于以下几个原因会触发 Region 状态迁移:

- 数据导入:容量增长,分区需要分裂。

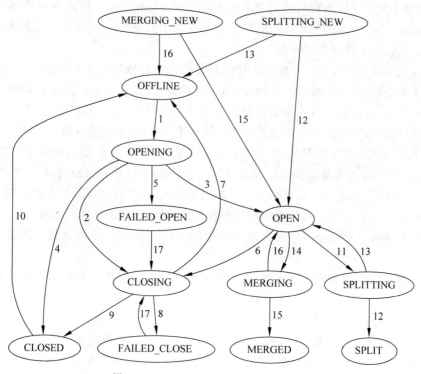

图 16-10   HBase 的 Region 状态转移图

- 故障迁移：RegionServer 宕机，分区需要重新分配。
- 自动平衡：增加或者减少 RegionServer 后，原来的分区需要自动平衡。
- 人为操作：分区过小需要合并，单表分区分配失衡导致负载不均。

以上这 4 种状态的变化，需要一套监控的调控体系来配合。HBase 是一个比较完善的体系，可以使用自身的功能和监控来实现。

数据库的伸缩以及故障切换，往往是 DBA 工作中最耗费精力的部分。而目前如 HBase 这样的自治数据库，已经能将这些工作全部自动化，DBA 只要准备足够的资源池给 HBase，一键就可以完成这些工作。只有在极小概率出现 RIT 时才需要人工介入，这大大提高了 DBA 的工作效率。

16.7   人工智能在自动化中的应用

自动化经常与人工智能(AI)混在一起。虽然从用机器替代人工和提高效率的角度来看，二者是一致的，但是二者的内涵不尽相同。

- 自动化旨在简化任务并加快工作流程。但是，自动化重点关注完成在重复性、被指导性的任务上。自动化只是执行一项工作，没有其他后续操作。
- 人工智能的重心在于工作负载分析或任务分析，它先获取数据，然后对其进行分析。机器学习通常是人工智能的后期部分，机器自行收集数据，然后进行分析。

二者最大的区别是：机器学习可以识别与未来相关的数据信号。

用户现在很有可能在没有意识到有自动化的情况下使用自动化，例如自动发送给客户的电子邮件,自动生成发票的方式等。这些单调的任务的自动化可以节省时间,并使工作人员可以专注于更高优先级的计划。

机器学习在做这些任务时,是把预测结合到这些任务的执行中。自动化将继续完全按照您的要求执行,如在特定日期发送发票。但同时,机器学习可预测何时应开出发票,谁收到或未收到发票,以及何时才可以允许延迟付款,等等。

人工智能技术可以帮助解决很多自动化的问题。我们在这里简单介绍一下人工智能和机器学习,以及他们在自动化中的应用。

16.7.1　人工智能和机器学习

机器学习(Machine Learning)是人工智能的子集。

在现实中,许多人工智能系统使用多种不同的机器学习方法和技术。例如最近几个著名的人工智能系统结合了深度学习和其他方法:AlphaGo使用了蒙特卡洛树搜索(Monte Carlo Tree Search),DeepStack的扑克游戏系统将神经网络(Neural Networks)、反事实遗憾最小化(counterfactual regret minimization)和启发式搜索(Heuristic Search)结合在一起。最近又出现了将贝叶斯和神经进化方法与深度学习结合使用的例子。

除了深度学习之外,强化学习(Reinforcement Learning)也引起了很多关注。强化学习在许多杰出的人工智能系统中发挥了关键作用,其擅长解决无监督和有监督的机器学习领域之外的问题。

强化学习(Reinforcement Learning,RL)又称再励学习、评价学习或增强学习,是机器学习的范式和方法论之一,用于描述和解决智能体(agent)在与环境的交互过程中通过学习策略以达成回报最大化或解决特定目标的问题。

“自学习”系统在很大程度上依赖于强化学习,这一事实使强化学习成为人工智能研究人员的热门话题。但是强化学习并非没有挑战。最大的挑战是需要大量数据来教智能体如何在给定环境中采取行动。

尽管如此,强化学习已开始在工业自动化等领域得到实际应用,例如管理风力涡轮机或操作昂贵的机器。据报道,谷歌的DeepMind开发了一种基于强化学习的系统,以帮助改善其数据中心的功耗。

16.7.2　人工智能与自动化：实施策略

机器学习和人工智能帮助了多个领域和专业的自动化,但在这项技术的实施策略上需要谨慎的考虑。

1. 自动化策略

有时我们将自动化视为0或1的关系:要么拥有完全自动化,要么就没有自动化。事实是,自动化是分步分批的。如本章前文所讲,自动驾驶汽车行业有几个层次,只有最高层次(5级)代表了完全自动化。在许多情况下,当前的技术可能已经能实现部分自动化,因此确定要自动化的目标至关重要。

2. 自动化成本

自动化需要很大的成本,对于使用人工智能实现自动化尤其如此。人工智能在自动化方面的成本主要体现在以下两方面。

- 研发成本。现在的机器学习的模型还没有一个通用的平台,机器算法的应用基本是在单点突破。如果需要在某领域实现人工智能为核心的全自动化,需要投入很大的研发力量,这对技术运营这样的成本中心而言,是非常具有挑战的。
- 数据成本。是否有足够的数据支持使用人工智能的自动化。机器学习需要很多的数据来学习,因此需要相应的监控系统获得大量的数据。现有的监控体系是否可以可以满足这个要求,是否需要基础架构的升级,都是必须要回答的问题。

另外一个重要的方面就是投入产出比。这些投入是否可以对公司的商业产生足够的效益。

总而言之,就是是否有足够的商务和技术理由来做人工智能的自动化。

16.7.3　人工智能与自动化:实施切入点

本节主要将人工智能技术落实到自动化领域的三个切入点。

1. 事故解决

回顾图 16-1,其中很重要的一个自动化领域是解决事故,见图 16-11 中的灰色部分。

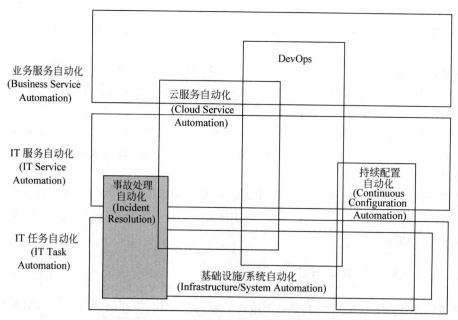

图 16-11　IT 自动化中的事故处理自动化

7×24 小时服务是云技术公司为客户提供的核心价值。在前面所讲的双维模型中的技术运营四大目标之一就是服务可用度。事故解决是与其直接关联的,具有很高的商业价值。

AIOps 的主要目标之一就是事故的根因分析。AIOps 的定义、算法和应用,会在本书的 AIOps 部分(第 21~第 23 章)详细讲解。

2. 数据库管理自动化

数据库是整个基础架构和业务最核心的部分之一。在 16.6 节讲解了自治数据库,这是自动化引入了控制理论进而深化的一个非常有运营价值的点。数据库体系比较完整,有多而全的数据。机器学习的引入,会对数据库的管理,从单系统到多系统的全体系的推进起到重要作用。

在网络体系结构方面(Network Infrastructure),设计神经网络体系结构也是一个突破点。

3. 与服务相关的人工智能在自动化的应用

有许多公司正在研究典型公司中的任务和工作流,并仔细检查可以使用当前技术(部分地)自动化哪些任务和工作流。部分自动化的最新示例:Google 最近发布了语音技术工具 Duplex,该工具可让用户使用自然对话来执行狭窄的任务,而 Microsoft 演示的一种工具可转录和组合会议中的行动项目。

另一个快速发展的领域是自动化客户互动(Automating Customer Interactions),目前仍处于起步阶段。但从发展来看,与未来可能会出现的智能助手相比,我们今天看到的许多基本的聊天机器人(chatbots)将显得很初级。

我们今天拥有的人工智能系统依赖于深度学习,因此往往需要大量的标记数据,该数据用于训练需要大量计算资源的大型模型。今天所谓的人工智能通常实际上只是机器学习。在未来,机器学习会是人工智能的一部分。

智能增强(Intelligence Augmentation)和智能基础设施(Intelligent Infrastructure)本质上是多学科的,并且需要超越单个智能体将输入和输出进行对接。真正的人工智能应用程序需要集成许多组件——传感器、硬件、UX 和许多软件组件。在技术运营领域也是如此。

16.8　本章小结

自动化能扩展人的能力边界,自动化使得机器能完成本应该由人来完成的工作,而且一致性更好,效率更高。然而自动化也能放大人为错误,自动化作为工具,结果好坏取决于使用的人。

运维自动化只是自动化发展的一个应用领域。自动化的本质是通过程序化(code)的方式来控制设备完成工作。而设定程序的是人。从这一点来看,人才是实现自动化最关键的角色。

自动化是一个渐进的过程,并不是一蹴而就的,根据 Google SRE 的观点,将自动化分为 5 级,逐级提高自动化是一个相对稳妥的方案。

自动化的切入点,是必须人工已经解决,并形成了标准操作流程(Standard Operating Procedure,SOP)的,尤其在 7×24 小时服务运营中,必须做好规范化,才可能自动化。

自动化在带来效率的同时也带来了风险。自动化有很多成功的案例,也有很多大故障是由自动化引起的,我们应该保持谨慎的态度。自动化的程度和组织的资源能力相关,过度的自动化可能超出组织的驾驭能力,从而产生风险。

在技术运营自动化的发展中,我们需要注意两点:一是自动化规模化带来的风险的控制。由于传统的生产运营是一个非常成熟的领域,因此可以从那里借用控制管理系统和设计方法,并将其应用于 IT 运维自动化中。二是人工智能的发展及其对 IT 自动化的影响。我们仍处于人工智能和自动化的早期阶段。随着人工智能基础研究的进步,我们期待着人工智能科研和工程人员在多种不同领域和应用中推出新的技术和方案。即使是特定领域中的人工智能系统,也需要跨学科的技术进步。

第17章

7×24小时服务的运营管理综述

服务运营是云平台交付后的重要工作,工作性质决定了必须每周7天、每天24小时不间断地持续运营,因此也叫7×24小时服务运营。本章首先介绍7×24小时服务运营的目标,然后介绍经典的服务运营管理框架,最后介绍服务运营实践中的主要工作和要点难点。

17.1 7×24小时服务运营的管理目标

7×24小时服务模式下的运营实际上是生产运营(Production Operations),其目的是达到技术运营的4大目标:服务可用度、用户体验、成本效益和生产效率。

在生产线运营中,使服务平台为客户提供可靠服务的最简单的衡量标准就是服务可用度(Service Availability)。换句话说,从7×24小时的服务角度看,4大目标中,最核心的目标就是服务可用度。99.99%的服务可用度是电信和云服务业界最高的服务等级。

生产运营主要依靠流程管理和日常管理来进行。比较成熟的运营环境是大部分的运营工作都已经被置于相关的管理流程中,并在这些流程的管理下有效运行。这些流程需要达到有效性(effectiveness)和高效性(efficiency)这两个关键的衡量标准。运营团队大部分的精力在这些流程的管理和运行上,包括流程定义、执行和改进,其他的精力在日常的工作上。

对这些流程的传统定义大部分起源于ITIL(Information Technology Infrastructure Library)框架。本章的讲解将根据云服务的运营要求,对这些流程进行扩充和深化,包括其目的、定义、内容、关注的重心、执行方式和最佳实践。

在讲解云服务的核心管理流程之前,我们先回顾一下经典的运营管理框架,这样我们可以对不同的管理方法进行对比和取舍。

17.2 经典的运营管理框架

本节讲述几个经典的技术与运营管理框架,以便给读者提供相关的管理理念和思路,这些资料都来自相关的官方网站。

17.2.1 ITIL

ITIL 的中文是信息技术基础设施库,是全球 IT 服务管理领域中得到最广泛认可的方法之一。它是英国政府中央计算机与电信管理中心(Central Computer and Telecommunications Agency,CCTA)在 20 世纪 80 年代末和 90 年代初发布的一套 IT 服务管理最佳实践指南。在此之后,CCTA 又在 HP、IBM、BMC、CA、Peregrine 等主流 IT 资源管理软件厂商近年来所做出的一系列实践和探索的基础上,总结了 IT 服务的最佳实践经验,形成了一系列基于流程的方法,用于规范 IT 服务的水平。

ITIL 发展很快,2001 年被英国国家标准 BS 15000 接纳。2005 年被国际标准 ISO 20000 接纳。

1. ITIL 的基本框架

ITIL 的框架由五个核心策略组成,分别是服务设计、服务策略、服务转变、服务运营和持续的服务改进,如图 17-1 所示。

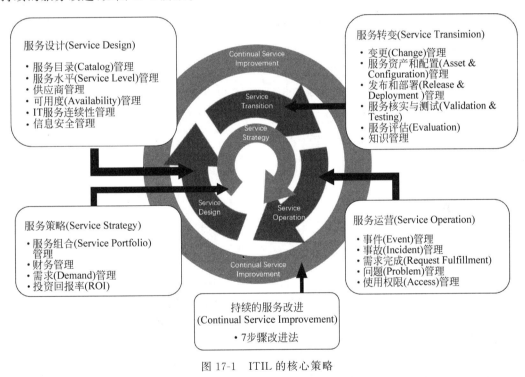

图 17-1 ITIL 的核心策略

2. ITIL 的主要流程

ITIL 的 10 个主要管理流程如下:

(1) 事件管理(Event Management):确保服务的异常处理能有效和快速地进行,以保持 IT 的服务水准。

(2) 问题管理(Problem Management):针对可能造成服务中断或异常等相关问题进行分析,找到问题起因并解决。

(3) 变更管理(Change Management):通过评估、审核、审查、实施等机制,对所有变更进行控制管理。

（4）配置管理（Configuration Management）：定义所有服务的组成组件，并经由控制管理来确保相关信息的准确性和一致性。

（5）发布管理（Release Management）：变化后的相关服务或组件正式上线前所需要的流程管理。

（6）服务等级管理（Service Level Management）：定义、审核、管理所提供或所需要的IT服务水平管理。

（7）可用性管理（Availability Management）：确保在任何状态下，可以提供IT使用者所需要的服务，同时符合服务等级要求的管理。

（8）容量管理（Capacity Management）：确保在任何情况下，相关的IT人力、软硬件设备等，都能有足够的容量提供IT服务。

（9）财务管理（Financial Management）：针对提供IT服务的资产与资源，随时进行符合成本效益的管理。

（10）IT服务连续性管理（IT Service Continuity Management）：确保在任何状态下，可以持续提供IT使用者所需要的服务，以及能符合服务等级要求的管理。

3. ITIL 4 介绍

ITIL 4 是 ITIL v3/2011 版的更新，于 2019 年 2 月 18 日推出。ITIL 4 版引入了一些新的概念并发展了现有的知识。在 ITIL 4 框架中，有以下两个关键组件。

（1）ITIL 服务价值体系（Service Value System，SVS）。

SVS 提供一个包含六个活动的运营模型：

- 计划。
- 改善。
- 参与。
- 设计和实施。
- 获取/构建。
- 交付和支持。

（2）四维模型。

ITIL 4 中的第二个关键组件是四维模型。这四个维度反映了 ITIL 以前版本中的 4P——人员（people）、产品（products）、合作伙伴（partners）、流程（processes）。SVS 的每个组件都应该考虑这四个维度。

12.2.2　CMM 和 CMMI

1. CMM

CMM 的五个等级分别标志着软件企业能力成熟度的五个层次，从低到高，软件开发及生产计划精度逐级升高，单位工程生产周期逐级缩短，单位工程成本逐级降低。CMM 的五个等级如下：

（1）CMM 1：初始级（Initial or Chaotic）。

流程没有定义并且不断变化（Undocumented and Dynamic）。流程是在一种临时决定的、没有控制的和被动式状态下运行,是由用户(users)和事件(event)驱动的。对流程而言,这是一个混乱的或不稳定的环境。

(2) CMM 2:可重复级(Repeatable)。

一些流程是可重复的,可能有一致的结果。流程的执行不是非常严格。

(3) CMM 3:已定义级(Defined)。

有一些标准流程被定义和文档化。这些流程在运行状态中,用来帮助组织建立管理体系的一致性。

(4) CMM 4:管理级(Managed)。

管理层可以有效地控制这些流程。具体来说,管理层可以在保障质量的前提下,将这些流程做适当的调整以使用到不同的项目中。从这一层开始,流程能力(Process Capability)开始被建立。

(5) CMM 5:优化级(Optimized)。

这一层注重流程的不断优化,这是通过循序渐进的方式,或者通过技术创新方式。

2. CMMI

CMMI(Capability Maturity Model Integration)即能力成熟度集成模型,是 CMM 的延续。CMMI 把各种能力成熟度模型集成到一个框架中去。这个框架有两个功能:一是软件采购方法的改革;二是建立一种从集成产品与过程发展的角度出发且包含健全的系统开发原则的过程改进。

就软件而言,CMMI 是 CMM 的修订本,它吸收了 CMM 2.0 版 C 稿草案和 SPA 中更合理、更科学和更周密的优点。CMMI 的主要关注点是成本效益、明确重点、过程集中和灵活性四方面。

CMMI 的基本目的包括:

(1) 解决软件项目过程改进难度增大问题。

(2) 实现软件工程的并行与多学科组合。

(3) 实现过程改进的最佳效益。

CMMI 的原则包括:

(1) 强调高层管理者的支持。过程改进往往也是由高层管理者认识到并提出的,高层大力度的、一致的支持是过程改进的关键。

(2) 仔细确定改进目标,首先应该对给定时间内所能完成的改进目标进行正确地估计和定义并制订计划,要选择能够达到的目标和明确能看到的收益。

(3) 选择最佳实践,应该基于组织现有的软件活动和过程,参考其他标准模型,取其精华去其糟粕,得到新的实践活动模型。

(4) 过程改进要与组织的商务目标一致,与发展战略紧密结合。

CMMI 的目标包括:

(1) 为产品开发、发布和维护的这些管理能力的提高提供保障。

(2) 帮助组织客观评价自身能力成熟度和过程域能力,为过程改进建立优先级并执行过程改进。

17.2.3 敏捷

质量和生产率是软件工程的两个核心目标,这两个目标相互作用、相互影响,在具体的软件开发实施中要做权衡。随着技术的迅速发展和经济的全球化,软件开发出现了新的特点,即在需求和技术不断变化的情况下实现快节奏的软件开发,这就对生产率提出了很高的要求。ISO 9000、CMM、SPICE 目前已被公认为软件质量保障方面的事实标准,但由于其强调管理和控制,追求项目的可预测性和过程状态的可视化,在提高生产率方面并未予以足够的重视,实施时一方面需要大量中间制品(过程文档)的制作,给开发人员带来很大负担;另一方面,追求的可预测性与实际需求的模糊和快速变化不相协调。在此情况下,出现了一些新的开发方法。

新的方法主要有 Extreme Programming(简称 XP)、Scrum、Crystal Methodologies、Feature Driven Development(简称 FDD)、Dynamic Systems Development Methodology(简称 DSDM)、Adaptive Software Development(简称 ASD)、Pragmatic Programming 等,统称轻载(Lightweight)方法,以区别于传统的开发方法(称为重载方法,Heavyweight)。2001年 2 月,新方法的一些创始人在美国犹他州成立了敏捷联盟,将轻载方法正式更名为敏捷方法,敏捷有轻巧、机敏、活力的意思。

敏捷开发方法目前还没有一个明确的定义,其特点是对软件生产率的高度重视,主要适用于需求模糊或快速变化下的、小型项目组的开发。有人认为,敏捷方法是在保证软件开发有成功产出的前提下,尽量减少开发过程中的活动和作品的方法,笼统地讲就是"刚刚好"(Just Enough),即开发中的活动及制品既不要太多也不要太少,在满足所需的软件质量要求的前提下,力求提高开发效率。

敏捷联盟提出了"四个价值"和"十二个指导原则"。

敏捷方法的"四个价值"包括:

(1) 较之于过程和工具,更注重人及其相互作用的价值。

(2) 较之于无所不及的各类文档,更注重可运行的软件的价值。

(3) 较之于合同谈判,更注重与客户合作的价值。

(4) 较之于按计划行事,更注重响应需求变化的价值。

敏捷方法的"十二个指导原则"包括:

(1) 在快速地不断交付用户可运行软件的过程中,将用户满意放在第一位。

(2) 以积极的态度对待需求的变化(不管该变化出现在开发早期还是后期)。敏捷过程紧密围绕变化展开并利用变化实现对客户的竞争优势。

(3) 以几周到几个月为周期,尽快、不断地交付可运行的软件供用户使用。

(4) 在项目过程中,业务人员和开发人员最好能一起工作。

(5) 以积极向上的员工为中心建立项目组,给予他们所需的环境和支持,对他们的工作予以充分的信任。

(6) 在项目组中,最有用、最有效的信息沟通手段是面对面的交谈。

(7) 项目进度度量的首要依据是可运行的软件。

(8) 敏捷过程高度重视可持续开发。项目发起者、开发者和用户应始终保持步调一致。

(9) 应时刻关注技术上的精益求精和设计的合理,这样能提高软件的快速应变力。

（10）简单化(尽可能减少不必要工作的艺术)是基本原则。

（11）最好的框架结构、需求和设计产生于自组织的项目组。

（12）项目组要定期对其运作进行反思、提出改进意见，并进行细调。

17.2.4 eTom

eTOM(Enhanced Telecom Operations Map，The Business Process Framework For The Information and Communication Services Industry)的意思是：增强的电信运营图，信息和通信服务行业的业务流程框架。

eTOM 是由电信论坛 TM(Telecommunication Forum)牵头，组织一些发达国家的电信运营商、设备制造与供应商、软件系统开发商、研究机构等的专家、学者编写的电信运营行业的业务流程框架。可以说，eTOM 是电信服务提供商运营流程实际依照的行业标准和国际规范。

eTOM 源自 TOM(Telecom Operations Map)。TOM 侧重的是电信运营行业的服务管理业务流程模型，关注的焦点和范围是运营和运营管理，其核心框架如图 17-2 所示。

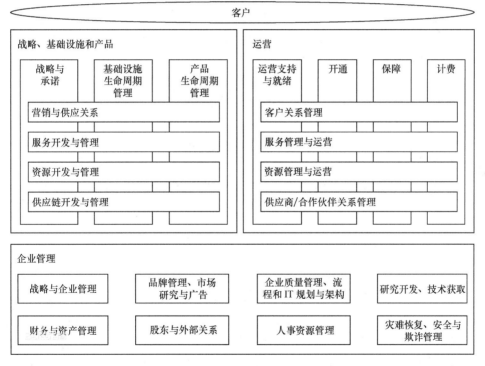

图 17-2　eTOM 的核心框架

eTOM 的关注焦点是服务提供商的业务过程、过程间的联结、接口的鉴别和多个过程对客户、服务、资源、供应商、合作伙伴信息的使用。

它描述了服务提供商所需要的所有企业过程，并依据这些过程对企业的重要性和优先级按不同的粒度进行分解。

对电信运营和服务提供企业，eTOM 可以作为过程管理的蓝图，为企业内部过程需求再造、协作、联盟等提供一个中立的参考点；为企业和其他服务提供商提供通用有效的协议。

对电信运营企业的供应商，eTOM 刻画出适应客户需求的软件组件的潜在边界轮廓，加深其对产品必须支持的功能、输入和输出的理解。

作为业务过程框架，eTOM 是下一代运营支持系统（Next Generation Operations System and Software，NGOSS）体系的重要组成部分，和其他相关工作成果紧密衔接。

eTOM 规范由一系列文档组成，具体包括：

- 主文档（GB921）：提供 eTOM 业务过程框架的概览，从企业内、企业间两个视角描述框架的主要架构元素和方法。
- 附录1（GB921D）：以从上到下、以客户为中心和端到端的方式描述服务提供企业的过程和子过程。对所有过程都进行了分解，从最高层面的 eTOM 框架概念视图分解到可为行业使用的粒度。
- 附录2（GB921F）：结合案例从不同层次和细节对选定的过程流进行描述，为 eTOM 的应用提供端到端的案例。
- 附录3（GB921B）：描述了电子商务对服务提供商（ISP）及其商务关系的关联和影响，以及 eTOM 如何支持上述要求。文档还包括一个通过 eTOM 支持 B2B 商务交互的描述。与此相关联的还有一个独立的应用说明文档 GB921C，描述 B2B 交互相关过程的商务运营图。
- 附录4（GB921P）：为帮助 eTOM 的新用户理解，提供的一个 eTOM 入门指南。
- 独立的应用说明1（GB921U）：提供用户在业务过程中理解和使用 eTOM 的设计原则。
- 独立的应用说明2（GB921V）：取代以前的 GB912L 文档，说明怎样应用 eTOM 来实现 ITIL 过程。
- 独立的应用说明3（GB921T）：说明 eTOM 过程如何与 ITU-T M.3400 规范相关联。

17.2.5　6-Sigma

Sigma 是希腊字母 σ 的英文，统计学上用来表示"标准偏差"，即数据的分散程度。6-Sigma 意为"6 倍标准偏差"。在质量上，6-Sigma 表示每百万个产品的不良品率（PPM）不大于 3.4，意味着每一百万个产品中最多只有 3.4 个不合格品，即合格率是 99.99966%。在企业流程中，6-Sigma 是指每百万个机会当中缺陷率或失误率不大于 3.4，这些缺陷或失误包括产品本身以及采购、研发、产品生产的流程、包装、库存、运输、交货期、维修、系统故障、服务、市场、财务、人事、不可抗力，等等。流程的长期 Sigma 值与不良品率如图 17-3 所示。

1. 6-Sigma 管理的来源

6-Sigma 最早是作为一种突破性的质量管理战略，20 世纪 80 年代末在摩托罗拉公司成型并付诸实践。三年后该公司的 6-Sigma 质量战略取得了空前的成功：产品的不合格率从百万分之 6210（大约 4σ）减少到百万分之 32（5.5σ）。在此过程中节约成本超过 20 亿美元。随后得州仪器公司和联信公司（后与霍尼维尔合并）在各自的制造流程全面推广 6-Sigma 质

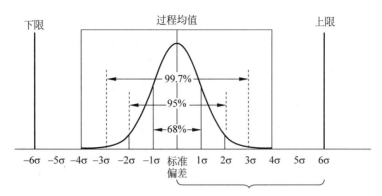

(a) 数据分布模型

Sigma 水平	每百万产品的不良率	合格率/%
6	3.4	99.999 66
5	230	99.977
4	6 210	99.38
3	66 800	93.32
2	308 000	69.15
1	690 000	30.85

(b) 对应数字

图 17-3　6-Sigma 的核心概念

量战略。但真正把这一高度有效的质量战略变成管理哲学和实践,从而形成一种企业文化的是在杰克·韦尔奇领导下的通用电气公司。

通用电气公司在 1996 年年初开始把 6-Sigma 作为一种管理战略列在其三大公司战略举措之首(另外两个是全球化和服务业),在公司全面推行 6-Sigma 的流程变革方法。而 6-Sigma 也逐渐从一种质量管理方法变成了一个高度有效的企业流程设计、改造和优化技术,继而成为世界上追求管理卓越性的企业最为重要的战略举措,这些公司在企业管理的各个方面运用 6-Sigma 的管理思想,为组织在全球化、信息化的竞争环境中处于不败之地建立了坚实的管理和领导基础。

2. 6-Sigma 管理

6-Sigma 管理即要求企业在整个流程中(而不仅限于产品质量),每百万个机会中的缺陷率少于 3.4,这对企业来说是一个很高的目标。6-Sigma 管理是"寻求同时增加顾客满意和企业经济增长的经营战略途径"。即:

- 在提高顾客满意程度的同时降低经营成本和周期的过程革新方法。
- 通过提高组织核心过程的运行质量,进而提升企业营利能力的管理方式。
- 在新经济环境下企业获得竞争力和持续发展能力的经营策略。

17.2.6　COBIT

1. 什么是 COBIT

COBIT(Control Objectives for Information and related Technology)的含义是"信息及

其相关技术控制目标",是一个在国际上得到公认的安全与信息技术管理和控制标准,它在业务风险、控制需要和技术问题之间架起了一座桥梁。面向业务是 COBIT 的主题,它不仅是为用户和审计师而设计,更重要的是可以作为管理者及业务过程的所有者的综合指南。

COBIT 是由国际组织 ISACA(信息系统审计与控制协会)制定的。COBIT 从信息技术的规划与组织、采集与实施、交付与支持、监控等四个方面确定了 34 个信息技术处理过程,每个处理过程还包括详细的控制目标、审计方针和对 IT 处理过程进行评估的方法。

2. COBIT 框架模型

如图 17-4 所示的 COBIT 模型表明,企业在进行 IT 控制时,必须将 IT 资源、信息准则、IT 过程与企业的策略和目标紧密联系起来,形成一个三维的体系结构。其中,IT 准则集中反映企业的战略目标,IT 资源是信息化控制的主要对象,IT 过程是在准则指导下管理 IT 资源的方式。

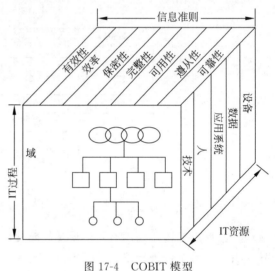

COBIT 控制框架为业务过程所有者提供了一个工具,以方便他们履行职责。该框架基于这样一个简单和实用的前提:为了提供组织需要用来实现目标的信息,IT 资源需要被一组自然组合的过程管理起来。

图 17-4　COBIT 模型

该框架提出了 34 个高层控制目标,每个目标都针对特定的 IT 过程;这些高层控制目标又可组合为策划与组织、采购与实施、交付与支持、监控四大领域。这个体系覆盖了信息及其相关技术的所有方面。通过实现这 34 个高层控制目标,业务过程所有者可以确保为 IT 环境提供一个充分的控制系统。COBIT 的框架如图 17-5 所示。

3. COBIT 的要素

(1) IT 资源。

COBIT 中定义的 IT 资源如下。

- 数据:是最广泛意义上的对象(外部和内部的)、结构化及非结构化的、图形、声音等。
- 应用系统:人员、信息、基础设施以及计算机程序的总和。
- 技术:包括硬件、操作系统、数据库管理系统、网络、多媒体等。
- 设备:包括所拥有的支持信息系统的所有资源。
- 人员:包括员工技能、意识,以及计划、组织、获取、交付、支持和监控信息系统及服务的能力。

(2) IT 准则。

通常企业目标会被映射为 IT 目标,意味着从业务的观点看,IT 信息系统必须满足以下准则:

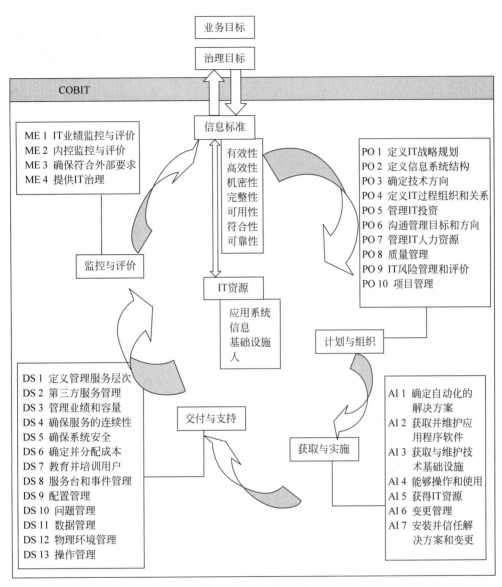

图 17-5　COBIT 框架

- 有效性：既能处理与业务过程有关的信息，又能以及时、正确、一致和可用的方式交付。
- 高效性：考虑通过最优的(最有效及最经济)资源利用来提供信息。
- 机密性：考虑保护敏感的信息免于暴露给未经授权的人。
- 完整性：既关系到信息的正确性和完全性，又关系到与业务价值和期望的一致性。
- 可用性：主要关注不论在当前还是将来，用户在需要时都可获取信息。同时还关注必要资源和相关能力的安全保护措施。
- 符合性：是指 IT 与商业过程必须遵从的法律、法规和合同规定是否一致，如必须与企业外部征税准则相一致。符合性关注是否遵守法律、法规和合同规定。
- 可靠性：为管理层开展业务经营提供适当的信息，并且利益相关者获取的财务报告等信息是真实可靠的。

这里需要指出,所有的控制准则不一定必须以同样程度影响 IT 资源。因此,COBIT 框架结构特指处于考虑中的过程(而不是那些仅仅参与的过程)所管理的 IT 资源的适用性。

此外,所有的控制准则并不一定必须以同样程度满足不同的业务信息的需求。在 COBIT 中有"主要"和"次要"之分,"主要"是指已定义的控制目标直接影响相关信息准则的程度。"次要"是指已定义的控制目标在一个较小范围内或是间接地满足相关信息准则的程度。

17.2.7　经典框架的局限性

在 17.2.1 节中描述的框架都是非常经典的。它们针对各自的领域都提出非常完整的方法和标准。但是对于云服务的运营,这些框架有自己的局限性。

(1) 对于云服务行业的技术运营,没有框架能够比较系统和深入地讨论。这是因为相对这些框架所对应的产业,如制造业(6-Sigma)、电信业(TOM/eTOM)、软件业(CMM/CMMI)和企业 IT 管理(ITIL),云服务是很新的产业。

(2) 体系非常庞大。

* 体系的完整,也就造成这些经典体系的庞大。
* 实施成本高。全体系实施的成本会非常高,尤其是新兴的云服务公司,面对生产运营的压力,没办法在短时间内完整实施这些经典体系,如以 ITIL 为基础的 ISO 20000 的实施。
* 云服务企业更需要的是找出与其企业云服务运营相关的管理体系及关键的技术管理方式,理解精髓后再实施。

(3) 需要更强的行业实践性。

* 管理方式的执行或实践依靠两个方面,一是对管理目标的真正了解,二是对实施中的要点和难点的了解。
* 对于云服务行业,在这几方面,这些框架中没有很够充分体现的(这也是为什么在本书的大部分的章节都加入了案例研究)。

17.3　以服务为核心的运营管理流程

在 ITIL 的基础上,我们围绕生产线服务的可用度,裁剪和加强了如图 17-6 所示的管理流程。这里的流程可以简单总结为事故前流程、事故后流程和基础流程三类。

不同于 ITIL 的思路,这里以服务的事故或故障(incident)为核心进行分类。这是因为,在 7×24 小时云服务运营中,服务的可用度是最重要的指标,而事故直接关联这个指标。

(1) 事故前流程(Pre-incident Processes)。

这些流程以计划(planned)或主动的模式管理生产线上的服务,其目的是尽量减少在服务运营中可能出现的问题。

(2) 事故后流程(Post-incident processes)。

尽管可以减少事故发生的概率,但是事故实际上是无法避免的。因此,当事故发生时,如何尽可能地减少宕机或服务不可用的时间,防止这种情况再次发生,是这些流程的目标。

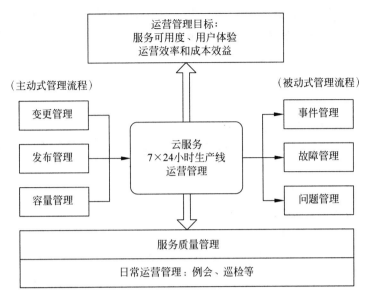

图 17-6 生产运营的重要管理流程

（3）基础流程。

服务质量管理：通过监控、衡量、分析和改进，以保证服务质量的提高，详细内容将在第 6 部分讲解。

建立一个"生产就绪"（Production-Ready）的系统，以减少服务进入生产运行状态后的问题，并减少维护支持工作。这是"生产设计"（Production Design）的一个重要目标，这一设计理念在第 13 章中做了详细讲解。

除了这些流程管理外，还需要日常的运营运作，以确保这些流程都能正常运行，并且是受控制的，以解决流程没有涵盖的任务或问题。

本节将对这些关键的管理流程做简要的介绍。其中一些重要的流程，会在后面相应的章节中做详细的讲解。

在 ITIL 中，针对 IT 的服务对这些流程做了相应的定义。在这些传统的定义上，我们通过实际经验，对这些管理理念在云服务的运营中做了进一步的理解和扩展，并加入了实践的讨论。

1. 发布管理（Release management）

传统的发布管理是指软件的发布，包括软件开发、测试和发布的整个周期以及整个周期的不断循环。

对于云服务，基本的发布流程和软件开发的发布流程是类似的，然而所发布的内容和团队是不同的，主要区别如下。

- 云服务的发布是一个软件开发平台技术和基础设施平台的组合。这个组合包括：服务平台（如软件）、基础设施工程（如系统，存储，数据库）、第三方资源（如网络带宽）、服务规范（7×24 小时客服和 NOC）、监控体系和 BOSS 系统（Business Operations Support Systems）等。这些要求在生产设计（Production Design）中体现出来。
- 在发布流程中，除了开发团队外，技术运营人员要参与到服务设计阶段，这一点非常重要。这样才能确保该服务在发布时是"生产就绪"的状态。例如,满足来自技术运营团队的要求,实现服务平台的可管理性是云服务上线后是否成功运营的一个关键因素。

2. 变更管理（Change Management）

变更管理是以可控的方式实现对服务平台及其相关的基础设施的变更控制,从而使变更对生产线的干扰及风险降到最低。

在变更管理下,所有变更都需要得到控制,其中包括变更的提交、分析、决策、批准、实施和实施后的反思。

变更管理的主要目标包括：

- 最小的服务中断,以保证服务可用度。
- 高效地使用资源,降低运营成本。
- 与服务质量管理流程一起,进行服务改进和提高。

3. 容量管理（Capacity Management）

容量管理的目的是帮助云服务公司在满足业务需求的前提下,找到最佳成本效益的服务容量和生产线规模,主要活动包括：

- 服务容量大小的规划。
- 生产线上服务容量预测的模拟。
- 客户需求管理。
- 第三方资源管理。
- 生产线性能管理。

容量管理的重点,一是通过对业务的理解定义出最适当的容量要求；二是通过对技术的理解,找出最佳的成本方案。

4. 事件管理（Event Management）

事件管理是对所有的服务相关的基础设施和应用服务进行监控,并定义相应的处理流程。它保障云服务的正常运行状态。当异常情况发生时能及时检测到并报警和升级到相关团队进行处理。

5. 事故管理（Incident Management）

事故管理（或故障管理）流程最重要的目标是在出现事故时尽快恢复到正常的服务水平,以便把对业务运营的影响降到最低,从而保证服务质量和可用性。

事件（Event）和事故（Incident）的定义是不同的。

- 事件是指系统平台产生的可被监测或被报告的变化,事件通常由自动化的监控工具监测到。
- 事故是指已经导致服务中断,或可能导致服务中断的事件。

在管理上,事件和事故的不同在于：

- 事件可能是正面的,也可能是负面的；但事故专指负面的。
- 事件的范围大于事故的范围,且包含事故的范围。
- 事件大多数不用解决,但事故绝大多数要尽力解决。

6. 问题管理（Problem Management）

问题管理是问题处理的管理流程。问题管理的主要目标是防止问题出现导致事故,消除经常性事故,并把无法阻止的事故的影响降至最低。

问题管理包括诊断事故的根本原因,并确定解决这些问题所需要执行的任务。问题管理也负责确保这些任务是通过相应的控制程序来实现的。

7. 服务质量管理（Service Quality Management）

服务质量管理基于以下两个方向进行一系列的管理活动来提高服务质量,成本效益对于这两个方向都是一个关键的指标。

- 服务管理流程：提高流程的有效性和高效性。
- 服务平台质量：如提高服务平台本身的服务的可用度,从 3 个 9(99.9%)到 4 个 9(99.99%)。

在 ITIL 框架中,还有许多其他流程,如配置管理、访问管理、服务级别管理、设施管理、应用程序管理、风险管理和供应商管理等。在传统的 IT 管理和云服务运营中,这些管理流程基本相同,而且在云服务中用到的不多,因此不做重点讲解。对这些流程感兴趣的读者,可以查阅 ITIL 框架的相关书籍。

17.4　日常的运营管理

在日常运营中,有两个基本的活动：团队成员之间的沟通和知识共享。在这个快速和动态的生产环境中,良好的沟通对服务运营是一个重要保障,而知识共享是团队运营的基础。

17.4.1　沟通效率

本节主要介绍那些在服务运营中需要进行的沟通。沟通的方式正随着每一个新引进的技术发生变化。目前在运营中经常使用的方式包括电子邮件、短信和各种会议等。

- 电子邮件：日常沟通使用。
- 短信 SMS：通常用来用作系统的报警使用。
- 即时消息和基于网络的实时"聊天"：实时沟通。
- 会议：如电话会议、网络会议和视频会议,可以进行远距离的、内容比较复杂的沟通,如文档共享和白板讨论等。

为了使沟通有效,一个重要的原则是所有的沟通都必须具备三个关键要素：

（1）明确的沟通目的。

（2）具有明确责任和实施能力的人员,这些人要参与讨论、决策和实施。

（3）要有以目标为导向的行动计划和实施。

在这些沟通的方式中,会议是最昂贵的方式,因为会议是多方的参与,或是多方的时间投入。17.4.3 节会专门讲述会议的有效性和高效性。

17.4.2　知识管理

知识管理是一个被广泛讨论的话题。虽然有各种知识管理的理论,但是实际上,如

图 17-7 所示，知识管理只有两个核心：知识内容和知识流动，也就是知识的创立和知识的分享。所有的知识管理的活动，包括最新的企业社交网络，都是以这两个目的为核心的。

图 17-7　知识管理的核心：
内容与流动

1. 知识内容

在知识的内容上，可以有很多体现方式，这里只关注最重要的一个：文档。

在运营活动中，有两种基本类型的文档：流程文档和技术文档。

- 流程文档：描述流程的目的、步骤、人员责任和衡量标准等相关信息。
- 技术文档：描述技术解决方案是如何实现的，如设计文档或实施文档。标准运营流程（SOP）是这类文档中重要的一种。这是运维工程师和其他支持团队在事件管理和事故管理中最常用的一类文档。

毋庸置疑，文档对于各种运营活动都是非常重要的。但是工程师们总是倾向于在系统上做更多的实际工作，而不是写出来。

不管各个公司或各个团队在文档模式或格式上有什么的不同，作为一个最佳实践，文档应有以下三个关键点：

- 目标：说明这个文档的目的所在，要解决什么问题。
- 要点：说明要达到所设定的目标，需要通过哪些关键的步骤来实现。
- 难点：哪些步骤是具有挑战性的，或容易犯的错误点。

举例：一个高可用性数据库（High Availability DB Design）的设计文档要求如下：

- 目的说明：高可用性数据库要满足两个条件，一是主备切换；二是切换时间<10s。
- 要点说明：有 10 个步骤来完成，如 MySQL 软件安装、参数调整、连接端口配置等。
- 难点说明：安装数据库的 10 个步骤中，由于难度的不同，可能其中的一个步骤花的时间比其他的 9 个步骤加起来的时间还要长。例如数据库之间的双向同步，对这样的难点要加以说明。

如果不写清重点和难点，那么其他的工程师很可能要花同样或更多的时间去摸索和研究。有了这三点思考，并在撰写文档时实施，就可以达到"知识有效"的目的了。

2. 知识流动

知识建立起来后，如果不能让团队用起来，那么知识的内容还是没有用处的。因此，知识的流动或分享是至关重要的。

知识的流动有很多方式，如网站、维基、培训和社区交流等。

想要让知识流动起来，最关键的因素之一是交互性（interactive）。好的交互性会带来两个非常正面的作用：

- 知识的接收者会由于交互性而得到参与感，会更积极地参与到知识流动的活动中。
- 知识内容本身由于交互性而得到不断的补充和完善。

因此，在设计知识管理的流程中，要特别注意交互性的设计。否则，知识库很可能就变成一个落满灰尘的档案室。

17.4.3 运营会议

运营工作的推进主要依靠运营会议来落实,会议形式主要包含日常生产线管理(POE)、事故剖析会议(Postmortem)和服务质量管理会议(SQM)。

17.4.3.1 会议的基本原则

会议的目的是一组有共同的任务目标的相关人员进行有效的沟通,会议是多方参与的广泛使用的沟通方式。只有在充分准备的情况下才是有效率的。同时,会议也是最昂贵的沟通。试想与会者在会议中的总时间:1小时的8人会议,共8个人时,也就是一个工程师一整天的工作时间。

此外,见面会议还有额外费用(如旅行费用、旅行时间等),所以会议组织者需要权衡与会者的人数和身份,他们将花费的时间的价值,再确定会议。

会议的内容要简洁明确,会议的进程需要很好地控制,会议的重点应放在讨论议题的行动的决策和落实上。会议的规则如下:

(1) 会议前的准备。

- 明确的议程:建立和传达一个明确的议程,以确保会议达到其目标。议程应该有充分的准备,有明确的主题和相关的子课题。
- 与会者和决策者:确保决策者加入会议。如果一些决策者无法参加,要考虑重新安排会议,以避免会议无果而终。

(2) 会议中:控制主题和时间。主持人需要阻止与会者浪费时间,或指会议跑题。会议应限制在60min以内。

(3) 会议后:

- 会议纪要是必需的。会议纪要用来提醒会议上的决策、行动的计划和责任人,并跟踪行动的进展情况。特别是跨部门的决策和行动。
- 跟踪:确保会议上确定的任务得以实施。

17.4.3.2 运营会议综述

服务的运营团队,包括呼叫中心、网络运营中心、客户技术支持、技术运营和开发工程团队之间经常举行各种运营会议。

运营会议的目的是使技术团队意识到与生产运营有关的任何问题,如客户的投诉、服务事故和生产线变更等。运营会议提供了一个确保和服务运营有关各部门快速同步信息的机会。同时,这样的一个机会也可以让员工提出任何他们想了解的生产线的问题。决策和行动信息的同步在快速变化和高压力下的生产运营环境中是非常关键的。

运营管理会议通常由一名资深经理主持,有关团队的管理人员或代表出席。每个人都要代表他们的团队或部门负责更新、决策、实施并跟进。

运营的会议形式有几种,如POE会议和问题分析会议等。

17.4.3.3 日常生产线管理:POE会议

POE一词来自6-Sigma,是不断改进服务质量以追求卓越(Pursuit of Excellence)的意思。在技术运营管理中,POE会议的目的是每天及时和有效地处理7×24小时生产线上的有关问题。简而言之,它是一个例行的(如每天举行)生产管理会议,是一个与生产线有关的各团队之间的合作平台。

POE 会议的具体安排包括:

- 对紧迫问题和被升级问题进行决策和处理。
- 确定问题所有人,跟踪进展情况。
- 快速审核用于解决生产线问题的技术方案并做出选择(这不是一个技术设计的讨论会议,但要审核来自技术团队提出的各种技术方案并做出决定)。

如果有正常流程没有覆盖到的问题,或是流程本身需要改进,也可以在 POE 会议上做简要的讨论。

POE 会议的内容包括:

- 生产线运行中出现的问题。
- 客户投诉的重大问题。
- 监控中心的生产线状况汇总。
- 事故的解决方案跟踪。
- 生产线近期要做的变更的审批和沟通。

POE 会议的参与者包括与生产运营有关的团队的管理者,如技术运营团队、研发团队和客服团队等。

17.4.3.4　问题管理:事故解剖会议

事故解剖会议(post-mortem)主要用来分析生产线事故的根本原因以及相应的改进行动,被广泛用于事故管理和问题管理流程中。

一般情况下,严重事故的分析会议需要在 48 小时内举行。事故解剖会议的细节会在第18 章中讲解。

17.4.3.5　客户会议

除内部的运营会议之外,与客户要有定期的会议,会议的议题包括:

- 严重事故的客户跟踪(follow-up)。这些会议的目的是修复与客户的关系,同时确保得到运营所需的信息以进行问题分析和处理,防止问题复发。客户也有机会提供一些客户方的信息,如客户端的网络限制、服务体验等,这些信息是一般监控体系无法得到的信息。在这些会议上可以与客户一起制订以后类似事件的解决方案。
- 客户讨论会。客户讨论会可用于各种目的,包括收集新的业务需求、新服务的想法、服务改进意见和新的测试想法等。客户讨论会通常是一个与客户的定期会议。

17.4.3.6　服务质量管理会议

服务质量管理会议(Service Quality Management,SQM)是一个资深管理人员和高级管理人员的会议,目标是云服务质量的改进,包括管理服务质量的各项指标、热点问题的管理、运营策略的调整和团队 KPI 的调整等。SQM 会议会在第 6 部分详细讲解。

SQM 会议与 POE 会议的着重点不同。POE 会议是每日的生产运营活动的一部分,注重于快速问题处理和沟通。而 SQM 会议注重的是服务质量的短期(几周)到中期(几个月)的改进计划。

17.5　管理流程面对的挑战

在成熟的运营环境中,大部分的团队活动都是围绕各种运营流程进行的。但是,资深的管理人员也知道,建立一个流程很容易,可以靠行政指令来推行。但是要建立一个团队能够高度认同、积极参与、长期执行的流程,是一件难度很大的事情。下面就流程建立的有关问题做一些讲解。

17.5.1　建立流程过程中的挑战

在分析面临的挑战时,可以从几个角度来分析,如流程复杂度、团队因素和公司文化等。下面从实施流程失败原因的角度进行分析,这是一个相对综合的角度。实施失败的主要原因有以下几点。

(1) 缺乏管理层的承诺:离开管理层的承诺和督促,没有项目可以成功。没有管理层的承诺,流程的成功只能是个案,或成功是无法连续的。另外,承诺本身是不够的,高层管理人员需要在实施的活动中真正地现身和参与,来表明他们的承诺,从而推进其他团队成员的活动。

例如,如果没有高层管理者的支持,问题管理流程将是非常脆弱的,在寻找问题根源和开发解决问题方案时,相关团队的响应会很缓慢。

(2) 花太多时间制作复杂的流程图:刚开始接触 ITIL 时,管理人员被完整和华丽的 ITIL 框架所吸引,从而热衷于做复杂而全面的流程图,却忽略了流程的目的。

在实际运营中,需要的是简单而明确的流程。只要核心思想到位,运营并不需要华而不实的流程图。

例如一个公司做了某个的认证,如 ISO 27001 和 ISO 20000,产生了大量的、非常全面的文档和流程。然而完成认证后,所有这些文件和程序被束之高阁。原因是推出这样全面而复杂的流程是不实际的,要执行这些流程所花的时间精力太昂贵了。

(3) 流程没有责任人:每个工程师的天性,或是每个人的天性,是以自我为中心的,而不是以流程为中心的。因此每个流程都要有责任人,负责流程的推动、监督和管理。

(4) 过于雄心勃勃:ITIL 包含 20～30 个主要服务管理流程。许多组织试图同时实现太多的流程,造成工作任务繁多、效率低下和运营混乱。

我们建议的流程实施的准则是"大处着眼,小处着手":

- 大处着眼。流程的制定者要了解流程的真正含义和核心思想,不要为了流程而实现流程。应该了解整个管理流程的框架,了解各个流程本身的重点和它们之间相辅相成的关系。

- 小处着手。最好的做法是选择一两个能解决当前运营环节中的痛点的流程,非常谨慎地实施,成功后再进行其他的流程,循序渐进。

例如,事件管理、事故管理和问题管理这三个流程都有自己的侧重点,事件管理要全,事故管理要快,问题管理要深,但都相互关联。当从全局考虑时,应抓住重点,从事故管理切入,然后向前推进到事件管理、向后延伸到问题管理,这才是解决生产运营管理问题最有效的方式。

17.5.2 成熟的运营——持续改进

流程的另一个挑战在于要持续地改进(Continuous Improvement)。只有达到了持续改进的水平,运营才能进入比较成熟的境界。

确保成功的服务管理好像是一个武林高手,为了保持武功状态,或进入更高层次,要不断地练习和训练。同样,要维持或提高自己的水平,运营管理也必须进行持续改进,否则会因为惰性致使能力下降和失败,没有一种运营可以依靠以往的成功。

逆水行舟,不进则退,所以重要的是,运营管理需要运行在一个持续改进的模式中。

成熟流程的力量不仅在于其流程的定义,还在于其不断完善的哲学思想,下面是不断改进的成果:

- 服务质量得到改进,对业务提供更可靠的支持。
- 客户满意度的提高。
- 技术层次的改进,如服务安全性和服务可用性的改善。

17.6 节将结合案例讲解运营的成熟度和改进的措施。

17.6 运营管理的成熟度：五重境界

借助于 CMM 的能力成熟度模型(The Capability Maturity Model)来分析运营管理成熟度。在对流程的运营成熟度上,主要关注流程的有效性和高效性。在这两个衡量点上,云服务运营和 CMM 的要求是很相似的。

CMM(软件能力成熟度模型)分为 5 级,如图 17-8 所示。持续性流程改进的目标是向着更高级的成熟度发展。

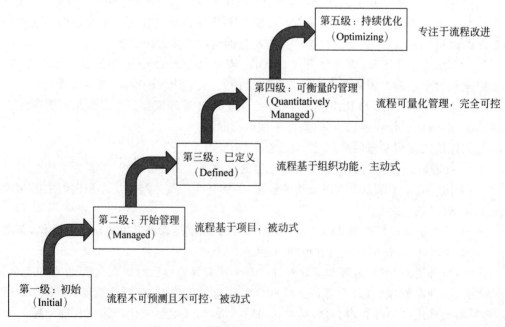

图 17-8　CMM 的管理成熟度模型

下面用类似的方法来分析运营成熟度(Operations Maturity)。

第一级：初始(Initial)阶段,没有建立流程。在这个阶段,技术运营部门可能对流程有所了解,但几乎没有流程管理活动,即使有,这些活动也不会在技术运营部门受到重视,流程完全是被动的,角色和职责定义非常松散。

第二级：开始管理(Managed)阶段,这一阶段技术运营部门认可流程的价值,并且在运营过程中投入了少量资源建立管理机制和流程,大多数流程都是被动性流程,不同的流程工具之间没有联系。

第三级：已定义(Defined)阶段,在这个阶段,技术运营部门的流程全部文档化,有了明确的流程负责人、目标和相应的资源保障,流程执行的报告和结果被适当地保存以供参考；企业在关注流程有效性的同时也重视其执行效率。但流程的角色和作用在技术运营运作的整体层面仍未达成完全一致,没有被广泛接受和认可。

第四级：可衡量的管理(Quantitatively Managed)阶段,在这个阶段,流程有了明确的、可以度量(measure)的目标,流程可以通过度量工具来进行控制(control)。流程管理技术被运营部门全面认可和接受,有了建立在整个公司业务战略基础上的、清晰的技术运营流程目标；流程被全面定义、管理且是主动性的。例如,对告警集中、持续的监控、线上变更管理系统的建立和使用等。

第五级：持续优化(Optimized)阶段,在这个阶段,技术运营组织建立了独立的持续性流程改进体系,每个与流程相关的人已经把流程制度化；技术运营部门开始驱动一些业务层面的决策,通过运营管理体系提供的数据进行分析、改进,最终优化为业务及运营流程。

在17.7节的案例中,将继续深化运营成熟度的讲解。

17.7 案例研究：运营管理流程的推广与改进

运营管理流程的推进或改进,难度在于两点,一是怎样制定一个有效的、能够实际起作用的流程；二是怎样能够得到团队成员的介入,共同推动管理文化的变化。下面用案例的形式详细介绍这两个方面。

17.7.1 背景

G公司是一个提供实时在线会议服务的云服务公司,其生产线的服务支持团队是一个多层次的结构：

- 第一层：客户支持。
- 第二层：技术支持。
- 第三层：技术运营工程。
- 第四层：软件开发工程。

在本案例讲解的流程改进计划实施之前,公司在运营管理方面已经有几个流程在执行。例如资产管理、事件管理和变更管理等。

在这些流程执行中,运营团队面临以下挑战：

(1) 流程正在运行,但信息和改善的目的不能有效地在团队间共享。

例如,变更申请是用电子邮件的方式,这造成了相关团队间的同步和事后审计的困难。

还有就是变更管理中的控制薄弱,如变更时间窗口并没有明确界定。

(2) 流程的处理基于独立的个案处理。例如,问题管理流程中,每个事故都进行了问题分析会议,但各个问题之间的联系没有做统一的分析。另外,和发布管理没有完全对接,采取的行动在跟踪时会有遗漏。

(3) 文件已完成,但是没有在日常工作中充分地利用起来。例如流程文件已完成,但是大多是 Word 格式。在实际运营过程中,流程的进行是一个工作流(workflow)。一个固定的文档,要在动态的日常工作中用不断变化的数据进行编辑,是很困难的事情。其结果就是流程被工程师们束之高阁。

2011 年中期,G 公司的高层管理团队决定推出了第一阶段的流程改善项目。该阶段的目标是:

(1) 公开已有的流程,让每个人都了解流程及相关政策。

(2) 补足关键的流程,如事故管理流程、事件管理流程。

(3) 改进已有流程的有效性(effectiveness),让流程真正地用在生产运营中。

流程的高效性(efficiency)不是这一阶段的目标,因为这一阶段首先要解决流程有效性(effectiveness)的问题,或者是"有没有"的问题。

在这一阶段,流程推广的目标主要在技术运营部门内部。在下一阶段,计划推广到更多的部门。

17.7.2　推广计划

经过一年的工作,这个阶段完成了几个主要流程的改进,主要包括:

(1) 新的变更管理系统,包括:

- 在线变更系统的建立,达到共享和使用方便的目的。
- 变更时间窗口的明确定义和限制。
- 紧急变更得到控制。
- 建立变更数据库记录所有的变更管理的数据。

(2) 新的事件管理系统的建立,包括:

- 在线告警系统。
- 事故流程跟踪。
- 问题升级流程。
- 事故数据库建立。

(3) 新的问题管理系统的建立,包括:

- 问题管理流程。
- 在线问题报告系统。

在团队参与上,以技术运营部门为主,包括网络运营中心、网络、系统和通信等工程团队。

17.7.3　结果分析

如果说流程改进的第一阶段来自管理层的启动(initialize),那么管理流程的后续改进,一定需要团队成员的介入(involve),包括他们对流程的点评和建议。

G公司邀请了团队成员一起对管理流程的效果进行讨论,讨论流程的效果、问题和建议,这是下一步流程改进的重要依据。

17.7.3.1 调查

一年的工作之后,运营团队对流程的改进做了一次调查。在本次调查中,团队成员需要回答两个问题:一是他们认为当前运营管理的成熟度级别;二是支撑他们观点的论据。

本次调查中,约50%的团队成员做出了回应。为了反映真实的情况,这里基本引用原始的团队成员的回应。要强调的是,这是第一线员工的反馈,直接反映了他们对运营管理的想法,是非常珍贵的信息。

S经理的反馈:我们在第二级和第三级之间。

(1)好的方面:流程全部文档化,有了明确的流程负责人、目标和相应的资源保障。

(2)存在的问题:大多数流程都是被动性流程,不同的流程工具之间没有联系。

(3)要达到严格的第三级的定义,还有一些需要改进:完善制度和流程,使各种制度和流程形成相互关联和促进的关系,强大的制度和管理流程才能保证整体的效率。加强制度和流程为主的观念,人员机动性为辅并不断弱化,人越来越趋向于螺丝钉的作用。

L工程师的反馈:我们在第二级和第三级之间。

(1)我们的变更管理软件其实是一套很好的流程管理软件,不过现在无法做到流程的控制,所有的流程感觉是被动式的,很多时候不是流程驱动工作,这个需要大家慢慢适应。

(2)在流程的执行效率上无法控制,很多时候在变更人员尚未准备充分或没考虑周到时就开始实施变更,导致本来可能一两小时即可完成的变更工作,却需要通宵或延后。

(3)流程变更完成后,很多变更一直处于完成阶段没有关闭,这也是执行人员流程意识还不够强,需要磨合。

H工程师的反馈:我们在第二级和第三级之间。

(1)部门领导非常重视ITIL管理,一线的员工也能感受到流程化带来的好处。

(2)虽然能感受到好处,但是遇到问题还是有点以自我为主,形成的报告和结果不是很全面清晰。

Q工程师的反馈:我们在第二级和第三级之间。

(1)现在变更有流程,但是还不完善。

(2)最要改善的是完善变更系统,并且应积极利用已有的变更数据来提高工作效率。

Y工程师的反馈:第三级初级。

(1)以服务为导向推进改进,而不是批判错误,要强化服务意识,创建一个基础信息库,文档、知识库、基础设施库、密码信息集中管理。需要整理和规范,为整个技术运营提供服务保障,这些有利于流程的清晰化和加快流程的推进。

(2)避免烦琐和不够灵活的强制性流程,避免为流程而流程。

(3)流程的文档化及对流程的学习:如果能有一个好的流程图,可以让大家清晰了解流程,同时也是让新员工快速进入流程的一种不错的方法。

J工程师的反馈:第三级。

(1)总体规划,分步实施。基础设施技术运营是一个长期工程,不可能在短期内全面铺开,要先有个大体规划,后面实施就有参照的标准及流程,有计划、有步骤、按次序、按重点地进行,确保技术运营工作顺利开展。

（2）收集各部门反馈意见,做好笔录。在开展工作的过程中,不出问题是不可能的,所以我们与专门的供应商都有合作关系,但是往往供应商也不能做到十全十美,开展工作的过程中会遇到一些问题,各部门人员会反馈给我们信息,这就需要做好笔录,逐一解决遇到的问题,避免下次出现同样的问题,提高工作效率。

（3）培训要先行。多学习相关信息资料,推进企业信息化建设,人才是根本。多学习当前的先进信息技术知识,了解当前的信息化路线,深刻理解公司战略发展需求,才能从本质上做好自己的工作。不断完善自己,提高自己,提升自己的核心竞争力,才能使自己在工作岗位上得心应手。

T 工程师的反馈：第三级。

（1）大部分的规范化已经形成了,目前的执行力度还不错,但是在有些方面还有待改进。

（2）从最近一周的一个软件的上线得出：

- 目前新项目上线的流程还没给出很好的规范,例如上线前的测试报告、安全扫描、上线流程等未给出标准结果。
- 处于 BETA 期间的测试还有待规范,不能再出现上次某个压力测试影响另外一个生产线服务的事故。

S 经理的反馈：三、四级之间。

（1）员工的生产运营安全意识淡薄,制度执行不够流畅；解决办法是：需要严格按照流程制度走下去,并做一些适当的培训。

（2）执行流程时感觉与效率违背（系统工程师没有完全接受）,主要表现在 BETA、生产线环境搭建初期,工程师工作量的增多导致了这些想法,这块可改进的地方是对于 BETA 环境：原则上各个产品都需要 BETA。但是如果有的产品的版本更新变更很少或者基本不变更,可以考虑不需要搭建 BETA 环境,以保证重点。

（3）评估及分析工作较少,目前还是停留在产品的维护阶段,更多的只是满足产品的技术运营的基本要求,近一步的定期评估分析工作较少,这块改进的地方是：

- 充分发挥中高级工程师的技能特长,特别是工作经验较为丰富的系统工程师,能将一些基础性的工作尽快交给初级工程师或实习生,更多地投入本职工作,不断地完善、调整和优化现有平台架构。
- 更多地参与产品的设计评审,目前工程师更多地忙于产品的运营,参与新产品的设计评审工作还是相对少些。需要优化基础性工作,更多地参与技术运营的工程工作。

（4）工程师的运营思考弱,只强调去做,而没有反思为什么要这么做,如何做会更好,没给自己足够的时间做技术沉淀。这块改进的地方是需要根据产品线定期检查各类生产运营文档以保证知识的沉淀。这块需要各部门负责人牵头,这是一个长期工作,因一些生产运营的优先级,执行会有一些难度。

L 经理的反馈：三、四级之间。

（1）以深圳办公室搬家为例,变更中充分暴露了一个问题：部门之间缺少协调,没有通知到相关人员。

（2）虽然做到了流程被全面定义、管理并且是主动性的,流程之间的接口和依赖关系也得到明确,但是没有被相关部门的同事广泛接受、认可并且执行。

（3）不能光是我们要严格执行流程,还需要其他部门共同严格执行流程;流程不是约束,是为了维护更顺畅。

Z 工程师的反馈:第四级。

（1）感觉还有很多细节没有达到第四级的标准。

（2）有些小环境、接口还没有到"独立""不受其他因素影响"的阶段。有很多细节需要大家克服困难去达到更高的 ITIL 流程成熟度。

R 工程师的反馈:第四级。

把所有流程内容明确、文档化,并发布到全部门甚至公司,让员工了解,有利于化被动为主动。

Z 工程师的反馈:第三级。

员工对流程的熟悉度需要提高,流程需要细化,流程效率需要提高。

17.7.3.2　分析

对这些反馈从不同的角度做如下分析。

（1）运营的管理文化的重要。

- 团队成员中有 50% 对调查做出了回应。换句话说,约一半的团队成员没有关心这个流程的调查。这从一个方面说明了这些团队成员并没有积极参与流程管理,或者只是作为一个被动的流程执行。

- 理想的运营管理文化是 80% 以上的人参与到流程当中,关心流程的定义,执行流程,为流程的改善一起努力。

- 管理文化是推动运营管理使其成为主动模式的一个关键因素。

（2）流程很多时候都是各自独立的,而不是整合在一起的。

（3）流程的效率需要进一步提高。一旦流程有效性的目标达到了,流程在效率上的挑战就明显了,如变更管理的效率、流程间的整合。

更具体的一些分析如下。

（1）在线管理系统的建立,记录了所有的管理数据,也使得这些数据对所有的工程师来说都是透明和容易使用的。但是各个流程之间还没有串联在一起,例如变更管理和问题管理之间的对接。

（2）此外,在流程被合理创建的条件下,运营管理应该是以流程为中心,而不是以单独的工程师为中心。

（3）应该使用数据收集和分析来提高到下一个更高的水平,这是 SQM(服务质量改进)中质量持续改进的理念。

（4）知识管理做得不够。知识管理是运营管理的基础之一,包括知识库的建立和知识流动(如培训)。

17.7.4　下一步计划

根据以上的分析,运营管理者制订了下一步的计划,包括以下几个方面:

（1）团队：管理文化的培养。让更多的团队参与，如研发团队和客户支持团队。

（2）进入质量改进阶段：放在数据分析和质量改进上。

这是 SQM 周期的三阶段——数据收集、数据分析和质量改进的后两个阶段。例如可以在变更数据分析的基础上，考虑如何减少不必要的紧急变更。这可以通过更好的版本管理和项目管理等来实现。

（3）新流程的建立：成本管理流程。成本管理是运营管理的核心流程之一。目前成本管理的活动主要由财务部门来驱动。这种方式的最大挑战是，财务管理人员的专长不在技术上，很难从技术设计和实施角度看到目前生产线上可以改进的成本空间。

在新的一期中，运营团队的成本管理计划是：

（1）责任落实：将各项生产线的成本落实到每一个团队中。

（2）定期讨论：每月定期讨论。建立一个专门成本专题的、定期的讨论空间做相应的决策和行动，否则技术部门的讨论只会是在纯技术的议题上。

（3）考核奖励：将成本项目的结果记入团队的 KPI 和奖励体系中，以鼓励工程师们在成本方面做出的努力。毕竟成本管理是工程师们的弱项。工程师们平时关注更多的是技术问题。管理团队要在管理策略上做引导，使工程师们愿意花精力在成本上。一旦工程师们的积极性被激发，高层管理团队会惊讶于工程师们的潜力有多大。

（4）现有流程：提高流程的效率。

- 通过流程的整合，把生产线的信息更好地应用起来，以提高团队处理事故和处理问题的时间效率。
- 提高效率的另一种方法是知识管理。通过一个在线知识管理系统，团队可以轻松地共享信息，使他们的工作和管理流程更有效。
- 事实上，企业社交网络解决方案的目标之一是流程的效率。在运营管理中，可以考虑引进这类系统。

17.8　案例的延伸讨论：主动式和被动式的运营管理

在这个案例中，团队成员提到了主动式（proactive）和被动式（reactive）的管理方法。下面做进一步的延伸讲解。

被动式运营是指平时不采取行动，除非有一个外部驱动才会有相应行动的运营模式。例如只有出现服务中断和客户问题时团队才会行动起来。指标之一是运营经理常常会遇到的"最后一分钟的震惊"（last minute surprise）。

一些被动模式运营的例子包括：

- 事故管理：类似的事故一次又一次地发生，根本问题没有解决。
- 变更管理：变更往往没有被记录，或是有太多的紧急变更。
- 容量和基础设施规划：只有发现容量问题后才做容量调整。

主动式运营则总是在寻找方法来改善目前的状况，它会持续扫描内部和外部的环境，寻找潜在的影响变化的迹象。主动式运营通常被看作正向（positive）的，主要是因为它使运营团队在不断变化的环境中保持竞争优势。

一般来说，主动式的管理生产服务更好，但实现这一目标并不容易，这是因为建立一个

积极主动的服务运营机构要取决于许多因素,其中包括:

（1）公司文化。

- 注重创新。如果一个公司的文化注重创新,那么团队会更主动地改进运营,例如引进新的自动化技术来改善运营效率。
- 在运营文化中,不要过于赞扬那种救火式解决问题的"英雄",而要去鼓励那些事先发现问题,或者推出防患于未然方法的团体成员们。

（2）了解和支持。花在防患于未然的工作上的努力常常是无形的,如数据库的日常优化、IDC的日常巡检工作等。作为运营管理者,要重视和及时表彰这些默默无闻的工作者。

（3）数据采集。数据是提高服务质量的基础,也是主动式运营管理的基础。

被动式和主动式之间有一个平衡。过于主动也可能是有害的。不仅成本高,还需要投入更多的时间和精力,也很容易杀死一个有用的流程。如在变更管理流程运行中,即使没有真正的需求,却要求和实施过于严格的变更管理步骤。这样一来,需要实施变更的用户将不得不找到一种方法来绕过流程达到自己的目的。实际上,用户是抛弃了这个变更流程。

相比传统的 IT 公司,云服务公司通常比较年轻,大多数云服务的运营团队都是在救急模式或被动模式中运行,其主要原因是:

- 云服务是一个年轻的行业,运营团队不了解正在运行的生产环境所涉及的所有变量。
- 云服务的技术相对较新,技术变化快,大部分的云服务商提供内容型（content）的服务,如在线 CRM。由于这是应用层的服务（Application Layer Service）,其平台复杂性很高。
- 生产运营的数据是有限的,特别是对于刚刚起步的公司,生产环境是新的,监控和报告系统也没有完全到位,因此,预测生产线的行为会很困难。
- 运营管理流程也没有完全到位:流程需要一定的时间才能建立并得以流畅地运行。

因此,云服务所面对的挑战是如何做到更加主动式的运营。

17.9　本章小结

在本章中,我们选择的流程都是与云服务相关的,同时也介绍了我们的最佳实践经验。在后面的章节中会继续介绍这些流程,并进行深入讲解。

在这里也提醒本书的读者,通过实施管理流程,一个运营团队可以得到很多益处。不过,实施之前,一定要了解自己的目的,不要迷失在华丽的流程图的定义上。

这里对流程管理的介绍不是一切运营问题的答案,但它提供了坚实的思考问题的基础和来自实践的建议。例如能记住和背出武功的规则,并不意味着有很好的武功。要学好武功,不仅要遵循规则,更重要的是要理解规则,学会利用自己的长处和能力来不断地实践,才能成为武林高手。

第18章

事件、事故和问题管理三流程

本章主要介绍 7×24 小时服务运营的核心三流程：事件管理、事故管理和问题管理的原理、流程、实践的要点和难点。包括：

- 管理的目的和原理：简单介绍。
- 要点：知道要点才能完成管理流程的规划。
- 难点：知道难点才能真正地解决问题，使管理能够落地。

事实上，服务管理不仅仅是一系列的运营管理能力，也是一个知识、经验、技能和专业实践的综合。为了恰当地定义流程，管理者需要理解这些过程的核心思想、具体的运营环境和团队的能力。

生产线的运营工作，一般是借助完善的监控系统获知系统的运行状态，在系统存在异常时生成告警事件，告警事件通过电话或者邮件等方式通知运营人员。事件如果对客户造成影响，则会提升为事故，快速进入故障恢复阶段。如果事件影响程度不大，则进入问题分析阶段。对事件、事故和问题的处理是运营工作的常态，系统的稳定性在规范的处理后得以提升。

本章会花较大篇幅讲解要点和难点。同时也会引入案例，借助案例来讲述怎样根据实际需要来建立管理流程。

18.1　7×24 小时生产线运营的挑战

本节仍以航空服务为例讲解云服务运营面临的挑战。

如果在飞行过程中飞机出现任何问题，飞行驾驶团队的最高优先级任务是找到使飞机继续运行的方法，而不是找到问题的原因；而且如果一个问题发生了，用户一定不希望它再次发生，这就需要采取一切可能的措施来避免它再次发生。这个例子其实表明 7×24 小时云服务生产线运营的基本目标有两点：

- 服务的快速恢复。
- 同一问题绝不允许再次发生。

云服务通过互联网服务成千上万的在线用户，它要求 7×24 小时生产线的服务运营能够提供更快的问题响应和服务恢复。在服务水平合约（Service Level Agreement，SLA）

的要求上,云服务要比传统的 IT 管理的要求高很多。

图 18-1 所示为云服务技术运营的最大挑战:7×24 小时服务可用度管理的相关流程。

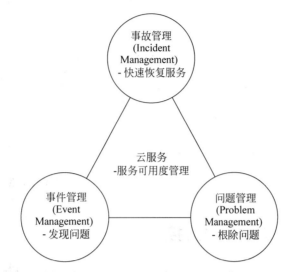

图 18-1　云服务技术运营的最大挑战及相关的三流程管理

高可用性挑战涉及三方面的管理:

* 事件管理:及时发现问题。
* 事故管理:尽快恢复服务。
* 问题管理:从根本上解决问题,防止问题再次发生。

18.2　服务运营的整体思路

ITIL 在服务运营上有一套比较成熟的体系。实际上,服务运营是 ITIL 的五大流程之一。在这套流程中,与云服务生产线运营有很大相关的是事件管理、事故管理和问题管理。本节在这个基础上讲解技术运营的基本思路和实践。

根据 ITIL 的定义,这三个流程的定义和目的如下:

(1)事件管理:事件管理是要监控所有事件,以保证生产线运营是在正常状态下运行。一旦问题被检测到,就要进行相应的处理和升级。

(2)事故管理:事故管理的主要目标是在事故发生后尽快恢复服务,将事故对业务的影响最小化,即使采取的是一些应急措施而不是永久性的解决方案。

(3)问题管理:问题管理包括问题的根源分析,以发现和解决引起服务中断的根本原因。目的是防止同样的问题再次发生。如果问题无法解决,就要找出降低问题对生产线影响的方法。之后要在生产环境中实施针对问题的根本性的解决方案或临时性解决方案。

图 18-2 显示了这几个主要流程之间的关系。

事故管理和问题管理的主要区别在于:前者要尽快找到一个解决办法,恢复正常的运营服务,而后者试图从技术和工程方面永久清除引起事故的原因。事故管理强调速度,问题管理强调质量。

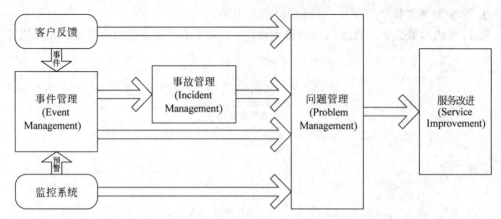

图 18-2　事件管理、故障管理和问题管理流程之间的关系

18.3　事件管理和生产线监控

事件管理和生产线监控是管理三流程的基础，也是生产线运营管理的基础。

18.3.1　目的

事件管理的目的：事件管理为服务运营提供了一种机制来尽早监控事故的发生，以帮助服务提供商尽量减少服务的异常停止或事故的发生，从而达到在 SLA 中定义的服务可用度。

事件管理是其他很多运营管理流程的起点，事件管理的结果将会成为事故管理、问题管理以及后续服务管理的起点。

有三种方式可用来衡量整体的事件管理的效果：

- 有效性：监测出所有必要的事件。
- 高效性：只报告或告警必要的事件，不必要的事件过滤掉。
- 主动性：要在客户之前发现问题，至少与客户同时，不能等到客户发现问题时，运营者自己还没有意识到。

在有效性和高效性方面，事件管理高度依赖监控系统，这就像航空运营中依赖雷达系统一样。合适的监控系统使事故在实际发生前能够被发现并被提交给有关团队进行及时处理。因此，本章把事件管理和监控系统放在一起讲解。

对于一个云服务公司而言，服务的高可用性高度依赖运营团队对生产线服务的运行状态的实时了解和对任何异常状态的监测。这需要好的监控系统的支持，包括对服务基础设施和应用层的监控。应用层的监控实际上是一大难点，建议构建应用层监测工具来模拟客户使用场景，这样有助于在客户之前或者是与客户同时发现问题。

18.3.2　事件管理的流程

事件管理体系的输入信息有以下两个来源：

- 支持中心（Support Center）：这是来自外部或客户的信息，也是人工产生的。

- 生产线监控系统（Monitoring System）：来自数据中心（NOC）的监控，这是云服务提供商内部的监控，也是监控系统自动产生的。

事件管理体系的输出信息也有两个：

- 如果是事故，则进入事故管理。
- 如果没有产生事故，只是问题，则进入问题管理。

图 18-3 简单地展示了事件管理的流程。

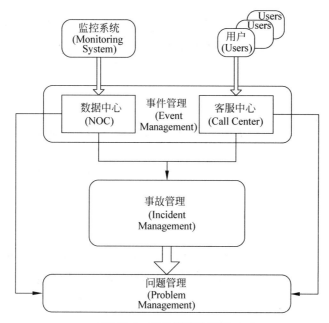

图 18-3　事件管理的流程

18.3.3　生产线的监控系统

如前所述，有效性、高效性和主动性是事件管理系统的三个关键要素，监控系统的设计需要帮助事件管理完成这些目标。

在设计过程中，需要做一系列的决定，包括：

（1）监控内容：

- 监控什么。
- 需要进行监控的类型，如系统监控还是业务监控。
- 什么类型的信息需要在事件中体现。

（2）监控的时间节点：什么时候需要生成一个事件。

监控分为基础层（如网络、系统）和应用服务层。其中应用层的监控难度比较大，例如运营团队需要确定业务绩效指标（Business Performance Index，BPI）、客户性能指标（Customer Performance Index，CPI）以及它们的临界值。这些临界值是应用监控的一部分。这些值的确定，涉及对商务逻辑的深入理解，需要由监控设计团队和与商务团队讨论来决定，并且这些值会随着业务的发展而变化。这些都是应用监控的难度所在。第 15 章对此做了比较详细的讲解。

18.3.4　实践中的要点

实践中主要考虑的是事件定义和事件处理。

1. 事件定义

对于一个事件的意义,尽管每个服务商都有自己的分类,但一般分为以下三大类。

(1) 通知类(info)。

通知类事件是指一个不需要任何操作的事件,通常存在于系统或服务日志文件中。通知类事件一般用来检查一个设备或服务的状态,或是确认一个操作是否成功。事件也可以被用来生成统计数据,如来自互联网用户访问数量,金融交易等。通知类事件的例子如用户登录、任务完成、交易成功。

(2) 警告类(warning)。

当一个服务或设备接近临界值时,系统会产生一个警告。警告是为了知会相关的人员或流程,以便检查情况并采取适当的行为来避免事故。警告类事件例子如下:

- 目前服务器上内存利用率是 80%,而且还在不断地增加,这是系统在警告有可能出现了内存泄露。
- 网络上的丢包率在过去的一个小时内增长了 15%。

(3) 错误类(error)。

错误意味着一项服务或一个设备运行异常,业务正受到影响。错误可以代表一个真正的事故、系统或设备功能受损或性能降低。错误类事件的例子如服务瘫痪、数据库宕机等。

2. 事件过滤

事件过滤的目的是让系统决定将事件告知管理层还是忽略。定义适当的过滤逻辑非常关键,因为它将决定是否要触发后续的行动。

在大型的云服务中心中,每日产生上千个报警(alert)是很正常的事情,但是其中只有一部分需要处理(Take Action),这就需要过滤事件。事件管理的有效性直接取决于信息的过滤效率。

18.3.5　实践中的要点与难点

1. 监测系统的设计难点:有效性和高效性的平衡

在监测系统的设计中,如何平衡有效性和高效性是一大挑战,这是因为有效性和高效性是对立的两个方面。

- 为了使有效性最大化,检测系统需要产生尽可能多的报警来达到全面覆盖。
- 为了提高效率,尤其是考虑到有限的技术支持人员,系统应尽可能少地报警。

在实践中,有几种方法可以用来进行平衡。

(1) 报警过滤逻辑的设计。因为业务系统的复杂多样性(实际上这是监控体系中的难点之一),所以监控体系的设计工程师对应用服务和基础设施要熟悉。

(2) 对每一个监控报警,要求处理团队在处理的同时,通过 E-mail 反馈处理结果。根据反馈中的有效和无效等信息来不断调整监控的设置。

（3）另外一个解决方案是调整团队架构。一般的云服务公司中，NOC 的监控团队与监控工具开发团队是相互独立的。把这两个团队结合成一个部门，可以有效地解决有效和高效的问题。合并使他们有一个共同的目标和共同的 KPI。

2. 事件管理系统的设计要点：事件的快速处理

良好的事件管理系统设计包括警告过滤逻辑、团队关联、事件升级逻辑等，目的是帮助一线的服务支持团队及相关团队有效地处理发现的报警。

整个事件监测和报警机制的设计需要包括以下内容。

（1）顾客信息管理系统：介绍顾客的背景、所用的服务、账号相关的问题等，这些信息会使问题处理更加高效。

（2）知识库。

- SLA 数据库。
- 团队及其责任定位文档：做运营支持的各级团队的结构及流程文档。
- 常见问题（FAQ）：常见问题的诊断和处理。
- 事件代码库：包括事故优先级和分类编码，如果有必要可以创建一个事故记录，这些编码可以被及时提供。

3. 告警信息的设计要点：能够有效传递的警告（Alert）信息的设计

告警信息发出的目的是想要得到快速的处理。在实际的生产运营中，很多时候告警是由后台的工程团队写给自己用的，这导致位于第一线的 NOC 收到了告警，但不知道如何处理，结果就是有报警、无处理。

因此，告警信息要包含 3W 要素：

- What：发生了什么事情，要提供有意义的错误描述和错误编码，标明具体故障点特性，以及最有可能的原因。
- When：什么时候发生的。
- Who：应该由哪个团队来处理。

下面举一个简单的例子，这个报警信息包含了上述讨论 3W 的信息，给出了监控工程师比较明确的判断和行动指令：

```
To: < monitor_team@my_company.com >;
Sent: Saturday, January 12, 2013 12:40 PM
Subject: [PROD] [EC] 192.168.83.111 check_apache_log is CRITICAL [Service Alert]
/* 在主题中要简明扼要地说明问题及级别 */

Notification Type: PROBLEM

/* 在哪里出现的问题 */
Service: check_apache_log
Service: Event Conference Service
IP Address: 192.168.83.111

/* 问题的级别 */
State: CRITICAL
```

```
/* 发生问题的时间 */
Date/Time: Sat Jan 12 12:40:29 CST 2013

/* 应该采取的措施及处理问题的团队 */
Action: Please notify the system engineer for Event Conference Service
```

18.4　事故管理

事故管理是三个流程中最难的一个,因为一旦事故出现,团队要在最短的时间内定位问题和恢复服务,这对一线的运营工程师和管理者的技术能力和应急能力要求很高,对管理流程的完善性和实用性也要求很高。本节主要讲解事故管理的原理和实践。

18.4.1　目的

ITIL 对事故的定义是:"事故是指那些不属于服务规范运营但却造成或可能造成服务中断或服务质量下降的任何事件。"

在生产运营中,我们通常用中断或故障(outage)来称呼事故。

事故管理的目标是一旦出现事故,要让生产线服务尽快恢复正常,把对业务的不利影响最小化,从而保证服务质量的最佳水平和稳定的可用性。简单来说,事故管理的目的就是尽快恢复服务。

事故管理是运营管理最重要的流程之一。同时,在众多的运营管理流程中,它是与服务可用度最直接相关的流程。

18.4.2　流程

事故管理流程是事故管理策略的实施步骤,主要分为以下几个阶段:

(1)事故响应阶段:事故报警并得到相应团队的响应。

(2)事故处理阶段,分为初步处理和升级处理,如果初步处理不能解决问题,就要及时升级到下一个团队。相应团队在最短时间内完成对生产线的恢复。根据事故的等级不同,要求响应的时间也不同。事故处理完毕,进行事故记录。

(3)事故后期处理阶段,召开事故分析(postmortem)会议,对事故进行分析,安排后续的工作。根据需要,启动问题管理流程。

18.4.3　实践中的要点

在运行事故管理时,有一些基本的要点需要考虑。

1. 响应时间:影响度、紧迫性和优先级

时间是第一要素,因为技术运营的目标是尽快恢复服务。为了保证 SLA 和资源的高效利用,响应时间是根据事故的优先级(priority)来确定的。优先级是指处理故障的先后顺序。优先级将决定支持团队多快来处理事故,特别是要同时处理多个事故的情况下。

ITIL 建议用影响度(impact)和紧迫性(urgency)来确定优先级。

- 影响度是故障影响服务质量的程度,一般根据受影响的客户范围或系统的数量来确定。

- 紧迫性是指业务对某个事故在时间上的容忍度。

其中,影响的程度常常由用户数目及用户的重要性来决定。但是在某些情况下,而且也是非常重要的,如果某个用户的服务损失可能有重大的业务影响,那么用户数目就不能用来确定优先级。此外还有如下其他影响因素:

- 受影响的服务种类数量。
- 财务损失水平。
- 对商业信誉的影响。
- 规章或法规上的问题。

计算这些元素的有效方法以及为每个事故产生一个整体优先级,如表18-1所示,其中1为最高等级,5为最低等级。

表 18-1 ITIL 事故的整体优先级

优 先 级		影响程度		
		高	一般	低
紧急程度	高	1	2	3
	一般	2	3	4
	低	3	4	5

每个等级的目标解决时间是根据各个公司的商务要求和 SLA 来确定的,示例如下(见表18-2)。

表 18-2 各个等级的目标解决时间

优先级编码 (Priority Code)	业 务 影 响	目标解决时间 (Resolve Time)
1	生产线停止,无法为客户服务	<30min
2	部分生产线停止,大部分客户或 VIP 客户受到影响	1h
3	少量客户受到影响	2h
4	生产线仍然运行,但是性能下降	4h
5	单个或几个客户受到影响,VIP 客户没有受到影响	8h

在所有情况下,包括实例在内的明确的指导应该提供给所有支持团队员工,确保他们能够正确地判断事故的优先级,并在需要时触发升级过程。

2. 事故升级

事故升级是指当某一层的支持团队在事故的优先级规定时间内不能解决或没有解决某个故障时,便将其交给下一层更有经验或权限的支持人员。

事故是否升级主要根据以下因素决定:

- 问题处理的时间。由事故的优先级所要求的时间确定。
- 支持团队的结构。一般而言,云服务提供商有 4 层技术支持结构,示例如下(见图 18-4)。

另外,在发生特别大的事故时,要升级到特别的应急处理小组(SWAP)团队来处理,SWAP 团队由一名高管(executive)和相应的部门负责人组成。

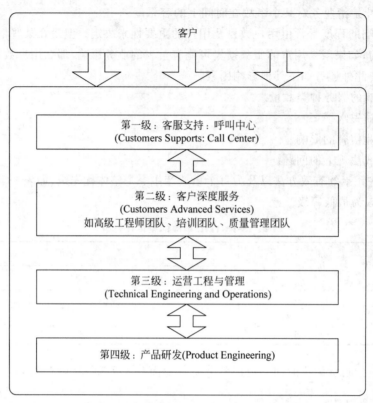

图 18-4　云服务提供商的 4 层技术支持结构

3. 事故的关闭

服务支持中心(如呼叫中心或 NOC)应检查该事故是否完全解决,并同意事故是否关闭。服务支持中心还应完成以下工作。

- 实施用户满意度调查:一般通过电话或邮件回访进行调查,以确定客户对事故处理的满意程度和进一步的反馈。
- 完成事故报告:记录包括事故处理过程中的细节、处理流程和处理结果,供以后的问题处理和质量改进活动时参考。

4. 事故日志记录

在事故处理的整个流程中,所有和事故有关的信息必须完全被记录并标注日期时间,这样做的目的有以下几点:

- 日后有同样的事故被触发时,相关团队可以高效地行动。例如,可以快速且正确地做出事故的升级和决策。
- 这些信息将用于以后的问题管理分析和处理。
- 事故管理的完整历史数据将用于整体服务质量的改进和团队的学习。

基本的事故记录包括以下内容:

(1)事故编号(ID)。

(2)事故类别、影响和优先级。

(3)事故描述:

- 事故现象的描述。
- 受影响用户的名字、公司、详细联系方式。

（4）问题处理：

- 问题定位解决。
- 事故处理过程中所采取的任何行动的详细行动说明和每次行动的时间。
- 相关联的事故、问题、变更或已知错误。

（5）事故关闭的细节：包括时间、类别、采取的行动和关闭记录的人员信息。

特别要注意的是，记录事故处理过程中行动的细节以及相应的时间点是极为重要的。这些数据将被用于事故处理后的分析中，用来分析和改善技术运营团队和工程团队的事故处理流程。例如，我们可以应用"1/2法则"，即每个事故的恢复时间应该是上一次类似事故时间的一半，以提高服务可用度。事故处理行动是要依据这些细节数据的。

18.4.4　实践中的难点

18.4.4.1　事故处理中的最大挑战：快速决策

事故最大的特性是意外性。小的事故一般技术人员可以做判断和处理，但是遇到大的事故，运营管理者关于问题处理的最大挑战是怎样快速做决策。

例如一个网络会议服务平台，已经有1000人在会上，但是平台出了问题，新的参会者无法再入会了。是否要关闭或重起（restart）平台？挑战是如何权衡对线上客户和正在上线的客户的影响。

1. 预案的准备：事故处理模型

在运营中，许多事故都不是新的：之前发生的事故很有可能再次发生，或发生类似的事故。因此，在运营中会发现预先定义"标准"事故模型很有帮助——当事故发生时，可以把这些模型或解决方案应用到相应的事故处理过程中。

事故处理模型是针对可能出现的事故场景预先定义处理过程中需要采取的步骤，这样可确保按一种预先确定的流程和技术方案处理一些"预知"的事故。有预案的处理方法在解决事故时是极为有效的，如果预案合适，会使解决事故的时间大大减少。事实上，在事故处理过程中，确定解决方案是最耗时间的步骤之一。这也可以用另外一种更通俗的方式来称呼这种方式：标准操作流程（Standard Operating Process，SOP）。

事故管理模型应该包括以下内容：

- 场景：事故的现象。
- 责任：每个人的分工和职责。
- 流程：处理事故时需要被实施的步骤。
- 时间：处理过程中有关步骤的时间顺序。
- 问题升级方式：问题处理的升级程序，比如应该与谁联系及什么时候联系。

2. 快速决策

如果时间紧迫找不到完美的办法，管理者要勇于决策。根据自己对不同方案对客户的影响的判断（即使这种判断可能是片面的或是错误的）来快速决策。

记住一句话：有决策总比没有决策好，即使这个决策是错误的。

18.4.4.2　技术支持团队的思维方式

在事故处理中,工程师们是第一线的实施人员(hand-on)。他们的思维方式决定了事故处理的方式及效率。作为技术运营管理者,要特别注意以下几点:

(1) 处理事故的最高原则是恢复服务,而不是找到问题所在。

这意味着一旦出现事故,技术支持团队要实施应急方案,如启动备份服务器或重启服务进程以恢复服务,而不是分析寻找问题的根源。问题根源的寻找是在事故恢复后的问题处理流程中,而不是现在。

在实际的事故处理中,如果想要诊断问题所在,至少需要 30min 以上。但是如果应用 SOP 来恢复服务,几分钟就可以完成,两者所需的时间完全不同。

在事故处理中,工程师常常不自觉地陷入寻找问题根源的行动中,而忘记有众多的用户还在等待服务的恢复。管理者的职责是要保持清醒的头脑,以恢复服务为第一优先来指导事故的处理。

(2) 团队对事故处理的经验的积累。

要在事故处理中学到经验,这是很重要的。但是,更重要的是,要从以前的事故中学到经验。

工程师们会从自身所经历的事故中学到处理事故的经验。但是,这种学习方式代价是非常高的。常常会出现这样的问题:同样一个事故,前后不同的工程师去处理,之前处理过程中出现的错误又会重新再犯一遍。

作为管理者,必须要求团队定期反思以前的事故处理方式,以便从中学习和积累。在通常情况下,工程师是没有太大兴趣看别人的总结报告的。因此,管理者的重要责任是把运营团队变成一个学习型的组织(Learning Organization)。从以前的事故中学习是目标落地的一部分。

18.4.4.3　事故管理过程中的沟通

如果在事后仔细翻看事故记录,管理者会发现事故处理中很大一部分时间花在了低效率的沟通上。例如:

- 后台团队接到报警后,要向前台的团队反复询问事故的细节。
- 前台团队要反复对不同时间参加问题处理的人员做同样的解释。
- 在问题升级时,无法找到有效的问题处理人。
- 团队不清楚问题处理的状态,尤其是管理者。

在事故管理流程的沟通中有以下几方面可以来改进效率:

(1) 整个事故处理的每一步都要有记录,以便事后分析尤其是响应时间的分析。

(2) 在事故处理中,监控中心需要:

- 有效记录事故:把事故的必要细节及时记录下来。
- 用电话(或是电话会议)、E-mail 和短信和各方沟通,电话是通知到值班工程师的第一选项。
- 在事故处理中,每个阶段都要有生产线事故通报(Production Outage Notification, PON)送出,包括开始、问题处理中、结束等。PON 要抄送监控中心、运营、研发及相关经理。

- 事故处理过程中,信息发送还要考虑相关的业务部门,以保持同步。

(3)各业务部门内部的事故升级沟通。在事故处理中,如果优先级和紧急性提高,相关业务处理团队也要向其领导进行升级反馈,以得到必要的资源支持和决策。

18.5 问题管理

事故管理主要指事故的实时处理和服务的快速恢复。问题管理的重点则在事故之后的事故原因分析和解决方案,以防事故再次发生。本节讲述问题处理的原理和实践。

18.5.1 目的

根据 ITIL 的定义,问题是一个或多个事故的原因。

管理的首要目标是防止问题及其关联的事故发生,消除重复出现的事故和减少无法预防的事故所产生的影响。

问题管理包括为诊断事故的根本原因和确定这些问题的解决办法所采取的各种活动,应提供根本性修复或者临时性修复所需的解决方案。

事故管理与问题管理的重心是不同的。事故管理是要消除事故带来的影响,而问题管理则是要找到事故的根本原因进行根除或规避。

问题管理、事故管理和变更管理三大流程相互协同运转来确保生产线服务的可用度和质量的改进。这样的运作可以减少生产线的事故时间,降低对业务的影响。

18.5.2 流程

问题管理的流程由以下几个关键任务组成:

- 问题检测。
- 问题分析。
- 解决方案:解决方案的开发。
- 生产线改进:解决方案将被应用到生产线上。

与这些任务紧密联系问题管理数据库系统将会用于跟踪所有这些活动和方案,如图 18-5 所示。

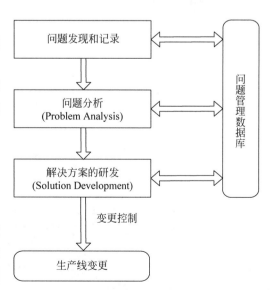

18.5.3 实践中的要点

18.5.3.1 问题检测和记录

在不同的公司里,问题检测和提报有不同的方式。在云服务公司中,它主要来自客户支持中心和网络监控中心。在流程上,则来自事件管理流程和事故管理流程。

图 18-5 典型的问题管理流程

（1）客户支持中心或网络监控中心

- 对于已解决但无法确定原因的问题,将产生一个事故提报来查找问题的根本原因。
- 对于未解决的问题,将触发事故管理流程,产生一个事故提报。

（2）事故管理:技术支持团队对事故的处理找到问题的存在,由此进入问题管理流程。

（3）监测系统:一个基础设施或应用程序故障的自动检测,使用事件/报警工具自动给出一个可能的事故,由此触发问题管理。

另外,在日常运营中对事件和问题数据的经常性定期分析也会发现问题。

问题必须以和事件同样的方式分类(最好使用同一编码系统),以便日后问题的快速追踪和关联。

18.5.3.2　问题分析:调查和诊断

为了诊断问题的根本原因,需要进行问题的调查和诊断,进而解决问题。

在问题的分析上,需要技术专长和分析方法。由于不同的服务所用的技术不同,故本书中只侧重方法。下面介绍 ITIL 服务运营流程的几种方法。

- 顺序分析:将所有事件按时间顺序组织,这样可以比较清楚地看清因果关系。
- 头脑风暴:在问题没有头绪时,头脑风暴(Brain Storming)是常用来打破僵局的办法。在这种问题处理方式中,人们把各种可以想象到的问题起因和可能的解决方法都提出来讨论,以达到定位问题的可能原因的目的。

ITIL 也提到了其他方法,例如疼痛值分析、KepnerDegoe 法、鱼骨图(石川图)等,具体可以参考 ITIL 的文集。

在云服务实践中,我们发现使用"自下而上"(bottom-up)的方法比较有效。这是因为云服务的问题比传统软件服务的问题更复杂,它涉及更多的因素,例如互联网、客户的 IT 环境等。

"自下而上"的方法类似于 TCP/IP 的 7 层 OSI(Open System Interconnection)模型。按照层次来判定,它的判断步骤如图 18-6 所示。

根据这个方法,可以将问题缩小到一个更加精确的领域,然后再进行深入的问题分析。

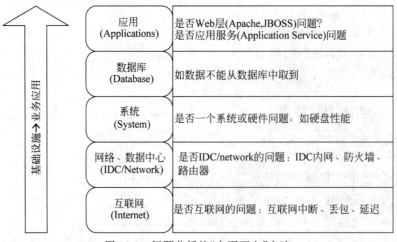

图 18-6　问题分析的"自下而上"方法

18.5.3.3　解决方案

1.问题的根治方案和临时解决方案

提供问题的根治方案是工程团队的目标。但是考虑到时间和成本,临时性解决方案也是非常必要的。

在很多情况下,找出正式的根本修复方法会花费大量的时间和精力,基于这个事实,频繁地使用临时性解决方法很常见。这一方面解决了生产线的急迫需要,同时也为寻找根本解决方案提供了更多的时间。

例如应用软件的定期重启以修复服务器内存泄漏(Memory Leak)的问题就是一个临时性的解决方法。

2.团队职责

一旦确定问题的原因,就会被分配到适当的团队去解决。表18-3所示为典型云服务公司的工程团队结构及其职责。

表 18-3　云服务公司典型的工程团队结构及其职责

问 题 类 型	工 程 团 队
服务功能缺陷	软件工程团队
系统和数据库问题	基础设施工程团队
平台的性能问题	软件工程团队和基础设施工程团队
互联网连接	基础设施工程团队
IDC 设施	基础设施工程团队

18.5.3.4　在生产线上的部署

无论是根本性修复还是临时性修复,一旦通过 QA 后,都将会被部署到生产线环境中,要严格按照发布管理和变更管理的流程,就像生产线的正式平台版本发布一样。

变更管理流程要求所有解决方案要通过变更申请提交、审批和实施来进入生产线中。

18.5.3.5　问题关闭

当完成变更后(该方案已被应用到生产线上),应该正式关闭问题记录——此时应进行检查,以确保记录已包含所有的相关历史性完整数据。任何相关的已知错误报告的状态也需要进行更新,以显示方案已被应用。

18.5.4　实践中的难点:主动型问题管理

问题管理从本身性质上讲,是被动型管理:当有问题发生后才进行问题的分析处理。但是在一个运营成熟的环境里,如果问题管理是主动型的,将对服务达到高可用性起到更关键的作用。主动型问题管理有不同的切入点,下面做简单介绍。

18.5.4.1　问题的批量分析

在问题管理中,每个问题的处理,尤其是重大事故触发的问题管理,一般会被管理者重视。但是,所有单体的问题都解决了,并不代表问题就没有了。

在某公司解决的问题中发现这样几个例子:

- 用户的客户端无法登录云应用服务。通过获取客户的当地日志,发现原因是客户端用的比较旧的版本,无法与新上线的平台软件兼容。
- 用户的客户端无法获取视频。通过获取客户的当地日志,发现是用户计算机的配置问题。
- 用户无法连接服务。通过拜访客户,发现问题出在客户的防火墙的限制。

这三个问题看上去都是客户端的问题,也是可以解决的,但是花时间最多的不是在问题解决方案本身,而是技术团队花了很多的时间去和客户沟通以获取客户端的日志。

这实际上反映了一个云服务平台的可管理性(Service Manageability)问题。如果在设计客户端软件时,就设计了一个客户环境的自检工具和日志上传工具,问题处理的效率会大大提高。这就是通过大批量的问题分析找到问题的根本原因所在。

无论什么样的服务公司,问题的出现总会有一定的规律。只处理不总结、不改进的运营管理永远只能是重复劳动。将众多问题归纳总结,找出规律加以实践,同时加强防范,不仅可以提高服务可用度,也可以提高技术运营的工作效率。

对问题的归类直接决定问题管理的效果,问题归类可以从不同的角度,作为管理者,最直接最有效的分类就是分为两类:

- 技术类的问题:例如硬件、软件等。
- 管理类的问题:例如没有遵守严格的变更管理流程导致的事故。

实际上,管理类的问题占的比重很大。如果从故障时间(Outage Time)上看,一般会有一半的时间是与管理相关的。

另外需要注意的是,在问题处理中团队的思维方式应该是看到一个问题要联想到更多的问题,这样才能防患于未然,也就是举一反三。这个要求听上去很容易,但是执行起来难度很大。这是因为工程师习惯于把注意力放在当前的问题上,而不是未来。因此,这种对此类问题的进一步分析的责任要明确,而且要由管理者自己来负责。

18.5.4.2　问题管理的效果及解决方案的推动

对于管理者而言,问题管理的效果是很重要的。ITIL 使用了以下标准来判断问题管理过程或其运作的效果。

- 在某个阶段中的问题总数。
- 问题解决以及未解决问题的百分比。
- 超出其目标解决时间的问题数量和百分比。
- 主要问题的数量。
- 积压的突出问题及其趋势。

问题管理的效果很大程度来自解决方案的推动,在推动中最大的挑战有以下两个。

1. 工程团队的资源限制

工程团队的主要任务是产品开发。在问题处理中,除了重大事故外,一般问题的优先级都无法排得比较高,从而导致问题的积累和更多的问题,最后陷入恶性循环。有以下两个建议:

- 在研发活动中,保留 20% 的工程人力资源做生产线的维护。
- 仔细确定问题的优先级:根据类别、影响、严重性做优先级分类,以调配资源。

2. 第三方的服务限制

在云服务提供商中,有很多第三方的服务,如互联网的网络提供商,这些第三方提供商的服务在本质上比较难控制。因此在产品上线时,就要采用多个服务商的策略。一旦问题出现且无法解决时,要迅速切换到备用服务商以保证质量。

18.6　实践(1):事故管理流程的设计

前面介绍了事件、事故和问题处理的标准流程,下面结合实际案例,讲述具体如何落地。

18.6.1　背景

18.6.1.1　业务背景和要求

A 公司是一个 SaaS 服务公司,每天有 100 万级活跃用户,并发登录用户高峰期达数万,因此业务要求技术运营提供非常高的服务可用度,这包括最少的服务中断时间和最少的服务中断次数。

建立事故管理流程的目的是:一旦发生事故,要在给业务活动带来最小影响的情况下,采取一切措施,尽快恢复到 SLA 中定义的正常服务级别。同时也要提供准确的事故处理数据,让技术团队可以从中吸取教训,防止以后的问题发生。

18.6.1.2　团队结构:多层支持团队的分工与职责

公司的支持团队有四层,根据与客户的联系层面和工程团队的层面来划分(见表 18-4)。

表 18-4　团队结构:多层支持团队的分工与职责

层级	团　　队	责　　任
第一级	客服团队(Business Operations Center,BOC)	客户支持、沟通和问题升级
第二级	生产线监控中心(Network Operations Center, NOC)	7×24 小时生产线系统的监控团队,监控及发现事故,通知相应团队并记录(如需要还要主持电话会议)
第三级	技术运营团队(Service Operationsand Report, SOR)	基础服务平台的技术支持,负责硬件、系统、存储、数据库的技术支持
第四级	产品与管理团队 (Product Management and Development,PMD)	产品开发部门。负责服务层的支持,如应用软件平台的技术支持

另外,产品管理部门(Product Management)也会在问题的总结阶段介入,以确保问题的解决纳入产品的计划中。

18.6.2　事故管理流程的总体设计

事故管理流程是事故管理策略的实施步骤,主要分为以下几部分:
- 事故响应阶段,事故报警并得到相应团队的响应。
- 事故处理阶段,相应的团队在最短的时间内完成对生产线的恢复。

- 事故后期处理,分为两个步骤,第一步召开问题分析总结会议,对事故进行分析。第二步指定负责人,负责找到问题的根本原因(Root Cause),以及解决方案与防范手段等的执行与跟踪。

详细的请见附件 B:事故管理流程(Outage Management Process)。

18.6.3　设计中的特别关注点

B 公司的事故处理流程设计,除了正常的流程要点外,还有几个特别的关注点。

(1)事故类别定义:确定优先级,以保证响应时间,最终目的是达到快速反应。B 公司是做线上支付的,其事故的快速恢复比一般的公司要求高很多。

(2)事故的升级机制:升级的目的是要求资深技术团队的介入,以及管理层的介入和决策,这也是金融界对特别高的服务可用度的要求。

(3)事故的详细记录:在流程中,明确要求 NOC 团队及时记录事故处理的详细行动时间点,是为后续的事故分析和改进提供翔实的数据。

(4)事后的分析与总结。

事故的详细记录和事后的分析与总结都是为了彻底解决问题,使问题不再出现。为了保证这一点,(3)和(4)都被明确写入流程中,并做了时间规定,由专人负责。

18.6.3.1　事故类别定义

B 公司对事故类别做了详细定义,用以保证事故得到快速解决。这是因为 B 公司有 5～6 个不同的线上业务,运营的压力非常大。因此,一定要有配套的事故优先级供技术支持团队使用。

根据对客户服务的影响程度,事故类别分为 A、B 和 C 级。

- A 级:核心产品或服务故障影响到了所服务的大量用户。
- B 级:核心产品或服务故障影响到了少量用户,或重要产品影响到了大量用户。
- C 级:重要产品影响到少量用户,或普通产品的服务故障。

18.6.3.2　事故响应时间及事故升级定义

在处理事故中,随着事故持续的时间增加,事故处理者要逐步升级。如 A 级事故:

- 通知了值班/处理人员后,10min 后未恢复,根据事故范围将相关处理部门的经理拨入电话会议中。
- 通知了值班/处理人员后,20min 后未恢复,根据事故范围将相关处理部门的总监级以上拨入电话会议中。
- 通知了值班/处理人员后,30min 后未恢复,根据事故范围将相关处理部门的 VP 级以上拨入电话会议中。

具体规定见附件 A 事故管理策略(Incident Management Policy)。

18.6.3.3　NOC 对事故的跟踪和详细记录

在流程中,明确了网络监控中心负责事故处理跟踪和记录的责任,具体如下:

(1)将事故记录下来并分类。

(2)将事故第一时间向相关团队发出警报。

(3)分配给适当的专业人员去处理。

（4）跟踪事故处理过程的发展：

- 用电话和电话会议跟踪每个相关团队对事故的处理和进展。
- 每 15min 用 E-mail 发出更新。
- 根据需要，组织紧急讨论会议（电话会议）。
- 跟踪直到问题解决。

（5）在问题得到解决之后，将记录整理核实，提交问题管理流程。

18.6.3.4　事后的分析与总结

事后的问题分析与总结在 B 公司中是个必需的行动。如前面所讲，B 公司是线上的金融支付公司，对同样问题的复现是无法接受的。同时由于支付行业的飞速发展，团队要快速学习，这些都要求问题的详细分析及详细记录。

在流程中，问题分析总结会要求在 48 小时内召开。会议由客服、技术运营和相关的研发人员参加。通常由产品经理或技术运营经理主持。会上讨论事故的起因、处理的过程和相应的修复计划。在 B 公司，专门设立 SQA（Service Quality Assurance）工程师来负责。

18.7　实践（2）：对管理者的建议

运营管理者在实施管理流程的实践中，除了对流程的原理和框架有深入理解之外，还需要有一些实践经验，使得实施可以更快更有效。下面是对管理者的一些建议。

18.7.1　生产服务管理体系建立的切入点：事故管理

对云服务公司而言，如果要启动建立生产服务管理体系，那么事故管理是很好的切入点。这是因为它直接关系到云服务的服务可用度。同时，在服务运营中，相比于其他的运营管理流程，事故管理的量化是最容易的，或者说价值证明最容易。例如可以记录和衡量事故管理流程实施前后生产线事故的时长。因此，事故管理通常是服务管理流程中第一个实施的流程。这样做的好处还在于，事故管理可触发其他管理流程的被关注度，例如监控系统，也就是事件管理的核心部分是否到位，是否需要改进。

对商务和运营而言，事故管理价值的具体体现为：

- 提高检测事故和解决事故的能力，以降低业务中断时间，这意味着服务的可用度可以得到提高。
- 提高服务质量改善的能力。事故管理的输出内容是问题管理流程以及之后服务改进流程的输入内容。事实上，所有的生产线事故是技术运营团队学习和提高服务质量的最昂贵的教程。

18.7.2　立足于"技术＋管理"的双维模型：生产线事故一半出自管理问题

在 7×24 小时的生产线运营中，服务故障时间的长短直接影响到服务的可用度。事故的起因有两种：管理带来的问题和技术带来的问题。

技术带来的问题包括软件或硬件不稳定带来的宕机或服务下线。实际上，技术类问题带来的故障时间比预期小很多,更多的事故时间是与管理相关的,即提高服务的可用度更关键的是运营管理的改进。

下面以云服务公司的几个实际例子来进行讲述。

1. 案例 1：短信故障

(1) 故障内容：会议服务平台不能正常发送短信,故障持续时间 11 小时。

(2) 故障原因：短信接口异常。故障持续时间较长,其主要原因是管理上的问题。具体的过程是,网络监控中心监控发现异常并通知系统工程师,但联系不到工程师；随后联系运营团队的值班经理。值班经理通知备用工程师处理,但备用工程师不知处理步骤,因此未完成处理,接下来的信息也没有进一步反馈,导致故障处理搁置。

(3) 分析：在这里管理的问题有两点。一是问题处理中的跟踪缺失。在这个问题处理流程中,网络监控中心和值班经理都没有跟进问题的处理。二是备用工程师没有与主工程师做好业务上的学习及应急处理准备。事实上,重启系统服务就可以恢复该故障,这是一个知识管理的问题。

2. 案例 2：会议平台故障

(1) 故障内容：版本 v1.0 的会议平台的客户端无法正常入会,故障持续时间 17 小时。

(2) 故障原因：系统工程师在前一天执行变更时出错导致；变更发布应该是在 v2.0 平台上,但是在执行发布时,变更同时发布在了 v2.0 和 v1.0 的平台上,变更的验证只是在 v2.0 的平台上执行。故障持续时间较长主要是因为这是一个老产品线,周末客户未使用该产品,直到第二天下午有客户投诉,才开始查找问题。查找问题的过程中也没有怀疑是变更导致的。同时客户端的环境问题也误导事故处理团队在客户端去分析问题。

(3) 分析：在这里管理的问题有两点。一是处理故障的流程有问题,排查问题时没有将问题点附近的变更建立核对和关联机制,导致问题排查的方向出现偏差。首先应该从变更入手,同时相关人员一同参会,了解变更的细节。二是管理者变更审批有问题,管理者没有完全履行严格的变更审批制度,没有确认平台发布的版本细节,导致系统工程师在执行变更时出现偏差,将补丁同时发布在 v2.0 和 v1.0 的平台上。

下面一个案例的起因是技术类问题,但是处理过程中在管理上有很大的提升空间。

3. 案例 3：在线会议平台故障

(1) 故障内容：服务平台无法正常入会,故障持续时间 40min。

(2) 故障原因：服务平台的软件故障。时间较长的主要原因是,面对技术问题,技术人员忙于找到事故原因,而不是第一时间恢复服务。实际上,如果马上就用重启来解决,服务可以在 2～3min 内解决。

(3) 分析：技术运营团队要明确服务恢复永远是第一位,查找问题是第二位。这个理念需要管理者在平时灌输给团队成员。

这里的几个例子都在强调事故处理中管理的改进。实际上,在几个云服务公司的实际生产线的事故时间的统计和分析中,和管理有关的事故时间占总事故时间的 50% 以上。因此,管理者要特别关注。

18.7.3 整体生产线管理框架：各流程之间的交互

运营管理的各个流程是相互关联的，问题管理的上游过程是事件管理、监控系统以及事故管理。在后续活动中，它会引发生产线的运营及服务质量改进等相应流程。上下游关联的关键流程包括：

- 发布管理：在进入生产线之前，所有的修正应由发布管理来控制，像软件补丁发布管理、操作系统和安全补丁发布管理等，这将从标准和版本上来控制服务平台。
- 变更管理：变更管理确保所有的生产线上的改变受到控制。
- 可用性管理：涉及决定如何设法减少宕机时间，增加正常运行时间。
- 容量管理：一些问题会涉及性能问题、容量评估和扩容计划等。

在设计管理流程中，需要遵循两个基本原则：

- 大处着眼：了解整个运营管理的核心理念，了解各个流程的关联性。
- 小处着手：从关键流程出发，如事故管理、问题管理。等局部成功后，再推广到相关的流程，进而到更大的范围。

18.8 案例分析：从技术和管理的双维角度剖析事故

问题管理对 7×24 小时生产线管理至关重要。通过问题分析，要达到问题的根因分析和改进，使问题不再发生。事件管理针对生产线各个服务实时报警进行总结、分析和统计，从报警的有效性中分析对比各个事件的关联关系，进而确认事件发生的必然性。

这个案例主要讨论 B 公司在事件管理及问题管理的两个流程的实践，来发现流程的实施、对问题的发掘、工程的改进以及对生产线服务质量的提高。

选择 B 公司的另外一个重要原因是 B 公司是一个中小型云服务公司，运营管理流程的实施属于早中期。在云服务的公司中比较具有代表性。

18.8.1 背景

B 公司是一家提供 SaaS 产品运营的公司，公司主要经营国内外中小企业视频会议、电话会议业务。运营团队已经初步建立，也有一些基本的 ITIL 流程。有一定的事故管理流程，出现故障也遵循事故处理的基本流程，如网络监控中心工程师收到报警，通报给一线工程师，一线工程师响应处理。整个流程各个角色的定义没有太大问题，但是在实施的过程中会出现一些问题，导致事故的发生，B 公司从技术和管理两个维度进行改进，并规避生产线事故的风险。

18.8.2 事故复盘

从事件管理本身的定义来看，事件的概念主要指生产线各服务的报警。

B 公司的生产线有 1000 个服务，通过监控工具做了 50 000 多报警事件，每个报警事件存在于各个生产线平台服务节点，运营过程中通常会遇到以下情况，某个业务流的逻辑流程测试监控，某一天偶尔会有一到两次报警事件，有可能间断性的出现几天，也有可能不再重复出现，运营工程师经常会忽略掉这种场景，认为这种场景很有可能是网络引起的误报，报警事件是暂时的,如果恢复了就不再关注,没有作为一个问题事件去跟踪分析,从而造成了事故的发生。B 公司的事故就是这样的例子,整个事故发生的过程如下。

第一天,上午

- 10:00,网络监控中心收到登录即时通信服务比较慢的事件报警,1min 之后就恢复了,网络监控中心通知系统工程师确认,系统工程师反馈因网络延迟导致。

第二天,上午

- 11:00,网络监控中心收到登录即时通信服务比较慢的报警,1min 之后就恢复了,网络监控中心通知系统工程师确认,工程师查看了全国各地的监控指标,发现有两个地方在这个时间登录测试比较慢,于是给了一个同样的结论,还是因为这两个地域网络延迟导致了报警。

第三天,上午

- 10:30,网络监控中心收到登录即时通信服务比较慢的报警,持续 5min 没有恢复,网络监控中心通知系统工程师确认,工程师查看了所有各地的监控,发现全部登录慢,同时使用的企业用户也报出同样的问题。
- 10:40,工程师发现问题严重了,立即呼叫研发同事进入电话会议,并一起分析该问题。
- 10:50,研发同事分析发现登录接口返回的信息比较慢,初步定位是数据库出问题了。
- 10:55,DBA 查看数据库,发现数据库没有资源报警,只是 CPU 高了一些,但是在正常范围。
- 11:00,DBA 继续查看数据库连接状态,发现有很多 sending 的查询语句,并且长时间不释放。
- 11:00,研发核对发现这些语句都是加载企业 ID、企业用户头像、企业用户部门及职位等相关信息。
- 11:00,系统工程师结合之前的两次报警,与研发人员核对,确认问题的根源就在于登录接口的 SQL 查询性能有问题,导致在高并发的场景下登录即时通信延迟或登录超时现象。

从事件报警、事件分析到事故的发生,是一个量变到质变的过程,如果重视每一次的事件报警,并对报警事件进行归纳分析,从业务角度分析对比各个报警事件,找出各个事件的关联关系,确定事件报警的真正原因,可以避免很多事故。针对此案例,存在的问题比较多,事件报警虽然有动作,但是没有起到阻止事故发生的根本目的。B 公司运营 VP 分析认为存在两个维度方面的问题,一是在管理上,报警没有关联数据,事件分析主观性太强,增加了工程师犯错误的机会;二是在技术上,产品架构设计存在严重问题。下面讲解 B 公司针对该事故的分析、改进措施及改进后的效果。

18.8.3　事故分析

1. 管理维度上的问题

流程管理上:事件报警→网络监控中心→一线工程处理→根因分析→知识库,流程重点缺失在事件关联分析及整体回顾,只是局部的和非关联的监控,会给工程师提供一个错误的判断。需要数据分析的智能化,从报警的时间序列上分析和关联事件产生的原因,然后确定事件的解决及规避办法,最后进入知识库。

2. 技术维度上的问题

研发体系:产品设计上存在缺陷,C/S 服务框架、高并发统一登录设计是难点,针对统一登录认证的并发场景,这些登录的用户信息通常存在着共性和个性数据,这两方面的数据需要使用不同技术手段来处理。这个案例就是因为个性化的数据,在同一个时间段集中请求导致服务接口瓶颈,进而引发事故。

运维体系、监控体系不够健全,一是报警关联分析缺失,从报警事件发生的时间点来看,应找出与该事件时间点的相关联的业务服务监控数据及业务请求数据进行关联分析;二是报警关联性聚合,从找到的关联服务中做关联事件的聚合分析,对同一个节点的多个事件做聚合分析,找到与报警事件最接近的原因。

18.8.4　改进措施及成果

1. 技术上的改进

监控体系:建立关联分析算法。

事件报警 A,关联 cache 服务,关联 DB 服务,关联 API 接口服务,每个服务又关联多台服务器,我们需要逐一查找这些服务在这个时间点的业务日志及 SQL 情况;最后通过日志、SQL 分析对比,通过时间序列图找出业务请求在报警事件上的时间先后关系,从而确定前因后果,即可确定事件报警的真正原因。

这个案例中,监控体系已经覆盖了多地域服务的监控及报警。但是唯一缺乏的就是统一的关联分析与平台展示,如通过时间序列展示各个监控点状态,清晰地定位时间发生的规律;同时将后端的公共平台的监控指标(如 DB、API 接口等 KPI 指标)曲线展示出来;以单一时间点输出事件的关联对象。

关联对象可以图形展示(图 18-7 为节点关联关系图),假设 168.1 的接口异常,则 168.2、168.3、168.4 三个节点为直接关联节点,在同一报警时间是否有异常日志信息,以此类推,与这三个节点的直接关联节点是否在同一时间也有异常,通过多叉树遍历查找各个节点日志请求指标及节点资源数据,就能快速地确定事件的根源。

在产品架构设计上,研发在产品技术体系上做了很大改进。首先,研发结合业务特点,将相关接口依赖逐一进行剥离,对接口做减法操作,降低中心化接口请求负担,增加 Redis 缓存中间件,为独立企业对应设置单独的关键字(key),员工相关的头像、职位属性赋值到数据(value)中,同时,登录客户端头像及基本属性缓存到本地。在登录时优先请求本地缓存。请求接口的缓存层,如有数据更新则再统一请求认证中心数据库,有效地降低登录接口雪崩的风险。其次,针对数据查询及更新操作语句进行优化,降低数据库多表关联查询,相同操作查询及结果实时保存到缓存中。

B 公司的研发通过技术架构的改造后,登录接口的性能得到了很大的提升,同时极大地降低了对中心数据库的请求压力,用户登录速度较之前提升很大。

2. 管理流程上的改进

之前的流程中只针对事件报警的有效性和实时性做了技术改进,并没有对报警事件做深入分析,例如多个报警之间的关联分析。报警事件管理不好会导致更多的报警事件,事故发生的可能性也会增大。如图 18-8 所示,改进后的事故管理流程中增加了事件的关联分析。

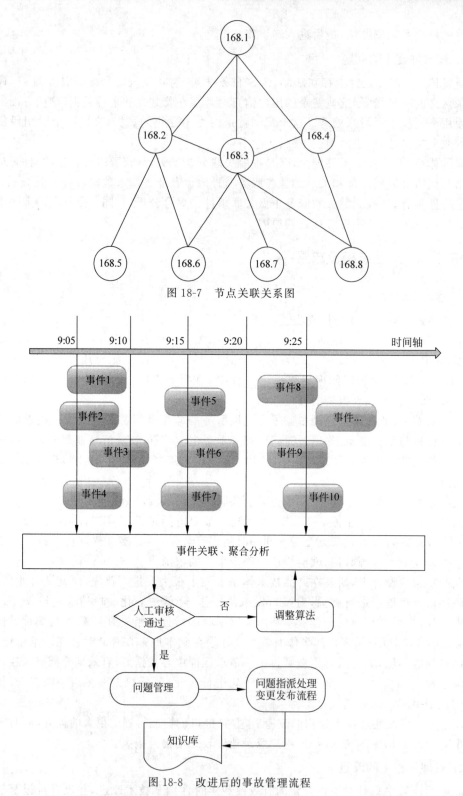

图 18-7　节点关联关系图

图 18-8　改进后的事故管理流程

　　事件报警的细节分析都交由后台的事件分析平台，根据事件的分类和聚合算法完成对事件发生的关联关系分析，按照时间序列计算出最有关联性的因素；生产线的运营工程师根据机器计算的关联因数进行人工复核,复核校验结束后再修正分析结果,如果人工复核不通过,可能存在时间关联或聚合分析的算法存在问题,需要调整算法规则,然后重新进行事件关联和聚合分析,并录入问题管理平台中;通过事故分析会,研发及运营部门根据问题特点领取相应的任务,确定问题的修复计划;问题修复完毕后进入变更及发布流程,最后由运营部门质量管理人员整理相关信息,进入知识库管理系统中,供后续问题及事故管理查询使用。

B公司通过对事件报警及问题管理流程的改进,报警事件的关联分析及原因范围变得更直观,事件报警的处理速度由原来5~10min做出响应和处理,提高为2~3min即可确认事件报警的原因范围,一线工程师的主观分析造成的错误判断已经大幅下降。

附件A 事故管理策略(Incident Management Policy)

事故管理策略主要包括人员的职责和事故的处理流程,监控中心人员在事故处理流程中主要职责包括:

(1)通知事故处理人员,发送事故通知(短信与邮件)。

(2)每15min通过邮件汇报事故处理进度与恢复时间。

(3)事故结束后发送恢复通知与事故记录文档。

详情参见附件B"事故处理流程"。不同级别的事故,对应的策略也不同,如表A-1所示。

表A-1 不同等级事故的处理流程

事故等级	阶 段 一	阶 段 二	阶 段 三
A级事故	通知了值班/处理人员后,10min后未恢复,根据事故范围将相关处理部门的团队经理接入电话会议中	通知了值班/处理人员后,20min后未恢复,根据事故范围将相关处理部门的总监级以上人员接入电话会议中	通知了值班/处理人员后,30min后未恢复,根据事故范围将相关处理部门的VP级以上人员接入电话会议中
B级事故	通知了值班/处理人员后,20min后未恢复,根据事故范围将相关处理部门的团队经理接入电话会议中	通知了值班/处理人员后,40min后未恢复,根据事故范围将相关处理部门的总监级以上人员接入电话会议中	通知了值班/处理人员后,60min后未恢复,根据事故范围将相关处理部门的VP级以上人员接入至电话会议中
C级事故	通知了值班/处理人员后,30min后未恢复,根据事故范围将相关处理部门的团队经理接入电话会议中	通知了值班/处理人员后,60min后未恢复,根据事故范围将相关处理部门的总监级以上人员接入电话会议中	通知了值班/处理人员后,90min后未恢复,根据事故范围将相关处理部门的VP级以上人员接入电话会议中

事故处理详细流程中的要点如下。

- 出现事故后,根据事故范围将相关处理部门值班/处理人员接入电话会议中,按时发送事故邮件通知与短信通知。
- 事故发生过程中,监控人员必须每15min从电话会议中事故处理人处询问当前事故处理情况与预估恢复时间,发出事故更新邮件(邮件内容包括大致处理情况与恢复时间)。
- 根据电话会议中所获取到的相关事故处理情况(事故开始与事故结束时间,另外还包括什么时间重启了,进行了哪些操作,重启了哪些应用,目前系统的状态,只需要电话中听到的大概内容),记录至《事故处理记录》文档;另将事故开始后电话拨不通的人员记录到《事故处理记录》文档中的拨不通电话列表,在事故完全结束后,发送事故通知,并将《事故处理记录》文档同时发出,供第二天会议参考。

附件 B 事故管理流程（Incident Management Process）

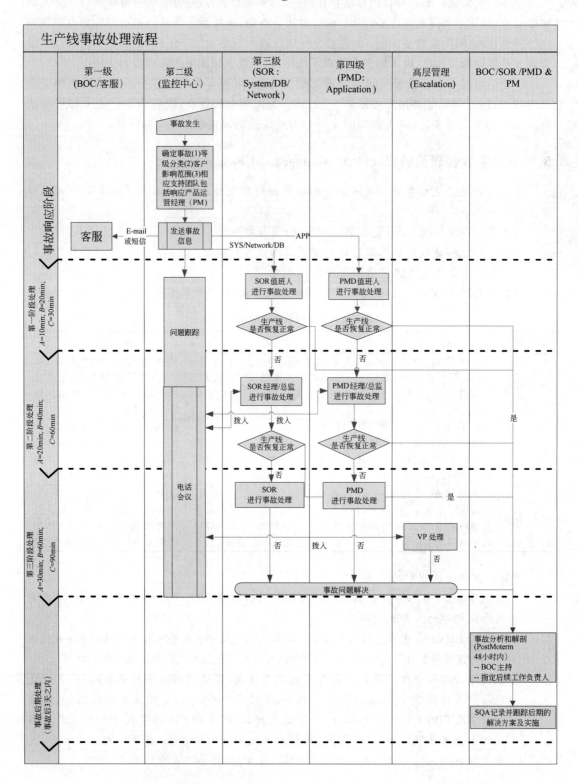

第19章

变 更 管 理

云服务平台的发展一方面是规模的扩大，另一方面是要快速开发很多新产品和新特性。在软件领域，超过一半的故障都是由于新特性的发布导致的，这就带来一个两难的问题，如何在新特性的发布和系统稳定性之间取得平衡。变更管理通过使用规范化的管理、流程和工具，可控制新特性发布带来的风险。本章首先讲述变更管理的概念和原理，然后讲述变更管理的规范步骤，以及如何形成变更管理的团队文化，最终用实际案例讲述变更管理如何落地。

19.1 变更管理介绍

变更是生活和工作的常态，是人们必须面对的现实处境，以下是关于变更的一些名言：

商业需要变化，但变化是导致大部分故障的根源。

The business requires change. But change is the root cause of most outages.

唯一不变的是变化本身。

The only thing that does not change is change itself.

我不能改变风向，但我能调整我的风帆，让我到达目的地。

I can't change the direction of the wind, but I can adjust my sails to always reach my destination.

变更管理（Change Management）的两个特点如下：

- 变更的不可避免性。
- 变更管理的核心是对变更的控制。

所有变更都是有风险的，有些微小的变更似乎是无害的，但是却能引起超越其本身的破坏，这也是"风始于青萍之末"的道理。通过变更管理，可以掌控大部分由变更带来的潜在威胁。

变更管理通常也称为变更控制（Change Control），在云服务的运营管理中，是最重要和使用最频繁的三大流程之一（其他的两大流程是事故管理和问题管理）。本章重点讲述变更管理在云服务的运营管理中的运用。

19.1.1 变更管理的目的

ITIL 对服务变更（Service Change）的定义是：对已经授权、计划或支持的服务或服务组件及其相关文档所进行的添加、修改或删除等活动(The addition, modification or removal of authorized, planned or supported service or service component and its associated documentation.)。

变更管理简单来说,就是以系统方式处理生产线上的任何变更来降低风险。变更管理的目的是在满足业务和生产线变化需求的前提下达到以下几个目标:

- 降低风险:减少变更对生产线的影响,如事故、干扰和重复工作。
- 生产线维护:通过变更记录,找到可能的问题起因及时间点。
- 质量改进:通过变更后的回顾和总结,发现服务平台的系统性的问题,如产品设计、技术架构等。

变更管理流程的目的在于确保变更的管理理念的实现,如从控制的角度对变更进行评估、授权、设置优先级、计划、测试、实现、文档化和回顾审阅。

19.1.2　变更管理的范畴

在云服务环境中,变更管理运用于两个范畴当中:

- 在开发环境中,通常涉及的是产品需求的变更(MRD 和 PRD)或设计架构的变更。这些变更会引起开发投入和交付时间上的改变。
- 在技术运营环境中,涉及的是在 7×24 小时生产线环境上的相关变更。

本章侧重于生产环境中的变更管理,在服务运营商中,生产环境中的变更管理也常用变更控制来形容。

19.2　变更管理的原理

变更管理是 ITIL 在服务转换(Service Transition)中的一个重要流程,变更管理涉及一系列具体的任务和责任。

19.2.1　变更管理的任务

典型的变更管理的任务有以下 7 种。

(1) 创建和记录变更申请(Request for Change, RFC)。

(2) 审核变更申请。

- 对变更申请进行过滤,例如驳回不完整或错误的变更申请。

(3) 评估和评价变更。

- 建立适当水平的变更审批职责。
- 建立变更审批管理组(Change Authorization Board, CAB)来处理大型的变更和最终审批。
- 评估变更的业务要求、服务影响、成本以及风险。

(4) 变更的批复。

- 相关团队和客户进行沟通,特别是变更请求的发起者。
- 批准或拒绝变更。

（5）协调变更，如解决时间和资源的冲突。

（6）变更实施，将变更实施到生产线上。

（7）变更后的复核（review）和关闭（close）。

- 审核变更过程中的行动和变更状态报告。
- 当所有操作完成时关闭变更申请。
- 总结和改进计划。

19.2.2　变更的执行策略

变更的执行策略包括：

- 变更类别定义。
- 变更时间定义。
- 变更控制委员会（Change Control Board，CCB）审批权限定义。
- 团队职责。

本节做一些概要性的介绍，后面的小节将结合云服务的应用和实际案例来进一步讲解。关于团队的责任和职权，因为团队的职权划分是和各个公司业务及组织结构密不可分的，随公司的业务不同而不同，也放在本章的后面部分讲解。

19.2.2.1　变更时间定义

变更时间的确定是按照业务的需求而不是工程人员的需求确定的。

变更时间的定义原则如下：

- 把变更时间限定在有限的时间范围内。
- 变更的时间段应该是对客户的服务没有影响或影响最小。
- 如果变更的时间段对客户服务有影响或有风险，也应该是客户在服务水平协议（Service Level Agreement，SLA）中同意的时间段。

19.2.2.2　变更类别

变更分为两种，正常变更和紧急变更，两种变更最大的区别在于变更申请的提审时间和实施时间，以及由此带来的审批权限的不同。

1. 正常变更（Normal Change）

- 正常变更是指计划好的、提前申请的变更。例如一个新版本的发布，其上线的时间一般提前数周就要提出变更申请，这样变更审批环节的负责人就有足够的时间进行评估。
- 理想的状况是所有的变更都是正常的变更。

2. 紧急变更（Emergency Change）

紧急变更一般处理的是生产线上出现问题的紧急修复，还有少量客户要求的新功能。

对于紧急变更，虽然在时间上很紧急，但是仍然要与正常的变更一样进行同样的测试，没有被测试过的变更不应该去实施。因为一旦一个变更发生错误，所造成的损失要远远大于测试的成本。变更管理的目标之一是尽量减少紧急变更。

19.2.2.3　审批权限定义和变更控制委员会

在变更审批中，要定义管理者的权限，根据不同的类别，变更申请要有相应级别的经理来审批。对于影响大的和复杂的变更,则要提交变更控制委员会来审批。CCB 由主要的技术运营经理、产品经理和研发经理组成。需要注意的是,对客户有影响的变更,要与客户沟通,由客服团队负责,因此客服团队经理也是 CCB 的一部分。

19.2.3 变更管理的流程

图 19-1 和图 19-2 所示分别为 ITIL v3 中的两个典型的变更管理流程。

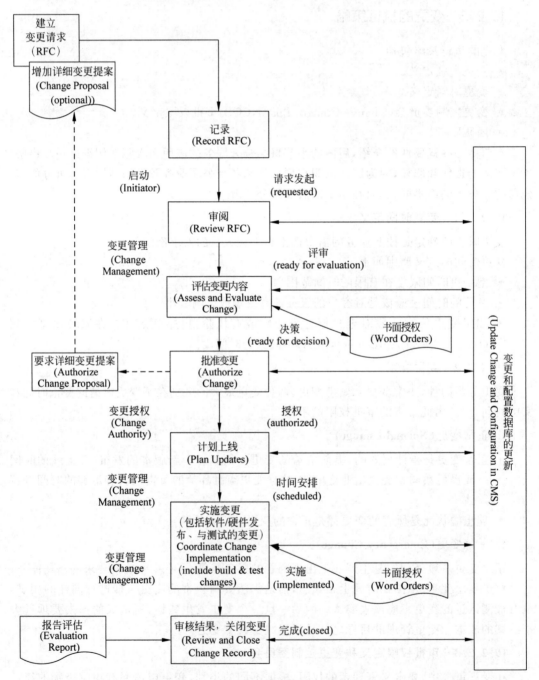

图 19-1 ITIL 的典型的变更管理流程 1

这两个流程都适用于云服务公司的生产线管理,包括应用软件和基础设施的变更。其中,图 19-1 的变更流程更为通用,图 19-2 更强调硬件部署(deployment)的变更流程。

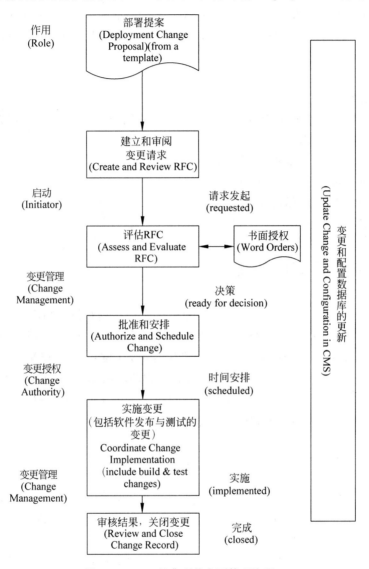

图 19-2　ITIL 的典型的变更管理流程 2

19.2.4　变更流程的效果衡量

由于各个运营商的组织架构不同,运营管理的成熟度也不同,因此变更流程的效果的具体衡量指标也有所不同,从 ITIL 建议的指标中选出如下几项。

(1) 变更的衡量。

- 由失败的变更造成的服务的中断、事故、问题和错误的数量。
- 变更需求中不准确的信息,如技术、客户、业务等。
- 不完整的影响评估。

- 未授权的变更数目。
- 变更的成本变化,如在时间、精力、成本方面减少的百分比。
- 由于变更申请中的要求或描述(specification)不准确引起的服务或应用的返工。
- 变更申请中在预测时间、质量、成本、风险、资源和商业影响方面的改进提升率。

(2) 工作量。

- 变更的频率。
- 变更的数量。
- 实施工程师的工作量,如执行变更的时间,包括花在基础架构和应用软件上的时间。

(3) 流程的执行效率。

- 客户对速度、简洁度和易用度的满意程度。
- 遵循规范的变更流程的变更数量和百分比。
- 正常和紧急的变更的比例。
- 变更审批的通过率。

19.3 云服务运营中的挑战

在 7×24 小时云服务生产线运营中,变更管理是最关键和最容易看到效果的运营管理流程之一。因此,很多技术运营经理都用变更管理作为运营管理实施的切入点。

要有效地设计和运行变更流程,运营经理首先需要了解:(1)云服务生产线所面临的运营挑战;(2)目前生产线的运营管理水平。在这些理解之上,运营经理需要根据公司组织架构来搭建变更管理流程,搭建的前提条件是公司组织架构有明确的职权和责任的划分,否则无论流程设计得如何完美,在流程的执行中都会有很大的问题。

19.3.1 云服务生产运营所面临的挑战

云服务的生产线和一般 IT 的公司产品相比有非常明显的不同,它所面临的挑战包括:

- 服务高可用性需求:通常需要达到 99.9% 或者 99.99% 的级别。
- 大数量用户共享的生产线环境。
- 客户形态千差万别,尤其对于 B2B 商业模式来说,从财富 500 强客户到中小企业都有,因此对服务特性的要求也不同。

这些挑战需要对生产线的变更有严格的控制,包括变更时间、变更频率、变更成功率、客户的影响等,所有这些要素都应该在变更管理中考虑。

由于云服务生产线所依赖的技术、客户数目、服务影响和内部多个部门相关,因此在变更的处理上,比一般的 IT 活动要花更多的精力和时间,考虑更多的因素,例如,

- 分析一个变更对业务的影响。
- 分析一个变更对相关生产线的影响。
- 多个变更之间的资源和时间的协调。
- 客户沟通:通知和协调受影响的客户(与客户讨论变更的时间、影响和实施内容,并取得他们的同意)。

- 确保变更记录的完整性和准确性,包括变更的内容、相应的生产线配置、发布和部署记录。
- 管理和解决由变更引起的异常或事故。

19.3.2 变更管理对服务运营和商务的益处

对于一个云服务公司,如果想要生存发展,服务的可靠性和业务的连续性是必须要保证的。从风险角度来看,服务和基础设施的变更一定会对业务造成负面影响,造成业务中断的可能性。变更管理通过以下几方面来确保 7×24 小时生产线的服务质量,以体现对业务的价值:

- 控制变更、降低无计划的变更或紧急变更,从而减少相关的服务中断,提高服务可用性。
- 通过更快、更成熟的变更实施步骤来减少恢复服务的平均时间。
- 对业务要求的变更能够快速响应,及时安排和实施。
- 满足像安全规范的审计需求一样的管理、法律、合同和监管需求。

通过与发布管理和服务质量改进(Service Quality Management)流程对接,找出生产线运营平台和流程需要改进的地方,实现服务运营成本节省、效率优化和服务质量不断提高的目的。

19.3.3 了解服务生产运营状况：好还是差

每个变更管理流程的设计都是基于业务性质和当前的运营状况,因此,在设计之前必须了解当前的运营状况。要了解在目前的环境中,变更管理是否成为企业文化的一部分。

在一个认同运营管理理念的服务提供商公司里,不会把变更管理当作形式化的东西,而是把它当作支持运营的一个关键的保证,这种管理文化是变更管理方法能够实施的基石。

公司变更管理的程度可以用以下指标衡量:

(1)是否有完备的变更历史记录。这个指标客观地反映了管理者或是团队是否认真对待变更管理。

(2)未授权的变更次数。这个指标最直接地反映了所建立的变更控制流程在执行、控制和监控上是否做到位。严格地讲,一次未授权的变更都是不可接受的。

(3)变更是否通知到有关的团队和客户。

- 有多少客户或其他团队抱怨对某个变更不知晓?
- 这个指标表明技术实施团队是把变更作为技术工作的一部分,还是作为服务的一部分。作为服务,要时刻记住客户是第一位的,变更要通知到与服务支持有关的各个团队。但是在生产运营的初级阶段,工程师们经常认为变更只要技术团队内部知晓和协调就可以了。

(4)变更实施的失败率指标。

- 变更失败包括变更的失败回退、变更的时间超出计划等。失败率指标与变更在实施前的一系列工作直接关联,比如变更是否做好了充分的资源准备、在 QA 环节中是否做了充分的测试、变更的实施是否有一个周全的计划等。

(5) 大量的紧急变更。

- 未能在规定的提前时间内提出变更申请,通常称需要在 24 小时或者 48 小时之内实施的变更为紧急变更。
- 除非线上服务 bug 或生产线问题,其他的变更都应该是正常变更。大量的紧急变更只能说明在发布管理或部署管理方面规划不周全。绝大多数的紧急变更都是因为最初的计划遗忘了一些细节。例如,变更实施当日,工程师们才发现需要在防火墙打开一个网络端口来实现数据连接。

大量的紧急变更会给生产线带来高风险,因为测试团队只能在有限的时间做测试,同时变更审批者也只能在有限的时间内来审核和分析这些变更带来的风险及其影响,忙中容易出错。

通过分析这些现象,变更管理流程的设计者就可以找到流程的重点所在,设计出相应功能来解决对应的热点问题。下面详细讲述在变更管理实践中需要注意的问题。

19.4　实践中的要点

本节通过拆解变更管理的各个步骤,对每个步骤的注意点和可能出现的问题进行详细描述。

19.4.1　实践的核心:控制

在服务提供商中,变更管理有另外一个应用更广泛的名字——变更控制(Change Control)。这个名字体现了整个变更管理的核心部分——控制。

对于云服务,它主要是控制 7×24 小时生产线环境中的变更风险。

变更控制主要反映在以下几个方面(5W+1H):

- WHY:为什么要做变更。
- WHAT:变更是什么?影响什么。
- WHEN:何时做变更。
- WHERE:在生产线的哪里做变更。
- WHO:谁来做变更以及他们的责任。
- HOW:怎样进行改进,如怎样在保证业务需求的前提下减少变更数目。

"5W+1H"原则将会在整个变更管理流程中体现出来。

19.4.2　实施的关键步骤

变更管理的活动反映在实施上,有四个关键部分,如图 19-3 所示。

这四部分分别是:

- 变更申请,包括内容及实施计划。
- 变更审批,包括风险评估、应急计划等。
- 变更执行,发布到生产线上。
- 变更反思,进行总结和改进。

对于这四部分,要做好足够精确的变更记录。没有这些记录,变更就会变得不可控,变更的有效实施以及改进也会变得不可能。

19.4.3　变更流程 1：变更申请

对于所有的变更申请,都需要提供变更的内容、时间和计划。具体地说,变更申请需要回答以下问题,没有这样的信息,在评审中就无法完成对服务影响的评估,也无法权衡给生产线带来的风险。ITIL 将这些问题可以归纳成 7 个 R：

- RAISE：谁发起的变更。
- REASON：变更发起的缘由。
- RETURN：变更会得到什么样的结果。
- RISKS：变更可能面临的风险。
- RESOURCES：执行变更需要什么资源。
- RESPONSIBLE：谁来对变更的实施和测试负责。
- RELATIONSHIP：本次变更与其他变更的关联。

图 19-3　变更管理在实施中的四个关键部分

19.4.4　变更流程 2：变更审批

每个变更都需要变更审批,并获得正式的批准。不同类型、不同规模或不同风险的变更有不同等级的审批,这种等级及其授权要在流程中明确定义。一般的变更审批可以由相应被授权的运营经理来审批,大型的或紧急的变更需要变更控制委员会来审批,也可能需要高层管理来审批,如 CXO 或 VP。需要审核的方面有：

- 变更申请：为什么做变更,做什么变更,谁来做变更,什么时间做变更。
- 影响分析。
- 客户沟通。
- 时间和资源的规划协调。
- 变更流程中紧急问题的升级处理流程,包括指定的负责管理人员。
- 补救计划(Remediation Plan)。
- 回滚计划(Rollback Plan)。

任何变更都需要保证预先与客户沟通并达成一致,而且应该尽量减少在业务高峰期实施任何变更以避免给客户带来损失。

1. 变更的调度

通过审批这一流程,可以非常明确地知道什么问题正在发生,对基础架构的影响程度。这同样也有助于减少变更时间和资源冲突。例如,当系统工程组正在执行为操作系统打补丁操作时,网络小组会事先明确地知道这一情况,因此不会在同一时间去执行重启核心网络设备之类的操作而影响系统工程组的工作。

在云服务的生产线管理中,变更的时间窗非常有限。如每周只有 2～3 次。在这种环境下,常常会在实施即将开始时发现变更之间的冲突。当云服务的生产线变得越来越庞大时,这个问题就会越发严重。来自产品经理、运营、研发和商务管理系统(Business Operations

System,BOSS)的各个部门的变更发布都试图在有限的变更时间窗里部署到生产线。

要解决这个问题,有以下几个要点:

- 对生产服务很了解和很强势的变更控制委员会(Change Control Board,CCB):有能力来定优先级或者拒绝某些变更。
- 变更管理与发布管理有很好的配合:可以合并某些变更,或者解决变更相互的依赖性。

在随后的实施阶段,再设定专人负责管理(如上线指挥官),以处理意外状况,这是一个比较有效的办法,在后面的案例中会进行讲解。

2. 变更中防止意外的计划

如果变更申请中没有涉及变更失败的场景,那么这个变更就不应该被批准。

运营管理的基本准则之一是"负向思维"或"有罪推定"。在做任何生产线的变更时,都要想到"万一"的情况:万一失败了,怎么处理。等到变更实施出现问题再去想解决问题的办法,对云服务的高可用性要求来说,是不可接受的。

防止意外的计划有以下几种。

(1)回滚计划(Rollback Plan)。

实施计划中,需要一个能将生产线回到初始状态的回滚计划。这个计划通常是通过在实施前进行系统或数据库的备份,回滚时用这个备份来恢复初始状态。

(2)补救计划(Remediation Plan)。

不是所有的变更都是可回滚的,在这种情况下就需要另一个补救计划。这个补救计划可能需要用人工的方式完成某些服务上的功能,也可能严重到需要启用灾备中心。

只有在实施变更前考虑到有什么补救措施可以使用,以及补救计划的可行性(例如在测试中是成功的),才能确定所提出的变更的风险,也才能执行适当的决策。

(3)分批部署方案(Phasing Approach)。

审批变更时,可用分批部署的方式来降低风险。例如,让 BETA 平台或服务用量少的平台先进行新版本的上线部署。

(4)节流设计审核(Throttle Design)。

这是在平台设计时需要考虑的问题。当公用平台上服务出现问题以致部分用户无法使用服务时,要有机制防止雪球效应(Snowball Effect),不要带来连锁反应。要有这样的节流设计:一旦出现问题,就限制在特定的用户和相应的数据中心的特定集群,防止扩散。这种设计在 B2C 的超大用户量的服务场景中要特别考虑。

19.4.5　变更流程 3:变更实施

如果执行团队已经做好了变更的充足准备,实施将会是整个变更流程中最简单的一步,所要做的就是按照实施文档一步一步去部署变更。

在实施中,以下几个要点要特别注意:

(1)在变更实施中如果出现问题,或者无法在既定时间内完成变更实施,那么实施团队就要及时按照流程升级问题,由相关的运营经理或变更控制委员会决定应对策略,如延长实施时间、实施变更回滚或启用其他应急计划。

（2）生产线变更过程中的沟通。

在有限的变更时间窗中,有效的沟通非常重要,以保证问题得到及时处理。在变更流程中的沟通应注意,实施中的每个任务的完成都要有记录和状态更新,状态更新可以通过如下方式进行：

- 用邮件、短信和电话（或是电话会议）来沟通各方。
- 在变更执行中,每个阶段都要有生产线变更通知（PCN）送出,包括开始、进行、问题处理、结束等,生产线变更通知要抄送监控中心、运营、研发及相关的经理。

（3）变更的记录。

在变更执行步骤,最容易忘记的就是在变更管理系统中更新状态,如变更是否准时完成、是成功实施、有条件的完成还是失败等。如果没有成功实施,原因是什么。这些信息的缺失,在实施的技术层面对生产线没有影响。但是在后面的反思和总结阶段,没有这些信息就无法有效进行。

变更记录主要包括三类：

- 状态：成功、有条件的完成、失败、取消等。
- 时间：开始、结束、中间的各个分任务的完成点。
- 行动：各个任务、升级、决策等。

19.4.6 变更流程4：变更反思

变更反思（Reflection）对于变更流程自身的改进和服务质量的改进是非常重要的。事实上,每个重要的变更都应该有变更后的反思。

这种反思侧重于每个变更的细节和执行,反思的结果可以用于改进以下方面：

- 变更控制力度。
- 变更准备程度。
- 服务软件或平台质量。
- 服务平台的可管理性。

在反思中,可以统计如下的一些具体数据。

- 未授权的变更数量。
- 正常的变更总量和紧急变更数量,以及这两个数据的趋势分析。
- 与变更有关的事故的数量变化,由于规范不准确和影响评估不完整造成的问题和返工的数量。
- 变更成功率（变更审核的通过率,实施的成功率）,需要补救或升级的变更的数量。
- 变更计划的准确度,例如,计划中的时间和真正实施所花的时间,还有计划中的步骤和真正实施的步骤。

反思分析的输出可以被很多运营的管理者所利用。例如,客户策略的调整。在云环境中,服务器平台是所有客户共用的,那么是否应该对客户采用"一视同仁"的策略？例如 VIP客户通常要求变更通知时间提前得更多,变更的频率更低,但是他们对最新的服务功能没有迫切的要求。这种情况下就要考虑是否为 VIP 客户搭建一个专用的平台。

变更的反思有两种,对单个变更的反思和对一批变更的反思,二者的侧重点不同。

（1）对单个变更的反思，反思包括：

- 变更是否已经取得了预期的效果，并且达到了目标。
- 用户、客户和其他有关团队对结果的反馈，满意度或问题。
- 是否有计划外的副作用，如可用性、容量、安全、性能和成本。
- 实施变更所用的资源和计划是否相当。
- 提交的发布和部署计划是否正确（correct）和准确（precious）。
- 变更是否按时完成。
- 如果启动了补救计划，计划是否运行正常。

单个变更的反思主要是对没有正常完成的变更进行的，例如一个变更的实施最后失败而不得不回退，这就需要马上进行总结和下一步计划。

（2）对一批变更的反思，主要用来反思整个服务平台的质量和流程的效果，目的是发现需要改进的地方。

- 服务平台的质量：如果一个版本上线后短期内有很多紧急变更，说明平台的开发或者测试存在问题。
- 流程：如果有很多变更超出了预定时间而没有采取措施，说明变更流程执行不严格，对生产线运营会有较大的风险。

批量变更的反思要在一个既定的时间内执行，如每个月或每个季度，反思过程需要变更控制委员会和相关团队参加。

19.4.7　团队和职责

在讲述各个团队的责任之前，先要了解公司的组织结构，弄明白这两部分的架构之后，就可以确定各个团队需要承担的职责了，其中包括非常重要的变更管理委员会的职责确定。

在云服务公司，团队架构及变更管理如图 19-4 所示。

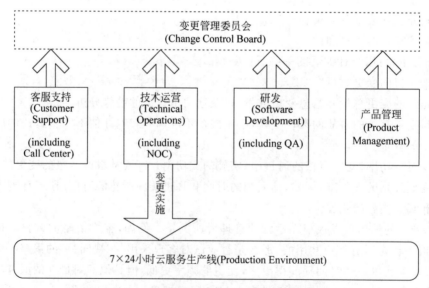

图 19-4　云服务公司的团队架构及变更管理

- 研发工程部门(Development Engineering)：负责平台的软件开发,包括质量管理(QA)。
- 技术运营部门(Technical Operations)：负责平台的基础工程,包括运营工程师和网络运营中心。
- 客户支持团队(Customer Support)：包括呼叫中心(Call Center)。
- 产品经理(Product Manager)。
- 变更控制委员会：审批重大变更,由客户支持团队、技术运营团队、开发工程师团队和 PM 团队的代表组成,由高层管理团队直接支持。对于重大变更,要确认变更所需的资源和进度都能够到位,要审查生产线的应急计划和意外问题处理中的问题升级计划。

变更控制委员会的另外一个重要职责在于确立变更的政策和流程,并且确保所有团队都遵守和执行。例如,CCB 需要确保所有的团队都有明确的职责划分。

19.5 实践中的难点

19.4 节讲述了变更管理在实践中的要点,本节讲述实践中的难点。

19.5.1 运营管理文化的建立

建立一个正确的运营管理文化比建立一个流程的难度要大得多。在管理文化中,要让大家意识到,生产的运营,一半在于技术,另一半在于管理。

高效的运营管理团队中,都有着这样的管理文化：未授权的变更是完全不可接受的,变更管理不是一种束缚,而是一种保证生产线高可用度的保险。

建立这种文化的最大困难来自工程师的思维方式。工程师自然是以技术和创新为导向的,而不是以管理和技术为导向的。要克服这一难点,要从高管的支持和相应的制度入手。

19.5.2 高层管理者的支持

变更管理的成功执行和高管的支持(Executive Sponsor)分不开。管理流程必然带来工作上的不便,对此,高层管理者需要理解和主动遵守这种约定,例如,即使是市场非常急需的产品,时间要求很急,也不能不顾变更管理的流程而越权强求上线。另外,对不遵守流程的惩罚、冲突中的决策等,都需要高管的强力介入。另一方面,变更流程的管理者也要把变更管理的进展及时通报给高管,以获得更多的理解和支持。

19.5.3 支持变更管理的政策

支持变更管理的政策包括以下几点：
(1) 各个流程联动,以达到高效管理流程的目的。

通过与其他服务管理流程的整合,建立变更的可追溯性、未授权变更的探测和识别变更相关事件。

(2) 强制性政策。
- 对违反变更管理流程的人,取消其以后申请或执行变更的权限,之后的变更权限,只能由其上层经理执行。由此对其上级经理形成直接督促。

- 对于紧急变更,只有中层以上管理者才有权提出,由此使得中高层管理人员知道紧急变更的压力,由此限制紧急变更的次数。
- 在变更管理的具体的执行上,可以使用"令牌制"(token)。在实践中,变更 ID 可以作为一个令牌使用,只有得到变更 ID,服务监控中心才允许变更工程师实施变更,这实际上是一种避免未经授权的变更的执行的最简单有效的方式。
- 定期反思的制度:对流程的有效性和高效性进行评估。

19.6　案例研究(1):变更管理实施中所发现的运营问题和改进

变更管理是运营管理者推进生产线管理流程的切入点,或是最早实施的流程之一。这不仅是因为变更管理流程的逻辑简单、成果明显,也是因为通过管理流程的实施,可以很快地发现关联的管理或技术问题,并加以改进,也就是达到"提纲挈领"的效果。下面的案例就是关于通过变更管理,发现和改进生产线的发布流程和环境一致性的问题。

19.6.1　背景介绍

A 公司是一家提供 SaaS 产品运营的公司,公司主要经营国内外中小企业视频会议、电话会议业务。运维团队以及生产线管理流程已经初步建立。其中变更流程的设置如下:

第一步,变更申请。

研发通过上线变更平台,在产品上线发布前的 1~3 个工作日内提出变更申请。主要目的是尽早协调运维团队的资源,以及检查上线申请的软硬资源的配置准备工作。如果在准备过程中发现问题,要及时沟通解决。

在发布前 24 小时内,研发再次修订上线变更申请。这次主要是提交测试报告、确认变更的时间及资源。运维与测试人员再次确认测试报告,确认无误后则运维总监批复该流程,变更流程的申请部分到此结束。

第二步,变更执行。

在指定的发布时间,发布工程师执行发布动作,完成线上的软件或硬件的安装和配置。发布之后由测试人员进行测试验证,有问题时考虑是否回滚,测试通过后发布结束。

变更管理在流程本身上并没有太大问题,但在流程的执行中会触发各种隐藏的问题。在管理流程的实施中,挖掘和暴露相关的问题,从而进行改进,也是管理流程的核心目标之一。下面的案例主要讲的是 A 公司在变更管理实施过程中所发现的问题,以及后续是如何改进的。

19.6.2　研发与运营的冲突

A 公司在一次应用程序的模块接口升级中遇到困难。在整个发布过程中,研发部门的 QA 工程师在测试环境完成了整体的业务接口模块的测试,并提交了代码和变更申请。运维团队在变更审核中没有发现问题,给予通过。随后在指定的时间内执行正常的变更上线。

生产线的发布时间为晚上 21：00—00：00，只有 3 小时，时间很有限。在实际上线过程中遇到的问题是：软件在线上由运维团队更新完成后，质量保证工程师执行变更测试，发现接口测试不能通过，通过与开发人员排查问题，发现有一个连接其他关联接口的网络策略不通。这是因为两个业务接口是两个独立的子网，逻辑上是隔离的，而在上线前的测试环境中，所有的网络段之间的路由策略是开放的，所以，这个问题在上线前的测试环境里没有测试出来。

生产线服务是 7×24 小时运行的。要在生产线上临时开通网络策略，这是未知情况而且风险很大。加上 A 公司刚刚经历过网络上的一些安全问题，针对网络策略的调整，运维部门的网络工程师非常谨慎。如果网络策略不开通，就需要研发人员改代码来规避网络策略风险，但是改动的代码又比较多，所以线上的发布陷入僵持状态。

这次发布问题被升级到更高的管理层，负责生产线运营的 VP 被接入电话会议，VP 在电话会议上询问研发和运营团队，如果临时开通网络策略，有谁可以签名保证不会出现安全事故，结果没有人出面保证。最后这个变更被临时取消，发布被回退，重新安排在第二天的白天做紧急测试，在第二天的晚上做线上实施。

A 公司的决策是对的，新的软件发布出现问题，临时开发的补救软件又没有做过测试，所以一定要做回滚操作。但是由于新软件上线延迟，用户的体验和业务的推广都受到了影响。要规避这种问题，只能从管理流程和技术环境上去优化。

SaaS 产品运营的核心竞争力就是服务的稳定性及可持续性，变更管理在产品运营中起到的作用是至关重要的，直接影响用户的体验。因此，建立一套符合 A 公司的业务运营变更流程及发布体系是当前迫在眉睫的任务。运营部门牵头梳理变更发布中存在的问题，主要有两个：一是变更中受影响的客户规模大小无法控制；二是测试与生产环境不一致。

19.6.3 解决方案：变更管理与用户管理、发布管理的结合

针对这两个问题，A 公司主要从发布管理体系的建立和结合入手，切入点有 3 个：

- 用户管理：从业务层面切分用户，将大客户、小客户做不同的体验池管理，也就是流量切分。
- 发布管理：分步发布，从技术角度把蓝绿发布、灰度发布运用到发布管理中，做到无缝最小化地影响小客户的体验。
- 环境一致性：保持核心环境参数在线上的生产线系统与线下的开发测试系统的一致性，如将应用软件设计的关联关系用拓扑图进行更新和展示。这种关联关系包括各个软件模块之间相互调用的接口规范、对系统层和网络层的调用，以及所影响的业务服务等。

其中，用户的切分采用篮子管理的思路，A 公司最终决定将 SaaS 产品分成三个篮子，每个篮子为不同的版本，例如三个篮子对应的产品分别为 N.1、N.2、N.3：

- N.1 版本对应的是小型企业客户，相对而言，他们对服务的新功能的要求强烈，相应的稳定性的要求弱一些，可以接受比较频繁的变更。
- N.2 版本对应的是中型企业客户，变更次数相对 N.1 要少一些。
- N.3 版本对应的是大型企业客户，这些客户要求服务稳定、软件变化次数要尽量少。

在业务层面将客户切分开，发布问题其实也就解决了一大部分。例如在时间顺序上，新

版本发布时,可以先提供给 N.1 客户,运行一段时间后再提供给 N.2,最后是 N.3。

发布管理主要体现在蓝绿部署、灰度发布上。另外,解决环境一致性问题也是 A 公司当时最关注的点。

19.6.4　蓝绿部署、灰度发布

1. 蓝绿部署

蓝绿部署(Blue Green Deployment)的目的是减少发布时的中断时间、能够快速撤回发布。

蓝绿部署中一共有两套系统:一套是正在提供服务的系统,标记为"绿色";另一套是准备发布的系统,标记为"蓝色"。两套系统都是功能完善的、正在运行的系统,只是系统版本和对外服务的情况不同。

蓝色系统用来做发布前测试,不对外提供服务,测试过程中发现任何问题,可以直接在蓝色系统上修改,不干扰用户正在使用的系统。蓝色系统经过反复的测试、修改、验证,确定达到上线标准后,直接将用户切换到蓝色系统。

切换后的一段时间内,依旧是蓝绿两套系统并存,但是用户访问的已经是蓝色系统。这段时间内观察蓝色系统(新系统)的工作状态,如果出现问题,直接切换回绿色系统。

当确信对外提供服务的蓝色系统工作正常,不对外提供服务的绿色系统已经不再需要时,蓝色系统正式成为对外提供服务的系统,即新的绿色系统。原来的绿色系统可以销毁,将资源释放出来,用于部署下一个蓝色系统。

A 公司改进后的具体发布场景如下。

相同版本的产品分布在六个节点上运行,逻辑上分为 a、b 两组,在发布时,首先把 a 组从负载均衡中摘除,执行 a 组的产品版本发布操作,b 组仍然继续提供服务,如图 19-5 所示为 a 组离线进行发布操作。

a 组升级完毕后,负载均衡重新接入 a 组,再把 b 组从负载列表中摘除,进行新版本的发布。a 组重新提供服务,如图 19-6 所示为 b 组离线进行发布操作。

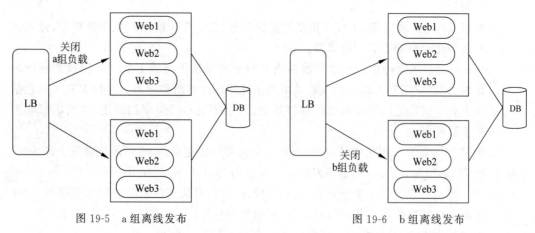

图 19-5　a 组离线发布　　　　　　　　图 19-6　b 组离线发布

最后 b 组也升级完成,负载均衡重新接入 b 组,此时,a、b 两组都已经升级完成,并且都能对外提供服务。

2.灰度发布(Canary Releases)

灰度发布又称为金丝雀(Canary)发布,是软件发布管理(Release Management)策略的一种。

蓝绿部署是准备两套系统,在两套系统之间进行切换,灰度发布策略只有一套系统,逐渐替换这套系统。

灰度发布,即让一部分用户继续用老版本,一部分用户开始用新版本,如果用户对新版本体验没有太多问题,相对稳定了,再逐步扩大,对生产线上的其他用户进行版本升级。在这个软件分批上线的过程中,如果发现软件有问题,则需要开发团队及时解决问题,对软件进行更新。一般来说,最重要的用户都是放在最晚时间升级,以避免新版软件可能带来的问题。

A公司结合用户的3个分类,将生产线分为3个集群来实施灰度发布策略。

发布的难点在于需要对a、b、c三类客户给予三个不同的身份标签,以确认用户请求不同篮子的产品进行体验。标注a、b、c三类不同的客户属性通常需要研发在产品设计阶段完成,比如a、b、c客户标签分别为big、middle、small,那么客户进入生产线统一登录中心时,平台会对请求的URL进行解析,如果解析到big关键字,则会让该URL请求转到大客户对应的业务集群中,因此,灰度发布的难点在于研发设计初期就需要和产品共同考虑,并应对不同客户对业务持续性和连续性的需求。图19-7所示为a、b、c不同客户集群在一个负载均衡器中,如果a客户需要升级版本,前提是b、c两种类型的客户已经升级完成并运行了两周。

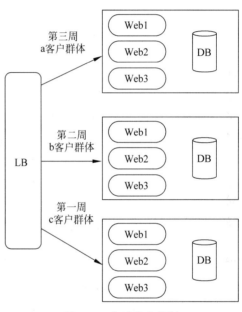

图 19-7 灰度发布机制

19.6.5 环境一致性管理

环境一致性管理是对开发环境、测试环境与生产环境所涉及的业务关联关系及网络依赖关系的管理,这部分的管理难点在于生产环境属于用户实际使用的环境,是实际产生利润来源的环境,所以生产线上投入的成本相对较高,基础及应用设施大而全,而开发环境和测试环境基本是生产环境的缩小或者近似。

在实际变更中,上线发布失败的很大一部分原因是测试环境与生产环境不一致导致的测试不完整或测试不一致。这里环境不一致管理的难点不在于基础设施本身,而是在于业务应用层。业务与业务之间的逻辑关联关系决定了环境管理的复杂度。而随着业务版本迭代及业务的扩张,业务与业务的关联关系变得更加复杂。

基于变更管理流程中发现的问题,A公司经过不断探索,在环境一致性的管理方面做了很大改进,切入点是逻辑拓扑的动态管理。

　　A 公司提出业务动态管理拓扑的方法是建立动态拓扑图,任何业务接口或模块的变更,动态拓扑都能清晰地看到它们之间的依赖,信息接口或者项目也能在动态拓扑上体现出来。业务关联关系的拓扑图如图 19-8 所示。

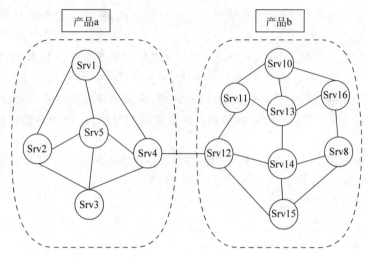

图 19-8　服务器之间的业务关联关系的拓扑图

　　图 19-9 中的每个节点都是服务器(server)。每个服务器包含几个元素:主机名、IP 地址、端口号、接口名。与每个节点关联的节点有哪些,归属于哪些业务等也会展现在图上。每次变更后拓扑图都会更新。拓扑程序发现有新的端口或者应用上线,图中的节点及配置信息则会显示为红色,新增的与之关联的节点也会自动变成红色,待运维和研发人员确认后变成正常绿色状态。

　　这样在变更申请中,通过拓扑图来了解新的变更会影响哪些业务,需要开放哪些网络策略等都一目了然。

　　拓扑图的动态维护是关键。为了解决上线后拓扑更新的问题,A 公司采用自动发现程序。自动发现程序有两种实现方法,一种是在网络层,通过网络连接方式来动态实时获取各个资产连接端口信息,并与业务建立关联;另一种是在应用层,即通过 APM 方式,对应用程序进行埋点,接口和接口相互调用信息可以通过埋点来获取,并形成前后数据流关系。通过这样的自动程序来发现上线后的服务连接的节点信息并实时更新拓扑,确保生产线的业务关联关系拓扑永远是最新的。

　　拓扑自动发现的程序设计的基础是依托 CMDB(配置管理库)来定义资产(property)及其配置(configuration),例如每个资产运行哪些服务,每个节点运行哪些 docker 容器。同时将变更管理的信息,包括配置改变(如网络设备的 ACL 策略变更)、变更时间、业务影响等与 CMDB 结合,这样就形成一个完整的闭环,得到一个全局的、完整的和实时的生产线运行信息。

18.6.6　进一步的讨论

　　从 A 公司的变更管理流程实施的过程来看,有以下几个关键点:

　　(1) 通过变更控制,可以有效地降低变更给 7×24 小时生产线带来的风险。

（2）通过变更管理，可以发现关联的技术和管理上的问题。

（3）通过关联的流程改进，如发布管理和环境一致性管理，可以有效地提高生产线变更的成功率。

A公司经过发布流程的改造，效率上有了很大的提升。客户管理的群体通过单元化拆分来区别对待，从前端大客户关系维护到后端的问题处理也变得顺畅很多，单次发布的影响面降到最低，客户基本无感知。发布过程中出现的问题也呈下降趋势，服务的上下线不再需要组织一个庞大的评审会来集中讨论和整理业务的关联关系，极大地降低了各部门的沟通成本。

但是随着A公司业务的成倍增长，发布管理及环境一致性管理变得越来越复杂，这直接体现在各服务产品模块之间的接口设计及其相互调用上，相应的运营成本也大幅上升。首先，需要更多的单元去管理不同版本的产品线及不同的群体客户，这对成本是一个挑战；其次，越来越多的版本迭代，关联关系拓扑的依赖关系变得更复杂，经常在同一个时间需要发布几十个产品升级，依赖面变得更广，关联拓扑的更新变得不够清晰化。后续需要引进AIOps的算法来帮助维护复杂的、运行中的生产线拓扑图。

19.7 案例研究（2）：复杂环境下变更管理流程的设计

本案例讲述一家服务运营商如何根据自己的业务需求建立变更管理体系。选择这个案例的原因是这是一家非常典型的互联网服务提供商的技术运营管理过程。这家公司是一家在线支付服务商，从技术运营管理角度看，它们所面临的业务压力和服务可用性要求和云服务公司是相同的等级，在某些方面甚至要求更高。

19.7.1 背景介绍

L公司是一家提供在线支付服务的供应商，是国内排名前五的在线支付平台，每个月的支付交易量达到千亿级，包括信用卡、储蓄卡、公司专用卡、商务充值卡等多种业务。全国有5个数据中心，与银联、各个银行的数据中心之间有专用线路。业务应用和基础设施都非常复杂。

L公司所面临的困难包括：

（1）来自行业要求的挑战。

- 基于金融业的特性，服务必须有很高的服务可用度。
- 在生产线环境中，有多种金融服务产品，非常复杂。
- 由于客户对服务的新需求和客户定制化的要求，软件的版本多，发布周期短，上线非常频繁。
- 变更的成功率要求很高。变更的任何的问题都会导致服务可用度的下降以及巨大的金融损失。

（2）运营的现状。

- 产品线变更非常多，导致时间和资源冲突。
- 在具体实施时，各个产品线各自负责，变更出现问题时，问题处理迟滞。

变更流程的设计目标是根据变更管理的基本原理设计一个流程，一是可以有效地解决运营面临的挑战或流程的有效性（effectiveness）；二是可以简单高效地运行（efficiency）。另外，变更流程要结合工程和运营团队的组织结构，以保证流程的运行。

下面讲解 L 公司的变更管理流程的实际设计和实施要点。

19.7.2　团队结构

在介绍流程之前，先介绍研发和运维团队中常见的各个功能团队，及其在变更管理流程中的责任。

1）产品研发部门

产品研发部门包括以下几个功能团队。

（1）软件开发团队（Development Engineering）。该团队负责软件产品的开发，在开发软件的同时，还要完成以下工作：

- 在开发环境下做单元测试、集成测试、冒烟测试。
- 提交开发代码到工程发布管理（Engineering reLease Management，ELM）团队，帮助 ELM 团队解决文件冲突，配合确认上线文件。

（2）质量保证（Quality Assurance，QA）团队。该团队有两个主要职责：一是研发发布产品的质量保证，二是生产线发布后的验证，具体包括：

- 对项目进行测试环境集成测试，给出测试报告。
- 产品部署上线后，进行生产验证。

由于业务需求，如果开发团队根据业务线划分，QA 团队也要做相应划分。

（3）工程发布管理团队：负责多个软件产品线的发布、集成、测试和版本控制。ELM 还包括几个具体任务的执行分支：源代码管理，ELM-SCM（Source Code Management，SCM）负责代码编译并合并分支。ELM 的实验室（ELM-LAB）团队负责执行软件最后的发布工作。

2）技术运营部门或运维报告部门（Service Operation and Report，SOR）

负责 7×24 小时的生产线服务运营团队，包括 7×24 小时 NOC 团队、系统工程师、网络工程师、数据库工程师等。在产品发布的过程中，是最终负责软件上线的变更实施的团队。因为 L 公司对数据库管理及数据报告非常重视，因此在运维团队的命名中，特别加入报告（report）一词。

3）商务运营中心（Business Operation Center，BOC）

这是一线客户支持团队，包括呼叫中心、客户开通、客户经理等，在变更管理中的功能如下：

- 接到上线指挥官的项目上线通知后，实施线上监控。例如了解客户使用的服务是否通过备份系统取得的。
- 及时反馈监控情况。
- 在更新部署之后验证服务器的功能。

4）变更管理委员会（Change Control Committee，CCB）

由各个功能团队派人参加，负责审批软件上线的变更申请及实施时间，指定上线指挥官。

5）项目经理（Product Manager，PM）

- 负责申请上线 ID，提交 CCB 组审批。

- 根据需求协助开发人员开发代码。

L 公司的整体组织架构如图 19-9 所示。

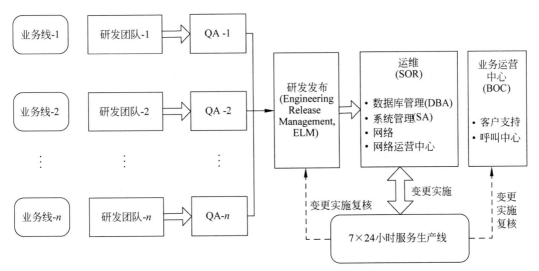

图 19-9   团队结构(案例)

根据不同的商务类型,软件开发分为独立的几条线。每条线由独立的软件开发团队负责。软件发布是从 PM 的需求提出开始,经过研发、测试和发布管理团队,最后到技术运营团队,技术运营团队将会对生产线升级进行实际实施。

要特别注意的是 ELM 团队。在 L 公司中,ELM 团队是个特别设置的工程团队,其他公司一般只有 ELM 工程师。ELM 团队是为解决多条生产线发布带来的复杂性、风险和冲突而特别设立的集成团队,这个团队要解决在服务平台上多个金融服务产品研发和发布所需的服务集成和最后的测试。这是为了确保质量,特别是各个发布间没有冲突,同时也是负责最后的代码构建和发布。工程发布管理的几个团队在变更管理中的具体职责分工如下:

(1) ELM-SCM(代码管理)团队。

- 要清楚地了解当前测试环境的版本及分支情况。
- 负责创建分支、标签,以及分支合并工作。
- 负责版本管理。

(2) ELM-LAB(实验室)团队。

- 负责集成环境部署和维护。
- 整理上线文件,并发出上线文件确认。
- 通知 SOR 上线。

(3) ELM-SQA(服务质量保证)团队。

- 发起上线会签。
- 根据上线指挥官提交的上线情况记录,跟踪各项目状况,记录在《项目跟踪表》,对于没成功上线的项目需要跟进,直到项目成功上线为止。

19.7.3 流程及其说明

变更的基本流程遵循变更申请、审核批准、实施和反思这四步。在 L 公司,变更流程和发布流程进行了对接,以控制频繁发布对生产线带来的风险。图 19-10 显示了流程中的重要部分。

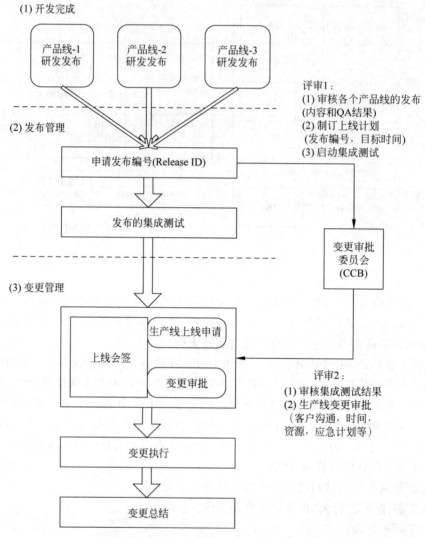

图 19-10　变更流程(案例)

在这个流程中,上线会签实际起到了变更申请和变更审批两个功能。流程的具体说明如下。

1. 开发阶段

开发团队根据项目需求进行开发,开发完成后进行单元测试、冒烟测试和小组环境集成测试。

2. 发布管理阶段

这个阶段有几个重要任务。

- 开发提交发布通知给发布管理团队。
- 由各个项目负责任人申请上线 ID(需要完整填写上线内容,包括计划上线的内容、文件数量、期望上线时间、相关功能负责人、预计提交时间等)。

CCB 随后进行第一轮评审：上线需求评审。

- 根据上线申请安排上线计划。
- 安排 QC(Quality Control)计划,纳入相应的上线周期。

上线计划确定后：

- 开发提交修改 SVN,发出变更通知。通知 ELM 编译并合并分支。
- ELM-SCM 合并文件,打包。
  - ◆ ELM-SCM 根据发布通知及上线计划将文件合并到构建分支。如果出现文件冲突,开发团队必须协助 ELM-SCM 共同解决冲突问题。
  - ◆ 文件合并完成后,进行编译打包。
- ELM-LAB 部署人员根据 Release ID 在测试环境中部署。
  - ◆ ELM-LAB 根据 ELM-SCM 发出的发布通知和提供的应用包实施部署。
  - ◆ ELM-LAB 部署人员部署成功之后,交由 QA 在测试环境下进行集成测试。
- QA 集成测试验证。
  - ◆ QA 进行功能测试、回归测试、性能测试。
  - ◆ 完成后发出测试报告。

3. 变更管理阶段

(1) CCB 进行第二轮的评审：上线会签。

- ELM 在上线点当天发起上线会签。
- 上线会签会议由 CCB 组成员参加,包括各项目负责人、测试负责人、ELM、SOR、DBA 以及 BOC,对上线需求进行审批。
- 上线会签：CCB 根据 QA 提供的集成测试报告,进行当天上线项目的审批,安排当天的上线指挥官。会签被拒绝的项目由 CCB 根据测试情况和项目状况安排下个上线点或安排 QC 计划。无法排入下个上线点的项目放入等待队列中。会签通过的项目根据上线需求决定哪些应用更新可以升级、当天上线部署的具体时间、重点注意事项等。紧急升级不受上线计划时间点的限制,但需要特别审批,遵守紧急变更的流程。ELM-SQA 要同时记录跟踪项目情况。
- 会签通过后,ELM-LAB 整理上线文件,发出上线部署申请：根据会签确定的具体上线部署时间,在对应时间向 SOR 发出生产部署申请。

(2) 持续发布(CI/CD)管理：SOR 接到由 ELM-LAB 发出的生产部署申请后,实施上线部署。

- SOR 根据 QA 变更申请,实施部署上线任务。审核变更申请,查看是否支持蓝绿发布、灰度发布。支持蓝绿发布及灰度发布,则可以在业务低峰执行 CI/CD。不支持则需要在业务最低峰或者没有业务时执行。SOR 通过 CI/CD 发布平台执行自动化变更。CI/CD 执行结束,QA 介入测试,测试不通过则及时将情况通知到上线指挥官,测试通过则完成 CI/CD 动作,并通知上线指挥官。QA 在生产灰度环境中进行测试,测试通过后项目上线成功,QA 发上线完成通知。
- 上线成功后,BOC 运营人员通知相关人员上线完成情况并监控。

（3）SOR 接到由 ELM-LAB 发出的生产部署申请后，实施线上部署。

- SOR 根据 QA 提供的包，部署上线。如果部署不成功，SOR 及时将情况通知到上线指挥官。成功后交由 QA 在线上测试。
- QA 线上测试通过后通知上线指挥官：QA 在生产环境中进行测试，测试通过后项目上线成功，QA 发上线完成通知。
- 上线成功后 BOC 运营人员通知相关人员上线完成情况并监控。

（4）总结。

- 上线指挥官根据上线情况，给出《上线情况记录》文档，详细描述上线情况并反馈给 ELM-SQA。
- ELM-SQA 定期给出《项目情况跟踪表》文档。

19.7.4　实施要素

本节讲述在流程实施中要考虑的几个要素。

19.7.4.1　变更管理与发布管理的结合

单从变更的角度看，变更的次数越少越好。如果业务的影响可以接受，多个变更可以在一个版本中发布，这些变更通常在一起设计、测试和发布。

但是如果大量的独立变更被打包在一个版本里发布，就容易产生难以控制和不必要的相互依赖性。另一方面，如果一个发布版本里没有足够多的变更，那么必然产生多个发布的版本，过多的版本管理将会非常耗时，而且浪费资源。因此，变更管理与发布管理要达到一个平衡。

在 B 公司的运营环境中，更大的压力在于多个生产线的软件补丁很多，客户要求很急，这就使得平衡变更管理与发布管理更具有挑战性，这就是专门设置 ELM 团队的目的。

19.7.4.2　变更的上线会签和上线指挥官

在大型的服务运营商环境中，变更时间窗的限定时间非常有限，而且同时有太多生产线实施变更。这些变更挤在同一变更时间内，会产生非常复杂的相互依赖（dependency）或者冲突（conflict）。

B 公司服务生产线面临的挑战是：服务平台复杂、非常多的补丁要上线、运营和研发涉及多个团队、部署需要太长时间，等等。这是典型的大型服务运营商所遇到的问题。

在这种状况下，强有力的协调和决策能力是必需的。设立上线会签会议和上线指挥官就是为了解决这样的问题，以确保将变更对线上环境的冲突可能性或潜在破坏性降到最小，二者的职责如下。

（1）上线会签。

- 根据集成测试的结果，各个团队分别对自己的产品线发布做最后的审核，并签字负责。
- 如果集成测试出现问题，则要在会签会议上做出相应的决策。
- 确立各个团队的资源、时间和应急联系方式等。

（2）上线指挥官：负责上线实施过程中的问题处理和决策。

- 负责对上线项目遇到的情况进行处理，如上线部署不成功、生产测试不通过等情况，要根据具体情况和项目负责人沟通,给出决策及处理方案。

- 上线后发布公告。

另外还可以设立作战室(War Room),顾名思义作战室就是一个指挥中心。指定一个会议室,相应的团队负责人进驻。作为中心,将详细的计划用投影仪投放到屏幕上,计划的每个步骤要及时更新,需要的讨论和决策也在这里及时做出。这个方法在大型的变更部署时是非常有效的。

19.7.4.3 变更类别

变更类别的定义,直接涉及变更控制的策略,如实施时间、审批权限等,下面只做简单的介绍。

1. 正常的变更

变更分为 A、B、C 三类。

A 类:对客户或者合作商的服务有直接宕机影响。

B 类:对客户或者合作商的服务没有宕机的影响,但是服务器、网络设备或者其他应用有可能宕机;对服务有非直接的影响,如数据传输有延迟等。

C 类:对客户服务器或者系统没有宕机的影响,如设置参数改变、新设备添加等。

要强调一点,在定义 A、B、C 分类时,尽量与事故等级的分类相对应,这样运营团队在理解和执行上能够更加一致。

L 公司提供类似于信用卡业务的结算服务,在周末也有大量的线上支付服务。业务最空闲的时间是周二、周三的午夜到凌晨,因此变更时间窗的确立如表 19-1 所示。

表 19-1 变更时间窗(案例)

类　　别	上线变更时间(Change Window)
A	1:00am—6:00am(周二、周四)
B	6:00pm—第二天的 6:00am,(周二、周四)
C	2:00pm—6:00pm(周一至周五)
E	根据紧急程度的要求

这里 A、B、C 的类别分类和事故管理的定义是一样的,因为它们都是根据对服务的影响定义的。

2. 紧急变更

紧急变更(表 19-1 中的 E 类)的变更时间窗一般与 A、B、C 类相同,但是申报审批的时间要比较快。如果是需要马上实施的紧急变更,如处理紧急事故时所需要的变更,需要得到CCB 或负责运营高管的特批,以获得在通常规定的变更时间窗之外的时间实施的权限。

19.7.5　进一步的讨论

该案例是一个非常典型的可用性要求非常高的服务提供商的变更管理流程。在这个流程中,有以下几个重要的特点:

- 变更管理与发布管理紧密结合。
- CCB 通过多次审查的手段来加强控制变更的审核。

- 设立上线指挥官来强化变更实施中的控制。

这几个措施有效地控制了生产线的变更,降低了生产线变更中的风险。

进一步看,这个流程也有可以提高的地方:

实际上,L 公司的变更压力主要来自非常多的软件发布,这导致了后面一系列的、大量的开发、测试、发布和上线工作。目前是通过工程发布管理团队来控制这些上线发布前的集成和测试。然而从根本上讲,应该是从源头上解决问题,即在需求阶段减少软件的发布要求。要做到这一点,需要从以下几方面入手:

- 在批量变更的反思中,找出软件平台或基础平台的共同性问题,统一处理。
- 在产品的需求阶段,合并和简化需求,这需要项目经理有比较强的沟通、设计和技术能力。

还有一类变更没有明确加入流程,那就是技术运营团队的生产线变更,包括数据库、系统、网络等基础设施工程的升级和维护。这些基础层的变更有两大特点:

- 影响大:基础层的变化会影响到所有的应用服务,如数据库。
- 相对独立:基础设施与软件平台相对独立,设计和测试可以独立完成,如网络基础。

无论是基础设施还是应用软件平台,都是服务平台的一部分。在服务可用度、客户影响和沟通等方面的目标都是相似的,应该由统一的变更管理流程来管理。

第20章

容 量 管 理

容量管理(Capacity Management)是云计算服务运营中非常重要的一项工作。云服务是技术和资源密集型行业，服务器规模往往在数万台甚至数十万台。用较少的设备成本满足更多的业务需求，是容量管理的核心目标。容量管理的早期阶段主要依靠经验，通过管理手段控制成本。后来随着性能监控数据的积累，通过建设容量管理平台，借助机器学习算法智能预测容量需求，给业务决策提供依据。

ITIL 在 IT 行业的容量管理方面有比较成熟的方法，本章会在 ITIL 关于容量管理的基本概念上讲述容量管理在云服务领域的技术运营中的延伸和实践，具体的思路如下：

- 在云服务提供商中，商务和运营是两大核心。从这个角度可以将容量管理分为容量规划(商务导向的管理)和性能管理(技术导向的管理)两大流程。
- 成本是容量管理的重心，本章围绕这个重心在上述两大流程中做详细讲解，如控制需求以降低成本。
- 建模(modeling)是容量管理的基础，会单独作为一节进行讲解。

本章主要介绍在实践中的思路和方案，云服务供应商可以把它作为参考来建立自己的容量管理方法。

20.1 容量管理的目的

容量管理的目的是在合理的成本下，使服务的生产线有足够的容量来满足目前的运营需求，并且有相应的规划来满足未来的需求。

成本的制约是容量管理所面临的最大挑战。理论上，投入无限的成本可以达到任何容量的服务。因此，如图 20-1 所示，容量管理的实质就是要实现业务需求和成本控制之间的平衡。

其中：

- 业务需求是在客户的商业需求和服务水平协议中体现的，分别反映在数量和质量上。
- 成本控制是所有容量管理活动的目标。成本包括投资成本、人力成本和时间投入等。理论上讲如果有无限的成本支持，可以建立任何想要的生产服务能力。

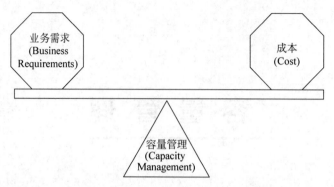

图 20-1　容量管理的实质：业务需求和成本控制之间的平衡

容量管理本质上是一个平衡行为，是需求与成本之间的平衡：首先确保生产线的容量是在合理的需求和成本上构建，其次是要保证这些容量上线后能够被业务充分利用。

容量管理的管理范围包括以下几项。

（1）容量规划（Capacity Planning）。

- 需求确定。
- 制定和维护一个适当且最新的容量规划，以满足当前和未来的业务需求。
- 容量建模（Capacity Modeling）。
- 解决方案的设计。

（2）性能管理（Performance Management）。

- 通过管理服务和资源的性能和容量，确保服务性能达到或者超过其既定目标。
- 协助与性能和容量相关问题的诊断和解决。
- 监测和报告。

（3）流程：确保实施预防性的措施，改善生产线上的服务性能，保证已投入的成本得到充分利用。

为了实现更好的容量管理，相关责任人需要充分了解商务的业务总体需求和生产线的技术运营环境，包括：当前商务运营的需求、未来商业规划和需求、可能要交付的新服务需求、SLA 中对服务的要求、当前生产服务的运营状态，以及相关的技术组件或产品的容量和性能，以帮助完成容量方案的设计，这些技术组件包括基础设施（软件、硬件）、数据、互联网接入等。了解这些才能有可能使容量管理在目前和未来的服务容量规划上达到成本最优化的目标。

20.2　ITIL 的容量管理方法介绍

在容量管理方法中，ITIL 的容量管理场景比较接近于云服务的场景。本节先讲述 ITIL 的容量管理的要点，然后在这些要点之上讲解云服务实践中的重点和难点。

在 ITIL 中，容量管理属于服务设计（Service Design）部分。它与服务类别管理（Service Catalogue Management）、服务水平管理（Service Level Management）、可用性管理（Availability Management）、IT 服务连续性管理（IT Service Continuity Management）、信息安全管理（Information Security Management）和供应商管理（Supplier Management）都属于服务设计流程。

20.2.1 容量管理的基本流程

ITIL 对容量管理流程的核心描述为："整体的容量管理过程以持续的、成本合理的方式使 IT 资源和能力符合不断变更的业务需求。这就需要对当前的资源进行调优和优化，并对将来的资源规划进行有效估计"。图 20-2 显示了 ITIL 容量管理的基本流程。

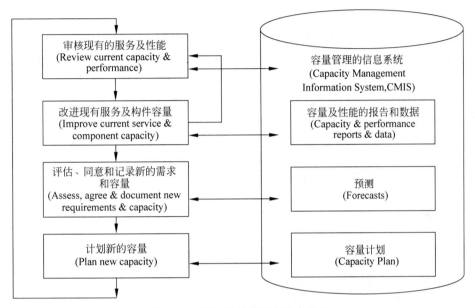

图 20-2　ITIL 容量管理的基本流程

20.2.2 容量管理的三个层次

ITIL 把容量管理分为三个层次：业务层（Business Level）、服务层（Service Level）和组件层（Component Level）。

这三个层次的流程中有许多类似的活动，但是每个子流程有不同的侧重点。业务容量管理侧重于当前和未来的商务业务需求，服务容量管理侧重于支持业务的现有服务的交付，组件容量管理侧重于支撑服务供给的技术基础设施。

1. 业务容量管理

业务容量管理把业务需求和规划转变为对服务和 IT 基础设施的需求，保证 IT 服务将来的业务需求得到及时的量化、设计、规划和实施。

业务容量管理主要考虑将来的业务需求，这些需求来自新的业务或者是业务新的变化（Newly Changed Business）。例如：

- 新服务或者服务方向的改变所提出的需要。
- 已有服务需要改进以提供额外的功能。
- 旧的服务将会被淘汰，释放闲置容量。

这些改变都会影响对客户的 SLA 能力，容量管理的职责就是预测和管理这些变更带来的容量需求，并且管理这些需求。

2. 服务容量管理

服务容量管理关注于端到端性能、现实状况的 IT 服务使用和工作负载的容量的管理、控制和预测。服务容量管理的主要目标是识别和理解 IT 服务、资源的使用、工作模式、高峰与低谷等，以保证服务达到 SLA 目标。

服务容量管理主要考虑目前的业务需求是否得到满足。主要的活动是监控、分析和相应的改进。

3. 组件容量管理（Component Capacity Management）

组件容量管理是对单个 IT 技术组件的性能、使用和容量进行管理、控制和预测，保证拥有限定资源的 IT 基础设施内的所有组件得到监控和测量，并可以记录、分析和报告所收集的数据。组件容量管理的主要目标是识别和理解性能、容量及支撑 IT 服务技术的单个组件的使用，包括基础架构、环境、数据和应用程序，以保证当前硬件和软件资源得到最佳使用，从而达到和维持既定的服务等级。

20.2.3　容量管理相关的基本要素

容量管理相关的基础要素包含如下三方面。

1. 容量阈值的管理和控制

每个应用服务或系统上的资源限制可以被用来建立容量阈值，这个阈值能够被监控活动用来产生警告和异常报告。在确定阈值时要特别小心，因为特定应用的限制是不同的。

服务与系统的阈值管理和控制是有效满足 SLA 中确定的服务水平的基础。这些阈值被连续和自动监测，并且每当监控阈值被超过或者接近时，将产生警告和异常报告，以促使人们采取合理的补救行动。

阈值监控不仅应该在超过阈值时报警，也应该能够监测变化的速率，并且预测何时将达到阈值，以达到提前预警的目的。例如，磁盘空间监测应监测增长速率，并以当前速率计算在未来几天内是否会引起磁盘空间用尽，以便及时警报。例如，500GB 的磁盘已经使用了80％的空间，增长速率是每天 20GB，那么 5 天内将会用尽。

2. 新技术的出现

容量管理也应该充分了解新技术带来的优势，如使用虚拟化、公共云计算服务和按需计算(on-demand computing)这类技术和服务，以及如何使用这些技术来支持运营的容量改进。

此信息可以通过利用外部资源来收集，如供应商研讨会、技术博览会、行业或专业网站。

在评估这些新技术时，核心是成本导向。在任何时候，容量管理的责任人都应该认识到，新技术的引进和使用必须在成本合理的前提下，并且新技术可以向业务提供实实在在的利益。技术运营需要的是技术带来的成本节约及可用性，而不只是技术的先进性。要充分理解容量管理的目的，不能为了技术而技术。

3. 常规化

容量计划的制订和维护应该在规定的时间周期内。实际上，生产线的容量一定会涉及资金预算，因此，与业务或预算的计划周期一样，应该每年完成一次。每个季度的更新是必要的,目的是根据服务需求的变化做相应的调整,以保持容量预测的准确性。虽然需要额外的努力,但如果真的可以定期更新,容量规划则会更加准确,可以满足不断变化的业务需求。

20.3 云服务容量管理的挑战和要点

云服务的环境复杂,既要求高的可用性,又要求成本效率。如何在二者之间取得平衡,给云服务场景下的容量管理带来了很大挑战。

20.3.1 来自云服务的挑战

与传统的 IT 服务相比,云服务提供商的技术运营在容量管理上有着更大的挑战,体现在以下两方面:

(1) 业务需求:更直接地提供给外部客户,其服务的可用性要求高得多。

(2) 成本:构建和运行云服务平台的成本要高得多,因此对成本敏感。

因此,云计算更适合分为两类任务和流程:商务导向和技术导向,而不是传统的三层 ITIL 模型,其结构如图 20-3 所示。

- 商务导向的任务/活动:容量规划(Capacity Planning)。
- 技术导向的任务/活动:性能管理(Performance Management)。

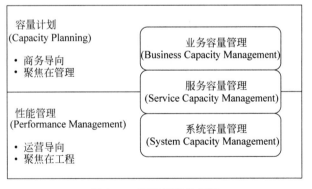

图 20-3　容量管理的框架

服务容量管理活动,如重新设计或改进,将更多地由外部的业务需求驱动,而不是由内部 IT 自我改进驱动。云服务的基础设施范围包括数据库、存储、网络等方面,也包括互联网、第三方硬件和软件等方面。在这些活动中,成本在云服务业务的运营中是一个关键因素,适当的容量预测模型变得越来越重要,20.4 节会专门对建模做详细讲解。

20.3.2 容量管理的要点

容量管理流程的目标是驱动和管理相关的团队,使制定的容量管理任务准确及时得到执行,以满足业务和运营需求。容量管理流程实际上是一个主动性的流程,如得到妥善执行,可以在需求出现之前预测业务和生产运营的需要,并将解决方案落实到位,好的容量管理流程可以确保生产线服务不会有各种临时的意外。

容量管理的流程包括容量规划、性能管理和方案实施等关键步骤。

（1）容量规划。

了解业务团队所确定的当前和未来的商务要求，并将其转换成对生产运营的需求预测。

（2）性能管理：包括监控、优化和分析。

监控：监控生产服务的使用、使用率及模式，进行常规的报告与分析。

优化：进行调优活动，使现有生产线资源达到最佳利用率。

分析：对业务活动模式和生产线的使用模式进行关联（correlation）。在现有数据的基础上，通过建模和对趋势的预测分析来确定未来服务用量的变化，从而估计未来的需求。

（3）解决方案：综合考虑合理的成本和业务的需求，设计可行方案及方案的生产线发布。

要确保有足够的预算。这主要涉及支持容量管理中的性能管理和解决方案两方面：一是人员和数据分析工具的成本；二是生产线扩容的成本。其中生产线扩容的成本可能会很高，因为这涉及数据中心的建设、服务设备和网络带宽的购买，等等。

每个云服务公司都有不同的职位负责容量管理，可能归于 SQM 团队，也可能设立专门的容量管理经理。另外不同公司的流程也并不相同。虽然有这些不同，但是容量管理的目标非常明确：使容量规划更主动和更具有成本效益，并且持续进行。

20.4　容量规划

容量规划的核心目的是了解商务目前和将来的需求，并将其转化成技术的需求。

为了确保云服务提供商能够持续提供所需的服务，容量管理流程必须能够预测未来的工作负载和增长。要做到这一点，必须能够预测未来的服务、系统的容量以及性能。根据不同的技术，可以用不同的方法做到这一点。另外，新的服务功能或新的产品上线给生产线带来的负载的改变必须与业务的增长一起考虑。

容量预测的一个简单例子是业务用量和系统利用率之间的关联。例如，客户的注册数量和服务器利用率之间的关系。这些数据的关联可以用来发现诸如用户数目增加对 CPU 利用率的影响。

容量规划的主要步骤如图 20-4 所示。

下面分别对这些步骤做详细讲解。

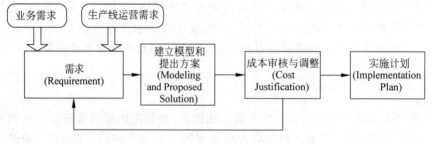

图 20-4　容量规划的主要步骤

20.4.1　容量需求分析

需求（Requirement）主要来自业务的需求和生产线的运营需求两方面。

1. 业务的需求

业务的需求包括：

- 业务规划的要求：销售的增长、新产品的市场推出等。
- 财务计划的要求：公司财务计划和预算。
- SLA 的要求：在 SLA 中，客户的需求被分为几类，可用性需求（Service Availability）、性能性需求（Performance）和容量性需求（Capacity）。这三种需求，特别是后两种需求都会直接影响到容量规划，如服务响应时间、在线人数等，这些要求的改变都要被容量管理流程管理起来。

其中，SLA 水平的确定是和容量管理密切相关的。容量管理所提供的预测结果要反馈到 SLA 的管理上。从这些数据上可以知道要达到某个 SLA 水平所需要的成本。一般来说，SLA 的要求越高，对运营商的容量的要求越高，实际上就是成本的提高。最终的 SLA 水平，是一个反复讨论和平衡的结果。

2. 生产线的需求

生产线的需求来自两方面：

- 生产线负载：生产线上现有的负载状况，如果负载过高，就要扩容。
- 生产线有关的新技术的影响：新技术可以对原有的容量估算结果带来很大的影响，如虚拟主机技术可以使容量得到更充分的使用，从而降低对原有服务器资源的要求。

20.4.2　容量建模与容量方案

20.4.2.1　容量建模

容量管理的主要目的之一是预测生产线上运行的服务行为。预测的核心实际上是建模。建模需要使用生产线的历史数据或测试得出的性能数据。一般情况下，数据越多，数据的时间跨度越长，建模就越精确。

容量模型的建立需要数学工具支持，20.6 节会详细讲解。

容量模型建立后，就可以用来推测以后的生产线的用量，并由此提出生产线的容量调整方案。

需要强调的是对容量模型要进行定期调整，以保持其准确性。在容量模型被生产线使用期间，模型应该至少每季度被重新审查一次，新季度的模型应该是被上一季度的实际生产线数据修正过的。

在生产运营中，新服务模型的更新尤其频繁，这不仅是因为新的生产线模型原本使用的数据就很少，需要真正的生产线数据来修正，也是因为新的生产线的业务需求与原有的销售目标可能会出现很大的变化，这些变化将会影响建模及其输出。

20.4.2.2　方案

在容量规划中，最困难的是解决用量的"峰值"的问题。在构建生产线时，如果是按照

"峰值"来建立生产线,其资源浪费是很大的,因为在 7×24 小时运营时间中,"峰值"可能只有 $5\sim6$ 个小时。解决"峰值"的几个常用方法如下。

1. 服务与系统的调度

这种调度方法主要解决在业务高峰期系统容量不足的问题,可以从以下几方面来实现:

- 将一个服务或工作负载从目前繁忙的应用平台迁移到另一套比较空闲的平台。
- 技术"虚拟化":建立基于虚拟化技术的系统资源池,允许服务应用在基础设施之间实现系统的动态迁移,这实际上是以一个动态的和更有弹性的方式提供计算能力。
- 时间上的任务调度重新安排某些服务,运行在一个星期的不同天,或一天的不同时间,以避开高峰时间。

2. 商务调整

商务调整的目的是从服务的价格上引导客户调整对服务的使用时间,从而使服务对资源的使用在时间上分布得比较均匀,减少资源使用的峰/谷现象,最终使资源得到最有效的利用。

商务调整的方法一般是用价格优惠策略。电力系统的不同时间段的电价不同就是一个很好的例子。在用量高峰期电价比较高,在用量低谷期电价比较低,用这样的方式来均衡用量。

3. 服务平台的扩展性设计

生产线的扩展在运营中是不可避免的。如果一个服务平台在最初设计阶段就能够考虑到所需要的服务水平的扩展性,会比进入生产线之后再考虑更容易,费用也更低。

除了扩展性外,为了防止在生产过程中产生意外的性能问题,服务的开发团队需要在工程设计阶段考虑特别的容量控制设计。例如建立节流阀(throttle)设计来阻止雪球(snowball)效应,在关键服务器上建立节流阀来阻止流量的溢出。原理很简单,当用户流量超过预期阈值时,通过某些方式截住这些流量,例如不让这些用户再发起服务请求。在这种情况下,一些用户可能会失去服务,但其他用户的服务会得以幸存。

20.4.3　成本审核与调整

成本审核与调整(Cost Justification,又称成本核算)这一步骤的目标是建立一个成本合理(cost-efficient)的容量计划。这一阶段的主要任务是:对实现目标的成本做初步估算;信息反馈给需求提供者进行商务论证;需求的调整;对调整后的需求再做成本估算。如此循环反复,最后形成一个成本合理的需求。

业务团队(如产品经理)需要密切参与这一阶段的活动,尤其是有计划地推出新服务时。在成本核算中,他们可能会发现原来的业务需求过高导致成本太高,他们会在讨论过程中逐步剔除不切实际的商务需求来降低成本,高管们将会参与到决策的制定和目标的调整当中。下面举两个例子。

(1) 冷备方案(Cold Backup)和热备方案(Hot Backup)的选择。

对于一个新服务,由于成本原因,服务的高可用性可能会被简化,如用冷备方案来替代热备方案。热备方案可以实现自动切换,但是成本会比较高。

(2) 灾备中心的选择。

灾备中心的建立对服务的高可用性至关重要。如果除灾备使用外完全闲置,则会带来成本的高消耗。因此,在设计灾备中心时也要考虑支持部分生产服务运营,不能够完全闲置。这需要开发和运营团队在工程方面做仔细的权衡和设计。

20.4.4 实施计划

容量管理的最重要的输出之一就是容量规划报告(Capacity Planning Report),这个报告要记载以下要点:

- 目前容量:当前资源利用和服务性能的水平及瓶颈分析。
- 新的需求:新的业务需求和运营需求。
- 容量预测:预测未来的服务和支撑业务活动所需要的资源需求。
- 成本核算:相应的成本分析。

要特别强调的是,容量规划报告中应该清晰地展示涉及的任何商务或运营的假设,这是为了将来在修正计划时使用。

容量规划报告一旦被审核通过,就会进入实施过程。在实施过程中,会有一系列的工程行动,包括工程设计、开发和系统整合、测试和上线,其中还伴随着所需要的采购过程。

在生产线的上线过程中,所有服务和资源的调整,必须遵循所规定的运营管理流程,如变更、发布、配置和项目管理,以确保生产环境的完整性。

容量管理中提供的信息也会被其他管理流程所使用,如对 SLA 的管理,容量管理可以提供数据来帮助确定合适的、对客户承诺的 SLA 水平,而不是过高或过低。

20.5 性能管理

性能管理(Performance Management)主要在技术层面上管理生产线上的服务平台的容量,包括性能的监控、分析、改进方案和实施。这一系列的活动形成一个循环,如图 20-5 所示。

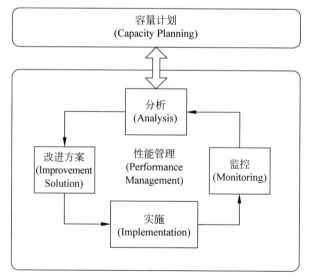

图 20-5 性能管理的循环流程

在这个循环中,分析结果会进入改进方案的步骤。同时,如果需要做根本性的改进或改进幅度非常大,如需要建立新的数据中心,那么就需要与容量计划流程对接,在业务层次做评估和决策。

1. 监测

监控的目的是了解生产线的运行状况,监控的一部分工作是要定义正常服务水平的水准,如阈值和基线。如果超出这些值,则应该触发报警,提醒技术团队确认是否有性能的问题或瓶颈。

这些阈值和基线应该从先前记录的数据进行分析来确定,或在 SLA 的目标的前面一级。例如,如果保证 SLA 的正常运行需要 85% 的容量,那么阈值要设定在 75%。这样,当接近阈值时,仍然有时间采取纠正措施以防止 SLA 被攻破。实际上,在资源被过度使用前,会有一段时间出现性能问题。这段时间应该要引起技术运营团队对服务容量的警觉。

通过定期监控并与这些基线做比较,可以尽早识别异常情况并报告,由此保证 SLA 的服务水平。

服务容量管理成功的关键是尽可能主动地预测问题,这是通过监测性能的变化并分析这些变化所带来的影响来实现的。

2. 分析

对监测系统收集的数据进行分析,以确定正常利用率和服务水平(或称为服务的基线)。通过定期检测并与基线数据做对比,可以找出各个系统或服务的异常情况。例如:

- 基础设施的"瓶颈"(bottleneck)和"热点"(hot spot)问题。
- 可用资源的工作量分配不当,如网络、系统、数据库等问题。
- 应用程序设计的效率低下问题。
- 突然增加的工作量或交易量。

基于这些数据,可以对用户的使用量进行模式分析。通常情况下,短期模式涵盖 24 小时,中期模式涵盖 1～4 周,长期模式涵盖一年。随着时间的推移,各种生产线上服务器的使用趋势将更加明显。如果这些数据能结合来自其他流程中的数据,如变更管理中的数据,模式分析的结果会更加精确。

这些监控获得的数据可用来预测未来的资源使用率,也可用在容量管理的建模上。例如,用实际业务的增长数据来修正模型中预计增长的数据,使模型更加精确。

3. 改进方案

对监控数据的分析可以用来制订一些可以使服务和系统的资源的利用率得以改进和优化的方案,例如负载平衡(均衡工作负载或是流量)和系统的性能优化(如数据库的参数调整)。

4. 实施

实施阶段的工作目的是将确定的改进方案实施到 7×24 小时运营的生产线上。这些实施必须通过严格的、正式的变更管理流程进行。详细的变更流程参考第 19 章。

20.6　容量规划的关键:建模

建模的目的是用现有的监控数据推算出将来的用量,主要涉及以下几方面:

- 生产用量(服务使用量)指标定义:由业务团队和运营团队共同制定。

- 利用生产用量指标的历史数据，采用合适的数学算法建模。
- 用建立的模型外推到后面时间的用量，如 3 个月或 6 个月。

20.6.1　使用量的模拟：使用量与时间的关系

建模的第一步是模拟和预测生产线上的服务使用量如何随时间变化。

例如，云服务公司可以使用注册用户数量作为指标，在这种情况下，就需要模拟注册用户数量与时间的关系（见图 20-6）。

该模型基于输入的历史数据和业务需求，输出数据为对未来的预测。

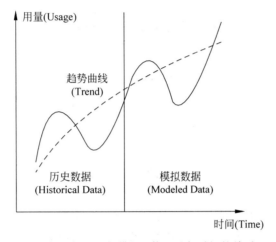

图 20-6　使用量的模拟：使用量与时间的关系

20.6.2　成本的模拟：成本与使用量的关系

当完成使用量对时间的建模后，就需要寻找使用量和成本（资源）之间的关联。虽然成本是资源最主要的组成部分，但实际上所需的资源并不完全等同于成本，二者基本是线性正相关的关系，本书为了简化，认为成本和资源是等同的。

模型公式如下：

```
Resource (or Cost) = function of(Production_Usage)
```

其基本原理就是用历史数据建模，然后预测未来（见图 20-7）。

在成本模拟的活动中，会遇到以下两方面的挑战，需要在建模过程中根据经验或一些假设来解决。

（1）业务使用的指标与生产使用的指标是不同的，这需要运营工程团队与商务团队一起做出关联假设。例如，在线会议服务供应商有三个使用指标：注册用户数（这通常是指商务团队所关心和知道的）、活跃用户数、在线并发用户（这是生产运营团队关心的，是一个真正关联到成本的指标）。这些指标之间的相关性，主要是基于运营经验得到的。以一个网络视频会议公司的技术运营状况为例，其关系为：

```
Active_User_Number = 10% of Register_User_Number
Online_Concurrent_User_Number = 2% of Active_User_Number
```

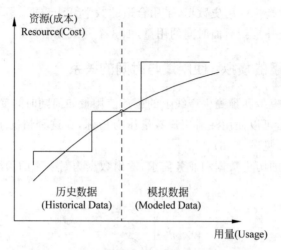

图 20-7　成本的模拟：成本与使用量的关系

在容量计划的模型建立过程中,容量计划团队需要明确列出和确定这些关系式,作为容量预测的基础。其中的相互关联系数,可以先通过经验设计,然后再根据新的生产线数据进行校正。

(2) 实际生产线上的用量与资源使用的关系,是没有办法通过实验室的测试数据完全覆盖的。

这是因为实验室测试的场景与用户的实际行为存在着差别。比如对于视频会议的服务,客户使用中开启的视频路数与实验室的假设就会有一定的差别。因此,在建模中需要在实验室的结果上做一些修正,例如,

实验室数据：10 000 用户→网络带宽用量 100M。

预测：100 000 用户→网络带宽用量 $100M \times 10 \times a$。

其中 a 是修正系数,这个修正系数也是要先通过经验来设定,等有实际生产线数据后,再根据生产线数据校正。

20.7　建模的数学方法

在 20.6 节讲解了建模,本节将讲述用哪种数学方法来建立这样的模型。

20.7.1　回归分析法

1. 方法的提出

回归分析法起源于生物学研究,是由英国生物学家兼统计学家高尔顿(Galton)于 19 世纪末研究遗传学特性时首先提出来的。

一般来说,回归是研究因变量随自变量变化的关系形式的分析方法,其目的是根据已知自变量来估计和预测因变量的总平均值。

回归分析是对具有相关关系的变量之间的数量变化规律进行测定,研究某一随机变量(因变量)与其他一个或几个普通变量(自变量)之间的数量变动关系,并据此对因变量进行

估计和预测的分析方法,由回归分析求出的关系式,称为回归模型。

2. 回归模型的种类

回归模型有多种分类标准:

- 根据自变量的多少,回归模型可以分为一元回归模型和多元回归模型。
- 根据回归模型的形式线性与否,分为线性回归模型和非线性回归模型。
- 根据回归模型所含的变量是否有虚拟变量,分为普通回归模型和带虚拟变量的回归模型。
- 根据回归模型是否用滞后的因变量做自变量,分为无自回归现象的回归模型和自回归模型。

20.7.2 趋势外推预测方法

统计资料表明,大量现象的发展是渐进型的,其发展相对于时间具有一定的规律性。趋势外推预测方法是根据事物的历史和现实数据,寻求事物随时间推移发展变化的规律,从而推测其未来状况的一种常用的预测方法。当预测对象随时间变化呈现某种上升或下降的趋势且无明显的季节波动时,若能找到一条合适的函数曲线反映这种变化趋势,就可用时间 t 为自变量,时序数值 y 为因变量建立趋势模型:

```
y = function of(t)
```

如果有理由相信这种趋势能够延伸到未来,在上式中赋予变量 t 在未来时刻的一个具体数值,可以得到相应时刻的时间序列未来值,这就是趋势外推法。

趋势外推法的假设条件是:

- 假设事物发展过程没有跳跃式变化,即事物的发展变化是渐进性的。
- 假设所研究系统的结构、功能等基本保持不变,即假定根据过去资料建立的趋势外推模型能适合未来,能代表未来趋势变化的情况。

这种假设是符合云服务的生产线的实际用量的场景的。下面讲解的时间序列平滑预测法实际上是趋势外推法的一种具体方法。

20.7.3 时间序列平滑预测法

时间序列分析是一种动态的数列分析,其目的在于掌握统计数据随时间变化的规律。时间序列中每一时期的数值都是由许多不同的因素同时发生作用后的综合结果。

时间序列平滑预测法的基本假设是,随时间序列变化的因变量的态势具有稳定性或规则性,所以时间序列可被合理地顺势推延,这种假设是符合生产线的实际场景的。

20.7.3.1 移动平均法

移动平均法有简单移动平均法、加权移动平均法、趋势移动平均法等。

移动平均法是根据时间序列资料逐项推移,依次计算包含一定项数的时序平均数,以反映长期趋势的方法。当时间序列的数值由于受周期变动和不规则变动的影响,起伏较大,不易显示出发展趋势时,可用移动平均法消除这些因素的影响,以分析和预测序列的长期趋势。

1. 简单移动平均法

简单移动平均法是指对由移动期数的连续移动所形成的各组数据使用算术平均法计算各组数据的移动平均值,并将其作为下一期预测值。

2. 加权移动平均法

在简单移动平均公式中,每期数据在求平均值时的作用是等同的。但是每期数据所包含的信息量不一样,近期数据包含更多关于未来情况的信息。因此,把各期数据等同看待是不合理的,应考虑各期数据的重要性,对近期数据给予较大的权重,这就是加权移动平均法的基本思想。

3. 趋势移动平均法

简单移动平均法和加权移动平均法,在时间序列没有明显的趋势变动时,能够准确反映实际情况。但当时间序列出现直线增加或减少的变动趋势时,用简单移动平均法和加权移动平均法来预测就会出现滞后偏差,因此需要进行修正。修正的方法是作二次移动平均,利用移动平均滞后偏差的规律来建立直线趋势的预测模型,这就是趋势移动平均法。

20.7.3.2　指数平滑法

前面介绍的移动平均法存在两个不足之处:一是存储数据量较大,二是对最近的 n 期数据等权看待,而对 n 期以前的数据则完全不考虑,这往往不符合实际情况。指数平滑法有效地克服了这两个缺点。它既不需要存储很多历史数据,又考虑了各期数据的重要性,而且使用了全部历史资料,因此它是移动平均法的改进和发展,应用极为广泛。

指数平滑法是生产预测中常用的一种方法。也用于中短期经济发展趋势预测,所有预测方法中,指数平滑是用得最多的一种。简单的全期平均法是对时间数列的过去数据一个不漏地全部加以同等利用;移动平均法则不考虑较远期的数据,并在加权移动平均法中给予近期资料更大的权重;而指数平滑法则兼容了全期平均和移动平均所长,不舍弃过去的数据,但是仅给予逐渐减弱的影响程度,即随着数据的远离,赋予逐渐收敛为 0 的权数。

指数平滑法是在移动平均法基础上发展起来的一种时间序列分析预测法,通过计算指数平滑值,配合一定的时间序列预测模型对现象的未来进行预测。其原理是任一期的指数平滑值都是本期实际观察值与前一期指数平滑值的加权平均。

指数平滑法根据平滑次数的不同,又分为一次指数平滑法、二次指数平滑法和三次指数平滑法等。

20.7.4　机器学习算法

基于大数据的机器学习算法是近期快速发展的领域之一。其中,聚类算法、神经网络算法等可以用来做复杂模型的容量建模。具体的讲解参考 20.10 节和第 22 章的案例。

20.8　容量管理的衡量指标

容量管理的有效性(effectiveness)和高效性(efficiency)可以用如下指标来衡量。

1. 业务的准确预测

- 业务发展趋势预测的精确性。
- 生产线负载预测的即时性。
- 是否能及时将商务计划纳入容量规划。
- 减少由于缺乏足够容量造成的业务中断。

2. 成本效益的提高

- 减少生产环境中的超额容量。
- 计划开支的准确预测。
- 减少为解决迫切的性能问题而进行最后关头的购买。

20.9 成功因素和风险

容量管理流程的关键成功因素包括：

- 商务业务团队对业务准确地预测：这是容量管理的基础信息之一。
- 成本效益的实现和证明：只有达到了成本效益目标，并且成果得到了管理层的认同，容量管理才能够持续地进行下去。
- 对当前和未来技术知识的了解。

一些与容量管理相关的主要风险包括：

- 商务团队缺乏对容量管理流程的理解和承诺。
- 技术团队缺乏对业务未来计划和战略的合适信息。
- 流程变得太过官僚和烦琐。
- 流程太过专注于技术，没有足够重视商务运营和实际生产线运营。

20.10 案例研究：苏宁金融容量管理的技术解决方案

从技术维度看，容量管理的关键是有效数据的获取和计算模型的准确。如图 20-8 所示为苏宁金融的案例，具体讲解容量管理在技术维度上的解决方案。

苏宁金融案例的代表性在于：金融行业的 7×24 小时云服务对高服务可用度的刚需；大型云服务的规模；快速增长。这三点带来了对基础设施的大量投入及相关的高额成本。容量管理就是解决成本效益最直接的方法。

20.10.1 背景介绍

苏宁金融每年的成本以翻番的形式增长，但是硬件资源利用率保持在一个很低的水平。因为各个部门要求业务稳定性为第一位，为确保业务稳定，各个部门会不计成本地扩容，同时由于业务爆发式的增长，成本管理往往被忽略了。

苏宁金融技术运营的成本主要是固定资产投资（CAPEX），体现在硬件成本上，包括基于苏宁云物理服务器和虚拟服务器的租用，如 Web 服务器、应用服务器、数据库服务器、中间件服务器等。

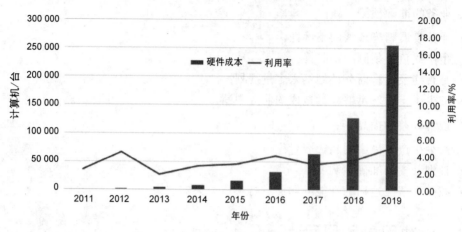

图 20-8　案例讨论：硬件成本和利用率

20.10.2　技术解决方案

图 20-9 所示为硬件成本管控平台的应用架构,属于 AIOps 平台整体架构的一部分,架构部分与硬件成本相关。

应用架构

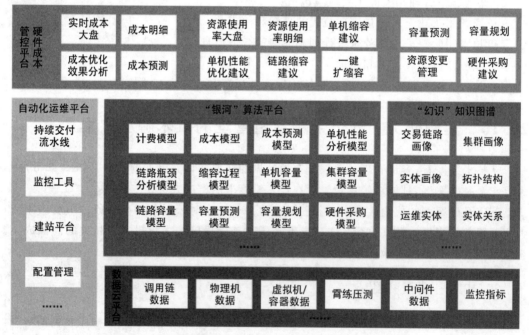

图 20-9　苏宁金融技术运营的硬件成本管控平台的应用架构

数据云平台把包括调用链数据、物理机数据、虚拟机数据、容器数据、压测数据、中间件数据、监控数据在内所有运维实体的整个生命周期的数据都统一汇聚在数据云平台并进行数据管理和治理。

- "银河"算法平台部署了成本管控相关的动态决策算法,基于数据云平台的数据进行快速决策。
- "幻识"知识图谱基于数据云平台的数据构造运维实体知识图谱并提供知识库服务,包括运维实体、实体之间的关系、实体的画像、交易链路的画像等。
- 自动化运维平台提供了一键扩容或缩容、容量配置、自动化测压平台、自动化监控工具等自动化运维服务。
- 硬件成本管控平台集成以上中后台能力提供成本管控服务台功能。

图 20-10 所示为硬件成本管控平台的技术架构,运维实体数据和监控指标数据被汇聚到数据云平台,经过算法平台硬件成本管控计算集群的分析和处理后,由服务工作台提供各类成本管理功能。

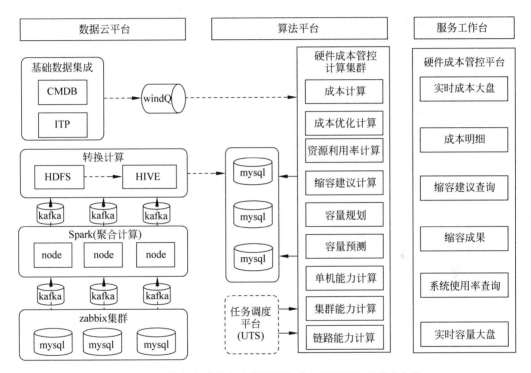

图 20-10　苏宁金融技术运营的硬件成本管控平台的技术架构

20.10.3　成本管理的实施

苏宁金融业务是基于苏宁私有云平台构建,私有云平台的收费模式是根据租用的服务器的数量以及规格计费。

因为主要成本来自服务器,因此成本效益的关键性能指标(KPI 指标)的选定也是根据服务器的指标进行细化,例如 CPU 数目、内存 MEM 大小、存储空间 GB 等技术指标,图 20-11 列举了服务器容量的调整标准最终这些技术指标根据服务器的价格,换算成财务上的成本指标。

生产环境缩容标准： 指标连续 2 个月（含大促）低于缩容标准，则建议缩容

软件类型	指标	缩容标准	说明	性质
storm	cpu使用率均值	单系统strom>5台,cpu使用率需提升至50%	机器台数超过5台，且cpu使用率低于50%，需要缩容标准台数或使用率以外的台数，即建议缩容=现有台数-max{现有台数*cpu使用率/50%,5}	定量
web/app	cpu使用率均值	单系统web>2或app>2台,cpu使用率需提升至30%	机器台数超过2台，且cpu使用率低于30%，需要缩容标准台数或使用率以外的台数，即建议缩容=现有台数-max{现有台数*cpu使用率/30%,2}	定量
redis	redis内存使用率峰值	redis内存使用率低于20%需要提升至20%～40%	redis内存使用率低于20%需要缩容，且缩容后cpu使用率不高于50%	定性

测试环境缩容标准： 超过最小集群，则建议缩容

软件类型	dev	sit	pre	性质
web/app	1台	1台	2台	定量
redis	1台	1台	多活系统不缩容，非多活系统2台（一主一从）	定量
db	1台	1台	多活系统不缩容，非多活系统2台（一主一备）	定量

图 20-11　苏宁金融服务器容量的调整标准

20.10.4　容量模型的建立

容量模型的建立包括历史数据的分析和未来的预测，是整个容量管理中的难点之一，苏宁金融的实施策略如下。

(1) 建立业务容量模型，思路是基于生产环境真实的服务调用链路历史数据和生产压测时的服务调用链路历史数据建立容量模型，模拟不同业务场景下流量和容量变化，以便根据未来的业务需求预测未来的容量需求，每天更新模型。

容量模型描述了系统整体在不同业务场景下的业务承载能力、调用量分布、部署结构、资源利用率之间的关系。可用于根据业务对性能的需求（TPS、QPS、响应时间）和业务的场景，估算流量的分布、部署结构、资源利用率。

服务调用链路是指系统整体下面的子系统之间的调用关系，在不同的业务场景下会有不同的调用关系和调用量比例。

业务指标和技术指标的关联关系通过容量模型关联。

建立单服务的性能瓶颈分析模型，思路是基于生产环境真实的单服务内部调用链和压测时的单服务内部调用链，模拟不同业务场景下的流量和容量变化，以便发现性能的瓶颈并提升优化单服务性能，每天更新模型，这里的流量指调用量。

(2) 冗余容量，根据不同的业务场景设定不同的容量安全水位标准，预测的容量在不同的容量安全水位标准下执行不同的策略（扩容或缩容）。

冗余容量的定义需要仔细平衡。定多了，生产线用量突发时有保障，但是费用高了。定低了成本节约了，但是用量的突发保障减弱了。

这个策略可以作为容量模型的规则部分，根据系统的重要程度和系统的负载特点灵活设置。例如，前台用户使用的交易核心链路系统很重要且负载波动剧烈，低水位设置在10%，利用率低于10%要求缩容，后台人员使用的运营支撑类系统重要程度较低，低水位设置在20%，利用率低于20%要求缩容。

20.10.5　智能算法的应用

智能算法主要体现在容量的瓶颈分析和建模上。

（1）性能瓶颈分析模型。

分析的步骤是：第一步，根据调用链发现性能瓶颈；第二步，根据历史数据采用线性回归或者决策树算法。

在实施中，利用调用链数据生成调用链树，基于树分析性能瓶颈，例如使用搜索算法找到对响应时间影响最大的环节，从而找到改进点。

（2）业务容量模型。

常规机器学习算法主要基于历史数据进行预测，预测结果的准确性完全由历史数据决定。但是在互联网支付业务中，业务调用量和趋势形态受业务场景和营销方法的影响极大，人为影响因素较多，难以用常规机器学习算法进行容量预测。办法是采用 KPI 聚类＋线性回归或者神经网络算法＋专家规则的混合算法策略，先使用线性回归或者神经网络算法结合专家规则进行预测，如果与预测结果不符合则进行 KPI 聚类分析，分离出有差异的数据进行人工分析并进一步完善算法。

第4部分
智能运营(AIOps)

开 篇

在针对服务运营所提出的技术运营的双维模型中，非常重要的一个组成部分就是数据能力。数据能力的体现就是数据智能，数据智能在运营中的具体体现就是智能运营或智能运维（AI for Operations，AIOps）。

技术运营的特点之一是有大量的运营数据，如数据中心的技术监控数据、商务服务运行的数据等。大数据与机器学习的结合产生了智能运营。智能运营虽然刚起步，但是已经显示出对技术运营的深刻影响，如运维自动化、问题诊断、快速决策等。

这一部分的内容按照智能运营的概念、理论到实践的方式进行讲解，框架如下。

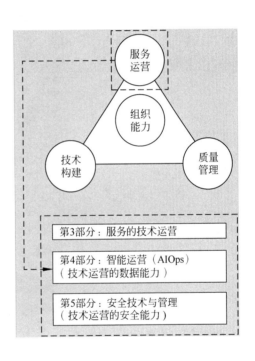

智能运营（AIOps）
（技术运营的数据能力）

基础	算法	实施
第21章	第22章	第23章
数据能力——智能运营（AIOps）介绍	AIOps中的算法基础	AIOps的落地：企业实施

概念、理论、实践

第21章

数据能力——智能运营(AIOps)介绍

基于机器学习的智能运维的发展是最近几年的事,虽然目前还处于一个比较初级的阶段,但是发展很快,已经在技术运营的监控、问题诊断和自动化等方面有了很大发展。虽然由于 7×24 小时生产线的技术运营的复杂性,还没有比较通用的算法或 AIOps 平台出现,但是结合人工智能技术的发展,AIOps 是技术运营领域中一个非常重要的趋势,本章主要介绍智能运营的发展和基本概念。

21.1 数据能力的新阶段:AIOps

技术运营面临的挑战是:一方面要降低成本,另一方面生产线运营的复杂性也在增加。这样的挑战可以在 3V(体量、多样和速度)的三个维度体现出来。

- 体量(volume):IT 基础架构和应用程序生成的数据量快速增长。
- 多样(variety):机器和人工生成的数据类型的多样性不断增加(如指标、日志、文档)。
- 速度(velocity):由于云计算和新技术的普及,生成数据的速度不断提高。

在处理大量、多样和增长快速的数据时,现有的生产线运营工具(如监控系统)会难以支持。更重要的是,现有的技术运营工具难以从多种类型数据中萃取内涵。例如,业务分析需要大量数据,这些数据来自基础架构、应用程序指标、客户情感数据、业务交易数据、传感器遥测数据以及来自各种系统的日志等。而 AIOps 技术的专长之一就是对多个数据集的数据进行萃取和分析,用以支持技术运营的报警收敛、根因分析、事故处理等。

AIOps 对技术运营带来的好处体现在以下几方面。

(1) 智能自适应(启发式)自动化(Automation)。

- 自动化工作流利用知识库中的显性知识、人类思维中的隐性知识和 AIOps 对行为的分析结果,可以使其工作流程变得"更加智能"。
- AIOps 在自动化运维的基础上,增加了一个基于机器学习的大脑,指挥监测系统采集大脑决策所需的数据,并做出分析、决策,然后指挥自动化脚本执行大脑的决策,从而实现运维系统的整体目标。

（2）主动式监控（Proactive Monitoring）。

- 行为预测自动化：可以持续地观察和分析应用程序、基础架构和用户行为，以预测未来可能影响服务可用性和性能的事件。
- 根因分析：可以将分析方法［贝叶斯（Bayesian）算法、Granger、Temporal 算法等］的组合应用于广泛的数据集，以找出影响服务可用性和性能问题的可能的根本原因。

（3）服务支持（Service Support）。

- 智能通知：AIOps 可以主动地将当前或潜在的服务问题通知到最终用户和 IT 运营人员。
- 动态决策支持：基于对 IT 运营和业务行为数据的实时和历史分析，AIOps 可以为决策方案设计提供建议。

21.2　AIOps 发展历史：从 ITOA 到 AIOps

本节简单介绍 AIOps 的发展历史。

21.2.1　ITOA

IT 运营分析（IT Operations Analytics，ITOA）技术主要用于研究大型且"嘈杂"的 IT 系统的可用性和性能数据中的复杂数据模式。Forrester Research 公司将 ITOA 定义为"利用数学算法和其他创新技术从管理和监测技术收集的原始数据中提取有意义的信息"。

ITOA 发展的一个里程碑是谷歌的崛起，谷歌开创了一种预测分析的数学算法模型，它第一次尝试阅读互联网上的人类行为模式。然后 IT 专家将预测分析应用于 IT 行业，建立了一个无须人工干预的平台，此平台可以自动筛选数据以分析数据的内在逻辑。

21.2.2　AIOps

AIOps 的含义是"算法型 IT 操作（Algorithmic IT Operations）"或"IT 运营的人工智能（Artificial Intelligence for IT Operations）"。此类操作任务包括自动化、性能监控和事件关联性等。在本书中简称为"智能运营"。

AIOps 的技术核心由两方面组成：大数据和机器学习。图 21-1 所示为高德纳公司（Gartner）对 AIOps 的结构定义，图中显示了 AIOps 的主要组成部分。

在图 21-1 中，核心的引擎部分是大数据和机器学习。中间是三个实际的实施：监控/观察（Monitoring/Observe）、服务/介入（Service Desk/Engage）和自动化/实施（Automation/Act）。这两层之间是不断循环的对数据内在价值的探索（Continuous Insights）。最后，AIOps 的价值体现在商务价值（Business Values）上。

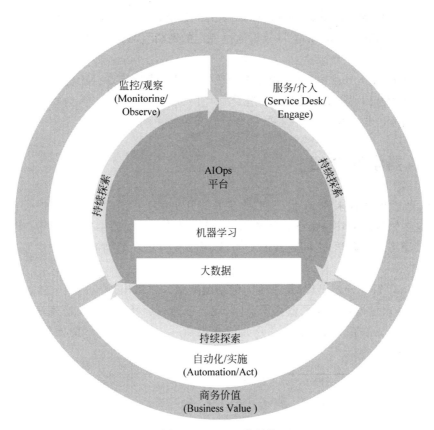

图 21-1 AIOps 的结构

21.3 AIOps 的技术栈

图 21-2 展示了 AIOps 的技术组成,图中部分说明如下。

（1）数据源(Data Source)：来自当前的监控和管理工具,如报警、指标、日志、作业数据、工单、监控等。

（2）大数据(Big Data)：汇总并分析历史和实时数据。

（3）计算(Calculations 或 Computation)与分析(Analytics)：从现有 IT 数据,根据业务和技术的要求进行拆分或组合,生成新数据和元数据。计算和分析还可消除噪声,识别模式或趋势,收敛可能的原因,揭露潜在问题。

（4）分析(Analytics)：通过分析进行噪声数据的消除,识别模式或趋势,发现收敛的可能原因,揭露潜在问题。

（5）算法(Algorithms)：根据分析结果更改现有算法或创建新算法。

可视化	自动化
机器学习	
算法	
分析	
计算	
大数据	

报警	监控	客户投诉	工单任务
数据源			

图 21-2 AIOps 的技术组成

（6）机器学习（Machine Learning）：根据人工智能算法进行模式学习。

（7）可视化（Visualization）：将分析通过一定的逻辑呈现出来，供进一步的分析和决策使用。

（8）自动化（Automation）：使用分析和机器学习生成的结果自动创建技术运营中的工作或任务，或针对已识别的问题进行改进。

其中机器学习是 AIOps 最核心的部分。

21.4　机器学习介绍

在 20 世纪 90 年代末和 21 世纪初，人工智能开始用于物流、数据挖掘、医疗诊断和其他领域。在这些领域的成功是由于计算能力的提高、对具体问题的聚集、人工智能与其他领域（如统计学、经济学和数学）之间的新的交互，以及研究人员在基础的数学方法和科学标准上的贡献。

1950 年人工智能开始出现，带来了人们新的期望。之后出现了瓶颈。随着更快的计算机的出现、算法改进以及对大量数据的访问，促进了机器学习和感知的快速发展。基于大量数据的深度学习方法在 2012 年左右开始成为主流。人工智能技术的发展历程如图 21-3 所示。

图 21-3　人工智能技术的发展历程

现在计算机科学界最大的两个流行词是"机器学习"和"人工智能"。这两个术语是密切相关的，虽然经常交替使用，但二者并不完全相同。

人工智能涵盖了非常广泛的技术，机器学习是人工智能的一种，深度学习是机器学习中的一项专业分支（见图 21-4）。

21.4.1　机器学习的定义

机器学习比较通用的一个定义来自斯坦福大学的机器学习课程："机器学习是让计算机在没有明确编程的情况下能够采取行动的科学。"在机器学习的方法中，不是使用那种"如果这个，那么"（if this，then that）的编程系统方法，而是系统所做出的决定是从已经呈现给

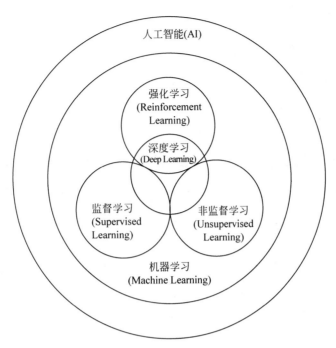

图 21-4　人工智能的技术层级

它的数据中分析或"学习"得出的。这是一种从实践中学习的方式。图 21-5 展示了机器学习的技术分类及其应用场景。

21.4.2　监督学习和无监督学习

机器学习分为两类：有监督学习和无监督学习，它们的底层算法及其应用存在差异。无监督技术通常更简单，并尝试在一组给定的观察对象内找到模式。推荐系统(Recommender System)就是无监督算法的一个应用。相比之下，监督学习是通过"示例学习"的方法，监督学习系统需要知道什么是"好"例子，什么是"坏"例子。例如，这封电子邮件是垃圾邮件，另外一封电子邮件不是。图 21-6 列出了比较典型的监督学习和无监督学习的算法。

机器学习的算法分类有两种，一种是分为监督型和非监督型，另一种是按照数据分布分为连续型和目录型(也叫非连续型)。

21.4.3　神经网络及深度学习

1. 神经网络(Neural Network)

机器学习领域有许多技术分类，其中之一被称为"神经网络"，如图 21-7 所示。

神经网络是一个软件系统，试图模仿人类大脑的工作方式。神经网络的概念已经存在了几十年，但它的真正能力才刚刚被发掘和展现出来。神经网络由人造神经元(Artificial Neuron)组成，每个神经元连接到其他神经元。不同训练集(如电子邮件)输送给神经网络，同时输入的预期的结果(例如，电子邮件是否为垃圾邮件)，神经网络确定哪些神经元需要激活才能达到所需的输出。

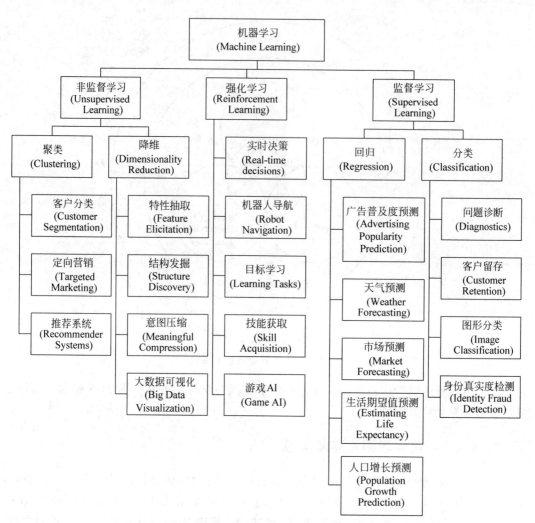

图 21-5　机器学习的技术分类及其应用

图 21-6　机器学习算法的分类

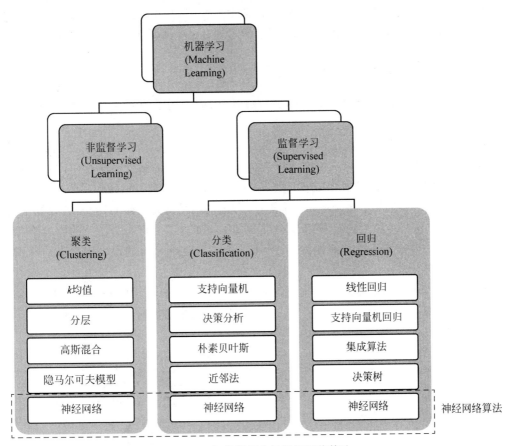

图 21-7 机器学习中的神经网络算法

图 21-8 所示为神经网络(Neural Network)与深度神经网络(Deep Neural Network)的比较。

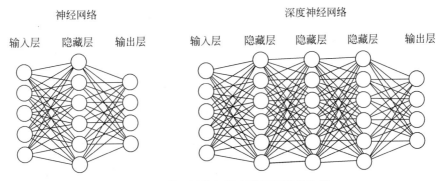

图 21-8 神经网络与深度神经网络的比较

2. 深度学习(Deep Learning)

深度神经网络学习,简称深度学习,是神经网络中一个非常令人兴奋的领域。可将深层网络想象成一个更大更复杂的网络,在各个节点之间进行更复杂的交互。深度学习采用多个"层",在层和层之间进行复杂的交互,以完成模式识别并由此解决问题。

深度学习在机器学习研究领域处于领先地位,并且其中一些研究结果已经在产业进行了应用,如自动翻译、为图像自动生成字幕、自动生成文字,甚至创造莎士比亚风格的剧本。正如机器学习带来了人工智能新的飞跃,深度学习现在也带来了机器学习技术新的发展。

21.4.4　机器学习中的分类与聚类

分类(classification)与聚类(clustering)在运维的应用场景中常常被用到,下面做详细介绍。

机器学习技术可以分为监督和非监督两类。在监督学习中,"这是什么"问题被称为"分类"问题,用于回答这些问题的系统称为分类器(classifier)。在无监督学习中,"这是什么"问题是一个"聚类"问题,用于回答这些问题的系统通常称为聚类引擎(Clustering Engine)。

分类和聚类之间的根本区别是:在聚类中,分配的组是事先未知的,完全由数据中的模式决定。聚类算法将一组对象分成组或簇(clusters),每个簇中的内部各项的内容都相似,但与其他簇中的内容则不同。而在分类中,不同的组或类(class)的定义则是事先已知,是定义好的。

图 21-9 显示了机器学习的分类结果与聚类结果。图 21-9(a)中,每一组结果(w_1,w_2,w_3)有相应的类别定义(R_1,R_2,R_3)。图 21-9(b)中,则只是把数据分成不同的组。

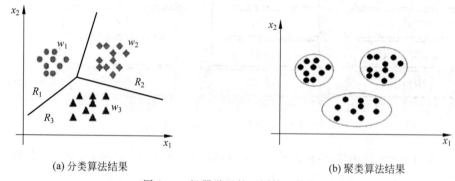

(a) 分类算法结果　　　　　　　　　　　　(b) 聚类算法结果

图 21-9　机器学习的不同算法结果

下面讲解这两种方法的不同结果。

假设要建立一个动物的识别系统,一个用监督学习方法(分类器)另一个用无监督学习方法(聚类引擎)。假设分类器训练有素并能产生准确的结果。如果集合包含三种不同的动物,如鸭子、狗和马,并且每个动物的数量相同,将该集合呈现给分类器,它将正确识别每个动物并将其分配到适当的类别。

同样,如果将这个动物群体给聚类引擎处理,并且已经很好地选择了特征量,学习系统也可以把这个动物群体分为三个集群,每类动物集合一个。但重要的是,无监督学习系统无法标记这些群集,因为没有人告诉它每个群集代表了什么,它只知道每个集群都包含相似的东西。

但是如果改变起始数据,让动物的集合只包含鸭子,那么这两个学习系统的行为就会有所不同。监督系统仍然是说每只动物都是鸭子。它不关心每个示例是否来自单一的动物集合,它只拿它看到的动物的特征与以前被告知的鸭子的特征做比较,来试图确定是否有足够的匹配。

然而,无监督系统的原理是寻找它所拿到的数据中的模式。鸭子的许多特征是与其他动物有区分的,如羽毛、脚蹼、声音等。但是这些特征对每只鸭子都是同样的,聚类引擎会忽略这些相同的特征,去试图找到其他不同的特征。因此,如果其他的特征包括动物的颜色和大小,聚类引擎可能会将这群鸭子按照不同颜色,或不同大小进行分别。

行为上的这些差异突出了这两种方法的优点和缺点。监督系统需要预先知道它们正在寻找什么,它们需要接受培训以寻找哪些类别。这些活动需要时间,但优点是鸭子永远是鸭子。无监督的技术会在数据中寻找隐藏的模式——"未知的未知数"(unknown unknowns)(如果数据改变了,那么数据模式也会改变)。

所以,如果试图确定动物是否是鸭子,那么一个无监督的系统可能不会给出期望的答案。但是如果知道这些是鸭子,想对它们进行分类,比如一群大鸭子和小鸭子,或者白鸭子和黄鸭子,那么聚类技术是最好的方法。

分类算法和聚类算法可用于解决很多的技术运营问题,如 7×24 小时生产线的报警风暴问题。

21.5 AIOps 为工厂运营管理赋能

高德纳公司把 AIOps 对 IT 的运营管理(IT Operation and Management,ITOM)的赋能总结如图 21-10 所示。

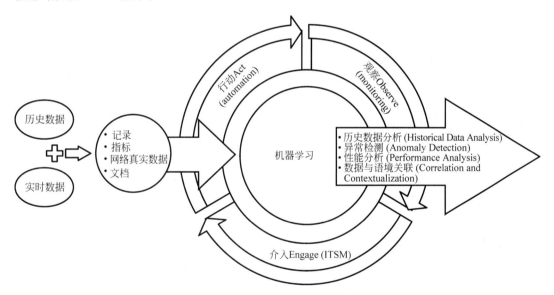

图 21-10 AIOps 对 ITOM 的驱动

AIOps 的核心工作是数据分析,其目标是发现可以用于及时预测可能的事故(incident)或服务用量(usage)的数据模式(pattern),并用这种数据模式及时回溯以确定当前系统行为的根本原因。

AIOps 对工厂运营管理的赋能体现在以下几方面。

1. 数据提取和处理

历史数据和流数据的管理:提取、索引和存储各种日志数据、传输数据、度量标准、文档数据等。现有的数据库大多是非结构化或多结构化的,数据量大,变化快,这样的数据管理称为"大数据管理"。为了在 IT 运营中体现价值,AIOps 会在多个实时和历史数据流中提供一致性的分析。

2. 分析成果

(1)基础和高级统计分析:用单变量和多变量分析的组合算法,包括相关性、聚类、分类和回归的各种算法,对历史数据和实时数据进行分析。

(2)自动的模式发现和预测:使用历史数据或实时流数据进行分析,以得到数据中新的、关联的数学或结构模式,然后使用这些模式进行事件预测。

(3)异常检测:用发现的模式确定系统的正常行为与异常行为。

(4)根因分析:通过自动的模式识别和预测来收敛相关性,以隔离那些代表真正因果关系的依赖关系,从而提供有效干预的方法。

如上所述,在大数据和机器学习引擎的驱动下,原始数据进入,分析数据产出。在此过程中,自动化(automation)、观察(observe)和操作管理(ITSM)这三个功能共同驱动和被驱动,同时自我优化。在这种数据进入、数据产出和不断的自我学习和提升中,整体的技术运营会提升到一个新的水平。

21.6　场景讨论:运维报警风暴的处理

7×24 小时生产线运营中每天都面临许多问题,其中很重要的一个问题就是工程师每天遇到的大量低效的报警,也就是报警风暴(Alert Fatigue)现象,下面讲解 AIOps 的解决思路。

21.6.1　报警风暴

报警风暴是由系统产生的雪崩数据产生的。即使是中型企业,IT 基础设施也可以每天产生数百万个事件。在这些海量的报警中,故障的根本原因引起的报警是极少数的。

尽可能减少报警的目的不仅仅是减少需要处理的报警数量。单纯地减少报警数量很容易,但这是错误的方法。例如调整报警阈可以减少报警的数量,但同时也可能过滤掉根本原因引发的报警。

减少报警体量的最长久的技术之一是事件重复数据的合并,或是数据去重(deduplication)。通过这种方法数据可以有所减少,但是在很多情景下,总体数据量依然巨大。这种方法最大的优势是它不会从系统中删除报警数据,运维团队看到的是整理过的、更可管理的数据。

在机器学习算法出现之前,运维工程师实现报警数据去重的办法是用人工定义规则(rule)的方式,也就是把做规则做成信息过滤器(filter):如 IP 地址和时间数字对比、报警内容的关键字匹配等。虽然这种方法在某些场景可以非常有效,但这个方法已经过时。不同角度的数据分析的复杂性带来数据处理规则的大量增加,这使得人工设定规则这种方案越来越难以使用,同时这些规则的维护也越来越困难,现在生产线上非常容易达到每秒数以千计的实时报警量。

报警风暴的真正解决需要一种不同的方法,它是由多个阶段组成的方法:

（1）这个方法需要丢弃那些毫无意义的警报，同时也能有效地处理被留下的报警，让运维团队迅速定位问题。

（2）这个方法要了解什么是正常的运行状态，什么是不正常的运行状态。这就是需要机器学习和数据挖掘技术的地方——用历史数据作为正常状态的基准。

21.6.2　基于时间序列数据定义异常值

时间序列数据是来自服务器或应用程序的基于时间的状态监控数据。如果一切正常，监控系统定期会报告消息，如"25％的 CPU 利用率"或"45％的可用磁盘容量"。

运维团队其实不需要看到这类数据，他们只需要知道什么时候出了问题，什么时候了出现了异常，这就是机器学习需要进入异常点检测和异常检测领域的地方。

异常值检测（Outlier Detection）和异常检测（Anomaly Detection）是有时可互换使用的术语。

离群值是一个度量值，该值与该度量的其他一组值不同。例如，CPU 利用率在 40％～50％波动，但是在一天的特定时间，有一台服务器的 CPU 运行在 70％以上。该特定测量可能被归类为异常值，因为它与所有其他服务器的 CPU 使用率不同。

图 21-11 显示了将一个复杂的时间序列数据分解为几个基本的时间序列数据。最原始的时间序列数据是观察到的（observed）数据，它被分解为趋势性（trend）数据序列、周期性（seasonal）数据序列和随机（random）数据序列。异常值的定义和检测是基于被分解后的基本时序数据。

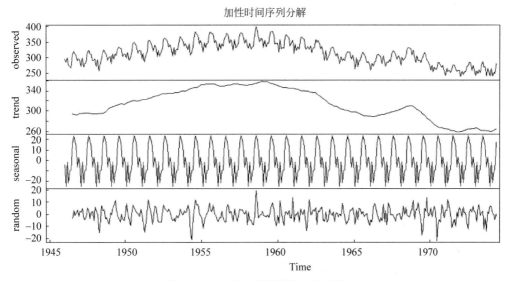

图 21-11　时间序列数据的几种特征

离群值的出现，仅仅表明在某种情况下数值是离群值，并不一定意味着它是异常的。异常值是指它与历史趋势不符合。例如服务器群中主服务器，也就是承担工作量最大服务器的 CPU 可能始终在 70％以上，这是正常的。但是如果其利用率达到 95％，就是一种反常现象，因为它没有遵循其历史行为趋势。

21.6.3　使用机器学习的非监督算法报警

机器学习怎样做才能做到只把异常值报警出来？一个简单的方法是使用一个阈值：例如 CPU 大于 80％，就算是一个异常。但是对于一组服务器正确阈值，并不适用另一组服务器。例如 95％CPU 的峰值在白天的业务高峰时段是正常的，但是在业务空闲的半夜就不是。对于这些不同的场景，手动创建阈值规则对于工程师来说是过于复杂了。

非监督聚类技术如 k 均值算法或最近邻聚类算法（Nearest-neighbor Clustering）常用于异常值检测。但是，当业务需求需要确定度量标准是否遵循历史行为和趋势时，需要采用基于深度学习的递归神经网络（Recurrent Neural Networks）——包含层次时间记忆（Hierarchical Temporal Memory）和长短期记忆（Long Short-term Memory）等技术的解决方案。

在实际场景中，一般通过几种算法来综合处理，例如：

- 根据时间关联警报，其逻辑是，当服务可用度事故（Service Availability Failure）发生时，其中所有不同的故障事件都可能在时间上重合。
- 根据拓扑图，报警的关联是根据其所在区域的拓扑进行上下关联，拓扑关系通常用 CMDB 存储。
- 使用上下文相似性（Contextual Similarity）作为其相关性标准，根据一个或多个事件属性（如事故描述或事故等级）的相似性对事件进行分组。

在非监督聚类中，k 均值算法是一个常用的算法。使用 k 均值算法的最常见的挑战之一是需要为 k 提供值，即算法所需要寻找的聚类数量值。

21.6.4　用机器学习方法进一步提取更丰富的数据

用机器学习的方法可以对报警做同类合并，消除噪声，并通过时间序列的方法只对异常值做报警。但机器学习对数据的处理并不止于此。

AIOps 对报警内容了解得越多，警报处理的准确度就越高。但是，报警中数据的丰富程度高度依赖于其来源。APM（Application Performance Monitoring）监控体系主要关注应用层，SNMP（Simple Network Management Protocol）的报警则主要在网络或系统的底层。AIOps 系统则需要根据这些特性提取出相关的内在逻辑。

从自然语言处理领域引申出来的命名实体识别（Named Entity Recognition）技术提供了从报警信息中提取不同类型的标注变量值的更有效方式，如关键字。监督学习技术（如分类）可以帮助我们识别报警的类别：它与"审计"还是"安全性"，是来自应用层还是基础网络层等有关。

态势感知（Situational Awareness）也是进一步处理报警风暴的一个方向。

我们现在生活的环境是一个信息日益活跃的人、机、环境（自然、社会）系统，指挥控制系统通过人、机、环境三者之间的交互及信息的输入、处理、输出、反馈来调节正在进行的主题活动，进而减少或消除结果的不确定性。

针对指挥控制系统的核心环节，Mica R. Endsley 在 1988 年国际人因工程（Human Factor）年会上提出了有关态势感知的一个共识概念：就是在一定的时间和空间内对环境中的各组成成分的感知、理解，进而预知这些成分的随后变化状况（The perception of the elements in the environment within a volume of time and space, the comprehension of their meaning, and the projection of their status in the near future),具体如图 21-12 所示。

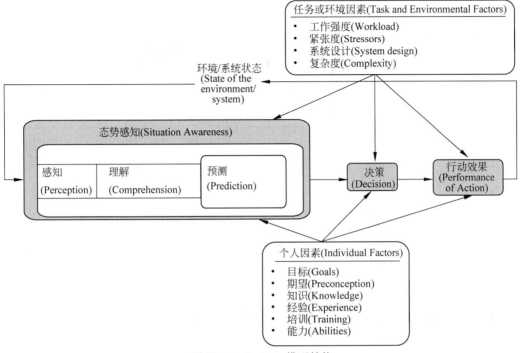

图 21-12 Endsley 模型结构

该模型分为三级,每一级都是下一级的基础(必要但不充分),该模型沿着一个信息处理链,从感知到理解到预测规划,从低级到高级,具体为:第一级是对环境中各成分的感知,即信息的输入。第二级是对目前的态势的综合理解,即信息的处理。第三级是对随后情境的预测和规划,即信息的输出。

一般而言,人、机、环境(自然、社会)等构成特定态势的组成成分常常会发生快速变化,在这种快节奏的态势演变中,由于没有充分的时间和足够的信息来形成对态势的全面感知、理解,所以准确对未来态势的定量预测可能会大打折扣(但应该不会影响对未来态势的定性分析),这和运维的场景很类似。

在监控数据的处理过程中,机器学习系统对报警信息进行提取、归类,并且关联外部数据,然后可以触发报警。但在实际中,所需的信息可能不完整,来自多个来源的数据也可能有冲突,这时就需要运维工程师的介入,这就是态势感知方法的思路。

21.7 本章小结

在技术运营的双维模型中很重要的一个能力是数据能力,数据能力的体现就是数据智能,而数据智能在技术运营中的体现就是 AIOps。

本章主要从概念和框架上介绍了 AIOps 及其对技术运营的影响和作用。对系统运行过程中所产生的数据,AIOps 运用人工智能及算法、运筹理论等相关技术,对运维数据进行分析,进一步提升运营中的技术与管理的效率,包括故障预测、问题分析和运营决策等。

第22章

AIOps中的算法基础

本章主要介绍 AIOps 的主要应用场景、人工智能算法的应用策略、相关的人工智能重要算法以及实践。

22.1 AIOps 适用场景和算法策略

在具体介绍算法之前,先介绍技术运营或运维中的适用场景分类,以及人工智能算法的应用策略。

22.1.1 AIOps 适用场景

在 AIOps 领域中,适用的场景按照时间可以分为历史、当前、未来三个类别,进而细分为 KPI 聚类、瓶颈分析、异常检测、异常定位、容量预测、故障预测等场景。对于各个场景都有一些算法可以提供对应的解决方案,图 22-1 显示了根据时间顺序的运维场景分类。

在整个技术运营中有很多运营指标,这些指标的定义要密切结合生产线的运营状况和业务需求。这些指标可以分为 KPI(Key Performance Indicator,核心性能指标)指标和非 KPI 指标。KPI 指标一般用来考核运营水平,整体的 KPI 指标如服务稳定性、成本效益等。以 KPI 为例,后台

图 22-1　AIOps 场景分类

的技术运营的具体 KPI 包括网络流量、系统负载、数据库连接数等;在前台的业务层面,包括 PV、UV、交易量、成功率、耗时等。

KPI 的定义随生产线运营和业务的不同阶段而不同。例如在某一个阶段,服务的稳定性是关键,而在另一个阶段,运营成本或是用户体验是关键。KPI 是其他各个指标的重要参考,KPI 一旦确定,瓶颈指标、容量指标等也会相应确定下来。

22.1.2 AIOps 策略:场景分解和算法组合

清华大学计算机系副教授裴丹在 APMCon 2017 大会主论坛上曾提道:"人工智能在很

多领域取得了出色的表现,甚至超过人类的水平。但是前提是对于这些问题定义很清楚,已经明确了输入输出是什么,并且有充足的数据和知识。在实践 AIOps 时,往往容易踩到陷阱,也就是说想直接应用标准的机器学习算法,通过黑盒的方法直接解决运维问题,这种做法通常是行不通的。"

技术运营中的异常检测以及更进一步的根因分析(Root Cause Analysis)是运维工作中最具挑战的一类问题,问题的解决需要场景的分解降维以及多个算法的协同工作。图 22-2 展示了在异常检测系统的根因分析过程中,AI 的不同算法的分级和使用。

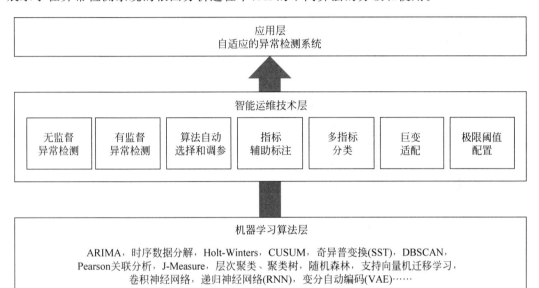

图 22-2　AIOps 算法层次图

从图 22-2 可以看出,一个在实践中看起来非常难的异常检测问题,通过庖丁解牛的方法,可以分解成一系列问题,每一个都变成用 AI 方法可解了。

下面就以场景为核心介绍一些典型算法。这些算法可以作为基础,需要时可以进行场景分解,再分别使用这些基础算法。

22.2　KPI 聚类

在互联网运维场景中,运维人员需要检测和分析大量的 KPI,给出若干条 KPI 时序数据曲线,希望通过聚类和分类算法给出每条 KPI 所属的类别。在进行 KPI 异常检测等任务时,对于同类别的曲线,仅需对其中的一部分进行考察,从而大大降低数据标注开销及算法训练开销。KPI 聚类问题以大量 KPI 时序数据曲线作为输入,通过相似性判别及聚类、分类算法,得出每条曲线所属的类别,如图 22-3 所示。

相对于传统的聚类问题,KPI 聚类面临诸多新的挑战,包括但不限于:

(1) KPI 时序数据可能包含若干异常点/区段,对聚类任务可能产生干扰。

(2) KPI 时序数据的可能维度较多(每条曲线包含数万甚至更多的数据点),曲线数量多,算法可能具有较高的时间开销。

（3）KPI曲线间可能存在相位、振幅等偏差，对聚类造成干扰。

（4）互联网运维场景复杂，随时可能有新的KPI需要监控。因此，希望算法能够在出现新的KPI曲线时，快速确定其所属类别。

聚类算法是无监督学习里的典型例子。聚类的目的是把相似的东西聚在一起，并不关心这一类是什么。因此，一个聚类算法通常只需要知道如何计算相似度就可以开始工作了。

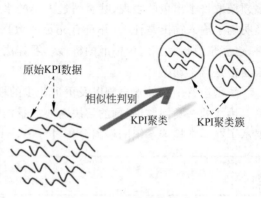

图22-3 KPI聚类算法示意

聚类算法一般有五种，最主要的是划分和层次两种。划分聚类算法通过优化评价函数把数据集分割为k个部分，k作为输入参数。典型的分割聚类算法有k均值算法，k中心聚类算法、随机搜索聚类（CLARANS）算法。层次聚类由不同层次的分割聚类组成，层次之间的分割具有嵌套的关系，这种算法不需要输入参数，这是它优于分割聚类算法的一个明显优点，其缺点是终止条件必须具体指定。典型的分层聚类算法有BIRCH算法、DBSCAN算法和CURE算法等。

下述算法作为具有代表性的聚类算法，虽然不能直接用于时间序列聚类，但是可以作为算法的基础进行参考。

22.2.1 k中心聚类算法

k中心聚类算法是基于k均值聚类算法的改进。k均值算法执行过程为，首先随机选择初始质心，只有第一次随机选择的初始质心才是实际待聚类点集中的点，而后续将非质心点指派到对应的质心点后，重新计算得到的质心并非是待聚类点集中的点，而且如果某些非质心点是离群点，导致重新计算得到的质心可能偏离整个簇，为了解决这个问题，提出了改进的k中心聚类算法。

k中心聚类算法也是通过划分的方式计算得到聚类结果，它使用绝对差值和（Sum of Absolute Differences，SAD）来衡量聚类结果的优劣，在n维欧几里得空间中，SAD的计算公式如下：

$$\mathrm{SAD} = \sum_{m=1}^{k} \sum_{p_i \in C_i} \mathrm{dist}(p_i, o_i) = \sum_{m=1}^{k} \sum_{p_i \in C_i} \sqrt{\sum_{j=1}^{nC_i} (p_{ij} - o_{ij})^2} \qquad (22\text{-}1)$$

围绕中心点划分（Partitioning Around Medoids，PAM）的方法是比较常用的，使用PAM方法进行处理，可以指定一个最大迭代次数的参数，在迭代过程中基于贪心策略进行选择，使聚类质量得到最高的划分。使用PAM方法处理，每次交换一个中心点和非中心点，然后执行将非中心点指派到最近的中心点，计算得到的SAD值越小，聚类质量越好，如此不断地迭代，直到找到一个最好的划分。

维基百科对基于PAM方法计算聚类的过程描述如下：

（1）从待聚类的数据点集中随机选择k个点作为初始中心点；

（2）将待聚类的数据点集中的点指派到最近的中心点。

（3）进入迭代，直到聚类的质量满足指定的阈值（可以通过计算 SAD），使总代价减少。对每一个中心点 o 和非中心点 p，执行如下计算步骤：

- 交换点 o 和点 p，重新计算交换后的该划分所生成的代价值；
- 如果本次交换造成代价增加，则取消交换。

根据算法描述，应该按顺序取遍中心点集合中的点，也从非中心点集合中取遍所有非中心点，分别计算生成的新划分的代价。由于待聚类的点集可大可小，每次取点时采用随机取点的策略，随机性越强越好，只要满足最终迭代终止的条件即可。通常如果能够迭代所有情况，那么最终得到的划分一定是最优划分，即聚类结果最好。这通常适用于聚类比较少的点的集合，如果待聚类的点的集合比较大，则需要通过限制迭代次数来终止迭代计算，从而得到一个能够满足实际精度需要的聚类结果。

22.2.2　密度聚类算法

DBSCAN（Density Based Spatial Clustering of Applications with Noise，具有噪声的基于密度的聚类方法）是一种基于密度的空间聚类算法，该算法将具有足够密度的区域划分为簇，并在具有噪声的空间数据库中发现任意形状的簇，它将簇定义为密度相连的点的最大集合。

在 DBSCAN 算法中将数据点分为三类（见图 22-4）：

（1）核心点（Core Point）。若样本 x_i 的 ε 邻域内至少包含了 MinPts 个样本，即 $N_\varepsilon(X_i) \geqslant$ MinPts，则称样本点 x_i 为核心点。

（2）边界点（Border Point）。若样本 x_i 的 ε 邻域内包含的样本数目小于 MinPts，但是在其他核心点的邻域内，则称样本点 x_i 为边界点。

（3）噪声点（Noise Point）。既不是核心点也不是边界点的点。

DBSCAN 涉及两个量，一个是半径 Eps(ε)，另一个是指定的数目 MinPts。

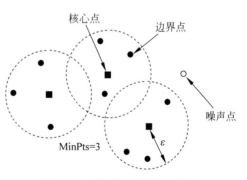

图 22-4　DBSCAN 算法示意图

在 DBSCAN 算法中，还定义了如下概念（图 22-5）：

（1）密度直达（directly density-reachable）。如果样本点 p、q 满足如下条件：

$$p \in \mathrm{NEps}(q)$$

$$|\mathrm{NEps}(q)| \geqslant \mathrm{MinPts}（即样本点 q 是核心点）$$

其中，NEps(p)表示样本集合 D 中与点 p 的距离小于 Eps 的所有样本点的集合，定义为

$$\mathrm{NEps}(p) = \{q \in D \mid \mathrm{dist}(p, q) \leqslant \mathrm{Eps}\}$$

称样本点 p 是由样本点 q 对于参数{Eps,MinPts}密度直达的。

（2）密度可达（density-reachable）。如果存在一系列的样本点 $p_1, \cdots, p_n$（其中 $p_1 = q$，$p_n = p$）使得对于 $i = 1, \cdots, n-1$，样本点 p_{i+1} 可由样本点 p_i 密度可达，则称样本点 p 是由

样本点 q 对于参数 $\{Eps, MinPts\}$ 密度可达的。

（3）密度相连（density-connected）。如果存在一个样本点 o，使得 p 和 q 均由样本点 o 密度可达，则称样本点 p 与样本点 q 对于参数 $\{Eps, MinPts\}$ 是密度相连的。

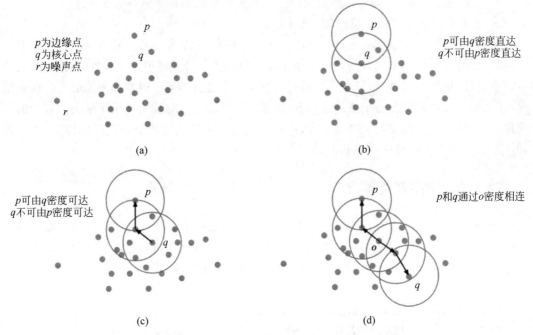

图 22-5　DBSCAN 算法概念示意图

基于密度的聚类算法通过寻找被低密度区域分离的高密度区域，并将高密度区域作为一个聚类的"簇"。在 DBSCAN 算法中，"簇"定义为"由密度可达关系导出的最大的密度连接样本的集合"。

在 DBSCAN 算法中，由核心对象出发，找到与该核心对象密度可达的所有样本形成的"簇"。DBSCAN 算法的流程为：

（1）根据给定的邻域参数 Eps 和 MinPts 确定所有的核心对象。

（2）对每一个核心对象，选择一个未处理过的核心对象，找到由其密度可达的样本生成聚类"簇"。

（3）重复以上过程。

22.2.3　随机聚类算法

随机聚类算法（A Clustering Algorithm based on Randomized Search, CLARANS）是基于随机选择的聚类算法，将采样技术（CLARA）和 PAM 结合起来。CLARA 的主要思想是：不考虑整个数据集合，而是选择实际数据的一小部分作为数据的代表，然后用 PAM 方法从样本中选择中心点。如果样本是以非常随机的方式选取的，那么它应当接近于代表原来的数据集。从中选出的代表对象（中心点）很可能和从整个数据集合中选出的代表对象相似。CLARA 抽取数据集合的多个样本，对每个样本应用 PAM 算法，并返回最好的聚类结果作为输出。

CLARA 的有效性主要取决于样本的大小。如果任何一个最佳抽样中心点不在最佳的 k 个中心之中,则 CLARA 将永远不能找到数据集合的最佳聚类,同时这也是为了聚类效率付出的代价。

随机聚类算法则是将 CLARA 和 PAM 有效地结合起来,CLARANS 在任何时候都不把自身局限于任何样本,CLARANS 在搜索的每一步都以某种随机性选取样本。

22.3 瓶颈分析

在实际的互联网运维中,经常遇到的一类问题就是针对高维度数据的瓶颈分析。典型的例子是网络带宽,或是数据库连接数的瓶颈。下面使用搜索响应时间(SRT)的例子来说明该问题。

搜索响应时间是指从用户输入搜索内容,单击搜索开始,直到看到搜索结果的总时间,主要包括服务器处理、网络传输和用户端加载三部分。搜索响应时间直接反映了用户的真实体验,时间越短越好。图 22-6 所示为某搜索引擎的搜索响应时间分布,其中 CDF(Comulative Distribution Function)是累积分布函数,即概率密度函数的积分。从图 22-6 可以发现 30% 的用户的搜索响应时间大于 1s,那么导致搜索响应时间大于 1s 的性能瓶颈是什么呢?

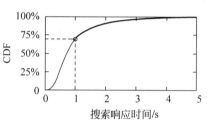

图 22-6 搜索响应时间分布

表 22-1 中列出了一些可能影响搜索响应时间的因素,其中将搜索响应时间大于等于 1s 的数据标注为 1(高延迟),小于 1s 的标注为 0(低延迟)。实际中导致高延迟的性能瓶颈的原因可能是某几个因素的组合,例如: 当"图片数量>8"且"浏览器内核是 WebKit"且"用户使用的不是 China Unicom"且"含有广告"时,会导致高延迟。这时简单地针对某个维度来分析无法找到真正的性能瓶颈,需要借助算法挖掘出高维度数据中的性能瓶颈。

表 22-1 可能影响搜索响应时间的因素

用户使用的网络运营商	浏览器内核	网页的图片数量	是否包含广告	服务器负载	搜索响应时间	标注
中国联通	WebKit	10	Yes	1000 查询/s	800ms	0
中国电信	Trident 5.0	5	No	500 查询/s	1200ms	1
⋮	⋮	⋮	⋮	⋮	⋮	⋮

因此,性能瓶颈问题可以表示为存在一组因素 $\{f_1, f_2, \cdots, f_n\}$ 和一个目标 T,这些因素可以影响目标 T 的取值。T 的取值可以标注为 $\{0,1\}$,0 表示符合预期,1 表示不符合预期,目的是找出导致目标 T 为 1(不符合预期)的某些因素的条件组合,如下所示。

f_1	f_2	⋯	f_n	T	标注

性能瓶颈问题是由多种因素的作用产生的。对这些因素的分析有几种算法,如用皮尔逊相关系数算法来确定因素直接的关联性,用逻辑回归算法来确定关键因素,在优化过程中用决策树模型得到一系列因素的参数调整值与分类结果的对应关系,从中选出与目标分类

结果对应的因素调整值作为性能瓶颈优化的结果。

22.3.1　皮尔逊（Pearson）相关系数

在自然科学领域，皮尔逊相关系数广泛用于度量两个变量之间的相关程度，其值范围为 $-1\sim1$。它是由卡尔·皮尔逊从弗朗西斯·高尔顿于 19 世纪 80 年代提出的一个相似却又稍有不同的想法演变而来的，这个相关系数也称作"皮尔逊积矩相关系数"。

1. 定义

两个变量之间的皮尔逊相关系数定义为两个变量之间的协方差和标准差的商：

$$\rho_{X,Y}=\frac{\mathrm{cov}(X,Y)}{\sigma_X\sigma_Y}=\frac{E\big[(X-\mu_X)(Y-\mu_Y)\big]}{\sigma_X\sigma_Y} \tag{22-2}$$

公式（22-2）定义了总体相关系数，常用小写希腊字母 ρ 作为代表符号。估算样本的协方差和标准差可得到皮尔逊相关系数，常用英文小写字母 r 代表：

$$r=\frac{\sum\limits_{i=1}^{n}(X_i-\overline{X})(Y_i-\overline{Y})}{\sqrt{\sum\limits_{i=1}^{n}(X_i-\overline{X})^2}\sqrt{\sum\limits_{i=1}^{n}(Y_i-\overline{Y})^2}} \tag{22-3}$$

r 也可由 $\{X_i,Y_i\}$ 样本点的标准分数均值估计，得到与公式（22-3）等价的表达式：

$$r=\frac{1}{n-1}\sum_{i=1}^{n}\left(\frac{X_i-\overline{X}}{\sigma_X}\right)\left(\frac{Y_i-\overline{Y}}{\sigma_Y}\right) \tag{22-4}$$

其中，$\dfrac{X_i-\overline{X}}{\sigma_X}$、$\overline{X}$ 及 σ_X 分别是对 X_i 样本的标准分数、样本平均值和样本标准差，$\dfrac{Y_i-\overline{Y}}{\sigma_Y}$、$\overline{Y}$ 及 σ_Y 分别是对 Y_i 样本的标准分数、样本平均值和样本标准差。

2. 值域等级定义

相关系数的绝对值越大，相关性越强：相关系数越接近 1 或 -1，相关度越强，相关系数越接近 0，相关度越弱。通常情况下通过以下取值范围判断变量的相关强度：

（1）相关系数介于 0.8～1.0 为极强相关。

（2）相关系数介于 0.6～0.8 为强相关。

（3）相关系数介于 0.4～0.6 为中等程度相关。

（4）相关系数介于 0.2～0.4 为弱相关。

（5）相关系数介于 0.0～0.2 为极弱相关或无相关。

22.3.2　逻辑回归

逻辑回归又称为逻辑回归分析，常用于数据挖掘、疾病自动诊断、经济预测等领域。在性能瓶颈的分析中，可以用来寻找引发性能瓶颈的因素，并根据找到的因素预测瓶颈发生的概率等。自变量既可以是连续的，也可以是分类的，通过逻辑回归分析，可以得到自变量的权重，从而可以大致了解哪些因素是性能瓶颈的关键因素，同时根据该权值预测性能瓶颈发生的可能性。

逻辑回归是一种广义线性回归（Generalized Linear Model），因此与多重线性回归分析有很多相同之处。它们的模型形式基本相同,都具有 $w'x+b$ 的表达,其中 w' 和 b 是待求参数,其区别在于它们的因变量不同,多重线性回归直接将 $w'x+b$ 作为因变量,即 $y=w'x+b$,而逻辑回归则通过函数 L 将 $w'x+b$ 对应到一个隐状态 p,$p=L(w'x+b)$,然后根据 p 与 $1-p$ 的大小决定因变量的值。如果 L 是逻辑函数就是逻辑回归,如果 L 是多项式函数就是多项式回归。

逻辑回归的因变量可以是二分类的,也可以是多分类的,但是二分类更为常用,也更容易解释,实际中最常用的就是二分类的逻辑回归。多分类可以使用 softmax 方法进行处理,softmax 逻辑回归模型是逻辑回归模型在多分类问题上的推广。

逻辑回归模型的适用条件如下:

(1)因变量为二分类的分类变量或某事件的发生率,并且是数值型变量。但是需要注意,重复计数现象指标不适用于逻辑回归。

(2)残差和因变量都要服从二项分布。二项分布对应的是分类变量,所以不是正态分布,因而不能用最小二乘法,而使用最大似然法来解决方程估计和检验问题。

(3)自变量和逻辑概率是线性关系。

(4)各观测对象间相互独立。

逻辑回归实质:发生概率除以没有发生概率再取对数。就是这个不太烦琐的变换改变了取值区间的矛盾和因变量与自变量间的曲线关系。究其原因,是发生和未发生的概率成为了比值,这个比值就是一个缓冲,将取值范围扩大,再进行对数变换,整个因变量改变。不仅如此,这种变换往往使得因变量和自变量之间呈线性关系,这是根据大量实践总结出来的。所以,逻辑回归从根本上解决了因变量不是连续变量的问题。逻辑回归应用广泛的原因是许多现实问题跟它的模型吻合。

22.3.3 决策树

决策树是一种分而治之(Divide and Conquer)的决策过程。一个困难的预测问题,通过树的分支节点,被划分成两个或多个较为简单的子集,从结构上划分为不同的子问题。将依规则分割数据集的过程不断递归下去(Recursive Partitioning),随着树的深度不断增加,分支节点的子集越来越小,所需要提的问题数也逐渐简化。当分支节点的深度或者问题的简单程度满足一定的停止规则(Stopping Rule)时,该分支节点会停止劈分,此为自上而下的停止阈值(Cutoff Threshold)法;有些决策树也使用自下而上的剪枝(Pruning)法。

1. 组成部分

(1)分支节点:分支节点决定输入数据进入哪一分支。每个分支节点对应一个分支函数(劈分函数),将不同的预测变量的值域映射到有限、离散的分支上。

(2)根节点:根节点是一个特殊的分支节点,它是决策树的起点。对于决策树来说,所有节点的分类或者回归目标都要在根节点已经定义好。如果决策树的目标变量是离散的(序数型或者列名型变量),则称为分类树(Classification Tree);如果目标变量是连续的(区间型变量),则称为回归树(Regression Tree)。

(3)叶节点:叶节点存储了决策树的输出。对于分类问题,所有类别的后验概率都存储在叶节点,观测走过了全树从上到下的某一条路径(决策过程)之后会根据叶子节点给出一个"观测属于哪一类"的预报；对于回归问题，叶子节点上存储了训练集目标变量的中位数，不同观测走过决策路径后如果到达了相同的叶子节点，则对它们给出相同预报。

2. 训练

一棵决策树由分支节点（树的结构）和叶节点（树的输出）组成。决策树的训练目标是通过最小化某种形式的损失函数或者经验风险，来确定每个分支函数的参数，以及叶节点的输出。

决策树自上而下的循环分支学习（Recursive Regression）采用了贪心算法（Greedy Algorithm）。每个分支节点只关心自己的目标函数。具体来说，给定一个分支节点，以及落在该节点上对应样本的观测（包含自变量与目标变量），选择某个（一次选择一个变量的方法很常见）或某些预测变量，也许会经过一步对变量的离散化（对于连续自变量 x 而言），经过搜索不同形式的分叉函数且得到一个最优解（最优的含义是特定准则下收益最高或损失最小）。这个分支过程从根节点开始递归进行，不断产生新的分支，直到满足结束准则时停止。整个过程和树的分支生长非常相似。

22.4　异常检测与容量预测

异常检测与容量预测的场景虽然不同，但用到的算法是一样的，所以放在一起讲解。

22.4.1　异常检测

随着互联网，特别是移动互联网的高速发展，Web 服务已经深入社会的各个领域，人们使用互联网搜索、购物、付款、娱乐，等等。因此，保障 Web 服务的稳定已经变得越来越重要。

Web 服务的稳定性主要靠运维来保障，运维人员通过监控各种各样的关键性能指标（KPI）来判断 Web 服务是否稳定，因为 KPI 如果异常，往往意味着与其相关的应用发生了问题。图 22-7 展示了一个 KPI 异常的例子——某互联网公司的网页访问量数据发生了异常，图中圆圈标识了 KPI 发生的异常。

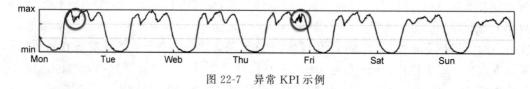

图 22-7　异常 KPI 示例

这些 KPI 大致分为两种：服务 KPI 和机器 KPI。服务 KPI 是指能够反映 Web 服务的规模、质量的性能指标，如网页响应时间、网页访问量、连接错误数量等。机器 KPI 是指能够反映机器（服务器、路由器、交换机）健康状态的性能指标，如 CPU 使用率、内存使用率、磁盘 IO、网卡吞吐率等。

KPI 异常检测指的是通过算法分析 KPI 的时间序列数据，判断其是否出现异常行为，其中的难点主要有：

（1）发生异常的频率很低。在实际的运维场景中，业务系统很少发生异常，因此可供分析的异常数据很少。

（2）异常种类的多样性。因为实际的业务系统很复杂，并且会不断更新升级，所以故障的类型多种多样,从而导致了异常种类的多样性。

(3) KPI 的多样性。KPI 有表现为周期型的,有表现为稳定型的,有表现为不稳定的、持续波动型的,如图 22-8~图 22-10 所示。

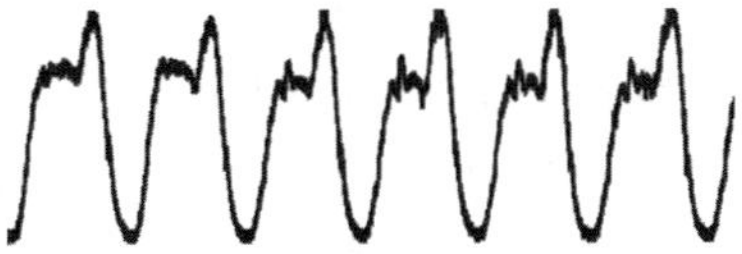

图 22-8　周期型 KPI

正是因为这些难点,导致现有的异常检测算法的

准确率(precision)和召回率(recall)都不高,存在大量的误报和漏报。这不仅增加了运维人员的工作量,而且导致运维人员无法及时准确地发现异常的 KPI。

图 22-9　稳定型 KPI

图 22-10　不稳定型 KPI

22.4.2　容量预测

容量预测是容量管理的一个重要内容,不仅涉及生产线的稳定性,也直接关系到运营成本。

现在的公有云服务公司通常在不同地区部署数据中心,因此要对数据中心进行容量预测。预测不同数据中心的工作负载。考虑到大量不同的数据中心,很难找到一个统计模型来捕获复杂环境中所有不同类型的增长。传统的统计预测方法需要针对每种情况下的增长模式进行调整。例如,一些时间序列呈线性增长,另一些时间序列呈指数增长,还有一些时间序列可能具有季节性成分。可以通过综合预测方法来应对这一挑战,通过最少的手动参数调整在大量时间序列中构建一个稳健的模型。

异常检测与容量预测虽然属于不同的 AIOps 场景,但是核心指标都具有时间序列特征,因此适用算法也是同一类。下面专门针对时间序列预测的相关算法进行介绍。

22.4.3　ARIMA 模型

ARIMA 模型全称为自回归移动平均模型(Autoregressive Integrated Moving Average Model),是由博克思(Box)和詹金斯(Jenkins)于 20 世纪 70 年代初提出的著名的时间序列预测方法,所以又称为 Box-Jenkins 模型、博克思—詹金斯法。其中 ARIMA(p,d,q)称为差分自回归移动平均模型,AR 是自回归,MA 为移动平均,p 为自回归项,d 为时间序列达到平稳时所做的差分次数,q 为移动平均项数。

1. 基本思想

将预测对象随时间推移形成的数据序列视为一个随机序列,用一定的数学模型来近似描述这个序列。这个模型一旦被识别后,就可以从时间序列的过去值及现在值预测未来值。现代统计方法、计量经济模型在某种程度上已经能够帮助企业对未来进行预测。

2. 基本步骤

(1) 根据时间序列的可视化结果对序列的平稳性进行识别。

（2）对非平稳序列进行平稳化处理。如果数据序列是非平稳的，并存在一定的增长或下降趋势，则需要对数据进行差分处理。

（3）根据时间序列模型的识别规则建立相应的模型。若平稳序列的偏相关函数是截尾的，而自相关函数是拖尾的，可断定序列适合 AR 模型；若平稳序列的偏相关函数是拖尾的，而自相关函数是截尾的，则可断定序列适合 MA 模型；若平稳序列的偏相关函数和自相关函数均是拖尾的，则序列适合 ARMA 模型。截尾是指时间序列的自相关函数（ACF）或偏自相关函数（PACF）在某阶后均为 0 的性质；拖尾是自相关函数或偏自相关函数并不在某阶后均为 0 的性质。

（4）进行参数估计，检验是否具有统计意义。

（5）进行假设检验，诊断残差序列是否为白噪声。

（6）利用已通过检验的模型进行预测分析。

22.4.4　Holt-Winters 指数平滑算法

在做时序预测时，一个显然的思路是认为离预测点越近的点作用越大。将权重按照指数级进行衰减，这就是指数平滑法的基本思想。指数平滑法有几种不同的形式：一次指数平滑法针对没有趋势和季节性的序列，二次指数平滑法针对有趋势但没有季节性的序列，三次指数平滑法针对有趋势也有季节性的序列。Holt-Winters 有时特指三次指数平滑法。

Holt-Winters 季节性指数平滑本质上就是三次指数平滑法，添加了一个新的参数 p 来表示平滑后的趋势。

Holt-Winters 季节性指数平滑有累加和累乘两种方法。

（1）累加的指数平滑算法。

累加模型适用于具有线性趋势且季节效应不随时间序列变化的序列，对应的等式为：

$$s_i = \alpha * (x_i - p_{i-k}) + (1-\alpha)(s_{i-1} + t_{i-1}) \tag{22-5}$$

$$t_i = \beta * (s_i - s_{i-1}) + (1-\beta)t_{i-1} \tag{22-6}$$

$$p_i = \gamma * (x_i - s_i) + (1-\gamma)p_{i-k} \tag{22-7}$$

$$x_{i+h} = s_i + h * t_i + p_{i-k+h} \tag{22-8}$$

（2）累乘的指数平滑。

累乘模型适用于具有线性趋势且季节效应随时间序列发生变化的序列，对应的等式为：

$$s_i = \alpha * \frac{x_i}{p_{i-k}} + (1-\alpha)(s_{i-1} + t_{i-1}) \tag{22-9}$$

$$t_i = \beta * (s_i - s_{i-1}) + (1-\beta)t_{i-1} \tag{22-10}$$

$$p_i = \gamma \frac{x_i}{s_i} + (1-\gamma)p_{i-k} \tag{22-11}$$

$$x_{i+h} = (s_i + h * t_i)p_{i-k+h} \tag{22-12}$$

其中：p_i 为周期性的分量，代表周期的长度；x_{i+h} 为模型预测的等式；s_i、t_i、p_i 代表水平、趋势和季节。

22.4.5　长短期记忆算法

长短期记忆算法（Long-Short Term Memory，LSTM）论文首次发表于 1997 年。由于

独特的设计结构,LSTM适合处理和预测时间序列中间隔和延迟非常长的重要事件。

LSTM是一种含有LSTM区块(blocks)的一种类神经网络,文献或其他资料中LSTM区块可能被描述成智能网络单元,因为它可以记忆不定时间长度的数值,区块中有一个gate能够决定input是否重要到能被记住,以及能不能被输出output(见图22-11)。

图22-11的下方是四个S函数单元,最左边函数依情况可能成为区块的input,右边三个会经过gate决定input是否能传入区块,左边第二个为input gate,如果这里产出近似于0,将把这里的值挡住,不会进到下一层。左边第三个是forget gate,如果这里产生值近似于0,将把区块里记住的值忘掉。第四个也就是最右边的为output gate,它可以决定在区块记忆中的input是否能输出。

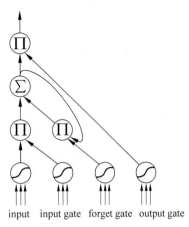

图22-11 LSTM计算结构图

LSTM有很多个版本,其中一个重要的版本是GRU(Gated Recurrent Unit),根据谷歌的测试,LSTM中最重要的是forget gate,其次是input gate,最次是output gate。

22.5 异常定位

异常定位是事故发现的基础。这一节讲解异常定位的难点和相关算法。

22.5.1 异常定位的定义与难点

在对互联网Web服务的运维过程中,首要需求通常是对监控的各种关键性能指标(KPI)进行异常检测,而后则需要对检测出的异常信息进行分析定位,以便尽快做进一步的修复止损等操作。

在各类KPI中,有一类是多维度的指标集,在统计总指标(Total_KPI)时需要记录多个维度的指标信息,当Total_KPI被检测到异常时,需要尽快定位到是哪个维度(或交叉维度)中的哪些元素指标最可能是根因。例如某网页访问量(Total_PV)对应多个维度:用户位置(Location)、网络运营商(ISP)、公司数据中心(DC)等。各维度对应一系列属性,位置(北京、上海、广东等)、运营商(移动、联通、电信等)、数据中心(DC1、DC2)等。当Total_PV发生异常时,需要定位到一个最可能是根因的元素指标集合,如{北京、上海}或{北京移动、广东电信}等。

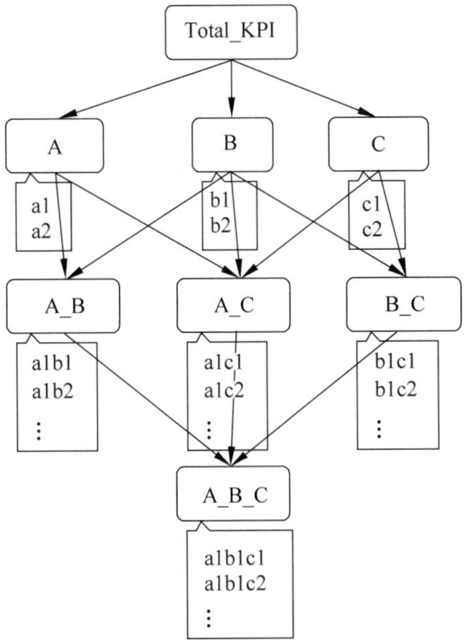

多维度指标集示意图如图22-12所示,其中A、B、C代表不同维度,a1、b1、a1b1表示对应维度(或交叉维度)下的元素指标。

图22-12 多维度指标集示意图

解决异常定位问题主要有以下三个难点：

（1）实时性要求高。随着维度的增加或各维度中属性数目的增加，总的元素指标数量会迅猛增加。当维度较多以及各维度中属性数目较多时，定位的复杂度也相对较大。

（2）元素指标之间关系较为复杂。如图 22-12 所示，上下层之间的元素指标间有可加和关系，如总指标 Total_KPI 等于 A 维度（或 B、C 维度）下所有元素指标之和，a1 则等于 a1b1，a1b2，……一系列指标之和。此外，不同维度间的元素指标也会相互影响，以两个维度为例，位置{北京、上海}、运营商{移动、联通}，当北京指标异常时，本质上北京移动、北京联通指标发生了异常，进而移动、联通指标也会表现出异常。

（3）要求结果尽可能简洁。异常定位结果的形式是元素指标集合，该结果是提供给运维人员作参考以尽快核实并确定异常原因，因此需要结果尽量简洁精确，即需要集合内用尽可能少的元素表示出尽可能全面的根因。

22.5.2　iDice

iDice 是一种自动识别新出现问题的异常原因组合的方法。异常定位的主要挑战是可能的异常原因形成了一个巨大的搜索空间，这使得逐个检查所有的异常原因变得困难甚至不可能。因此，iDice 的核心算法是在不丢失有效组合的情况下有效地缩小搜索空间。为了实现这一目标，剪枝策略设计如下：

基于影响的剪枝：每一个有效的组合都应该与大量的异常相关，否则就意味着这种组合的影响范围很小。我们采用基于影响的策略来移除异常影响范围较小的异常原因。

基于变化检测的剪枝：有效的组合应该能够反映异常数量的显著增加，因此在搜索过程中将剪掉变化较小或没有变化的异常原因。

基于隔离能力的剪枝：我们使用这种策略来消除识别出的有效组合中可能存在的冗余，并使异常定位结果简洁。图 22-13 显示了 iDice 方法概述。

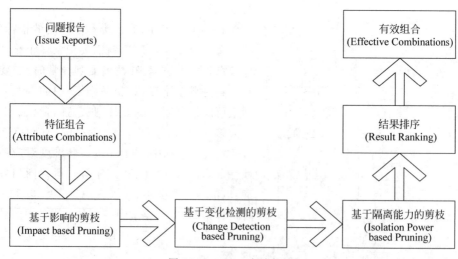

图 22-13　iDice 方法概述

iDice 方法将问题报告数据作为输入，它是多维的时间序列数据，每个维度都表示问题的一个分类属性。在预处理之后，iDice 执行以下三步来有效地搜索有效的组合：基于影响的剪枝、基于变化检测的剪枝和基于隔离能力的剪枝。最后对得到的结果进行排序并返回给用户。

22.5.3 Adtributor 算法

Adtributor 算法设计用于广告系统中广告收入异常波动的根本原因分析,主要是基于指标期望值和实际值的分布,计算其 JS 散度(Jensen-Shannon divergence),找到影响指标最大的维度及其维值集合。

针对一组维度(每个维度有多个维值)下的指标,如数据中心、广告商、终端设备这三个维度下的广告收入,如果某天广告收入剧降 50%(例如期望 100,实际收入 50),那么需要定位到底是哪个维度下哪些维值导致的广告收入的剧降——简单理解为找到对广告收入波动影响最大的因素(维度→维值)。R. Bhagwan 针对这个场景举例如下,如表 22-2~表 22-4 所示。

表 22-2 数据中心营收   单位:美元

数据中心	预测营收	实际营收	误 差
X	94	47	47
Y	6	3	3
总计	100	50	50

表 22-3 广告商营收   单位:美元

广 告 商	预测营收	实际营收	误 差
A1	50	24	26
A2	20	21	−1
A3	20	4	16
A4	10	1	9
总计	100	50	50

表 22-4 不同设备的营收   单位:美元

设 备 类 型	预测营收	实际营收	误 差
计算机	50	49	1
手机	25	1	24
平板	25	0	25
总计	100	50	50

针对广告收入的根因分析可以分为三块:

(1) 对于维度,找到至少解释度量变化的阈值分数的所有元素集(高解释力)。

(2) 在每个维度的所有此类集合中,找到该维度中最简洁的集合。

(3) 对于所有维度的所有此类集合,找到在贡献变化方面意外指数最高的集合。

在 Adtributor 算法中,有几个重要的计算指标:

(1) 核心概念:EP(Explanatory Power)解释力。

$$\text{EP}_{ij} = [A_{ij}(m) - F_{ij}]/[A(m) - F(m)] \tag{22-13}$$

EP_{ij} 是维度 i 和维值 j 上的实际波动占总体波动贡献值。

（2）Surprise 指数。

一般是使用 KL 散度（Kullback-Leibler divergence）来衡量两个分布的差异，但是由于 KL 散度非对称且可能无界，所以使用 JS 散度来表示。其伪码（pseudocode）计算流程如图 22-14 所示。

```
1   Foreach m ∈ M // Compute surprise for all measures
2       Foreach E_ij // all elements, all dimensions
3           p = F_ij(m)/F(m) // Equation 5
4           q = A_ij(m)/A(m) // Equation 6
5           S_ij(m) = D_JS(p, q) // Equation 7
6   ExplanatorySet = {}
7   Foreach i ∈ D
8       SortedE = E_i.SortDescend(S_ij(m)) //Surprise
9       Candidate = {}, Explains = 0, Surprise = 0
10      Foreach E_ij ∈ SortedE
11          EP = (A_ij(m) − F_ij(m))/(A(m) − F(m))
12          if (EP > T_EEP) // Occam's razor
13              Candidate.Add += E_ij
14              Surprise += S_ij(m)
15              Explains += EP
16          if (Explains > T_EP) // explanatory power
17              Candidate.Surprise = Surprise
18              ExplanatorySet += Candidate
19              break
20  //Sort Explanatoryset by Candidate.Surprise
21  Final = ExplanatorySet.SortDescend(Surprise)
22  Return Final.Take(3) // Top 3 most surprising
```

图 22-14　Adtributor 算法的逻辑计算流程

22.6　故障预测

本节讲解运维在问题管理中的重要任务之一——故障预测及相关算法。

22.6.1　故障预测的定义

随着互联网的迅速发展，各种新应用不断涌现，伴随而来的是数据中心的网络流量和规模的爆炸式增长。面对如此巨大的数据流量，如何保证网络的正常运行是数据中心运维人员面对的巨大挑战。目前网络中心部署了大量的设备，如路由器、交换机、服务器、硬盘等。这些设备决定了流量的传输以及服务的稳定性，设备故障可能导致 Web 服务性能降低甚至中断，所以它们的运行情况对数据中心来说是至关重要的。虽然当前的数据中心有容错方案，如改变协议和网络拓扑，使数据中心可以自动从故障中恢复；而且用于存储的磁盘阵列都有冗余机制，但是当设备出现故障时不能及时地发现更换也会增加风险且降低性能。

故障预测指的是能够提前预测设备故障的技术，通过分析设备运行时的状态，进行故障的趋势分析和预报，为设备的修复和更换提供依据。通过设计故障预测模型，推测出设备未来一段时间的运行状况，在故障发生前提前通过预测做出判断，进而使管理和维护人员在故障发生前采取一些有效措施，避免或者减少损失。

目前已经有很多技术应用在故障预测领域，如人工智能、专家系统等。但是大多数的故障预测技术都是针对一些特定的场景,如医疗器械的故障预测、服务器磁盘的故障预测,它们都是通过设备特有的参数实现故障预测。

下面列举几个与故障预测的相关算法。

22.6.2 隐式马尔可夫模型

隐式马尔可夫模型(Hidden Markov Model,HMM)是比较经典的机器学习模型,它在语言识别、自然语言处理、模式识别等领域都得到了广泛应用。

如果遇到的问题有以下两个特征:

(1)问题是基于序列的,如时间序列或状态序列。

(2)问题中有两类数据,一类序列数据是可以观测到的,即观测序列;另一类数据是不能观察到的,即隐藏状态序列,简称状态序列。

那么这样的问题一般可以用 HMM 模型来尝试解决。这样的问题在实际生活中是很多的,比如打字写博客,在键盘上敲出来的一系列字符就是观测序列,而实际想写的一段话就是隐藏序列,输入法的任务是根据已输入的一系列字符来尽可能地猜测后面要输入的内容,并把最可能的词语放在最前面,这就可以看作一个 HMM 模型。

对于 HMM 模型,首先假设 Q 是所有可能的隐藏状态的集合,V 是所有可能的观测状态的集合,即

$$Q = \{q_1, q_2, \cdots, q_N\}, \quad V = \{v_1, v_2, \cdots, v_M\} \tag{22-14}$$

其中,N 是可能的隐藏状态数,M 是所有可能的观察状态数。

对于一个长度为 T 的序列,I 对应状态序列,O 对应观察序列,即

$$I = \{i_1, i_2, \cdots, i_T\}, \quad O = \{o_1, o_2, \cdots, o_T\} \tag{22-15}$$

其中,任意一个隐藏状态 $i_t \in Q(t = 1, 2, \cdots, T)$,任意一个观察状态 $o_t \in V(t = 1, 2, \cdots, T)$。

HMM 模型做了两个很重要的假设,内容如下:

(1)齐次马尔可夫链假设,即任意时刻的隐藏状态只依赖于它前一个隐藏状态。当然这样的假设有点极端,因为很多时候某一个隐藏状态不仅仅只依赖于前一个隐藏状态,可能是前两个或者是前三个。但是这样假设的好处是模型简单,便于求解。如果在时刻 t 的隐藏状态是 $i_t = q_i$,在时刻 $t+1$ 的隐藏状态是 $i_{t+1} = q_j$,则从时刻 t 到时刻 $t+1$ 的 HMM 状态转移概率 a_{ij} 可以表示为:

$$a_{ij} = P(i_{t+1} = q_j \mid i_t = q_i) \tag{22-16}$$

这样 a_{ij} 可以组成马尔可夫链的状态转移矩阵 $\boldsymbol{A}$:

$$\boldsymbol{A} = [a_{ij}]_{N \times N} \tag{22-17}$$

(2)观测独立性假设。即任意时刻的观察状态仅仅依赖于当前时刻的隐藏状态,这也是一个为了简化模型的假设。如果在时刻 t 的隐藏状态是 $i_t = q_i$,而对应的观察状态为 $o_t = v_k$,则该时刻观察状态 v_k 在隐藏状态 q_j 下生成的概率 $b_j(k)$ 满足:

$$b_j(k) = P(o_t = v_k \mid i_t = q_i) \tag{22-18}$$

这样 $b_j(k)$ 可以组成观测状态生成的概率矩阵 $\boldsymbol{B}$:

$$\boldsymbol{B} = [b_j(k)]_{N \times M} \tag{22-19}$$

除此之外,我们需要一组在时刻 $t=1$ 的隐藏状态概率分布 Π:

$$\Pi = [\pi(i)]_N \tag{22-20}$$

其中，$\pi(i) = P(i_1 = q_i)$

一个 HMM 模型可以由隐藏状态初始概率分布 Π、状态转移概率矩阵 A 和观测状态概率矩阵 B 决定。Π、A 决定状态序列，B 决定观测序列。因此，HMM 模型可以由一个三元组 λ 表示如下：

$$\lambda = (A, B, \Pi)$$

(22-21)

22.6.3　支持向量机与核函数

支持向量机(Support Vector Machine，SVM)是 Cortes 和 Vapnik 于 1995 年首先提出的，它在解决小样本、非线性及高维模式识别中表现出许多特有的优势，并能够推广应用到函数拟合等其他机器学习问题中。SVM 方法是建立在统计学习理论的 VC 维理论和结构风险最小原理基础上的，根据有限的样本信息在模型的复杂性(即对特定训练样本的学习精度)和学习能力(即无错误地识别任意样本的能力)之间寻求最佳折中，以期获得最好的推广能力(或称泛化能力)。

SVM 通过某非线性变换 $\phi(x)$，将输入空间映射到高维特征空间，特征空间的维数可能非常高。如果支持向量机的求解只用到内积运算，而在低维输入空间又存在某个函数 $K(x, x')$，它恰好等于在高维空间中这个内积，即 $K(x, x') = \langle \phi(x) \cdot \phi(x') \rangle$。那么支持向量机就不用计算复杂的非线性变换，而由函数 $K(x, x')$ 直接得到非线性变换的内积，大大简化了计算。这样的函数 $K(x, x')$ 称为核函数(Kernel Function)。

核函数最重要的功能就是让线性不可分的数据变得线性可分。核函数包括线性核函数、多项式核函数、高斯核函数等，其中高斯核函数最常用，可以将数据映射到无穷维，也叫作径向基函数(Radial Basis Function，RBF)，是某种沿径向对称的标量函数。通常定义为空间中任一点 x 到某一中心 x_c 之间欧氏距离的单调函数，可记作 $k(\|x - x_c\|)$，其作用往往是局部的，即当 x 远离 x_c 时函数取值很小。

根据模式识别理论，低维空间线性不可分的模式通过非线性映射到高维特征空间则可能实现线性可分，但是如果直接采用这种技术在高维空间进行分类或回归，则存在确定非线性映射函数的形式和参数、特征空间维数等问题，而最大的障碍则是在高维特征空间运算时存在的"维数灾难"。采用核函数技术可以有效地解决这样的问题。

设 $x, z \in X$，X 属于 $R(n)$ 空间，非线性函数 Φ 实现输入空间 X 到特征空间 F 的映射，其中 F 属于 $R(m)$，$n \ll m$。根据核函数技术，有：

$$K(x, z) = \langle \Phi(x), \Phi(z) \rangle$$

(22-22)

其中，$\langle , \rangle$ 为内积，$K(x, z)$ 为核函数。从式(22-22)可以看出，核函数将 m 维高维空间的内积运算转化为 n 维低维输入空间的核函数计算，从而巧妙地解决了在高维特征空间中计算的"维数灾难"等问题，为在高维特征空间解决复杂的分类或回归问题奠定了理论基础。

如果使用核函数向高维空间映射后，问题仍然是线性不可分的，那么可以使用松弛变量的方法，这里就不详细介绍了。

22.6.4　多示例学习

在机器学习中，多示例学习(Multiple Instance Learning，MIL)是由监督型学习算法演变出的一种方法,定义"包"为多个示例的集合,具有广泛的应用。学习者不是接收一组单独标记的实例,而是接收一组带标签的包,每个"包"包含许多实例。在多实例二进制分类的简单情况下,"正包"的定义为包中至少有一个正示例;反之,当且仅当"包"中所有示例为负示例时,该"包"为"负包"。

多示例学习的目的:①归纳出单个示例的标签类别的概念。②计算机通过对这些已标注的"包"学习,尽可能准确地对新"包"的标签做出判断。

以图像分类为例:图像分类基于图像内容确定图像目标的类别。例如:一张图片上存在 sand、water 等各种示例,我们研究的目标是 beach。在多示例学习中,一张图像作为一个"包":$X = \{X_1, X_2, X_3, \cdots, X_N\}$。$X_i$ 是特征向量(也就是我们所说的示例),是从图像中对应的第 i 个区域中提取出来的,总共存在 N 个示例区域。那么,"包"中当且仅当 sand 和 water 都存在时,此"包"才会加上 beach 标签。显然,利用这种方法研究图像分类就考虑到了图像中元素之间的关系,相比单示例方法在某些情况下得出的分类效果更好。

多示例学习方法是 20 世纪 90 年代人们在研究药物活性时提出来的。1997 年,T. G. Dietterich 等对药物活性预测问题进行了研究,其目的是构建一个学习系统,通过对已知适于或不适于制药的分子进行学习,尽可能正确地预测其他新的分子是否适合制药。由于每个分子都有很多种可能的稳定同分异构体共存,而生物化学家只知道哪些分子适于制药,并不知道其中的哪一种同分异构体起到了决定性作用。如果使用传统的有监督学习的方法,将适合制药的分子的所有稳定同分异构体作为正样本,显然会引入很多噪声。因此提出了多示例学习的方法。

多示例学习自提出以来一直是研究的热点。从最初 T. G. Dietterich 等提出该方法时给出的三个基于轴平行矩形的方法,到后来的 DD、EMDD、Citation-KNN,以及 SVM、神经网络、条件随机场方法在多示例学习中得到运用。

22.7　实践讨论:异常检测场景中的算法选择思路

前面几节的内容讲解了 AIOps 各个场景中的典型算法,但是针对实际的运维场景,简单地使用某个算法并不能有效地解决实际痛点。下面就以大型电商的异常检测场景为例,进行场景的分析及算法选择思路的介绍。

在电商的异常检测场景中,有以下几个特点:①指标种类多,待检测指标种类数量非常多,各指标间时间趋势也各不相同。②数量方面,由于系统微服务化,微服务接口数量可能达到数千至数万级别。趋势方面,由于各业务特性不同,即使是同一指标,时间周期特征也明显不同。

举例来说,用户进行页面查询、提交支付等接口,调用量趋势明显伴随生活习惯变化,白天多、晚上少,9:00—10:00 及 14:00—15:00 高于其他时间段(见图 22-15);而自动还款代扣等接口由于是系统调用,在系统设定时间段的调用量明显高于其他时间(见图 22-16)。

在图 22-16 中,代扣系统实际接入了多个业务,至少 3 种不同的业务发起了代扣,时间段、代扣量、批次间隔都不同。这些都不能通过套用单一算法解决问题。

针对上述情况,我们首先要做的并不是选择算法,而是进行问题的分解。针对单一指标,异常检测实际上是先进行指标预测,然后对于超过置信区间的指标进行异常判断,判断

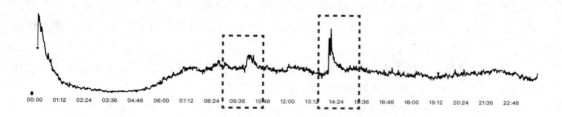

图 22-15　电商交易提交支付接口调用量

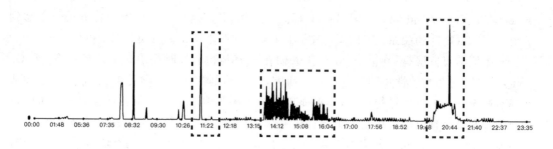

图 22-16　电商交易还款代扣接口调用量

为异常后进行告警。而对大量指标,没有足够的计算资源进行全部计算,可以对指标进行聚类后,对几类典型指标进行计算,同类型的指标进行归一化后套用预测结果,即可缓解计算需求膨胀的问题。接下来我们对指标预测的问题进行展开分析。

指标预测,可以简单理解为对于带有时间趋势的指标数据,可以依据历史数据,对当前及未来数据进行预测。对于上文描述的提交支付接口,调用量指标数据呈现明显的以天为周期的趋势变化,并且存在工作日数据高于非工作日数据的特性(见图 22-17),同时"双 11"等大促节日的数据明显高于平日(见图 22-18)。针对此类指标,业界有很多优秀的算法/模型,如 ARIMA 模型、LSTM 算法等。这两个算法在前面已进行介绍,这里不详细展开。需要明确的是,选择这些算法是因为算法可以处理的特性满足场景的主要需求,即"可处理短周期时间趋势以及长周期时间趋势"。当多个算法从理论特性上都可以满足需要时,可根据实际场景数据的评测结果选择最合适的算法。

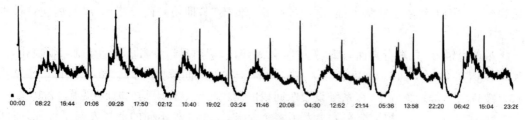

图 22-17　正常交易日支付接口调用量图

不过针对额外的特殊场景,简单地套用算法没法覆盖所有情况,如临时性的促销活动,之前并没有出现过,之后也不会再出现。这类促销活动带来的指标变化,就难以直接通过上

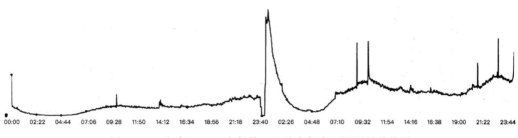

图 22-18 电商"双 11"大促前一天及大促当天调用量趋势图

述算法进行处理。这里可以考虑把促销活动时间及规模的数据作为额外输入,利用集成算法的概念,将常规指标与临时指标分别预测并进行叠加,得出综合预测值及置信区间,然后进行实际值与置信区间的比较。

这里的集成算法的思路是:最初是用同一组数据训练并使用多个分类器,最终组合使用并得到一个更稳定的结果,详情可参考随机森林算法。这个案例并不是分类问题,但是同样可以用类似的思路去看待输入参数、指标数据和预测结果。

与提交支付接口调用量指标相关的还有支付成功率指标(见图 22-19)。该指标的特性与调用量指标完全不同。该接口业务特性是存在余额不足场景,业务成功率波动明显,而且和调用量数据没有明显的正相关或负相关关系。唯一比较明显的相关性是,当调用量明显减少时,业务成功率抖动范围增加,该情况在凌晨比较明显。

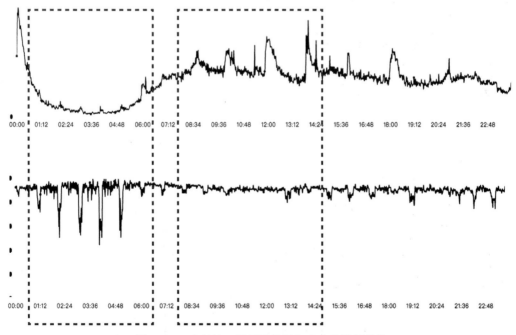

图 22-19 支付接口调用量指标与成功率指标相关

图 22-19 中上面的曲线是接口调用量(支付调用量),下面的曲线是接口成功率(支付成功率)。对比两个图可以看出,白天调动量比较高,波动也挺大,但是成功率相对稳定。凌晨时间段调用量很低,成功率波动就比较大。结论是凌晨支付失败的人会多次尝试,放大失败

量,并且总调用量集数少,失败导致的成功率波动就比白天明显。

针对这类指标,ARIMA 与 LSTM 算法就没有明显的优势,简单的均值基线指标＋基于历史值的置信区间范围,反而更符合实际情况。

除了上述两种典型指标趋势外,还有其他特性的趋势。可针对每一种典型趋势进行分析并选择合适的算法/模型。通过分而治之的思路将问题逐一化解。

前文提到,微服务接口数量可能达到数万级别,接口趋势有相似之处,但是各不相同。如果对于每个接口指标都进行单独的模型训练,那么计算能力的消耗将难以满足。针对该问题,可以先对各接口指标进行聚类,然后对每一类指标进行数据归一化及模型训练。在指标异常检测时,对需要检测的指标进行归一化处理后,按照聚类结果套用训练模型并进行预测。该方法显著降低模型训练的计算能力开销。

此外,还有连续异常合并、异常尖刺过滤等一系列问题需要针对实际场景进行分析及处理。本节就不全部展开了。大家可以在实践中进行尝试。

还需要指出的是,即使在设计阶段选定的算法,在实施阶段也需要根据实际的执行结果做调整。在实施阶段遇到的常见问题包括:

(1) 算力:最明显的就是算力满足不了需求,需要预测的指标的维度太多。

(2) 准确性:如找到的局部最优值而不是全局最优值。

(3) 及时性:响应时间太长。

在这些情况下,需要对算法做修正,或叠加一些新的算法来对维度做简化,如 NMF (Nonnegative Matrix Factorization,非负矩阵分解)算法。

22.8　数据重视和增量学习

在前面所述的内容中,讲述了算法在 AIOps 领域发挥的作用。合适的算法在对应的场景中的重要性是毋庸置疑的,但是仅仅关注算法是不够的,数据也发挥了极其重要的作用。这就好比厨师与食材的关系,优秀的厨师仅凭劣质食材难以做出可口的菜品,而普通的厨师用优质的食材也可以做出不错的菜肴,二者相辅相成。充足并有效的数据,是算法训练的有力保障。

选择数据的原则如下:

(1) 尝试任何模型之前,需要先理解数据,然后才能发现其中的含义。

(2) 对数据进行预处理,填充缺失值,统一单位,标注或者修正异常值。

(3) 如果数据集大小合理,应更注重数据质量而不是添加越来越多的数据。

(4) 根据数据的含义和模型的特性,对数据类型进行转换(离散型、连续型)。

根据 Pinterest 网站的实践经验,2014—2017 年多次更新算法模型,带来了 40% 的效果提升,而同时期通过新增有效特征带来了 60% 的效果提升,数据的重要性不言而喻。

另一方面,算法训练与特征数据的整理也不是一劳永逸的。随着系统更迭、流程变更、用户习惯迁移等外部因素的影响,老旧的数据不能体现近期的特性,及时地更新数据并持续训练模型,才是保证准确性的有效手段。

大部分机器学习算法都是批量学习(Batch Learning)模式,即假设在训练之前所有训练样本一次都可以得到,学习这些样本之后,学习过程就终止了,不再学习新的知识。然而在实际应用中,训练样本通常不可能一次全部得到,而是随着时间推移逐步得到的,并且样本反映的信息也可能随着时间产生了变化。如果新样本到达后要重新学习全部数据,需要消耗大量时间和空间,因此批量学习的算法不能满足这种需求。只有增量学习算法可以渐进地进行知识更新,且能修正和加强以前的知识,使得更新后的知识能适应新的数据,而不必重新对全部数据进行学习。增量学习降低了对时间和空间的需求,更能满足实际要求。

第23章

AIOps的落地：企业实施

本章主要讲解企业如何实施 AIOps 包括实施战略与案例研究。

23.1 AIOps 企业实施战略

本节讲解 AIOps 的企业实施路线图。

23.1.1 实施路线图

图 23-1 所示为高纳德公司建议的企业实施 AIOps 的 4 个阶段和 12 个步骤。

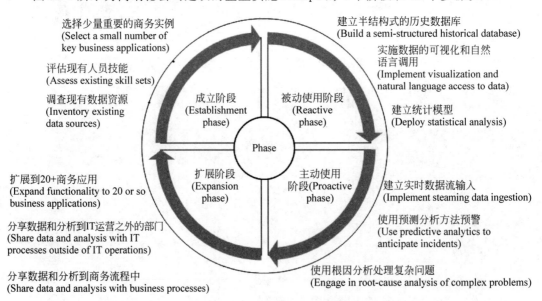

图 23-1 AIOps 的 4 个阶段和 12 个最佳实施步骤

（1）成立阶段（Establishment Phase）。

通过选择少量重要的商务实例并确定现有资源，建立组织部署 AIOps 的起点。

（2）被动使用阶段（Reactive Phase）。

建立历史数据的结构化数据库并将其可视化，应用统计分析方法。

（3）主动使用阶段（Proactive Phase）。

- 建立实时数据流的获取和分析。
- 将机器学习和原因分析应用到事故处理中。
- 对复杂问题开始进行根因分析。

（4）扩展阶段（Expansion Phase）。

- 将数据和分析与业务部门分享。
- 通过将 AIOps 流程和技术应用于广泛的业务中。

高德纳公司认为，AIOps 将演变为双向解决方案，不仅可以提取数据进行分析，还可以根据分析启动操作。这些操作（最有可能通过与其他 ITOM 和 ITSM 工具集成）可采取多种形式，包括警报、问题分类、CMDB 使用、运维自动化、应用程序发布。

23.1.2　实施策略

23.1.2.1　从历史数据出发，逐步推行

通过采用从历史数据出发、逐步推行的方式，来保证成功部署 AIOps 功能。

数据是各种智能分析的基础。AIOps 功能的有效部署，甚至仅限于面向日常的生产线监控，也需要管理思维的变革。监控、ITSM 或自动化应该根据数据，而不是技术工具来执行。只有在 IT 运营团队熟悉与 AIOps 密切相关的大数据的理念和技术之后，才能尝试掌握数据分类识别的能力。因此，在选择 AIOps 工具或服务时，企业应优先考虑那些允许部署数据提取、存储和使用的供应商，在此之上，再考虑由供应商支持逐步添加其他的 AIOps 功能。

技术运营团队要采用逐步部署 AIOps 功能的方法，从访问和分析历史数据开始，然后再开始做实时数据的分析以及应用机器学习的功能。应当注意，历史和实时数据分析需要构建和不断改进数据处理模型。

23.1.2.2　选择或构建可以支持多种类数据源的 AIOps 平台

现代 IT 运营的目标之一是深入了解 IT 系统的过去状态，并将其关联到当前，然后预测未来。为了实现这一目标，技术运营管理者必须选择能够提取和处理各种历史和流媒体数据的 AIOps 平台，包括日志数据、文本数据、网络数据、指标、API 数据和来自社交媒体的用户行为数据，如图 23-2 所示。

传统 IT 运营中，管理平台专注的数据源比较单一，如日志数据或网络数据。不幸的是，无论这些数据集更新得多快，来自单个数据类型的限制往往会限制管理人员对系统行为的见解。这有点像盲人摸象，如果只能触摸大象身体的一部分，那分析的结果也只能是片面的。现代 IT 系统具有模块化、动态性和分布式的特点，需要采用多维度的方法来理解系统目前进行的情况。对于预测未来，多维度的分析则是更为需要。因此，企业应该选择那些能够从多种数据来源摄取和分析数据的 AIOps 平台。

23.1.2.3　平台构建的四个阶段

提高技术运营团队技能的关键因素之一是渐进式推进方法。要优先考虑可以支持这种渐进式推进的平台。如图 23-3 所示，AIOps 平台构建的四个阶段是：

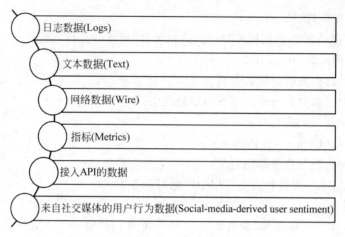

图 23-2　AIOps 平台所包括的数据类型

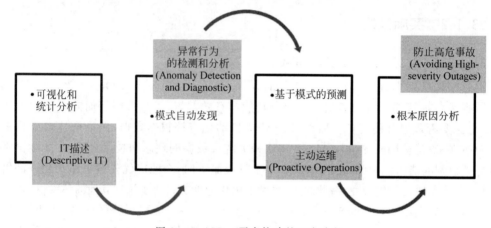

图 23-3　AIOps 平台构建的四个阶段

- 可视化和统计分析（Visualization and Statistical Analysis）。
- 模式自动发现（Automated Pattern Discovery）。
- 基于模式的预测（Pattern-based Prediction）。
- 根本原因分析（Root Cause Analysis）。

在 IT 运营环境中直接部署 AI 非常困难，必须逐步实现。IT 运营团队应该通过熟练掌握数据可视化和使用基本统计分析来开始人工智能之旅。抵制一步到位的诱惑，只有在掌握了这些核心的"手工"方式之后，才能对机器学习进行如下处理：

（1）尝试用大量的数据建立初步的模式。

（2）测试这些模式，允许它们预测未来事件和事件的程度。

（3）使用根本原因分析功能来减少事故的发生。

AIOps 的四个阶段都很重要，企业或者根据这四个阶段逐步构建自己的 AIOps 平台，或者选择尽可能包括这些阶段的功能的工具。这些阶段应该以模块化方式部署，但也要确保技术运营团队在推进时意识到这些工具的价值。

更进一步来讲，AIOps 平台可以支持容量管理、服务管理、自动化和流程改进等技术运营的管理流程。

23.2　建立基础：数据先行

数据是 AIOps 的实施基础，本节讲解数据的整合和处理。

23.2.1　数据整合

在大数据时代，为了从数据中获得有价值的信息，需要对大量数据进行整合，在整合中需要克服两个技术挑战：传统关系数据结构的刚性（rigidity）问题和关系数据库查询的扩展问题。

第一个问题是通过数据湖（Data Lake）的发展来解决的。一个数据湖包括：

（1）结构化数据的单个存储，如关系数据库（表、行、列）。

（2）半结构化数据（日志、JSON）。

（3）非结构化数据（电子邮件、文档）。

（4）其他数据（图像、音频、视频）。

数据湖收集所有数据，无论格式如何，都可用于分析。数据湖对数据的提取、转换、加载（ETL）任务或数据模式计算不是在数据汇聚时进行的，而是在调用数据进行分析时进行的。

第二个问题可通过大规模并行处理（Massively Parallel Processing，MPP）解决。关系数据库依赖单个或共享存储，由许多处理节点访问。由于性能或查询排队，存储成为瓶颈。对同一数据的同时查询必须排队，以确保使用最新数据。

大规模并行处理尝试对数据进行分段，从而消除单个存储瓶颈。分段可以由数据类型和用途来完成。这允许同时或"并行"处理，与传统的关系数据库相比，可以显著提高查询性能。

大规模并行处理的分段处理方式有自己的挑战。但是对于早期大数据分析阶段中的相对静态数据的分析，这种方法效果很好。查询可以按顺序进行批量处理和串行执行，对于大多数公司业务而言，这样的方式可以实现大规模数据集的复杂分析。

数据湖和大规模并行处理的实现最好的例子是 Apache Hadoop，特别是 Hadoop 2.0 中，引进了分布式文件系统（HDFS）和 MapReduce 来解决传统关系数据库在大数据分析方面的局限性。

HDFS 是一个开源数据湖（几乎可以接受任何数据类型），支持不同商用硬件的数据分发，并针对数据段（segment）的大规模并行处理查询进行了优化。它使海量数据的存储和利用在技术和成本上的实现成为可能。MapReduce 是一个大规模并行处理引擎，用于构建对 HDFS 中数据段进行并行查询的结构。

在 Hadoop 2.0 中，Apache 发布了 YARN（Yet Another Resource Negotiator）。YARN 与 MapReduce 并列，同时也支持流数据和交互式查询支持来完善其调度和批处理功能。YARN 还为使用兼容的非 Apache 解决方案的 HDFS 打开了大门。

但是，即使现在可以用 Hadoop 进行流媒体交互式大数据分析，Hadoop 的专业性还是很强。对于需要分析实践但没有专门的数据科学家的公司而言，Hadoop 仍然难以优化和使用。

鉴于需要更易于使用和更专用的解决方案市场需求，Elastic、Logstash 和 Kibana 等公司（ELK 或 Elastic Stack）出现了。它们提供批量、流媒体和交互式大数据分析，并最终在一些场景中成为 Hadoop 的替代品。

为什么这对核心技术的运营和服务管理很重要？因为 ITOM 和 ITSM 这两个领域都非常依赖流数据的分析及其交互性操作。技术运营作为成本中心无法聘请昂贵的数据科学家来做日常的监控、应急处理和服务交付行动中的数据分析工作。

技术运营对技术和管理平台的要求通常是：

(1) 汇聚各种 IT 运营的数据。

(2) 使用机器来实时分析大量流数据。

(3) 生成各种技术运营的专用信息（事件管理、警报、工作负载、根因分析、成本优化等）。

(4) 对接自动化工具。

(5) 与 IT 工作流程集成，支持交互式和历史分析。

已经在运行中的技术运营工具不容易更换或升级，即使它们被重新设计以支持大数据分析，但是它们的数据仍然是孤立的。因此，AIOps 平台的基本要求是：

(1) 为了使技术运营响应数字化转型，机器必须接管人工分析。

(2) 分析必须是包括实时的流数据和历史数据。

(3) 数据必须包含来自不同 IT 系统的数据孤岛。

(4) 从技术和可用性的角度来看，系统应该是交互式的。

AIOps 不会取代 ITOM 和 ITSM 工具。它通过从这些工具中获取数据，将其置于后端大数据平台，进行数据分析和机器学习，并把结果更好地展示给各个业务和技术团队。

23.2.2　数据处理

1. 数据摄取

启用 AIOps 需要使用所有类型的数据：非结构化的机器数据（Unstructured Machine Data）和指标（metrics），以及关系型数据（Relational Data）。这些不同的数据类型允许用户构建跨所有孤岛的整体视角，并采取有意义的操作。

有效而快速地摄取和分析所有数据的工作量可能令人生畏。因此好的方法是从访问和分析原始历史机器和指标数据开始的，以建立基础理解，并使用聚类算法和分析来识别趋势和模式。如果用户想要实时检测，原始数据是最好的数据类型。然后，用户可以开始分析流数据，以了解它是否适合这些模式，并应用人工智能的机器学习方法来引入自动化，并最终完成预测分析。

2. 处理多种数据类型

俗话说，历史会重演。因此，深入了解系统的过去状态并将过去的知识与当前相关联至关重要，这样用户就可以主动修复错误、防止宕机并优化运营效率。

为实现这一目标，运营团队必须能够对历史数据和流数据的多种数据类型进行访问。选择怎样的数据类型（如日志、指标、文本、有线或社交媒体数据）取决于目前正在解决的问题。例如，可以使用基础架构中的指标数据（metric）来监控容量或应用程序日志，以确保为客户提供出色的体验。

许多 AIOps 平台历来只关注单个数据源。对单一数据类型的关注会限制用户对系统行为的洞察力——无论这些洞察是来自技术运营人员还是算法。因此，企业应该选择那些有能力从多个来源来摄取和分析数据的平台。

3．逐步推进

在技术运营中应用 AI 并不容易，用户的策略首先应该聚焦在目前技术运营中优先级最高的问题，比如数据库的流量问题或稳定性问题，然后围绕这个问题去找到问题的根本原因。一旦克服了该问题并找到了问题的根本原因，就可以进入数据的监控管理，确认监控的有效性，如监控点是否完整。只有在这些完成之后才能进入 AI 阶段。即使这样，也要采取一步一步的渐进方式来实施 AIOps。

（1）从实施 AIOps 所需要的数据平台开始，确认该平台能够汇集和管理大量的数据。从而能够有效地进行监控并获得数据的行为模式。

（2）探索这些模式，看看这些模式在预测事故中可以达到的程度。使用这些模式来尽量降低 MTTR 并降低影响业务的事故数量。

（3）使用基于机器学习的根因分析来达到预测状态，在此状态下，技术运营团队可防患未来，在影响关键业务服务和客户体验的事故发生之前来解决或规避问题。

23.3　实践讨论

本节讲解几个企业实施 AIOps 的整体计划。

23.3.1　阶段性实施策略

德勤（Deloitte）公司是国际四大会计事务所之一，在 150 个国家和地区有 245 00 多名员工，提供审计和保证、税务、法律、风险和财务咨询服务。Moogsoft 公司是美国硅谷 AIOps 解决方案提供商。图 23-4 所示为德勤的 AIOps 的阶段实施策略图。

图 23-4　Moogsoft 公司为德勤公司制定的 AIOps 实施路线图

Moogsoft 公司为德勤所做的 AIOps 的实施路线图分为五个阶段：

（1）计划阶段：评估价值，定义目标。

（2）AIOps 实施阶段：降低事故检测时间（Mean Time To Detect，MTTD），报警收敛。

（3）流程调整阶段：降低事故恢复时间（Mean Time To Restore，MTTR），智能告警。

（4）知识循环与决策支持阶段：继续降低 MTTR，根因分析，客观反馈收集及持续改进。

（5）自动化阶段：运营操作、服务恢复、服务发布各方面的自动化。

从目标来看，报警收敛（也称"降噪"）和事件关联是第一步，然后通过流程重组来实现有效协作，直至完整的生态系统自动化，确保最高的技术投资回报。

23.3.2　落地点之一：降低 MTTR

在 AIOps 实施路线图中的一个阶段是降低事故恢复时间，降低事故恢复时间的关键在于报警及分析。在一个复杂的技术运营环境中，精准的报警及分析是非常有挑战性的，下面从报警分析的维度做详细讲解。

23.3.2.1　复杂性

企业级应用程序（Enterprise Application）直接承载着公司为客户提供的服务。在技术运营上是最复杂的部分。企业级应用程序性能需要在传统体系结构中的所有层级中实现最佳性能，这些层级（包括 Web 服务器、应用服务器、数据库服务器）以更现代、更高度分布的形态体现，如环境中的微服务。对于大多数企业而言，关键业务程序背后的复杂性来源于自建的数据中心、私有云、公共云，以及第三方提供商的服务。如果应用程序运行不顺畅，企业可能会失去收入、生产力甚至品牌。

如果 IT 操作人员在每次性能测量达到阈值时都会收到警报，即使这个时间段很短，管理这些警报的数量可能是一场噩梦，而这些报警可能对生产线运营根本没有什么重大影响。

这就是为什么现在技术运营的核心挑战之一是报警收敛，要在通常的基本监控上，在报警风暴中消除报警中的噪声，提高报警效率。

23.3.2.2　机器学习带来的帮助

传统报警依赖静态阈值，这也是报警风暴产生的重要原因之一。下面讲解几种可以实施动态报警的机器学习和分析方法。

1. 行为学习（Behavioral Learning）

使用来自机器学习的基线数据和阈值的组合来确定问题何时更可能成为问题。机器学习用来学习正常的性能分布值，这个分布是随时间和用户用量而变化的行为曲线，而不是一条静态的阈值直线。这个行为曲线被学习出来后，成为一个监控基线。只有当测量值超出这样的行为基线的范围时，才会触发报警。典型的例子是业务高峰期的用量，比如每天早上刚上班的用量或者每周一、周二的用量，会比平常时间用量高。在上述情景下，应用服务器的 CPU 使用率可能会在每个周一、周二的 9:00—10:00 有相当长的高峰值用量，而这是正常的行为。

具体到 CPU 用量，例如，平时的 CPU 设置了 80% 的绝对阈值，如果在上述业务高峰时间窗口的 CPU 利用率达到 90% 的性能基线或上下 5% 的范围（85%～95%），这也是正常的行为，不需要报警。这种行为特性需要在机器学习过程中获得。但是，如果在本周的其他时间使用率为 90% 时，监控工程师将会收到性能问题的警报。

2. 预测事件（Predictive Events）

使用每小时基线数据（Baseline Data）和关键阈值（Critical Threshold Value）的组合，让用量即将达到临界阈值（通常提前三小时）时发送警报或事件通知。每小时的基线数据可以由机器学习获得，工程师可以设置临界阈值。在用量已超出基线值但未达到临界阈值之前就会发送警告。

在生产线管理中，技术人员可能会误改了某个资源的配置，导致资源的大量泄漏。预测事件会给监控工程师足够的时间在用户发现前来解决这个问题。

3. 可能的原因分析（Probable Cause Analysis）

在复杂的 IT 环境中，通常有许多因素会影响应用程序或服务的性能。让系统来分析和显示关联事件、时间范围以及基于行为曲线所捕获的异常，通过系统来缩小可能导致问题的原因的范围，技术运营人员可以更快地查明问题的根本原因。

例如，系统可以把高 CPU 用量和同时发生的高内存用量关联出来，提示 CPU 的问题可能来自内存泄漏。由于内存的用量高峰，服务器无法快速响应数据请求。通过解决内存问题，CPU 可以恢复正常。

4. 模式匹配（Pattern Matching）

通过一些前期规划，工程师可以将生产环境中常常遇到的问题的可能原因情景识别为知识模式（knowledge patterns），以便故障排除问题可以更快进行。对于上一个示例中的 CPU 和内存问题，工程师可以创建一个知识模式，定义相应的问题修复步骤 SOP（Standard Operation Procedure）。下次类似问题出现时，就可以快速执行 SOP，减少事故恢复时间。

5. 日志分析（Log Analytics）

通过将机器学习应用于日志管理（log），系统可以根据日志中不同级别的报警数目做出基线。这意味着系统学习了什么被认为是"正常"的基线。在 log 数量异常变化超出正常值时，可以快速将问题报出。如 log 的访问记录突然发现有很多用户访问了之前没有权限开放的服务器，这说明防火墙或服务器访问列表（ACL）的配置更改了，而且很可能是错误的更改。

23.3.3　策略实施中容易犯的错误

随着人工智能的推广，其价值已经开始被证明。同时在实施推广中也发现了很多挑战。以下是企业从早期人工智能推广中学到的几个主要经验。

1. 避免好高骛远，要从小处着手

公司可能犯的较大错误之一就是人工智能项目制定的目标过高。在实施中，公司领导者不要在一开始就寻求财务收益等硬性的高指标。相反，采用流程改进、客户满意度这些比较柔性的指标，会对早期的 AIOps 项目更切合实际一些。

在项目早期，公司获得的更多的是经验和创新的想法。如果一定需要一个财务目标来启动项目，请尽可能低。

2. 专注于人才的增强，而不是取代他们

对一线员工最大的担忧是 AI 技术带来员工人数减少，当然也是公司盈利的最大好处之一。公司高管应该专注于使用 AI 技术来改善员工所做的工作，提高员工的技能，而不是取而代之，从而来减少员工的顾虑，激发员工的积极性。

23.4　案例研究：苏宁金融的智能运维实践

前面的 AIOps 的实施讨论主要是策略层面或计划层面，本节通过一个实际案例，从整体规划到算法实施，讲述一个企业如何寻找切入点、进行 AIOps 的落地。

23.4.1　背景介绍

苏宁金融成立于 2011 年，是国内金融 O2O 领先者。其"5＋1"核心业务策略已经正式成型。"5"指的是聚焦供应链金融、消费金融、微商金融、支付和财富管理五大核心业务；而"1"指的是金融科技输出，主要在金融安全、企业征信、智能营销、智能催收、区块链等金融科技领域对外输出反欺诈、任性贷信用风险决策模型、乐业贷信用风险决策模型、企业风险预警系统、金融 AI 等科技服务。

苏宁金融年交易量已经过万亿，激活会员超 9000 万，服务场景从苏宁易购内部生态，扩展到全渠道、全场景、多业态的线上线下智慧零售的开放生态圈，多行业纵深发展。随着苏宁金融业务的急剧膨胀，为业务提供支撑的 IT 系统也呈指数型增长，系统数量已经过千，服务器规模超过 5 万，服务的种类多样，服务之间的依赖关系错综复杂。

业务快速增长，对技术运营带来的挑战包括：

- 成本(Cost)：庞大而复杂的系统带来了技术运营成本高昂的问题，据统计基础固定资产投入(CAPEX)的成本已经过亿，而日常运营的成本(OPEX)3～4 倍于基础设施投入的成本。

- 效率(Productivity)和稳定性(Service Availability)：高昂的投入并没有带来技术运营效率的提升，由于技术运营过程大量依赖人的参与，人因导致的生产问题在 70% 以上，而问题的检测、诊断和恢复平均需要 2h 以上，给业务的稳定运转造成了潜在的巨大风险。

23.4.2　苏宁金融智能运维生态体系

面对如此巨大的挑战，传统的方法已经难以为继，苏宁金融早在 2015 年就开始了智能运维实践，经过多年的发展和演化，逐渐形成了如图 23-5 所示的生态体系。

苏宁金融的智能运维生态体系分为心、眼、脑、手四部分。

(1)"心"是智能运维生态体系的目标，其职责是协调"眼、脑、手"提供的中后台能力适配终端用户需求，包括人效提升、业务保障、成本管理三大场景。

(2)"眼"是运维大数据平台，把包括物理资源、虚拟资源、业务、应用、存储、中间件在内所有运维实体的整个生命周期的数据都统一汇聚在运维大数据平台并进行数据管理和治理。

(3)"脑"根据"眼"看到的信息进行快速决策，并给"手"发出执行指令。包括负责存储静态知识的"幻识"知识图谱和负责动态决策的"两仪"算法平台两个部分。

(4)"手"是自动化运维平台，用自动化脚本操作替代人工操作，包括配置管理、服务管理、运维工具、监控工具、持续交付流水线等。

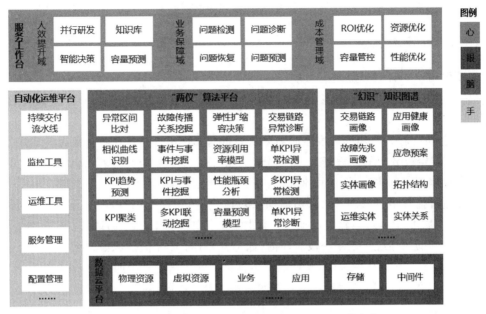

图 23-5 苏宁金融的运维体系(紫金大盘)的整体架构

"心、眼、脑、手"四位一体的智能运维生态体系,极大提升了技术运营能力,确保苏宁金融的业务发展"快、稳、省",驶入规模发展的"高速公路"。

23.4.3 AIOps 切入点选择：问题根因分析

由于智能运维涉及的领域非常广泛,可以落地的场景非常多,而资源是有限的,因此在选择落地场景时一定要选择最具商业价值和技术相对成熟短期内能见效的场景。下面以智能问题诊断为例介绍该场景的落地过程,该场景要解决的问题是当运维人员发现关键指标(KPI)出现异常波动时如何快速分析出导致异常波动的原因,以便快速解决问题。

由于互联网业务的 KPI 的波动跟公司的收入、利润、股价息息相关,互联网公司会对多个 KPI 进行监控,如 PV、UV、交易量、成功率、耗时等。当 KPI 发生异常波动,如突然上升或者下降,除了快速感知异常问题的发生外,快速诊断问题发生的根本原因是很重要的,如果能够快速判断出哪个属性是导致问题发生的根因,运维人员就可以迅速采取行动止损甚至解决,从而为用户、公司和股东挽回巨大的损失。

例如,在互联网零售业务中,为了吸引新用户注册或者增加老用户的活跃度,经常会做支付促销让利活动,但是同时也吸引了逐利而来"羊毛党""黄牛党"和"灰产大军"等非正常用户。有限的营销资源如果被非正常用户大量占用,会导致正常用户无法参与营销活动,从而给公司带来营销资源的浪费以及未来收入的损失,所以公司会针对各种营销活动进行风险控制,对疑似非正常用户的请求进行拦截。一般而言"营销活动风险拦截量"这个 KPI 会在一个稳定的区间内波动,如果这个 KPI 突然上升,可能是大量正常用户被拦截影响营销活动的效果,如果这个 KPI 突然下降,可能是风险控制模型失效未正常拦截非正常用户的请求。为了尽快诊断出问题的根因,以便于执行针对性的应对措施,运维部门组建了一个固定的四人数据分析小组,每日至少花费 4h 使用 Excel 等工具进行 KPI 相关数据的人工分析,成本高昂,工作效率低且容易出错,急需智能诊断能力。

23.4.4　技术挑战

问题根因诊断有三大挑战。

（1）可能的根因的组合太多,导致搜索的空间过大,难以用常规的专家经验和规则分析问题根因。

（2）实时性要求高,当问题发生时需要从海量的属性组合中快速找到根因。

（3）根因定位分析的过程复杂,根因分析不是一个简单的分类或者回归问题,输出的根因是一个维度不定的集合,不能用常规的机器学习算法来解决。

KPI 通常拥有多个属性,以"营销活动风险拦截量"这个 KPI 为例,假设其属性包括手机城市、证件城市、IP 城市、营销活动 4 个属性,每个属性都有不同的取值范围。我们可以针对每个不同的属性组合记录一段时间内（如每分钟）的 KPI 值。例如,"手机城市＝北京,证件城市＝上海,IP 城市＝福建,营销活动＝首单立减",这是一个四维的 KPI 值。

由于 KPI 值具有可加和特点,这些细粒度的 KPI 也可以被聚合为粗粒度的属性组合。例如,"手机城市＝北京,证件城市＝上海,IP 城市＝福建,其他属性不做限制",这样的 KPI 可以被表达为"手机城市＝北京,证件城市＝上海,IP 城市＝福建,营销活动＝ $*$ ",其中 $*$ 是通配符,这是一个三维的 KPI 值。

基于不同的聚合程度,我们将元素分类为不同层次的数据立方体,从低层到高层维度越来越高,元素的数量变得越来越大,如果元素的数量有 n 个,那么可能的根本原因就有 2^n-1 个。四维数据立方体的层次结构如图 23-6 所示。

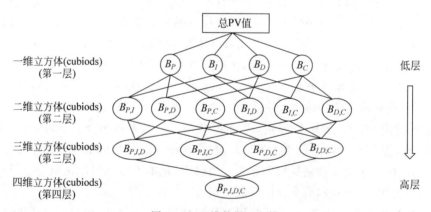

图 23-6　四维数据立方体

此外,根本原因可能是一种或者多种属性的组合,在"营销活动风险拦截"这个例子中 n 超过 200 个,可能的根本原因有 $2^{200}-1$ 个,这是一个天文数字。

23.4.5　智能问题诊断流程

首先来自各类运维实体（物理资源、虚拟资源、业务、应用、存储、中间件）的原始明细数据被运维大数据平台汇聚存储在 Hive 数据集市中；然后 Spark 把原始明细数据按照运维人员关注的维度聚合成细粒度的 KPI 数据并存储在 Elasticsearch 服务器中；当用户使用 β

地动仪进行根因分析操作时,部署在苏宁私有云的"两仪"算法平台的 SFRD-FRCA(Suning Finance R&D-Fast Root Cause Analysis)算法模型即根据用户的指令查询 Elasticsearch 中的 KPI 数据并进行智能根因分析,最后将分析结果通过 β 地动仪可视化给用户。智能问题诊断流程如图 23-7 所示。

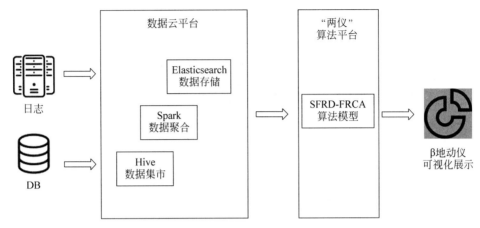

图 23-7　智能问题诊断流程

23.4.6　智能问题诊断算法模型

SFRD-FRCA 算法模型可分解为 4 个关键过程,首先预测值算法根据 Elasticsearch 中存储的某个时间点的实际数据立方体计算该时间点的预测数据立方体,并构建输出"实际＋预测数据立方体";然后使用可能性评估算法和搜索算法从低层到高层逐层计算每个根因组合的可能性得分,并根据每个根因组合的可能性得分对搜索空间进行搜索,得到每层的最佳根因组合。最后将搜索出来的每层最佳根因组合做偏移修正并返回修正后的最终根因,如图 23-8 所示。

SFRD-FRCA 算法的 4 个关键过程如下。

1. 预测值计算

预测值计算的目标是根据 Elasticsearch 中存储的某个时间点的实际数据立方体计算该时间点的预测数据立方体,并构建输出"实际＋预测数据立方体"作为后续流程的输入。由于该场景对实时性的要求很高,所以要求预测值算法不仅有稳定的准确率表现,还要有较低的时间复杂度。

经过大量实验对比 ARIMA(整合移动平均自回归)、EWMA(指数加权移动平均法)、Prophet(Facebook 的时间序列预测算法)的实际效果,发现 ARIMA 算法对于单独的 KPI 预测效果比较好,但是对大量不同的 KPI 的平稳性难以度量,存在一定的误差。EWMA 算法时间复杂度低、表现稳定,但是灵活性稍差,存在短期噪声。而 Prophet 算法基于所有历史数据做训练故结果精度较高,但是在不同的 KPI 上表现差别较大,且逐点计算的速度较慢。因此,最终决定采用时间复杂度最低的 EWMA 算法,并根据预测区间进行滤波,去除波动较小或者与总体趋势相反的波动噪声,提升预测效果。

EWMA 滤波过程如图 23-9 所示。

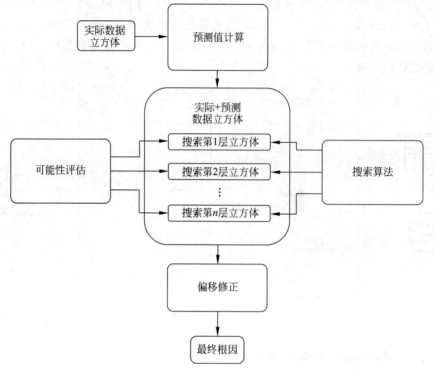

图 23-8　SFRD-FRCA 算法模型

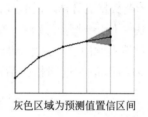

1. 以EWMA算法生成基础预测值
2. 实际数据在预测置信区间内时
　　实际值=预测值
3. 实际值超出置信区间时
　3.1 与趋势相符->保留实际值
　3.2 与趋势相反->实际值=预测值

灰色区域为预测值置信区间

图 23-9　EWMA 生成的预测值置信区间示意图

2. 可能性评估

　　可能性评估算法的目标是根据数据立方体的实际值与预测值之间的差异用可能性评价公式计算根因可能性得分，以便后续的搜索算法根据可能性得分来搜索最优根因组合。可能性评价公式可评判出一组结果是根因的可能性，得分越高则是根因的可能性越高，得分为 0～1。

　　可能性评价公式需要计算向量距离，在实际项目中我们通过大量实验发现只用单一的距离函数在特定根因组合场景下会表现不佳，而采用多种距离函数进行组合计算可以获得更加稳定的表现。最终我们的距离函数采用余弦相似度、Pearson 相关系数、KL 散度、JS 散度进行组合计算，将不同距离函数计算出的 Score 值进行加权合并。计算方法如下：

$$余弦相似度：\cos\theta = \frac{\sum_{i=1}^{n}(x_i \cdot y_i)}{\sqrt{\sum_{i=1}^{n}x_i^2 \times \sum_{i=1}^{n}y_i^2}}$$

Pearson 相关系数：$\rho_{X,Y} = \dfrac{\mathrm{cov}(X,Y)}{\sigma_X \sigma_Y} = \dfrac{E\left[(X - \overline{X})(Y - \overline{Y})\right]}{\sigma_X \sigma_Y}$

KL 散度：$D(P \parallel Q) = \sum P(x) \log \dfrac{P(x)}{Q(x)}$

JS 散度：$\mathrm{JS}(P \parallel Q) = \dfrac{1}{2} \mathrm{KL}\left(P \left\| \dfrac{P+Q}{2}\right.\right) + \dfrac{1}{2} KL\left(Q \left\| \dfrac{P+Q}{2}\right.\right)$

$\mathrm{ProbabilityScore} = w_1 \mathrm{Cosine}_{\mathrm{score}} + w_2 \mathrm{Pearson}_{\mathrm{score}} + w_3 \mathrm{KL}_{\mathrm{score}} + w_4 \mathrm{JS}_{\mathrm{score}}$

3. 搜索算法

搜索算法的作用是根据根因的可能性得分进行根因搜索，搜索出最有可能的根因组合。

为了应对根因搜索时巨大的搜索计算量，需要有效且高效的搜索算法。思路是采用一些已知的擅长巨大搜索计算量的高级算法，而不是重新人工探索开发算法。受 AlphaGo 在游戏中成功使用蒙特卡洛树搜索算法的启发，使用蒙特卡洛树搜索算法进行搜索，在限制了搜索次数的情况下，搜索出可能性得分最高的元素组合。同时设置可能性得分的上阈值和下阈值，当搜索出的根因组合的可能性得分大于上阈值时，终止搜索返回结果。

然而即使对于蒙特卡洛树搜索算法来说，$2^n - 1$ 的时间复杂度也不是一件容易的事。为了减少搜索计算量，应用了分层修剪策略。基本思想是，在搜索较低层后，搜索算法会在更高层中修剪一些不太可能是根本原因的元素。简单来说，就是如果父元素具有非常低的可能性得分，则每个子元素不太可能是根本原因，因此可以被修剪。这种方法在思路上与关联规则挖掘中的频繁项集算法非常相似，我们将修剪方法称为分层剪枝，因为其修剪策略使用层次结构信息。

蒙特卡洛树搜索算法的主要步骤如图 23-10 所示。

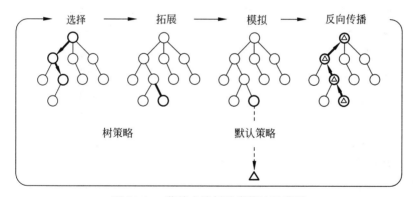

图 23-10　蒙特卡洛树搜索算法示意图

4. 偏移修正

偏移修正算法的目标是对上一步计算出来的每层最佳根因组合做偏移修正并返回修正后的最终根因。在实践中发现，由于算法本身结构的原因，可能会输出可能性得分相近的多个答案，这时需要一种决策机制来选择最终答案，确保最终答案尽可能准确，通过大量实验最终选择了最简单有效的奥卡姆剃刀原则，当多个根因得分相近时，选择更简约的根因，将层数和根因组合数加入公式，层数越深或者根因组合越多，最终得分则越低。公式如下：

$\mathrm{RevisedScore} = \mathrm{ProbabilityScore} * (\mathrm{len}(\mathrm{root\_cause}) * \mathrm{rc\_weight}) * (\mathrm{layer} * \mathrm{layer\_weight})$

23.4.7　模型效果表现

在实际场景中时,SFRD-FRCA 算法模型的准确率在 90% 以上,平均响应时间在 30s 内,表现非常优秀,已经大规模应用于苏宁的互联网金融领域。在"营销活动风险拦截量" KPI 的根因定位场景中,问题的诊断时间从 4h 以上降低到 10s,诊断准确率达到 99%,且不再需要固定数据分析小组负责专项工作,提高了工作效率的同时节约了大量人力成本,上线以来帮助公司在营销风控业务中挽回了数以千万计的损失。应用效果如图 23-11 所示。

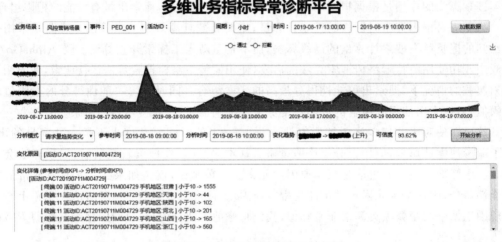

图 23-11　智能问题诊断产品效果图

图 23-11 中的曲线是交易指标 KPI,8 月 18 日这个点的 KPI 值明显高于平均值,运营人员收到"多维业务指标异常诊断平台"的 KPI 监控告警信息后,即可使用平台的异常根因诊断功能,以某 KPI 正常日作为参考时间分析出 8 月 18 日 KPI 异常的根本原因。在本例中,KPI 突增的本原因是 ID 为 ACT20190711M004729 的营销活动。

23.4.8　总结:挑战、思路与计划

在 AIOps 的探索和实践过程中也遇到过很多挑战:

(1) 涉及的中心和部门多,需求调研和工作协调难度大。AIOps 技术切入一个业务场景需要与该业务领域专家沟通协作,深入了解业务逻辑和业务数据。

(2) 如何能够对接入的业务系统无侵入,接入更快速,并且能够从成本效益上满足投入和产出的平衡。在本案例中,我们的方案使用数据云平台通过 Kafka 和 Binlog 实时采集日志和数据库数据,业务系统完全无感知,且采用配置化接入,3 天内即完成了风控营销场景接入。

(3) 业务数据量大,对实时性和准确性要求高,如何实现算法效果的闭环验证。

对于这些挑战,我们的解决思路是:

(1) 多投入时间调研用户需求,贴合真正的场景,真实的用户,真实的数据,否则项目一定会失败。AIOps 作为一个诞生时间不久的技术,用户对其了解程度有限,但是期望可能很高。要分辨出什么是伪需求,尽量寻找高频场景。如果盲目选择了错误的场景切入从而

导致项目遇到挫败，就会打击团队的士气和信心。

（2）要管理好用户的预期，尽可能让产品的效果在用户的预期之上，项目采用小步迭代，循序渐进的方式，实现方式尽可能简单。

（3）重视工程能力，AIOps的核心不仅仅是算法，还有软件工程能力、架构和支撑平台。在本案例中，苏宁金融智能运维体系依托于苏宁体系内的数据云平台、"两仪"算法平台、"幻识"知识图谱、自动化运维平台而构建，从而快速形成"心、眼、脑、手"四位一体的AIOps体系，为业务保障提供了强大的技术运营能力。

苏宁金融自研的"两仪"算法平台不仅支持算法模型的训练、部署，还支持生产数据的回流以及算法效果的灰度闭环验证，具备了算法模型的全生命周期管理支撑能力。

下一步计划是继续深化AIOps方面的探索和实践：

（1）在业务保障领域，除了智能问题诊断外，智能问题检测也逐步应用在解决系统故障感知场景，实现精确智能监控和预警，并能够结合业务系统的响应码精确区分系统问题、业务问题及影响面的分析。

（2）在人力效率提升领域，我们正在建设并行研发自动化流水线，旨在提升并行研发能力，助力增强业务竞争力，并节约搭建测试环境的硬件资源和人力成本。

（3）在成本管理领域，我们正在建设的成本管控平台，能够可视化硬件资源使用率和成本，智能化管控系统容量，还能结合人力资源成本以及财务指标提供ROI优化建议辅助决策。

第5部分
安全技术与管理

在前面的内容中,我们对云计算、大数据以及技术运营和管理都做了比较细致的阐述,读者可能会发现对于安全方面的内容基本没有介绍。一个主要的原因是安全作为一个完整的体系,如果只是单点阐述或者实施,很难起到实质作用。特别是作为云计算服务提供给大众使用,就更需要对客户的应用、数据等进行完备的保护,去面对一切"摩尔的不法之徒"的攻击,哪怕是有一点脆弱点,都可能会造成很大的影响和危害。就拿数据安全来说,数据安全并不是一个独立的要素,而是需要同网络安全、系统安全、业务安全等多种因素一起,才能最终达到数据安全的效果。因此,我们专门把安全这一部分独立出来,形成安全技术与管理部分,进行系统讲解。

"安全技术与管理"这一部分的写作重点体现在以下三方面。

在读者侧重上,强调从服务提供商和云服务运营商的角度描述云计算服务安全相关技术实施及运营相关内容,因为云服务提供商和云服务运营商对云计算的安全负有重要职责。

在章节组织上,强调系统性和全面性。本部分将给出云服务系统在生命周期各阶段应重点关注的安全实施内容:在规划建设阶段,云服务系统应遵循的合规法则;在设计实现阶段,各系统层次应关注的安全技术实施;在运行阶段,应组建的运营组织构架、应实施的治理操作及业务连续性保障等。

在内容和章节编排上,注重理论阐述与实践建议或案例相结合,增强可操作性与可借鉴性。

本部分的章节结构如下图所示。

(1) 概述与框架。

- 第 24 章:云计算安全概述,从云计算安全的定义、挑战、研究现状以及国内外相关标准化组织和研究成果方面进行介绍。
- 第 25 章:云计算安全架构,从完整的云计算安全体系架构出发,对云计算模型和安全架构模型之间的映射关系、云计算安全职责的划分进行阐述。

(2) 基础安全。

- 第 26 章:云计算基础设施安全,在架构的基础上,从云服务提供商的角度描述云服务基础设施安全技术实施。
- 第 27 章:云计算数据安全,从云服务提供商的角度描述云服务环境下数据安全技术实施;这部分是云服务用户最关心的。

第5部分 安全技术与管理

第24章 云计算安全概述
- 安全管理与技术概述
- 云计算安全挑战与研究现状
- 云计算安全相关的标准化

第25章 云计算安全架构
- 云计算安全体系架构
- 云计算模型与安全架构模型间的关系
- 云计算安全职责划分

安全技术

第26章 云计算基础设施安全
- 云计算基础设施面临的安全风险
- 云计算基础设施安全保护机制
  物理安全 网络安全 主机安全
  虚拟化安全 中间件安全

第27章 云计算数据安全
- 云计算环境下的数据安全综述
- 云服务提供商面临的数据安全风险及挑战
- 数据安全保护机制
  数据加密 数据屏蔽 数据残余销毁
  数据沿袭 数据备份与恢复 访问控制

第28章 IaaS和PaaS服务安全
- IaaS服务用户需重点关注的安全问题
- IaaS服务用户安全检查清单
- PaaS服务用户需重点关注的安全问题
- PaaS服务用户安全检查清单

第29章 SaaS服务安全
- SaaS服务安全风险
- SaaS应用安全保护机制
  SDLC、WAF、IAM、终端用户安全等
- 案例研究: SaaS安全设计

安全管理

第30章 云计算安全治理
- 组织架构及过程模型
- 云计算安全治理操作
- 隐私保护
- 案例研究：安全运营

第14章 服务的业务连续性
- 云计算业务连续性概述与挑战
- 云计算业务连续性方案概述
- 灾备系统架构
- 灾备方案的成本效率
- 案例研究：灾备方案设计

第31章 云计算的合规性
- IT合规概述
- IT合规规划
- IT合规实践
- 合规工作中的难点和解决思路
- 案例研究：合规性的实施

（3）服务安全。

- 第 28 章：IaaS 和 PaaS 服务安全，从云服务消费者的角度，作为云计算设施非常重要的两层，描述其需要重点关注的安全问题，以及如何进行清单式的安全检查。
- 第 29 章：SaaS 服务安全，通过对 SaaS 应用安全的保护机制，结合案例进行深入浅出的介绍。

（4）云服务安全运营治理。

- 第 30 章：云计算安全治理，从云服务运营商的角度，讲述云计算安全运营所需的组织架构、治理操作及隐私保护。
- 第 31 章：云计算的合规性，从云服务运营商和云服务提供商的角度，描述云服务的合规性概念、规划及实践。

安全体系中还有一个非常重要的内容：云服务的业务连续性保障。因为这部分与高可用的技术架构密切相关，所以放在了技术运营部分，也就是第 14 章"服务的业务连续性"。这一章从云服务运营商的角度，讲述云计算安全业务连续性挑战及灾备系统方案设计。

第24章

云计算安全概述

本章主要是从云计算安全的定义、挑战、研究现状、国内外相关标准化组织和研究成果方面做简要介绍和阐述。

24.1　概述

24.1.1　云计算安全的定义

维基百科关于云计算安全(Cloud Computing Security)的定义是：云计算安全是计算机安全、网络安全以及广义上的信息安全的一个子域,是指用于保护云计算数据、应用和相关基础设施而部署的一系列安全策略、技术与控制措施。

从维基百科给出的云计算安全定义可以看出,云计算安全并没有完全突破传统安全技术的范畴,但由于多用户、联合应用等服务模式的引入以及虚拟化技术的广泛采用等,使得云计算安全在局部处理策略、技术和实施上又与传统安全范畴有所不同。

云服务的安全问题大致分为两方面：一方面云服务提供商提供的网络、系统和应用必须是安全的,必须能够防止他人盗用账号非法进入系统,造成用户数据泄密。同时,云服务提供商内部管理和流程必须规范以减少用户隐私泄露。这些都是云服务提供商需要解决的问题,并需要向用户或客户提供承诺。此外,正如自来水公司需要按照国家相关法规提供水资源服务一样,云服务提供商的行为和技术,也需要国家或行业相应的法规政策及服务标准加以约束和规范；另一方面,客户在使用云计算提供的服务时也需要增强自身安全意识,保管好自己的账户,防止他人盗取账号使用云中的服务而让你买单。另一方面,需要对自己数据的安全性和重要性进行评估,明确哪些数据是非常重要或敏感的,不能放到云里,或需要将其加密后再放到云里。

云计算安全与传统 IT 解决方案安全不一样的地方是,传统的 IT 解决方案通常部署于用户可自己控制的安全域范围内,用户自行承担安全风险；而在云服务模式下由于服务模式(资源共享和多用户)的转变,并根据云服务模型、部署模式以及使用的云服务技术的不同,用户承担的安全风险级别及安全控制力度都有很大的不同。而在更多时候,云计算安全的责任主体由用户转移到了云服务提供商。

　　从总体上来说,云服务并不一定比传统的 IT 服务环境更为安全或更不安全,正如任何新技术一样,它会创造新的风险和新的机遇。在某些情况下,应用迁移到云中的过程提供了机构一个新的机会,可以重新审视并设计更为安全的应用程序和基础设施,以达到甚至超过当前的安全要求。而在另外一种情况下,将极其敏感或重要的数据和应用迁移到一个不够安全的云中,其风险可能会超出用户的想象。

24.1.2　广义的云计算安全

　　人们往往将云计算的可靠性(Reliability)、可用性(Availability)和安全性(Security)混在一起谈论。但从严格意义来讲,安全性、可用性和可靠性是有区别的。

　　可靠性指的是提供服务的系统能够按预期工作。可靠性强调的是提供服务的系统连续工作的能力,其评价指标可以使用概率指标或时间指标,如可靠度、失效率、平均无故障工作时间、平均失效前时间、有效度等。

　　可用性指的是在需要的外部资源得到保证的前提下,系统在规定的条件下和规定的时刻或时间区间内处于可执行规定功能状态的能力。换言之,可用性通常是指系统在遇到故障或问题时仍可保持提供服务的能力。在互联网环境下可用性至关重要。例如,当用户访问一个网站时,即使服务器繁忙,也要给用户一个合理的反馈,如"系统繁忙,请稍等",不能没有任何反应。可用性强调的是系统的容错能力。

　　安全性指的是系统抵御威胁和风险、免受打探和攻击,以及防止有权限的用户不正当使用(即滥用)和误操作等导致数据泄露的能力。在计算机领域,安全性是保证存储在计算机上的数据不被没有权限的人盗取和访问,绝大多数安全措施都涉及数据加密和口令。

　　不难看出,安全性问题可能会导致系统瘫痪或服务不可用,但可靠性或可用性问题未必均由安全性问题引发。如微软云计算平台 Windows Azure 运行的中断和亚马逊的"简单存储服务"(S3)的两次中断等都属于服务的可靠性问题。当然这类问题的背后,有可能是微软、亚马逊的安全措施没有到位,遭受了黑客的攻击所致;也可能是系统自身的可靠性没有得到充分保证所致。但其表现出来的问题不是传统意义上的安全问题,而是服务的可靠性或可用性问题。因此,从服务用户感知的角度考虑,把包括云计算安全性、可靠性和可用性的概念统一纳入广义的云计算安全范畴。

　　云计算安全与云安全的区别,这是两个业界容易混淆或产生歧义的概念。云计算安全是指云计算服务安全(the Security of Cloud Computing Service),云安全(Cloud Security)是指云安全服务(the Security Service based on the Cloud Computing),是"云计算"技术在信息安全领域的应用,如一些传统的反病毒安全厂商,他们利用云计算平台向用户提供各类病毒防护产品或服务。

　　为便于后续描述,下面给出美国国家标准及技术研究所(NIST)在其云计算参考架构里给出的五个核心云服务相关角色定义,它们分别是:

- 云服务消费者(Cloud Service conSumer):使用云产品或服务的个人或机构,本书中简称 CS。
- 云服务提供商(Cloud Service Provider):提供云服务(包括软件、平台或基础设施)的公司或个人,本书中简称 CP。

- 云服务承运商(Cloud Service Carrier)：负责实现数据及其他信息在分布式网上进行传输的机构,本书中简称 CC。
- 云服务代理商(Cloud Service Broker)：云服务消费者与云服务提供商之间的中间人,简化云服务提供,并创造增值云服务。
- 云服务审计者(Cloud Service Auditor)：指可以对云服务、信息系统运维以及云服务实现的性能与安全性进行独立评估的第三方。

在上述角色中,在不同的服务模型和部署模型下,云服务消费者、云服务提供者与云服务运营商等角色可能是同一实体,而云服务代理商则不一定每一种模式里都有。如对于自建、自营的大型私有云而言,云服务消费者也是云服务运营者,并不需要云服务代理商;而对于电信运营商自建自营对外提供的公有 IaaS 服务而言,服务提供商与服务运营商都是电信运营商自己。

24.2　云计算安全的挑战和研究现状

本节简单介绍云计算安全面临的挑战和研究现状。

24.2.1　云计算安全研究焦点域

云服务改变了服务提供模式,但没有颠覆传统的安全模式。所不同的是,在云服务时代,安全设备和安全措施的部署位置有所不同;而随着云服务模型的不同,安全责任的主体也会随之发生较大变化。原来用户要自己保证服务的安全性,现在很多情况下是由云服务提供商保证服务的安全性。同时,对于基于互联网的云服务,服务的可靠性和可用性也显得更为重要。从总体上来讲,解决云计算安全问题的办法和解决传统的信息服务的安全问题一样,也是策略、技术和管理(人)三要素的组合。

云计算安全研究领域从关注的对象来说可分成两大类。

一类是云服务提供商(CP,如 SaaS、PaaS、IaaS 服务提供商)面临的安全风险及相关技术实施、处理策略和控制措施等。通常情况下,CP 要确保云服务基础设施是安全的,同时也要确保用户的数据以及应用也是受到保护的,即服务运营商必须确保为用户提供应用服务的基础设施,如网络、主机和各类基础服务中间件是安全可靠的(不易因各种攻击行为而瘫痪或提供非期望的服务),必须确保用户存储在服务运营商侧的数据是安全可用的(信息不易泄露且数据总是可用),必须确保提供给用户的应用系统是安全健壮的(只允许合适的用户访问合适的服务或操作合适的功能,且不易受到攻击而瘫痪或提供非期望的服务等)。

另一类是云服务消费者(CS)面临的安全风险及相应的技术实施。CS 必须明确知道哪些安全职责应由云服务提供商来提供,哪些安全职责应由自己来承担。同时还必须具备较强的安全防范意识,并应通过客户端安全技术实施来保障其敏感信息不被泄露。对于云服务这种用户信息高度集中于服务提供商的服务模式而言,更重要的是,服务提供商和用户自身还应确保用户隐私信息不因双方自身原因而遭到泄密。

云安全联盟 CSA 则把云计算安全研究域分成 14 个焦点域,分别是云计算架构框架、治理和企业风险管理、法律问题(合同和电子举证)、合规性与审计管理、信息治理、管理平面和业务连续性、基础设施安全、虚拟化及容器技术、事件响应通告和补救、应用安全、数据安全和加密、身份授权和访问管理、安全即服务、相关技术。

24.2.2 国内外云计算安全技术研究现状

在 IT 产业界,各类云计算安全产品与方案不断涌现。例如,原 Sun 公司发布开源的云计算安全工具可为亚马逊的 EC2、S3 以及虚拟私有云平台提供安全保护。原 Sun 公司提供的云计算安全工具包括 OpenSolaris VPC 网关软件,能够帮助客户迅速便捷地创建通向亚马逊虚拟私有云的多条安全的通信通道;原 Sun 公司为亚马逊 EC2 设计的安全增强的 VMIs,包括非可执行堆栈、加密交换和默认情况下启用审核等安全功能;云安全盒(Cloud Safety Box),使用类亚马逊 S3 接口,自动对内容进行压缩、加密和拆分,简化云中加密内容的管理等。

AWS 早在 2017 年 10 月就已经创建了新的基于 KVM 的虚拟化引擎,新的 C5 实例和未来的虚拟机将不再使用 XEN,而使用核心的 KVM 技术。

微软为云计算平台 Azure 筹备代号为 Sydney 的安全计划,旨在帮助企业用户在服务器和 Azure 云之间交换数据,以解决虚拟化、多租户环境中的安全性。EMC、Intel、VMware 等公司联合宣布了一个"可信云体系架构"的合作项目,并提出了一个概念证明系统。该项目采用 Intel 的可信执行技术(Trusted Execution Technology)、VMware 的虚拟隔离技术、EMC 的 enVision 安全信息与事件管理平台等技术,构建从下至上、值得信赖的、多租户服务器集群。开源云计算平台 Hadoop 也推出安全版本,引入 Kerberos 安全认证技术,对共享商业敏感数据的用户加以认证与访问控制,阻止非法用户对 Hadoop clusters 的非授权访问。

国内的云平台服务提供商有阿里云、腾讯云、天翼云、百度云、金山云、亚马逊 AWS、Salesforce、微软云等;专业的云安全解决方案提供商有 Zscaler、Symplified、安全狗、云锁等;传统 IT 安全解决方案提供商有趋势科技、赛门铁克、迈克菲、360 等。

24.2.3 云计算模式下信息安全技术演进趋势

云服务使得 IT 资源、数据资产和应用系统高度集中,这对以营利为目标的黑客们将是一个极大的诱惑,同时也给他们实施攻击创造了便利条件。由于信息和数据的高度集中,黑客们只要攻下一"点",便可牟取暴利。

"魔高一尺,道高一丈",信息安全技术的发展本身就是信息安全防护技术和信息安全攻击技术不断博弈的过程。在云服务模式下,随着攻击技术的发展以及 IT 服务模式的转变、虚拟化等技术的广泛应用,信息安全技术也由边界防护、病毒防护为主构建的纵深防御体系向以"防(边界防护和主机加固及数据加解密)、测(基于网络流量和应用内容的检测监控)、控(身份认证和访问控制技术)、管(安全审计与日志管理)、评(漏洞扫描与风险评估)"相融合的主动防护体系转变,因此,信息安全技术将由传统的病毒防护、入侵检测、防火墙、UTM (Unified Threat Management)等技术向深度包检测技术、可信技术、虚拟化安全技术、基于云模式的病毒防护技术、同态加密技术、终端安全接入技术以及 Web 应用安全技术等多种新型信息安全技术演进。

24.3　国内外云计算安全相关的标准化组织及其研究成果

近些年云计算已成为国际上标准化工作的热点之一。当前国际上已有70余家组织和团体在进行云计算相关的标准化研究工作,其中超过40家宣称有包含云计算安全相关方面的议题,如欧盟的 ENISA(Europe Network and Information Security Agency)发布了云安全风险评估和云安全框架等相关研究成果,云安全联盟(Cloud Security Alliance,CSA)则因其《云安全联盟指南》的正式发布及其在云计算安全方面研究的广度和深度获得业界广泛关注。

国内主要有全国信息安全标准化技术委员会(TC260),主导发布了《云计算服务安全指南》《云计算服务安全能力要求》等,中国通信标准化协会(CCSA)主导发布了《移动环境下云计算安全技术研究》和《电信业务云安全需求和框架》等。

还有很多单纯研究云计算的组织并未一一列出,在此主要将国内外与云安全相关的标准组织、研究机构进行简要介绍,在这些组织机构中,ISO/IEC JTC1、ENISA、NIST、TC260、CSA 相对而言知名度比较高,其他组织由于性质及关注领域等因素,知名度相对较低。

下面主要介绍部分影响力和知名度较大的标准化组织及其研究概况。

24.3.1　云安全联盟(CSA)

CSA(https://cloudsecurityalliance.org/)是一个非营利性组织,成立于2009年4月21日在旧金山召开的 RSA 大会上。CSA 自成立后,迅速获得了业界的广泛认可。现在,CSA、ISACA、OWASP 等业界组织建立了合作关系,很多国际领先公司成为其企业成员。

截至2019年8月,CSA 企业成员达到191个,名单中涵盖了国际领先的电信运营商、IT 和网络设备厂商、网络安全厂商、云计算提供商等,CSA 成立的目的是在云计算环境下提供最佳的安全方案。继绿盟科技成为中国乃至亚太地区第一个企业成员之后,越来越多的中国企业加入 CSA;华为2014年成为 CSA 企业会员,并于2017年成为 CSA 中国首个且唯一的执行委员。

2009年7月1日 CSA 发布了《云安全指南》1.0版,在当时尚无一个被业界广泛认可和普遍遵从的国际性云安全标准的形势下,《云安全指南》高屋建瓴而又不乏具体的策略和实施建议,无疑是其中最具影响力的。随着云计算领域的发展,CSA 不断研究迭代更新发布新的标准。2017年,CSA 在3.01版本的基础上同时发布4.0中、英文版。《云安全指南》4.0版相比2011年发布的《云安全指南》3.0版,在结构和内容上有超过80%的更新改动。新指南从架构(Architecture)、治理(Governance)和运行(Operation)三方面14个领域对云、安全性和支持技术等方面提供了最佳实践指导。

除《云安全指南》4.0版外,CSA 还发布了《云计算面临的严重威胁》《云控制矩阵》等研究报告,并发布了云计算安全定义。这些报告从技术、操作、数据等多方面来强调云计算安全的重要性、保证安全性应当考虑的问题以及相应的解决方案,对形成云计算安全行业规范具有重要影响。

24.3.2　第一联合技术委员会

2009 年年底，国际标准化组织/国际电工委员会、第一联合技术委员会(ISO/IEC，JTC1)正式通过成立分布应用平台服务分技术委员会(SC38)的决议，并明确规定 SC38 下设云计算研究组，负责制定云计算和分布式平台相关标准。目前，SC38 下设 3 个云计算的工作组，即 WG 3(云计算基本原理)、WG 4(云计算互操作和可移植)和 WG 5(云计算数据和数据流)工作组。近两年重点关注云计算的多源数据可信处理框架、云计算——边缘计算路线等方向的深入研究。

24.3.3　国际电信联盟电信标准化部门

国际电信联盟 ITU-T 下属的 SG13(由云计算焦点组 FGCC 转化而来)发布了云计算安全框架、云计算身份管理、云计算基础设施、电信领域云计算安全等成果，如《云计算安全框架》《云计算身份管理要求》《云计算基础设施要求》及《云在电信和 ICT 产业的收益》等。

24.3.4　分布式管理任务组

分布式管理任务组(Distributed Management Task Force，DMTF)在 2009 年启动云标准孵化器项目，参与成员主要通过开发云资源管理协议、数据包格式以及安全机制来促进云计算平台间标准化的交互，致力于开发一个云资源管理的信息规范集合。该组织的核心任务是扩展开放虚拟化格式(OVF)标准，使云计算环境中工作负载的部署、管理更便捷。主要成果包括《云管理体系结构》，包括云安全体系架构、云管理安全接口、租户身份管理与存储等内容。

24.3.5　全国信息安全标准化技术委员会

全国信息安全标准化技术委员会(简称信息安全标委会，TC260)于 2002 年 4 月 15 日在北京正式成立，负责组织开展国内信息安全有关的标准化技术工作，工作范围包括安全技术、安全机制、安全服务、安全管理、安全评估等领域的标准化技术工作。云计算与云安全研究主要成果包括《云计算服务安全指南》《云计算服务安全能力要求》《云服务数据安全指南》《云计算数据中心安全建设指南》《信息安全技术云计算安全参考架构》《信息安全技术云计算服务安全能力评估方法》《混合云安全技术要求》等。

《云计算服务安全指南》是全球首个从用户视角出发的、系统的云安全管理指南。该指南首次提出了对政府数据与业务进行分类分级的定义和方法，创新性地将安全风险管理应用到云安全管理上，提出了云服务的全生命周期安全管理模式，为政府部门采用云服务，特别是采用社会化的云服务提供全生命周期的安全指导。

《云计算服务安全能力要求》重点对如何增强云服务的可控性、可信性、安全性进行了研究，描述了云服务商应具备的安全技术能力。该标准适用于对政府部门使用的云服务进行安全管理，也适用于指导云服务商建设安全的云平台和提供安全的云服务。

24.3.6　中国通信标准化协会

中国通信标准化协会(CCSA)于 2002 年 12 月 18 日在北京正式成立,是国内企、事业单位自愿联合组织起来,经业务主管部门批准,国家社团登记管理机关登记,开展通信技术领域标准化活动的非营利性法人社会团体。

云计算与云安全研究成果主要包括《移动环境下云计算安全技术研究》和《电信业务云安全需求和框架》等。

最后需要说明的是,IT 技术界总是"道魔"相克相生,当这些安全标准化组织正在积极研究云计算安全相关技术标准时,黑客界的"精英们"也在"摩拳擦掌",他们在 Black Hat USA 2009 和 2010 黑客大会上,发表了云服务环境下的安全漏洞、利用云端服务作为僵尸网络控制主机的方法以及虚拟环境中密码机制的脆弱性等研究成果。

从全球应用情况来看,云计算安全问题 80% 是传统 IT 就存在的问题,剩下 20% 的安全问题来自新技术的管理问题,以及老技术的新用法带来的安全问题扩大化。从全球来看,云服务已逐渐进入规模化应用阶段,云计算并不是单纯的技术,而是一场信息变革,涉及广泛的产业链和众多企业,所以其标准形成过程必将是漫长而艰难的。

未来关于云计算安全可能的标准方向有跨云的联合安全,云之间的元数据和数据交换,不同云平台之间迁移应用,云应用程序和服务的监控、审计、计费、报告和通知等标准化输出,等等。

24.4　本章小结

本章主要介绍了云计算安全的基本概念、广义的云计算安全含义,以及业界经常与之混为一谈的云安全服务的概念及两者间的区别。在此基础上,本章结合业界不同的云计算安全研究域划分方式,对云计算安全研究领域进行了简要说明,为后续各章深入展开云计算安全技术探讨奠定基础。

为便于读者对云服务模式下的信息安全技术有一个前瞻性了解,本章也扼要介绍了信息安全技术的演进趋势。由于云服务模式是一个新的服务模式,加之信息安全技术的快速发展,这里列举的技术只是作者自己的观点和认识,目的是希望能够起到抛砖引玉的作用,引发读者更多的思考与关注。

作为补充性介绍,本章还介绍了与云计算安全关系比较密切且影响力较大的国内外标准化组织 CSA、ITU-TSG13、DMTF、TC260、CCSA,以及这些组织的最新研究成果,希望关注云计算安全标准化的读者可以按图索骥,在这些组织提供的网站信息里找到自己感兴趣的内容。

阅读完本章,如果读者对云计算安全已经在脑海中形成了一个概念并知道其主要研究内容,那就达到了本章的目的。如果还有一些问题产生,后续的章节或许会更具体地帮你解决这些问题。

第25章

云计算安全架构

本章从一个完整的云计算安全体系架构角度出发,对云计算模型和安全架构模型之间的映射关系、云计算安全职责的划分进行阐述。

25.1 云计算安全体系架构

传统的信息安全是人、管理和技术的统一体。从总体上讲,云计算安全也是如此,是由组织机构、运营管理、技术实施、安全策略等构成的一整套安全体系,该体系基于业务风险,从规划、执行、控制到持续改进动态循环。

图 25-1 是云计算安全体系架构模型,该体系架构从整体上描述云计算安全实施涉及的要素及需要关注的层面。

云计算安全体系架构从底至上分为三层,分别是云计算安全支撑平台、云计算安全技术实施、云计算安全运营,其中云计算安全运营包括云计算安全治理、云计算业务连续性及云计算 IT 合规性三层。云计算安全架构的各层是相辅相成、相互作用的,表现为特定的云计算安全组织机构需要按照一定的安全机制(安全策略),使用相应的技术工具(安全技术实施与安全支撑平台)进行安全操作(安全治理),并通过技术实施、管理架构、策略与操作的持续调整最终实现云计算全过程的安全战略目标。

1. 云计算安全支撑平台

云计算安全支撑平台是云计算安全技术实施的基础。云计算作为一种规模化提供的服务模式,为更好地保障云计算整个生命周期过程中的安全,通常云服务提供商会建立一套相对独立而完善的云计算安全支撑平台,该平台可能包括安全监控中心、基于 PKI/PMI 技术的身份管理中心及审计管理中心,提供集中的事前认证、事中监控、事后审计。

上述的云计算安全支撑平台也可以利用云服务提供商已有的基础设施体系,但需要根据云计算系统安全接口要求进行相应的改造开发,如统一审计管理中心需要支持云计算系统相关审计信息接口要求。这部分内容已有相对成熟的技术和应用实践,本书不做详细讨论,感兴趣的读者请参考相关资料。

2. 云计算安全技术实施

云计算安全技术实施是整个云计算安全架构的核心内容,也是本部分后续章节重点讲

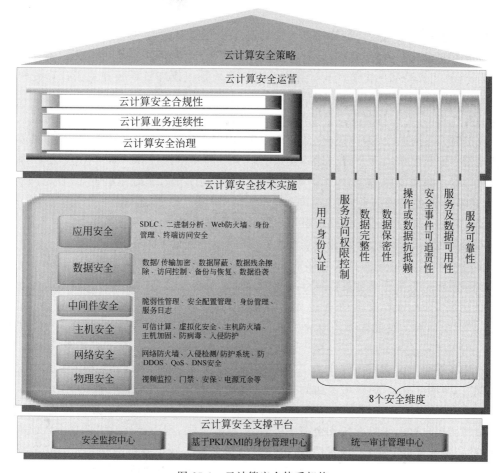

图 25-1　云计算安全体系架构

述的内容。云计算安全技术实施在纵向上分为以下三层。

第一层是基础设施安全层,包括物理安全、网络安全、主机安全及中间件安全等,该层的安全技术部分仍可沿用传统信息服务安全技术,但需要重点关注虚拟化技术引入给网络、主机系统带来的安全问题。该层的具体技术实施将在本部分的第 26 章"云计算基础设施安全"一章里进行详细讲述。

第二层是数据安全,该层主要涉及数据存储、数据传输、数据隔离及数据应急恢复等方面的技术实施,如数据加密技术、虚拟专用通道技术、数据访问控制、残留数据覆盖擦除及数据备份等技术。本部分的第 27 章"云计算数据安全"将对数据安全技术实施进行具体讲解。

第三层是应用服务层。由于云计算模式下用户身份的多样性及复杂性,以及攻击导致的破坏性影响,已经使得云计算应用层的安全防护任务变得更加艰巨,也更具有挑战性,需要从应用设计和应用运行两方面考虑安全技术实施,如应用程序安全开发生命周期管理、二进制代码分析、身份认证、访问控制、Web 应用防火墙、应用扫描器等技术,具体技术实施将在第 29 章进行说明。作为补充,第 28 章则从 IaaS 和 PaaS 服务用户的角度讲述应该关注的安全技术实施。

3. 云计算安全运营

云计算安全运营包括云计算安全运营治理、云计算业务连续性及云计算安全合规性。

云计算安全运营治理包括云计算安全组织架构、云计算安全管理策略、云计算安全治理操作、云计算用户隐私保护等。云计算安全组织架构是提供高效而快速的云计算安全保障的基础；云计算安全管理策略则提供了规范云服务提供商相关人员行为、保护云计算信息安全的操作指南,是云计算安全体系架构中重要的组成部分,这些策略在监察并防范社会工程学攻击时尤其有效。云计算安全治理操作包括安全监控、威胁管理、安全审计等具体安全运营操作。隐私保护成为公有云计算模式下影响用户使用云计算的最大隐患,主要原因是用户对哪些隐私需要保护、如何保护等内容缺乏清晰地了解。上述这些内容将一并在第30章"云计算安全治理"中进行讲解。

云计算的可靠性与可用性是影响用户体验的重要因素,也是云服务能力的重要体现,本部分内部是在第14章"云计算业务连续性保障"一章中进行了讲述。

任何一种IT服务的安全实施都是一个持续改进、不断完善的过程,云计算的安全管理体系也不例外。安全管理合规性标准提供了云计算系统建设与运维管理及技术实施的符合性对照标准,为云计算安全管理过程规范化、流程合理化提供了标准参考模型(如ISO 27001：2005 PDCA过程模型),这部分内容将在第31章"云计算的合规性"一章里进行讲解。

云计算纵向上三个层次的技术实施和三个层次的运营治理最终满足横向上8个安全维度的需求,即用户身份认证、服务访问权限控制、数据完整性、数据保密性、操作或数据抗抵赖、安全事件的可追责性、服务及数据可用性以及服务的可靠性。当然,具体到某个层面,并不一定都会包含这8个维度的安全需求,如在应用服务层,则主要涉及用户身份认证和服务访问控制,对数据的完整性、保密性、抗抵赖性等安全需求则主要由数据层面的安全技术实施来完成。同时,某一纵向层面的安全需求可能需要多个层面的技术共同实施方能满足,如服务的连续性(可靠性)将会涉及多个层面的技术实施。

要特别说明的是,上述安全技术实施将涵盖CSA D7-D13运行域内容,包括传统安全、业务连续性和灾难恢复、数据中心运行、事件响应、通告和补救、应用安全、加密和密钥管理、身份和访问管理、虚拟化。而安全运营治理内容涵盖CSA治理域的D2(IT治理和企业风险)、D3(法律与电子证据发现)、D4(合规性和审计)、D5(信息生命周期管理)的研究焦点域。CSA的D6焦点域(可携带性与可交互性)涉及多个云计算运营商之间的业务兼容与可移植性,本书不做深入讨论。

25.2　云计算模型与安全架构模型间的映射关系

为更清楚地说明云计算模型与云计算安全架构模型间的对应关系,便于在云计算架构设计及运营管理时更好地实施安全技术与管理,在参考CSA云计算安全指南的基础上给出了云计算架构模型与云计算安全模型间的映射关系,如图25-2所示。

图25-2描述了云计算架构模型与云计算安全管控模型间的对应关系,而右侧的合规模型或监管要求则为这些管理技术实施提供参考标准、指南或要求,以指导或强制性要求云服务提供商应该采取哪些安全管控措施,并确定如何对待存在的安全差距或残余风险,即接

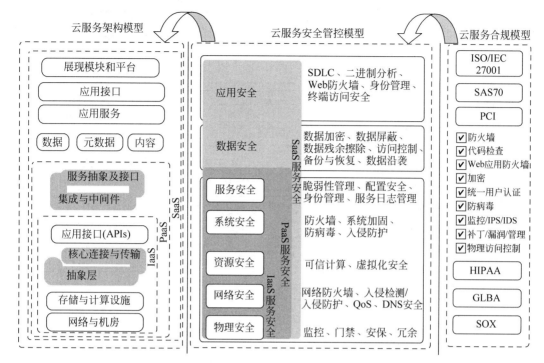

图 25-2 云计算架构模型与云计算安全模型间的映射关系

受、转移还是降低等。这些安全服务规范将在第 29 章加以说明。

云计算分为 IaaS、PaaS、SaaS 三种,为便于后续章节阐述,从安全技术实施层面来讲,将云计算安全也分为三层。但需要说明的是,图 25-2 中的三个技术层面的安全实施与服务模型并不一一对应。

25.3 云计算安全职责划分

根据云计算服务交付模式(SPI)和服务级别协议(SLA),云计算的安全责任范围将落在云计算服务消费者(CS)和云服务提供商(CP)身上,关键是要明确哪些安全责任由 CS 来承担,哪些安全职责由 CP 来承担。不同的云计算模型,安全职责的责任主体有很大不同,如图 25-3 所示,这些责任主体可能是 CS、CP(或第三方)。

(1) IaaS 服务的硬件和网络层通常是不暴露给用户的,IaaS 提供商需保证这些基础设施的安全,包括物理安全、环境安全和虚拟化实施层的安全,如亚马逊的 AWS EC2 服务,服务供应商需要负责直到 hypervisor 层的安全职责。通常情况下,IaaS 提供商不知道客户在其提供的基础设施上部署的应用及其运行环境,客户需要对云主机之上的应用及其运行环境的安全负责,包括操作系统、应用和数据等。当然,用户也可将安全职责委托给 CP 或第三方来承担。此外,IaaS 服务提供商也应对 CS 的应用数据进行安全检查,避免一些安全事件发生,如 CS 可能执行病毒程序破坏硬件基础设施等。

(2) PaaS 服务最大限度地抽象了底层基础设施,并将中间件封装成一种容器提供给用户,这些容器在简化应用开发的同时也限定了用户与底层资源的交互行为,它提供了用户使

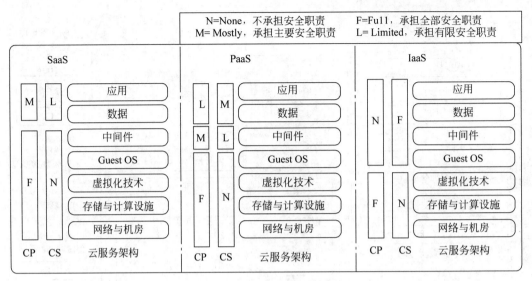

图 25-3　云计算安全职责主体划分

用平台支持的语言进行设计、开发、测试、部署和定制应用程序运行的集成环境。用户可在云基础设施之上部署创建或采购的应用。因此,PaaS 服务安全包含以下三层:

- 第一层是 PaaS 平台基础设施安全,该层完全由 PaaS 服务提供商负责,包括机房环境、硬件、网络、主机安全。

- 第二层是平台中间件服务安全,该层主要由 PaaS 服务提供商负责,但用户要配合完成有限的安全职责,理解并配合 CP 采取的安全措施的实施,如针对 PaaS 服务平台外部网络主机或基础设施的监控行为,以及针对服务平台所做的安全配置管理,包括运行时引擎的升级、变更、发布和补丁管理等,以及采用满足平台访问控制要求的终端接入技术来访问平台服务等。

- 第三层是客户基于 PaaS 平台部署的应用安全,该层主要由用户负责,用户应理解其应用对 PaaS 服务环境安全性的依赖,要求 CP 通过 API 提供一系列的安全功能来确保其开发应用的整体安全性,包括用户认证、SSO、授权、SSL 或 TLS 支持等,PaaS 服务提供商则予以配合实现。

（3）SaaS 服务抽象层次最高,通常只向用户暴露基于软件的应用服务,如 CRM、在线办公、云会议等,因此 SaaS 服务提供商需要负责管理和维护整套应用,相应地,SaaS 服务体系化的安全包括服务安全性、合规性、可用性等都主要由 CP 来承担,客户通常只需负责操作层面的安全功能,如访问控制和身份验证等。

从上述分析可以看出,从 IaaS 模式到 SaaS 模式,资源或服务的抽象层次越来越高,CP在获得更大的对资源或服务控制力度的同时,对云计算安全承担的职责范围也越来越大,面临的安全风险也相应增加,因此,一些 CP 通常倾向于通过修订服务协议(如 SLA)来规避这方面的风险,所以对安全敏感型的用户而言,在签订客户服务协议时需要审慎考量 CP 的安全服务承诺能否达到自己业务安全保障要求。相应地,从 SaaS 模式到 IaaS 模式,用户在获得更大的资源掌控权和服务延展性的同时,其承担的安全职责也增大,面临的安全风险也相应增加。

最后需要说明一下部署模式与安全职责的关系。相比公有云模式,私有云用户对资源或服务拥有最大的控制权限,相应地,私有云用户需要承担的安全职责也大得多。同时,私有云模式下云计算安全职责划分还与基础设施放在哪里有关,如果放在用户处,则云计算主要由用户自己或外包方承担;如果是在 CP 的数据中心,则 CP 需要承担相应环境及管理上的安全职责。而在混合云和社区云计算模式下,云计算安全的职责划分将会更加复杂,总体原则是,云计算安全职责划分与用户(提供商)对云计算资源的掌控力度相适应,掌控力度越大,承担安全职责也越大。

理解不同服务模型对安全实施带来的影响以及安全职责划分对于 CC 或 CP 理解并处理相应的安全风险至关重要。后续章节将仅从安全实施的角度进行讲解,不再强调哪部分安全职责应该由 CC 还是 CP 承担。

25.4 本章小结

云计算作为信息服务的一种新模式,仍然要遵循信息安全管理体系架构的基本规律,即从体系架构上也包含了技术、管理和人三个安全要素,并且是在相应管理策略和管理流程的约束下持续改进的循环过程。在云计算安全体系架构模型里重点讲解了云计算安全技术实施的三层,服务设施层、数据层和应用层安全。

云计算安全体系是云计算架构视图中的纵向业务支撑层中的服务安全保障层,它与云计算架构横向上四个层次(展现、应用、数据、中间件、基础设施)存在相应的映射关系。从这种映射关系可以看出不同服务模式下应重点关注的安全技术实施。

不同云计算部署模型下,CS 和 CP 的安全职责也不同。总体来讲,对资源/服务的掌控力度越大,承担的安全职责越大;同一部署模式下,从 IaaS 到 SaaS,服务提供商拥有管理控制权越大,相应地,承担的安全职责也越多。

第26章

云计算基础设施安全

本章讲述的内容对应图 25-1 的左下角部分,包括物理安全、网络安全、主机安全、虚拟化安全和中间件安全,统称云计算基础设施安全。

26.1　云计算基础设施面临的安全风险

本章涉及的服务设施是指基于云计算 SPI 模型,用以构成 IaaS、PaaS 和 SaaS 的基础资源及平台服务软件,包括数据中心物理环境、网络环境、计算和存储资源、主机系统以及数据库、应用服务器、集成运行环境等中间件。

云计算将资源及数据通过集中共享的方式提供,这给 CP 带来了规模化效益,降低了 CS 的 IT 投入成本和进入门槛。但正是因为这种高度集中,也让黑色产业链上的每一个实体更加兴奋,它们似乎看到了更诱人的"前景",因为一旦成功攻入某一台服务主机,它们将会获得可观的经济利益,或制造更大的轰动效应。因此,在这种服务设施高度集中(无论是逻辑上还是物理实体上)的环境下,云计算设施的安全风险无论是对 CP 还是 CS 而言都不可小觑。总结起来,云计算设施存在的安全风险有以下几点。

1. 高度集中的云计算设施更易成为攻击目标

随着企业传统应用向公有云迁移及私有云向公有云的融合与过渡,云上将承载大量的企业重要数据(如客户资料等),这对攻击者或非法竞争者来说具有极大的诱惑力。在这种全球皆可访问的云计算架构里,更为分布式攻击者创造了一个有利条件。攻击者只要找到虚拟化管理核心单元,对于一个安全设施不够严密的云计算数据中心(包括用户端的安全接入与安全意识),攻击者可以混杂于众多 CS 之间轻而易举地拿走用户的宝贵资料。而这种攻击将对 CP 来说具有更大的破坏性,因为这种深入服务设施层的攻击与控制,影响的层次更深(从 IaaS 到 SaaS),破坏的范围更广(从 IaaS 用户到 SaaS 用户),而攻击者的获利空间也更大。

2. 虚拟化技术的引入及网络结构的变化使得防护实施更加困难

云计算设施的虚拟化使得多个组织的应用可能位于同一台物理设备上,这使得基于硬件的物理隔离的传统安全措施(如防火墙)已不再能防范同一台物理主机上的虚拟机间的攻击。同时，识别系统的安全状态和非安全虚拟机的位置也变得更具有挑战性，因为在虚拟化服务环境里，不管虚拟机在哪，入侵检测和保护系统(IDS/IPS)都必须能检测到大量的虚拟机层面的恶意行为，但对传统的以网络真实流量入侵防范为主的网络安全设备而言将是一个新的挑战。此外，虚拟化动态迁移使得安全维护工作的连续性及记录的可追溯性变得更加困难，因为在云计算环境下，不同物理机间的虚拟机复制和镜像分发已成为经常性的工作。

同时，对服务的管理行为也不再局限于传统企业网络的可控连接，而是通过开放的互联网方式，这些都给服务设施带来极大的风险，需要对系统进行严密监控和访问权限控制，稍有疏漏，就会把服务设施暴露于黑客的攻击之下。

3. 安全防护职责的割离使得云计算设施安全风险增加

虚拟化服务环境下操作系统和应用数据位于共享的物理设施上，企业用户可以要求服务提供商提供可信和可审计的系统、文件和行为监控记录。但对于公有云模式的 IaaS，云计算和存储资源安全职责，如系统的补丁管理和病毒防护，是由用户自己而不是 CP 来承担。而在基于虚拟化技术部署的云计算环境中，位于同一物理主机上的不同虚拟机操作系统往往不同，部署应用也不同，用户更是千差万别，只要任何一个用户疏于管理，导致其系统存在漏洞或脆弱性，该系统将很可能成为攻击整台物理主机甚至整个虚拟环境的跳板，可能使 CP 的安全实施功亏一"机"。

26.2　云计算基础设施的安全保护机制

本节主要讲述云计算基础设施如何避免安全风险。

26.2.1　物理安全

IaaS 服务可以看成是传统 IDC 服务的细粒度化。对于提供 IaaS 服务的基础设施，可以从两方面来分析其安全：一方面是 IDC 物理环境安全，这与传统的 IDC 服务对安全的需求没有太大区别；另一方面是实现传统 IDC 服务细粒度化的使能层，包括网络层和主机层。由于服务模式、运营模式和云计算技术的引入，除需要考虑传统的 IT 服务安全外，还要考虑这些新变化引发的安全风险。

对于传统数据中心，当人们谈到其安全时，首先想到的往往是物理安全。对于面向规模用户的云计算数据中心，物理安全是云计算安全的基础。那么什么是物理安全呢？美国国家计算机安全中心(NCSC)在计算机安全术语词汇表里给出物理安全的定义是："应用物理屏障和控制程序作为对抗资源和敏感信息威胁的预防措施或对抗措施。"

参照上述定义可以看出，在物理环境中，云计算与传统的 IT 服务对安全的要求并没有什么特殊，都需要实施物理防损坏、防盗窃、防非法进入等防护措施。从提供云计算的 IDC 环境来看，物理安全主要包括三层：物理环境、机架/机笼和硬件设备、离站磁带/DVD/CD。这三层的安全实施更多的是管理制度与安全策略的制定与实施，下面对这三层安全策略做简要说明。

对于物理环境，需要核查以下事项：

- 数据中心所处的外部环境,包括附近的环境和物理危害。
- 要考虑站点检查时的内部检查点,如清洁能源、安全区域和制冷设备。
- 建筑的物理属性,如设备装卸区、供水线路和电网。
- 访问控制,以防止入侵者进入大楼。

对于机架/机笼安全,可以参照以下实施策略进行检查:

- 机架/机笼应可以加锁。
- 使用开锁的钥匙需要授权。
- 使用钥匙应记录在案。
- 相机不允许带入机柜区。

对于硬件设备安全,应该遵循以下准则:

- 得到授权后方可移动硬件设备。
- 移动所有硬件设备应该用资产标识号来跟踪记录。
- 生产用硬件设备应隔离开,并在预先规定的安全时间内移走。
- 存有敏感信息的服务器应物理加锁。

用于异地备份的离站磁带/DVD/CD 媒介安全,应遵循如下准则:

- 所有的媒介应该放在一个安全的箱子里。
- 移动媒介应该记录在案。
- 所有的生产数据要备份,以防丢失。

判断一个云数据中心物理安全性是否达标,最好的方式是看数据中心是否有 SAS 70 合格性认证。关于 SAS 70 的合格性认证请参考第 31 章"云计算的合规性"中的相关介绍。

26.2.2 网络安全

1. 传统网络安全防护技术与产品

云计算环境下网络包括三种,即数据中心网络、跨数据中心的互联网络以及泛在的云用户接入网络。

- 数据中心网络是指连接云计算数据中心云计算器设备、存储设备及各层网络设备的内部局域网,以及连接各虚拟化主机的边缘虚拟交换网络,如分布式虚拟交换机、虚拟桥接及 I/O 虚拟化等。
- 跨数据中心的互联网络是指各云数据中心之间的互联网络,以实现数据中心间的异地灾备、数据迁移、多数据中心间的资源优化及多数据中心的混合业务提供等。
- 泛在的云用户接入网络用于数据中心与云终端用户之间的互联,为公众用户或企业用户提供云计算。

在这三种网络里,数据中心的网络安全是云计算安全的基础。跨数据中心的互联网络安全和泛在的云用户接入网络将在此基础上通过增加数据传输安全通道得到保证,关于安全通道将在第 27 章介绍。在这里仅针对数据中心网络安全技术实施进行分析。

对于云数据中心,传统的网络安全设备仍然是实现云数据中心网络安全的重要基础。现在市场上的主流网络安全产品分为三大类:基于包过滤策略的基础防火墙类、入侵检测(IDS)和入侵防御(IPS)类以及针对特殊协议的主动安全类,如针对 HTTP 的 Web 应用防火墙 WAF 和专门负责数据库 SQL 查询类的数据库应用防火墙 DAF,关于 WAF 将在第 29 章进行介绍。

2. 云计算环境下网络安全新变化

在云计算环境下,虚拟化的计算和存储资源以及其他云应用最终都是通过网络向用户提供。因此,云数据中心网络上通常需要承载各种不同的复杂应用和服务,而不同的应用和服务通常又部署于虚拟化服务器之上,如何在有限的网络资源范围内安全、有效、可扩展地承载多样化的虚拟化应用是云计算对数据中心网络架构提出的新要求;另一方面,如何对这些应用的不同访问权限的用户进行控制、不同业务间的网络传输进行隔离,让用户尽可能安全透明地使用网络,也是云计算下对云数据中心网络架构提出的新要求。

网络虚拟化是近些年来各大标准组织和网络设备厂商应对上述要求而提出的新的解决方案。采用这种技术的网络允许不同需求的用户组访问同一个物理网络,但从逻辑上是隔离的,并可保持较高的网络安全性、可扩展性、可管理性及可用性,满足各种服务器虚拟化后对基础网络架构适配性的要求,并能节省电源、释放机柜空间等。

网络虚拟化分为纵向网络分割和横向网络整合两种场景。纵向网络分割即 1∶N 的网络虚拟化,如采用 VLAN、MPLS VPN、Multi-VRF 等技术进行的网络虚拟化,主要用于隔离用户流量、提高安全性,以及用户通过自定义的控制策略实现个性化的控制,便于增值业务出租;横向网络虚拟化整合即 N∶1 的网络虚拟化。在云计算环境下,多个网络节点承载上层应用,基于冗余的网络设计给网络带来复杂性。而通过路由器集群技术和交换机堆叠技术将多台物理网络设备整合成一台虚拟的网络设备,不仅可实现跨设备链路聚合,简化网络拓扑,便于管理维护和配置,消除"网络环路",还可增强网络可靠性、提高链路利用率。

无论是纵向分割还是横向整合的网络虚拟化技术,在满足云计算环境下对网络架构适应性要求的同时,一方面提升了网络服务的安全性,但同时也给独立部署于这些虚拟化网络设备之外的传统网络安全设备提出了新的挑战。因为这些网络安全设备对发生在虚拟网络设备内部的流量是无法进行监控与审计的,同样对于那些部署于虚拟机之上的各类应用服务器之间的流量也无法进行监控与审计,任何一台虚拟交换机或虚拟服务器受到攻击,极易扩展到其他虚拟交换机或虚拟服务器上。因此,对于基于虚拟化技术部署的云计算环境,必须在传统的网络安全防护措施基础上叠加针对虚拟化流量的安全监控技术实施,如虚拟化交换机和虚拟化防火墙。

26.2.3　主机安全

相对于小型机的封闭系统而言,PC 服务器在软、硬件架构上开放性更大,标准化也更高,这一方面推动了 PC 服务器的广泛应用,另一方面上也给黑客攻击创造了便利条件,使得服务器底层代码容易被修改,从而被植入病毒或其他一些恶意程序;而系统漏洞的存在也给黑客窃取权限植入攻击程序提供了可乘之机。另外,无论是自建的 IT 服务还是云计算,最难以防范的还是来自内部的越权访问。

可信计算技术就是针对上述情况,从芯片、硬件结构和操作系统等方面综合采取措施来从根本上解决 IT 系统安全性的尝试。可信计算的目的是在计算和通信系统中广泛使用基于硬件安全模块支持的可信计算平台,从根本上提高 IT 系统及网络设备的安全性,图 26-1

是带有可信平台模块的服务器体系架构示意图。

对于 SLA 要求较高的 CS,采用基于可信平台模块(TPM)来构建云计算数据中心的云资源或云应用服务器,可以实现:

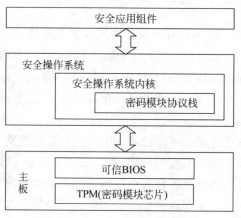

图 26-1　可信计算平台架构

- 用户唯一身份、权限、工作空间的完整性、可用性。
- 存储、处理、传输的机密性、完整性。
- 硬件环境配置、操作系统内核、服务及应用程序的完整性。
- 密钥操作和存储的安全。
- 系统具有免疫能力,从根本上阻止病毒和黑客等软件的攻击。

26.2.4　虚拟化安全

虚拟化技术是实现云计算的核心技术,是服务器端资源共享和应用服务传播的基础。同时也正是由于虚拟化技术的引入,使得在云计算环境下仅仅依靠传统基于主机的病毒防护等安全措施不再奏效。虚拟化技术可能引发的安全问题主要存在于以下三方面:虚拟化软件、虚拟化服务器及虚拟化存储设备。

1. 虚拟化软件安全

实现主机虚拟化的方法不止一种,根据实现技术不同可以分为基于 CPU 指令集的虚拟化、并行虚拟化(半虚拟化)、硬件虚拟化(全虚拟化)和操作系统的虚拟化。

对于规模化商用的云计算,多以基于 VWware vSphere 的全虚拟化模式实现,因此虚拟化软件通常都直接部署于裸机之上。虚拟化软件提供了创建、运行、销毁和管理虚拟服务器的能力,也是保证客户的虚拟机在多用户环境下相互隔离的重要一层,因此虚拟化层的完整性和可用性对于保证云计算的完整性和可用性是至关重要的。很不幸的一个事实是,虚拟化软件如同其他任何一种软件一样,也存在可以为黑客所利用的漏洞。如在 2009 年 7 月下旬的美国黑帽大会上,一些研究机构即对虚拟机存在的漏洞给出了极为清楚的阐释。

目前,由于绝大多数商用的公有云虚拟化层使用的是非开源的商用软件,因此安全厂家一般无法获得云计算服务提供商使用的软件源代码,虚拟化软件自身的安全技术实施主要依赖于虚拟化厂商的安全技术。

虚拟化主流厂家之一的 VMware 公司目前已发布虚拟化软件安全应用框架 VMware VMsafe,它不仅为虚拟部件(如 CPU、内存、网络和存储)提供安全框架,并能为与虚拟机和 HyperVisor 交互作用的虚拟安全服务提供必要的 API,目前已与 VMware vSphere 4 版本进行了集成。

图 26-2 给出了基于集成的 VMsafe 的 vSphere 技术实现 CPU 和内存的安全保护机制。图中 VMM 扩展是基于 VMM 对 HyperVisor 层进行的扩展,基于 VMsafe 构建的安全应用可以直接访问这些扩展模块,从而实现对 CPU、内存、网卡和硬盘等资源的监视,并通过通用寄存器值来检测受保护的虚拟机的 CPU 的当前使用状态,以及通过控制寄存器值来监

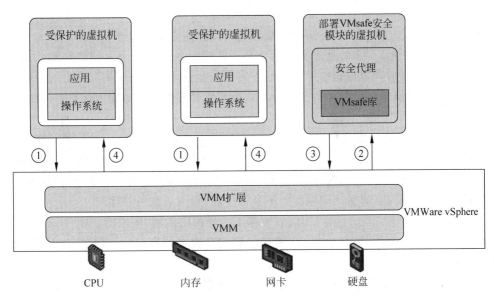

图 26-2 基于集成 VMsafe 的 vSphere 技术对主机资源安全保护机制

视系统配置状态。

基于集成 VMsafe 的 vSphere 技术对主机资源的安全保护机制如下：

（1）虚拟机企图执行受限代码。

（2）VMsafe 以事件方式通知 VBE security agent。

（3）经检测验证是合法请求。

（4）虚拟机执行该操作，得到结果。

由于 VMsafe 虚拟程序具备直接访问处于虚拟化管理程序（HyperVisor）中数据的能力，包括读写内存、存储和访问网络设备。在一些情况下，VMsafe 虚拟程序甚至可以改变从内存、存储设备或网络读取的数据。因此，如果部署 VMsafe 应用程序的虚拟设备处于危险的环境中，如隔离区（DMZ）或可以直接访问 Internet 的环境，那么这个虚拟环境就非常容易被攻击。基于此，在基于 VMsafe 进行虚拟化软件安全部署时建议：

- 不要把 VMsafe 设备安装在隔离区（DMZ）。
- 不要赋予它们直接访问 Internet 的能力，设置成通过代理服务访问。
- 不要安装在虚拟机网络层。
- 不要安装在服务管理层和 IP 存储层。
- 不要安装在 VMware VMotion 或 Fault Tolerance Logging 网络层。

2. 虚拟化服务器安全

这里的虚拟化服务器包括采用虚拟化技术部署的虚拟主机及其上运行的操作系统。在公共 IDC 基础设施云计算中，虚拟化服务器可能面临的安全威胁包括：

- 窃取主机与虚拟主机间通信密钥（如 SSH 的私钥），用于访问和管理主机。
- 攻击存在漏洞的未及时更新补丁的主机或虚拟机上的标准端口服务（如 FTP、NetBIOS、SSH）。
- 劫持弱口令或没有密码保护的虚拟机账户。

- 攻击安全策略设置不够严密的主机防火墙。
- 在虚拟机软件组件或在虚拟机镜像(操作系统)本身嵌入木马等。

对于虚拟化服务器安全的技术实施既要参考传统服务器的安全原理与实践,如系统漏洞修补措施等,还要兼顾虚拟化技术引入后带来的安全技术实施的不同点,如系统病毒防护技术实施。下面将从虚拟化服务器的安全部署及日常管理两方面对虚拟化服务器的安全进行阐述。

(1) 虚拟化服务器的安全部署。

消除单点故障:配置服务器集群,当其中的一台服务器发生故障,要能够及时将这台服务器上的应用动态迁移到别的服务器上,VMware 和微软两大虚拟化平台提供商都提供了类似的故障迁移功能,从而保证应用服务不会被中断,提供了高可靠性。

安全防护:虚拟化服务器系统还应安装基于主机的防火墙、病毒防护软件、基于主机的IPS(IDS)以及日志记录和恢复软件,以便将它们相互安全隔离,并与其他安全防范措施一起构成多层次防范体系。

目前已有部分技术领先的安全厂家针对虚拟化架构发布了相应的安全防护产品,如趋势科技公司发布的服务器深度安全防护系统 Deep Security 7.5,该产品通过与虚拟化软件(如 VMware 的 vCenter)和 ESX 服务器的集成,能够将安全防护功能应用到 VMware 基础架构上;此外通过与 VMware VMsafe APIs 的紧密集成,使得该防护系统能在 ESX 服务器上作为一个虚拟应用快速部署,实现透明、无代理地保护 vSphere 虚拟机。

网络隔离:网络架构是服务器虚拟化的过程中变动最大的一环,也是最有可能产生安全问题的关键。服务器虚拟化之后,所有的虚拟机很可能就集中连接到同一个虚拟平台(如 VMware vSphere 或微软的 Hyper-V),与外部网络进行通信。在这种架构下,应通过 VLAN 和不同 IP 网段的方式进行逻辑隔离,对需要相互通信的虚拟服务器之间的网络连接应通过 VPN 方式进行,以保护它们之间网络传输的安全。除此之外,还要建立起一套行之有效的监控手段,以便了解各个虚拟机之间的通信记录。

(2) 虚拟化服务器的安全运维管理。

从运维管理的角度来看,对于虚拟服务器系统,应当像对一台物理服务器一样地进行系统安全加固和虚拟化软件脆弱性检查,包括虚拟机操作系统补丁、系统最少化服务开放、虚拟化软件补丁等。同时严格控制物理主机上运行虚拟服务的数量,禁止在物理主机上运行其他网络服务。如果虚拟服务器需要与主机进行连接或共享文件,应当使用 VPN 等安全连接方式,以防止由于某台虚拟服务器被攻破后影响物理主机。文件共享也应当使用加密的网络文件系统方式进行。此外,由于虚拟机的镜像文件包含了虚拟化软件、虚拟化服务器配置信息、运行状态、访问账号等重要信息,建议也实施相应的安全备份策略,并控制镜像文件的访问权限。

最后,还要对虚拟服务器的运行状态进行严密监控,实时监控各虚拟机中的系统日志和防火墙日志,以此来发现存在的安全隐患。对不需要运行的虚拟机应当立即关闭。此外,还需要定期对虚拟镜像文件的加密存储和完整性以及访问控制进行检查。

3. 虚拟化存储设备安全

随着大量有价值的应用数据集中于云端,这将极大地激发黑客或非法竞争者窃取云上存储数据或对云存储设备进行攻击的兴趣。一些入侵行为将会突破基于网络的入侵检测系统(NIDS)和基于主机的入侵检测系统(HIDS)的防护,进入主机系统,进而对存储的数据进行攻击。

　　研究也发现,在存储层次上,有些入侵行为很容易被检测到,这些可疑操作包括:植入后门或者密码、窜改日志、改变文件属性(隐藏修改)等。所以,在云计算环境下,存储层将成为 IDS 攻防双方又一个兴趣所在。但值得欣慰的是,随着处理器速度的提高、内存容量的增长,也使得 IDS 技术可以嵌入运行在不同的网络存储设备中,这就使得虚拟化存储设备的安全防护有了新的手段,即基于存储的 IDS(SIDS)防护产品。

　　图 26-3 给出 NIDS、HIDS 和 SIDS 在虚拟化存储网络中的部署位置示意图。

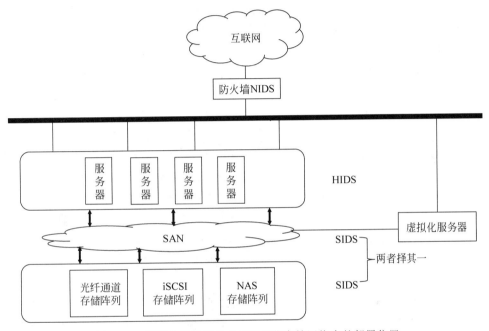

图 26-3　不同入侵检测技术在虚拟化存储网络中的部署位置

　　SIDS 能对存储设备上的所有读写操作进行抓取、统计和分析,对可疑行为进行报警。由于基于存储的入侵检测系统是运行在存储系统之上,拥有独立的硬件和独立的操作系统,与主机独立,能够在主机被入侵后继续对存储介质上的信息提供保护。

26.2.5　中间件安全

26.2.5.1　中间件安全概述

　　按照 PaaS 服务定义,PaaS 服务提供了使用平台支持的语言进行设计、开发、测试、部署和支持定制应用程序的集成环境。PaaS 服务中间件指用于设计、开发、测试、部署和交付应用所需的所有基础服务软件的统称,如数据库服务、开发环境、运行环境和应用服务器等。对于大型 PaaS 服务提供商,这里的集成环境不仅包括服务中间件,还包括前面所述的基础设施,即是 PaaS+IaaS 服务的融合。基础设施安全已在 26.2.1 节～26.2.4 节进行了说明,下面主要讲述 PaaS 服务中间件安全。

　　在讲述 PaaS 服务之前,先来简单了解一下业界两个 PaaS 服务的典范,一个是

Windows Azure,它是微软推出的云计算版本操作系统,提供微软各种软件的网络版本应用,目前包括 SQL、. NET、Live、SharePoint、Dynamics CRM 等服务;另一个是 Google App Engine(GAE),是谷歌基于分布式文件系统(GFS)、并行计算(MapReduce)、分布式数据库(BigTable)等技术提供的应用开发服务,Google 基于其服务已开发了 Google Docs、Google E-mail、Google Search 和 Google Earth 等大量应用。但就是这两个业界典范的 PaaS 服务,相继都发生了服务故障。

2009 年 3 月,Windows Azure 服务出现故障。微软对外宣称是操作系统升级时,由于网络问题,Windows Azure 的部署服务减缓,导致大量服务器出现超时和中断。因为升级过程中一旦这些服务器掉线,监控系统就会通知微软工作人员,与此同时,Fabric 控制器自动启动,将受影响的应用程序移至其他服务器,由于 Fabric 控制器会采取全面的修复步骤,因此,这一系列措施的执行需要很长时间。

2011 年 9 月,Google 文档(Google Docs)办公套装遭遇服务中断故障,免费个人用户和企业用户均受到此次故障的影响。故障期间,当用户使用这项服务时,约 10min 无任何反应,此后才会出现错误页面。Google 对外解释是由于内存管理的 BUG 导致。因为每次 Google Docs 服务器需要更新时,都有一台机器去寻找那些需要升级的服务器,但由于内存管理的 BUG,这台查询的机器在查询完毕后没有正确地清空内存,于是导致这些服务器最终耗尽内存,不得不重启。然而在重启之后,它们再次被查询的机器捕获,使得它们更快地再次耗尽内存,结果这些服务器就无法正常地处理文档列表、文档、绘图和脚本。

当然,由于 Google PaaS 服务与 SaaS 应用的紧密结合性,难以了解到这次看似是 Google SaaS 服务的故障到底与底层的 PaaS 服务有多大关系,但无论如何这些服务的中断让我们认识到无论是 PaaS 服务还是基于 PaaS 服务开发的应用在安全方面都还有许多需要关注的地方。

虽然 PaaS 服务可提供业务快速生成、测试、部署及运行的环境,但相对 IaaS 和 SaaS 服务而言,仍是一种新兴的服务模式。从总体上讲,商用模式尚未形成,实现技术也尚不成熟,在实现技术上基本上是各家自成体系。此外,由于 PaaS 服务的安全技术实施往往是与平台的体系架构设计密切结合(这也是 PaaS 服务与 IaaS 服务安全技术实施最大的区别,IaaS 服务的安全技术实施大多可单独部署),因此,在讨论 PaaS 服务平台安全之前,最好先借助具体的 PaaS 服务平台模型来分析。图 26-4 以 Google 的云计算平台模型为例说明 PaaS 服务组件一般都可能包含哪些服务元素。

- 文件管理服务:Google 为云计算提供海量数据存储,自行开发了一套分布式文件系统(GFS)。
- 数据库服务:Google 针对其高达 PB 级的数据存储开发了分布式数据库存储系统(BigTable)。
- 应用编程模型(开发框架):Google 针对其大量需要处理的数据开发了并行计算编程模型(MapReduce),同时,为了解决并行处理过程中的冲突,开发了分布式锁服务(Chubby)。
- 应用开发工具:Google 除了使用传统的 C++ 和 Java 外,还开始大量使用 Python。

基于这些 PaaS 服务基础软件,是 Google 自行开发的大量 SaaS 应用,如 Google Earth、Google E-mail 和 Google Search 等。此外,PaaS 服务平台组件通常还为用户提供应用程序

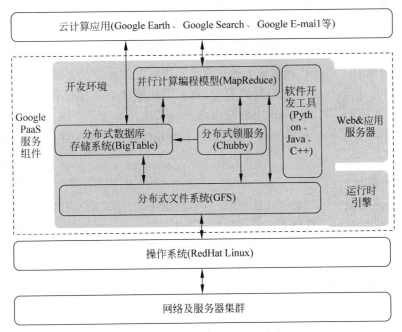

图 26-4 Google PaaS 服务平台模型

的运行环境(如 Java 虚拟机)和应用服务器(如 WebSphere、JBOSS、WebLogic 等)。

一般来说,PaaS 服务提供商(如 Google、Microsoft 和 Force.com)负责保障整个平台软件栈的安全,包括用户应用程序运行时引擎及应用服务器等组件的安全。

从本质上讲,PaaS 也是一种资源共享的服务模式,因此在多租户模式下安全和隔离是其主要考虑的内容,包括用户隔离、用户认证、权限管理、用户安全接入及服务组件补丁管理等。下面主要对 Google PaaS 服务平台中的安全技术实施进行简要分析。

26.2.5.2 中间件安全关键技术

1. 安全沙盒技术

在多租户 PaaS 服务交付模式中,PaaS 服务中间件安全设计的核心原则是多租户应用程序间的控制和隔离。在这个模式下,对租户的数据访问应当限定在租户自身所拥有和管理的应用程序内。

沙盒技术很好地实现了将应用程序在隔离于其他租户的安全环境中运行,该环境与网络服务器的硬件、操作系统和物理位置无关,并确保用户仅能执行不影响其他应用程序的性能和伸缩性的操作。另一方面,由于安全沙盒环境仅提供对基础操作系统的有限访问权限,这些限制让应用引擎可以在多个服务器之间分发应用程序的网络请求,并通过启动和停止服务器来满足流量控制需求。

以下是安全沙盒环境的隔离或限制作用的几个示例:

- 应用程序只能通过提供的网址抓取以及电子邮件服务访问互联网中的其他计算机。其他计算机只能通过在标准端口上的 HTTP(或 HTTPS)请求来连接至该应用程序。
- 应用程序无法写入文件系统。应用程序只能读取通过应用程序代码上传的文件。

该应用程序必须使用应用引擎数据存储区、缓存或其他服务存储所有在请求之间持续存在的数据。

- 应用程序代码仅在响应网络请求或调度任务时运行,且任何情况下必须在 30s 内返回响应数据。请求处理程序不能在响应发送后生成子进程或执行代码。

提供商维护 PaaS 平台运行引擎的安全,在多用户模式下必须提供"沙盒"架构。PaaS 平台沙箱体系在维护部署于 PaaS 中的应用程序的保密性和完整性方面起到了重要作用, PaaS 服务提供商有责任检测那些运行在 PaaS 平台并可能打破沙箱体系架构的用户程序中的错误和漏洞。

2. 用户认证

用户认证是确保合法的访问主体(用户、进程、服务等)能正确地被识别的过程。双因子认证(智能卡和生物特征)机制在安全性上虽然较强,但复杂性太高、实施周期也长、代价也大,目前在 PaaS 服务中采用的不多。大多 PaaS 服务提供商仍采用用户名和密码这种简单而古老的方式进行认证,当然也可以通过一些技术来增强这种认证过程的安全性,如通过回答一个安全问题或识别一个预置的图片等。另外,PaaS 服务还可以使用一些基于外部组织声明为安全的标识来做认证,如 SAML(安全断言标记语言)等。

基于 Google 应用引擎开发的应用程序使用 Google 账户进行用户认证。应用程序可使用 Google 账户登录、获取当前登录用户的电子邮件地址,并生成与账号相关的登录和退出网址。应用程序根据 Google 账户指定网址路径及部署描述符文件预先定义的安全约束限制用户的访问行为。如果用户访问了有安全约束的网址路径但用户没有登录,应用引擎会自动将用户重定向到 Google 账户登录页面。在成功登录或注册新的账户后,Google 账户会将用户重定向回应用程序网址,应用程序无须做任何其他事即可确保只有登录用户可以访问网址。

3. 安全网址

Google 对于使用 *.appspot.com 域网址访问的用户应用,Google 应用引擎支持通过 HTTPS 的安全链接。当请求使用 HTTPS 访问网址时,请求数据和响应数据都在传输前由发送器加密,在接收后由接收器解密。使用安全链接有利于保护用户数据,如联系人信息、密码和私人消息。

应用程序使用安全网址之前,用户必须使用< ssl-enabeld > true </ssl-enabled >元素在应用程序的 appengine-web. xml 文件中启用安全网址。有关此文件的详细信息及安全网址配置说明,请参阅 Google 相关文档说明。

4. 访问控制

访问控制是针对越权使用资源的防御措施。基本目标是限制访问主体(用户、进程、服务等)对访问客体(文件、数据、服务等)的访问权限,从而使客体资源被合法使用。目前,权限控制主要是基于角色访问控制框架实现,即账号赋给角色,角色与应用访问或资源操作权限相关联。

PaaS 服务基于资源共享的理念设计,因此,PaaS 服务提供商尽可能不要让用户访问到他们更底层的基础设施或其他不相关的资源和服务,尽管这种做法可能使付出的成本更大,但这是 PaaS 服务与企业应用最大的区别,因为我们无法预知哪个用户可能会有恶意攻击行为,因此,PaaS服务中权限访问控制最好的建议是遵循"最小化"权限赋予原则。

Google对基于Java应用引擎开发的应用程序使用JRE类白名单方式控制应用程序的访问权限,使得应用程序对Java标准库(Java运行时环境或JRE)中类的访问权限仅限于App Engine JRE白名单中的类。

除上述安全技术实施外,Google对其PaaS服务平台的服务组件还要进行相应安全管理工作,如对运行时引擎的升级,以及变更、发布和补丁管理等,并需要对PaaS平台外部的网络和主机进行安全监控,如对于共享网络和运行用户应用程序的系统基础设施的监控。

最后需要强调的一点是,PaaS服务中间件的安全还必须有PaaS用户的积极参与配合。CP应尽可能地让用户了解自己的安全体系架构设计,以便他们在应用实践中能更好地遵守安全约定,充分利用体系架构中的安全设计功能合理地进行应用安全配置,同时还需要让用户明确了解一些安全相关的法律问题,如数据不允许随意散布等。

26.3 本章小结

本章从CP的角度说明了云计算基础设施层面的安全技术实施及应对措施。

作为CP,可以在云计算设施多个层面提供完整而有效的安全保护机制。在服务设施层面的安全保护机制主要包括物理环境、网络环境、物理主机、虚拟化环境以及PaaS服务中间件等。前四个层面主要由IaaS服务提供商负责实施;PaaS服务提供商则要负责PaaS服务中间件部分的安全技术实施。但对于大型PaaS服务提供商,IaaS部分往往是其PaaS服务基础设施的一部分,因此,这种PaaS提供商将负责从物理环境到PaaS服务中间件整个层面的安全机制。本章还重点说明了云计算下由于虚拟化技术的引入对网络安全和主机安全带来的不同。

第27章

云计算数据安全

本章阐述的内容对应图 25-1 的左中部分,即云计算环境下的数据安全。

27.1 云计算环境下数据安全综述

27.1.1 数据安全保护的意义

云计算模式的引入,使得数据安全成为人们关注的焦点。这是因为相对于传统的 IT 服务或私有云计算模式,公有云、社区云或混合云(尤其是 SaaS)中数据安全风险的最终承担者与安全职责主体并不完全一致,CS 承担了数据安全风险的绝大部分,但云中数据安全的技术实施主体往往要依赖于 CP,CS 在这个层面通常只起着辅助配合的作用。因此,CP 在数据安全层面的作用是至关重要的,对一个 SaaS 服务提供商而言,CP 的安全技术及其实施在很大程度上决定了用户数据是否安全。当然,一个 SaaS 服务提供商的信誉好坏与其提供数据服务的安全性也密切相关,没有用户会愿意把数据放在一个经常出现数据泄露事件的 CP 那里。除安全技术实施外,CP 还应该把好安全运维关,如详细收集、监控、记录、分析一些安全行为的数据等,以便在必要时提供给用户或相关组织作为事件审计追踪之用。

无论 CP 怎么承诺,CS 必须要牢记保护云中有价值和敏感数据安全的责任永远都是数据拥有者本身,而不是 CP。即使 CP 可能按服务合同和法规采取了某些安全机制,但数据拥有者也就是 CS 自己一定要对其数据是否真正安全负责,包括评估、监督、检测 CP 的安全机制是否满足要求,并要清醒意识到用户端的安全对于云端的安全同样重要,任何用户端的不安全行为将会使用云端的安全保护实施失去意义。而一旦那些有价值的数据丢失或损毁,破产的不会是 CP 而是 CS 自己。

27.1.2 数据生命周期

云计算环境下的数据如同其他事物一样,也具有完整的生命周期。在云计算环境下,数据从生成、传输、存储、使用到销毁构成一个完整的生命周期过程。在此生命周期中,数据在每个阶段都应有相应的保护侧重点。图 27-1 给出了云计算环境下数据生命周期与每一阶

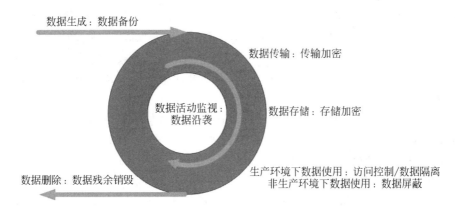

图 27-1 云计算环境下数据生命周期与数据保护机制对应图

段侧重点的数据保护机制对应关系图,图中每行文字的左侧文字代表数据所处生命周期阶段,右侧文字代表该阶段重点的数据保护机制。

从图中可以看出,除多租户环境下需要考虑数据隔离机制外,保护云中的数据,除了传统的安全技术,如身份认证和访问控制、传输加密、数据加密、数据脱敏、安全删除(残余销毁)、数据沿袭、数据备份等用于传统数据中心的数据保护机制仍然可用于云计算环境下的数据保护外,云访问安全代理(Cloud Access Security Broker)和隐私计算等新技术将越来越普及。

本章后续内容将讲解在云计算环境中用户和服务提供商面临的风险,并针对这些风险阐述在技术上可能实施的数据安全保护机制。

27.2 服务提供商面临的数据安全风险及挑战

27.2.1 数据加密

不够安全的加密软件加密的数据或无法加密的数据是 CP 进行数据安全管理面临的最大风险。尤其是不够安全的加密软件可能造成很大的安全假象和事实上的欺骗性。

IT 专业人员可能很清楚数据加密的重要性,但放在云中,尤其是公有云环境下,不管是 IaaS、PaaS 还是 SaaS,不是每一个用户都会很清楚地意识到它的重要性。云计算环境下数据最大的风险来自于数据不加密,或加密算法不够强,或其实施方式不严谨,同时即使数据加密了,需要在云端解密才能使用也给数据安全带来了致命的威胁。

即便是数据在传输时选择了加密传输,如 SFTP、HTTPS、SSL/TLS、VPN 等,但安全账号管理和安全协议具体配置却需要 CS 自己掌控或选择,一个弱口令(或管理不严的证书密钥)或重复使用的口令甚至不足够安全的加密算法及实施都可能使这种努力付诸东流。

抛开用户的安全意识或安全管理等问题,即使 CS 和 CP 都愿意使用可能获得的最安全的协议来保护其应用数据的安全,但在具体的实际应用中实施起来也困难重重。如果仅仅使用的是 IaaS(如亚马逊的 S3),加密数据很容易做到,但是对于 PaaS(如 Google APIs)或 SaaS(Saleforce.com 的 CRM)中的这些基于应用的数据,进行加密实施却不大容易,这是因为对于这类数据(姑且称其为处理中的数据)加密导致大多数数据分析方法(如数据索引或查询等)失效,即便可以实现,性能或效率也出现很大的问题。因此,目前绝大多数情况下的云中数据,除了极少部分仅用作静态存储的数据外,大量基于应用的数据往往都是没有加密的数据。新一代加密技术——隐私计算和密文查询正是为了解决这一痛点而产生的,它们能够做到在数据未解密的情况下仍然被使用,而且性能损耗也维持在用户可以接受的范围内,平均为 20%～30%。

对于上述这些基于应用没有加密的数据,它的风险很大程度上取决于 CP 或 CS 的应用设计是否足够安全。很多时候云计算的经济性是以共享基础设施为代价的,这也意味着在 PaaS 或 SaaS 中应用的数据通常共存于一个大型数据仓库中(如 Google 的 BigTable)。在应用的设计上虽然考虑多租户而采用了数据标签来标识数据的用户属性以防止非授权的用户访问,但由于应用或系统总存在一定的漏洞或脆弱性(如 2009 年 Google Docs 的一个漏洞使得用户文档和表单出现非授权共享),使得一些攻击者仍然可以通过这些漏洞访问到这些数据。

27.2.2　钓鱼行为

云中数据的高度集中性和可获利性使得攻击者对其垂涎三尺。目前绝大多数云计算仍使用基于简单的用户名和密码的认证方式,对于一个防范意识不强的用户而言,钓鱼攻击者很容易获取用户的认证信息,如果一个钓鱼攻击者成功获取了用户的认证信息,那么就可以轻而易举地访问到用户的其他数据;另一方面,即便云计算使用了公钥设施(PKI)的认证体系,如果云端的用户没有能将其认证信息严密管理好,攻击者仍然可以利用其从用户那里获取的认证密钥等信息来访问用户数据。对于安全防护技术实施不够严密的 CP 而言,此种访问行为通常是难以检测的。

对于这种行为,CP 只能增强自身的数据访问认证和访问控制措施,但很多时候,CP 提供的数据访问增强保护机制的意义却往往依赖于用户的安全设置与操作。最好的防护措施是教育员工或用户增强对信息泄密及钓鱼行为的防范意识以及识别可能的账户登录欺骗行为的能力。下面是一些 CP 增强型的数据访问保护机制的例子。

Salesforce.com 登录过滤服务:Salesforce.com 提供一种服务,用于限制对某些 CRM 应用实例的访问,用户可以对这种服务进行设置,这样即使访问者提供了合法的认证信息,如果登录者不是来自某个事先用户设置好的白名单中的 IP 地址,也不允许其登录应用。这种防护限制对制止钓鱼行为非常有效。

Google 的登录会话重验服务:Google 在 Apps/Docs 等云计算里提供了该服务,使用此服务的系统随机地要求用户在使用服务期间重新输入密码,尤其当系统观测到某一可疑事件时,如同一账号刚从美国登录又从中国登录,服务还会将这一事件自动通知给用户。

亚马逊 Web 服务认证:亚马逊的云资源服务认证很严格。当用户申请使用一个基于虚拟机的 EC2 时,亚马逊将默认为其创建强 PKI 密钥并要求使用这些密钥作为资源访问认证信息。如果用户申请一个新 Linux 虚拟机,并想通过 SSH 远程连接它,用户就必须用基于密钥认证的 SSH 而不是一个静态口令。但这种方法也不是总能防范钓鱼攻击行为。

27.2.3　数据审计与监控

云中的数据来源、数据完整性、数据活动、数据的真实性等不仅是用户关注的主要问题,也是 CP 关注的主要问题。云中的数据来源在很多场合都很有用,如在申请专利或用于证明有价值的数据拥有者身份时;而同样证明某些敏感数据不在云上对于 CP 一样重要,尤其在涉及跨国界的敏感数据隐私保护问题时。而数据在云中的处理过程对 CP 具有更重要的意义,因为无论是从合规性要求还是监管部门的审计要求,CP 都必须清楚知道什么数据何时放到云上,经过了什么处理,处理完后数据又放到了哪里等。但在云计算环境下,由于对物理资源的高度抽象、虚拟机的动态性以及多租户下用户数据的庞杂性,使得 CP 要对云中数据做全生命周期的详尽跟踪记录是一件极具挑战性的事情,它需要耗费大量的资源和时间,尤其对于中小型服务提供商更是一笔巨大的开销。

最后强调一下,上述是从服务提供商角度分析给出的数据安全风险。如从用户角度来讲,数据安全风险则与之完全不同,市场分析公司高德纳已在其研究报告中指出,用户在使用云计算时存在七大数据安全风险:特权访问风险、管理权限风险、数据处所风险、数据隔离风险、数据恢复风险、调查支持风险和持续服务风险。

27.3 数据安全保护机制

27.3.1 数据加密介绍

27.3.1.1 存储加密

云计算资源由多个"租户"共享,且 CP 对于云环境中的数据拥有特殊访问权限,因此,对存放于云中的敏感数据进行加密很重要,这样可以防止恶意的 CP、恶意的邻居"租户"的滥用及黑客攻击者的数据盗取。

目前,对于用户存放在云中的敏感数据进行安全保护通常采用加密、访问控制、隐私保护等措施。其中,加密是最常见也是最基础的静态数据安全防护手段,它是数据保护的最后一道防线。对存储的静态数据加密能实现数据的机密性、完整性和可用性,防止数据在存储介质中意外丢失或者在不可控的情况下泄密,并减少对 CP 的安全实施的依赖性。

在 IaaS 中,用户可以使用 CP 或第三方工具很方便地实现对长期存储在云中的静态数据进行加密保护,这也是敏感数据放到云中前用户必须做的;在 PaaS 中加密静态数据相对较复杂,需要使用 CP 提供或支持的专用设备。在 SaaS 中加密静态数据难度更大,通常情况下云用户无法直接控制,通常要依赖应用提供商的应用加密机制。而对于 PaaS 或者 SaaS 应用中需要动态处理的数据是无法加密的,因为加密过的数据会妨碍索引和搜索,到目前为止还没有可商用的算法实现对应用数据的完全加密。

上面简单分析了云中数据加密的重要性及不同服务环境下如何实施,下面着重对 IaaS 环境下的加密方法、加密方式进行说明。

1. 加密方法

下面介绍几种可以用来保护云中静态数据的加密方法。

- **磁盘级数据加密**:这是一种强力(brute-force)加密方法,通过对磁盘或底层的存储系统加密,将磁盘上的所有数据一同加密,包括操作系统、应用以及应用的数据。这种加密的好处是对用户及应用透明,但它也会带来性能和可靠性的问题。如果加密不是在硬件驱动层进行的,那么这种方法将会耗费系统的性能。另外一个问题就是即使轻微的磁盘损坏,对操作系统、应用及数据也将带来致命性的破坏。目前已经有性能损耗小至 10% 的产品,请在选用时多做测试。

- 文件系统透明加密:这种加密方法是将整个文件系统或文件目录作为一个单元来加密和解密,加密解密对用户和应用软件是透明的,无须人为干预,密钥的管理可以由加密机(Hardware Secure Module)或加密机服务、密钥管理服务来完成。这种方法也可以用作对相同敏感性或同级别的数据进行整合,然后对不同的目录用不同的加密密钥加密,它同样也会带来性能和可靠性的问题,目前已经有性能损耗小至 15% 的产品。

- 文件级加密:仅对特定文件加密,加密效率更高,通常由第三方加密软件进行。

- 应用级加密:对应用管理的数据进行加密解密,通常由应用系统本身带有的功能实现。

2. 加密方式

对存放于云中的数据进行保护有以下三种方式:

- 主机端加密:利用应用级加密方法由用户端应用系统先对数据进行加密,然后再传输到云中。由于在进入云之前数据已经加密,这种加密方式相对安全性高。但由于不同用户端应用采用的加密算法的多样性导致加密强度不一致,不利于云中数据存储安全的统一防护。为解决这个问题,IEEE 安全数据存储协会提出了 P1619 安全标准体系,该体系制定了对存储介质上的数据进行加密的通用标准,采用这种标准格式可使各厂家生产的存储设备具有很好的兼容性。

- 云中专用硬件加密设备:对存放于云中的数据进行安全保护的另一种方式是在云存储设备之前串接一个硬件加密装置,对所有流入存储网络的数据进行加密后,将密文提交给存储设备;对所有流出存储设备的数据进行解密后将明文提交给服务器。这种加密方式与上面提到的采用 P1619 的解决方案类似,但这里的加密是由外部加密装置完成,而不是集成在存储网络中。这种方式对上层应用和存储透明,但在数据量大的情况下,对硬件加密装置的加密解密性能和处理能力要求较高。此外,这种加密方式还需要与传输加密配合使用才能有效保护用户数据在流经的云中的安全性。

- 存储设备自加密:对数据加密保护的第三种方式是依靠存储设备自身的加密功能,如基于存储系统的数据加密技术,通过在存储系统上对数据进行加密,使数据得到保护。目前,可信计算组织(Trusted Computing Group,TCG)也已提出了针对磁盘的自加密标准,自加密磁盘提供用户认证密钥,由认证密钥保护加密密钥,通过加密密钥保护磁盘数据。认证密钥是用户访问存储磁盘上数据的唯一凭证,只有通过认证后才能解锁磁盘并解密加密密钥,最终访问存储磁盘上的数据。

27.3.1.2　传输加密

在公有云计算这种开放的共享环境下,对网络传输中的敏感数据,如关键业务数据、账户信息数据进行保护是极其必要的。保护传输中的数据最常用方法也是使用加密,即通过使用与认证技术相结合的加密来构建一个安全通道,来确保数据在云和用户之间的安全传输。

对传输中的数据加密有两个最主要的目的:一是防止数据被篡改(完整性),二是确保数据在传输过程中即使被窃取(MITM)也不能获取信息,即除了收发双方,任何第三方都不可对它进行修改,或者即使获取数据也难以解析数据内容。此外,通过与双向签名认证技术结合,传输加密还可确保发生在通信双方的任何操作都具有不可否认性。

1. 传输加密方法

对传输中的数据进行加密有以下几种方法。

(1)在非安全的网络中传输加密数据。

在传输之前加密数据然后传输,如多用途网际邮件扩充协议(Secure Multipurpose Internet Mail Extensions. RFC 2311,S/MIME,S/SMTP)。

(2)传输的数据由底层协议加密(SSL/IPSec)。

此种方式不改变上层应用,是在应用层与传输层之下的网络层上再加一层网络安全加密协议,达到传输安全的目的。

1995 年,Netscape 公司在其浏览器 Netscape 1.1 中加入了安全套接层协议(SecureSocketLayer),以保护浏览器和 Web 服务器之间重要数据的传输。SSL 很好地封装了应用层数据,做到了数据加密与应用层协议的无关性,各种应用层协议都可以通过 SSL 获得安全特性。由于 SSL 用较小的成本就可以获得安全加密保障,因此很快就广泛地应用于 Web 领域。

IPSec(Internet 协议安全性)是通过对 IP(互联网协议)的分组进行加密和认证来保护 IP 的网络传输协议族(一些相互关联的协议集合)。IPSec 引入了完整的安全机制,包括加密、认证和数据防篡改功能;并通过包封装技术,能够利用 Internet 可路由的地址,封装内部网络的 IP 地址,实现异地网络的互通。

需要强调的是,虽然 SSL/TLS 通过 PKI、数字签名和数字证书可实现浏览器和 Web 服务器数据在传输过程中的安全,对数据到达端点的安全没有规定。用户端点的安全还得由用户自己来保证。

(3)安全电子交易。

安全电子交易(Secure Electronic Transaction,SET)是一种基于消息流的协议,其核心技术主要有公开密钥加密、电子数字签名、电子信封、电子安全证书等。SET 主要是为了解决用户、商家和银行之间通过信用卡支付的交易而设计的,以保证支付信息的机密、支付过程的完整、商户及持卡人的合法身份以及可操作性。由于它得到了 IBM、惠普、微软、Netscape、VeriFone、GTE、VeriSign 等很多大公司的支持,已成为事实上的工业标准,目前已获得 IETF 标准机构的认可。

但是 SET 系统本身十分庞大且复杂,涉及面广,已非 IT 行业本身所能完成,并且其实施费用较高,在一次交易中需要十几次的加解密操作,较为繁忙的服务器通常需要加密硬件的辅助。

在上述三类传输方式中,SSL/IPSec 因其在部署实施简便性和安全性间有很好的折中,使其已成为众多 CP 的选择。IPSec 由于其较高的安全性将成为 CP 在跨数据中心间数据传输时的最佳选择。而在 CP 与用户间的 Web 服务传递时,SSL 协议由于内嵌于 HTTP 而无须部署客户端,相比 IPSec 获得了更广泛的应用。下面对 SSL/TLS 协议做简要介绍。

传输层安全(Transport Layer Security,TLS)是 SSL 的升级版协议,最终将取代 SSL 协议,同时保留 SSL 的向后兼容实现。1999 年 1 月,TLS 1.0 第一次在 RFC 2246 中定义为 SSL 3.0 的升级版本,TLS 1.0 也被称为 SSL 3.1,TLS 1.3(RFC 8446)已于 2018 年颁布。

SSL/TLS 协议为实现客户机与服务器间通过网络进行安全通信而设计,以防止数据窃听和篡改。TLS 加 PKI 提供端点身份验证通信的保密性。

图 27-2 是对 SSL/TLS 一个具体实现(GMSSL)的分析。

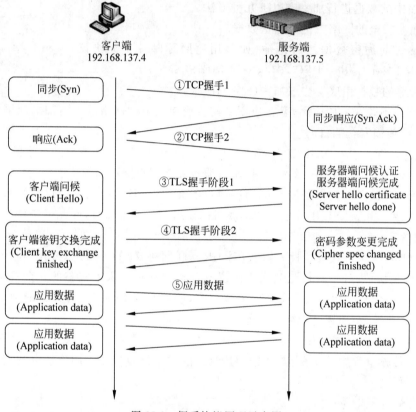

图 27-2　握手协议原理示意图

具体握手原理分为 TCP 连接建立过程与 TLS 握手过程。测试验证过程中网络抓包在服务端进行,预先配置确定网络参数(IP、端口等),数据库管理端(应用服务器或者数据库服务器)向服务器密码机提出安全连接建立请求,列举支持的密码算法组合,进入握手操作环节。在本测试中,服务器密码机端将算法安全参数已限定为 SM2、SM4 以及 SM3 算法为基础的算法组合。其中服务端证书以 SM2 和 SM3 算法为基础。

(1) TCP 握手 1。

由客户端发起第一次握手请求,客户端发送 SYN 包(syn=j)到服务器,并进入 SYN_SEND 状态,如图 27-2 所示。服务器端接收后进行第二次握手,确认客户的 SYN(ack=j+1),发送一个 SYN 包(syn=k),即 SYN+ACK 包,此时服务器进入 SYN_RECV 状态。

(2) TCP 握手 2。

客户端收到服务器的 SYN+ACK 包,向服务器发送确认包 ACK(ack=k+1),此包发送完毕,客户端和服务器进入连接建立(ESTABLISHED)状态,通过三次握手方式建立 TCP 连接。

(3) TLS 握手阶段 1。

TLS 握手第一步是客户端向服务端发送 Client Hello 消息,这个消息里包含客户端生成的随机数 Random1、客户端支持的密码参数(Support Ciphers)和 SSL Version 等信息。

服务端接收到 Client Hello 消息后,向客户端返回 Server Hello 消息,如果客户端没有收到服务器端返回的 Server Hello 消息,客户端向上层应用报错并断开连接。服务器端返回的 Server Hello 消息中包含从 Client Hello 传过来的 Support Ciphers 里确定的一份密码参数、协议版本和会话标识等信息,其中协商的密码参数决定了后续预加密时的具体算法,本产品中采用的是 SM2、SM4 以及 SM3 算法为基础的算法组合。

同时 Server Hello 消息中包含证书、服务器密钥交换请求和 Server Hello 完成消息等内容。

(4) TLS 握手阶段 2。

TLS 握手阶段 2 中,由客户端返回客户密钥交换消息,消息内容包含 Client Hello 和 Server Hello 消息协商出的预密钥交换算法。具体包括客户端密钥交换(Client Key Exchange)、密码规则变更(Change Cipher Spec)以及密钥加密过的握手信息(Encrypted Handshake Message)。

(5) 应用数据。

完成密钥交换后,服务器端与客户端之间采用 SM4 算法,通过会话密钥实现通信加密。

客户端与服务器间通过 SSL 进行数字证书的传递,互验身份的合法性,特别是验证服务器身份的合法性,在云计算环境下更具有意义,这可以有效地防止网络环境下虚拟网站的钓鱼和中间人窃听(MITM)事件的发生。

2. 密钥管理方法

安全算法和安全协议在理论上解决了基础设施层的安全问题,但在大多数时候,安全专业人员每天面临的是如何安全地管理密钥和证书,加密机/硬件安全模块(HSM)、智能加密卡、加密狗等都是常用的解决方案。在服务器端,它们是密钥服务器,其中加密机/硬件安全模块是一种硬件密钥服务器。在客户端,它们是智能加密卡和加密狗。

加密机/硬件安全模块是带有严格访问控制和物理安全保护机制的硬件密钥服务器。使用硬件安全模块的目的是:

- 确保加密算法的合规性、合法性,安全性、权威性和可信度。
- 生成安全密钥。
- 安全存储密钥,可以避免任何硬件安全模块之外的明文密钥的使用。
- 控制对加密和敏感数据资料的使用。
- 彻底卸载应用服务器上处理非对称和对称加密的负荷。

每个国家对硬件安全模块都制定了严格的标准,确保加密机物理安全、密码算法及其实施的安全性和有效性,通常用于保护高价值的加密密钥。未经过认证的产品建议不要使用或谨慎评估过后再使用。

硬件安全模块系统必须自带安全备份或恢复功能以及密钥冗余存储功能,硬件安全模块不允许密钥以明文形式暴露到硬件安全模块之外,即使是在两个硬件安全模块之间的迁移或执行备份操作等也必须是在加密状态下完成。

硬件安全模块主要用于金融机构、发卡机构或政府机构。这些机构需要确保相关部署的安全性和合规性，如合法的 CA 证书、CA 签名机制、EMV 数据准备和卡个性化、PIN 认证、数据加密和数据签名等。

为了保护和简化客户端的密钥/证书管理，智能加密卡或者加密狗提供了一种高成本效益的解决方案。供应商通常将软件保护加密狗（和加密狗控制的软件）称作"U 盾""U-Key""硬件钥匙""硬件令牌""保安装置"，而不是"加密狗"，不过加密狗的叫法在日常生活中更常见。加密狗大多用于大批量交易或高敏感数据中。有些加密狗厂商在加密狗产品中采用智能卡产品，这些智能加密卡产品广泛用于军事和银行等对安全要求极其严格的环境中。

通常，在一些专门设计的软件中，智能加密卡和加密狗是一起使用的，这给终端用户带来很多问题。所以要确保使用智能加密卡/加密狗级安全保护的 SaaS 应用成功推广，还需要保证客户端软件必须设计成完全傻瓜型（Dummy Proof），且足够健壮。

最后需要指出的是，在云计算环境下，CP 不仅需要关注发生在用户和云计算数据中心间的数据传输安全，还要关注发生在多个云计算数据中心之间的数据传输以及云计算中心内部不同系统间（服务器、存储设备与网通设备）数据交换的安全。相比较而言，发生在单一云计算数据中心内的跨系统间的数据交换的安全，更应该成为 CP 关注的重点，因为一方面云计算环境下存在基础设施技术体系的差异性以及云应用数据的多样性，另一方面产业层面却缺乏统一的数据交换标准，这样就很难向用户保证数据在整个云环境下的传输安全性。

27.3.1.3　实践建议

前面讲解了静态和传输中的数据加密，其核心是加密/解密算法和密钥/证书管理。在云计算中数据加密/解密常用的算法有 RSA（公共密钥加密协议）、ECC（椭圆曲线算法）、ASE（对称算法，高级加密密钥）、SHA2（哈希函数），以及 SM2 非对称加密、SM3 杂凑、SM4 对称加密算法等。SHA1 和 MD5 已经被破解，要杜绝使用。关于数据加密解密及加密算法等方面的相关知识，网上有大量文章可以参考，本书不做详细介绍。下面仅给出数据及传输过程中的加密/解密和密钥管理的一些最佳实践建议。

1. 数据加解密实践建议

下面针对 CP/CS 给出一些云计算环境中使用数据加密的建议。

- 如在合同中约定加密，需要确保加密遵循相关行业和政府标准。
- 尽可能地使用加密，并尽可能把数据使用者与数据保管者分离。
- 除了确保敏感数据在存储时是加密的外，还要确保其在云提供商的内部网络传输时也是加密的。在 IaaS 环境中，这将由云用户选择实施；在 PaaS 环境中，由用户和提供商共同分担责任；在 SaaS 环境中，由云提供商来负责。
- 在 IaaS 环境中，要充分考虑传统加密保护的敏感信息和关键材料可能出现的各种泄密情形，如虚拟机交换文件与其他临时数据存储位置可能也需要加密。
- 尽可能把存放数据的组织（如 CP）与密钥管理者（如第三方）分离，这样既保护了云提供商，也保护了用户，避免由于法律要求提供数据时产生冲突。
- 如果 CP 必须进行密钥管理，了解提供商是否定义了密钥管理生命周期的过程：密钥如何产生、使用、存储、备份、恢复、轮换和删除。同时，了解每个客户是否使用了相同密钥或每个客户是否有其自己的密钥系列。

- 了解云提供商的设施是否提供了角色管理及职责分离。

2. 密钥管理实践建议

不管采用何种加密方式,数据加密最关键一个因素是对加密密钥的选择,不同加密强度(加密强度通常指加密时所用密钥数据位数)适合不同的数据使用场景,数据加密需要选择合适的加密强度才能安全有效地保护存储的数据。强加密适用于长期数值不变的静态数据,因为如果这种数据被第三方获取,它们需要足够长的时间才能破解密码以获取重要信息;弱加密适用于数值经常变化或敏感性不高的静态数据。

加密信息的安全可靠依赖于密钥系统,密钥是控制加密算法和解密算法的关键信息,它的产生、传输、存储等过程的管理十分重要。在云计算环境下,不同数据分级、不同用户需求要求不同的加密算法和不同的加密强度,CP需要提供一套严密的加密密钥管理方案来保护云中数据加密密钥的安全,或者将这些工作都交由用户自己管理。下面是密钥管理需要重点关注的一些内容:

- 密钥存储:密钥必须严格合规合法保护,其存储、传输和备份过程都必须按国家法规制定的流程进行,并建立相关策略来强化密钥存储管理,不适当的密钥存储不仅危害所有加密数据,而且可能给商家带来牢狱之灾。
- 密钥使用:密钥必须分级、分类和分场景,只有工作密钥才可以由有特定需要的专用密钥的实体访问使用,密钥必须是三权分立管理,即安全员、审计员和系统管理员各司其职。
- 密钥备份和恢复:丢失密钥无疑意味着丢失了这些密钥所保护的数据。尽管这是一种销毁数据的有效过程,但是意外丢失关键任务数据的加密密钥会毁掉一个关键业务,所以必须尽可能按国家制定的密钥安全备份和恢复方案及其流程来备份和恢复密钥。

有很多标准和指导方针适用于云中的密钥管理。OASIS密钥管理协同协议(KMIP)就是云中协同密钥管理的新标准。IEEE 1619.3标准涵盖了加密和密钥管理,尤其适用于存储IaaS。

此外,对云中的数据加密还需要考虑对加密造成威胁的边信道攻击(Side Channel Attacks,SCA)。边信道攻击是一种针对电子设备在运行过程中的时间消耗、功率消耗或电磁辐射之类的信息泄露而进行攻击的方法。在加密时,边信道攻击可以对加密机制本身进行攻击。在云计算环境中,由于数据加密操作是在相同物理设施和多租户共享资源环境进行的,所以存在边信道攻击的可能性。网站 www.sidechannelattacks.com 上列出了各种不同类型的边信道攻击,有兴趣的读者可以参考。

最后需要强调的是,尽管CP可能会承诺种种数据加密机制,但在目前加密技术体制下,还无法实现数据在云计算环境中的完全透明存储与处理,因此作为数据的最初提供者和最终拥有者,验证CP提供的加密机制是否符合用户的需要则是CS自己的责任。

27.3.2　数据脱敏

27.3.2.1　必要性

对于CP即将部署于云计算环境下的SaaS应用,由于其多租户及用户规模大等特性,在其上线前需要对 SaaS 应用系统进行严格而规范的测试,包括系统功能测试、性能测试以及系统支撑能力测试等。为检测系统在真实环境运行时可能存在的功能及性能的问题与缺陷,这些测试对测试数据的真实性和数据量都有较高的要求。同样,对于需要基于云计算环境开发机构自有应用的用户而言,也存在同样的需求。

这种需求需要 CP 或机构从自己的生产环境中导出数据,然后将这些数据作为大量的测试数据导入待测应用系统中进行测试。通常,对应用系统的测试由应用开发方或第三方实施,或至少包括应用开发方人员共同实施。

从生产环境中导出的数据通常会涉及云计算用户或机构的大量敏感信息,如果需要提交给应用开发方或第三方作为测试数据使用,必须经过加密保护。但正如在上一节所讲,数据加密可提供静态存储数据和传输中的安全保护方法,对于应用系统处理中的数据在目前技术体制下还很难实施加密。这就需要一种技术,将数据从生产系统导出时可对其敏感信息按一定规则进行处理,在保证数据关联关系、数据格式不变和数据量满足测试需求的情况下提交给第三方使用,以降低敏感数据的暴露概率,提高非生产状态下的数据安全。

数据脱敏(Data Masking)即是解决这一问题的关键技术。按维基百科给出的定义,数据脱敏是指对存储的特定数据进行伪装(屏蔽)处理,以确保敏感数据用实际的(realistic)但非真实的(real)数据所替换,目的是保护敏感用户信息不被授权环境外的人看到。

数据脱敏可以避免非生产环境下数据库敏感信息泄露,数据清洗后仍保持可用性,即数据格式、规则及关联关系等不变,但数据内容进行了处理,因而敏感信息得到了保护。

数据脱敏主要用于非生产环境中,其应用场景主要有以下几种:

- 软件开发与实施测试。
- 软件用户培训。
- 数据挖掘与研究。
- 外包服务与数据有离岸要求的场景等。

27.3.2.2 关键技术

有效的数据脱敏要求数据必须以一种确定且不能被逆向工程修改的方式进行,即维护数据的功能外观(Functional Appearance)以用于测试,数据可以进行加密或解密,但必须保持其完整性。数据脱敏常用屏蔽方法包括以下几种。

- 非确定随机化(Non-deterministic Randomization):使用随机生成的、满足各种约束条件的值替换敏感字段,确保数据仍然有效。例如,将日期 2009 年 12 月 31 日替换为 2010 年 1 月 5 日。
- 模糊化(Blurring):为原始值增加一个随机值,如使用一个包含原始值不超过 8% 的随机值替换储蓄账户值。
- 置空(Nulling):使用空符号替换敏感字段中的值。例如,将社会保障号 404-30-5698 替换为 ♯♯♯-♯♯-5698。
- 变换(Shuffling):变换敏感字段中的值的位置。例如,将邮政编码 12345 变换为 53142。
- 可重复的屏蔽(Repeatable Masking):通过生成可重复且唯一的值,保持引用完整性(Referential Integrity)。例如,自始至终都使用 26-3245870 替换社会保障号 24-3478987。

- 替换(Substitution)：使用"值替换表"随机替换原始值。例如,从一个包含10万个姓名的列表中用 Mary Smith 替换 Jane Doe。
- 特殊规则(Specialized Rules)：这些规则适用于特殊字段,如社会保险号、信用卡号码、街道地址和电话号码等,这些特殊字段在替换后仍保持结构上的正确性,并可用于工作流的检验和验证。例如,将"100 Wall St.,New York,N. Y."替换为"50 Maple Lane,Newark,N. J.",其中的每个随机值(门牌号、街道、城市和州)构成一个有效地址,可以通过谷歌地图等应用查找到。
- 标识(Tokenization)：标识是一种特殊的数据脱敏形式,利用独特的标识符替换敏感数据,使信息可以在以后恢复到原始数据。例如,为灾难恢复目的而存储的数据必须在以后可以恢复,或者在业务运行过程中信息必须通过不可信域时,标识非常有用。

数据脱敏分为静态数据(Static Data)脱敏和动态数据(Dynamic Data)脱敏。下面对两者进行简要描述,感兴趣的读者可参考相关资料。

1. 静态数据脱敏

静态数据脱敏是一种传统方法,它是从生产数据库中抽取行记录,然后对数据值进行替换、重构、替换、置空、乱序等处理后作为列记录存入测试数据库里。数据脱敏处理流程如图 27-2 所示。

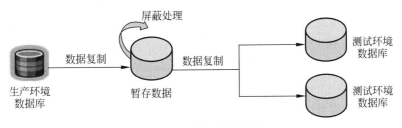

图 27-3 数据脱敏过程

静态数据脱敏存在以下几个局限性：

- 企业数据量大的情况下很难保证测试数据的引用完整性,因为随着企业数据量增大,这种屏蔽工作量激增,使得设计和创建屏蔽脚本变得冗长乏味且容易出错。对于企业数据量很大的情况,只能截短数据量或放弃屏蔽直接采用原数据。
- 静态数据脱敏还存在一个重要不足就是对数据统计的影响,在 Oracle 系统里数据统计工作通常由系统自动完成,但由于静态数据脱敏造成的数据分布(Data Distributions)和数据基数(Cardinality)的巨大差异,使得在测试和生产环境中的 Oracle 查询优化器(Query Optimizer)会采用完全不同的两个函数进行数据统计。
- 在动态变化的数据环境下,静态数据脱敏抽取、转换和装载等过程会消耗大量的计算机资源,因为在这种环境下数据通常需要不断地刷新与重新进行屏蔽。
- 静态数据脱敏在将屏蔽数据导入测试环境时还需要对测试脚本进行较大修改,该测试脚本用于创建生产环境下的入口数据。

因此,从总体上说,静态数据脱敏在本质上对生产环境中的软件过程改进很难起到保护作用,静态数据脱敏通常不适于生产环境。而且,由于静态数据脱敏方法产生的数据与生产环境中的数据存在很大的不一致性,静态数据脱敏也很难用于精确测试。

2. 动态数据脱敏

动态数据脱敏是指在实时环境里在表示层(Presentation Layer)实现数据混沌化(obfuscation)处理的新技术。

动态数据脱敏实现原理:通过在 SQL 网络协议层插入一个数据侦听器,侦听任何来自上层应用的内向 SQL,然后采用屏蔽函数将其动态重写,这样数据在表示层进行屏蔽,而不用改变底层数据库或应用源码。

动态数据脱敏为生产环境下的隐私数据保护提供了一种创新性保护机制,企业可以更安全地管理生产环境下的敏感数据。一个最常见的应用场景是生产环境下的数据库管理员(DBA),他们可以对生产环境中的数据库进行最高级别的操作,有了动态数据脱敏技术,企业可以避免把敏感数据信息暴露给 DBA 了。

与静态数据脱敏在保持引用完整性时带来的复杂性相比,动态数据脱敏消除了静态数据脱敏烦琐的设计、耗时的前期规划,以及对数据提取、转换和加载(ETL)脚本的粗放型开发等带来的局限。

作为这种技术的商业实现,已经有很多公司在其数据库产品里集成了这方面的功能,国内如智贝、美创、安华金和等,国外如 OracleEnterprise Manager、IBM DB2 和 SQL Server 等产品。Data Masking Pack 是 OracleEnterprise Manager 里的一个重要产品包,该产品包内嵌丰富的数据修改规则,通过各种复杂算法,可自动批量快速完成对敏感数据的修改,从而保证复制出来的数据库的数据量完全等同于生产库的数据量,敏感数据又做了伪装,如身份证号、电话号码、信用卡号码、姓名、日期、家庭住址、工资等,看起来是真实数据实际上是假数据,从而消除了敏感数据的泄露隐患。更详细的产品使用介绍,感兴趣的读者可参考相关资料。

27.3.2.3　实践建议

数据脱敏技术不改变信息的格式、关联关系,满足了测试系统开发和质量测试需要,同时又保护了机构或云计算用户的敏感信息。在云计算环境下,采用数据脱敏技术还需要考虑以下几个关键因素。

1. 确定数据脱敏系统的部署范围

数据脱敏最佳实践是要先确定数据脱敏系统的部署范围。对于 CP 和 CS 而言,在实施之前要先明确生产环境中有哪些敏感信息需要保护、哪些人员可以获得访问授权、哪些应用可以使用受保护的数据,以及这些数据驻留在生产或非生产环境中的什么地方等。对于一个具有复杂应用的大型机构或 CP 而言,由于应用和用户的复杂性和多样性,这个工作将十分艰巨。

2. 确定要采用的数据脱敏方法

数据脱敏最佳实践的第二个要素是确定采用哪些数据脱敏方法处理敏感信息。现有的数据脱敏技术具有多种数据处理方法,但并不是所有的方法都可以保持有效的业务环境信息,需要根据不同业务需求采用不同的处理方法。

3. 考虑引用完整性需求

数据脱敏最佳实践的第三个要素是要充分考虑机构的数据引用完整性需求,这在开始部署数据脱敏系统时往往容易被忽略。在机构层面,引用完整性通常要求汇总信息,以满足不同业务范围间的资源共享需求。这意味着来自同一业务范围应用程序的每种类型的信息都必须使用相同的算法/种子值来进行屏蔽。

例如,如果业务范围 A 的应用程序的数据脱敏系统将客户的出生日期替换为 2010 年 1 月 5 日,则业务范围 B 的应用程序的数据脱敏系统必须将相同的出生日期输入值也替换为 2010 年 1 月 5 日。利用引用完整性,如果一个企业级应用程序需要访问每个已屏蔽的出生日期,则该应用程序可以关联和操作来自这两个业务范围应用程序的其余数据。

然而,对许多大型企业或 CP 而言,在整个业务范围内使用单一的数据脱敏工具一般并不可行。由于地域差异、业务需求、不同的 IT 管理组或者不同的安全/监管要求,每种业务范围可能会需要部署自己的数据脱敏工具。尽管这种情况不影响通常数据脱敏处理,但如果不同的数据脱敏工具由于某种未知原因而不能同步,则可能会造成工作流难以继续。例如,对一个业务范围应用程序来说,出生日期的随机化可能完全可以接受。但对另一个业务范围应用程序来说,已屏蔽的出生日期必须属于一个该应用程序认为有效的预定义范围(如超过 21 岁)。

4. 增强数据脱敏算法的安全性

数据脱敏最佳实践的第四个要素是保护数据脱敏工具使用的种子值或算法的安全性。由于数据脱敏的基本原则是只允许获得授权的用户访问已授权的信息,所以数据脱敏工具使用的种子值或算法无疑属于高度敏感数据。如果有人掌握了数据脱敏工具使用的可重复的数据脱敏算法,则可以对大量的敏感信息块进行逆向工程。数据脱敏最佳实践是采用职责分离的原则,允许 IT 安全人员决定使用什么数据脱敏方法和算法,并只能在初始部署阶段访问数据脱敏工具以设置种子值,在部署完成之后 IT 安全人员则不能再访问数据脱敏工具。由于 IT 安全人员无权访问日常运营系统,而 IT 支持人员无权访问数据脱敏算法,从而实现了严格的"职责分离"控制。但是,如果数据脱敏工具未提供这种"职责分离"控制功能,则 IT 支持人员必须执行周期性的背景调查,并严格审计系统访问,以确保算法未遭泄露。

5. 尽量使用成熟和复杂组合的脱敏方法,避免反脱敏(De-identify)

由于大数据技术的广泛使用和互联网公开数据的易得性,反脱敏的案例越来越多,其中包括反差分隐私(anti-differential privacy),建议用户使用市场验证和经过国家认证过的成熟数据脱敏产品,并尽量使用复杂和多样组合的脱敏方法,尽可能保证数据脱敏的有效性和时效性。

对于需要运营复杂应用(如 SaaS)的大型机构或 CP 而言,实施数据脱敏具有诸多意义。但实施数据脱敏并不像向现有应用程序中添加一个模块或开发一个专门实现数据脱敏的系统那样简单,正如任何数据保护机制一样,在屏蔽第一条信息之前,企业需要制订计划、确定体系结构以及对未来业务如何运行的设想。

27.3.3 数据残余销毁

27.3.3.1 概念及意义

信息安全保护不仅保护信息在制作、传输、存储及使用过程中的安全,还要保护信息在生命周期最后一个环节中的安全,即数据残余销毁环节的安全。数据残余销毁是数据安全保护的最后一个环节,也是很重要的一个环节。因为无论是机构还是个人,都会有一些信息由于过时、重复存储、失去价值等原因而需要彻底删除,但日常所用的方法(如删除、剪切或低级格式化等操作)并不能真正让数据彻底消失,删除的信息仍然可以通过一些特殊手段恢复。而这些机构或个人不再需要的数据一旦被恢复且落到一些不法分子手里,可能反倒成了"高价值信息",他们可能利用这些信息来攻击或勒索机构或个人,或高价出售给竞争对手等。

在云计算环境中,存储资源的不定期租用与释放是一件很频繁的事情,如果 CP 在存储介质重新提供出去之前没有将之前客户的残余数据彻底销毁,可能会给 CS 所在机构带来极大的信息安全隐患,如让机构处于不利的竞争环境中,或让机构名誉扫地等,同时 CP 的服务信誉也会因此受到影响而失去重要客户。

对于 CS 而言,无论其使用哪种云计算模式(IaaS、PaaS、SaaS),数据残余都可能会导致其机构中的敏感信息无意中泄露给非授权的第三方。

按维基百科定义,数据残余(Data Remanence)是指数据被以某种形式擦除或移除后所残留的物理表现,存储介质被擦除后可能留有一些物理特性使数据能够被重建。而当这种带有数据残余的存储介质处于一个非受控的环境中(如垃圾桶或第三方)时,就可能造成敏感信息的泄露。

相应地,数据残余销毁是指利用各种技术手段将信息存储介质中的残余信息予以彻底销毁,避免非授权用户利用存储介质的残余信息恢复原始数据,以达到保护敏感数据的目的。

美国国防部在其《国家工业安全程序操作手册》(DOD 5220.22-M)里对不同的数据残余销毁方式做了更细致的描述[见第 8-301 章节的"清理和消毒"(Clearing and Sanitization)]。

认证主管安全机构(Cognizant Security Agency,CSA)应给出信息系统媒介的清理、消毒、释放的指导意见。

清理(Clearing)是指在对清理数据提供合适保护措施的情形下对存储媒介中的数据残余进行清除的过程。应该对所有的内存、缓存或其他可重用的内存都进行彻底清理,以有效阻止对之前存储信息的访问。

消毒(Sanitization)是指对消毒数据不提供合适保护措施的情形下对存储媒介的数据残余进行清除的过程。信息系统资源在从一个分类信息控制环境释放出去之前或释放到一个更低级别分类信息控制环境中之前都应该被消毒。

数据残余销毁作为信息安全的一个重要分支,早已引起世界各国的重视。早在 1985 年,美国国防部(DOD)就发布了残余数据销毁标准(US. DoD. 5 200. 2 8-STD);2000 年《中共中央保密委员会办公室、国家保密局关于国家秘密载体保密管理的规定》第六章第三十四条规定:销毁秘密载体,应当确保秘密信息无法还原。国家保密局和军队安全局还要求涉密硬盘磁带信息销毁前不得带离办公区。

27.3.3.2　关键技术

由于存储数据的载体性质的不同,可将存储介质分为纸质存储介质和电子存储介质。对于纸质介质存储的数据,一般通过采用物理焚烧或专用碎纸器等设备,可一次性彻底销毁信息。而对于电子存储介质中存储的数据通过一般的删除或格式化等手段很难将数据销毁,其中残留的数据需要通过专门的技术手段方可安全删除。

电子存储介质中的数据销毁根据采用的技术不同,总体上分为软销毁和硬销毁两种方式。硬销毁通过采用物理、化学方法直接销毁存储介质,从而彻底销毁其中的数据。硬销毁分为物理销毁和化学销毁两种方式。物理销毁可分为消磁,熔炉中焚化、熔炼、粉碎等方法,化学销毁指利用化学物质对存储介质进行破坏性处理。物理和化学销毁仅适用于一次性使用的存储介质上的数据(残余)销毁。在云计算环境下,存储资源(主要是磁盘)是可重复使用的资源,通常会采用软销毁,下面重点介绍软销毁技术。

软销毁又称逻辑销毁,数据软销毁通常采用数据覆写法,即通过数据覆盖技术销毁数据。数据覆写是将非保密数据写入以前存有敏感数据的磁盘簇的过程。磁盘上的数据都是以二进制的"1"和"0"存储的。使用预先定义的无意义、无规律的信息反复多次覆盖硬盘上原先存储的数据,完全覆写后就无法知道原先的数据是 0 还是 1,这样即可达到清除数据的目的。数据覆写法处理后的硬盘可以循环使用,适应于密级要求不是很高的场合,特别是需要对某一具体文件进行销毁而其他文件不能破坏时,这种方法更为可取。

根据数据覆写时的具体顺序,软件覆写分为逐位覆写、跳位覆写、随机覆写等模式。根据时间、密级的不同要求,在实施软销毁时可组合使用上述模式。

美国国防部的 DOD 5220.22_M 标准和北约 NATO 制定的多次覆写标准规定了数据(残余)销毁时覆写数据的次数以及覆写数据的形式。美国国防部制定的硬盘清洗规范,则要求数据必须对所要清除的数据区进行三次覆盖,在不了解存储器实际编码方式的情况下,为尽可能增强数据覆写的有效性,确定一个合适的覆写次数与覆写数据的格式非常重要。数据(残余)销毁的有效方法是对要销毁的数据的存储位置进行多次覆写。

数据覆写是较安全、最经济的数据软销毁方式,数据覆写处理后的硬盘可以循环使用。需要注意的是,覆写软件必须能确保对介质上所有的可寻址部分执行连续写入,如果在覆写期间发生了错误或坏扇区不能被覆写,或软件本身遭到非授权修改,处理后的介质仍有可能恢复数据,因此,还必须借助硬销毁方式。

27.3.3.3 实践建议

下面是针对 CS 和 CP 在数据(残余)销毁实践时的一些建议。

(1)应根据敏感数据级别,对云上存储数据的存储位置进行合理规划。

在采用存储虚拟化技术以后,数据存放的物理位置位于多个异构存储系统之上,对于应用而言,并不了解数据的具体存放位置,通常应用所带的数据删除功能(如文件删除)并不能真正删除数据,只是删掉了数据索引的入口。因此在存储资源安全释放之前,通常需要对数据残余进行彻底销毁。

而对云环境下的存储介质(磁盘或磁带)进行数据残余销毁(以数据覆写为主的软销毁),技术实施的复杂度通常取决于数据残余可能涉及的敏感数据级别,级别越高,需要采用的技术实施复杂程度越大。因此,为便于对数据残余进行统一销毁,需要在数据存储位置分配时进行合理规划。建议根据存储的数据级别,对物理存储位置进行规划,原则是尽可能让同一级别的数据存放在同一物理存储位置上,不同敏感级别的数据存放在不同物理存储位置上,至少在不同的逻辑分区上。这需要在存储虚拟化管理软件里统一配置。

(2)无论是 CS 还是 CP,在将云中存储资源释放时都需要采用专用工具或软件来核查存储介质上是否存在数据残余,如有残余,要根据不同数据分级采用相应数据残余销毁技术对残余进行彻底清除。

对于 CS 而言,无论使用哪种云计算模式(IaaS、PaaS、SaaS),数据残余都可能会导致机构中的敏感信息无意中泄露给非授权的第三方。对于 CP 而言,在将前一个租户退租的存储资源未经过严密检查而将带有数据残余的资源租给了下一个用户时,虽然这通常不会使 CP 机构本身安全性受到重大影响,但由于其所承担的服务安全连带责任也将使其难脱法律责任。此外,其服务信誉与形象将会因此大打折扣。因此,CS 应该在将云存储资源退租给 CP 之前,或 CP 在将重用的存储资源出租给其他 CS 之前,必须确保其释放的或提供的存储空间上所有的数据残余得到有效清除,这些信息包括存放在硬盘上和内存中的。

此外,在销毁数据残余时,为彻底清除这些存储介质上的敏感信息,应对敏感数据存储的所有存储位置进行物理写覆盖。对于涉及敏感数据级别高的场合,根据 CS 的要求,可能还需要采用物理消磁等方式进行彻底销毁。

(3)业界相关标准提供了敏感数据销毁最佳实践参考,建议大型 CS 或 CP 在进行敏感数据销毁时应遵循相关标准。

敏感数据销毁通常会涉及机构的隐私信息或关键业务数据,没有按照严格的敏感数据处理流程的随意销毁可能会给机构或个人带来法律责任。

随着云计算下监管体系及服务规范的建立,行业和政府层面已经或即将出台云计算相关要求,这包括云中数据安全保护要求。如塞班斯法案(Sarbanes-Oxley)要求将企业的记录和文件销毁,并且必须对文件销毁进行认真检测,否则企业主管很可能会受到起诉。我国国家保密局已经制定颁发了强制标准《涉及国家秘密的载体销毁与信息消除安全保密要求》,要求对于涉密载体的销毁要遵照此标准执行。此外,美国国家标准技术(NIST)也发布了"媒介清理指南"(Guidelines for Media Sanitization)专刊(800-88),虽然该刊物只是指南,但在目前数据残余销毁还没有其他业界标准的情况下,很多公司,尤其是那些被管控行业的机构,都自愿遵从 NIST 指南和标准。而美国国防部的国家工业安全程序操作手册(DOD 5220.22-M)则提供实用的数据(残余)销毁操作建议。

27.3.4　数据沿袭(Data Lineage)

在云计算环境下,云计算审计者或业务管理者可能会遇到这类问题:"我当前查看的报告的来源是什么?""我不信任这份报告的数据,这份报告的数据都经过了哪些转换?"等。同样,云计算中的 IT 分析师可能会遇到这类问题:"如果修改这个列的约束条件,哪些资产和流程会受到影响?""如果删掉这个数据库,哪些应用会受到影响?"等。

从上述问题可以看到,云计算中的 IT 技术人员、业务管理人员或审计人员,都需要一种技术手段,能够对云计算中的数据从制作、传输、存储、使用到销毁全生命周期过程进行全面可视化自动流程跟踪,以提供机构内关键信息资产的数据可追溯报告。数据沿袭即提供了这样一种技术手段,它在满足合规性或监管要求的同时,也为大型机构或 CP 提供了进行数据可视化治理的重要手段。

参照国外在数据管理领域从事产品研发的公司 Silwood Technology 对数据沿袭的定义,数据沿袭是指对数据来自哪里、流向哪里以及在所流经的路径上产生的变化整个过程的跟踪和管理。数据沿袭是机构进行元数据(metadata)管理的基础,图 27-4 给出元数据管理对数据沿袭的依赖关系,元数据管理提供对数据来源系统发现、数据清洗(抽取转换装载,ETL)、技术定义、计算、业务定义、报告构建及信息使用等全过程的管理。

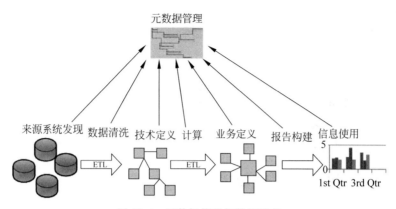

图 27-4 元数据管理与数据沿袭

数据沿袭提供了源数据到派生数据整个处理过程的变化历史。数据沿袭有两种方式：一种是后向模式，该模式向后追溯到源系统的原始数据项（Ancestor Items）；一种是前向模式，这种模式是向前跟踪到目标系统的派生数据项（Descendant Items）。

在云计算环境中实施数据沿袭的意义如下：

- 满足合规性（如巴塞尔协议，一个关于银行行业的法律法规）要求。
- 支持深度数据分析（In-depth Data Analysis）。
- 便于授权管理（Authorization Management）。
- 提供影响评估支持（Impact Assessment Support）。
- 支持操作风险评估（Conduct Risk Assessment）。
- 确保数据治理原则（Ensure Data Governance Principles）。
- 提高重用度与标准化（Enables Reusability and Standardization）。

数据沿袭技术研究相对要滞后于产品研发，目前国外市场上已经有许多公司提供数据沿袭相关产品，如加拿大的 ERwin 公司提供的 Data Modeler，Sybase 公司提供的 PowerDesigner，都可以支持数据沿袭处理；而资源库供应商（如 ASG 公司和 IBM）则分别提供了 Data Warehouse Metadata Management Application 和 Infosphere Metadata Workbench 产品，这些产品允许用户记录数据沿袭规则和映射关系，并提供影响分析功能，该功能有助于用户理解数据条目变化效果。Silwood 公司提供的 Saphir 产品可以提供 ERP 或 CRM 环境下源数据的相关知识，并能直接与主流的建模和资源工具相对接。

27.3.5 数据备份与恢复

数据备份与恢复是保护数据安全的预防性或补救性措施，其重要性也是不言而喻的。从安全的角度看，需要注意以下几点：

- 所有用于备份的外部存储介质应加密并保存在一个保险柜中。
- 内嵌/近线系统备份文件应与原始数据具有相同级别的安全性。
- 不同级别的安全数据，应使用与不同策略相匹配的安全级别分开备份。
- 对于加密密钥/证书这类更敏感的信息，应采取更为严格的安全策略和处理程序。如果可能的话，应遵循供应商建议的备份方法。

- 应严格控制和批准明文模式中的敏感数据恢复。

关于数据备份与恢复,第 14 章中有更详细的描述。

27.3.6　访问控制

数据的访问控制包含两层含义,一是通过应用系统的身份认证与访问控制实现对数据资源的操作权限,此内容将在第 29 章中进行讲解;二是通过数据库管理系统实现对数据库数据的访问控制,该功能通常集成于数据库管理系统中,这里不再详述。

27.3.7　新一代云计算安全技术

传统的以访问控制和防火墙为代表的边界安全越来遇难以适应云计算、边缘计算、大数据、物联网和手机日益普及的数字时代,新的安全技术不断产生,其中端到端安全和以数据为中心的安全技术正在迅猛发展,下面以云访问安全代理(Cloud Access Security Broker,CASB)和隐私计算为重点介绍新一代云计算安全技术,它们都是灵活地使用新密码技术的典范之一。

27.3.7.1　云访问安全代理

随着云应用的普及,云上数据加密及其使用越来越成为行业的痛点,云访问安全代理产品也就应运而生,目前 Skyhigh、Netskope、360、智贝科技等多家企业都拥有云访问安全代理(Cloud Access Security Broker,CASB)的产品和方案。

CASB 是新一代云安全产品,部署于企业本地网络和云服务商之间,可以灵活部署,用于检查发往云的网络数据和信息、自动按应用和应用协议实施企业的安全策略,例如加密(含 P2P 加密)、混淆、访问控制(含点对点访问控制)或拦截发送到云上的数据;解密、拦截、密态安全域转换从云端上下行的数据等,保护企业客户数据在云中是加密和安全的同时,也确保加密的客户数据对应用的透明使用,以及强化和补全各类应用的自身安全。CASB 可以分别部署在企业本地网络或云服务商内部。

一款好的 CASB 产品除了应该和企业核心应用无缝集成、透明使用外,还应具有以下五大功能。

(1) 可视化(Visibility)。

帮助了解用户使用了哪些云服务及敏感信息,谁何时何地使用了哪项云服务,谁接触了哪类敏感信息,对各项云服务、客户及其用户进行信任评级,将云服务商的服务及信息安全性"可视化",从而增强客户用户对云的"信任感"。

(2) 合规性 (Compliance)。

让云数据更加合规、合法地存储和使用,帮助识别各项云服务及其信息的使用情况及云服务存在的具体安全风险。CASB 要从安全策略、安全机制、安全审计、事故分析及跟踪和溯源、法律维权举证等多方面满足客户内外部合规性要求,并向其充分展示,谁何时何地,由于什么使用了哪项云服务。

(3) 数据安全 (Data Security)。

无论是企业内部还是外部的敏感和重要数据,都无缝地主动执行一个统一的数据中心安全策略和安全机制,通过将身份认证、权限管理和设备控制植入信息的加密算法,对用户敏感信息密态使用、越权和非合规访问行为进行实时免疫和追踪,杜绝安全风险。

CASB 要提供信息密态使用(密态信息交互、密文检索、密文计算)和代码一次性加密、混淆和加固功能,保证任何企业 IT 管理人员、第三方运维人员、商家、计算机、云服务运营团队都专用授权的某种密态安全域信息,各自掌控密态信息的安全性,相互间既没有交集也互不干扰,出现问题无法相互推诿。

(4)威胁防护(Threat Protection)。

将身份认证、权限管理和信息的密态安全域绑定,实现云端设备、用户及应用的信息使用安全,即使软件、数据库、网络及计算机等有安全问题,泄露的仍然是没有任何意义的一次性密文。加密信息特定密态专用可以超高精度地定位敏感信息和威胁,为深度安全预警和精细威胁分析提供可靠的大数据基础。

(5)提供 IT 基础设施建设的灵活性(Agile)。

考虑到各个云服务功能的差异性(有时差异巨大),企业一旦使用一款云服务,就很难迁移到其他的云服务平台,CASB 最好同时支持阿里、腾讯、百度等几种主流的云服务平台,客户保有选择云服务商的选项和权限。

目前主流的 CASB 平台都支持以下的应用及应用协议。

- 基于 HTTP/HTTPS 的各类 B/S 框架的应用和云服务,包括各类 SasS、OA、CRM、Intranet 等。
- 邮箱及办公系统,支持 S/SMTP、S/POP3、S/IMAP、S/MIME 协议,尽可能支持点对点加密。
- 支持 LDAP、Active Directory、oAuth 等认证协议。
- 支持云盘及其应用系统。
- 支持各类标准和流行的加密方式,如 AES、ECC、RSA、SHA2、SM4、SM2、SM3 等。

23.3.7.2 隐私计算(Privacy Computing)

在云计算日益普及、数据爆炸的当下,如果客户及用户的信息不加密,他们将毫无隐私地赤裸裸地暴露在服务商面前,但加密数据如果需要在服务商安全域内解密,客户和用户的数据同样没有安全性可言,如何在不解密的情况下实现数据的可用性和价值,一直是学术界和工业界努力解决的问题,是云计算和大数据共享平台的热门领域,目前针对这一问题国内外都有商家推出不同功能和性能的产品。现有的隐私计算主要分为两种,基于软件的密文查询、代理重加密、同态加密、安全多方计算、零知识证明等;基于硬件的 TPD(Trusted Platform Module)、Intel 公司的 SGX(Software Guard eXtensions)、AMD 公司的 PSP (Platform Security Processor)、ARM 公司的 TEE(Trusted Execution Environment)和苹果公司的 SEP(Secure Enclave Processor)。

隐私计算技术还在不断成熟和发展中,读者如果感兴趣,可以查询相关的文献资料。

27.4 案例分析:政务云的数据安全设施

27.4.1 项目背景

该案例是某省一个重要的厅级政府部门在政务云迁移到云端的项目中的数据及服务的

安全设施的实施。云服务提供商是国内知名的商家,提供的政务云及其安全方案都是国内一流的,但该政府部门还是有如下的安全担忧和需要。

- 该政府部门有些数据非常敏感,他们不希望云服务商接触到相关数据,数据在云端必须是始终加密的,即使使用也只能在加密状态下完成。
- 该政府部门的数据需要遵循严格的分类分级使用和管理,即使数据是加密的,加密后的使用安全域也必须遵循相应的分类分级标准。
- 该政府部门的数据和应用运维是由第三方来完成,数据加密不能对第三方人员运维效率产生可见的影响,同时还要保障数据的安全性。
- 该政府部门的有关数据需要供大专院校和相关科研机关进行分析和建模,分析和建模也需要在密文状态下完成。

从上述需求可以看到,运用传统的加密技术是无法满足要求的,通过招标和评测,该政府部门选择了智贝科技公司的 OTL-DB 数据库安全防护平台,它主要由智贝数据库防护主控平台(含加密机)、OTL 安全插件模块、OTL 全密文数据库管理平台构成。

27.4.2 技术方案

某政府部门政务云数据及应用服务部署如图 27-5 所示。

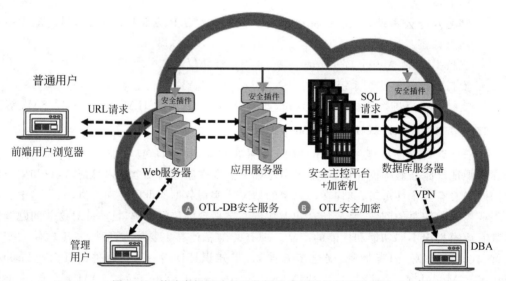

图 27-5 某政府部门政务云数据及应用服务部署示意图

这个架构主要提供了数据全生命周期的安全保障体系,包括数据采集与预处理、数据存储、数据应用、数据传输和数据销毁过程中的安全。其中数据库防护主控平台采用数据库代理方式部署在应用服务器与受保护数据库之间,提供数据库加密,代码混淆加密、数据脱敏、数据库防火墙、安全审计等安全功能(可以根据功能模块进行配置)。数据库使用一次性语言技术(One Time Language,OTL)技术。其中 OTL 密码安全模块主要由服务器密码机(OTL 安全防护引擎)组成,完成基于一次性语言技术的加密与编码功能,实现了同态加密技术,为其他安全功能提供密码服务支撑。

一次性语言技术是这个方案的核心。具体功能特点如下。

（1）信息全生命周期保护的加密防护功能。

新一代信息安全防护平台依托于一次性语言技术，不但能够防止明文存储引起的数据泄密、防止突破边界防护的外部黑客攻击、防止内部高权限用户的数据窃取，从根源上防止敏感数据泄露；而且实现了高效的密文检索功能、密文编码显示功能、一次性密文溯源功能等，实现了面向信息全生命周期的数据加密功能，确保了在"不可信"的系统环境中，仍可以保证信息的安全性。

加密功能包括全库加密功能，支持全数据库信息加密和精细化字符级加密，加密过程透明；密文检索统计功能，支持密文检索及统计等功能，密文检索粒度支持到单字符级；应用数据一次性加密功能，由数据库输出的受保护数据进行一次性令牌化处理（动态加密处理），通过输出的数据无法推导出数据库内的密文，有效隐藏了数据库内密文编码。此外，数据传输以及数据使用过程保持一次性令牌编码，实现信息全生命周期的安全保护。简而言之，真正意义上实现了信息的安全输入、安全传输、安全存储以及安全处理。

（2）基于一次性语言技术的代码保护功能。

新一代信息安全防护平台依托于一次性语言技术，实现了 SQL 代码及关键字、函数名、变量名、流程控制加密伪装功能，有效保护数据库类的关键信息，有效化解消除针对数据库的网络攻击前提条件，确保数据库安全。

具体来讲代码及关键信息保护功能包括 SQL 代码加密功能，实现了面向应用 SQL 代码一次性加密功能，有效地隔离代码安全全域，化解 SQL 注入等针对数据库的网络攻击；数据库关键信息隐藏加密功能，通过一次性动态编码技术有效隐藏数据库相关表、字段名等，有效保护数据库安全，化解恶意攻击；函数名、变量名、流程控制加密伪装功能，针对应用的数据库接口，提供函数名、变量名、流程控制加密伪装功能，构建动态细粒度的安全隔离区，化解针对数据库的应用层攻击。

（3）数据分级分类访问控制。

基于一次性语言技术实现了"密文明义"的安全管理功能，支持三方维护人员"无明文"化管理，对数据库提供访问限制保护。提供访问数据库主体控制，可针对 IP 地址、MAC 地址、应用、用户等进行访问控制；提供对数据库内容的访问控制，可对数据库表、列进行访问控制；可对返回结果的行数进行控制；提供对数据库访问时间段的限制；支持 SQL 语句的过滤以及检测功能，防止 SQL 注入。

（4）基于一次性语言技术的数据脱敏功能。

基于一次性语言的数据库脱敏功能支持静态及动态在线数据匿名、数据脱敏功能。对指定敏感信息进行一次性令牌化变形处理，实现敏感隐私数据的可靠保护。数据脱敏的粒度精确到字符级，提供用户名、IP、客户端类型、访问时间、应用用户等脱敏策略。产品支持 on-the-fly 的数据在线脱敏方式，应用可以直接从源数据库获取数据，根据预设脱敏规则完成数据的实时脱敏输出，完成脱敏的数据直接通过 Web 应用传输至客户端或者请求端。on-the-fly 在线脱敏方式支持各类主流 Web 应用框架或者应用中间件（Tomcat、Weblogic、IIS、Apache、PHP 等）。

（5）数据库安全审计功能。

数据库审计与风险控制采用入侵检测的思想实现对审计数据的自动分析。在实现中，分别对审计数据进行用户行为审计与 SQL 语句审计；采用异常检测和模式匹配的方式，对数据库网络行为进行分析测试,以发现数据库用户的违法操作。

27.4.3　实施要点

由于项目的保密性要求,具体的实施方案和细节在此就不详细论述了。下面谈谈产品设计和实施的几个要点,以供参考。

首先安全产品要具有很好的兼容性,最好是即插即用,包括和现有安全技术产品的无缝兼容以及和现有应用开发技术(如 Java、go、C♯、JavaScript、PHP 等)、平台(如 Tomcat、Weblogic、Websphere、IIS、netcore、流行 ETL、流行 CMS 等)、框架(如 SpringCloud、SpringBoot、MyBatis、SSH、.NET 等)、流行数据库(如 Oracle、MySQL、MS SQL Sever、人大金仓、达梦等)及链接协议(如 JDBC、Ado.net、ODBC 等)的无缝衔接,新添置的设备是加强已有的安全设备、应用和数据库的安全,而不是替代或废掉原来的设备。要保证这么多构件的无缝兼容和透明衔接,前期产品设计和开发一定要下苦功。

其次不要改变和影响客户的使用习惯和体验,产品部署和实施要和现有某种流行安全产品部署方式对标,这样客户容易理解和习惯该安全产品的管理,产品的性能影响要限制在用户无感和可以接受的范围内,例如对前端用户造成的延时小于 200ms,对后端系统的性能影响限制在 15% 内,如果能通过内存缓存等技术提速将是最好的说服客户的方式。

在实施过程中,一定要多做测试和分担客户的适配工作。由于大多数安全产品的实施往往是在现有系统、应用和平台稳定运行后才展开的,在客户眼中,新添置的安全设备或平台实施后若有问题,所有系统、应用和平台的问题都是实施者造成的,所以与其等待事后去解释和补救,不如事先将所有的事情都考虑到,需要客户协助的提前和客户商量。

最后实施一定要精细化逐步进行,切忌步子太大。本项目中,数据库数据的迁移加密可以根据数据量的多少和牵涉到的应用的重要性,按字段、表、表空间、分区、全库等多个维度进行,既保证了系统在迁移过程中的可用性,也增强了客户对产品成功实施的信心。

27.5　本章小结

数据是云计算环境中的核心要素,保护数据安全是云计算安全的重中之重。

从数据生命周期角度来看,数据在每一生命活动历程中都需要相应的安全保护措施,如数据生成、数据传输、数据存储、数据使用、数据安全删除分别侧重于数据备份、传输加密、存储加密、访问控制、数据残余销毁等技术的实施。

云计算环境下 CS 及 CP 面临不同的数据安全风险。CS 主要面临数据控制权丧失后所引发的一系列风险,如特权访问、数据管理权限、数据位置、数据隔离、数据恢复、调查支持和持续服务等;而 CP 则面临加密数据不够安全引发的泄密风险、网络钓鱼行为导致的数据安全风险,以及审计监控实施风险等。

针对上述数据安全风险,本章重点阐述了云计算环境下可采用的数据安全保护机制。数据存储加密对静态数据进行加密有四种方法,磁盘级、目录级、文件级和应用级。根据加密实施位置,又可分为三种,分别是主机端加密、云中专用硬件和存储设备加密。传输加密是对动态数据进行加密,有三种方式:在非安全网络传输加密的数据、基于传输的数据由底层协议加密和安全电子交易。对于非电子商务类的应用数据安全访问,多采用基于 SSL/

IPSec 的加密方式。

数据脱敏和数据访问控制分别提供了非生产环境和生产环境下数据安全使用的技术保护手段。数据脱敏又分为静态数据脱敏和动态数据脱敏,对于大型机构或 CP,在上线前多用动态数据脱敏进行系统精确测试。数据残余销毁是数据生命周期对数据的安全处理的最后一个环节。云计算环境下主要采用软销毁,即数据覆写方式。数据沿袭是对云中的数据从生成、使用、变化和消亡全过程的跟踪记录。对多租户的云计算环境,数据沿袭对 CP 和 CS 都有重要意义。

第28章

IaaS和PaaS服务安全

本章阐述的内容对应图 25-1 的左下角部分,包括物理安全、网络安全、主机安全、虚拟化安全和中间件安全,统称为云计算基础设施安全。第 26 章是从云服务提供商的角度来讲云计算基础设施安全,本章从云服务用户的角度来说明云基础设施的安全内容。

第 26 章已经从服务部署的角度对云服务数据中心服务设施多个层面的安全技术实施进行了介绍,这主要是云服务提供商需要关注的技术实施,本章将着重从服务使用的角度来分析 IaaS 和 PaaS 服务存在的主要安全问题,以便 CS 在使用云服务时能正确评估自己的安全策略实施。无论是公有云还是私有 IaaS,IaaS 服务的安全问题主要由用户自己来处理,这包括操作系统及应用程序的安全。而对于公有 PaaS 服务安全,用户则需要负责基于平台开发的应用程序的安全,同时也需要对平台自身的安全机制有所了解。

28.1 IaaS 服务用户需重点关注的安全问题

用户在使用 IaaS 服务时所面临的最大问题就是操作系统和服务中隐藏的脆弱点。这里之所以用"最大问题",是因为在基础设施层,用户所面临的安全威胁呈几何增长的态势,其次是远程管理、DNS 等问题,下面分别进行说明。

28.1.1 系统基础服务安全风险及应对措施

在 IaaS 服务模式下,处理操作系统和服务中所隐藏的薄弱环节是用户可以采取的最重要的安全措施。目前,Linux、基于 Linux 内核的操作系统以及 Windows 操作系统是公共 IaaS 服务的主流选择,至少占据了 90% 的市场。这两类操作系统以及运行在此类操作系统上的服务都存在一定弱点(如 Windows),或者说将会存在一些弱点(如 Linux)。操作系统和服务的漏洞迟早会通过诸多的出口表现出来,因为在许多案例中,服务的开发工作都是公开透明的。

操作系统漏洞涉及操作系统基本功能,如 TCP/IP 网络协议、系统调用、系统数据库及 Windows 安全账号管理(SAM)。通常,安装操作系统功能越全系统存在的漏洞可能越多。而运行在操作系统之上的服务是指那些利用操作系统基本功能来完成任务的应用,如 DNS

服务器、Windows File Sharing 或 NetBIOS。以下是处理这些安全风险的应对措施。

1. 删除操作系统功能或服务

删除操作系统功能：对于 Linux 而言，可以对核心操作系统的代码进行修改，重新构建内核或系统数据库，然后对其进行再编译；Windows 下则需要定制安装软件。

删除服务：对于 Linux 而言，可以删除可执行文件。对于 Windows 而言，仅部分独立服务可以通过删除其可执行文件方法删除。

2. 禁用操作系统功能或服务

禁用操作系统功能：对于 Linux 而言，通常可以对其核心配置文件进行修改，或是重建内核。对于 Windows 而言，可以通过"服务"按钮或在"添加/删除程序"控制面板中通过"添加/删除 Windows 组件"来实现禁用。在此操作过程中需要查看相关属性，因为删除或禁用操作系统功能或服务会给系统造成不可恢复的影响。

禁用服务：对于 Linux 而言，通常可以在 inetd/rc 结构（或是类似结构）中实现。对于 Windows 而言，则可以在"服务"组件里停用一些不必要的服务或设置为需要时手工打开。

3. 阻止针对服务的可能攻击

可以通过使用基于主机的防火墙来确保进入主机的流量都是可信的。但这仅对于处理所有服务相关的威胁很有效，并不能保护防火墙所依靠的操作系统功能，如基础网络功能中的漏洞还是会对防火墙有所影响。

28.1.2　远程管理风险及应对措施

IaaS 服务资源在 CP 侧，用户通常需要远程访问和管理申请的 IaaS 资源。在远程管理过程中，通常有以下几种方案解决用户安全使用 IaaS 服务的问题：虚拟私有网（VPN）、远程桌面、远程 Shell 及 Web 控制台用户界面等。

- VPN：提供一个到 IaaS 资源的安全连接（如隧道），通常在远程管理应用程序不能保护其传输的数据时使用，最常见的解决方案包括 PPTP（点到点隧道协议）、L2TP（二层隧道协议）、IPSec（Internet 协议安全）和 SSL/TLS（安全套接字层或传输协议安全）。
- 远程桌面：为图形界面工具提供一个接口，通常在操作系统本身不支持基于命令行的管理时使用（如 Windows 操作系统），最常见的解决方案是 Windows 远程桌面或虚拟网络计算机（VNC）。
- 远程 Shell：为系统管理提供基于命令行的接口，这种环境的性能是最好的，最常见的解决方案是 SSH。
- Web 控制台 UI：提供一个自定义远程管理界面，通常由 CP 开发自定义界面（如管理亚马逊 AWS 服务的 RightScale 界面）。

在上述远程管理解决方案中，凭证缺乏或弱口令是远程管理中主要的安全风险，如使用空密码、简单的口令、使用重复使用的用户名和密码或长期共享的密钥等。此外，远程访问的协议实现缺陷（协议漏洞）也是远程管理的另一个潜在风险。下面讲解针对这些风险可能的应对措施。

（1）缓解认证威胁的最佳办法是使用双因子认证，或使用动态共享密钥，或缩短共享密钥的共享期。

（2）不要依赖于可重复使用的用户名和密码。

（3）VPN：缓解该协议风险的唯一办法是改变协议（如 IPSEC over PPTP），或者是升级到打过补丁的协议版本（如 SSL v3、TLS v1 或 TLS v2）。

微软的远程桌面（RDP）：使用强加密并要求服务器认证。

VNC（远程桌面的一种）：在 SSH 或 SSL/TLS 隧道上运行。

SSH：使用 RSA 密钥进行认证。

Telnet（远程 Shell 的一种）：不建议使用，如果必须使用，最好通过 VPN 使用。

Web 控制台：通常基于 Web 的协议是 HTTP 或基于 SSL/TLS 的 HTTP，因此 HTTP 或 SSL/TLS 存在的安全隐患，Web 控制台也一样存在。

（4）对于自身无法保护传输数据安全的程序，应该使用 VPN 或安全隧道（SSL/TLS 或 SSH），推荐首先使用 IPSEC，然后是 SSL v3 或 TLS v1。

28.1.3 DNS 威胁及应对措施

1. DNS 威胁

DNS 服务提供域名与 IP 地址之间的映射与解析，因此任何阻止域名解析或返回错误数据的情况都可能影响 IaaS 服务，尤其是后者，甚至可能会给 IaaS 用户或提供商带来某种经济或声誉上的损失。

根据目前 IaaS 服务应用场景，主要有以下五种 DNS 威胁会影响 IaaS 服务：

- 缓存中毒：当一个 DNS 服务器没有"域名-IP"映射信息时，它必须找到另外一个拥有这些信息的 DNS 服务器。当 DNS 服务器接收到请求应答时，通常将该信息存放于缓存中以减少了不必要的带宽消耗及客户端延迟，提高 DNS 基础设施的可扩展性。缓存中毒就是指服务器接收到包含错误信息的响应。在缓冲数据的生存期间内，缓存中毒可以扩展到其他域名服务器（如下一层服务器），引发较大面积的 DNS 域名欺骗情况的发生，因此恶意缓存中毒也称为 DNS 欺骗。

- 不安全的动态更新：这是另外一种将恶意数据引入 DNS 服务器的机制，其效果类似于缓存中毒。动态更新就是要实现在不影响服务的情况下更新数据。通过 DNS UPDATE 协议，动态更新的客户端通知服务器需要更新哪些数据，服务器在不停止服务的情况下更新解析数据。但如果递交更新的数据包含恶意数据，就会造成对该信息的查询都返回恶意数据。

- 区域信息泄露：用户可以通过多个 DNS 服务器提高域名解析的可靠性和容错性，这就需要利用 DNS 区域传输（复制和同步）来实现管理区域的所有 DNS 服务器中域的记录相同。负责同一子域解析的 DNS 服务器中，需要及时对 DNS 数据记录进行同步，区域传输是区域数据文件从主 DNS 服务器装载到辅 DNS 服务器，使两者数据一致的过程。在区域数据文件传送过程中，攻击者可以通过监听网络流量，获取数据中内部网络拓扑、DNS 域名、主机名、IP 地址以及操作系统等信息，从这些信息中可以获取其他存在漏洞的主机或识别其他敏感的网络资源。

- 服务堵塞：攻击者采用递归查询的方式攻击 DNS 服务器，使其无法对正常合法的查询做出响应。如果没有"域名-IP"的解析服务，很多情况下用户将无法访问 IaaS 服务。
- 域名劫持：攻击者通过非法手段获得某个 DNS 服务器的账号、密码信息后，在该 DNS 服务器上添加相应的域名记录，使得用户对某个域名的访问进入黑客所指定的目标地址。这类针对 DNS 的攻击显得更为直接，也比较难奏效，但一旦攻击成功，造成的损失将是十分巨大的，攻击将导致该 DNS 服务器负责的子域中所有用户访问的非法重定向。一般重定向所指向的网页与原网页内容、风格十分相似，黑客可以通过这种手段获取用户的关键信息，如账户名、密码，等等，造成难以预料的经济损失。

2. 应对措施

如果用户控制 DNS 服务器，可以采用手工操作消除或减少这些威胁；如果是 CP 或第三方服务方控制 DNS，则需要由相应的供应商来处理。以下是对消除 DNS 威胁的若干建议：

- 只使用 IP 地址或一个本地主机文件：如果不使用 DNS 进行域名-IP 的解析，那么以上所述的 DNS 问题就变得无关紧要。虽然这似乎不切实际，但是如果用户拥有的 IaaS 数量有限，且可以指定静态 IP，这是一个现实且安全的解决方案。
- 随机事务 ID：确保 DNS 服务器具有一个适当的随机事务 ID，每一个 DNS 查询都被分配一个 ID，其值的随机性将使攻击更难以执行。
- 源端口随机化：将 DNS 服务器配置成"查询源端口随机化"，攻击者将需要知道事务 ID 以及事务发送的端口才可伪造数据。因此使用随机源端口，不一定使用 53。
- 安全动态更新：DNS 服务器和客户端配置成只接收安全动态更新，或限制动态更新源的 IP 地址范围。
- 限制区域传输：这将阻止攻击者轻易地收集到 IaaS IP 和主机名等敏感信息。
- 更新 DNS 软件版本或完善 DNS 协议：使用新版本的 DNS 服务器软件（如 BIND）可以有效地防止旧版 DNS 软件所存在的安全漏洞，如 BIND 4 与 BIND 8 存在的非随机端口风险已经在新版本中得到修正。此外，一些对 DNS 协议的扩展补充，如 DNSSEC，也从很大程度上解决了 DNS 安全性的问题。

DNS 是一个基础性的互联网协议，互联网及其上的所有服务在缺乏 DNS 的情况下都不能充分发挥作用。但是如同电力一样，在不出现故障的情况下人们似乎并不觉得其存在。在使用 IaaS 时，要时刻谨记保持这种服务的重要性及其周围的安全。

最后还要强调一下，使用 IaaS 服务的用户，不仅需要对 IaaS 服务中的操作系统、远程管理及 DNS 服务中的安全风险有充分的认识，还需要对其部署在公共 IaaS 云中的网络应用程序的安全负有完全责任，如部署于 IaaS 资源上的应用程序必须设计为内嵌对抗常见网络漏洞（如开放式网络应用程序安全项目 OWASP 排名前十位的漏洞）的标准安全对策，遵守常见的安全部署做法，并定期测试漏洞，给部署于 IaaS 上的应用程序和运行平台安装补丁。最重要的是，应当在软件开发生命周期中内嵌安全特性，根据应用的自身特点来实施管理认证和授权，并在设计和实施应用程序时遵照"最小特权"运行时模式。

28.2 IaaS 服务用户安全检查清单

IaaS 服务模式可以使 CP 向用户提供 IT 基础设施服务,用户无须再考虑硬件、网络和存储基础设施。用户所要做的只是查看服务目录,从目录中选择想要的基础设施资源,包括计算或处理器资源、内存、存储和网络资源,并决定要使用服务多长时间。

IaaS 分为私有云和公有云两种。一般来说,私有云安全与 CS 在自己的数据中心和内网环境中的部署安全没有太大区别,仍旧是硬件/物理安全、主机操作系统安全、应用程序安全、网络安全和数据安全等。因此这里所讲的 IaaS 主要是公有云模式的 IaaS 服务。对公有云模式的 IaaS 服务,安全职责由 CS 和 CP 共同承担。双方应该清楚理解、界定安全职责的划分并达成一致。CS 针对公共 IaaS 服务提供商应重点关注的安全清单包括:

- 正确评估云服务提供商,检查它们是否拥有行业认证,如 SAS 70 Type Ⅱ。对行业认证保持适当跟踪,以评估可能出现的新的技术与认证,并始终保持处于云计算领域的发展前沿。
- 研究可以采用哪些实践防止云服务租户间的安全泄露。CS 应该得到任何租户系统之间的数据都不会遭到泄露的保证。这种保证必须与详细的技术资料一同加以保存备份,这些技术资料说明了采用何种控制措施来防止跨租户的数据泄露。
- 审查服务提供商的服务历史,获得客户的参考信息,并询问他们之前对服务提供商在隐私、可靠性和安全漏洞处理方面的感受。
- 确保 CS 拥有适当的监测和日志记录,配合其他的检测措施,可以验证服务提供商是否达到承诺的服务安全级别,并能知道是谁在试图访问某个文件、是谁打开并读取了某个文件等。
- 确保基础设施的安全要求写进 CS 与 IaaS 服务提供商的服务合同中,包括审计条款,这样 CS 或第三方可以定期验证所需的控制措施是否到位。
- 获得可靠的服务级别协议(SLA)。SLA 要求服务提供商按规定的级别提供系统/服务的可靠性。
- 不要接受 CP 对其服务进行事先毫无声明的修复策略。
- 仔细检查服务提供商的数据恢复政策,以明确如果 CS 要解除合同,需要花多长的时间取回数据,以及 CP 需要多长时间使数据下线。
- 确保 CS 和服务提供商的网站之间的数据传输应有足够强的加密标准和密钥管理策略。
- 确保客户不是安全链中的薄弱一环。如果指定网页浏览器可以用来访问服务,则要高度注意浏览器自身安全和更新问题。如果可能的话,必须让客户首先登录到 CS 网络以获取其在 IaaS 服务提供商网站上的公司信息。
- 如果客户可以访问 CS 租用的服务,要确保 CS 自己始终拥有对域名和控制域访问的所有权。这样,如果 CS 终止使用服务提供商的服务,CS 将不必重新培训客户怎样使用正确的 URL 找到自己。
- 确保有渠道或接口允许 CS 设置或自定义应用、服务器、网络平台的安全性来满足自己的业务需求。

28.3 PaaS 服务用户需重点关注的安全问题

尽管 PaaS 服务提供商通常会负责 PaaS 服务平台及其基础设施(如防火墙、服务器、操作系统、应用开发及运行环境等)的安全技术实施,但控制和保证基于 PaaS 服务开发的应用安全的任务还需要用户自己来承担。这里主要指基于 PaaS 平台的应用开发和部署的安全。此外,当应用部署于平台之上对外提供服务时,第 29 章讲到 SaaS 模式面临的那些安全威胁也同样存在,那些威胁可参考后面章节提供的相应的应对措施进行处理。

在用户评估可以接受某个 PaaS 服务商提供的 PaaS 服务后,下面的四小节将讲述 PaaS 服务用户需要重点关注的安全问题。PaaS 服务提供商为用户提供了应用开发的全生命周期服务,包括用来实现云服务管理和交互的接口或 API、运行环境、Web 应用服务和远程访问等。对应于上述服务,PaaS 服务用户需要关注的安全问题主要有以下几个方面:安全相关的 API、应用安全部署、远程安全访问等。PaaS 用户应该关注的另一个安全问题是服务锁定风险,这个是用户在决定使用 PaaS 服务前首先需要考虑的问题。这些安全问题大都可以依靠用户自身的能力解决,而不需要过多地依赖云服务提供商。

28.3.1 安全相关的 API

PaaS 服务提供商通过服务接口或 API 与用户应用进行交互,这种交互包括服务提供商提供的服务能力、对用户的管理和监控等。PaaS 服务要能防御无意或恶意的攻击行为,这些接口或 API 还必须能提供安全机制,包括认证、访问控制、加密和活动监控等。当然,服务提供商或第三方组织也可基于这些安全接口或 API 向用户提供一些增值服务。但正是因为这些服务接口或 API 的存在,不仅增加了 PaaS 服务提供商的实施复杂性,也给 CS 带来了风险,因为 CS 必须得把一些凭证信息递交给 CP 或第三方才可以使用这些云服务,而一套安全设计薄弱的接口或 API 更会让用户和服务提供商面临更大的风险。以下是安全设计存在缺陷的 API 示例:

- 允许匿名访问或重复使用的凭证与密码。
- 明文认证或内容明文传输。
- 不可扩展的访问控制及不恰当的授权。
- 有限的监控与日志记录能力。
- 未知的服务或不恰当的 API 依赖关系等。

针对上述情况,用户可以采取的补救措施有:

- 分析 CP 的安全实施机制。
- 确保用加密传输方式实现强认证和访问控制。
- 正确理解与安全相关的 API 间的相互依赖关系。

基于 PaaS 开发部署的应用安全需要 PaaS 应用开发商配合,大多数 CP 已将安全机制很好地集成在其平台服务架构中,开发人员需要熟悉平台 API 及与应用部署、配置和监控相关的安全设计内涵。开发人员必须熟悉平台的这些被封装成安全对象和 Web 服务的安全特性,才能通过调用这些安全对象和 Web 服务实现安全的用户应用。

28.3.2 应用安全部署

当 CS 在利用 PaaS 服务接口或 API 开发调测完应用后，就需要在 PaaS 服务环境上部署运行自己的应用。

应用在默认配置下能安全运行的概率很低。因此，如果 CS 需要在云基础架构中部署并运行应用时，就必须改变应用部署时的一些默认安装配置。下面这些应用软件或服务组件，无论是在云架构还是在传统的 IT 架构中，大约 80％以上的应用都会用到它们，因此，熟悉它们的安全配置流程，对确保部署真正安全的应用具有重要意义。

- LAMP：在利用 LAMP（一种基于 Linux、Apache、MySQL 和 PHP 环境的通用配置）环境作为应用最终的运行环境时，CS 需要熟悉 Linux、Apache、MySQL 和 PHP 这些软件的配置和操作，需要掌握这些软件更多的安全配置技巧。
- WISN：在 Windows 环境下，CS 需要了解 Internet Information Services（IIS）、Microsoft SQL 和.NET 安全配置的能力，它是 Windows 环境下的 LAMP 配置。

对于上面这两类运行环境，尤其要重点关注以下几方面：

- 清理安装后遗留下来的默认和示例文件及目录。
- 注销或修改以 Web 或 SNMP 方式进行应用管理的默认用户名和密码。
- 删除或关闭这些软件提供的一些不必要的服务，如 WebDAV、FrontPage、Lightweight Directory Access Protocol（轻量级目录访问协议 LDAP）、Simple Network Management Protocol（简单网络管理协议 SNMP），等等。

关于其他安全配置信息，可以到具体的软件提供商网站查看其安全配置建议。

28.3.3 远程安全访问

无论是开发、调测、部署还是访问运行在 PaaS 平台上的应用，PaaS 用户都需要通过网络连接与位于云端的 PaaS 服务平台进行通信。因此远程连接安全成为又一个需要重点关注的安全问题。通常情况下，为了确保用户及服务提供方的身份真实性、交互数据的完整性，以及数据在网络传输过程中不被截取或窃听，需要在服务提供方和用户之间建立某种安全通道（VPN）。对于基于 Web 模式的应用，相对于 IPSec VPN 而言，SSL VPN 因其部署方便、维护成本低，已成为网络应用服务提供方与服务消费方之间建立安全通道的最常用选择，也是目前大多数 CP 的普遍选择。

SSL（Secure Sockets Layer）协议是一套 Internet 数据安全协议，它位于 TCP/IP 协议与各种应用层协议之间，为数据通信提供安全支持，当前版本为 3.0。由于其部署简便，已被广泛用于 Web 浏览器与服务器之间的身份认证和加密数据传输。将 SSL 协议应用在具体 Web 应用上就成了 HTTPS。HTTPS 可以保护用户的页面请求和 Web 服务器返回的页面数据不被窃听，SSL 及后来的 TLS（传输层安全）协议还允许 HTTPS 利用公钥加密验证 Web 客户端和服务器的身份。

正如针对 Windows 的攻击随着用户数量的增加而倍受攻击者关注一样，SSL 在获得广泛应用时，也正是其可能遭受攻击的时刻，众多黑客社区也在对其进行深入研究，可以预计在不久的将来 SSL 将成为一个主要的病毒传播媒介。因此，PaaS 服务用户必须了解这种局面,并采取可能的办法来缓解 SSL 攻击,才不致将自己的应用暴露于诸多潜在的威胁之下。

同对待操作系统等软件存在的缺陷一样,也可以依赖更新这些协议的最新补丁或升级到协议的最新版来减少被攻击的可能性。当然,SSL 的安全还依赖于服务提供商其他相关的安全机制,如网络安全工具防火墙和 IDS 等的配合,尽可能避免提供 SSL 服务的服务器遭到攻击。当然,如果服务提供商支持,还可以选择增强的认证机制,如双因子认证机制和一次性口令鉴别机制等,或采用更为安全的远程访问协议,如 IPSec VPN 等。

28.3.4　服务锁定风险

除上述三方面的安全问题用户必须关注之外,还有一个问题是用户在使用 PaaS 之前必须考虑的,那就是 PaaS 服务锁定风险问题。我们知道,PaaS 服务不同于提供纯粹资源服务的 IaaS,PaaS 服务虽然本质上也是一种资源共享的服务模式,但其提供的资源不再是简单的计算或存储资源,而是与用户基于此开发应用密切相关的组件服务资源。在很多情况下,用户开发的应用离开这些环境后无法正常运行。因此在用户决定是否使用 PaaS 服务前第一件要做的事便是对 PaaS 提供商的锁定风险评估。

不幸的是,目前对 PaaS API 的设计还没有一个统一可用的标准,不同服务提供商提供的 API 大多仅限于自己的平台。如 Google 应用引擎只支持 Python 和 Java,Salesforce.com 的 Force.com 只支持一种称为 Apex 的专有语言,Apex 与其他语言,如 C++、Java 和.NET 等不兼容。与这些语言不同的是,Apex 的范围更窄,只能在 Force.com 的平台上构建业务应用程序。从目前看来,PaaS 服务提供商不会积极推动开发一个跨越云计算的通用API,因此跨越 PaaS 平台的应用程序的移植将会相当艰难,所以用户在使用某个服务提供商提供的 PaaS 服务前需要对其服务环境进行评估,评估将来业务需要移植的概率和风险有多大,才能确定是否使用该 PaaS 服务业务,否则盲目进入后将会使自己变得很被动。

总结:目前业界还没有 PaaS 安全管理标准,不同的 PaaS 服务提供商都有其独特的安全模式及安全功能。开发者还需要熟悉特定平台的安全特性,例如为了在应用程序中配置验证和授权控制,可以通过安全对象及 Web 服务的形式使用这些安全特性。当然在一般情况下,PaaS 服务提供商不愿意分享有关平台安全参数的信息,因为这些安全信息可能被黑客利用,因此企业用户应当明确要求 PaaS 服务提供商提供一系列的安全功能,包括用户认证、单点登录(SSO)、授权(权限管理)以及远程安全管理支持等,并搜寻必要的信息以实施风险评估和维护安全管理。最后 PaaS 服务用户还应充分理解应用程序对于各种服务的依赖,并评估第三方服务提供商的风险,这样有助于构建安全可靠的应用程序。

28.4　PaaS 服务用户安全检查清单

在 PaaS 服务模式中,用户使用 CP 提供的应用开发环境及支持特定的诸如 Java、Python 和.NET 等开发语言的中间件来部署自己的应用,并可控制自己的应用,但对基础设施、服务器、操作系统及存储等并没有控制权限。

针对公共 PaaS 服务提供商,用户应该重点关注的安全清单可参照 IaaS 服务的安全清单。

28.5　本章小结

作为 IaaS 或 PaaS 服务用户,需要从另外的角度或层面去关注云服务可能带来的一些潜在的风险或安全问题。CS 需要从服务使用的角度去考虑如何保证基于这些服务设施之上部署的应用是安全的。在 IaaS 服务中 CS 需要关注远程操作系统和基础服务安全风险、远程管理风险及 DNS 服务风险及相应应对措施;而在 PaaS 服务中,你则需要熟悉 PaaS 平台提供的安全相关的 API、应用安全部署相关技能、远程安全访问及服务锁定等风险。

作为 IaaS 和 PaaS 服务用户,在和云服务提供商签订服务合同前,还应重点关注安全服务清单,其中包括评估其行业认证情况、历史服务情况、服务合同、SLA、监测和日志、数据恢复策略、传输加密策略,等等,做好这些,才能在很大程度上处于主动状态。

本章对 IaaS 和 PaaS 服务提供商而言,仍有很多可参考的内容,至少可以将本章客户应知晓安全风险及应对措施告知其服务消费者,以帮助其遵照执行。

第29章

SaaS服务安全

本章内容对应图 25-1 的左上部分,即云计算环境下的应用安全。

29.1 SaaS 服务安全风险

29.1.1 互联网服务安全现状

近年来频繁发生的 Web 服务被攻击事件,如 salesforce. com 遭受网络钓鱼攻击,亚马逊 EC2 中的僵尸网络,百度 DNS 被劫持等安全事件,让人不得不对互联网应用的安全性进行重新审视。外部威胁总是通过系统的内在漏洞或脆弱性获得成功。因此,研究基于互联网的应用漏洞数据对尽可能减少攻击事件有直接意义,同时对 SaaS 应用的安全机制实施具有重要意义。

微软在"SDL 发展报告"中根据美国国家漏洞数据库(http://nvd. nist. gov)发布的漏洞披露数据统计表明:行业范围内漏洞暴露的长期趋势有以下特点:每年有数千个漏洞暴露,其中大多数漏洞的严重性较高,而利用的复杂性较低。此外,大多数漏洞是在应用程序而不是操作系统或 Web 浏览器中暴露的。这种趋势令人担心,因为就本质而言,它反映了应用程序中存在数千个严重性较高的漏洞,而且其中大都相对容易利用,如图 29-1 所示。

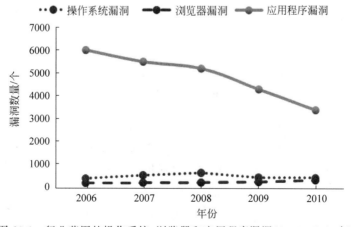

图 29-1　行业范围的操作系统、浏览器和应用程序漏洞(2006—2010 年)

而来自高德纳公司和美国国家标准及技术研究院（NIST）的数据则更直接地显示出互联网应用漏洞风险之大：高德纳公司数据表明有 75% 的攻击发生在应用层，而美国国家标准及技术研究院则称在已报道的脆弱性中有 92% 的漏洞是在应用层，而不是在网络层。

29.1.2　SaaS 服务安全需求

在讲述 SaaS 服务安全的具体问题之前，先回顾一下互联网服务安全的定义。维基百科对互联网安全的定义为：保护互联网服务、相关的网络和系统资源及相关的终端用户设备不会受到未经授权的修改、破坏、泄露，并保证服务能够正确完成其关键功能且不产生其他的有害副作用。简而言之，互联网服务安全是确保互联网服务在有请求时，能够而且只能够被授权的请求安全访问。互联网服务安全包括保密性、完整性、可用性。

SaaS 服务是一种基于互联网的服务，SaaS（Software as a Service）也叫软件即服务，是一种软件交付模式，其本质是应用服务的提供。在 SaaS 服务中，应用服务的软件平台和应用数据位于服务提供商的数据中心，用户通过互联网使用 Web 浏览器等客户端来访问云中的应用服务。因此，SaaS 服务也具有互联网服务安全的基本特点。

从广义上讲，SaaS 应用从进入云服务环境到下线，要经历构建、部署、使用、下线等过程，在不同阶段，应采用不同的安全技术实施，这些技术实施包括软件安全开发生命周期（Security Development Life Circle，SDLC）管理、软件加固、Web 防火墙、身份管理与访问控制以及终端安全访问等。不同安全机制侧重于对抗不同的安全风险，图 29-2 给出了安全风险、安全保护机制及服务所处阶段间的关系。

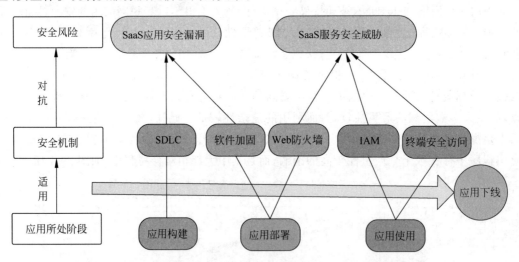

图 29-2　SaaS 服务安全风险、安全机制及服务生命期之间的关系

需要说明的是，软件加固技术可看成对 SDLC 的补救性技术手段，用于修补或更新SDLC 遗留下来的可能会对软件安全运行造成潜在风险的安全漏洞，其实施与具体的软件密切相关，在此不列为一节详细阐述，其他安全保护机制和 SaaS 服务风险将在 29.2 节进行阐述。

SaaS 服务安全是一个重要而备受关注的话题，对于不同角色、不同业务发展阶段、不同的目的，SaaS 服务安全的意义是不同的。对于 SaaS 服务消费者，根据机构发展阶段不同，对 SaaS 服务安全的需求通常有以下几种情形：

- 对于刚起步的公司,在互联网服务安全上,更关注的是"有"或"没有"的问题。"有"是一个商务决定,对 IT 人员来说则是一个技术挑战,即要如何快速找到具有高成本效益的安全解决方案。
- 当公司越来越壮大,对互联网服务安全关注更多的是提升互联网服务安全的质量,如高可用性和高扩展性。
- 当公司发展成熟后,对互联网服务安全关注的焦点则转移到业务流程上,而这种一致的、可重复、可靠的业务流程将不再满足于几个 IT 员工手工作坊式的管理,层次化、体系化的安全技术实施成为必需。

因此,面向不同规模客户的公有云 SaaS 服务,其安全需要在成本效益、可用性、高扩展性、流程化管理等方面做好平衡。而作为 SaaS 服务提供者,SaaS 服务安全应包括以下几个方面：

- 数据中心和托管安全：数据中心和托管安全包括物理安全、系统和资源接入安全。物理安全指数据中心和机柜访问安全等。系统、资源接入安全则包括网络设备(如交换机、路由器、防火墙、IDS、负载均衡、调制解调器、Wi-Fi 访问节点等)、服务器、存储(包括磁带、CD/DVD 等)的访问安全。
- 终端用户访问安全：这涉及 Cookies、令牌、客户端计算机的数据缓存、敏感信息的输入和传输、Ajax 等。
- 应用安全：包括第三方应用(如数据库服务器、Web 服务器、中间件应用服务器等)和自建的应用。

关于数据中心托管安全及第三方服务中间件安全,已经在第 27 章和第 28 章中进行了讲述,下面将重点阐述 CP 自建应用的安全和终端用户访问安全。

29.2　SaaS 应用安全保护机制

本节主要讲解 SaaS 应用的安全保护机制,包括安全开发生命周期、Web 防火墙、身份识别与访问管理、终端用户安全四部分。

29.2.1　安全开发生命周期

本节主要讲解安全开发生命周期的定义,必要性、阶段划分以及实践中的建议。

29.2.1.1　SaaS 应用构建引入安全开发生命周期管理的必要性

从 29.1.1 节关于互联网服务的安全漏洞统计数据中可以看出,互联网服务中应用程序的漏洞数量远远高于操作系统和浏览器自身的漏洞。这一现状表明,互联网服务安全在很大程度上取决于应用本身。

由前面 SaaS 服务定义可以看出,SaaS 应用是 SaaS 服务的核心要素。SaaS 应用具有从构建(开发)、交付、运行、使用、下线等完整的生命周期过程。在这个过程中,应用构建(即软件开发)过程中的安全对应用在整个生命周期过程中的安全具有决定性的影响,因为应用构建阶段的安全架构设计、代码实现与代码测试决定了软件存在的脆弱点(漏洞)的多少和严重程度。而这些漏洞一旦被攻击者利用,则可能破坏该软件或该软件处理数据的完整性、可用性或保密性,甚至危及互联网服务基础架构(如网络、计算和存储资源等)。

在任何大型应用软件的构建过程中,要完全杜绝漏洞的产生是不可能的。任何人编写软件代码,都可能存在导致软件缺陷的错误。某些缺陷(错误)只会影响软件按预期方式发挥作用,但某些错误可能会带来漏洞。并非所有漏洞都有同等效果,某些漏洞并不是可利用的,因为特定的漏洞修补技术可防止攻击者利用这些漏洞;然而,对于特定软件,其中必然有一些漏洞可能会被利用。因此,要构建一个安全的大型应用需要遵循一定的准则或流程来尽可能地减少这种漏洞的数量。

在云服务环境下,SaaS 应用是一个面向多用户的大型应用软件,构建安全的 SaaS 应用需要一套完整的安全开发保证流程。

安全开发生命周期(Security Development Life Cycle,SDLC)提供了一套应用构建安全保证过程,其重点是在软件开发的所有阶段引入了安全和隐私原则。

最后需要说明的是,通常而言,SaaS 服务提供商提供的 SaaS 应用往往由第三方 SaaS 应用提供商提供,在这种情况下,本节中阐述的 SaaS 应用安全机制应由 SaaS 应用提供商负责实施,CP 则应负责应用安全构建过程的监督、检查和约束。

29.2.1.2　微软定义的安全开发生命周期

微软早在 2002 年就提出了 SDLC,SDLC 是指一套软件开发过程,微软提出此方法用于减少软件维护成本,增加与软件安全 BUG 相关的软件可靠性。该方法基于经典的螺旋式软件开发模型,图 29-3 是微软软件安全生命周期的定义。

图 29-3　微软应用软件安全开发生命周期的定义

在微软定义的软件开发生命周期中,包括以下六个重要阶段。

1. 需求阶段

安全系统开发的一个基本原则是需要"自下而上"地考虑安全问题,新的发行版或版本的需求阶段和初始规划阶段是构建安全软件的关键时机。

在需求阶段中,产品小组与中央安全小组联系,请求指派安全顾问(微软称为"安全员"),该安全顾问在进行规划时充当联络员,并提供资源和指导。安全顾问通过审核计划、提出建议和确保安全小组规划适当的资源来支持产品小组的日程,为产品小组提供协助。安全顾问在安全里程碑和出口标准方面向产品小组提出建议,这些安全里程碑和出口标准是由项目的规模、复杂程度和风险决定的。从项目开始到完成最终安全审核和软件发布,安全顾问始终充当产品小组与安全小组之间的联络员。

在需求阶段,每个产品小组都应将安全性要求视为此阶段的重要组成部分。产品小组应考虑如何在开发流程中集成安全性,找出关键的安全性对象,以及在提升软件安全性的同时尽量减少对计划和日程的影响。在此过程中,产品小组需要考虑如何使软件的安全功能和保证措施与其他可能与该软件配合使用的软件相互集成。

2. 设计阶段

设计阶段确定软件的总体需求和结构。从安全性角度来看,设计阶段的关键要素包括:

- 定义安全体系结构和设计指导原则。
- 记录软件攻击面的要素。
- 对威胁进行建模。
- 定义补充性交付标准。

3. 实施阶段

在实施阶段,产品小组对软件进行编码、测试和集成。在此阶段将采取措施消除安全缺陷或防止引入安全缺陷,这些措施将大大减少安全漏洞遗留到软件最终发布版中的可能性。

威胁建模的成果为实施阶段提供特别重要的指导。开发者应特别注意确保代码的正确性以消除高优先级威胁,测试者可集中对这些威胁进行测试以确保将其拦截或消除。在实施阶段中应用的 SDLC 要素为:

- 应用编码和测试标准。
- 应用包括模糊化工具在内的安全测试工具。
- 应用静态分析代码扫描工具。
- 代码审核。

4. 验证阶段

验证阶段是指软件已具备所有功能并进入用户试用版测试阶段。在此阶段中,在对软件进行试用版测试时,产品小组进行"安全推进",包括进行安全代码审核(超出实施阶段中进行的审核范围)和集中式安全测试(动态二进制程序分析和模糊测试等)。

特别要注意的是对高优先级代码(成为软件"攻击面"部分的代码)进行代码审核和测试在 SDLC 其他阶段也十分关键。例如,在实施阶段需要进行这类审核和测试,可以尽早矫正问题,并确定和矫正这类问题的来源。在验证阶段由于产品已接近完成,进行这类审核和测试也十分重要。

5. 发布阶段

在发布阶段中,应对软件进行最终安全审核(Final Security Review,FSR)。FSR 的目标是回答下面这个问题:"从安全的角度看,此软件是否已准备好交付给客户?"一般在软件完成之前 2~6 个月进行 FSR,具体时间根据软件的规模决定。在进行 FSR 之前,软件必须已处于稳定状态,且只剩一些很小的非安全性更改需要在发布前完成。

FSR 是由组织的中央安全小组对软件进行的独立审核。在进行 FSR 之前,来自安全小组的安全顾问向产品小组建议软件所需进行 FSR 的范围,并为产品小组提供资源需求列表。产品小组为安全小组提供完成 FSR 所需的资源和信息。FSR 开始时,产品小组需要填写一份问卷并与派来进行 FSR 的安全小组成员进行面谈。所有 FSR 将要求对最初标识为安全漏洞,但后来经过深入分析确定为对安全性没有影响的缺陷进行审核,以确保分析的正确性。FSR 还包括审核软件是否能抵御最新报告的影响类似软件的漏洞。对主软件版本进行 FSR 时需要进行渗透测试,可能还需要利用外面的安全审核承包商来协助安全小组。

FSR 不是简单的通过/失败测试,FSR 的目标也不是找出软件中所有的剩余漏洞,因为这显然不太可行。实际上,FSR 是为产品小组和组织的高层管理人员提供"软件的安全水平以及软件发布给用户后抵御攻击的能力的总体状况"。如果 FSR 发现某类剩余漏洞,正确的反应是不仅要修复发现的漏洞,还要回到之前的阶段并采取其他针对性的措施来解决根本原因(如提高培训质量和改进工具)。

6. 响应(支持和服务)阶段

尽管在开发过程中应用了 SDLC,但最先进的开发方法也无法保证发布的软件完全没有漏洞,而且有充分的理由证明永远都做不到。即使开发流程可以在交付之前从软件中消除所有漏洞,还是可能会发现新的攻击方式,这样过去"安全"的软件也就不再安全。因此,产品小组必须准备好对交付给用户的软件中新发现的漏洞作出响应。

响应阶段包括评估漏洞报告并在适当的时候发布安全建议和更新。响应阶段还包括对已报告的漏洞进行事后检查以及采取必要措施。对漏洞采取的措施范围很广:从为孤立的错误发布更新到更新代码扫描工具以重新对主要的子系统进行代码审核。响应阶段的目标是从错误中吸取教训,并使用漏洞报告中提供的信息帮助在软件投入使用前检测和消除深层漏洞,以免这些漏洞给用户带来危害。响应阶段还有助于产品小组和安全小组对流程进行改造,以免将来犯类似错误。

关于基于微软 SDLC 更详细的说明,请参考本章参考资料。

除微软提出的 SDLC 外,其他一些大型独立开发商也都已经开始关注软件开发过程中的安全质量问题,例如 IBM 针对自己的实践也提出了软件安全开发生命周期的定义,如图 29-4 所示,并发布用于渗透测试、源代码安全扫描及代码质量分析的相应产品,如 Rational AppScan、Ounce Security Analyst、Rational Software Analyzer、AppScan 等。

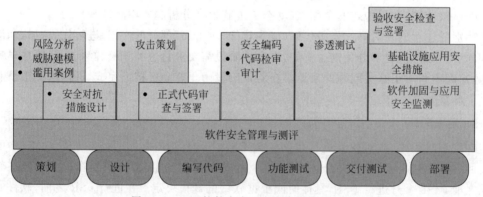

图 29-4　IBM 软件安全开发生命周期的定义

29.2.1.3　SaaS 应用开发生命周期管理实践建议

构建更安全的软件需要从三方面着手:安全可重复的流程、开发团队培训教育以及软件安全度量标准制定。SDLC 的最佳实践是人员、过程、技术、方法的有机统一。因此,即使有大量工具可自动地检测、分析和强化 Web 应用程序的安全,但是如果在应用软件的设计、实施、测试过程中没有一个训练有素的开发团队和合理的安全度量标准,那么任何工具都不会真正有效,因此建议如下。

(1) 在软件的整个开发周期,加强开发团队的培训教育,增强整个团队的安全开发意识。

软件安全开发是风险管理和软件开发的有机结合,需要管理层和开发团队通力合作才能有效降低软件安全风险。

培训教育不仅对开发人员很重要,对应用程序开发所涉及的全体人员都很有意义,这些人员包括审计人员和公司决策层。培训教育不仅可以让开发工程师、测试人员、文档管理人员掌握最新影响软件安全性方面的知识,也让他们懂得严格遵循 SDLC 过程的重要性并贯彻于实践;培训教育更重要的意义是让审计人员和公司决策层认识到不安全的应用可能给企业或客户带来的潜在损失有多大,从而形成从上至下的软件安全开发整体意识,让应用程序所涉及的每个角色都能充分发挥各自作用:公司决策层制定软件需要达到的安全需求总体目标;安全团队制定安全策略实现公司安全需求总体目标,并细化具体的实现和控制流程;开发团队在公司安全策略的实施和控制下开发安全的、质量合格的软件。

(2) 明确并制定每一阶段软件开发安全度量标准,并在软件开发的每个阶段严格执行检查或测试。

尽管设计一套能够可靠测量软件安全性的度量标准十分困难,但还是有一些明显可视为软件安全性代表特征的度量标准。这些度量标准包括安全小组人员具备的安全知识(在开发生命周期的开始阶段)以及在已向用户发布的软件中发现的漏洞数。

此外,一些大型的独立软件开发商已经制定出软件安全度量标准,如微软已设计出一套从风险建模到代码审核和安全测试,再到提交 FSR 安全性的度量标准,软件开发人员可参照制定自己的软件安全开发标准,用于产品人员监控其 SDLC 的实施情况。

29.2.2　Web 应用防火墙

29.2.2.1　SaaS 环境中部署 Web 应用防火墙的重要性

WAF 是 Web 应用防火墙(Web Application Firewall)的缩写。随着互联网相关技术的飞速发展,基于 B/S 架构的 Web 应用凭借其良好的交互性和易用性逐渐取代 C/S 架构成为互联网主流的应用模式。这种架构可以提供的应用包括审计、协作、客户关系管理(CRM)、企业资源规划(ERP)、发票系统、人力资源管理(HRM)、内容管理(CM)及服务台管理等。

由于 Web 应用程序的开发周期较短,开发框架抽象层次高且技术可选性强,因此也造成了基于 Web 模式的 SaaS 应用开发技术进入门槛较低。如果一个 SaaS 应用提供商在开发中没有能很好地遵循 SDLC 流程,就会造成只重应用功能和外观而忽视应用的安全性等非质量属性要求,这样的 SaaS 应用安全漏洞就会很多;另一方面,即使在 SaaS 应用构建过程中严格遵循了 SDLC 流程进行开发,也仍然可能会有一些漏洞存在,这些漏洞就有可能被攻击。据 OWASP(即开放式 Web 应用程序安全项目)组织统计,Web 应用的漏洞已有上百种之多。此外,由于 Web 应用程序是一种开放性架构,标准高,而访问用户分散,这都加大了 SaaS 服务被攻击的概率。因此,在不改变应用自身的情况下,降低基于 Web 的 SaaS 应用在生产环境下由于漏洞引发的安全风险已成为保障 SaaS 应用在整个生命周期中的安全的重要一环,也是发现 SaaS 应用软件自身缺陷并进行修补的过程。

Web 应用防火墙即为解决基于 Web 的应用安全而提出。OWASP 组织对 WAF 的定义和描述为:WAF 是 Web 应用级安全解决方案,从技术的角度看,该解决方案不依赖于应用本身。WAF 可以是对 HTTP 会话实施一套规则的设备、服务器插件或过滤器等,通常这套规则覆盖了常见的攻击,如跨站脚本(XSS)及 SQL 注入等攻击。

此外,WAF 还可提供更多的安全特性,包括安全交付能力、基于缓存的应用加速、木马检查、抗 DDoS(Distributed Denial of Service,分布式拒绝服务)攻击、符合 PCI DSS (Payment Card Industry Data Security Standard,支付卡行业数据安全标准)的防泄密要求等。

29.2.2.2　WAF 技术简介

WAF 核心技术包括异常检测技术、增强的输入验证技术、应用漏洞修复技术、基于规则和基于异常的安全保护技术、用户访问行为状态识别与管理技术、响应监视和信息泄露保护技术等。

WAF 技术提供了一整套 Web 应用安全实时防护解决方案。WAF 可以在安全事件发生的事前、事中、事后三个时间点提供防护,这也是与仅对事中攻击进行防护的入侵防御系统(Intrusion,Prevention System,IPS)最大的不同点。如图 29-5 所示。WAF 提供从主动预防到攻击防护再到破坏实施控制的完整过程的安全防护能力,通过将事先预发现、事中可能疏漏的攻击以及事后的弥补结合起来,形成一个动态闭环的安全防护机制,即事前用扫描方式主动检查网站并把结果形成新的防护规则增加到事中的防护策略中,而事后的防篡改可以保证即使疏漏也让攻击的步伐止于此,不能进一步修改和损坏网站文件,对于需要信誉高和完整性的用户来说,这是尤为重要的环节。

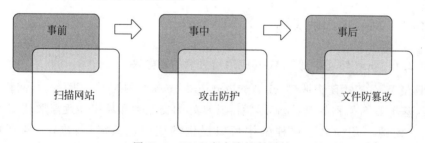

图 29-5　WAF 安全防护时间轴

随着 WAF 市场需求的激增,目前很多应用厂家和安全厂家都在进入这个市场,WAF 市场上产品形态和功能差别也较大。目前市场上 WAF 产品种类较多,有开源的也有商业化的产品,但大多为国外厂家所提供。为便于机构选择 WAF,OWASP 组织给出了 WAF 17 个选择标准:

- 能够对抗 OWASP 上排名前十的威胁。
- 几乎没有误报率(即绝不能禁止授权的请求)。
- 具有较强的默认(开箱)防护能力。
- 具有强大且易用的自学模式。
- 可以防御的脆弱性类型多。

- 能够对外响应的消息,如信用卡和社会安全码(SSN)检测泄密与非授权内容。
- 能够支持积极的和消极的安全模型。
- 具有简洁直观的用户界面。
- 支持集群模式。
- 具备高性能(毫秒级时延)。
- 具备完整的告警、取证、报告能力。
- 支持 Web Service/XML 格式。
- 能够防止暴力破解。
- 能够支持积极(阻止与日志)、消极(仅日志)及旁路工作模式。
- 能够限制单个用户只看到当前会话所能看到的内容。
- 支持为预防任何特定问题(如紧急补丁)的配置能力。
- 外形:软件与硬件(通常硬件首选)。

从实施部署的角度看,WAF 分为分布式 Web 应用防火墙(dWAF)和基于云的 Web 应用防火墙(cWAF)。分布式防火墙是基于纯软件架构的独立部件,可部署于网络的不同区域,适合于大型分布式虚拟化架构,如私有云、公有云和异构云模型;基于云的 Web 应用防火墙是基于平台的,不需要对主机上的软件或硬件进行任何改动,只需修改 DNS 解析指向。这是一种中央集中模式,威胁检测信息可多租户共享,因此检测率更高,误报率更低,该方式适用于基于云的 Web 应用或不希望对原有系统软硬件进行修改的机构。

29.2.2.3　WAF 实践建议

无论用户采用什么样的 WAF,下面都是部署 WAF 及其在生产环境中运行时应该关注的最佳实践建议。

1. WAF 的部署设计是关键

部署设计不好不仅影响网络整体性能、限制 WAF 的功能,而且对 Web 应用也难以取得令人满意的防护效果。

在部署前需要了解以下事项:如果使用软件 WAF,应该考虑 WAF 产品支持的操作系统和硬件;如果使用硬件 WAF,首先要确认它能支持的网络拓扑工作模式(如路由器、代理及网桥等),还要清楚它怎么处理 SSL(Secure Sockets Layer,安全套接层)数据流,例如是直接终结 SSL 连接,还是被动解密数据流或干脆什么都不做。此外,还要确认 WAF 能支持的用户或客户身份认证方法。

在部署时,WAF 必须要与现有环境中的 Web 基础设施整合,并且要注意到由于 WAF 引入可能给基础设施带来的一些变化。部署 WAF 时尤其要注意的是要尽可能地不改变现有安全策略,一个典型的例子是 SSL 终结:如使用硬件 WAF 时则会终结在 Web 服务器之前,但这种方式通常不会被采用,尤其在高安全要求的应用中;可以通过使用基于插件的 WAF 产品直接部署在 Web 服务器上,以保证 SSL 终结还是由 Web 服务器完成。

在集中式基础设施环境里,WAF 可作为集中式基础设施部件或硬件设备部署,但这种模式下难以预测对整体环境带来的变化;对于非集中部署模式(这种部署模式增长很快)的基础设施(如在线商店),使用分布式 WAF 即插件式的 WAF 直接部署在 Web 服务器上可能会更合适。从基础设施部署方面考虑,这种部署模式更灵活,它结合了分布式实施与中央管理点两种方法的优点。

此外,对于直接部署在 Web 服务器前面的 WAF 产品,由于是串行接入,不仅在硬件性能上要求高,而且不能影响 Web 服务,因此,WAF 产品必须具备 HA(Highly Available,高可用性)和 bypass(旁路)等功能,而且还要与负载均衡、Web 缓存等 Web 服务器之前的常见产品协调部署。

最后需要注意的是,基于虚拟化的硬化基础架构成为未来开发越来越重要的基础架构,因此也要考虑 WAF 能被无缝集成到虚拟化架构里。

2. 关注 WAF 技术实现细节

关注 WAF 的连接处理方式:不同的 WAF 过滤流量的方式不同,如有的是复位 TCP 连接,有的丢弃流量,有的则脱去可疑的内容,有的则会结合使用上述技术,用户要确定哪种模式更适合。

关注 WAF 的流量处理:每个网站由一系列独特的应用、协议、数据和动态内容来支撑,检查一下 WAF 能够监视的元语言、编码类型和网站发布的非 HTTP 应用数据流(或收到的递交数据),检查 WAF 过滤的协议、URL 及与标准不一致的 Cookies 等。许多 WAF 能够实施对象级或参数级的验证策略。看看 WAF 能提供什么级别的过滤策略,以及这个策略能否支持基于用户、基于源 IP 地址或时间实施。

关注 WAF 的检测技术:WAF 在检测和过滤各种攻击或可疑对象的方式也不同,通常都是用基于签名的方式过滤已知攻击流量的模式。你应该向供应商了解其采用的标准技术和提供的签名数据库、数据库如何更新、是否有客户可用的 API 以及是否支持对其检测功能的扩展等。

关注 WAF 的保护技术:在各种各样的攻击与威胁面前,网站是很脆弱的。WAF 供应商通常会在其 WAF 产品里包含特定的对抗措施以过滤一定类型的攻击。使用时要向 WAF 供应商了解其采用了什么保护措施来对抗基于 Cookie、暴力破解、会话和 DoS(Denial of Service,拒绝服务)的攻击,以及其他产品支持的用于消除或减轻风险的措施。

关注 WAF 技术性能,选择的 WAF 基础架构要能够支持现有 Web 基础架构中主要的关键性能参数。不要光看那些支持 GB 级硬件吞吐量的字面参数,通常这些数值很难在实际中兑现。更重要的是那些典型的 Web 关键性能参数,诸如应用的并发用户数以及在此基础上的平均或峰值时的 HTTP 请求数等。需要注意的是许多应用只在极少数时间,如对在线商店来说可能只是在圣诞节才会出现高负荷情况。

最后不要忘记检测一些基础却是必要的功能和事项,如日志报告(本地和远程的、可以支持的格式)、事件通知、报告发送方式、高可用性、安全管理等。当然,还要考虑 WAF 供应商的声誉和技术支持、管理工具的复杂性和可用性、性能、可扩展性、初始成本及服务续订成本等。

3. WAF 部署之后的维护管理工作也很重要

在一次性的部署工作完成后,后续 WAF 的成功使用实质上取决于 WAF 与其他所有应用基础设施的无缝整合。这包括两个方面,一是对 WAF 发出的错误及告警信息的理解和响应,二是随着被保护的应用变化而修订 WAF 规则集。例如,为了充分利用 WAF 作为一个中央安全会话管理服务点的能力,要求与应用开发团队要进行积极的协作。换句话说,为了完全利用 WAF 的能力,仅把它当成一个基础部件是不够的。

最后需要强调的是,无论是否部署 WAF,都不要忽视应用软件的自身漏洞修补与版本升级的重要性。即使采用了 WAF 的主动扫描分析或其他漏洞主动扫描工具,也要尽早地发现 SaaS 应用漏洞并进行修复或更新,这是非常重要的。另外,没有一种安全设施的实施能解决所有安全问题,基于网络的防火墙、基于网络的 IPS、WAF、基于主机的防火墙以及基于主机的防病毒产品均侧重于不同的安全威胁和应用场景,在 SaaS 应用环境下,应尽可能地全面部署。

29.2.3　身份识别与访问管理

29.2.3.1　云服务环境下实施 IAM 的意义

身份识别与访问管理(Identification and Access Management,IAM)是一套建立和维护数字身份并提供有效地、安全地访问 IT 资源的业务流程和管理手段,利用 IAM 可以实现组织信息资产统一的身份认证、授权和身份数据集中管理与审计。通俗地讲,IAM 是让合适的自然人或系统(统称访问实体)在恰当的时间通过统一的方式访问授权的信息资产,提供集中式的数字身份管理、认证、授权、审计的模式和平台。从传统意义上来看,机构实施 IAM 可以提高运营效率,并满足法规、隐私和数据保护等方面的需求。

在云服务环境下实施 IAM 具有更多意义,它除了提高运行效率和合规性管理效率外,还可以实现新的 IT 交付和部署模式(作为一种云应用服务)。例如身份联合,作为 IAM 的关键组成部分,可以实现跨信任边界的身份信息连接和携带。因此,IAM 使机构和云服务提供商通过 Web 单点登录及联合的用户开通,在安全信任域间建立通道。

1. 云服务的用户需要 IAM 保护云中自有应用

在云服务发展初期至中期,云服务市场尚未形成垄断性格局,企业在将一部分应用移到云中(如亚马逊 EC2)的同时还会保留一部分应用在企业内部(可能某些关键应用永远也无法放在云环境中),同时还会在不同的 CP 那里订阅 SaaS 服务(如 Salesforce.com 的 CRM 或 Google 的 Docs),这将形成企业应用混合模式,图 29-6 给出了云服务环境下企业应用混搭格局,在此格局下可能包括企业内部应用、基于 IaaS 和 PaaS 部署的专有应用、SaaS 应用等。

在云服务环境下,企业的网络、系统和应用程序的边界将延伸到 CP 所在的 IT 服务域内(对于大多数从事电子商务、供应链管理、外包和与合作伙伴及社团协作的大公司来说,这早已是事实)。另外,在目前情况下,云服务环境对用户而言透明度极其有限,用户对于服务的部署方式、位置以及它的控制方式,可能只知一二甚至一无所知。云服务可以由多个供应商的众多服务的"混搭"(mash-up)组成,可以在不同地理位置的数据中心进行物理托管。这种信任边界的模糊及服务非透明化的模式使得企业用户几乎完全丧失了对 IT 控制的能力。这种控制权的丢失,对企业已有的信任模型和控制模式(包括对员工和承包商的可信来源)形成了很大挑战。若没有得到妥善解决,将阻碍企业对云服务的使用。

为了弥补网络控制权限的丢失并加强云环境下应用安全风险管理,企业将不得不根据数据的价值(或数据安全等级)对迁移到云服务环境下的应用和数据采取更高级别的安全控制措施,即用户认证和访问控制,这些安全控制表现为强认证、基于角色或声明的授权、身份

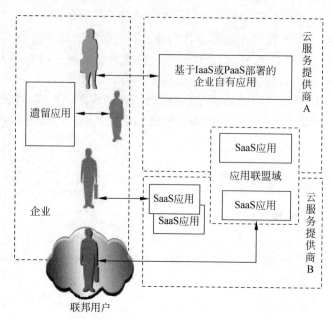

图 29-6　云服务环境下企业应用混搭格局

联合、单点登录(SSO)、用户行为监测以及审计等。

同时对于订阅的可以产生高价值数据的 SaaS 服务,如 CRM 应用等,企业应该根据数据价值(或数据安全等级)向 CP 确认已经实施了严密的安全控制的措施,其稳固程度至少应该与企业的安全水平相当。

对于使用私有云的企业,这种架构通常是在专用 IT 基础架构的基础上发展而成的,因此,仍然面向单一租户(即企业)专用,这种架构的应用保护同样要求有类似企业传统架构的安全访问控制措施。

2. 云服务运营商需要 IAM 保护 SaaS 应用安全

CP 不仅要关注管理不断发展的虚拟化环境,还要关注他们规模庞大且涉及范围广泛的客户群及其用户可以访问的云基础架构和客户数据。无论是合法还是欺骗形式的后门应用的访问,会使云中的开发环境、生产、存储、数据库、管理与报告等子系统暴露在众多有意或无意的攻击者面前,并危及云环境中的路由器和防火墙这样的物理基础架构。

公有云服务环境下,云中应用及数据安全是用户关注重中之重,也是影响用户是否采用 SaaS 应用的重要因素。公有云为多个租户提供服务,用户群体(客户、机构和管理人员)分散在全球各地,因此,更需要强调数据及应用安全,以便保存与保护诸如用户与数据的隐私、知识产权、销售预测、财务与健康记录等数据,并限制特权用户访问敏感数据。CP 通过采用高强度的应用访问控制技术为 SaaS 服务及数据提供安全使用环境,打造良好的服务信誉。特别地,通过提供身份联合架构和流程,可以加强 CP 之间以及企业与 CP 之间的控制和信任。

此外,随着云服务规范的逐步形成,对公有云服务的合规性检查与审计要求将越来越具有可操作性,同时也要求 CP 的安全控制措施越来越透明,越来越规范化,这些都要求 CP 在云服务的访问控制技术实施上越来越严密。

另一方面,CP 如果在实践中已经形成强有效的 IAM 服务,同样可以作为 SaaS 服务对外提供。

最后需要强调的是,IAM 是一条双行道。CP 需要支持主流开放的 IAM 标准(如 SAML)和实践,这不仅可提升用户使用云服务的感知,也会加速传统 IT 应用程序从可信公司网络向可信云服务的迁移;对于用户而言,良好实施的用户 IAM 实践和流程将有助于保护存储于云服务中的数据的保密性、完整性及管理合规性。

29.2.3.2 云服务环境下 IAM 应用场景

一直以来,IAM 技术和产品受到拥有众多应用和用户的大型企业与政府机构的关注,他们一般利用 IAM 为其内部大量应用提供大型、专用的 IT 基础支撑架构。因为在这种大型异构环境中要统一管理用户身份,并赋予用户访问应用的权限是一个很大的挑战,通过使用这种专用的 IT 支撑架构,可以使他们更专注于业务系统自身的设计与实现。在云服务环境下,这类企业与机构或者是私有云的使用主体,或者成为 CP 或 CP 的合作伙伴,因此他们必须考虑现有的 IAM 基础设施服务如何能快速扩展到云服务环境,为自己的业务或其他群体,如小型机构、CP 和政府机构中的公有云应用提供 IT 基础设施服务。

这类机构需要提供 IAM 支持的场景有如下几种:

- IT 管理员访问服务控制台,为使用企业身份的用户提供资源和访问能力,如 Newco.com 的 IT 管理员在亚马逊弹性计算云中提供虚拟机及虚拟机管理,并在其中配置了虚拟机操作(如开始、停止、挂起和删除等)的身份、权利和证书。
- 开发人员在 PaaS 平台为其合作伙伴用户创建账户,例如,A 公司开发人员在 Force.com 中为签约的 B 公司员工提供账户,而 B 公司执行 A 公司的业务流程。
- 终端用户使用访问策略管理功能在域内及域外访问云服务中的存储服务(如亚马逊 S2 储存服务)并与用户分享文件和对象。
- 机构的员工及相关承包商使用联邦身份联合访问 SaaS 服务。例如,销售和支持人员使用企业身份和凭证访问 Salesforce.com。
- CP 内的应用程序(如亚马逊弹性计算云)通过其他云计算服务(如 Mosso)访问存储。

此外,一些小型机构也面临如何构建适用于云环境中企业自有应用安全管控的挑战,因为一方面关键业务应用仍然(在某段时间内将依旧是)在企业内部部署,IT 依旧需要控制用户对这些应用的访问。另一方面他们的一部分应用需要从一个传统的受控环境迁移到一个超出其 IT 信任边界的云环境中去,其机构内现有的 IAM 产品在云环境下是否仍然在安全管理方面起着至关重要的作用;他们可能还要面临如何从以前的以 Microsoft 的活动目录(Active-Directory)为中心的身份认证环境迁移到一个 IT 服务来自多样异构的环境中去的问题。这些问题对于一个已在内部部署(on-premise)IAM 且进行大量投资的大型企业而言,是一个迫在眉睫的问题。

对一些具备 IAM 实践经验的服务供应商来说,云服务环境的到来将带给它们一些令人激动的机遇,它们可以基于已有的 IAM 技术积累和实践经验,在云环境下基于云服务基础设施提供公有的 IAM 服务。

综上所述可以看出,在云服务环境下 IAM 的应用场景应分为三大类,如图 29-7 所示:

- 企业自建 IAM:企业将一部分传统应用利用 IaaS 或 PaaS 服务迁移至云环境,为保

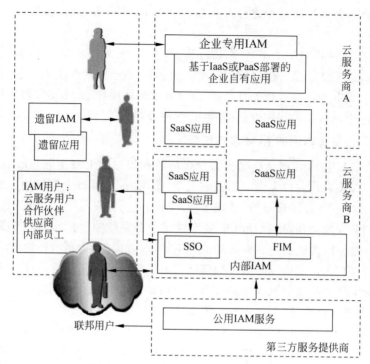

图 29-7　云服务环境下 IAM 应用场景

护应用,企业需要构建支持其云中自有应用的 IAM。

- 云服务内部 IAM:为保护多租户环境下的 SaaS 应用安全,并提供 CP 多个 SaaS 应用的单点登录和多个 CP 间的应用联邦身份访问,CP 或第三方合作伙伴构建的 IAM 服务。
- 云环境下的公用 IAM 服务:由第三方服务提供商(ISP)基于 IaaS 或 PaaS 云环境构建的 IAM 服务,是一种 SaaS 服务。

29.2.3.3　云服务环境下的 IAM 体系架构

尽管云服务为 IAM 引入了一套新的应用场景,但这些都不是对 IAM 的革新,而是延伸和发展,面临的业务问题仍然是相似的,即如何为云中的应用和数据服务提供安全便捷的身份认证和访问权限控制。一个标准的提供云中应用和数据服务的 IAM 仍是一套由多种技术组件、过程和服务实践有机结合的完整体系架构,其包括的主要过程有用户管理、认证管理、授权管理、访问管理、数据管理和提供、监控和审计等,如图 29-8 所示。这种为 CP 的云应用和数据服务提供 IAM 的架构通常还要支持如业务开通和取消、证书及属性管理、授权策略、合规管理、身份联合管理和集中化的认证与授权等业务活动。

IAM 部署体系架构的核心是目录服务(如轻量级目录访问协议或活动目录),目录服务是机构用户群的身份、证书和用户属性的信息库。目录与 IAM 技术组件进行交互,这些组件包括认证、用户管理、在机构内提供并支持标准 IAM 实践和进程的身份联合服务等。由于特殊计算环境,机构通常会使用多个目录(例如 Window 系统使用活动目录,而 UNIX 系统使用轻量级目录访问协议)。

在实践中,云服务供应商已经开始向独立软件开发商寻求更成熟与广泛的 IAM 基础产

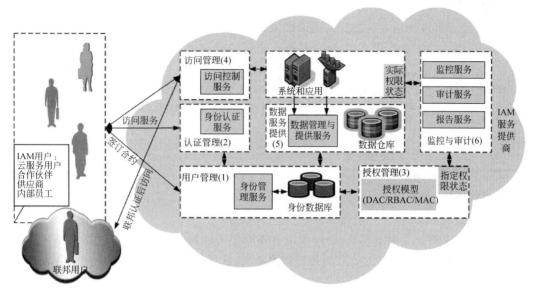

图 29-8　云服务环境下 IAM 体系架构

品,在其基础上构建分散的 IAM SaaS 服务或与其他服务混搭的 IAM 服务。这些服务具有很高的广度与灵活性,将为云服务环境下的用户和企业带来更多创新性体验。如 CA Technologies 公司提供的 IAM 产品可以为云服务供应商提供身份认证与访问管理功能,实现公有云及私有云下的 IAM 解决方案,包括身份认证联合、记录管理、用户管理、Web 访问管理与配置在内的云服务安全,可以更好地用于管理大型、分层、多租户的云应用。

29.2.4　终端用户安全

Web 应用模式下,浏览器成为终端用户访问云服务的主要方式,如 IE 浏览器、Mozilla 火狐浏览器、Google Chrome、360 Chrome 等。但不幸的是,几乎所有的互联网浏览器都毫不例外地存在着软件漏洞;而浏览器的脚本和插件功能更成为众多攻击者向用户计算机注入恶意程序的重要手段。浏览器软件漏洞的存在及其体系架构的设计模式都加大了终端用户被攻击的风险,而一旦攻击成功,获取用户访问 SaaS 服务的账号密码等敏感信息后,不仅使得客户云上数据及隐私受到损害,还会对云中的 SaaS 应用程序的安全造成威胁。在 SaaS 应用程序安全设计中将终端用户安全纳入其安全考虑范围之内是十分必要也是非常重要的。

然而,对于 SaaS 服务提供者来说,要评估和控制终端用户计算机的安全性是非常困难的。根据业务需求,可考虑在应用程序设计中实施以下几方面的安全机制来加强终端用户计算机的安全。

29.2.4.1　Web 会话管理和安全

HTTP/HTTPS 是无状态协议,这意味着 Web 服务器无法通过用户端的连续请求来维持一个完整的状态。

为克服这一缺陷,往往需要在 Web 服务器或 Web 应用里采用各种会话管理机制。Web 会话管理的基本想法是在服务器与用户交互的初期生成一个会话令牌,将令牌发送到用户浏览器并确保这个令牌和后续请求能被浏览器同时送回。这样会话令牌就变成用户识别令牌,服务器可以使用令牌来保持会话数据(如变量)并为用户创建类似会话的历史记录。

通常会话令牌不只是识别标记,也是身份验证。登录时,用户通过凭据(用户名、密码、数字证书)获得认证,并且获得一个会话令牌,该令牌作为访问会话的临时静态密码。

在 Web 环境中,广为采用的维持会话的方式有三种:URL 参数、隐藏的表单域和Cookies。每一种方式都有其优势和不足,Cookies 是三者中最方便的,也是最安全的一种方式。

Web 会话的安全性侧重于防止三种针对会话 ID 的攻击:截获、预测和暴力攻击。

会话安全管理的最佳实践是:

- 用保密性强的算法为验证的用户生成一个唯一的会话 ID,这点很重要。理想情况下,会话 ID 应该是一个随机值。
- 会话 ID 的长度要足够长,这样攻击者在有限的时间里就无法通过暴力破解获取有效的 ID。鉴于当前的处理器和带宽的限制,建议使用 50 个以上的随机字符来构成会话 ID。
- 如果会话持续时间很长,应该使用 HTTPS 协议。
- 如果会话保存在 Cookies 中,应该给会话加密并设置一个较短的有效期。
- 在大多数金融 SaaS 网站,使用多因素认证来加密、解密一个特殊的初始会话 ID。这个特殊的会话 ID 将作为用户和其所用计算机的指纹。基于这个指纹,结合常规用户认证才可建立一个持久的常规会话 ID。
- 有时指纹也和一个嵌入的表单域一同使用。
- 设备的指纹也可以通过其他机制创建,比如客户端 SSL 证书(也叫双向 SSL)、智能卡或安全狗等。
- 基于一些特殊的安全模型,设备指纹还可用于监控和判定设备的安全性,设备的安全性也称为设备信誉。通过判定其安全性,可以调整相应的数据流。

29.2.4.2　客户端数据缓存

有时为了加速 Web 服务性能,应用程序、浏览器将一些表格、图像缓存在终端用户的计算机上。一些站点也可以使用缓存的 Cookies 作为用户个人计算机的指纹。

为了保护基于互联网的 SaaS 服务安全,进行客户端数据缓存时可采用以下方式:

- 将缓存的敏感信息加密。
- 对缓存数据采用安全域沙箱技术(Domain Sandbox)。
- 如果业务需要,强制执行刷新以确保应用/服务从服务器上获取实时的时间。不要总让浏览器使用默认的时间设置。

29.2.4.3　跨站点脚本

虽然跨站点脚本通常会带来一些负面印象(如攻击),可在有些情况下它却是满足业务需求的唯一解决方案。如果需要把它作为唯一的解决方案,最好先考虑好以下几个问题:

- 安全性较高的 Iframer 框架和 Ajax 技术是否可提供类似的解决方案?
- 如何正确评估这个方案的潜在安全性?
- 有人可以使用你的代码来劫持会话向其他站点发起攻击吗?

- 有人可以使用你的代码向你的站点或其他站点注入恶意代码吗？
- 你是否会在 XSS(Cross-Site Scripting,跨站脚本)代码中泄露敏感信息？

29.2.4.4 记住个人访问信息

大多数服务提供商都可以为个人计算机用户提供终端用户选项,用户可选择记住一些个人访问信息。大多数时候在用户专用的个人计算机上保存与 Cookie、指纹相关的个人信息是比较安全的。

这些选项可以通过以下方式来增强 Cookie 的安全性：

- 几个只有终端用户知道的预先定义答案的问题。
- 多因素认证(MFA)：通过手机短信或电话发送一个令牌。
- 一封带令牌的验证/确认电子邮件(带令牌)。
- 带有个人指纹的 Cookie 等。

如有更严格的安全需求,服务提供商还可以实施如下基于业务需求和资源的解决方案：

- 使用带有加密密钥的硬件加密狗。
- 使用硬件安全令牌作为一次性密码。
- 使用带钥匙或指纹的 U 盘。
- 发行专用客户端互惠协议。
- 为交互式 SSL 发行专用的客户端 SSL。

对于使用 CS 来说,首先要保证访问 SaaS 服务的个人计算机或其他设备的安全。这不仅包括在终端上部署安全防护软件,包括防病毒、木马及恶意程序检测软件、个人防火墙,更重要的是要及时给浏览器和操作系统打补丁和更新版本,并谨慎使用浏览器插件和脚本功能。

此外,CS 需要增强安全防范意识,这包括提高对网络钓鱼的识别能力和一些可疑插件或脚本的运行警惕性,更重要的是,不要在可能泄露个人敏感信息(如账号、密码、身份证、证书密钥等)的地方放松访问 SaaS 服务。要记住,SaaS 服务的安全是云服务提供商和云服务用户双方共同的责任。

需要强调的是,由于 SaaS 服务的客户通常只承担操作层面的安全实施职责,所以选择 SaaS 服务提供商需要特别慎重。目前对于 SaaS 服务提供商通常的评估做法是根据保密协议,要求提供商提供有关安全实践的信息,该信息应包括设计、架构、开发、黑盒与白盒应用程序安全测试和发布管理及生产环境中的安全措施等。

29.3 案例研究：桌面云服务安全部署方案

29.3.1 桌面云服务概述

桌面云是 SaaS 服务的一种,它允许用户通过瘦客户端或者其他任何与网络相连的设备来远程访问跨平台的应用程序以及整个客户桌面。服务提供者在数据中心服务器上运行用户所需的操作系统和应用软件,然后采用桌面交付协议将操作系统桌面视图以图像的方式传送到用户端设备上。同时服务器将对用户端的输入进行处理,并随时更新桌面视图的内容。用户只需要一个瘦客户端设备,通过专用程序或者浏览器,就可以访问驻留在服务器端的个人桌面以及各种应用,用户体验和使用个人计算机几乎一样。

29.3.2 设计挑战

用户由传统的桌面终端迁移至云桌面服务模式时,其在接入方式、应用访问模型等方面都发生了较大的改变,因此,在安全方面云桌面除存在与传统桌面终端相同的一些安全问题(如面临用户身份、访问控制、终端管理、桌面安全、数据保护和防泄露以及终端安全接入控制等问题)外,还存在与传统桌面终端不同的特点,这些特点表现在:

- 用户的访问模型由二层(终端→应用)变为三层(客户端→桌面云→应用),这意味着身份管理和访问控制由终端延伸至客户端和桌面云。
- 用户数据由分散(终端)到集中(云中),既带来集中数据的安全保护问题,又由于云桌面的集中可控,使得对客户端的外设管理、恶意代码防护、补丁管理和桌面行为审计等得到大大的简化。
- 云桌面在传统的操作系统之下引入新的虚拟化层,带来新的安全风险。

29.3.3 设计要点

29.3.3.1 总体架构

从总体上来讲,云桌面的安全性既与传统的桌面终端有共同之处,又有别于传统的桌面终端安全;既有有利于安全的地方,也引入了新的威胁和脆弱点。基于此分析,并根据云桌面部署架构,在实际设计中从两个维度上考虑云桌面安全设计架构,如图 29-9 所示,以实现对云桌面服务的分级防护和协同保障。

- 分级防护:根据用户接入客户端类型区分不同的接入区域,同时根据用户处理信息的敏感程度区分不同的云桌面分区,在这些区域内执行一致的安全策略,并对区域间的信息传输进行控制。
- 协同保障:云桌面安全主要关注接入端点的信任管理和访问控制,以及虚拟机的安全性,这些都是云桌面引入的新的安全问题,而传统桌面安全手段仍然可以在云桌面和用户接入的个人计算机或笔记本电脑等客户端上发挥应有的作用,二者相互补充,共同建立起全面覆盖的多重防御保障体系。

对传统的终端安全措施,已有成熟的解决方案,且各企业也大都已选择并部署了适合自身需要的终端安全解决方案,例如基于 802.1x 的终端接入控制和包含桌面补丁管理、恶意代码防护、上网行为控制、行为审计、系统身份认证与访问控制等功能的桌面安全管理系统,只不过在云桌面环境下这些都是在云中以集中的方式进行,这些都仍然可以完整地应用于云桌面架构下的安全保障,而在 Web 应用防护以及云平台安全治理方面的实施与其他云服务应用没有特别的区别。因此,以下仅重点描述针对云桌面环境下接入端点的信任管理和访问控制、虚拟机的安全性以及数据安全防护的概要设计。

29.3.3.2 设计概要

1. 端点接入安全

如前所述,由传统桌面环境到云桌面环境,访问模型也由二层变为三层,即接入客户端→

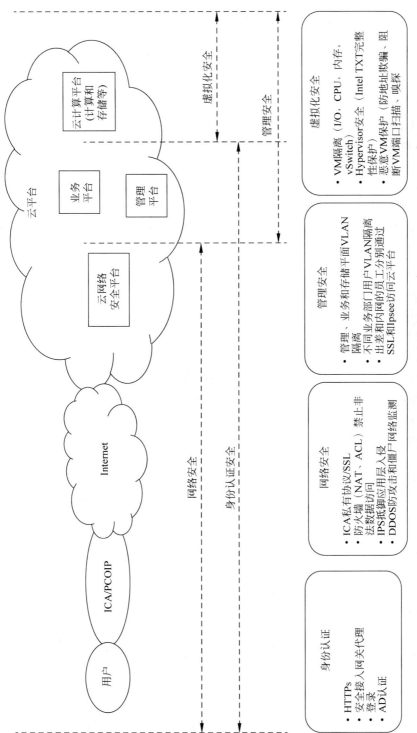

图 29-9　桌面云安全设计架构

桌面云→应用,因此设计的核心思想是根据不同的应用场景设置不同的访问控制策略:

- 根据不同的接入客户端类型(手机瘦客户端、个人计算机胖客户端等)设置不同的接入客户端到桌面云之间的访问控制策略。
- 根据不同的桌面云类型(永久型和随机型)设置不同的桌面云到应用之间的访问控制策略。

2. 虚拟机安全

基于 VDI(虚拟化桌面基础架构)技术的云桌面实现架构,因其较高的安全隔离性、性能隔离性和平台兼容性成为目前云桌面的主流实现模式。在这种架构中,虚拟机是其核心要素,因此,虚拟机的安全也成为桌面云要重点考虑的一个安全问题。

虚拟机的安全保障,按照其特性可分为服务器虚拟化软件自身提供的安全特性和外部虚拟化安全应用提供的安全特性两大类。以下是基于服务器虚拟化软件自身应提供的安全设计概要:

- 通过内存隔离、CPU 隔离、网络隔离、I/O 隔离等技术使同一物理机上的不同虚拟机之间相互隔离,互不影响。
- 虚拟机无法访问虚拟化实现层(Hypervisor)。
- 在同一物理机内部网络中,虚拟交换机(vSwitch)要支持虚拟局域网(VLAN)功能,同一物理主机的不同虚拟机可通过 VLAN 进行隔离。
- 采用 Intel TXT(Trusted Execution Technology)技术,在启动时对 Hypervisor 和控制域内核进行完整性校验,确保系统完整性,避免恶意程序入侵。
- 防地址欺骗,限制虚拟机只能发送本机地址的报文。
- 支持对虚拟机端口扫描、嗅探等行为的检测和阻断。

外部附加的虚拟安全应用,应包括常见的防火墙、IPS. 功能,以及恶意代码防护、完整性监控和日志分析等功能。其部署既可按照传统的桌面终端防护方式给每个云桌面安装防护软件,也可安装一个实例在物理服务器上,通过服务器虚拟化软件提供的安全 API 接口对该物理服务器上的所有云桌面进行防护,两者所提供的功能是一致的。后者不仅可对在线云桌面进行防护,也可对离线的云桌面存储文件进行扫描和防护,既提升了管理效率,又极大地提升了桌面云环境整体的安全性。

3. 数据安全防护

数据防泄露和数据备份设计概要:

- 自动发现和监控从接入客户端、桌面云到存储数据源的敏感数据,并强制执行适当的数据保护策略。
- 与文档权限管理系统集成,基于信息内容、上下文关系和身份对敏感数据进行保护。

集中化的云桌面环境使得需要考虑备份的数据量大增,因而在设计备份方案时需要考虑适当的备份范围和备份方式。

29.3.3.3　效果评估

在完成上述桌面云服务安全设计方案后,在上线实施前,该方案还要通过内审、问卷调查、白盒测试、黑盒测试、用例测试、渗透测试等安全验证评估环节。目前,基于该架构的安全方案已部署到某电信大型网管系统和某银行营业厅,并已稳定运行两年多。

29.4 本章小结

SaaS服务提供用户利用互联网访问共享应用的能力,用户不再管理或控制底层的云基础设施。因此,CS也不对SaaS服务安全承担主要职责,但作为应用数据的最终拥有者,CS对SaaS服务安全的需求同样存在,甚至更为强烈。处于不同发展阶段的CS对SaaS服务安全关注的侧重点有较大区别,初创型公司更关注找到一个高成本效益的安全服务解决方案,而随着公司发展壮大,其更关注层次化和体系化服务安全技术实施。

在SaaS模式下,CP管理和维护整套SaaS应用,因此SaaS服务提供商应最大限度地确保提供给客户的应用程序和组件的安全,包括网络、虚拟化、操作系统、存储、服务组件及SaaS应用等的安全,其中网络、虚拟化、操作系统、存储及服务组件的安全已在第26~第28章里描述过,本章重点阐述SaaS应用的安全。SaaS应用也具有特定的生命周期,包括应用创建、部署、使用及下线,且每一阶段安全技术实施的侧重点及其对抗的风险有所不同。本章给出了SaaS应用在生命周期每一阶段侧重的安全实施机制以及可对抗的安全风险关系图。

在SaaS安全风险及需求分析的基础上,本章按照SaaS应用生命周期发展阶段给出了不同的安全实施机制,应用构建中的软件安全开发生命周期过程管理(SDLC)、Web应用部署及运行时安全机制(WAF技术)以及SaaS应用运行安全机制身份识别与访问管理(IAM)。

终端用户安全是CS和CP都需要关注的安全实施机制。云服务提供商应在安全设计实现过程中增强用户端的Cookie和会话管理安全;用户则主要负责操作层面的安全功能,包括用户接入和访问管理。此外,还需要积极配合,及时更新浏览器补丁和升级版本,并增强用户个人敏感信息保护安全意识等。

无论是作为公有云还是私有云服务,云桌面由于其带来的便捷访问、集中化管理、节能环保等优势,已在国内得到获得众多认可,尤其在窗口服务型或终端操作维护型场景(如营业厅、网络管理等)。本章最后给出云桌面应用安全部署实践作为案例。案例详细介绍了云桌面服务概念、服务架构及云桌面服务安全设计总体架构及设计概要等,以供读者在部署云应用服务实践中参考。

第30章

云计算安全治理

本章讲解的内容对应图 25-1 的左上部分,即云计算安全治理。

30.1 组织架构与过程模型

第 26~第 29 章主要讲述了云计算安全的技术实施。云计算安全如同传统的信息安全一样,也是技术、流程和管理(人)等多种安全要素的有机结合,本章将主要从管理和流程的角度阐述如何治理云计算安全。缺乏有效的安全治理将导致关键业务需求很难被满足,因而也很难保证云计算用户规模和云计算产品的市场竞争力。

30.1.1 组织架构

在不同领域(如医疗、金融等),云计算安全治理方法与控制机制有很大不同。但无论是在哪个领域,在进行云计算安全治理活动前,CP 都需要有一个明晰的云计算安全的高层战略,这包含机构实施云计算安全治理要达到的总体目标及由此产生的总体需求。一个内容清晰而合理的云计算安全高层战略是构建云计算安全治理可持续运营模型的基础。

要制定高层战略,通常还需要成立一个云计算安全委员会。云计算安全委员会提供与机构业务和 IT 战略相一致的云计算安全行动指南,如云计算安全章程。在这个章程里通常会规定云计算安全治理团队以及其他与云计算安全相关的人员角色及职责。这些安全角色可能包括面向内部安全治理和外部客户安全服务的安全角色,如负责基础设施安全的人员、负责数据安全的人员、负责应用安全的人员、面向客户安全服务的人员、负责安全技术统筹实施的人员和负责安全管理的人员等;以及与服务安全治理相关的外部安全角色,如外部专家与技术顾问和终端用户等。一些角色可以合并,也可以划分得更细,这取决于云计算规模及机构整体业务战略。

需要强调一下的是,云计算安全委员会不仅要在章程里明确规定安全治理组内部安全角色及其相应职责,还要明确定义外部安全角色的职责,尤其是终端用户,虽然 CP 可能并不能完全控制其职责的实施,但应在云计算合约签订时明确告知终端用户应该负责提供的安全职责,如实施终端设备安全增强机制、采用符合 CP 要求的终端安全访问措施、加强加密密钥及证书等敏感信息保护意识等。

　　云计算治理要取得一个持续可运营的安全治理效果,除需要云计算安全委员会及安全治理组外,一般还需要一个云计算安全规划组。云计算安全规划组根据云计算安全委员会制定的高层战略,结合云计算安全治理组的实施建议来制定云计算安全实施规划。图 30-1 是云计算安全治理组织架构示例,它包括机构管理层、云计算安全委员会、云计算安全规划组,以及包含内部和外部人员组成的安全治理组。

　　云计算安全战略与云计算组织架构是云计算安全治理的输入项与基础,基于此,有助于构建一个目标明晰、过程可持续改进的云计算治理模型。

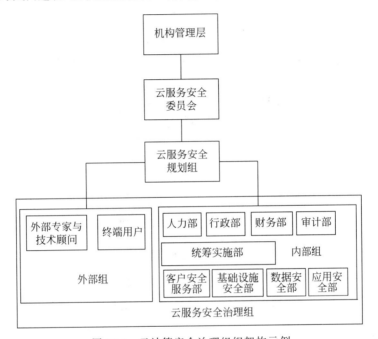

图 30-1　云计算安全治理组织架构示例

30.1.2　风险管理

　　云计算安全治理的过程也是云计算运营安全风险管理的过程。按 ISO 27005: 2008 (《信息技术 - 安全技术 - 信息安全风险管理》)对风险管理的定义,风险管理包括确定范畴、风险评估、风险处置、风险接受、风险沟通、风险监视与评审以及风险管理方法改进等,其中风险评估包括风险识别、估算与评价;风险处置包括风险降低、风险转移、风险保持与风险避免。风险管理过程通常需要对风险评估和风险处置循环进行,以获得在高风险识别与控制措施上的不断改进。

　　云计算环境下有效的风险识别应包含如下内容:

- 信息资产的识别,包括基础设施资产的识别、数据类型及保护级别识别、业务流程识别、应用类型识别以及数据所有权与监管责任的识别等。
- 威胁识别,包括威胁种类识别、威胁来源识别、威胁影响识别及威胁频率识别等。
- 脆弱点识别,可在组织架构、治理流程、安全相关人员、云数据中心物理环境、网络及基础资源、系统及服务配置等方面进行识别。

根据不同的云计算交付模型和部署模型,云计算环境下的风险处置(降低、转移、避免、接受)主体不同,尤其对公有云计算,由于涉及多方利益,风险处置前的沟通显得更为重要。如对公有云的 IaaS 服务、数据及应用层风险处置则由用户自己选择处理,CP 对基础资源层的风险处理需要与其相关资源的供应商及 CS 进行风险沟通后选择风险处置选项;此外,CS 可以通过选择不同的服务交付模式进行风险转移,如选择公有云的 SaaS 应用,则将数据和服务设施等风险转移至 CP。

安全风险评估为机构提供一种平衡安全控制实施与资产保护需求的重要依据。

30.1.3　过程模型

云计算是一种 IT 服务,也应遵循 ISO 27001:2005《信息技术-安全技术-信息安全管理体系要求》的 PDCA(Plan、Do、Check、Act)过程模型。云计算安全治理从规划到云计算安全治理改进形成闭环流程,云计算安全治理的过程即是云计算安全风险管理的过程。图 30-2 给出云计算安全治理过程与风险管理的关系。

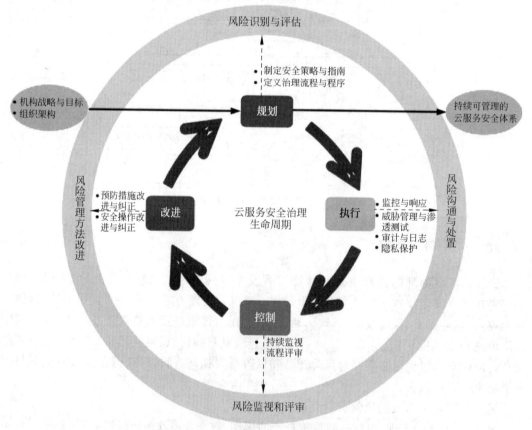

图 30-2　云计算安全治理过程与风险管理的关系

云计算安全治理过程包括四个阶段:

- 规划阶段:根据管理机构的云计算安全高层战略指导思想(输入项),由云计算安全治理组和云计算安全规划组共同制定云计算安全治理实施策略、云计算安全治理流程与处理程序,并对安全风险进行评估等。

- 执行阶段:根据安全策略、治理流程定义以及风险评价清单实施安全操作并进行风险处置,安全操作包括安全监控与告警、安全扫描与渗透测试、变更管理、安全审计及隐私保护等。
- 控制阶段:根据安全策略、目标及既有经验评估与测量执行阶段的过程与风险管理效果,向管理层报告结果,并进行评审和持续监视。
- 改进阶段:根据内部审计及管理评审结果等信息,给出安全技术实施预防措施及安全治理操作纠正和改进建议,最终实现可持续、可管理的云计算安全治理体系。

控制和改进阶段方法具体实施请参照 ISO 27001:2005 8.1 节和 8.2 节的描述。本章后续内容主要针对规划阶段的策略制定以及执行阶段安全操作进行描述并给出实施建议。

30.2 云计算安全治理操作

30.2.1 云计算安全指南制定

国际云安全联盟(Cloud Security Alliance,CSA)发布的《云计算关键策略安全指南》(简称云计算安全指南)是 CP 关于云计算安全治理的白皮书,是满足 CP 云计算业务发展要求和相关法律法规而制定的云计算安全治理的指导文件,是对机构信息安全高层战略及目标的细化与解析。

《云计算安全指南》是指导机构员工正确操作、使用和管理云计算环境下信息资产,并保护这些资产使其拥有更好的保密性、完整性和可用性的明确指南。《云计算安全指南》是云计算安全体系防范潜在威胁的重要组成部分,这些策略在察觉并防范社会工程学攻击时尤为有效。云计算安全委员会应根据业务战略和目标制定清晰的方针指导,并通过在整个机构中颁布和维护云计算安全策略来表明对云计算安全的支持和承诺。

建立《云计算安全指南》的目的如下:

- 在 CP 机构内部与合作伙伴中建立一套云计算资产及服务安全相关的、通用的、行之有效的安全机制。
- 在 CP 内部员工与合作伙伴员工中树立起安全责任感。
- 增强云计算信息资产的可用性、完整性和保密性。
- 提高内部员工、合作伙伴员工及 CS 的信息安全意识和信息安全知识水平。

《云计算安全指南》应包含明确的目标、管理意图、职责与权限、相关术语及操作细则定义等,具体涵盖范围如下:

(1) 定义与云计算安全策略和指南相关的术语。

(2) 明确云计算安全策略和指南的目标。

(3) 确定云计算安全策略和指南适用的信息资源及工程资源的范围。

(4) 明确云计算安全治理相关组织和人员的角色与职责,以维护云计算安全和报告安全漏洞或事件。

(5) 识别云计算安全风险,并评估可能发生的影响。

(6) 定义变更审批流程和责任。

（7）定义灾难恢复相关的资源、流程和责任。

（8）定义一套从开发到运营的云计算安全控制实施标准，包括：

- 物理和逻辑访问控制。
- 事件响应与管理。
- 系统及网络配置备份。
- 周期性安全测试。
- 数据及通信加密（加密算法及密钥长度）。
- 密码标准。
- 持续性监控。

（9）定义确保以下几方面的安全所需的处理流程和责任：

- 数据中心。
- 网络。
- 服务器和操作系统。
- 虚拟化软件。
- 数据库。
- 应用中间件。
- 代码开发和应用程序等。

（10）指定文档的审查和修订流程。

30.2.2　安全监控与事件响应

1. 云计算环境下安全监控的意义

在云计算运营环境下，云数据中心规模庞大，应用系统多样，涉及运维及合作厂家的人员多而杂，需要有一种机制能实时可视化地记录云数据中心人员及系统的活动行为，并对安全事件提供告警。

安全监控即通过对云计算数据中心的操作人员、网络、主机及应用系统活动行为的监视、识别、记录，并统计网络、系统及应用服务的脆弱性、外部攻击与异常行为以及安全违规行为等，通过事件告警及通知机制使安全管理人员有效地监视、控制和评估网络或主机系统的运行状态，及时对安全事件进行响应，消除安全隐患或降低安全风险。

全方位的持续性监控机制和定义清晰的事件报警流程是治理良好的云计算数据中心的基础。随着云计算基础设施增长及云计算业务的不断扩展，安全监控的重要性将更加明显。在云计算环境下实施安全监控的具体意义有以下几方面：

- 发现事先无法防御的威胁：对于一些难以事先阻止或防御的攻击，安全监控则成为最后一道防线。
- 验证安全控制措施的有效性：安全控制措施通常是对安全策略的执行，其结果反映了安全控制措施实施是否正确。如果在安全事件流里出现了一些安全策略禁止的事件，则表明安全控制没有按安全策略正确实施。
- 暴露系统脆弱性：通过运行监控可以识别一些未曾发现的系统脆弱性或安全错误。
- 记录安全行为：安全监控捕获的安全事件数据合法地记录了用户或执行过程的活

动行为。

- 提供电子取证重要数据支持：在多租户云计算环境中，安全监控可以为攻击过程提供视频回放，安全事件数据则提供重要信息记录，这对于需要分析攻击过程和识别损失范围的电子取证具有非常重要的价值。

此外，通过采用一些先进的安全监控解决方案，CP 可以把安全监控作为服务对外提供。

2. 安全监控分类

安全监控通常分成两类，一类是物理监控，如视频监控、门禁、火、水及其他环境传感器、设施巡检等，这些活动通常由数据中心安全人员负责；另一类是电子监控，包括内部系统监控和威胁监控。无论哪种方式，都要有一个定义清楚的流程来确保记录了能满足安全策略要求的日志。

内部系统监控通常用于监控所有的服务器的系统补丁和防病毒补丁是否及时更新，以及 CPU 和 RAM 的利用率情况等。为提高查询效率，通常要将从这些服务器搜集到的数据存放于一个数据库中（如配置管理数据库）。

云计算环境下的威胁监控首先要从 IDS/IPS 传感器、病毒日志以及各种设备的系统日志搜集事件及报警数据。对于一些中小型数据中心可以通过人工方法收集数据，而对于一些大型数据中心，则需要利用一些工具实现自动信息收集，这些工具包括威胁关联引擎和各种各样的安全事件管理工具等，如 OSSEC、TripleWire、Splunk、Webtrends、logAnalysis 等。这些自动化工具能够减少出现在事件流中的假阳性事件数量，可以识别更复杂的攻击以及对出现故障的传感器进行报警，并可将报警分组发送并对传感器的数据进行整合关联等。

3. 云计算环境下的安全监控要求

安全监控主要用于收集环境数据、进行网络安全监控及审计日志等。在云计算环境下，安全监控的要求如下：

- 安全监控应该是一个高可用的硬件化服务设施，可通过安全方式从内部和远端进行访问。
- 安全监控要能对发生或检测到的关键安全事件以自动化方式生成告警。
- 关键告警要能通过多种方式上报并及时提醒安全管理人员。
- 安全监控审查的日志至少要能涵盖以下几种：IDS/IDP 日志、防火墙日志、用户账号日志、互联网设备日志（路由器、交换机等）、应用程序日志、Web 服务器日志、Web 应用程序防火墙日志、数据库服务器备份和恢复日志。
- 根据安全事件分级，安全人员应有多种事件响应方式，如对重要安全事件进行立即调查或处理，或仅简单浏览日志以完善告警机制等。
- 安全监控必须确保是可靠且正确的，即使事件生成和报告数据收集出现故障也要保证递交的事件是可靠的，安全日志必须符合法律及安全策略。

此外，还可以考虑一些其他扩展性功能，如允许客户对 PaaS 或 IaaS 实施入侵、异常检测，甚至允许它们发送安全事件或告警到 CP 的安全监控系统里。

最后需要提醒的是，由于 SaaS 服务面临的威胁和攻击的类型与传统的基于基础设施和物理环境的威胁及攻击有很大不同，因此，SaaS 服务机构需要扩展其传统的安全监控能力以包含对应用及数据层活动的监控，同时还需要组建一支面向云中应用安全及隐私保护等专业领域的安全团队,以保证客户数据安全并提供应用服务的稳定性。作为参考,本章最后附部分安全告警列表。

4. 事件响应

安全监控的最终目标是对识别和检测出的安全威胁进行处理,以消除安全隐患或降低安全风险。安全监控和事件响应是两个密切联系、相互依赖的安全域,缺少任何一个环节整个安全监控将达不到预期效果。

在对安全事件进行响应之前,通常需要制定一个按安全事件严重等级区分的事件响应计划。首先给出安全事件的等级定义,并用不同的方法标识,如低、中、高或主要、次要等,并且对每个事件定义一个合理的响应。对于低级别安全事件,可以由运营人员作为日常管理活动的一部分进行处理;对于第二级别的安全事件,如机架电源故障或影响一段网络的网络故障等,除要修复此问题外,还要跟踪事件处理过程,并根据需要决定是否发起一个根本原因分析(RCA)流程,以确定原因在哪和是否需要改变策略、基础架构等以制止此类事件再次发生;对于影响大量用户或可能引发重大安全危害或影响机构信誉的最高级安全事件,做好响应计划是成功响应这类事件的关键。通常情况下,这类事件的响应不仅涉及运营人员,还可能涉及供应商及合作伙伴等,而且这类事件要求认真对待和专业处理。此外,处理过程中的证据保留很重要,如果采取的处理步骤不当,证据很容易被毁坏。

30.2.3 威胁管理和渗透测试

大多数恶意软件都是通过网络远程攻击基础设施、部件、网络服务和应用中存在的漏洞,这使得基于网络的云计算面临更大的威胁。无论是对于使用公有云模式的 IaaS 用户而言,还是对于提供 PaaS 和 SaaS 服务的 CP 而言,都需对其部署的操作系统或应用系统的脆弱性、补丁和配置管理承担主要责任,都需要一种主动式的系统或服务的脆弱性发现,修复机制可以用来降低漏洞被攻击的概率。

威胁管理即通过对系统和基础设施中可能存在的脆弱性进行主动性扫描,根据漏洞可能引发的风险大小对发现的脆弱性进行分类评估,并根据脆弱性类型进行补丁修复,以降低风险或消除安全威胁。从流程上看,威胁管理分为三个阶段:安全扫描、脆弱性评估及补丁修复。

CP 和 CS 对云基础设施的威胁管理均负有责任,这取决于 SPI 服务模型。对于 SaaS 服务而言,由 CP 负责基础设施、网络、主机、应用、存储和第三方服务的脆弱性、补丁、配置管理(VPC),SaaS 提供商需要定期评估新的漏洞,并对 SaaS 服务中涉及的所有系统软件和固件进行补丁修复。在这种服务模式下,CS 基本上对威胁管理不承担责任;而在 IaaS 服务中,CS 则需要对其管理的整个软件栈(操作系统、应用及数据库等)的威胁管理负责;另外,CS 也需要为其部署在 PaaS 平台上的应用提供威胁管理,但这些都必须是在 CS 不泄露其他用户隐私且不涉及 CP 商业机密的前提下进行,用户可以获取所需的安全配置信息以及系统运行状态信息,并在一定条件下获得部署专用安全管理软件的权利。

需要说明的是,为提高安全治理效果,通常将安全监控、威胁管理(包括配置管理)及变更管理结合在一起,以防止误报,提高事件响应效率并降低安全风险。

1. 脆弱性管理

脆弱性管理是保护主机、网络设备和应用,避免已知漏洞攻击的重要威胁管理要素。其通过扫描网络及信息资产中存在的脆弱性并对其进行分类,以获得更有效的威胁消除或风险降低的措施,如补丁和系统升级。脆弱性评估通常与威胁发现(来自安全监控或安全扫描等)、补丁管理、升级管理过程整合在一起,以便更有效、及时地修复漏洞。

成熟的机构通常有一个制度化的脆弱性管理流程,包括对网络环境下的各系统的脆弱性进行扫描,评估脆弱性可能给机构带来的风险并进行分级,解决风险问题的补救措施等(通常由补丁管理流程来完成)。脆弱性管理的最佳实践是安全运行人员先发布一些代码开发安全指南,并执行安全可接受性测试及相应标准,将脆弱性问题尽量在开发阶段解决。

安全扫描是脆弱性管理的基础,CP 应定期(如每周一次)进行安全扫描,以主动检查服务和应用中存在的脆弱性。安全扫描分两类,一类是端口扫描,一类是漏洞扫描。目前这两类扫描都有很多工具可用,最著名也是最常用的端口扫描工具是 Nmap。而流行的漏洞扫描工具有 Nessus(免费但不开源)、Core Impact 和 QualysGuard 和 ISS 的互联网扫描器等。在大多数情况下,可使用开源工具做内部安全扫描,使用商业解决方案以满足审计和合规需要。

端口扫描和漏洞扫描的区别往往模糊不清。端口扫描用来从远程网络位置收集有关测试目标的信息,尤其是找出每个目标主机或系统可提供的网络服务或开放的端口。而漏洞扫描用于扫描主机操作系统上已知的弱点和未打补丁的软件,以及文件访问控制和用户权限管理缺陷等配置问题。因此,端口扫描器和基于网络的漏洞扫描器的基本区别是,漏洞扫描器扫描所有系统及应用服务缺陷,包括脆弱性、访问控制缺陷和配置问题等,对于外部的恶意漏洞扫描,还会试图在目标系统上针对这些缺陷执行相应攻击;而端口扫描器只是产生可用服务的清单。

此外,设计良好的漏洞扫描器是渗透测试的一个重要工具,它为探测每个目标主机上可用的网络服务提供了必不可少的手段。漏洞扫描器可以扫描数据库记录的网络服务安全缺陷,并在目标范围内的主机服务上测试每个缺陷,这可以快速全面地发现目标系统常见的配置弱点以及未打补丁的网络服务器软件。

2. 补丁管理

与脆弱性管理类似,安全补丁管理也是保护主机、网络服务及应用、避免非授权的用户利用已知漏洞进行攻击的重要威胁管理手段,通过消除内部和外部威胁来降低机构安全风险。

补丁管理流程需要遵从变更管理框架(参考第 19 章),其输入来自脆弱性管理。

在这种持续运营的云计算环境下进行补丁管理是非常必要也是非常重要的,以下是补丁管理的最佳实践建议:

- 所有云计算环境中运行的软件或系统所需的补丁,其开发、测试、部署及生产都需要在一个相互隔离的环境中进行。
- 在云计算环境下,必须要为网络部件、服务器、存储、虚拟化软件、应用和安全部件的软件或固件补丁管理定义一个明晰的流程。
- 必须要为漏洞修补或补偿性控制措施定义一个整合策略,策略包括从重大威胁响应到非关键性补丁处理策略等,以提高云计算的安全性或运营可靠性。

3. 安全配置管理

安全配置管理也是一个重要的威胁管理手段,可以保护主机、网络设备免受非授权用户针对其配置缺陷进行的攻击。安全配置管理与脆弱性管理程序密切相关,是全部 IT 配置管理的一个子集。

保护网络、主机、应用的配置缺陷不受攻击需要进行安全监控,以及对关键系统和数据库配置文件的访问控制,包括操作系统配置及防火墙策略等。

4. 渗透测试

渗透测试(Penetration Test)并没有一个标准的定义,通用的说法是:渗透测试是通过模拟恶意黑客的攻击方法,来评估计算机网络系统安全的一种方法。这个过程包括对系统的脆弱点、技术缺陷或漏洞的主动分析,这个分析是从一个攻击者的角度进行的。

渗透测试还具有两个显著的特点:一是渗透测试是一个渐进的并且可逐步深入的过程;二是渗透测试必须要采用不能影响业务系统正常运行的攻击方法来进行。

同脆弱性扫描一样,云计算环境下的渗透测试也需要定期进行。渗透测试往往需要较强的专业技巧和专业知识,云计算环境下基础设施及应用安全测试要求测试人员对虚拟化和云架构有深入理解。如果内部安全团队不具备这些能力,可以外包给有资质和能力的第三方来执行。

渗透测试和脆弱性扫描都可以发现大量漏洞,但与脆弱性测试有所区别的是,渗透测试着眼于整个云计算设施,而不仅仅是单个的服务器或部件漏洞。因此,渗透测试往往把云计算作为一个黑盒进行测试;而脆弱性测试则侧重于单个主机上系统或应用的脆弱性识别及配置缺陷等问题。

渗透测试和脆弱性扫描发现的漏洞并不是都必须或能够被修复,这些漏洞可以按关键、高、中、低进行分级。通常对于关键或高级别的漏洞需要进行修复,而对于中或低级别的漏洞,根据不同的云模型及 CP 的业务需求,可以选择接受或进行修复。对于没有被修复的漏洞需要进行残余风险评估。此外,为提高安全修复效率,对于多个相同架构的服务器的脆弱性,可以制作一个黄金镜像来对多个服务器同时进行修复。

30.2.4　变更管理

无论是云服务中的软件还是硬件,在运营过程中,通过运营中的 bug 管理、需求管理及风险控制等,CPs 需要定期优化、完善、升级对外提供的服务或用于构建服务的内部功能模块。在新版本部署到生产环境之前,需要在一个尽可能与运营环境相同的环境中进行测试。由于云服务环境是由多个离散的部件组成的,这些部件可能包括运营商级交换机、路由器、目录服务器、安全基础设施、应用服务等,因此,这种优化或升级将是一个非常艰巨的任务,尤其对于公有云而言,更不允许因升级服务或完善基础设施而导致长时间停电。

云服务变更管理即通过对云服务及其基础设施变更需求及实施流程的管理,尽可能降低变更实施风险,满足业务需求,同时提高合规性。

虽然变更管理本身并不是云服务安全治理操作内容之一,但一个没有满足安全需求或存在安全漏洞的变更申请将会导致客户数据丢失或服务中断。成功的云服务安全团队通常需要与开发团队紧密合作,并积极跟进正在开发和测试中的产品变更情况。对于一些复杂且重要的产品变更,为提供变更的自服务能力及优化安全团队的时间及资源利用,安全团队也可以创建一个标准且具有最小变更内容的安全指南。

变更管理流程如图 30-3 所示。特别需要说明的是,上文中描述的配置管理及补丁管理在实施流程中也需要遵循变更管理框架。

30.2.5　安全审计与日志

云计算是一种构建体系复杂及用户群体多样的生态环境。在这种环境下,即使在相关的基础服务设施或系统内都实施了一定的安全保护机制(如访问控制和加密等),并且也在整个云计算环境中采取了一定的云计算安全治理措施,如安全监控、威胁管理和渗透测试等,但仍然不能保证某些基础设施或应用系统不会遭到破坏或攻击,以及一旦采用的这些安全防御体系被突破我们还能做什么。另一方面,作为面向广大用户群体提供服务并受到监管机构监管的云计算提供商,除了事前预防和事中监控的安全措施外,还必须要有一种能够提供事后追查和事后取证的机制,这种机制即是安全审计。安全审计一方面能及时发现预先定义的攻击性行为,另一方面也为法律或监管部门调查取证提供重要线索。此外,安全审计对于 CP 的业务恢复也具有重要意义,因为只有弄清系统是怎么遭到攻击的,才能更快地恢复系统或服务。从这些意义来讲,云计算环境下的安全审计如同飞机上使用的"黑匣子"。

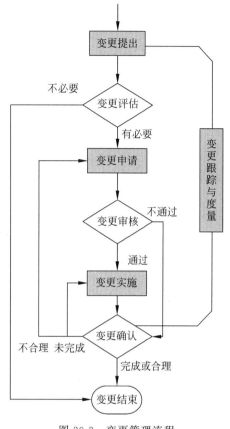

图 30-3　变更管理流程

安全审计是指识别、记录、存储、分析与网络和系统安全行为相关的信息的过程。安全审计是计算机和网络安全的重要组成部分,也是评判一个系统是否真正安全的重要标准。在云计算环境下,面向系统和网络的安全审计至少要实现以下几方面的安全目标:

- 跟踪或监测系统中的异常事件。
- 确认并保持系统活动中每个人的职责。
- 确认并重建已发生的安全事件。
- 评估损失。
- 提供有效的灾难恢复依据。
- 提供阻止不正当使用系统行为的依据。
- 提供网络安全案件侦破证据。

ISO/IEC15408 在"信息技术安全性评估通用准则 2.0 版"中对安全审计定义了一套完整的功能,包括安全审计自动响应、安全审计数据生成、安全审计分析、安全审计浏览、安全审计事件存储、安全审计事件选择等。在云计算环境下,安全审计系统应跟踪所有服务层次产生的与安全相关的事件,包括系统事件、安全事件、网络事件、应用事件以及其他事件等。图 30-4 所示是安全审计系统框架。

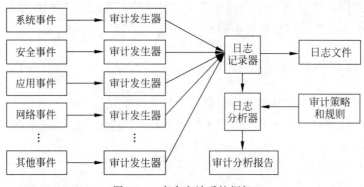

图 30-4　安全审计系统框架

安全审计有两种实施情况：

- 内部审计：是应内部治理需要而做的，如为彻底审视云计算安全治理状况，这通常由云计算治理安全组织架构中的审计部门来负责实施。
- 外部审计：通常由监管部门的合规检查或客户的合规性要求而做，多由外部代理或顾问来实施。目前外部审计情况居多。

此外，无论是内部安全审计还是外部安全审计，以下都是进行安全审计的实施步骤。

- 第一步：定义审计的范围和目标。创建一个主列表，列出审核应该包括的工作。大多数情况下，如果以前做过同样或类似的工作，都会有一些可以借用的模板或范例。
- 第二步：差距分析。主要是检查目前的状况、分析需要做多大改进，评估有多大风险和任务的紧急性等。
- 第三步：实施和部署解决方案。一旦知道了差距，下一步是针对每一个问题找到解决方案，并按照一定的优先级实施解决方案。

此外，对审计师的资质要求和人员选择也很重要。对于外部审计来说，很多时候组织没有权利去选择审计师或安全评估人员。由于目前阶段很多审计师对云和虚拟化技术还不是很熟悉，如果机构可以选择的话，强烈建议选择一个对云计算技术和安全都有一定了解的审计师，可以从询问这些人员关于 IaaS、PaaS、SaaS 相关术语的熟悉程度作为一个评判的起点。

本节重点阐述了云计算安全治理可采取的一些关键措施，包括制定安全策略、监控安全事件、管理风险与变更、记录安全日志等，这些多属技术领域范畴。下面将要讲解的云计算业务的隐私保护不仅涉及技术的范畴，更多会涉及法规政策及管理制度的范畴。

30.3　隐私保护

30.3.1　云计算环境下隐私保护的概念

随着互联网的普及与推广，近年来通过互联网来披露、公开或传播他人隐私行为的方式及事件已越来越多，如通过"人肉搜索"就可直接探测个人隐私信息，将例如家庭住址、年龄、身份证号等隐私信息轻而易举地挖掘出来。而随着互联网经济的快速发展，这种通过网络传播个人隐私信息的事件呈扩大化，侵权形式也更加多样化，侵权手段更为智能化，危害结果日趋严重化。

在讨论云计算环境下隐私保护问题之前,先看看什么是隐私。隐私的概念最早由美国法学家沃伦(Samuel D. Warren)和布兰德斯(Louis D. Brandeis)于1890年在《哈佛法律评论》发表的一篇文章《论隐私权》中提出,后得到全球各界人士的普遍认同。它是指自然人自身所享有的与公众利益无关的且不愿他人知悉的私人信息,这是隐私的普遍定义。对于基于网络的隐私,法学界至今还没有形成统一的看法。有的学者认为网络隐私是指自然人在网络上的个人数据信息、隐私空间以及任何与个人网络活动有关的信息。网络隐私权保护即禁止他人非法知悉、侵扰、传播或利用的权利。由于网络环境的开放性、虚拟性、交互性、匿名性等特点,使得基于现实环境的一些隐私权保护手段在网络环境中变得难以实施。

在云计算环境下,只要用户愿意,任何可以存放在本地机器的数据都可以存放在云上,包括邮件、健康档案、财务信息、约会计划、广告策划、商业计划、演示文档、图片、视频,等等。在云计算环境下,首先要保护这些存放的数据隐私信息,如不允许第三方在未经同意的情况下存储或读取用户云上存储的邮件信息等;其次还要保护发生在云环境下的用户操作行为的隐私性,如用户访问的站点应不允许用于商业目的收集;更重要的是,用户个人相关信息不允许共享给与用户云计算使用无关的他人。因此,概括起来,云计算环境下的隐私保护最主要的目的是防止CP恶意泄露或出卖用户隐私信息或机密数据,或者搜集用户数据进行分析以挖掘用户隐私信息,例如分析用户潜在有效的盈利模式,或者通过两个公司之间的信息交流推断他们之间可能有什么合作等。

对基于网络提供服务的云计算环境而言,由于用户数据控制权的转移及安全边界的消失,用户个人隐私信息及数据隐私保护问题,尤其是服务端隐私保护问题将变得更加突出,用户对云计算下的个人隐私信息及数据隐私保密性担忧已成为阻碍用户使用云计算的最大障碍之一。按Ponemon研究所及TRUSTe公司所做的"2008年隐私保护最受信任的公司调查"结果,隐私保护是如今电子领域里市场竞争的关键因素之一。调查认为云计算的消费者愿意和一个他们可以信任的CP建立业务关系。因此,对云中个人隐私及数据安全提供保护无论是对CP还是CS都具有重要意义。

30.3.2 云计算环境下的隐私数据

在云计算环境下,个人及数据隐私保护强调的是个人存放在云上的数据、云计算环境下的用户访问行为(如访问的站点)或双方签约相关信息(如身份证号码等)等不允许非授权访问或非正当原因的收集、使用与披露,最终目的是保护客户个人隐私信息及机密数据,并防御各种欺骗行为,如身份盗窃、垃圾邮件、钓鱼等。为便于阐述云计算环境下的隐私保护对策,先来看一下云计算环境下哪些信息是用户的隐私信息。

云计算环境下的用户隐私信息可以分成两块:一块是与用户使用云计算相关的数据,叫用户数据(User Data);另一块是用于唯一识别、联系、定位个人或与其他信息一起可唯一识别个人的数据,即用户可识别信息(PII),也叫个人数据(Personal Data)。

用户数据是从客户收集的信息,包括:

- 任何直接从客户处收集的数据,如通过用户界面输入的信息。
- 任何间接从客户处获得的信息,如文档中的元数据。
- 任何关于用户使用行为的数据,如日志和历史等。
- 任何与客户系统相关的数据,如系统配置、IP地址等。

个人数据可能包括以下几种：

- 联系人信息：姓名、邮件地址、电话、邮寄地址等。
- 身份信息：身份证、社交号码（SSN）、驾驶证、护照、医保卡、指纹、营业执照等。
- 人口特征：年龄、性别、种族、宗教信仰、性取向、犯罪记录等。
- 职业信息：工作头衔、公司名称、所属行业、从事专业等。
- 健康信息：健康计划、健康历史、保险情况、遗传信息等。
- 财务信息：银行存款、信用卡或借记卡账号、购买记录、信用卡消费记录等。
- 在线行为：IP 地址、Cookies、Flash Cookies、登录凭证等。

需要强调的是，对于企业用户而言，上述的用户数据是以一个公司为实体的隐私信息，也属于个人隐私信息保护范畴。

上述用户数据和个人数据，尤其是个人数据，CS 通常并不是在使用云计算的情况下提供给 CP，如身份证信息和营业执照等信息通常是在签订合约时提供，或在生成订单时提交给 CP。这些信息均与用户使用云计算系统时存储在云上的其他业务数据有很大的不同，需要针对其不同的特点采取不同的保护措施。

30.3.3 云计算环境下隐私数据保护对策

从上述关于用户隐私信息的数据类别来看，用户的隐私信息涉及范围较广，从业务数据到用户输入访问信息，从用户个人特征信息到用户在线行为信息等，因此，对于云计算环境下的用户隐私信息的保护，仅仅依靠单一手段如数据加密是远远不够的，需要有一套完备的隐私保护体系，涉及多个层面，以下仅从法律、技术、监管、约束机制四方面分析其对策。

1. 完善立法及相关的法规制度

云计算环境下保护隐私信息最好的实践就是要有法律做保证，许多国家已经颁布相应法律来保护其个人隐私，如加拿大的个人信息保护和电子文档法案（Personal Information Protection and Electronic Documents Act，PIPEDA）、欧盟委员会的数据隐私保护指示、瑞士联邦数据保护法案（the Swiss Federal Data Protection Act，DPA）、瑞士联邦数据保护法令（the Swiss Federal Data Protection Ordinance）等。在美国，个人隐私权利还要受到行业相关管制法案的保护，如健康保险责任法案（Health Insurance Portability and Accountability Act，HIPAA）、金融服务法案（The Gramm-Leach-Bliley Act，GLBA）和美国联邦通信委员会客户专属网络信息规定（FCS Customer Proprietary Network Information rules，CPNI）等。第 31 章将会对上述部分规约进行介绍。

目前，国内现行法律对用户信息隐私的保护还比较滞后，还无专门针对网络环境下的用户隐私保护的体系化的法律或法规，更没有针对云计算环境下的用户隐私信息保护的相关法律或法规。要适应云计算环境下的用户隐私信息保护需求，我国乃至全球的立法机关都应加快加强用户隐私信息保护方面的相关立法，明确云计算环境下用户隐私信息的保护内容及流程，建立一套完善的用户隐私信息保护体系。

2. 运用数据安全保护及隐私增强技术

对于存放在云上的用户数据其隐私信息保护主要采用数据加密、安全认证、访问控制、数据屏蔽等技术。需要说明的是，在保护云中存放的数据及其所包含的隐私信息方面，数据加密能较好地解决无意或恶意带来的隐私信息泄密问题。此外,双因子增强认证方案为云中数据访问认证提供更好的安全保护。

关于隐私增强技术(Privacy Enhancing Technologies,PETs),目前业务还无统一的定义,学界认可的说法是,PETs是指任何可以用来保护或增强个人隐私信息安全的技术,包括数据加密技术,智能卡和可信任的令牌环,增强型便携式客户端设备,分布式应用,面向对象的封装(数据与方法的紧耦合),基于XML的消息(基于格式与规则的紧耦合),用于分布式数据与处理的Web服务架构,更细粒度级的断言、隔离认证、授权与属性以及零知识证明技术等。

3. 设立政府监管机构

除了法律对隐私信息违规行为的制裁和增加安全技术实施外,云计算服务下的用户隐私信息保护更多依赖相关机构的有效监管。设立以政府为主导的可信的第三方监管机构,不仅可以为云计算环境下的用户隐私信息保护提供公平、可靠、权威的监督与管理,还可定期对云计算提供商的服务可用性、安全技术实施与安全治理进行审计、评估等。

此外,监管机构还可以在CS与CP双方间的服务等级协议(Service Level Agreement,SLA)履行过程中起到很好的监督与制约作用。SLA是明确云计算相关各方权利与责任的合约,一方面可以较好地保证云计算的质量;另一方面,SLA也确定了双方的经济关系与赔偿机制。监管机构应该根据SLA的要求,对云计算涉及的多方进行监督,保证用户和服务提供商的权利和利益。一旦出现违反SLA的行为,监管机构应该协助权益受到损害的一方要求侵权实体提供合法的赔偿。

4. 建立云计算环境下用户隐私信息使用约束机制与流程

由于监管审计或法律查证等需要,仍然存在将涉及云用户隐私信息的数据提供给第三方的可能。在这种情况下,无论宏观环境或安全技术实施对用户隐私信息提供多大保护,最终的用户隐私信息保护还需要云计算提供商与用户间有一个严格而规范的用户隐私信息使用的约束机制与流程来保证,这可能包括:

- 用户隐私信息收集前的正式声明:根据监管或法律等要求需要收集、使用、持有、分布、传输用户隐私信息的公司或提供商必须对数据拥有者提供一个清晰而明确的正式声明,声明中必须如实说明收集用途、期限、执行实体等信息。
- 隐私信息拥有者的确认:隐私信息拥有者必须提供一个清楚而正式的确认函,用于表明同意收集、使用、持有、披露、传输和保护用户隐私数据。
- 用户隐私信息收集:必须要有一个符合相关法规、规范和监管政策的用户隐私信息收集、使用和传输应用系统。
- 用户隐私信息的使用:用户个人数据只能用于与上述声明中陈述一致的目的。
- 用户隐私信息的安全:必须要采取合适的安全措施(如加密)来确保个人数据在传输、存储及使用过程中的安全性。
- 用户对隐私信息的管理权:隐私信息拥有者对个人数据有浏览及更新权,而对个人数据访问仅受限于相关的授权人员。
- 用户隐私信息的持有:必须有一个合适的流程(收集、使用与销毁等)来确保个人数据仅限于实现商业目的或法律限定的期限内持有。

- 用户隐私信息的处置：过期或不用的个人数据必须采用安全且妥当的方式进行销毁处理，如使用加密盘销毁或碎纸器。

最后需要强调的是，无论是 CP 还是 CS，都将得益于更透明的云计算风险管理体系，更公平标准化的云计算使用条件，以及更健全的法律保护和监管环境。下面将以金融业的电子支付运营为例说明云计算安全运营治理过程。

30.4　案例：金融业的电子支付运营安全

30.4.1　需求分析

从广义上讲，电子支付是一种云计算服务，它是指电子交易的当事人（包括消费者、商家、金融机构或第三方支付服务提供方）使用安全电子支付手段，通过网络进行货币支付或资金流转的活动。电子支付已成为电子商务发展过程中最重要的一个环节。但在目前社会整体信用度欠缺、相关法律法规对电子支付的权利和义务界定尚不清晰的情况下，电子支付存在密码管理、网络病毒、木马、网络钓鱼等安全问题。调研数据表明，在不愿意使用电子支付的网民当中，有高达 70% 的人是因为担心交易与资金的安全。

针对电子支付的各种不同的安全性要求，需要从技术实施、法律规范、运营治理等多个方面来保障电子支付数据的保密性、数据的完整性、交易者身份的确定性以及交易的不可否认性。

从技术上看，目前在电子商务界，已开发出相应的技术措施，较为成熟的有加密、访问控制与安全认证、防火墙、入侵检测、漏洞扫描等技术；国际上也已经形成了一些比较成熟的安全机制或协议，如基于信用卡交易的安全电子交易（Secure Electronic Transaction，SET）协议、用于接入控制的安全套接层（Secure Socket Layer，SSL）协议、Netbill 协议、安全HTTP(S-HTTP)协议、安全电子邮件协议（如 PEM、S/MIME 等）、用于公对公交易的Internet EDI 等。

从法律上看，由于网络特殊的跨国性交易特性，除需要从业者的自律规范，更需要通过各国有关银行或金融的相关法规加以规范。

对于电子支付服务而言，相对于技术和法律两个层面，运营安全治理显得尤为重要，因为支付服务更强调支付信息的保密性、支付流程的严谨性、支付过程的可追溯性，因此，支付提供方的组织架构的合理性、安全治理操作的完备性以及对客户隐私的保护对保障消费者账户等金融信息的安全至关重要。

30.4.2　设计考虑

X 公司是一家国内领先的独立第三方支付企业，主要为各类企业及个人提供安全、便捷和保密的综合电子支付服务。根据国家金融服务领域的相关政策法规，X 公司基于 ISO/IEC 27001 安全管理体系建立了信息安全管理架构，用于支持与保障公司业务发展目标，保证为客户提供优质的支付服务，并确保服务的安全、稳定、便捷、合规。

为此，X 公司在技术层面针对不同安全层次实施了分层次的管理：物理环境安全管理、网络安全管理、主机安全管理、系统安全管理、数据安全管理、业务持续性管理、支付流程安全管理。更重要的是,X公司建立了明确的安全管理组织与方针以及严密的安全监控措施,以保障安全管理措施能够被有效落实,并与公司安全管理及业务目标保持一致。

30.4.3　安全运营治理实施

30.4.3.1　运营组织架构

(1)信息安全目标。信息安全管理必须从公司业务目标与需求出发,确保支持业务的信息资产具备有效的内部控制,通过持续改进机制防范风险事件,实现公司信息安全目标。安全目标主要包括以下几项:

- 保密性:确保任何非授权主体无法访问或使用信息资产。
- 完整性:确保信息资产的准确与完整,防止未授权的修改。
- 可用性:确保授权主体在需要时能够访问及使用信息资产。
- 可靠性:确保相关信息资产在规定条件内能完成规定功能。
- 不可抵赖性:确保行为各方在行为发生后无法否认。
- 问责性:确保所有信息资产都有明确的部门与岗位对其负责。
- 合规性:遵循法律法规、合约责任及公司规章制度。

(2)安全管理组织。图30-5所示为X公司电子支付服务运营保障组织架构。公司最高管理层为公司信息安全负责,并给予充分、明确的支持与指导,提供必要的资源保障,创造积极的内部环境。公司任命了信息安全管理层代表,设立了专职的安全中心、内部审计部以及各业务部门的安全管理岗等,保证安全管理有充分的组织支持。

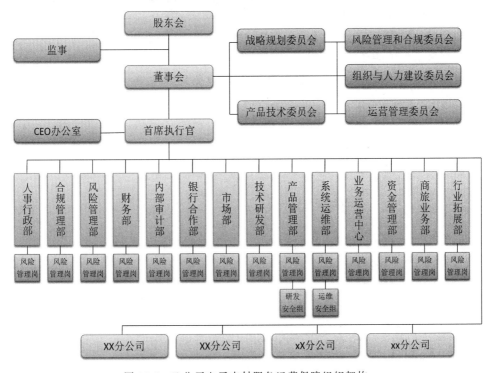

图 30-5　X公司电子支付服务运营保障组织架构

（3）风险为导向的管理方法。安全管理必须以风险为导向，通过对信息资产的识别，分析评估相应的风险，并且根据风险水平实行相应的处置策略与内部控制措施，兼顾成本与效果的平衡，最终使风险水平控制在可以接受的容量内。

（4）持续改进机制。安全管理体系通过有效的自我评估、内部审计、ISO/IEC 27001 认证机构审计以及管理评审活动，及时识别内部控制缺陷，实施纠正和预防措施，不断完善信息安全管理体系。

（5）技术与管理并重。X 公司在信息安全管理体系建设过程中，坚持技术为手段，管理做保障，两者缺一不可，一方面提升信息安全管理中的技术应用水平，另一方面持续加强信息安全管理流程与内部控制的落实。

30.4.3.2　安全运营监控

X 公司对电子支付服务的整个运行过程进行了全年 7×24 小时专人严密监控，监控主要包括服务可用性监控、交易正确性监控、产品服务监控、安全性监控等内容，涉及范围包括用户应用异常、用户交易异常、入侵检测、已知攻击检测、传输过程中数据窜改、峰值异常、网络异常等，其目标是对系统与产品事故进行及时预警、发现和处理，防止事故影响扩大，维护系统的稳定性，并对事故行为进行分析汇总，以建立相应预防措施，保障用户交易顺畅及用户账户安全可靠。

系统监控通过探针形式实现，监控探针形式包括实时可用性探针、交易正确性探针、产品合规性探针。其中实时可用性探针由生产系统主动汇报自己的生命特征，把生命数据放入监控数据库，通过监控控制台显示报警；交易正确性探针可以用生产程序每步双检测（DOUBLE CHECK）的方式来做，一旦异常，报警通知，也可以事后交易数据合规检查的方式来报警；产品合规性探针可以通过 SQL 查询统计的方式来监控报警。探针的数据获得后存放到监控数据库，控制台对每种业务的监控做好规则配置，一方面作为报警规则，另一方面也作为显示报警的依据，方便监控人员监控跟进。当监控发现问题时，某些报警出现后可以通过自动规则触发修复命令，系统自动修复，修复后再报告修复完毕，以便事后检查。监控过程如图 30-6 所示。

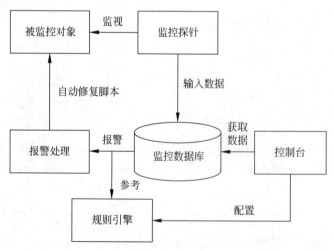

图 30-6　电子支付运营过程中的监控

除上述从技术层面的安全监控实施外,X公司还根据中国人民银行公布的《支付机构反洗钱和反恐怖融资管理办法》中的相关要求,建立了正式的反洗钱内部控制制度,对商户身份识别、身份资料和交易记录保存、可疑交易报告、反洗钱融资调查等环节进行了明确规范。同时,X公司还启用了反洗钱可疑交易监控系统,对商户可疑交易进行实时监控,防止商户通过该公司的服务进行任何非法交易。

30.4.4 成效评估

X公司严格遵守金融服务领域的相关政策法规,以安全合规为前提,积极推进各类创新型金融服务的发展和应用。目前,X公司正在与超过180万家商业合作伙伴,共同创造信息化金融服务的巨大价值。仅2011年,X公司的交易量总额就突破了12 000亿元人民币。

30.5 本章小结

云计算安全治理是云计算安全在生产环境下安全运营的重要保证,一方面验证了安全技术实施策略的有效性,另一方面也是发现云计算在构建中遗留的安全问题并进行修复的重要环节。

云计算安全治理本身是一个不断改进、逐步提升治理效果、降低安全风险的过程。在此过程中,云计算安全治理策略为云计算安全治理过程提供了指导方针与实施指南,从安全治理目标、管理意图、职责与权限、相关术语及操作细则定义等方面规划云计算安全治理内容。

安全监控与事件响应、威胁管理、渗透测试、安全审计、日志及隐私保护是云计算安全治理的主要控制措施。安全监控对云计算运行环境的安全状态提供全局性监视机制,其提供的安全告警或安全事件是云计算运行过程进行事件响应的重要依据。事件响应按预先定义的安全级别进行相应的安全事件处理,以降低安全风险或消除安全隐患。威胁管理则从"点"的角度提供了对网络及应用系统的脆弱性检查与修复机制,增强了系统的主动安全性,降低了网络或系统被攻击的风险。渗透测试基于"黑盒测试机制"对云计算整体环境进行测试,以主动发现可能存在的漏洞与风险。

在云计算环境下,安全审计和隐私保护既是监管和法规的要求,也是云计算提供商内部安全治理的需求。安全审计不仅为事后取证、业务恢复提供重要依据,定期的审计也可让CP提前发现可能存在的安全隐患,避免安全风险。隐私保护是一个相对复杂的云计算安全保护问题,它不仅依赖于与立法、技术、监管等宏观外部环境,更依赖于云计算提供者与消费者之间相互作用的微观内部环境。

第31章

云计算的合规性

本章内容对应图 25-1 的左上部分,即云计算 IT 合规部分。这部分主要讲解合规的概念、云计算合规的意义及必要性、IT 合规规划及实践、合规难点及思路,最后给出合规实践案例。

31.1　IT 合规概述

31.1.1　什么是 IT 合规

作为一个公司的合规工作中的重要组成成分,IT 合规是指在公司内部的流程中,依据外部或者内部标准作业规范确定公司的业务需求以及 IT 操作规程,以满足监管机构的法律法规、行业公约,包括以下内容:

- 确定是否满足相关需求,即确定公司的业务和 IT 需求是否依据公司的业务目标、外部监管机构或者行业组织的相关法律法规、内部的相关策略标准等,由业务目标、法律法规、用户合同、公司内部策略和标准或者其他因素驱动。
- 将策略、程序、过程以及系统付诸实施,以满足监管需求的需要。
- 确定相关内部策略、流程和指引在公司内部的各个环节和部门得到正确贯彻和执行。

31.1.2　IT 合规对云计算提供商的必要性

随着网络安全法在 2017 年 6 月 1 日的正式生效,以及一系列云平台信息安全事件的曝光,IT 合规性越来越得到相关监管机构的重视。《关键信息基础设施保护条例(征求意见稿)》第十八条明确提出,提供云计算、大数据和其他大型公共信息服务网络的服务端单位应当纳入关键基础设施保护范围。第三十五条也提出面向关键信息基础设施开展安全检测评估,发布系统 漏洞、计算机病毒、网络攻击等安全威胁信息,提供云计算、信息技术外包等服务的机构,应当符合有关要求。

可以说没有合规证明的云服务提供商已经没有了太多的生存空间。审计与合规功能在外部监管机构检查一个公司法律法规符合性和评价一个公司内部 IT 流程有效性中发挥着重大作用。

而随着欧盟通用数据保护案例（General Data Protection Regulation，GDPR）在 2018 年的正式生效，所有可接触欧盟境内居民的个人数据和隐私数据的服务提供商都需要满足该条例，这是一项强制性法律，如果不满足相关法律要求，企业最高可被处罚 2000 万欧元或者上一财年全球收入的 4％。作为第一个重大案例，法国数据保护机构对谷歌处以 5000 万欧元的罚款，原因是它没有向用户披露如何通过其搜索引擎、谷歌地图和 YouTube 等服务收集数据，以展示个性化广告。

越来越多的企业将客户业务通过云计算平台来实现，而作为云服务平台的提供者，云计算提供商必须在 IT 合规方面进行有效的控制和落实，以保证服务的安全性、完整性等各项要求。很多的企业用户会要求云计算提供商给出合规相关的证明和证据，如果无法证明相关的可靠性和安全性，这些企业客户将无法向他们自己的客户、行业监管机构证明组织内部业务运营的准确性和安全性。例如，HR 云平台，会将客户员工的薪资、简历、招聘信息、企业内部组织结构等存放其中，如果服务提供商无法证明其对这些敏感信息的保护机制合理，那么企业就无法对外提供商业化产品服务。

例如，某个支付组织使用云计算 IaaS 提供商提供的主机空间，则支付组织需要证明其使用的主机空间符合相关的支付卡行业信息安全标准 PCI DSS 的相关要求。如果某上市组织使用了云计算提供商的 ERP 系统作为组织内部的 ERP 服务提供者，则上市组织需证明其服务提供商的 ERP 资源是安全、可信赖且正确的。

综上所述，IT 合规在云计算提供商的必要性和价值体现在以下几方面：

- 向监管机构证明履行了监管机构对云服务提供商所要求的对各类信息的安全保障要求。
- 向客户证明公司内各项操作仅限于业务需求，并且是合理的业务需求场景需要，对客户利益不造成实际意义的伤害和潜在的风险损失。
- 协助客户证明其所使用的外部云服务的可用性、安全性和保密性。

合规标准的核心要求就是需要企业证明自己的信息化建设的安全性，并且相关行为是基于一定原则和规范进行的，同时也是可识别和可追溯的。

31.1.3　云服务提供商在合规中面临的挑战

对于依靠创新和产品差异化来强化竞争能力的互联网服务提供商来说，快速的市场反应和快速满足客户需求是服务提供商成功的法宝。但是这一法宝对服务提供商内部的研发、技术运营和安全的挑战非常高。

基于互联网提供线上服务的公司在这方面的要求比较传统的 IT 企业更多，而云计算提供商因服务的客户数比传统互联网服务提供商更多，一旦出现信息安全事件，所有的影响面都是指数级放大，所以在可用性和安全性方面的要求比传统的在线服务提供商更高。在线金融服务商在参考云计算提供商可用性要求的同时，在服务准确性和完整性方面的要求更加苛刻。对合规要求和压力而言，从低到高可以参考如下顺序：

一般的 IT 产品企业＜服务提供商＜云计算提供商＜在线金融服务商

随着互联网在线支付的快速发展，金融业进入了云服务的行列。在本章中，我们选取合规要求最高的在线金融服务商，在实践中做详细的服务合规化的讨论。

根据一线的实践总结,服务提供商在满足安全合规的要求时面临的挑战主要是以下几方面。

1. 合规带来的运营成本的增加

合规审计会带来对管理的规范要求,企业的运营成本会相应增加。例如,为了满足 PCI DSS 关于通信链路的协议安全性要求,企业需要将通信协议版本升级到 TLS 1.1 以上,但在实际的业务流上下方,都存在各类浏览器版本、中间件版本、JDK 版本仅支持弱加密协议的版本问题,而为了满足合规性要求,通常只能放弃此类上下游供应商,这直接导致了交易链条上下游的开发成本、沟通成本、获客成本,也是合规成本增加经常受到诟病的最常见因素之一。

对于大部分的云服务提供商企业,运营成本的增加,来自原有的运营体系中由于种种原因而存在的大量手工流程。由于这里流程的非自动化,在整个 IT 合规流程中,需要消耗大量的人力资源来满足合规的要求。这不仅增加成本,而且容易出错,可重复性差。例如,变更管理是典型的合规要求。如果没有自动化系统,变更记录只能用分散的 Excel 表格记录,并且要确保所有人员执行,非常费时费力,容易出错。

运营成本增加的另一个原因来自企业内部各部分的边界问题。业务部门以及不同地区不一致的流程也使得合规计划不成体系,从而导致效率低下:首先,整个机构中可能有多个部门对同样的应用控制进行测试和报告,这导致在审核准备上花费更多时间,并且内审人员需要花费更多时间来评判控制环境,审核时间的延长必然导致审核费用的增加。其次,以不同的方式执行各项合规计划,这将使得未在整体范围内协调一致的部门产生许多零碎信息,这种效率低下将导致重复工作,从而导致多个部门对相同的 IT 环境控制进行测试和报告。例如某企业有一个业务系统,几个管理部门都具备后台管理功能和开发功能,平台的性质导致了需要审计团队对同一个平台进行多次测试和报告。

为了合规而投入的大量技术和 IT 资源会直接影响企业开展业务的能力,如可能对技术部门原本应该上线的业务项目(如新的业务程序、新的合作伙伴接入、新的销售服务计划)造成延期,很多项目不得不延迟或者暂停。

2. 同时多项合规带来运营管理的复杂性增加

由于业务和监管的要求,企业可能同时有多项合规的要求。以国内在线的第三方支付机构为例,可能需要同时遵从《中华人民共和国网络安全法》《信息安全技术网络安全等级保护基本要求》、PCI DSS、《银联账户信息安全合规》、ISO 27001:2005、SOX、SAS70、《非金融机构支付服务管理办法实施细则》等合规标准。

为了获取合规证明,组织需要努力满足各种规章要求。为此,企业要额外投入大量 IT 资源来证明本身能达到 IT 合规各项要求。例如为了满足《非金融机构支付服务管理办法实施细则》的第三十六条,非金融支付机构就需要建立必要的同机房数据备份设施和同城应用级备份设施,直接的后果是导致企业运营管理复杂性直线上升。因此信息化合规性建设是一个系统性工作,也需要进行预先规划,下面将重点阐述信息化合规规划。

31.2　信息化合规规划

31.2.1　信息科技合规整体框架

不同的信息科学技术在实际使用场景中面临不同的信息化安全风险,作为信息科技的合规诉求,各服务提供商应针对自己本身的业务属性或客户属性来制定不同的信息安全合规准则,作为企业内部信息科技合规的负责人,需要根据自身的业务属性和客户属性有针对性地选择企业信息合规框架,并形成自己的信息安全准则和技术实现细则来满足信息安全合规性要求。例如,提供金融云解决方案的供应商就应该关注金融行业的性质特点,满足常规性的云服务提供商需要满足的 2019 年度发布的《信息安全技术 网络安全等级保护基本要求》的同时也要满足 GB/T 36618—2018《信息安全技术金融信息服务安全规范》。但所有的企业信息科技合规可以参考 ISO 27001 进行分类,然后根据服务商所面临的行业特性有条件地扩充或细化某些具体的行业安全要求,这样从企业内部的角度可以有统一的合规术语和执行策略方法,从而满足各类合规要求的同时实现合规效率的提升。

云服务提供商在进行合规工作和实际作业过程中可以参考使用 2017 年发布的 COSO-ERM《企业风险管理框架》为总体框架,充分借鉴 ISO 27001、ISO 2000、ISO 22301(原 BS25999)、ISO 38500、CMMI、CobiT、ISO 3100 等权威标准,整体规划,阶段实施,逐步实现管理体系建设、优化与融合。

合规的规范很多,但是具体的实施上,可以把相似的内容做统一处理,以减少工作量。例如:

- 在 ISO 27001 和 PCI DSS 项目建设中,ISO 27001 中包括 14 个控制域、35 个控制目标、114 项控制措施,最新版本的 PCI DSS V3.2.1 中存在 6 大类 12 个控制点,多于 220 个子要求。如果分别按照两个标准制定相关的管理制度和文档,将会制定大量重复性的规章制度。而如果定义统一的 IT 合规框架,使用通用的合规策略语言,将会大大降低组织内部在 IT 合规方面的投入。
- ISO 27001 A.5 信息安全策略和 PCI DSS 信息安全策略是一致的,企业不需要额外再建立一套信息安全策略。例如,ISO 27001 A.6 信息安全组织和 PCI DSS 第十二控制点是一致性的。ISO 27001 A.7 人力资源安全和 PCI DSS 第十二大类也是一样的。
- ISO 27001 A.6 信息安全组织和国家网络安全等级保护中关于安全管理机构中的相关内容是一致的,同时网络安全等级保护里面的具体条款更加细致,如果企业在信息安全组织建设中执行网络安全等级保护的相关要求,即可同时满足 ISO 27001 的相关要求。

31.2.2 IT 合规解决方案

在审计云计算对上述合规框架的合规性时,合规公司应首先明确以下两方面:

- 公司内部业务部门和审计部门对合规工作的要求。
- 外部客户或者监管机构审计方对于合规性的要求。

云计算提供商如需进行 IT 合规工作,可参考下列步骤进行。

1. 明确需求

不同的目标客户群体拥有不同的行业特性,而行业特性不同将会导致潜在客户关注的焦点不同,例如支付行业关注的是持卡人的信息,而医疗行业关注的是病人隐私信息安全。关注的焦点不一致将导致采取的合规标准侧重点不一致。

不同的监管对象,重要关注点和监管内容也存在差异性,同一监管机构在不同时期对监管内容的关注点也存在重点的差异性。

2. 确定合规的标准和规范,并和外部监管机构进行沟通

在明确了需求后,公司应确定要采取的合规技术标准和规范。为了明确监管机构的关注点和监管要求,公司要在进行合规前期邀请外部监管机构进行必要的沟通。

在通常的合规项目中,如果前期未和监管机构沟通,往往会发现公司内部对合规标准的理解和监管机构的关注点有较大的差距,而这些差距将会导致公司在合规工作准备中出现部分偏差,需在后期额外投入资源进行补救。

3. 定义清晰合规的范围

在合规工作中,最重要的一点是明确定义企业合规的范围。

例如,在支付卡信息安全标准的合规中,到底办公环境的物理安全是否属于合规范围之内,需要企业对 PCI 标准进行详细的分析和理解,确定企业的办公环境是否涉及持卡人的数据环境。例如,如果企业所有运维操作均在持卡人环境中进行,而后台持卡人业务清算和风险控制处理在办公环境中进行,则需把办公环境纳入合规范围内,若清算和风险控制处理均单独在持卡人环境中,并未涉及办公环境,则可将办公环境从持卡人合规范围内剔除,从而减少 PCI 的合规范围。

4. 梳理企业内部操作流程并确定差距

在公司进行合规操作时,建议服务提供商将公司内部的各项操作流程和环境与审计合规标准进行对比,确定公司内部实际操作步骤和合规标准的差距。

在这个过程中,企业应将内部运营的实际操作(而非文档中的操作规范)以及将产生的日志和记录部分与合规标准进行对比。因为在合规和审计工作中虽然看重组织的操作规范,但作为有经验的合规监管机构更看重的是组织日常操作过程中的记录和日志。

5. 依据差距确定整改计划并执行整改

公司应该根据内部自我评估的结果来设计合理的合规整改项目,包括条款清单、风险等级和项目优先级。通常在整改项目的实施过程中,涉及部门对整改项目的支持力度是项目成功的关键因素,同时也是项目风险最大的地方。

有一个真实的案例,国内某电子商务公司在实际业务需求中存放了持卡人卡号的信用卡校验值(Card Verification Value,CVV)信息,以方便持卡人二次支付时不必再输入持卡人的信用卡账户信息。这虽然增加了客户支付的快捷性,但同时增加了客户信用卡信息泄露的风险。依照 PCI DSS 的相关要求,支付机构或者商户不得存放持卡人的 CVV 信息。组织在进行 PCI DSS 合规工作时,将此项目列入了整改清单,但因业务部门不同意进行此项整改,导致公司无法通过 PCI 主任审核员的现场审核检查工作,无法获得 PCI DSS 的合规报告,导致整改项目最终失败。

6. 整改完毕后,依据合规标准再次进行合规

在安全整改完成后,公司可以向外部监管机构或者组织进行合规申请工作。同时,公司应该将重点转移到整改项目的实际运行,保证有实际运行记录来确定支持合规的审计。

有了规划,如何实践将成为关键,下面讲述 IT 合规实践的主要内容。

31.3　IT 合规实践

31.3.1　IT 合规的工作内容

IT 合规的内容中通常主要包含三方面内容：

- 财务合规中的 IT 合规。
- IT 服务标准化的合规。
- 信息安全管理体系。

行业性的合规性工作的框架和标准通常都以这三方面为出发点，再基于行业特点或者关注重心的内容不同而有所区别。公司可按照这三方面的安全框架组建自己的 IT 合规工作内容。这三方面主要的合规标准对比如表 31-1 所示。

表 31-1　网络安全等级保护、ISO 27001、IPCI DSS 合规标准对比分析

对比项	网络安全等级保护	ISO 27001 认证	IPCI DSS
报告的预期对象	国内监管机构	供应链上下游和潜在的客户群体	客户和卡组织机构
预期目的	证明企业信息系统满足相关不同等级的重要信息系统安全建设标准	为外部监管或审计机构准备合理的信息安全管理体系提供证明	为外部监管或审计机构准备合理的支付数据安全保障证明
主要内容范围	重要信息系统所处的各维度	信息安全管理标准 ISO 27001 中涉及的 11 个大类相关的内部控制	主要针对卡数据的信息安全保护
报告性质	法律合规性证明材料	在机构准备合理的信息安全管理体系提供第三方保证	在机构准备合理的信息技术服务管理提供第三方证明
报告的可比性	明确的标准	对公司内部信息安全管理使用统一的标准，但公司在适用性声明中选择性要求具体控制点适用与否	对公司提供的 IT 服务水平进行统一的评比
审计频率	三级系统每年一次	认证有效期三年，每年进行监督审核	认证有效期三年，每年进行监督审核
认证办理机构	监管机构	建议中国信息安全认证中心	具备 PCI 审核资质的企业

31.3.2　IT 合规的实践建议

IT 审计往往是上市公司财务审计的组成部分。如果公司准备在美国上市或者已经上市，上市法规会要求公司进行独立的外部审计，确保上市组织的内控措施是真实有效的，例如遵从 SOX 404 审计，审计公司将会出具一份真实、公正的财务报表的年度报告来证明组织的财务报表真实、有效。

为了证明组织的内部控制措施的有效性，外部审计人员将执行一些具体的审计测试，这些测试中，审计人员事实上是在测试系统中数据的有效性，为了进行这种价值型判断，审计人员会对 IT 控制进行检查，包括一般性控制检测和应用程序控制检测。

审计人员将在最基本的层次上进行检查,检查的内容和 ISO 27001 非常相似,例如包括访问控制、变更控制、业务连续性检查,同时会有一些测试(如 Linux 操作系统和 Windows 操作系统中的账号控制和密码组成的策略),但是大多数的检查都是基于访谈和证据。

最后外部审计人员生成一份在事实准确性方面获得被审计方同意的管理建议书。管理建议书是纯信息性的(for information only),只有最严重的控制失败性问题才会进入年度报告中。当然,对于一个公司内部的信息化建设部门,通常而言这也是获得预算的好机会。

为了应对 IT 合规的挑战,公司应尽可能减少信息的无序管理,同时实现审核流程和 IT 安全控制的自动化,以降低劳动力和咨询成本。公司还应尝试提高内部审核的频率,以维持来之不易的合规成果。当然公司的最终目标是以更低的成本满足合规的要求,以便可以将 IT 资源分配到可以更直接地创造收入的业务的开发运营工作中。

由于大部分的法规都比较模糊,因此在确立 IT 要求指南并将这些要求对应到特定的公司策略和控制目标时,公司必须自己制定相应的措施。下面针对某些具体的 IT 合规进行简单介绍,并对如何进行合规进行说明。

31.3.2.1　如何通过财务审计中的 IT 审计

1. 确定 IT 审计的范围

作为财务审计组成部分的 IT 审计范围一般由财务报表中的重大财务账户来定义被审计的商业流程和交易类别。作为支撑这些商业流程和交易类别的信息系统都属于 IT 审计的范围,包括 IT 基础设施服务和财务应用程序。通常审计人员对这些范围进行两部分审计测试:

- IT 一般性控制审计包括程序开发、程序变更、程序操作、访问控制、控制环境。
- 应用程序控制审计主要关注于应用程序和外部接口之间的输入控制、校验控制、系统接口、系统计算、权限控制等方面。

2. IT 审计准备的材料

- 变更管理方面:变更的整个过程是否有人审批并被监控和测试,以及是否存在职责利益冲突。
- 访问控制方面:系统账号是否有授权并权限合理,系统是否设置合理的安全参数,特权账号的设置是否合理,访问过程是否有日志记录。
- IT 操作方面:各项业务数据是否定期备份和测试,自动化脚本是否有合适的授权,事故是否被定期统计和分析。常见的例子是,开发人员为了脚本的执行方便,常使用 root 的权限,造成授权过大。

31.3.2.2　如何通过 SAS 70 安全认证

SAS 70 安全认证,即 Statement on Auditing Standard 70(审计标准第 70 号公告),是由美国职业会计师协会 AICPA(American Institute of Certified Public Accountants)制定的、针对服务机构的内部控制、安全保障、审计监督措施的审计标准。

SAS 70 有两种类型:类型Ⅰ报告和更高级的类型Ⅱ报告。公司通常先执行类型Ⅰ,然后进入类型Ⅱ。

在类型Ⅰ的报告中,审计人员将判断目前的规范控制流程是否像公司自己所描述的那样已经生效;判断生效的控制是否满足已声明的控制目标。

在类型Ⅱ的报告中包含类型Ⅰ的各部分,再加上一个关于控制都已经被测试过,并且能够提供合理保证的声明。报告中还应记录一段时间内控制措施的测试详情。

在 SAS 70 的报告中重点对服务提供商所提供服务的业务流程、应用程序开发和维护、变更控制、逻辑访问安全、物理安全、IT 操作、业务连续性、网络和通信等方面进行控制串行测试。

通常一个公司如果有信心通过塞班斯法案,那么它也应该有信心通过 SAS 70,因为二者的本质是一样的,SAS 70 项目实施的一般步骤如下。

（1）第一阶段：项目启动。

- 确定公司内部提供服务的组织结构。
- 与外部审计机构进行沟通,了解其关注点。
- 确定服务接受者财务报告的编制流程。
- 确定相关的业务流程及 IT 支撑系统。
- 确定与服务质量密切相关的业务流程。

SAS 70 审计可能不仅涉及一个服务接受者,需要遵循的法规可能也不止一个,在进行范围确定时要一并考虑。

（2）第二阶段：风险评估并识别控制活动。

- 明确控制目标并采用成熟的控制框架,如 ISO 27001、COBIT、COSO 等。
- 识别业务流程及应用控制相关的活动,以及 IT 运行相关的人、技术、环境相关的控制措施。

（3）第三阶段：差距分析。

针对控制目标和实际现状进行差距分析,确认重大缺失和缺陷。

（4）第四阶段：体系设计和试运行。

- 在差距分析的基础上,根据控制目标及风险分析的结果,对内控体系进行优化设计。
- 对新的内控体系进行人员培训并进行试运行。
- 在新的内控体系试运行期间,收集各相关部分的反馈并进行内控体系的完善。

（5）第五阶段：内控措施的评估和测试。

针对新的内控体系运行情况进行内控体系的有效性测量,并进行内控体系的自我评估,确认控制体系满足相关控制目标要求。

（6）第六阶段：持续改进。

针对内控体系的运行情况,定期进行内控体系的风险评估工作,并根据有效性测量的结果实施持续改进计划。

31.3.2.3　如何通过 PCI DSS 安全认证

PCI DSS 是支付卡行业信息安全标准,是由支付卡行业安全标准委员会 PCI SSC 负责在全球范围内推行的支付卡行业数据安全标准,目前最新版本为 PCI DSS v3.21。该标准适用于提供信用卡服务的金融机构或服务提供商。

PCI DSS 的数据安全标准旨在保证和进一步提高信用卡持有人的数据安全,该标准使得全球支付行业可采取同样的数据安全标准。该标准以 PCI DSS 数据安全标准中的 12 条基本要求作为基础,12 条 PCI DSS 数据安全标准要求的概要描述如表 31-2 所示。

表 31-2　PCI DSS 数据安全标准概要

控制目标	PCI DSS 需求
建立并维护安全网络	(1) 安装并且维护防火墙以保护持卡人信息 (2) 避免使用供应商提供的默认系统口令和其他安全参数
保护持卡人数据	(1) 保护存储的持卡人数据 (2) 加密开放或公共网络上的持卡人数据传输
维护一个弱点管理程序	(1) 使用定期升级的防病毒软件或计算机程序 (2) 开发并维护安全的系统和应用
实施强有力的安全访问控制措施	(1) 根据业务需要限制对持卡人数据的访问 (2) 为每一个具有计算机访问权限的用户分配唯一的 ID (3) 限制对持卡人数据的物理访问
定期监视并测试网络	(1) 追踪并监控对网络资源和持卡人数据的所有访问 (2) 定期测试安全系统和流程
维护一个信息安全策略	维护一个信息安全策略

PCI DSS 安全要求适用于所有系统组件。系统组件可以是持卡人数据环境中或与之相连的任何网络组件、服务器和应用等。持卡人数据环境是处理持卡人数据或敏感认证信息的网络部分。网络组件包括但不限于防火墙、交换机、路由器、无线接入点、网络设备和其他安全设备等。服务器包含但不仅限于 Web、数据库、认证、邮件、代理服务器、网络时间协议(NTP)和域名服务(DNS)等服务器。应用是指所有外部购买的和定制的应用,包括内部和外部应用。

如果公司要通过 PCI DSS 认证,那么需要准备下列材料。

(1) 最新的网络结构图。

根据 PCI DSS 要求,应实施隔离保护持卡人数据,要求包括:

- 将需要外部访问的 Web 服务器和邮件服务器等放到隔离区中。
- 数据库服务器放到内网,只允许必要的访问通过。
- 不允许内网服务器通过互联网访问 DMZ(DeMilitarized Zone)区。
- 实施状态检查,动态包过滤。
- 使用 NAT(Network Address Translation,网络地址转换)等技术实施 IP 伪装。

(2) 针对防火墙和路由器等网络设备的安全策略。

- 配置的测试和审批。
- 描述网络组件的组、角色和职责等。
- 开启的服务、协议以及端口清单和说明(并简要阐明为什么必须开启该项)。
- 要求每半年审核防火墙和路由器规则。

(3) 针对(访问支付环境的)个人计算机的安全策略和流程。

- 安装个人防火墙、防病毒等防护软件,并定期更新补丁和库信息。
- 所有登录访问需要加密,如 SSH、VPN 或 SSL/TLS。

(4) 针对服务器的安全策略和流程。

- 采用最新的补丁程序,并进行脆弱性管理。
- 每个服务器只实现一个主要功能,如 Web 服务器、应用服务器、数据库服务器。

- 去除所有不必要的服务和协议。
- 去除所有不必要的功能,如脚本、驱动、特性、子系统、文件系统和不必要的服务。
- 安装防病毒和恶意软件防护软件,并确保采用最新的补丁和病毒库。

(5) 支付环境获得和分配正确网络时钟的过程。

(6) 内、外部网络脆弱性扫描和渗透测试流程和记录(记录包括 ASV 和渗透测试报告)。

(7) 部署入侵检测和入侵防护系统。

(8) 使用文件完整性监控软件,警告对重要系统文件、配置文件或者内容文件的未经授权的改动,并每周进行文件对比。

(9) (包括系统和网络设备的)安全日志审核的安全策略和流程,以及安全策略和审计日志保留策略。

(10) 公司保留和处理数据的策略和流程,包括卡信息的保护、屏蔽显示、纸质和电子媒介保存等。PCI DSS 只允许存储主账号、有效期、持卡人姓名、服务代码(存储时必须采用保护机制);不允许存储完整的磁条数据、信用卡认证码(CAV2/CVC2/CVV2/CID 等),即使加密后进行存储也不允许。

(11) 流程化的介质销毁策略。

(12) 文档化描述用于保护存储数据的密码系统,包括厂商、密码系统类型以及加密算法。

(13) 详细说明密钥管理过程和流程。

- 涉及密钥,包括使用的密码算法,如 3DES 的密钥、管理员密钥等。
- 包括密钥生成、安全分发、安全存储、周期性变更(PCI 要求至少一年)、维护旧的和不安全密钥列表且保证不再使用、分离密钥的双重控制、禁止未授权的密钥置换、密钥管理员确认职责并由其签署(表明其理解并接受这些职责)。

(14) 书面承诺对所有默认设置必须做改变,如默认密码的改变、去除不必要的账户。

(15) 书面的软件开发过程,确保其基于产业标准,并且在整个生命周期中关注安全问题,包括但不限于:

- 生产环境和开发测试环境必须分离。
- 生产数据不能用于测试和开发。
- 对于 Web 应用的审核应参考业界安全代码指导,如开放式 Web 应用程序安全项目 (Open Web Application Security Project,OWASP)。
- 对于 Web 应用,应有策略应对已知的威胁和脆弱性,可采用如下方法中的任何一个:周期性审核(至少一年一次)Web 应用的脆弱性;安装 Web 应用防火墙。

(16) 书面安全开发策略,确保要求代码审核。

(17) 安全访问控制。

- 针对系统用户的访问控制。
- 针对系统组件运维人员的访问控制,如 Web 服务器、数据库、网络设备等。
- 对于远程访问的管理员和员工,应具有双因素验证机制。
- 对于管理员和员工的访问密码和 ID,每个人必须唯一;至少 90 天修改一次密码;密码长度至少 7 个字符;密码必须包括字母和数字;不能使用前四次的密码。
- 物理访问控制。如果采用主机托管机房,请提供服务级别协议;并查看是否达到

PCI DSS 条款中对于主机提供商的要求。

(18) 风险评估策略和流程(至少每年执行一次风险评估)。

(19) 风险评估报告,信息资产清单(包括物理资产、信息资产和服务类资产等),应特别整理出支付环境相关的允许安装的软硬件列表。

(20) 人力资源方面:

- 员工入职和离职流程[包括背景调查以及保密协议(Non-Disclosure Agreement,NDA)的签署等]。
- 员工保密协议记录(所有具有权限访问支付系统数据的员工)。
- 背景调查记录(所有具有权限访问支付系统数据的员工)。
- 培训和意识教育流程及其相关记录。
- 职责角色分配记录(如研发人员、运维人员、测试人员、客服人员、源代码审核者等)。

(21) 所合作的服务提供商和商户列表,并监控它们的 PCI DSS 符合性状态。

(22) 应急响应和处理流程。

(23) 支付业务描述。

31.3.2.4　建立信息安全管理体系 ISO 27001

信息安全管理体系 ISO 27001 的认证不是一个强制性的合规认证,所有的公司如果想要通过这个认证,从动力而言应该是公司内部的期望,但随着国内信息安全意识的增加,信息安全认证通常属于信息安全合规的标准配置。

例如,某个在线金融公司在建立信息安全管理系统(Information Security Management System,ISMS)体系前,各项合规认证工作需要建立许多具有重复维度的信息安全标准内容。在建立 ISMS 体系后,由于 ISMS 体系覆盖了公司安全、人力安全、资产安全、技术安全、研发和运维安全、合规管理、事件管理、业务连续性等内容,从合规角度而言,公司只需针对其他各项安全标准进行部分内容的细化,因此使得合规的工作内容大大减少。

由于信息安全管理体系建设可在互联网中找到大量相关文章,所以本文不再做更详细的介绍。如果公司期望通过 ISO 27001:2013,那么公司需要按照下列步骤建立信息安全管理体系:

(1) 定义信息安全管理体系(Information Security Management System,ISMS)的范围和边界,形成 ISMS 的范围文件。

(2) 定义 ISMS 方针(包括建立风险评价的准则等)并形成 ISMS 方针文件。

(3) 定义公司的风险评估方法。

(4) 识别要保护的信息资产的风险,包括识别资产及其责任人、资产所面临的威胁、公司的脆弱点以及资产保密性、完整性和可用性的丧失造成的影响。

(5) 分析和评价安全风险,形成《风险评估报告》文件,包括要保护的信息资产清单。

(6) 识别和评价风险处理的可选措施,形成《风险处理计划》文件。

(7) 根据风险处理计划,选择风险处理控制目标和控制措施,形成相关的文件。

(8) 管理者正式批准所有残余风险。

(9) 管理者授权 ISMS 的实施和运行。

(10) 准备适用性声明。

在 ISMS 体系建立完毕并试运行一段时间(建议半年)后进行认证工作。

31.3.2.5 应对合规审计人员的技巧

在各项外部合规现场检查的过程中,公司内部的负责人员在对外开展接待工作时应该讲究一些技巧。下面是在应对外部合规人员审计过程中的一些建议。

- 安排内部人员全程接待。外部合规人员的所有工作应该在内部接待人员的陪同下进行,尽量安排对公司内部实际情况和业务熟悉的人员进行接待。
- 如实沟通。对于审计人员的提问,内部人员应按照工作职责所知原则回答问题,同时回答问题范围因只针对和本职工作相关的问题进行沟通。
- 积极参与合规检查工作。提前和检查人员沟通相关合规检查范围和工作计划,知晓检查人员的期望,确保有足够的时间进行准备。
- 主导和帮助合规审计人员。为审计人员安排预约的会见人员和会见时间,避免合规审计人员的盲目需求造成对组织内部人员的干扰。
- 审计证据。永远不要为审计人员制造审计证据。
- 复制保留。所有提供给合规检查人员的文档和证据都应该复制保存一份。
- 合理的办公区域。给外部合规检查人员一个单独的空间,尽量不要和内部员工在一起。
- 不人为设置障碍。在现场合规检查过程中,对于应该向合规检查人员开放的地方,应及时合理地开放。对于不方便开放的区域应及时和检查人员说明情况。
- 检查合规报告草案。组织内部项目负责人应对合规检查草案中的错误内容或者持有异议的内容提出建议和想法。

31.4 合规工作中的难点和解决思路

在合规工作中,各公司因公司信息化建设水平和管理水平不一致,在合规工作中遇到的难点各不相同。下面是在实践中碰到的一些问题和解决思路,仅供参考。

31.4.1 公司的战略与支持

1. 与公司的战略不一致

一个 IT 合规项目的成功首先要确定其是否与公司的业务战略契合。公司业务战略的需求是一个 IT 合规项目是否需要的决定因素。

如果一个项目和公司的业务战略不契合,项目本身的存在性不合理,那么这个项目肯定是一个失败的项目。而判断 IT 合规项目是否符合公司的业务战略目标,需要合适的决策人员。

解决思路如下。

所有的在线业务系统都需要满足国内监管机构的相关要求,作为企业合规的负责人,必须也务必将网络安全法等法律性的要求告知企业决策层,监管层面的各项法律规章制度必须且无条件地符合,这是企业开展业务的重要前提。

2. 公司没有足够的项目资源

合规项目的成功,很大程度在于依据合规的目标进行组织内部资源的整合、整改。如果

IT 项目没有足够的人力资源、资金资源来进行项目支持,只是 IT 部门在 IT 层面进行推动,项目往往会在中途停滞。特别是对于业务部门需要配合的地方,通常情况下 IT 部门很难推动业务部门的整改。如果牵涉技术整改,往往还需要资金资源进行保障,来确保技术整改的落地。如果公司管理决策层不进行明确支持,通常 IT 部门的资金需求很难保障。

解决思路如下。

在项目实施初期,一定要明确项目实施的资源需求,同时在项目启动之前提交预算。因为不能确定项目过程中会发生什么事情,如果不提前预计相关费用,项目过程中发生的相关费用将无法保证。

31.4.2　IT 管理

1. IT 规范性制度不齐全

在互联网组织中,特别是在创业型公司中,通常存在重操作轻规范的问题,组织相关人员通常依靠运维人员的个人经验或者内部的人员默契进行相关规定的执行和操作。这样做的好处是在公司规模小时方便迭代项目的实施,而这也往往是 IT 合规中最容易出现的问题。

解决思路如下。

所有的合规工作中,外部检查单位最看重的、也是第一眼的直观印象的,就是公司的规章制度。所以在合规工作中,公司的规章制度一定要齐全,但公司不要为解决合规而制定不切实际的大而全的规章制度,因为通常这些制度文档都无法在公司内部落地。公司在制定内部规范时,要依照公司内部的实际运行情况撰写公司的规章制度,同时参考合规标准的内容,将合规的内容和公司运作实际相结合。

例如关于密码有效期的问题,公司可以通过自动化程序实现账户相关的所有安全问题,那么公司在制度中就只需要说明通过系统××程序进行控制就可以了。

2. 项目的内部参与人员无 IT 背景

许多公司在实际运作过程中,部分业务系统的需求提出、采购、建设往往由业务部门自行主导。例如,财务部门提出人力资源管理系统,在项目建设的整个过程中由财务部门自行组建项目团队实施。这种模式的好处在于产品的各项业务功能均由使用部门自行确认,业务功能模块和实际组织运作的贴合度高。但从公司内部 IT 合规的角度,如果前期项目建设过程中没有内部合规部门的参与,项目建设中往往缺少很多合规所需要的支撑性的证明材料,或者部分功能无法满足合规的要求,而这些功能模块往往不是业务部门关注的重点,同时项目建设证明性材料也不是业务部门关注的重点。

解决思路如下。

在业务部门主导的项目中,系统运维部门或者内部控制部门一定要在项目的推广前期主动介入,了解相关情况和提出各项需求。以便在系统建设过程中满足相关需求,因为项目功能的变更计划提得越早,项目的改动成本也越小。与其在项目结束后提出需求给使用和实施部门造成困难,不如及早主动介入。

31.4.3　技术运营团队的工作

在服务提供商的功能中,技术运营(Technical Operations)是至关重要的。他们负责服务的 7×24 小时生产线运营,包括平台构建、升级、日常运营等。在技术运营方面,常见的问题有如下几个。

1. 研发人员与运维人员权限不分

更快地将产品导入市场、更快地响应客户需求,是许多公司制胜的法宝。为了达到这个目标,创业初期,研发人员往往就是生产线的运维人员或技术运营人员。研发人员可以在生产环境中直接进行代码的修改。这从程序开发、维护和生产线运营的角度来看,绝对是致命的打击。

举个真实发生的案例,某公司的技术运营人员某日在进行日常操作的过程中偶然发现系统自动化任务中有一个定时执行的批处理任务,而这个处理任务不在其定时任务记录清单中。于是,运营人员排查分析此自动批处理任务,最后发现这个脚本是某研发人员为了在家中处理故障,将系统故障信息自动发送到其个人邮箱,而这个研发人员早已离职。

解决思路如下。

在 DevOps 和敏捷开发大规模应用阶段,简单地将企业人员严格按照所谓的岗位职责进行物理隔离,已经不能满足新形势下的业务发展需求,所以处置此类风险的基础不是简单的拒绝,更多的应该利用自动化、集中化、隔离化的方式来避免直接操作的风险,将操作权限最小化和可追溯化,例如通过堡垒机、操作命令审计、操作窗口的自动化按需开发来降低相关的业务处置风险。

2. 缺乏流程管理平台

2015 年,国内部分市场占有率比较高的四家电子商务平台公司进行信息安全合规检查,发现拜访的公司均没有内部的运营管理平台,如变更管理系统。内部的审批依靠口头或者 E-mail 进行确认。这在合规的一般性控制测试工作中属于审批无法确认的缺失,合规审核机构可以据此判断公司内部的一般性控制措施失败。

解决思路如下。

作为临时方案,在缺失自动化审批平台时,公司应尽量明确一种标准模式进行审批确认,如邮件或者纸质材料。所有的审批记录应进行保存和维护。如果公司使用邮件进行审批确认,建议在邮件系统中开通审计邮件,将审计邮件账户添加到工作邮件组中,这样可确保所有发往工作邮件组的邮件被记录。但这样也会导致一个新的控制需求,那就是对所有审批邮件需存档备份,并定期进行恢复性测试。

作为长期方案,公司内部一定要建立运营管理平台来涵盖变更管理、事故管理等重要的服务运营管理流程。

31.5　案例研究：在线金融服务商的合规实践

X 公司是国内一家提供综合金融场景风险控制的互联网金融科技公司,存放有大量的客户金融敏感信息和客户隐私信息,为了满足监管机构的要求,企业管理层决定启动相关的信息安全管理体系认证和重要信息等级保护三级的认证工作。

此案例将介绍企业为了满足等级保护 2.0 版本和 ISO 27001 信息安全管理体系认证工作中面临的问题和解决思路。

31.5.1 背景介绍

公司整体建立两年多,前期业务系统都是基于业务导向进行需求设计,并以敏捷开发方式进行应用开发。企业内部运维人员只有 6 人,信息安全工程师 1 人。

在 2015 年年初,因监管机构要求,对外提供业务服务端信息系统必须通过等级保护认证。同时某重大客户也提出信息安全方面的相关证明,以确保客户信息的安全,所以管理层决定快速通过相关认证工作。但由于企业只有一名信息安全工程师,并且对信息安全体系并不是很专业,因此管理层外聘咨询公司进行相关认证的咨询服务,服务内容包括内部差距分析和整改建议的提出。

在内部差距分析过程中发现了如下问题:

- 企业尚未建立完整的、体系化的信息安全管理制度,开发人员对于敏感信息的保护只是基于自我安全开发意识的驱动,对信用卡敏感信息进行了简单加密,但是未对客户身份信息进行安全加密。
- 企业已经建立了简单代码开发过程管理制度,但为了快速响应生产事故,提高处理速度,企业研发人员具备生产访问权限,相关业务需求也没有进行安全需求评审。
- 企业主机安装使用默认的装机模板,但未进行任何补丁更新工作。
- 业务需求阶段未考虑信息安全需求,仅仅简单满足客户需要的功能性设计。
- 企业未部署专门的内部日志服务器和时间服务器,也未使用 Web 应用防火墙对业务进行安全防御。
- 企业使用公有云环境处理外部客户端业务,但是对外网络权限没有进行安全控制和审批,也没有相关的使用审计和复核工作。
- 企业未建立相关业务连续性计划,也未建立和执行任何信息安全事件的处置计划。
- 企业从未进行过任何信息安全意识教育。
- 企业在进行信息安全建设过程中,仅基于企业信息安全工程师的个人意见进行信息安全规划和建设,从未进行过信息安全整体风险评估工作。

31.5.2 安全整改内容

为了通过网络安全等级保护认证和 ISO 27001 认证审核。公司成立了专项合规项目组,项目组负责人为公司首席执行官(此项目驱动力来自业务端客户的合规需求和外部监管机构),项目组成员包涵系统运维部、产品、产品研发、HR 部门人事专员以及各部门信息科技对接人。

项目以专项合规建设项目的方式,针对所暴露出来的和各项合规标准的差距进行整改。整改措施分为三部分:一是公司结构的调整,二是参考国家《信息安全等级保护管理办法》第三级的要求进行信息安全技术差距的整改,三是规章制度的修订和发布。

对信息系统的安全保护等级分为五级,一至五级逐级增高。其中第三级的定义为,信息系统受到破坏后,会对社会秩序和公共利益造成严重损害,或者对国家安全造成损害。国家信息安全监管部门对该级信息系统安全等级保护工作进行监督、检查。互联网服务公司的安全等级基本都在第三级。

整改三部分工作的具体内容为：

- 企业根据自身的业务目标和公司战略制定企业信息安全总体目标和信息安全组织机构。
- 依据 ISO 27001 和国家《信息安全等级保护管理办法》第三级的具体条例规范,制订并发布各类信息安全规章制度,覆盖安全管理制度、安全管理机构、安全管理人员、安全建设管理、安全运维管理。
- 内部开发运维流程调整,调整内容为:明确需求阶段、开发阶段、测试阶段、运维阶段的标准化操作流程(Standard Operation Procedure,SOP)的发布,并依据 SOP 做好相关操作记录。
- 人力资源部门负责对所有员工进行背景调查、签订保密协议、进行信息安全意识培训等员工入职前信息安全工作,并完善转岗和离职流程的权限处置规范。
- 完成等级保护三级相关的各项信息安全技术的落地,包括安全通信网络、安全区域边界、安全计算环境、安全管理中心。

经过为期三个月的专项整改,企业针对 ISO 27001 和重要信息系统等级认证所需遵循的各项安全要求建立了企业的基本信息安全管理体系,并依据 PCI DSS 合规标准对技术差距点进行了整改。

31.5.3 实施阶段

信息安全合规的整体工作分为四个阶段:准备阶段、实现阶段、运行阶段和申请认证。

1. 准备阶段

项目启动:成立信息安全工作小组,根据业务内容、团队职责、公司财务、使用的技术栈和开发模式,确定企业信息安全整体方向、信息安全管理体系和网络安全等级保护业务系统范围和边界,并明确范围的合理性和可执行性。在公司层面明确整体信息安全的管理者,并成立覆盖各相关职能部门的信息安全工作小组。

前期培训:由外部咨询机构对公司信息安全工作小组和公司信息安全负责人进行信息安全意识培训,并由他们在各部门内部进行信息安全培训,培训的内容包括信息安全的重要性、各部门和岗位在信息安全建设过程中所承担的角色和作用。

信息安全现状调研:外部咨询机构带队,由公司信息安全管理者代表和信息安全工作小组根据业务系统的边界,从业务系统的需求阶段开始分析公司和需求模块的相关现状,识别哪些过程是最重要的,同时为了保证信息系统的可用性、完整性和机密性,已经做了哪些工作,哪些工作尚未开展。

风险评估:信息安全管理者代表和公司信息安全管理小组根据上面的信息安全现状调研结果,识别公司在信息安全方面的相关风险,并分析和评价相关风险。同时制定相关风险点处置的可选措施和风险处置的可控目标,并和各部门制订不可接受风险处理计划,并报公司管理层对建议的残余风险进行批准。在这个过程中,一定要控制管理层对风险点的处置期望,信息安全管理者代表要对相关风险点的处置进行合理性说明。

准备适用性说明:在外部咨询机构的协助下,选择公司内部的信息安全控制目标和控制措施,对相关信息安全管理体系和网络安全等级保护的要求建立匹配关系图,并对相关不适用点进行删除,并出具删减的合理性说明。这个阶段对于信息安全和网络安全等级保护的各控制点一定要建立合理的且必要的矩阵关系图,这对同时获得两个认证工作非常重要,如果出现遗漏或者不合理的搭配,很容易造成项目失败。

2. 实现阶段

风险处置:由公司信息安全管理者代表发起,信息安全工作小组和相关部门共同制订处置计划来对前期的信息安全风险进行处置,包括资金安排和角色职责的分配,在这个阶段,各部门由于对信息安全的认识不统一和对信息安全要求的理解不一致,往往出现需求和实现的不匹配。所以信息安全管理者代表需要和相关业务部门对相关风险点处置计划进行确认,确保满足要求。

信息安全体系文件化建立:针对信息安全管理体系和网络安全等级保护的各要求落地制度,由信息安全工作小组、相关部门来制定相关制度,并报告公司信息安全管理者代表进行复核。通常制度可按照策略、制度、作业指导书、记录表单四级来划分。

3. 运行阶段

文件发布和实施:相关文件经过公司管理层二次审核并由公司总经理批准后予以正式发布。

监视和策略:在相关文件发布后,信息安全工作小组应对相关文件发布后的执行情况进行监测和有效性度量,确保相关文件的落地,并进行记录。

内审员培训:按照信息安全管理的要求,对公司各部门内审员进行信息安全培训,这个阶段对于后期信息安全的长久化落地很有帮助,好的内审员可帮助企业发现企业内部潜在的信息安全风险点。

内部审核:在相关制度落地要求执行三个月后,可由信息安全内审员进行内部审核,确保各部门的政策执行不走偏不走样。

管理评审:在内部审核完成后,由信息安全管理者代表在公司内部发起信息安全管理评审,邀请各部门负责人对前期信息安全的执行进行管理评审,评审内部好的地方和不足的地方,以便公司管理层对相关信息安全落地目标和现状达成一致。

4. 申请认证

在信息安全管理评审完毕且公司各部门达成一致后,由外部咨询机构协助进行信息安全管理体系和网络安全等级保护的评级和认证工作。

31.5.4　合规整改结果

经过五个月的信息安全整改和记录后,企业通过了网络安全等级保护评级、认证和 ISO 27001 信息安全管理体系认证安全合规首次现场检查。

在信息安全合规认证通过后,公司组织各项目相关方进行了项目复盘,以下为复盘结果报告:

- 项目目标:通过网络安全等级保护评级认证和 ISO 27001 信息安全管理体系认证。
- 项目达成效果:初步建立了企业内部信息安全管理体系,并针对信息安全等级保护体系所要求的各项内容建立整体信息安全技术防御框架。

项目的不足点包括:

- 各部门对于信息安全的理解存在差异,导致存在仅仅为了通过认证而简单调整来满足合规标准的认证,例如代码安全开发过程中研发部门仅仅是对现有项目根据信息安全需求进行了集中式拆分和建设,并未切实地将安全需求、安全代码开发规范落地到研发过程中。
- 生产环境中对于信息安全要求落地存在落地偏差,导致项目实施过程中存在返工现象。针对 Windows 补丁更新,简单地进行了全版本补丁更新,未严格进行补丁和应用程序兼容性测试,导致出现蓝屏现象。
- 员工对于信息安全理解存在差异性,将信息安全理解为 IT 安全,在推行桌面安全管控策略中,员工擅自将个人计算机用于办公使用,且未签订计算机使用安全策略书,导致办公计算机和员工个人计算机推行安全管控存在差异性。

31.5.5 项目挑战点

由于该项目属于跨部门项目,在项目整改阶段耗时最长,各部门对责任、边界、目标、优先级的理解都不一致,导致整改耗时人为加剧。

权限的变化导致便利性存在问题:对于生产事故的处置,原处理流程是研发人员直接登录生产环境,而由于职责分离,将研发人员权限从生产环境中剥离,但是对生产线上的软件运维人员不如研发人员熟悉,生产线上的软件出现事故后,运维人员无法快速定位问题,导致事故处置时间延长。因此,相关部门对新的权限政策纷纷提出质疑,要求恢复原状。在经历几次争吵和讨论之后,将研发日志进行统一整改,按照标准格式进行日志打印,并在后台建立实时的日志管理器,将分布于各生产主机的日志进行集中化管理和展示,研发人员登录日志管理器进行实时的日志检索和日志告警,并通知运维人员进行生产事故处置。

31.5.6 后期项目的风险和困难点

在项目整改过程中,按照信息安全对于个人敏感信息的保护要求,个人身份证、手机号码都已经进行了加密,这就导致了在日常的生产线事故的处理中,特别是客户问题的定位,以及与外部商户的数据交互和商务集成中,都带来了便利性和规范性的改变。这些规范的改进工作以及长时间的维持给内部团队和外部的合作厂商增加不少额外的工作量,需要公司管理层达成一致意见,并长期推动。

31.6 本章小结

31.6.1 合规实施的要点

信息安全合规的主要工作在于依据合规标准的内容进行企业组织结构调整、信息安全管理体系的裁剪和落地、技术差距的整改分析,这三者的关系是并行和缺一不可的。

企业在合规建设中的首要工作是取得企业管理层的支持,并具备明确的组织结构进行保证,而负责信息安全合规的相关团队在工作技能方面应该具备对相关信息安全标准的掌握,如果企业不能理解相关信息安全标准要求,容易造成理解偏差。

在合规项目组组建完毕并获得企业管理层资源的保障后,企业最好进行一次内部自我差距分析,根据分析结果进行相关差距整改,同时在差距整改过程中,若涉及信息安全管理制度的指定,企业不应追求大而全的信息安全管理体系文档,而应注重信息安全管理规范的落地。在进行技术差距的整改时,应尽量通过自动化信息工具和流程来实现技术差距的整改,以方便企业在第二年度的审核中保留相关的系统运行证据。

企业进行现场合规检查工作前,应召集合规审核机构进行审核前沟通,明确现场审核工作的重点和相关接待要求,并将审核计划详细信息和被审计各部门提前沟通,确保审计的顺利进行。

在企业进行现场合规检查中,企业应尽量安排对企业各部门熟悉且了解信息安全合规标准的员工进行陪同,并由其作为合规接待对口人进行合规证据的递交人。

合规检查完毕后,企业应和审核机构沟通确认合规检查的相关结论,对其中的异议要当场提出,并根据讨论结果进行调整。

31.6.2　合规实施的难点

合规实施的难点有以下几点。

1. 合规要求和人员意识的冲突

作为信息安全合规工作的项目负责人,工作的内容主要是和人打交道,和企业内部沟通,协调外部审计机构,在和企业内部沟通中,经常会遇到员工持以下观点:合规工作和我的部门职责无关,合规工作就是找麻烦的事情。而在和合规检查机构的沟通中,经常会面临:对不起,请参考合规标准,具体的检查清单和评判标准不能提前给你。

这些沟通的困难实质在于,被审核部门以及审核部门的部分人员没有将利益点进行保证。而作为项目负责人,需要将双方的利益交点明确出来,并取得对方的支持。

2. 合规整改需求和资源保证的冲突

企业进行任何项目的工作,获得足够的资源保障是很困难的,如何在资源保证不足的情况下获得企业管理部门的支持和理解是合规工作成功的关键,而资源保证的困难实质在于企业管理层是否对合规工作真正理解和支持。

3. 合规建设和持续管理的冲突

合规工作在首次作为项目的方式启动后,在项目的初期企业各部门通常都能保持足够的重视,管理层经常对进度表示关注,各部门对项目过程中的难点进行积极推进支持,对合规工作导致的不便利性表示容忍和接受,合规工作通常是一个持续进行并逐步优化的过程。而企业各部门往往由于考核指标的变化,容易对各项规章制度和要求产生反抗和抵触心理。这使得企业合规工作无法持续。而这个困难点的根本原因在于企业是否将合规要求真正地落实到企业日常运营过程中,并对其运营的质量进行监督和优化。

31.6.3　进一步的建议

在信息化建设过程中,企业通常以项目的方式进行"运动化"建设,如办公自动化建设、企业客户关系的管理等。在前些年信息安全合规项目初期的建设过程中企业合规工作容易陷入运动战中。但随着国内监管机构、商户、最终使用者对信息安全日益重视,信息安全合规检查层出不穷,如果继续以运动式进行项目建设,往往顾此失彼,也容易在短期内将企业内部搞得鸡飞狗跳。而合规工作往往需要持久优化,所以合规落地化的首要工作是将合规工作的各项要求落实到企业各部门的日常考核中。只有落实到企业的日常部门考核中,企业合规的各项要求才会不反弹、不走偏。其次合规工作的重要意义在企业内部的宣传也非常重要,合规工作难推进的原因很大一部分在于企业员工和管理层不了解、不重视。

在实践中有过这样一个合规项目,由于合规工作的意义得到了企业管理层的足够重视,内部员工通过合规标准宣讲,知悉项目的意义和部门责任,在短短的两周内就完成了合规的各项准备和现场检查工作。

总结:要想做好信息安全合规,短期内的重点是宣传要得力,长期的重点是将合规工作要求以体系化要求落实到企业管理部门的日常考核中。

第6部分
服务质量管理

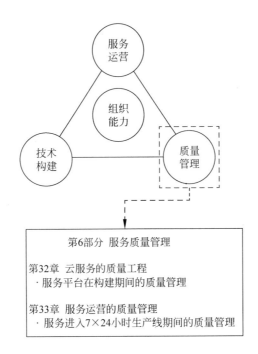

前面部分讲解了技术构建(云计算和大数据)与服务运营,这一部分主要讲解服务的质量管理(Service Quality Management,SQM)。

按照业务进入生产线的阶段,服务管理分为两类:

(1)云服务的质量工程:侧重于服务平台在构建期间的质量管理,讲解的角度以研发Dev为主。

(2)服务运营中的质量管理:侧重于服务进入 7×24 小时生产线期间的质量管理,讲解的角度以运营 Ops 为主。

第32章

云服务的质量工程

以前人们通过简单的手工检验来控制质量,后来发展为以统计学为基础的质量控制技术、强调缺陷预防和过程改进的质量保证、全面质量管理思想等,质量的管理水平不断得到提升。软件开发是以个人智力为基础的、有组织的、团队性的生产活动,使得软件质量变为一项复杂的系统工程问题,必须用系统方法来研究。借助系统工程学、管理学等理论,把质量控制、质量保证和质量管理有效地集成在一起,形成现代软件质量工程体系,是当今质量管理的发展趋势,也是真正改善软件质量的最彻底、有效的方法。

20世纪末,软件从产品的销售模式转化到在线服务的模式,即软件即服务(SaaS)模式,随后又发展到今天的云服务模式。这给软件质量管理带来新的挑战,软件质量管理不再局限于软件开发阶段,而是一直延伸到技术运营阶段,即贯穿整个软件生命周期。今天我们需要思考的是如何在 DevOps 研发运维新模式下进行软件质量管理。

32.1 服务质量保证的基本原理

要建立软件服务质量工程体系,首先要了解什么是软件服务质量、传统的质量管理体系有哪些内容,然后基于先进的质量管理思想,结合系统工程、软件工程等学科来建立现代的软件质量工程体系。传统的质量管理体系能够帮助团队增强顾客满意度,鼓励团队分析顾客要求,规定相关的过程并使其持续受控,以实现顾客能接受的产品。质量管理体系能提供持续满足要求的产品,向顾客提供持续的满意服务,而且能提供持续改进的框架,以增加顾客和其他相关方满意的概率。从这个意义来看,质量管理体系实际上使质量管理过程成为一个持续改进的过程,这也是系统工程学的一个基本目标,通过设定顾客满意度作为管理体系的质量目标,顾客的需求则是系统的约束条件,对系统中的资源再分配、质量功能调节等,以便寻求质量管理体系越来越优化的结构和功能。为了使团队有效地运行持续改进过程,必须识别和管理许多相互关联和相互作用的过程。由国际标准 ISO 9000 或国内标准 GB/T 19000 所表述的、以过程为基础的质量管理体系模式如图 32-1 所示,该图表明在向团队提供输入方面相关方起重要作用。监视相关方满意程度需要评价相关方的感受信息,这种信息可以表明其需求和期望已得到满足的程度。

采用上述方法的团队能对其过程能力和产品质量树立信心,为持续改进提供基础,从而

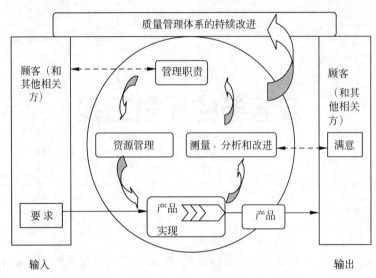

图 32-1　以过程为基础的质量管理体系模式

增加顾客和其他相关方的满意程度。建立和实施质量管理体系的方法主要包括以下内容：

- 确定顾客和其他相关方的需求和期望；
- 确定公司的质量方针和质量目标；
- 确定实现质量目标必需的过程和职责；
- 确定和提供实现质量目标必需的资源；
- 规定测量每个过程的有效性和效率的方法；
- 应用这些测量方法确定每个过程的有效性和效率；
- 确定防止不合格并消除产生原因的措施；
- 建立和应用持续改进质量管理体系的过程。

32.1.1　软件服务质量

不管是软件产品还是软件服务，都是为了满足客户的某种需求，也就是为了让客户满意，这就是经常强调的产品质量或服务质量。质量是产品或服务满足明示或暗示需求能力的特性和特征的集合，即满足用户需求的能力。质量高的软件应同时满足用户的需求和软件企业自身的需求。

- 满足外部用户的需求，就是要使软件系统的功能在易用性、可用性、可靠性和安全性等各方面满足用户的要求或期望。
- 满足软件企业自身的需求，就是要降低软件系统的复杂性，要具有可扩充性、可移植性等，使系统更容易维护。对于云服务，软件质量需求的焦点在于系统的可用性（可靠性）、安全性和可维护性等。

软件产品不仅要满足其运行时的用户需求，还要满足用户需求的变化，要对软件产品进行修改，增加新的功能，增强已有的功能或修正不正确的功能。软件产品的质量需要考虑其开发、运行、维护等不同方面的诉求。例如，对开发者具有重要意义的软件质量诉求是使产品易于修改、扩充、测试和验证，并易于移植到新的平台上，从而可以及时满足客户的需要。

而当产品运行时,用户则希望容易安装、容易理解、操作简单方便、随时可用,而且系统运行要稳定可靠、响应快速,可立即提供结果,也禁得起折腾,系统绝不会崩溃。而在软件维护时,就要求数据能够备份和恢复、功能容易扩充等。

软件质量指标是衡量那些可识别的软件质量特性,有助于对软件质量进行度量,选择软件工程方法来实现特定的质量目标。在一个理想的范围,每一个系统总是最大限度地展示所有这些属性的可能价值。根据 ISO 25010:2011,软件质量具有 8 个质量特性,如图 32-2 所示。

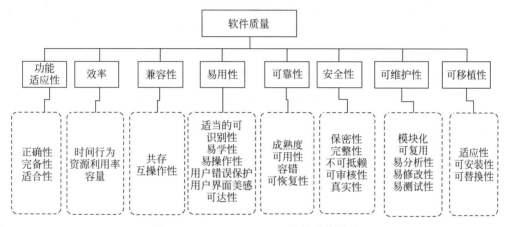

图 32-2 ISO 25010:2011 软件质量模型

(1) 功能适应性(Functional Suitability):软件实现的功能要达到设计规范并满足用户需求,强调正确性、完备性、适合性等。例如:

- 功能的正确性(Correction):系统功能和用户的实际需求、已定义的产品规范一致,没有出错,能正常运行。
- 软件功能的完备性(Completeness):定义并实现了系统所需的功能,而且每个功能所需的输入/输出数据项、功能、接口、文档等都已具备。

(2) 效率(Efficiency):在指定条件下,软件对操作表现出的时间特性(如响应速度)以及为实现某种功能有效利用计算机资源(内存大小、CPU 占用时间等)的程度,局部资源占用高通常是存在性能瓶颈;系统可承受的最大并发用户数、连接数量等。对于云平台,还需要考虑系统的可伸缩性,随着硬件能力的提升(如增加服务器或服务器集群),软件能力(特别是系统的容量)有相应的提升。

(3) 兼容性(Compatibility):涉及共存和互操作性,共存要求软件能兼容系统平台、子系统、第三方软件等,同时针对国际化和本地化进行了合适的处理。互操作性表明了产品与其他系统交换数据和服务的难易程度,而要求系统功能之间的有效对接,涉及 API 和文件格式等。

(4) 易用性(Usability):对于一个软件,用户学习、操作、准备输入和理解输出所作努力的程度称为易用性,如安装简单方便、容易使用、界面友好,并能适用于不同特点的用户,包括对有缺陷的人能提供产品使用的有效途径或手段(即可达性)。易用性包括适当的可识别性、易学性、易操作性、用户错误操作的保护、界面美观等。在云计算平台,可以开展在线的A/B 测试,根据获得的用户数据分析,确定 A、B 两套方案中哪个方案更受用户欢迎。

(5) 可靠性(Reliability)：可靠性是指在规定的时间和条件下，软件所能维持其正常的功能操作、性能水平的程度或概率，如成熟性越高，可靠性就越高；可用 MTTF(Mean Time To Failure，平均失效前时间) 或 MTBF(Mean Time Between Failures，平均故障间隔时间) 来衡量可靠性。

- 开发过程越成熟、产品越成熟，系统可靠性越好；随时随地可用，如 7×24 小时可用，通常用可用时间占总时间的比重来表示，如 99.9％、99.99％等。
- 容错性，能够识别和正确处理用户的错误操作或错误数据，系统能在各种恶劣环境下正常工作。系统的分布性、故障转移机制等都有利于提高系统的容错性。
- 可恢复性：当系统的某个功能失效时，系统在当前环境下能实现故障自动转移、自动进行配置、继续执行的功能。软件系统具有自我检测、容错、备份等机制，也尽量做到独立于硬件的编码、硬件设备之间的通信协议独立等。

(6) 安全性(Security)：要求数据传输和存储等方面能确保安全，包括对用户身份的认证，对数据进行加密和完整性校验，所有关键性的操作都有记录，能够审查不同用户角色所做的操作，涉及保密性、完整性、抗抵赖性、可核查性、真实性。

(7) 可维护性(Maintain Ability)：指一个软件投入运行后，需求发生变化、环境发生改变或软件产生错误时，进行相应修改所做努力的程度，涉及模块化、可复用性、易分析性、易修改性、易测试性等。

- 模块化(Modularity)：指将一个复杂的软件系统分解为分别命名并可寻址的、有最小耦合性的、有很强凝聚性的、结构化的组件，将模块综合起来又可以满足问题的需求的性质。
- 可复用性：表明一个软件组件除了在最初开发的系统中使用之外，还可以在其他应用程序中使用的程度。可重用软件必须标准化、资料齐全、不依赖于特定的应用程序和运行环境，例如遵守面向对象的设计原则、模块设计或代码的规范化、具有良好的抽象与封装、面向接口的实现、设计与实现力求简单、代码和数据分离等都有利于组件和代码的复用。
- 易分析性：设计与实现力求简单，而且有良好的文档说明或代码中有有效的注释行，容易被理解，容易被分析。对一个特殊需求容易找出相对应的代码，也容易找到特殊代码所实现的某个需求，可追溯性也有利于分析。
- 易测试性(Test Ability)：测试软件组件或集成产品时查找缺陷的容易程度。如果产品中包含复杂的算法和逻辑，可测试性在系统设计中的实现就很重要。

(8) 可移植性(Port Ability)：指软件从一个计算机系统或环境移植到另一个系统或环境的容易程度，也就是说系统不做修改或做很少的修改就可以运行在其他环境中。涉及适应性、易安装性、易替换性。基于良好的虚拟性(如 Java 虚拟机)——通过相同的逻辑或虚拟接口代表不同的物理组件，这种代表性体现在软件用户接口、单元相互调用、软件和设备接口。这样就可以不修改接口就能够替换功能、设备，获得良好的可移植性。

根据上述软件质量属性的分析，可以确定一系列的软件质量指标。根据这些软件质量指标来定义用户和开发者的目标，软件的设计者可以做出合适的选择。

软件质量涉及因素很多，而且对软件质量影响的程度、深度也不一样。"正确性与精确性"应该排在质量因素的第一位，因为软件运行首先要能正常运行、结果正确，才能向用户提供最基本的服务。否则软件就没有价值,会给用户造成损失,更谈不上性能、可靠性、兼容性等。即使一个软件百分百地实现了需求规格说明书规定的功能特性,也不能断定这个软件的正确性与精确性,因为需求分析还可能出错。所以,软件的正确性与精确性需要用户的验证、确认。

影响软件产品质量的第二个因素是易用性和性能,易用性和性能在一定程度上紧密相关。在保证软件的正确性与精确性之后,就要保证用户能方便、快捷地使用产品。不仅产品要好用,而且系统反应速度要快。产品只有在越来越多的用户使用下,才能得到用户大量的、足够的反馈,才能知道用户进一步的需求,软件产品才能不断改进、提高。

影响软件产品质量的第三个因素是容错性和可靠性设计。从某种意义上说,完全消灭软件中的缺陷几乎是不可能的,所以不得不假定系统存在一定的不正确与不精确性,然后设计相应的措施,来保证即使在这些因素的影响下,系统还是可靠的、安全的。

软件在产品修改、移植方面的影响因素,最重要的是模块化或结构化设计、面向对象设计,其次是软件程序的可读性、简洁性、复用性、独立性等。

32.1.2　软件过程质量

相对软件产品来说,影响软件产品过程的质量因素更多,也更复杂,下面从开发的整个过程——计划、设计、实施和维护等方面分别做简单介绍。

在软件项目计划过程中,要完成需求分析、软件产品特性与规格定义、项目计划书(包括软件质量计划、测试计划)等工作,这些工作相对复杂,工作需要做细、做到位,影响该过程的主要因素有:

- 和客户的沟通能力:良好、充分地和客户沟通决定需求分析的结果。
- 软件产品特性定义的方法:分析的结果需要通过一种有效、清晰的方式来描述。
- 项目计划策略:策略会影响质量计划、测试计划等。
- 评审的流程、范围、方式和程度:主要是对软件需求分析书、计划书评审。
- 协同工作流程。
- 合同和用户管理的流程和方法。
- 文档编写、管理等的规范和流程。

在软件项目设计过程中,要完成系统设计、程序设计、测试用例的设计等任务,设计相对来说是一个纯技术工作,相对封闭,与客户的关系较小,其结果取决于软件产品质量指标的定义。软件质量指标,尤其在系统架构、模块及其接口设计、可靠性设计、兼容性设计、界面设计等方面的要求,是否得到很好的理解、正确的实现、全面的贯彻等,直接关系到这个过程的质量,其影响因素有:

- 软件产品指标的定义和解释。
- 设计流程,包括知识交换、结果评审等流程。
- 设计标准改进流程。
- 协同工作流程。
- 文档编写、管理等的规范和流程。

在软件项目实施过程中,要完成系统的开发、测试脚本开发、单元测试、集成和系统测试、用例的设计等任务。理论上,如果计划、设计过程执行得很好,实施相对来说比较容易,如果严格按照计划执行,和良好的变更控制(Change Control)流程结合起来,结果会更理想。这个过程的质量影响因素有:

- 变更控制流程。
- 执行过程跟踪方法、流程和相适应的系统。
- 缺陷处理流程。
- 文档编写、管理等的规范和流程。

软件维护是软件过程中很重要的一个过程,通过不断改进来实现软件的成熟、稳定和可靠。这个过程的质量影响因素有:

- 变更控制流程。
- 用户反馈和相应的处理机制。
- 回归测试流程。

软件商业环境可以看作软件过程的一个扩展,也可以看作软件产品的扩展。软件产品的一些特性会直接在商业环境中体现出来,如产品界面设计上循序渐进的变化容易被客户接受,而跳跃式、突变式的变化不易被接受。产品的定义还要考虑对市场、销售的支持。软件质量在这方面的影响因素有:

- 软件改进的策略,如是否遵守持续不断、逐步改进的原则。
- 产品开发模式,是否很好地采用增量模式,保证产品发布的最佳时机。
- 市场定位,不同的软件产品在用户群定义上是否有区别、有没有冲突。
- 产品标准,是否符合国际标准和业界标准,是否引导业界的进步。
- 文档内容和形式,是否通过 Flash、视频动画教学内容帮助客户自我培训。是否通过在线帮助进行客户支持。
- 软件的后续服务模式。

32.1.3　质量管理体系的构成

当试图用系统工程学的方法来进一步分析软件质量的管理体系、进而建立一套现代的软件质量工程体系时,首先必须将软件质量管理作为一个系统来管理,也就是运用系统科学的方法,通过有关质量的各种信息反馈与调控,对软件质量进行全面、综合的系统性管理,包括软件质量计划、组织、协调、控制,以实现软件质量目标。有关软件质量的各种信息,来源于软件质量属性及其变化、客户对软件的需求及其变化、软件技术现状及其发展趋势等,这些信息被归纳为软件的质量指标、影响因素,是软件质量工程体系的输入。对这些系统的输入进行加工、处理,是通过软件质量的计划、实施、控制、调整等来实现的,其达到的质量目标就是系统的输出结果。

从系统方法论来说,系统工程学是系统的结构方法、功能方法和历史方法的统一。也就是说,软件质量工程体系,不仅体现在对质量系统的结构划分、结构分析、质量功能的展开上,而且基于质量的历史数据,可以建立质量的预测或评估模型,包括软件的可靠性评估模型,从而实现软件质量的可预见性,也可以进行有效的软件质量风险的控制和管理。

如果质量目标不可验证,那么就说不清是否达到这些目标。在合适的地方为每一个属性或目标指定级别或测量单位,以及最大和最小值。如果不能定量地确定某些对项目很重要的属性,那么至少应该确定其优先级。软件质量度量方法的提出,就是为了解决这一软件质量需求。

　　概括起来,如图 32-3 所示,从系统工程的角度来描述质量管理体系,软件质量工程体系的思想是从系统工程学、软件工程理论出发,沿着逻辑推理的路径,对软件质量的客户需求、影响软件的质量因素、质量功能结构、问题根源等进行分析,以建立积极的质量文化,构造软件质量模型,基于这些模型研究相应的软件质量标准和软件质量管理规范,并配以相应的质量分析技术、工具等,把质量控制、质量保证和质量管理有效地集成在一起,降低质量成本和质量风险,从而系统地解决软件质量问题,形成现代软件质量管理体系。

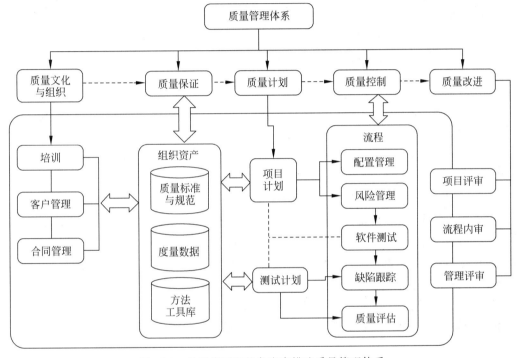

图 32-3　从系统工程的角度来描述质量管理体系

　　现代软件质量管理体系,通过相应的系统方法,实施软件质量管理体系并有效控制、优化,从而形成优化的质量结构和组织功能体系,最终达成预期的质量目标,即按时、按量、高质量地完成软件项目。软件质量工程体系揭示了软件质量计划、质量标准、质量控制、质量保证之间的关系,从对软件质量指标分析开始,直至客户满意,软件质量工程体系分为质量工程基础设施层次、项目层次和组织层次,而软件质量控制和软件质量保证在项目层次和组织层次中都有体现如图 32-4 所示。

　　(1) 软件质量指标、软件质量影响因素。

　　(2) 软件质量模型,软件质量度量。

　　(3) 软件质量标准和规范,和与之配套的培训体系、技术、工具、模板等。

　　(4) 软件质量方针、软件质量控制、软件质量保证和软件质量管理。

　　(5) 软件质量成本的控制、软件质量风险的控制、客户满意度。

　　软件质量指标是衡量软件质量的标准,有了这些指标,就容易判断软件质量的高低。接着就可以找出影响这些指标的因素,也就确定了软件质量的影响因素。对每一个软件质量

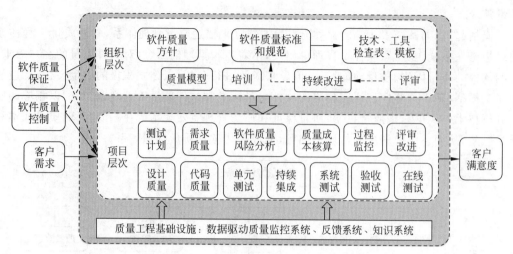

图 32-4　软件质量工程体系的构成

的影响因素,都可以试着找出对策,降低某个因素的消极影响或提高某个因素的积极影响。当然,这些因素之间还存在相互影响。所以还要借助软件质量模型,才可以对质量问题分析透彻并解决问题。

软件质量标准和规范,是相对软件质量模型而存在的。软件的管理工作,就是在软件质量标准和规范指导下,涵盖软件质量计划、质量风险管理、质量成本控制和质量计划的实施等内容。质量计划的制订又受质量文化的影响和质量方针的指导,通过对影响质量的各种因素进行分析,了解可能存在的质量风险,从而加以回避、控制。通过对软件产品、开发过程的测量和质量的度量,不断改进软件开发过程,以达到软件质量预先设定的目标。

软件质量工程规范,规定了一系列的质量活动,这些活动又得遵守相应的流程,也就是说,软件质量工程规范约束了软件开发人员的行为模式,软件开发人员的行为通过一套规范得到了有效的控制。

32.1.4　软件质量控制

谈到软件质量时,人们经常会提及软件质量控制、质量保证和质量管理,的确,软件质量控制、质量保证和质量管理代表软件质量工作中的不同层次的内容。

- 软件质量控制(Software Quality Control,SQC)是科学地测量过程状态的基本方法。就像汽车表盘上的仪器,可以显示行驶中的转速、速度、油量等。
- 软件质量保证(Software Quality Assurance,SQA)是过程和程序的参考与指南的集合。ISO 9000 是其中的一种,就像汽车中的用户手册。
- 软件质量管理(Software Quality Management,SQM)是运营的哲学,用来建立质量文化和管理思想。

为了让读者更容易理解软件质量的工作层次,下面从另一方面简单阐述软件质量管理的四个层次:

(1)检查。通过检验保证产品的质量,符合规定的软件产品为合格品,不符合规定的产品为次品,次品不能出售。该层次的特点是独立的质量工作,质量是质量部门的事,是检验员的事。检验产品只是判断产品质量,不检验工艺流程、设计、服务等,不能提高产品质量。这个层次是初期阶段,相当于"软件测试——早期的软件质量控制"。

(2)保证。质量目标通过软件开发部门来实现,开始定义软件质量目标、质量计划,保证软件开发流程的合理性、流畅性和稳定性。但软件度量工作很少,软件服务质量还不明确,设计质量也不明确,相当于初期的"软件质量保证"。

(3)预防。软件质量以预防为主,以过程管理为重,把质量保证的工作重点放在过程管理上,从软件产品需求分析、设计开始就引入预防思想,面向客户特征,大大降低质量成本,相当于成熟的"软件质量保证"。

(4)完美。以客户为中心,全员参与,追求卓越,相当于"全面软件质量管理"。

在质量控制、质量保证和质量管理基础上,是质量方针,即在质量方针的指导下,质量管理指挥和控制组织的质量活动,协调质量的各项工作,包括质量控制、质量保证和质量改进。

质量控制是质量管理的一部分,致力于满足质量要求。作为质量管理的一部分,质量控制适用于对组织任何质量的控制,不仅仅限于生产领域,还适用于产品的设计、生产原料的采购、服务的提供、市场营销、人力资源的配置等,涉及组织内几乎所有活动。

早在20世纪20年代,美国贝尔实验室成立了两个研究质量的课题组,一个为过程控制组,学术领导人是美国统计应用专家休哈特;另一个为产品控制组,学术领导人为道奇。通过研究,休哈特提出了统计过程控制的概念与实施方法,最为突出的是提出了过程控制理论以及控制过程的具体工具——控制图,现在统称为SPC(Statistical Process Control)。道奇与罗米格则提出了抽样检验理论和抽样检验表。这两个研究组的研究成果影响深远,休哈特与道奇成为统计质量控制的奠基人。

统计过程控制是一项建立在统计学原理基础上的过程性能及其波动的分析与监控技术,从其诞生至今,经过80多年的不断发展与完善,已经从最初的结果检验到今天的过程质量控制,从最初的仅仅应用于军事工业部门,发展到今天被广泛应用于社会经济生活的各领域。由于统计过程控制技术对于分析和监控过程的性能及其波动非常有效,已成为现代质量管理技术中的重要组成部分。

质量控制的目的是保证质量,满足要求。为此,要解决要求(标准)是什么、如何实现(过程)、需要对哪些进行控制等问题。质量控制是一个设定标准(根据质量要求)、测量结果、判定是否达到了预期要求、对质量问题采取措施进行补救并防止再发生的过程,质量控制已不再仅仅是检验,而是更多地倾向于确保生产出来的产品满足要求的过程控制。

32.1.5 软件质量保证

质量保证是质量管理的一部分,是为保证产品和服务充分满足消费者要求的质量而进行的有计划、有组织的活动,致力于提供对满足质量要求的信任。组织规定的质量要求,包括产品的、过程的和体系的要求,必须完全反映顾客的需求,才能给顾客以足够的信任。"帮助建立对质量的信任"是质量保证的核心,可分为内部和外部两种:

- 内部质量保证是组织向自己的管理者提供信任。
- 外部质量保证是组织向外部客户或其他方提供信任。

质量保证定义的关键词是"信任",对达到预期质量要求的能力提供足够的信任。这种信任不是买到不合格产品以后的包修、包换、包退,而是在顾客接受产品或服务之前就建立起来的,如果顾客对供方没有这种信任,则不会与之签订协议。质量保证要求,即顾客对供方的质量体系要求往往需要证实,以使顾客具有足够的信任。证实的方法可包括供方的合格声明、形成文件的基本证据(如质量手册、第三方检验报告)、国家认证机构出具的认证证据(如质量体系认证证书或名录)等。

从管理功能上看,质量保证着重内部复审、评审等,包括监视和改善过程,确保任何经过认可的标准和步骤都被遵循,保证问题能被及时发现和处理。质量保证的工作对象是产品及其开发全过程的行为。从项目一开始,质量保证人员就介入计划、标准、流程的制订;通过这种参与,有助于满足产品的实际需求和对整个产品生命周期的开发过程进行有效的检查、审计,并向最高管理层提供产品及其过程的可视性。

在 CMM(Capability Maturity Model,能力成熟度模型)中,软件质量保证是其等级 2 的一个关键过程域(Key Process Area,KPA),软件质量保证被定义为:从事复审/审查(Review)和内审/检查(Audit)软件产品和活动,以验证这些内容是否遵守已适用的过程和标准,并向软件项目和相应的管理人员提交复审和内审的结果。CMM 复审或内审的对象不只是产品,还包括开发产品的流程。软件质量保证的活动分为两类:

- 复审:在每个软件生命周期阶段结束之前,都正式用结束标准对该阶段生产出的软件产品进行严格的技术审查,如需求分析人员、设计人员、开发人员和测试人员一起审查"产品设计规格说明书""测试计划"等。
- 内审:部门内部审查自己的工作,或由一个独立部门审查其他各部门的工作,以检查组织内部是否遵守已有的模板、规则、流程等。

基于软件系统及其用户的需求,包括特定应用环境的需要,确定每一个质量要素的各个特征的定性描述或数量指标,包括功能性、适用性、可靠性、安全性等的具体要求。再根据所采用的软件开发模型和开发阶段的定义,把各个质量要素及其子特征分解到各个阶段的开发活动、阶段产品上去,并给出相应的度量和验证方法。复审或内审就是为了达到事先定义的质量标准,确保所有的软件开发活动符合有关的要求、规章和约束条件。软件质量保证过程的活动形式主要有以下几种:

- 建立软件质量保证活动的实体。
- 制订软件质量保证计划。
- 坚持各阶段的评审和审计,并跟踪其结果作合适处理。
- 监控软件产品的质量。
- 采集软件质量保证活动的数据。
- 对采集到的数据进行分析、评估。

质量管理体系的建立和运行是质量保证的基础和前提,质量管理体系对所有(包括技术、管理和人员方面的)影响质量的因素都采取了有效的方法进行控制,因而具有减少、消除和预防不合格的机制。

经过长期的发展和演变,软件质量控制和质量保证的思想和方法越来越融合在一起,二者都强调活动的过程性和预防的必要性,最终保证产品的质量。

32.1.6 软件质量改进

质量改进是质量管理的一部分,是不断改进软件开发过程、产品和服务的持续过程。同时,为确保有效性、效率或可追溯性,应注意识别需要改进的项目和关键质量要求,考虑改进的过程,以增强组织能力,改进过程和产品。

在质量改进工作中有许多模型,包括 PDCA 模型、PEIS 模型、6-Sigma 的 DMAIC 模型、CMM 模型有关质量改进部分、SPICE 模型等。下面通过 IDEAL 模型来讲解质量改进过程。IDEAL 模型将质量改进过程分为初始化、诊断、建立、行动和学习五个阶段,该模型如图 32-5 所示。

- I——Initiating(初始化),为成功地改进质量工作奠定基础。
- D——Diagnosing(诊断),确定现状与质量目标之间的差距。
- E——Establishing(建立),计划如何达到质量目标。
- A——Acting(行动),根据计划开展质量工作。
- L——Learning(学习),从经验中学习,以提高将来采用新技术的能力。

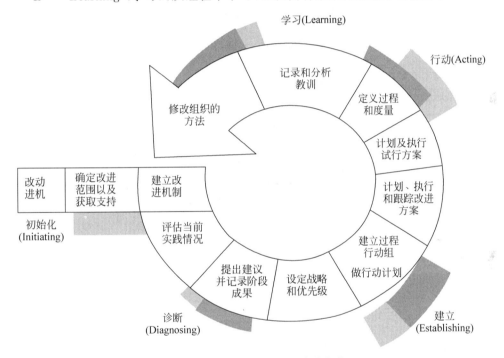

图 32-5 IDEAL 模型用于质量改进

32.2 质量保证过程

质量保证过程是确保过程或项目中的工作产品以及活动都遵循相应的标准和规范的活动过程,对项目产品和服务质量加以管理,使软件产品或服务能真正满足客户的需求,从而获得最大的客户满意度。质量保证和管理在项目以及组织层次上建立对产品和过程质量管理的关注,涵盖产品质量、过程质量和质量体系等,并需要组织上全力支持,其基本目标有:

- 以客户的质量需求为基础,在整个软件项目生命周期内不同的检查点确立相应的质量目标。
- 定义质量度量标准、方法与工具,并实时检查,以便在项目生命周期中的不同检查点评估有关内容是否达到了相应的质量目标。

- 制订相应的计划与进度表,确定质量保证和管理活动所需的资源、组织及组织成员的职责。
- 从软件工程的需要出发,系统地提出最佳实践方法,并能集成到生命周期的过程模型中。
- 实施已经定义的质量活动并监控这些质量活动的执行情况。
- 当未能达到质量目标时,要及时采取纠正措施。

软件质量是软件开发各个阶段质量的综合反映,因此软件的质量保证贯穿整个软件开发周期(见图32-6)。为了更好地保证软件产品质量,首先需要制订项目的质量计划;然后在软件开发的过程中进行技术评审和软件测试,并进行缺陷跟踪;最后对整个过程进行检查,并进行有效的过程改进,以便在以后的项目中进一步提高软件质量。

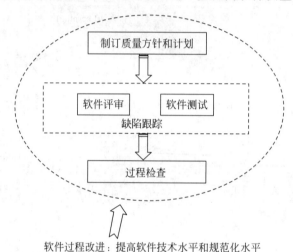

图 32-6　软件质量保证过程

32.2.1　验证与确认

验证(Verification)过程是依据实现的需求定义和产品规范来确定某项活动的软件产品是否满足所给定或所施加的要求和条件的过程。一般根据软件项目需求,按不同深度确定验证软件产品所需的活动,包括分析、评审和测试,其执行具有不同程度的独立性。为了有效进行并节约费用,验证活动应尽早与采用它的过程(如软件获取、开发、运行或维护)相结合。该过程的成功实施希望带来如下结果:

- 根据工作产品所制订的规范(如产品规格说明书)实施必要的检验活动(软件测试)。
- 有效地发现各类阶段性产品所存在的缺陷,并跟踪和消除缺陷。

确认(Validation)过程是确定最终的、已建成的系统或软件产品是否满足特定的用户需求的过程,集中判断产品所实现的功能、特性是否满足客户的实际需求。确认过程和验证过程构成软件测试不可缺少的组成部分,也可以看作是质量保证活动的重要支持手段。确认也应该尽量在早期阶段进行,如阶段性产品的确认活动。确认与验证相似,也具有不同程度的独立性,该过程的成功实施期望带来如下结果:

- 根据客户实际需求,确认所有工作产品相应的质量准则,并实施必需的确认活动。
- 提供有关证据,以证明开发出的工作产品满足或适合指定的需求。

32.2.2 评审

软件评审(Software Review,Review 常被翻译为评审,也可以翻译为审查、复审、复查等)的重要目的就是通过软件评审尽早发现产品中的缺陷,因此软件评审可以看作软件测试的有机组成部分,两者之间有密不可分的关系。通过软件评审,可以更早地发现需求工程、软件设计等各方面的问题,大大减少后期的大量返工,将质量成本从昂贵的后期返工转化为前期的缺陷发现。通过评审,还可以将问题记录下来,使其具有可追溯性,找出问题产生的根本原因,在将来的项目开发中进一步减少缺陷,有利于软件质量的提高。

什么是软件评审呢?根据 IEEE STD 1028—1988 的定义:评审是对软件元素或者项目状态的一种评估手段,以确定其是否与计划的结果保持一致,并使其得到改进。检验工作产品是否正确地满足了以往工作产品中建立的规范,如需求或设计文档是否符合所定义的模板要求,各项内容是否清楚、一致。软件评审的对象有很多种,主要分为管理评审、技术评审、文档评审和流程评审。软件测试包含技术评审和文档评审,而管理评审和流程评审则属于软件质量保证的组织和过程管理的活动内容。

技术评审是对产品以及各阶段的输出内容进行评估,其主要目的是揭示软件在逻辑、执行以及功能和函数上的错误,以验证软件是否符合需求,确保需求说明、设计说明等符合系统的要求。技术评审后需要以书面的形式对评审结果进行总结。

- 技术评审会分为正式和非正式两种,通常由技术负责人(技术骨干)制订详细的评审计划,包括评审时间、地点以及定义所需的输入文件。
- 在评审过程中,评审小组会按照评审检查单对需要评审的内容进行逐项检查,确定每项的状态,检查项状态可以标记为合格、不合格、待定、不适用等。
- 评审结束后,评审小组需要列出存在的问题、建议措施、责任人等,并完成最终的《技术评审报告》。

文档评审往往分为格式评审和内容评审。所谓的格式评审,是检查文档格式是否满足标准,而内容评审则是从一致性、可测试性等方面进行检查。文档评审,往往要完成《产品/市场需求说明书》《功能说明书》《系统架构设计说明书》《详细设计说明书》《测试计划》《测试用例》等的评审。评审过程中要把握正确性、完整性、一致性、有效性、易测性、易理解性等。

评审方法有很多种,有正式的,也有非正式的,图 32-7 就是从非正式到正式的各种评审方法。

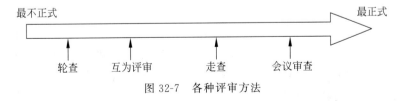

图 32-7 各种评审方法

1. 轮查(Pass Round)

轮查又称为分配审查方法,开发者将需要评审的内容发送给各位评审员,并收集他们的反馈意见,但轮查的反馈往往不太及时。

2. 互为评审或同行评审(Peer Review)

互为评审是由软件开发者的同事对软件产品进行系统的检查,以发现错误及检查修改过的区域,是一种常用的评审方式,实施起来比较简单。例如,程序员甲写的程序让程序员乙复查或复审,程序员乙写的程序让程序员甲复查。目的都一样,即尽早、有效地发现软件阶段性产品中的错误。然而,此评审的过程还不够完善,特别是评审后期的问题跟踪和分析往往被简化和忽略。

3. 走查(Walk Through)

走查也属于一种非正式的评审方法,它在软件企业中被广泛使用,一般来说,初级工程师(如新招的毕业生)的工作成果需要进行全面审查,一般由其主管或一位资深工程师来评审。只有当这样的走查进行几次以后,其主管对该员工建立了信心,就可以不做走查,改为互相评审。走查的目的是希望参与评审的其他同事可以发现产品中的错误,对产品了解,并对模块的功能和实现等达成一致意见。

然而,由于开发者的主导性也使得缺陷发现的效果并不理想。因为评审者事先对产品的了解不够,导致在走查过程中可能曲解开发者提供的信息,并假设开发者是正确的,评审者对于开发者实现方法的合理性等很容易保持沉默,因为并不确信开发者的方法存在问题。

4. 评审会议(Inspection)

评审会议更为严格,是最为系统化的评审方法,其过程包含制订计划,准备和组织会议,跟踪和分析审查结果等。

32.2.3 正式评审会议

事实上,大量的实践已经证明了软件评审是使产品达到用户要求的一项十分有意义的活动,的确是软件开发过程中软件质量保证的一个重要手段。然而在进入正式的评审流程之前,需要进行是否准入的判断,只有满足评审的入口条件时才能进入软件评审过程。评审的入口条件包含如下内容:

(1)创建者为待评审的工作产品选择评审方法。

(2)准备好所有必需的支持文档。

(3)创建者陈述该次评审的目标。

(4)评审者接受同行评审过程的培训。

(5)为待评审的文档分配版本号,所有页面都标明页号和行号,文档经过拼写错误检查。

(6)为待评审的源代码分配版本号,代码清单标明行号和页码,代码已经使用项目标准编译转换器编译过,并且没有错误和警告信息。使用代码分析器发现的错误已经被改正。

(7)对于二次评审,前一次评审中发现的所有问题都已经解决。

(8)满足所有针对特定的工作产品定义的附加入口条件。

进入评审流程后,主要分为计划、总体会议、准备会议、审核会议、返工/跟踪 5 个步骤,其流程如图 32-8 所示。

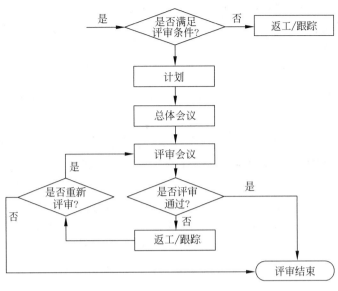

图 32-8　正式评审会议流程

1．计划

计划主要是确定即将送审的工作产品,并做好评审时间表,这一阶段有如下几个主要任务:

(1) 将需要评审的工作产品和支持文档,如规范、以往文档和相关测试文档交给评审负责人。

(2) 确定工作产品是否满足评审入口条件。

(3) 根据工作产品的规模和复杂度确定需要多少次评审会议。

(4) 选择检查者并为其分配角色,确认评审员同意参加评审。

(5) 确定是否需要一次评审总体会议。

(6) 安排评审会议或者评审说明会议的时间,并发出会议通知。

2．总体会议

总体会议根据实际情况是可选择的。如果评审员对于即将评审的工作产品已经比较熟悉,那么可以省略总体会议,直接开始准备正式的评审会议。如果评审员之前不十分熟悉工作产品,可以召开总体会议以便对产品进行一个总体介绍。在总体会议上,开发者需要向评审小组的其他成员描述工作产品的重要特征,并陈述评审目标。同时,评审人员评估工作产品的前提条件、历史记录及背景。

3．会议准备

为了保证评审质量,要求在评审会议开始前至少 3 天向所有的评审员发送评审包。同时,评审员需要在评审会议开始前独立、认真地阅读评审包的内容,保证在评审会议开始时已经熟悉评审的内容。在此期间需要完成的主要工作如下:

- 要求每个评审员以特定的角度准备评审。例如,检查交叉引用的一致性,检查接口错误,检查对以往规范的可追溯性和一致性,检查对标准的符合性。
- 检查工作产品,发现其缺陷并提出问题。使用适当的缺陷检查表,集中发现这类工作产品中普遍存在的缺陷,适当使用其他分析方法查找缺陷。
- 将微小缺陷记录到微错清单上,如排版错误或风格不一致,在评审会议上或评审之前交给创建者。

4. 评审会议

准备工作完成后,将所有的评审员召集在一起召开正式的评审会议。评审会议的工作主要有如下几点:

- 小组组长介绍所有与会人员并说明其角色;陈述评审的目标;指导评审员将精力集中于发现缺陷,而不是解决方法;提醒评审员要针对正在评审的工作产品,而不是创建者。
- 确认准备情况:小组组长询问每个评审员的准备时间,并记录到评审总结报告上。如果准备不充分,则需要中止评审会议并重新安排会议时间。
- 展示工作产品:阅读人向评审小组描述工作产品的各部分。
- 提出缺陷和问题:每当阅读人展示完工作产品的一部分,评审员应该指出关心的、潜在的缺陷、疑问或改进建议。
- 记录问题:对提出的每个问题,记录者都需要记录到问题日志上,确保所有的问题都被正确记录。
- 解答问题:当有评审员提出问题时,开发者需要简短回答提出的问题,使检查者进一步了解工作产品,从而帮助发现缺陷。

在会议最后,评审小组应该就评审内容进行最后讨论,形成评审结果。可能的评审结果有如下 4 种:

- 接受。评审内容不存在大的缺陷,可以通过。
- 有条件接受。评审内容不存在大的缺陷,修订其中的一些小缺陷后可以通过。
- 不能接受。评审内容中有较多的缺陷,开发者需要进行返工,并在返工之后重新进行评审。
- 评审未完成。由于某种原因,评审未能完成,还需要后续会议。

会议结束之后,评审小组还需要一系列的评审结果,评审结果包含如下几项:

- 问题列表。
- 评审总结报告(会议记录)。
- 评审决议。
- 签名表。
- 问题列表说明了项目或产品中存在的问题,并需要后期跟踪。评审总结报告包含了评审的内容、评审人、会议总结等基本信息。

5. 返工和跟踪

评审会议结束时并不意味着评审已经结束了。评审会议的一个主要输出就是问题列表,发现的大部分缺陷是需要开发者进行修订和返工的。因此需要对开发者的修订情况进行跟踪,其目的就是验证开发者是否恰当地解决了评审会上所列出的问题。

评审的最后决议有接受、有条件接受、不能接受、评审未完成 4 种情况,其中接受和评审未完成基本不存在返工和缺陷的跟踪,因此返工和跟踪主要针对有条件接受和不能接受。

（1）有条件接受的缺陷跟踪。

对于有条件接受的情况，被评审产品的开发者在评审会后需要对产品进行修改，修改期限一般为 3～5 个工作日。修改完成后，被评审产品的开发者将修改后的被评审产品提交给所有的评审组成员。

评审组对修改后的被评审产品进行确认，在 1～2 个工作日内提出反馈意见。如有反馈意见，被评审产品的开发者应立即修改并重新发给评审组。

评审组长做好评审会后的问题跟踪工作，确定评审决议中的问题最终是否被全部解决。如全部解决，则认为可以结束此次评审过程；如仍有未解决的问题，则评审组长应督促被评审产品的负责人尽快处理。

在满足结束此次评审过程的条件后，评审组长要将评审报告发给所有的评审组成员、被评审产品开发者、SQA 人员。评审报告可以看作评审会结束的标志。

（2）不能接受的缺陷跟踪。

对于不能接受的评审结果，被评审产品的作者在评审会后需要根据问题列表对产品进行返工，并将返工后的结果提交给所有的评审组成员。

评审组长检查修改后的产品，如果认为返工后的结果满足评审入口条件，则重新组织和召开评审会议对产品进行审查。

32.2.4　单元测试与集成测试

工厂在组装一台电视机之前，会对每个电子元件进行检验，或者要求电视机组装厂的每个供应商提供符合质量标准的电子元件，这种对电子元件的检验就相当于软件中的单元测试。

单元测试的对象是构成软件产品或系统的最小的独立单元，如封装的类或对象、独立的函数、进程、子过程、组件或模块等。在单元测试活动中，软件的独立单元与程序的其他部分被隔离开。单元测试的目的是检验每个软件单元能否正确地实现其功能，满足其性能和接口要求，验证程序和详细设计说明的一致性。

单元测试分为静态测试和动态测试，静态测试就是程序代码的审查活动，互为代码审查或集体开会审查代码，可以使用测试工具来完成对代码的检查，从编程语言的语法、规则和代码风格等各方面检查是否满足实现定义的要求。动态测试则是通过单元测试用例、测试工具来执行程序，以更好地实现测试的目标。单元测试可以采用白盒方法，也可以采用黑盒方法，但一般以白盒方法为主。

- 规格说明测试或"黑盒测试"，验证单元外观上的可观察的行为。
- 结构测试或"白盒测试"，验证单元的内部实现。

集成测试是将已分别通过测试的单元按设计要求组合起来再进行的测试，以检查这些单元之间的接口是否存在问题。集成测试是一个逐渐加入单元进行测试的持续过程，即采用渐增式测试模式，直至所有单元被组合在一起，成功地构成完整的软件系统，从而完成集成测试的任务。

集成测试一般是把下一个要测试的模块同已经测试好的模块结合起来进行测试，测试完以后再逐步增加新的模块，不断继续，最终完成集成测试。目前，业界普遍实行每日构建和每日集成，这就是人们常说的"持续集成"，最终使集成测试成为日常编码的一部分，和单元测试并行,即编码、单元测试、集成测试在软件这个层次是并行进行的,没有明确的阶段划分。

32.2.5　功能测试

功能测试比较容易理解,主要是根据产品规格说明书来检验被测试的系统是否满足各方面功能的使用要求,功能测试也可以分为单元功能测试和系统功能测试,主要用来确认以下内容:

- 每项功能是否符合实际要求。
- 功能逻辑是否清楚且符合使用者习惯。
- 菜单、按钮等各项操作是否正常、灵活。
- 系统的界面是否清晰、美观。
- 系统的各种状态是否按照业务流程变化,并保持稳定。
- 是否能接受正确的数据输入,对异常数据的输入是否可以进行提示、容错处理等。
- 数据的输出结果是否准确、格式清晰,并可以保存和读取。
- 软件升级后,是否能继续支持旧版本的数据。
- 与外部应用系统的接口是否有效。

对于功能测试,这里列出的是一般情况,针对不同的应用系统,其测试内容的差异很大,但都可以归为输入、输出、操作逻辑和数据处理过程等方面的测试。在功能测试中,常用的黑盒测试方法有等价类划分法、边界值划分法、错误推测法、因果图法和组合分析法等。

32.2.6　回归测试

无论是进行系统测试还是功能测试,当发现一些严重的缺陷需要修正时,会构造一个新的软件包(Full Build)或新的软件补丁包(Patch),然后进行测试。这时的测试不仅要验证软件缺陷是否真正被解决了,而且要保证以前所有运行正常的功能依旧保持正常,而不会受到这次修改的影响。这就要求进行回归测试。回归测试的目的是在程序有修改的情况下保证原有功能正常的一种测试策略和方法,因为这时不需要从头到尾进行全面测试,而是根据代码修改所影响的情况进行有效测试。

在软件生命周期中的任何一个阶段,只要软件发生了改变,就可能给软件带来新的问题。软件的改变可能是源于发现了缺陷并做了修改,也有可能是因为在集成或维护阶段加入了新的功能或增强原有的功能。当软件中所含错误被发现时,如果错误跟踪与管理系统不够完善,就可能会遗漏对这些错误的修改;而开发者对错误理解得不够透彻,也可能导致所做的修改只修正了错误的外在表现,而没有修复错误本身,从而造成修改失败;修改还有可能产生副作用,从而导致软件未被修改的部分产生新的问题,使本来工作正常的功能发生错误。同样,在有新代码加入软件时,除了新加入的代码有可能含有错误外,新代码还有可能给原有的代码带来影响。因此,每当软件发生变化时,就必须重新测试现有的功能,以便确定修改是否达到了预期的目的,检查修改是否损害了原有的正常功能。同时还需要补充新的测试用例来测试新的或被修改了的功能,为了验证修改的正确性及其影响就需要进行回归测试。

回归测试作为软件生命周期的一个组成部分,在整个软件测试过程中占有很大的工作量比重,软件开发的各阶段都可能需要进行多次回归测试。在渐进和快速迭代开发中,新版本的连续发布使回归测试进行得更加频繁,而在极限编程(eXtreme Programming,XP)方法中,更是要求每天都进行若干次回归测试。因此,选择正确的回归测试策略来改进回归测试的效率和有效性是非常有意义的。

在软件生命周期中,即使一个得到良好维护的测试用例库也可能变得相当大,使得每次回归测试都重新运行完整的测试包变得不切实际,时间和成本约束也不允许进行一个完全的测试,需要从测试用例库中选择有效的测试用例,构造一个缩减的测试用例集合(Test Suite)来完成回归测试。选择回归测试策略应该兼顾效率和有效性两方面,下面的几种方法,在效率和有效性的侧重点上是不同的。

(1) 再测试全部用例,选择测试用例库中的全部测试用例构成回归测试包,这是一种比较安全的方法,具有最低的遗漏回归错误的风险,但测试成本最高。再测试全部用例几乎可以应用在任何情况下,基本上不需要进行用例分析和设计,但是随着开发工作的进展,测试用例不断增多会带来相当大的工作量,此种方法受预算和进度的限制。

(2) 基于风险选择测试,基于一定的风险标准从测试用例库中选择回归测试包。运行最重要的、关键的和可疑的测试,而跳过那些次要的、例外的测试用例或功能稳定的模块。运行次要用例即便发现缺陷,这些缺陷的严重性也较低。

(3) 基于操作剖面选择测试,如果测试用例是基于软件操作剖面开发的,则测试用例的分布情况反映了系统的实际使用情况。回归测试使用的测试用例个数可以由测试预算确定,回归测试可以优先选择那些针对最重要或最频繁使用功能的测试用例,释放和缓解最高级别的风险,有助于尽早发现那些对可靠性影响最大的故障。

(4) 再测试修改的部分,当测试者对修改的局部化有足够的信心时,可以通过相依性分析识别软件的修改情况并分析修改的影响,将回归测试局限于被改变的模块和它的接口上。通常一个回归错误一定涉及被修改的或新加的代码。在允许的条件下,回归测试尽可能覆盖受到影响的部分。这种方法可以在给定的预算下最有效地提高系统可靠性,但需要良好的经验和深入的代码分析。

综合运用多种测试技术是比较常见的,在回归测试中也不例外,测试者可能希望采用多于一种的回归测试策略来增强对测试结果的信心。不同的测试者可能会依据自己的经验和判断选择不同的回归测试技术和方法。

32.2.7 系统的非功能性测试

系统测试除了前面所说的功能测试外,还要对系统的非功能特性(如可用性、安全性和可扩充性等)进行验证。例如,性能测试在运行软件系统时模拟各种实际环境(包括高负载),对系统自身的表现、所占用的资源和其他指标进行监测,以验证系统是否满足产品的性能需求。

(1) 负载测试(Stress Test),也称为强度测试、压力测试。负载测试是模拟实际应用的软硬件环境及用户使用过程的系统负载(如并发访问用户量),长时间或超大负载地运行被测系统,以发现系统可靠性、性能瓶颈等方面的问题。

(2) 容量测试(Capacity Test),通过不断增加负载,以确定反映软件系统应用特征的某项指标的极限值,如某个 Web 站点可以支持多少个并发用户的访问量、网络在线会议系统的与会者人数等。

(3) 性能测试(Performance Test),通过测试以评估系统运行时的性能表现,如获取系统运行速度、响应时间、占有系统资源(如内存和 CPU)等方面的实际值,然后和预先设定的目标值进行比较,通过测试结果分析,发现性能瓶颈,并评估软件系统是否满足性能要求。

(4) 安全性测试(Security Test),检查系统对非法侵入的防范能力。在安全性测试中,测试人员模拟非法入侵者,采用各种办法攻击软件系统,如突破用户登录保护、功能使用权限、数据存取权限等防线。系统安全设计的准则是,使非法侵入的代价超过被保护信息的价值。

(5) 容错测试(Recovery Test),主要检查系统的容错能力。当系统出错时,能否在指定时间间隔内修正错误并重新启动系统。容错测试首先要通过各种手段让软件强制性地发生故障,然后验证系统是否能尽快恢复。对于自动恢复需验证重新初始化、检查点、数据恢复和重新启动等机制的正确性;对于人工干预的恢复系统,还需评估平均修复时间,确定其是否在可接受的范围内。

32.2.8　验收测试

验收测试是在软件产品完成了单元测试、集成测试和系统测试之后、产品发布之前所进行的软件测试活动。它是技术测试的最后一个阶段,也称为交付测试,一般用户或用户代表要参与其测试,这是它的一个重要特征。验收测试一般会根据产品规格说明书严格地检查产品,逐字逐句地对照说明书以检查事先定义的软件产品的各项具体要求,确保所开发的软件产品符合用户的期望和需求。验收测试就是检验产品和产品规格说明书(包括软件开发的技术合同)的一致性,同时验收测试是在用户的实际使用环境中进行,包括用户的硬件环境、用户数据和实际操作习惯等。

云服务可能没有验收测试,因为不需要将产品交付给用户,而是通过在公司内部云平台上部署软件产品,从而让用户使用服务功能,完成交付。因此,对于云服务平台,一般进行BETA 测试,即在数据中心部署研发部门交付的版本,先让内部员工或外部少数用户试用,试用期间发现严重问题时进行及时修正,再发布补丁包,继续试用,等产品质量相对稳定之后,再全面部署到产品线上,让所有用户使用,这时才算正式交付产品。对非关键性产品,特别是一些免费产品,甚至在产品线上直接提供 BETA 版本,由用户完成在线测试。在云服务上,可以采用 SaaS 服务的一些概念,例如:

- LA:Limited Available,即云服务只提供给非常有限的用户,相当于 BETA 测试。
- GA:General Available,即云服务提供给所有用户,这时才算产品正式上线。

验收测试还出现敏捷方法中,包括 Scrum 框架。在敏捷方法中,鼓励开发人员进行足够的单元测试,但单元测试不能发现整个系统存在的某些问题,这就需要单独的阶段或活动来对整个系统的行为进行验证,以确定系统是否能够全面满足客户的需求,从而确定系统整体实现的质量状态。在敏捷开发方法中,验收测试包括对每个新实现的用户故事进行验证,更多的测试是针对用户的业务流程完成端到端的测试。理想情况下,敏捷中的验收测试是根据开发前定义的验收标准来进行测试。也就是说,验收测试用例是在写代码之前事先写好的。验收测试内容主要包括:

- 用户交互测试,验证系统行为是否正确、是否符合用户的期望。
- 可用性测试,验证系统是否易用,包括用户界面是否良好、操作是否合理。
- 性能测试,测试应用程序在各种负荷下的工作状态。
- 压力测试,使应用程序在用户和事物的极限值情况或其他任何让应用程序处在压力下的运行情况下运行。

验收测试可以采用手工方法进行,也可以采用自动化手段进行,借助一些验收测试框架(如 FitNesse)实现这一目标。

32.2.9　技术运营阶段的质量保证活动

在技术运营阶段出现的问题比较多,一方面可能是由于设计存在问题而导致出错、性能降低甚至崩溃等质量事故,另一方面是由于数据中心管理混乱、操作不规范、缺少服务监控与报警机制等造成的。正如前面提到的,技术运营阶段的质量保证(Quality Assurance,QA)在云服务平台是至关重要的,包括环境、网络、设备、软件、存储、防病毒、日常操作、权限等各种涉及技术运营质量因素的管理。对这些对象的日常管理工作有明确的责任说明和制度建设,责任到人、有章可循、奖惩分明,实现整个系统的全生命周期的质量管理,包括研发阶段、技术运营阶段的质量管理,以及这两个阶段的质量保证工作的相互衔接。

(1) 人是决定性因素,每个人都应该树立问题防御的意识,并加强培训,因为不少系统故障(甚至宕机)都是由人为错误造成的。人员分工明确,包括各种设备、各种层次的管理人员、操作人员。例如,有专门的网络管理人员、虚拟机的管理人员、数据库管理人员(DBA)和业务的技术支持人员等。

(2) 云服务平台的可用性、安全性(32.3 节将详细讨论)等是质量保证活动关注的主要对象,例如,为了保证服务的可用性,始终要做好系统的监控、系统和数据的备份、故障转移、系统定期维护、日志分析等工作。如果出现故障,确保在尽量短的时间内完成恢复,包括系统恢复和数据恢复;更重要的是建立紧急情况操作流程、应急响应机制等。如果系统用户增加很快,系统的性能在逐渐降低,这时就需要在线扩容,系统应具有良好的可扩充性。而云服务的数据安全、隐私保护已成为用户对云服务最担忧的问题,要解决这类安全问题(如系统安全漏洞、身份验证失效、访问控制不利、DoS 攻击等),需要强化技术运营管理和加强安全技术保障,如分级分权管理、用户数据隔离、数据加密、身份认证等。

(3) 灵活性、个性化是云服务的显著特点之一,服务面对不同需求的用户,为了让客户对服务更满意,系统应具有满足用户个性化定制需求的能力,提供相应的个性化配置功能,动态、快速地调整云平台的资源,满足用户需求。例如,亚马逊云服务平台的最大用户之一Pinterest,每到周末就需要很多资源,亚马逊平台必须保证提供这些资源,但到了周一,需要的资源又少得多,这些资源又需要释放。

(4) 全方位监控,技术运营质量保证工作从日常监控入手,依靠完整的、全方位的、实时有效的监控系统,做好事件管理和变更管理,事先建立好应急预案,做好监控数据的记录和技术分析,提前发现问题、消除隐患。多层监控,如基础设施(电力、温度和湿度控制、空调、网络设备、服务器硬件等)、通信层(网络连通性、路由、DNS、虚拟网络)、操作系统层(包括虚拟机、虚拟存储、数据库、内存和 CPU 使用情况等)、应用服务层(包括业务流量、业务数据、日志等)进行全面监控。而且这种监控需要通过工具来实现 24 小时的自动化监控,所以要开发或引进一系列工具来完成,如基础设施监控工具、系统监控工具、应用服务器监控工具、业务后台管理平台、短信平台等。

(5)加强系统技术运营测试。技术运营测试主要指在系统运行阶段实施的测试活动,在整体上完成对实际系统的可用性和服务水平的验证。技术运营测试完全基于产品运行环境(生产环境)下实施的产品在线测试(Production-intesting),主要包括对上线后系统运行状态进行监测和异常报告,对上线系统实施动态测试等,以寻找系统缺陷和风险,并对相关缺陷进行根本原因分析(Root Cause Analysis),预防问题,指导系统调优;对系统风险进行评估,制定预防策略,确保系统上线后稳定运行。

(6)虚拟化的统一管理,如虚拟机 VMWare Center,包括高效、灵活的动态分配资源、一键自动部署各种版本或一个完整的应用服务器等。可以实施更高级的技术运营管理,例如预测性维护和故障模型分析,进一步降低质量风险。

(7)客户关系管理。云服务平台面对众多不同的用户,为了留住客户,在技术运营过程中要维护好和客户的关系,做好服务评审(这可以基于 SLA 来进行,见 32.5 节的详细描述)、定期进行客户满意度调查,与客户进行定期或不定期的针对服务情况的沟通,处理好客户的抱怨。所有这些工作,也都可以归为技术运营阶段的质量保证活动。

32.3　云服务平台的特有质量诉求

传统的软件系统往往由特定的用户所使用,业务领域集中,需求比较明确,应用环境相对单一。但在云服务下,借助互联网技术和力量,软件服务面向全国用户或全球用户,为许多不同企业的一类业务应用提供统一的支撑环境,即不同用户在相同环境下共享软件系统的主要功能。而且这种云服务允许用户能够自我定制其用户界面(UI)和功能、能够选择自己喜欢的模板,对功能可以进行灵活的组合,这就要求灵活的系统架构来适应客户定制的需求。另外,软件服务一旦上线,系统就应一直不间断地运行下去。即使为了满足新的用户需求,对系统进行升级、更新版本时,软件服务也不能中断。所以,基于云服务的软件系统,不应该受到时间和地域的限制,分布在各地的用户随时都能享受相同的优质服务。相比传统的软件系统,云服务对系统的安全性、可用性、兼容性、可扩充性、可维护性等各方面都有着更高的要求。

同时,在云服务模式中,由于软件部署由软件服务商自己控制,且不会像渠道销售软件套装产品一样有很高的时间和制造成本,所以云服务模式下的软件发布周期可以大大缩短,力求在软件开发过程中做到最简单和最有效,最优先要做的是通过尽早地、持续地交付有价值的软件来使客户满意。例如,在云服务模式下的软件开发,可以将敏捷方法和 RUP 过程方法结合起来,敏捷过程能够保持快速、稳定的开发速度,RUP 过程可以保证系统的灵活架构、良好的扩充性和移植性,促进开发过程在质量和速度上达到平衡,确保为用户提供持续、稳定的高质量服务。

不论是传统软件系统还是云服务系统,在功能性、易用性、性能、安全性、可扩充性等方面有相同的质量诉求,只是云服务模式在某些方面(如稳定性、可用性等)会有更高的要求,而且在质量保证过程中其具体的活动、实践也具有自身的特点。

32.3.1　可用性

云服务平台一个显著的质量诉求就是高可用性,也就是经常说的 7×24 小时不间断运行。可用性和可靠性是一致的,高可用性需要系统是高可靠的,一般都是通过并行系统、冗余组件设计、系统故障转移等实现。产品或服务对于客户是否能保持有效,可以用"系统平均无故障时间(Mean Time To Failure,MTTF)除以总的运行时间(MTTF 与故障修复时间之和)"来计算系统的可用性。即在预定的启动时间中,系统真正可用并且完全运行时间所占的百分比,例如,网上银行系统需要大于 99.999% 的可用性才能满足客户的质量要求。大于 99.999% 的可用性又意味着什么呢? 例如,以一年来考虑,一年时间为 525 600min,系统失效时间为 $525\ 600 \times 0.001\% = 5.256$min,即系统宕机或不能提供服务时间要少于5.256min,即小于 315s。

一个系统也可以根据不同的时段定义不同的可用性,用户经常使用系统的时间不同,在正常的时间用户使用频率要高得多,系统就要提供更可靠的服务。例如,可以这样说明:"在工作日期间,在当地时间早上 6 点到午夜 11 点,系统的有效性至少达到 99.995%,而在其他时间(午夜 11 点到第二天 6 点),系统的有效性至少要达到 99.95%。"因此,系统迁移、备份、部署新的版本等活动一般都安排在夜里进行。如果是面向全球的客户,必须部署多个服务器集群,每个服务器集群服务某个区域,如分为欧洲、东亚、西亚、美洲等,这样就可以分别处理。否则只有一个服务集群面向全球用户,就没有时间区分,每个时间都很重要,因为各国时区不同,任何一个时间都有比较多的用户在使用系统。

32.3.2　安全性

云服务多数是通过互联网来提供的,而在互联网上用户的行为难以规范和控制,系统的安全性就显得特别重要。安全性是指系统和数据的安全程度,包括功能使用范围、数据存取权限等受保护和受控制的能力。除了数据加密、隔离、存储、备份和恢复等要求之外,安全性还需要设定合理、可靠的系统和数据的访问权限,防止一些不速之客的闯入和黑客的攻击,以避免数据泄密和系统瘫痪。

软件系统的安全性和可靠性往往是一致的,安全性高的软件,其可靠性的要求也相对高,因为任何一个失效都可能造成数据的不安全。一个安全相关的关键组件需要保证其可靠,即使出现错误或故障,也要保证代码、数据被存储在安全的地方,不能被不适当地使用和分析。

但软件的安全性和其性能、适用性会有冲突,如加密算法越复杂,其性能可能会越低;或者对数据的访问设置种种保护措施,包括用户登录、口令保护、身份验证、所有操作全程跟踪记录等,必然在一定程度上降低系统的适用性。

32.3.3　可扩充性

软件必须能够在用户的使用率、用户的数目增加很快的情况下保持合理的性能。只有这样,才能适应用户的市场扩展的可能性。系统的可扩充性是指将来功能增加,系统扩充的难易程度或能力。例如,简单的模块结构、模块间低耦合性、多层分布体系架构等特性可以改善系统的可扩充性。

可扩充性和可伸缩性、可维护性有关，如果系统具有良好的可伸缩性或可维护性，那么系统就具有良好的可扩充性。高可伸缩性代表一种弹性，在系统扩展成长过程中，软件能够保证旺盛的生命力，通过很少的改动甚至只是硬件设备的增加，就能实现整个系统处理能力的线性增长，实现高吞吐量和低延迟高性能。可伸缩性讲究平滑线性的性能提升，更侧重系统的水平伸缩，通过廉价的服务器实现分布式计算。

可维护性是指系统在运行过程中，当环境改变或软件发生错误时，进行相应修改所付出的工作量或难易程度。可维护性取决于理解软件、更改软件和测试软件的难易程度，可维护性与灵活性密切相关。高可维护性对于那些经历周期性更改的产品或快速开发的产品很重要。

32.4　需求评审和设计评审

基于软件服务的质量要求，需要审查软件系统能否实现预定的质量特征指标，以及为实现这些指标的策略或技术方案是否合理。软件服务的质量目标会受到各种各样的约束和因素的影响，通过因果图分析方法确定影响因素和软件服务质量目标之间的关系，找出对质量目标影响最关键的因素，然后针对系统设计进行审查，以确定这些关键因素是否得到充分考虑，并获得最有效的解决方案。该解决方案描述软件体系结构所达到的服务质量（Quality of Service，QoS）的技术指标，如性能指标、安全性等级、可靠性要求等，并在用户使用模式分析的基础上，绘制用户业务操作的完整流程，从而审核系统设计是否符合用户的各种使用模式，以及系统架构设计是否遵守相应的技术规范。

32.4.1　需求评审

软件缺陷并不只在编程阶段才产生，需求和设计阶段同样会产生问题，各种阶段性成果中都可能存在缺陷，包括需求定义文档、设计文档、程序代码等。如果按阶段性工作成果——市场需求文档、规格说明书、系统设计文档、程序代码等存在的缺陷所占的比例来看（即进行缺陷分布的对比分析），权威机构调查的结果显示，软件缺陷出现最多的地方是软件需求规格说明书（即软件需求定义），而不是程序代码。错误发现得越迟，修正这个错误的成本就越大。例如需求定义问题，如果在需求评审阶段被发现，只要修改需求文档就可以了，但如果在系统测试阶段才被发现，为了修正这个错误，就需要修改需求文档，然后修改设计、代码等，返工所带来的工作量要大得多，也就是成本要大得多。因此，修改后期的错误所做的工作要比修改前期的错误多得多。如果错误不能及早发现，那只可能带来严重的后果。

因此，需求评审是软件质量保证过程中最重要的活动之一。通过需求评审来保证系统需求在市场需求文档（MRD）或产品需求文档（PRD）及相关的文档中无歧义地描述。不一致、遗漏和错误将会被审查出来并得到改正，而且需求描述文档应该符合已定义的软件过程和软件产品的标准。需求评审也是做好软件测试计划和设计等工作的基础。概括起来，需求评审对软件测试和质量的作用表现在以下几方面：

（1）对软件需求进行正确性的检查，以发现需求定义中的问题，尽早地发现缺陷，降低成本，并使后续过程的变更减少，降低风险。

（2）保证软件需求的可测试性，即确认任何客户需求或产品质量需求都是明确的、可预见的并被描述在文档中，将来可以用某种方法来判断、验证这种需求或特性是否已得到实现。

（3）通过产品需求文档的评审，与市场、产品、开发等各部门相关人员沟通，使大家认识一致，避免在后期产生不同的理解，引起争吵。

（4）通过产品需求文档的评审，更好地理解产品的功能性和非功能性需求，为制定测试计划和测试方法打下基础，特别是为测试范围、工作量等方面的分析、评估工作积累充足的信息。

（5）在需求文档评审通过后，测试的目标和范围就确定了。虽然此后会有需求的变更，但可以得到有效的控制，这样可降低测试的风险。

需求评审归为静态测试的范畴，包含了文档评审和技术评审双重内容，通常通过正式的评审会议来进行。为了保证评审的质量和效率，需要精心挑选评审员。首先要保证不同类型的人员都要参与进来，否则很可能会漏掉很重要的需求；其次在不同类型的人员中要选择那些真正与系统相关的、对系统有足够了解的人员，否则很可能使评审的效率降低或者最终不切实际地修改了系统的范围。在软件需求评审过程中，一般来说，作者事先主动向相关利益者介绍需求分析、定义的背景和说明相关的细节，征集大家的意见。在介绍之前，应先将文档发给相关利益者，评审员应仔细阅读需求文档，将发现的问题、不明白的地方一一记下来，通过邮件发给文档的作者，或通过其他形式（面对面会谈、电话、远程互联网会议等）进行交流。通过交流，大家达成一致的认识和理解，并修改不正确、不清楚的地方。在各种沟通形式中，面对面的沟通形式效率最高，但是在口头交流达成统一意见后，最后必须通过文档、邮件或工作流系统等记录下来，作为备忘录。

如果通过一些非正式的形式（临时评审、走查等）不能很好地完成需求分析的评审，就必须通过正式形式（集体/小组评审会议）来完成这一工作。对于比较大型、需求改动较大的项目来说，一次评审会议也许不够，要通过 2～3 次甚至更多次的评审会议才能最后达成一致。评审是否完成是以需求文档获得多方签发（sign-off）或签字通过为标志的。这不应该只体现在"签字"形式上，更重要的是达到下面的结果：

- 所有参与方达成一致。
- 发现的问题已被阐述清楚、被修正。

对系统需求的评审着重于审查对用户需求描述的解释是否完整、准确。根据 IEEE 建议的需求说明标准，对于系统需求进行审查的质量因素有如下内容。

（1）正确性：检查在任意条件下软件系统需求定义及其说明的正确性。如需求定义是否符合软件标准、规范的要求？是否所有功能都有明确的目的？是否存在对用户无意义的功能？每个需求定义是否合理，经得起推敲？所采用的算法和规则是否科学、成熟和可靠？有哪些证据说明用户提供的规则是正确的？是否正确地定义了各种故障模式和错误类型的处理方式？对设计和实现的限制是否都有论证？

（2）完备性：涵盖系统需求的功能、性能、输入/输出、条件限制、应用范围等方面，覆盖率越高，完备性越好。通过增强创造力的方法避免思维的局限性，能全面考虑各种各样的应用场景或操作模式，以提高完备性。如是否有漏掉的功能？是否有漏掉的输入、输出或条件？是否考虑了不同需求的人机界面？需求定义是否包含了有关文件（如质量手册、配置计划等)中所规定的特定需求？功能性需求是否覆盖了所有非正常情况的处理,出现异常情况时系统如何响应？是否识别出了所有与时间因素有关的功能？是否识别并定义了在未来潜在变化的需求？是否定义和说明了系统输入和输出的来源、类型、值域、精度、单位和格式等？

(3)易理解性:需求文档的描述被理解的难易程度,包括清晰性。如需求描述是否足够清楚和明确,使其能作为开发设计说明书和功能性测试数据的基础？是否将系统的实际需求内容和所附带的背景信息分离开？每一个需求是否只有一种解释,语言是否有歧义？功能性需求的描述结构化、流程化是否良好？是否使用了形式化或半形式化的语言？需求定义是否包含了实现的细节,是否过分细致了？

(4)一致性:包含了兼容性。如所定义的需求之间是否一致,是否有冲突和矛盾？是否使用了标准术语和统一形式？使用的术语是否是唯一的？同义词、缩略语等的使用在全文中是否一致并事先已予以说明？所规定的操作模式、算法和数据格式等是否相互兼容？是否说明了系统中软件、硬件和其他环境之间的相互影响？

(5)可行性:需求中定义的功能是否具有可执行性、可操作性等。如需求定义的功能是否能通过现有的技术实现？所规定的模式、数值方法是否能解决需求中存在的问题？所有的功能是否都能够在某些非常规条件下实现？是否能够达到特定的性能要求？

(6)可维护性:系统的运行状态能实时监控、日志能及时记录,系统和数据的备份与恢复、系统迁移、系统扩充等需求要得到足够的关注。

(7)易修改性:对需求定义的描述易于修改的程度,如是否有统一的索引、交叉引用表？是否采用了良好的文档结构？是否有冗余的信息？

(8)易测试性(可验证性):所定义的功能正确性是否能被判断？系统的非功能需求(如性能、可用性等)是否有验证的标准和方法？输入、数出的数据是否有清楚的定义从而容易验证其精确性？

(9)易追溯性:每一项需求定义是否可以确定其来源？是否可以根据上下文找到所需要的依据或支持数据？后续的功能变更是否都能找到其最初定义的功能？功能的限制条件是否可以找到其存在的理由？

对用户的需求进行评审时,上述标准就是评审的依据,逐字逐句地审查需求规格说明书的各项描述。需求规格的描述,不仅包括功能性需求,而且包括非功能性需求。例如,系统的性能指标描述应该清楚、明确,而不是给一个简单的描述——“每一个页面访问的响应时间不超过 3 秒”,业务要求通常用指定响应时间的非技术术语表示性能,如下所示:

“系统能够每秒接受 50 个安全登录,在正常情况下或平均情况下(如按一定的时间间隔采样)Web 页面刷新的响应时间不超过 3 秒。在定义的高峰期间,响应时间不得超过 12 秒。年平均或每百万事务的错误数须少于 3.4 个。”

业务要求通常用指定响应时间的非技术术语表示性能。有了更专业、更明确的性能指标,就可以对一些关键的使用案例进行研究,以确定在系统层次如何保证该要求得到实现的结构、技术或方式。在多数情况下,将容量测试的结果作为用户负载的条件,即研究在用户负载较大或最不利情况下保证系统的性能。如在这种情况下系统的性能有保证,在其他情况下就不会有问题。

32.4.2　系统架构设计评审

在云服务系统架构设计中,除了要考虑网站系统的性能、可靠性和可扩充性,还要考虑数据的迁移、不同的升级方式、多版本共存的运行环境等需求,对数据的兼容性、系统的备份和恢复等进行充分的讨论和分析,保证用户在升级过程中所获得的服务没有受到影响,数据受到保护,一切使用正常。系统架构设计要完成下列一系列的任务:

- 构造软件系统的逻辑体系结构,确定实现解决方案所需的软件体系结构、组件及其之间的层次、依赖关系。
- 将逻辑体系结构中指定的组件映射到物理环境,从而生成一个可实施的体系结构。
- 创建一个实现规范,该规范提供关于如何构建体系结构所需的信息。
- 创建一系列详细说明软件系统部署的计划,包括迁移计划、安装计划、用户管理计划、测试和验证计划等。

设计体系结构逻辑时,不仅需要确定提供各种软件服务的组件,还要确定必要中间件和平台服务的其他组件。例如,J2EE 体系结构是由下列三层构成的:

(1) 系统服务质量:如性能、可用性、可伸缩性及其他要素。

(2) 逻辑层:表示可被客户层访问的对象、业务和数据服务,即要基于软件服务的特性,表示软件组件组成的逻辑层次关系及其业务关系。

(3) 基础结构服务:一系列允许分布式组件间相互通信和交互操作的基础结构服务。

无论是 J2EE 体系结构还是.NET 体系结构,都非常适合设计为多层体系结构。在多层体系结构中,服务根据其提供的功能放在不同层次中。每个服务都是逻辑独立的,并且可由同层或不同层的服务访问,如图 32-9 显示了企业应用程序的一个由客户层、表示层、逻辑业务层和数据层构成的多层体系结构模型。根据多层体系结构中的功能或服务层次,有助于确定在网络中分配服务的方式,有助于确定体系结构中的组件之间所存在的访问或支持服务。多层体系结构的直观性有助于满足系统的可用性、可伸缩性、安全性和其他质量特性。

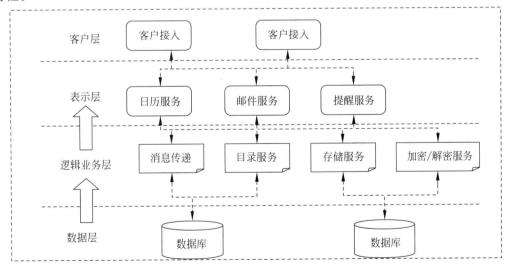

图 32-9　多层体系结构模型示意图

32.4.3　系统部署物理设计评审

云服务通过互联网向用户提供服务,而基础是软件系统的部署。软件部署的最终目标是实现业务目标,这就要求在软件需求分析、设计和验证时,要充分考虑系统部署的各方面需求,包括服务器集群、分布式网络、故障转移、系统在线扩充、数据备份和恢复等。逻辑体系结构是确定分配服务最佳方式的关键,物理设计在逻辑体系结构框架下展开并受其约束。

在物理设计审查时,还是要从服务级别协议(SLA)、服务质量出发,在合理的成本控制下,确保软件服务可以满足用户的需求,例如:

- 服务级别协议指定了最低性能要求以及未能满足此要求时必须提供的客户支持级别和程度,相当于物理设计的底线。
- 服务质量要求。物理体系结构和逻辑体系结构有清晰的映射关系,从而达到性能、可用性、可伸缩性、可维护性等服务质量目标,例如系统从意外故障中恢复的过程。
- 用量分析。有助于通过系统负载的使用模式来隔离性能瓶颈,开发出满足服务质量要求的策略,以便用于物理设计中。尽管使用案例已包含在用量分析中,但评估部署设计时,应参考使用案例,确保任何案例中所揭示的问题在物理设计中得到处理或解决。
- 成本。在物理设计中,满足服务质量要求的同时尽量降低成本。因此,有必要设计2~3个软件部署的物理方案,通过分析、比较,对资源优化,采用平衡策略,能够在业务约束范围内达到业务要求,并获得成本最优化。

软件部署的物理设计是一个反复进行的过程,通常要复查服务质量要求和初步设计,考虑不同服务质量要求之间的相互关系,对服务质量和成本进行平衡以获得最佳的部署方案,如表 32-1 所示。

表 32-1　软件部署物理设计的审查列表

系 统 性 质	说　　明
性能	对于将 CPU 集中分布在个别几台服务器上的性能解决方案,服务能否对计算能力加以高效利用(例如,某些服务对可高效利用的 CPU 数量有上限)
潜在容量	设计策略是否处理超出性能估计的负载? 对于过载,是以垂直扩展的方式,或以负载平衡到其他服务器的方式,还是以这两种方式兼用的方式进行处理? 在达到下一部署扩展重大事件点前,潜在容量是否足以处理出现的异常峰值负载
安全	是否对处理安全事务所需的性能开销给予了充分考虑
可用性	对于水平冗余解决方案,是否对长期维护资源给予了充分估计? 是否已将系统维护所需的计划停机考虑在内? 是否在高端服务器和低端服务器间求得了成本平衡
可伸缩性	是否对部署扩展的重大事件点进行了估计? 是否制定了可在达到部署扩展重大事件点前提供足够的潜在容量来处理预测的负载增长的策略
可维护性	是否在可用性设计中考虑了管理、监视和维护成本? 是否考虑了采用委派管理解决方案来降低管理成本

32.5　云服务的验证

在云服务质量诉求中,包括功能正确性、易用性、性能以及生产线运营中的服务可用度、安全等。在功能和标准符合性测试、性能测试方面,与传统的软件测试没有很大不同,只是在功能测试上要关注用户的可定制性,虽然众多用户共享软件中许多功能,但每个用户能够定制其所需的功能特性,也可以按照自己的文化、习惯和喜好等定制其 UI 界面。而且云服务平台多数通过 Web 方式提供服务,并大量使用了面向服务的体系结构,所以要求云服务平台能够很好地支持 UDDI、XML、SOAP、WSDL 等技术规范,这样 Web 服务测试(包括功能测试和性能测试等)所使用的大多数方法和技术可以被云服务验证所借鉴和引用。

32.5.1　可用性验证

软件系统的可用性主要通过下列三种方法——负载平衡、故障转移和复制机制来实现,而针对可用性进行验证时,首先在设计评审时尽可能发现和消除单一故障点(Single-point of Failure,SPOF),确保关键组件都有冗余部分或备份机制,任何组件失效时,整个系统都不会失效,能够继续向用户提供服务。

(1) 负载平衡和故障转移。

故障转移机制,实现对冗余硬件和软件的管理,在任何组件发生故障时能将服务自动转换到正常工作的组件。多数情况下,负载平衡和故障转移可以一起考虑。例如,平行冗余服务器可提供负载平衡和故障转移两种功能来提高可用性。最简单的一种情形是双服务器系统,一台服务器即可满足性能要求,另一台服务器作为备份服务器。其中一台服务器发生故障时,另一台服务器立刻接受请求,继续提供 100% 的服务,但这样会浪费资源,成本比较高。

为了降低成本,可以通过在两台服务器间分配性能负载来实现负载平衡和故障转移。如果一台服务器发生故障,所有服务仍然可用,但是性能只能达到完全性能的某个百分比(如 50%～80%)。例如,为满足性能要求的单个服务器需要配置 10 个 CPU,这时每个服务器配置为 6 个 CPU,两个服务器为 12 个 CPU,正常运行(同时运转)时能保证 100%～120% 的性能。当其中一台服务器发生故障时,另一台服务器提供 6 个 CPU 的计算能力,即满足 60% 的性能要求。

如果用 5 台双 CPU 服务器($5 \times 2 = 10$)提供同样性能要求的软件服务,这时如果一台服务器发生故障,其余服务器可继续提供总计 8 个 CPU 的计算能力,达到 10 个 CPU 性能要求的 80%。如果在设计中增加一个具有 2 个 CPU 计算能力的服务器,实际得到的便是 $N+1$ 设计。如果一台服务器发生故障,其余服务器可满足 100% 的性能要求。$N+1$ 设计具有下列优点:

- 单台服务器发生故障时能还能满足性能要求。
- 即使不止一台服务器停机,虽然容量可能有所下降,但整体服务仍然具有一定的可用性。
- 可将服务器轮换停机,以进行维护和升级。
- 多台低端服务器的价格通常低于单台高端服务器。

　　如图 32-10 所示,主应用域通过多台 Web 服务器、2 台应用服务器、2 台数据库服务器等构成内部负载平衡和故障转移机制,通过主应用域(Domain)和备份应用域构成系统级别的异地故障转移机制。负载平衡器(如 Net Scaler Load Balance)能把对某个服务的任意请求引导至该服务器集群(Cluster)中当前负载最小的某个服务器上。如果任一实例发生故障,其他实例可以承担更大的负载。

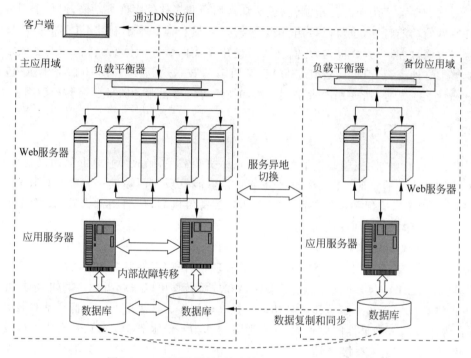

图 32-10　可用性设计(故障转移、负载平衡)示意图

　　(2) 复制机制。

　　复制机制主要应用于数据的可用性设计,包括文件复制、目录复制和数据库复制等。复制机制也有多种策略,如有单主复制和多主复制。采用单主复制,为主数据库提供一个中心源,然后将该中心源分配到使用者副本中,而多主复制,是在多个服务器间分配主数据库,然后为每个主数据库配置副本。

　　在多主复制中,一个或多个目录服务器实例管理主目录数据库。每个主数据库都有一个指定同步主数据库的过程的复制协议,可被复制为任意数量的使用者数据库并定期更新,而使用者的实例都按读取和搜索访问进行了优化,使用者接收的任何写操作都被引回到主数据库。多主复制策略提供了一个在更新主数据库时提供负载平衡、对目录操作提供本地控制的可用性策略。

　　(3) 可用性设计验证所需信息。

　　为验证可用性策略和设计,测试人员需要收集有关可用性的信息,主要有如下内容:

- 指定的可用性中有多少个"9",如 99.9%、99.99% 或 99.999%。
- 故障转移情况下的性能要求是什么。如 1 分钟完成故障转移,或故障转移的性能为原来的 60%。
- 用量分析是否区分高峰和非高峰使用时间。

- 地域考虑因素有哪些。

- 考虑可维护性、可伸缩性对可用性的要求。

- 是否存在单一故障点。

在用户看来,可用性更多涉及单个服务的可用性,并不总是涉及整个系统的可用性。例如,即使消息传送服务不可用,通常情况下对其他服务的可用性几乎没有影响。但是,许多其他服务(如目录服务器)所依存的服务的不可用性则会受到较大影响。较高的可用性规范应该明确引用要求关键任务的特定使用案例和用量分析。根据一组有序的优先级列出可用性需求,对软件部署的可用性验证也是有帮助的。在进行可用性验证时,还应研究组件交互和用量分析,对组件进行逐个验证分析,以确定各个组件是否满足事先要求的设计。

不仅要验证是否满足服务质量要求所需的资源,而且对所有可用选项进行分析,通过分析每个设计决策中的平衡点,验证资源是否能被平衡利用,即确认是否为最佳解决方案——成本最低而又能满足 QoS 要求。例如,针对可用性进行水平扩展可能会提升总体可用性,但代价是需要增加维护和维修成本;针对性能进行垂直扩展可能会以经济的方式提高附加的计算能力,但所提供的软件服务对这些附加能力的使用效率不高。

32.5.2 安全性验证

软件服务,多数都依赖于互联网。基于互联网的企业应用(尤其电子商务),其安全性设计和审查至关重要,包括安全政策和安全目标。由于云服务采用多租户的模式,多个用户访问的是同一数据库实例和同一套应用程序,所以其安全性更具有挑战性。软件系统的安全性涉及物理安全、网络安全、应用程序及其数据安全、个人安全惯例等不同方面,但从云服务平台安全性来看,主要对网络安全、应用程序及其数据安全等进行审查和验证。

(1)网络安全的审查,主要针对防火墙、安全访问区、访问控制列表和端口访问的设置进行,以确认是否已建立有效的策略,能防止未授权访问、篡改和拒绝服务(DoS)攻击。

(2)云服务软件系统的安全验证,涉及 Web 服务器、应用程序、数据库和数据传输等,如是否采用用户密码加密、访问权限控制、应用程序会话时效控制、数据传输加密和数据库访问会话加密等安全技术,以及确认针对口令、加密、认证、访问权限和控制等策略是否有效,是否还存在其他安全漏洞。

(3)数据安全主要指客户信息是否以安全的方式被保存在安全的地方,比如是否加密、是否在不同地理位置有备份的数据中心以及机房本身是否安全(如是否有 24 小时录像监控,是否有可靠的预防火灾、水灾的措施)等。

针对云服务的安全性,需要验证和管理好安全证书,使用适当协议保护数据,避免引入安全漏洞,在各个环节保证云服务数据的安全。例如:

(1)密码失效是攻击者获得信息的首选方法,而容易被猜到的密码则是主要目标,采取的对策是创建一个高强度密码,密码必须由大小写字母、数字、特殊字符等构成,长度不低于 9 位,每个月更换一次密码,不能使用旧密码等。

(2)使用不安全协议的应用往往会容易导致数据被截取、暴露给他人,如远程访问的 Telnet、文件传输协议(FTP)、超文本传输协议(HTTP)、邮件接收的邮局协议(POP)与互联网消息访问协议(IMAP)等。应该选择 SSH 代替 Telnet、HTTPS 代替 HTTP、FTPS 代替 FTP 等。

（3）当客户有能力将适用范围扩大时，也可能引入应用缺陷和安全风险。此类威胁会随具体应用而变化，但也不容忽视。

云服务模式供应商可以采用的保证数据安全的方法有很多，如通常采用数据备份、数据镜像等手段，也可以采用磁盘阵列并对数据加密等。下面是一些具体的实例。

- Iron Mountain 采用数据传输加密、用户访问控制以及把数据保存在位于地下 200ft 的数据中心等多种方法来保证数据的安全。
- Elephant Drive 通过把数据保存到多个基于硬盘的存储池来保证数据的安全，对数据的保护已经内嵌到其产品之中，所有的数据至少被分别保存到位于不同地理位置的两个数据中心。
- AmeriVault 把客户数据保存在三个不同的地方。其中一个地点保存两份数据，分别存放到两个不同的磁盘系统中，而第三份数据保存在数千千米之外的业务连续性站点上。
- DS3DataVaulting 采用 EMC 的 Clariion 作为主存储设备，另一份备份的数据保存在一个完全不同的高端磁盘系统，以保证数据恢复简单易行。它的三个数据中心中有一个专门用于保存客户数据。

对于特定的应用系统的安全要求，只有明确了安全要求、目标的情况下，才能建立适当的、可靠的安全政策。例如，为 Web 环境建立安全目标时，应该考虑：

- 保护公司知识产权。
- 保护个人信息。
- 客户、合作伙伴、供应商等各方信息的分离。
- 财务交易的安全性。
- 建立对 Web 环境的信任。
- 致力于提供一种愉快而且安全的 Web 体验。

32.5.3　可伸缩性验证

可伸缩性是指增加系统容量的能力，而且要求在增加系统资源时不改变部署的体系结构。在系统需求分析、设计阶段，系统容量的预测往往只是估计值，可能与部署系统的实际情况存在较大差异，所以可伸缩性验证也是非常重要的。

软件系统的可伸缩性设计有不同的策略，如高性能设计策略和渐增式部署策略。高性能设计策略在性能要求的确定阶段加入潜在容量，可使系统具有一定的缓冲时间来应付增长的负载。而渐增式部署策略，基于负载的要求以及评估，事先明确系统扩展的条件以及条件可能达到的时间，对每一个重大的系统扩展特定日期/时间有一个估计和安排，从而建立部署的整个日程表。相对来说，高性能设计策略可使系统达到高可用性、从容地制订系统扩展的方案，但其一次性预算较高。

对用户设计模式的分析，可以预估系统的负载情况。系统的可伸缩性设计和用户、用量分析有直接的关系，更确切地说，系统的可伸缩性是建立在用户、用量分析基础上的，如表 32-2 所示。

表 32-2　用户、用量分析项目列表

主题	说　明
用户数量及类型	确定解决方案必须支持的用户数量,并在必要时对用户进行分类。例如:"企业对企业(B2B)"解决方案的访问用户数比较少,但每个用户访问时间长,对性能、安全性要求高。"企业对消费者(B2C)"或"消费者对消费者(C2C)"解决方案一般会有大量访问者,操作量大、数据大,而且区域分布也比较明显
活动和非活动用户	确定活动和非活动用户的使用模式和使用比率。活动用户是指登录系统并与系统的服务进行交互的用户,系统的运行或操作性能主要关注这类用户。而非活动用户则对数据库、数据查询、存储需求影响较大
管理用户	确定用户对系统访问的权限和范围,从而对软件部署进行监控、更新和支持的用户,包括安全性技术要求和特定的用户管理模式(例如,从防火墙外部管理部署)
使用模式	确定各类用户如何访问系统,并提供预期用量目标。例如:是否存在因用量高涨而产生的高峰期?持续时间是多少?正常业务时段和非正常业务时段的分布和区别或 7×24 小时不间断服务?用户是否呈明显的区域分布
用户增长	确定用户群体规模是否固定,如果用户数量具有不断增长趋势,要进行预测并增加预测值
用户事务	确定必须支持的用户事务类型,可将这些用户事务转化为使用案例。例如:用户登录后是否保持登录状态?是否频繁登录、注销?用户登录后,会执行哪些任务?有什么关键业务?用户间的重要协作是否通过公共电子日历、Web 页面或会议等来实现
用户/历史数据	利用现有用户研究和其他资源来确定用户行为模式。应用程序过去记录下来的日志文件可能会包含一些有用的统计数据,对估量会有较大帮助

32.5.4　通过 SLA 来保证质量水平

服务水平协议(Service Level Agreement,SLA)用来陈述服务质量、优先级和权责,也是服务提供者和客户之间的一个正式合同,包含出现故障时服务提供者和客户应采取的步骤,以及保证所提供的服务在一定百分比的时间内(如前面提到的 99.9%)是可用的,用来保证可计量的网络性能达到所定义的品质(Quality of Service,QoS)。SLA 一般都明确定义了 QoS,如服务器宕机的最长和平均响应时间,并如何利用基于因特网的工作流自动化分发和报告技术。如果经过指定的一段时期后服务提供者还无法达到所定义的 QoS,客户就可以获得一些权利和赔偿。不同 SLA 的权利、赔偿和例外情况也是不同的,有时还包括特定说明的一些例外情况。SLA 还应该为客户包含一个退出条款;当服务提供方不能圆满解决经常发生的可用性、可靠性和安全性问题时,客户希望有终止协议的权利。

SLA 从客户的角度出发,把承诺的服务品质进行量化(服务质量的指标),包含下列内容:

(1)目标,SLA 所针对的产品或服务内容。

(2)参与者,SLA 中涉及的参与者,比如服务提供商和用户。

(3)有效期,SLA 覆盖的时间段。

(4)限制条件,为了获得所要求的服务级别而必须执行的步骤。

(5)服务级别目标,服务提供者和用户都认可的服务级别。服务级别中的每一方面,如可用性、可靠性、延迟等,都要达到一定的级别。

(6) 服务描述,如何用服务操作的术语来描述和度量一个服务的性能。

(7) 义务,当服务不能满足 SLA 中规定的级别时适用的意外处理条款(也就是罚款、补救措施、奖励终止条件等)。

(8) 异常情况,SLA 中不能包括的内容。

(9) 管理机构,对每一个 SLA 过程负责的个人或组织。

SLA 内容重要,更重要的是其过程,即 SLA 的生命周期,经历"从产品/业务开发、协商和销售、实现、执行到评估"这样一个完整过程。QoS 是服务提供商不断追求的目标,以便最大限度地提升客户满意度。

【案例】　来自微软的 SLA。

(1) 微软在线服务的服务可用性。

保证提供微软在线服务的系统无故障率不低于 99.9%,即每月故障时间累计不超过 44 分钟(正常系统维护时间除外)。

- 根据电信级运营要求,提供多点冗余的群组架构,以提升系统的稳定性和安全性。
- 系统故障是指提供的服务因系统问题使 10% 以上的用户在一段时间内无法正常使用相关服务。
- 无故障率是指在每个月内系统无故障的时长(分钟数)与月时长(分钟数)的比率,计算方法为 $1-$(邮件系统故障时长)$/(30\times24\times60)$。

(2) 微软在线服务的网络连通率。

- 选用最高等级的数据中心作为服务节点,保证电力持续供应率不低于 99.99%,即每月电力中断时间累计不超过 4.4 分钟。
- 服务相关的延时和处理时间不超过 1 分钟。
- 采用智能 DNS 技术以保障连接效率和网络优化。
- 专门的优化团队以应对突发事件及服务连通申诉。

(3) 微软在线服务的服务质量。

- 提供 7×24 小时全年无休的客户服务热线;98% 以上的服务接通率。
- 故障投诉受理后热线响应时间:即刻响应。
- 检修告知义务:涉及必需的升级、维护必须提前 24 小时以上通知,所有操作必须在非工作时间进行。
- 24 小时邮件支持。
- 如出现紧急情况,可开通临时热线应对突发状况。
- 客户可通过网站、备用联络方式了解故障信息。
- 客户可通过在线方式了解产品使用知识及反馈需增进的功能。

第33章

服务运营的质量管理

与第 32 章的质量管理注重在服务构建阶段不同,本章的质量管理是重点是生产线运营阶段的质量管理。

服务构建阶段的质量改进主要注重于研发工作。在 7×24 小时生产线运营中,云服务的环境更加动态、变化因素更多,而且管理更加严格。在这样的运营环境中,质量管理的目标和方式都会有很大的不同,例如质量的关注点会更加跟随生产线运营的服务可用度、成本效益、运营效率和用户体验这四大技术运营目标而调整,在不同期间都是不一样的。同时,在服务质量提高的时间响应上,时间压力会更大。这些都使得运营阶段的服务质量管理的方式与服务构建期间的不同。

本章主要讲解在 7×24 小时生产线运营中的服务质量管理(Service Quality Management)的原理和实践。为了给读者一个整体的概念,本章首先介绍一些成熟的管理框架,然后再讲解云服务的质量管理的挑战、方法和实践。

33.1　服务质量管理的目的

质量管理活动可分为两种类型:一种是维持现有的质量,其方法是质量控制(Quality Control);另一种是质量改进(Quality Improvement),其方法是主动采取措施,使质量在原有的基础上有突破性的提高,即质量改进。

为了给本组织及其顾客提供增值效益,质量改进是在整个组织范围内采取的、提高活动和过程的效果与效率的措施。质量改进是消除系统性问题,对现有的质量水平在控制的基础上加以提高,使质量达到一个新水平、新高度。

本章讲解的服务质量管理是针对云服务运营中的质量改进。服务质量管理的主要目的有两个:

(1) 服务质量的改进:主动发现问题和系统解决问题。

(2) 质量改进的持续性。

在云计算生产线管理流程中的事故管理与问题管理,更多的是解决负责服务运营中的具体问题。服务质量管理则需要解决更系统的和更全局的问题。

改进的持续性是一个关键点。公司通常只接受了服务改进的概念,却忽略了服务改进的持续性。对很多公司来说,当某个事故严重影响了业务时,服务质量管理就成为一个急切的工作。问题得到解决后,服务质量管理被迅速遗忘,直到下次重大事故发生。

　　下面先讲解经典的服务质量管理框架,然后针对云服务运营的特点,讲解 GMAI 方法。

33.2　经典的服务质量管理方法

　　质量管理是一个广泛探讨的话题。不同领域有不同的框架。例如,软件开发的 CMMI,IT 服务的 ITIL,制造业的 6-Sigma 等。这里主要介绍与云服务紧密相关的 ITIL 和 6-Sigma。虽然这些理论没有直接应用于云服务上,但是它们的很多基本观点都是可用的。

33.2.1　ITIL/CSI 框架

　　ITIL 的重要流程之一就是持续服务改进(Continual Service Improvement,CSI),CSI 模型如图 33-1 所示。

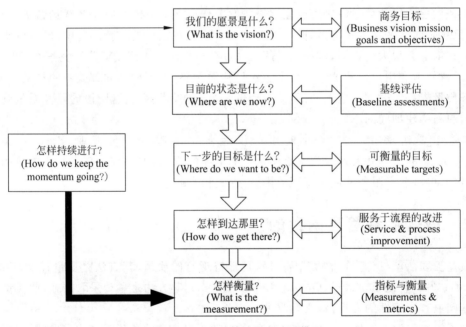

图 33-1　ITIL 的持续服务改进模型

在原理上,ITIL/CSI 涉及以下几方面:

(1) 持续性服务改进和组织变更。

(2) 负责人及角色定义。

(3) 外部和内部驱动因素。

(4) 服务级别管理。

(5) "戴明"流程。

(6) 服务度量:包括基线、业务价值、七步改进流程法等。

(7) 知识管理。

（8）基准：包括设定基准作为杠杆、设定基准作为指导手段和设定基准目录。

（9）治理：包括企业治理、公司治理、IT 治理等。

（10）框架、模型、标准和质量体系。

在流程上，ITIL 的持续服务改进的七步改进流程法如图 33-2 所示。

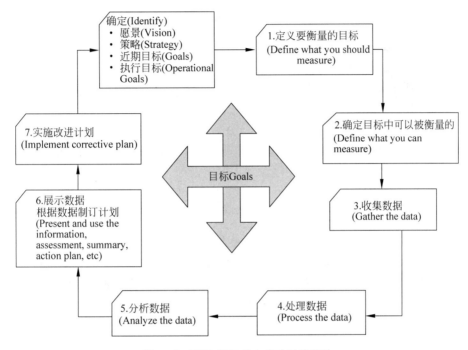

图 33-2　ITIL/CSI 的七步改进流程法

七步流程定义如下：

第一步：定义要衡量的目标。

第二步：确定目标中可以被衡量的。

第三步：收集数据。

第四步：处理数据。

第五步：分析数据。

第六步：展示数据。

第七步：实施改进计划。

33.2.2　6-Sigma 框架

6-Sigma 是摩托罗拉公司于 1986 年创建的，最初的定义是对测量缺陷和质量提高的测量，是降低缺陷水平至 6 级标准差之下（或 6-Sigma）的一种方法，1995 年被美国通用电气公司使用，现已成为世界上被广泛认可和接受的质量体系。

针对正在执行的流程，6-Sigma 有一个很高的定量测量目标需要达到。为了实现 6-Sigma，一个流程在每一万个机会中产生的缺陷不能超过 3.4 个，换句话说，一个流程需要达到 99.99966％的正确率。

6-Sigma 缺陷是指客户要求外的任何偏差。6-Sigma 机会是指缺陷机会总量。

6-Sigma 方法的基本目标是基于测量战略的实施,重点是通过 6-Sigma 方法改进项目,实现流程改进和变更减少。这是通过两个 6-Sigma 方法——DMAIC 和 DMADV 实现的。

（1）针对现有流程 DMAIC(见图 33-3)。

DMAIC 流程包括定义（define）、衡量（measure）、分析（analyze）、改进（improve）和控制（control）。

（2）针对新流程 DMADV。

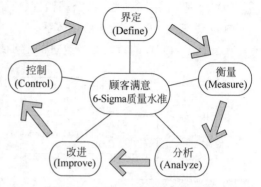

图 33-3　6-Sigma 的 DMAIC 流程

DMADV 流程包括定义（define）、衡量（measure）、分析（analyze）、设计（design）和验证（verify）。

33.2.3　戴明循环理论

PDCA 最早由美国质量统计控制之父休哈特（Walter A. Shewhart）于 1930 年构想提出的 PDS(Plan Do See)演化而来,由美国质量管理专家戴明（Edwards Deming）在 1950 年再度挖掘出来,改进成为 PDCA 模式,加以广泛宣传并运用于持续改善产品质量的过程中,所以又称为"戴明循环"。PDCA 的含义如下:

（1）P(Plan):计划。

（2）D(Do):执行。

（3）C(Check):检查。

（4）A(Act):行动。对总结检查的结果进行处理,成功的经验加以肯定并适当推广、标准化;失败的教训加以总结,未解决的问题放到下一个 PDCA 循环。

以上四个过程不是运行一次就结束,而是周而复始地进行,阶梯式上升(见图 33-4),一个循环结束,解决一些问题,未解决的问题进入下一个循环。PDCA 循环具有如下特点:

（1）大环套小环,小环保大环,推动大循环。

PDCA 循环作为质量管理的基础方法,不仅适用于整个工程项目,也适用于整个企业和企业内的部门、团队以至个人。各级部门根据企业的方针目标,都有自己的 PDCA 循环,层层循环,形成大环套小环,小环里面又套更小的环。大环是小环的母体和依据,小环是大环的分解和保证。各级部门的小环都围绕着企业的总目标朝着同一方向转动。通过循环把企业上下或工程项目的各项工作有机地联系起来,彼此协同,互相促进。

（2）不断前进、不断提高。

PDCA 循环就像爬楼梯一样,一个循环运转结束,生产的质量就会提高一步,然后再制

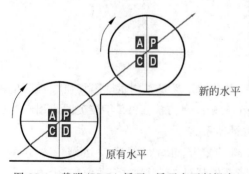

图 33-4　戴明/PDCA 循环:循环中不断提高

定下一个循环,再运转,再提高,不断前进,不断提高。

(3)阶梯式上升。

PDCA 循环不是在同一水平上循环,每循环一次,就解决一部分问题,取得一部分成果,工作就前进一步,水平就提升一步。每通过一次 PDCA 循环,都要进行总结,提出新目标,再进行第二次 PDCA 循环,使品质、治理不断向前推进。PDCA 每循环一次,品质水平和治理水平都前进一步。

PDCA 循环在具体实施中有 8 个步骤,如图 33-7 所示。

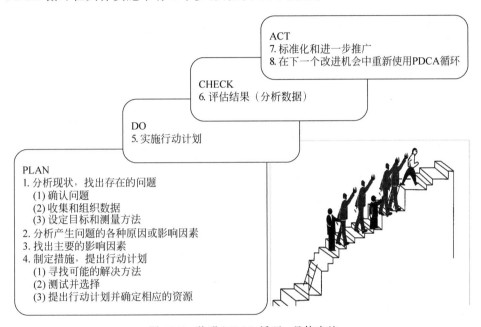

图 33-5　戴明/PDCA 循环:具体实施

33.3　云服务运营中质量管理所面临的挑战

相比云服务的构建阶段,云服务在运营过程中,其目标与方式都产生了很大的变化。例如,云服务运营过程中面临的服务可用度、成本等四个指标,以及执行过程中的难度,这些都是云服务在运营阶段所面临的挑战。本节对此进行讲解。

33.3.1　源自运营目标的挑战

在本书的第 3 部分“服务的技术运营”中,我们提出了“技术+管理”的技术运营双维模型。在双维模型中有四个技术运营指标:服务可用度、运营效率、成本效益和客户满意度。这四个指标也就是服务质量管理的目标和挑战,如图 33-6 所示。

服务质量管理(SQM)的一些常用的指标,实际上就是这四个指标的组合。

以服务水平协议(SLA)指标为例,这是与客户签署的服务条款中经常出现的一个指标,也是公司管理层常常赋予 SQM 团队管理的任务之一。从 SQM 角度来看,要达到 SLA,就要考虑 SLA 背后的运营指标,如服务可用度和成本效益。

这里的关键是 SQM 需要做全局的考虑,要考虑到服务可用度和成本之间的平衡。如果没有成本和资源的限制,SLA 可以定得很高。例如,3-9(99.9%)或 4-9(99.99%)服务可用性的要求,服务可用性当然越高越好。然而,当考虑成本因素时,这样的想法就不一定正确了。从 3-9(99.9%)到 4-9(99.99%),在高可用性工程中成本将成倍增加,如图 33-7 所示。比如灾备数据中心的建立,可以提高服务可用度,达到比较好的 SLA 水平,但这样会使运营成本大幅提高。

图 33-6　技术运营的四个指标是服务质量管理的挑战　　　　图 33-7　服务可用度与成本之间的关系

因此,SQM 在定义或管理目标时,需要进行全局考虑以及目标的分解与平衡,然后才是执行目标的确定与执行。

33.3.2　来自执行中的难度

(1)目标的动态。

7×24 小时生产线在运营中是动态的,以生产线出现的事故为例,会出现各种各样的问题。比如某一段时间是用户掉线的问题,某一段时间是软件部署上线的质量问题,还有运营成本的问题等。SQM 需要跟踪这些不同的问题,根据各个阶段的业务发展要求,在不同的阶段制定不同的优先级目标,然后主动推动各个团队进行系统的分析,找到根本的问题所在,执行改进方案。

(2)持续性。

质量改进活动的持续性是关键,在 7×24 小时运营中,经常出现的场景是,出现了一个重大事故,比如线上系统被黑客攻击,然后公司从上到下非常重视,查问题、解决问题、建立各种质量改进的规章制度等一系列的工作都会高效执行。然而,等事故解决了,过了一段时间,时过境迁,那些质量改进的制定就会被搁置,直到下次大事故发生。

33.4　对服务质量管理的探索：GMAI 方法及其要点

本章中提出的 SQM 的 GMAI 模型与 6-Sigma 的 DMAIC/DMAVD 相近。然而,在 GMAI 方法中,更强调服务改进的目标性和持续性。

（1）目标性。

这里指两点：目标驱动（Goal Driven）和目标的动态性（Dynamic Goal）。目标驱动是指在云服务中，技术运营的目标非常固定。就如33.3.1节所讲，有服务可用度、运营效率、用户满意度以及成本效益4个指标。目标的动态性是指阶段性的目标，在这四个指标中不断变化。

（2）持续性。

对于持续性的思想，可以用戴明循环的概念来阐述。戴明循环是一个持续改进的方法，也是一般服务改进的基本原理。将持续性的理念作为运营实践的基础。

结合目标性和持续性两个原则，得出了云服务改进的模式：GMAI循环（GMAI Cycle），如图33-8所示。

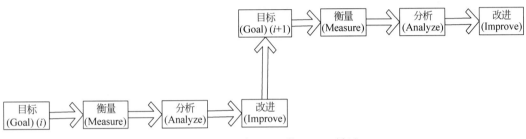

图 33-8　云服务 SQM 的 GMAI 循环

图 33-8 通过 GMAI 流程展示的基本原理如下：

（1）目标（Goal）：彻底理解和定义想要改进什么。

（2）衡量（Measure）：建立正确的测量系统，收集数据。

（3）分析（Analyze）：分析收集的数据，并找出需要改进的目标。

（4）改进（Improve）：找出一个解决方案，并将解决方案应用到生产线中。

当每个 GMAI 周期完成并进入新的 GMAI 时，服务质量水平将得到提升，如图 33-9 所示。

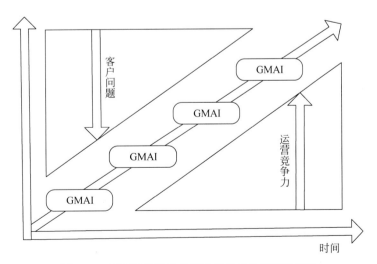

图 33-9　GMAI 周期迭代带来服务质量的不断提高

当 GMAI 进行持续的周期迭代时,服务质量将得到不断提高。作为结果,客户的问题将越来越少,同时运营能力将不断增强。

33.5　GMAI 服务质量管理:服务改进的框架

33.5.1　质量管理目标(Goal)

对于云服务来讲,技术运营指标有以下四类:服务可用度、用户满意度、成本效益以及运营效率,SQM 的阶段性目标会在这四类指标之间动态选择。

在这四类指标中,服务可用度和用户满意度是云服务客户可以直接体会到的,而成本效益及运营效率则是云服务运营商在内部成本上的挑战。

图 33-10 是这四个目标中服务可用度(包括系统可靠度)和用户体验在技术层面上的结构层次。

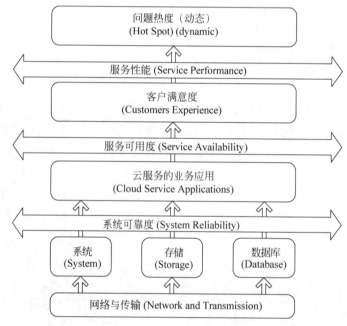

图 33-10　服务可用度(包括系统可靠度)和用户满意度在技术层面上的结构

1. 服务可用度

服务可用度通常是技术运营部门的第一指标,这个指标实际有两方面:

- 服务可用度:是整个服务平台的可用时间衡量。其是应用服务层,也是客户直接体验的层次。
- 系统可靠度:这是服务平台中各个应用、系统、网络等子系统的可用时间衡量。

这两个指标是不一样的。在系统层,单个服务器的宕机会影响系统可靠度指标。但是,如果这个服务器有高可靠的设计,这个宕机时间不会影响服务可用度指标。

对服务可用度进行分解,可以看到一些具体的项目任务:

（1）平台的高可用性：如消除单点故障。

（2）事件处理的效率提高：建立应用层监控，对主要业务完成应用逻辑的模拟监控，提前发现问题。

（3）BETA 环境的建立：减少服务平台在生产线正式发布时出现问题。

（4）灾备中心的设立：提高服务可用度。

2. 客户满意度

客户满意度是服务可用度的主要部分。即使云服务供应商的平台足够稳定，客户也有可能遭受互联网数据中心之外的第三方服务的低质量的影响。

这对于提供实时和双向通信应用的云服务提供商而言尤其关键。例如，在线会议服务供应商必须解决语音音频或视频图像丢失、延时等问题，即使这些问题是来自互联网电信服务商，云应用服务供应商也必须要找到解决的办法来规避。

这些有关的改进项目包括互联网用户的体验监控、分布式应用程序设计和控制器局域网络（CDN）技术等。另外，客户问题的响应和解决也是一个重要的指标，如：

- 客户在打客服中心（Call Center）电话时的等待时间。
- 客户的 E-mail 投诉的响应时间。
- 客户问题的解决时间。

这些是要通过管理流程和团队能力来提高的。详见第 34 章。

3. 运营效率

当业务提供越来越多时，提供服务的生产线会不断增多，技术运营也会变得更加复杂。例如有 5 条服务线，每条服务线有 1000 台服务器和设备，面对这样庞大的生产环境的系统搭建、软件补丁推出和日常运营任务，如果没有运营效率，其运营工作将成为一场噩梦。

运营效率提高的目标是实现自动化，并最终降低人力成本和人为失误。相关项目如部署自动化、线上变更管理系统等，运营效率的提高最终会带来运营成本的优化。

4. 成本效益

成本效益的提高，来自成本管理和技术改进两个方面。

成本管理在 20.5 节中有详细的讲解。例如通过容量管理中的生产线的分期建立（Phasing Deployment）方式来逐步建立生产线以控制成本的投入。

在技术上，新的技术引进或创新，都会带来成本效益。例如，系统虚拟化的技术引进，就可以大大提高服务器的利用率。

33.5.2 衡量（Measure）

衡量涉及以下几个关键点：

（1）定义应该衡量什么：根据选定的目标进行细化。

例如确定要提高服务可用度，就要分解到每一个子系统，定义它们的可靠度指标。要注意不要试图涵盖每个可能的目标和问题，要抓住重点，保持所衡量目标的简单性以便执行。

（2）收集数据。

数据可以通过技术系统来收集，如应用程序、系统和组件监控工具等，也可以通过特定的人工流程来收集。

数据收集活动需要明确定义下述内容：

- 谁负责监控和数据收集。
- 怎样收集数据。
- 何时收集数据以及其频率如何。
- 如何评估数据完整性的标准。

这样可以确保数据被正确且有效地输入。

（3）建立基准：用于改进的比较。

建立基准，作为之后的改进结果的对比或衡量。例如，通过服务可用度的环比值和同比值，和上个月或前一年同一个月的值进行比较，可以看出相应的 SQM 活动的效果。

33.5.3　分析（Analysis）

分析的目的是找出问题所在，不加分析的数据仅仅是信息而已。分析分为两种：数字分析和技术分析。

（1）数字分析主要看趋势，趋势分析包括：

- 是否有明显的趋势变化？
- 趋势变化是否和商务或技术项目的变更有关？

趋势是一个结果，仅仅看结果是不够的，应该关注是什么导致了当期的结果，行动分析就是其中一种。

（2）技术分析主要看数据所反映的深层次的问题。

这一步主要看是否有潜在的结构性问题。这一步的分析是需要时间的，它需要专注、知识、技能和经验等。分析结果要呈现给业务团队和管理团队做决策。因此，在呈现之前，运营团队需要在内部讨论，以确认这些数据和分析是准确和全面的，并且正确地指向问题所在。

33.5.4　改进（Improve）

改进阶段的目的是找出解决问题的方案并实施。解决方案的确立，一般由两个工程团队解决：应用软件开发团队和基础工程技术团队。这个阶段要完成以下几件事情：

（1）解决方案：根据分析报告确定解决方案。

（2）工程开发：构建解决方案。

（3）实施发布：通过变更管理将解决方案实施到生产线中。

（4）结果验证：整体验证和审查结果。

这个阶段的难点来自技术团队的资源安排：

（1）在解决一个重大事故时，资源很容易安排，因为这类事故很容易被高层管理团队注意到并决策资源的安排。

（2）挑战在于在平时怎样安排资源来进行预防性的质量改进工作。这需要 SQM 或者运营的负责人能够做好分析和沟通工作，以获得高层管理者对方案的认同。其中报告（reporting）是很重要的一个工作。

33.6 GMAI 服务质量管理：服务改进的持续

持续改进是服务质量管理成功的根本。下面从云服务运营的实践角度做讲解。

33.6.1 持续性的实现方法：来自目标和项目的驱动

在讲解持续性之前，先来看两个场景。

- 办公室的整洁：虽然知道整洁的重要性，但是几乎没有一位工程师的桌面是干净的。
- 全公司的卫生运动：一次卫生运动以后，工程师的桌面变干净了。

这个简单的例子说明了一个非常重要的道理：项目的效果比常规任务的效果要大得多。

项目为什么容易成功，道理很简单：目标和时间明确，目标是一个实实在在的、近期可以实现的目标，而不是一个理想或想法。

那么持续性应该如何实现？要靠一期一期的项目来推动。每个项目有自己切实的目标和时间期限，这意味着当一个目标实现以后，需要确定另一个目标。周而复始，服务质量就会不断提高。

随之而来的关键问题是，目标怎么选择。如果目标选择错误，那么努力都会白费。

对于云服务商的技术运营部门来说，服务质量管理目标非常明确，就像前面所讲，目标来自服务可用度、客户满意度、运营效率和成本效益这四大领域。当一个目标实现时，目标从一个领域转移到另一个领域。此外，在一个领域中，你可以为不同层次指定不同的目标。举例来说，如果一个 SLA 的服务水平随着时间的推移而被满足，服务质量管理会考虑把 SLA 的水平提升到一个更高的水平，例如更高的成本效益。

持续性的实现方法总结如下：

（1）要靠一期一期的项目来推动。

（2）每个项目有自己切实的目标。

（3）目标来自服务可用度、客户满意度、运营效率和成本效益这四大领域。

33.6.2 持续性的基础：证明自己的业务价值

从根本上讲，服务质量管理必须证明其活动的价值。因此，服务质量管理带来的益处需要被明确说明并得到管理层的认同。

益处要从商务或业务的角度来说明，因为项目的审批者会是中高层管理者，他们更注重的是业务上的收益。一个良好的商务收益的说明是寻求高管支持的最好的实用工具。因此，重点不应该只限于运营或技术，应该关注服务改进为组织和客户带来的商务价值。

四大领域的商务价值可以概括如下：

- 服务可用度：提高行业内的竞争力，促进销售，提高客户保有率。
- 客户体验：提高客户满意度。
- 运营效率：提高工程师的工作效率，降低运营中的风险。

- 成本效益：更高效和更精确的工程设计，减少资本开支；在基础设施、生产线部署和相关采购中降低成本。

我们在本章提出的服务质量管理的 GMAI 方法模型与 6-Sigma 的 DMAIC、DMAVD 模型相近，然而，我们想强调的是 GMAI 方法在服务改进的目标性和持续性上提出的方法，供读者参考。

33.7　实践讨论（1）：如何保证服务质量改进的持续性

W 公司是全球最大的网络会议公司，以美国为基础，数据中心跨越北美、欧洲、亚洲各地。

下面以 W 公司的技术运营部门的服务质量的改进工作为例。这家公司以项目驱动：每个阶段设定目标，建立相应的项目。完成后确定新的目标和项目。每个项目周期将近一年。最后，这些项目为 W 公司从 98%（1-9）到 99.99%（4-9）的可用度做出了重要的贡献，这些项目的整体进展如图 33-11 所示。

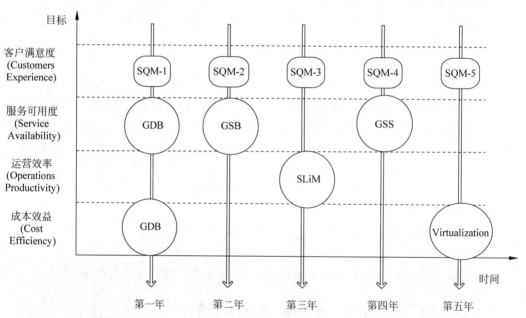

图 33-11　围绕服务可用度、客户满意度、运营效率和成本效益四大目标进行的质量管理活动

- 第一年：推出 GDB 项目。GDB 项目是一个集中式（centralized）和高可用性（HA）数据库项目。该项目有两个主要目标：一是节省 Oracle 许可证成本；二是提供一个高可用性数据库系统。这个项目在 6 个月后成功完成，为公司节约了 450 万美元。这个项目同时达到了服务可用度和成本效益两个目标。
- 第二年：快速增长的业务需要技术运营有 4-9 级的服务可用度。对于这样的要求，需要有灾备计划。为此，工程团队付出很多努力建立服务备用应用平台（GSB），以此作为灾备平台。这是服务可用度达到 4-9 级水平的基础。另外，这套方案不仅在灾备时使用，同时也为平时的应急和维护周期的时间段使用。

- 第三年：数千台服务器和设备在数据中心建立起来，部署和日常维护成为一个巨大的负担：不仅仅需要工作上的努力，而且也很容易出现错误。SLiM 项目是为了运营自动化工具平台而推出的，大大提高了日常运营的工作效率。
- 第四年：推出 GSS 项目，以建立一个集中的、高可用的存储系统，目标是改进服务的可用性。
- 第五年：鉴于成本的考虑，推出服务器虚拟化（virtualization）项目以削减硬件成本。

对于客户满意度，W 公司的服务质量管理团队通过定期寻找不同的热点问题并分配资源来解决。例如，随着时间推移，入会失败率、语音质量、视频质量等问题先后被定义为目标，并获得改进。

当回顾这些进步时，可以看到以下几个关键点：

- 质量改进活动是项目驱动的。
- 每期的项目目标非常明确。
- 目标是动态变化的，但是这些项目都是围绕服务可用性、客户体验、运营效率和成本效益这四大领域的。

此外，这四个目标在实际运营中是轮换的。事实上，W 公司第五年的项目成本效益目标与第一年的项目目标是相同的。

随着这些目标的转换，服务质量不断得到改进。W 公司的服务可用度在第一年仅仅是 1-9 级（95％），最终在第五年达到并稳定在 4-9（99.99％）级。

33.8 实践讨论（2）：服务质量管理如何获得管理层的支持

虽然服务质量管理非常重要，但是与研发和运营相比，在一般的公司里，质量管理通常是非主流团队，或者是兼职。那么服务质量管理该如何获得管理者尤其是高管的支持，是一个非常关键的行动。这一节主要讲解如何用有效的报告（reporting）来获得管理者对质量管理重要性及其行动的了解、重视和支持。

33.8.1 高质量的报告

33.8.1.1 报告的重要性

监控和收集数据是为了分析和最终做决策。报告就是数据逻辑分析结果的体现。

通过数据的逻辑分析，可以确定问题热点，并确定改进的地方。如果不能做出很好的工作报告来展示分析结果，然后利用这些结果做出改进的决策，那么这一系列的工作都没有意义。展示数据过程中有以下几项关键要求：

- 了解对象：了解报告的使用者，确保你描述的是他们所关心的。高管与工程师关心的内容有很大区别。
- 有效性：确保数据是正确的全面的。
- 高效性：只显示必要的数据，如果不根据目的来过滤数据，会产生大量无用的数据。

报告的目的是使报告的使用者能快速理解并使用这些数据，在此基础上，他们可以了解进展、问题，并做出必要的决策。

33.8.1.2 报告的使用者

通常有三种不同的报告使用者：

（1）业务团队：他们真正要了解的是服务是否满足了给客户承诺的服务水平，如果没有，改进措施是什么。

（2）技术团队：这个团队对服务水平后面的技术指标更感兴趣，这些信息有助于他们的技术改进目标的确定。

（3）高级管理人员：这个团队往往关注关键成功因素（Critical Success Factor，CSF）和关键绩效指标（Key Performance Index，KPI）有关的信息，如客户满意度、成本与收入目标的实现度、项目进展等。为这个级别提供的信息要有助于在高层次的管理层讨论中确定服务的改进策略，因此这类信息要综合体现，一目了然和提纲挈领。

高级管理人员对服务质量管理活动的支持是服务质量管理成功的关键因素，这将在33.8.2节中讲解。

33.8.1.3 报告形成过程中的常见问题

大多数团队在一定程度上都做了创建报告的活动，但是往往并没有被很好地完成。常见问题包括：

（1）将报告活动等同于数据收集（Data Collecting），所展示的数据不做任何分析与筛选。这会导致太多的数据被显示出来，同时也会导致报告中数据的无逻辑性或没有结论。

（2）一个报告格式给所有的人。为工程师和经理产生同样的报告，忘记了他们的关注点有很大的不同。

（3）缺乏执行摘要（Executive Summary）。这个摘要的目的是让报告使用者一目了然。执行摘要需要简单介绍当前的问题、分析结果、原因、目前及未来的行动。

（4）报告没有关联到任何基准、平衡计分卡，这样无法做比较。

（5）报告内容过于技术化，无法被其他团队理解。注意，工程语言与商业语言是不相同的。

服务可用度报告是一个例子，它说明运营团队报告的内容和业务感兴趣的内容之间的不同，技术运营团队只是简单地报告数据中心的99.99%的可用度可能会有两个缺陷，而商务团队真正想了解的是服务中断发生的次数以及对业务的影响及分析，他们更关心的是服务故障的影响而不是百分比的数字。商务团队考虑的是端到端的客户的体验。

在很多情况下，技术运营团队并不是从端到端的角度计算可用度，而是从数据中心中系统可用度或应用程序的可用度的角度计算。所有的系统运行正常并不完全意味着服务运营平稳。例如互联网的问题，所依赖的第三方服务的问题。

虽然多数报告倾向于报告问题，但是也不要忘记报告好的消息。一份好的报告要体现服务得到改进的方面，以及不足之处和其相应的改进措施。好的消息会鼓励团队并获得高管的支持。

33.8.2 高级管理人员仪表板

高级管理人员仪表板（Executive Dashboard）实际上是报告的一种。但它的使用者主要是公司的高管或公司的决策者。高级管理人员仪表板的重要性在于：

（1）帮助中高层管理者了解运营的状况和问题。

（2）在了解的基础上做出决策。这些决策有很大一部分会成为服务质量管理的目标。

（3）作为展示服务质量管理成果的一个平台，为服务质量管理获得更多的认同和支持。

33.8.2.1　高级管理人员仪表板做什么

高级管理人员仪表板要能够帮助管理人员明确三类重要的事情：

（1）回答关系业务或运营的基本问题（Fundamental Questions）。

对于云服务，基本问题是指来自服务可用度、成本效率、生产效率和客户满意度的问题。例如：

- 服务可用度总览，如当月的 3-9 或 4-9 的水平。
- 当前服务的生产线容量和使用情况。
- 这个月服务达到 SLA 的标准了吗？
- 发生了多少次宕机？
- 有任何主要客户受到影响了吗？
- 当月的运营成本超出预算了吗？

（2）提醒高管问题出现的领域（Alerts）。

- 技术领域：生产线的重大的服务故障的技术分类统计，如软件、硬件、网络和系统等。
- 关注的问题热点：如客户服务使用的登录失败率。
- 监控能力：问题是监控系统发现的，还是客户报给我们的。
- 客服能力：平均客户响应时间是否低于正常时间。
- 成本效率：运营开支是否超出预算。

（3）可以帮助做出影响业务的决定（Decision Making）。

高级管理人员仪表板的最终目的是帮助中高层管理人员做出决策。在这种要求下，仪表板上的信息要以一种可以帮助管理人员做出决策的方式呈现，并梳理和列出可以帮助他们做出决定的理由。这些决策包括：

- 是否要增加或减少生产线规模？
- 是否要在新的地区增加数据中心？
- 是否要增加客服人员？
- 因为服务线的使用增长投入更多的人力吗？

图 33-12 显示了一种高级管理人员仪表板的数据处理逻辑图。任何仪表板的数据处理的核心就是 KPI 或者其他的服务质量管理目标，在云服务的技术运营中，就是服务可用度、客户体验、运营效率和成本效益这四大综合运营指标。

33.8.2.2　高级管理人员仪表板的设计参考

每家云服务公司都有自己的业务，在运营上也有自己长处和短处。因此，高级管理人员仪表板的最终呈现也会有所不同。但是，中高层管理人员所关心的问题是大同小异的。

图 33-13 是技术类相关问题的优先级调查结果。其中最被关注的前三位选项是：服务可用度、服务的响应时间（responsible）、业务应用的利用率（utilization）。

图 33-14 是商务类相关问题的优先级调查结果。其中位于前三位的是：

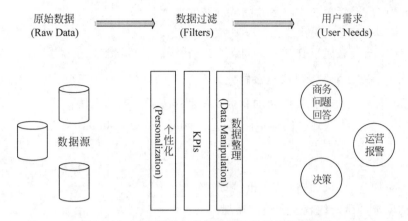

图 33-12 高级管理人员仪表板的数据处理逻辑图

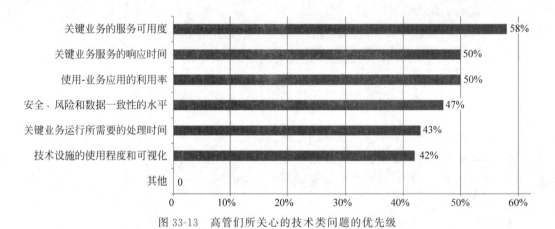

图 33-13 高管们所关心的技术类问题的优先级

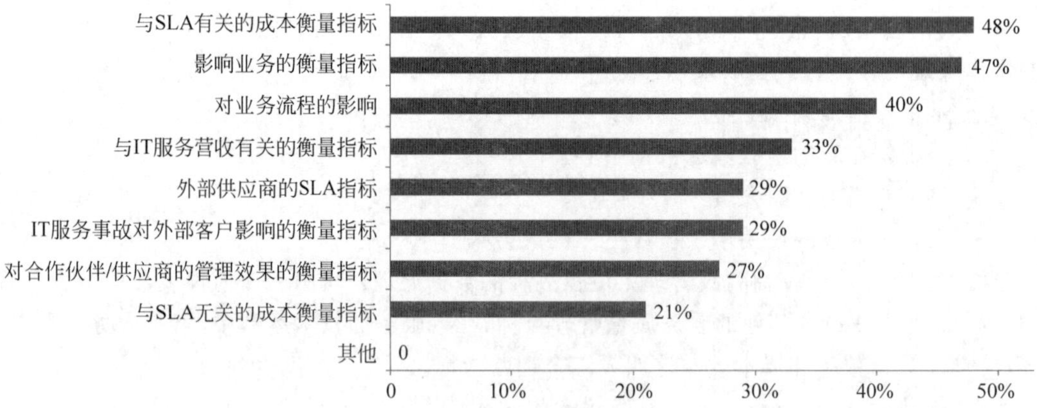

图 33-14 高管们所关心的商务类问题的优先级

- 与 SLA 相关的成本衡量指标。
- 影响业务的衡量指标。
- 对业务流程的影响。

图 33-15 是高管们认为高级管理人员仪表板给他们带来的益处的调查。其中,前三位

益处是：

- 运营效率(Operational Efficiency)的改进。
- 服务可用度的提高。
- 公司生产率(Productivity)的改进。

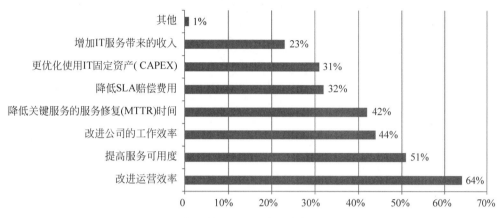

图 33-15　高级管理人员仪表板带来的益处调查图

33.9　服务质量管理方案的选择

服务质量管理有很多成熟的理论和框架。对于云服务的运营管理,每个框架都有其优点和局限性。与其讨论哪个框架是最好的,我们更希望找到与我们关注的服务质量管理目标更接近或更适合的理论方法。那就是：

- 与互联网服务或云计算服务运营相关的理论方法。
- 与"持续"的改进相关的理论方法。

例如,6-Sigma 框架具有非常强大的服务测量定量分析方法。然而,定量分析方法对于云服务来讲可能过于细节。因此,我们只选用了 6-Sigma 中的"持续"改进原则。

第 17 章"7×24 小时服务的管理综述"介绍了 ITIL 和 6-Sigma 的背景。因此,在这里我们只介绍与服务质量相关的内容。

GMAI 模型是这些经典的理论在云服务的应用和拓展。GMAI 类似于 DMAIC/DMAVD 和 PDCA,但是 GMAI 更强调服务改进目标的驱动性(Goal Driven)和目标的动态性(Goal Dynamic)。

实践经验表明,虽然每个经典的框架都有自己的方案,但没有一个可以独立为云服务管理提供完整的方案。在这些方案之中确实有很多是有重叠的,但大多数情况下,它们不是互斥的。事实上,许多组织使用这些方案的组合来使管理更有效,并改进服务。

在云服务行业中,许多组织在面对选择怎样的框架这个基本的决定时会陷入彷徨。毕竟没有人愿意走错路。经验告诉我们,打破"框架"困惑的最好办法是从自己的实际出发,采取自下而上的方法。虽然会议室中的争论仍在继续,实际的运营管理者可以先采取那些成熟的流程如变更管理、事故管理和问题管理等实施,先将这些管理落地,积累经验,然后再采取或设计适合自己的运营及服务质量管理框架。

　　GMAI方法是我们在实践中总结出来的一套运营服务管理框架。希望能够给读者提供一个在经典的方法论之外的,更切合云计算服务运营的方法。

　　另外,SQM是跨部门的工作,在执行中,相比纯研发或纯运维,在协调和管理上的难度更大。高层管理在选择SQM执行者时,需要考虑这一点,需要找到一个能够驱动各个部门的、执行力较强的技术管理者。

第7部分
组织能力

开　篇

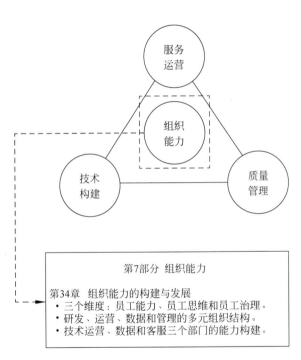

企业战略能够成功的保证，就是执行团队的能力，也就是组织能力的建设。

前面几部分主要讲解了云计算和大数据的核心技术，以及将技术转化为服务的技术运营。这些都离不开人的因素，也就是团队的组织能力。

组织能力是管理者特别是高层管理者或战略决策者需要特别关注的，因此，本书专门设立了组织能力部分。

第34章

组织能力的构建与发展

本章根据组织能力的三角模型：员工能力、员工思维和员工治理方式，来讲解如何构建和发展组织能力，以使企业的云计算和大数据的战略能够成功实施和落地。

在云计算和大数据服务公司中，有 3 个团队与传统的 IT 公司不同：

(1) 技术运营团队：传统的 IT 软件和硬件产品公司，没有 7×24 小时生产线，也就没有相应的技术运营团队。

(2) 大数据团队：大数据是个新兴的领域，一般的公司的研发团队没有这样的职能

(3) 客服团队：传统的 IT 公司对客户支持的要求不高，因为没有 7×24 小时随时在线的大量客户。

在云计算和大数据公司，技术运营和大数据团队与研发相同，都是技术团队，会受到比较多的重视，但是，作为提供 7×24 小时生产线服务的公司，对外的客户服务团队也是服务体系的一部分。云服务公司的客服比一般做软件和硬件产品公司的客服要复杂很多。这一点，公司的管理层要足够重视。

本章以技术运营、大数据和客服三个团队为案例做深入的讲解。

34.1 组织能力概述

组织能力是企业战略成功的关键。下面讲解组织能力的重要性、概念及其三要素——员工能力、员工思维和员工治理的定义。

34.1.1 企业成功的关键

企业定义了明确的战略方向，只是企业在竞争中制胜的第一步，要取得最终的成功，不仅要有正确的战略，更重要的是要拥有能够将确定的战略实施的组织能力，这就是在企业管理中经常强调的：

企业成功＝正确的战略×组织能力

这两个因素之间是相乘的关系，而不是相加的关系，任何一项不行，企业就无法获得成功。如果企业只有正确的战略，却没有合适的组织能力，即使出现商机，也无法把握。

建立实施战略的组织能力往往比确定企业战略更困难，这就是为什么有些企业确定了

正确的战略方向但依然不能制胜。对一个具有一定规模的企业来讲,战略调整有时要经历几个月,而组织能力的建立和调整往往需要几年。因此,企业取得成功的保障就是企业能够围绕其确定的战略进行组织能力建设。

34.1.2 组织能力的定义和建设

组织能力(Organizational Capability)指的不是个人能力,而是一个团队(不管是 10 人、100 人或是 100 万人)所发挥的整体战斗力,是一个团队(或组织)竞争力的 DNA,是一个团队在某些方面能够明显超越竞争对手、为客户创造价值的能力。

组织能力作为企业竞争力的 DNA,有以下几个特质:

(1) 它是独特的,每一家企业都有与其战略相适应的特定的组织能力。

(2) 不同的组织能力,都将局限或强化企业在不同层面的表现。

(3) 组织能力源自企业内部。

(4) 虽然战略和组织能力在企业的持续成功中同等重要,但在现实中,组织能力在影响企业成功方面往往起到更为关键的作用。

(5) 组织能力的建设周期长,难度大,常常成为企业发展的主要瓶颈。

(6) 战略很容易被模仿,而组织能力难以在短期内模仿。

无论是制定正确的战略,还是打造合适的组织能力,关键在于最高领导人和领导团队的能力、判断和坚持。

组织能力建设的特点是:

(1) 时间投入长。

战略通过高层领导团队,花费相对短的时间就可以制定,而组织能力是通过全体员工投入,耗费较长时间才能打造的。

(2) 容易成为瓶颈,需要管理者的支持。

任何变革措施,如果没有公司最高领导层的支持和推动,仅仅依靠人力资源部门很难取得实质性成果,同时,组织能力的建设需要各级管理者的积极投入,担负起培养员工的责任。

组织能力建设的第一步是对企业的组织能力进行分析。按照杨国安教授提出的"组织能力三角形"模型,组织能力的建设与保证的三大支柱为员工能力、员工思维、员工治理,如图 34-1 所示。

根据这个模型构建或改造企业的组织能力,需要同时从三方面着手:

(1) 员工能力:"会不会"?

员工是否具备应有的知识、技能和特质来实施公司的战略。企业要从人员的招聘、选拔、训练、能力提升方面着手,解决员工"会不会"的问题。

(2) 员工思维:"愿不愿意"?

员工思维即员工的心态,指员工是否有意愿、有发自内心的动力去实施企业的战略。企业要从企业的文化、绩效考核体系、态度的引导等方面着手,解决员工"愿不愿意"的问题。

(3) 员工治理:"能不能"?

员工治理指是否有使员工得以充分发挥能力的管理机制。企业要从组织结构、工作流程、规章制度以及信息沟通等方面着手,解决组织"能不能"让员工发挥作用的问题。

构建企业的组织能力,要靠上述三方面的相互配合,缺一不可,少了任何一方面,都会使

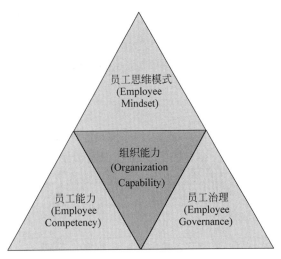

图 34-1 杨国安教授的组织能力模型

所有的努力功败垂成。

34.1.3 云服务的组织能力框架

云服务的组织能力框架基于杨国安教授的"组织能力三角形"理论,以云计算和大数据的构建和运营为关注点,以提供卓越的服务为核心展开,具体讲解员工的能力、思维和治理方面的具体要求,包括后面的案例研究,都围绕这个重心并按照这样的思路进行讲解。

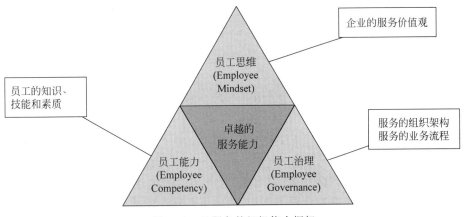

图 34-2 云服务的组织能力框架

大数据实际上是云计算的延伸,是在云计算基础之上的数据内容服务。从服务的角度来看,二者对组织能力的要求是一致的。在本章中,我们基于云计算的组织能力的讲解包括大数据的要求。同时,单独用一节案例讲解大数据团队能力的构建。

34.2 云计算服务公司面临的挑战

云计算服务企业的运营能力集中体现在它卓越的服务能力上。服务能力在"组织能力三角形"模型中主要体现在如下方面。

1. 员工能力

(1) 明确服务运营各岗位对人才知识结构和能力结构的要求,选择合适的人才。

(2) 培养和提高员工的能力,包括 DevOps、SRE 这些技术能力,也包括生产线运营的管理能力。

2. 员工思维

(1) 从领导层到全体员工对"客户至上"的价值观的理解和与之配套的激励机制。

(2) 更进一步,要理解我们为客户提供的不仅仅是传统的 IT 软件或硬件的产品,而是一个基于 7×24 小时云计算或大数据的服务。这种服务在人员思维、技术架构、运营管理上的要求要远高于传统的 IT 软件或硬件产品。

3. 员工治理

(1) 建立合理的组织结构,包含新的职能,如大数据工程师。

(2) 调整组织边界,促进服务运营的高效。

(3) 定义明确的服务与运营管理制度和流程,形成自我改进的机制。

卓越的服务能力的要求所带来的挑战对整个云计算服务公司的组织结构和团队都有很大的影响,这样的服务能力的要求落实到各个部门时,其相应的要求是不同的。各个部门要根据自己的职能做出相应的思考、规划和执行。

与传统的 IT 软件、硬件公司相比,云计算服务公司的能力体现在技术部门和客户部门。

对于技术部门而言,要构建和运营 7×24 小时服务平台。服务平台可用度是最重要的服务运营指标,其重要程度远远高于其在软件产品公司的地位。如果是大数据服务公司,还需要有很强的数据能力。

对于客户服务部门而言,客户满意度是最关键的服务运营指标,这包括客户问题的响应速度、客户问题的有效解决周期等。

本章后面的内容将对技术部门和客服部门的组织能力做详细讲解。

34.3　员工能力

员工能力是要解决员工"会不会"的问题。

公司全体员工(包括中高层管理团队)必须具备实施企业战略,打造组织能力所需的知识、技能和素质。如何获得员工能力？企业需要回答以下两个具体问题:

(1) 需要什么样的人才:要打造所需的组织能力,公司需要怎样的人才？组织中各个岗位的员工必须具备什么任职条件、能力和特质？

(2) 怎样构建这样的人才团队:公司目前各种岗位上的员工是否满足要求？主要差距在哪里？如何弥补这些差距？如何引进、培养、留住合适的人才并淘汰不合适的员工？

对于第一个问题,各个部门在公司的战略明确后要自己深化,也就是按照公司的云服务运营的目标,结合自己部门的需求,确定各个岗位的能力要求。例如:

(1) 技术团队:需要有能设计和维护 7×24 小时生产型的服务(Production Service)并保证服务的高可用度的研发和运营人员。

（2）客户服务人员：呼叫中心需要什么样的一线客户服务技能？二线服务应具备什么样的能力？客服经理需要什么样的客户问题受理能力和主动服务技能？

（3）市场人员：需要具有在互联网和移动互联网上进行有效市场活动的能力。

（4）销售人员：对于 to B 类业务，除了具备大客户销售能力，是否还需要建立有效的中小企业销售能力？对于 to C 类业务，需要什么样的网络推销能力？

在这些基础上，各个部门对员工能力的要求是不一样的。在后面的实践部分，我们会针对技术运营团队、大数据团队和客户服务团队的能力要求和构建做进一步的讲解。

（1）技术运营要求员工同时有技术和管理的综合素质（见本章 34.8 节）。

（2）大数据部门团队需要有更广泛的数据分析能力和问题解决能力，还需要有批判性思想（见本章 34.9 节）。

（3）客户服务团队不仅要有客户问题受理能力的需求，还要有主动式客户服务的技能，以及服务流程建立和改进的能力需求（见本章 34.3 节）。

本节集中讲解云服务公司如何从整体构建团队。讲解从实践的角度出发，选择两个方面展开：学习型组织和有效的培训。

34.3.1　建立学习型组织

1. 学习型组织的要求

学习型组织是指一个能够帮助其团队成员不断学习、变革和提高的组织。学习型组织的发展是现代组织面临压力的结果，其目的使这些组织在商业环境中能够保持竞争力。

学习型组织有五个主要特点：系统思考（Systems Thinking）、自我超越（Personal Mastery）、心智模式（Mental Model）、共同愿景（Shared Vision）和团队的学习（Team Learning）。学习型组织的概念是由彼得·圣吉（Peter Senge）和他的同事在 1994 年提出的。

学习型组织不存在单一的模型，它是关于组织的概念和团队成员作用的一种态度或理念，是用一种新的思维方式对组织的思考。在学习型组织中，每个人都要参与识别和解决问题，使组织能够进行不断的尝试，改善和提高它的能力。学习型组织的基本价值在于解决问题，与之相对的传统组织设计的着眼点是效率。特别是在快速发展的行业中，能够快速学习、成长。

我们在云计算和大数据服务的组织能力建立的过程中强调学习型的组织，是基于以下几点：

（1）云计算和大数据是一个竞争激烈的行业，需要企业不断地自我提高。

（2）云计算和大数据服务是一个相对比较新的行业，可以借鉴的外部经验少，特别是大数据及智能应用，需要公司从服务到技术上进行快速的自我探讨和学习。

（3）云计算和大数据服务本身就是一个服务导向的行业，需要公司从高层到基层都要有客户导向，以及有效满足客户需求和解决客户问题的能力。

例如，

（1）在公司的愿景（Shared Vision）上，整个公司团队都应该是服务导向（Service Oriented）。

（2）在系统思考（System Thinking）上，培养综观全局的思考能力。以技术开发为例，从开发的理念上，将服务的可管理性、高可用性等从一开始就设计到服务平台中。

（3）在团队学习（Team Learning）上，团队要主动（proactive）和有效（effective）地从问题中学习和积累经验。

以 7×24 小时生产运营的技术管理为例，组织遇到的挑战是：

（1）7×24 小时生产运营上出现的问题不可能事先都能够罗列出来，一定会有新的问题不时出现。快速、有效地处理新的问题，需要团队不断地学习和提高。

（2）在管理流程上，不管流程定义得多么有效，也不可能覆盖所有问题，这需要团队的能力来处理。团队能力的提高来自不断地学习。

2. 学习型组织的建立

下面以云服务公司的技术运营团队的实践为例来说明如何建立学习型组织。

（1）学习规则 1：在哪里学习。

- 从决策中学习，无论这些决策是对还是错，都要善于反思。
- 从生产运营的故障中学习，从现有的故障中，特别是从以往的故障中吸取经验教训。

（2）学习规则 2：怎样学习。

- 建立"对事不对人"的工作氛围（Be issues focused, not people focused），这对于处于生产运营一线、处理生产线事故是工作常态的运营团队而言尤为重要。
- 透明的工作环境（Transparent Working Environment）。所有的问题都对整个团队公开，所有的人都有相同的理解（All the people on the same page），这是有效讨论的基础。
- 事故分析会议（Postmortem Meetings）。事故分析会议是技术运营的一个很重要的会议。对于每个生产线的故障，团队会检讨故障为什么发生，如何发生，如何解决，处理过程，以及相应的技术和流程的改进。会议的目的是让相关工程师从故障中总结问题，找到根源并进行改进，从而防止在未来发生。
- 改进规则：改进是学习活动要达到的目的，改进的目标要具体且可执行，才能具有实施性。

在"改进规则"的实践中，"1/2 时间"规则就是一个简单例子。这个规则是在 7×24 小时生产线管理中的一个实践。它的目标规则如下：对每次的生产线故障时间进行衡量。改进的目标是下一次服务的故障时间应该是目前这次的一半或更少的时间。这个规则由于具有一个非常明确和可衡量的目标，使得这个规则的实际操作性很强。

34.3.2 有效的培训体系

有效的培训体系包括以下几点：

- 了解自己的差距。
- 制定有针对性的改善措施。
- 有力的执行力。
- 持续的改进。

1. 了解企业自身人才结构的短板

每个企业都有自己的培训体系。要使培训体系能够充分发挥效益,企业首先要了解自身体系目前在培养人才中的短板。表 34-1 是杨国安教授的一个自我评估体系,目的是帮助企业了解自己目前的状况。

表 34-1　人才培养体系的自我评估

人才发展的架构模块	当前有效性(1~5分)
基础:有明确而透明的人才识别标准和流程	
培训项目:设计完善的培训项目组合,针对不同的专业职能和不同级别的人才提供培训课程	
课堂之外的"课堂":通过工作委派和特殊项目为人才提供锻炼机会,以提高其技能和知识	
高层领导的承诺和参与:高层领导者通过即时辅导、传授和榜样作用,亲自参与和推动人才培育	

其中自我评估的分级为,1 分为最低分,5 分为最高分。

2. 有的放矢:制定改善措施

针对发现的短板,要制订相应的培训计划,同时要投入充足资源利用多种学习手段进行实施,如在线学习、课堂培训、经验分享、行动学习、校外的专业培训等方式。

3. 有力的执行

打造员工能力不是某个人或者某一个部门的职责,是高层主管、中基层主管和人力资源部门的共同使命。人力资源设计架构,各层主管贯彻执行,才能逐步提升员工能力,提升组织能力。

下面是几个实践中的关键点:

(1)最有力的执行来自高层的管理人员:领导以身作则、教学相长,好领导应该是好老师。

(2)制定和传达培训目的与期望:让团队成员了解目的所在。

(3)选择最佳的培训时间:最佳时间是在员工就任新岗位之前。

4. 持之以恒:可量化的评估体系

如同服务质量的改进原理一样,人才培养发展体系也需要定期评估及持续改进。

下面的评估指标主要是针对主管/经理的衡量指标:

(1)根据直接部属反馈主管人员的管理能力。

(2)根据员工问卷调查评估主管领导力的有效性。

(3)能否培养本地人才接替外派人员。

(4)输送人才的数量。

34.4　员工的思维模式

员工思维模式指的是员工在日常工作中所真正关心的、追求的、重视的事情。企业要打造组织能力,实现战略目标,员工不仅需要具备任职能力,而且必须有朝公司的方向去努力的意愿,这一点非常重要,因为这决定了员工的思维模式,影响着他们每天大大小小的决策和做事方式。

34.4.1　公司价值观的建立:如何确定价值观的内容

确定价值观的内容是建立公司价值观的基础。需要有如下几个步骤:

第一步:确定期望的员工思维模式。根据公司的策略,确定需要的思维模式。

第二步:分析现有员工的思维模式。找到现有员工的思维模式和期望的思维模式之间的差距以及症结所在。

第三步:制定思维模式变革措施。在找出员工思维模式的差距以及症结后,企业可以根据自身的情况,采取措施重塑思维模式。这个阶段所需时间最长。以下简单介绍思维模式转型的三种方式:

(1)由上而下:这种方式的变革依靠高层管理者通过个人言行、决策、制度等多方面来改变员工思维模式。

(2)由外而内:这种方式的变革依靠外部客户和竞争对手来改变员工思维模式。

(3)由下而上:这种方式的变革依靠一线员工的主动参与和推动来改变员工思维模式。

在上述步骤的实践中需要注意以下几点:

(1)价值观的定义:这是公司最高管理层的责任,管理层一定要先明确目标,再做出定义。

(2)价值观的内容:要有重点、容易理解和记忆,是否可以用一句话或几个词来明确公司或部门的价值观。

(3)价值观的宣导:要在各种场合、利用各种手段不断对企业全体员工进行价值观的灌输,价值观要落实到企业的日常工作中,要与具体工作行为相联系,管理层要以身作则。

34.4.2　价值观落地:团队的接受

改变人的思维方式是很具有挑战性的工作。在实际的操作中,需要拉(PULL)和推(PUSH)的协调效应。

1. 拉的效应

拉的效应主要来自两方面:公司的氛围,也就是"耳濡目染";高管的以身作则,也就是"行胜于言"。

2. 推的效应

把体现核心价值观的行为或结果列入绩效考核,并根据考核结果给予员工相应的奖惩,是推动员工改变意愿和行为的有效工具。

由于"客户至上"是最重要的核心价值观,与之相关的服务理念和衡量要直接反映在服务相关团队的绩效考核中,如平衡计分卡或KPI指标,这样员工才会努力实现公司期望的目标。

在云服务公司中,以与工程相关的产品研发部门和技术运营部门为例,在他们的考核中,服务和质量的相关因素将被置于相应团队的平衡计分卡中,以下是相关内容:

（1）服务可用度：这直接影响客户的体验。

（2）成本效益：IDC、服务平台及日常运营的成本将直接影响公司的盈利能力。

（3）团队的技能：学习能力与知识水平。

· 内部学习：学习过程的强化及技能改进。

· 外部学习：从其他提供服务的公司获得的知识，以加快前沿知识和技能的获得。

34.5 员工治理

员工具备了所需的能力和思维模式之后，公司还必须提供有效的管理机制与资源来支持这些人才充分施展所长，执行公司战略，关键点包括：

（1）组织架构。

· 构建合理的团队架构：销售、研发、运营、客户支持等。

· 确定和优化组织边界。

（2）业务流程。

· 定义明确的运营制度与流程，如公司的关键业务流程是否标准化和简洁化。

· 建立支持公司战略的信息系统和沟通交流渠道，如 CRM 系统。

组织架构是员工治理的基础。34.5.1 节和 34.5.2 节中会做讲解。34.6 节中会针对公司不同阶段的结构做相应的讲解，涉及组织结构如何适应公司的成长，或者说如何建立合理的组织结构。

34.5.1 组织架构：合理的团队结构

在员工治理的组织架构、流程和信息这几个关键因素中，组织架构是员工治理的基础。组织架构的核心在于权责：企业应该给予员工一定的权力与责任。权责多少要视企业的发展阶段和强调的组织能力而定。

合理的组织架构要满足以下动态变化的要求：

（1）组织架构的设计要看企业的发展阶段和经营战略。

（2）当组织的规模、管理的复杂度、外在经营环境或战略方向发生改变时，组织架构也要随之而变。

（3）另外，因为组织分工和整合会影响企业内部员工的精力和注意力，因此组织的架构设计必须要与企业希望的组织能力和战略重点紧密关联。

以职能分工是一个典型的架构，如图 34-3 所示。

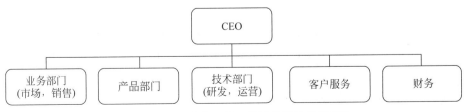

图 34-3　以职能分工的互联网公司的组织架构

下面以云服务公司中的工程技术与客户服务两个部门为例进行讲解。

云服务供应商的职责是要为用户提供 7×24 小时生产线服务。在此目标下,工程技术部门和客户服务部门的架构将与传统的软件产品公司不同。在这样的公司战略要求下,各个部门的职能都会有非常大的变化,如图 34-4 所示为工程技术部门的比较。

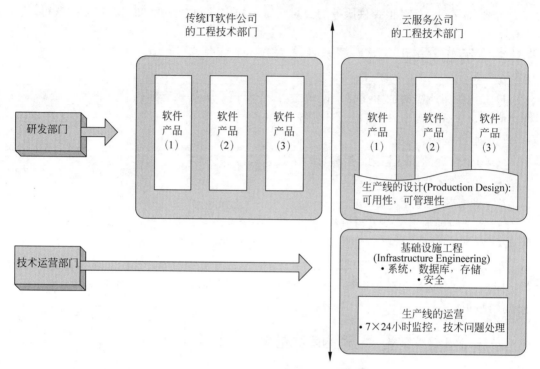

图 34-4　云服务公司与传统 IT 软件公司的工程技术部门的职能比较

在此架构下,几个重要部门的职能划分如下。

1. 技术部门

技术部门主要包括产品研发部门和技术运营部门。如果公司的业务中心包括大数据服务,也会有数据团队。

(1) 产品研发部(Product Engineering)。

产品研发部负责建设如 CRM、ERP、会议等在线服务的应用。与传统软件公司的产品工程团队类似,产品研发部组织架构包括:

- 技术架构团队。
- 开发工程团队:服务平台的设计与开发。
- QA 团队。

其中,开发工程团队可以按照服务平台的层次和技能做进一步的划分,例如

- Web 开发团队:负责设计和开发业务逻辑及应用,团队成员以 Java、PHP 等工程师为主。
- 平台开发团队:负责公用服务的平台开发。

(2) 技术运营工程部(Technical Operation Engineering)。

对于一个互联网或云服务提供商,基础设施工程和 7×24 小时运营管理是必需的。这

些功能会在一个新部门——技术运营工程部来实现。

一般的技术运营工程部的团队架构如下：

- 基础设施工程团队（Infrastructure Engineering）：设计和实施云服务应用所需要的基础设施，如系统、网络、数据库、电话以及服务监控系统的设计、集成、测试和实施。
- 服务质量管理团队（Service Quality Management）：负责服务质量管理，包括服务质量的分析和改进。
- 安全工程与规范（Security Engineering and Compliance）：负责服务的技术安全与安全管理。
- 7×24 小时生产经营和支持（Data Center Operations or Network Operations Center）：负责 7×24 小时生产线服务和数据中心的监控与支持。

2. 客户服务部门

客户服务部门的目标是为客户提供服务支持，一方面确保客户在遇到问题时能立即通过邮件、电话或者自助提交问题等方式获得相应的服务支持，以保证客户能顺畅地使用服务；另一方面通过客户管理，为客户主动提供增值服务，通过云服务为客户创造更高的商业价值。

云服务企业的客户服务要设立专门的机构进行保证，通常以客户服务部、客户服务中心等形式存在。客户服务部门一般可以按产品类别或服务职能划分团队。一般客户服务部门可以划分为两大类：

（1）面向客户问题受理的客户服务部门，如客户服务呼叫中心，由一线服务受理团队和二线支持团队构成，一线受理团队直接受理来自热线电话、邮件、网络等各渠道的应用咨询和问题投诉，能够及时进行日常应用咨询和常规问题处理，在日常应用和常规问题之外的服务需求，需要转到二线支持团队进行进一步的诊断、分析和处理。

（2）客户管理团队，如大客户服务经理团队、中小客户服务经理团队、个人客户服务团队等，主要是对客户的应用状态进行监控，开展提高客户应用效果、为客户创造更多价值的增值服务。

34.5.2 组织架构中的边界管理：边界弱化、增强及平衡

在讨论一个公司的架构时，必然会引起一个管理问题的讨论——组织边界的管理。这是因为公司内部分工带来的职能（responsibility）与责任（ownership）的不同，必然会带来组织的边界。下面讲述云服务公司内部的组织边界的管理，这直接涉及面向客户的云服务的质量。

1. 组织边界

组织边界的传统定义是：任何使组织内外人员在工作方法、资源、想法和信息上无法顺畅整合的隔阂和障碍就是组织边界。组织边界分为以下三种：

（1）垂直边界：不同层级和等级间的边界。

（2）水平边界：横向部门间的边界。

（3）外部边界：公司与外部利益相关者的边界。

很多文章在讨论设立无边界组织，其目的是减少这些边界带来的隔阂和障碍，更有效地

整合工作、人员、想法和信息流动。

组织边界常常被认为是负面的,与障碍(barrier)和低效(Low Efficiency)相联系。实际上,存在一定的边界是必要的,因为组织内部的边界可以确保不同层级和部门的职责明确、专注和专业分工。

而所谓的真正的无边界组织,指的不是要拆除所有边界,而是要从公司打造组织能力、实施战略出发,减少不必要的边界,确保整个组织赢而不是单一某个部门或层级赢。

2. 组织边界的加强

在云服务行业中,服务质量是关键。这里增加边界的目的是加强质量管理。所提到的边界是横向部门间的边界,如将 QA 部门与研发部门分开,以提高软件发布的质量;将技术运营部门与研发部门分开,以增强生产线的独立管理。下面对技术运营部门与研发部门的关系进行分析。

云服务行业中一般把这两个部门分开,其目的是在二者之间建立一种客户关系。这种关系在服务平台的开发流程上就是产品的交付关系(hand-over)。

一方面,技术运营部门是研发部门的客户。可以认为技术运营部门只是一个购买了研发部门的软件产品的客户。因此,产品研发部门提供的软件产品的质量和管理需要达到技术运营部门服务的水平。另一方面,产品研发部门可以认为外包其产品的生产运营管理给技术运营部门。如果技术运营部门无法提供服务要求的水平,产品研发部门可以更换到另一个服务提供商。

这两个部门要有十分紧密的合作。技术运营部门需要提早介入软件研发的流程,通常是在软件架构设计时就参与讨论和审核工作。在设计中,技术运营部门的工程团队应当把服务平台的可运营性、可靠性、成本、安全等要素带入设计中。

在软件开发的同时,技术运营部门会同各个专项的技术部门,制订详细的基础架构方案、规划容量、软件上线方案以及服务支持方案等,以达到最终的产品上线。

技术运营部门与研发部门的分开也是实践中得到的经验。在早期的云服务公司中,技术运营的职能隶属于研发部门,由一位研发背景的高管统一管理研发、质量管理和技术运营者三块功能。常常出现的状况是:为了满足商务的要求,产品要求尽快上线,结果就导致为了赶时间,质量管理和技术运营的要求被降低,最后导致产品上线后的服务平台的多种问题。

3. 组织边界的改善

组织边界的改善主要指减少不必要的垂直边界,或指不同层级和等级间的边界,以提高工作效率。

这种改善可以通过运用权责、信息、能力和激励这四个杠杆,激发企业员工的主人翁精神,让他们的思想和行为都能与高层主管更加协调一致,例如,

(1) 公司是否赋予员工足够的权责?

(2) 有没有给员工提供及时有用的信息以支持他们的工作?

(3) 有没有投入充分的时间和资源,确保员工具备所需的专业和管理技能?

(4) 有没有给员工提供适当的物质和精神奖励以激励他们积极参与和投入?

34.5.3　业务流程：明确的制度

云服务公司最核心的业务是服务，以服务为核心的制度体现在各个部门。下面结合研发、运营和客服3个团队各自的目标进行讲解。

1. 研发部门

研发部门的核心是构建服务的产品，它们的目标是高质量、高效率地完成服务的交付（Service Delivery），总的原则包括：

（1）软件开发总体遵循项目管理和软件工程的基本原则。

（2）项目管理涉及产品立项、项目计划和监控、配置管理。

（3）软件工程涉及需求分析、系统设计、编码实现、系统测试、产品发布、生产线上线、7×24小时维护、产品升级，直至产品完成生命周期后的下线。

在各个节点的掌控上，根据软件工程的过程理论并结合公司的实际情况，一般规定了各个重要环节需要提交的交付物：

（1）立项：项目立项报告、市场需求文档（MRD）。

（2）需求分析：产品需求文档（PRD）、项目开发计划、项目风险分析清单。

（3）系统设计：系统架构设计文档、模块详细设计文档等。

（4）软件实现：源代码、单元测试（Unit Test）代码、模块测试（Module Test）代码等。

（5）系统测试：测试方案、测试用例、测试报告。

（6）产品发布：产品使用手册。

（7）产品维护：产品维护记录和用户反馈记录。

（8）项目总结：技术设计、实施、问题及时间等各方面的总结与反思。

2. 技术运营部门

技术运营部门或运维部门的核心是7×24小时在线云服务的支持。它们的目标是服务可用度、运营效率、成本效益和客户满意度这四项指标。

技术运营的管理制度基本是以ITIL的管理体系为核心。在执行上，则以四项指标为导向的轻量级生产线管理流程为基础，包括事件管理、事故管理、问题管理、变更管理等。

在本书的第3部分"服务的技术运营"中，结合技术运营的"技术＋管理"的双维模型，对重要的生产线管理流程做了详细讲解，如ITIL的框架、事故管理、问题管理、变更管理、事件管理等，这里不再赘述。

3. 客户服务部门

客户服务部门是一个管理流程比较重要的部门，它们的核心任务是保证客户的问题能够快速有效地解决，目标是客户满意度。主要的管理制度包括问题的记录、跟踪和升级的流程。

（1）下面以客服中的问题处理的有效跟踪为例进行讲解，使用的体系主要是CRM。

我们有时听到客户投诉"我们反映的问题怎么就不了了之了呢""跟你们反馈很多次了，你们到底有没有人管"，等等，说的就是这种问题跟踪能力欠缺的典型表现。问题有效处理对管理制度的要求如表34-2所示。

表 34-2　问题有效处理对制度的要求

可能存在的主要问题	应采取的管理措施、行动
(1) 问题多,受理人员处理不过来。 (2) 员工倒班、休假或变更,问题没有被及时跟踪。 (3) 问题超出受理员工的能力范围	(1) 建立基于 CRM 的客户问题跟踪机制,保证客户问题得到及时有效跟踪。 (2) 建立明确的问题升级处理机制,使不能在一线解决的问题及时传递给二线、三线支持人员
(1) 本部门责任所在的客户问题不了了之。 (2) 客户问题处理周期长	(1) 客户第一的价值观宣导。 (2) 明确各服务范围的客户问题负责人。 (3) KPI 的衡量指标:客户问题受理周期和客户问题解决满意度
(1) 跨部门的客户问题长期得不到解决。 (2) 不能协调服务部门之外的资源解决问题	(1) 不同层次的周期性遗留客户问题评审。 (2) 基于 CRM 的客户问题传递与跟踪机制。 (3) 建立明确的问题升级处理机制,在相关部门设立用户问题协调人员,专门跟踪传递到本部门的问题处理进展

(2) 问题处理升级机制。

对于按正常的处理流程不能有效解决的客户问题,需要协调公司更多的资源研究解决,而要协调服务系统之外的资源,则需要按照一定的流程规范将问题升级到更高的管理层次,以便引起重视,安排资源合作解决问题。机制建立的要点如表 34-3 所示。

表 34-3　问题处理升级机制的要点

可能存在的主要问题	应采取的管理措施、行动
无法判断问题是否要升级	明确问题升级机制,定义清晰的升级条件,如问题对客户应用的影响程度、客户问题关注层次、问题处理周期、问题无进展时间等
(1) 问题解决不了怕暴露个人能力不足,不升级。 (2) 还想再努力尝试寻找解决办法,造成问题拖延时间长	(1) KPI:问题处理周期。 (2) 不能及时升级的惩罚措施。 (3) 基于 CRM 的自动升级策略
(1) 不知道升级到什么部门、什么层次。 (2) 不知道升级后如何处理	明确而可操作的升级规范,包括问题状态和需要达到的部门和层次,得到问题的处理过程等

34.5.4　有效的信息管理

有效的信息管理包括以下两个要点:

(1) 基本要求:信息的充分(包括应有的信息)和信息的有效(准确、精准)。

(2) 管理要求:信息的变化跟踪。

比较通用的信息管理体系如表 34-4 所示。

表 34-4　一些通用的信息管理体系

部门	项目/任务管理	技术管理
研发	项目管理,如 Project 软件	GIT、SVN 代码管理,软件 Bug 管理,发布管理,DevOps 平台
运营	ITIL 平台、工单管理等	DevOps
客服	CRM、工单管理等	对接研发和运营的管理平台

客户的状态信息来自多个渠道,被多个职能部门使用,要建立公司统一的客户数据库以保证客户信息的及时、准确和同步(见表34-5)。

表34-5　建立客户数据库的要求分析

可能存在的主要问题	应采取的管理措施、行动
客户数据量太大,特别是动态信息,员工不可能记忆如此大量的信息	(1) 建立公司统一的客户数据库系统,并与CRM系统进行集成。
客户数据管理枯燥,容易出错	(2) 配备数据库管理员对数据进行管理和优化。
客户数据逻辑关系复杂,面向不用的职能有许多不同的视图,很少有人能够全面掌握	(3) 面向不同的业务职能设计差异化的用户界面和视图,并提供简单易用的用户操作界面

34.6　技术体系的组织架构

在34.5节,我们对研发的组织架构做了基本讲解,本节我们将针对公司不同的发展阶段,讲解如何建立合理的组织架构以适应公司的成长。

本节主要讲解技术体系的部门架构,技术体系是云服务构建和运营的关键团队,讲解重点是研发(Dev)、运营(Ops)、数据(Data)和管理(Management)这四个功能及团队。

我们选用的是实际的、具有代表性的公司架构,这些公司的特点是:

(1) 具有7×24小时生产线服务业务的互联网公司。

(2) 生产线的服务难度高,都是关键性服务,包括电信应用、大数据、金融(FINTECH)。

在具体的讲解中,我们主要关注以下几点:

(1) 研发和运营:如何组织这两个部门,分离还是合并。

(2) 数据团队:是在研发下还是独立。

(3) 架构师团队:分散管理或集中管理。

(4) 管理功能:怎样实施。

(5) 运维研发(DevOps)团队:在建立在研发部门,还是在运营部门。

下面介绍几种技术体系的组织架构。

(1) 一元架构(研发):常用于初创(研发人员<100人)或小型公司(研发人员100～200人)。

(2) 二元架构(研发、运营)和三元架构(研发、运营、数据):常用于中型公司(研发人员200～1000人)。

(3) 四元架构(研发、运营、数据、管理):常用于中型和大型公司(研发人员>1000人)。

34.6.1　一元初始:研发

在科技公司(如初创公司)的早期,研发部门是公司最大的部门。在这个阶段的公司的员工人数是少于或大约100人,其中60%～70%是工程师。

在这个阶段,公司CTO负责所有技术职能,所有的工程师都放在研发部门,如图34-5所示为初创公司的一元架构,研发团队负责所有的技术功能。

这种架构的优点是敏捷(agile)并具有最小的管理开销,工程决策和交付速度非常快,并且可以承受很多动态变化,特别是来自市场的对产品的新需求及其调整。

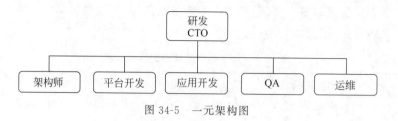

图 34-5   一元架构图

随着公司的发展,每个技术功能都变得越来越重。在一家 7×24 小时云服务的公司中,最大的挑战将来自服务运营。运营团队具有不同的 KPI。研发团队的 KPI 是产品开发和交付,非常动态。运营团队的 KPI 是提供服务的可靠性,需要更多的稳定,因此随着公司的发展壮大出现了二元架构。

34.6.2   二元架构:研发、运营

下面以 WebEx(现在是思科公司的云计算部门)为例讲解技术团队的二元架构。

WebEx 是全球最大的互联网会议(Online Conferencing)通信服务公司,大约有 2000 名员工,其中约 1000 名是工程师,数据中心分布在美国、欧洲、和亚太地区,其组织架构如图 34-6 所示。

这是很典型的二元架构:研发和技术运营并列。

在早期,WebEx 是一元结构,甚至一直到了公司在纳斯达克上市后,整个公司近 800 人时,技术运营还是在研发部门中。但是 WebEx 的业务是在线服务,需要很高的服务可用度。随着 7×24 小时服务越来越多,服务可用度的问题也越来越多,服务可用度越来越低,只有 95%。最终,运营部门从研发部门拆分出来,形成二元架构。

在二元架构下,技术运营部门有自己的 KPI,其中最重要的是服务可用度。随着技术和管理的投入,4 年后,服务可用度显著提高,达到了 99.99%。

二元架构还需注意的是:

(1)技术运营部门拥有自己独立的开发团队。实际上,技术运营部门当时共有约 200 人,其中 50% 也就是 100 人专注在

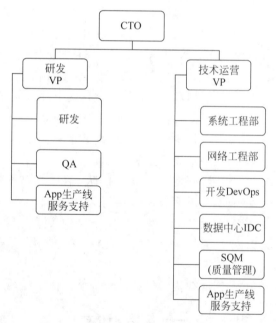

图 34-6   技术团队的二元架构:研发和技术运营的分工

生产线运营直接需要的系统开发上,包括监视体系、自动化、数据库层和高可用平台。

(2)此架构没有数据团队,因为没有关键数据业务。

此外还有两个跨团队/部门的功能:

(1)服务质量管理(SQM)是一个跨部门的功能,虽然放在技术运营部门下,但是负责

研发部门和技术运营部门相关的服务质量管理。这是为了消除两个部门对生产线服务支持的隔阂,毕竟生产线上的事故大部分都是综合原因,牵涉两个部门的多个团队。同时,服务质量管理还监督 ITIL 流程和生产运营中的实施。

(2)生产线上的应用程序支持(Application Support,AS)。当与应用相关的生产事故出现时,这通常导致两个部门之间的合作或相互指责。因此,两个部门都设置了 AS 这样的功能以便联手工作。

二元架构的最大优点是,由于技术运营团队拥有自己的 KPI 和独立的工程团队,生产线的服务质量可以有明显的提高;缺点是效率有时很低,因为在两个部门之间确实会发生官僚主义和相互指责(Finger Pointing)。

这种二元架构的另一个先决条件是,运营副总裁必须在技术上很专业,在管理上要比较强势且思想开明(open-minded)。需要专业和强势的原因是,一旦生产线出现事故,需要在很短的时间内对解决的方案做出决断,包括对在线客户影响重大的方案。需要思想开明(open-minded)的原因是,技术运营部门需要和研发部门要常常合作,否则二元架构下技术运营部门与研发部门冲突的协调,就成了 CTO 或 CEO 的负担了。

34.6.3　三元架构:研发、运营、数据

下面以一家大数据公司为例来讲解三元架构。

G 公司是国内最大的移动互联网数据推送公司,在 2019 年年初上市。公司有 600 名员工,其中约 300 名是工程师。

G 公司的技术组织团队是三元架构,如图 34-7 所示。

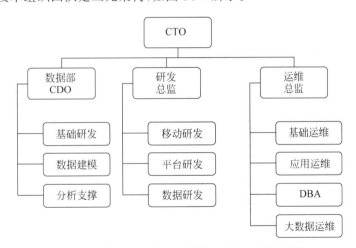

图 34-7　技术团队的三元架构:研发、运营和数据

三元架构的关键是数据部门的建立和独立,因为数据服务是公司的核心业务。

(1)数据部门的核心目标和业务。

数据部门的核心目标是保证公司数据资产的可用、质量和安全。

具体任务包括:

- 基础大数据系统的建设(包括数据中台、使用规范建设等)。
- 保证公司数据的质量指标(饱和度、准确度、及时性)。

- 支撑各事业部非例行的数据开发需求。
- 孵化新的数据类产品。

数据部的独立也可以让公司给予团队相对隔离的环境,专注于基础大数据技术能力的建立以及项目的支持。

（2）运维的开发（DevOps）。

为了保证部门之间对于所使用的技术路线、工具、平台等有一个统一的认识及使用,减少差异带来的风险和代价,在 CTO 领导下,还有一个被称为核心架构师的虚拟组织（Core Architect Team）,这个团队的核心使命就是保证技术方向的一致性和延续性。DevOps 总体由 这个核心架构师团队牵头,运维部门、研发部门具体落实,根据产品成熟度和产品形态的 不同,采用不同的方法；譬如针对非推送线的,基础系统采用 Kubernetes＋Docker,然后进行自动化测试、镜像打包,运维部署直接采用镜像等。核心是以提高交付质量和效率、提高运维效率为目标。具体的开发主要是由研发部的工程师完成。

（3）生产线的应用层支持。

由研发部门以及运维部门下的应用运维组共同负责,日常应用的健康运行以应用运维为主,疑难问题或者不在应用运维组知识系统内的问题由研发部门负责,应用运维组可以随时呼叫研发部门进行支持,这样可以明确职责和减轻运维部门的负担。

在业务线比较清晰和简单的情况下,这种组织架构还是比较高效的,但随着公司业务往各个领域发展,这个三元架构也随之进行演变,主要有以下几点。

- 管理：随着业务和运营的增长,跨团队/部门的运营管理和服务质量管理会越来越重要,需要专门的和跨部门的管理职能团队。
- DevOps：更多置于运维团队的领导下,以便更专注和更快地开发运维工具。
- 数据团队的拆分：随着服务的业务领域的增多,要快速适应领域的大数据分析,建模能力也表现出越来越多的差异性,因此会逐步把这部分人员拆分到事业部或业务线。数据研发团队的职能也会逐渐转向数据智能平台（数据中台）的建设,而不仅仅承担基础技术平台的建设,同时也会更多承担平台的运营任务。

34.6.4　四元架构：研发、运营、数据、管理

下面以一家云服务集团公司为例来讲解四元架构。

S 集团是国内最大的互联网 to C 的服务平台之一,业务包括 O2O 电商、金融以及 SaaS、PaaS、IaaS 的云服务。公司一共有 25 000 人,其中技术人员 10 000 人左右,其架构如图 34-8 所示。

在此架构中：

（1）传统的运维团队从一般的公司内部的技术支持和运维功能,升级为一个对外的、服务独立的云服务集团业务部（Business Unit,BU）。这个业务部提供 IaaS、PaaS 和部分 SaaS 服务,类似于亚马逊的 AWS。而业务部门,如金融服务业务部只负责业务开发和应用层的运维,没有了传统的基础设施的运维。

（2）管理功能被独立出来,成为一个团队。在两个集团业务部中都出现了独立的管理团队,说明总公司对管理的重视。这实际上是因为公司的技术越来越强大,管理功能也越来越重要。

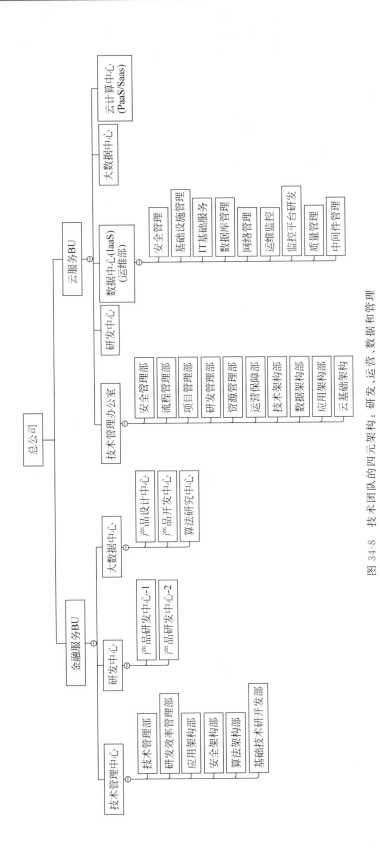

图 34-8 技术团队的四元架构：研发、运营、数据和管理

（3）数据部门也是独立的，因为数据服务也是公司的核心业务。独立的大数据团队出现在2个业务部中。同时，数据和算法的架构师也独立出来，放在了管理团队中。

研发、运营、数据和管理最终形成了四元架构，该架构的关键是：

（1）研发与技术运营相互独立。实际上，技术运营从一个成本中心（Cost Center）转变成为一个收入中心（Revenue Center），真正成为一个运营者。

（2）大数据团队从研发中独立出来，二者分开的原因从对用户的业务看，研发属于中台，大数据属于后台。大数据主要做数据应用、报表、业务算法模型等。

（3）管理团队独立。

（4）应用的维护：由各自的业务研发团队负责。各体系在云计算中心的 SaaS、PaaS 基础上有自己的业务运维工具。

（5）运维的研发（DevOps）：由各个运营团队自行负责。

管理团队的功能如下：

（1）流程管理：包括研发流程、生产线管理流程等。

（2）技术架构管理：基础设施架构、应用架构的统一管理，如技术管理中心的算法架构师支撑整个金融体系，包括大数据中心的算法部门和研发的风控算法部、AIOps 等。

这种架构的优点是管理得到了极大的增强。技术管理中心（办公室）的建立，统一了各部门和业务之间的管理流程和架构设计，保持了整个集团的技术与管理的一致性。

因此，挑战也来自集中管理。例如，中央管理团队中的架构师与每个服务线的架构师如进行分工和协调。更大的挑战是在管理方面：如何进行一线的生产管理。生产管理不仅是过程，更是来自过程执行的结果，例如：

（1）如何建立一线的运营团队，如生产线真正需要的管理流程。

（2）如何协调和执行跨团队的服务问题，如 SQM。

这些生产线的管理流程如果没有一线的运营经验，例如事故管理经验，管理流程本身会很难落地。

34.7　客服体系的组织架构

前面讲解了技术团队的架构，下面讲解对外直接服务的客服团队的架构。

在互联网服务供应商内部，提供服务运营的团队涉及客服、运维和研发，一般采用四层结构，如图 34-9 所示。

第一层：客服支持团队（呼叫中心），直接面对客户。

第二层：

- 资深客服支持工程师团队。
- 服务开通团队。
- 客户关怀团队及客户经理（Customers Care and Customers Account Management）。
- 培训团队，质量管理团队（包括呼叫中心管理、邮件系统管理、内部系统管理、知识库管理等）。

第三层：技术运营工程团队，包括基础工程与数据中心的监控与管理。

第四层：产品研发部门，主要负责软件应用平台的开发。

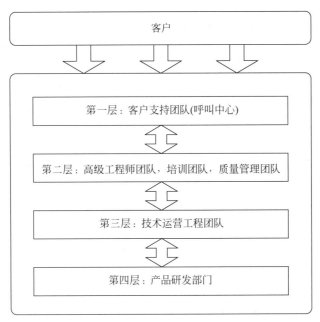

图 34-9　服务运营的四层结构

　　客户问题处理流程的设计要满足两个基本因素：问题处理的分级和处理问题的升级。具体见附件3：客户服务的保证——问题处理流程的设计。

34.8　实践研究（1）：构建高效的技术运营团队

　　技术运营团队或运维团队，是跟随 2000 年前后云计算的兴起而成长起来的，最近又开始融入 DevOps 和 SRE 等方法论，是云服务公司体系重要的一部分。下面从实践的角度来讲解该团队的组织能力的建设。

34.8.1　背景

　　与传统的 IT 公司不同，云服务公司提供的是 7×24 小时高可用度服务。相应地，构建一个高效的技术运营团队来支持和管理这样的生产型服务，是云服务提供商的关键技术竞争力。

　　技术运营团队（Technical Operations）和一般的 IT 公司中的研发团队或 IT 团队有着完全不同的目标和定位。

　　技术运营团队主要将研发部门设计的软件平台通过生产线的设计和部署使其变成真正面向互联网用户的服务平台。在服务平台上进入生产服务（Production Service）阶段后，团队要管理并支持 7×24 小时运营，包括服务的高可用度、安全性、容量管理等。构建技术运营团队的挑战在于：

- 服务的技术运营是一个新领域，有技术、管理和经验上的要求。
- 技术运营人才稀缺。

本节将从思维方式、团队能力和团队治理三方面来讲解如何建立一个高效的技术运营团队。

34.8.2　思维方式：技术运营的管理思想

主要的技术运营的管理理念包括以下几方面：

(1)"技术＋管理"的双维运营理念。

- 一半技术，另一半管理。
- 在管理上，以 ITIL 管理框架为基础。
- 在技术上，以平台的可用性和可管理性为基础。

(2)以服务的恢复为第一优先，而不是以找到问题的根源为第一优先。

工程技术人员的思维方式是要找到问题的本质。但是，在运营中，客户的服务是第一位的。一旦出现问题，技术运营团队的首要目标是恢复服务，保证 SLA 所要求的服务可用度。

(3)在工程活动中，如设计和认证过程中，要负向思维，或者说"默认不正确"。这与研发团队的"默认正确"是相反的。

- 默认正确(Default Positive)。对于研发团队，开发的目标是使一切功能能够工作，研发团队会默认为他们的成果是正确的或是可以工作的。
- 默认不正确(Default Negative)。对于技术运营团队，一切都需要验证通过才能认为正确，只有坚持这样的思维方式才会去检验各个关键点，保证服务平台的质量。

在团队的管理思想上，部门管理人员应该了解这两个部门的一些根本性的不同，以便更好地做好团队建设。

对于产品研发部门，团队作风是创新导向，工程师需要被鼓励创造和创新。

对于技术运营部门，团队作风是纪律导向。在线服务是 7×24 小时运行的生产环境。管理这样的生产服务，一系列的规章流程必须被严格遵守，如变更管理和事故管理。

34.8.3　团队治理：团队的结构与责任

图 34-10 是产品研发团队和技术运营团队的职能区分。其中虚线部分是产品研发(Product Development)团队，实线部分是技术运营团队(Technical Operations)。

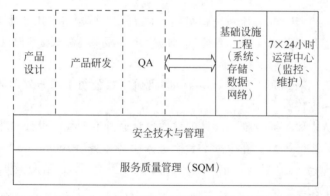

图 34-10　云服务公司中产品研发团队和技术运营团队的职能区分

云服务公司的产品研发团队与一般的 IT 软件企业相同，主要由产品研发、质量保证、产品设计等功能团队组成。技术运营部门是一般的 IT 公司所没有的，下面主要讲解技术运营部门的职能。技术运营部门的职能有生产线的日常运营管理与基础架构工程,具体的职能如下。

(1) 生产线的日常运营管理

- 7×24 小时数据中心管理(IDC):负责各个数据中心的布置和机房的建设、维护和管理。
- 网络运营中心监控(Network Operations Center):负责各个数据中心从基础设施到应用服务的监控、报警和初步处理,满足 7×24 小时生产运营的需要。
- 日常的运营管理。
- 日常生产线管理。
- 管理流程的制定和维护。

(2) 基础架构工程(Infrastructure Engineering)。

基础架构是指各个软件平台所需要的公用的基础平台,主要包括以下方面:

- 网络工程(Network Engineering)。
  - ◆ 基础网络的架构、设计、实施和管理。
- 系统工程(System Engineering)。
  - ◆ 系统设计:操作系统的选择和规划、硬件平台的选型和规划、系统虚拟化等。
  - ◆ 存储:各层次的存储设计,保证客户和系统数据的完整性、安全性和有效性。
- 数据工程(Data Engineering)。
  - ◆ 数据库管理:数据库的管理、设计和实施,如高可用数据库(HA Database)。
  - ◆ 数据复制(Data Replication)的设计与管理。

(3) 应用服务支持。

- 生产线上各个产品的日常运营管理和应急响应。
- 产品部署。

(4) 技术运营工具开发。

- 监控系统开发:实现应用层或用户体验层的监控。
- 运营管理平台的开发,如变更管理的平台。
- 运营自动化,通过工具实现部署的自动化和批量化。

(5) 服务质量管理(Service Quality Management)。

- 服务质量的定义、衡量、问题分析、持续改进的执行与跟踪。
- 运营管理流程与规范的定义及监督执行,如事故管理和变更管理。

(6) 安全技术与管理。

- 安全技术体系的设计、实施与管理。
- 安全策略和合规管理:管理规范化,以符合政府及行业的安全法规要求。

与这个组织结构相对应的其他部门的职能也要有相应的调整,下面只做简单的介绍:

- 产品管理(Product Management)团队:要管理来自市场上客户的需求以及来自生产运营的需求。
- 项目管理(Project Management)团队:从产品需求、架构、设计、开发到发布的各个阶段的管理,同时也要延伸到部署规划(deployment)、BETA 测试和正式的生产线上线(Production Rollout)这些新的阶段的管理。

34.8.4　团队能力：团队的培养

在讲解团队能力如何建设之前，首先看我们建设的目标，或者说技术运营团队所需要的能力是什么。

1. 技术运营团队所需能力

技术运营本身一半靠技术，另一半靠管理。因此，技术的培养与管理的培养是并重的。同时技术运营是经验积累型，就如同医生一样。技术、管理和经验这三方面，构成了技术运营的知识结构，如图 34-11 所示。这三方面的具体要求如下。

（1）技术上的要求：技术运营要求的面很广，如网络、系统、数据库、存储等。技术运营工程师对其中的一两个专项要有精深的了解，同时，对开发也要有一定的了解——这是因为云服务是以应用为中心的。

（2）管理上的要求：要对 ITIL 的管理思想流程有深刻了解，在此基础上实施管理流程，如变更管理和问题管理等，而不是为了流程而流程。

图 34-11　技术运营的能力结构

（3）经验的积累，这里的经验包括两方面，一是 7×24 小时生产线问题的处理经验，例如怎样快速恢复服务；二是建立有效管理流程的经验，例如怎样建立一个有效的变更管理流程。

2. 能力的建立

技术和管理的能力，可以通过以下几个常用的渠道获得，包括：

（1）公司内部。

- 内部的培训：各种技术讲座和讨论。
- 内部知识库的建立。

（2）公司外部。

- 外部的培训：如专业机构的培训、厂商的培训等。
- 外部咨询师的帮助。

但是运营经验的积累，是无法完全从上面的渠道完成的。经验的积累有一个过程，完全靠每个团队成员的逐步积累，从时间上和从生产线的稳定性来看都是无法满足的。因此，对于服务公司及其管理者而言，真正的挑战是如何在最短的时间里，让团队成员能够具有足够的生产线运营的经验。

3. 运营经验

运营经验的积累可以通过以下两种方式。

（1）从每个事故中学习教训。

- 每次生产线的事故都是深刻的教训。每次的事故一定有技术上和管理上的原因。因此，事故的分析要非常的细致和深入，要做到真正的反思和学习。
- 这里要特别强调的是，要从发生过的每个事故中学习，而不是要把所有的事故都经历一遍才能获得经验。"以史为鉴"(Learn From History)就是这个道理。

（2）事故中的决策。

快速的决策是快速的服务恢复的基础,尤其在大的事故中。

例如一个在线会议(Online Meeting)系统上有 1000 人在线,但是服务平台有故障,另外的 1000 人无法入会。现在重启(reboot)平台,需要 10min。重启平台后,无法入会的问题可以解决,但是已有的 1000 人在线会议会被中断。这种情况下应该怎么做决策? 实际上,这种决策应该在事前就有备案或考虑,而不是等到故障发生时再思考和决策,否则,即使是非常有经验的技术运营管理者,也会难以平衡事故的影响和决断,从而耽误时间。

34.9　实践研究（2）：构建大数据的组织能力

随着互联网的发展,数据能力成为企业的一个新型竞争力。而数据能力的体现,主要基于大数据的分析能力。相关的数据工作,也从数个数据技术人员的工作,成为一个团队或部门的工作,对公司运营的影响也越来越大。下面从实践的角度来讲解大数据团队组织能力的建设。

34.9.1　企业的新型竞争力：分析能力

早在 2013 年,美国管理协会携手企业生产力研究所开展的一项调研,表明了数据分析能力对企业的帮助,如图 34-12 所示。

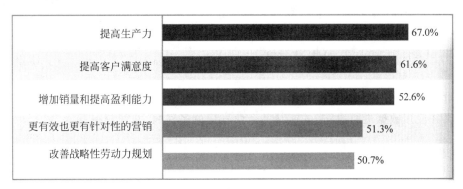

图 34-12　数据分析能力对企业的帮助

这个调研主要是为了研究大数据相关的劳动力市场的需求,并得出分析型企业的特征、人才要求、建设路径建议等。这里的分析型企业具有如下特征。

（1）所有领导人都具有分析能力。通过强调分析技能对领导力的重要性,分析型企业将这类技能扩展到组织中的各个职能岗位及部门,覆盖不同年代特质的员工群体。

（2）希望通过培训和招募提高分析能力,着重于培养现有员工。分析型企业意识到市场上分析型人才的缺乏大大增加了招聘分析型人才的难度。因此,培训现有员工或进行跨部门人员调动将有效降低成本。

（3）在决策过程中充分利用大数据。分析型企业能够利用可用的海量数据。以数据为中心的组织不会淹没在海量数据中,相反能将数据转化为有效信息,并据此制定有关战略规划、产品设计、生产运营和团队构建等方面的决策。

（4）乐于接受分析性思维。分析不只是擅长处理数据，许多顶尖公司的高管团队都拥有超越其他部门的分析能力。他们了解根据证据进行决策的价值，也能通过严格分析大量数据得出深刻见解。

34.9.2　大数据组织能力模型

针对大数据组织能力，我们按照如图 34-13 所示的杨国安的"组织三角形"模型来进行阐述。

在组织能力方面有三个主要点：

（1）数据分析（analysis）能力或数据洞察（insight）能力，也就是如何能够在海量数据中提炼出知识、转变为洞察、服务于商业的能力，搞懂这些海量数据集的能力是区分优秀数据人与普通数据人的标准。过硬的统计能力并不等同于分析能力。真正的分析能力是理解数据并能够帮助他人理解数据。

（2）快速融合，数据产生的手段和渠道越来越多，越来越普遍，那么如何把多样的数据进行快速组织和融合，变成生产要素和企业资产的能力，也是衡量数据团队竞争力的主要指标。

（3）业务导向，业务创新的多样性和不确定性，要求我们每时每刻都保持对业务问题和痛点的把握与认知，脱离业务的大数据能力是无意义的。

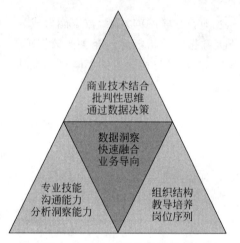

图 34-13　大数据的组织能力

经营管理团队的高水平分析能力，对于组织内的有效分析至关重要，因为只有理解了数据的含义并使用数据进行决策，才能帮助企业赢得更多利润，并且获得竞争力。

34.9.3　员工思维

在员工思维方面，大数据人员首先需要树立通过数据进行决策的意识。不仅仅是在对外的业务方面，针对自己的工作和部门内部解决问题的时候，也需要时刻保持这种心态。成功的公司往往能利用数据进行预测，而不单单用数据解决日常的问题。

第二个员工思维是批判性思维。批判性思维的本质是需要深究在结论和决策背后的支撑点是什么，这些支撑点依据是如何得到的，信息和数据的来源是否被确认，而不仅仅依赖直觉或者依赖做出结论的那个人的价值观取向。

第三个员工思维是商务导向思维。大数据技术本身固然重要，要以商务目标为核心，要为商业决策服务。包括形成更有效和更有针对性的营销、增加销量、提高盈利能力、提高客户满意度和提高生产力。技术人员要时刻问自己：技术方案能够在哪个地方得到商业价值的体现？

34.9.4　员工治理

在员工治理上,大数据公司与传统 IT 公司的最大差别在于从员工的结构上对数据相关的职责做明确的定义和划分,下面主要针对团队结构做讲解。

34.9.4.1　部门架构设置

在第 7 章提到的大数据成熟度模型中,可以看到对企业而言,最初必定专注于核心业务的开展,这是企业生存的基础。在此基础上随着用户规模、数据规模等的发展,会逐渐进行大数据成熟度的提升,会为了适应这个趋势对大数据相关团队的能力提出要求。当然,专门从事类似数据中台类平台产品的公司另当别论。

所以最初对研发人员的要求并不一定把大数据相关的能力作为必要条件,更多关注在应用功能开发、页面开发、运维等;然后逐步在研发部门内部成立相对独立的大数据团队。大数据团队需要相对独立,一个原因是技能的要求不同,另一个比较重要的原因是,数据本身是一种特殊的生产要素、生产资料,对数据的管理、处理和开发具有一定的独特性,也就是其思维、管理、商业模式均有所差异,当然其产生的产品或者服务反过来可以作用到公司其他业务中去。

在数字化高度成熟的企业当中,必然会模糊这种界限,最终在组织架构上也会越来越融合。例如以个推公司为例,随着数据智能服务在各个行业的逐步深入,会有相应的事业部或分公司成立,那么这种组织就会成为一个基于数据的综合体,基于数据的分析和决策能力会作为各个岗位的基本要求,只不过侧重点或者分工会有差异,而专门的数据部门或者数据中台部门的职能也会发生改变,更多的是提供数据智能平台、进行平台运营、沉淀可复用的能力等。

34.9.4.2　大数据团队的岗位序列

通过大数据部分的描述,我们可以很清晰地把数据有关的主要的技术角色列举如下:
- 数据工程师(Data Engineer,DE)。
- 数据分析师(Data Analyst,DA)。
- 数据科学家(Data Scientist,DS)。
- 数据产品经理(Data Product Manager,DPM)。
- 首席数据官(Chief Data Officer,CDO)。

在这五个岗位中,首席数据官原则上属于公司数据业务的决策层人员,数据工程师、数据分析师、数据科学家属于技术层人员,数据产品经理属于产品和运营层人员。

如图 34-14 所示为数据工程师、数据分析师、数据科学家这三种角色的分工和职责。

从图中可以看到,数据工程师如同其名称一样,主要关注研究开发和工程工作。数据分析师更偏重于业务咨询和支撑层面。

在这些岗位中,首席数据官(Chief Data Officer,CDO)和数据产品经理(Data Product Manager,DPM)在行业中是比较新的职业。

1. 首席数据官

首席数据官的最大任务就是从数据中获取价值,在业务上为客户提供更多的服务,在运营上降低自身成本。

 数据科学家　　 数据工程师　　 数据分析师

关键职责（Responsibility）

1. 根据商业需要规划和领导实施数据产品和项目 2. 致力于利用数据科学知识（如机器学习）落地模型模式，挖掘数据对业务的显著价值提升方式 3. 研究领域内的业务方式和技术模型	1. 设计、搭建、安装、测试和维护大规模数据系统 2. 改进数据基础设施、业务流程和数据标准 3. 开发用户侧软件和数据分析应用程序	1. 根据业务需要从数据系统中抽取数据，确定分析方法，进行分析和解释数据，提供数据分析结果报告 2. 设计业务分析所需要的工具或相关产品 3. 应用统计学原理和方法解释实际业务问题

主要技能（Skills）

商业理解、机器学习、数学、统计学、编程、数据可视化、架构设计、建模需要的框架或工具的能力	程序开发、数据库设计；数据采集、数据存储、数据转换、数据安全等相关的部件知识	数学、统计学、调研及写作能力；分析、建模和解释数据的能力；用简单方法理解数据的洞察能力；使用统计需要的工具、部分编程语言（SQL等）能力等

典型任务（Example of Key Tasks）

设计推荐系统 利用数据提高营销效果 设计用户画像体系	Hadoop集群搭建 编写Map-Reduce任务 数据库设计	行业分析报告 业务数据异常分析

图 34-14　大数据主要的技术角色对比

首席数据官在驱动创新、深挖企业数据价值方面需要有以下五大要务或方法。

（1）充分利用现有数据资源增加与数据有关的新收入，降低业务运营成本。

（2）通过整合内部和外部数据扩展数据资源，提升数据质量。

（3）确保数据隐私与安全。

2. 数据产品经理

数据产品不同于互联网产品，数据产品的一个重要作用就是辅助决策，当然随着大数据的兴起，未来可能会有更多的辅助决策型数据产品向智能决策型转变。

互联网产品中常用到的需求分析是从用户研究开始的，从定义用户的特征来发现用户的需求，而数据产品的首要任务是帮助人们决策，而不是直接创造利润。另外，数据产品是一个分析数据和展示数据价值的工具；因此，数据产品的需求基本来自两方面：决策和数据。

数据产品经理既要懂产品设计，又要懂数据技术，还要有团队管理能力，是综合型人才，要有产品化的思维才能为公司创造更大的价值。

34.9.4.3　团队建设和培养

从实践经验来看，大数据相关能力比较好的培养方式是通过在工作中的教导、跨职能的团队轮岗、培训和自学等形式结合进行，其中在工作中的教导效果最好，其次是跨职能团队的轮岗、培训，然后是员工主动地自学（自学实质和自己的心态有关，而不是外部因素）。因此，每一个岗位都需要对下级或者刚进入岗位的人员进行工作中的教导，虽然会耗费教导者比较多的精力，但是这种以身作则、教学相长的文化有很大的长期价值。

其他的建设要点列举如下：

（1）可以通过评估确定相关角色员工的能力，以找出不足之处，同时能够专注于招募或

培训特定领域的人才。

（2）从经营管理级别的领导者中招聘具备分析能力的人士，从营销、研发、财务等领域引进顶级数据人才，以弥补数据分析能力不足的部门面临的差距。

（3）接受数据分析型决策理念，让"通过数据决策"成为领导力评估和招募过程中的明确标准，根据领导者团队的绩效开发一项领导力指标。

34.10 实践研究（3）：构建服务导向的客户服务部门

与传统的软件或硬件产品的客服不同，云服务对客服的要求是 7×24 小时的生产线的形态。生产线形态的服务带来的是客户响应时间、问题快速解决等一系列的挑战。尤其是一旦生产线出现问题，客服团队要配合研发和运维团队快速地解决问题或提供临时方案。

下面通过实践来讲解客服团队的组织能力建设。

34.10.1 客服的三种核心服务方式

在应用杨国安的"组织三角形"模型来分析客服的组织能力之前，我们先定位云服务企业的客服团队工作的核心思想：让客户有真正的被服务的感觉。

这个核心思想可以在客服的三个服务方式上体现：被动式服务、主动式服务和服务持续改进，如图 34-15 所示。

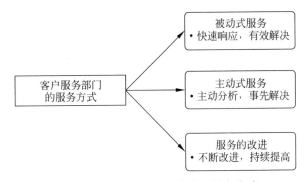

图 34-15 服务团队的三个核心服务方式

（1）被动式服务，即及时响应客户在应用中出现的投诉或问题，并有效地解决。

（2）主动式服务，即采取主动的服务行动，避免或减少客户在服务中遇到问题，并发掘客户对服务的进一步需求，主动改进服务以满足客户的深层次需求，为客户创造更多的价值。

被动式服务相当于"救火"，而主动式服务相当于"防火"。

云服务公司在初建时，由于要不断地处理来自客户各种各样的投诉，往往将服务的组织能力重点放在被动式服务上，整个服务体系以呼叫中心和技术支持为中心，而在主动式服务方面往往重视不够，从而出现疏于"防火"、疲于"救火"的服务运营状态。作为一个专业化的云服务企业，面对被动式服务和主动式服务，要做到双管齐下，齐头并进。

（3）在被动式服务和主动式服务之上，就是服务的不断改进。

下面针对云服务行业对这三方面做具体的服务组织能力的构建分析。

34.10.2　被动式服务：问题的快速响应

快速服务响应是被动式服务的一个方面,它的实现来自客户问题的有效反馈和问题处理的有效跟踪。

1. 客户问题的有效反馈

客户问题的有效反馈是云服务企业获得客户对产品和服务反馈的主要途径,也是所有被动服务行为的起点,企业要建立规范化的、系统化的客户问题反馈途径,保证所有客户的问题都能够被倾听、记录。对客户的问题置之不理是对客户最大的伤害,甚至超过产品缺陷对客户所造成的伤害,因此要给予高度重视。对组织能力的要求分析如表 34-6 所示。

表 34-6　被动式服务方式对组织能力的要求分析

项　　目	可能存在的主要问题	应采取的管理措施、行动
员工能力	(1) 业务受理人员业务知识不足,不能准确理解和描述问题。 (2) 客户问题被遗忘	(1) 受理人员业务培训与考核。 (2) 问题受理话术设计。 (3) 问题受理过程辅助信息系统
员工思维模式	业务受理人员不愿受理客户的问题,服务态度不好	(1) 客户第一的价值观宣导。 (2) 明确的业务受理人员职业生涯规划
员工治理方式	(1) 客户问题投诉渠道不通畅。 (2) 客户问题责任人不明确。 (3) 客户问题被遗漏	(1) 建立客户服务呼叫中心,提供服务热线、网站和邮箱,必要的话建立 7×24 小时受理能力。 (2) 明确业务受理人员岗位职责和要求,如客户问题责任人,第一受理人或客户经理。 (3) KI 衡量指标：客户问题响应时间。 (4) 基于 CRM 的客户问题处理流程

问题处理的有效跟踪可以通过 CRM 这样的流程来处理。

2. 客户问题的有效解决

能够获得用户问题的反馈只是被动服务的第一步,而问题能够得到及时、有效的解决才对客户有真正的价值。

我们有时会听到客户讲,某家公司的服务人员态度不错,主动、热情,但就是解决不了问题。这些客户是有很大的潜在流失风险的,他们流失的重要原因是"不解决问题"或"问题得不到解决"。因此,被动式服务的根本目标是要及时、有效地解决用户的问题,这涉及以下三方面：

- 团队问题处理能力。
- 问题处理升级机制。
- 问题处理中的沟通。

(1) 处理能力的建立和提高。

问题处理能力的建立不是一次性的工作,因为随着客户对云服务的深入应用,会不断产生各种各样的新问题,这就需要企业有一个问题处理能力的培养、积累和持续提高的组织能力,提高问题处理能力的要点如表 34-7 所示。

表 34-7 团队问题处理能力的建立和提高对组织能力的要求分析

项 目	可能存在的主要问题	应采取的管理措施、行动
员工能力	(1) 员工问题处理能力弱。 (2) 知识太多,记不住,不好查	(1) 明确岗位技能要求,培训考核上岗。 (2) 建立问题处理知识库,并提供问题解决过程辅助工具
员工思维模式	(1) 工作忙没有时间学。 (2) 复杂问题还是留给高手解决吧	(1) 建立服务支持人员技术等级制,等级与岗位工资挂钩。 (2) 知识库知识贡献奖励机制
员工治理方式	(1) 问题处理能力过于依赖个人。 (2) 这个问题他会,我不会。 (3) 同一个问题,上次解决了,这次还处理不了	(1) 知识库系统。 (2) 周期性知识共享与考核

(2) 问题处理升级机制。

对于按正常的处理流程不能有效解决的客户问题,需要协调公司更多的资源研究解决,而要协调服务系统之外的资源,则需要按照一定的流程规范将问题升级到更高的管理层次,具体内容可参考 34.5.3 节。

34.10.3 主动式服务:有效的客户管理

主动式服务是对公司的客户在其没有发生投诉或问题报告时主动开展的服务,是以有效的客户管理为基础的。因此,有效的客户管理是云服务企业的一个重要的服务组织能力。

1. 客户管理与服务团队建设

建立主动式服务客户的服务团队有以下几个要点。

(1) 设立专门的客户经理岗位或团队,以明确主动服务的职责。

(2) 客户经理的层次和能力要高于普通客服人员,最好从优秀的客服人员中选拔。

(3) 建立客户服务工作规范,客户经理不仅靠主动积极的服务态度,更多的是按服务规范执行。

2. 客户数据库管理

客户的状态信息来自多个渠道,被多个职能使用,要建立公司统一的客户数据库以保证客户信息的及时、准确和同步。

3. 客户满意度调查机制

对提供云计算和服务型的企业来说,客户满意是维持企业收入的关键。由于客户没有自己投资建设基础设施和服务的能力,仅仅是为所租用的服务付费,因此满意就会继续使用服务并付费,不满意就可能随时中止服务的使用并转向更好的服务商。企业要经常扪心自问:"客户对我们的服务满意吗?"因此,企业一定要客观、真实地了解客户对服务的满意度,并针对客户的反馈不断改进服务,提高客户的满意度,留住客户。

客观和有效的满意度调查机制的执行,关键是在员工的思维模式上。在执行中遇到的问题主要包括:

(1) 客服员工有自我肯定或拒绝他人否定的倾向。

（2）客户经理有时通过与客户接口人建立良好的个人关系，以期获得好的评价。

（3）客观反映客户满意度可能会得罪内部员工。

相应的解决措施主要是在管理方式（员工治理）上：

（1）第三方机构做用户满意度调查。客户满意度调查要坚持第三方的原则。基于用户问题解决的案例级别的满意度调查要由非当事人做，最好由独立的部门或人员做；客户综合满意度调查要请第三方机构做。

（2）利用网络调查问卷，问题要少，操作简便，几分钟即可完成。

（3）鼓励客户反馈的激励机制，如积分、返点、回扣等。

（4）客户满意度调查后续处理流程，包括统计分析、识别改进点、试点、服务规范更新等。

4. 客户应用问题的主动发现

如果客户没有投诉，也不与我们联系，我们的服务就没有问题吗？

我们经常听到的客户抱怨是"我们不找你们投诉，你们从来也不与我们联系""希望你们帮助我们用好你们的产品和服务"，这些都是对企业主动服务的不满意。云服务企业要善于发现客户在应用中的问题，并通过改进服务为客户创造价值，即使客户没有意识到问题或没有投诉。相应的组织能力的要求分析如表 34-8 所示。

表 34-8　主动发现客户问题的要求分析

项　　目	可能存在的主要问题	应采取的管理措施、行动
员工能力	（1）客户经理不懂客户的业务，不易发现客户在使用我们的产品或服务中存在什么问题。 （2）客户经理不知道何时客户有问题	（1）客户经理按行业进行分工，客户经理要对所负责行业有所了解和研究。 （2）建立客户定期回访机制，定期主动联系客户，沟通使用情况。 （3）建立各行业应用示范案例库，促进相近行业企业之间的分享和交流
员工思维模式	员工的惯性思维如下： （1）客户没有联系我们或投诉，说明客户没有问题，客户不喜欢经常被打扰。 （2）客户的问题可能是复杂的，我们外人怎么解决人家内部的问题。 （3）客户自己内部的问题不一定愿意与我们分享。 （4）解决用户的应用问题绩效无从衡量	（1）建立"为客户创造价值""与客户共赢"价值观。 （2）建立 KPI，考核客户经理的定期回访率。 （3）对于客户经理主动发现客户问题并促进解决而产生的增值服务收入，可纳入绩效或提成
员工治理方式	客户问题可能涉及产品、研发、营销、服务、运营等多个环节，不是我们客户经理能够协调的	协调公司资源，对重点客户或区域建立"应用推广日"，由各职能部门协同识别和解决用户问题

34.10.4　服务体系的改进

1. 基于问题的服务体系改进

客户投诉的发生，有其偶然性，也有其必然性。偶然性体现在这个客户在这种情况下发生了这个问题，给他带来了不便、困扰甚至事故，必然性体现在我们的服务体系可能存在需要改进的地方,如果我们发现并采取了措施,就可以避免或减少这个问题的发生。

有些企业经常会花重金请一些外部咨询机构来帮助诊断服务体系,并提出全套改进方案,而我们的客户是给我们付服务费的同时还通过投诉方式,免费帮助我们找到服务体系的问题,我们完全没有理由采取就事论事的态度将这个投诉平息,相反,我们应该在帮助客户"灭火"后,认真地在我们的系统或服务系统中分析"起火"的原因,找出"防火"的方法。

企业就是要通过建立"基于问题的服务体系改进"的能力,从用户的每个投诉中寻找改进方案,从而实现企业服务体系的自我改进和完善,如表 34-9 所示。

表 34-9 基于问题的服务体系改进的组织能力分析

项 目	可能存在的主要问题	应采取的管理措施、行动
员工能力	员工不具备从客户具体问题中发现体系问题的能力	(1) 在基于 CRM 的问题处理与跟踪机制中,在每个问题处理后加上一个"产品及服务改进措施"环节,要求客服员工及主管提出建议,并启动改进措施评估和实施流程。 (2) 对客服人员进行培训,使他们建立对产品和服务体系的整体认识和理解
员工思维模式	客服人员对客户问题投诉持消极心态,希望尽快就事论事解决问题,不想将问题"扩大化"	(1) 进行"积极心态对待客户投诉"的价值观灌输。 (2) 建立 KPI,激励客服人员从客户问题处理过程中提出服务改进建议
员工治理方式	(1) 问题涉及的面可能是多方面的,超出客服人员甚至主管的工作范围。 (2) 客服人员无法及时了解到根据问题找出的服务改进措施,导致改进措施没有得到落实	(1) 将问题处理与跟踪机制中的"产品及服务改进措施"环节启动一个公司级的业务改进流程,按问题的类别或性质进行升级。 (2) 改进措施的具体内容纳入客服日常的培训和共享机制

2. 服务项目设计与改进

通过主动与客户沟通发现的应用问题,有许多是其他企业也存在的问题,或者可以提炼出共性的东西,要避免就事论事,要善于系统化地改进产品、服务,从而提高企业的整体服务能力。

可能存在的主要问题如下。

(1) 在思维上:客户经理不知道哪些问题是共性的,只好就事论事,处理了事。

(2) 在能力上:客户经理是服务产品和规范的执行者,设计和改进服务产品或规范不是客户经理的职责。

应采取的管理措施、行动:

(1) 建立基于 CRM 的客户应用问题管理机制,在流程中,在特定的客户问题解决后,要启动一个"服务改进措施"的任务。

(2) 由公司的产品、运营、服务等部门成立联合小组,定期对"服务改进措施"任务进行评估,制订工作计划。

34.10.5　本章小结

本章以客户的三个核心服务方式为基础,对相应的组织能力构建做了详细分析。根据这些分析,云服务企业在服务团队的组织能力建设方面要从"应采取的管理措施和行动"中整理出所有项目的清单,针对清单中的内容,按重要性、工作量、难易程度等几方面综合评估,排出优先级。针对每个项目,要指定负责人,制订工作计划,使这些服务组织能力的构建得以实施。

参 考 文 献

[1] 朱少民.全程软件测试[M].3 版.北京：人民邮电出版社,2019.

[2] 朱少民.软件测试方法和技术[M].3 版.北京：清华大学出版社,2014.

[3] 朱少民,张玲玲,潘娅.软件质量保证与管理[M].2 版.北京：清华大学出版社,2019.

后记——行自云起时,更上一层楼

时间飞逝,距《云计算服务——运营管理与技术架构》的出版已经 6 年了。

6 年内,云计算和大数据的技术、服务和商务都已经更加成熟,成为工业界和人们日常生活的一部分。以前的老同事们创办的企业,如 Zoom(云视频会议服务)、声网 Agora(云通信平台)、Zuora(云 billing 系统)、个推(大数据)都纷纷成功上市。我们自己也将云通信和 AI 技术,带入了传统的医疗健康行业,成立专注医疗听力科技的公司,实现了跨界创新。

在行业和自我快速发展的这几年中,我们能够从更深和更广的角度来看待云计算和大数据,从而对技术和管理有了更深的理解。以此为基础,我们多位作者花了 2 年的时间,一起完成了本书的写作。

在内容上,与《云计算服务——运营管理与技术架构》一书相比,我们在云计算基础之上,增加了大数据、智能实践这些重要内容。同时在理论深度上也有了大幅度提高,完整地提出了"技术+管理"的云计算和大数据的运营体系模型。

书的特点是作者们经历的一个折射。现在市场上的云计算和大数据的书籍作者大部分来自技术人员,或者来自学者。写的书或者偏技术,缺少深度框架;或者偏理论,缺少一线实践。

本书有两个重要特点:来自深耕的实践,基于实践的理论。这两个特点与作者们的经历密切相关。

- 行自云起时。我们的核心作者进入云计算行业时,还是 SaaS 的时代,SaaS 是云计算的第一个商业和实践阶段,后来才出现云计算(SaaS、PaaS、IaaS)。作者们在云计算行业大部分有着 20～30 年的经验,在大数据行业有 10～20 年的经验,都是从一线的工程师做起,有着深刻的第一手的实践经验。
- 更上一层楼。经过这二三十年,我们的作者快速成长,做到了学者、公司的架构师、技术或商务的高管,有的创办了公司,实现了自己的升级。因此,在管理上有着比较全局化的视角。在从技术走向管理的艰辛的路途上,对理论的感悟,对系统化的方法论与思维,都有着自己的切身理解。这些,我们都总结在本书中。

实践与理论的相辅相成,知行合一,是我们写这本书所追求的境界。

结合我们的特点,本书的定位是一本系统地阐述云计算和大数据的技术和运营、实践和理论的书。面向的读者是业界中的高管和学校里的师生。

回顾这本书的写作历程,虽然很辛苦,但确实是一件非常有意义的事情,体现在两个方面:

- 我们在写书之前,是读别人的书,得到别人的帮助。而写书,则分享我们在各种项目中经历的失败与成功、痛苦和欢乐。我们很珍惜这次写书的机会,这个机会让我们也能用自己的经验帮助其他人。
- 在写作过程中不断自我挑战和深入思考,也使得我们的技术和理论水平有了很大的提高,到了更高的一个层次。

希望本书对互联网的同行们、对大学的师长和学子们,在系统地了解云计算和大数据的实践和理论上能有一定的帮助。

感谢家人、朋友、同事们对我们写作的支持。

欢迎大家批评指正。